食品安全与检验检疫安全系列专著

化学品安全科学与技术

下册

王利兵　主编

科学出版社
北京

内 容 简 介

本书概述了化学品安全相关基本理论和安全评价技术，详细介绍了基础理化数据及其包装检测技术方法等。全书分为化学品安全概论、化学品安全评价技术、化学品安全检测技术和化学品安全与包装四篇，共 40 章。第一篇 1～8 章简要概述了化学品基础理论，燃烧与爆炸、化学物质的毒性及危害环境的机理、化学品安全相关国际规范等；第二篇 9～12 章介绍了化学品的环境迁移理论、模型及安全评价技术，并对以毒理学为基础的风险评估进行阐述；第三篇 13～33 章详细论述了化学品理化性质检测、危害人类健康判定、环境安全评价的方法，以及典型高关注度化学品检测技术；第四篇 34～40 章针对化学品包装，尤其是危险品包装性能及测试方法等进行介绍，并提供了几类包装材料中常见的环境污染物检测实例。全书内容参考了化学品基础理论、国内外化学品安全评价与测试技术、化学品安全管理技术相关法规，以及权威文献的研究成果，具有创新性、先进性、可靠性和实用性，反映了现阶段化学品安全科学与技术所涉及的内容。

本书可供化学品安全领域的广大科技人员、高等院校师生和质检机构的技术人员参考。

图书在版编目（CIP）数据

化学品安全科学与技术 / 王利兵主编. —北京：科学出版社，2023.1
（食品安全与检验检疫安全系列专著）
ISBN 978-7-03-049227-2

Ⅰ. ①化…　Ⅱ. ①王…　Ⅲ. ①食品污染–化学污染–污染防治
Ⅳ. ①TS201.6

中国版本图书馆 CIP 数据核字（2016）第 147119 号

责任编辑：王海光　闫小敏 / 责任校对：郑金红
责任印制：吴兆东 / 封面设计：刘新新

科学出版社 出版
北京东黄城根北街 16 号
邮政编码：100717
http：//www.sciencep.com

北京建宏印刷有限公司 印刷
科学出版社发行　各地新华书店经销

*

2023 年 1 月第 一 版　开本：787×1092　1/16
2023 年 1 月第一次印刷　印张：104 3/4
字数：2 484 000

定价：980.00 元（上下册）

（如有印装质量问题，我社负责调换）

《化学品安全科学与技术》编委会

主　编： 王利兵

副主编： 于艳军　韩　伟

编　委（按姓氏汉语拼音排序）：

陈　相　陈丹超　何　成　蒋　伟　李锦花

李宁涛　李学洋　缪文彬　熊中强　杨永超

张旭龙　赵　琢　周　磊

主 编 简 介

王利兵 男，工学博士，教授，博士生导师，天津海关副关长、一级巡视员；国务院特殊津贴获得者，中组部首批国家“万人计划”科技领军人才，“十二五”863 计划资源与环境安全领域主题专家，ISO/TC 264 首任主席，中国科学技术协会第九届全国委员会委员，全国危险化学品管理标准化技术委员会副主任委员。作为主要成员之一参与《国家中长期科学和技术发展规划纲要（2006—2020 年）》战略研究与制订工作。

研究领域为化学品安全与化学污染物检测。先后主持完成国家重大科研项目十余项，获美国发明专利 2 项、中国发明专利 61 项。以第一完成人获国家科技进步奖二等奖 2 项，省部级科技进步奖一等奖 7 项，省级自然科学奖一等奖 1 项。主持制定国家标准 128 项、行业标准 122 项。主持创立的 2 项试验方法被联合国经济及社会理事会危险货物运输专家委员会批准成为国际权威试验方法。以第一作者或通讯作者在国际权威学术期刊发表 SCI 论文 100 多篇，主编学术专著 8 部。三次获省部级劳动模范和先进工作者荣誉称号。

丛 书 序

食品安全与检验检疫安全直接关系着人民生命健康、国家经济运行安全、生物安全、环境安全和对外贸易发展。经济全球化和全球一体化进程的深入对我国国际贸易的发展、产业安全和食品安全产生了巨大影响。

一方面，近年来国际疫情疫病、有毒有害物质传播继续呈现出高发、易发态势，外来有害生物、传染性疫病及各种有毒有害物质跨境传播成为一个世界性难题，并日趋严重。由此产生的各种事故和事件也时有发生。据国家有关部门测算，我国每年由于外来有害生物、传染性疫病及各种有毒有害物质入侵造成的经济损失在2000亿元人民币以上。另一方面，特别是国际金融危机以后，贸易保护主义大肆抬头，经济全球化进程受到严重影响，发达国家不断提高进口产品质量安全标准和市场准入条件，以产品质量和安全的名义不断设置大量技术性贸易壁垒，各种“妖魔化”中国制造的事件时有发生。我国大量具有竞争优势的产品，每年损失高达数千亿美元的国际市场份额，给我国的经济社会发展和国家形象造成了巨大的负面影响。特别是近年来发生的“三聚氰胺”、“金浩茶油”等严重食品安全事件，给食品安全与检验检疫安全的科技工作提出了全新的挑战。为此，《国家中长期科学和技术发展规划纲要（2006—2020年）》第三部分“重点领域及其优先主题”中，明确将“食品安全与出入境检验检疫”列为第59个优先主题。

根据新时期食品安全与检验检疫安全的新情况和当前检测方法与科学技术发展的新要求，国家质量监督检验检疫总局首席研究员王利兵教授、江南大学食品科学与技术国家重点实验室胥传来教授及其他知名高等院校权威专家共同组织编写了“食品安全与检验检疫安全系列专著”，作者总结归纳了该研究领域“十五”和“十一五”国家科技计划项目的研究成果，对现有食品安全与出入境检验检疫科学技术进行分析、梳理，系统地提出了食品安全与出入境检验检疫安全的新技术和新方法，特别是在国内首次系统提出了建立检验检疫学科的理念，并与食品安全学科进行有机结合，对进一步加强和完善我国的相关学科建设，提高我国检验检疫与食品安全整体科学技术水平十分必要。

该系列专著主要包括：《食品安全科学导论》、《食品安全仿生分子识别》、《纳米材料与食品安全检测》、《检验检疫学导论》、《检验检疫风险评估与方法论》、《检验检疫生物学》、《食品添加剂安全与检测》、《食品安全化学》、《食品加工安全学》、《食品纳米科技》、《食品包装安全学》和《化学品安全科学与技术》等。全面阐述了检验检疫与食品安全科学的基本理论、技术与方法及风险评估与危害控制技术。力求对我国检验检疫与食品安全科学技术的发展做出积极贡献。该套专著是基于新时期检验检疫与食品安全的新情况和新要求编写而成，作者均是多年从事食品安全与检验检疫安全研究的资深专家和学者，他们对现有食品安全与检验检疫安全技术与方法进行全面论述与总结，并对将来食品安全与检验检疫安全科学技术发展趋势进行预测与展望，具有较高的学术水平和应用价值，我衷心希望该系列专著的出版能对我国的检验检疫与食品安全的学科发展和科技进步产生积极的影响，为我国食品安全与检验检疫事业发展起到有力的推动作用。

袁隆平

中国工程院院士

2010 年 11 月 26 日

前　言

化学品是人类生活和社会发展不可或缺的基本材料，或作为原料、能源，或作为染料、农药、医药等具有特殊功能的材料而与人们的日常生活密不可分。化工行业是全球第三大行业，年产量以亿吨计，品种达千万以上，且每年还在迅速增长。如此种类繁多、数量巨大的化学物质是一把“双刃剑”，在造福人类的同时，其安全隐患在各方面也不断显现，尤其是对人类健康和环境所造成的影响已经引起国际社会与各国政府的重视，成为非传统安全领域所关注的重点。化学品安全涉及易燃易爆、有毒有害、腐蚀放射等危险，也包括在低浓度水平对生态环境和人体健康的长期潜在危害，如内分泌干扰、生殖发育毒性和神经行为异常等。为此，对化学品的研究、生产、包装、储藏、运输、使用和废弃处置等应进行全生命周期的安全管控。

从国际社会来看，联合国《全球化学品统一分类和标签制度》（GHS）在全球化学品管理中扮演了重要角色，通过化学品的物理性质、对人类健康与环境危害的确定和危险信息的传达提供了全面的国际综合危险性公示系统；《经济合作与发展组织化学品测试准则》提供了用于测试化学品物理化学性质、对人类健康的影响、对环境的影响、在环境中的降解与蓄积的一系列试验方法，且相关方法已经作为国际标准被广泛采用。欧盟则出台了《关于化学品注册、评估、许可和限制的法规》（REACH），该法规对有持久性、生物累积性和毒性，致癌、致畸和生殖毒性，内分泌干扰物质等具有潜在环境和健康危害的高关注度物质进行管控。相比之下，我国已经完成了对联合国 GHS 化学品分类与公示标签和经济合作与发展组织（OECD）化学品测试准则技术方法的转化，但长期以来关注的都是“危险化学品”。随着中国成为全世界化学工业的中心之一，对可能具有潜在环境和健康危害的化学品管理已成为当前的重要课题，以持久性有机污染物（POPs）履约为目标的科研及监管行动广泛开展，化学品安全管理问题已逐步深入地纳入环境保护的范畴。化学品安全涉及基础化学理论、技术和方法，风险评估管理，以及人类健康与环境相关科学技术方法的应用，且随着人们对化学品风险认识水平与风险评估管理水平的提升，将有更为先进的技术出现。

本书是在化学品安全的基础科学理论和安全性检测评估技术不断发展进步的新形势下编著而成的。全书分为化学品安全概论、化学品安全评价技术、化学品安全检测技术和化学品安全与包装四篇，共 40 章。

第一篇为化学品安全概论，包括化学概论、化学品安全概述、燃烧与爆炸的化学基础、化学物质的毒理学基础及作用机制、化学品生物蓄积与生物转化过程、化学品安全科学理论与方法、化学品安全国际规范、化学品安全与检测标准。全篇首先简要介绍了基本的化学概念及各类化学反应的理论基础，详细介绍了涉及物理危害的燃烧、爆炸发生的化学机制，以及有健康与环境危害的化学品在生物体内的作用机制和过程；接着重点阐述了化学品安全科学理论与方法，涉及安全评价理论基础、安全系统工程理论和系统论、事故学理论体系以及风险分析和风险控制理论等；最后简要介绍了化学品安全相关的国际规范以及国内外标准框架和体系。全篇全方位阐明了化学品管理和安全评价所涉及的科学理论基础。

第二篇为化学品安全评价技术，包括化学品在同一介质和不同介质间的迁移机制，化学品在大气、水体中扩散的规律和模式，化学品在土壤中的迁移机制、过程分析和迁移方程及其数学模型，以及化学品风险评估所用到的大气、水体、土壤及多介质迁移模型。具体介绍了化学品风险管理过程的步骤，化学品安全评价的目的、作用和一般程序，安全评价常用的安全检查表、危险性预先分析法、故障树分析法和危险指数评价方法等，以及危险化学品泄漏、火灾、爆炸和中毒等事故后果分析；针对基于毒理学化学品安全评价方法及其风险评估程序等进行了详细说明，并对欧盟、美国、日本化学品风险评估和管理状况进行了介绍，重点阐述了经济合作与发展组织（OECD）的化学品规划原则，对现有化学品规划、新化学品规划、风险评估规划和风险管理规划进行了分类说明。

第三篇为化学品安全检测技术，包括化学品基础理化数据检测技术方法，化学品物理、健康与环境安全评价检测方法，以及典型高关注度化学品检测技术。详细介绍了包括熔点、沸点、密度、分配系数、表面张力等基础理化数据的检测方法；化学品物理危害、健康危害和环境危害相关的试验流程与方法，定量结构活性关系（QSAR）在动物替代试验中的应用，以及二甲苯麝香、短链氯化石蜡、全氟烷酸、有机锡、多环芳烃等典型高关注度物质的检测技术。

第四篇为化学品安全与包装，从化学品包装概论、包装材料种类及制品、包装容器性能测试等方面概述了与化学品包装相关的技术要求，包括塑料包装容器、玻璃容器、钙塑瓦楞箱、金属包装容器、软包装袋等的包装性能检测技术；重点介绍了危险品包装分类及安全性能要求，具体涵盖联合国《关于危险货物运输的建议书 规章范本》中的包装分类，包装编码及标记，包装一般要求，中型散装容器、大包装、感染性物质容器、放射性物质和包件、气体及喷雾剂类物质容器等的安全性能要求；对危险化学品包装、大型运输包装件、托盘与集装箱、中小型压力容器和感染性物质包装性能检测试验及方法进行了详细介绍；结合化学品包装的环境污染问题，阐述了不同类别包装中的化学污染、包装生命周期评价、各国包装及包装废弃物管理立法和管理办法等；针对包装材料中烷基酚、氯化有机物、氟化有机物等典型环境污染化学物质及重金属的检测技术，以大量国内外相关检测文献为基础，提供了分析方法和实例。

总之，全书内容系统翔实，真实地反映了化学品安全相关的基础理论、化学品安全性评价技术在化学品安全管理领域的应用，提出了化学品安全检测、化学品包装管理和性能测试等领域存在的问题，客观而全面地介绍了当前国内外化学品安全评价与检测技术。

本书在编写过程中，得到了中国工程院袁隆平院士、中国科学院姚守拙院士的许多宝贵意见和建议，在此一并致以诚挚的感谢！

由于本书内容涉及学科较广，加之时间和水平有限，疏漏和不足之处在所难免，请广大读者批评指正！

王利兵

2021年6月20日

目　　录

第一篇　化学品安全概论

第二篇 化学品安全评价技术

第三篇　化学品安全检测技术

第四篇　化学品安全与包装

第三篇

化学品安全检测技术

第 13 章　化学品基础理化数据检测技术

13.1　熔点/熔点范围

熔点（melting point）是指在一定压力下，纯物质的固态和液态呈平衡时的温度，即在该压力、温度条件下，纯物质呈固态的化学势和呈液态的化学势相等。对于分散度极大的纯物质固态体系（如纳米体系），表面现象对物质熔点的影响不可忽略，物质熔点与化学势、压力、固体颗粒粒径等相关。因许多物质超越一个温度范围发生相变，故常用熔点范围（melting range）来进行描述。熔点范围是物质从固相转变成液相经常发生的一个温度范围，实际工作中测定的是熔化过程的初始和最终温度。

物质从结构上分为晶体、非晶体两类。晶体物质从开始熔化至完全转变为液态整个过程温度保持不变，这个温度即为晶体物质的熔点。非晶体物质没有熔点，其由固态转变为液态的过程在一定温度范围内完成，这个范围即为非晶体物质的熔点范围。作为一种物质的物理性质，物质的熔点并非固定不变，受压强、杂质含量的影响而变化。所谓压强通常为一个大气压时的情况，若压强变化熔点也会随之而变。对于大多数物质，熔化过程是体积增大的过程，当压强增大时物质熔点升高，但对于冰、金属铋、锑等物质，由于在熔化过程中体积缩小，因此当压强增大时这类物质熔点随之降低。杂质的存在会影响物质的熔点，且杂质含量越高，物质熔点越低。

目前熔点/熔点范围的测量可采用的方法包括液浴毛细管法、自动熔点仪法两种。《经济合作与发展组织化学品测试准则》102“熔点/熔程”提供了各种熔点测定方法适用的温度范围和精确度，如表 13-1 所示[1]。

表 13-1　熔点测定方法的适用温度范围及精确度

方法	温度范围/K	估计精确度/K
液浴毛细管法	273～573	±0.3
金属块毛细管法	＞293	±0.5
Kofler 金属加热条法	＞293	±1.0
熔点显微镜法	＞293	±0.5
差热分析法和差示扫描量热计法	173～1273	±0.5（600K 以下），±2.0（1273K 以下）
凝固点法	223～573	±0.5
倾点法	223～323	±3.0

13.1.1　液浴毛细管法

毛细管法又称提勒管/双浴式熔点管法。测量时取少许待测干燥样品（约 0.1g）于干净表面皿中，将熔点管开口端向下插入粉末中取少量样品，旋转熔点管 180°至开口端向上，轻轻敲击熔点管使样品粉末落入管底压实，重复数次至管中样品高度为 2～3mm。毛细管法测量可采用提勒管或双浴式熔点管加热，如图 13-1 所示。提勒管又称“b”形管，管口上端为开口软木塞，温度计插入其中保持水银球位于“b”形管上下叉管口之间，样品部分置于水银球侧面中部，“b”形管中装入加热液体后在如图 13-1 中所示位置加热，受热液体在管内呈对流循环达到温度均匀。双浴式熔点管法测量中，水银温度计插至距管底约 0.5cm，瓶内盛装约 2/3 体积加热液体，同时试管内加入相同加热液体，使温度计插入后内外液面等高，当测量对象熔点低于 473K 时可采用浓硫酸、磷酸、石蜡油等作为浴液。

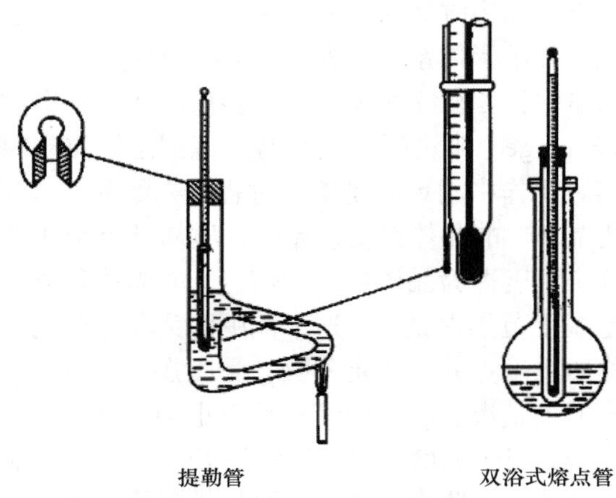

图 13-1　液浴毛细管法测定熔点

目前经济合作与发展组织（OECD）利用液浴毛细管法测定熔点采用的装置如图 13-2 所示。浴液的选择取决于受试物的熔化温度。例如，对于熔点温度在 473K 以下的受试物可使用液体石蜡；熔点温度在 573K 以下的使用硅油；熔点温度在 523K 以上的可用 3 份硫酸和 2 份硫酸钾的混合物（质量比），如果使用这种混合物，需要采取防护措施。

干燥样品磨碎成细粉，放入末端熔封的毛细管中。样品填紧长度应约为 3mm。为了得到均匀填充的样品，可让毛细管从高约 700mm 处的玻璃管自由下落到一个玻璃表面，可用一玻璃管作为导轨。加热浴液并搅拌，使温度上升速度约为 3K/min。通常在温度升至熔化温度以下约 10K 时，将毛细管放入装置，然后将升温速度调至约 1K/min。在温度缓慢升高的同时，被磨碎的物质熔化会经过如图 13-3 所示的几个阶段。在熔点测定过程中，记录下熔化开始的温度（图 13-3 中的 A 阶段）和最后阶段的温度（图 13-3 中的 E 阶段），即为测定的熔化温度。

最后，用式（13-1）来计算校正熔化温度：

$$T = T_{\mathrm{D}} + 0.00016(T_{\mathrm{D}} - T_{\mathrm{E}})n \tag{13-1}$$

式中，T 为校正后熔化温度；T_{D} 为温度计 D 读数；T_{E} 为温度计 E 读数；n 为温度计 D 颈部露出浴液的水银柱上的刻度数。

测量初始阶段升温速率可较快，当距离熔化温度 10～15K 时调整加热速率使升温速率保持在 1～2K/min，观察并记录样品开始塌落并有液相产生时（初熔）和固体完全消失时（全熔）的温度，即为样品的熔点/熔程。

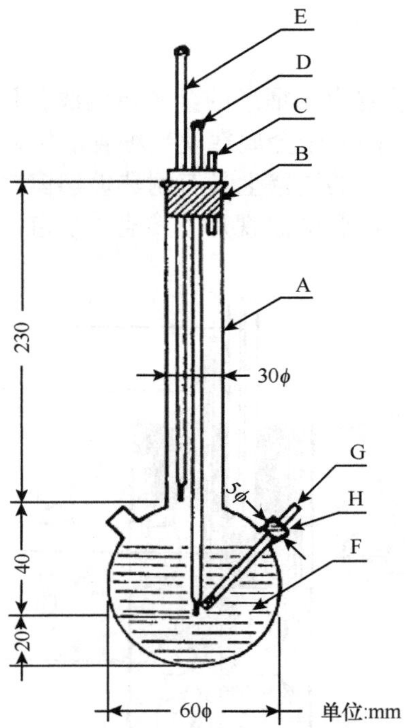

图 13-2 液浴毛细管法装置

A. 容器；B. 瓶塞；C. 通气口；D. 温度计；E. 辅助温度计；F. 溶液；G. 样品管，外径最大为 5mm，毛细管约长 100mm，内直径约为 1mm，壁厚为 0.2～0.3mm；H. 侧管；ϕ. 直径

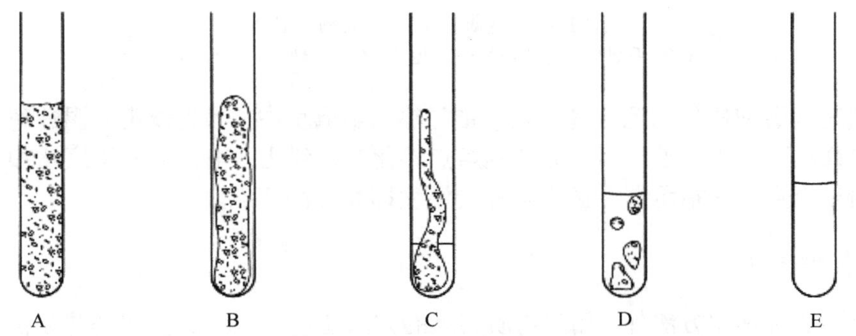

图 13-3 熔化过程各阶段示意图

A. 熔化开始，细微的小滴均匀地黏附于管壁上；B. 由于熔化收缩，样品与管壁间出现空隙；C. 收缩的样品塌陷并液化；D. 形成完整的弯月形液面，但仍有残留固态；E. 熔化的最后阶段，没有固体颗粒残留

13.1.2 自动熔点仪法

自动熔点仪利用显微镜、微量加热台结合测定样品熔点，同液浴毛细管法相比样品用量更少、可测熔点范围更高（最高可达 350℃），同时测量过程中可通过显微镜观察样品变化全过程。测量过程中通过调节加热速率控制样品升温过程，当样品晶体棱角开始变圆时即晶体开始熔化，结晶形态完全消失即熔化完毕，熔化过程对应温度/温度范围即为样品熔点/熔点范围。

13.1.3　金属块毛细管法

金属块毛细管法的测量装置由圆桶形的金属块构成，上部分是一空心管形成的一个内空腔，带有两个孔或更多孔的一个金属塞使毛细管能插入并固定在金属块中，附属电热装置可加热样品。金属块内腔的侧壁上具有耐热玻璃窗口，沿直径呈直角分布，在这些窗口之一的前面放置观察毛细管的眼视片（其他 3 个窗口用于腔内照明），如图 13-4 所示。

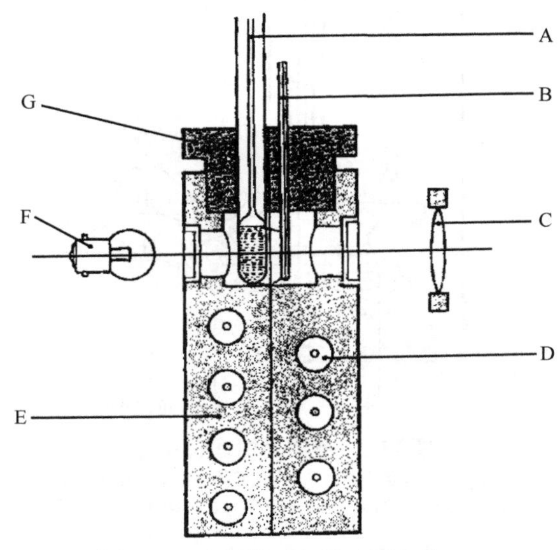

图 13-4　金属块毛细管法测定装置

A. 温度计；B. 毛细管；C. 眼视片；D. 电阻；E. 金属加热块；F. 灯；G. 金属塞

将填充满磨细样品的毛细管放入已被加热的金属块中，预先设定升温速率，同时一束光透过样品到达光电池。当样品达到熔点熔化时，到达光电池的光密度增加，同时停止输送信号至数字式指示器，读出热腔的温度即为样品熔点。

13.1.4　其他方法

除上述 3 种常用方法外，测定物质熔点的方法还包括 Kofler 金属加热条法、差热分析法、差示扫描量热计法、凝固热棒法等。

Kofler 金属加热条法的测量装置由两片不同导热系数的金属点组成，热棒用电加热，按长度方向，温度线性递增，热棒的温度范围为室温至 573K，并配备了温度刻度和可移动的指针，将被测样品制成一薄层放在热棒上，几秒钟内固相和流动相之间就有清晰的分界线显现出来，调节指针至分界线，读出分界线的温度即为样品熔点。

差热分析法将受试物样品和参照物样品放在同样的温度控制程序之下，当受试物发生一个相转变时，从温度记录的基线上就可以由相应的焓的变化给出吸热（熔化）或放热（凝固）的相变点，即为熔点。

差示扫描量热计法与差热分析法类似，受试物样品和参照物样品处于同样的温度控制程序之下，记录维持受试物和参照物样品相同温度所必需的能量差，当样品经历一个相转变时，根据相应的焓的变化可以从记录的热流基线上找出一个相变点作为样品熔点。

用凝固点法测定时，加热试管至样品熔化并不断搅动，当样品放冷时，在预定时间间隔测定温度，一旦温度的几次读数保持不变时（需校准温度计的误差），记录下此时的温度，即为熔点，但测定过程中必须通过保持固相和液相之间的平衡来避免超冷现象。

13.2　沸　　点

当物质受热时，其蒸气压升高，当蒸气压达到与外界压力（通常为 1 个大气压，0.1MPa，760mmHg）相等时，液体开始沸腾，此时的温度为物质的沸点（boiling point）。大多数沸点温度是由环境压力和一个测量值计算而来的。对于具有高沸点的物质和在高温下分解的物质，适合在减压情况下测定。跨越大幅度压力下的外推法容易产生误差。假定在有限的温度范围内，汽化热是一常数，它在正常的沸点附近遵循 Clapeyron-Clausius 方程式：

$$\lg p = \frac{\Delta H_{\mathrm{v}}}{2.3RT} + 常数 \tag{13-2}$$

式中，p 为蒸气压，单位为 Pa；ΔH_{v} 为汽化热，单位为 J/mol；R 为摩尔气体常数，8.314J/(mol　K)；T 为热力学温度，单位为 K。

由于物质的沸点与外界大气压密切相关，因此在讨论物质的沸点时必须注明对应压力。目前沸点测量可采用的各类方法适用的温度范围和精确度如表 13-2 所示[2]。

表 13-2　沸点测定方法的适用温度范围及精确度

方法	估计精确度
沸点测定计法	±1.4K（373K 以下）
	±2.5K（600K 以下）①
动态法	±0.5K（600K 以下）
蒸馏法	±0.5K（600K 以下）
Siwoloboff 法	±2.0K（600K 以下）
光电池检测法	±0.3K（373K 时）
差热分析法	±0.5K（600K 以下）
	±2.0K（1273K 以下）
差示扫描量热计法	±0.5K（600K 以下）
	±2.0K（1273K 以下）

①表示该精度应用于 ASTM D 1120—72 中描述的简单装置

13.2.1　沸点测定计法

沸点测定计起初是用来测量物质的相对分子量的，也适用于测量沸点。ASTM D 1120—94（2004）《发动机冷却剂沸点的标准测试方法》描述了一种测量沸点的装置[3]，如

图 13-5 所示。在大气压平衡条件下，液体在这套装置中加热直至沸腾，然后读取沸点数据。

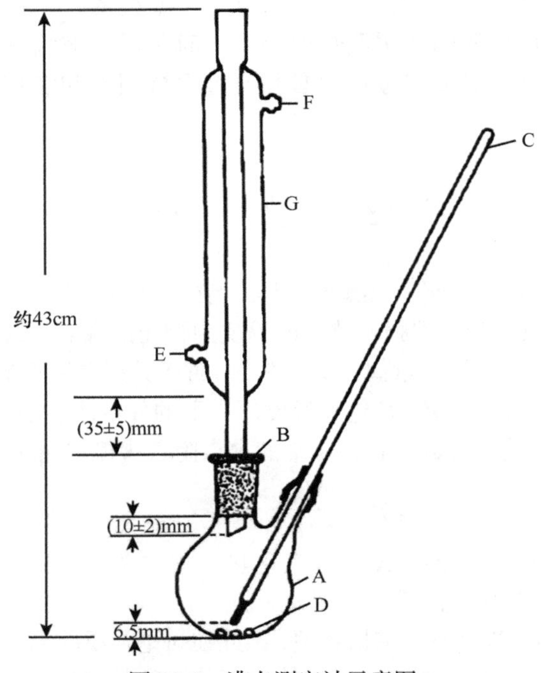

图 13-5　沸点测定计示意图

A. 容器；B. 瓶塞；C. 温度计；D. 沸石；E. 进水口；F. 出水口；G. 冷凝管

13.2.2　动态法

该方法是在液体沸腾时测量回流液的冷凝温度，适用该方法时，压力可以变化。装置及操作参见蒸气压测定法[4]。

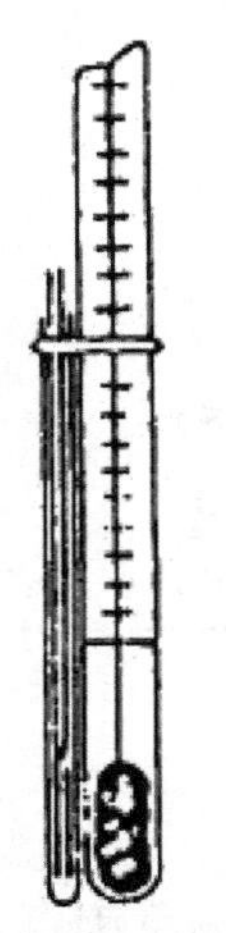

图 13-6　Siwoloboff 法测量装置

13.2.3　Siwoloboff 法

图 13-2 所示装置可作为标准型熔点和沸点测量装置，样品装入直径约为 5mm 的样品管，在样品管中放入一毛细管（沸腾毛细管），距毛细管下端 1cm 处将毛细管熔封。毛细管熔封处应在样品水平面以下。装有沸腾毛细管的样品管要用橡皮筋与温度计捆紧或用支架固定住，如图 13-6 所示。

根据沸点选择浴液。硅树脂油浴液可测量温度达到 573K，液体石蜡可测量温度只能达到 473K。最初浴液加热温度上升速率应调节至 3K/min，并搅动浴液。距离预期沸点 10K 时，减慢温升速率至≤1K/min。临近沸点时，气泡开始从毛细管中迅速冒出。

沸点就是在瞬间冷却时气泡串停止，流体突然在毛细管中上升时的温度。对应的温度计读数就是物质的沸点。

通过对 Siwoloboff 法改良，如图 13-7 所示，可用测定熔点的毛细管测量沸点。将毛细管拉伸成 2cm 长如图 13-7A 所示的形状，并吸入少量样品。毛细管开口的一端被熔封，一些小气泡位于末端。当加热熔点装置时，气泡膨胀（图 13-7B）。沸点是封闭的物质到达浴液表面水平（图 13-7C）时相应的温度。

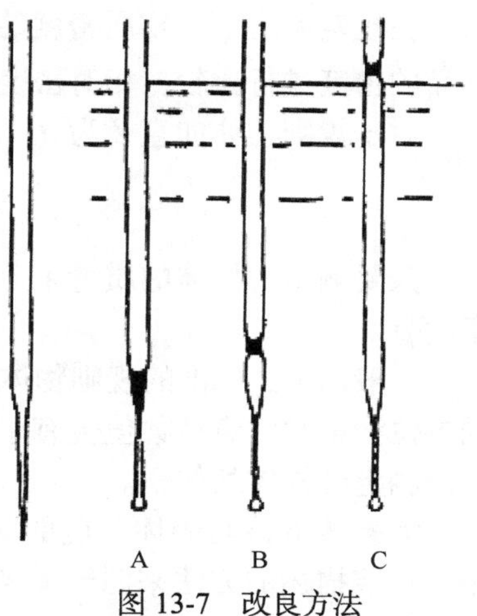

图 13-7　改良方法

13.2.4　光电池检测法

样品在加热金属块里的毛细管里被加热。

光束经过金属块合适的小孔穿过物质到达经精确校准的光电池上被检测。

当样品温度增加时，单个气泡出现在沸腾毛细管，当达到沸点时，气泡的数量急剧增加，这引起光强的变化，被光电池记录，并给一停止信号至指示器读出金属块上白金电阻温度计的温度。

这种方法特别有用，因为它允许在低于室温 253.15K（−20℃）下测定，不对装置做任何改变而仅需将装置放入冷浴中。

13.2.5　其他方法

采用差热分析法（DTA 法），受试物与参照物在相同温控条件下升温，测量两者之间的温差，当试样发生沸腾转变时，这种变化会以温度偏离基准线的形式显示出来。

采用差示扫描量热计法（DSC 法），受试物与参照物在相同温控条件下升温，测量两者输入能量的差异。此能量是受试物与参照物之间保持等温所需要的能量。当试样发生沸腾转变时，这种变化会以偏离热流基准线的形式显示出来。

其中液浴毛细管法、金属块毛细管法、差热分析法和差示扫描量热计法既可以测定沸点，也可以测定熔点。金属块毛细管法、差热分析法和差示扫描量热计法易于标准化和自动化。动态法的优点在于它可用于蒸气压的测定，另外无需对测定结果进行压力校正，因为可以通过稳压器把测试环境压力稳定在标准大气压。蒸馏法的优点在于可以测定沸程。

13.3　密　　度

密度是物质的基本特性之一，与物质的纯度有关，常通过测定密度来做原料成分的分析和纯度的鉴定。若一物体的质量为 M，体积为 V，密度为 ρ，则按密度定义有：

$$\rho = \frac{M}{V} \tag{13-3}$$

在规定温度下，物质密度的单位为 kg/m^3。通常也可采用相对密度 D_4^{20} 来对不同化学品的密度进行比较，相对密度 D_4^{20} 是指在 20℃时物质的密度与 4℃时水的密度之比。

对于规则物体如直径为 d、高度为 h 的圆柱体，式（13-3）变为

$$\rho = \frac{4M}{\pi d^2 h} \quad (13\text{-}4)$$

只要测出圆柱体的质量 M、直径 d 和高度 h，代入式（13-4）就可算出该圆柱体的密度 ρ。

一般而言，标准的规则物体并不存在，如圆柱体各个断面的大小均不尽相同，从不同方位测量它的直径数值会有差异，另外，圆柱体的高度各处也不完全一样，因此很难精确测定圆柱体的体积。

大多数液体与固体密度的测定方法都是国际和国家标准方法及政府机构规定的方法。本节描述的方法来源于《经济合作与发展组织化学品测试准则》109“液体和固体密度”，提供了测试化学品（物质和混合物）密度的程序，包括比重计法、比重秤法、浸入液体法、振荡密度计法等，其适用性见表 13-3[5]。其中，比重计法、比重秤法、振荡密度计法等方法受试物液体的动力学黏度不得超过 5Pa · s，浸入液体法受试物液体的动力学黏度不得超过 20Pa · s，比重瓶法受试物液体的动力学黏度不得超过 500Pa · s。

表 13-3 密度测试方法的适用性

方法	受试物		最大可能动力学黏度/（Pa · s）
	固体	液体	
比重计法		是	5
比重秤法	是	是	5
流体静力称衡法	是		5
浸入液体法		是	20
比重瓶法		是	500
空气比较比重瓶法	是	是	
振荡密度计法		是	5

13.3.1 比重计法

比重计法是一种根据液体浮力测定样品密度的方法。比重计的重量压在玻璃浮体上，玻璃浮体沉入液体的深度取决于液体的密度。比重计上有一标有刻度的杆茎，密度通过从杆茎上读出液面所在的刻度得到。使用比重计法测量样品密度时，应保证所测定液体样品的动力学黏度不大于 5Pa · s。

13.3.2 流体静力称衡法

根据阿基米德定律，浸没在液体中的物体受到向上的浮力，浮力的大小等于物体所排开的液体的质量。若将物体分别浸在空气、水中称重，得到物体的质量 M_1、M_2，则物体在水中受到的浮力为 $M_1 - M_2$，并等于其全部浸没在水中时所排开的水的质量，即

$$M_1 - M_2 = \rho_0 g V \tag{13-5}$$

式中，ρ_0 为水的密度；g 为重力加速度；V 为物体体积。同时由于物质的质量 $M_1 = \rho g V$，代入式（13-5）可得物质的密度：

$$\rho = \frac{M_1}{M_1 - M_2}\rho_0 \tag{13-6}$$

将相同物体再浸入密度为 ρ' 的待测液体中，称得此时物体质量为 M_3，则物体在待测液体中受到的浮力为 $M_1 - M_3$，可得到待测液体的密度：

$$\rho' = \frac{M_1 - M_3}{M_1 - M_2}\rho_0 \tag{13-7}$$

13.3.3　浸入液体法

浸入液体法利用测定液体浮力的方法推导得出样品密度。先将一盛有试验液体物质样品的容器放在天平上称重，然后把一已知体积的物体（一般为约 $10cm^3$ 的金属球体）固定在与天平无关的支架上，将球体浸入液体之中。浸入物体对天平所施加的作用与自由的、不固定的、具有与浸入的球体相同体积且与液体同样密度的物体对天平所施加的作用没有明显的区别。液体的密度可用物体浸入液体获得的重量增加值除以物体的体积得到。本方法适用于动力学黏度不超过 20Pa · s 的液体。

13.3.4　比重瓶法

比重瓶法测量液体物质样品密度时，当比重瓶注满液体后，使用中间有毛细管的玻璃塞子塞紧，多余液体样品自毛细管溢出保持瓶内体积恒定。测量空比重瓶的质量 m_0，注满水时比重瓶、纯水总质量 m_1 及注满样品时比重瓶、样品总质量 m_2，则待测样品密度的计算如下：

$$\rho = \frac{m_2 - m_0}{m_1 - m_0}\rho_0 \tag{13-8}$$

比重瓶法测量不溶于水的小块固体样品时，依次称取小块固体质量 m_3、盛满纯水后总质量 m_1、盛满纯水小瓶中投入小块固体后总质量 m_4，此时被小块固体排出比重瓶的水质量为 $m_1 + m_3 - m_4$，则小块固体密度采用式（13-9）计算：

$$\rho = \frac{m_3}{m_1 + m_3 - m_4}\rho_0 \tag{13-9}$$

13.3.5　比重秤法

比重秤法可用于测定液体、固体样品的密度。固体的密度是从样品在空气中和已知密度的液体（如水）中的质量之差推导出来的，这种测定方法仅对特殊样品而言（用容积密度表示）。液体密度的测定是将一固体物质先在空气中称重，然后再浸入液体中称重，但必须满足所测定液体的动力学黏度不超过 5Pa · s。

13.3.6 其他方法

除上述密度测定方法外，还可利用空气比较比重瓶法、振荡密度计法测定样品密度。其中空气比较比重瓶法用于测定固体样品密度。在空气或惰性气体中，在校准的可变容积的圆柱体内测定样品的体积，然后将样品称重得到样品密度。振荡密度计法用于测定液体样品密度，类似“U”形管的机械振荡器在摆动时，它的共振频率取决于其重量，“U”形管中装入样品后改变振荡频率，该方法采用已知密度的液体进行校准，并使所检测液体样品密度在二者之间，通过内插法得到样品密度，本方法适用于动力学黏度不超过 5Pa · s 的液体样品。

13.4 蒸 气 压

在一定外界条件下，单组分系统发生气-液两相变化，液体中的液态分子蒸发为气态分子，同时气态分子撞击液面而回归液态，一定时间后达到平衡，气态分子含量达到稳定最大值时，气态分子对液体产生的压强为液体样品的饱和蒸气压。蒸气压反映溶液中少数能量较大的分子有脱离母体进入空间的倾向即逃逸倾向，蒸气压可用于衡量这一倾向的程度，属于液体自有属性，根据热力学平衡原理，纯物质的蒸气压仅为温度的函数。在一定温度范围内，根据简化的 Clapeyron-Clausius 方程式，纯物质蒸气压的对数值与绝对温度的倒数呈线性关系，如式（13-10）所示。

$$\lg p = -\frac{\Delta H_{\mathrm{v}}}{2.3RT} + 常数 \tag{13-10}$$

式中，p 为以帕斯卡表示的蒸气压，单位为 Pa；ΔH_{v} 为汽化热，单位为 J/mol；R 为摩尔气体常数，8.314J/(mol · K)；T 为热力学温度，单位为 K。

没有单一的方法能适用 10^{-10}～10^{5}Pa 压力的测定，不同范围的蒸气压可采用不同的推荐方法进行测定。目前蒸气压测定方法包括动态法、静态法、液体蒸气压力计法、渗出法：蒸气压平衡法、渗出法：失重法、渗出法：等温热重法、气体饱和法、回转法及估算法 9 种测定方法，适用于不同范围蒸气压测定，表 13-4 为不同方法适用样品和蒸气压范围的比较[3]。

表 13-4 蒸气压测定方法的比较

测定方法	固体	液体	预计重复性/%	预计再现性/%	推荐范围/Pa
动态法	低熔点	适用	最大 25	最大 25	10^{3}～2×10^{3}
			1～5	1～5	2×10^{3}～2×10^{5}
静态法	适用	适用	5～10	5～10	10～10^{5}
					10^{-2}～10^{5}
液体蒸气压力计法	适用	适用	5～10	5～10	10^{2}～10^{5}
渗出法：蒸气压平衡法	适用	适用	5～20	最大 50	10^{-3}～1
渗出法：失重法	适用	适用	10～30		10^{-10}～1
渗出法：等温热重法	适用	适用	5～30	最大 50	10^{-10}～1

续表

测定方法	固体	液体	预计重复性/%	预计再现性/%	推荐范围/Pa
气体饱和法	适用	适用	10～30	最大 50	10^{-10}～10^{3}
回转法	适用	适用	10～20		10^{-4}～0.5
估算法	适用	适用			10^{-5}～10^{5}

13.4.1　动态法

动态法（Cottrell 法）又称动力学法，是通过测量特定压力下的沸点来计算蒸气压，此方法也被推荐为沸点的测定方法，用于测定 600K 以下的沸点。由于液体柱流体静力学原因，液体的沸点在液体表面以下 3～4cm 处要比其表面高大约 0.1℃。利用动态法原理，采用如图 13-8 所示的蒸气提升 Cottrell 泵体装置，将温度计置于液体表面之上的蒸气中，沸腾的液体不断地运动到温度计水银球的上方，与大气压达到平衡的稀薄的液层覆盖住水银球，这时的读数就是该液体的沸点。在图 13-8 中 A 样品管中盛有沸腾液体，铂金属丝 B 密封于装置底部使液体均匀沸腾，支管 C 与冷凝器相连，护套 D 用以防止冷凝液接触温度计 E，当液体沸腾时，由漏斗型口所汇集的气泡和液体经泵 F 的两个支管流入温度计的水银球。

根据 Cottrell 原理进一步精确制成动态蒸气压测定仪，如图 13-9 所示，由沸腾区、冷凝管、出口管、连接法兰组成。置于沸腾区的蒸气提升装置由电加热丝加热，温度计从顶部法兰插入测量温度，蒸气出口与压力调节系统连接。真空泵、缓冲体积、压力计调节系统压力。

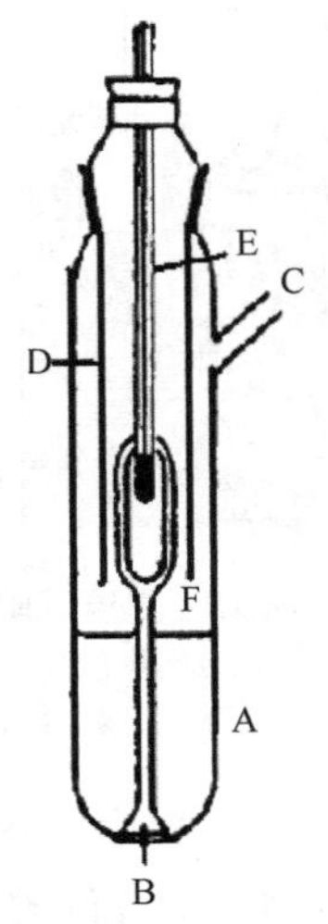

图 13-8　蒸气提升 Cottrell 泵装置图

A. 样品管；B. 铂金属丝；C. 支管；D. 护套；E. 温度计；F. 泵

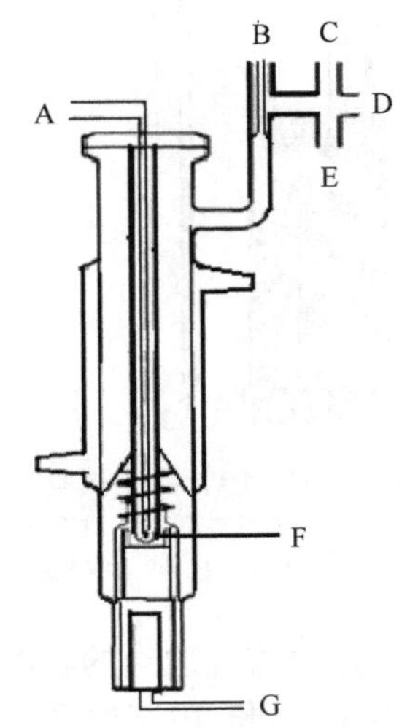

图 13-9　动态蒸气压测定仪

A. 热电偶；B. 真空缓冲室；C. 压力计；D. 氮气；E. 真空；F. 温度测量点；G. 加热器

测定过程中对于液体样品可直接加入沸腾区中，非粉末状固体样品可先加热熔化后加入沸腾区。密封的试验装置经抽真空脱气至最低试验压力条件后启动加热装置，达到平衡时记录压力、温度，并逐步升高系统压力至 10^5Pa（共计 5～10 个测量点），分别测定平衡条件下的压力、温度。动力学法测定样品蒸气压是需要进行压力校正的，此时应在压力递减的条件下重复测定平衡点。

13.4.2　静态法

静态法又称静力学法，热力学平衡时的蒸气压是在特定的温度下测定的。此方法适宜 10～10⁵Pa 的纯物质以及多组分的液体、固体，如果操作仔细，可测定 1～10Pa 的蒸气压。

静态法测量蒸气压如图 13-10 和图 13-11 所示，采用汞、硅酮、邻苯二甲酸酯填充“U”形微分液体压力计，汞压力计适用于常压至 100Pa，硅酮、邻苯二甲酸酯适用于 10～100Pa，部分压力表适用于 100Pa 以下压力，其中加热薄膜压力表可达 0.1Pa。静态法测定过程中应首先在测试瓶中加入样品并降温、脱气，多组分混合物样品应降温至样品组成不再发生变化并搅拌加速平衡。然后开启样品槽上方阀门，同时抽真空数分钟以除去空气，且在必要条件下应反复多次进行脱气。脱气完毕后关闭阀门，加热样品，蒸气压升高，“U”形微分液体压力计中液体偏离零点，此时需导入氮气/空气至压力计归零，读取输入气体压力，即为该温度条件下样品蒸气压。

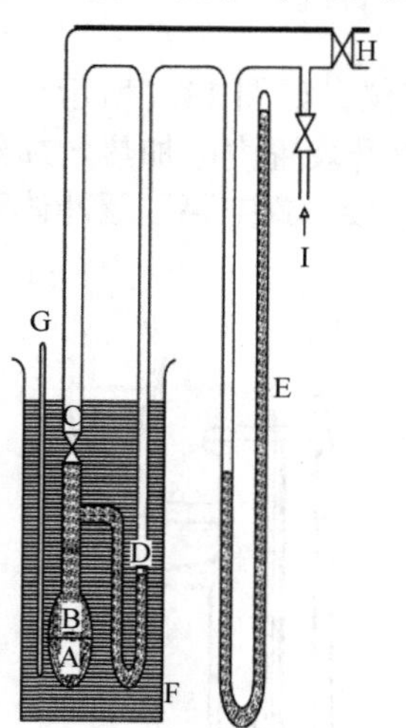

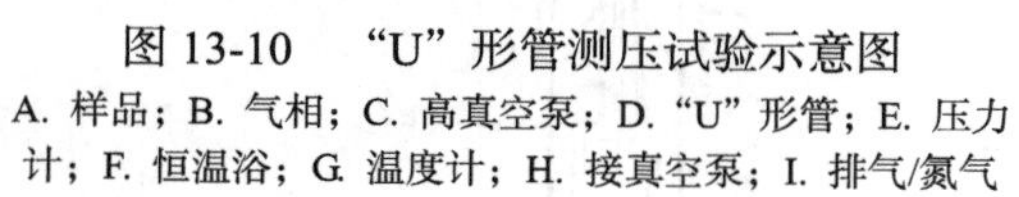
图 13-10　“U”形管测压试验示意图

A. 样品；B. 气相；C. 高真空泵；D. “U”形管；E. 压力计；F. 恒温浴；G. 温度计；H. 接真空泵；I. 排气/氮气

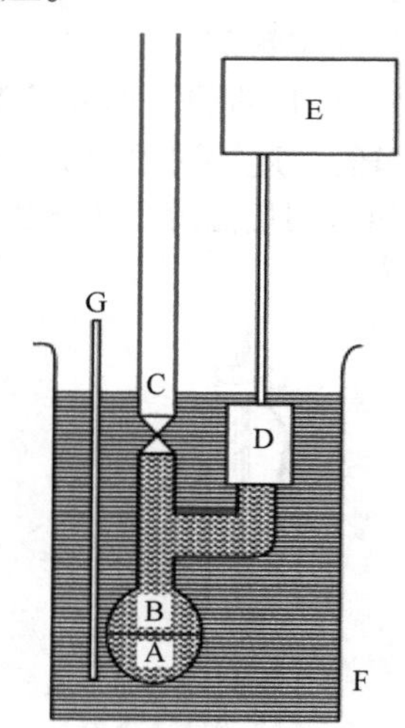

图 13-11　压力表测压试验示意图

A. 样品；B. 气相；C. 高真空泵；D. 压力计；E. 压力显示器；F. 恒温浴；G. 温度计

静态法测定时需在适当的温度间隔内测量样品蒸气压（共计 5～10 个测量点）直至所需的最高温度，同时由于样品中仍含有空气（对于高黏性物质）或低沸点物质，在升温过程中其不断逸散，以及在试验温度范围内物质发生了化学变化（分解、聚合）等，在低温条件下测定结果需重复校正。

13.4.3　液体蒸气压力计法

液体蒸气压力计法基于静态法原理，包括将待测物质放入保持恒定温度的球形管，接上压力计和真空泵等步骤。在所选择的温度下待测物质的蒸气压与已知的惰性气体的压力相平衡。液体蒸气压力计是为测定特定液体烃类物质的蒸气压而开发的，但对研究固体物质同样适用。此方法通常不适用多组分系统。对于含有非挥发性杂质的待测物质而言，结果误差很小，推荐的测定范围为 10^2～10^5Pa。

液体蒸气压力计法的测定装置如图 13-12 所示。测定过程中首先将液体样品直接注入压力计管中，充分填充球形管及压力计“U”形部分后连接真空系统，抽真空后通入氮气，并重复两次以除去残余的氧气。将液体蒸气压计水平放置，使样品扩散至样品球形管和压力计上形成薄层，抽真空降低系统压力至 133Pa，缓慢加热样品至微沸，除去溶解的气体。将液体蒸气压计垂直放置，使样品回流至“U”形管及球形管末端并保持压力在 133Pa，在球形管末端以小火加热至样品蒸气从球形管上部、压力计支管充分扩散迫使样品进入压力计部分。将液体蒸气压力计置于恒温水浴中，调节氮气压力，达到平衡时的氮气压力即为样品蒸气压。

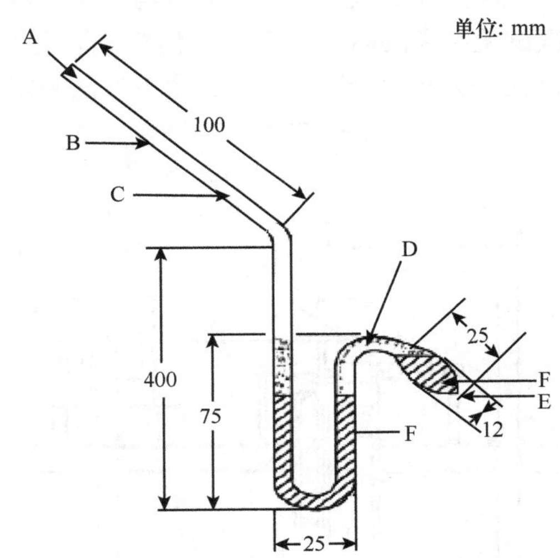

图 13-12　液体蒸气压力计法仪器示意图

A. 接压力调节和测量系统；B. 8mm OD 管；C. 干燥氮气；D. 样品蒸气；E. 球形管末端；F. 样品

对于固体，将样品加入球形管末端，根据压力、温度范围，选用脱气后的硅酮或邻苯二甲酸酯填充“U”形管，升温、脱气，采用同液体样品测试相同方法测量样品蒸气压。

13.4.4　渗出法

渗出法测定物质蒸气压依据仪器及原理不同可分为渗出-蒸气压平衡法、失重法及等温热重法。

13.4.4.1　渗出法：蒸气压平衡法

将试验样品放入置于真空钟罩内的蒸发炉内加热，蒸发炉由带有已知直径的小孔的盖子覆盖。物质的蒸气从其中的小孔逸出，逸出的蒸气直接浸入高灵敏度的置于同一真空钟罩内的微量天平称量盘上，蒸气流的动量压动天平盘。可以通过两种途径获得蒸气压数据：一种是由天平盘上的压力直接计算，另一种是由蒸发率按照汉兹-努森公式（13-11）来计算。

$$p = G[(2\pi RT \times 10^3)/M]^{1/2} \tag{13-11}$$

式中，G 为蒸发率，单位为 $kg/(s \cdot m^2)$；M 为摩尔质量，单位为 g/mol；T 为热力学温度，单位为 K；R 为气体常数，8.314 $J/(mol \cdot K)$；p 为蒸气压，单位为 Pa。

蒸气压平衡装置的一般构造原理如图 13-13 所示。蒸气压平衡法测定时样品需加入蒸发炉中并保持蒸发炉位置高于冷却装置，对准小孔关闭炉盖及保护罩。系统封闭后抽真空至 10^{-4}Pa，浸入冷却装置中并在 10^{-2}Pa 压力下降温，温度、压力稳定后开始测量。开启炉盖小孔，蒸气通过小孔、冷却环喷射在天平上并冷却，使天平失衡。机械装置外力使天平恢复平衡，通过复位外力及偏移量计算得到样品蒸气压。蒸气压平衡法测量需逐步升高试验温度并绘制不同温度下蒸气压值的对数与温度倒数曲线，并在样品冷却后重复进行测量以对比两次试验结果的曲线，若结果不同应进行第三次测定，若结果仍然不同，证明样品在测定过程中会发生分解，不适合用本方法测定。

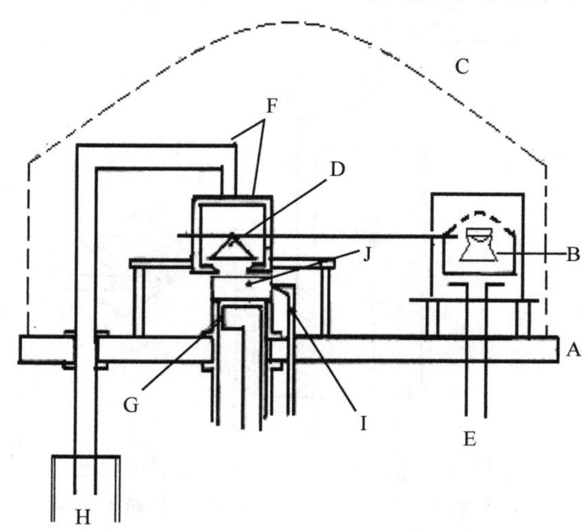

图 13-13　蒸气压平衡法装置示意图

A. 基盘；B. 移动圈；C. 保护罩；D. 平衡装置；E. 接真空泵；F. 冷却装置；G. 蒸发炉；H. 含液氮真空瓶；I. 防护屏；J. 样品

蒸气压平衡法推荐的测定范围为 10^{-3}～1Pa。

13.4.4.2　渗出法：失重法

该方法是在超真空条件下对每单位时间内从 Knudsen 池中通过微孔以蒸气形式逸出的受试物量的估算。失重测量蒸气压仪器的一般构造原理如图 13-14 所示。测定时将样品加入不锈钢逸出槽中，加盖，放置于真空罐中，密封真空罐，抽真空除气。真空度稳定后，加热真空罐至所需温度，采用称重或气相冷凝后色谱分析方法测量样品逸失量。应用式（13-11）根据由装置参数决定的修正系数来计算蒸气压。该方法推荐的测定范围

为 10^{-10}～1Pa。

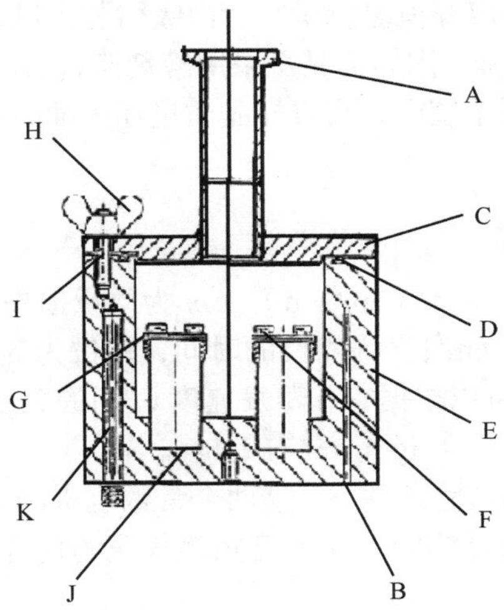

图 13-14　失重法装置示意图

A. 真空；B. 铂电阻；C. 真空罐罩；D. “O” 形环；E. 铝制真空罐；F. 逸出槽位；G. 线状端；H. 蝶形螺母；I. 螺栓；J. 不锈钢逸出槽；K. 加热器夹盘

13.4.4.3　渗出法：等温热重法

等温热重法是在高温常压下使用热重法测定升高的蒸发速度，其装置见图 13-15。待测物质暴露在惰性气体的缓慢气流下，监测其在不同温度 T 下于固定时间内的重量变化，计算蒸发速度 v_T。根据蒸气压对数和蒸发速度对数间的线性关系，由 v_T 计算得到温度 T 时的蒸气压 p_T，必要时可以通过 $\lg p_T$ 对 $1/T$ 的回归推算 20℃和 25℃的蒸气压。

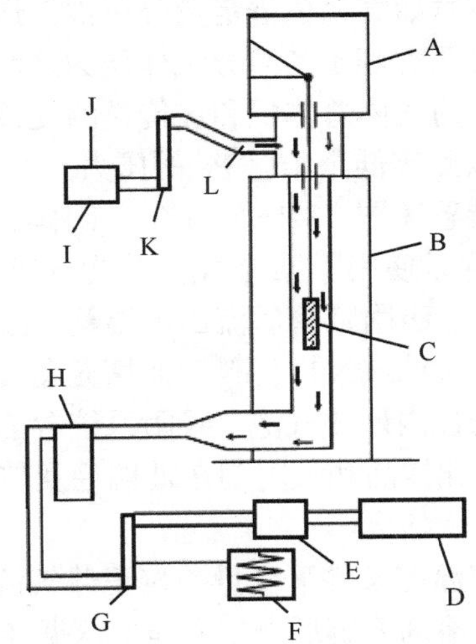

图 13-15　等温热重法装置示意图

A. 微量天平；B. 炉体；C. 样品盘；D. 泵；E. 阀；F. 记录仪；G. 流量测量系统；H. 吸附系统；I. 调节阀；J. 氮气（常压）；K. 流量计；L. 氮气

等温热重法测量时，同微量天平相连的样品盘上所附着的样品在恒温条件下蒸发后由干燥氮气吹扫带走，并在离开恒温测量室后由吸附装置进行吸附、净化，液体样品直接附着于粗糙玻璃样品盘表面，固体样品可采用溶剂溶解后附着，并在惰性气体中干燥。样品盘悬挂于等温热重分析系统中，测量样品质量损失随时间的变化，采用式（13-12）计算样品蒸发速度

$$v_{\mathrm{T}}=\frac{\Delta m}{Ft} \tag{13-12}$$

式中，v_{T} 为蒸发速度，单位为 g/（$cm^2 \cdot h$）；Δm 为质量损失，单位为 g；F 为样品表面积，即样品盘面积，单位为 cm^2；t 为需要的时间，单位为 h。

温度 T 时的蒸气压 p_{T} 可以根据它和蒸发速度 v_{T} 间的关系计算得到

$$\lg p_{\mathrm{T}}=C+D\lg v_{\mathrm{T}} \tag{13-13}$$

式中，C 和 D 为常数，不同试验条件下，这两个常数也不同，主要取决于恒温腔的直径和气体流速。这些常数要通过测定一系列已知蒸气压的化合物的 $\lg p_{\mathrm{T}}$ 与 $\lg v_{\mathrm{T}}$ 间的回归关系来确定。

蒸气压 p_{T} 和温度 T（K）间的关系用式（13-14）计算

$$\lg p_{\mathrm{T}}=A+\frac{B}{T} \tag{13-14}$$

式中，A 和 B 为常数，通过 $\lg p_{\mathrm{T}}$ 对 $1/T$ 回归计算得到。

由此可见，可以通过外推法计算任意温度下的蒸气压。

13.4.5　气体饱和法

在室温和已知流量下，当惰性气体通过或经过待测物质的样品时，缓慢地达到饱和。在气相中达到饱和是十分重要的。饱和惰性气体中的样品一般用吸附剂吸收，然后确定其量。也可以使用在线分析技术如气相色谱定量分析被传送物质的量。假定遵循理想气体定律，那么气体混合物的总压力等于各组分气体压力之和，由此来计算蒸气压。待测物质的分压，即蒸气压由已知的气体总体积和被传送的受试物的量来计算。气体饱和法适用于固体或气体物质，可以测定低至 10^{-10}Pa 的压力。

气体饱和法蒸气压测量装置（图 13-16）由 3 个固体、3 个液体吸附剂架构成，恒温箱控温精确度为±0.5℃。通常使用干燥的 N_2，分为 6 组，进入 3.8mm 直径铜管作为载气，待温度平衡后流经样品、吸附剂管后流出恒温箱。液体样品蒸气压测量时为达到有效平衡，可将液体涂覆于玻璃珠或惰性材料表面填充套管，或使载气通过粗糙的玻璃材料，同时在填有待测样品的柱内形成气泡。吸附系统含前置、后置两部分，低蒸气压条件下仅少量样品被吸附，因此样品和吸附剂在玻璃毛及玻璃管上的吸附对检测结果有很大影响。

测量过程中需首先在恒定温度条件下测量并校正载气流量，分析吸附剂的前置、后置部分，各部分吸附的样品以溶剂溶解后测定含量。依据样品性质选择合适的分析方法（吸附剂、解吸剂）测定所吸附样品含量，吸附解析效率通过向吸附剂定量加入样品、解析后测量，并在样品浓度条件范围内校正。采用 3 种不同载气流速进行试验，若蒸气压结果与载气流速无关，则载气达到饱和状态，样品蒸气压采用式（13-15）进行计算。

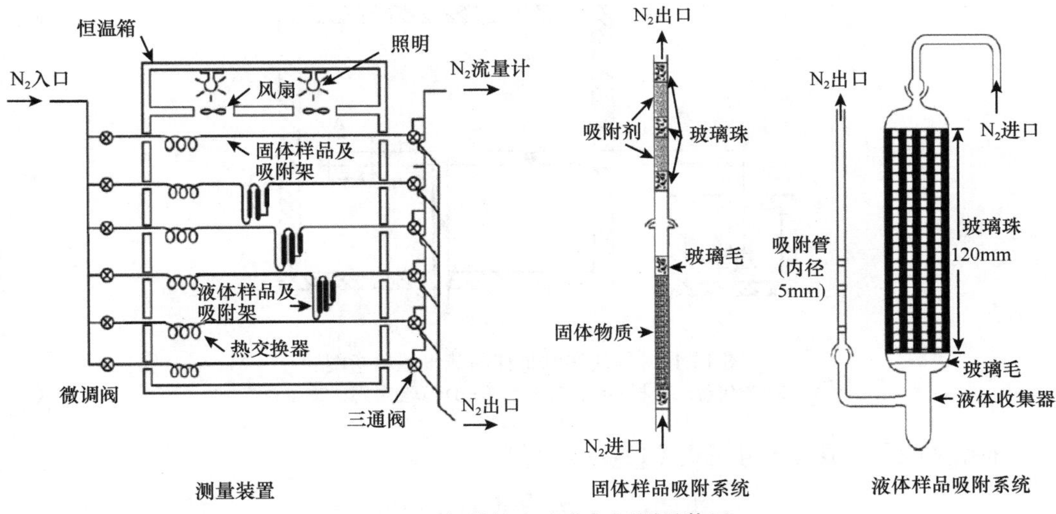

图 13-16　气体饱和法蒸气压测量装置

$$p=\frac{W\times R\times T}{V\times M} \tag{13-15}$$

式中，p 为蒸气压，单位为 Pa；W 为样品蒸发量，单位为 g；V 为饱和气体体积，单位为 m^3；R 为气体常数，8.314J/(mol · K)；T 为绝对温度，单位为 K；M 为样品摩尔质量，单位为 g/mol。

对于流量计和饱和计之间压力和温度的差别，必须由测量体积来校正。

13.4.6　回转法

回转法测量物质蒸气压，首先将样品加入样品池，连接导管、真空系统，抽真空除去气体至真空度稳定。升高样品池温度至所需温度，保持导管、真空系统部分温度略高，防止样品冷凝。提升外加磁场强度使转子转速达到 400r/s 后解除磁场，测量转子转速变化，采用式（13-16）计算样品蒸气压：

$$p=\frac{\pi\times\varphi\times d\times\rho}{20\times\omega\times\sigma_{acc}}\times\sqrt{\frac{8kT}{\pi m}} \tag{13-16}$$

式中，p 为蒸气压，单位为 Pa；φ 为减速频率；d 为转子直径，单位为 mm；ρ 为转子密度，单位为 g/cm^3；ω 为转动频率；σ_{acc} 为转子表面系数，理想条件下为 1；k 为校正系数；T 为绝对温度，单位为 K；m 为转子质量，单位为 g。

回转法所用装置如图 13-17 所示，仪器测量端、样品槽分别放于恒温槽中，控温精确度为±0.1℃，其余部分保持较高温度，防止样品冷凝，整个装置与高真空系统相连。

13.4.7　估算法

液体和固体的蒸气压可通过 Wastson 关系估算出来，需要的试验数据是常温沸点。此方法在 10^{-5}～10^5Pa 压力均适用。

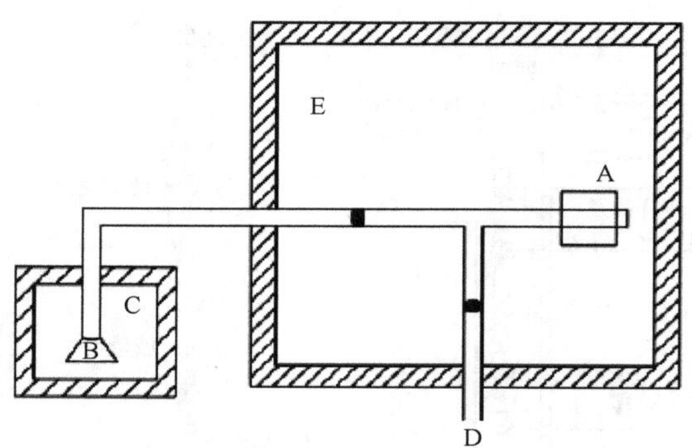

图 13-17　回转法测量样品蒸气压示意图

A. 转子感应器；B. 样品池；C. 恒温箱；D. 真空导管；E. 恒温箱

根据文献[6]，蒸气压可用式（13-17）计算：

$$\ln P_{\mathrm{vp}} \approx \frac{\Delta H_{\mathrm{vb}}}{\Delta Z_{\mathrm{b}} R T_{\mathrm{b}}}\left[1-\frac{\left(3-2\dfrac{T}{T_{\mathrm{b}}}\right)^{m}}{\dfrac{T}{T_{\mathrm{b}}}}-2m\left(3-2\frac{T}{T_{\mathrm{b}}}\right)^{m-1}\ln\frac{T}{T_{\mathrm{b}}}\right] \tag{13-17}$$

式中，T 为设定的温度；T_{b} 为常温沸点；P_{vp} 为温度 T 下的气压；ΔH_{vb} 为汽化热；ΔZ_{b} 为压缩率系数（大约为 0.97）；R 为气体常数；m 为设定温度下由物理状态决定的经验系数。

此外，

$$\frac{\Delta H_{\mathrm{vb}}}{T_{\mathrm{b}}} = K_{\mathrm{F}}(8.75 + R\ln T_{\mathrm{b}}) \tag{13-18}$$

式中，K_{F} 是一个根据物质不同极性确定的经验系数。

低压下的物质沸点经常是已知的，蒸气压可按照式（13-19）计算：

$$\ln P_{\mathrm{vp}} \approx \ln P_1 + \frac{\Delta H_{\mathrm{v1}}}{\Delta Z_{\mathrm{b}} R T_1}\left[1-\frac{\left(3-2\dfrac{T}{T_1}\right)^{m}}{\dfrac{T}{T_1}}-2m\left(3-2\frac{T}{T_1}\right)^{m-1}\ln\frac{T}{T_1}\right] \tag{13-19}$$

式中，T_1 是低压 P_1 下的沸点。

13.5　水 溶 解 度

水溶解度是化学物质在水中溶解性能的表征。达到（化学）平衡的溶液便不能容纳更多的溶质（当然，其他溶质仍能溶解），称为饱和溶液，其单位为 $\mathrm{kg/m^3}$ 或 g/L。在特殊条件下，溶液中溶解的溶质会比正常情况下多，这时它便成为过饱和溶液。每份（通常是每份质量）溶剂（有时可能是溶液）所能溶解的溶质的最大值就是“溶质在这种溶剂的溶解度”。溶解度并不是一个恒定的值。一种溶质在溶剂中的溶解度由它们的分子间作用力、温度、溶解过程中所伴随的熵的变化，以及其他物质的存在及多少，有时还与气压或气体溶质的分压有关。国家标准 GB/T 21845—2008 中规定了在水中不易挥发物质的水溶解度的测定方法，包括柱洗提法、烧瓶法，分别适用于测量水溶解度小于和大于 10^{-2}g/L 的样品。

13.5.1　预试验

测量物质水溶解度试验通常应在（20±0.5）℃下进行，并保证所有仪器的有关部分均处于恒定的所选择温度条件下。预试验过程中，在室温条件下，在 10mL 具玻璃磨口塞量筒中加入约 0.1g 样品（固体物质需先研磨成粉末），然后逐渐增加水量，在每一次增加后搅拌混合 10min，观察是否存在不溶样品。若加水 10mL 后样品仍存在不溶解部分，则试验应换 100mL 量筒继续进行，表 13-5 所示为发生全溶解时的近似溶解度（g/L）。当溶解度小、溶解样品需要较长时间时，可继续稀释并确定是否采用柱洗提法或烧瓶法。

表 13-5　初步试验待测物质近似溶解度表

溶解 0.1g 样品所需水量/mL	0.1	0.5	1	2	10	100	＞100
近似溶解度/（g/L）	＞1000	1000～200	200～100	100～50	50～10	10～1	＜1

13.5.2　柱洗提法

柱洗提法通过在微型柱内填充预先覆盖着过量被测物质的载体，然后将其通过水洗提取其中的待测样品，随着时间的改变，当流出的洗提液质量浓度达到稳定值时即为样品的水溶解度。通常采用循环泵和水平调节器两种装置将物质从载体中提取出来。柱洗提法所使用装置包括：具有保持恒温功能的微型柱（图 13-18 和图 13-19）、循环泵（图 13-20）、水平调节器（图 13-21），微型柱中含有惰性载体并固定于用于过滤微粒的玻璃棉塞，可选用的惰性载体包括玻璃球、硅藻土或其他惰性物质。

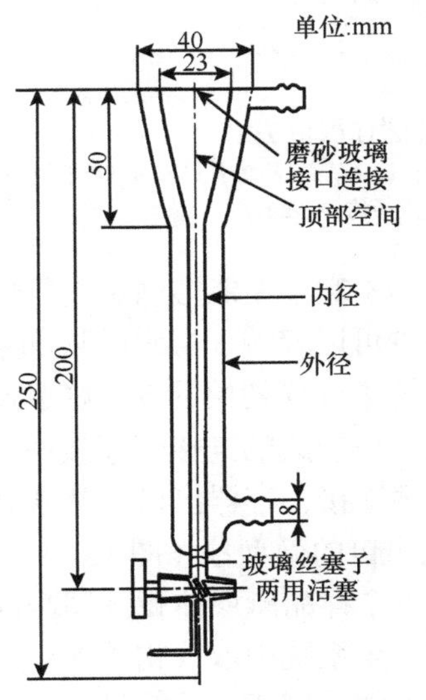

图 13-18　带两个流出口的微型柱实例

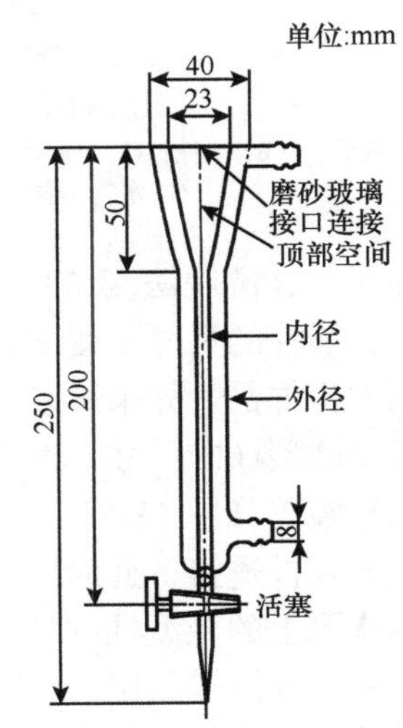

图 13-19　带一个流出口的微型柱实例

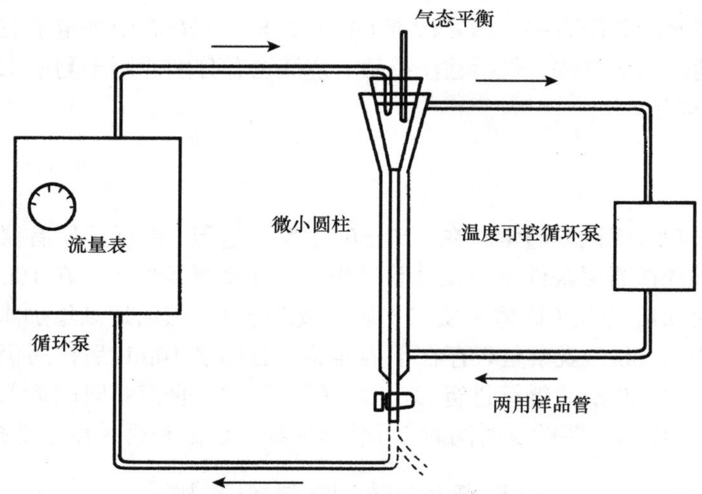

图 13-20　使用循环泵的圆柱层析法

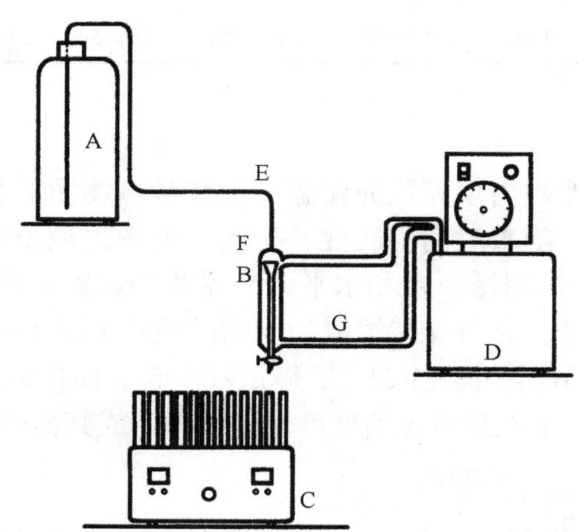

图 13-21　使用水平调节器的圆柱层析法

A. 水平调节器；B. 微柱；C. 碎片收集器；D. 温度控制器；E. 聚四氟乙烯管；F. 磨口玻璃接头；G. 水管（温度控制器与微柱之间，内径约为 8mm）

使用循环泵的柱洗脱法测试系统的示意图见图 13-20。在能够满足重复性和灵敏度要求的前提下，圆柱的尺寸不受限制。这个圆柱至少可以容纳 5 层水的顶部空间，并且应该可以容纳 5 份样品。如果试验中将水加入到系统中取代初始的 5 个样品层，以除去杂质，可以减少微型柱的尺寸。将微型柱与由惰性物质制成的连接管连接回流泵，设定流速并调节水平装置如图 13-21 所示，柱一端以柱塞连接，容器出口由磨砂玻璃接头和惰性物质制成的管件连接，此时则宜使用带一个流出口的微型柱（图 13-19）。

装配于回流泵上的微型柱的柱头空间具备容纳 5 个样品床层体积(试验开始时不用)及 5 个样品体积（分析样品用）。试验中若将水加入至系统中取代初始 5 个样品层，以除去杂质，则可减少微型柱尺寸。将微型柱与由惰性物质制成的连接管连接回流泵，设定流速并调节水平装置如图 13-21 所示，柱一端以柱塞连接容器出口由磨砂玻璃接头及惰性物质管件连接。

微型柱填充时将 0.6g 预计装入的填充物移入 50mL 圆底烧瓶中，并将适量待测物质以易挥发分析纯试剂溶解后添加至柱填充物支柱中，将溶剂全部挥发，可采用的方法包括：①使用旋转蒸发器，将已涂覆的柱填充物在 5mL 水中浸泡 2h，再将悬浊液倒入微型柱中；②将干燥的柱填充物倾倒入充满水的微型柱中，放置 2h 平衡，否则流出液流出时会由于填充柱表面部分而导致而未达到饱和。循环泵推荐流速为 25mL/h[7]，相当于每小时 10 个所用柱子下垫层的体积，其中至少最初 5 个下垫层体积用于除去水溶性杂质，使得泵运行达到平衡。在任何随机条件下需要至少 5 个相互分隔时间流出的平行样品，其浓度差别不高于 30%。

柱洗提法分析过程中应使用重蒸蒸馏水，或电阻率大于 10MΩ/cm、总有机碳浓度小于 0.01%的去离子水，选用两种流速模式进行试验，第二次流速为第一次的 50%，若在较低流速条件下测定溶解度较高，则应再取 50%流速继续进行试验，直至两次测定结果得出相同溶解度。试验中流出液应采用 Tyndall 反应检测是否有胶体产生，若有颗粒存在则试验无效，需采用柱过滤后重复试验。

13.5.3　烧瓶法

烧瓶法测定物质水溶解度是将待测物质溶于高于试验温度的水中，当达到饱和时冷却至试验温度，当达到饱和平衡条件时即可在试验温度下直接测定溶解度。水溶液中必须不包括任何不溶解的颗粒并采用适当的分析方法测定溶液中物质的浓度。

经预试验估计的待测物质的量必须满足能使预期体积的水达到饱和。称取约 5 倍的量放入具有玻璃瓶塞的 3 个玻璃容器（如离心试管、烧瓶等）中。根据分析方法及溶解度的范围，将 1 体积的水加到每一个容器中，用塞子塞紧容器，在 30℃下不断搅动，24h 后，将其中的一个容器在试验温度下经 24h 不时摇动以达到平衡。在试验温度下，容器中的内溶物被离心分离，用适当的分析方法测定澄清水相中的被测物质。其他两个烧瓶采用与初始平衡的方法相类似的办法处置，在 30℃下分别是 48h 和 72h。如果最后两个容器测定出的浓度差别在 15%以内，则表明试验结果是满意的。如果从三个容器中测定的结果显示有逐渐增加的倾向，则整个试验将要用更长的平衡时间来重复进行。试验也可不用在 30℃下的预备阶段，但为了估计达到饱和平衡的速度，搅动的时间应不致长到影响浓度的测定。

13.6　分 配 系 数

物质的分配系数是指一定温度下处于平衡状态时，组分在固定相中的浓度和在流动相中的浓度之比，以 K 表示。分配系数反映了溶质在两相中的迁移能力及分离效能，是描述物质在两相中行为的重要物理化学特征参数。目前对于化学品安全、环保、卫生而言，通常所说分配系数是指正辛醇/水分配系数 K_{ow}，为平衡状态下物质在正辛醇和水相中浓度的比值，通常以 10 为底的对数形式表示，即 $\lg K_{\mathrm{ow}}$。它反映了物质在水相和有机相之间的迁移能力，是描述有机化合物在环境中行为的重要物理化学参数，它与物质的水溶性、土壤吸附常数和生物浓缩因子密切相关。通过对某一物质分配系数的测定，可提供该物质在环境行为方面许多重要的信息，特别是对于评价有机物在环境中的危险性有重要作用。对于样品 K_{ow} 的测定，预先获得的相关信息包括物质的结构式、解离常数、水溶解度、水解速率、正辛醇溶解度及其表面张力等信息可作为检测参考。

《经济合作与发展组织化学品测试准则》中描述正辛醇-水分配系数测定方法的有准则 107[8]、117[9]和 123[10]。准则 107 描述了摇瓶法，准则 117 描述了根据反相高效液相色谱（HPLC）法的保留行为测定分配系数。当 $\lg K_{ow}$ 为−2～4 时，使用摇瓶法测定；当 $\lg K_{ow}$ 为 0～6 时，使用高效液相色谱法测定。准则 123 采用缓慢搅拌法测定正辛醇/水分配系数，$\lg K_{ow}$ 最高可达 8.2，适用于直接测定高疏水性物质的 K_{ow}。

在试验之前，应首先对分配系数进行预估。摇瓶法仅适用于溶解于水和正辛醇的纯物质，不适用于表面活性物质（对此应提供受试物在水和正辛醇中溶解性的计算值或者估计值）。高效液相色谱法不适用于强酸、强碱、金属络合物、表面活性物质及与流动相相互反应的物质。相对于摇瓶法，高效液相色谱法对混合物中杂质的敏感性稍微差一些，某些时候杂质的存在会对峰值位置产生影响，从而使结果变得难以解释。如果混合物的 $\lg K_{ow}$ 不能确定，应给出其上限和下限。

13.6.1 摇瓶法

《经济合作与发展组织化学品测试准则》107“分配系数（正辛醇-水）：摇瓶法”中指出，当 $\lg K_{ow}$ 为−2～4 时，可采用摇瓶法进行分配系数的测定[11, 12]。摇瓶法不适用于表面活性物质分配系数的测定。表面活性物质的 K_{ow} 可用其在水中和正辛醇中的溶解度来计算。

13.6.1.1 参考物

如果受试物是一种新的物质，则不需要使用参照物。参照物只是用于对试验过程进行实时校对，对不同试验方法作出的结果进行比较。

13.6.1.2 试验原理

能斯特（Nernst）分配定律适用于恒温、恒压和一定 pH 条件下的稀溶液，并严格要求所使用纯物质分散在两种纯溶剂中，而且溶质在任何一相中的浓度不超过 0.01mol/L。如果几种溶质在一相或两相中同时出现，将对结果产生影响。被溶解分子的解离和缔合会使结果偏离分配定律。如果分配系数开始依赖于浓度，就表明了偏差存在。测量应该在电解质未电离的形式（游离酸或游离碱）下进行，为此，要使用适当的缓冲剂使其 pH 至少低于（对于游离酸）或高于（对于游离碱）它们的 pK 一个单位。

13.6.1.3 受试物和溶剂

试验使用的正辛醇应为高纯度的分析级试剂，水应采用在玻璃或者石英仪器中经过一次或者二次蒸馏的水。对于能够电离的化合物，应使用缓冲剂代替水进行试验。

在测定分配系数之前，首先应配置两相饱和溶液，具体做法如下：使用两个大的储存瓶，分别装入高纯度的正辛醇和水，再加入足够量的受试物，搅拌 24h，然后静止放置一段时间，即可得到所需的饱和溶液。

13.6.1.4　试验条件

a）试验必须在 20～25℃的条件下进行，温度变化范围控制在±1℃之内。

b）第一次运行时，正辛醇与水的体积比及受试物的量按以下原则选择：①预先估计的分配系数。②分析方法要求的每相中的最低浓度。③受试物在各相中的最高浓度为 0.01mol/L。

c）第二次运行时的体积比为第一次的一半，第三次运行时的体积比为第一次的 2 倍。第二次和第三次运行时，加入受试物的量应与第一次加入的量有所不同，以满足以上原则。

d）每次运行都应设 2 个重复，储备溶液和两种溶剂均需准确量取。

13.6.1.5　分配平衡的建立

两相体系应几乎充满整个试验容器，这样有助于防止由物质挥发造成的损失。

试验容器均放在机械振荡器上振荡或手工振荡。当用离心管作为试验容器时，建议以约 100 次/5min 的速度反复翻转离心管，使管内的空气通过两相上升。

13.6.1.6　相分离

一般两相分离是采用离心来完成的，最好在试验温度下完成。如果使用没有温度控制装置的离心机的话，在分析前离心管应在试验温度下至少平衡 1h。

13.6.1.7　分析测定

采用对受试物有特异性的方法测定受试物在两相中的浓度。合适的测定方法有：分光光度法、气相色谱法和高效液相色谱法。计算两相中受试物的总量，并与原来加入的量进行比较。

取水相样品的操作应尽量避免带入痕量的正辛醇。可以使用带有可拆卸针头的注射器，注射器先部分填充空气，当通过正辛醇层时，轻轻地排出空气，抽取足够体积的水溶液，快速抽出注射器并拆去针头。

13.6.1.8　数据处理与试验报告

1. 数据处理

由每次运行得到的数据计算出 K_{ow}，总共 6 个数值，因为有 3 个不同溶剂比（受试物的量可能也不同），每次 2 个重复。这 6 个 $\lg K_{ow}$ 的差值应在±0.3 单位之内。

2. 试验报告

试验报告应包括以下内容。

a）化学名称和杂质。

b）初步估计的结果（当摇瓶法不适用时，如受试物为表面活性物质，应提供由受试物正辛醇中和水中的溶解度计算得到的估算值）。

c）有助于对观察结果进行解释的所有有关信息和评论，特别是与杂质及物质的物理状态有关的信息。

d）试验条件：温度、加入试验容器的受试物的量、在每个容器中每相的体积和根据分析结果计算出的受试物总量。

e）试验时水相及所用的水的 pH。

f）使用缓冲溶液的理由；缓冲溶液的组成、浓度和 pH；试验前后水相的 pH。

g）如果使用离心分离，其持续的时间和速度。

h）分析步骤。

i）每次运行后测得的浓度（共 12 个浓度数据）。

j）所有 K_{ow} 值，以及每次运行的 K_{ow} 平均值和总体平均值（如果发现分配系数依赖于浓度的话，应予以说明）。

k）K_{ow} 值的标准偏差。

l）总平均值应用以 10 为底的对数来表示（$\lg K_{ow}$）。

m）如果进行过计算或测量值在 104 以上时，应给出理论 K_{ow}。

13.6.2　高效液相色谱（HPLC）法

《经济合作与发展组织化学品测试准则》117“分配系数（正辛醇/水）：高效液相色谱法（HPLC）”对 $\lg K_{ow}$ 的测试范围为 0～6[9]。HPLC 法需要预先估计 K_{ow}，以选择合适的参考物，并用以支持试验数据推导出的结论。

13.6.2.1　试验原理

将化学物质注射到反相 HPLC 色谱柱（C8、C18）中，化学物质在流动相的携带下沿色谱柱运动，同时在流动相的溶剂和固定相的烃之间进行分配。化学物质按其在烃与水中的分配系数在色谱柱上进行相应的保留，水溶性的物质最先流出，脂溶性物质后流出。保留时间用容积因子 k 描述：

$$k = (t_R - t_0) / t_0 \tag{13-20}$$

式中，t_R 为化学物质的保留时间；t_0 为死时间，即溶剂分子经色谱柱流出所用的平均时间。

受试物的正辛醇/水分配系数可由试验测得的容积因子 k 代入式（13-21）计算得到。

$$\lg K_{ow} = a + b \times \lg k \tag{13-21}$$

式中，a、b 为线性回归参数。

式（13-21）可通过参考物的正辛醇/水分配系数的对数值与相应参考物的容积因子

作线性回归而建立。

反相 HPLC 法不适用于强酸、强碱、金属配合物、与流动相发生反应的物质和表面活性物质。本方法可以测定电离物质，但只能在它们的非电离状态下（即游离酸或游离碱）进行测定，可使用一种合适的缓冲溶液。如果是游离酸，其 pH 应在其 pK 之上。如果测定值用于环境危害分类或环境风险评估，则试验应在与自然环境相关的 pH 下进行，如 pH 范围为 5.0～9。

13.6.2.2　参考物

为了建立化学物质的容积因子 k 和 K_{ow} 的关系，校正曲线应至少由 6 个点制成。参考物的 lgK_{ow} 范围应覆盖受试物的 lgK_{ow},即至少要有 1 个参考物的 K_{ow} 大于受试物，另一个参考物的 K_{ow} 要小于受试物的 K_{ow}。只有在特殊情况下允许外推。优先选择与受试物结构相关的参考物。用于校正曲线的参考物的 lgK_{ow} 应是基于可靠的试验数据计算出来的。当 lgK_{ow} 大于 4 时，如果能获得可靠的试验数据，可以采用计算的结果。如果采用外推值的话，应给出上下限值。推荐的参考物及其 lgK_{ow} 见表 13-6，也可参考文献[13, 14]。

13.6.2.3　试验装置

需要配低脉冲泵和合适检测器的液相色谱。对于许多类型的化学物质，可以使用紫外检测器（检测波长为 210nm），或者示差折光检测器。固定相中存在的极性基团会严重影响 HPLC 柱的表现，因此，固定相中应含有尽可能少的极性基团。可以使用商品化的微小粒径反相填充柱或填充好的柱子，也可以在进样系统和分析柱之间装一个保护柱。

13.6.2.4　试验条件

1. 温度

试验过程中，温度变化不得超出±1℃。

2. 流动相

流动相应使用 HPLC 级的甲醇和蒸馏水（或去离子水）配制，使用前脱气，采用等度洗脱，流动相中水的含量至少为 25%，一般来说，甲醇：水（V/V）为 3：1 的混合物可使 lgK_{ow} 为 6 的受试物在 1h 内洗脱，流速为 1mL/min。对于 lgK_{ow} 大于 6 的受试物及其参考物，需要降低流动相的极性或减小柱长来缩短流出时间。

受试物和参考物应该在流动相中有足够的溶解度而使其能被检测出。只有在极个别情况下，会考虑在甲醇-水体系中使用添加物来改变柱子的性质。如果甲醇-水体系不合适的话，可采用其他有机溶剂-水的混合物，如乙醇-水、乙腈-水或异丙醇-水。

表 13-6　推荐的参考物

参考物	$\lg K_{ow}$	pK_a	参考物	$\lg K_{ow}$	pK_a
2-丁酮	0.3		甲苯	2.7	
4-乙酰吡啶	0.5		1-萘酚	2.7	9.34
苯胺	0.9		2,3-二氯苯胺	2.8	
乙酰苯胺	1.0		氯苯	2.8	
苯甲醇	1.1		烯丙基苯乙醚	2.9	
4-甲氧基苯酚	1.3	10.26	溴苯	3.0	
苯氧基乙酸	1.4	3.12	乙苯（苯乙烷）	3.2	
苯酚	1.5	9.92	苯甲酮	3.2	
2,4-二硝基酚	1.5	3.96	4-苯基苯酚	3.2	9.54
苯腈	1.6		麝香草酚（百里酚）	3.3	
苯乙腈	1.6		1,4-二氯苯	3.4	
4-甲基苄基醇	1.6		二苯胺	3.4	0.79
乙酰苯	1.7		萘	3.6	
2-硝基苯	1.8	7.17	苯甲酸苯酯	3.6	
3-硝基苯甲酸	1.8	3.47	异丙基苯	3.7	
4-氯苯胺	1.8	4.15	2,4,6-三氯酚	3.7	6
硝基苯	1.9		联苯	4.0	
肉桂醇	1.9		苯甲酸苄酯	4.0	
苯甲酸	1.9	4.19	2,4-二硝基-6-丁基酚	4.1	
对甲酚	1.9	10.17	1,2,4-三氯苯	4.2	
肉桂酸	2.1	3.89（顺式） 4.44（反式）	十二烷酸	4.2	5.3
苯甲醚	2.1		二苯醚	4.2	
苯甲酸酯	2.1		菲	4.5	
苯	2.1		正丁基苯	4.6	
3-甲基苯甲酸	2.4	4.27	二联苯酰	4.8	
4-氯酚	2.4	9.1	2,6-二苯基吡啶	4.9	
三氯乙烯	2.4		荧蒽	5.1	
阿特拉津	2.6		三苯胺	5.7	
苯乙酸酯	2.6		滴滴涕（DDT）	6.5	
2,6-二氯苯腈	2.6		3-氯苯甲酸	2.7	3.82

流动相的 pH 对可解离的化合物非常关键，应该在色谱柱工作 pH 范围内，一般为 2～8，推荐采用缓冲溶液。使用有机相-缓冲盐体系时，要避免盐沉淀和柱效降低。HPLC 硅胶固定相不适于 pH＞8 的测定，因为使用碱性流动相会使柱效快速下降。

3. 溶质

为了对色谱峰进行归属确认，受试物和参考物都应足够纯。如可能，受试物和参考物都用流动相溶解，如果是用其他溶剂溶解，则需在进样前用流动相稀释。

13.6.2.5　测量

1. 死时间 t_0 的测定

死时间 t_0 可以用在色谱柱上无保留的有机化合物来测定（如硫脲或甲酰胺）。对于通过类似系列化合物计算死时间，至少需要由一组含 7 种同系物（如正烷基甲基酮）的保留时间计算得出[15]。用保留时间 $t_R(n_C+1)$ 对 $t_R(n_C)$ 作图，这里 n_C 为碳原子的数目。通过试验结果可以得到一条直线：

$$t_R(n_C+1) = at_R(n_C) + (1-a)t_0 \tag{13-22}$$

式中，$a = k(n_C+1)/k(n_C)$，为一常数；死时间 t_0 可由截距 $(1-a)t_0$ 和斜率 a 求得。

2. 回归方程

用参考物的 $\lg k$ 对 $\lg K_{ow}$ 作图。参考物的 $\lg K_{ow}$ 应在受试物的 $\lg K_{ow}$ 预测值附近。实际操作中，6～10 种参考物可同时进样。最好根据与检测系统相连接的工作站确定保留时间。通过计算得到与容积因子相对应的对数值 $\lg k$，用 $\lg K_{ow}$ 对 $\lg k$ 作图。按规定的时间间隔拟合回归方程，至少一天一次，以减小柱效变化的影响。

3. 受试物 K_{ow} 的测定

受试物进样量尽可能小，重复测定保留时间，受试物的分配系数通过校正曲线由计算的容积因子内推得到。对于很低和很高的分配系数需要外推，在这种情况下，尤其要考虑回归曲线的置信限值。如果样品保留时间超出了参考物的保留时间范围，应说明上下限值。

13.6.2.6　数据和报告

在试验报告中应包括以下内容。

a）如果对分配系数进行了估算，报告估算方法和估算值；如果使用的是计算方法，则要详细描述选择何种数据库及碎片选择的详细信息。

b）受试物和参考物的纯度、结构式和美国化学文摘（CAS）登记号。

c）仪器和操作条件的描述；分析柱、保护柱。

d）流动相、检测手段、温度范围、pH。

e）色谱图。

f）死时间及其测定方法。

g）用于校正的参考物的保留数据及其 $\lg K_{ow}$ 的文献值。

h）回归曲线（$\lg k$ 对 $\lg K_{ow}$）的详细信息及其相关系数（包括置信区间）。

i）受试物的平均保留数据和内推的 $\lg K_{ow}$。

j）如果受试物为混合物，附色谱峰图，并说明终止时间。

k）$\lg K_{ow}$ 及其对应色谱峰的面积百分比。

l）使用回归曲线进行的计算。

m）如有必要，计算得到 $\lg K_{ow}$ 的加权平均值。

13.6.3 缓慢搅拌法

《经济合作与发展组织化学品测试准则》123“分配系数（正辛醇/水）：缓慢搅拌法”特别适合于 $\lg K_{ow}$ 在 5 以上化学物质的测定。这个范围正是摇瓶法测定误差率特别高的范围[8]。缓慢搅拌法测定的正辛醇/水分配系数 $\lg K_{ow}$ 最高可达 8.2，适合直接测定高疏水性物质的 K_{ow}。该方法的重现性已由 15 个实验室完成的验证试验得到确认和优化[16]。

13.6.3.1 试验原理

在恒温状态下，受试物在正辛醇和水相组成的系统中达到平衡状态后，确定受试物在两相中的浓度，计算受试物的分配系数。缓慢搅拌法可以降低摇瓶法中形成微滴造成的试验难度。试验中受试物、正辛醇和水应在反应容器中通过恒温缓慢搅拌达到平衡状态（搅拌可加速不同相之间的交换速度）。搅拌引发的有限涡流，可以增加正辛醇和水之间的交换而不形成微滴[17]。

13.6.3.2 试验装置

所需标准试验仪器如下。

a）用于搅拌水相的磁力搅拌器和聚四氟乙烯封装的磁力搅拌子。

b）分析仪器：适用于分析预期浓度的受试物浓度。

c）底部有出水阀门的搅拌式反应器。根据受试物的 $\lg K_{ow}$ 估算值和检测限（LOD），选择容积大于 1L 的反应器，以便有足够多的水来进行受试物的萃取和分析。这样将提高溶液浓度，因此会得到比较可靠的分析测定结果。表 13-7 给出了最小体积的估算值与受试物检测限、$\lg K_{ow}$ 估算值和水中溶解度间的关系。此表格以 $\lg K_{ow}$ 与水和正辛醇中溶解度的比例为基础，由 Pinsuwan 等提出[18]：

$$\lg K_{ow} = 0.88 \lg SR + 0.41 \tag{13-23}$$

式中，$SR=S_{oct}/S_W$（溶解度比例），S_{oct} 为受试物在正辛醇相中的溶解度，单位为 mg/L，S_W 为受试物在水相中的溶解度，单位为 mg/L。

d）以及 Lyman[19]提出的预测水溶解度的关系式。估算的第一步就是根据表 13-7 中的公式计算水溶解度。必须注意的是：使用者可以任意估算水溶解度，只要认为它能更好地表达疏水性和溶解度之间的关系。对于固体化合物，推荐预测溶解度时考虑熔点的因素。如果使用了修订的公式，必须确定用于计算正辛醇溶解度的公式还是有效的。试验仪器为玻璃-夹套测试装置，图 13-22 为容积 1L 的测试装置。当使用表 13-8 中推荐的不同大小容积的仪器时，图 13-22 中容器各部分的比例应保持不变。

e）需要一个可以在慢速搅拌试验中保持恒温的方法。

表 13-7　检测水相中不同受试物的 $\lg K_{ow}$ 所需水的最小体积估算表

	$\lg K_{ow}$	估算方程		$\lg S_W$	S_W/(mg/L)	
S_W 估算	4.0	(−) $0.922\lg K_{ow}$+4.184		0.496	3.133E+00	
	4.5	(−) $0.922\lg K_{ow}$+4.184		0.035	1.084E+00	
	5.0	(−) $0.922\lg K_{ow}$+4.184		−0.426	3.750E-01	
	5.5	(−) $0.922\lg K_{ow}$+4.184		−0.887	1.297E-01	
	6.0	(−) $0.922\lg K_{ow}$+4.184		−1.348	4.487E-02	
	6.5	(−) $0.922\lg K_{ow}$+4.184		−1.809	1.552E-02	
	7.0	(−) $0.922\lg K_{ow}$+4.184		−2.270	5.370E-03	
	7.5	(−) $0.922\lg K_{ow}$+4.184		−2.731	1.858E-03	
	8.0	(−) $0.922\lg K_{ow}$+4.184		−3.192	6.427E-04	
	$\lg K_{ow}$	估算方程			S_{oct}/(mg/L)	
S_{oct} 估算	4.0	$\lg K_{ow}$=0.88lgSR+0.41			3.763E+04	
	4.5	$\lg K_{ow}$=0.88lgSR+0.42			4.816E+04	
	5.0	$\lg K_{ow}$=0.88lgSR+0.43			6.165E+04	
	5.5	$\lg K_{ow}$=0.88lgSR+0.44			7.890E+04	
	6.0	$\lg K_{ow}$=0.88lgSR+0.45			1.010E+05	
	6.5	$\lg K_{ow}$=0.88lgSR+0.46			1.293E+05	
	7.0	$\lg K_{ow}$=0.88lgSR+0.47			1.654E+05	
	7.5	$\lg K_{ow}$=0.88lgSR+0.48			2.117E+05	
	8.0	$\lg K_{ow}$=0.88lgSR+0.49			2.710E+05	
	受试物总质量/mg	$Mass_{oct}/Mass_w$	$Mass_w$/mg	$Conc_w$/(mg/L)	$Mass_{oct}$/mg	$Conc_{oct}$/(mg/L)
受试物质质量分配示例表	1 319	526	2.501 7	2.633 3	1 317	26 333
	1 686	1 664	1.012 7	1.066 0	1 685	33 709
	2 158	5 263	0.409 9	0.431 5	2 157	43 149
	2 762	16 644	0.165 9	0.174 7	2 762	55 230
	3 535	52 632	0.067 2	0.070 7	3 535	70 691
	4 524	166 436	0.027 2	0.028 6	4 524	90 480
	5 790	526 316	0.011 0	0.011 6	5 790	115 807
	7 411	1 664 357	0.004 5	0.004 7	7 411	148 223
	9 486	5 263 158	0.001 8	0.001 9	9 486	189 713

注：①假定：a）每次最大取样体积为总体积的 10%；5 次取样=总体积的 50%；b）受试物的浓度=0.7×每项中饱和浓度的 70%，如果溶解度低，则需要更大体积；c）LOD 测定需要的样品体积=100mL；d）$\lg K_{ow}$ 与 $\lg S_w$ 间的关系以及 $\lg K_{ow}$ 与 SR 的关系式符合受试物的实际情况。②$Mass_{oct}$ 为受试物在正辛醇相中的总质量，mg；$Mass_w$ 为受试物在水相中的总质量，mg；$Conc_{oct}$ 为受试物在正辛醇相中的浓度，mg/L；$Conc_w$ 为受试物在水相中的浓度，mg/L。

表 13-8 不同 LOD 对应的最小水相体积

$\lg K_{ow}$	LOD				
	0.001mg/L	0.01mg/L	0.1mg/L	1mg/L	10mg/L
4.0	0.04 [a]	0.38 [a]	3.8 [a]	38 [a]	380 [c]
4.5	0.09 [a]	0.94 [a]	9.38 [a]	94 [a]	938 [d]
5.0	0.23 [a]	2.32 [a]	23.18 [a]	232 [c]	2318 [e]
5.5	0.57 [a]	5.73 [a]	57.26 [a]	573 [d]	5726 [e]
6.0	1.41 [a]	14.15 [a]	141 [b]	1 415 [e]	14 146 [e]
6.5	3.5 [a]	34.95 [a]	350 [c]	3 495 [e]	34 950 [e]
7.0	8.64 [a]	86.35 [a]	864 [d]	8 635 [e]	86 351 [e]
7.5	21.33 [a]	213 [d]	2 133 [e]	21 335 [e]	213 346 [e]
8.0	52.71 [a]	527 [d]	5 271 [e]	52 711 [e]	527 111 [e]

a 表示需要使用 1L 的平衡容器；b 表示需要使用 2L 的平衡容器；c 表示需要使用 5L 的平衡容器；d 表示需要使用 10L 的平衡容器；e 表示需要使用大于 10L 的平衡容器。LOD 所需体积为 0.1L。

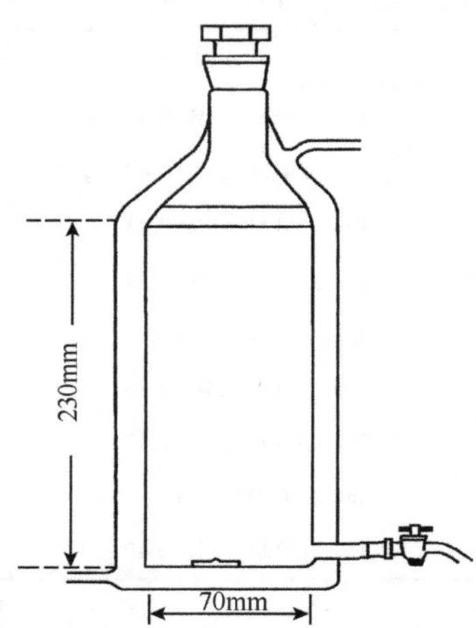

图 13-22 推荐使用的玻璃-夹套测试装置的示意图

反应容器必须由惰性材料制成，这样在容器表面的吸附可以忽略不计。

13.6.3.3 试验方法

1. 样品的提取和分析

a）样品测试中应使用一个经过验证确实有效的分析方法。在进行定量分析中应确保水饱和正辛醇相与正辛醇饱和水相中受试物质浓度均高于方法检测限。在试验之前应建立从水相与正辛醇相萃取受试物回收率分析方法。分析结果应根据空白分析进行校正，并保证在分析样品之间没有遗留效应。

b）用有机溶剂萃取水相，其萃取浓缩物应优先进行分析。应降低空白中的受试物浓度。应使用高纯度的溶剂，最好是残留分析级的溶剂。试验前应做好准备工作（如玻璃器皿采用溶剂清洗或高温烘烤），有助于避免交叉污染。

c）可先使用估算程序或专家估算 $\lg K_{ow}$。如果估算值高于 6，那么应对空白校正和分析物残留效应进行密切监测。同样，如果估算值低于 6，应使用内标进行回收率校正，这样才能获得高的浓缩倍数。允许使用商业化计算机软件程序对 $\lg K_{ow}$ 进行估算，如 Clog P、KOWWIN、ProLogP 及 ACD log P 等。

d）推荐采用 10 倍信噪比时受试物在水或正辛醇中的浓度作为正辛醇/水分配系数测试中的定量检测限（最低检测限）。定量检测时应选择合适的萃取方法和浓缩方法，并考察定量检测的回收率。

e）在试验预期浓度的基础上，建立定量分析方法，确定受试物在水相或正辛醇相中的浓度。

f）试验应根据分析方法参数和预期浓度，估计准确测定受试物浓度所需的样品大小。应避免使用过小的水样体积，否则无法获得足够的分析响应信号。也应避免使用过大的水样体积，否则水相总体积将不敷需要（至少要取 5 样次，n=5）。

g）通过与校准曲线比较，对受试物进行定量分析。

2. 试验条件

a）试验温度为 25℃±1℃。

b）试验应在避光的条件下进行，优先选择在暗室中进行，也可将反应容器放在铝罩中。

c）试验应在防尘的环境中进行。

d）试验中的正辛醇和水两相应一直恒温搅拌，直到达到平衡状态。

e）每个 K_{ow} 均应在至少 3 次重复试验的基础上得出。

3. 两种溶剂体积比的选择

选择采用何种体积比时，应考虑正辛醇和水相的 LOD、水相的浓缩倍数、正辛醇和水相的取样体积以及受试物预期的浓度等，而且正辛醇相的厚度应足够取样之用（＞0.5cm），以免取样时扰动正辛醇相。

一般来说，测定 $\lg K_{ow} \geqslant 4.5$ 的化学物质时，如果使用 1L 的容器，正辛醇相的体积为 20～50mL，水相体积为 950～980mL。

13.6.3.4　试验步骤

a）在反应容器内先加入正辛醇饱和的水溶液，放置足够长时间至反应温度。

b）将溶解有受试物的水饱和正辛醇溶液缓慢加入容器中，应避免两相间的扰动混合。宜用移液管沿容器壁缓缓加入，且移液管的尖部贴近水面，但不接触到水面。应避免向容器内直接倾倒正辛醇相或正辛醇液滴直接落入水中。

c）开启磁力搅拌，搅拌速度缓慢上升至合适的速度，并保持稳定。正辛醇相和水相间的涡旋深度在 0.5～2.5cm。如果涡旋深度超过 2.5cm，应降低搅拌速度，避免水相中形成正辛醇微滴。

d）每次取样前，关闭磁力搅拌，待反应容器内的液体静止后进行取样。水相应从容器底部的阀门取出，并弃去阀门中水相。正辛醇相用微量注射器从正辛醇层中抽取。取样后再次开启磁力搅拌，搅拌速度缓慢上升至合适的速度。如此至少连续取 4 个时间点的两相样品供分析。

e）相邻取样时间点应至少间隔 5h。

f）将所有样品溶液采用适合的分析方法测定样品浓度。

g）每次取样测定都要计算两相受试物浓度比的对数[$\lg(C_o / C_w)$]，将这个对数值对时间作图来确定是否达到平衡。如果连续 4 次测定的两相浓度比值恒定（回归曲线斜率为零，$P<0.05$），表明已经达到平衡。如果没有，则继续试验。

h）按照以上方法重复进行 3 次试验。

13.6.3.5 试验结果

1. 结果数据

至少连续 4 个时间点测定的 C_o / C_w 值处于同一平台，证明达到平衡状态；试验可用计算方差的方法确定测试结果平均值的不确定度。

K_{ow} 应由同等试验条件下 3 次重复试验的数据计算获得。

2. 结果处理

a）应在达到平衡状态后，计算 $\lg K_{ow}$，见式（13-24）：

$$\lg K_{ow} = \lg(C_o / C_w) \tag{13-24}$$

式中，C_o 为正辛醇中受试物平衡浓度，单位为 mg/L；C_w 为水相中受试物平衡浓度，单位为 mg/L。

b）$\lg K_{ow,Av}$ 平均值的计算见式（13-25）：

$$\lg K_{ow,Av} = \left(\sum W_i \times \lg K_{ow,i}\right) \times \left(\sum W_i\right)^{-1} \tag{13-25}$$

式中，$\lg K_{ow,i}$ 为第 i 次试验测定的正辛醇/水分配系数的对数值；$\lg K_{ow,Av}$ 为各次试验正辛醇/水分配系数对数值的加权平均值；W_i 为第 i 次试验的正辛醇/水分配系数对数值的统计权重系数。

c）加权标准偏差 $\sigma_{\lg K_{ow,Av}}$ 的计算见式（13-26）：

$$\sigma_{\lg K_{ow,Av}} = (\mathrm{var}\lg K_{ow,Av})^{0.5} \tag{13-26}$$

$$\mathrm{var}\lg K_{ow,Av} = \left[\sum \mathrm{W}_i \times (\lg K_{ow,i} - \lg K_{ow,Av})^2\right]\left[\sum \mathrm{W}_i \times (n-1)\right]^{-1}$$

式中，$\sigma_{\lg K_{ow,Av}}$ 为加权标准偏差；$\mathrm{var}\lg K_{ow,Av}$ 为加权偏差；$\lg K_{ow,i}$ 为第 i 次试验测定的正辛醇/水分配系数的对数值；$\lg K_{ow,Av}$ 为各次试验正辛醇/水分配系数对数值的加权平均值；W_i 为第 i 次试验的正辛醇/水分配系数对数值的统计权重系数；n 为试验重复的次数。

13.6.3.6　试验报告及结论

试验报告应包括以下信息。

1. 受试物质信息

商品名、化学名称、CAS 登记号；结构式、纯度；相关的理化性质、$\lg K_{ow}$ 预估值等。

2. 试验条件

试验日期；温度；试验开始时正辛醇与水溶液的体积；每次取样的正辛醇与水溶液体积；反应容器中剩余的正辛醇与水溶液体积；反应容器的描述和搅拌条件的描述；受试物的分析方法以及定量检测限；水相的 pH、使用的缓冲溶液；取样时间及次数；试验重复的次数。

3. 试验结果

受试物定量分析方法的灵敏度和重复性；试验过程中温度变化范围；浓度比-时间回归曲线；$\lg K_{ow,Av}$ 的平均值和标准偏差，必要时提供加权标准偏差；代表性的原始分析数据；结果的讨论与解释。

13.7　水中解离常数

解离作用又称离子化作用，是指可逆性分裂为 2 个或更多化学组分的过程，分裂后的组分可能是离子性组分。解离常数是指弱电解质在溶液中达到解离平衡时的平衡常数。物质在水中的解离作用对于其环境影响的评价非常重要，决定了物质的状态及性质、迁移等，影响着土壤沉积物对该化学品的吸附、生物细胞对其的吸收等。

物质在水中的解离常数 pK_a 是物质极性的表征指标之一。解离常数给予分子的酸性或碱性以定量的量度，pK_a 越大对于质子给予体而言则酸性越强，对于质子接受体则碱性越强。

《经济合作与发展组织化学品测试准则》112 “在水中的解离常数” 提供了滴定法、分光光度法和电导法测定化合物在水中的解离常数[20]。这些方案均可用于纯的或商品级的化学物质，但应重视杂质对试验结果可能产生的影响。滴定法不适用于低溶解度的物质。分光光度法仅适用于解离和非解离形式的紫外-可见吸收光谱有显著不同的化合物，也适用于低溶解度化合物及非酸碱解离的情况，如络合物形成的测定。在昂萨格（Onsager）方程成立时，即使在中低浓度和非酸碱平衡的场合也可利用电导法。

13.7.1　定义和单位

解离是指可逆地分裂为 2 个或更多化学组分的过程，分裂后的组分可能是离子性组分。

通常将解离过程表示为：

$$RX \rightleftharpoons R^+ + X^-$$

此反应的浓度平衡常数是：

$$K=[R^+][X^-]/[RX]$$

例如，当 R 是氢时，该物质就是一种酸，此时解离常数为

$$K_a=[H^+][X^-]/[HX]$$

或

$$pK_a=pH-\lg[X^-]/[HX]$$

13.7.2　参照物

物质在水中解离常数的测定可参照标准物质，同时在应用另一方法时用于比较结果，常用参照物的解离常数如表 13-9 所示。

表 13-9　常用水解离常数校准物质及其解离常数

物质	pK_a	温度/℃
对硝基苯	7.15	25①
苯甲酸	4.12	20
对氯甲苯	3.93	20
柠檬酸	3.14	20
	4.77	20
	6.39	20

①表示没有可引用的 20℃的数值，但可假定测定结果的变异大于 pK_a 随温度不同而发生的变化，故忽略掉 5℃温差所造成的影响

13.7.3　试验原理

这里所论及的化学过程在环境温度范围内的温度依赖性一般是很弱的。解离常数的测定要求对受试物解离和非解离形式的浓度进行测定，然后根据解离反应的化学定量关系计算解离常数。对于本方法所描述的特殊情况，当受试物是一种酸或碱时，测定受试物解离型和非解离型的相对浓度及 pH，就可很容易地确定其解离常数 pK_a。对于具有多个解离常数的物质，也可对每一解离步骤建立类似的方程式。此处所述的方法中，有些也适用于非酸/碱解离的情况。

13.7.4　试验步骤

13.7.4.1　准备

对于被测溶液，采用滴定法、电导法测量时应将被测物质溶于蒸馏水中，采用分光光度法及其他方法时需要使用适当的浓度不高于 0.05mol/L 的缓冲溶液，同时被测物质浓度不应超过 0.01mol/L 或半饱和浓度，当被测物难溶于水时应首先使用少量与水互溶的溶剂溶解样品，然后加水至所需浓度。待测液需采用廷德尔光速检验确保溶液为非胶体状态。

13.7.4.2　条件

测定物质在水中的解离常数温度一般为 20℃±0.1℃，若预知在 20℃解离常数与温度显著相关，则应在两个或两个以上其他温度下进行测定，温度间隔保持 10℃±0.1℃。

分析方法的选择由被测物质的性质决定，方法必须能够满足灵敏度的要求，以便能在各种被测液浓度下测定不同的解离形式。

13.7.4.3　操作

物质在水中达到平衡时采用滴定法、分光光度法、电导法等对解离常数进行测定、计算。

1. 滴定法

滴定法需选用适当的标准碱、标准酸溶液进行滴定，测定滴加标准溶液后的 pH 进行计算，得到物质的解离常数。在邻近等电点之前，至少应分 10 次滴加标准溶液。如果很快达到平衡，可使用记录式电位计。滴定法要求精确地知道受试物的总量和浓度，要注意排出二氧化碳。该方法的操作细节、注意事项和计算等可详见参考文献[21]和[22]的描述。

2. 分光光度法

分光光度法对在解离态、非解离态吸光值显著不同的特征波长的物质非常有效，在被测物质基本不解离、完全解离的两个极端 pH 及居中的多种 pH 下，测定平衡溶液的紫外-可见光吸收光谱，然后进行物质解离常数的计算。可用两种方法得到所需的 pH 范围：可以向高 pH（或低 pH）的被测物质缓冲溶液中逐步加入浓酸（或浓碱），或把相同体积的被测物质储备液加入不同 pH（覆盖所需 pH 范围内）的体积固定的缓冲液中。根据 pH 和选定波长下吸光值，使用足够数量的数据点计算 pK_a，其中至少有 5 个 pH 位于 10%和 90%解离对应的 pH 之间。该方法的操作细节和计算方法见参考文献[23]。

3. 电导法

电导法测量解离常数是利用已知池常数的小电导池测定浓度约为 0.1mol/L 的化合物的水溶液电导率，同时测定系列稀释溶液的电导率（每次浓度减半，浓度范围至少相差一个数量级），采用钠盐进行类似试验并外推得到无限稀释溶液极限电导率，利用昂萨格方程，根据每个溶液的电导率计算电离度，然后用奥斯瓦尔德（Ostwald）稀释定律计算解离常数：$K=\alpha^2C/(1-\alpha)$，式中，C 为浓度，单位为 mol/L，α 为电离百分数。必须注意排除二氧化碳。该方法的操作细节和计算方法见参考文献[24, 25]。

13.7.5　数据和报告

13.7.5.1　数据处理

1. 滴定法

根据滴定曲线上 10 个测定点计算 pK_a，计算这些 pK_a 的平均值和标准偏差，以 pH

对标准碱或标准酸溶液体积作图，并以表格表示。

2. 分光光度法

以表格形式给出每个测定光谱的吸收值和 pH，至少选居中的光谱数据点 5 个计算 pK_a 值，同时计算这些结果的平均值和标准偏差。

3. 电导法

对于每个酸浓度及每个由 1 当量酸加 0.98 当量无碳酸盐的氢氧化钠配制的混合溶液（过量的酸是为了防止因水解而导致的 OH^- 过量）制备的稀释液均计算当量电导 λ，以 $1/\lambda$ 对 $C^{1/2}$ 作图，且外推到零浓度，从而得到该盐的 λ_0。利用 H^+ 和 Na^+ 的文献值可计算酸的 λ_0。根据 $\alpha = \lambda_1 / \lambda_0$ 和 $K = \alpha^2 C / (1-\alpha)$ 计算每个浓度的 pK_a，再根据移动性和活性进行校正，可得到更好的 pK_a。应计算 pK_a 的平均值和标准偏差。

13.7.5.2　试验报告

试验报告应包括以下内容。

a）所有原始数据、pK_a 计算值以及计算方法（最好将数据列成表格）、统计学参数。

b）对于滴定法，还应对滴定液标准化的细节予以说明。

c）对于分光光度法，应报告所有光谱。

d）对于电导法，应对电导池常数的测定细节予以说明，并给出所用的有关技术、分析方法和缓冲液性质的资料。

e）报告试验时的温度。

13.8　表面张力

表面张力（surface tension）是液体表面层由于分子引力不均衡而产生的沿表面作用于任一界线上的张力。通常，由于环境不同，处于界面的分子与处于相本体内的分子所受力是不同的。在水内部一个水分子受到的周围水分子作用力的合力为 0，但表面的一个水分子不是如此。因上层空间气相分子对它的吸引力小于内部液相分子对它的吸引力，所以该分子所受合力不等于 0，其合力方向垂直指向液体内部，导致液体表面具有自动缩小的趋势，这种收缩力称为表面张力。表面张力是物质的特性，其大小与温度和界面两相物质的性质有关。

物质表面张力的测定均基于力学原理，在与液体表面接触的环形器的垂直方向施加作用力，将其与表面分开，或者在边缘与液体表面接触的盘形器的垂直方向上发力，将所形成的膜拉起来，通过作用力大小、环形器接触面积计算物质表面张力，可采用最大气泡法、环形器法测量物质表面张力。

13.8.1　最大气泡法

最大气泡法测量物质表面张力的装置如图 13-23 所示，待测物质装于支管试管 A 中，并保持毛细管 B 端面与液面相切，液面即沿毛细管上升，开启滴液漏斗活塞缓慢抽取气体，此时由于毛细管内液面上所受压力高于支管试管中液面上端压力，毛细管内液面逐步降低并从毛细管管端缓慢逸出气体。在气泡形成过程中由于表面张力的作用，凹液面产生一个指向液面外侧的附加压力，满足关系式（13-27）：

$$\Delta P = P_{大气} - P_{系统} \tag{13-27}$$

附加压力与溶液表面张力成正比，与气泡曲率半径成反比，其关系式为

$$\Delta P = 2\gamma / R \tag{13-28}$$

式中，ΔP 为附加压力；γ 为表面张力；R 为气泡曲率半径。

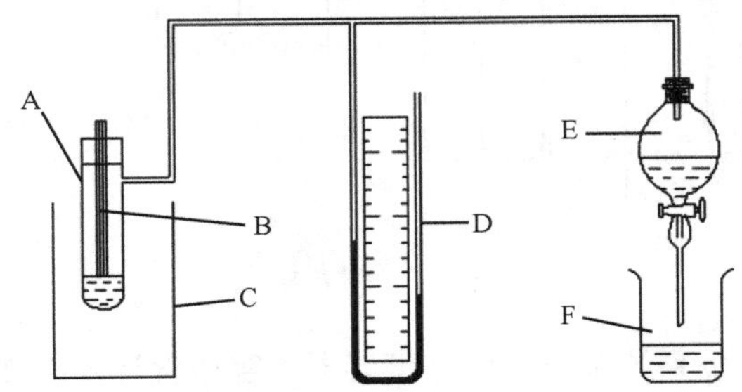

图 13-23　最大气泡法测定表面张力示意图

A. 支管试管；B. 毛细管（r 在 0.15～0.2mm）；C. 水浴；D. “U” 形压力计；E. 分液漏斗；F. 吸滤瓶

当毛细管管径较小时，形成的气泡可视为球形气泡。气泡形成初始阶段，由于表面几乎为平面状态，曲率半径极大；气泡形成半球形时，曲率半径等于毛细管管径，此时曲率半径极小；随着气泡的进一步增大，曲率半径又趋向增大，直至溢出液面。根据式（13-28），$R = r$ 时的最大附加压力为

$$\Delta P_{最大} = 2\gamma - r \tag{13-29}$$

实际测量时，使毛细管端刚与液面接触，则可忽略气泡鼓起所需克服的静压力，这样就可以直接用式（13-29）进行计算。

当将其他参数合并为常数 K 时，则式（13-29）变为

$$\gamma = K\Delta P_{最大} \tag{13-30}$$

最大气泡法测定时采用相同仪器条件，仪器参数 K 不变，试验中采用已知表面张力的水作为标准溶液测得仪器参数 K 值，然后在相同条件下进行未知样品检测。

13.8.2　环形器法

《经济合作与发展组织化学品测试准则》115“水溶液的表面张力”给出了环形器法的测定原理与方法[27]。通常张力计由活动的样品台、测力系统、测量主体（环）和测量容器几部分组成。活动的样品台用于支撑测量容器，和测力系统一起安放在架子上。测力系统置于样品台的上部，测定力的误差不得超过$\pm 10^{-6}$N，相应的质量测量误差应在$\pm$0.1mg 之内。大多数的张力计，测定的校正等级在 mN/m 时，表面张力能准确读到 0.1mN/m。

测定环通常采用符合 ISO 标准的 0.4mm 铂-铱金属线圈制成，其平均圆周约为

60mm。测定环用金属针和丝安装支架水平悬挂，并通过金属针和支架与测力系统相连接，如图 13-24 所示。如果环不能保持水平位置的话，就会出现错误的结果。

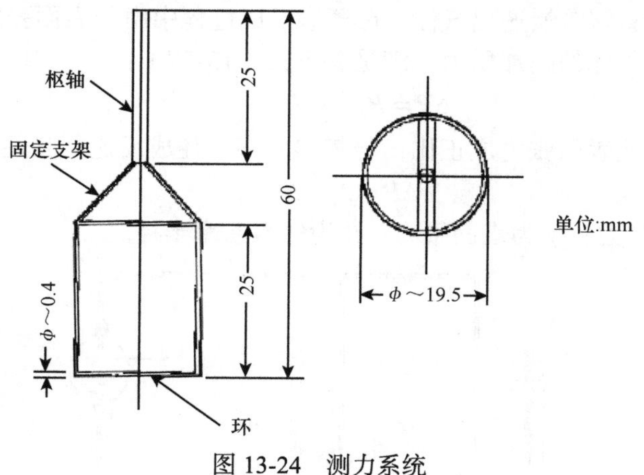

图 13-24　测力系统

装有试验溶液的测量系统系温控的玻璃容器，容器设计要求在测量时，试验溶液及其表面气相的温度保持不变，样品不能挥发。圆桶状的玻璃容器内径不得小于 45mm。

13.8.2.1　装置清洗

测量容器应小心清洗。如有必要应用热的铬酸洗液清洗，随后用浓磷酸（83%～98% H_3PO_4 的质量浓度）清洗，再用自来水漂洗，最后用重蒸蒸馏水洗至呈中性，干燥或用待测的液体漂洗。

将环用水彻底清洗以除去水溶性物质，主要用铬酸洗液浸泡，用重蒸蒸馏水洗至呈中性，最后在甲醇火焰上短时间加热。

不能被铬酸洗液或磷酸溶解或破坏的污染物，如硅酮，要用适当的有机溶剂除去。

13.8.2.2　零点调节

装置应水平放置，将测定环安装在装置中，并检查它与液体表面的平行程度，为此目的可把液体表面视为镜面。在环浸入液体之前，张力计的指示应调到零，可利用砝码或水进行校准。

1. 利用砝码校准

将 0.1～1.0g 的砝码放在环上，其校准系数 ϕ_a 按式（13-31）计算：

$$\phi_a = \sigma_r / \sigma_a \qquad (13\text{-}31)$$

式中，σ_a 为环上安放砝码后的张力读数，单位为 mN/m；$\sigma_r = mg / 2b$，单位为 mN/m，其中 m 为砝码质量，单位为 g，g 为重力加速度，海平面上为 981cm/s^2，b 为环的平均周长，单位为 cm。

2. 利用水校准

利用纯水校准要比利用砝码校准快，但也有一定的风险。水的表面张力（在 23℃时为 72.2mN/m）会因痕量的杂质如表面活性剂而改变。校准系数 ϕ_b 按式（13-32）计算：

$$\phi_b = \sigma_o / \sigma_g \tag{13-32}$$

式中，σ_o 为引自文献的水表面张力值，单位为 mN/m；σ_g 为水表面张力的测量值，单位为 mN/m。

二者均在同样的温度下测定。

13.8.2.3　样品的制备和处理

待测物质的溶液用蒸馏水配制，其浓度应为饱和溶液的 90%，但当计算的浓度超过 1g/L 时，试验中仍采用 1g/L。灰尘和其他物质的气态污染会干扰测定，因此试验要在防护罩下进行。测量应在 20℃±0.5℃条件下进行。

13.8.2.4　试验操作

将待测溶液转入测量容器，小心操作避免泡沫产生。当溶液转入测量容器就开始计时。将测量容器放在装置台上，把测量容器抬高到使环浸泡在溶液表面之下，随后将装置台顶部逐渐下移，以大约 0.5cm/min 的速度平稳地将环从表面分开直到产生最大的力，此力可在张力计上读到。接触到环的液体薄层不得与环分离。完成第一次测量后，再进行重复测量直至表面张力达到恒定为止。

13.8.2.5　数据处理

表面张力由装置上读出的数值与校准系数 ϕ_a 或 ϕ_b 相乘得到，该结果是近似值，需要校正。Harkins 和 Jordan 通过试验测定了校正系数，该系数取决于环的直径、液体的密度和表面张力。由于依据 Harkins-Jordan 的表格来确定每次测定的校正系数是很费力的，可以采用一种适用于水溶液的简化方法，即从表 13-10 中选取校正的表面张力值即可。表 13-10 是在 Harkins-Jordan 校正值的基础上完成的，适用于平均直径为 9.55mm、测定环金属丝半径为 0.185mm 的商品测定环。表 13-10 提供了用砝码或水校准后的测定值。

表 13-10　测定表面张力的校准表

试验值 σ' /（mN/m）	校准值 σ /（mN/m）	
	水校准	砝码校准
20	18.1	16.9
22	20.1	18.7
24	22.1	20.6
26	24.1	22.4

续表

试验值 σ' /（mN/m）	校准值 σ /（mN/m）	
	水校准	砝码校准
28	26.1	24.3
30	28.1	26.2
32	30.1	28.1
34	32.1	29.9
36	34.1	31.8
38	36.1	33.7
40	38.2	35.6
42	40.3	37.6
44	42.3	39.5
46	44.4	41.4
48	46.5	43.4
50	48.6	45.3
52	50.7	47.3
54	52.8	49.3
56	54.9	51.2
58	57.0	53.2
60	59.1	55.2
62	61.3	57.2
64	63.4	59.2
66	65.5	61.2
68	67.7	63.2
70	69.9	65.2
72	72.0	67.2
74		69.2
76		71.2
78		73.2

注：对于水溶液来说，$\rho\approx 1\text{g/cm}^3$，$R$=9.55mm（测定环的平均直径），$r$=0.185mm（测定环金属丝的半径）

换言之，如未进行校准时，表面张力可根据式（13-33）进行计算：

$$\sigma = fF / (4\pi R) \tag{13-33}$$

式中，F 为薄膜破裂时测力计测得的力，单位为 N；R 为环的半径，单位为 mm，f 为校准系数。

13.9　黏　　度

黏度是对流体黏滞性的一种度量，是流体流动力对其内部摩擦现象的一种表示。黏度大表示内摩擦力大，黏度常用运动黏度表示，单位为 mm^2/s。将流动着的液体看作许多相互平行移动的液层，各层速度不同，形成速度梯度（dv/dx），这是流动的基本特征。由于速度梯度的存在，流动较慢液层阻滞流动较快液层的流动，因此液体产生运动阻力。为使液层运动维持一定的速度梯度，必须对液层施加一个与阻力相反的反向力，在单位液层面积上施加这种力后，液体在流动时，其分子间产生内摩擦的性质，称为液体黏性。黏性大小用黏度表示，是与液体性质相关的阻力因子。对于剪应力与剪切应变率之间满足线性关系的牛顿液体，目前黏度测量法包括毛细管黏度计法、落球黏度计法、旋转黏度计法、振动黏度计法、黏度杯法等方法，如表 13-11 所示[27]。这里主要介绍常见的几种测量流体运动黏度与动力黏度的通用方法：毛细管法、落球法和旋转法[28]。

表 13-11　液体黏度测定方法

测定方法	动力黏度/（mPa · s）	运动黏度/（mm^2/s）	测定范围/（mPa · s 或 mm^2/s）	标准来源	温度稳定性要求/℃
毛细管黏度计		√	0.5～10^5	ISO 3104	±0.1
黏度杯		√	8～700	ISO 3105	±0.5
旋转黏度计	√		10～10^9	ISO 3218.2	±0.2
落球黏度计	√		0.5～10^5	DIN 53015	±0.1
拉球黏度计	√		0.5～10^7	DIN 52007	±0.1

绝大多数黏度测定都是根据以下 3 种原理进行的。

a）毛细管黏度计或黏度杯——待测液体流经毛细管测定。

b）旋转黏度计——液体在同心圆筒、锥形板及平行板之间剪切测定。

c）落球黏度计——以小球在垂直或倾斜的充满液体的圆筒中的运动来测定运动黏度（如赫普勒落球黏度计、升球黏度计等）。

利用赫普勒黏度计时，必须知道密度才能计算运动黏度。

13.9.1　毛细管黏度计法

13.9.1.1　试验原理

毛细管法测量液体黏度时，在一定温度与环境压力条件下测定一定体积的液体流经一定长度和半径毛细管所需时间，然后计算运动黏度，如下式：

$$v=\frac{100\pi d^4 ght}{128Vl}-\frac{E}{t^2} \tag{13-34}$$

式中，v 为流体的运动黏度，单位为 mm^2/s；d 为毛细管内径，单位为 cm；g 为重力加速度，单位为 m/s^2；l 为毛细管长度，单位为 cm；h 为平均有效液柱高度，单位为 cm；V 为流体流经毛细管的计时体积，单位为 cm^3；t 为体积为 V 的流体的流动时间，单位为 s；E 为动能系数。

对于相对测量，式（13-34）可写成：

$$v = Ct - \frac{E}{t^2} \tag{13-35}$$

式中，C 为用标准黏度液标定的黏度计常数，单位为 mm^2/s^2。如果 $E/t^2 \ll Ct$，则式（13-35）可写成：

$$v = Ct \tag{13-36}$$

13.9.1.2　试验设备和材料

1. 黏度计

可选用的玻璃毛细管黏度计包括平开维奇黏度计（简称平氏黏度计）、坎农-芬斯克黏度计（简称芬氏黏度计）、乌别洛特黏度计（简称乌氏黏度计）、逆流型坎农-芬斯克黏度计（简称逆流黏度计）。毛细管法测量常用的乌氏黏度计如图 13-25 所示，在测定过程中依据液体黏度大小选择合适型号的黏度计，如表 13-12 所示。

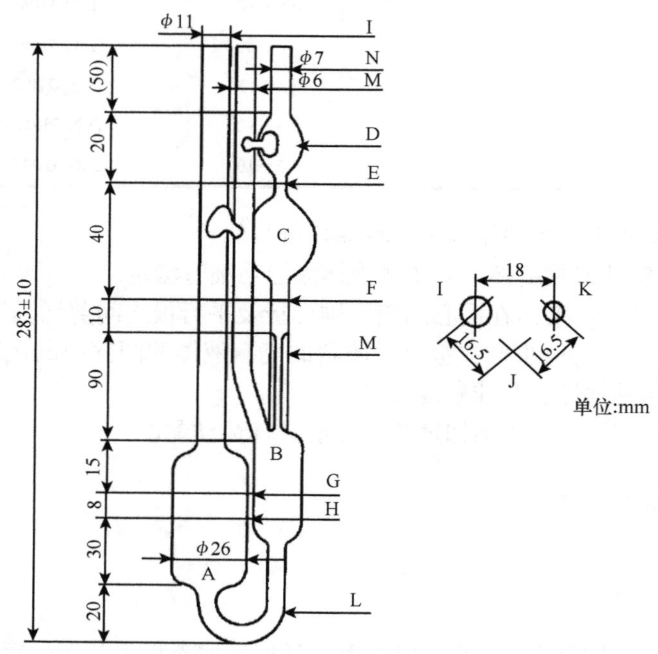

图 13-25　乌氏黏度计

A. 下贮器；B. 悬挂水平球；C. 计时球；D. 上贮器；E. 上计时标线；F. 下计时标线；G 和 H. 装液标线；I. 夹持管；J. 下通气管；K. 上通气管；L. 连接管；M. 工作毛细管；N. 测量管

表 13-12　乌氏黏度计的尺寸及测量范围

尺寸号	标称黏度计常数/（mm^2/s^2）	测量范围/（mm^2/s）	毛细管内径/mm（±2%）	球体积/cm^3（±5%）	管内径/mm（±5%）
0	0.001	0.3①～1	0.24	1.0	6.0
0C	0.003	0.6～3	0.36	2.0	6.0

续表

尺寸号	标称黏度计常数/（mm^2/s^2）	测量范围/（mm^2/s）	毛细管内径/mm（±2%）	球体积/cm^3（±5%）	管 P 内径/mm（±5%）
0B	0.005	1～5	0.46	3.0	6.0
1	0.01	2～10	0.58	4.0	6.0
1C	0.03	6～30	0.73	4.0	6.0
1B	0.05	10～50	0.88	4.0	6.0
2	0.1	20～100	1.03	4.0	6.0
2C	0.3	60～300	1.36	4.0	6.0
2B	0.5	100～500	1.55	4.0	6.0
3	1.0	200～1 000	1.83	4.0	6.0
3C	3.0	600～3 000	2.43	4.0	6.0
3B	5.0	1 000～5 000	2.75	4.0	6.5
4	10	2 000～10 000	3.27	4.0	7.0
4C	30	6 000～30 000	4.32	4.0	8.0
4B	50	10 000～50 000	5.20	5.0	8.5
5	100	20 000～100 000	6.25	5.0	10.0

①表示最短流动时间为 300s，其他均为 200s

2. 恒温槽

恒温槽的深度应满足能把安装好的黏度计固定在恒温槽中，恒温槽液面高于计时球 C 20mm 以上，黏度计底部高于恒温槽底 20mm 以上。槽壁应由透明材料制成，或有观察窗。在设定温度下，对于精密的黏度测量（精密型），温度波动度应不超过±0.01℃、温场均匀性不大于 0.02℃，对于工业的黏度测量（工业型），温度波动度应不超过±0.1℃、温场均匀性不大于 0.2℃。

3. 温度计

采用分度值不大于 0.01℃（精密型）及 0.1℃（工业型）的水银温度计或其他测温设备。

4. 密度计

采用分度值为 0.001g/cm^3 的密度计。

5. 计时器

采用分辨率不大于 0.1s、测量误差不大于 0.05%的秒表或其他计时设备。

6. 其他

电烘箱或电吹风、真空泵或其他抽气设备、黏度计夹子、线坠或其他调垂直装置、乳胶管、能有效清洗黏度计的溶剂或洗液等。

13.9.1.3 试验步骤

对于含有机械杂质的试样应事先过滤。选择适当内径的黏度计，使得流动时间在 200s 以上。黏度计在使用前用适当的非碱性溶剂清洗并干燥。对于新购置、长期未使用过或沾有污垢的黏度计，要用铬酸洗液浸泡 2h 以上，再用自来水、蒸馏水洗净，烘干。使用乌氏黏度计时，把试样从管 I 装入下贮器 A，使液面处于上、下装液标线 G 与 H 之间。给装好试样的黏度计的管 J 与 K 套上干净的乳胶管，用黏度计夹具或支架把黏度计固定在恒温槽中，让恒温槽液面高于计时球 C 20mm 以上，使黏度计底部高于恒温槽底部 20mm 以上，调节黏度计使毛细管垂直。测量前，黏度计于恒温槽中在测量温度下恒温至少 15min。对于黏度大的试样适当延长恒温时间。待恒温完毕后密封 J 管，施加吸引力于 K 管或施加压力于 I 管直至液体达到标线 E 上方约 5mm 处，打开 J 管液体从毛细管 M 底端流出，测定弯月面由标线 E 流经标线 F 所需时间，根据仪器参数计算所测量液体黏度。利用式（13-36）计算运动黏度；动力黏度利用式（13-37）计算。

$$\eta = \nu\rho \tag{13-37}$$

式中，η 为试样的动力黏度，单位为 Pa · s；ρ 为与测量动力黏度时相同温度下试样的密度，单位为 g/cm^3。

13.9.2 旋转黏度计法

对于黏度范围为 5～50 000mPa · s 的液体，可采用旋转黏度计法测量，由于液体在一定剪切应力下一层液体与另一层液体做相对运动时存在内摩擦力，其值为加于流动液体的剪切应力与剪切速率之比。对于牛顿液体，在所有剪切速率下黏度恒定，而对于非牛顿液体，随着剪切速率的变化或剪切时间的不同，液体黏度会发生变化，如剪切稀化、搅胀性、可塑性、触变性、反触变性等变化。依据这一原理可采用一定规定的旋转黏度计，在规定剪切速率条件下测定牛顿型液体或非牛顿型液体的表观黏度。

13.9.2.1 试验原理

使圆筒（圆锥）在液体中旋转或圆筒（圆锥）静止而周围液体旋转流动，液体的黏性扭矩将作用于圆筒（圆锥），液体的动力黏度与扭矩的关系可用式（13-38）表示：

$$\eta = \frac{AM}{n} \tag{13-38}$$

式中，η 为液体的动力黏度，单位为 Pa · s；M 为流体作用于圆筒（圆锥）的黏性扭矩，单位为 N · s；n 为圆筒（圆锥）的旋转速度，单位为 rad/s；A 为常数，单位为 m^{-3}。

在选定的转速下，流体动力黏度仅与扭矩有关，可按式（13-39）求得动力黏度：

$$\eta = K\alpha \tag{13-39}$$

式中，K 为黏度计常数，单位为 Pa · s；α 为黏度计示值。

在选定的剪切速率下，液体动力黏度仅与剪切应力有关。根据牛顿内摩擦定律，流体的动力黏度与剪切速率关系如式（13-40）所示：

$$\eta=\frac{\tau}{\dot{\gamma}}=\frac{Z\alpha}{\gamma} \tag{13-40}$$

式中，τ 为液体作用于圆筒（圆锥）的剪切应力，单位为 Pa；$\dot{\gamma}$ 为液体的剪切速率，单位为 s^{-1}；Z 为黏度计测量系统常数，单位为 Pa。

13.9.2.2　设备和材料

根据黏度范围、剪切应力、剪切速率、准确度和试样量选择黏度计型。常用的三种黏度计为同轴圆筒型、单圆筒型和锥-板型，如图 13-26～图 13-28 所示。

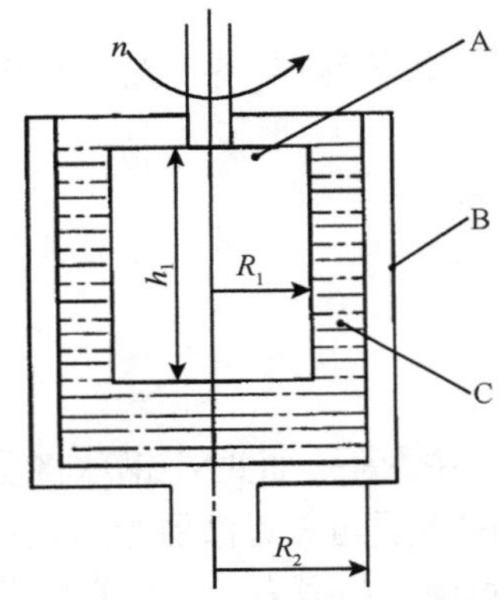

图 13-26　同轴圆筒型示意图

A. 内筒，B. 外筒，C. 流体；n 为圆筒的转速，rad/s；h_1 为内筒的有效高度，m；R_1 为内筒的半径，m；R_2 为外筒的半径，m

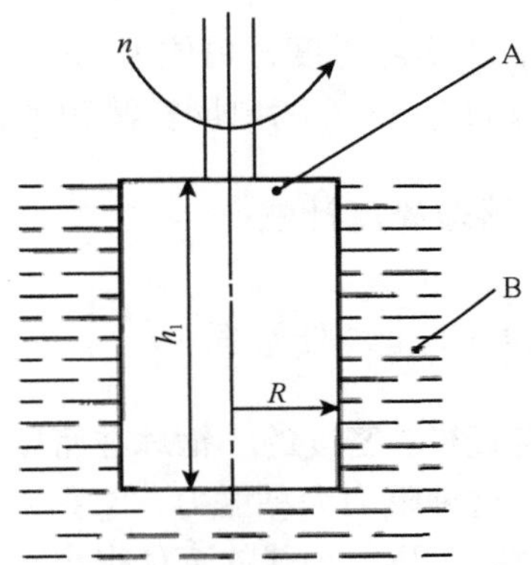

图 13-27　单圆筒型示意图

A. 转筒，B. 流体；h_1 为转筒的有效高度，m

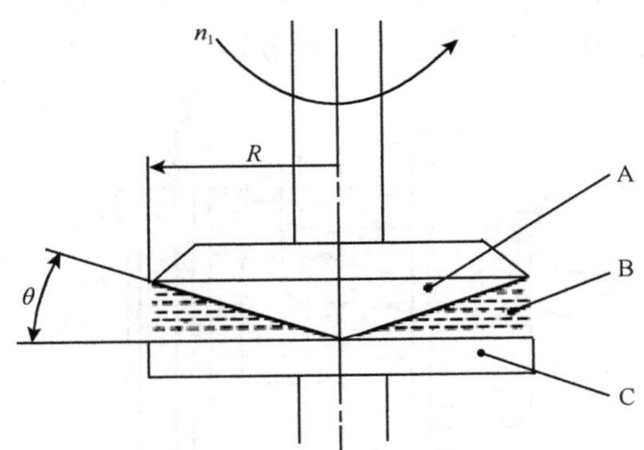

图 13-28　锥-板型示意图

A. 圆锥，B. 流体，C. 板；R 为转筒半径，m

此外，还需要恒温槽（温度波动不超过±0.1℃）、温度计、取样器皿、溶剂或洗液等。

13.9.2.3　试验步骤

通常条件下，旋转黏度计法测量时需将被测样品放在恒温容器内保持恒温，将所选定转子放入测量容器内并与转轴连接，转子浸于试样中心，样品液面达到转子液位标线，测量过程中需保持液体中不含有任何气泡以免造成测量误差，依据测量过程中剪切力及时间计算牛顿液体动力黏度或非牛顿液体表观黏度，必要时可使用标准液体进行仪器参数校准。

根据式（13-39）和式（13-40）计算黏度。示值受电网频率影响的黏度计，若电网频率变化超过±1%，应对测量结果加以修正，见式（13-41）。

$$\eta_S = \eta_C \times \frac{f_B}{f_S} \tag{13-41}$$

式中，η_S 为实际黏度，单位为 Pa · s；η_C 为测量黏度，单位为 Pa · s；f_B 为电网标称频率，单位为 Hz；f_S 为电网实测频率，单位为 Hz。

13.9.3　落球黏度计法

13.9.3.1　试验原理

一定直径、密度的小钢球在密度、黏度一定的液体中落下，此时小钢球将受到向上的阻力，这种阻力为黏滞力，它是由黏附在小球表面的液层与邻近液层摩擦而产生的，当液体无限广延，小球的直径很小时，根据斯托克斯定律，黏滞力与小球直径及其运动速度成正比。除黏滞力外，小球下落过程中还受重力、浮力影响，初始阶段小球下落速度小，相应黏滞力小，随着小球做加速运动和速度的增加，黏滞力增强最终达到平衡，此时小球匀速降落即达到收尾速度。实际测量时由于不可能达到无限宽广的液体状态，因此可用小球在一定内径的圆筒中匀速下落一段距离所用的时间来计算液体黏度。落球黏度计法可分为直落式和滚落式两种，示意图分别见图 13-29 和图 13-30。

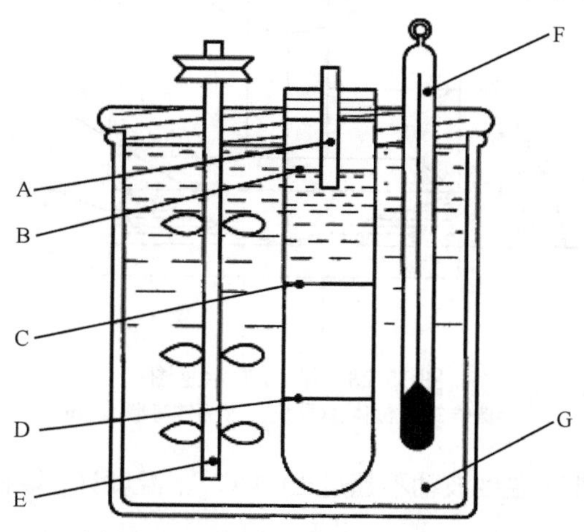

图 13-29　直落式落球黏度计示意图

A. 导向管；B. 试样面；C. 上计时标线 m_1；D. 下计时标线 m_2；E. 搅拌器；F. 温度计；G. 恒温槽

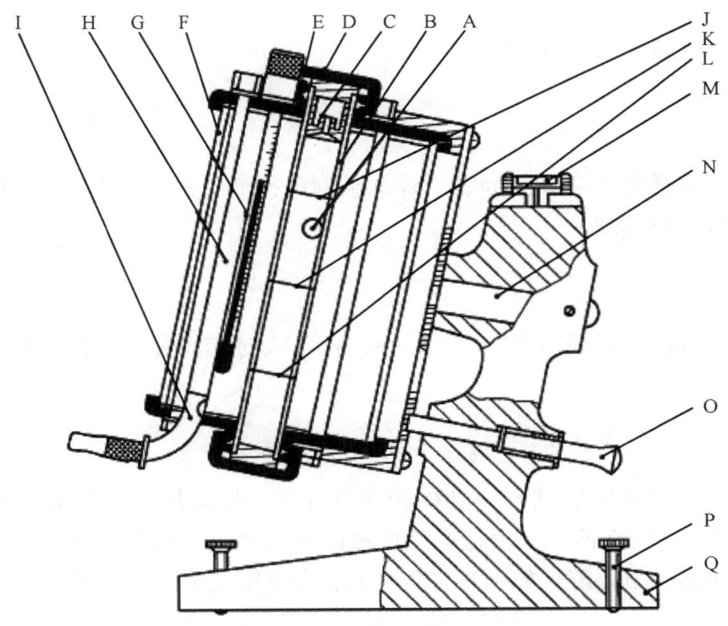

图 13-30　滚落式落球黏度计示意图

A. 球；B. 试样管；C. 排气塞；D. 螺帽；E. 密封盖；F. 保温套；G. 温度计；H. 进水管；I. 出水管；J. 计时标线 m_1；K. 计时标线 m_2；L. 计时标线 m_3；M. 水准泡；N. 转轴；O. 定位销钉；P. 水平螺钉；Q. 支架

1. 直落式

通过测量球在液体中匀速自由下落一定距离所需的时间求动力黏度，见式（13-42）。

$$\eta = \frac{100d^2(\rho_0 - \rho)gt}{18l} f \tag{13-42}$$

式中，d 为球的直径，单位为 cm；ρ_0 为球的密度，单位为 g/cm^3；ρ 为液体的密度，单位为 g/cm^3；l 为球的下落距离，单位为 cm；t 为球下落 l 距离所需的时间，单位为 s；f 为管壁所受影响的修正系数。

$$f = 1 - 2.104\frac{d}{D} + 2.09\left(\frac{d}{D}\right)^3 - 0.95\left(\frac{d}{D}\right)^5 \tag{13-43}$$

式中，D 为试样管的内径，单位为 cm。

对于相对测量，式（13-42）可写成：

$$\eta = K(\rho_0 - \rho)t \tag{13-44}$$

式中，K 为球的常数（由标准液标定），单位为 mPa · s · cm^3/g。

2. 滚落式

通过测量球在充满试样的倾斜管子中沿管壁滚动下落一定距离所需的时间计算黏度。此方法只适用于相对测量，按式（13-44）计算黏度。

13.9.3.2 试验设备和材料

1. 测量球

直落式采用直径为 1～4mm 的若干种轴承钢球，滚落式采用直径为 11～15.8mm 的不锈钢、合金钢或玻璃球。

2. 试样管

试样管的计时标线间隔应不小于 50mm，直落式的试样管直径必须是测量球直径的 5～10 倍。

3. 恒温槽

直落式的恒温槽深度应满足把试样管垂直安装在恒温槽中，使液面处于恒温液面 20mm 以下，如图 13-29 所示。槽体必须由透明材料制成，或有观察窗。滚落式的保温套由恒温槽循环提供恒温液，如图 13-30 所示。在设定温度下，恒温槽温度波动应不超过±0.1℃。

4. 温度计

温度计采用分辨率不大于 0.1℃的水银温度计或其他测温设备。

5. 计时器

采用分辨率不大于 0.1s、测量误差不大于 0.05%的秒表或其他计时设备。

6. 其他

吹风机、小球夹具、管刷、有机溶剂等。

13.9.3.3 试验步骤

对于含有机械杂质的试样应事先过滤。选择适当尺寸的球使其在试样中下落且速度不大于 1.67mm/s（相当于 50mm/30s）。球及试样管在使用前用适当的溶剂清洗数次，并用吹风机吹干。

对于直落式，按照图 13-29 将试样装入试样管中，使液面处于上计时标线 m_1 50mm 以上，塞上中心带有垂直导向管的塞子。把试样管垂直安装在恒温槽中，并使液面处于恒温液面 20mm 以下。测量之前，在测量温度下恒温至少 15min，对于黏度大的试样适当延长恒温时间。待试样中的气泡消失后，把球从导向管放入试样中，测量球下落经过 m_1、m_2 计时标线所需时间，投入第二个同样尺寸的球，测量其下落时间，取平均值。两球的下落时间差应不大于平均值的 1%。

对于滚落式，按照图 13-30 盖上试样管底部的密封盖 E 及螺帽 D，把试样装入试样管中，使液面低于管端约 15mm，放入球，盖上排气塞 C、密封盖 E 及螺帽 D，调节仪器的水平位置，使试样管与垂直线成 10°。待试样中的气泡消失后，将试样管连同保温套旋转 180°，使球下降到试样管的顶端（此时顶端朝下），再把试样管连同保温套倒转 180°，使其回到正常位置，并用定位销钉锁紧。球由顶端沿管壁滚动下落，测量球下落经过 m_1、m_2 计时标线所需的时间。重复以上操作测量球的下落时间，取平均值。两球的下落时间差应不大于平均值的 1%。

13.10　脂　溶　性

脂溶性是物质与液态脂肪（油类）形成均相而不发生反应的质量分数。此质量分数的最大值称为饱和质量分数，它是温度的函数。一种物质的脂溶性是评价其在生物组织中蓄积程度的指标之一。在受试物水溶性太低而不能测定其分配系数的情况下，测定其脂溶性是特别有用的。脂溶性对于评价化学物质从包装材料转移到食品中也有重要意义。脂肪成分因生物物质不同而异，即使在同一生物中也是如此，因此化学物质脂溶性测量通常选用商品化甘油三酯混合物作为脂肪进行模拟，通常情况下脂溶性以一定温度条件下（一般为 37℃）物质饱和状态时的单位质量脂肪中溶解量表征（g/kg）。《经济合作与发展组织化学品测试准则》116“固体和液体化合物脂溶性——烧瓶法”提供了纯化合物的脂溶性测试方法[29]。

13.10.1　参考物质

参考物质主要用于不定时地校正方法并与其他方法对比。表 13-13 列出了各参考物质参考值。

表 13-13　脂溶性测定（烧瓶法）的参考物质

参考物质	脂溶性①/（g/kg）
六氯苯	11.4（11.1～12.1）（OECD）
二氯化汞	20.1（14.7～24.3）（OECD）
尿素	0.17（0.05～0.28）（EEC）

①表示所列数据为 OECD 或欧洲经济共同体（EEC）实验室间比较试验的计划参加者报告的总均值及范围

13.10.2　试验原理

受试物经搅拌溶于液态标准脂肪中，连续加入受试物，直至经分析测定表明其质量分数达到恒定值，此值即为受试物的饱和质量分数。

标准脂肪采用 HB307，这种脂肪是饱和甘油三酯与脂肪酸的混合物，其甘油三酯的分布与椰子酯相似。HB307 成分如表 13-14 所示。

表 13-14　标准脂肪 HB307 成分表

1. 脂肪酸分布								
脂肪酸部分的碳原子数	6	8	10	12	14	16	18	其他
气相色谱面积/%	0.5	7.5	10.3	50.4	13.9	7.8	8.6	1

续表

2. 甘油三酯分布									
脂肪酸部分的碳原子数	22	24	26	28	30	32	34	36	38
气相色谱面积/%	0.1	0.3	1	2.3	4.9	10.9	13.9	21.1	16.1
脂肪酸部分的碳原子数	40	42	44	46	48	50			
气相色谱面积/%	11.7	9.8	4.4	2.2	1.1	0.2			
3. 纯度									
甘油单酯含量（酶学测定）					≤0.1%				
甘油二酯含量（酶学测定）					≤0.4%				
不可皂化部分含量					≤0.1%				
碘值[Wijs 值]					≤0.5%				
酸含量					0.02%				
含水量（K. Fischer）					≤0.1%				
熔点					28.5℃				
4. 典型的吸收光谱（吸收池厚度 d =1cm，水作参比，35℃）①									
波长/nm	290	310	330	350	370	390	430	470	510
透光率/%	2	15	37	64	80	88	95	97	98

①表示于 303nm 处透光率至少为 10%。

13.10.3 试验准备

13.10.3.1 试验设备

实验室常用的玻璃器皿，天平，恒温离心机，可与温控系统联用的搅拌器，恒温器。

13.10.3.2 预试验

为了确定在试验温度（37℃）达到饱和质量分数所需的受试物量（近似），应做个简化的预试验。固态物质建立饱和平衡的速率在很大程度上取决于颗粒大小，故应先将其粉碎。

13.10.3.3 受试物的制备

称取 8 份样品分别置于 50mL 烧瓶中，每份样品的量均应是预试验所确定的达到饱和所需量的 2 倍。

加入约 25g 液化的混合标准脂肪，把烧瓶安放在搅拌器上，并用磨口玻璃塞密封。半数烧瓶（第一组）于 30℃搅拌，另外半数烧瓶（第二组）于 50℃搅拌。至少搅拌 1h。

13.10.4　试验步骤

13.10.4.1　试验条件

脂溶性试验应在 37℃±0.5℃下进行。

13.10.4.2　试验操作

a）在 37℃±0.5℃下搅拌两组烧瓶的内容物。

b）无法预测建立平衡所需的通用搅拌时间，液态物质可在数分钟内达到饱和，而固态物质可能要数小时才能达到饱和。对于液态物质，搅拌 3h 应已足够，每组先停止两个烧瓶的搅拌，并于 37℃至少放置 1h，分离未溶的物质并形成均相。当形成乳液或悬浮液（如有丁达尔现象）时，必须以适当的方法（如恒温离心）处理，使之成为均相。

c）另两个烧瓶至少应搅拌 24h，然后于 37℃±0.5℃放置 1h。如果静置后，固态受试物的瓶底无沉淀，液态受试物不呈两相，必须取更大量的受试物重新试验。

d）从饱和的脂肪相取样进行物质溶解量分析，通常依据受试物的特效分析方法计算质量分数，可选用的方法包括分光光度计法、气相色谱法，或将其有效萃取至水中或有机溶剂中后进行含量分析。

13.11　颗粒物粒度分布

化学品的颗粒物粒度分布是指粉体样品中不同粒径颗粒占颗粒总量的百分数，可采用区间分布、累计分布两种形式表达。区间分布又称为微分分布或频率分布，它表示一系列粒径区间中颗粒的百分含量；累计分布也称积分分布，它表示小于或大于某粒径颗粒的百分含量。此外，表征物质粒度特性的指标包括：D_{50}，样品的累计粒度分布百分数达到 50%时所对应的粒径，其物理意义是粒径大于它的颗粒占 50%，小于它的颗粒也占 50%，D_{50} 也称中位粒径或中值粒径，并常用来表示粉体的平均粒度；D_{97}，样品的累计粒度分布数达到 97%时所对应的粒径，其物理意义是粒径小于它的颗粒占 97%，D_{97} 常用来表示粉体粗端的粒度；其他如 D_{16}、D_{90} 等参数的定义和物理意义与 D_{97} 相似。测试物质粒度的方法很多，目前常用的包括沉降法[30]、激光法[31]、筛分法[32]、图像法[33]和电阻法[34]等。此外，对于特定行业领域可采取其他可行的方法。

13.11.1　沉降法

沉降法是根据不同粒径颗粒在液体中的沉降速度不同而测量粒度分布的一种方法。其基本过程是将样品放到某种液体中制成一定浓度的悬浮液，悬浮液中的颗粒在重力或离心力作用下发生沉降。不同粒径颗粒的沉降速度是不同的，大颗粒的沉降速度较快，小颗粒的沉降速度较慢，颗粒的沉降速度与粒径符合斯托克斯定律，即在重力场中，悬浮在液体中的颗粒受重力、浮力和黏滞阻力作用发生运动，沉降速度与颗粒直径的平方成正比，即两个粒径比为 1∶10 的颗粒，其沉降速度之比为 1∶100。为了加快细颗粒的沉降速度，缩短测量时间，沉降法测量样品粒度多引入离心沉降方式。

13.11.2 激光法

激光法是根据激光照射到颗粒后，颗粒能使激光产生衍射或散射的现象测量粒度分布的，也是目前固体物质粒度分布测量的最主要方法。由激光器发出的激光，经扩束后成为一束直径为 10mm 左右的平行光。在没有颗粒的情况下该平行光通过富氏透镜后汇聚到后焦平面上，当通过适当的方式将一定量的颗粒均匀地放置到平行光束中时，平行光将发生散射现象，一部分光与光轴成一定角度向外传播。大颗粒引发的散射光的角度小，颗粒越小，散光与光轴之间的角度就越大。不同角度的散射光通过透镜在焦平面上形成一系列有不同半径的光环，组成 Airy 斑。Airy 斑中包含着丰富的粒度信息，半径大的光环对应着较小的粒径、半径小的光环对应着较大的粒径。焦平面的光电接收器将由不同粒径颗粒散射的光信号转换成电信号，并通过米氏散射理论计算得到粒度分布。

13.11.3 筛分法

筛分法属于传统的粒度测量方法，它通过使颗粒通过不同尺寸的筛孔来测量粒度。筛分法分干筛和湿筛两种形式，可以用单个筛子来控制单一粒径颗粒的通过率，也可以用多个筛子叠加起来同时测量多个粒径颗粒的通过率，并计算出百分数。筛分法有手工筛、振动筛、负压筛、全自动筛等多种方式。颗粒能否通过筛子与颗粒的取向和筛分时间等素因素有关，不同的行业有各自的筛分方法标准。

13.11.4 电阻法

电阻法又称库尔特法，根据颗粒在通过一个小微孔的瞬间，占据了小微孔的部分空间而排开了小微孔中的导电液体，使小微孔两端的电阻发生变化的原理测试粒度分布。小孔两端电阻的大小与颗粒的体积成正比，当不同大小粒径的颗粒连续通过小微孔时，小微孔的两端将连续产生大小不同的电阻信号，通过对电阻信号进行计算得到粒度分布。

13.11.5 显微图像法

显微图像法所用装置由显微镜、CCD 摄像头（或数码相机）、图形采集卡、计算机等部分组成，其基本原理是将显微镜放大后的颗粒图像通过 CCD 摄像头和图形采集卡传输到计算机中，由计算机对这些图像进行边缘识别等处理，计算出每个颗粒的投影面积，根据等效投影面积原理得出每个颗粒的粒径，再统计出所设定的粒径区间的颗粒数量，得到粒度分布。显微图像法单次所测到的颗粒个数少，对于同一个样品可以通过更换视场的方法进行多次测量来提高测试结果的真实性。除进行粒度测量之外，显微图像法还常用来观察和测试颗粒的形貌。

13.11.6 其他测量方法

除了上述几种粒度测量方法以外，目前在生产和研究领域还常用刮板法、沉降瓶法、透气法、超声波法和动态光散射法等。刮板法将样品刮到一个平板的表面上，观察粗糙度，以此来评价样品的粒度是否合格，是涂料行业采用的定性粒度测量方法。沉降瓶法与沉降法的原理大致相同，一定量样品与液体在 500mL 或 1000mL 的量筒里配制成悬浮液，充分搅拌均匀后取出一定量（如 20mL）作为样品的总重量，根据斯托克斯定律计算好每种颗粒沉降的时间，在固定的时刻分别放出相同量的悬浮液，代表该时刻对应的粒径，将每个时刻得到的悬浮液烘干、称重后就计算得到粒度分布，此法目前在磨料和河流泥沙等行业应用。透气法又称弗氏法，样品在金属管里压实后安装到一个气路里形成一个闭环气路，当气路中的气体流动时，气体将从颗粒的缝隙中穿过，如果样品较粗，颗粒之间的缝隙就大，气体流动所受的阻碍就小；样品较细，颗粒之间的缝隙就小，气体流动所受的阻碍就大。

13.12 分子质量及分子质量分布

高聚物往往有巨大的分子质量，并且分子质量和结构多呈分散性，由于其聚合度不同，分子质量分布范围极广，依据其分子质量的分散性可分为单分散的高分子化合物及由化学组成相同而相对分子质量不同的同系聚合物的混合物构成的多分散高分子化合物。对于其分子质量的统计，可分为数均分子质量、重均分子质量及黏均分子质量。目前分子质量及分子质量分布的测定方法包括：基于数均分子质量计算方式的端基分析法、稀溶液依数性法、气相渗透法、膜渗透法，基于重均分子质量计算方式的超速离心沉降速度法、黏度法及凝胶渗透色谱法。

端基分析法利用线性聚合物化学结构明确、分子链端带有可供定量分析基团的特点，测定链端基团的数目，就可确定已知重量样品中的大分子链数目，然后计算分子质量分布，常用于分析端基明确（如羧基、羟基、氨基、巯基、环氧基、卤素等）、结构稳定的化合物。稀溶液依数性法利用溶剂中加入溶质后，其蒸气压、沸点、冰点等性质发生变化的特点，测量高聚物的分子质量。气相渗透法通过间接测定溶液蒸气压降低量来计算溶质分子质量。膜渗透法中溶剂池、溶液池之间由于化学电位不同，溶剂池中溶剂透过膜进入溶液池产生静压强，平衡时渗透压与样品分子质量成反比，进而计算高聚物分子质量及其分布。超速离心沉降速度法在离心场中使溶质沉降，通过沉降速度计算溶质沉降系数，并结合扩散系数计算高分子分子质量。黏度法通过测定聚合物体系黏度，提供黏均分子质量、聚合物的无扰链尺寸、膨胀因子等信息。此外，凝胶渗透色谱法是目前适用范围最为广泛的分子质量及其分布测定方法，通过流动相将聚合物载入并通过系列色谱柱，由微粒、半刚性有机凝胶、刚性固体、多孔填料组成的色谱柱填料依照聚合物分子大小的顺序分离高聚物，并通过适当的检测器（示差折光检测器、紫外检测器、蒸发光散色检测器等）进行检测，通过校正曲线、淋洗体积/时间计算样品的分子质量及其分布参数。

参 考 文 献

[1] OECD Guidelines for Testing of Chemicals. Test No. 102：Melting Point/ Melting Range. 1995.

[2] OECD Guidelines for Testing of Chemicals. Test No. 103：Boiling Point. 1995.

[3] ASTM D 1120-17. Standard Test Method for Boiling Point of Engine Coolants.
[4] OECD Guidelines for Testing of Chemicals. Test No. 104：Vapour Pressure. 2006.
[5] OECD Guidelines for Testing of Chemicals. Test No. 109：Density of Liquids and Solids. 1995.
[6] Lyman W J, Reehl W F, Rosenblatt D H. Handbook of chemical property estimation methods. New York：McGraw-Hill, 1982.
[7] 中华人民共和国国家标准. GB/T 21845—2008 化学品 水溶解度试验. 北京：中国标准出版社，2008.
[8] OECD Guidelines for Testing of Chemicals. Test No. 107：Partition Coefficient（n-octanol/water）：Shake Flask Method. 1995.
[9] OECD Guidelines for Testing of Chemicals. Test No. 117：Partition Coefficient（n-octanol/water），HPLC Method. 2004.
[10] OECD Guidelines for Testing of Chemicals. Test No. 123：Partition Coefficient（1-octanol/Water）：Slow-Stirring Method. 2006.
[11] NF T 20-043 AFNOR. Chemical products for industrial use-Determination of partition coefficient-Shake flask method. 1985.
[12] 中华人民共和国国家标准. GB/T 21853—2008 化学品 分配系数（正辛醇-水）摇瓶法试验. 北京：中国标准出版社，2008.
[13] Hansch C，Rockwell S D，Jow P Y C. Substituent Constansts for Correlation Analysis in Chemistry and Biology. New York：John Willey，1979.
[14] Hansch C，Leo A J. Log P and Parameter Database：A Tool for the Quantitative Prediction of Bioactivity-Available from Pomona College Medical Chemistry Project. Pomona College，Claremont，California 91711，1982.
[15] Berendsen G E，Schoenmakers P J，deGalan L，et al. On determination of hold-up time in reversed-phase liquid chromatography. Journal of Liquid Chromatography，1980，3：1669-1686.
[16] Tolls J. Partition Coefficient 1-Octanol/Water（P_{ow}）Slow-Stirring Method for Highly Hydrophobic Chemicals，Validation Report. RIVM contract-Nrs 602730 M/602700/01.
[17] De Bruun J H M，Busser F，Seinen W，et al. Determination of octanol/water partition coefficients with the 'slow stirring' method. Environmental Toxicology and Chemistry，1989，8：499-512.
[18] Pinsuwan S，Li A，Yalkowsky S H. Correlation of octanol/water solubility ratios and partition coefficients. Journal of Chemical & Engineering Data，1995，40：623-626.
[19] Lyman W J. Solubility in water. *In*：Handbook of Chemical Property Estimation Methods：Environmental Behavior of Organic Compounds. Washington，DC：American Chemical Society，1990.
[20] OECD Guidelines for Testing of Chemicals. Test No. 112：Dissociation Constants in Water. 1981.
[21] ASTM D 1293-12 Standard Test Methods for pH of Water. 2012.
[22] Standard Method 242. APHA/AWWA/WPCF，in Standard Methods for the Examination of Water and Waste Water. 14th ed. Washington，DC：American Public Health Association，1976.
[23] Albert A，Sergeant E P. Ionization Conhstants of Acid sand Bases. New York：John Wiley，1962.
[24] ASTM D 1125-14 Standard Test Methods for Electrical Conductivity and Resistivity of Water. 2014.
[25] Standard Method 205. APHA/AWWA/WPCF，in Standard Methods for the Examination of Water and Waste Water. 14th ed. Washington，DC：American Public Health Association，1976.
[26] OECD Guidelines for Testing of Chemicals. Test No. 115：Surface Tension of Aqueous Solutions. 1995.
[27] OECD Guidelines for Testing of Chemicals. Test No. 114：Viscosity of Liquids. 1981.
[28] 中华人民共和国国家标准. GB/T 10247—2008 黏度测量方法. 北京：中国标准出版社，2008.
[29] OECD Guidelines for Testing of Chemicals. Test No. 116：Fat Solubility of Solid and Liquid Substances. 1981.
[30] 中华人民共和国国家标准. GB/T 26645.1—2011 粒度分析 液体重力沉降法 第 1 部分：通则. 北京：中国标准出版社，2011.
[31] 中华人民共和国国家标准. GB/T 19077.1—2008 粒度分析 激光衍射法 第 1 部分：通则. 北京：中国标准出版社，2008.
[32] 中华人民共和国国家标准. GB 2007.7—1987 散装矿产品取样、制样通则 粒度测定方法-手工筛分法. 北京：中国标准出版社，1987.
[33] 中华人民共和国国家标准. GB/T 1649.1—2008 粒度分析 图像分析法 第 1 部分：静态图像分析法. 北京：中国标准出版社，2008.
[34] 中华人民共和国国家标准. GB/T 29025—2012 粒度分析 电阻法. 北京：中国标准出版社，2012.

第 14 章 爆 炸 物

爆炸物指能够引起爆炸现象的物质，如炸药、雷管、黑火药等，粉尘、可燃气体、燃油、锯末等在特定条件下能引起爆炸的物质，广义上也属于爆炸物。爆炸物的严格定义为：固态或液态物质（或物质的混合物）其本身能够通过化学反应产生气体，而产生气体的温度、压力、速度大到能够对周围环境造成破坏，不放出气体的烟火物质如我国节庆日常用的烟花等同样属于爆炸物。

烟火物质（或烟火混合物）是指通过非爆炸性自持放热化学反应产生的热、光、声、气体、烟火的组合来产生效应的一种物质或物质的混合物。

爆炸性物品是指含有一种或多种爆炸性物质的物品。

减敏是将一种物质（减敏剂）加入爆炸物中，以增加搬运和运输过程的安全。减敏剂使爆炸物不敏感或降低爆炸物对热、振动、撞击、打击或摩擦的敏感度。

在爆炸品中，如果两种或两种以上物质或物品在一起能安全存放或运输，而不会明显增加事故率或在一定量情况下不会明显提高事故危害程度的这些物质或物品的组合称作配装组。

14.1 爆炸物的判定流程[1]

根据定义，爆炸物包括：①爆炸性物质和混合物；②爆炸性物品，但不包括下述物质，即其中所含爆炸性物质或混合物由于数量或特性，在意外或偶然点燃或引爆后，不会由于迸射、发火、冒烟、发热或巨响而在装置之外产生任何效应。③以上两类中未提及的为产生实际爆炸或引火效应而制造的物质、混合物和物品。

14.1.1 爆炸物的划分

根据联合国《关于危险货物运输的建议书-试验和标准手册》第一部分中的试验系列 2 至试验系列 8，未被划为不稳定爆炸物的本类物质、混合物和物品根据所表现的危险类型划入下列 6 项。

1.1 项：有整体爆炸危险的物质、混合物、物品，整体爆炸是指爆炸时瞬间影响到几乎全部内装物的爆炸。

1.2 项：有迸射危险但无爆炸危险的物质、混合物、物品。

1.3 项：有燃烧危险和轻微爆炸危险，或轻微迸射危险，或同时兼有这两种危险但没有整体爆炸危险的物质、混合物、物品，这一类别的爆炸物燃烧时产生大量辐射热量，可诱发相继燃烧产生轻微爆炸、迸射效应。

1.4 项：不呈现出重大危险的物质、混合物、物品，这一类别的爆炸物在点燃或引爆时，仅产生少量危险物质、混合物、物品，爆炸影响范围主要局限于爆炸物自身，射出的碎片预计较小、射程较近，在进行外部火烧试验时不会导致爆炸物自身的瞬间爆炸。

1.5 项：有整体爆炸危险的非常不敏感物质或混合物，这类爆炸物具有整体爆炸危险，但非常不敏感以致在正常情况下引发或由燃烧转为爆炸的可能性非常小。

1.6 项：不具有整体爆炸危险的极不敏感物质，这类爆炸物仅含有极其不敏感的起爆物质或混合物，其意外引爆、传播爆炸的概率微乎其微。

在爆炸物类别分类基础上，对于可以相容的各种爆炸物可划分为 A 到 S 13 个配装组，以区分各种技术要求。表 14-1 列出了划分配装组的方法、与各配装组有关的可能危险项别及类别符号。

表 14-1 类别符号

待分类物质和物品的说明	配装组	类别符号
一级爆炸性物质，如起爆药	A	1.1A
含有一级爆炸性物质而不含两种或两种以上有效保护装置的物品，某些物品虽然本身不含有一级炸药、不具有爆炸性（如引爆雷管、用于引爆和导火线、火帽型雷管组装物）也应包括在内	B	1.1B 1.2B 1.4B
作为推进剂的爆炸性物质或其他爆燃爆炸性物质，或含有这类爆炸性物质的物品，如推进剂、发射药	C	1.1C 1.2C 1.3C 1.4C
二级起爆物质，或黑火药，或含有二级起爆物质的物品，无引发装置和发射药；或含有一级爆炸性物质和两种或两种以上有效保护装置的物品	D	1.1D 1.2D 1.4D 1.5D
含有二级起爆物质的物品，无引发装置，带有发射药（含有易燃液体、胶体或自燃液体的除外）	E	1.1E 1.2E 1.4E
含有二级起爆物质的物品，带有引发装置和发射药（含有易燃液体、胶体或自燃液体的除外）或不带发射药	F	1.1F 1.2F 1.3F 1.4F
烟火物质，或含有烟火物质的物品，或含有爆炸性物质和照明、燃烧、催泪或发烟物质的物品（水激活的物品或含有白磷、磷化物、自燃物、易燃液体或胶体、自燃液体的物品除外）	G	1.1G 1.2G 1.3G 1.4G
含有爆炸性物质和白磷的物品	H	1.2H 1.3H
含有爆炸性物质和易燃液体或胶体的物品	J	1.1J 1.2J 1.3J

续表

待分类物质和物品的说明	配装组	类别符号
含有爆炸性物质和毒性化学药剂的物品	K	1.2K 1.3K
爆炸性物质或含有爆炸性物质并且具有特殊危险（如由水激活的物品或含有自燃液体、磷化物或自燃物的物品）需要彼此隔离的物品，即配装组 L 的货物仅能与配装组 L 内的相同类型货物一起运输	L	1.1L 1.2L 1.3L
只含有极不敏感爆炸性物质的物品	N	1.6N
具有如下包装或设计的物质或物品：除了包件被火烧损的情况外，能使意外起爆引起的任何危险效应仅限于包件内部，在包件被火烧损的情况下，所有爆炸和迸射效应有限，不会妨碍或阻止在包件紧邻处救火或采取其他应急措施	S	1.4S

注：①配装组 D 和 E 的物品，可安装本身的起爆装置或与之包装在一起，但起爆装置必须至少配备两个有效的保护功能，防止起爆装置意外启动时引起爆炸，此类物品和包装应划为 D 或 E 配装组；②配装组 D 和 E 的物品，可与本身的起爆装置包装在一起，起爆装置虽未配备两个有效的保护功能，但在正常运输条件下，起爆装置意外启动时不会引起爆炸，此类包件应划为 D 或 E 配装组。

14.1.2 爆炸物分类程序

被认为具有爆炸性质或拟用作炸药的新产品应首先考虑列入第 1 类，可能为以下产品。

a）被认为同已经分类的其他组合物或混合物有重大区别的拟用作炸药或烟火的新物质或多种物质的组合物或混合物。

b）未拟用作炸药，但具有或被怀疑具有爆炸性质的新物质或物品。

c）新设计的含有爆炸性物质的物品或含有新爆炸性物质或爆炸性物质新组合物或混合物的物品。

d）新设计的爆炸性物质或物品包件，包括新类型的内容器或新的物品排列方式（对内容器或外容器所做的较小改变可能是危险的，可使较小的危险变为整体爆炸危险）。

第 1 类货物根据它们的危险性划入 6 项中的一项，并划入 13 个配装组中的一个，被认为相容的各种爆炸性物质或物品列为一个配装组。图 14-1 是考虑列入第 1 类的物质或物品的分类程序总图。

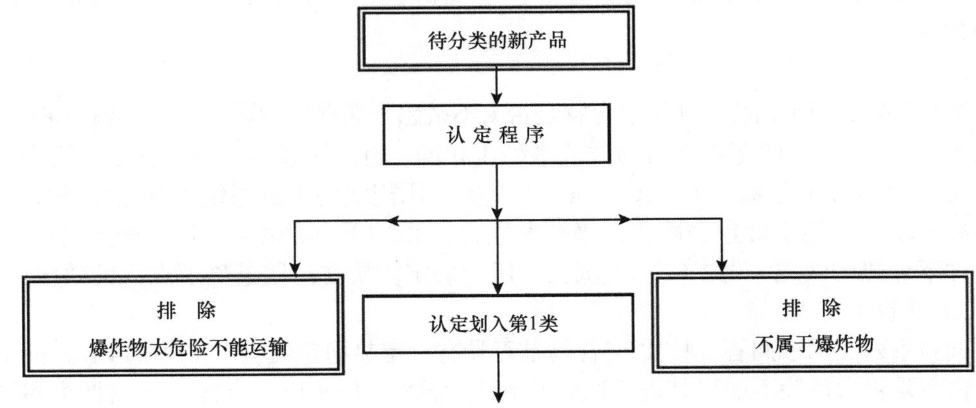

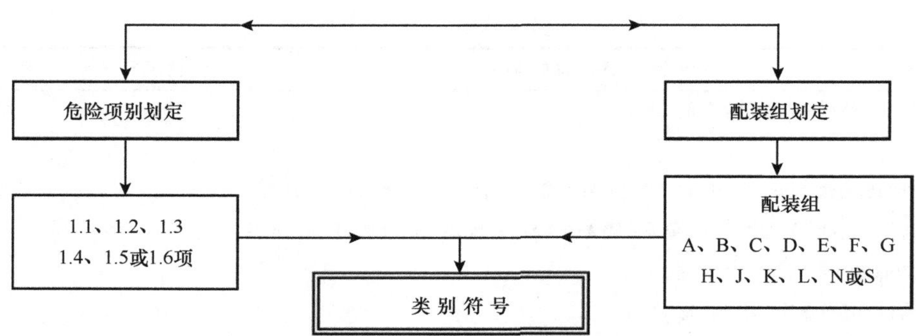

图 14-1　爆炸性物质或物品的分类程序总图

爆炸物认定分两个步骤进行。第一步是确定物质或物品的爆炸潜力，并证明其化学和物理稳定性与敏感度是可以接受的，利用图 14-2 的流程进行。如果物质和物品暂时判定为第 1 类，那么必须进行第二步操作，即利用图 14-3 的流程将其划入正确的项别。

1. 暂时认可物质或物品划分为爆炸物的程序

认可程序用于确定提交运输的产品是否可列入第 1 类，是通过确定暂时判定为第 1 类的物质是否太不敏感而不应列入第 1 类或太危险不能运输，或确定物品或包装是否太危险不能运输来决定的。

（1）试验类型

暂时认可的物质或物品，可按照图 14-2 所示的程序进行分析、试验和判断。物质是否属于爆炸性物质由试验系列 1 至试验系列 4（表 14-2）的结果进行分析判定，用于回答图 14-2 中的问题。

1）试验系列 1

试验系列 1 用于回答“它是爆炸性物质/混合物吗？”问题（图 14-2 方框 4），所使用的 3 类试验（表 14-2）分别是：①1（a）类试验，用规定的起爆药和在密闭条件下进行的冲击试验，用于确定物质对冲击的敏感度；②1（b）类试验，用于确定物质在封闭条件下加热的效应；③1（c）类试验，用于确定物质在封闭条件下点火的效应。

2）试验系列 2

试验系列 2 用于回答“物质/混合物是否太不敏感不能划分为爆炸物？”问题（图 14-2 方框 6）。试验时用的基本设备与试验系列 1 相同，但采用较不严格的标准。使用的 3 类试验（表 14-2）分别如下：①2（a）类试验，用规定的引发系统和在密闭条件下进行的冲击试验，用于确定物质传播爆炸的能力；②2（b）类试验，用于确定物质在封闭条件下加热的效应；③2（c）类试验，用于确定物质在封闭条件下点火的效应。

3）试验系列 3

试验系列 3 用于回答“物质/混合物是否具有一定热稳定性吗？”（图 14-2 方框 10）和“物质是否太危险不能以其进行试验的形式运输？”（图 14-2 方框 11）这两个问题，

涉及确定物质对机械刺激（如撞击和摩擦）及对热和火焰的敏感度。使用 4 类试验进行：①3（a）类试验，落锤试验，用于确定物质对撞击的敏感度；②3（b）类试验，摩擦或撞击摩擦试验，用于确定物质对摩擦的敏感度；③3（c）类试验，高温试验，用于确定物质热稳定性；④3（d）类试验，点火试验，用于确定物质对火烧的反应。

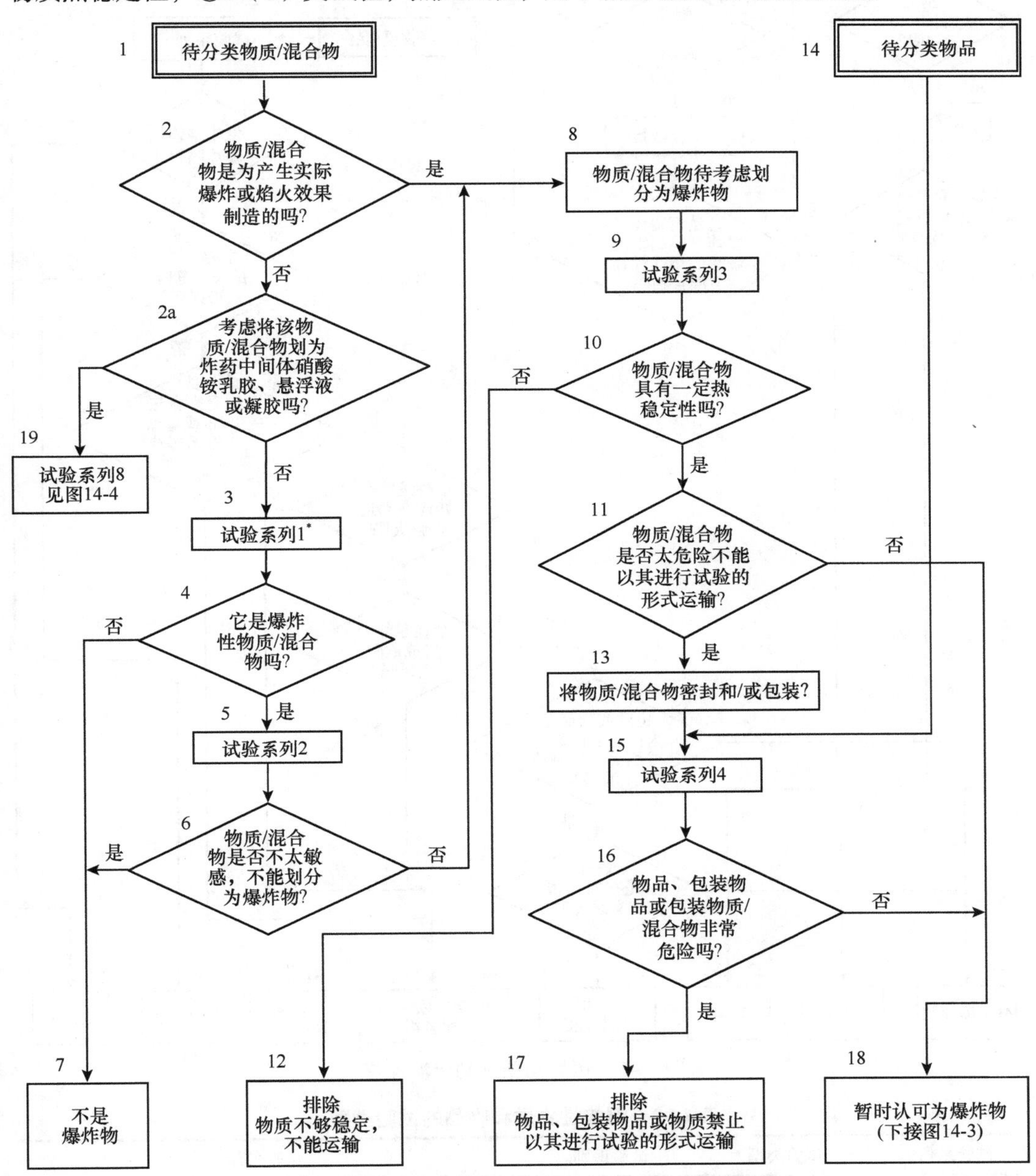

图 14-2　暂时认可物质或物品划分为爆炸物的程序

*用于分类目的应从试验系列 2 开始

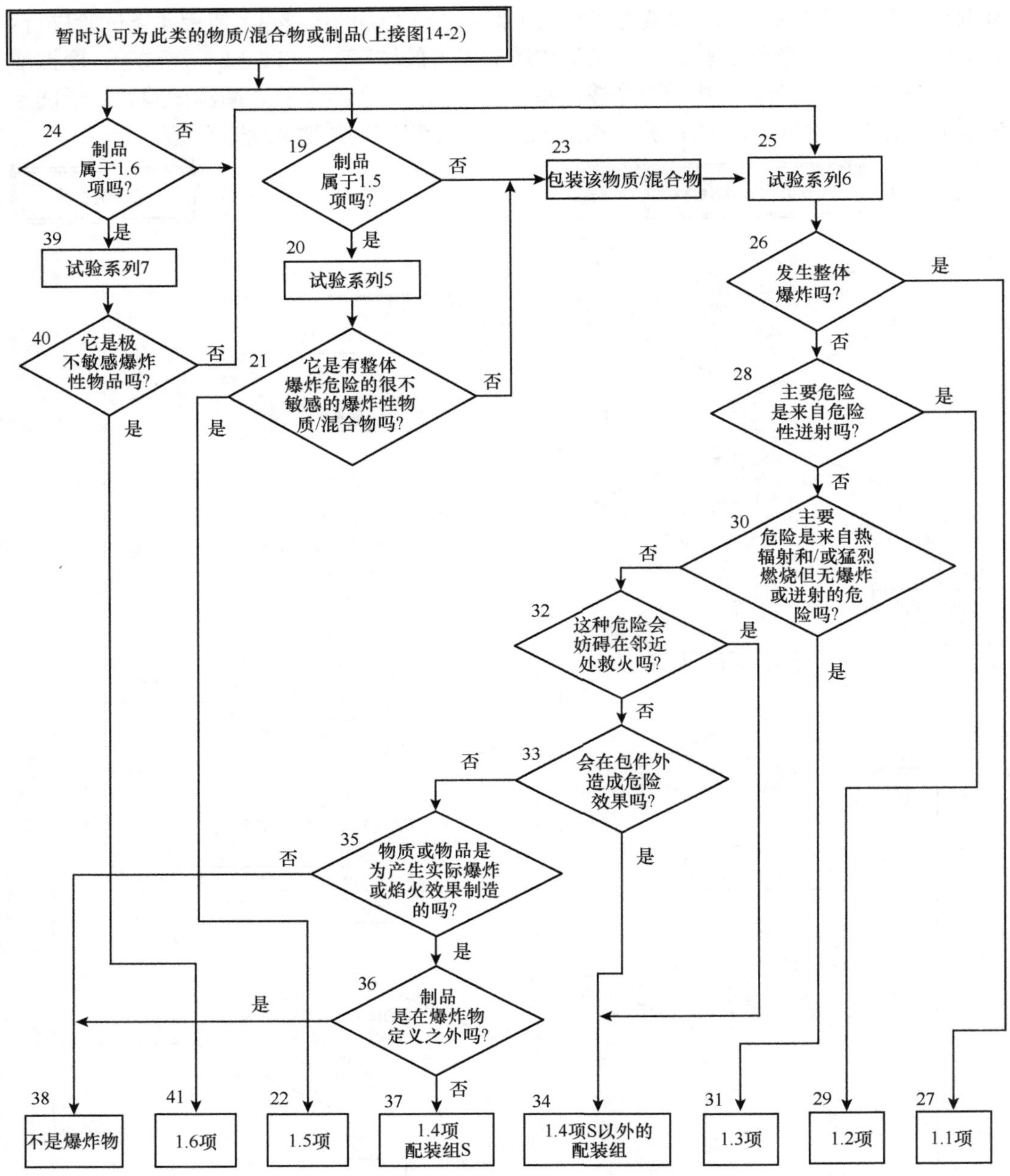

图 14-3 爆炸物项别判定流程图

表 14-2 爆炸性物质和物品的试验类型

试验系列	试验类型	试验识别码	试验名称
1	(a)	1(a)	联合国隔板试验
	(b)	1(b)	克南试验
	(c)	1(c)(一)	时间/压力试验
	(c)	1(c)(二)	内部点火试验

续表

试验系列	试验类型	试验识别码	试验名称
2	（a）	2（a）	联合国隔板试验
	（b）	2（b）	克南试验
	（c）	2（c）（一）	时间/压力试验
	（c）	2（c）（二）	内部点火试验
3	（a）	3（a）（一）	炸药局部撞击设备试验
	（a）	3（a）（二）	联邦材料检验局（BAM）落锤试验
	（a）	3（a）（三）	罗特试验
	（a）	3（a）（四）	30kg 落锤试验
	（a）	3（a）（五）	改进的 12 型撞击装置试验
	（a）	3（a）（六）	撞击敏感度试验
	（b）	3（b）（一）	BAM 摩擦试验
	（b）	3（b）（二）	旋转式摩擦试验
	（b）	3（b）（四）	摩擦敏感度试验
	（c）	3（c）	75℃热稳定性试验
	（d）	3（d）	小型燃烧试验
4	（a）	4（a）	无包装物品和包装物品的热稳定性试验
	（b）	4（b）（一）	液体钢管跌落试验
	（b）	4（b）（二）	无包装物品、包装物品和包装物质的 12m 跌落试验
5	（a）	5（a）	雷管敏感度试验
	（b）	5（b）（一）	法国爆燃转爆轰试验
	（b）	5（b）（二）	美国爆燃转爆轰试验
	（b）	5（b）（三）	爆燃转爆轰试验
	（c）	5（c）	1.5 项物品的外部火烧试验
6	（a）	6（a）	单个包件试验
	（b）	6（b）	堆垛试验
	（c）	6（c）	外部火烧（篝火）试验
	（d）	6（d）	无约束包件试验
7	（a）	7（a）	极不敏感引爆物质的雷管试验
	（b）	7（b）	极不敏感引爆物质的隔板试验
	（c）	7（c）（一）	苏珊撞击试验
	（c）	7（c）（二）	脆性试验
	（d）	7（d）（一）	极不敏感引爆物质的子弹撞击试验
	（d）	7（d）（二）	脆性试验

续表

试验系列	试验类型	试验识别码	试验名称
7	(e)	7(e)	极不敏感引爆物质的外部火烧试验
	(f)	7(f)	极不敏感引爆物质的缓慢升温试验
	(g)	7(g)	1.6 项物品的外部火烧试验
	(h)	7(h)	1.6 项物品的缓慢升温试验
	(j)	7(j)	1.6 项物品的子弹撞击试验
	(k)	7(k)	1.6 项物品的堆垛试验
8	(a)	8(a)	ANE 热稳定性试验
	(b)	8(b)	ANE 隔板试验
	(c)	8(c)	克南试验
	(d)	8(d)(一)	通风管试验
	(d)	8(d)(二)	改进的通风管试验

4）试验系列 4

试验系列 4 用于回答“物品、包装物品或包装物质/混合物非常危险吗?”问题(图 14-2 方框 16)。运输期间可能出现的状况包括温度过高和相对湿度过高、温度过低、振动、碰撞与跌落。需进行的两类试验分别是：①4（a）类试验，热稳定性试验；②4（b）类试验，跌落引起的危险性试验。

（2）试验方法的应用

a）试验系列 1 至 4 的编号表示评估结果的顺序，而不是进行试验的顺序。为了试验工作人员的安全,可以先用少量物质进行某些初步试验,然后用较大量物质进行试验。这些初步试验的结果也可在分类程序中采用。

b）设计用于产生爆炸效果的物质的认可程序从应用试验类型 3（a）、3（b）、和 3（d）确定该物质是否太敏感不能以试验的形式开始运输。如果试验证明物质是热不稳定的，即没有通过试验类型 3（c）的试验，就不允许运输。如果物质没有通过试验类型 3（a）、3（b）或 3（d）的试验，可以将物质密封起来或以其他方式进行退敏，或采用包装以减少它对外部刺激的敏感性。密封、退敏或包装后的物品应进行试验系列 4 的试验，液体或包装固体进行试验类型 4（b）的试验，以确定它们在运输中的安全水平是否符合第 1 类的要求。退敏物质应以同一目的进行试验系列 3，以便重新加以审查。如果设计用于产生爆炸效果的物质通过试验系列 3 或 4 的所有试验，则可以进入划定适当项别的程序。

c）如果试验系列 3 表明物质太敏感不能以其进行试验的形式运输，则可进入减少其对外部刺激敏感性的程序。如果试验系列 3 表明物质不是太敏感而可以运输，下一步需用试验系列 2 来确定物质是否太不敏感而不应列入第 1 类。在认可程序上，这一阶段的判定没有必要进行试验系列 1，因为试验系列 2 回答了与物质不敏感程度有关的问题。试验系列 1 是用于回答与物质的爆炸性质有关的问题。划入第 1 类一个项的程序应适用于没有通过试验系列 2 但通过试验系列 3 的物质，既不是太不敏感不应划入第 1 类的物质，也不是热不稳定或太危险不能以试验形式运输的物质。应当指出，没有通过试验系列 2 的物质如果适当地包装仍然可能离开第 1 类，前提条件是该产品不是设计用于产生爆炸效果的，而且在划定程序的试验系列 6 中没有显示任何爆炸危险性。

d）包含未通过试验类型 3（a）、3（b）或 3（d）的物质的一切形态的物品或包装物品应进行试验系列 4。如果物品或包装物品通过试验类型 4（a），就进行试验类型 4（b）。包装物质只需进行试验类型 4（b）。如果产品没有通过试验类型 4（a）或 4（b），应予以排除。

2. 划定为爆炸物的分类程序

爆炸物根据其具有的危险类型划入 6 个项别中的一项。划定程序（图 14-3）适用于待划分为爆炸物的所有物质或物品。用于项别划定的试验方法包括试验系列 5 至试验系列 7（表 14-2），这些试验方法是为了回答图 14-3 中提出的问题。

（1）试验类型

1）试验系列 5

试验系列 5 用于回答“它是有整体爆炸危险的很不敏感的爆炸性物质/混合物吗?”问题（图 14-3 方框 21）。试验系列 5 包含有三个试验：①5（a）类试验，冲击试验，用于确定物质/物品对强烈机械刺激的敏感度；②5（b）类试验，热试验，用于确定物质/物品爆燃转爆轰的倾向；③5（c）类试验，用于确定大量物质被大火烧时是否爆炸的试验。

2）试验系列 6

试验系列 6 用于确定 1.1、1.2、1.3 和 1.4 项中哪一项最符合产品由内源或外源引起的火烧或由内源引起的爆炸的动态（图 14-3 方框 26、28、30、32 和 33）。这些结果也用于评估产品是否能够划入 1.4 项配装组 S 和是否应排除于爆炸物之外（图 14-3 方框 35 和 36）。试验系列 6 的 4 类试验为：①6（a）类试验，单个包件试验，用于确定内装物是否发生整体爆炸；②6（b）类试验，对爆炸性物质或爆炸性物品包件或无包装爆炸性物品进行的试验，用于确定爆炸是否从一个包件传播到另一个包件或从一个无包装物品传播到另一个物品；③6（c）类试验，对爆炸性物质或爆炸性物品包件或无包装爆炸性物品进行的试验，用于确定它们卷入火中时是否发生整体爆炸或者有危险的迸射、辐射热和/或猛烈燃烧或任何其他危险效应；④6（d）类试验，对无约束爆炸性物品包件进行的试验，《关于危险货物运输的建议书　规章范本》第 3.3 章的特别规定 347 适用于该类包件，试验目的是确定内装物意外点火或起爆是否会在包件外造成危险效果。

3）试验系列 7

试验系列 7 用于回答“它是极不敏感爆炸性物品吗?”问题（图 14-3 方框 40），任何考虑划入 1.6 项的物品需通过试验系列 7 所包括 10 类试验每一类中的一项试验。试验 7（a）至 7（f）用于确定物质是否是极不敏感引爆物质（EIDS），其余 4 类试验 7（g）至 7（k）用于确定含有极不敏感引爆物质的物品是否可以划入 1.6 项。这 10 类试验分别是：①7（a）类试验，冲击试验，用于确定爆炸性物质对强烈机械刺激的敏感度；②7（b）类试验，用规定的起爆药和在封闭条件下进行的冲击试验，用于确定爆炸性物质对冲击的敏感度；③7（c）类试验，用于确定爆炸性物质在撞击效应下的变质敏感度；④7（d）类试验，用于确定爆炸性物质对特定能源引起的撞击或穿透的反应；⑤7（e）类试验，用于确定爆炸性物质在封闭条件下对外部火烧的反应；⑥7（f）类试验，用于确定爆炸性物质在温度逐渐上升至 365℃环境中的反应；⑦7（g）类试验，用于确定物品在提交运输状况下对外部火烧的反应；⑧7（h）类试验，用于确定物品在温度逐渐上升至 365℃环境中的反应；⑨7（j）类试验，用于确定物品对特定能源引起的撞击或穿透的反应；⑩7（k）类试验，用于确定物品的爆炸是否会引发相邻、类似物品的爆炸。

4）试验系列 8

试验系列 8 用于回答图 14-2 中方框 2a“考虑将该物质/混合物划分炸药中间体硝酸铵乳胶、悬浮剂或凝胶吗?”问题，任何待试验物质均需通过 3 类系列试验中的每项试验，这 3 类试验分别为：①8（a）类试验，用于确定物质热稳定性；②8（b）类试验，冲击试验，用于确定物质对强烈冲击的敏感度；③8（c）类试验，用于确定物质在封闭条件下加热的效应。

此外，试验 8（d）作为评估 ANE 是否适合罐体运输的一种方法也列入本节。

（2）试验方法的应用

a）试验系列 5 应当用于确定物质是否可以划入 1.5 项。只有通过试验系列 5 中 3 类试验的物质才可以划入 1.5 项。

b）试验系列 6 适用于处于提交运输条件和形式的爆炸性物质与物品包件。产品的几何排列方式就包装方法和运输条件而言应切合实际，并且应能得出最不利的试验结果。如果爆炸性物品将在无容器情况下运输，那么该类型试验应适用于无包装物品。装有物质或物品的所有类型的容器都应进行这些试验，除非：①产品包括任何容器，能够由合格的炸药专家根据其他试验得出的结果或可得的资料明确不含糊地划入一个项别；②产品包括任何容器被划入 1.1 项。

c）试验类型 6（a）、6（b）和 6（c）按字母顺序进行，但并非这 3 个试验都需要进行。如果爆炸性物品是在无容器情况下运输或者包件中只有一个物品时，可以不进行试验类型 6（a）。如果在每次 6（a）类试验中出现下列现象，则试验类型 6（b）可以不进行：①包件外部没有被内部爆轰和/或着火损坏；②包件内装物没有爆炸，或爆炸非常微弱，以致可以排除在试验类型 6（b）中爆炸效应会从一个包件传播到另一个包件。

d）如果物质在试验类型 1（a）中得出“–”结果，即没有传播爆轰，可以免去用雷管进行 6（a）试验。如果物质在试验类型 2（c）中得出“–”结果，即没有或缓慢爆燃，可以免去用点火器进行 6（a）试验。

e）试验类型 7（a）至 7（f）用于确定爆炸品是极不敏感引爆物质，然后用试验类型 7（g）至 7（k）来确定含有极不敏感引爆物质的物品是否可以划入 1.6 项。

f）采用试验类型 8（a）至 8（c）来确定硝酸铵乳胶、悬浮液或凝胶、炸药中间体可否划入 5.1 项。不能通过其中任何一项试验的物质，应考虑根据图 14-4 划入爆炸物的可能性。

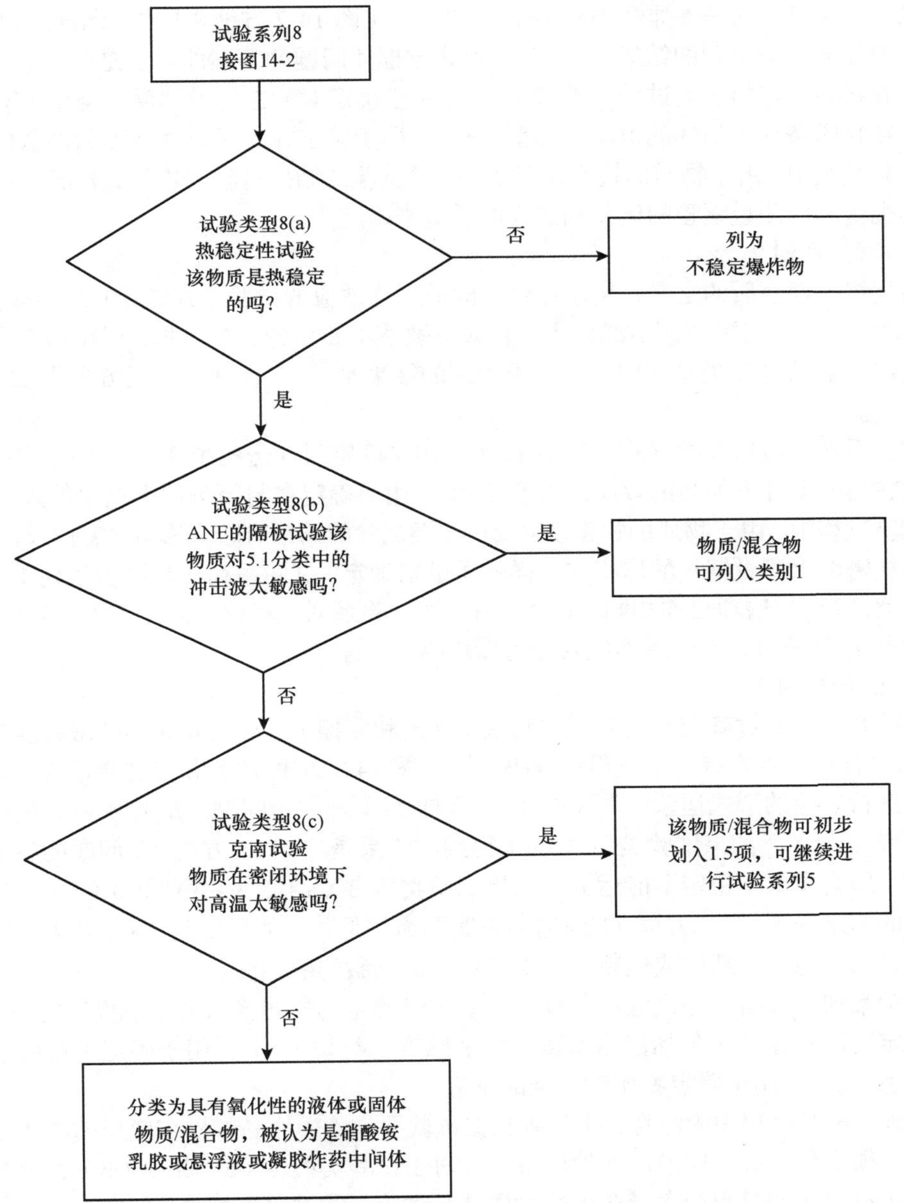

图 14-4　确定硝酸铵乳胶、悬浮液或凝胶、炸药中间体的程序

14.2　爆炸物的判定试验

联合国《关于危险货物运输的建议书　规章范本》列出的用于分类爆炸性物质和物品的试验类型如表 14-2 所示。

1）试验系列 1

根据爆炸性物质的定义，用于评估可能的爆炸效应的试验系列 1 的 3 类试验（表 14-2）

的结果可以回答“它是爆炸性物质/混合物吗？”（图 14-2 方框 4）这一问题。如果这 3 类试验中任何一类得到的结果是“+”，那么方框 4 问题的答案即为“是”。

试验系列 1 包括 3 类试验：类型（a），用于确定对冲击的敏感度；类型（b），用于确定在封闭条件下加热的效应；类型（c），用于确定在封闭条件下点火的效应。

试验过程中，由于物质的视密度对 1（a）类试验的结果有较大影响，需记录视密度，固体的视密度由测量钢管的体积和试样的质量来确定。

2）试验系列 2

根据爆炸性物质的定义，用于评估可能的爆炸效应的试验系列 2 的 3 类试验（表 14-2）的结果可以回答“物质/混合物是否太不敏感不能划分为爆炸物”（图 14-2 方框 6）这一问题。如果这 3 类试验中任何一类得到的结果是“+”，那么方框 6 问题的答案即为“否”。

试验系列 2 包括 3 类试验：类型（a），用于确定对冲击的敏感度；类型（b），用于确定在封闭条件下加热的效应；类型（c），用于确定在封闭条件下点火的效应。

试验过程中，由于物质的视密度对 2（a）类试验的结果有较大影响，需记录视密度，固体的视密度由测量钢管的体积和试样的质量来确定。试验系列 2 与试验系列 1 采用相同的 3 类试验，试验项目亦相同，试验系列 2 同试验系列 1 相比较采用较不严格的标准，确定物质/物品是否太不敏感不应划分为爆炸物。

3）试验系列 3

试验系列 3 通过确定物质对机械刺激（撞击和摩擦）、对热和火焰的敏感度来回答“物质/混合物是否具有一定热稳定性吗？”（图 14-2 方框 10）和“物质是否太危险不能以其进行试验的形式运输？”（图 14-2 方框 11）这两个问题。试验系列 3 包括 4 类试验（表 14-2），如果试验类型 3（c）得到的结果是“+”，方框 10 问题的答案即为“否”，即物质太不稳定不能运输；如果试验类型 3（a）、3（b）和 3（d）中任何一个得到的结果是“+”，方框 11 问题的答案即为“是”。如果得到“+”结果，物质可以封装或以其他方式减敏或包装以减少其对外部刺激的敏感度。

试验系列 3 包括 4 类试验：类型（a），用于确定物质对撞击的敏感度；类型（b），用于确定物质对摩擦（包括撞击摩擦）的敏感度；类型（c），用于确定物质的热稳定性；类型（d），用于确定物质对火烧的反应。

此外，试验过程中应注意：①如果根据试验要求，爆炸品试样在使用前需要压碎或切割，必须十分小心，应使用保护设备。②对于试验类型 3（a）和 3（b），湿润物质应使用运输规定的湿润剂含量最小的试样进行试验。③试验类型 3（a）和 3（b）应在环境温度下进行，除非另有规定或者物质将在可能改变物理状态的条件下运输。

4）试验 4 系列

试验系列 4 在爆炸性物质的检测分类过程中用于解决作为检测样品的物品、包装物品或包装物质是否太危险不能运输的问题。物质/物品在运输期间可能出现的危险状况包括温度过高或过低、相对湿度过高、振动、碰撞、跌落等。试验系列 4 主要包括两类 3 种试验方法（表 14-2）。第一种为热稳定性试验，包括无包装物品和带包装物品的热稳定性试验，可接受的最小单元是最小的包装单元或是无包装运输时的单个物品；第二种跌落引起的危险性试验，包括液体钢管跌落试验（适用于均质液体）以及物品、包装物品和包装物质的 12m 跌落试验（适用于无包装和包装物品及除均质液体以外的包装物质）。

5）试验系列 5

试验系列 5 适用于具有整体爆炸危险的很不敏感的爆炸性物质，共包括 3 种类型试验：冲击试验、热试验及火烧试验（表 14-2）。其中冲击试验用于确定样品对强烈机械刺激的敏感度，试验方法主要为雷管敏感度试验；热试验用于确定样品爆燃转爆轰的倾向，试验方法包括法国爆燃转爆轰试验、美国爆燃转爆轰试验及爆燃转爆轰试验；火烧试验主要为 1.5 项的外部火烧试验。

6）试验系列 6

试验系列 6 用于确定在内部或外部火源引起着火后，或从内部产生爆炸时，处于火中或爆炸范围内的货载，在 1.1、1.2、1.3 和 1.4 项中，哪一项与样品的反应最为接近。试验结果同时可判定样品是否能够划入 1.4 项配装组及其是否应排除于爆炸性物质之外。试验系列 6 适用的样品包括处于提交运输状况和形式的爆炸性物质与物品包件。样品的几何排列方式应切合包装方法和运输条件的实际情况，并且应能使试验得出最不利的结果。若样品不装在容器里运输，试验应在无包装物品上进行，装有爆炸性物质或物品的一切容器类型都应进行试验，除非样品（包括任何容器）能够根据其他试验得到的结果或已有的资料明确地划入爆炸性物质的一个项别，或样品（包括任何容器）已被明确划入 1.1 项。

对于待进行试验系列 6 的样品，可通过 4 种类型试验进行样品的性质划分（表 14-2），其中 6（b）和 6（c）类试验均适用于爆炸性物质包件或爆炸性物品包件或无包装爆炸性物品，同时进行试验系列 6 需依照以下原则。

a）试验系列 6 应依照 6（a）至 6（d）依次进行，但并不意味着必须进行 4 类试验，若爆炸性物品不装在容器里运输或者包件中只装一个物品时试验类型 6（a）可免做。

b）若试验类型 6（a）检测结果满足包件外部没有因内部爆轰和/或着火而受到损坏，或包件内装物没有爆炸，或者爆炸非常微弱，以致可以排除在试验类型 6（b）中爆炸效应会从一个包件传播到另一个包件时，试验类型 6（b）可免做。

c）若试验类型 6（b）中，几乎堆垛的全部内装物实际上瞬时爆炸，试验类型 6（c）可免做，此时样品直接归类为 1.1 项。

d）若样品的 6（a）类试验结果为“–”（不传播爆轰），使用雷管的 6（a）类试验可以免做；若样品的 6（b）类试验结果为“–”（没有或缓慢爆燃），使用点火器的 6（b）类试验可以免做。

7）试验系列 7

对于爆炸性物质而言，试验系列 7 用来确定其是否为极不敏感爆炸性物品，对于任何考虑归入 1.6 项的爆炸性物品必须通过本系列试验，其中试验类型 7（a）至 7（f）用于确定样品是否为极不敏感引爆物质，试验类型 7（g）至 7（k）用于确定含极不敏感引爆物质的样品是否可以划入 1.6 项。

8）试验系列 8

试验系列 8 应用于硝酸铵乳胶、悬浮液或凝胶、炸药中间体（ANE）的性质确定，此类物质若拟划为 5.1 项则需通过如下所示 4 类试验，其中试验类型（d）为评估物品是否适合罐体运输的试验方法。

类型（a）：ANE 热稳定性试验。

类型（b）：ANE 隔板试验。

类型（c）：克南试验。

类型（d）：通风管试验。

14.2.1 联合国隔板试验[2]

试验系列 1 类型（a）。联合国隔板试验用于确定试验物质在钢管中于封闭条件下受到起爆药爆炸的影响后传播爆轰的能力及其对爆炸冲击的敏感度。

1. 试验装置及材料

联合国隔板试验的装置如图 14-5 所示，由样品钢管、起爆炸药、隔离板、硬纸板、验证板、雷管、起爆器等组成，适合固体及非便携式罐体盛装或容量超过 450L 的中型散货集装箱运输的液体。试验对于各部分的要求如下。

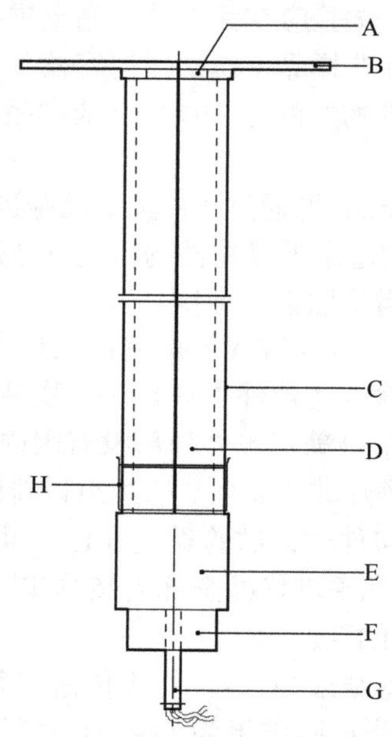

图 14-5 联合国隔板试验装置示意图

A. 隔离板；B. 验证板；C. 样品钢管；D. 样品；E. 起爆炸药；F. 雷管支座；G. 雷管；H. 底部支撑片

a）样品钢管：冷拔无缝碳钢管，外径 48mm±2mm、壁厚 4mm±0.1mm、长 400mm±5mm，对于可能与钢管起反应的样品，可在样品钢管内涂覆碳氟树脂隔离。

b）底部支撑片：两层 0.08mm 厚聚乙烯薄片，采用橡皮带、绝缘带固定密封，对于可能与聚乙烯起反应的样品可使用聚四氟乙烯薄片。

c）起爆炸药：直径为 50mm±1mm、密度为 1600kg/m^3±50kg/m^3、质量为 160g 的旋风炸药/蜡（95/5）或季戊炸药/梯恩梯（50/50），长为 50mm，其中旋风炸药/蜡起爆炸药可在装药量规格范围内压成一块或多块，季戊炸药/梯恩梯起爆炸药为浇注。

d）验证板及隔离板：验证板为边长 150mm±10mm、厚 3.2mm±0.2mm 方形低碳钢板，以 1.6mm±0.2mm 厚隔离板与样品钢管及样品隔离。

2. 试验步骤

a）将样品钢管底部用两层 0.08mm 厚聚乙烯或聚四氟乙烯薄片（当样品可能同聚乙烯发生反应时）紧密包裹（达到塑性变形）并用橡皮带和绝缘带固定加以密封。

b）装填试样至样品钢管的顶部（如试样与钢起反应，钢管内部可涂碳氟树脂），固体试样要装到敲拍钢管时观察不到试样下沉，并测定试样的质量，计算其视密度，试验中应保持样品密度尽可能接近运输时的密度。

c）垂直放置样品钢管，在钢管底部紧贴封住的薄片放置起爆炸药，顶部用硬纸板将验证板与钢管隔开并一起置于钢管顶端。

d）雷管贴着起爆炸药固定好后引发。

e）联合国隔板试验应重复进行两次，除非观察到物质爆炸。

3.评估结果及实例

联合国隔板试验根据钢管的破裂形式和验证板是否穿透一个洞进行结果评估，如出现钢管完全破裂或验证板穿透一个洞，则试验结果为“+”，即物质传播爆轰；否则，任何其他结果都被视为“–”，即物质不传播爆轰。

联合国隔板试验结果实例如表 14-3 所示。

表 14-3　结果实例

物质	视密度/(kg/m^3)	破裂长度/cm	验证板	结果
硝酸铵（颗粒）	800	40	隆起	+
硝酸铵（200μm）	540	40	穿孔	+
硝酸铵/燃料油（94/6）	880	40	穿孔	+
高氯酸铵（200μm）	1190	40	穿孔	+
硝基甲烷	1130	40	穿孔	+
硝基甲烷/甲醇（55/45）	970	20	隆起	–
季戊炸药/乳糖（20/80）	880	40	穿孔	+
季戊炸药/乳糖（10/90）	830	17	无损伤	–
梯恩梯（浇注）	1510	40	穿孔	+
梯恩梯（片状粉末）	710	40	穿孔	+
水	1000	＜40	隆起	–

14.2.2　克南试验[3]

试验系列 1 类型（b）。克南试验用于确定固态、液态物质在高度封闭条件下对高热作用的敏感度。

1. 试验装置及材料

克南试验装置包括安装在一个加热和保护装置内的不能再使用的钢管及可再使用的闭合装置，试验对每个部件的具体要求如下。

a）钢管：由质量合适的钢板深拉制成，钢管的开口端做成凸缘结构，质量范围为25.5g±1.0g，尺寸范围和形状如图 14-6 所示。

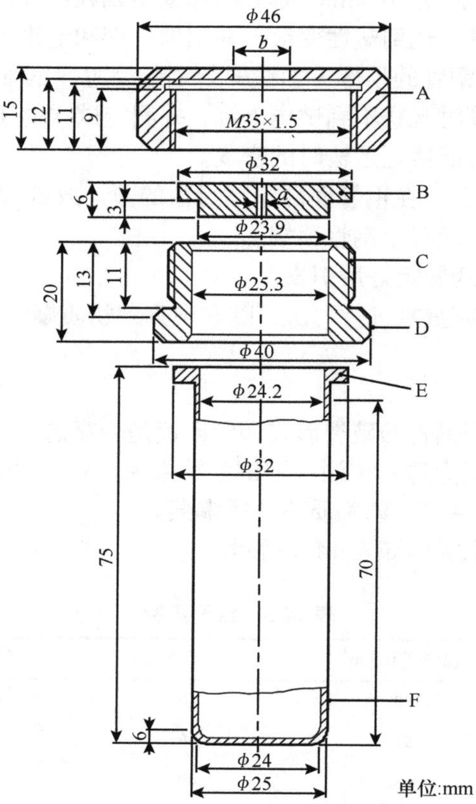

图 14-6　克南试验——试验钢管组件

A. 螺帽（b=10.0 或 20.0mm）带有 41 号扳手用平面；B. 孔板（直径 a=1.0mm～20.0mm）；C. 螺纹套筒；D. 36 号扳手用平面；E. 凸缘；F. 钢管

b）孔板：由耐热铬钢构成，用于密封试验物质，中间具孔以供受试物质分解产生的气体排出，孔径为 1.0mm、1.5mm、2.0mm、2.5mm、3.0mm、5.0mm、8.0mm、12.0mm、20.0mm 不等，用于不同级别试验。

c）闭合装置：螺纹套筒的外形和螺帽尺寸如图 14-6 所示。

d）加热和保护装置：加热装置由一个带有压力调节器的工业丙烷气瓶或达到等同加热速率的气体通过流量计和一根管道分配到的 4 个燃烧器组成，并有可同时点燃 4 个燃烧器的点火装置，加热装置外部设有保护箱，其结构尺寸如图 14-7 所示。

2. 试验步骤

a）设定标准加热速率。将 27cm^3 邻苯二甲酸二丁酯装入钢管内，配 1.5mm 孔径孔板。将直径为 1mm 的热电偶放在钢管中央距离管口 43mm 处，点燃燃烧器，记录液体温度从 135℃上升至 285℃所用时间并计算加热速率。用气瓶压力调节器调节丙烷流量，直至加热速率为 3.3K/s±0.3K/s。

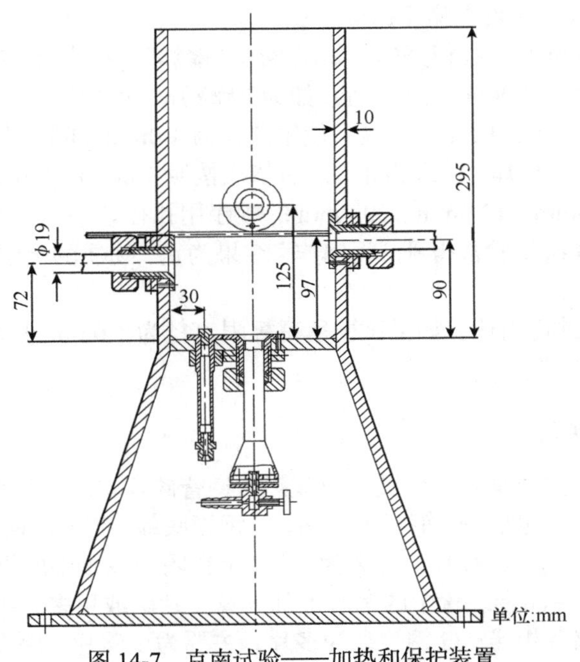

图 14-7 克南试验——加热和保护装置

b）固体样品质量采用分阶段进行的准备程序确定，液体或胶体装至距管口 60mm 处，装胶体时应特别小心以防形成气泡。

第一阶段：将 $9cm^3$ 试样装入配衡钢管中，用施加在钢管整个横截面的 80N 力将物质压实，如果物质可压缩，则添加物质并压实（若物质对摩擦敏感，则不需要将物质压实），直到装至距离管口 55mm。确定所用试样总质量。在钢管中再添加两次这一质量的试样，每次都用 80N 的力压实。然后视情况取出或者添加试样以使试样距管口 15mm 并处于水平。确定所用试样总量。

第二阶段：将第一阶段准备程序确定的物质质量的 1/3 装入钢管并压实。在钢管中再添加两次这一质量的试样，每次都用 80N 的力压实。然后视情况取出或者添加试样以使试样距管口 15mm 并处于水平。

每次试验所用固体质量为第二阶段中确定的试样质量，将此质量的试样分成 3 等份装入钢管，每 1 等份都压缩成 $9cm^3$。

c）在螺纹套筒涂上一些以二硫化钼为基料的润滑油后，将螺纹套筒从下端套到钢管上，插入适当的孔板并用扳手将螺帽拧紧。必须检查没有试样留在凸缘和孔板之间或留在螺纹内。

d）用孔径 1.0～8.0mm 的孔板时，应使用 10.0mm 的螺帽，当用孔径大于 8.0mm 的孔板时，应使用 20.0mm 的螺帽。每个钢管只可进行一次试验。孔板、螺纹套筒和螺帽如没有损坏可再次使用。

e）将钢管夹在固定的台钳上，用扳手将螺帽拧紧。然后将钢管悬挂在保护箱内的 2 根棒之间，将试验区弄空，打开气体燃料供应装置，点燃燃烧器。达到反应的时间和反应持续的时间可提供用于解释结果的额外资料。如钢管没有破裂，再持续加热 5min 结束试验。如钢管破裂，则收集碎片称重。

f）试验从 20.0mm 孔径孔板开始，如观察到“爆炸”，就使用没有孔板和螺帽但有螺纹套筒的钢管（孔径为 24.0mm）进行试验；如为“无爆炸”，就使用孔径为 12.0mm、8.0mm、5.0mm、3.0mm、2.0mm、1.5mm 和最后使用孔径为 1.0mm 的孔板继续做一次性试验，直到某一个孔板得到“爆炸”结果为止，然后依次按照 1.0mm、1.5mm、2.0mm、2.5mm、3.0mm、5.0mm、8.0mm、12.0mm、20.0mm 的顺序用孔径越来越大的孔板进行试验，直到用同一孔径进行 3 次试验都得到“无爆炸”结果为止，物质的极限直径是得到“爆炸”结果的最大孔径。

g）对试验结果进行描述，如果试验所得极限直径为 1.0mm 或更大，则试验结果描述为“+”，否则为“–”。

3. 结果评估及实例

试验过程中记录钢管是否发生破裂及破裂后钢管碎片状况，并收集称重。克南试验过程中可能发生的效应包括：O 钢管无变化；A 钢管底部突起；B 钢管底部和管壁突起；C 钢管底部破裂；D 管壁破裂；E 钢管裂为 2 片（留在闭合装置中的钢管上部分算 1 片）；F 钢管裂成 3 片（留在闭合装置中的钢管上部分算 1 片）或更多，主要为大碎片，部分大碎片之间可能由狭条相连；G 钢管裂为多片，主要为小碎片，闭合装置无损坏；H 钢管裂为大量小碎片，闭合装置突起或破裂。

试验 D～F 型效应结果图如图 14-8 所示。如试验得到 O 至 E 型的任何一效应，视为“无爆炸”；如试验得到 F～H 型效应视为“爆炸”。

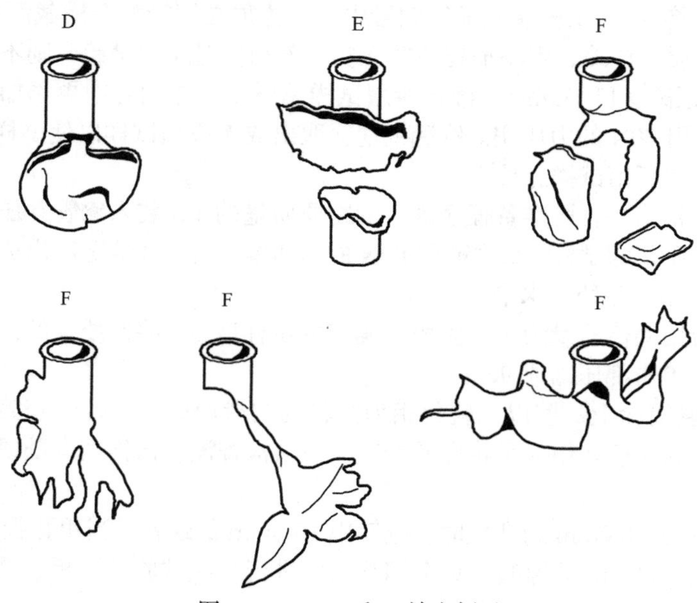

图 14-8　D、E 和 F 效应例子

如果极限直径为 1.0mm 或更大，试验结果即为“+”，表明物质在封闭条件下加热显示某种效应；如果极限直径小于 1.0mm，试验结果则为“–”，表明物质在封闭条件下加热不显示效应。

克南试验结果实例见表 14-4。

表 14-4　结果实例

物质	极限直径/mm	结果
硝酸铵（晶体）	1.0	+
硝酸铵（高密度颗粒）	1.0	+
硝酸铵（低密度颗粒）	1.0	+
高氯酸铵	3.0	+
1,3-二硝基苯（晶体）	<1.0	–
2,4-二硝基甲苯（晶体）	<1.0	–
硝酸胍（晶体）	1.5	+
硝基胍（晶体）	1.0	+
硝基甲烷	<1.0	–
硝酸脲（晶体）	<1.0	–

14.2.3　时间/压力试验[4]

试验系列 1 类型（c）。时间/压力试验用于确定样品在封闭条件下点火的效应，以确定在样品正常包件中可能达到的压力下点火是否导致具有爆炸猛烈性的爆燃。

1. 试验装置及材料

时间/压力试验所用装置主要由压力容器、压力测量传感器、点火塞、支撑架系统等部分组成。

（1）压力容器

压力容器为长 89mm、外直径为 60mm 的圆柱形钢压力容器（图 14-9），要求容器相对两侧削成平面（把容器的横截面减至 50mm）以利于点火塞、压力容器安放。压力容器内腔直径为 20mm，内腔一端的内面至 19mm 深处车上螺纹以便容纳直径为 1in（1in=2.54cm）的英制标准管。侧臂形状的压力测量装置拧入压力容器的曲面距离一端 35mm 处，并与削平的两面成 90°。插腔的膛孔深 12mm 并车有螺纹，以便容纳侧臂一端上 0.5in 英制标准管螺纹。压力测量装置与压力容器之间装上垫圈以确保密封。侧臂伸出压力容器外 55mm，并有 6mm 的内膛。侧臂外端车上螺纹以便安装隔膜式压力传感器。压力容器的另一端用 0.2mm 厚的铝防爆盘（爆裂压力约为 2200kPa）密封，并用内膛为 20mm 的夹持塞将防爆盘固定住。两个塞都用一个软铅垫圈以确保良好封闭。

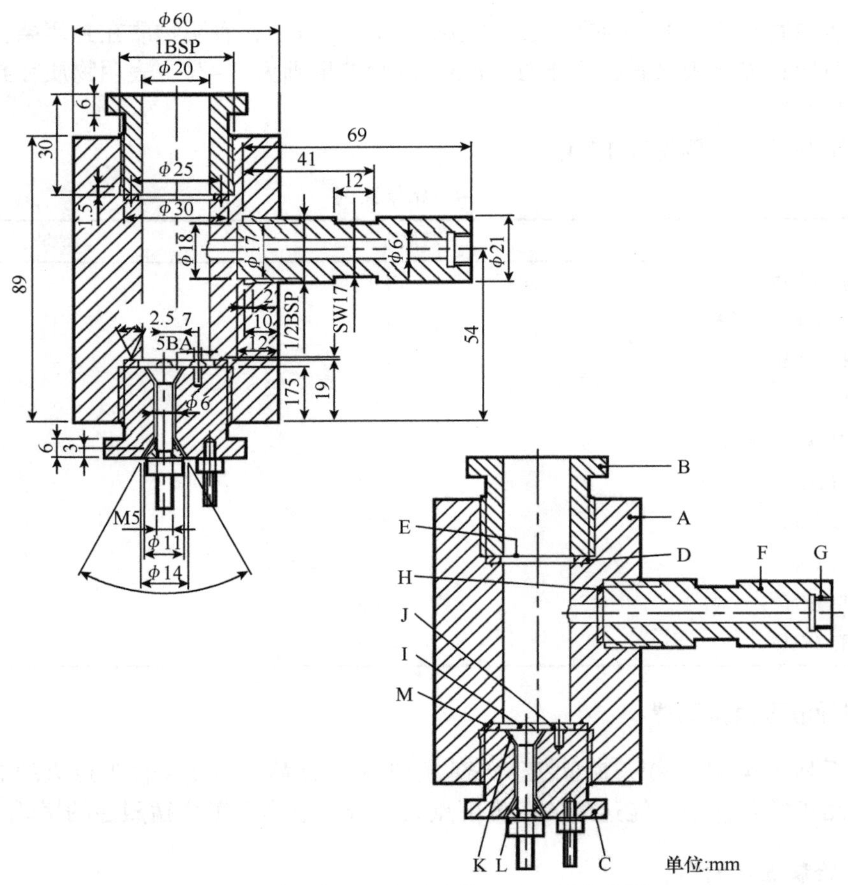

图 14-9　时间/压力试验装置——压力容器

A. 压力容器；B. 防爆盘支架；C. 点火塞；D. 软铅垫圈；E. 防爆盘；F. 侧壁；G. 压力传感器螺纹；H. 垫圈；I. 绝缘电极；J. 接地电极；K. 塑料板绝缘体；L. 钢锥体；M. 垫圈变形槽

（2）点火塞

点火塞位于密封压力容器一端开口，为电子点火装置，包括低压雷管中常用的电引信头及点火细麻布（13mm×13mm，两面涂覆硝酸钾/硅/无硫火药烟火剂），其上有两个点火电极，一个与塞体绝缘，另一个与塞体接地。对于固体、液体样品试验时需采用不同类型点火塞，其中固体点火装置是将电引信头的黄铜箔触头同其绝缘体分开（图 14-10）并切除绝缘体露出的部分，利用黄铜箔触头将电引信头接到点火塞接头上，使电引信头的顶端高出点火塞表面 13mm，并将点火细麻布从中心穿孔后套在接好的电引信头上，最后将电引信头包扎并以细棉线封扎。液体样品试验时需将引线接到电引信头的接触箔上，如图 14-11 所示，引线穿过长 8mm、外直径 5mm、内直径 1mm 的硅橡胶管，并将硅橡胶管向上推到电引信头的接触箔之上，点火细麻布包着电引信头，用一块聚氯乙烯薄膜或等效物覆盖点火细麻布及硅橡胶管并用细铁丝封扎，最后将引线接到点火塞的接头上，并使电引信头的顶端高出点火塞表面 13mm。

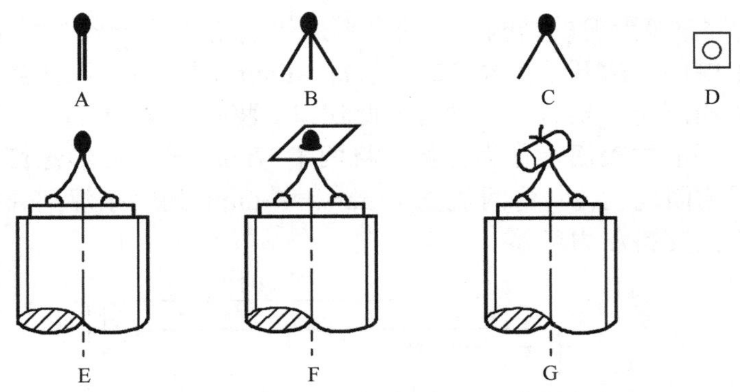

图 14-10 时间/压力试验装置——固体点火线圈

A. 电引信头；B. 黄铜箔触头与卡片绝缘体分离；C. 绝缘卡片切去；D. 中心有孔的 13mm 见方点火细麻布；E. 电引信头接到点火塞插头上；F. 细麻布套在电引信头上；G. 细麻布包起来并用线扎好

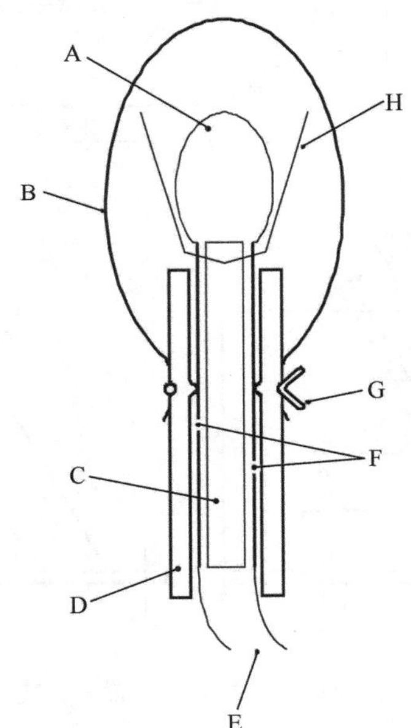

图 14-11 时间/压力试验装置——液体点火线圈

A. 电引信头；B. 聚氯乙烯薄膜；C. 绝缘卡片；D. 硅橡胶管；E. 点火引线；F. 箔触头；G. 用于扎紧使液体不漏出的铁丝；H. 点火细麻布

（3）压力测量传感器

压力测量传感器连接于压力容器侧壁，试验可采用任何压力测量装置，但必须能不受高温气体或样品分解产物的影响，并且能够对在不超过 5ms 的时间内压力从 690kPa 升至 2070kPa 的压力上升速率作出反应。

（4）支撑架

支撑架用于支撑与其连接的压力测量体系（图 14-12）。支撑架包括一个尺寸为 235mm×184mm×6mm 的软钢底板和一个长 185mm 的尺寸为 70mm×70mm×4mm 的方形空心型材。空心型材一端相对的两边都切去一块，使之形成一个由两个平边脚顶着一个长 86mm 的完整箱形舱的结构。将两个平边的末端切成与水平面成 60°，并焊到底板上。底舱上端的一边开一个宽 22mm、深 46mm 的切口，以便当压力容器以点火塞端朝下放进箱形舱支架时，侧臂落入此切口。将一块宽 30mm、厚 6mm 的钢垫板焊到箱形舱下部的内表面上作为衬垫。将两个 7mm 长的翼形螺钉拧入相对的两面，使压力容器稳固地就位。将两块宽 12mm、厚 6mm 的钢条焊到邻接箱形舱底部的侧块上，从下面支持压力容器。

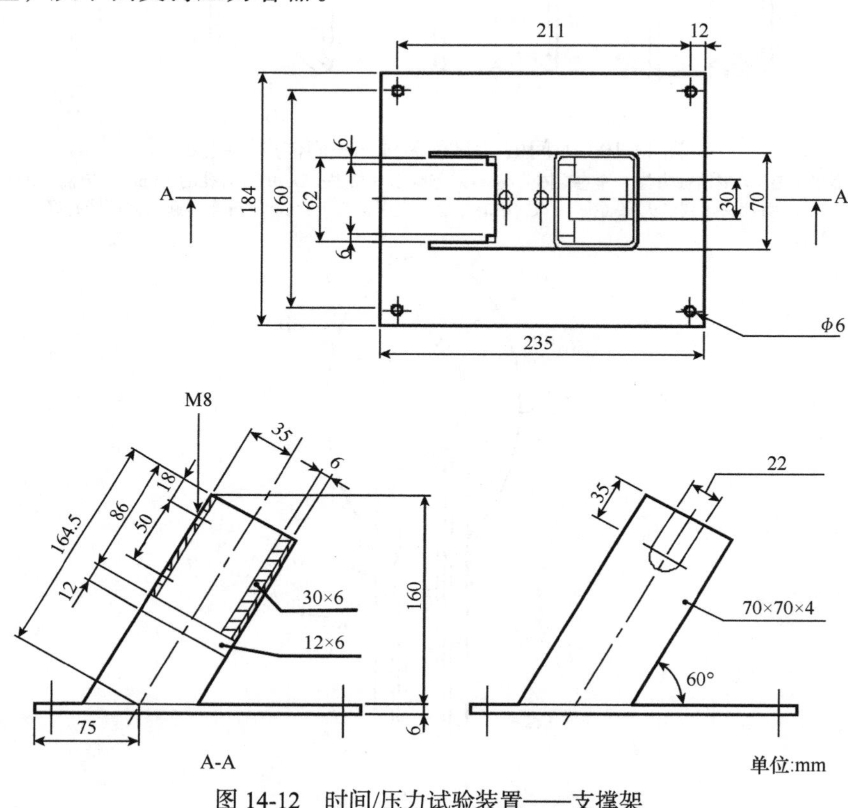

图 14-12　时间/压力试验装置——支撑架

2. 试验步骤

将装上压力传感器但无铝防爆盘的压力容器以点火塞一端朝下架好。将 5.0g 样品加入压力容器中，并保证样品与点火系统接触良好，试验过程中通常不进行压实，除非为了将 5.0g 样品全部装入容器需要轻轻压实。若经过轻压仍然无法将 5.0g 试样全部装入，则以实际装满压力容器内仓的样品进行点火试验，并记录试验样品质量。对于在试验预备程序中表明可能发生迅速反应的样品，应使用 0.5g 试样进行试验，直到在封闭条件下的反应严重程度已知为止。如果需要使用 0.5g 试样，那么试样量应逐步增加，直到取得“是，很快”结果或者试验是用 5.0g 的试样做的为止。

加入样品的压力容器以铅垫圈、铝防爆盘封闭另一侧，并将容器防爆盘朝上放于支撑架上，在适当的防爆通风橱或点火室中，压力传感器产生的信号记录在既可用于评估也可永久记录时间/压力图形的适当系统（如与图表记录器耦合的瞬时记录器）上。

时间/压力试验应进行 3 次，记下压力从 690kPa 上升至 2070kPa 所需的时间并用最短的时间来进行分类。

3. 结果评估及实例

时间/压力试验结果的解读要依据试验样品在舱室内表压是否达到 2070kPa 和达到 2070kPa 时所需时间，若达到的最大压力不小于 2070kPa 则物质具爆燃能力，否则物质没有爆燃的可能性。不点燃不一定表明物质没有爆炸性质。

时间/压力试验结果实例如表 14-5 所示。

表 14-5　结果实例

物质	最大压力/kPa	压力上升时间/ms	结果
硝酸铵（高密度颗粒）	<2070		−
硝酸铵（低密度颗粒）	<2070		−
高氯酸铵（2μm）	>2070	5	+
高氯酸铵（30μm）	>2070	15	+
叠氮化钡	>2070	<5	+
硝酸胍	>2070	606	+
亚硝酸异丁酯	>2070	80	+
硝酸异丙酯	>2070	10	+
硝基胍	>2070	400	+
苦氨酸	>2070	500	+
苦氨酸钠	>2070	15	+
硝酸脲	>2070	400	+

14.2.4　内部点火试验[5]

试验系列 1 类型（c）。内部点火试验与时间/压力试验同属于（c）类试验，用于确定物质由爆燃转爆轰的倾向。

1. 试验装置及材料

内部点火试验装置主要部分为 A53B 级 45.7cm 长碳钢管，钢管内径为 74mm、壁厚为 7.6mm，两端由锻钢帽封闭；试样容器中心放置一个包含 20g 黑火药（100%通过孔径为 0.84mm 筛并 100%被 0.297mm 孔径筛截留）的点火器；点火器装置为一个直径 21mm、长 64mm 的圆筒形容器，用 0.54mm 厚的乙酸纤维素制成，由两层尼龙丝增强的乙酸纤维素带固定在一起；点火药盒内有用长 25mm、直径 0.7mm、电阻 0.35Ω 的镍-铬合金电阻丝做成的小环，小环接在两根绝缘的直径为 0.7mm 的镀锡铜引线上，引线总直径为 1.3mm（包括绝缘层），引线穿过钢管壁上的小孔并用环氧树脂密封。图 14-13 为内部点火试验装置示意图。

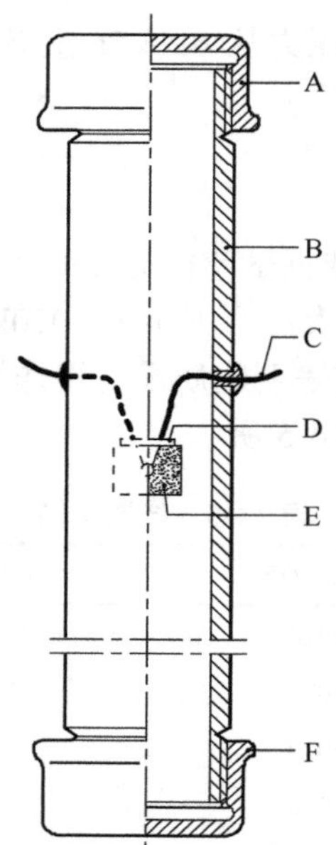

图 14-13 内部点火试验装置示意图

A 和 F. 锻钢帽盖；B. 钢管；C. 点火器引线；D. 封口；E. 点火器装置

2. 试验步骤

a）试验样品在环境温度条件下通过顶端开口加入钢管中，装填至 23cm 高时，将点火器插入钢管中心，并将引线穿过管壁小孔，样品装填应尽可能接近正常运输时密度。对于颗粒试样，应装填到对着钢管硬表面反复轻拍压实的密度。

b）试验中钢管垂直放置，点火药从 20V 变压器获得 15A 电流点燃。

c）试验应进行 3 次，除非较早发生爆燃转爆轰。

3. 结果评估及实例

内部点火试验若发生钢管或至少一端帽盖破裂成至少两块分开的碎片，则试验判定为“+”，若仅有钢管裂缝、裂开或钢管、帽盖扭曲、帽盖飞掉则试验判定为“–”。内部点火试验结果实例如表 14-6 所示。

表 14-6 结果实例

物质	结果
硝酸铵/铝化燃料油	+
硝酸铵（疏松颗粒，低密度）	–
高氯酸铵（45μm）	+
硝基碳酸硝酸复合物	–
梯恩梯（颗粒）	+
水胶炸药	+

14.2.5 联合国隔板试验

试验系列 2 类型（a）。用于确定试验物质在钢管中于封闭条件下对爆炸冲击的敏感度。该试验的装置及操作步骤与试验系列 1 类型（a）的隔板试验相同，区别在于结果评估及实例。

试验根据钢管的破裂形式和验证板是否穿透一个洞，将得出最严重评估结果并应用于对试验物质的分类，如出现钢管完全破裂或验证板穿透一个洞，则试验结果为“+”，即对冲击敏感；否则，任何其他结果都视为“–”，即物质对爆炸冲击不敏感。

联合国隔板试验结果实例如表 14-7 所示。

表 14-7 结果实例

物质	视密度/(kg/m^3)	破裂长度/cm	验证板	结果
硝酸铵（颗粒）	800	25	隆起	–
硝酸铵（200μm）	540	40	穿孔	+
硝酸铵/燃料油（94/6）	880	40	穿孔	+
高氯酸铵（200μm）	1190	0	无损伤	–
硝基甲烷	1130	0	无损伤	–
季戊炸药/乳糖（20/80）	880	40	穿孔	+
梯恩梯（浇注）	1510	20	无损伤	–
梯恩梯（片状粉末）	710	40	穿孔	+

14.2.6 克南试验

试验系列 2 类型（b）。克南试验用于确定固态、液态物质在高度封闭条件下对高热作用的敏感度。该试验的装置及操作步骤与试验系列 1 类型（b）的克南试验相同，区别在于结果评估及实例。

试验过程中记录试验钢管是否发生破裂及破裂后钢管碎片状况，并收集称重。克南试验过程中可能发生的效应同 14.2.2 节的描述。

如果极限直径为 2.0mm 或更大，试验结果即为“+”，表明物质在封闭条件下加热显示剧烈效应；如果极限直径小于 2.0mm，试验结果则为“–”，表明物质在封闭条件下加热不显示剧烈效应。

克南试验结果实例如表 14-8 所示。

表 14-8 结果实例

物质	极限直径/mm	结果
硝酸铵（晶体）	1.0	–
高氯酸铵	3.0	+
苦味酸铵（晶体）	2.5	+
1,3-二硝基间苯二酚（晶体）	2.5	+
硝酸胍（晶体）	1.5	–

续表

物质	极限直径/mm	结果
苦味酸（晶体）	4.0	+
季戊炸药/蜡（95/5）	5.0	+

14.2.7　时间/压力试验

试验系列 2 类型（c）。时间/压力试验用于确定样品在封闭条件下点火的效应，以确定在样品正常包件中可能达到的压力下点火是否导致具有爆炸猛烈性的爆燃。该试验的装置及操作步骤与试验系列 1 类型（c）的时间/压力试验相同。

时间/压力试验结果的解读要依据试验样品在舱室内表压是否达到 2070kPa，以及压力从 690kPa 上升至 2070kPa 所需的时间。

如果压力从 690kPa 上升至 2070kPa 所需的时间小于 30ms，结果则为“+”，即物质显示迅速爆燃的能力；如果压力从 690kPa 上升至 2070kPa 所需的时间等于或大于 30ms，或者压力没有达到 2070kPa，结果则为“–”，即显示物质不爆燃或缓慢爆燃。不点燃不一定表明物质没有爆炸性质。

时间/压力试验结果实例如表 14-9 所示。

表 14-9　结果实例

物质	最大压力/kPa	压力上升时间/ms	结果
硝酸铵（高密度颗粒）	＜2070		–
硝酸铵（低密度颗粒）	＜2070		–
高氯酸铵（2μm）	＞2070	5	+
高氯酸铵（30μm）	＞2070	15	+
叠氮化钡	＞2070	＜5	+
硝酸胍	＞2070	606	–
亚硝酸异丁酯	＞2070	80	–
硝酸异丙酯	＞2070	10	+
硝基胍	＞2070	400	–
苦氨酸	＞2070	500	–
苦氨酸钠	＞2070	15	+
硝酸脲	＞2070	400	–

14.2.8　内部点火试验

试验系列 2 类型（c）。内部点火试验同时间/压力试验同属于（c）类试验，用于确定物质由爆燃转爆轰的倾向。该试验的装置及操作步骤与试验系列 1 类型（c）的内部点火试验相同。

内部点火试验若发生钢管或至少一端帽盖破裂成至少两块分开的碎片，则试验判定为“+”，若仅有钢管裂缝、裂开或钢管、帽盖扭曲、帽盖飞掉则试验判定为“–”。

内部点火试验结果实例如表 14-10 所示。

表 14-10 结果实例

物质	结果
硝酸铵/铝化燃料油	−
硝酸铵（疏松颗粒，低密度）	−
高氯酸铵（45μm）	+
1,3-二硝基苯（细晶体）	−
硝基碳酸硝酸复合物	−
梯恩梯（颗粒）	+
水胶炸药	+

14.2.9 炸药局部撞击设备试验[5]

试验系列 3 类型（a）。炸药局部撞击设备试验用于测量试验样品对落锤撞击的敏感度，同时确定物质是否太危险不能以其进行试验的形式运输。炸药局部撞击设备试验通过选用不同类型试样装置可适用于固态、液态样品。

1. 试验装置及材料

炸药局部撞击设备由落锤、导轨、冲杆等结构组成，落锤质量为 3.63kg，样品套管内径保证能使冲杆和塞自由运动，冲杆、塞、冲模、套管、击砧均为硬度为洛氏 C 级 50～55 的淬火工具钢，啮合表面与试样接触面涂覆 0.8μm 涂层，试样盒直径为 5.1mm，试验设备图如 14-14 所示。

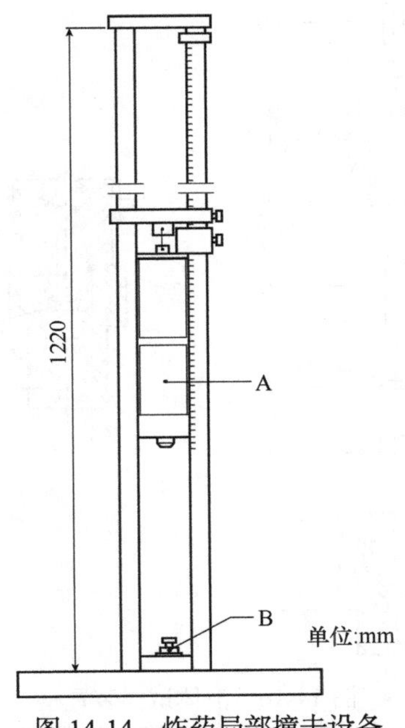

图 14-14 炸药局部撞击设备

A. 落锤；B. 试样装置

固体和液体局部撞击设备的区别仅存在试样装置处，固体的试样装置和液体的试样装置分别如图 14-15 和图 14-16 所示。

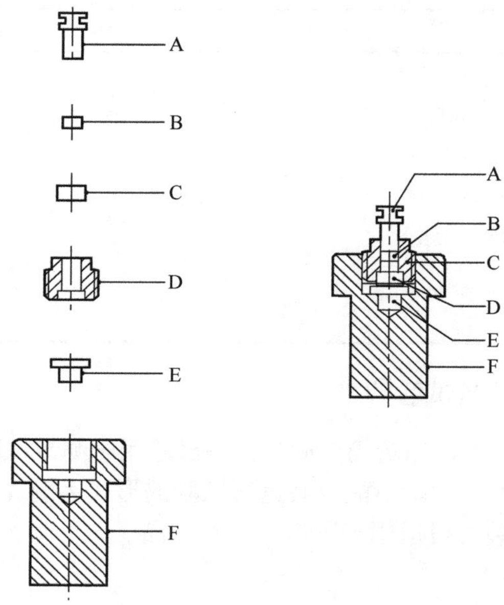

图 14-15　固体试样装置

A. 冲杆；B. 塞；C. 冲模；D. 套管；E. 击砧；F. 护套

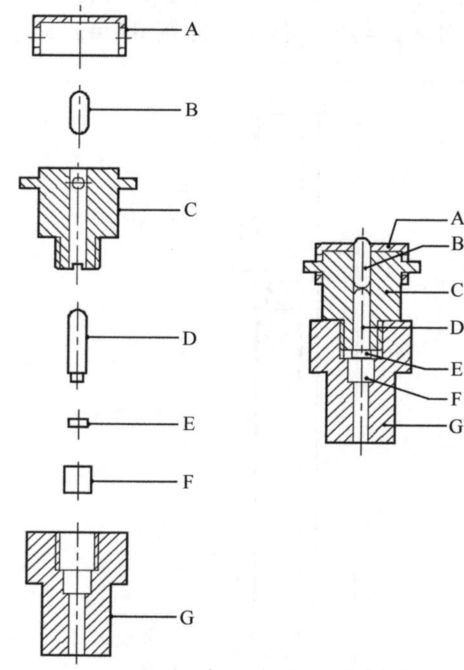

图 14-16　液体试样装置

A. 回跳套环；B. 中间杆；C. 撞杆护套；D. 撞杆；E. 铜杯；F. 击砧；G. 击砧护套

2. 试验步骤

固体、液体样品依照以下步骤进行炸药局部撞击设备试验。

（1）固体样品：取 10mg 代表性试样装到图 14-15 冲模 C 中，将击砧 E、冲模放入护套 F 内并从上方将套管 D 拧入，然后将塞 B、冲杆 A 插入并置于试样上方，提升落锤至 10.0cm 高度后释放，观察试验是否造成样品发生“爆炸”，即是否出现火焰或听得见的爆炸声，对于每一固体试验样品进行 10 次试验。

（2）液体样品：首先将图 14-16 回跳套环 A、中间杆 B、撞杆 D 装在撞杆护套 C 内，铜杯 E 放在杯定位座中，取一滴试验液体放入铜杯 E 中并将撞杆护套 C 及其组件（A、B、C）置于杯定位座上，撞杆 D 末端部分滑入铜杯 E 但不与杯中液体实际接触，升起撞杆护套 C 脱离杯定位座时依靠摩擦力的作用铜杯 E 仍然留在撞杆 D 末端，将撞杆护套 C 向下拧入击砧护套 G 中，将整个装置放到用于固体试验的同一落锤设备中，提升落锤至 25.0cm 高度后释放，观察试验是否造成样品发生“爆炸”，即是否出现火焰或听得见的爆炸声，对于每一液体试验样品进行 10 次试验。

3. 结果评估及实例

炸药局部撞击试验对于固体、液体采用不同的评价方法。

对于固体样品，若在跌落高度为 10.0cm 的 10 次试验中至少有 5 次观察到火焰或听到爆炸声，试验结果为“+”，即物质太危险不能以其进行试验的形式运输，否则结果为“–”。

对于液体样品，若在跌落高度为 25.0cm 的 10 次试验中至少有一次观察到火焰或听到爆炸声，试验结果为“+”，即物质太危险不能以其进行试验的形式运输，否则结果为“–”。

部分代表性固态、液态样品的炸药局部撞击设备试验结果实例分别如表 14-11 和表 14-12 所示。

表 14-11　代表性固态样品试验结果实例

物质	结果
高氯酸铵	–
奥克托今炸药（干的）	+
硝化甘油达纳炸药	–
季戊炸药（干的）	+
季戊炸药/水（75/25）	–
旋风炸药（干的）	+

表 14-12　代表性液态样品试验结果实例

物质	结果
硝化甘油	+
硝基甲烷	–

14.2.10　BAM 落锤仪试验[5]

试验系列 3 类型（a）。BAM 落锤仪试验适用于测量固体、液体样品对落锤撞击的敏感度，并依据试验结果判定物质是否太危险不能以其进行试验的形式运输。试验样品在封闭的两个同轴钢柱体之间接受撞击，观察试验现象进行判定。

1. 试验装置及材料

BAM 落锤仪如图 14-17 所示，由落锤、撞击装置等主要部件组成，包括击砧、导轨、释放装置、撞击装置等。钢击砧固定于钢块及铸造底板上，用 3 个中间连接板固定在圆柱上的两根导轨间，两根导轨之间装有一个限制落锤回跳的锯齿板及用于调整高度的可移动分度尺。导轨之间装有可上下移动落锤释放的装置，并通过两侧夹钳紧固。装置底部通过螺栓固定于 600mm×600mm 混凝土块上并保持导轨完全垂直。击砧的尺寸为直径 70mm×100mm，钢块大小为 230mm×250mm×200mm，底板尺寸为 450mm×450mm×60mm。

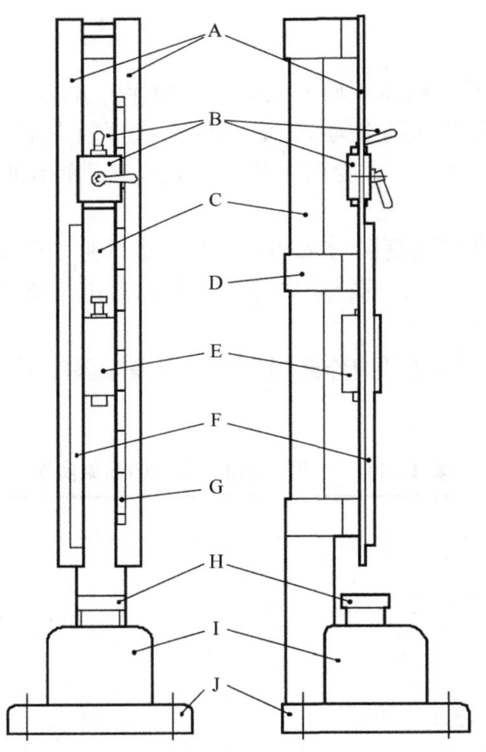

图 14-17　BAM 落锤仪试验——落锤仪

A. 导轨；B. 夹持和释放装置；C. 圆柱；D. 中间连接板；E. 落锤；F. 锯齿板；G. 分度尺；H. 击砧（直径 70mm×100mm）；I. 钢块（230mm×250mm×200mm）；J. 底板（450mm×450mm×60mm）

落锤如图 14-18 所示。每个落锤配有定位槽、悬挂插销头、撞击头和回跳掣子。撞击头为硬度洛氏 60～63 的淬火钢，落锤质量分为 1kg、5kg 及 10kg 3 种类型以适应不同试验要求。

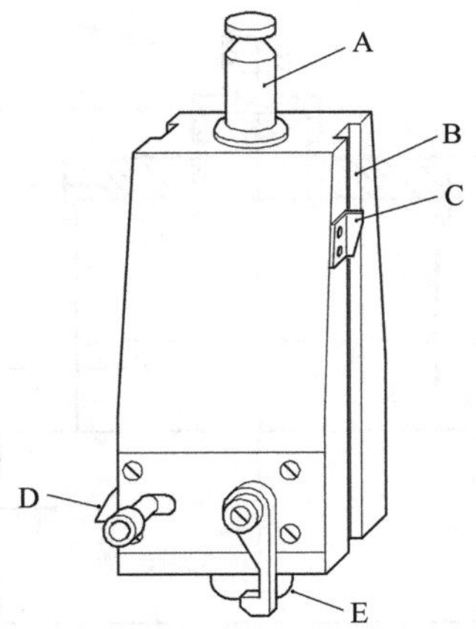

图 14-18　BAM 落锤仪试验——落锤

A. 悬挂插销头；B. 定位槽；C. 高度指示器；D. 回跳掣子；E. 圆柱形撞击头

试样封闭在由两个同轴钢圆柱体组成的撞击装置中，样品固定装置为硬度洛氏 58～65 的圆柱体钢滚柱，撞击装置放在击砧上并用定位环对中。固体样品（包括粉末状、糊状及胶状物质）撞击装置及定位环下部和液体撞击装置的结构尺寸分别见图 14-19～图 14-21。

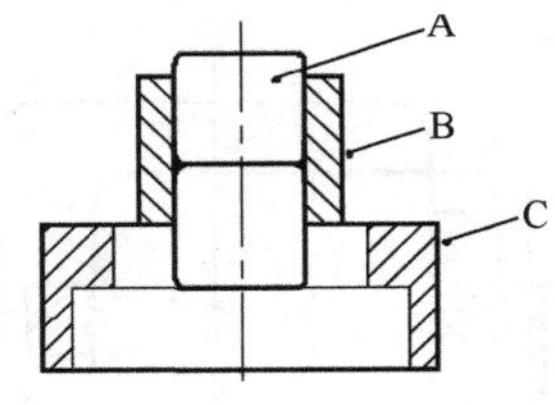

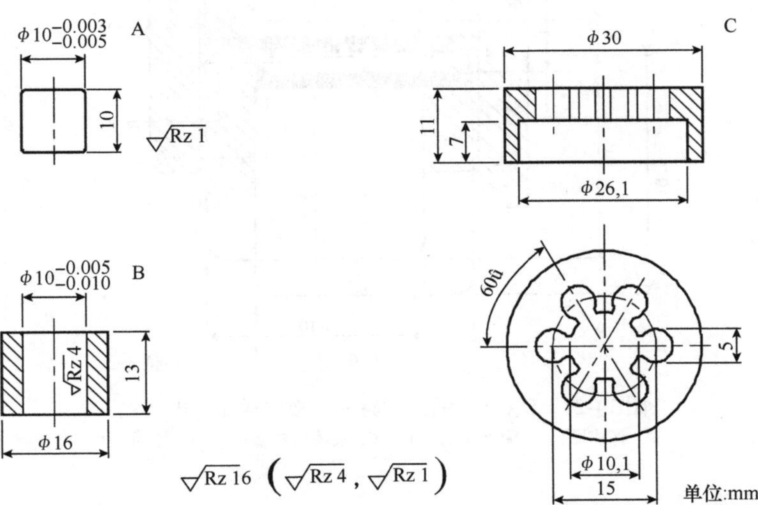

图 14-19　BAM 落锤仪试验——粉末状、糊状或胶状物质的撞击装置和定位环

A. 钢圆柱体；B. 导向环；C. 定位环

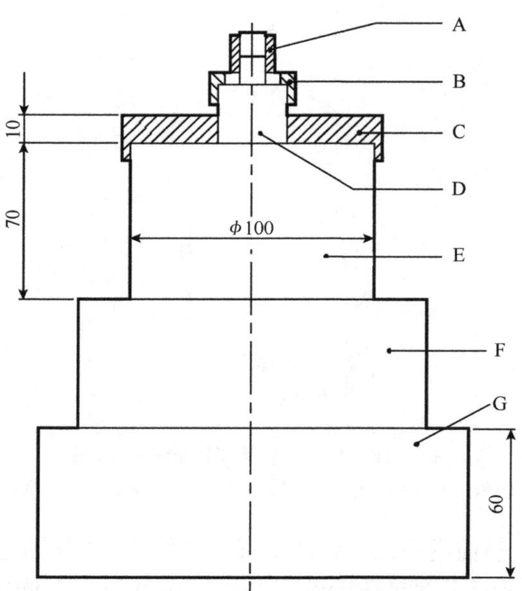

图 14-20　BAM 落锤仪试验——粉末状、糊状或胶状物质的撞击装置和定位环下部

A. 撞击装置；B. 定位环；C. 定位板；D. 中间击砧（直径 26mm×26mm）；E. 击砧（直径 70mm×100mm）；F. 钢块（230mm×250mm×200mm）；G. 底板（450mm×450mm×60mm）

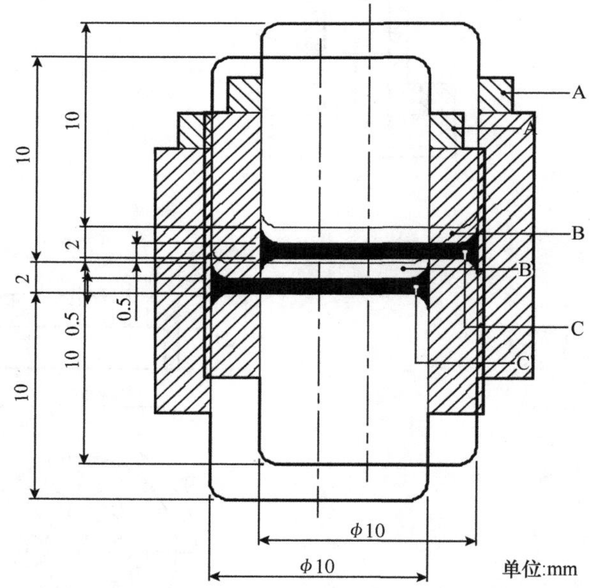

图 14-21　BAM 落锤仪试验——液体样品撞击装置

A. 橡皮圈；B. 无液体的空间；C. 液体试样渗在钢圆柱体周围

2. 试验步骤

需依据样品性质采用不同方法及代表性样品进行试验。

a）预处理：对于除糊状或胶状以外的其他固态物质、粉末状物质首先过 0.5mm 筛，通过筛子的物质进行撞击试验；对于经过压缩、浇注或以其他方式压实的样品，需打碎成小块，经筛分后选取通过 1.0mm 筛但被 0.5mm 筛截留的样品进行试验；只以装药形式运输的物质需以圆片形式进行试验，圆片为直径 4mm、厚 3mm 的圆柱体。

b）量样：粉末状、糊状或胶状物质以直径 3.7mm、高 3.7mm 的容积圆筒量器量取，其中多余的糊状或胶状物质以木条刮去；液体物质以 40mm^3 细拉移液管量取。

c）样品装填：粉末状、糊状或胶状物质应轻压上部钢圆柱体直至与样品接触但不压平；液体试样放于敞开撞击装置中，使液体样品充满下部钢圆柱体与导向环之间槽，同时借助测深规使上部钢圆柱体降至距下部圆柱体 2mm 处并用橡皮圈固定（图 14-21），此时可能会有液体样品因毛细效应渗出。

d）安装样品装置及落锤：关闭保护箱，选取合适的落锤及撞击高度，开始试验。

e）在某些条件下，可适当采用惰性参考物进行试验以利于判断是否发生听得见的爆炸声。

f）试验序列：从 10J 能量开始，若试验结果为“爆炸”，则逐级降低撞击能量进行试验，直至观察到“分解”或“无反应”结果并在这一条件下重复进行 6 次试验，结果均为无爆炸，否则需再次降低撞击能进行试验；若在 10J 能量条件下试验结果为“分解”或“无反应”，则需逐级升高撞击能量直至出现“爆炸”结果，并确定极限撞击能量。

3. 结果评估及实例

BAM 落锤仪试验的结果解释可分为：无反应、可由颜色改变或气味辨别出的分解（无火焰或爆炸）、爆炸（从弱到强的爆炸声或者火）3 类。表示一种物质撞击敏感度的极限撞击能的定义是：在至少 6 次试验中至少有 1 次得到的结果是“爆炸”的最低撞击能，使用的撞击能用落锤的质量和落高计算。1kg 落锤自 0.5m 高度处落下撞击能量为 5J。1kg 落锤所用的落高为 10cm、20cm、30cm、40cm 和 50cm，5kg 落锤所用的落高为 15cm、20cm、30cm、40cm、50cm 和 60cm，10kg 落锤所用的落高为 35cm、40cm 和 50cm。

试验结果的评估依据：①在某一特定撞击能下进行的最多 6 次试验中是否出现一次“爆炸”结果；②在 6 次试验中至少出现一次“爆炸”结果的最低撞击能。

如果在 6 次试验中至少出现一次“爆炸”结果的最低撞击能是 2J 或更低，试验结果为“+”，即物质太危险不能以其进行试验的形式运输，否则结果为“–”。

BAM 落锤仪试验部分结果实例如表 14-13 所示。

表 14-13 结果实例

物质	极限撞击能/J	结果
硝酸乙酯（液体）	1	+
六氢三硝基三嗪与铝的混合物（70/30）	10	–
高氯酸肼（干的）	2	+
叠氮化铅（干的）	2.5	–
收敛酸铅	5	–
甘露糖醇六硝酸酯（干的）	1	+

续表

物质	极限撞击能/J	结果
雷酸汞（干的）	1	+
硝化甘油（液体）	1	+
季戊炸药（干的）	3	–
季戊炸药/蜡（95/5）	3	–
季戊炸药/蜡（93/7）	5	–
季戊炸药/蜡（90/10）	4	–
季戊炸药/水（75/25）	5	–
季戊炸药/乳糖（85/15）	3	–
旋风炸药/水（74/26）	30	–
旋风炸药（干的）	5	–
特屈儿炸药（干的）	4	–

14.2.11 罗特试验

试验系列 3 类型（a）。罗特试验用于测量物质对落锤撞击的敏感度以及确定物质是否太危险不能以其进行试验的形式运输，适用于固态和液态物质，其中值落高（50%点火概率）用布鲁塞顿法确定。

1. 试验装置及材料

罗特试验撞击仪由撞击砧、导轨、冲头、爆炸室空间等部件组成，如图 14-22 所示，其中量器容积为 0.03cm^3，量气管体积为 50cm^3，爆炸室的放大结构如图 14-23 所示。罗特试验中固体和液体样品分别使用不同的撞击装置及冲头，其结构尺寸分别见图 14-22～图 14-25。

2. 试验步骤

（1）固体样品

a）除糊状或胶状以外的样品，必要时应将粗粉状物质压碎并经 0.85mm 筛，浇注物质应压碎并通过 0.85mm 筛，或从固体切下 0.03cm^3 圆片，其标称直径 4mm、厚 2mm。

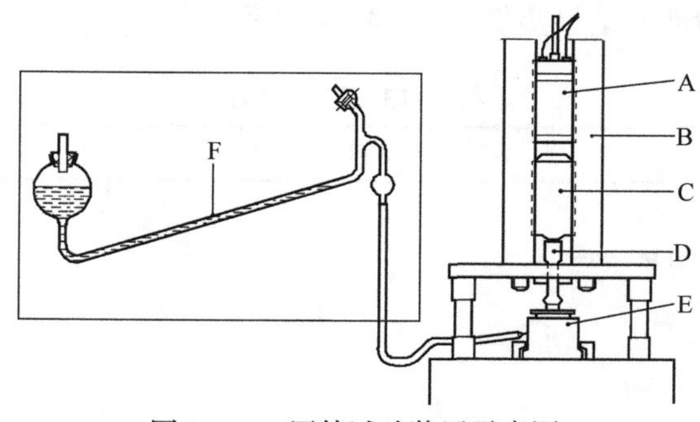

图 14-22 罗特试验装置示意图

A. 磁铁；B. 管状导轨；C. 重锤；D. 冲头；E. 爆炸室；F. 装有着色石蜡油的压力计

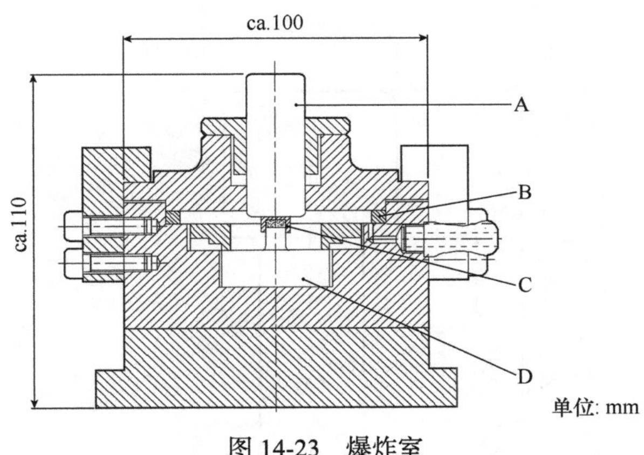

图 14-23　爆炸室

A. 撞杆；B. 密封圈；C. 小帽；D. 击砧

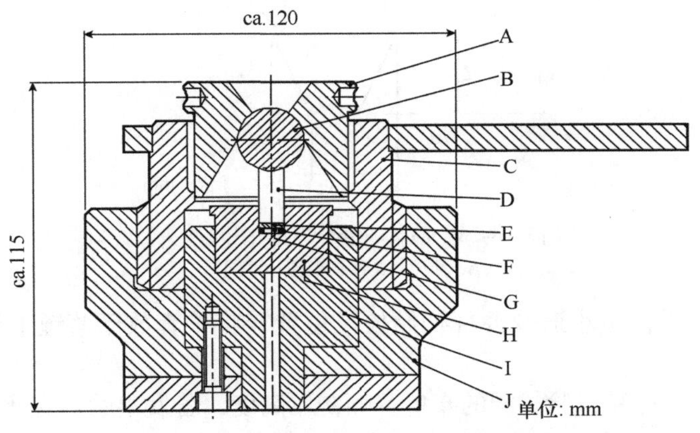

图 14-24　液体试验用冲杆装置及护套

A. 小帽；B. 22.2mm 轴承；C. 护套；D. 淬火工具钢做的冲杆；E. 不锈钢圆片；F. “O”形圈；G. 样品；H. 淬火工具钢做的小皿；I. 撞击小室；J. 帽定位器；ca. 表示“大约”

b）粉末物质以量器计量装入小帽，松装密度低的物质应压实；已装药小帽置于击砧下并旋转小帽使内部炸药分布平整，关闭小室并使撞杆与小帽接触。

c）在标准落高对数值排列直尺对应位置处，在最靠近“响（点燃）”与“不响（不点燃）”之间进行内插试验，直至相邻位置水平以确定布鲁赛顿操作初始高度。

d）试验过程中若压力计记录气体产物不少于 1cm^3，或压力计流体非标准瞬间移动，同时打开击砧有烟存在，则试验为阳性。对于某些火药样品，如出现较轻微的效应如变色也为阳性。

e）每次试验后续彻底清理并干燥击砧、小室，击砧若出现可见损伤则必须更换。

（2）液体样品

a）试验前将试验用的各个小皿、冲杆成对分置并连接撞击装置。

b）量取 0.025cm^3 试验液体于试验凹穴中，以“O”形圈密封，从顶部安装冲杆并将小帽下拧至与滚珠接触，锁定护套上部。

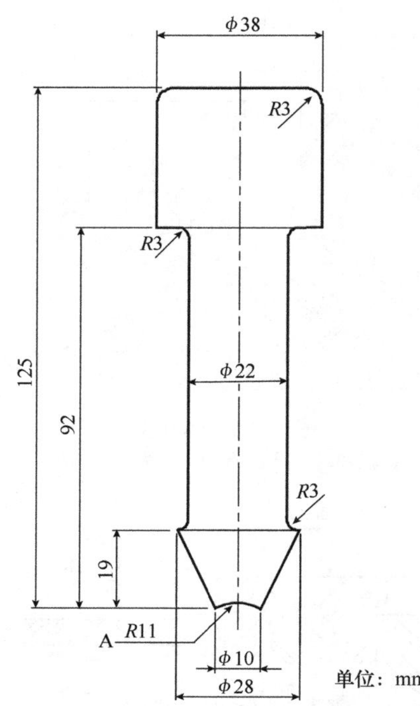

图 14-25　液体冲击试验的中间冲头

A. 球面；R 代表半径；下同

c）再次下拧手帽至小皿及冲杆初始校准位置，将护套放于落锤下使球面凹槽贴于滚珠轴承顶部。

d）使用与固体样品试验相同的布鲁赛顿初始高度，若发出的声音比相同高度下撞击惰性液体时响或试样小室内有残余压力，或拆开后有分解产物残留，则试验为阳性。

e）每次试验后彻底清洗小皿、冲杆，若更换需重新进行位置校正。

3. 结果评估及实例

a）固体样品罗特试验的评估依据：①在一次试验中观察到“响”；②用布鲁塞顿法确定参考标准药旋风炸药和试样的中值落高；③利用以下公式比较标准药的滑动平均中值落高（H_1）和试样的滑动平均中值落高（H_2），不敏感指数=80×H_2/H_1（如果 H_2≥200cm，那么不敏感指数为＞200）。

如果不敏感指数不大于 80，试验结果为“+”，表明物质太危险不能以其进行试验的形式运输。如果不敏感指数大于 80，试验结果为“–”。如果试验物质得到的不敏感指数小于 80，可以利用试样比较试验程序将它与标准药旋风炸药进行直接比较，对每一物质都做 100 次冲击。如果试验物质不比旋风炸药更敏感的可信度为 95%或更大，则试验物质以其进行试验的形式运输不是太危险。

b）液体样品罗特试验的评估依据：①在一次试验中观察到“响”；②用布鲁塞顿法确定试样的中值落高。

液体中值落高的计算方法与固体相同，而结果则直接标出。对于在大于 125cm 落高下“不响”的试样，中值落高用“＞125cm”标出。如果液体在试验中比硝酸异丙酯更为敏感，试验结果则为“+”，即液体太危险不能以其进行试验的形式运输。通常这是根据中值落高确定的，但是，如果试验物质得到的中值落高小于硝酸异丙酯标出的中值落高 14cm，可以利用试样比较试验程序将它与硝酸异丙酯进行直接比较，对每一物质都做 100 次冲击，如果试验物质不比硝酸异丙酯更敏感的可信度为 95%或更大，则试验物质以其进行试验的形式运输不是太危险，如果中值落高大于或等于硝酸异丙酯的中等落高，结果为“–”。

固体和液体罗特试验结果实例分别如表 14-14 和表 14-15 所示。

表 14-14 固体试验结果实例

物质	不敏感指数	结果
炸胶-杰奥发克斯炸药	15	+
炸胶-水下用	15	+
柯达炸药	20	+
1,3-二硝基苯	＞200	–
硝酸胍	＞200	–
奥克托金炸药	60	+
季戊炸药	50	+
季戊炸药/蜡（90/10）	90	–
旋风炸药	80	+
特屈儿炸药	90	–
梯恩梯	140	–

表 14-15 液体试验结果实例

物质	中值落高/cm	结果
二甘醇二硝酸酯	12	+
二甘醇一硝酸酯	46	–
1,1-二硝基乙烷	21	–
二硝基乙苯	87	–
三硝酸甘油酯（硝化甘油，NG）	5	+
硝酸异丙酯	14	+
硝基苯	＞125	–
硝基甲烷	62	–
三甘醇二硝酸酯	10	+
三甘醇一硝酸酯	64	–

14.2.12 30kg 落锤试验

试验系列 3 类型（a）。30kg 落锤试验用于测量固体和液体对落锤撞击的敏感度以及确定物质是否太危险不能以其进行试验的形式运输。

1. 试验装置及材料

30kg 落锤试验的装置包括重锤（30kg）、击砧、导向衔套、试样凹槽等部分，其试验装置和落锤分别如图 14-26 和图 14-27 所示，其中钢试样凹槽壁厚 0.4mm、深 8mm、宽 50mm、长 150mm。

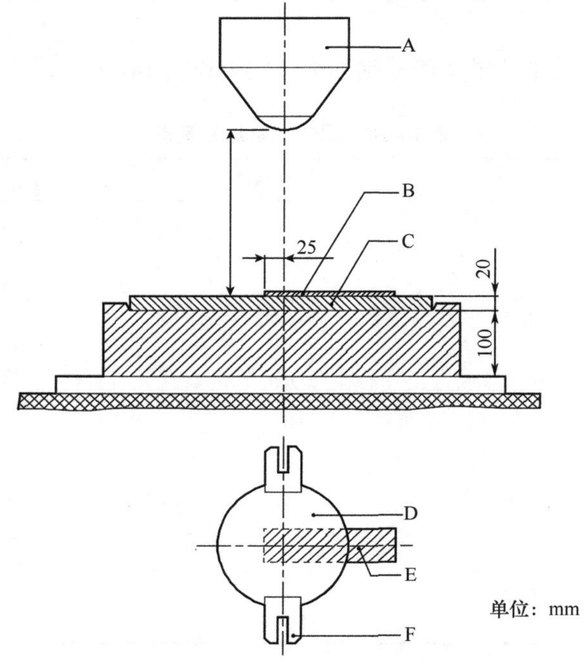

图 14-26　30kg 落锤试验装置示意图

A. 30kg 重锤；B. 试样；C. 击砧；D. 30kg 重锤（俯视）；E. 试样（俯视）；F. 导向衔套

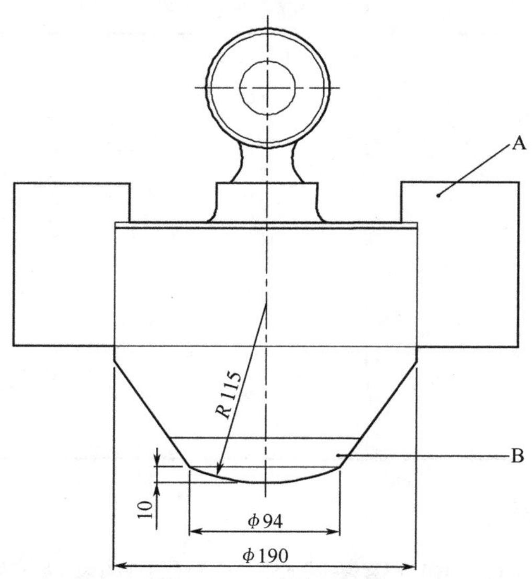

图 14-27　30kg 落锤试验——落锤

A. 导向衔套；B. 可拆卸的锤头

2. 试验步骤

a）固体或液体样品盛装于 8mm 深试样凹槽内，并填满试样凹槽，试样凹槽在击砧上的放置方式应使重锤落于槽轴线上一端 25mm 处。

b）落锤释放高度自 4.0m 逐步降低至 0.25m，每次降低 0.25m。若在距离试样撞击点至少 100mm 处观察到爆炸效应，如槽壁变形即视为发生了传播。

c）样品在每个试验高度进行 3 次试验，极限落高是 3 次试验中没有发生传播的最大高度。如果使用落高 4.0m 时没有传播，极限落高≥4.0m。

3. 结果评估及实例

如果观察到的极限落高小于 0.75m，试验结果为“+”，即物质太危险不能以其进行试验的形式运输。如果观察到的极限落高大于或等于 0.75m，试验结果为“−”。

30kg 落锤试验结果实例如表 14-16 所示。

表 14-16 结果实例

物质	极限落高/m	结果
高氯酸铵	≥4.00	−
奥克托金炸药（0～100μm，最少 70% ≤40μm）①	0.50	+
奥克托金炸药（80～800μm，最少 50%≥315μm）①, ②	1.75	−
硝酸肼（熔融的）③	0.25	+
采矿炸药④	≥4.00	−
硝化甘油	0.50	+
硝基胍	≥4.00	−
季戊炸药（细粒，最少 40%≤40μm）	0.50	+
旋风炸药（0～100μm，最少 55%≤40μm）①	1.00	−
旋风炸药（平均粒径为 125～200μm）	2.00	−
梯恩梯（片状）⑤	≥4.00	−
梯恩梯（浇注）	≥4.00	−

①表示用环己酮重新结晶；②表示旋风炸药含量：最多 3%；③表示 60～80℃；④表示以硝酸铵为基料，含喷妥炸药 11.5%和铝 8.5%；⑤表示熔点≥80.1℃。

14.2.13 改进的 12 型撞击装置试验

试验系列 3 类型（a）。改进的 12 型撞击装置试验用于测量物质对落锤撞击的敏感度以及确定物质是否太危险不能以其进行试验的形式运输。通过使用两种不同的试样装置可实现对固态和液态物质的检测。

1. 试验装置及材料

改进的 12 型撞击装置如图 14-28 所示，由导轨、落锤、击砧、黄铜帽、不锈钢圆片、密封圈等主要部件构成，试验对各部件要求分别如下。

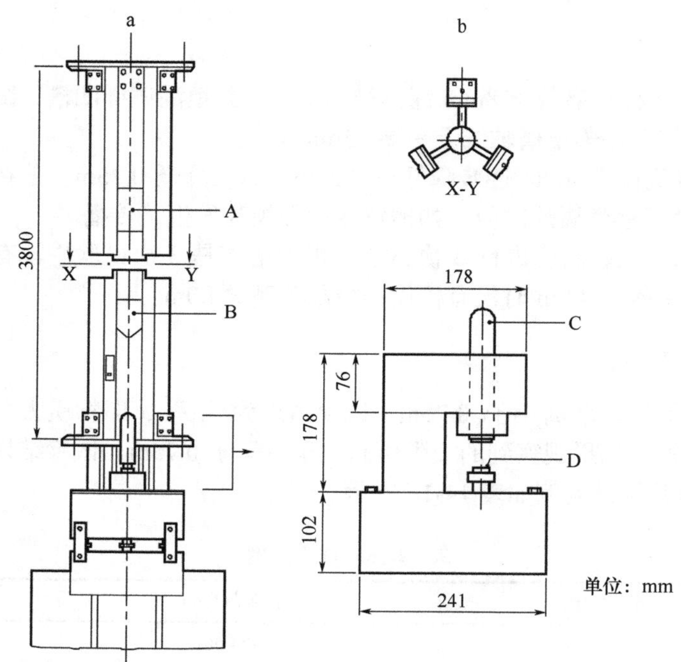

图 14-28 改进的 12 型撞击装置（全视图、顶视图和放大的测试图）示意图
A. 电磁铁；B. 落锤；C. 中间锤；D. 击砧（撞击表面直径为 32mm）

（1）落锤

由导轨、中间锤组成，可将 1.0kg、1.5kg、1.8kg、2.0kg、2.5kg、5.0kg 的重锤抛下最多 3.0m。落锤和中间锤组合包括：1.5kg 的中间锤与 1.0kg、1.5kg、1.8kg、2.0kg 的落锤；2.0kg 的中间锤与 1.0kg、2.0kg 的落锤；2.5kg 的中间锤与 2.5kg、5.0kg 的落锤。

（2）黄铜帽

黄铜帽尺寸为直径 10mm、高 4.8mm、壁厚 0.5mm。

（3）不锈钢圆片

不锈钢圆片尺寸为直径 8.4mm、厚 0.4mm。

（4）“O”形圈

“O”形圈直径 8.4mm、厚 1.3mm，为氯丁橡胶材质。

2. 试验步骤

（1）固体样品

将 30mg±5mg 试验物质松散地堆放在击砧中央（对于比较不敏感的物质，将 30mg±5mg 试验物质放在一张方形石榴石砂纸上，然后将此石榴石砂纸放在击砧上），将中间锤下移至击砧的物质上，落锤升高到 36.0cm（落高对数系列中点的高度）后释放，使其落到中间锤上。举起中间锤，如果试样的反应是有听得见的爆炸声、冒烟或有气味或看见点燃的迹象，试验结果为“+”。每次试验后击砧表面用布擦干净。适用布鲁塞顿法的初始落高的获取方法：通过在最接近的“+”结果和“–”结果的落高之间进行内插，直到“+”结果和“–”结果发生在相邻的落高上。

（2）液体样品

将“O”形圈放入小帽中并向下压到底部后加入 25μL 试验物质于小帽中，不锈钢圆片放在“O”形圈上，举起中间锤后将小帽放在击砧上，降低中间锤使其进入小帽并压住“O”形圈，将落锤升高并释放撞击。如果试样的反应是有听得见的爆炸声、冒烟或有气味或看见点燃的迹象，试验结果为“+”。

3. 结果评估及实例

改进的 12 型撞击装置试验结果评估依据：是否在一次试验中得到“+”反应；用布鲁塞顿法确定试样的中值落高（H_{50}）。固体样品如果中值落高（H_{50}）小于或等于干旋风炸药的中值落高，试验结果为“+”，即物质太危险不能以其进行试验的形式运输；中值落高（H_{50}）大于干旋风炸药的中值落高，试验结果为“–”。液体样品如果中值落高（H_{50}）小于硝酸异丙酯的中值落高，试验结果为“+”，即物质太危险不能以其进行试验的形式运输；如果中值落高（H_{50}）等于或大于硝酸异丙酯的中值落高，试验结果为“–”。

改进的 12 型撞击试验结果实例如表 14-17 所示。

表 14-17　结果实例

	物质	中值落高/cm	结果
固体，1.8kg 落锤，1.5kg 中间锤，无石榴石砂纸	季戊炸药（超细的）	15	+
	一级旋风炸药	38	+
	旋风炸药/水（75/25）	＞200	–
	特屈儿炸药	＞200	–
	梯恩梯（200 筛号）	＞200	–
固体，2.5kg 落锤，2.5kg 中间锤，有石榴石砂纸	季戊炸药（超细的）	5	+
	旋风炸药（Cal 767）	12	+
	特屈儿炸药	13	–
	梯恩梯（200 筛号）	25	–
液体，1.0kg 落锤，2.0kg 中间锤	硝酸异丙酯（99%，沸点 101～102℃）	18	–
	硝基甲烷	26	–
	三甘醇二硝酸酯	14	+
	三羟甲基乙烷三硝酸酯	10	+
	三甘醇二硝酸酯/三羟甲基乙烷三硝酸酯（50/50）	13	+

14.2.14　撞击敏感度试验[6]

试验系列 3 类型（a）。撞击敏感度试验用于测量物质对落锤撞击的敏感度以及确定物质是否太危险不能以其进行试验的形式运输。通过使用两种不同的试样装置可实现对固态和液态物质的检测。

1. 试验装置及材料

撞击敏感度试验的装置由击砧、落锤导轨、含限制装置的钢锤、抓放装置及量尺构成，其结构如图 14-29 所示。击砧由无缝钢制成，钢锤重 10kg，撞击头由淬火钢制成，硬度为洛氏 C 级 60～63。

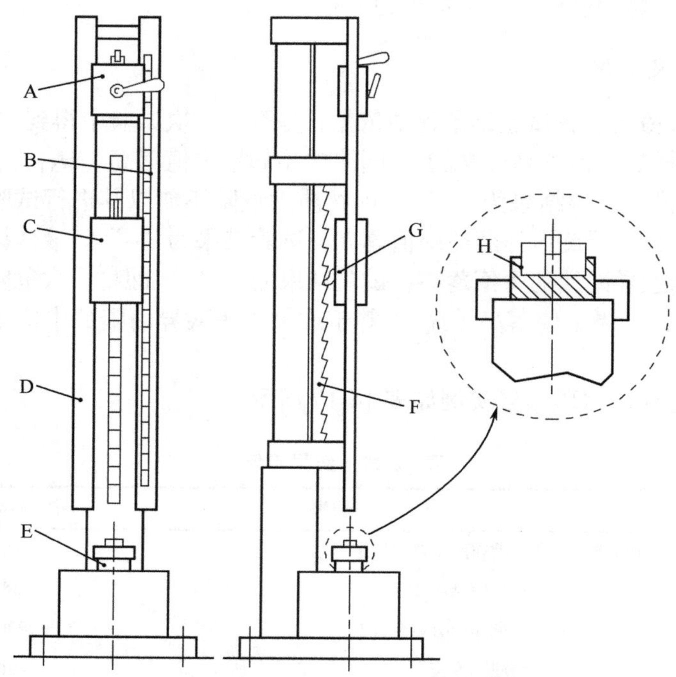

图 14-29　撞击敏感度试验装置示意图

A. 抓放装置；B. 量尺；C. 落锤；D. 导轨；E. 击砧；F. 赤板；G. 防跳装置；H. 滚筒装置放大图

试验样品放入固体滚筒装置或液体滚筒装置，其结构尺寸分别如图 14-30 和图 14-31 所示。

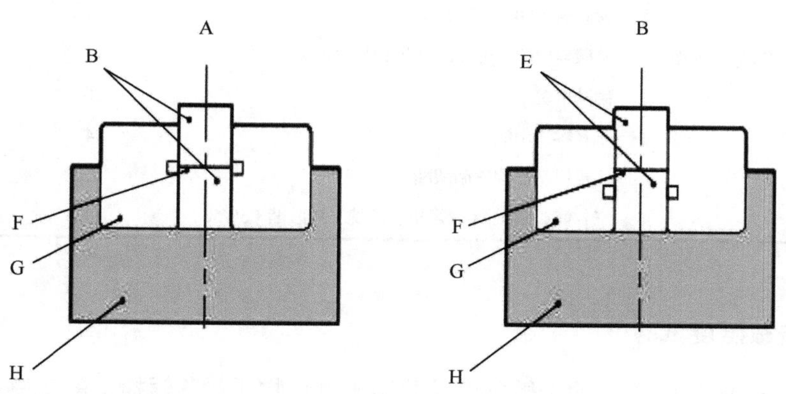

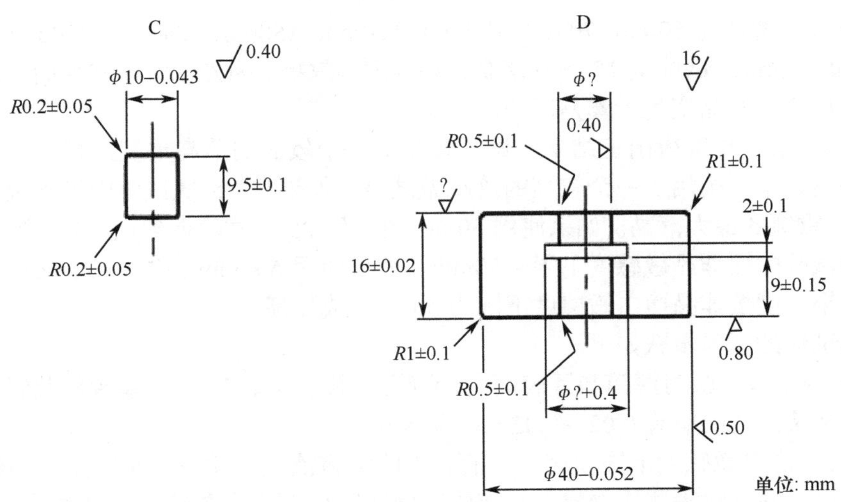

图 14-30 固体滚筒装置

A. 套筒位置"凹槽朝上"；B. 套筒位置"凹槽朝下"；C. 球轴承钢（硬度为洛氏 C 级 63～66）滚筒；D. 工具碳钢（硬度为洛氏 C 级 57～61）套筒；E. 滚筒；F. 试样；G. 套筒；H. 托盘

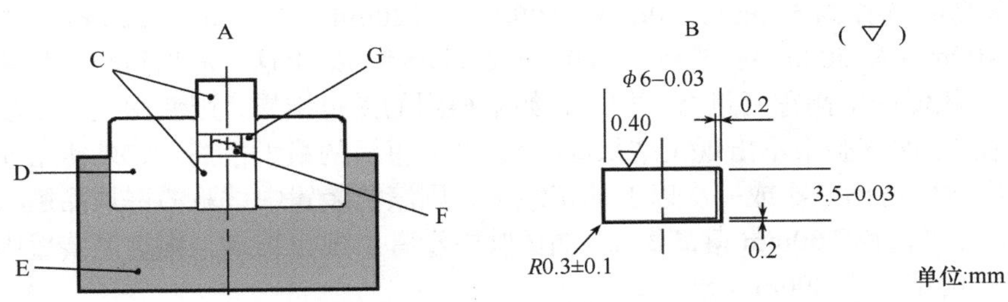

图 14-31 液体滚筒装置

A. 滚筒装置；B. 镀镍 3μm 的铜（M2）小帽；C. 滚筒；D. 套筒；E. 托盘；F. 试样；G. 小帽

2. 试验步骤

撞击敏感度试验对于固体、液体样品采取不同的方法。固体样品通常以物质收到时的形式进行试验，湿润物质应使用运输规定的湿润剂含量最小的试样进行试验，其中固体颗粒及片状、压制、浇注物质和类似物质需研磨并过筛；颗粒应过 0.9～1.0mm 筛；弹性物质用利刀在木板上切成大小不超过 1mm 的碎片；弹性物质、粉末状和塑性试样不过筛；液体样品无须前处理，直接进行试验检测。

固体试样的试验步骤如下。

a）用丙酮或乙醇对滚筒装置表面进行清污。注意准备好的试样装置套筒直径和滚筒直径之间应有 0.02～0.03mm 的差距。

b）将质量为 100mg±5mg 的固体试样放在敞开的滚筒装置表面，通过上面的滚筒挤压、转动将试样弄均匀。装有爆炸品的滚筒装置放在水压机上以 290MPa 压力压紧，而浸湿的爆炸品不用压缩。如果试样是液体，将液体试样取适量加入小帽中填满凹槽。

c）将套筒倒转放进托盘并将滚筒尽量压紧后以 10kg 钢锤撞击试样。爆炸品撞击敏感度下限界定为 10kg 钢锤在 25 次试验中没有得出正结果的最大落高。

d）落高的选择为 50mm、70mm、100mm、120mm、150mm、200mm、250mm、300mm、400mm 和 500mm。试验从 150mm 落高开始。声响效果、闪光或滚筒和套筒上的燃烧痕迹记为正反应。样品变色不算是爆炸的迹象。

e）如果某一高度得出正结果，试验将在下一个较低的落高重复进行。相反，如果得到的是负结果，则用上一个较高的落高做试验。如果在 25 次试验中不出现正结果即得出 10kg 重锤的最大落高。如果使用 50mm 落高做 25 次试验得到正结果，那么固体滚筒装置中试验的爆炸品敏感度下限＜50mm。如果使用 500mm 落高做 25 次试验中没有出现正结果，则爆炸品撞击敏感度下限为 500mm 或更高。

液体试样的试验步骤如下。

a）用丙酮或乙醇对滚筒装置表面进行清污。通常准备 35～40 套滚筒装置。滚筒装置中套筒和滚筒之间应有 0.02～0.03mm 的差距。

b）为了确定敏感度下限，用一支滴管或吸管将液体物质放在小帽里。小帽放在下面滚筒的中央并且注满液体物质。将液体滚桶装置小心地放在盛有液体物质的小帽上，然后将滚筒装置放在撞击装置的击砧上并使 10kg 钢锤落下，记下结果。

c）爆炸品撞击敏感度下限界定为 10kg 钢锤在 25 次试验中没有得出正结果的最大落高。

d）落高的选择为 50mm、70mm、100mm、120mm、150mm、200mm、250mm、300mm、400mm 和 500mm。试验从 150mm 落高开始，如果这一高度得出正结果，试验将在下一个较低的落高重复进行。相反，如果得到的是负结果，则使用上一个较高的落高。如果在 25 次试验中不出现正结果即得出 10kg 重锤的最大落高。如果使用 50mm 落高做 25 次试验得出一次或一次以上的正结果，则滚筒装置中试验的爆炸品敏感度下限＜50mm。如果使用 500mm 落高做 25 次试验中没有出现正结果，则滚筒装置中试验的爆炸品敏感度下限为 500mm 或更高。

3. 结果评估及实例

25 次试验中得到一次或多次正结果的最低落高＜100mm，试验结果为“+”，即物质太危险不能以其进行试验的形式运输，否则为“–”。

部分固体和液体试样撞击敏感度试验结果实例如表 14-18 所示。

表 14-18　结果实例

物质		落高下限/mm	结果
固体试样	阿芒炸药 6ZhV（79%硝酸铵，21%三硝基甲苯）	200	–
	环三亚甲基三硝胺（干的）	70	+
	环三亚甲基三硝胺/蜡（95/5）	120	–
	环三亚甲基三硝胺/水（90/10）	150	–
	白粒岩 AS-8（91.8%硝酸铵，4.2%机油，4%铝）	＞500	–
	季戊四醇四硝酸酯（干的）	50	+
	季戊四醇四硝酸酯/石蜡（95/5）	70	+
	季戊四醇四硝酸酯/石蜡（90/10）	100	–

续表

	物质	落高下限/mm	结果
固体试样	季戊四醇四硝酸酯/水（75/25）	100	–
	苦味酸	>500	–
	特屈儿炸药	100	–
	三硝基甲苯	>500	–
液体试样	双(2,2-二硝基-2-氟-乙基甲醛)/二氯甲烷（65/35）	400	–
	硝酸异丙酯	>500	–
	硝化甘油	<50	+
	硝基甲烷	>500	–

14.2.15　BAM 摩擦仪试验[5]

试验系列 3 类型（b）。BAM 摩擦仪试验用于测量物质对摩擦刺激的敏感度以及确定物质是否太危险不能以其进行试验的形式运输，BAM 摩擦仪试验不适用于液态物质。

1. 试验装置及材料

BAM 摩擦仪由铸钢基座、摩擦装置、荷重装置、固定瓷棒、可移动的瓷板等部件构成（图 14-32）。瓷板固定在一个托架上，托架可在两根导轨上运动，托架通过连接杆、偏心凸轮和适当的传动装置与电动机相连，使得瓷板在瓷棒下仅能向前和向后移动一次，距离为 10mm（图 14-33）。荷重装置中的荷重臂配备有砝码槽口，通过调整平衡砝码得到零荷重，不同的槽口挂不同的砝码，可在瓷棒上形成的荷重为 5N、10N、20N、40N、60N、80N、120N、160N、240N、360N。

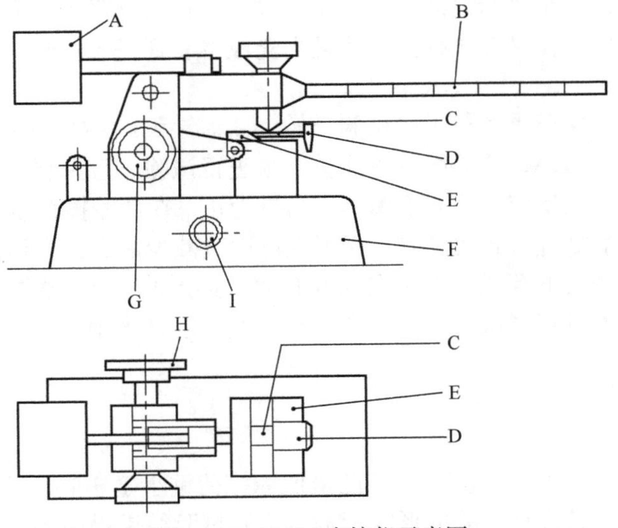

图 14-32　BAM 摩擦仪示意图

A. 平衡砝码；B. 荷重臂；C. 固定瓷板；D. 调节杆；E. 移动托架；F. 铸钢基座；G. 调节手柄；H. 驱动方向盘；I. 开关

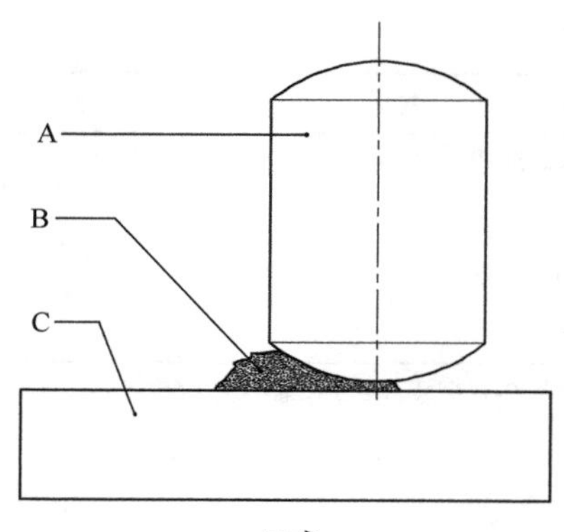

图 14-33　瓷板和瓷棒

A. 瓷棒（直径 10mm，长度 15mm）；B. 试样；C. 瓷板（25mm×25mm×5mm）

2. 试验步骤

a）样品的处理：试验通常以物质收到时的形式进行，湿润物质应使用运输规定的湿润剂含量最小的试样进行；对于除糊状或胶状以外的固体物质，需要进行必要的前处理。粉末状物质过 0.5mm 筛，通过筛子的物质全部用于试验；压缩、浇注或以其他方式固实的物质要打碎成小块并过筛，通过 0.5mm 筛的物质全部用于试验；仅以装药形式运输的物质以体积 10mm^3（最小直径为 4mm）的圆片或小片形式进行试验。

b）称量：用于试验的物质体积约为 10mm^3，粉末状物质用量具（直径 2.3mm、深 2.4mm）量取；糊状或胶状物质用壁厚为 0.5mm 的带 2mm×10mm 窗孔的矩形量具量取。

c）瓷板和瓷棒表面的每一部分只能使用 1 次。每根瓷棒的两个端面可做 2 次试验，而瓷板的两个摩擦面可做 3 次试验。将瓷板固定在摩擦仪的托架上，使具海绵纹路的槽沟与运动方向横切。将牢固卡紧的瓷棒置于试样上，在荷重臂上加上所要求的砝码，启动开关。应注意确保瓷棒贴在试样上，而且当瓷板移动到瓷棒前时，有足够的物质进入瓷棒下面。

d）试验从用 360N 荷重进行 1 次试验开始。如果在第 1 次试验中观察到“爆炸”（爆炸声、火花或火焰）结果，便逐级减少荷重继续进行试验，直到观察到“分解”（颜色改变或有味道）或“无反应”（即不爆炸）结果为止。在此摩擦荷重水平上重复进行试验，如果不爆炸，重复进行 6 次试验，否则就再逐级减少荷重，直到得到在 6 次试验中没有发生“爆炸”的最低荷重。如果在 360N 的第 1 次试验中，结果为“分解”或“无反应”，此试验要再进行 5 次；如果在最高荷重的 6 次试验中得到 1 次“爆炸”结果，就按上述方法减少荷重。

3. 结果评估及实例

如果在 6 次试验中出现一次“爆炸”的最低摩擦荷重小于 80N，试验结果描述为“+”，即物质太危险不能以其进行试验的形式运输，否则试验结果描述为“–”。

BAM 摩擦试验结果实例如表 14-19 所示。

表 14-19　结果实例

物质	极限荷重/kN	结果
炸胶（75%硝化甘油）	80	−
六硝基芪	240	−
奥克托金炸药（干的）	80	−
高氯酸肼（干的）	10	+
叠氮化铅（干的）	10	+
收敛酸铅	2	+
雷酸汞（干的）	10	+
硝化纤维素（13.4%N）（干的）	240	−
奥克托尔炸药（70/30）（干的）	240	−
季戊炸药（干的）	60	+
季戊炸药/蜡（95/5）	60	+
季戊炸药/蜡（93/7）	80	−
季戊炸药/蜡（90/10）	120	−
季戊炸药/水（75/25）	160	−
季戊炸药/乳糖（85/15）	60	+
苦味酸（干的）	360	−
旋风炸药（干的）	120	−
旋风炸药（水湿的）	160	−
梯恩梯	360	−

14.2.16　旋转式摩擦试验[5, 7]

试验系列 3 类型（b）。旋转摩擦试验用于测量物质对机械摩擦刺激的敏感度以及确定物质是否太危险不能以其进行试验的形式运输。将薄层试样置于经过处理的扁平钢条表面和经过处理的具有规定直径的轮子周缘表面之间，使之在一个荷重下进行摩擦。

1. 试验装置及材料

旋转式摩擦试验的装置主要由钢条、轮轴系统组成，其中钢条由通用软钢制成，其表面喷砂加工至光洁度为 3.2μm±0.4μm，轮轴系统由相同材质钢制成，直径 70mm、厚 10mm，其结构如图 14-34 所示。

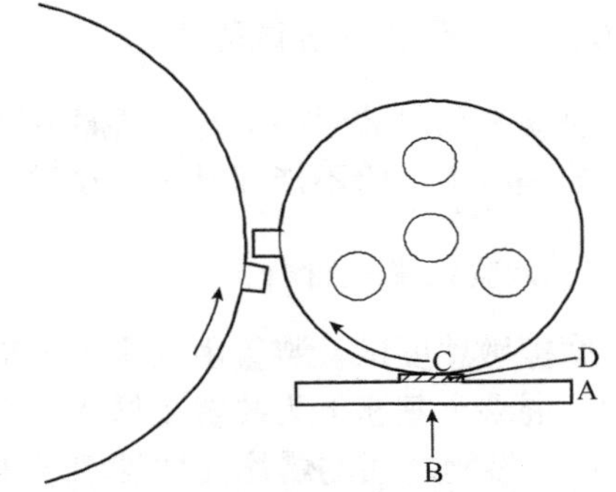

图 14-34　旋转摩擦试验装置示意图
A. 软钢钢条；B. 压缩空气荷重；C. 转动轮；D. 试样

2. 试验步骤

旋转式摩擦试验适用于固体样品，试验样品需切成薄片或研磨成粉末并铺开，使其在钢条上的厚度不大于 0.1mm。荷重通过将空气压缩到预定的压力施加，接通点火开关，凸轮移入重飞轮周缘上击杆的运动路径中，飞轮驱动转动轮转动 60°后借助转动体上的偏心轮和由载荷缸操纵的推杆使摩擦表面分开。

试验开始时荷重为 0.275MPa 空气压力，非常敏感的爆炸品可降低荷重。转动轮的角速度为可变参数，并通过驱动飞轮速度的电动机来控制，在与点燃和不点燃速度平均值最接近的速度上进行试验，并重复这一过程直到这些情况发生在相邻水平的速度上确定开始布鲁塞顿操作的初始速度。在正常试验中，使用对数间距 0.10 进行 50 次布鲁塞顿试验。如果产生闪光或出现听得见的爆炸声、样品冒烟或变黑即认为是点燃。

3. 结果评估及实例

旋转式摩擦试验结果的评估根据：①是否在一次试验中观察到点燃；②用布鲁塞顿法确定参考标准药旋风炸药和试样的中值打击速度；③利用公式比较标准药的滑动平均中值打击速度（V_1）和试样的滑动平均中值打击速度（V_2），摩擦指数=$3.0V_2/V_1$（标准药旋风炸药的摩擦指数规定为 3.0）。

若摩擦指数小于或等于 3.0，试验结果为“+”，即物质太危险不能以其进行试验的形式运输；若摩擦指数大于 3.0，试验结果为“–”。

BAM 摩擦试验结果实例如表 14-20 所示。

表 14-20　结果实例

物质	摩擦指数	结果
炸胶-杰奥发克斯炸药	2.0	+
炸胶-水下用	1.3	+
叠氮化铅	0.84	+
季戊炸药/蜡（90/10）	4.0	–
旋风炸药	3.4	–
特屈儿炸药	4.5	–
梯恩梯	5.8	–

14.2.17　摩擦敏感度试验[5, 7]

试验系列 3 类型（b）。摩擦敏感度试验用于测量物质对摩擦刺激的敏感度以及确定物质是否太危险不能以其进行试验的形式运输。该方法不适用于液体样品。

1. 试验装置及材料

摩擦敏感度试验装置由 4 个主要部件组成：摆、摆托、装置主体和水压机，如图 14-35 所示。混凝土基座上为装置主体，装有试验炸药的滚筒组合（图 14-36）放在装置主体内，两个滚筒之间的爆炸性样品用水压机压缩到规定的压力后，用摆锤冲击使上面的滚筒沿试验物质移动 1.5mm 进行试验。

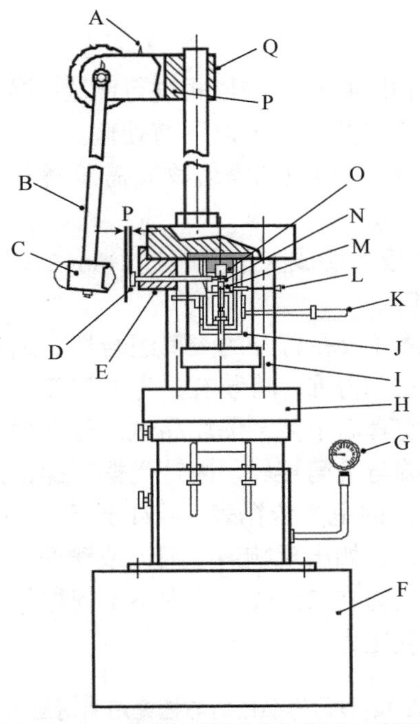

图 14-35　摩擦敏感度试验装置示意图

A. 启动装置；B. 摆臂；C. 摆锤；D. 撞针；E. 撞针导板；F. 基座；G. 压力表；H. 水压机；I. 装置支架；J. 装置主体；K. 滚筒组合套筒下降柄；L. 滚筒组合推杆；M. 套筒；N. 滚筒；O. 空箱；P. 摆托；Q. 摆托支架

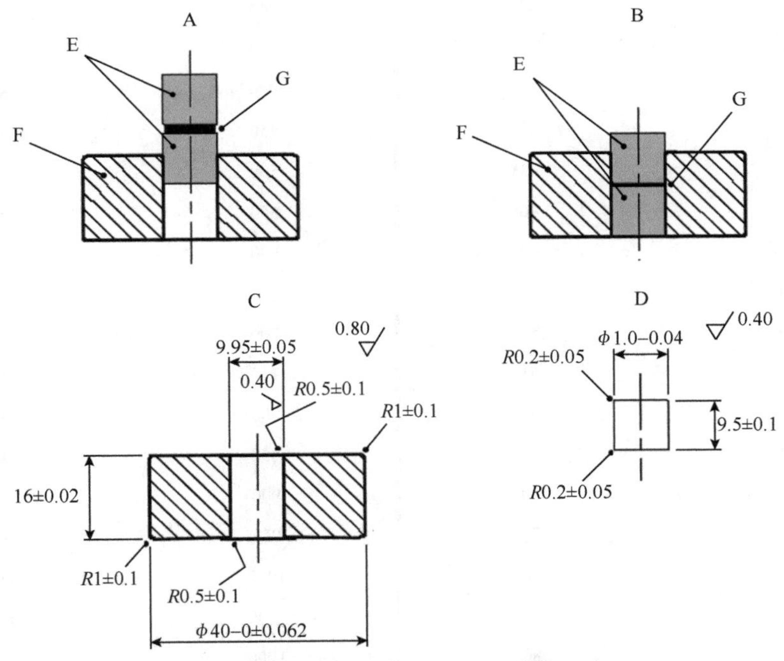

图 14-36　摩擦敏感度试验——滚筒组合

A. 滚筒的初始位置；B. 试验时的滚筒位置；C. 工具碳钢 HRC57-61 套筒；D. 球轴承钢 HRC63-66 滚筒；E. 滚筒；F. 套筒；G. 试验物质

2. 试验步骤

摩擦敏感度试验通常以物质收到时的形式进行试验，湿润物质应使用运输规定的湿润剂含量最小的试样进行试验，并需经过以下前处理。

a）颗粒及片状、压制、浇注物质和类似物质需研磨并过筛；试验用的物质颗粒应过 0.50mm±0.05mm 筛。

b）弹性物质用利刀在木板上切成大小不超过 1mm 的碎片，弹性物质及粉末状、塑性和糊状爆炸品试样无须过筛。

试验过程中，将 20mg 试样放在打开的滚筒组合里，通过轻轻挤压和旋转上面的滚筒使爆炸品试样在滚筒之间均匀分布。将装有试样的滚筒组合放进装置主体的空箱里压缩到选定的压力，保持压力使套筒下降，爆炸品试样压在两个滚筒表面之间并上升到超过套筒，将撞针移动到撞击端与滚筒接触。撞针受摆锤撞击造成上面的滚筒与试样产生摩擦。滚筒移动 1.5mm，摆锤的甩角依据表 14-21 选定，试验进行到找出在 25 次试验中不出现爆炸的最大承受压力。如出现响声、闪光或滚筒上有燃烧痕迹，即可看作是发生爆炸，摩擦敏感度下限界定为在 25 次试验中不出现爆炸并且与仍造成爆炸的压力相差不超过下列数值的最大承受压力。

表 14-21　样品压力与摆锤甩角对应表

样品压力/MPa	甩角/（°）	样品压力/MPa	甩角/（°）
30	28	340	83
40	32	360	84
50	35	380	85
60	38	400	86
70	42	450	88
80	43	500	91
90	46	550	93
100	47	600	95
120	54	650	97
140	58	700	100
160	61	750	101
180	64	800	103
200	67	850	106
220	70	900	107
240	73	950	108
260	76	1000	110
280	78	1100	115
300	80	1200	118
320	82		

10MPa——在试验压力小于 100MPa 时。

20MPa——在试验压力为 100 至 400MPa 时。

50MPa——在试验压力超过 400MPa 时。

如果在 1200MPa 压力下进行 25 次试验没有出现爆炸，即摩擦敏感度下限为 1200MPa 或更高。如果在 30MPa 压力下进行 25 次试验出现一或一次以上爆炸，即摩擦敏感度下限为小于 30MPa。

3. 结果评估及实例

摩擦敏感度试验结果的评估根据：①在 25 次试验中是否有一次发生“爆炸”；②25 次试验都没有出现爆炸的最大承受压力。

如果撞击摩擦敏感度下限小于 200MPa，试验结果为“+”，即物质太危险不能以其进行试验的形式运输；如果撞击摩擦敏感度下限大于或等于 200MPa，试验结果为“–”。

摩擦敏感度试验结果实例如表 14-22 所示。

表 14-22　结果实例

物质	敏感度下限/MPa	结果
硝酸铵	1200	–
叠氮化铅	30	+
季戊炸药（干的）	150	+
季戊炸药/石蜡（95/5）	350	–
季戊炸药/梯恩梯（90/10）	350	–
季戊炸药/水（75/25）	200	–
苦味酸	450	–

14.2.18　75℃热稳定性试验[5]

试验系列 3 类型（c）。75℃热稳定性试验主要用于测量物质在高温条件下的稳定性以确定物质是否太危险不能运输，通过一定稳定条件下的物质热稳定性试验结果对物质进行分析。

1. 试验装置及材料

75℃热稳定性试验的主要装置为电烘箱，要求配有通风装置，并具有防爆装置，电烘箱应足以保持和记录温度 75℃±2℃并具有在恒温器失灵时防止热失控的保护装置。除电烘箱外，所需试验材料还包括一个直径 35mm、高 50mm 的无嘴烧杯，两个直径 50.5mm±1mm、长 150mm 的平底玻璃管，精度为±0.1g 的天平，三个热电偶及一个记录系统，一块直径为 40mm 的表面玻璃及两个抗 60kPa 压力的塞子，同时使用一种物理性质和热性质与试验物质相似的惰性物质作为参考物质。试验所需的整体装置可参考图 14-37。

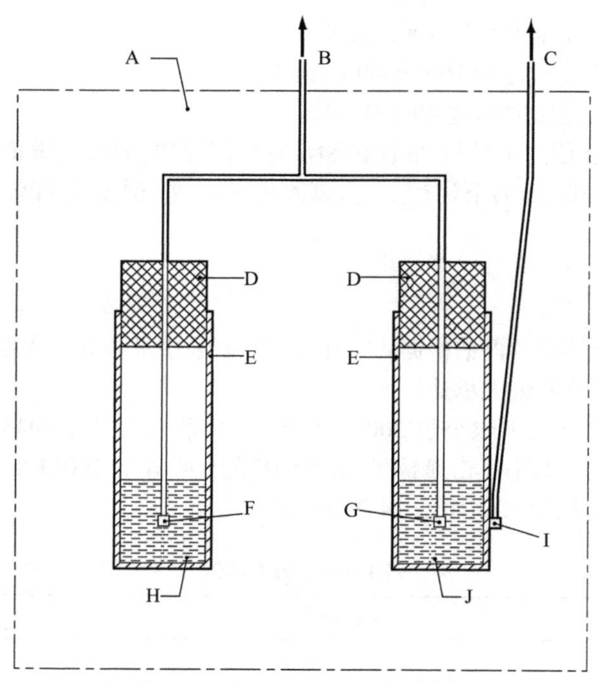

图 14-37　75℃热稳定性试验装置示意图

A. 电烘箱；B. 接毫伏特计（T_1和T_2）；C. 接毫伏特计（T_3）；D. 塞子；E. 玻璃管；F. 1 号热电偶（T_1）；G. 2 号热电偶（T_2）；H. 试样（100cm^3）；I. 3 号热电偶（T_3）；J. 参考物质（100cm^3）

2. 试验步骤

新物质需进行若干鉴别试验以确定其性能，如用少量物质于 75℃下加热 48h，若未发生爆炸反应再进行后续试验，若发生爆炸或着火，即物质热不稳定不能运输。试验过程中首先将 50g 试样放入烧杯，加盖后放进烘箱，设置温度 75℃并保持 48h，或直到出现着火或爆炸。如果没有出现着火或爆炸，但出现某种自加热的迹象，如冒烟或分解，则需将 100g（或 100cm^3，当密度小于 1000kg/m^3）试样及同样数量的参考物质分别置于两根样品管中，加热升温，在试样、参考物质达到 75℃以后的 48h 期间，测量试样与参考物质之间的温度差并记录试样分解的迹象。

3. 结果评估及实例

在预试验中如果出现着火或爆炸，结果为“+”，如果没有观察到变化，结果为“–”。在电烘箱试验中，如果出现着火或爆炸，或者记录到的温度差为 3℃或更大（即自加热），结果为“+”；如果没有出现着火或爆炸，但记录到的温度差小于 3℃，可能需要进行进一步的试验和/或评估以便确定试样是否是热不稳定的。

75℃热稳定性试验结果实例如表 14-23 所示。

14.2.19　小型燃烧试验[8]

试验系列 3 类型（d）。小型燃烧试验用于确定固态、液态样品对火烧的反应，以确定样品的危险性。

表 14-23　结果实例

物质	敏感度下限/MPa	结果
70%高氯酸铵，16%铝，2.5%卡托烯，11.5%黏结剂	卡托烯（燃速催化剂）发生了氧化反应；试样表面变色，但无化学分解	–
季戊炸药/蜡（90/10）	质量损失可忽略	–
旋风炸药（22%水湿润）	质量损失<1%	–
胶质达纳炸药（硝化甘油 22%，二硝基甲苯 8%，铝 3%）	质量损失可忽略	–
铵油炸药	质量损失<1%	–
塑胶炸药	质量损失可忽略，（有时发生）微小膨胀	–

1. 试验装置及材料

小型燃烧试验无须特殊装置，对于固体或液体样品，仅需将足够的用煤油浸泡过的锯木屑（约包括 100g 木屑、200cm^3 煤油）铺成长 30cm、宽 30cm、厚 1.3cm 的底座，对于不易燃物质，可将底座加厚至 2.5cm，还需要与待测样品兼容的塑料烧杯。对于固体样品，替代方法为采用牛皮纸代替底座。固体替代方法试验装置如图 14-38 所示。

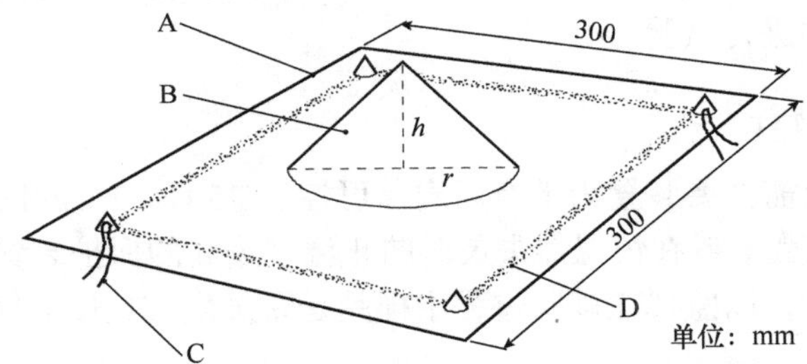

图 14-38　小型燃烧试验固体替代方法装置示意图

A. 牛皮纸；B. 样品；C. 点火区；D. 无烟火药粉末条

2. 试验步骤

对于待测固体、液体样品，需在烧杯内放置 10g 样品，并将烧杯置于浸泡过煤油的锯木屑底座的中央，然后用电点火器将木屑点燃，更换样品再进行一次试验后，再用 100g 样品进行两次试验，除非观察到爆炸。

对于固体样品，可采用替代试验方法，将堆成的高度与基部半径相等的锥形样品置于牛皮纸上，绕试验样品一周撒一圈无烟火药，然后在两个相对的对角点上（图 14-37）于一个安全距离利用一种适当的点火装置将无烟火药点燃并引燃牛皮纸，然后将火焰传到试验物质。首先用 10g 样品进行两次试验，再用 100g 样品进行两次试验，除非观察到爆炸。

3. 结果评估及实例

小型燃烧试验通过目视观察发生的情况，并按 3 个类别报告试验结果：未点着、点着并燃烧和爆炸。燃烧持续时间或点着到爆炸的时间可作为补充资料。如果试验物质发生爆炸，试验结果为“+”，即物质太危险不能以其进行试验有形式运输，否则试验结果为“–”。

小型燃烧试验结果实例如表 14-24 所示。

表 14-24　结果实例

物质	敏感度下限/MPa	结果
硝基甲烷	燃烧	–
炸胶 A（92%硝化甘油，8%硝化纤维素）	燃烧	–
黑火药粉末	燃烧	–
叠氮化铅	爆炸	+
雷酸汞	爆炸	+

14.2.20　无包装物品和包装物品的热稳定性试验[5]

试验系列 4 类型（a）。热稳定性试验用于评估所测定物品和包装物品在高温条件下的热稳定性以确定进行试验的单元是否太危险不能运输。试验选用最小的包装单元或无包装运输样品，如果不能这样做（如包件太大放不进烘箱），应使用尽可能装入最多物品的类似较小包件进行试验。

1. 试验装置及材料

热稳定性试验所需主要装置为带有风扇、可控温 75℃±2℃的恒温烘箱，烘箱应有双重温度自动调节装置，或在恒温器失灵时防止温度过高的保护装置，同时具备试验样品单元温度监控功能，以监视在试验过程中样品是否发生放热反应使温度稳定上升。

2. 试验步骤

热稳定性试验需依据所测定样品确定具体的试验方法步骤，通常而言，试验样品单元需置于无包装物品的外壳上或者靠近包件中心的一个物品的外壳上，温度监控热电偶连接温度记录器。待试验的单元（连同热电偶）放入恒温烘箱并加热升温到 75℃，保持 48h 后自然冷却、取出，检查样品是否发生反应、损坏、渗漏等变化。

3. 结果评估及实例

热稳定性试验结束后对样品进行检查，如果出现下列现象，试验结果为“+”，即物品或包装物品太危险不能运输：爆炸；着火；温度上升超过 3℃；物品外壳或外容器损坏；发生危险渗漏，即在物品外部可见到爆炸品。如果没有外部效应且温度上升不超过 3℃，试验结果为“–”。

热稳定性试验结果实例如表 14-25 所示。

表 14-25　结果实例

试验样品	结果
筒形液体贮藏器	–
延迟电点火器	–
吐珠烟花	–
信号弹	–
烟雾罐	–
发烟枪榴弹	–
发烟信号弹	–

14.2.21　液体钢管跌落试验[9]

试验系列 4 类型（b）。液体钢管跌落试验用于测定均质高能液体爆炸性物质在密封钢管中从不同高度跌落到钢砧上的爆炸特性。

1. 试验装置及材料

液体钢管跌落试验所需主要装置为钢管，为 A37 型无缝钢管，内径 33mm、外径 42mm、长 500mm，如图 14-39 所示。管内装满试验液体，上端拧上铸铁螺帽并用聚四氟乙烯胶带密封，螺帽钻有一个充装用直径 8mm 轴向孔并用塑料塞封闭。底部钢砧长 1m、宽 0.5m、厚 0.15m。

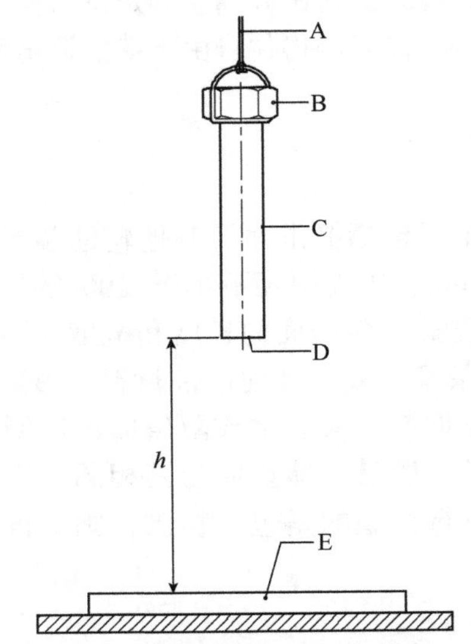

图 14-39　液体钢管跌落试验装置示意图

A. 释放连接线；B. 铸铁螺帽；C. 无缝钢管；D. 钢底座；E. 钢砧；*h* 为跌落高度

2. 试验步骤

试验前首先记录试验用液体样品的温度和密度，在距试验开始不足 1h 时将样品振摇 10s 混合均匀。跌落试验高度从 0.25m 至 5m 逐级变化，每级 0.5m。使钢管向底部钢砧垂直落下，记录样品所发生变化或试验现象。

3. 结果评估及实例

液体钢管跌落试验应观察试验过程中是否和在什么高度发生下列现象：①爆轰，钢管裂成碎片；②导致钢管破裂的反应；③无反应，钢管损坏不大。

如果在跌落不超过 5m 后发生爆轰，试验结果为“+”，即液体太危险不能运输；如果从 5m 跌落后发生局部反应但无爆轰，试验结果为“–”，但不得使用金属容器，除非已向主管当局证明用这种容器运输是安全的；如果从 5m 跌落后没有发生反应，试验结果为“–”，即试验液体可以用任何适宜装液体的容器运输。

液体钢管跌落试验结果实例如表 14-26 所示。

表 14-26　结果实例

物质	温度/℃	跌落高度/m	结果
硝化甘油	15	<0.25	+
硝化甘油/甘油三乙酸酯/2-硝基二苯胺（78/21/1）	14	1	+
硝基甲烷	15	>5	–
三甘醇二硝酸酯	13	>5	–

14.2.22　无包装物品、包装物品和包装物质的 12m 跌落试验[10]

试验系列 4 类型（b）。12m 跌落试验用于确定试验样品（包括物品、包装物品或包装物质，但不包括均质液体）能否经得住自由下落的撞击而不发生明显的燃烧或爆炸危险。

1. 试验装置及材料

12m 跌落试验的装置主要包括撞击面及其他辅助装置，其中撞击面为表面平滑的硬板，如厚度不小于 75mm、布氏硬度不小于 200 的钢板，其底部由厚度至少为 600mm 的坚固混凝土底座支撑。撞击面的长度和宽度应不小于试验样品单元尺寸的 1.5 倍。辅助装置包括摄影录像装置及其他惰性材料，摄影录像装置用于记录、核实撞击姿态和结果，其不明显抑制跌落速度或阻碍撞击后回弹，惰性材料用于代替试验样品包件中的爆炸性物品，质量、体积应与其相同。爆炸性物品应放在撞击时最可能起作用的位置。如果进行试验的是包装物质，则不得用惰性材料取代其中任何物质。

2. 试验步骤

试验样品单元从 12m 高处跌落，这个高度是试验样品单元最低点到撞击面的距离，在撞击后即使没有发生可见的引发或点燃也应遵守相关的安全等候期，之后进一步检查试验样品单元以确定是否发生了点燃或引发。跌落试验应进行 3 次除非较早发现决定性的着火或爆炸现象。

3. 结果评估及实例

12m 跌落试验应记录包括照片在内的引发点火的视听证据、发生时间（如果发生的话），以及用整体爆轰或爆燃之类的术语表示的结果严重程度与试验样品单元撞击时的姿态、包件的破裂等。

如果撞击引起着火或爆炸，试验结果为“+”，即包装物质或物品太危险不能运输，包件或物品外壳破裂不被认为是“+”结果。如果在 3 次跌落中都没有发生着火或爆炸，结果为“–”。

12m 跌落试验结果实例如表 14-27 所示。

表 14-27 结果实例

试验样品	跌落次数	试验现象	结果
铸装起爆器（27.2kg）	3	无反应	–
包含雷管、起爆器和引信组合体的（射弹）部件	1	点燃	+
40%强度硝铵炸药（22.7kg）	3	无反应	–
50%强度纯“挖沟”硝甘炸药（22.7kg）	3	无反应	–

14.2.23 雷管敏感度试验[11]

试验系列 5 类型（a）。雷管敏感度试验属于冲击试验类别，用于确定样品物质对强烈机械刺激的敏感度。

1. 试验装置及材料

雷管敏感度试验的装置主要由雷管、样品管、验证板等部分组成，其中雷管可采用标准欧洲雷管或美国 8 号雷管；样品管为直径 80mm、长 160mm、壁厚不大于 1.5mm 的硬纸板管；验证板可选用 1.0mm 厚的 160mm×160mm 钢板，置于高 50mm、内径 100mm、壁厚 3.5mm 的钢圈上（图 14-39），或使用直径 51mm、长 102mm 的普通软铅圆筒验证板（图 14-40），置于厚 25mm、边长 152mm 的方形钢板上；底部为厚 50mm、边长 300mm 的木块。

2. 试验步骤

首先需采用刚好能够留住试样的薄膜封闭样品管，并将雷管从样品管中爆炸品的顶部中央插至与雷管长度相等的深度，再依照下述方法进行试验。

a）将试验物质分 3 等份装入样品管中，对于自由流动的颗粒物质，每装完一等份后需将样品管于 50mm 高处垂直落下以将样品压实；胶状物质装填过程中必须避免出现空隙。样品管中爆炸品处于装填最终状态时其密度应尽可能接近运输密度。

b）对于直径大于 80mm 的高密度筒装爆炸品，使用原来的药筒。若原来的药筒太大不方便做试验，可将药筒不少于 160mm 长的一部分切下来做试验。此时应将雷管插入没有受到切割药筒行为扰乱的一端。

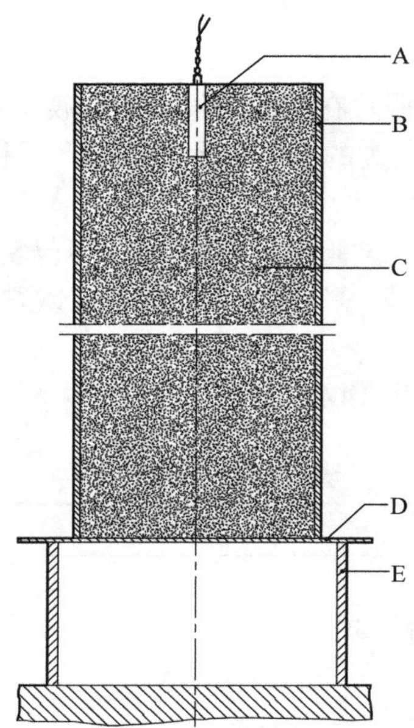

图 14-40　雷管敏感度试验——使用钢验证板

A. 雷管；B. 纤维管；C. 样品；D. 验证板；E. 钢圈

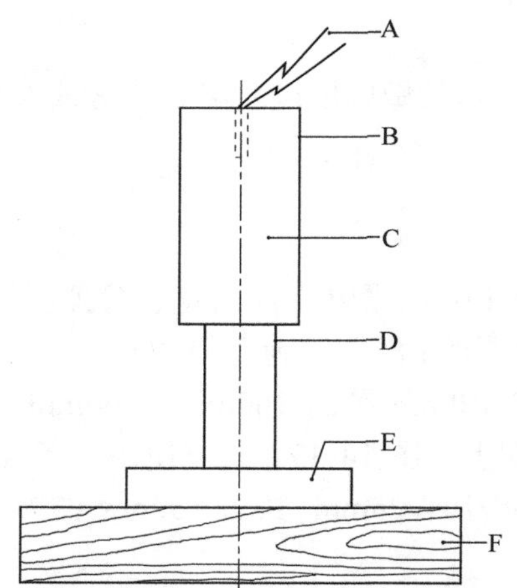

图 14-41　雷管敏感度试验——使用软铅圆筒验证板

A. 雷管；B. 硬纸板管；C. 样品；D. 铅筒；E. 钢板；F. 木块

c）对于敏感度可能与温度有关的爆炸品，在试验前必须在 28～30℃温度下存放至少 30h。含有粒状硝酸铵的爆炸品，若必须在环境温度高的地区运输，在试验前应进行如下温度循环：25℃→40℃→25℃→40℃→25℃。

d）样品管放在置于钢底板上的验证板上，把标准雷管从爆炸品顶部中央插入。

e）在安全位置给雷管点火，检查验证板。试验进行 3 次，除非物质发生爆轰。

3. 结果评估及实例

在任何一次试验中出现下列情况，结果为“+”，即物质不应划入 1.5 项，否则结果为“–”：①验证板扯裂或有其他形式的穿透（即可通过验证板见到光线），但验证板上有突起、裂痕或弯折并不表明物质具有雷管敏感性；②软铅圆筒中部从原有长度压缩 3.2mm 或更多。

雷管敏感度试验结果实例如表 14-28 所示。

表 14-28　结果实例

物质	密度/（kg/m^3）	备注	结果
硝酸铵+梯恩梯+可燃物质	750～760	2 次温度循环	+
硝酸铵+碱金属硝酸盐+碱土金属硝酸盐+铝+水+可燃物质	970～1030	原装	–
硝酸铵/甲醇（90/10）（颗粒）	840～950	原装	–
硝酸铵颗粒+燃料油	840～900	原装	–
硝酸铵颗粒+二硝基甲苯（在表面）	1030～1070	原装	+
硝酸铵+可燃物质	800～830	40℃下存放 30h	+

14.2.24　法国爆燃转爆轰试验[5, 12]

试验系列 5 类型（b）。法国爆燃转爆轰试验用于检测并确定样品从爆燃转爆轰的倾向。

1. 试验装置及材料

法国爆燃转爆轰试验的主要装置为由 A37 型材质钢制成的无缝钢管，其内径为 40.2mm、壁厚为 4.05mm、长为 1200mm，抗静力强度为 74.5MPa，如图 14-42 所示横置于厚 30mm 的铅验证板表面。试验采用加热金属线点火，由镍/铬（80/20）合金制成，直径 0.4mm、长 15mm，置于样品管一端并以铸铁螺帽封闭，另一端接冲击波检测探针并以铸铁螺帽封闭。

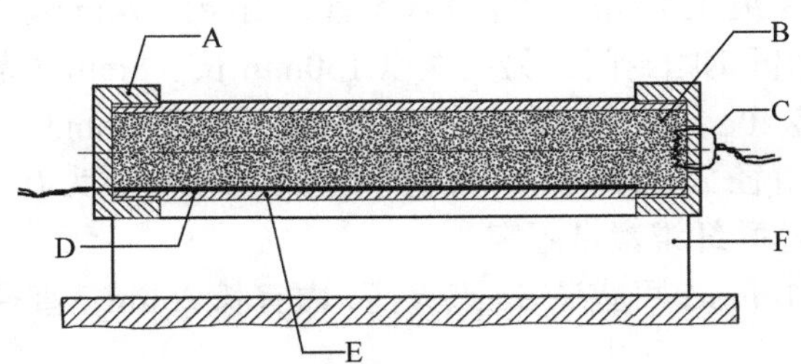

图 14-42　法国爆燃转爆轰试验装置示意图

A. 螺帽；B. 样品；C. 点火金属线；D. 冲击波检测探针；E. 无缝钢管；F. 铅验证板

2. 试验步骤

将试验物质装进钢管并用手压实，记下样品的温度、湿度和含水量。用最高 8A 的电流最多通电 3min 来加热镍/铬（80/20）点火金属线并点燃物质。试验进行 3 次，除非发生铅验证板的压缩或测量到的传播速度可表征出现爆燃转爆轰现象。

3. 结果评估及实例

试验过程中，如果在任何一次试验中发生爆轰，试验结果为“+”，即物质不应划入 1.5 项，爆轰发生可依据下列情况判定：①铅验证板发生由爆轰引起的压缩；②测量到的传播速度大于声音在该物质中传播的速度，并且在钢管离点火器最远的区域中是等速。

爆燃转爆轰试验需记录爆轰前验证板长度和爆轰速度，如果验证板没有发生压缩，并且传播速度（如果测量到的话）小于声音在物质中传播的速度，试验结果为“–”。

法国爆燃转爆轰试验结果实例如表 14-29 所示。

表 14-29 结果实例

物质	密度/（kg/m^3）	结果
铝化凝胶（62.5%氧化性盐类，15%铝，15%其他可燃物质）	1360	–
铵油炸药（硝酸铵粒径 0.85mm，吸油率 15%）	860	–
胶质硝甘炸药（40%硝化甘油/乙二醇二硝酸酯，48%硝酸铵，8%铝，硝化纤维素）	1450	+
硅藻土炸药（60%硝化甘油，40%硅藻土）	820	+
敏化的浆状炸药	1570	–

14.2.25 美国爆燃转爆轰试验[5, 12]

试验系列 5 类型（b）。美国爆燃转爆轰试验的目的与法国试验类似，用于确定样品物质从爆燃转爆轰的倾向，但使用不同的样品管及验证评价方法。

1. 试验装置及材料

美国爆燃转爆轰试验的装置由样品管、点火器、点火器装置、点火药盒等部分组成，其结构如图 14-43 所示，试验对各部分要求如下。

a）样品管：A53B 级 457mm 长 80 号碳钢管，内径为 74mm、壁厚为 7.6mm，一端以耐受 20.68MPa 压力锻钢帽封闭，另一端以 130mm 长、8mm 厚软钢验证板焊接。

b）点火器：内盛 20g 黑火药，粒径大小为 0.84～0.297mm。

c）点火器装置：直径 21mm、长 64mm 的筒形容器，材质为 0.54mm 厚乙酸纤维素，由两层尼龙丝增强的乙酸纤维素带固定。

d）点火器盒：长 16mm，可盛装 5g 点火药，内有长 25mm、直径 0.7mm、电阻 0.35Ω 的镍/铬电阻。

2. 试验步骤

试验前需将样品在室温条件下静置，然后将试样装入样品管中至 230mm 高度，将点火器（其引线穿过管壁上的小孔）插入钢管中心，拉紧引线并用环氧树脂密封。余下的试样装入并拧上顶盖。对于胶状试样，尽可能把物质装到接近其正常运输的密度；对于颗粒试样，把物质装到将钢管对着硬表面反复轻拍压实后无法再装入的密度。装填完毕后钢管垂直放置，点火药被从 20V 变压器获得的 15A 电流点燃。试验应进行 3 次，除非较早发生爆燃转爆轰。

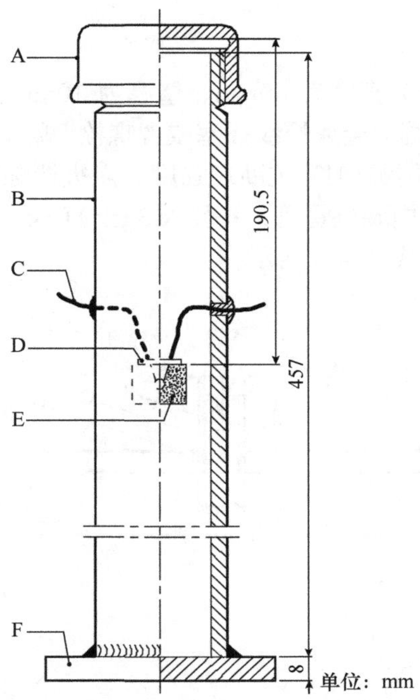

图 14-43　美国爆燃转爆轰试验示意图

A. 锻钢帽；B. 钢管；C. 点火器引线；D. 密封端；E. 点火器装置；F. 验证板

3. 结果评估及实例

试验过程中，如果验证板穿透一个孔，试验结果为“+”，即物质不应划入 1.5 项，否则结果为“–”。

美国爆燃转爆轰试验结果实例如表 14-30 所示。

表 14-30　结果实例

物质	密度/（kg/m^3）	结果
硝酸铵/燃料油（94/6）	795	–
高氯酸铵（200μm）	1145	–
铵油炸药（含有低密度可燃添加剂）	793	+
乳胶炸药（用微球敏化）	1166	–
乳胶炸药（用硝化纤维素敏化）	1269	–
乳胶炸药（用油敏化）	1339	–
硝化甘油炸药	900	+
季戊炸药（含水 25%）	1033	+

14.2.26　爆燃转爆轰试验[5, 12]

试验系列 5 类型（b）。爆燃转爆轰试验的目的与法国、美国爆燃转爆轰试验类似，用于确定样品物质从爆燃转爆轰的倾向。

1. 试验装置及材料

爆燃转爆轰试验的装置为直径为 40mm、壁厚为 10mm、长为 1000mm、抗断裂强度为 130MPa 的钢管，其一端用金属螺纹插塞或者螺栓、螺丝钉或焊接等扣紧手段封闭，并且封闭装置抗断裂强度不小于钢管抗断裂强度。点火器螺纹插座距钢管 100mm，黑火药点火器盒由软钢制造，内装电雷管，并装入 3g±0.01g 的 1#SGP 黑火药，开口处用塑料胶带封闭，试验装置如图 14-44 所示。

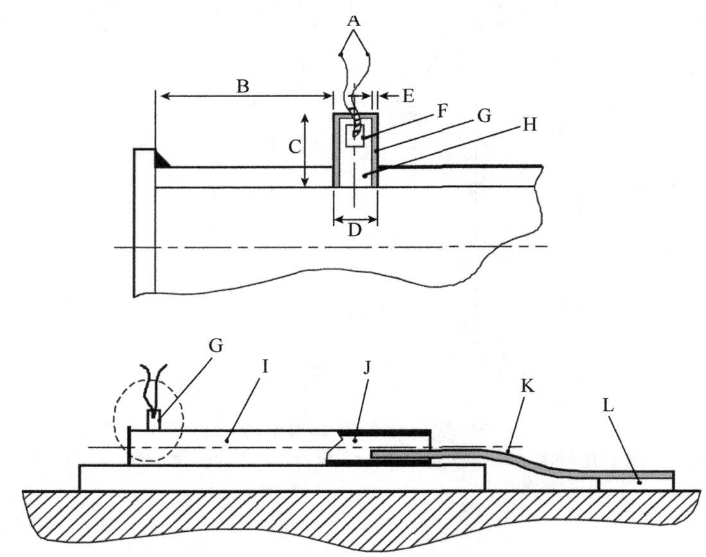

图 14-44　爆燃转爆轰试验装置示意图

A. 点火器引线；B. 点火器离钢管的距离为 100mm；C. 点火器长度为 40mm；D. 点火器外直径为 16mm；E. 点火器外壳厚度为 1mm；F. 雷管；G. 点火器；H. 黑火药；I. 带插塞无缝钢管；J. 试验样品；K. 导爆索；L. 铝验证板

2. 试验步骤

a）样品装填：将试验物质以正常散装密度装入钢管内，并将 10m 长的 12g/m 导爆索的一端从钢管的开口端插入试样至 100mm 处。

b）钢管以塑料带封闭并横放在一块钢板上。

c）导爆索另一端接在长 200mm、宽 50mm、厚 2～3mm 的铝验证板上。

d）将点火器拧入管壁后接上点火线，引发试验物质。

e）点火后检查钢管，记下破裂特征（钢管突起、裂成几个大块或裂成小碎片），确定是否存在未发生反应的物质，以及验证板上是否存在导爆索痕迹。试验进行 3 次，除非较早发生爆燃转爆轰。

3. 结果评估及实例

爆燃转爆轰试验结果根据钢管的破裂特征或导爆索是否爆炸来评估。如果钢管碎裂，结果为“+”，即物质不应划入 1.5 项；如果钢管没有碎裂，结果为“–”。

爆燃转爆轰试验结果实例如表 14-31 所示。

表 14-31　结果实例

物质	密度/（kg/m^3）	结果
阿芒拿尔炸药（80.5%硝酸铵，15%三硝基甲苯，4.5%铝）（粉末）	1000	–
1 号阿芒拿尔炸药，爆裂用（66%硝酸铵，24%黑索金，5%铝）	1100	+
阿芒炸药 6 ZhV（79%硝酸铵，21%三硝基甲苯）（粉末）	1000	–
白粒岩 AS-4（91.8%硝酸铵，4.2%机油，4%铝）	1000	–
白粒岩 ASR-4（70%硝酸铵，4.2%硝酸钠，8%铝，2%机油）	1000	–
高氯酸铵	1100	–
高氯酸铵加 1.5%可燃添加剂	1100	+

14.2.27　1.5 项的外部火烧试验[5]

试验系列 5 类型（c）。1.5 项的外部火烧试验用于确定运输形式的包装物质在火中是否会发生爆炸。

1. 试验装置及材料

1.5 项的外部火烧试验是对包件样品进行火焰燃烧试验，并观察、记录试验期间的现象，所需的装置及材料如下。

a）与提交运输物品的状况、形式相同的一个（或多个）样品包件，待测样品包件总体积不小于 $0.15m^3$、爆炸性物质净重不超过 200kg。

b）样品支撑用金属格栅，当使用木材堆引火时高度为 1.0m，使用液态烃燃料时高度为 0.5m。

c）必要时需要固定样品包件的捆带条或线。

d）点火燃料，应足够火焰持续燃烧至少 30min 或物质显然有充分时间对火起反应。

e）引火器，如煤油浸透木材或引火用木刨花。

f）具备高速、常速摄影功能的彩色摄影机。

2. 试验步骤

检测用样品包件应紧密放置于金属格栅上并在必要的时候以捆带条或线进行紧固，燃烧用燃料放置在格栅底部，应能保证火焰完全包围包件并配备必要的防热散失挡板，加热时可采用网格状木板条、液体燃料烧火或丙烷燃烧器（推荐使用木材烧火避免烟雾影响试验观测）。

固体燃料如截面边长为 50mm 的风干木头在金属格栅底部堆成网格状时，应堆至支撑包件的格栅底部并应超出包件每个方向至少 1.0m，木条之间的横向距离约为 100mm。其他燃料有液体燃料、木材和液体燃料混合物或煤气，使用液体燃料时贮槽应超出包件每个方向至少 1m，格栅与贮槽间距为 0.5m；使用煤气时格栅离燃烧器高度应当合适以便火焰能够充分包围包件。

堆放完毕后从包括顶风边在内的两边同时点火，但试验期间风速应不高于 6m/s，待火焰熄灭后必须遵守一定安全等候期。试验期间应观察爆炸迹象，如很响的声音、碎片从火烧区射出。试验通常只进行一次，但是如果用于烧火的木材或其他燃料全部烧完后，在残余物中或在火烧区附近仍留有相当数量的爆炸性物质未烧毁，则应当用更多的燃料或用另一种方法增加火烧的强度和/或持续时间，再进行一次试验。如果试验结果不能确定危险项别，应该再进行一次试验。

3. 结果评估及实例

在外部火烧试验中发生爆炸的物质，其结果视为“+”，即它不应划入 1.5 项。1.5 项的外部火烧试验结果实例如表 14-32 所示。

表 14-32 结果实例

物质	结果
铵油	–
铵油（含 6%铝粉）	–
铵油（含 6%可燃物质）	–
铵油乳胶（含 1%微球）	–
铵油乳胶（含 3.4%微球）	–

14.2.28 单个包件试验[13]

试验系列 6 类型（a）。单个包件试验用于确定内装物是否整体爆炸。

1. 试验装置及材料

单个包件试验所需设备、材料包括雷管、点火器、封闭材料及验证板。其中雷管用于引发样品物质或物品，点火器用于点燃样品物质或物品，封闭材料为同样品形状、大小类似的容器，盛满泥土、沙冰紧密地放在样品周围，以使其四周每个方向达到最小封闭厚度，对于体积不超过 0.15m^3 的包件为 0.5m，对于超过 0.15m^3 的包件为 1.0m。验证板为厚度 3.0mm 的软钢板。

2. 试验步骤

选择刺激引发、点燃引发方式时，对于包装物质和物品应遵循不同的原则，对于包装物质，试验时应遵守以下原则。

a）样品若可能通过爆轰发生反应，应当用标准雷管进行引发。

b）样品若可能通过爆燃发生反应，应当用刚好足以（但不超过 30g 的黑火药）保证点燃包件内物质的点火器进行试验。点火器应放在包件内物质的中心。

c）对于暂列为爆炸品的物质，应首先采用标准雷管试验，无爆炸现象再进行试验系列 2 相关试验。

对于包装物品，试验时应满足以下条件。

a）具有自身引发、点燃装置的物品，采用靠近包件中心的自身引发或点燃装置激发，若无法满足则采用具有所需效应的其他形式的刺激物进行引发和点燃。

b）不具备自身引发、点燃装置的，可使靠近包件中心的一个物品按设计的方式起作用或使用可引起同样效应的另一个物品取代靠近包件中心的物品。

准备好试验样品，引发物质或物品并观察是否有热效应、进射效应、爆轰、爆燃或包件全部内装物爆炸的迹象。试验应进行 3 次，除非较早出现决定性结果（如全部内装物爆炸），但如果建议的试验次数得不出能够明确地予以解释的结果，则应当增加试验次数。

3. 结果评估及实例

单个包件试验中可能发生的整体爆炸现象包括：试验现场出现坑、样品下方验证板损坏、封闭材料分裂四散或测量到冲击波。

单个包件试验结果实例如表 14-33 所示。

表 14-33 结果实例

物质	容器	引发系统	现象	结果
高氯酸铵（12μm）	10kg 纤维板圆桶	雷管	爆轰	考虑归为 1.1 项
二甲苯麝香	50kg 纤维板圆桶	雷管	局部分解	非 1.1 项
二甲苯麝香	50kg 纤维板圆桶	点火器	局部分解	非 1.1 项
甲基推进剂（无孔）	60L 纤维板圆桶	点火器	无爆炸	非 1.1 项
甲基推进剂（多孔）	60L 纤维板圆桶	点火器	爆炸	考虑归为 1.1 项

14.2.29 堆垛试验[14]

试验系列 6 类型（b）。堆垛试验用于确定爆炸性物质或爆炸性物品或无包装爆炸性物品是否会发生爆炸，爆炸是否从一个包件传播至另一个包件，或从一个无包装物品传播至另一个物品。

1. 试验装置及材料

堆垛试验所使用装置、材料同单个包件试验，包括雷管、点火器、封闭材料及验证板。由于试验样品存在差异，堆垛试验的封闭材料与单个包件试验有所区别，最佳封闭方法是用形状和大小类似试验包件的容器装满泥土或沙子，尽可能紧密地放在试验包件的四周，以便在每个方向形成至少 1m 厚的封闭，其他封闭方法是使用装满泥土或沙子的箱子或袋子放在堆垛的四周和顶部，或者使用散沙，若使用散沙进行封闭，堆垛应加覆盖或保护，以防散沙掉入相邻的包件或无包装物品之间的隙缝中。

2. 试验步骤

试验样品若非装在容器里运输，采用无包装物品进行试验，将总体积达到 $0.15m^3$ 的足够包件或物品堆在钢验证板上，若单个包件（或无包装物品）的体积超过 $0.15m^3$，则至少要用一个接受体做试验，并将接受体放在最可能导致爆炸在单个产品之间传播的位置。试验引发方式的选择对于包装样品和无包装样品必须依据以下原则。

（1）包装样品

a）预期样品通过爆轰起作用，应当用标准雷管进行试验。

b）预期样品通过爆燃起作用，应当用刚好足以（但不超过 30g 的黑火药）保证点燃包件内物质的点火器进行试验。点火器应放在包件内物质的中心。

c）样品暂列为第 1 类，应当用类型 1 试验中得出“+”结果的引发系统进行试验。

（2）无包装样品

a）具有自身引发或点燃装置的物品，用靠近堆垛中心的包件中心的一个物品的自身引发或点燃装置激发，否则用具有所需效应的另一形式的刺激物进行引发或点燃。

b）不备自身引发或点燃装置的物品，可使靠近堆垛中心的包件中心的一个物品按设计的方式起作用，或靠近堆垛中心的包件中心的一个物品由可引起同样效应的另一个物品取代。

样品设置完毕后，引发进行试验并观察是否有热效应、迸射效应、爆轰、爆燃或包件全部内装物爆炸的迹象。引发后遵守试验机构规定的一段安全等候期。试验应进行 3 次，除非较早出现决定性结果，但若建议的试验次数得不出能够明确地予以解释的结果，应当增加试验次数。

3. 结果评估及实例

如果在试验中一个以上样品实际上瞬时爆炸，则样品应划入 1.1 项，所观察到的试验现象如下。

a）现场出现的一个坑要比单一包件或无包装物品试验中的大得多。

b）堆垛下验证板的损坏程度要比单一包件或无包装物品试验中严重得多。

c）测量到的冲击波大大超过单一包件或无包装物品试验中测量到的。

d）大部分封闭材料破裂四散得很厉害。

14.2.30　外部火烧（篝火）试验[15]

试验系列 6 类型（c）。外部火烧（篝火）试验用于确定爆炸性物质或爆炸性物品包件或无包装爆炸性物品卷入火中时是否发生整体爆炸或者有危险的迸射、辐射热和/或猛烈燃烧或任何其他危险效应。

1. 试验装置及材料

外部火烧（篝火）试验所需装置、材料包括试验样品、支撑格栅、燃料、验证屏、记录设备，并应满足以下条件。

a）试验样品：体积小于 $0.05m^3$ 的样品应保证总体积不小于 $0.15m^3$，体积不小于 $0.05m^3$ 的样品应有 3 个包件或无包装物品，若单个样品体积大于 $0.15m^3$ 则可以免除对 3 个包件或无包装物品试验。

b）支撑格栅用于将样品支撑于燃料之上并被充分加热，使用木材堆烧火时支撑格栅应离地面高 1.0m，使用液态烃点火时支撑格栅应离地面高 0.5m，必要时将格栅上的样品进行紧固。

c）燃料应能保证持续燃烧至少 30min 或直至样品有充分时间对燃烧起反应，至少从两侧点燃燃料，用木材烧火时，需用煤油浸透木材和需要引火用木刨花；在格栅下面的放置方式要使火能够包围样品，并应防热气失散，火焰温度至少达 800℃。

d）验证屏：可选用布氏硬度为 23、抗张强度为 90MPa 的尺寸为 2000mm×2000mm×2mm 的铝片或相当材料，3 片验证屏垂直竖立并适当支撑。

e）记录设备可选用彩色电影或录像摄影机，其应兼具高速和常速功能，此外可以使用冲击波测量仪器、辐射计和有关记录设备。

2. 试验步骤

样品设置完毕后，在格栅下部设置燃料并保证固体、液体燃料超出格栅每个方向至少 1.0m，气体燃料燃烧面积应超出格栅每个方向至少 1.0m。固体燃料如为边长 50mm 的木头应在支撑格栅下堆成网状，木条之间横向距离约为 100mm，液体燃料应保证试验样品同燃料之间不会发生淬火作用或不利的相互作用。验证屏设置于样品三面距离其边缘 4m 处，下风面不设屏障并保证验证屏中心与样品中心等高。

设置完毕后从包括顶风边在内的两边同时点燃燃料，试验不应在风速超过 6m/s 的条件下进行，在火熄灭后，应遵守试验机构规定的一段安全等候期。试验通常只进行一次，但是如果用于烧火的木材或其他燃料全部烧完后，在残余物中或在火烧区附近仍留有相当数量的爆炸性物质未烧毁，则应当用更多的燃料或用另一种方法增加火烧的强度和/或持续时间再进行一次试验，若试验结果不能确定危险项别，应该再进行一次试验。

3. 结果评估及实例

试验过程中应观察并记录是否发生爆炸、潜在的危险迸射和热效应，依据试验结果对样品进行如下类别划分。

a）发生整体爆炸，样品即划入 1.1 项。

b）未发生整体爆炸但出现验证屏穿孔或金属迸射物动能超过 20J，样品即划入 1.2 项。

c）未发生上述现象，但有火球或火舌伸到任一验证屏之外，或迸射出来的燃烧物被抛射到距离样品边缘 15m 以外，或测定的样品燃烧时间小于 35s/100kg 净爆炸品质量，或物品和低能量物质在距离边缘 15m 处的燃烧辐射度比火烧火焰燃烧辐射度大 4kW/m^2 以上，样品即划入 1.3 项。

d）未发生上述现象，但有火球或火舌延伸到火烧火焰 1m 以外，或迸射出来的燃烧物被抛射到距离边缘 5m 以外，或任一验证屏有大于 4mm 深的凹痕，或迸射物动能超过 8J，或样品燃烧时间小于 330s/100kg 净爆炸品质量，样品即划入 1.4 项配装组 S 以外的任一配装组。

e）未发生上述现象，同时热效应、爆炸效应或迸射效应不会大大妨碍在邻近进行救火或其他应急工作，样品即划入 1.4 项配装组 S。

f）若完全没有发生危险效应，样品即被考虑排除于第 1 类之外。

14.2.31 无约束包件试验[5, 13]

试验系列 6 类型（d）。无约束包件试验用于确定内装物意外点火或引发是否会在包件外造成危险效果。

1. 试验装置及材料

无约束包件试验需要的设备和器件包括雷管、点火器以及厚度为 3mm 的钢板。雷管和点火器要保证能够引爆物品，钢板用于试验的验证。

2. 试验步骤

a）对于本身带有引发或点火装置的物品，用靠近包件中心的一件物品的自身引发或点火装置激发；如果引发或者点火存在困难，可用其他激发形式取代自身引发或点火方式，但需引起与自身引发或点火装置相同的效果。

b）对于本身不带引发或点火装置的物品，可以按照设定方式使靠近包件中心的一件物品起作用，或用另一件物品取代靠近包件中心的一件物品，使其起作用并产生同样的效果。

c）将自身带有或不带引发或点燃装置的包装物品放在一块置于地上的钢验证板上，保证四周无障碍。

d）引爆实施起爆的物品并观察。试验应取不同方向进行 3 次，除非较早观察到决定性结果。如果建议的试验次数不能得出明确无误的结果解释，则应增加试验次数。

3. 结果评估及实例

能够划入配装组 S 的物品要求其产生的任何危险效果仅限于包件内。在包件外产生危险效果有以下几种情况。

a）包件下的验证板凹陷或穿孔。

b）闪光或火焰可点燃邻近材料，如可点燃一张距离包件 25cm 的 $80g/m^2 \pm 3g/m^2$ 的纸。

c）包件破裂造成内装物抛出。

d）抛射物完全穿透容器（抛射物或碎片留在容器内或沾在容器壁上，被认为无危险）。

需要注意的是，如果点火器本身对试验物品有较大影响，则在对包装/物品进行评估时要考虑点火器的预期作用。如果在包件外部有危险效果，产品不能划入配装组 S。

无约束包件试验结果实例如表 14-34 所示。

表 14-34 结果实例

物品	容器	引发系统	现象	结果
弹药筒，动力装置	纤维板箱，内装 20 件单独装入塑料袋的物品（各带 300g 推进药）	其中一件	物品逐一点火，产生的火焰可在包件外高达 2m	不符合配装组 S 的要求

续表

物品	容器	引发系统	现象	结果
雷管组件，非电激发	纤维板箱，内装 60 个单独装入塑料袋的细件，导爆管盘成“8”字形，雷管带有衰减器	其中一件	60 个雷管中的一个起爆，但箱外无明显危险影响	符合配装组 S 的要求
雷管，电激发	纤维板箱，内装 84 个细件，每个与其导线捆在一起，从而减弱起爆雷管的爆炸作用	其中一件	84 个雷管中的一个起爆，反应造成板箱开裂，部分组件散开，但根据判断没有在包件外造成危险影响	符合配装组 S 的要求
聚能装药（敞开式 19g 聚能射孔器）	纤维板箱，内装 50 件装药，分两层，使每一对装药的朝向相对	雷管带约 60mm 的导爆索	进行 3 次试验，每次试验验证板均穿透，3～4 个装药起反应；包件被炸开，其余装药散布在一较大区域内	不符合配装组 S 的要求
雷管，电激发	纤维板箱，内装 50 个雷管，每个雷管带长 450mm 导线；每个组件分别装在自身的纤维板盒中；盒与盒之间用纤维板隔开	其中一件	50 个雷管中的一个起爆，造成箱盖掀开；包件外无危险影响	符合配装组 S 的要求

14.2.32　极不敏感引爆物质的雷管试验[16]

试验系列 7 类型（a）。雷管试验用于确定可能的极不敏感引爆物质对强烈机械刺激的敏感度。该试验采用与 14.2.23 节相同的设备、材料及试验程序，其试验评价标准如下。

a）验证板扯裂或有其他形式的穿透，如通过验证板见到光线，但验证板上有突起、裂痕或弯折不表明雷管敏感性。

b）软铅圆筒中部从原有长度压缩不小于 3.2mm 或更多。

极不敏感引爆物质的雷管试验结果实例如表 14-35 所示。

表 14-35　结果实例

物质	结果
环四亚甲基四硝胺/惰性黏合剂（86/14）（浇注）	−
环四亚甲基四硝胺/活性黏合剂（80/20）（浇注）	+
环四亚甲基四硝胺/铝/活性黏合剂（51/19/14）（浇注）	−
三氨基三硝基苯/三氟氯乙烯聚合物（95/5）（压制）	−
旋风炸药/梯恩梯（60/40）（浇注）	+

14.2.33　极不敏感引爆物质的隔板试验[17]

试验系列 7 类型（b）。隔板试验用于确定极不敏感引爆物质对规定的冲击水平的敏感度。

1. 试验装置及材料

极不敏感引爆物质的隔板试验装置及材料包括爆炸装药（供体）、隔板、试验炸药容器（受体）、验证板等，如图 14-45 所示，并应满足以下要求。

a）爆炸装药应为联合国标准雷管或等同物，如直径 95mm、长 95mm 密度为 1600kg/m^3 ± 50kg/m^3 的 50/50 彭托利特炸药或 95/5 旋风炸药/蜡弹丸。

b）样品管为外直径 95mm、壁厚 11.1mm（±10%）、长 280mm 的无缝钢管，并满足抗拉强度为 420MPa（±20%）、伸长（百分比）为 22%（±20%）、布氏硬度为 125（±20%）。

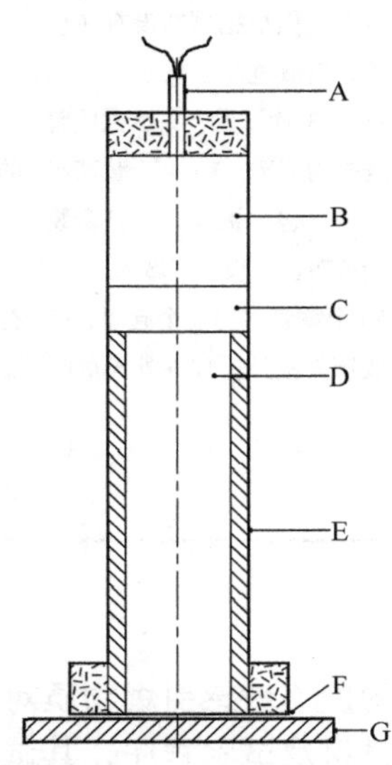

图 14-45　极不敏感引爆物质的隔板试验装置示意图

A. 雷管；B. 爆炸装药；C. 隔板；D. 样品；E. 钢管；F. 间隙；G. 验证板

c）样品直径经机械加工至刚好比钢管直径小，试样和管壁之间的距离尽可能小。

d）浇注聚甲基丙烯酸甲酯（有机玻璃）棒块，直径 95mm、长 70mm。

e）一个 200mm×200mm×20mm 尺寸的软钢板，并满足抗拉强度为 580MPa（±20%）、伸长（百分比）为 21%（±20%）、布氏硬度为 160（±20%）。

f）硬纸板管，内直径 97mm、长 443mm。

g）直径 95mm、长 25mm 的中空木块，用于固定或者托住雷管。

2. 试验步骤

将雷管、供体装药、隔板和受体装药同轴地排列在验证板的中央，采用合适的垫圈使受体装药的悬空端和验证板之间保持 1.6mm 的空隙，垫圈不同受体装药重叠，并保证雷管和供体装药之间、供体装药和隔板之间、隔板和受体装药之间接触良好，整个装置可以架在盛水容器的上面，同时水面和验证板底面之间至少有 10cm 的空隙，验证板下面保证有足够的自由空间以便不阻碍验证板被击穿。试验进行 3 次，除非较早观察到正结果。

3. 结果评估及实例

若发现验证板击穿一个光洁的洞，即表示在试样中引发了爆炸，在任何试验中引爆的物质不是极不敏感引爆物质，结果记为“+”。

极不敏感引爆物质的隔板试验结果实例如表 14-36 所示。

表 14-36　结果实例

物质	结果
环四亚甲基四硝胺/惰性黏合剂（86/14）（浇注）	+
环四亚甲基四硝胺/活性黏合剂（80/20）（浇注）	+
环四亚甲基四硝胺/铝/活性黏合剂（51/19/14）（浇注）	+
三氨基三硝基苯/三氟氯乙烯聚合物（95/5）（压制）	–
旋风炸药/梯恩梯（60/40）（浇注）	+
梯恩梯（浇注）	+
旋风炸药/惰性黏合剂（85/15）（浇注）	+

14.2.34　苏姗撞击试验[5]

试验系列 7 类型（c）。苏姗撞击试验用于确定样品在高速撞击条件下的爆炸反应程度，将试验样品装入标准化射弹中以规定速度向标靶发射。

1. 试验装置及材料

苏姗撞击试验所需设备、材料包括爆炸品条锭、射弹、标靶及其他记录设备，各部件应满足以下条件。

a）条锭：采用由普通方法制造的样品条锭，长 102mm、直径 51mm。

b）射弹：苏珊撞击试验用的射弹如图 14-46 所示，射弹装配后质量为 5.4kg，内盛爆炸品略低于 0.45kg，总尺寸为长 220mm、直径 81.3mm。

c）标靶：厚 64mm 的光面钢甲靶板。

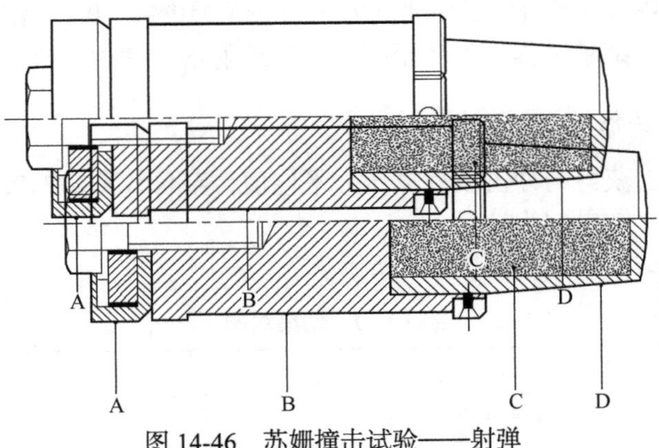

图 14-46　苏姗撞击试验——射弹

A. 密封罩；B. 钢体；C. 样品；D. 铝罩

试验装置如图 14-47 所示，飞行路径高度约为 1.2m，试验区域配备校准的冲击波测量仪、记录装置，冲击波记录系统应有不低于 20kHz 的响应频率，在距离撞击点 3.05m 处测量空气冲击波。

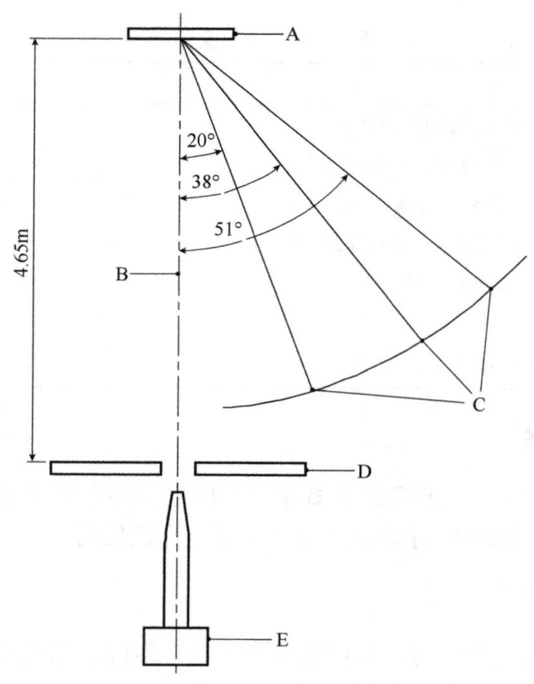

图 14-47　苏姗撞击试验装置示意图

A. 靶板；B. 飞行路径；C. 传感器；D. 屏障；E. 发射炮

2. 试验步骤

样品、试验装置设置完毕后，调整发射炮中推进剂装药并对准靶板发射，测量单体发射速度并通过调整装药量使得发射初速度为333m/s（+10%，–0），记录撞击速度、撞击产生的空气冲击波。试验过程中需从至少5次单独射击中获得准确的压力-时间记录。

3. 结果评估及实例

由5次准确射击获得的冲击波计算压力平均值，若不小于277kPa，则试验样品不是极不敏感引爆物质，结果记为“+”。

苏姗撞击试验结果实例如表14-37所示。

表 14-37　结果实例

物质	结果
环四亚甲基四硝胺/惰性黏合剂（86/14）（浇注）	–
环四亚甲基四硝胺/活性黏合剂（80/20）（浇注）	+
环四亚甲基四硝胺/铝/活性黏合剂（51/19/14）（浇注）	+
三氨基三硝基苯/三氟氯乙烯聚合物（95/5）（压制）	–
旋风炸药/梯恩梯（60/40）（浇注）	+

14.2.35 脆性试验[18]

试验系列 7 类型（c）。脆性试验用于确定压实的可能的极不敏感引爆物质在撞击效应下严重变质的倾向。

1. 试验装置及材料

脆性试验所需装置、材料包括：①发射器，以 150m/s 的速度发射直径为 18mm 的圆柱形样品；②验证版，Z30C13 不锈钢板，厚 20mm，正面粗糙度为 3.2μm（法国标准协会 NFE 05-105）；③测压器，20℃时精度为 108cm^3±0.5cm^3；④点火盒，包括加热金属线、平均粒径为 0.75mm 的 0.5g 黑火药（74%硝酸钾、10.5%硫和 15.5%碳，含水量低于 1%）；⑤圆柱形试样，直径为 18mm±0.1mm、9.0g±0.1g 的样品，温度保持在 20℃；⑥碎片回收箱。

2. 试验步骤

将准备好的试样以 150m/s 的初速度向验证板发射，撞击后收集不少于 8.8g 的碎片，把这些碎片放在测压器中点火。试验进行 3 次，记录并绘制压力-时间曲线，读出最大$(\mathrm{d}p/\mathrm{d}t)_{max}$值作为试验结果判定依据。

3. 结果评估及实例

在速度 150m/s 下得到的平均最大$(\mathrm{d}p/\mathrm{d}t)_{max}$值大于 15MPa/ms，则样品不是极不敏感引爆物质，结果记为“+”。

脆性试验结果实例如表 14-38 所示。

表 14-38 结果实例

物质	结果
环四亚甲基四硝胺/惰性黏合剂（86/14）（浇注）	–
环四亚甲基四硝胺/活性黏合剂（80/20）（浇注）	+
环四亚甲基四硝胺/铝/活性黏合剂（51/19/14）（浇注）	–
三氨基三硝基苯/三氟氯乙烯聚合物（95/5）（压制）	–
旋风炸药/梯恩梯（60/40）（浇注）	+

14.2.36 极不敏感引爆物质的子弹撞击试验[19]

试验系列 7 类型（d）。子弹撞击试验用于确定可能的极不敏感引爆物质对以指定速度飞行的特定能源（即一颗 12.7mm 射弹）撞击和穿透所产生的动能转移作出的反应。

1. 试验装置及材料

极不敏感引爆物质的子弹撞击试验所需装置、材料包括试样、钢管、标准弹等。其中样品长度为 20cm，直径以可紧密装入直径为 45mm、壁厚为 4mm 的试样钢管为宜，钢管长度为 20cm，一端以同样材质钢或铸铁封闭，标准弹为 12.7mm 穿甲弹，重 46g，以 840m/s±40m/s 的初速度发射。

2. 试验步骤

应至少准备 6 个放入用盖封住的钢管中的样品用于试验，每个样品均放在与发射枪口距离适当的支座上并固定于夹持装置内，使其不被子弹移动。试验中将标准弹以试验物品长轴与飞行路线垂直的方式射入每个试验物品，试验至少进行 3 次试验，收集试验容器的残骸用于结果评估。

3. 结果评估及实例

试验中任何一次发生爆炸或爆轰的物质均不属于极不敏感引爆物质，结果记为“+”。极不敏感引爆物质的子弹撞击试验结果实例如表 14-39 所示。

表 14-39　结果实例

物质	结果
环四亚甲基四硝胺/惰性黏合剂（86/14）（浇注）	−
环四亚甲基四硝胺/活性黏合剂（80/20）（浇注）	+
环四亚甲基四硝胺/铝/活性黏合剂（51/19/14）（浇注）	−
三氨基三硝基苯/三氟氯乙烯聚合物（95/5）（压制）	−
旋风炸药/梯恩梯（60/40）（浇注）	+

14.2.37　脆性试验

试验系列 7 类型（d）。该试验与 14.2.35 节所用的试验装置、程序及结果评估程序完全相同，具体可参见 14.2.35 节。

14.2.38　极不敏感引爆物质的外部火烧试验[20]

试验系列 7 类型（e）。外部火烧试验用于确定可能的极不敏感引爆物质在封闭条件下对外部火烧的反应。

1. 试验装置及材料

样品需制备成长 20cm，直径以刚好能装入内直径 45mm（±10%）、壁厚 4mm（±10%）、长 200mm 的无缝钢管为宜。钢管用强度至少同钢管一样的钢或铸铁端盖封闭，扭力不小于 204N/m。

2. 试验步骤

该试验与 14.2.30 节的基本步骤相同，采用合适的燃料进行燃烧，观察并记录试验现象。试验中可采用一团火吞没通过 3 个相邻的堆垛堆在一起的 15 个封闭试样，每一堆垛为 2 个试样放在 3 个试样上捆绑在一起，或用 3 团火吞没平放的捆绑在一起的 5 个试样。观察并记录试验样品变化，记录坑陷、封闭钢管碎片大小、位置作为试验结果判定依据。

3. 结果评估及实例

起爆、激烈反应、碎片抛射距离大于 15m 的样品不属于极不敏感引爆物质，试验结果记为“+”。

极不敏感引爆物质的外部火烧试验结果实例如表 14-40 所示。

表 14-40 结果实例

物质	结果
环四亚甲基四硝胺/惰性黏合剂（86/14）（浇注）	−
环四亚甲基四硝胺/活性黏合剂（80/20）（浇注）	+
环四亚甲基四硝胺/铝/活性黏合剂（51/19/14）（浇注）	−
三氨基三硝基苯/三氟氯乙烯聚合物（95/5）（压制）	−
旋风炸药/梯恩梯（60/40）（浇注）	+
旋风炸药/惰性黏合剂（85/15）（浇注）	+

14.2.39 极不敏感引爆物质的缓慢升温试验[21]

试验系列 7 类型（f）。缓慢升温试验用于确定可能的极不敏感引爆物质对逐渐升温环境的反应和找出发生反应时的温度。

1. 试验装置及材料

极不敏感引爆物质的缓慢升温试验的样品预处理过程与 14.2.38 节相同，此外需要控温范围为 40～365℃、升温速率为 3.3℃/h 的恒温烘箱及温度测量装置，用于测量烘箱内、钢管外表面温度。

2. 试验步骤

试验开始前，首先将样品预先置于预期反应温度以下 55℃，记录样品温度开始超过烘箱温度时的温度，再使样品以 3.3℃/h 的速率逐渐升高温度至出现反应。试验完成后，收回试验区内的钢管或任何钢管碎片并检查有无激烈爆炸反应的迹象，记录坑陷和任何碎片的大小及位置，作为判定反应程度的证据。试验应进行 3 次，除非较早观察到正结果。

3. 结果评估及实例

起爆或反应激烈，如一个或两个端盖破裂和钢管裂成三块以上碎片的物质不能视为极不敏感引爆物质，结果记为“+”。

极不敏感引爆物质的缓慢升温试验结果实例如表 14-41 所示。

表 14-41　结果实例

物质	结果
环四亚甲基四硝胺/惰性黏合剂（86/14）（浇注）	–
环四亚甲基四硝胺/活性黏合剂（80/20）（浇注）	+
三氨基三硝基苯/三氟氯乙烯聚合物（95/5）（压制）	–
旋风炸药/梯恩梯（60/40）（浇注）	+

14.2.40　1.6 项物品的外部火烧试验[22]

试验系列 7 类型（g）。1.6 项物品的试验指可能的 1.6 项爆炸性物质所进行的相应分类检测试验，其中包括外部火烧试验、缓慢升温试验、子弹撞击试验及堆垛试验。

外部火烧试验用于确定拟列入 1.6 项的爆炸性危险物质对外部火烧的反应，所涉及装置、要求、程序与 14.2.30 节相同，若单个样品体积超过 0.15m^3，则仅需一个样品进行试验。对于 1.6 项物品的外部火烧试验，若观察到比燃烧更剧烈的反应，则结果记为“+”，样品不列为 1.6 项物品。

14.2.41　1.6 项物品的缓慢升温试验[5]

试验系列 7 类型（h）。缓慢升温试验用于确定拟列入 1.6 项的爆炸性危险物质对逐渐升温环境的反应，同时确定发生反应时的温度。以密封进容器方式将无包装运输样品包围以防止次发反应，如样品渗出物、易爆气体与加热部件接触引发反应。缓慢升温试验所需装备包括烘箱、温度记录仪。其中烘箱要求以 3.3℃/h 升温、控温范围为 40～365℃，为减少烘箱内部热点应有必要的温度循环装置，同时应配备降压装置以缓解升温过程中由空气引起的压力升高。温度记录仪应每 10min 记录样品外表面及其与样品相邻大气空隙的温度，计量精度为±2%。

首先将样品加热至比预测反应温度低 55℃，再以 3.3℃/h 升温至其发生反应，记录温度随时间变化曲线。试验过程中记录样品、试验设备在试验前、后的状态，作为判定反应程度的依据，活性物质可能着火、燃烧，壳体可能熔化或变弱到足以释放少量易燃气体。试验进行两次，除非发现比燃烧更剧烈的记为“+”的反应，在此条件下样品不列为 1.6 项物质。

14.2.42　1.6 项物品的子弹撞击试验[23]

试验系列 7 类型（j）。子弹撞击试验用于确定拟列入 1.6 项的爆炸性危险物质对特定能源的撞击和穿透产生的动能转移作出的反应。试验使用 12.7mm 发射器发射 12.7mm 标准推进剂装填弹药，其中弹丸重 46g，视物品中爆炸品质量，发射口与样品间距为 3～20m，样品固定于夹持装置内保证其不被弹头移动。试验要求弹头以 840m/s±40m/s、600 发/min 发射频率对完整样品从 3 个不同的放置方向进行 3 轮射击，在适当的方向所选择的试验样品上的多重撞击打击点应使弹头能击穿没有用隔板或其他安全装置与主要爆炸品装料隔开的最敏感材料。反应后样品裂成小碎片表示发生了爆炸。如果在任何一次试验中发生爆炸，样品即不能列为 1.6 项物品，结果记为“+”；没有反应、燃烧或爆燃记为“–”。

14.2.43　1.6 项物品的堆垛试验

试验系列 7 类型（k）。堆垛试样用于确定拟列入 1.6 项的爆炸性危险物质是否会引发相邻类似物质爆炸。试验装置、步骤与 14.2.29 节相同，但无须封闭，试验样品应具备引发方法或类似效应的刺激方法，共进行 3 次试验，除非较早观测到受试物品爆炸。试验过程中依据碎片数据（受试物品碎片的大小和数量）、验证板的损坏程度、坑洞尺寸等判定受试物品爆炸并以冲击波数据补充。若堆垛中的爆炸传播到一个受试物品，试验结果记为“+”，即物品不能划入 1.6 项；而受试物品无反应、燃烧或爆燃现象为负结果，记为“–”。

14.2.44　ANE 热稳定性试验[5]

试验系列 8 类型（a）。ANE 热稳定性试验用于测定硝酸铵乳胶、悬浮液或凝胶（炸药中间体 ANE）在高温条件下的稳定性，以确定样品是否太危险不能运输。试验通常采用杜瓦瓶（仅就包件、中型散货箱和小型罐体而言有代表性）测量样品通过罐体运输的稳定性，通常试验温度高于运输过程中可能遇到的最高温度 20℃以上。

1. 试验装置及材料

ANE 热稳定性试验应在耐火、耐压的实验室内进行，同时该实验室具备减压系统如防爆墙，试验记录系统在单独的观测区，试验所需设备包括杜瓦瓶、温度传感器及测量设备。其中试验区域要求具备恒温调节及干燥设备，保证杜瓦瓶周围空气流通及试验期间样品温度偏差不超过 1℃，试验用杜瓦瓶置于金属网罩内并放于烘箱中。试验用杜瓦瓶体积为 500mL，封闭装置为惰性封口，如图 14-48 所示，同时满足盛装 400mL 样品时热损失为 80～100MW/(kg · K)。

2. 试验步骤

a）设定试验区域温度为样品在运输过程或装载过程中可能出现的最高温度之上 20℃，将样品装入杜瓦瓶中并记录试样的质量，试验样品应装至杜瓦瓶容积的大约 80%。

b）将温度传感器插至试样的中心，封闭杜瓦瓶口后放入实验室，连接温度记录装置，关闭实验室。

c）加热并连续监测试样、实验室温度，记录样品温度达到低于实验室温度 2℃的时间，并继续进行试验 7 天或直到试样温度上升到高于实验室温度 6℃或以上，记录温度-时间曲线。

d）试验完毕后冷却、取出试样，对试样做谨慎处理。

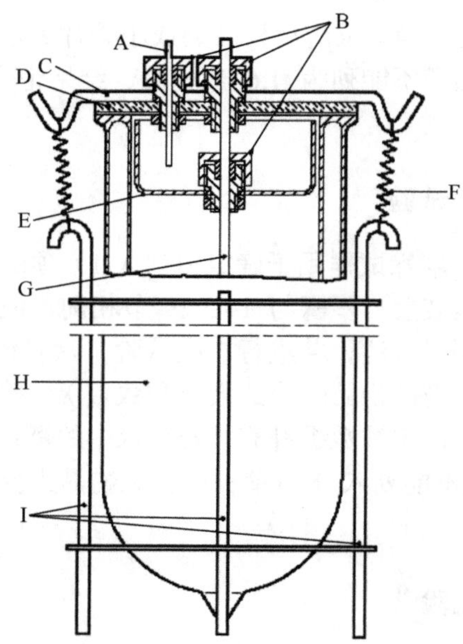

图 14-48　惰性密封杜瓦瓶

A. 聚四氟乙烯毛细管；B. 螺旋密封装置；C. 金属带；D. 玻璃盖；E. 底座；F. 弹簧；G. 玻璃保护管；H. 杜瓦瓶；I. 钢支架

3. 结果评估及实例

若在任何试验中样品温度均未超过实验室温度 6℃或更高，则认为样品具有热稳定性。

ANE 热稳定性试验结果实例如表 14-42 所示。

表 14-42　结果实例

物质	质量/g	试验温度/℃	结果	备注
硝酸铵	408	102	–	轻度褪色 结成硬块 质量损失 0.5%
ANE-1（76%硝酸铵，17%水，7%燃料/乳化剂）	551	102	–	油和结晶盐分离 质量损失 0.8%
ANE-2（加敏的）（75%硝酸铵，17%水，7%燃料/乳化剂）	501	102	–	部分褪色 质量损失 0.8%
ANE-Z（75%硝酸铵，20%水，5%燃料/乳化剂）	510	95	–	质量损失 0.2%
ANE-G1（74%硝酸铵，1%硝酸钠，16%水，9%燃料/乳化剂）	553	85	–	无温度升高
ANE-G2（74%硝酸铵，3%硝酸钠，16%水，7%燃料/乳化剂）	540	85	–	无温度升高
ANE-J1（80%硝酸铵，13%水，7%燃料/乳化剂）	613	80	–	质量损失 0.1%
ANE-J4（71%硝酸铵，11%硝酸钠，12%水，6%燃料/乳化剂）	602	80	–	质量损失 0.1%

14.2.45　ANE 隔板试验[24]

试验系列 8 类型（b）。ANE 隔板试验用于确定样品对规定起爆装药及隔板冲击的敏感度。

1. 试验装置及材料

ANE 隔板试验的装置与 14.2.33 节的基本相同（图 14-49），区别在于浇注聚甲基丙烯酸甲酯（有机玻璃）棒块时，其对 ANE 造成的冲击压根据使用的供体类型为 3.5～4kMPa。

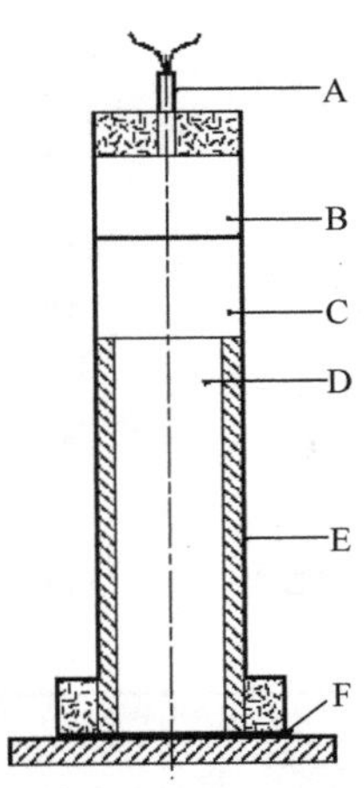

图 14-49　ANE 隔板试验装置示意图
A. 雷管；B. 起爆装药；C. 隔板；D. 样品；E. 钢管；F. 验证板

2. 试验步骤

如图 14-49 所示安装试验样品，保证雷管、起爆装药、隔板等同轴排列在验证板的中央上方，并确保各部分相互之间接触良好，样品和传爆器温度在试验时应在环境温度以下。试验过程中为更好地收集验证板的残余，整个装置可以架在盛水容器的上方，同时保证水面与验证板底面之间间距至少为 10cm，或使用其他收集方法，但验证板下必须有足够自由空间以不阻碍验证板被击穿。试验进行 3 次，除非提前观察到正结果。

3. 结果评估及实例

若验证板击穿一个光洁的洞即表明样品中发生了爆炸，在任何试验中，在间距为 70mm 时引爆的物质，不列为“硝酸铵乳胶、悬浮液或凝胶，炸药中间体”，结果记为“+”。

ANE 隔板试验结果实例如表 14-43 所示。

14.2.46　克南试验[25]

试验系列 8 类型（c）。克南试验用于确定 ANE 在高度封闭条件下对强热效应的敏感度。

表 14-43 结果实例

物质	密度/（g/cm^3）	间距/mm	结果	备注
硝酸铵（低密度）	0.85	35	–	钢管碎裂（大碎片）钢板弯曲 爆轰速度 VOD（velocity of detonation）：2.3～2.8km/s
ANE-1（76%硝酸铵，17%水，7%燃料/乳化剂）	1.4	35	–	钢管碎成大片 钢板穿孔 VOD：1km/s
ANE-2（加敏的）（76%硝酸铵，17%水，7%燃料/乳化剂）	1.3	35	+	钢管碎成小片 钢板穿孔 VOD：6.7km/s
ANE-FA（69%硝酸铵，12%硝酸钠，10%水，8%燃料/乳化剂）	1.4	50	–	钢管碎裂（大碎片） 钢板未穿孔
ANE-FA	1.44	70	–	钢管碎裂（大碎片） 钢板未穿孔
ANE-FD（加敏的）（76%硝酸铵，17%水，7%燃料/乳化剂）	cal.22	70	+	钢管碎裂（细小碎片） 钢板穿孔

1. 试验装置及材料

克南试验所用的装置及材料与 14.2.2 节完全相同，具体可参见 14.2.2 节。

2. 试验步骤

首先将样品装至钢管 60mm 高度并注意防止形成空隙，通过二硫化钼润滑油润滑套上螺纹套筒，插入适当的孔板并拧紧。试验过程中，当选用孔径为 1.0～8.0mm 的孔板时使用孔径为 10.0mm 的螺帽；当孔板的孔径大于 8.0mm 时选用孔径为 20.0mm 的螺帽。每个钢管只做一次试验，孔板、螺纹套筒和螺帽如果没有损坏可以再次使用。

试验钢管通过钢管夹固定后悬挂在保护箱内，撤离试验区后打开燃气管、点燃燃烧器，记录火焰到达开始反应的时间、反应持续时间，如果钢管没有破裂，应继续加热至少 5min 再结束试验。试验后如果有钢管碎片，应当收集起来称重，系列试验从使用孔径为 20.0mm 的孔板做一次试验开始，如果在这次试验中观察到“爆炸”结果，就使用没有孔板和螺帽但有螺纹套筒（孔径为 24.0mm）的钢管继续进行试验；如果在孔径为 20.0mm 时没有“爆炸”，依次使用孔径为 12.0mm、8.0mm、5.0mm、3.0mm、2.0mm、1.5mm 和 1.0mm 的孔板继续试验，直到这些孔径中的某一个取得“爆炸”结果，再依次采用孔径大的孔板进行试验，直到用同一孔径进行 3 次试验都得到负结果。样品的极限直径是得到“爆炸”结果时的最大孔径，若用 1.0mm 直径取得的结果是没有“爆炸”，极限直径即记录为小于 1.0mm。

3. 结果评估及实例

试验过程中应记录、辨别如下钢管效应：O 钢管无变化；A 钢管底部突起；B 钢管底部和管壁突起；C 钢管底部破裂；D 管壁破裂；E 钢管裂成两片（留在闭合装置中的钢管上半部分算是一片）；F 钢管裂成三片（留在闭合装置中的钢管上半部分算是一片）或更多片，主要是大碎片，有些大碎片之间可能由一狭条相连；G 钢管裂成许多片，主要是小碎片，闭合装置没有损坏；H 钢管裂成许多非常小的碎片，闭合装置突起或破裂。D～F 型效应的例子如图 14-8 所示。如果试验得出 O～E 型中的任何一种效应，结果即视为“无爆炸”。如果试验得出 F～H 型效应，结果即评为“爆炸”。

克南试验结果，若样品极限直径为 2.0mm 或更大，结果即为“+”，样品不应划入 5.1 项；如果极限直径小于 2.0mm，结果即为“–”。

克南试验结果实例如表 14-44 所示。

表 14-44 结果实例

物质	结果	备注
硝酸铵（低密度）	–	极限直径＜1mm
ANE-F1（71%硝酸铵，21%水，7%燃料/乳化剂）	–	
ANE-1（76%硝酸铵，17%水，7%燃料/乳化剂）	–	极限直径 1.5mm
ANE-2（微球加敏）（75%硝酸铵，17%水，7%燃料/乳化剂）	+	极限直径 2mm
ANE-4（微球加敏）（70%硝酸铵，11%硝酸钠，9%水，5.5%燃料/乳化剂）	+	极限直径 2mm
ANE-J2（76%硝酸铵，17%水，7%燃料/乳化剂）	–	“O”型效应

14.2.47 通风管试验[5]

试验系列 8 类型（d）。通风管试验用于确定 ANE 在受约束但通风的条件下遇到大火的反应。通风管试验的目的不是分类，仅是评定 ANE 是否适合采用罐体运输。

1. 试验装置及材料

通风管试验所需装置、材料主要包括样品钢管系统、金属格栅、燃烧系统及相关记录设备。

a）样品钢管系统：直径 31cm±1cm、长 61cm±1cm 的钢管，两端焊接边长 38cm、厚 10mm±0.5mm 的软钢板，顶部钢板中央有一个直径为 78mm 的通风口，连接长 152mm、内径 78mm 的钢管接头，样品钢管系统如图 14-50 所示。

b）金属格栅：用于支撑装有样品的试验钢管，同时保证样品得到充分加热，使用木垛火时金属栅应高于地面 1.0m，使用液体池火时金属栅应高于地面 0.5m。

c）燃烧系统：应有足够的燃料保证火焰持续燃烧至少 30min，或直至物质有足够时间对火作出反应；采用适当的点火方式从两边将燃料点燃，燃烧系统产生的火焰温度应不低于 800℃。

d）记录设备：摄影机或录像机，对试验做彩色记录，可同时使用风压计、辐射计和相关记录设备。

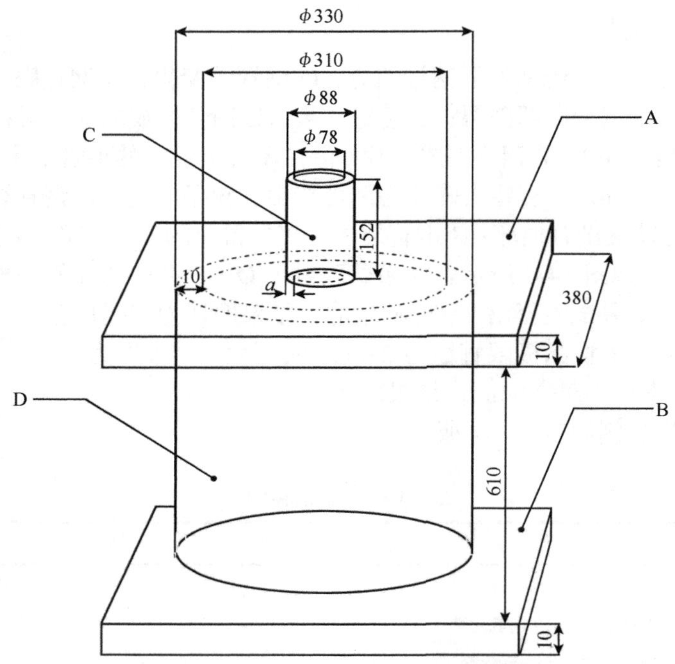

图 14-50　通风管试验装置示意图（单位：mm）

A. 顶部钢管[编号 40 碳（A53 等级 B）]；B. 底部钢管[编号 40 碳（A53 等级 B）]；C. 钢管接管（a=0.5cm）[编号 40 碳（A53 等级 B）]；D. 钢管[编号 40 碳（A53 等级 B）]

2. 试验步骤

首先向钢管内装入试验样品，装入过程中无须夯实且避免产生空隙。装填完毕的钢管垂直放在金属格栅上，燃料置于金属格栅下并能使火焰包围整个钢管，试验中应对侧面风采取必要的防范措施避免热量散失。使用固体、液体燃料时应使火焰在所有方向上超出钢管至少 1m，同时避免样品与液体燃料之间出现任何可能的熄火作用、反向作用，使用气体燃料时应保证火焰至少燃烧 30min。

试验系统设置完毕后，同时从包括上风头在内的两个方向点火，试验不应在风速超过 6m/s 的条件下进行，如果钢管没有断裂，遵从必要的安全等候期。

3. 结果评估及实例

通风管试验应观察：是否发生爆炸及相关证据、发出巨响及从点火区飞出碎片，如钢管爆炸和/或爆裂，试验结果为“+”，即样品不得用罐体运输；如未观察到钢管爆炸和/或爆裂，试验结果为“−”。

14.2.48　改进的通风管试验[5]

试验系列 8 类型（d）。改进的通风管试验用于确定 ANE 在受约束但通风的条件下遇到大火的反应。

1. 试验装置及材料

改进的通风管试验所用的试验装置及材料如下。

（1）通风容器

由软拉钢管制成，内径为 265mm±10mm，长为 580mm±10mm，壁厚为 5.0mm±0.5mm。顶部和底座均由边长 300mm、厚 6.0mm±0.5mm 的方形软拉钢板制成。顶板和底板与钢管焊接在一起，焊缝厚度至少为 5mm。顶板留有 85mm±1.0mm 直径的通风口。顶板另钻两个小孔，以插入热电偶探头；容器下方设有金属支架，将容器支撑在一块 400mm×400mm、厚 50～75mm 的水泥砖上方 150mm 高度处。

（2）燃气灶

可调节丙烷流速最高达 60g/min。燃气灶放在水泥砖上方、支架下方；燃气丙烷瓶通过一只进气管与调节器连接，或者用能够达到额定加热值的其他燃气。调节器可将丙烷瓶的压力从 600kPa 减到大约 150kPa。燃气会通过一个最大量度为 60g/min 的燃气转子流量计和一个针孔。丙烷气体的流速使用电磁阀进行控制。

（3）金属防风板

用于防止丙烷的燃烧受到侧面气流的影响。可用厚约 0.5mm 的镀锌金属制成，直径 600mm、高 250mm。防风板四周等距离放置 4 个宽为 100mm 的可调节通风口，以保证丙烷燃烧得到足够的空气。

（4）热电偶

两个带有 500mm 长和一个带有 100mm 长不锈钢探针与玻璃纤维涂层的铅丝；热电偶连接能够记录输出数据的记录器。

（5）摄影机或录像机

兼具高速和常速摄影功能，以便对试验做彩色记录。

（6）纯净水

用于校准。

其他设备包括风压计、辐射计和相关计量设备。

2. 试验步骤

（1）校准

a）在通风容器内注入纯净水，水量达到 75%（深度为 435mm），按照下述的试验程序将水从环境温度加热到 90℃，通过水中的电热偶记录温度。温度-时间数据必须呈一条直线，直线的斜率即给定容器与热源组合的“校准加热速度”。

b）调节燃气的压力和流量，使其加热速率控制在 3.3K/min±0.3K/min。

c）校准需在对任何 ANE 试验之前进行，当改变容器的构造或燃气供应，或每次更换燃气灶后均需重新进行校准。

（2）试验程序

a）水泥砖放在沙土底座上，用水平仪找水平。燃气灶放在水泥砖中央，与进气管相连。金属架放在燃气灶上方。

b）容器垂直放在支架上，紧固以免倾倒。将试验 ANE 注入容器至容量的 75%（达到 435mm 的高度），注入过程中不要捣实。记录 ANE 的初始温度。挡风板置于组件底座的四周，防止侧风分散丙烷火焰的温度。

c）安放热电偶：将第一个 500mm 长的探针（T_1）放在燃气的火焰中；第二个 500mm 长的探针（T_2）一直探入容器内，使尖端处于距离容器底部 80～90mm 的位置；第三个 100mm 长的探针（T_3）放在容器内上部 20mm 处。热电偶与数据记录器连接，热电偶和数据记录器与试验设备之间接线要有充分保护，以免发生爆炸。

d）检查丙烷的压力和流量，调整校准时使用的值。检查并启动录像机和其他记录设备。检查热电偶的工作情况，启动数据记录器，设置热电偶读数的时间，间隔≤10s。试验不应在风速超过 6m/s 的条件下进行。风速更高时，需要增加挡风设备，避免散热。

e）丙烷燃气灶可原地或遥控点火，所有工人必须立即撤离到安全地带。试验进展情况可通过监测热电偶的读数和闭路电视图像跟踪。试验的起点时间定为监测火焰的电热偶 T_1 记录首次开始上升的时间。

f）燃气储罐必须足够大，能够将物质加热到发生可能的反应，燃烧的时间能够维持到试样完全消耗之后。如果容器未发生爆裂，需要在整套设备冷却后小心拆除。

g）试验结果的确定是在试验结束后看容器是否发生爆裂。验证试验结束的依据：看到并听到容器爆裂，伴随电热偶记录停止，或看到并听到剧烈的排放声，伴随两个容器电热偶的记录达到峰值，则容器中已没有物质存留；在温度超过 30℃、两个容器电热偶的记录达到峰值之后，看到冒烟的程度下降，则容器中已没有物质存留。

h）试验进行两次，除非观察到“+”结果。

3. 结果评估及实例

如果在任何试验中观察到爆炸，则试验结果为“+”，即物质为 5.1 项危险物质，不能采用罐体运输。爆炸的验证依据是容器断裂。如果两次试验中物质均消耗完，而容器未发生断裂，则试验结果为“−”。

改进的通风管试验结果实例如表 14-45 所示。

表 14-45　结果实例

物质	结果
76 硝酸铵/17 水/5.6 石蜡油/1.4 聚异丁烯丁二酸酐乳化剂	−
84 硝酸铵/9 水/5.6 石蜡油/1.4 聚异丁烯丁二酸酐乳化剂	+
67.7 硝酸铵/12.2 硝酸钠/14.1 水/4.8 石蜡油/1.2 聚异丁烯丁二酸酐乳化剂	−
67.4 硝酸铵/15 硝酸甲胺/12 水/5 乙二醇/0.6 增稠剂	−

14.2.49　分类鉴定实例[5]

上述系列试验用于对物质/物品是否为爆炸物及其是否适合运输进行判定。下面以工业纯过氧苯甲酸叔丁酯为例，对其判定和分类过程进行举例说明。

1. 适用于爆炸物的认可程序

（1）试验报告

1. 物质名称　　5-叔丁基-2,4,6-三硝基间二甲苯（二甲苯麝香）

2. 一般数据

2.1 组成	99%叔丁基-2,4,6-三硝基间二甲苯
2.2 分子式	$C_{12}H_{15}N_3O_6$
2.3 物理形状	细结晶粉末
2.4 颜色	淡黄色
2.5 视密度	840kg/m^3
2.6 粒径	＜1.7mm
3. 方框 2	物质是为产生实际爆炸或烟火效果制造的吗？
3.1 答案	否
3.2 出口	转到方框 3
4. 方框 3	试验系列 1
4.1 传播爆轰	联合国隔板试验[试验类型 1（a）]
4.2 试样条件	环境温度
4.3 观察结果	破裂长度为 40cm
4.4 结果	“+”，传播爆轰
4.5 在封闭条件下加热的效应	克南试验[试验类型 1（b）]
4.6 试样条件	质量为 22.6g
4.7 观察结果	极限直径为 5.0mm 破裂类型为 F（到达反间的时间为 52s，反应持续时间为 27s）
4.8 结果	“+”，在封闭条件下加热显示某种爆炸效应
4.9 在封闭条件下的效应	时间/压力试验[试验类型 1（c）]
4.10 试样条件	环境温度
4.11 观察结果	没有点燃
4.12 结果	“–”，在封闭条件下点火没有反应
4.13 出口	转到方框 4
5. 方框 4	它是爆炸性物质吗？
5.1 试验系列 1 得出的答案	是
5.2 出口	转到方框 5
6. 方框 5	试验系列 2
6.1 对冲击的敏感度	联合国隔板试验[试验类型 2（a）]
6.2 试样条件	环境温度
6.3 观察结果	没有传播
6.4 结果	“–”，对冲击不敏感
6.5 在封闭条件下加热的效应	克南试验[试验类型 2（b）]

6.6 试样条件	质量为 22.6g
6.7 观察结果	极限直径为 5.0mm 破裂类型为 F（开始到发生反应的时间为 52s，反应持续时间为 27s）
6.8 结果	“+”，在封闭条件下加热反应激烈
6.9 在封闭条件下点火的效应	时间/压力试验[试验类型 2（c）]
6.10 试样条件	环境温度
6.11 观察结果	没有点燃
6.12 结果	“–”，在封闭条件下点火没有反应
6.13 出口	转到方框 6
7. 方框 6	物质是否太不敏感不能划分为爆炸物吗?
7.1 试验系列 2 得出的答案	否
7.2 结论	物质待考虑划分为爆炸物
7.3 出口	转到方框 9
8. 方框 9	试验系列 3
8.1 热稳定性	75℃/48h 试验[试验类型 3（c）]
8.2 试样条件	75℃下的 100g 物质
8.3 观察结果	没有点燃、爆炸、自热或可见的分解
8.4 结果	“–”，热稳定
8.5 撞击敏感度	BAM 落锤仪试验[试验类型 3（a）]
8.6 试样条件	与收到者相同
8.7 观察结果	极限撞击能为 25J
8.8 结果	“–”，不太危险，可以进行试验的形式运输
8.9 摩擦敏感度	BAM 摩擦仪试验[试验类型 3（b）]
8.10 试样条件	与收到者相同
8.11 观察结果	极限荷重＞360N
8.12 结果	“–”，不太危险，可以进行试验的形式运输
8.13 爆燃转爆轰的容易程度	小型燃烧试验[试验类型 3（d）]
8.14 试样条件	环境温度
8.15 观察结果	点燃并缓慢燃烧
8.16 结果	“–”，不太危险，可以进行试验的形式运输
8.17 出口	转到方框 10
9. 方框 10	物质具有一定热稳定性吗?
9.1 试验类型 3（c）得出的答案	是
9.2 出口	转到方框 11

10. 方框 11	物质是否太危险不能以其进行试验的形式运输?
10.1 试验系列 3 得出的答案	否
10.2 出口	转到方框 18
11. 结论	暂时认可划分为爆炸物
11.1 出口	适用于爆炸物的分类程序

（2）分类判定流程

结合上述分类试验鉴定报告及分类鉴定流程图（图 14-2），可以得到 5-叔丁基-2,4,6-三硝基间二甲苯的分类鉴定流程如图 14-51 所示。

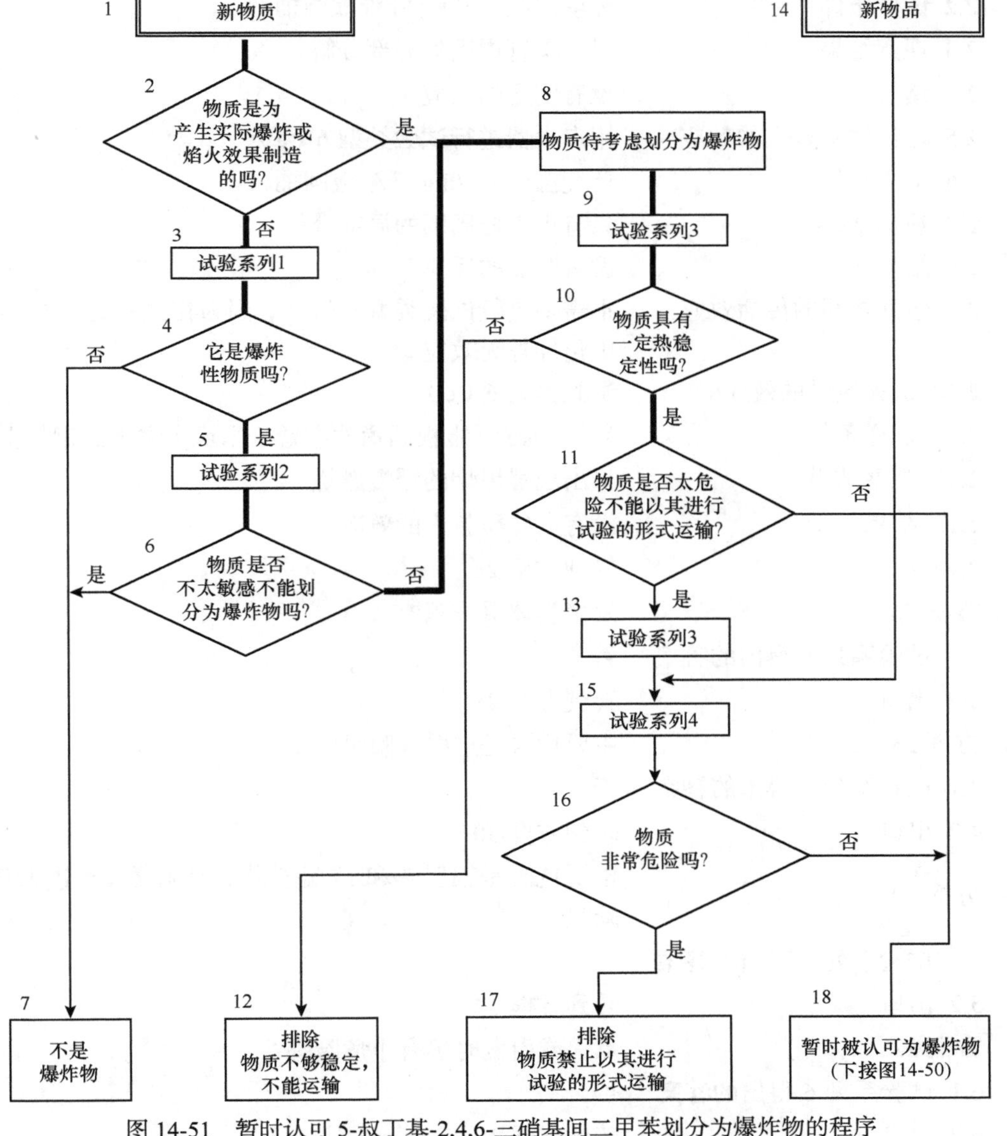

图 14-51　暂时认可 5-叔丁基-2,4,6-三硝基间二甲苯划分为爆炸物的程序

2. 爆炸物的项别划分程序

（1）试验报告

1. 方框 19	物质属于 1.5 项吗？
1.1 答案	否
1.2 结果	将物质包装（方框 23）
1.3 出口	转到方框 25
2. 方框 25	试验系列 6
2.1 在包件中引发的效应	用雷管进行试验类型 6（a）
2.2 试样条件	环境温度，50kg 纤维板圆桶
2.3 观察结果	只有雷管周围的局部分解
2.4 结果	没有明显的反应
2.5 在包件中点火的效应	用点火器进行试验类型 6（a）
2.6 试样条件	环境温度，50kg 纤维板圆桶
2.7 观察结果	只有点火器周围的局部分解
2.8 结果	没有明显的反应
2.9 包件之间的传播效应	不需要进行试验类型 6（b），因为在试验类型 6（a）中包件外无效应
2.10 被火淹没的效应	试验类型 6（c）
2.11 试样条件	3 个 50kg 纤维板圆桶放在置于木垛火之上的钢架上
2.12 观察结果	只出现冒黑烟的缓慢燃烧
2.13 结果	没有会妨碍救火的效应
2.14 出口	转到方框 26
3. 方框 26	发生整体爆炸吗？
3.1 试验系列 6 得出的答案	否
3.2 出口	转到方框 28
4. 方框 28	主要危险是迸射危险吗？
4.1 试验系列 6 得出的答案	否
4.2 出口	转到方框 30
5. 方框 30	主要危险是辐射热和/或猛烈燃烧但无爆炸或迸射危险吗？
5.1 试验系列 6 得出的答案	否
5.2 出口	转到方框 32
6. 方框 32	点火或引发时仍有小危险吗？
6.1 试验系列 6 得出的答案	否
6.2 出口	转到方框 35

7. 方框 35　　物质是为产生实际爆炸成烟火效果制造的吗?
  7.1 答案　　否
  7.2 出口　　转到方框 38
8. 结论　　不是爆炸物
  8.1 出口　　考虑划入另一类/项

（2）项别判定流程

结合项别分类试验鉴定报告及项别划分流程图（图 14-3），可以得到 5-叔丁基-2,4,6-三硝基间二甲苯的项别分类流程如图 14-52 所示。

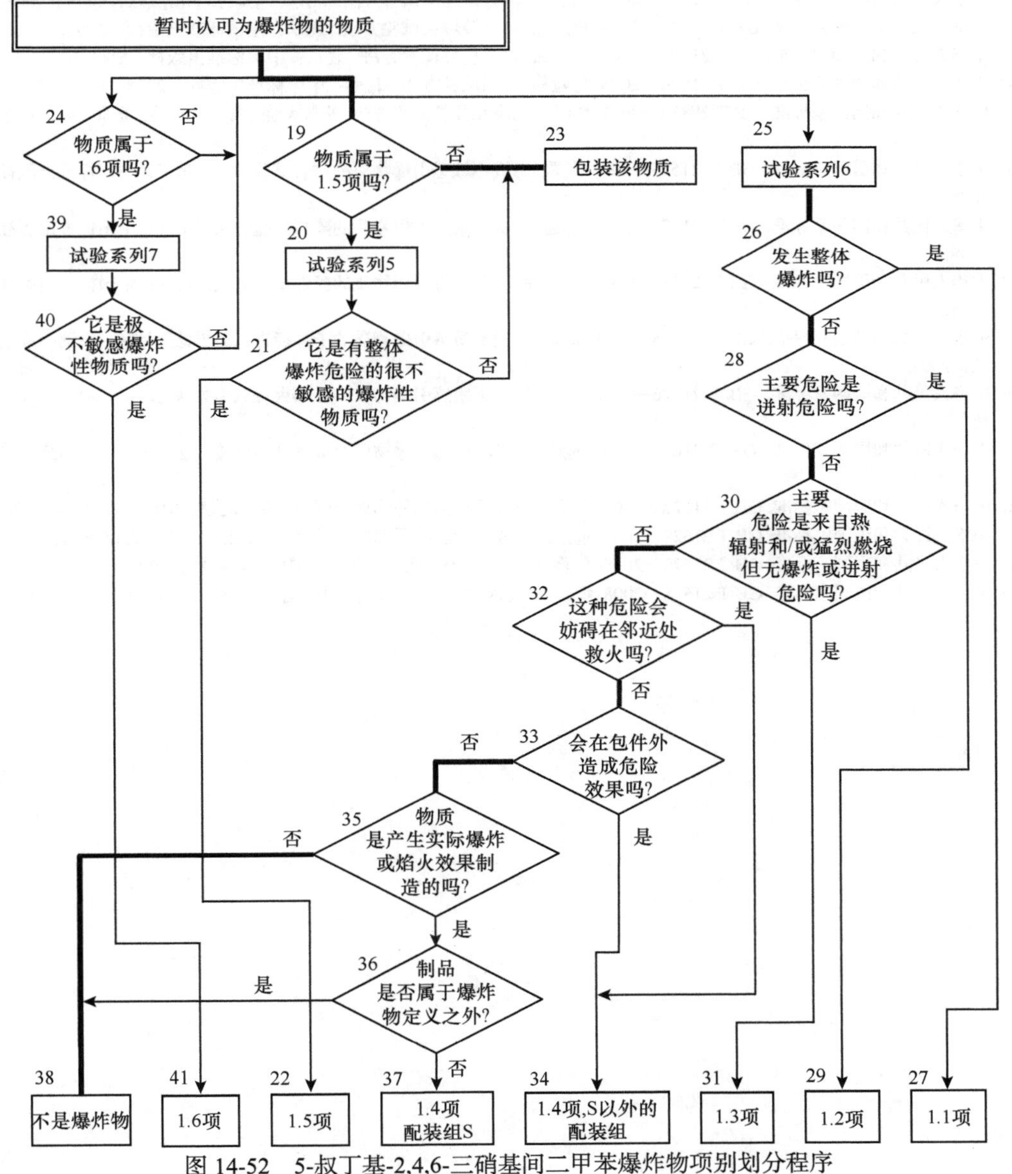

图 14-52　5-叔丁基-2,4,6-三硝基间二甲苯爆炸物项别划分程序

参 考 文 献

[1] 中华人民共和国国家标准. GB 30000.2—2013 化学品分类和标签规范 第 2 部分：爆炸物. 北京：中国标准出版社，2013.
[2] 中华人民共和国国家标准. GB/T 21570—2008 危险品 隔板试验方法. 北京：中国标准出版社，2008.
[3] 中华人民共和国国家标准. GB/T 21578—2008 危险品 克南试验方法. 北京：中国标准出版社，2008.
[4] 中华人民共和国国家标准. GB/T 21579—2008 危险品 时间/压力试验方法. 北京：中国标准出版社，2008.
[5] 联合国关于危险货物运输的建议书–试验和标准手册. 6 版. 日内瓦，2015.
[6] 中华人民共和国国家标准. GB/T 21567—2008 危险品 爆炸品撞击感度试验方法. 北京：中国标准出版社，2008.
[7] 中华人民共和国国家标准. GB/T 21566—2008 危险品 爆炸品摩擦感度试验方法. 北京：中国标准出版社，2008.
[8] 中华人民共和国国家标准. GB/T 21580—2008 危险品 小型燃烧试验方法. 北京：中国标准出版社，2008.
[9] 中华人民共和国国家标准. GB/T 21581—2008 危险品 液体钢管跌落试验方法. 北京：中国标准出版社，2008.
[10] 中华人民共和国国家标准. GB/T 27835—2011 化学品危险性分类试验方法 12m 跌落试验. 北京：中国标准出版社，2008.
[11] 中华人民共和国国家标准. GB/T 21582—2008 危险品 雷管敏感度试验方法. 北京：中国标准出版社，2008.
[12] 中华人民共和国国家标准. GB/T 21571—2008 危险品 爆燃转爆轰试验方法. 北京：中国标准出版社，2008.
[13] 中华人民共和国国家标准. GB/T 21573—2008 危险品 单个包件试验方法. 北京：中国标准出版社，2008.
[14] 中华人民共和国国家标准. GB/T 21574—2008 危险品 堆垛试验方法. 北京：中国标准出版社，2008.
[15] 中华人民共和国国家标准. GB/T 27836—2011 化学品危险性分类试验方法 外部火烧（篝火）试验. 北京：中国标准出版社，2011.
[16] 中华人民共和国国家标准. GB/T 21575—2008 危险品 极不敏感引爆物质的雷管试验方法. 北京：中国标准出版社，2008.
[17] 中华人民共和国国家标准. GB/T 21576—2008 危险品 极不敏感引爆物质的隔板试验方法. 北京：中国标准出版社，2008.
[18] 中华人民共和国国家标准. GB/T 21577—2008 危险品 极不敏感引爆物质的脆性试验方法. 北京：中国标准出版社，2008.
[19] 中华人民共和国国家标准. GB/T 21625—2008 危险品 极不敏感引爆物质的子弹撞击试验方法. 北京：中国标准出版社，2008.
[20] 中华人民共和国国家标准. GB/T 21626—2008 危险品 极不敏感引爆物质的外部火烧试验方法. 北京：中国标准出版社，2008.
[21] 中华人民共和国国家标准. GB/T 21627—2008 危险品 极不敏感引爆物质的缓慢升温试验方法. 北京：中国标准出版社，2008.
[22] 中华人民共和国国家标准. GB/T 21628—2008 危险品 1.6 项物品的外部火烧试验方法. 北京：中国标准出版社，2008.
[23] 中华人民共和国国家标准. GB/T 21629—2008 危险品 1.6 项物品的子弹撞击试验方法. 北京：中国标准出版社，2008.
[24] 中华人民共和国国家标准. GB/T 21570—2008 危险品 隔板试验方法. 北京：中国标准出版社，2008.
[25] 中华人民共和国国家标准. GB/T 21578—2008 危险品 克南试验方法. 北京：中国标准出版社，2008.

第 15 章　易燃气体、氧化性气体和高压气体

气态化学品所具有的危险性的特点包括易燃、易爆、具有氧化性等，同时运输、使用气体物质通常是在加压密封状态下，因此高压气体也是危险气态化学品的一种。

15.1　易燃气体、氧化性气体和高压气体的判定流程

《联合国关于危险货物运输的建议书》（TDG）中易燃气体类危险性化学品的定义是：在 20℃、101.3kPa 标准条件下，与空气相混合后具有一定易燃范围的气体，同时依据其与空气混合后易燃性的不同可分为：极端易燃气体（标准条件下与空气混合后体积分数≤13%时可点燃的气体、可燃范围≥12%的无论易燃性下限如何的气体）和易燃气体（除极端易燃气体外，标准条件下与空气混合时有易燃范围的气体）。

15.1.1　易燃气体判定流程

气体类物质易燃性的判定可采用如图 15-1 所示的步骤；易燃气体易燃类别的判定需经过以下步骤[1]。

a）在 20℃和 101.3kPa 标准条件下，气体样品与空气混合是否存在易燃范围，若无易燃范围则不属于易燃气体，而且不需要分类，否则应依据易燃性进行类别划分。

b）若气体样品与空气混合后在标准条件下存在易燃范围，则根据气体样品与空气混合后易燃范围大小进行样品易燃类别划分。当气体样品与空气混合后体积分数≤13%可燃时或可燃范围≥12%时，样品属于极端易燃气体，否则属于易燃气体。

15.1.2　氧化性气体判定流程

对于氧化性气体，依据联合国规定其仅包括 1 种类别，判定标准为“一般通过提供氧气，比空气更能导致或促使其他物质燃烧的任何气体”，即进行试验研究，比空气更能导致其他物质燃烧的气体样品为氧化性气体，否则该气体样品不属于氧化性气体，不进行相应分类[2]。氧化性气体的判定流程见图 15-2。

15.1.3　高压气体判定流程

高压气体包括压缩气体、液化气体、溶解液体、冷冻液化气体[3]，各类气体的判定流程见图 15-3，其判定标准如下。

a）压缩气体：在−50℃加压封装时完全是气态的气体，包括所有临界温度不高于−50℃的气体。

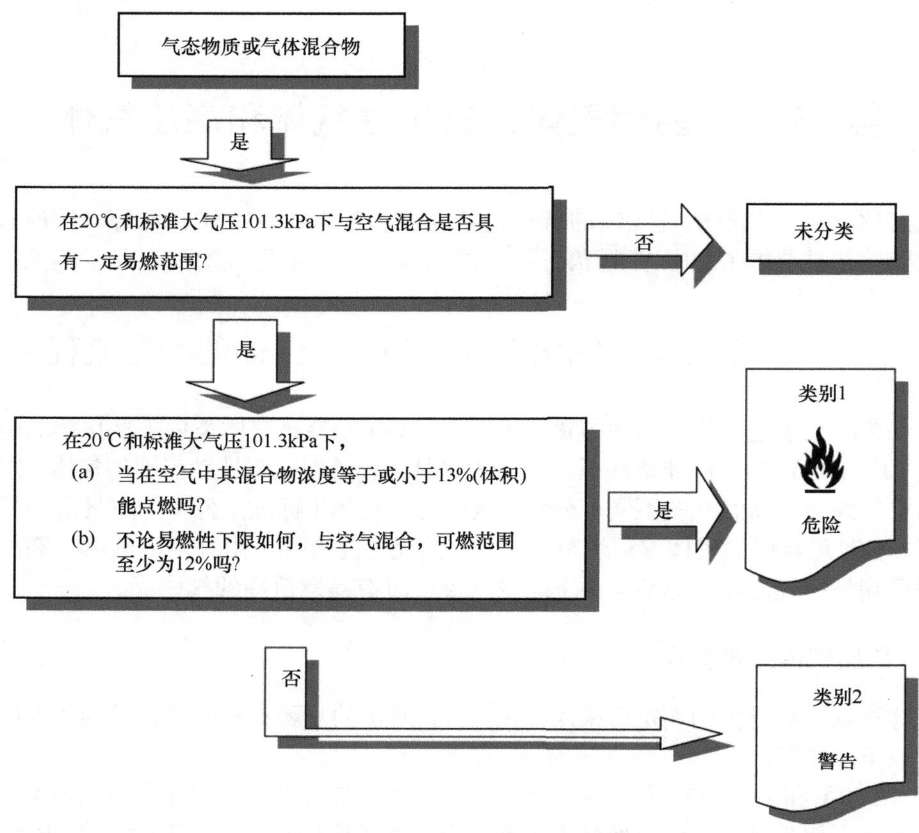

图 15-1　易燃气体易燃性和易燃类别判定流程

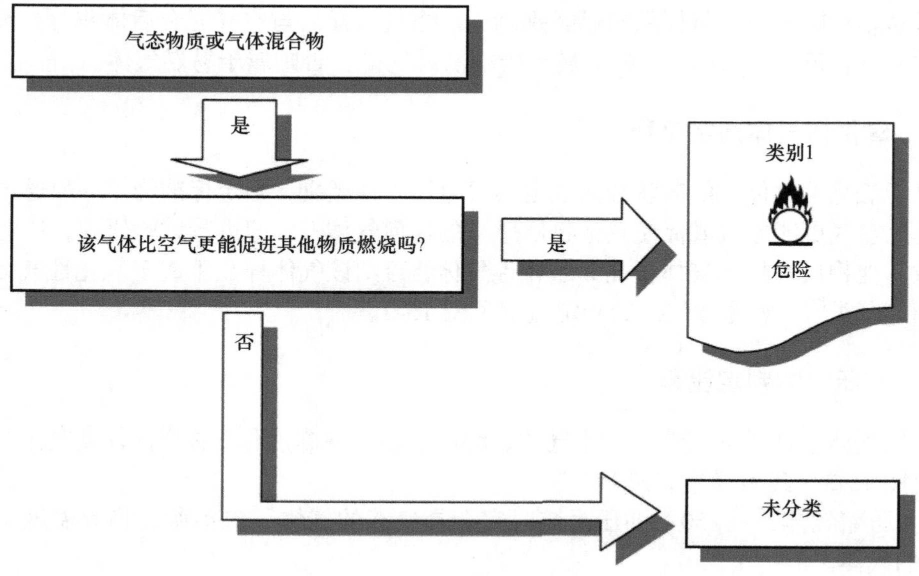

图 15-2　氧化性气体判定流程

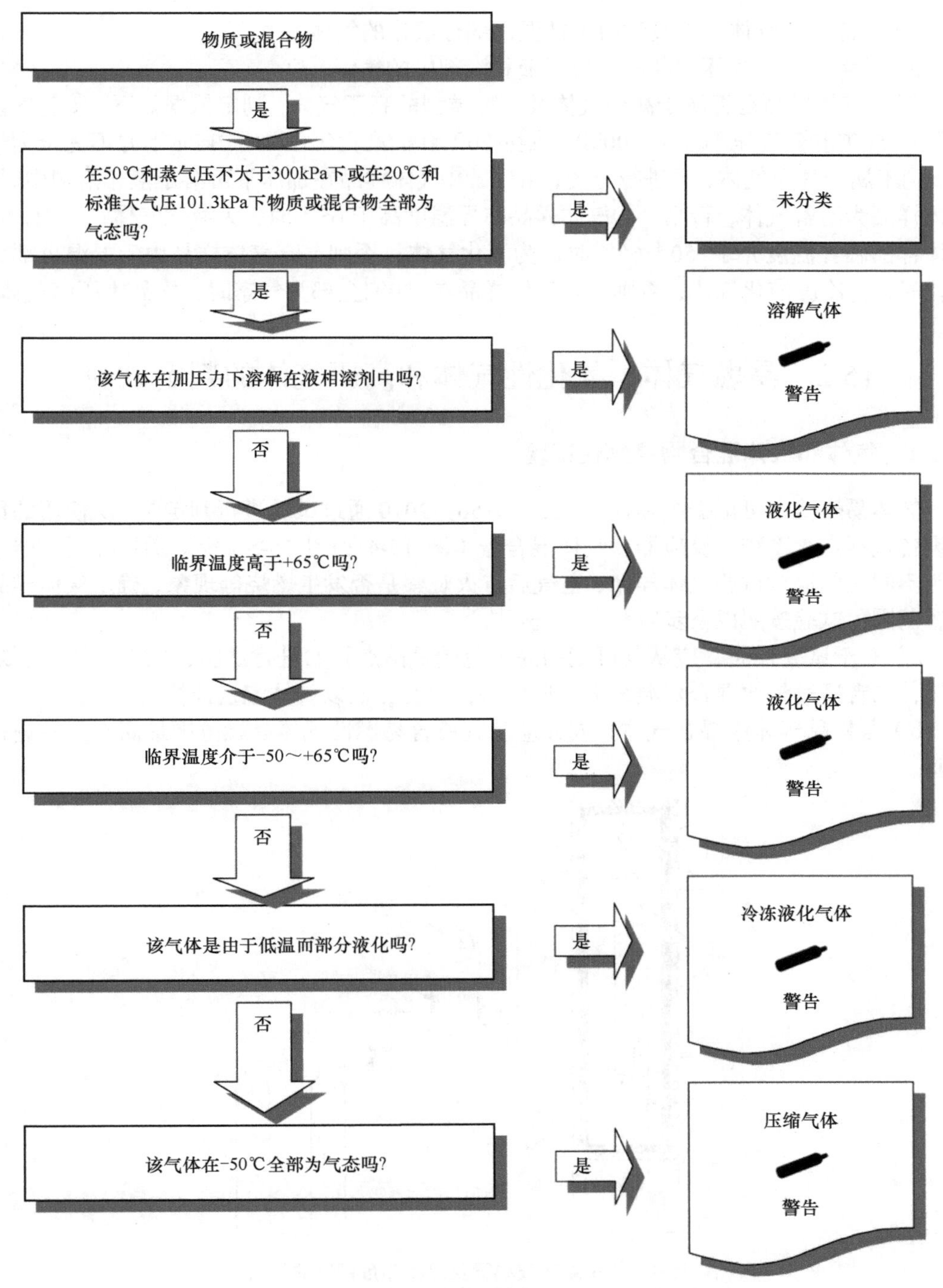

图 15-3　高压气体判定流程

b)液化气体：在高于−50℃加压封装时部分液化的气体，其中临界温度介于−50～65℃的为高压液化气体，临界温度高于 65℃的为低压液化气体。

c）冷冻液化气体：封装时由于低温而部分液化的气体。

d）溶解气体：加压封装时溶解于液相溶剂中的气体。

对于气体样品是否属于高压气体及何种类型的高压气体，判定依据如下：①若气体样品在 50℃和蒸气压不大于 300kPa 或在 20℃和标准大气压 101.3kPa 下并不完全为气态，则不属于高压气体，不进行分类；否则，②气体样品在加压下可溶于液相溶剂中时，气体样品为溶解气体；否则，③气体样品临界温度高于 65℃时，为液化气体；否则，④气体样品临界温度介于−50～65℃时，为液化气体；否则，⑤气体样品由于低温可部分液化时，为冷冻液化气体；否则，⑥气体样品在−50℃全部为气态时，样品为压缩气体。

15.2 易燃气体、氧化性气体和高压气体的判定试验

15.2.1 气体和气体混合物易燃性试验

气体易燃范围可依据国际标准 ISO 10156：2010 通过试验进行判定[4]，所使用的仪器设备包括点火系统、反应器、气体混合器（图 15-4 和图 15-5）等。通过在反应器中按照不同比例混合试验气体样品、空气后点火观察是否发生燃烧等现象，确定气体样品易燃范围，试验按照以下步骤和原则进行[4, 5]。

a）对于试验样品，应从其可能的易燃范围最高点开始进行试验，助燃气体为压缩空气，二者通过气体混合器混合进入反应器，混合比例以气体流量计控制。

b）若样品气体为混合气体，同样应从其所含易燃性气体易燃范围最高点开始进行试验。

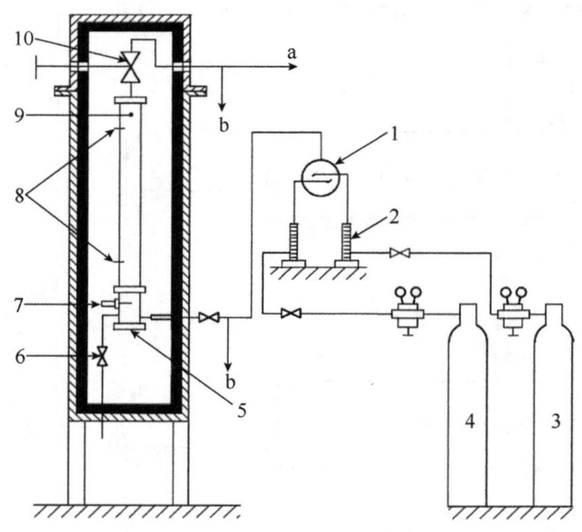

图 15-4 使用耐热玻璃管及温度测量探针的仪器

a. 经分析并排放至大气的混合气体，b. 试验时气体混合物排放；
1. 混合器，2. 流量计，3. 试验气体，4. 压缩空气，5. 安全装置（减压阀），6. 阀门，7. 点火电极（火花塞），8. 温度测量装置（热电偶），9. 耐热玻璃管，10. 阀门

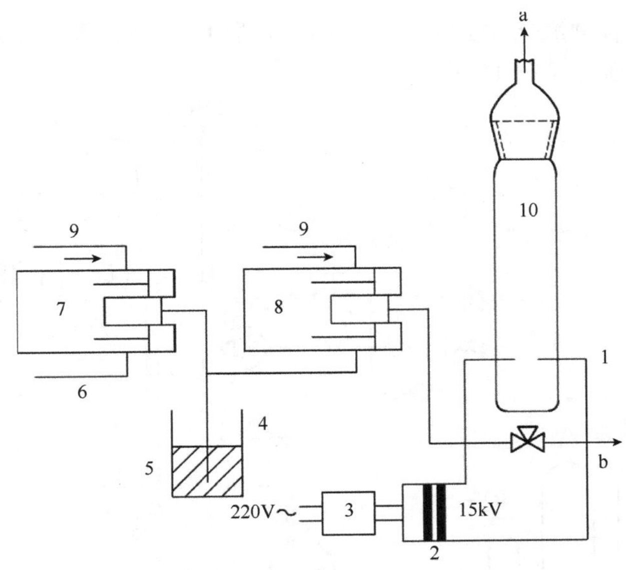

图 15-5　测试气体混合物的仪器

a. 经分析并排放至大气的混合气体，b. 试验时气体混合物排放；
1. 点火电极（火花塞），2. 高压变压器，3. 定时开关，4. 含有 x%试验气体的混合物，5. 缓冲区，6. 试验气体，7. 计量泵 1，x%，8. 计量泵 2，y%，9. 空气，10. 含有（xy/100）%试验气体的混合物

c）反应器为耐火的硼硅玻璃管，壁厚 5mm、内径不小于 50mm，反应器长径比不小于 5。反应器一端距端口 50～60mm 处为点火电极，点火电极相距 5mm。反应器内设置两处温度测量点，分别用来测量点火点及另一端口的初温度（图 15-4）。反应管应有压力释放装置。

d）点火试验前，反应管用试验混合物清洗。清洗量至少是反应管体积的 10 倍。

e）待测样品气体、助燃空气从反应器一端输入，并通过单向气体控制阀控制总体流量，输送气体量应不小于反应器体积的 1.5 倍。

f）气体输入完毕后激发点火系统，产生 10J/次点火能量，观察、记录样品是否发生燃烧等现象。

g）在反应器如果观察到火焰向上传播至少 10cm，试验物质可归类为易燃气体。

易燃气体燃烧范围试验逐步降低气体样品体积含量，直至点火系统激发后不再发生燃烧，此时气体样品的含量为其燃烧低限。

15.2.2　气体和气体混合物氧化性试验

《联合国关于危险货物运输的建议书》（TDG）中氧化性气体的定义是通过提供氧气而比空气更能导致或促使其他物质燃烧的任何气体，包括采用国际标准方法确定的氧化能力大于 23.5%的纯气体或气体混合物。

氧化性气体的判定试验可依据国际标准 ISO 10156：2010 进行，对于拟进行试验的气体样品，首先同氮气混合得到混合气体样品，再在测试管中同参考燃烧气体混合得到试验气体后进行点火燃烧试验，若任何混合比例的试验气体都能着火燃烧则样品气体属于氧化性气体[4, 5]。

气体和气体混合物氧化性试验涉及的试验仪器包括：反应器、点火系统、气体混合系统、压力测量系统等（图 15-6）。

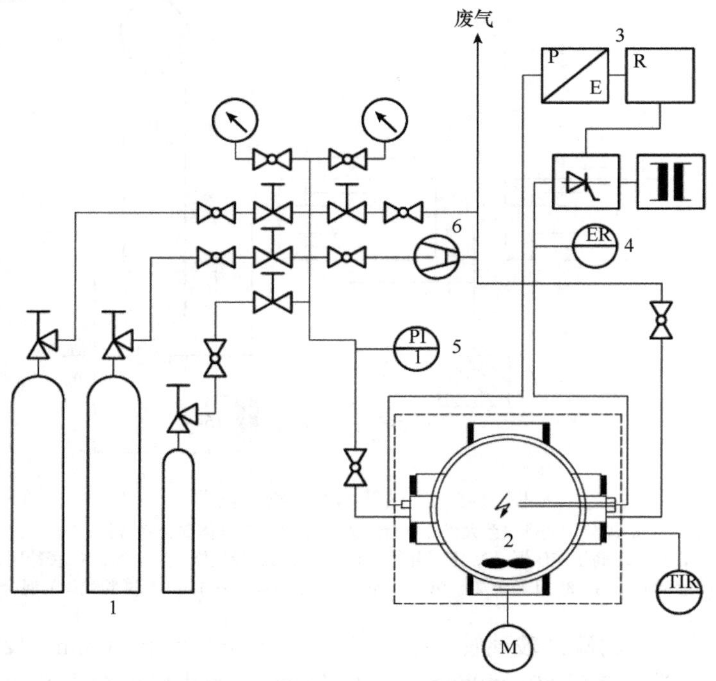

图 15-6　气体和气体混合物氧化性测试仪

1. 压缩气体钢瓶；2. 带有磁性搅拌器的不锈钢反应器；3. 记录点火舱内压力上升的装置；4. 点火导线和控制装置；5. 试验混合物压力表；6. 真空泵

a）反应器：不锈钢圆柱形反应器，可承受最大压力为 3MPa，体积不小于 $0.005m^3$，长径比为 1。

b）点火系统：用镍铬双金属头电弧激发点火，点火头长度不小于 3mm、间距为 5mm±1mm，点火能量为 10～20J。

c）气体混合系统：用于试验气体输送、混合。

d）压力测量系统：测量范围不小于 200kPa，误差范围小于 0.5%。

气体和气体混合物氧化性试验选择乙烷（＞99.5%）作为参考燃烧气体，首先将试验样品气体与氮气（99.995%）按照 43%：7%比例混合后，再于室温条件下与参考燃烧气体混合进入反应器。试验从乙烷含量为 1%开始，逐步升高乙烷含量直至乙烷含量高于 20%或发生反应，如果试验中观察到反应（压力上升），则样品气体为氧化性气体。

参 考 文 献

[1] 中华人民共和国国家标准. GB 30000.3—2013 化学品分类和标签规范 第 3 部分：易燃气体. 北京：中国标准出版社，2013.

[2] 中华人民共和国国家标准. GB 30000.5—2013 化学品分类和标签规范 第 5 部分：氧化性气体. 北京：中国标准出版社，2013.

[3] 中华人民共和国国家标准. GB 30000.6—2013 化学品分类和标签规范 第 6 部分：加压气体. 北京：中国标准出版社，2013.

[4] International Standard. ISO 10156（3rd Edition）. Gases and gas mixtures-determination of fire potential and oxidizing ability for the selection of cylinder valve outlets. 2010.

[5] 中华人民共和国国家标准. GB/T 27862—2011 化学品危险性分类试验方法 气体和气体混合物燃烧潜力和氧化能力. 北京：中国标准出版社，2013.

第 16 章　易燃气溶胶

气溶胶是指喷射罐（由金属、玻璃或塑料制成，不可重新罐装的容器）内装有的强制压缩、液化或溶解的气体（包含或不包含液体、膏剂或粉末）通过释放装置喷射出来，在气体中形成的悬浮固态或液态微粒，或泡沫、膏剂或粉末，或者以液态或气态形式出现。若气溶胶含有任何分类为易燃成分的物质时，气溶胶则应考虑为易燃气溶胶，并依据其易燃成分的化学燃烧热和泡沫试验、点燃距离试验、封闭空间试验等进行分类。

16.1　易燃气溶胶的判定流程

16.1.1　易燃气溶胶判定流程

气溶胶依据化学燃烧热、易燃成分含量，按以下条件分为极端易燃（第一类）、易燃（第二类）及不易燃（第三类）3 个类别[1]，其分类判定流程如图 16-1 所示。

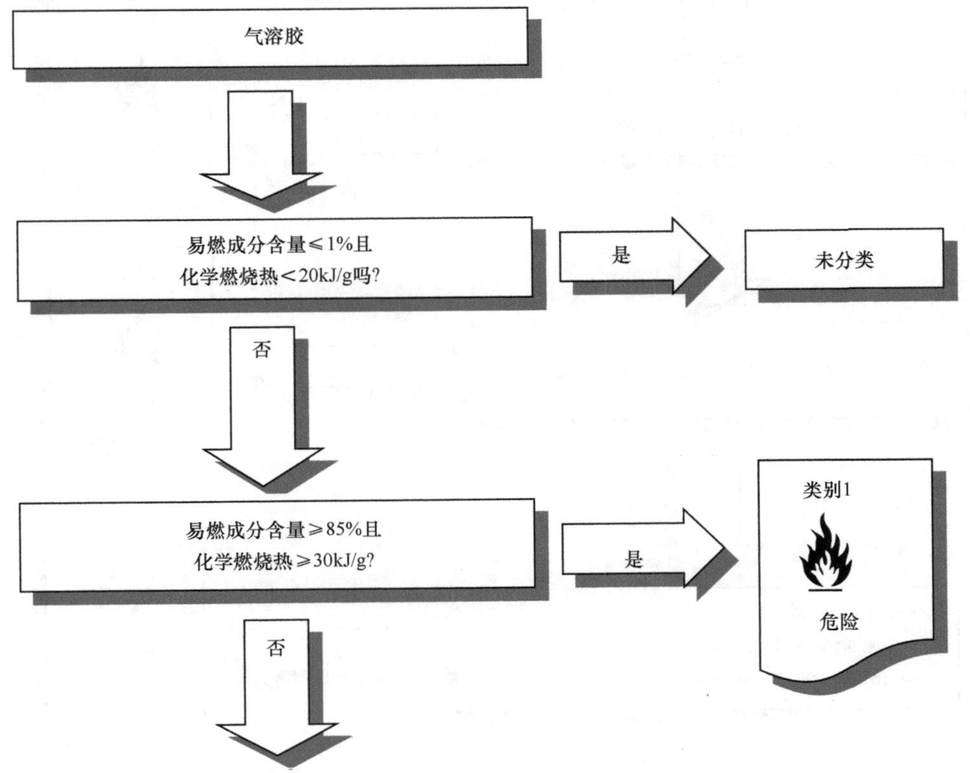

图 16-1　易燃气溶胶判定流程

a）若样品中易燃成分含量不少于 85%且其化学燃烧热不小于 30kJ/g 时为极端易燃。

b）若样品中易燃成分含量不大于 1%且其化学燃烧热低于 20kJ/g 时为不易燃。

16.1.2　喷雾气溶胶判定流程

对于喷雾气溶胶，当满足化学燃烧热低于 20kJ/g 时，若点火距离不小于 15cm 且小于 75cm，则为易燃；若点火距离不小于 75cm 则为极端易燃。点火距离试验中未点火时，应进行封闭空间试验，当时间当量不大于 300s/m^3 或爆燃密度不大于 300g/m^3 时为易燃，否则为不易燃。若化学燃烧热不小于 20kJ/g 且点火距离不小于 75cm 则为极端易燃，否则为易燃。喷雾气溶胶判定流程见图 16-2。

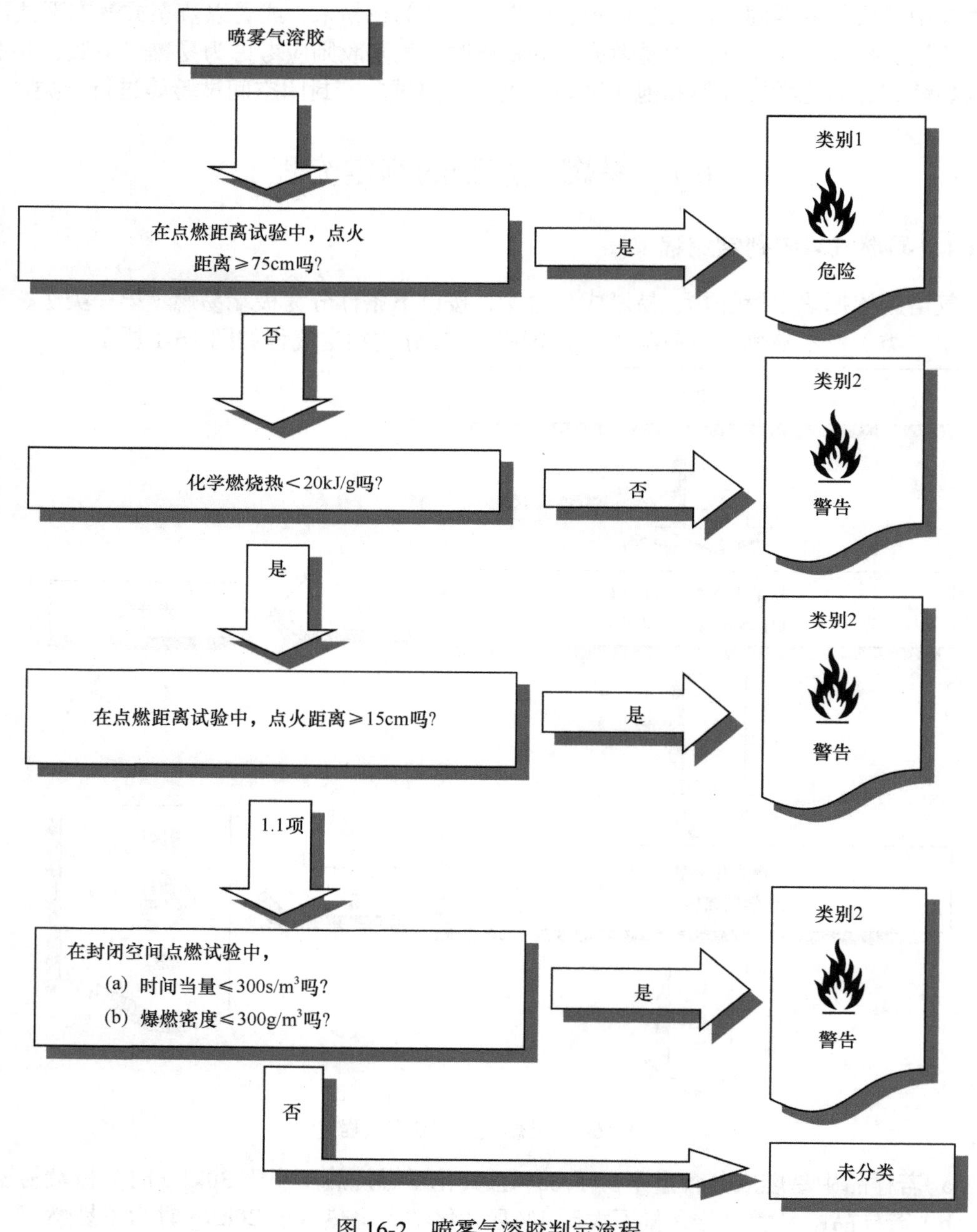

图 16-2　喷雾气溶胶判定流程

16.1.3　泡沫气溶胶判定流程

对于泡沫气溶胶，当燃烧火焰高度不低于 20cm 且火焰持续时间不低于 2s，或火焰高度不低于 4cm 且火焰持续时间不低于 7s 时为极端易燃；而若火焰高度不低于 4cm 且火焰持续时间不低于 2s 时，则为易燃。泡沫气溶胶判定流程见图 16-3。

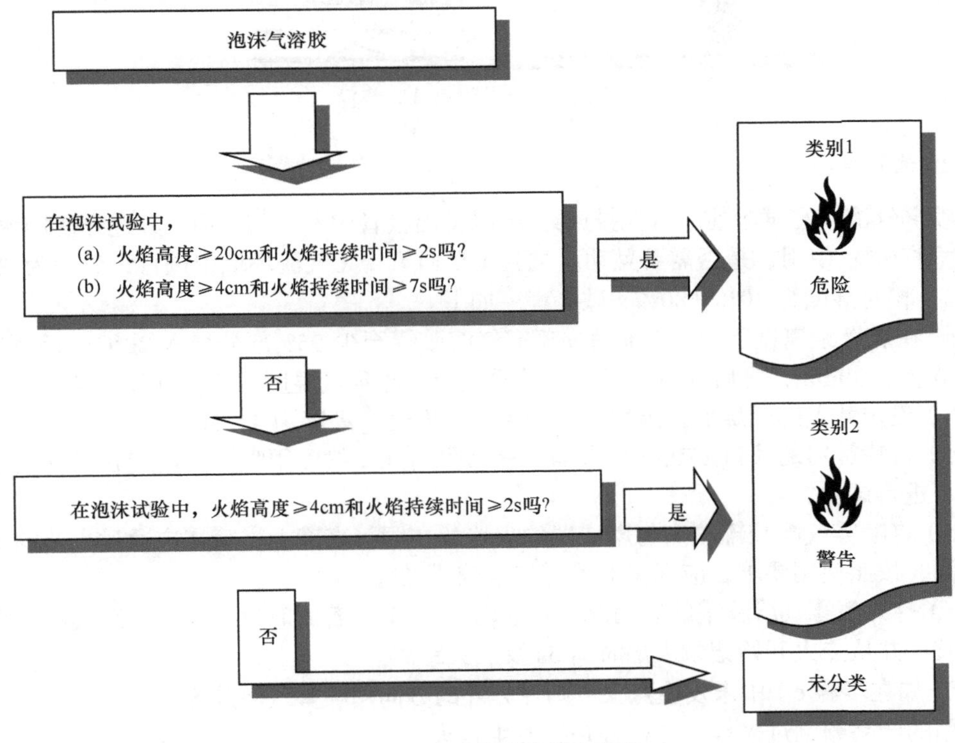

图 16-3　泡沫气溶胶判定流程

16.2　易燃气溶胶的判定试验

气溶胶易燃性的判定需要通过泡沫试验[2]、点燃距离试验[3]、封闭空间点燃试验[4]及化学燃烧热试验[5]等进行分类。

16.2.1　点燃距离试验

点燃距离试验用于测定气溶胶喷雾点火燃烧距离[3]，以评估相关的火焰危险，气溶胶向高 4～5cm 点火源方向喷洒，试验中每间距 15cm 观察是否发生喷雾点火或持续燃烧，即是否存在稳定的火焰并至少保持 5s。

1. 试验装置及材料

点燃距离试验的设备包括：①恒温水浴，控温精度为±1℃；②天平，精度为±0.1g；③记时秒表，精度为±0.2s；④刻度尺，用于测量点火燃烧距离；⑤气体燃烧器，火焰高 4～5cm，蓝色，不发光；⑥温度计、湿度计、压力计，精度分别为 1℃、±5%、±10kPa。

点燃距离试验的装置如图 16-4 所示。

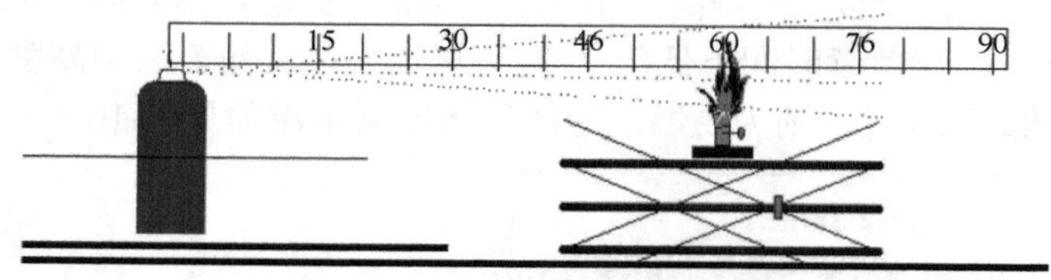

图 16-4　点燃距离试验装置

2. 试验步骤

喷雾气溶胶在试验前应首先排放约 1s 以排出吸管中不均匀物质，并遵守使用说明，如应垂直/倒置使用、是否需要晃动。试验应在通风、无气流环境中进行，温度为 20℃±5℃，相对湿度为 30%～80%。试验程序如下。

a）在点燃距离试验前，应将满罐喷雾气溶胶罐至少 95%部分浸入 20℃±1℃水中，并保持至少 30min，之后称量、记录样品质量及试验环境温度、相对湿度等条件。

b）设定并点燃燃烧器，火焰应为蓝色、不发光，高度为 4～5cm。

c）将喷雾器的喷口放在满足火焰要求的距离处，然后用喷雾气溶胶在设计使用的姿态下进行试验。

d）将喷雾气溶胶罐喷嘴与燃烧器的火焰放在同等高度上，喷雾应通过火苗的上半部，同时按照使用要求，应保持对喷雾气溶胶罐进行晃动。

e）打开喷雾气溶胶罐的启动阀，释放内装物 5s，若此时发生点火，继续释放喷雾气溶胶，并从点火开始记录火焰时间 5s 及点火距离。

f）如在步骤 e）中未发生点火，则在另外的方向用喷雾气溶胶进行试验，如可将垂直使用的产品颠倒过来等，并检查是否发生点火。

g）在燃烧器与喷雾气溶胶罐喷口同样的距离，用同一罐喷雾气溶胶重复步骤 c）～f）两次，即共 3 个试验。

h）对同一产品的另外两罐喷雾气溶胶，在燃烧器与喷雾气溶胶罐喷口相同的距离上重复试验。

i）根据每次试验的结果，在喷雾气溶胶罐喷口距燃烧器火焰 15～90cm 处重复试验。

j）若在 15cm 时未发生点火或在 90cm 时发生点火并持续燃烧，则起始状态满罐喷雾气溶胶完成试验。在其他情况下，观察到燃烧器火焰与喷雾气溶胶制动器之间发生点火和持续燃烧的最大距离，作为"点火距离"的记录。

还应对 3 罐额定容量为 10%～12%的气溶胶进行点燃距离试验，通过排气、称重方式获得所需容量的样品，其中每次最多排放 30s，两次排放至少间隔 300s 并放在水中保持状态，额定容量为 10%～12%的喷雾气溶胶重复步骤 c）～h），记录试验结果。

3. 试验结果及判定

试验过程中应记录环境条件（包括温度与相对湿度）、产品标识、容量、初装载水平、15～90cm 点燃距离试验结果及相关试验现象，并依据喷雾气溶胶判定流程进行样品判定。

a）如喷雾气溶胶点火距离≥15cm 且＜75cm，且它的化学燃烧热小于 20kJ/g，则为易燃喷雾气溶胶。

b）如喷雾气溶胶的化学燃烧热＜20kJ/g，点火距离≥75cm，则为极易燃喷雾气溶胶。

c）如喷雾气溶胶的化学燃烧热＜20kJ/g，在点燃距离试验中未发生点火，则应进行封闭空间试验。

d）如喷雾气溶胶的化学燃烧热≥20kJ，且点火距离≥75cm，则为极端易燃喷雾气溶胶。

16.2.2　封闭空间试验

封闭空间试验的目的是检测气溶胶的点火倾向[4]，并依据相应的结果评估样品在封闭或受限空间中的易燃性。该试验的基本过程是将喷雾罐内装的物质喷洒到放有一支点燃的蜡烛的圆柱形试验器皿中，然后观察可能发生的点火情况，并记录燃烧时间和排放量。

1. 试验装置及材料

封闭空间试验的设备包括：①计时器（秒表），精度为±0.2s；②恒温水浴，控温精度为±1℃；③天平，精度为±0.1g；④温度计，精确为±1℃；⑤湿度计，精确为±5%；⑥压力计，精度为±10kPa；

试验时环境温度应为 15～25℃，主要仪器装置为圆柱形点火容器（图 16-5），为直径 600mm、长 720mm、一端开口的体积为 200dm^3 的圆桶，点火容器开口端安装一个铰接盖封闭装置或采用 0.01～0.02mm 厚塑料膜（要求在塑料膜最低点附加 0.45kg 重物时延展不超过 25mm）封闭。点火容器封闭端距上边缘 100mm 处开直径 50mm 圆孔并保持点火容器平置时圆孔在顶端。

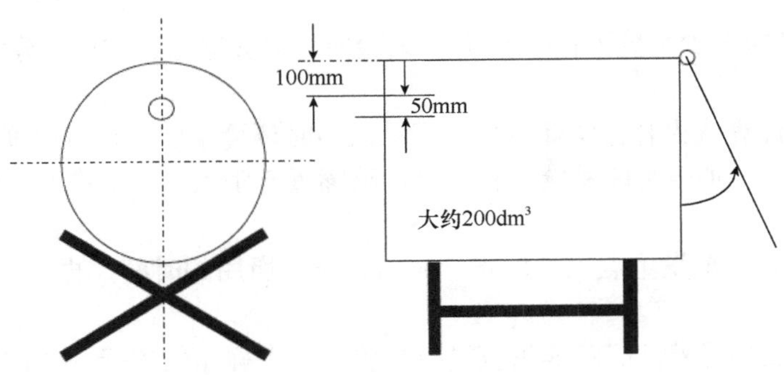

图 16-5　封闭空间试验——圆桶

点火容器内放置 200mm×200mm 金属支架用于支撑直径 20～40mm、高 100mm（最低为 80mm）的固体石蜡蜡烛火源。采用一个 150mm 宽，200mm 高的挡板保护蜡烛的火焰不受喷雾的影响。其中包括从挡板底部起 150mm 处倾斜 45° 的平板。金

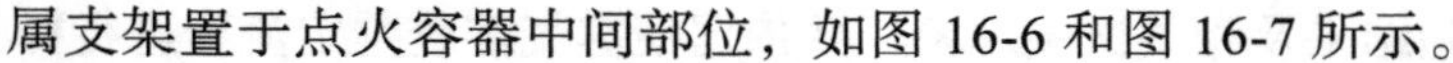

属支架置于点火容器中间部位，如图 16-6 和图 16-7 所示。

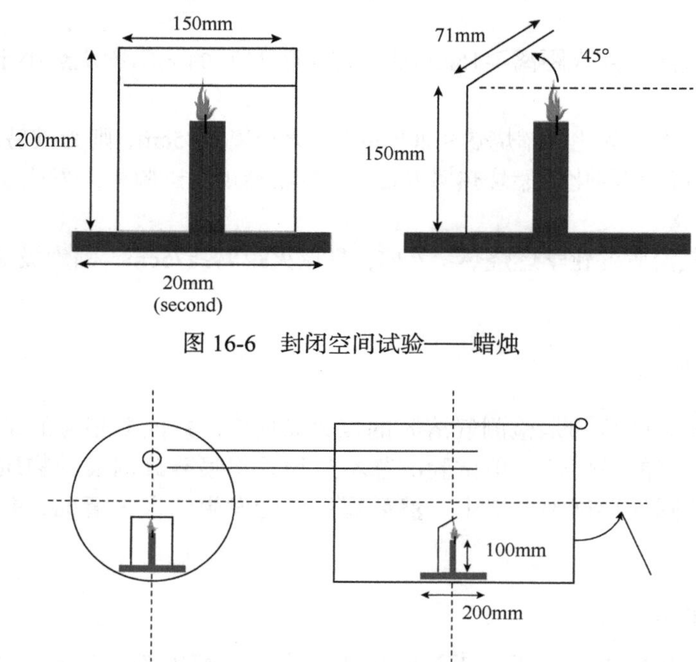

图 16-6　封闭空间试验——蜡烛

图 16-7　放在金属支架上的蜡烛

2. 试验步骤

通常情况下试验样品应以垂直轴线 90°喷出，在非常规情况下需根据相应安全规范进行调整，试验前每个样品均应处于试验状态并排放约 1s，以排出吸管中不均匀物质，遵从相应使用说明，如垂直/倒置使用、是否需要振摇等。试验应在通风、无气流的环境中进行，温度为 20℃±5℃，相对湿度为 30%～80%。试验依照以下步骤进行。

a）每种样品应至少满装 3 个容器，并于试验前将喷雾器至少 95%部分浸入 20℃±1℃水中 30min。

b）测量并计算点火容器实际容量，记录试验时环境温度、相对湿度。

c）点燃蜡烛，加盖封闭系统，将喷雾器喷嘴置于距点火容器中心 35mm 处，启动喷雾、计时器。

d）持续喷洒直至发生点火，停止计时器，记录所用的时间，再次称量喷雾器并记录质量。

e）同一产品的另外两罐喷雾重复进行试验，每个样品仅进行一次试验。

3. 试验结果及判定

封闭空间试验相应结果及判定中，应包括样品相关介绍、内压及排放率、试验温度、湿度以及发生点火时的喷雾时间、喷洒量。

气溶胶在单位体积内实现点火所需的时间当量（t_{eq}）、点火爆燃密度（D_{def}）分别采用式（16-1）和式（16-2）计算：

$$t_{\mathrm{eq}}=\frac{1000\times 排放时间(\mathrm{s})}{圆筒实际容量(\mathrm{dm}^3)} \tag{16-1}$$

$$D_{\mathrm{def}}=\frac{1000\times 喷洒样品质量(\mathrm{g})}{圆筒实际容量(\mathrm{dm}^3)} \tag{16-2}$$

对于试验样品，若化学燃烧热低于 20kJ/g 且在点燃距离试验中未发生点火，时间当量不大于 300s/m^3，或燃爆密度不大于 300g/m^3，则为易燃，否则为不易燃。

16.2.3　泡沫试验

泡沫试验的目的是检验以泡沫、凝胶或糊状物喷出的气溶胶的易燃性[2]，通过将泡沫、凝胶或糊状气溶胶喷洒在玻璃表面上并观察是否会被明火引燃，同时产生稳定的至少保持 2s、高度至少为 4cm 的火焰来判断该气溶胶的易燃性。

1. 试验装置及材料

泡沫试验涉及的装置和材料包括：直径为 150mm 的耐火表面玻璃、火源（蜡烛等）、天平（精度为±0.1g）及温湿度计、量尺等，试验中耐火表面玻璃周围应无空气流动。

2. 试验步骤

试验前应使每个样品处于试验状态并排放约 1s 排出通气管中不均匀物质，试验应严格遵守使用说明，如样品应垂直/倒置使用、是否需要振摇等。试验应在通风、无气流的环境中进行，温度为 20℃±5℃、湿度为 30%～80%。试验依照以下步骤进行。

a）每个样品应至少装满 4 个容器，试验前至少 95%容器浸入 20℃±1℃水中至少 30min，记录温度、湿度。

b）待测样品称重并记录。

c）根据所测量排放速度、流出速度，在清洁后的耐火表面玻璃中央放约 5g 样品，堆成高度不超过 25mm 的锥体。

d）完成排放后 5s 内将点火源放到试样底部的边缘并启动计时器，2s 后移开点火源观察是否发生点火，如未发现试样点火，将点火源再度移到试样边缘。

e）如发生点火，记录火焰高出表面玻璃底座的最大高度、火焰燃烧时间、样品释放量。

f）如未发生点火，且释放出的样品在整个使用过程中始终保持泡沫或糊状，则重复试验并使样品保持堆积状态 30s、1min、2min 或 4min 再施加点火源。

g）同一样品重复试验两次（共 3 次），同一样品的另外两容器也重复试验。

3. 试验结果及判定

泡沫试验结果包括：样品是否点火，火焰最大高度、持续时间及试验样品质量。根据上述试验结果，易燃性的判定根据以下标准进行：若火焰高度达到 20cm 或以上、持续时间 2s 或以上，或火焰高度达 4cm 或以上、持续时间 7s 或以上，则样品为极易燃。

16.2.4　化学燃烧热测定[5]

以每克千焦耳（kJ/g）表示的化学燃烧热（ΔH_c）是理论燃烧热（ΔH_{comb}）和燃烧效率的乘积，燃烧效率通常小于 1.0，典型的燃烧效率为 0.95。对于复合气溶胶，化学燃烧热是各个成分燃烧热的加权和，可采用式（16-3）计算：

$$\Delta H_c = \sum_{i}^{n} [W_i\% \times \Delta H_c(i)] \tag{16-3}$$

式中：ΔH_c 为化学燃烧热，单位为 kJ/g；$W_i\%$ 为样品中 i 成分质量分数；$\Delta H_c(i)$ 为样品中 i 成分的燃烧比热，单位为 kJ/g。

参考文献

[1] 中华人民共和国国家标准. GB 30000.4—2013 化学品分类和标签规范 第 4 部分：气溶胶. 北京：中国标准出版社，2013.
[2] 中华人民共和国国家标准. GB/T 21632—2008 危险品 喷雾剂泡沫可燃性试验方法. 北京：中国标准出版社，2008.
[3] 中华人民共和国国家标准. GB/T 21630—2008 危险品 喷雾剂点燃距离试验方法. 北京：中国标准出版社，2008.
[4] 中华人民共和国国家标准. GB/T 21631—2008 危险品 喷雾剂封闭空间点燃试验方法. 北京：中国标准出版社，2008.
[5] 中华人民共和国国家标准. GB/T 21614—2008 危险品 喷雾剂燃烧热试验方法. 北京：中国标准出版社，2008.

第 17 章　易 燃 液 体

通常而言，易燃液体是指闪点在一定范围内的液体、液体混合物，或含有固体的溶液、悬浮液。易燃液体种类很多，常见的包括油漆、清漆、喷漆以及汽油、柴油、乙醇、苯等，此类物质大多属于有机化合物，其中很多属于石油化工产品。除此之外，在等于或高于其闪点的温度条件下提交运输的液体，以液态在高温条件下运输或提交运输，并在等于或低于最高运输温度下放出易燃蒸气的物质同样属于易燃液体[1]。

17.1　易燃液体的判定流程

对于易燃液体的定义、分类，在不同领域有着不同的规定，如我国国家标准 GB 13690—2009 和《全球化学品统一分类和标签制度》（GHS）规定，易燃液体是指闪点不高于 93℃的液体[2, 3]，同时 GHS 根据液体样品的闪点、初沸点不同将其分为 Ⅰ 类（闪点低于 23℃，初沸点不高于 35℃）、Ⅱ类（闪点低于 23℃，初沸点高于 35℃）、Ⅲ类（闪点不低于 23℃且不高于 60℃）及Ⅳ类（闪点高于 60℃但不高于 93℃）易燃液体，而 TDG 则将易燃液体划分为 Ⅰ 类（初沸点不高于 35℃）、Ⅱ类（闪点低于 23℃，初沸点高于 35℃）、Ⅲ类（闪点不低于 23℃且不高于 60℃，初沸点高于 35℃）液体，在闪点、初沸点数据基础上结合黏度试验、溶剂分离试验、持续燃烧试验对样品进行类别划分。

对于液体样品是否属于易燃液体及其易燃性类别，需要依据相应判定流程进行划分[1]，如 GHS 依据样品闪点、初沸点将其依次划入上述的 Ⅰ～Ⅳ类液体，而 TDG 对易燃液体的判定除考虑闪点、初沸点外（判定流程见图 17-1），样品黏度、溶剂分离试验情况及持续燃烧效应同样是分类的重要指标，并且规定了如下内容。

闪点范围为 55～75℃的燃料油、柴油和轻质加热油用于某些法规目的可视为特定组，因为这些烃类混合物在该范围有可变的闪点，所以，这些产品可由有关法规或主管当局确定分类分Ⅲ类或Ⅳ类中；闪点大于 35℃的液体，如果按《联合国关于危险货物运输的建议书—试验和标准手册》的 L2 持续燃烧性试验已得到否定结果，用于某些法规目的（如运输）可分类为非易燃液体。

a）对于危险性仅仅只有易燃性的液体，依据其闪点、初沸点进行样品类别划分。

b）在高温下运输或提交运输的易燃液体属于Ⅲ类易燃液体。

c）闪点为 23～60.5℃，无毒性、腐蚀性，硝化纤维素含量不超过 20%，硝化纤维素所含氮的干物质量不高于 12.6%且盛装在小于 450L 容器内的液体样品，若溶剂分离层小于总高度 3%，同时 6mm 喷嘴黏度试验流经时间不小于 60s，则样品划分为Ⅲ类易燃液体。

d）闪点低于 23℃的黏性易燃液体满足溶剂分离试验中清澈层小于总高度 3%，不含有毒物质、腐蚀性物质，盛装容器不大于 450L，同时黏度、闪点范围满足表 17-1 时，列为Ⅲ类。

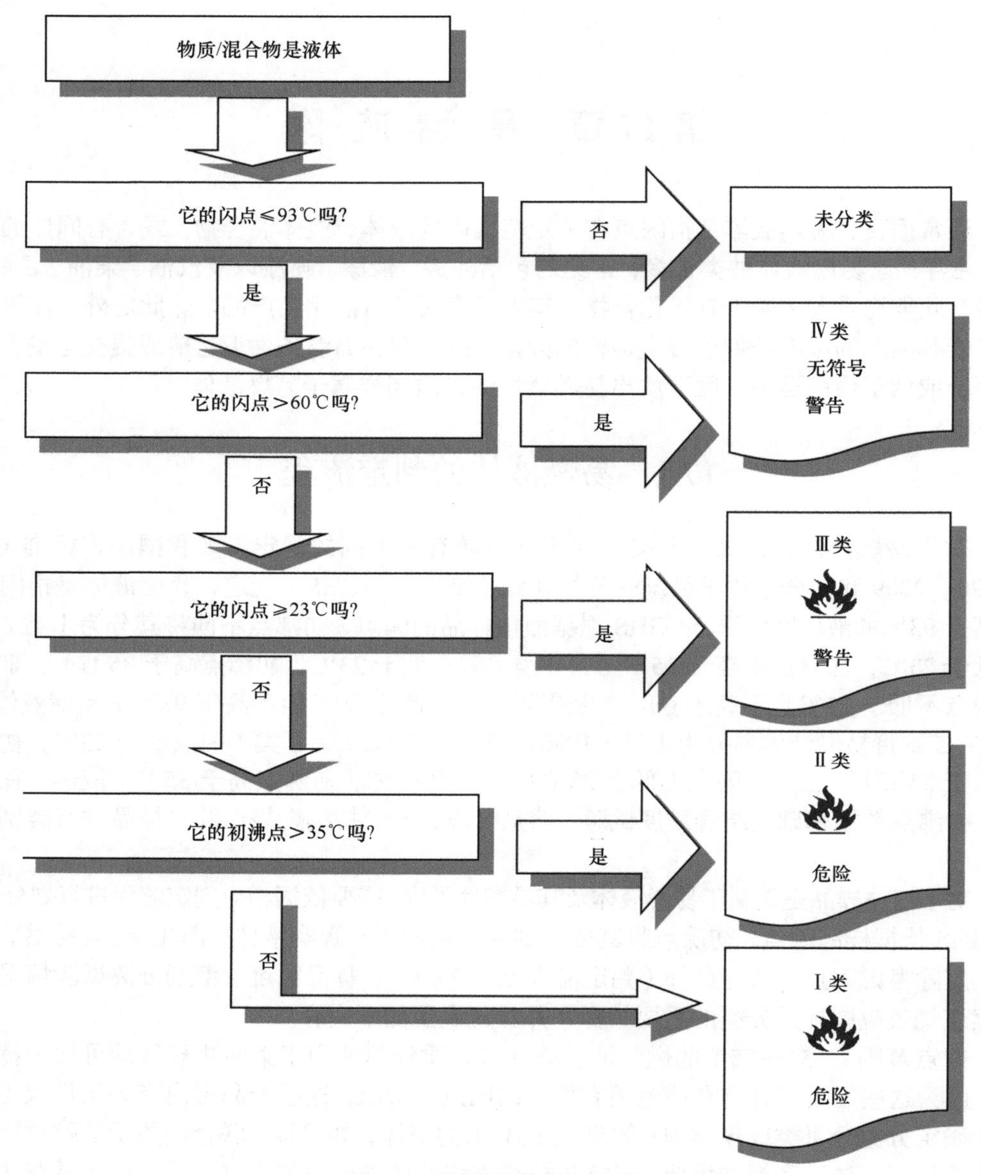

图 17-1　易燃液体判定流程

表 17-1　液体黏度、闪点试验表

流经时间/s	喷嘴直径/mm	闪点/℃
$20<t\leqslant60$	4	>17
$60<t\leqslant100$	4	>10
$20<t\leqslant32$	6	>5
$32<t\leqslant44$	6	>−1
$44<t\leqslant100$	6	>−5
$100<t$	6	≤−5

17.2　易燃液体的判定试验

17.2.1　黏度试验[4]

对于归类为易燃液体的样品，进行类别分类时所使用的黏度试验采用喷嘴直径为 4mm 和 6mm 的黏度试验仪，测量一定体积样品流经试验仪的时间。试验所用黏度试验仪及规格尺寸如图 17-2 所示。测量时首先将待测液体样品搅拌均匀，封闭黏度仪下端的出口，然后将样品加入垂直放置的黏度仪中至仪器内部标准刻度线。待样品稳定后开启黏度仪底部出口，同时启动计时装置，让样品无阻碍自然经喷嘴垂直流出，记录仪器内所有样品完全流经喷嘴的时间。试验通常使用 4mm 直径黏度仪，当样品流出时间超过 100s 时应使用 6mm 直径黏度仪。所有样品进行 3 次试验，取平均值作为样品分类的依据。

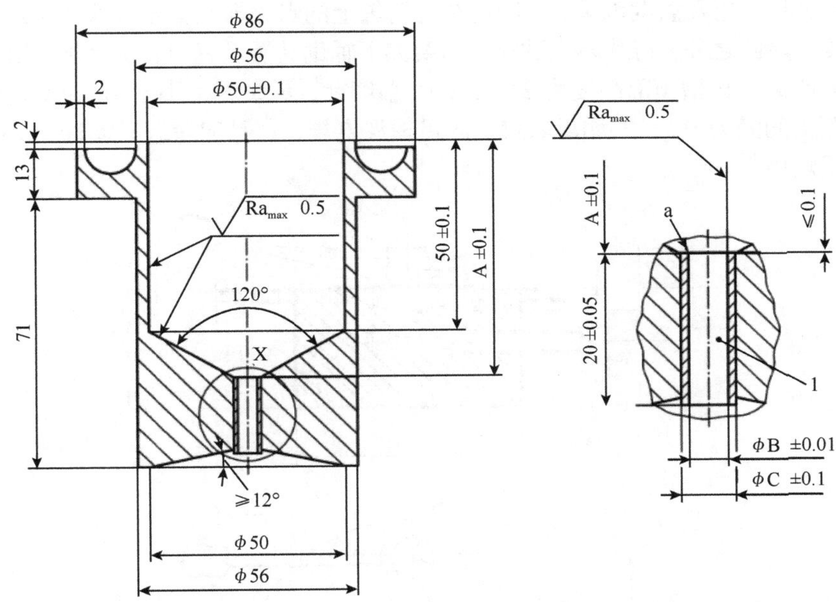

直径单位：mm；粗糙度单位：μm

直径	A	B	C
4mm	62.7	4	6
6mm	62.1	6	8

图 17-2　黏度试验仪

a. 锐利边缘（非圆边）

17.2.2　溶剂分离试验[5]

溶剂分离试验适用于闪点低于 23℃的黏性液体，测定样品的溶剂分离程度。溶剂分离试验无须特殊试验材料、设备，可使用总高度约为 25cm、内径均匀的具塞的 100mL

量筒。将待测样品搅拌均匀后倒入量筒中至 100mL 刻度处，塞紧塞子并使量筒静置 24h 后，测量样品上部分离层高度，用上部分离层高度占试样总高度百分比表示样品分离试验结果。

17.2.3　持续燃烧试验[6]

持续燃烧试验适用于拟归类为易燃液体的样品，在试验条件下将样品暴露于火焰下加热并观察其是否持续燃烧。试验过程是将具有凹陷试样槽的金属块加热到一定温度，然后将一定数量的样品置于试样槽中，在规定条件下将标准火焰施加于样品上，然后移去火焰观察样品是否能够持续燃烧。

1. 试验装置及材料

持续燃烧试验所用装置如图 17-3 所示。试验装置由铝合金或其他导热率高的金属材质制成，中央具凹槽及温度测量孔，固定在旋转轴上的点火探头置于金属块边缘，并可调整相应角度。除此之外，持续燃烧试验还需要如下辅助装置及材料：①量规，用于核对点火装置中心距离试样槽顶部高度为 2.2mm；②温度计，灵敏度不小于 1mm/℃，或具同样灵敏度、刻度间隔为 0.5℃的测量装置；③可控温电炉；④计时装置；⑤2mL±0.1mL 进样器；⑥丁烷燃料。

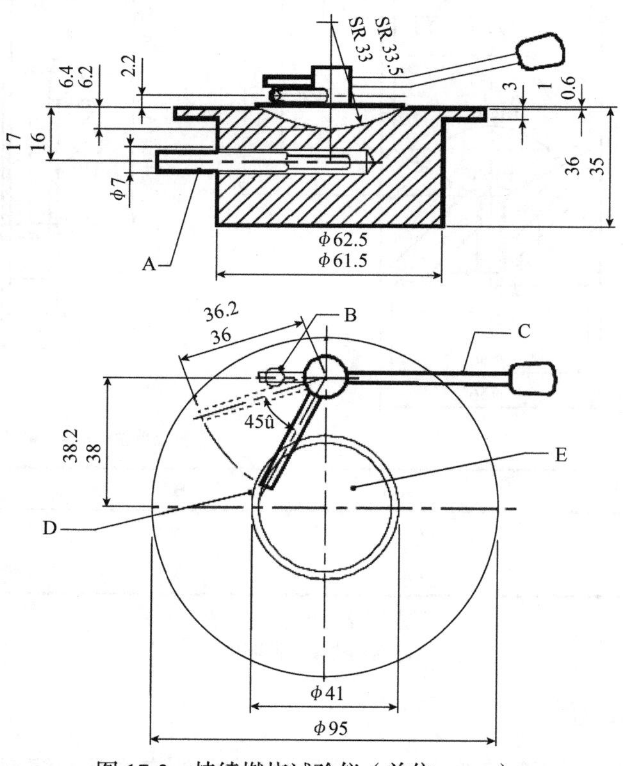

图 17-3　持续燃烧试验仪（单位：mm）

A. 温度计；B. 闩；C. 手柄；D. 试验煤气喷嘴；E. 试样槽

2. 试验步骤

拟归类为易燃液体的样品通常具有较强挥发性，因此在试验前应将其存放于紧密封闭的容器内。持续燃烧试验装置应置于完全不通风区域，周围环境中不应有强光如闪光、火焰等以利于观察。试验过程按以下步骤进行。

a）将燃烧仪金属块在电炉上加热至试验温度（60.5℃或 75℃），根据试验过程中气压变化调整试验温度，气压每升高或降低 4kPa，试验温度相应增高或降低 1℃。

b）点火装置位于“关”时，点燃火焰并调整火焰高为 8～9mm、宽为 5mm。

c）采用进样器抽取 2mL 样品，迅速加入到持续燃烧试验装置试样槽中，启动计时装置。

d）样品加热时间达 60s（此时样品被认为达到温度平衡）时，若样品未被点燃，则将点火装置移至“开”（即试验位置）并保持 15s 后移至“关”位置，观察样品是否点燃。

e）试验进行 3 次。过程中需要记录的现象和数据包括：火焰移到“开”位置之前样品是否点燃并持续燃烧、发出火花；火焰移至“开”位置时样品是否点燃且在火焰回到“关”位置后的持续燃烧时间。

若试验过程中未观察到样品持续燃烧，则使用新样品重复整个程序并将加热时间延长为 30s。试验首先在 60.5℃进行，若未观察到持续燃烧则使用新的样品在 75℃下重复整个程序。

3. 试验结果评估

易燃液体持续燃烧是指点火装置在“关”的位置时，样品点燃并持续燃烧或试验火焰在“开”位置停留 15s 后，样品点燃并且在火焰回到“关”的位置后持续燃烧超过 15s。试验过程中出现的间歇火花不属于样品持续燃烧。

参 考 文 献

[1] 中华人民共和国国家标准. GB 30000.7—2013 化学品分类和标签规范 第 7 部分：易燃液体. 北京：中国标准出版社，2013.

[2] 中华人民共和国国家标准. GB 13690—2009 化学品分类和危险性公示 通则.北京：中国标准出版社，2009.

[3] United Nations. Globally Harmonized System of Classification and Labelling of Chemicals. 6th ed. New York and Geneva，2015.

[4] 中华人民共和国国家标准. GB/T 21623—2008 危险品 易燃黏性液体黏度试验方法. 北京：中国标准出版社，2008.

[5] 中华人民共和国国家标准. GB/T 21624—2008 危险品 易燃黏性液体溶剂分离试验方法. 北京：中国标准出版社，2008.

[6] 中华人民共和国国家标准. GB/T 21622—2008 危险品 易燃液体持续燃烧试验方法. 北京：中国标准出版社，2008.

第 18 章 易燃固体、易于自燃物质和遇水放出易燃气体物质

固体化学品除可能具有爆炸性危害外，部分固体化学品还存在着易于燃烧、自燃、与水等其他物质反应生成易燃气体等潜在危险性。对于这样的物质，需通过相应试验进行危险性分析、归类，以将其划归为不同危险性类别，但对于具有其他危险性，如爆炸性、氧化性等的固体，本章所涉及分类方法并不适用其危险性鉴别，同时对于有机金属类物质，由于其结构、活性的特殊性，需依照特定的危险性判定流程进行类别归类。

18.1 易燃固体、易于自燃物质和遇水放出易燃气体物质的判定流程

易燃固体的定义是易于燃烧的固体和摩擦可能起火的固体[1]。易燃固体包括在所遭遇的条件下容易燃烧或摩擦可能引燃或助燃的固体、可能发生强烈放热反应的自反应物质及不充分稀释可能发生爆炸的固态退敏爆炸品[2]。易燃固体类物质性状可包括粉状、颗粒状或糊状，此类物质若与燃烧的火源短暂接触即可能很容易点燃、燃烧，并会迅速蔓延，具有较强的危险性，同时对外界造成的危害不仅在于火焰，还可能来自其燃烧产生的毒性排出物，同液态易燃物相比，固体燃烧尤其是金属燃烧还特别危险，不仅在于难以扑灭，还在于常规灭火方式如干粉灭火剂、水等不仅不能熄灭火焰反而可导致燃烧更为猛烈。

18.1.1 易燃固体判定流程

易燃固体类物质由于金属、非金属物质性质存差异，其类别划分略有不同，非金属物质，在燃烧性试验中若有一次或多次整个试验样品燃烧时间小于 45s，或燃烧速率大于 2.2mm/s 则认定为易于燃烧固体，对于金属或金属合金粉末，若能够点燃且在 10min 内燃烧反应蔓延至整个试验样品，则认定为易燃固体[1]。易燃固体类样品同时依据燃烧速率进行类别划分，对于除金属粉末外的易燃固体，若整个样品燃烧时间低于 45s 且火焰能够通过润湿段，对于金属或金属合金粉末，若反应段在 5min 内蔓延燃烧至全部长度，则归类为易燃固体Ⅰ类；对于除金属粉末外的易燃固体，若燃烧时间低于 45s，但火焰传播被润湿段阻碍至少 4min，而整个反应段蔓延时间大于 5min 且小于 10min，则归类为易燃固体Ⅱ类。易燃固体判断流程如图 18-1 所示。

18.1.2 易于自燃物质判定流程

易于自燃物质的危险性类别需依据样品性质判定，依照不同程序进行。自燃固体通

过试验确定其是否会在接触空气 5min 内着火；自燃液体首先通过试验确定其加载在惰性载体中并暴露于空气 5min 内是否着火，然后进行滤纸变黑或燃烧性试验[3]。判定属于自燃固体、自燃液体的样品均归类为 I 类易于自燃物质。自燃固体的判定流程见图 18-2，自燃液体的判定流程见图 18-3。

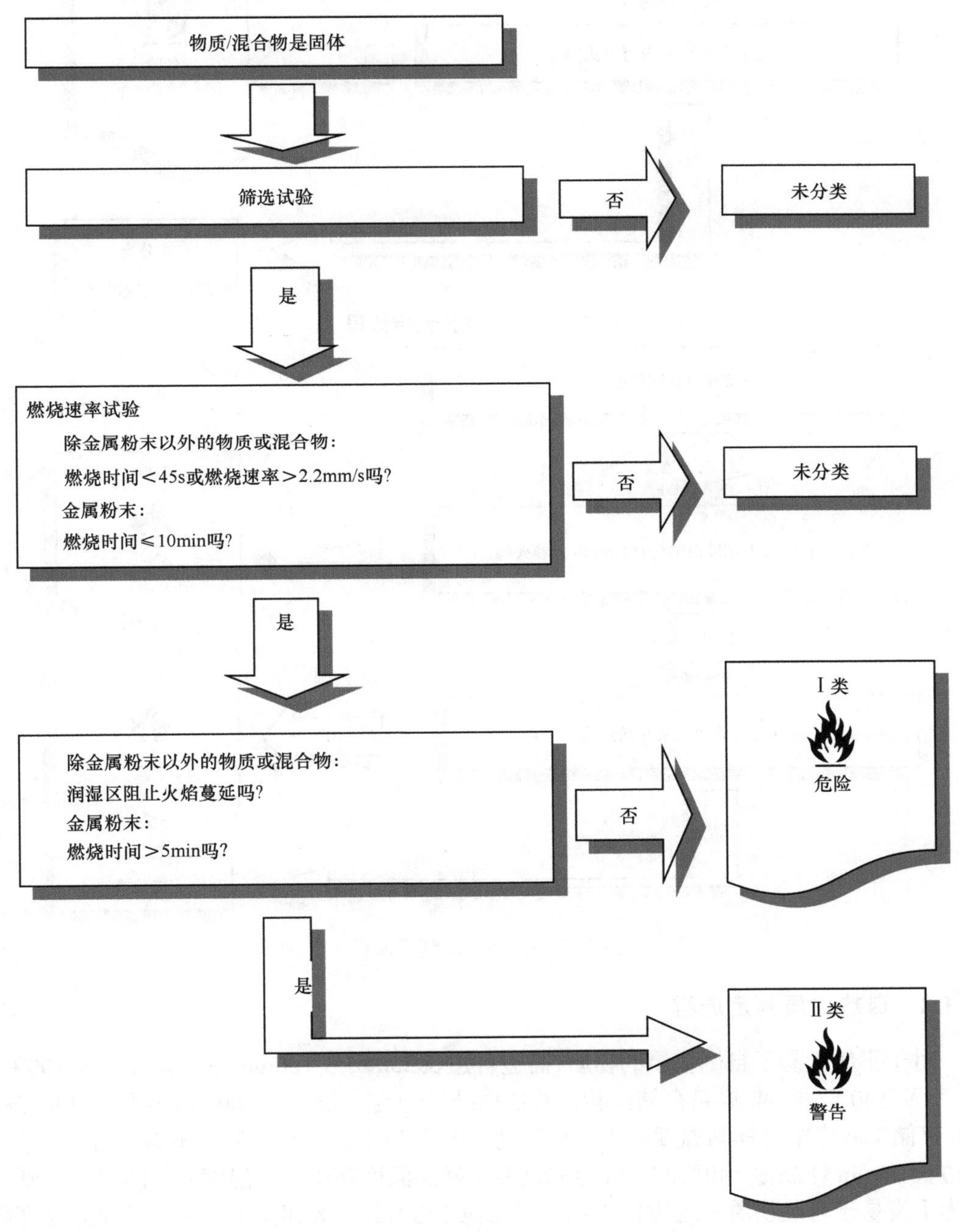

图 18-1　易燃固体判定流程

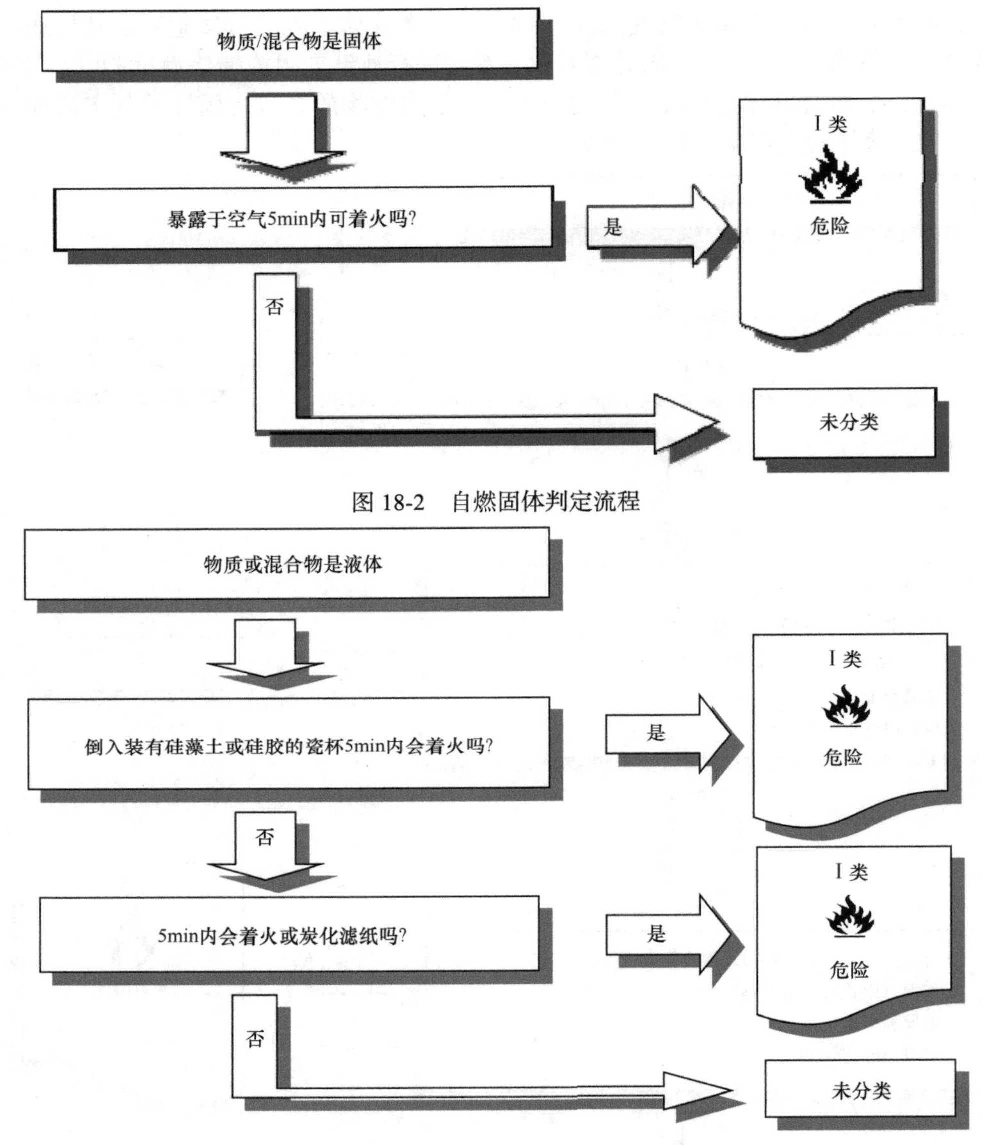

图 18-2　自燃固体判定流程

图 18-3　自燃液体判定流程

18.1.3　自热物质判定流程

对于不属于易于自燃物质的物质,需进行边长 25mm 或 100mm 立方体样品池 100℃、120℃及 140℃的 24h 烘箱存储试验，并依据结果判定：若边长 100mm 样品池 140℃的 24h 存储试验中未见样品温度高于外界温度 60℃及以上，则样品属于不易于自热物质；若边长 25mm 样品池 140℃的 24h 存储试验中样品温度高于外界温度 60℃及以上，则样品为Ⅰ类易于自热物质；若边长 25mm 样品池 140℃的 24h 存储试验中未见样品温度高于外界温度 60℃及以上，但边长 100mm 样品池 120℃的 24h 存储试验中样品温度高于外界温度 60℃及以上，或边长 100mm 样品池 140℃的 24h 存储试验中样品温度高于外界温度 60℃及以上，则样品为Ⅱ类易于自热物质[4]。易于自热物质的判定流程见图 18-4。

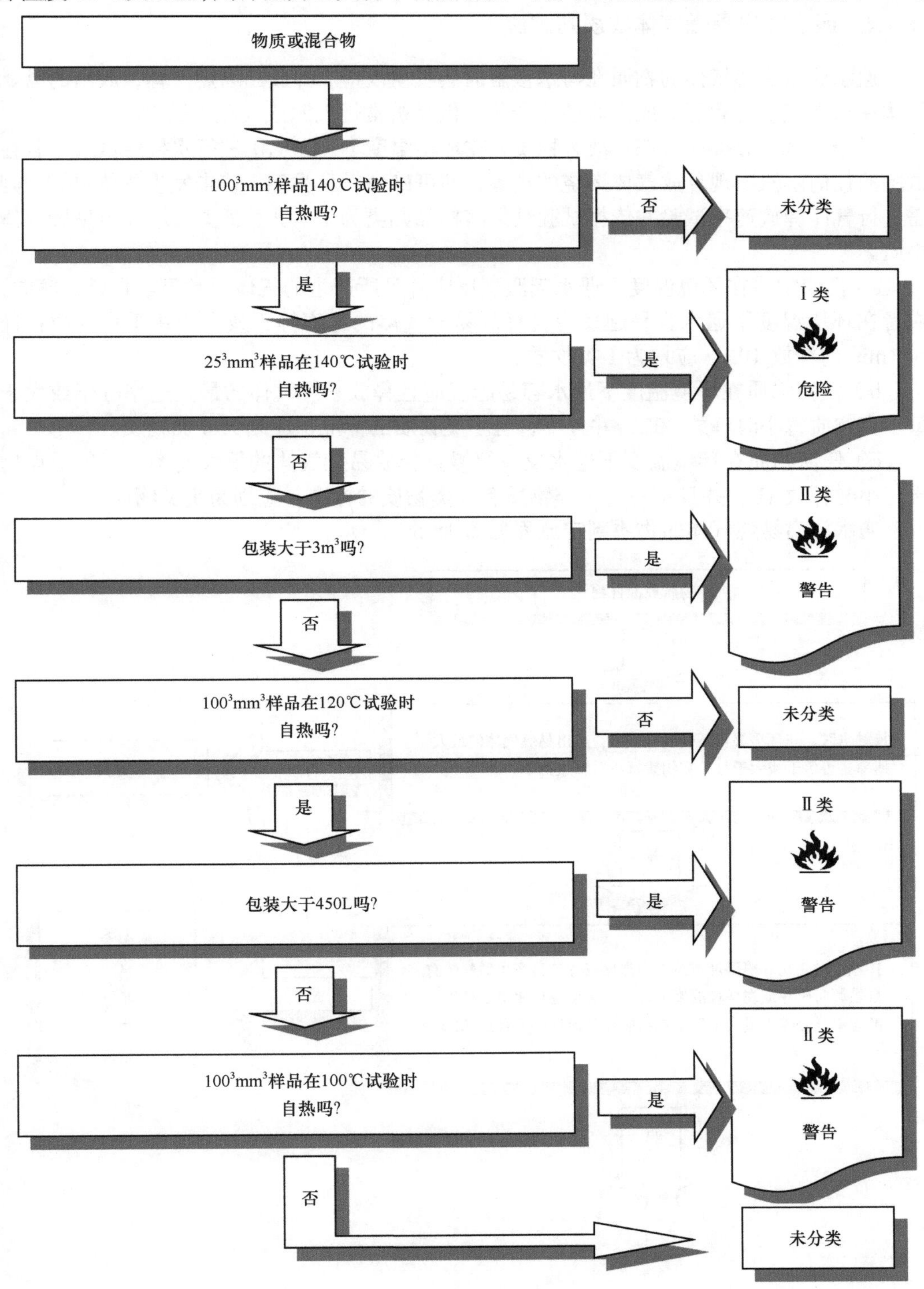

图 18-4　自热物质判定流程图

18.1.4　遇水放出易燃气体物质判定流程

遇水放出易燃气体的物质在与水接触时会发生反应，并放出易燃气体，放出的易燃气体在与空气混合后可形成爆炸性混合物，极易被常规火源或火花引燃[5]。

对于待试验分类的固态、液态物质，在环境温度下（20℃）进行水接触试验，若在试验的任何阶段出现释放气体燃烧的现象，即可确证样品类型。若未发生气体自燃，则需进行气体释放速率试验并依据试验结果将样品归类为Ⅰ、Ⅱ、Ⅲ类遇水放出易燃气体物质。

a）任何物质在环境温度下遇水起激烈反应并且所产生的气体通常显示自燃的倾向，或者在环境温度下遇水容易起反应且释放易燃气体的速率等于或大于每千克物质在任何 1min 内释放 10L，应划为Ⅰ类物质。

b）任何物质在环境温度下遇水容易起反应且释放易燃气体的最大速率等于或大于每千克物质每小时释放 20L，并且不符合Ⅰ类物质的标准，应划为Ⅱ类物质。

c）任何物质在环境温度下遇水反应缓慢且释放易燃气体的最大速率大于每千克物质每小时释放 1L，并且不符合Ⅰ类物质和Ⅱ类物质的标准，应划为Ⅲ类物质。

遇水放出易燃气体的物质判定流程见图 18-5。

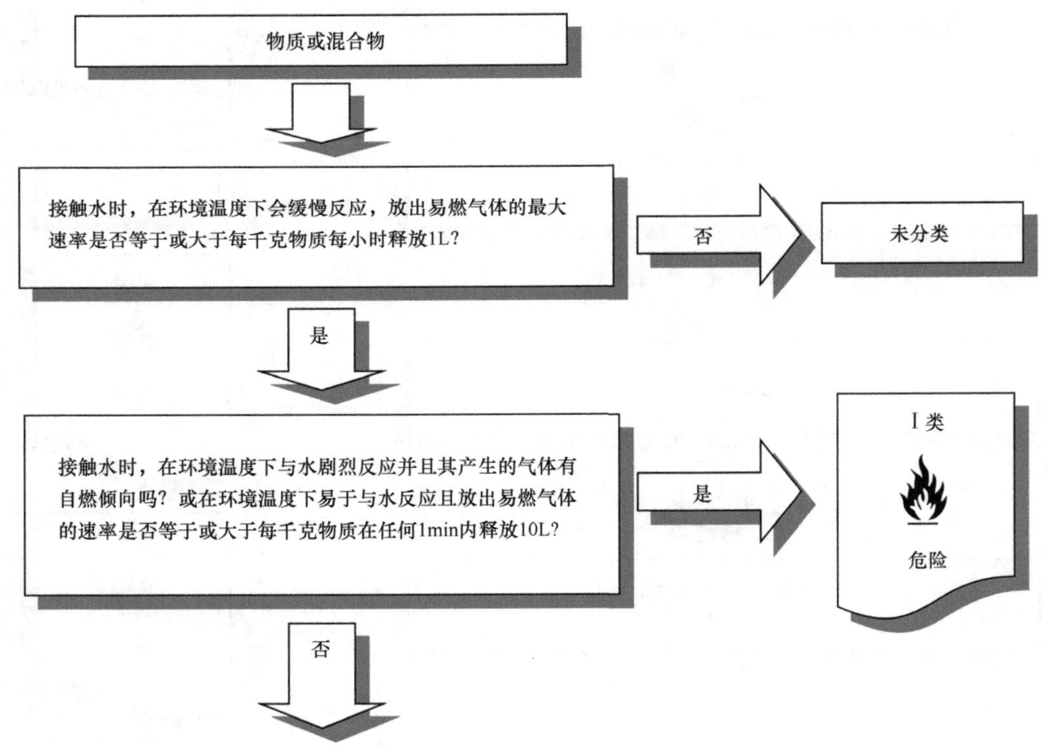

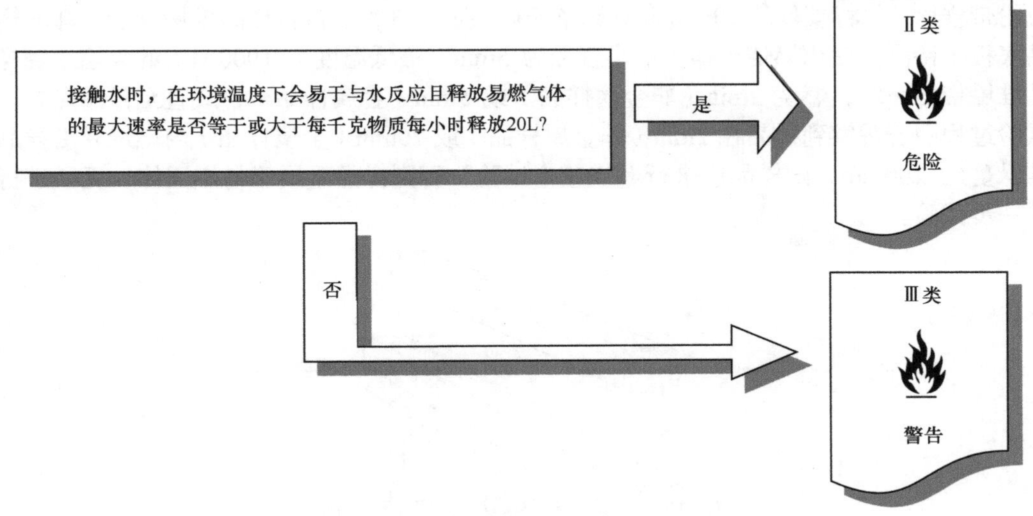

图 18-5　遇水放出易燃气体物质判定流程图

18.2　易燃固体、易于自燃物质和遇水放出易燃气体物质的判定试验

18.2.1　燃烧速率试验

对于易燃固体类物质，目前通过气体火焰点燃物质，观察其是否能够点燃、带火焰燃烧或冒烟传播及发生此类反应的时间，并通过反应速率、强度对其进行类别归类。固体燃烧性试验是对固体物质传播燃烧的能力进行测试，通过物质点燃、燃烧的时间进行判定。

燃烧速率试验适用于确定拟划归为易燃固体的危险性物质，通过将样品点燃后记录燃烧时间来确定样品传播燃烧的能力，通过模具将粉状或颗粒状物质制备成标准长度、性状的待测样品堆垛，之后点火燃烧[6]。

1. 试验设备

燃烧速率试验所需要的装置包括：①火源，要求最低温度为 1000℃，火焰直径不小于 5mm；②耐热底板；③燃烧速率仪；④点火枪；⑤计时秒表，精度为 0.5s；⑥模具，长 250mm、剖面为内高 10mm、宽 20mm 的三角形模具，如图 18-6 所示。

2. 试验步骤

拟归类为易燃固体的化学样品在试验中需首先进行初步甄别试验和燃烧速率试验，并依据试验结果对样品的易燃性进行归类。

（1）初步甄别试验

对于待测试验样品，使用样品模具制备成长 250mm、宽 20mm、高 10mm 的连续带或粉带堆垛，并将模具从 20mm 高处跌落于硬表面上 3 次，再将样品堆垛置于冷却的样品底板，待测。使用燃烧气体（最小直径为 5mm、最低温度为 1000℃）的火焰燃烧样品堆垛带的一端，燃烧 2min（非金属样品）或 5min（金属样品），或直至样品点燃。试验过程中若观察到样品在 2min（非金属样品）或 20min（金属样品）内燃烧并沿样品堆垛蔓延 200mm，则样品应进行燃烧速率试验，否则样品不属于易燃固体，无须进行进一步试验。

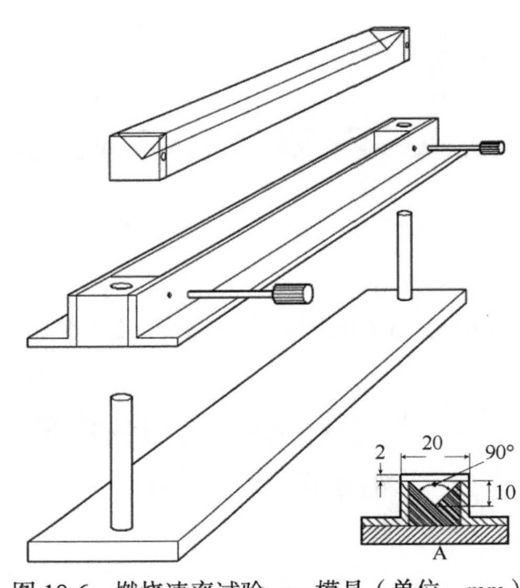

图 18-6　燃烧速率试验——模具（单位：mm）
A. 250mm 长模具的剖面

（2）燃烧速率试验

采用初步甄别试验中相同方法制备试验样品，对于除金属粉末以外的样品，需在燃烧端开始 100mm 长测试段外 30～40mm 处，将约 1mL 湿润溶剂滴加于样品堆垛，其间应确保堆垛样品剖面完全润湿并且润湿溶剂不会从样品堆垛两侧流失。所使用润湿溶剂应不含任何可燃溶剂，同时活性物质总量不超过 1%。

采用点火系统自样品堆垛一端开始点燃样品，当堆垛样品燃烧 80mm 长时，开始测定此后 100mm 长度的燃烧速率，对于除金属粉末以外的经过润湿溶剂润湿的堆垛样品，同时观察并记录润湿段是否阻止火焰传播至少 4min。试验共进行 6 次，每次均使用新的样品及干净、冷却底板。

3. 试验结果和评估

a）粉状、颗粒状样品在一次或多次试验中燃烧时间少于 45s 或燃烧速率大于 2.2mm/s，应划为易燃固体。

b）金属或金属合金粉末如能点燃，并且在 10min 内可蔓延至样品的全部长度，应分类为易燃固体。

试验结果判定及适用包装类别如表 18-1 所示。

表 18-1　试验结果判定及适用包装类别判定

易燃固体	燃烧时间	包装类别
易于燃烧的固体	＜45s 且火焰通过润湿段	Ⅱ类
	＜45s 且润湿段阻燃至少 4min	Ⅲ类
金属或合金粉末	＜5min	Ⅱ类
	＞5min 且＜10min	Ⅲ类

4. 结果实例

燃烧速率试验结果实例见表 18-2。

表 18-2　结果实例

物质	初步燃烧试验	燃烧时间/s	延迟时间	结果
亚乙基双(二硫代氨基甲酸)锰与锌盐的络合物(88%代森锰锌)		102		非易燃固体
亚乙基双(二硫代氨基甲酸)锰与锌盐的络合物(80%代森锰锌)		145		非易燃固体
亚乙基双(二硫代氨基甲酸)锰与锌盐的络合物(75%代森锰锌)	不点燃			非易燃固体

18.2.2　自燃固体试验[7]

1. 试验设备

5mL 量筒、1m 卷尺、计时器。

2. 试验步骤

将 1～2mL 待试验的粉状物质从约 1m 高处往不燃烧的表面倒下，观察该物质是否在跌落时或在落下 5min 内燃烧。试验重复进行 6 次，若在至少一次试验中燃烧则为自燃固体。

18.2.3　自燃液体试验[8]

1. 试验设备

直径约为 100mm 的瓷杯、滤纸、硅藻土。

2. 试验步骤

第一步，在室温条件下将硅藻土装入瓷杯至高度约 5mm 处，再将 5mL 样品液体倒入瓷杯中，观察是否在 5min 内燃烧，试验平行进行 6 次。除非较早发现燃烧，否则第一步试验中未发现燃烧，则进行第二步试验，将 0.5mL 试验样品在温度为 25℃±2℃、相对湿度为 50%±5%条件下滴于具凹槽滤纸表面，观察是否在 5min 内发生燃烧或滤纸炭化、变黑。若第一步试验中样品燃烧，或第二步试验中样品燃烧、滤纸炭化，则为自燃液体。

3. 结果实例

试验结果实例如表 18-3 所示。

表 18-3　结果实例

物质	空气暴露效应	滤纸暴露效应	结果
二乙基氯化铝/异戊烷（10/90）	无燃烧	未炭化、变黑	非易于自燃物质
二乙基氯化铝/异戊烷（15/85）	无燃烧	炭化、变黑	易于自燃物质
二乙基氯化铝/异戊烷（95/5）	无燃烧	炭化、变黑	易于自燃物质
三乙基铝/庚烷（10/90）	无燃烧	未炭化、变黑	非易于自燃物质
三乙基铝/庚烷（15/85）	无燃烧	炭化、变黑	易于自燃物质
三乙基铝/庚烷（95/5）	无燃烧	炭化、变黑	易于自燃物质

18.2.4　自热物质试验[9]

1. 试验设备

a）热空气循环式烘箱，内容积大于 9L。

b）立方形试样容器，边长为 25mm 和 100mm，用不锈钢制造，网孔边长为 0.05mm，容器上部敞开。

c）铬铝热电偶 2 个，直径为 0.3mm。

2. 试验步骤

a）将粉状或颗粒状试样装进试样容器，装满至边，并将容器轻拍若干次，如试样下沉，再添加一些，如试样堆高了，齐边削平。用容器罩罩住，并挂在烘箱的中心。

b）将烘箱温度升至 140℃，并保持 24h。连续记录试样和烘箱温度。用延长 100mm 的立方体试样进行第一次试验。

c）如出现自燃或试样温度比烘箱温度高出 60℃，即取得肯定的结果。如果取得肯定的结果，就应用边长 25mm 的立方体试样在 140℃下进行第二次试验。

d）如果在 140℃下进行试验，边长 100mm 的立方体试样取得肯定的结果，而边长 25mm 的立方体试样没有，那么应用边长 100mm 立方体试样在 140℃下进行第三次试验。

3. 试验结果和评估

试验结果判定及适用包装类别见表 18-4。

表 18-4　试验结果判定及包装类别判定

试验结果	危险等级	包装类别
边长 25mm 样品在 140℃下肯定结果	中度危险性	Ⅱ
（a）边长 100mm 样品在 140℃下肯定结果，边长 25mm 样品在 140℃下否定结果，且该物质装在容积大于 $3m^3$ 的包件中 （b）边长 100mm 样品在 140℃下肯定结果，边长 25mm 样品在 140℃下否定结果，边长 100mm 样品在 120℃下肯定结果，且该物质装在容积大于 450L 的包件中 （c）边长 100mm 样品在 140℃下肯定结果，边长 25mm 样品在 140℃下否定结果，边长 100mm 样品在 100℃下肯定结果	较低危险性	Ⅲ

4. 结果实例

自热物质试验结果实例见表 18-5。

表 18-5　结果实例

物质	烘箱温度/℃	立方体边长/mm	最高温度/℃	判定结果
钴/钼催化剂颗粒	140	100	＞200	自热物质
	140	25	181	
亚乙基双(二硫代氨基甲酸)锰(80%代森锰锌)	140	25	＞200	自热物质
亚乙基双(二硫代氨基甲酸)锰与锌盐的络合物(75%代森锰锌)	140	25	＞200	自热物质
镍催化剂颗粒（含 70%氢化油）	140	100	140	非自热物质
镍催化剂颗粒（含 50%白油）	140	100	＞200	自热物质
	140	25	140	

18.2.5　遇水放出易燃气体物质试验

遇水放出易燃气体物质试验通过使物质在各种不同条件下与水接触来确定其是否遇水会放出易燃气体[10]。

1. 试验设备

精密恒温水槽、气体体积测量仪、气体易燃性测试仪。

2. 试验步骤

化学物质可按照下述程序进行试验，如果在任何阶段出现自燃，无须进行进一步试验。

（1）水槽试验

将直径约为 2mm 的少量样品置于 20℃蒸馏水水槽中，观察是否有任何气体产生及产生的气体是否发生自燃。

（2）滤纸试验

将直径约为 2mm 的少量样品置于平坦的漂浮于 20℃蒸馏水水面的滤纸中心，观察在试验条件下是否有气体产生及气体是否发生自燃。

（3）堆垛试验

将样品堆垛成高 20mm、直径 30mm 柱状，堆垛顶端凹陷，在凹陷处缓慢滴加数滴蒸馏水，观察在试验条件下是否有气体产生及气体是否发生自燃。

（4）气体释放速率试验

对于直径小于 0.5mm 的颗粒含量高于 1%的或易碎的样品，试验前应将样品研磨粉碎，在 20℃条件下将足以产生 100～250mL 气体的样品（最大 25g）加入锥形瓶中，通过滴液漏斗将蒸馏水加入锥形瓶，记录反应时间及气体释放速率。应记录 7h 的气体释放速率并每隔 1h 计算一次，若不稳定可适当延长时间，但最长为 5 天。对于未知化学特性的气体释放物，应进行易燃性试验。

3. 试验结果和评估

遇水放出易燃气体物质试验采用以下结果进行判定。

a）在试验的任何过程中发生自燃，或气体释放速率不小于 10L/(kg · min)，样品为Ⅰ类物质。

b）物质遇水容易起反应，气体释放速率不小于 20L/(kg · h)，样品为Ⅱ类物质。

c）物质遇水容易起反应，气体释放速率不小于 1L/(kg · h)，样品为Ⅲ类物质。

参考文献

[1] 中华人民共和国国家标准. GB 30000.8—2013 化学品分类和标签规范 第 8 部分：易燃固体. 北京：中国标准出版社，2013.
[2] 中华人民共和国国家标准. GB 30000.12—2013 化学品分类和标签规范 第 12 部分：自热物质和混合物. 北京：中国标准出版社，2013.
[3] 中华人民共和国国家标准. GB 30000.11—2013 化学品分类和标签规范 第 11 部分：自燃固体. 北京：中国标准出版社，2013.
[4] 中华人民共和国国家标准. GB 30000.12—2013 化学品分类和标签规范 第 12 部分：自热物质和混合物. 北京：中国标准出版社，2013.
[5] 中华人民共和国国家标准. GB 30000.13—2013 化学品分类和标签规范 第 13 部分：遇水放出易燃气体的物质和混合物. 北京：中国标准出版社，2013.
[6] 中华人民共和国国家标准. GB/T 21618—2008 危险品 易燃固体燃烧速率试验方法. 北京：中国标准出版社，2008.
[7] 中华人民共和国国家标准. GB/T 21611—2008 危险品 易燃固体自燃试验方法. 北京：中国标准出版社，2008.
[8] 中华人民共和国国家标准. GB/T 21860—2008 液体化学品自燃温度的试验方法. 北京：中国标准出版社，2008.
[9] 中华人民共和国国家标准. GB/T 21612—2008 危险品 易燃固体自热试验方法. 北京：中国标准出版社，2008.
[10] 中华人民共和国国家标准. GB/T 21619—2008 危险品 易燃固体遇水放出易燃气体试验方法. 北京：中国标准出版社，2008.

第 19 章　自反应物质和有机过氧化物

自反应物质或混合物是指热不稳定液体或固体物质或混合物，即使没有氧气（空气）的参与，也易发生强烈放热分解反应。自反应物质或混合物不包括根据 GHS 归类为爆炸品、有机过氧化物或氧化物的物质和混合物。自反应物质的特点在于即使没有氧气（空气）作为氧化性介质，也可发生激烈的放热分解，属于不稳定性物质[1]。自反应物质的分解诱因可以是热、催化（如酸、碱、重金属）诱导、摩擦、碰撞等，其分解速率随温度升高而增加，同时伴随气体放出，对于此类物质必须严格控制其温度以保障安全，但在密闭空间条件下有发生爆炸性分解、猛烈燃烧等危害。

有机过氧化物是指含有二价“—O—O—”结构并可认为过氧化氢的一个或两个氢原子已被有机基团取代的衍生物的液体或固体有机物。有机过氧化物也包括有机过氧化配方（混合物）[2]。有机过氧化物是可发生放热自加速分解的热不稳定物质或混合物。此外，有机过氧化物具有易爆炸分解、快速燃烧、对撞击或摩擦敏感以及与其他物质发生危险反应的特性。有机过氧化物的分解受热、杂质（酸、胺、重金属）接触、摩擦、碰撞等影响，分解伴随气体、热量释放，因此有机过氧化物需控制温度，在封闭空间范围内同样可能发生爆炸性分解。

19.1　自反应物质和有机过氧化物的判定流程

19.1.1　自反应物质判定流程

自反应物质依照其危险性不同分为 7 种类型（A～G 型），并对应于不同的包装运输要求，其类型判定流程如图 19-1 所示，分类过程如下所述[1]。

a）待归类化学物质如在运输包件中能起爆或迅速爆燃，则为 A 型自反应物质。

b）具有爆炸性质的待归类物质，如在运输包件中既不起爆也不迅速爆燃，但在该包件中可能发生热爆炸，并且在容器中的数量最高可达 25kg，则为 B 型自反应物质。

c）具有爆炸性质的待归类物质，如在运输包件中含量最多为 50kg 时不可能起爆或迅速爆燃或发生热爆炸，则为 C 型自反应物质。

d）待归类物质若部分起爆但不迅速爆燃，在封闭条件下加热时不呈现任何剧烈效应，或不起爆但仅仅缓慢爆燃；在封闭条件下加热时不呈现任何剧烈效应，或不起爆或爆燃；在封闭条件下加热时呈现中等效应，可装在净重不超过 50kg 的包件中，则为 D 型自反应物质。

e）待归类物质在试验中，若既绝不起爆也绝不爆燃，封闭条件下加热反应微弱或无效应，在不超过 400kg/450L 包件中运输，则为 E 型自反应物质。

f）待归类物质在试验中，若在空化状态下不起爆、爆燃，封闭条件下加热反应微弱或无效应、爆炸力弱或无爆炸力，可用中型散货箱或罐体运输，则为 F 型自反应物质。

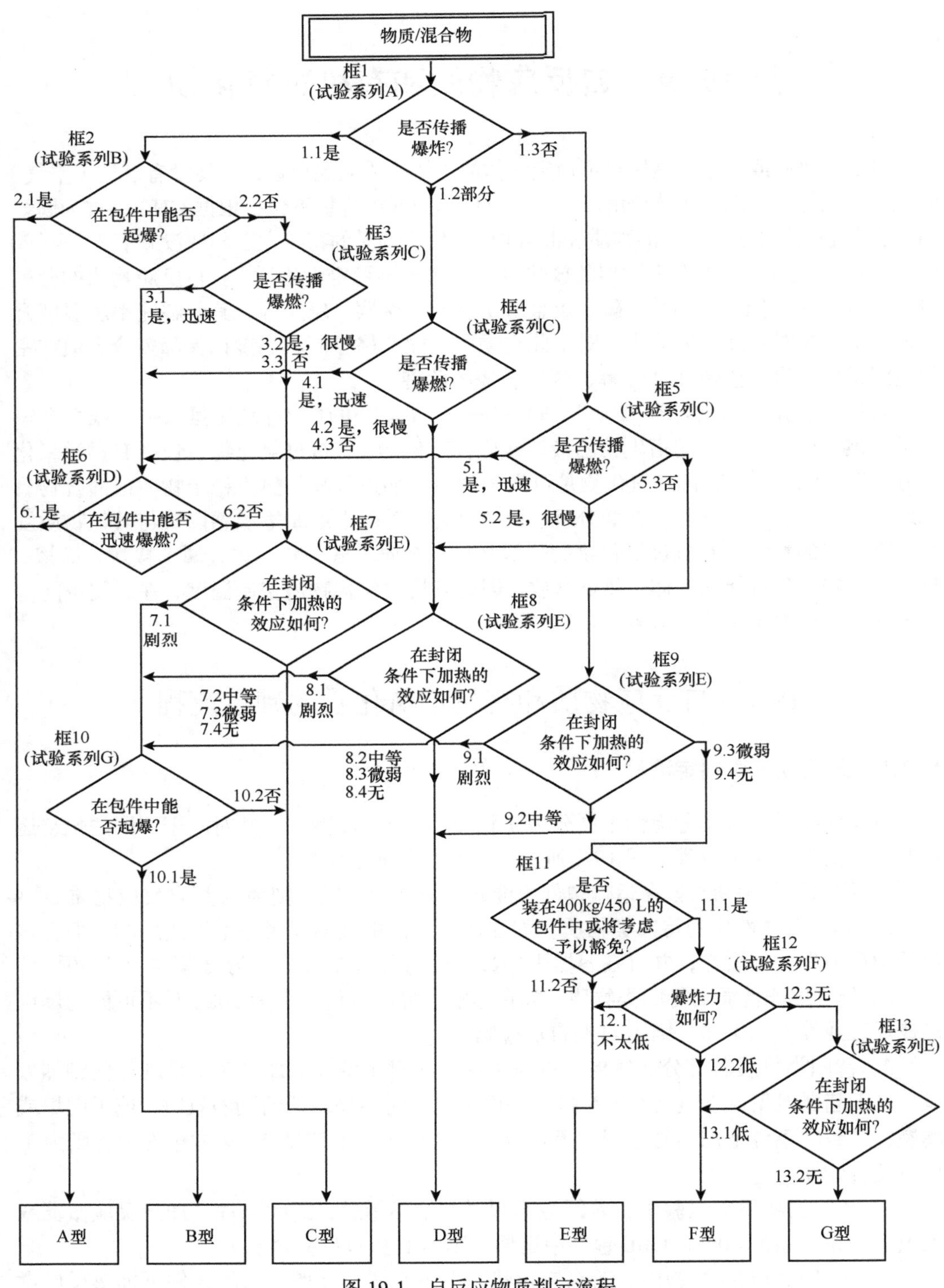

图 19-1　自反应物质判定流程

g）待归类物质在试验中，在空化状态下不起爆、不爆燃，封闭条件下加热无效应、无任何爆炸力，若配制品是热稳定的（50kg 包件的自加速分解温度为 60～75℃），则为 G 型自反应物质；若配制品不是热稳定的或用沸点小于 150℃的相容稀释剂退敏，则为 F 型自反应物质。

19.1.2　有机过氧化物判定流程

有机过氧化物在分子结构上具备“—O—O—”基团，但是如果含有不大于 1.0%过氧化氢的有机过氧化物的可利用氧不大于 1.0%，或者含有大于 1.0%且不大于 7.0%过氧化氢的有机过氧化物可利用氧不大于 0.5%时，可不归类为有机过氧化物。有机过氧化物和有机过氧化物化合物中的可利用氧含量（%）可由式（19-1）得到：

$$16\times\sum_{i}^{n}\left(\frac{n_i c_i}{m_i}\right) \tag{19-1}$$

式中，n_i 为有机过氧化物 i 的每个分子中过氧化基团数；c_i 为有机过氧化物 i 的浓度（质量分数）；m_i 为有机过氧化物 i 的分子量。

有机过氧化物依照其氧化性能不同分为 7 种类型（A～G 型），并对应于不同的联合国包装运输要求，其类型判定流程如图 19-2 所示，分类过程如下[2]。

a）任何有机过氧化物/混合物已包装，能快速爆燃或突燃者，分类为有机过氧化物 A 型。

b）任何有机过氧化物/混合物具有燃炸性，已包装，既不爆燃也不快速突燃，但易在该包装内发生热爆者，分类为有机过氧化物 B 型。

c）具有爆炸性质的任何有机过氧化物，当该物质或混合物包装后不能爆燃或快速突燃或发生热爆炸，分类为有机过氧化物 C 型。

d）任何有机过氧化物在实验室试验时具有以下情况之一的分类为有机过氧化物 D 型：在密闭条件下加热时部分爆燃，不快速突燃和不显示有剧烈影响；在密闭条件下加热时不爆燃、缓慢突燃和不显示有剧烈影响；在密闭条件下加热时不爆燃或突燃和显示有中等影响。

e）任何有机过氧化物在实验室试验时，在密闭条件下加热时既不爆燃也不突燃，并显示有较小的影响或无影响，分类为有机过氧化物 E 型。

f）任何有机过氧化物在实验室试验时，在密闭条件下加热，在气流状态下既不爆燃也不突燃，且仅显示较小的影响或无影响及低或无爆炸力，分类为有机过氧化物 F 型。

g）任何有机过氧化物在实验室试验时，在密闭条件下加热，在气流状态既不爆燃也不突燃，且显示无影响及无任何爆炸力，前提它是热稳定的（对于 50kg 包装自加速分解温度为 60℃或高些），对于液体混合物，用于脱敏的稀释剂的沸点不低于 150℃，分类为有机过氧化物 G 型。如果该混合物不是热稳定的或用于脱敏的稀释剂的沸点低于 150℃，则分类为有机过氧化物 F 型。

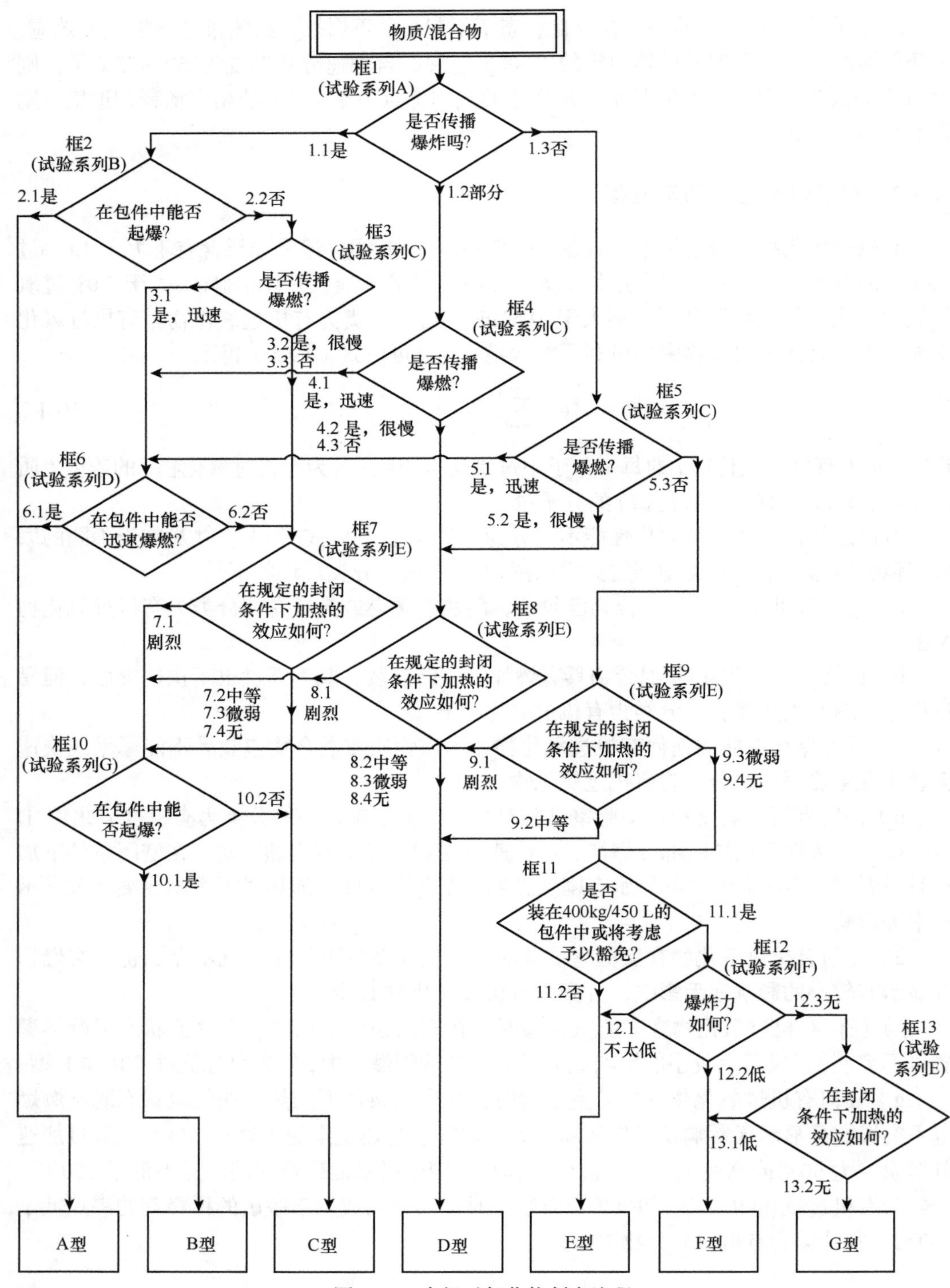

图 19-2　有机过氧化物判定流程

19.2　自反应物质和有机过氧化物的判定试验

自反应物质和有机过氧化物的判定通过表 19-1 所列的试验进行。

表 19-1　用于预判自反应物质和有机过氧化物的试验

试验类别	试验名称	试验目的
试验系列 A	BAM50/60 钢管试验 TNO50/70 钢管试验 联合国隔板试验 联合国引爆试验	判定物质能否传播爆炸
试验系列 B	包件中引爆试验	判定物质在运输包件中能否传播爆炸
试验系列 C	时间/压力试验 爆燃试验	判定物质在封闭空间中能否传播爆燃
试验系列 D	包件中爆燃试验	判定物质在包件中能否迅速传播爆燃
试验系列 E	克南试验 荷兰压力容器试验 美国压力容器试验	判定物质在规定封闭条件下的加热效应
试验系列 F	弹道臼炮 MK.IIID 试验 弹道臼炮试验 BAM 特劳泽试验 改进的特劳泽试验 高压釜试验	评估物质的爆炸力
试验系列 G	包件中热爆炸试验 包件中加速分解试验	判定物质在包件中的热爆炸效应
试验系列 H	美国自加速分解温度试验 绝热存储试验 等温存储试验 热积累存储试验	判定物质在运输温度下的热稳定性

19.2.1　BAM50/60 钢管试验

BAM50/60 钢管试验测量样品在钢管中封闭条件下受到起爆炸药爆炸影响后传播爆炸的能力[3]。

1. 试验装置及材料

BAM50/60 钢管试验所用主要装置包括试验钢管、螺帽、起爆炸药等，其中试验钢管为主要部件，采用抗拉强度为 350～480N/mm^2 的 St.37.0 无缝拉制钢管（符合标准 DIN1629 要求），长为 500mm、外径为 60mm、壁厚为 5mm，钢管端口以展性铸铁螺帽或适当的塑料盖封堵；起爆炸药为由 1.5×10^8Pa 压力压缩的 50g 旋风炸药/蜡（95/5）圆柱形药柱，药柱顶端为直径 7mm、深 20mm 的轴向深孔，用于放置引发雷管。需要注意的是，若试验中样品与 St.37.0 无缝钢管起反应，则需采用带聚乙烯内涂层的钢管进行试验，同时在特殊情况下可使用纯铝或符合标准 DIN17440 的 1.4571 型钢作为钢管材料。BAM50/60 钢管试验装置示意图如图 19-3 所示。

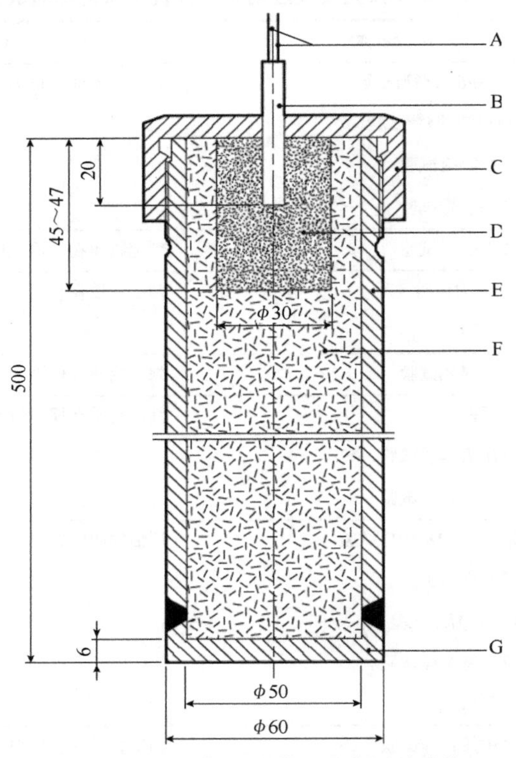

图 19-3　BAM50/60 钢管试验装置示意图（单位：mm）

A. 雷管引线；B. 20mm 深孔；C. 封盖；D. 起爆药；E. 试验钢管；F. 试验样品；G. 底板

2. 试验步骤

样品以接近于实际运输状态的密度进行试验，同时不能有外界因素（如试验钢管）对样品造成影响，因此固态、液态样品采取不同的方法。

（1）固态样品

对于固态样品，若为块状需在试验前将样品压碎后装填入试验钢管，糊状、胶状样品可直接装填，但必须保证装填过程中不留下任何空隙。装填完毕后确定所装样品质量，以钢管内体积计算装填样品的密度，并使最终试验条件下密度尽可能接近运输密度。起爆炸药置于钢管上部中央位置并被样品包围，起爆药以细丝固定于钢管顶部铸铁或塑料封盖上，在起爆炸药中央插入雷管。

（2）液态样品

液态样品可直接装填，并以钢管体积、装填样品质量计算装填密度，为避免样品与起爆炸药之间渗透、吸附，应将起爆炸药以铝箔或适当的塑料包裹、分隔后再装入起爆炸药、封盖、引发雷管。

样品装填完毕后即可进行引爆试验，应进行至少两次可用仪器测量的试验，如采用连续速度探测仪，除非较早观察到样品爆炸，若两次试验均未观察到爆炸，可采取第三次试验进一步证实试验结果。

3. 试验结果、评估及结果实例

BAM50/60 钢管试验结果的评估依据包括：试验钢管是否破裂及破裂形式、样品反应后完整性及必要时所测量到的爆炸在样品中的传播速度。试验结果分为以下 3 种类型。

· 结论“是”：试验钢管完全破裂，或试验钢管两端破裂，或速度测量显示在钢管未破裂部分是等速传播而且高于声音在物质中的传播速度。

· 结论“部分”：试验钢管只在装起爆炸药的一端破裂，两次试验平均钢管破裂长度大于用处于相同物理状态的惰性物质试验时平均破裂长度的 1.5 倍，同时留下相当大部分的未发生反应物质，或速度测量显示在钢管未破裂部分传播速度低于声音在物质中的传播速度。

· 结论“否”：试验钢管仅在装起爆炸药的一端破裂，两次试验平均钢管破裂长度不大于用处于相同物理状态的惰性物质试验时平均破裂长度的 1.5 倍，同时留下相当大部分的未发生反应物质，或速度测量显示在钢管未破裂部分传播速度低于声音在物质中的传播速度。

BAM50/60 钢管试验部分结果实例如表 19-2 所示。

表 19-2　结果实例

物质	视密度/（kg/m^3）	破裂长度/cm	结果
偶氮甲酰胺	627	15	否
间苯二磺酰肼	640	50	是
过氧苯甲酸叔丁酯		30	部分
过氧化二苯甲酰（75%，含水）	740	20	否
过氧重碳酸二异丙酯	790	50	是
过氧化二月桂酰	580	25	部分
过氧化环己酮	620	50	是
联十六烷基过氧重碳酸酯	590	13	否

19.2.2　TNO50/70 钢管试验[3]

1. 试验装置及材料

TNO50/70 钢管试验所需装置材料包括试验钢管、焊接底板、速度探针、起爆炸药等，并且对固体、液体样品有着不同的要求，其试验装置分别如图 19-4 和图 19-5 所示。

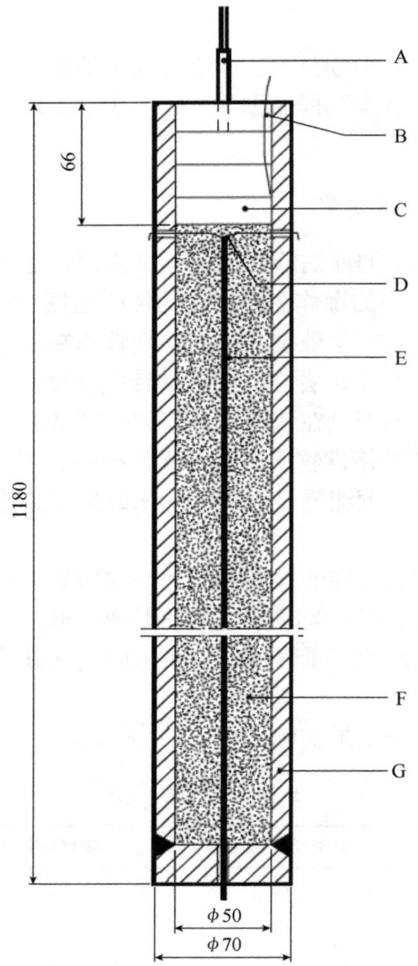

图 19-4　固体的 TNO50/70 钢管试验装置示意图（A 型钢管）（单位：mm）

A. 雷管；B. 探针；C. 起爆炸药；D. 孔眼；E. 速度探针；F. 样品；G. 试验钢管

（1）试验钢管

由材料 St.35 钢制造的无缝钢管，固体样品试验时为内径 50mm、壁厚 10mm、长 1160mm 钢管（A 型管，图 19-4）；液体样品试验时内径、壁厚与固体相同，但钢管长度为 750mm（B 型管，图 19-5）；腐蚀性液体或与 St.35 钢起反应的样品试验时应采用 316 型不锈钢并在必要时进行钝化处理，其尺寸为内径 50mm、外径 63mm、长 750mm（C 型管，图 19-5）。

（2）焊接底板

材质与试验钢管相同，固体样品试验时以 20mm 厚钢板焊接封闭试验钢管一端，液体样品试验时则采用 0.5mm 厚钢板。

（3）速度探针

用于探测试验过程中爆炸的冲击速度。

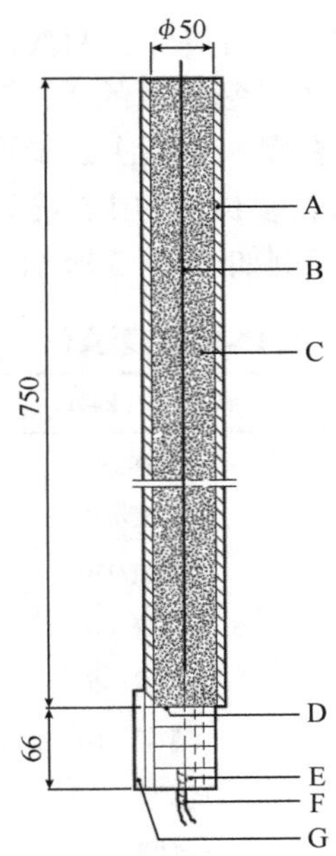

图 19-5　液体的 TNO50/70 钢管试验装置示意图（B 型和 C 型钢管）（单位：mm）

A. 试验钢管；B. 速度探针；C. 样品；D. 底盘；E. 起爆炸药；F. 雷管；G. 托架

（4）起爆炸药

旋风炸药/蜡（95/5），直径 50mm、长 16.4mm，重 50g。

2. 试验步骤

固体、液体样品采用不同的 TNO50/70 钢管试验方法。

（1）固体样品

固体样品需在环境温度或控制温度（某些样品要求低于环境温度）下进行试验。首先在试验钢管中安装速度探针，将试验固体样品从钢管的开口端加入并不断地轻敲钢管使样品落实；装至离钢管上边缘 60mm 后，确定已装入样品质量，计算视密度；插入 4 个起爆炸药并在最后一个起爆炸药中装入雷管；引爆雷管进行试验，试验共进行两次，除非观察到物质爆炸。

（2）液体样品

液体样品试验采用与固体样品试验相同的起爆炸药，但起爆炸药需置于金属底板之下，再将液体装入试验钢管并计算装填密度，采用与固体样品试验相同的方法进行引爆。

3. 试验结果、评估及结果实例

TNO50/70 钢管试验的结果评估依据包括：钢管的破裂形式及测量到的传播速度，并依据严重程度进行样品分类。试验结果可描述为以下 3 种类型。

·结论“是”：钢管完全破裂，或速度测量显示在钢管未破裂部分是等速传播而且高于声音在物质中的传播速度。

· 结论“部分”：试验中物质都没有爆炸，两次试验平均钢管破裂长度大于用处于相同物理状态的惰性物质试验时平均破裂长度的 1.5 倍。

· 结“否”：试验中物质都没有爆炸，两次试验平均钢管破裂长度不大于用处于相同物理状态的惰性物质试验时平均破裂长度的 1.5 倍。

TNO50/70 钢管试验部分结果实例如表 19-3 所示。

表 19-3 结果实例

物质	视密度/（kg/m^3）	破裂长度/cm	结果
叔丁基过氧-2-乙基己酸酯	B 型管	14	否
过氧重碳酸二环己酯	A 型管/630	33	是
过氧化二苯甲酰（75%，含水）	A 型管/770	30	部分
过氧化二正辛酰（液体）	B 型管	10	否
过氧重碳酸二环己酯（10%，含水）	A 型管/640	33	是
过氧化二月桂酰	A 型管/610	34	部分
过氧苯甲酸叔丁酯	B 型管	20	部分
过氧异丙基碳酸叔丁酯	B 型管	17	部分
1,1-二-(叔丁基过氧)-3,5,5-三甲基环己烷	C 型管	7	否

19.2.3 联合国隔板试验[4]

联合国隔板试验的试验装置和步骤与 14.2.1 节相同，具体参见 14.2.1 节。

根据试验钢管破裂形式进行试验结果判定，验证板只用于提供有关反应激烈程度的补充资料，根据所得出的最严重评估结果进行样品分类。试验结果可描述为以下 3 种类型。

· 结论“是”：钢管全长破裂。

· 结论“部分”：钢管并未全长破裂，两次试验平均钢管破裂长度大于用处于相同物理状态的惰性物质试验时平均破裂长度的 1.5 倍。

· 结论“否”：钢管并未全长破裂，两次试验平均钢管破裂长度不大于用处于相同物理状态的惰性物质试验时平均破裂长度的 1.5 倍。

联合国隔板试验部分结果实例如表 19-4 所示。

表 19-4 结果实例

物质	视密度/（kg/m^3）	破裂长度/cm	结果
过氧化二月桂酰	546	28	否
2,2′-偶氮二（异丁腈）	366	40	是
过氧化苯甲酸叔丁酯		25	部分
过氧化二苯甲酰（75%，含水）	685	40	是
叔丁基过氧-2-乙基己酸酯		25	部分

19.2.4　联合国引爆试验[5]

1. 试验装置及材料

联合国引爆试验对固体、液体样品采用相同试验设备进行检测，包括试验钢管、底部密封片、起爆炸药、速度探针、验证板及隔离板，如图 19-6 所示。引爆试验对装置各部分的要求如下。

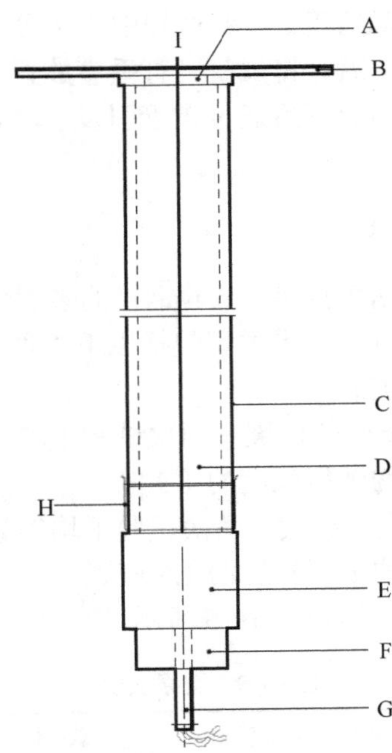

图 19-6　联合国引爆试验装置示意图

A. 隔离板；B. 验证板；C. 试验钢管；D. 样品；E. 起爆炸药；F. 雷管支座；G. 雷管；H. 支撑片；I. 速度探针

（1）试验钢管

冷拉无缝碳钢钢管，外径为 60mm±1mm、壁厚为 5mm±1mm、长为 500mm±5mm，对于可能与钢管起反应的样品，可在试验钢管内涂覆碳氟树脂隔离。

（2）密封片

两层 0.08mm 厚聚乙烯薄片，采用橡皮带、绝缘带固定密封，对于可能与聚乙烯起反应的样品，可使用聚四氟乙烯薄片。

（3）起爆炸药

直径为 60mm±1mm、密度为 1600kg/m^3±50kg/m^3、质量为 200g 的旋风炸药/蜡（95/5）或季戊炸药/梯恩梯（50/50），长约 45mm，其中旋风炸药/蜡起爆炸药可在装药量规格范围内压成一块或多块，季戊炸药/梯恩梯为浇注。

（4）速度探针

用于测量样品在试验过程中的传播速度。

（5）验证板及隔离板

验证板为边长 150mm、厚 3.2mm 的方形低碳钢板，以 1.6mm 厚隔离板与试验钢管及样品隔离。

2. 试验步骤

采用与联合国隔板试验相类似的试验步骤，自试验钢管上部装入样品，固体样品装填过程中应敲拍钢管，并装填至不再观察到样品下沉为止，样品应装填至试验钢管顶部。测定样品的质量并计算内装样品密度，试验过程中应尽可能保证试验样品密度接近于实际样品运输时的密度。装填完毕后，将试验钢管垂直放置，将起爆炸药紧贴着封住钢管底部的薄片并连接雷管，炸药固定好后通过雷管引发。联合国引爆试验应进行两次，除非观察到物质爆炸。

3. 试验结果、评估及结果实例

联合国引爆试验结果的评估依据是：试验钢管的破裂形式及在必要情况下所测量到的爆炸在样品中的传播速度。试验结果类型包括以下 3 种。

· 结论“是”：钢管全长破裂。

· 结论“部分”：钢管并未全长破裂，两次试验平均钢管破裂长度大于用处于相同物理状态的惰性物质试验时平均破裂长度的 1.5 倍。

· 结论“否”：钢管并未全长破裂，两次试验平均钢管破裂长度不大于用处于相同物理状态的惰性物质试验时平均破裂长度的 1.5 倍。

联合国引爆试验部分结果实例如表 19-5 所示。

表 19-5　结果实例

物质	视密度/（kg/m^3）	破裂长度/cm	结果
叔丁基过氧-2-乙基己酸酯		23	否
过氧化二苯甲酰（75%，含水）	697	22	否
过氧化二月桂酰	580	32	部分
2,2′-偶氮二(异丁腈)	346	50	是
过氧苯甲酸叔丁酯		28	部分

19.2.5　包件中引爆试验[5]

待进行包件中引爆试验的样品，利用起爆炸药对试验样品进行冲击，通过试验结果判定样品在运输包件中对爆炸的传播能力。试验所需装置、材料包括雷管、导爆索、可塑性炸药及适当的封闭材料，以防试验过程受到外界环境的影响。试验中采用厚 1mm、尺寸比包件底部尺寸大 0.2m 的软钢片作为验证板，置于包件下方进行试验验证。

试验过程中，首先应保证样品为其实际运输条件的包装状态，样品包件置于验证板上方并采用合适的支撑方法（如砖块、木块等）支撑，以保证验证板下方有足够的空间使其在试验过程中能够不受阻碍地击穿。两片可塑性炸药置于包件顶部，其中每片炸药不超过 100g，炸药总质量不大于包件中试验样品质量的 1%，如图 19-7 所示，可塑性炸药安放于样品顶部中央，并通过雷管、导爆索引爆。试验样品应采用散沙作为封闭材料进行覆盖，每个覆盖方向厚度不低于 0.5m，或采用满装箱、袋、桶（内装泥土、沙）进行覆盖，厚度均不低于 0.5m。包件引爆试验应进行两次，除非观察到爆炸。

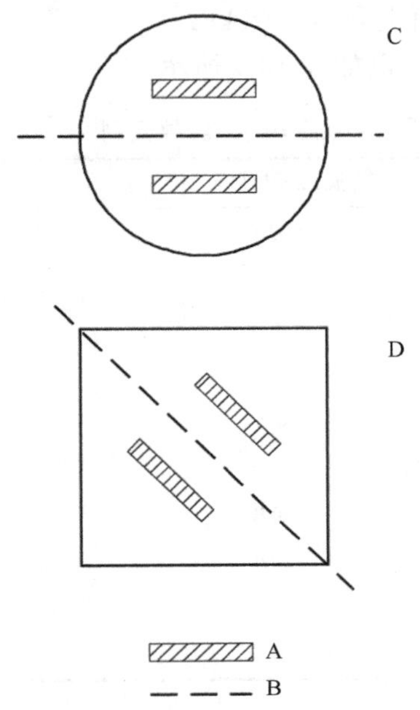

图 19-7　包件中引爆试验装置示意图

A. 引爆炸药；B. 对称线；C. 圆柱包件图；D. 方形包件图

包件中引爆试验通过现场的爆炸迹象进行结果判定，爆炸迹象可能是：试验现场出现大坑、验证板损坏、大部分封闭材料四散分裂或必要时所测量到的物质中爆炸传播速度。试验判定结果可分为以下两种类型。

·结论“是”：试验现场出现坑或样品下验证板穿孔，同时大部分封闭材料四散分裂；或样品包件下半部中爆炸传播速度为等速并且高于声音在物质中的传播速度。

·结论“否”：试验现场未出现坑，同时样品下验证板无穿孔，速度测量显示爆炸传播速度低于声音在物质中的传播速度，固体样品试验后可收回未反应物质。

包件中引爆试验部分结果实例如表 19-6 所示。

表 19-6　结果实例

物质	视密度/（kg/m^3）	容器	结果
过氧化二苯甲酰	730	1G，25kg	是
过氧重碳酸二环己酯	600	1G，5kg	否
过氧重碳酸二环己酯（10%，含水）	600	1G，5kg	否

19.2.6　时间/压力试验[6]

时间/压力试验的试验装备和试验步骤与 14.2.3 节相同，具体参见 14.2.3 节。

时间/压力试验结果根据压力是否达到 2070kPa 以及压力从 690kPa 升至 2070kPa 所需的时间可分以下 3 种类型。

· 结论“是，很快”：压力从 690kPa 上升至 2070kPa 的时间小于 30ms。

· 结论“是，很慢”：压力从 690kPa 上升至 2070kPa 的时间大于或等于 30ms。

· 结论“否”：压力没有上升至 2070kPa。

时间/压力试验部分结果实例如表 19-7 所示。

表 19-7　结果实例

物质	最大压力/kPa	压力上升时间/ms	结果
偶氮甲酰胺	＞2070	63	是，很慢
偶氮甲酰胺（67%，含氧化锌）	＞2070	21	是，很快
过氧苯甲酸叔丁酯	＞2070	2500	是，很慢
2-重氮-1-萘酚-5-磺酰氯	＞2070	14	是，很快
二枯基过氧化物	＜690		否
联十六烷基过氧重碳酸酯	＜690		否
4-亚硝基苯酚	＞2070	498	是，很慢
过氧化二苯甲酰	＞2070	1	是，很快
2,2′-偶氮二（异丁腈）	＞2070	68	是，很慢
2,2′-偶氮二（2-甲基丁腈）	＞2070	384	是，很慢

19.2.7　爆燃试验[5]

1. 试验装置及材料

爆燃试验的主要装置为杜瓦容器，如图 19-8 所示，其相对两边具有垂直观察窗口，杜瓦容器体积约为 300cm^3，内直径为 48mm±1mm、外直径为 60mm、长为 180～200mm。封装在杜瓦容器中的样品体积为 265cm^3 时，其中一半体积样品的冷却时间应当大于 5h。杜瓦容器顶端 50mm、100mm 分别为爆燃形成区及传导速度测量区标识，试验采用精度不大于 0.1℃的温度计或热电偶测量物质点燃之前温度及爆燃传播速度、传播终点温度，并采用精度为 1s 的计时器测量爆燃传播时间。

2. 试验步骤

爆燃试验应当在防爆通风柜或通风良好的实验室中进行。抽风机的功率应当大到足以将分解产物稀释至与空气混合后不会爆炸的程度。观察者和杜瓦容器之间应放置屏障。爆燃试验可使用火焰长度至少为 20mm 的任何气体来点燃试验样品，在不明确试验物质是否爆燃，或其爆燃程度如何的情况下，可首先用直径为 14mm 的管子进行试验，然后用直径为 28mm 的管子进行试验。若在任何一次试验中爆燃传播速度超过 5mm/s，样品即归类为迅速爆燃物质；否则样品应在杜瓦容器中升温至界定的危急温度，若样品十分稳定以致没有危急温度要求，则试验温度可定为 50℃。

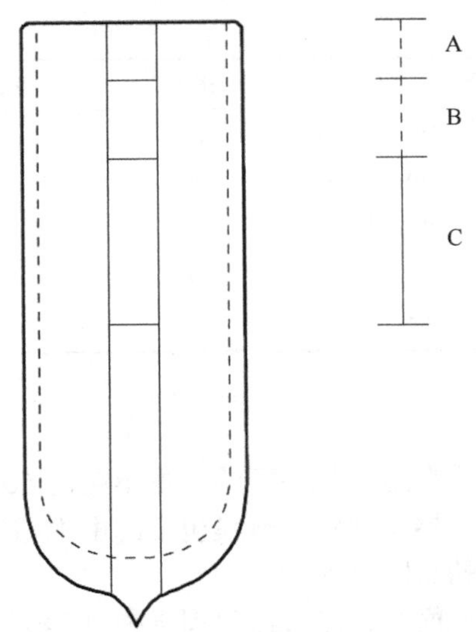

图 19-8　杜瓦容器

A. 装填高度限（20mm）；B. 爆燃形成区（30mm）；C. 传播速度测量区（50mm）

样品在杜瓦容器中的装填密度应类似于运输时的密度，并且没有块团，糊状物质装入杜瓦容器应保证不存在气泡。试验时记录所用样品质量、温度，然后用气体燃烧器从顶端将物质加热。在观察到点燃或者如果 5min 内没有点燃时，即将气体燃烧器移开并熄灭。用计时器测量反应区通过两个刻度之间距离所需的时间。如果反应在达到下刻度之前停止，即视为不爆燃。试验重复做一次，用最短的时间间隔来计算爆燃传播速度。或者，通过将热电偶放置在杜瓦容器中央距离顶端 50mm 和 100mm 处的方法来测定爆燃速度。连续监测热电偶输出值。反应锋面通过时会使输出值急剧增加，确定两个输出值剧增之间的时间。

3. 试验结果、评估及结果实例

爆燃试验根据反应区是否通过物质向下传播和如果是的话其传播速度进行结果评定。若样品在试验条件下不爆燃，反应区将会消失。反应区的传播速度（爆燃传播速度）是衡量物质在大气压力下对爆燃敏感度的尺度。试验结果类型包括以下 3 种。

· 结论“是，很快”：爆燃传播速度大于 5.0mm/s。

· 结论“是，很慢”：爆燃传播速度小于或等于 5.0mm/s 且大于或等于 0.35mm/s。

· 结论“否”：爆燃传播速度小于 0.35mm/s，或反应在达到下刻度之前停止。

爆燃试验部分结果实例如表 19-8 所示。

表 19-8　结果实例

物质	样品质量/g	温度/℃	传播速度/（mm/s）	结果
偶氮甲酰胺	174	50	0.35	是，很慢
过氧化二苯甲酰	158	20	100	是，很快
过氧苯甲酸叔丁酯	276	50	0.65	是，很慢

续表

物质	样品质量/g	温度/℃	传播速度/（mm/s）	结果
叔丁基过氧-2-乙基己酸酯	237	25	0.74	是，很慢
过氧化二月桂醛	130	45	不点燃	否
二叔丁基过氧化物	212	50	0.27	否
过氧重碳酸二环己酯		26	26	是，很快
4-亚硝基苯酚	130	35	0.90	是，很慢

19.2.8　包件中爆燃试验[5, 7]

该试验适用于拟分类物质在运输状态下的质量不超过 50kg。试验所需的设备包括一个足以确保可点燃物质的点火器（如塑料薄膜包裹的由不超过 2g 的缓慢燃烧的烟火剂构成的小型点火器）及适当的封闭材料。

试验过程是将包件置于地面并将点火器包围于中央，液体样品需要用金属线支架固定点火器于合适的位置并防止点火器与液体接触。试验在封闭条件下进行，并用散沙将试验包件覆盖起来，每个方向的厚度至少 0.5m 或采用装满泥土或沙子的箱子、袋子或圆桶放在包件的四周和顶部，厚度至少 0.5m。试验进行三次，除非观察到爆燃。如果点火后没有观察到爆燃，应至少在 30min 安全等候期后接近包件。

包件中爆燃试验结果的评估根据是试验物质迅速爆燃的迹象，包括容器破裂、大部分封闭材料分裂和四散。试验评定结果有两种类型。

· 结论“是”：内容器或外容器裂成 3 片以上（容器底部和顶部除外），表明试验物质在该包件中迅速爆燃。

· 结论“否”：内容器或外容器没有破裂或裂成 3 片以下（容器底部和顶部除外），表明试验物质在该包件中不迅速爆燃。

包件中爆燃试验结果实例如表 19-9 所示。

表 19-9　结果实例

物质	容器	碎片数目	结果
过氧化二苯甲酰	1A2，25kg	＞40	是
过氧化二苯甲酰	4G，25kg	＞40	是
过氧化二苯甲酰（94%，含水）	1A2，25kg	＞40	是
过氧化二苯甲酰（75%，含水）	4G，25kg	未破裂	否

19.2.9　克南试验[8]

自反应物质与有机过氧化物分类鉴定试验系列中克南试验的装置、步骤、效应因子分类等与 14.2.2 节相同，但依据试验样品形状的不同，自反应物质与有机过氧化物的克南试验结果分为以下 4 种类型。

· 结论“激烈”：极限直径不小于 2.0mm。

· 结论“中等”：极限直径等于 1.5mm。

·结论“微弱”：极限直径不大于 1.0mm，在任何试验中得到的效应都不是 O 型效应。

·结论“无”：极限直径小于 1.0mm，在所有试验中得到的效应都是 O 型效应。

克南试验结果实例如表 19-10 所示。

表 19-10　结果实例

物质	试样质量/g	极限直径/℃	破裂形式	结果
偶氮甲酰胺	20.0	1.5	F	中等
偶氮甲酰胺（67%，含氧化锌）	24.0	1.5	F	中等
间苯二磺酰肼	—	12.0	F	激烈
过氧苯甲酸叔丁酯	26.0	3.5	F	激烈
叔丁基过氧-2-乙基己酸酯	24.2	2.0	F	激烈
过氧化二苯甲酰	17.5	10.0	F	激烈
二叔丁基过氧化物	21.5	<1.0	O	无
二枯基过氧化物	18.0	<1.0	O	无
过氧化二月桂酰	14.0	<1.0	O	无
二肉豆蔻基过氧重碳酸酯	16.0	<1.0	O	无
过氧重碳酸二异丙酯	21.0	8.0	F	激烈

19.2.10　荷兰压力容器试验[5]

1. 试验装置及材料

荷兰压力容器试验所需主要装置包括压力容器、加热装置，试验对各部分要求如下。

（1）压力容器

压力容器如图 19-9 所示，所用材质为 AISI 316 不锈钢，内径为 50mm、高为 94.5mm。容器使用 8 个孔板，孔的直径分别为 1.0mm、2.0mm、3.5mm、6.0mm、9.0mm、12.0mm、16.0mm 和 24.0mm，孔板的厚度为 2.0mm±0.2mm，防爆盘为直径 38mm 的铝圆板（图 19-10），在 22℃下的爆裂压力为 620kPa±60kPa。

（2）加热装置

采用工业级丁烷加热，使用特克卢燃烧器，或其他气体以及适当的燃烧器，但需满足 3.5K/s±0.3K/s 的加热速率。实际燃烧加热速率可通过测量装在压力容器中的 10g 酞酸二丁酯的温度变化曲线进行校正。

2. 试验步骤

通常样品用量为 10g，并应均匀覆盖在容器底部。试验从 16.0mm 孔径孔板开始，将防爆盘、中心孔板、扣环装好、固定，并将防爆盘用足够的水覆盖以使其保持低温。压力容器放在保护圆筒内直径为 67mm 的三脚架支撑器上，点燃燃烧器，调节气体流量至所需流量，并且调整空气流量以保证试验期间火焰呈蓝色（内层为淡蓝色），调整支撑架高度保持火焰内层刚好接触压力容器底部。

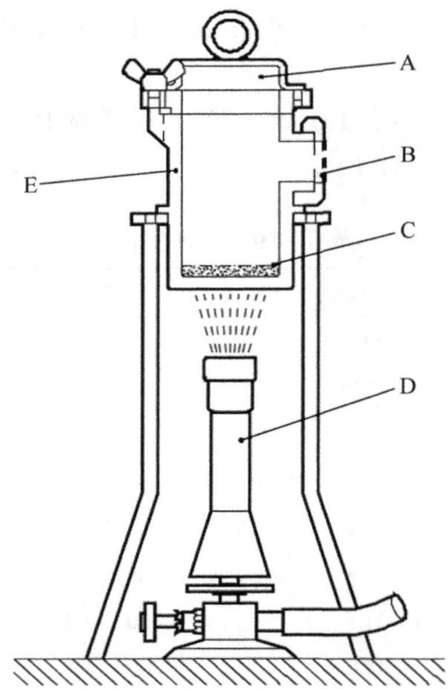

图 19-9　荷兰压力容器试验装置示意图

A. 防爆盘；B. 孔板；C. 样品；D. 燃烧器；E. 压力容器

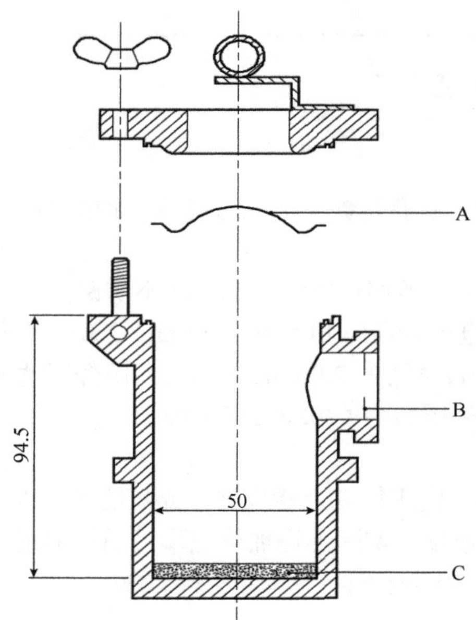

图 19-10　荷兰压力容器试验——防爆盘（单位：mm）

A. 防爆盘；B. 孔板；C. 样品

试验过程中应保持试验区通风良好，试验期间禁止入内，通过观察器监控试验区域内现象。试验过程中，若 16mm 孔径孔板防爆盘没有破裂，试验应依次用直径为 6.0mm、2.0mm 和 1.0mm 的孔板进行（每种直径只进行一次试验），直到防爆盘破裂。如果用直径为 1.0mm 的孔板没有观察到防爆盘破裂，则应采用直径为 1.0mm 孔板对 50g 样品进行试验，若仍未观察到防爆盘破裂，则重复进行试验至连续 3 次都没有观察到防爆盘破裂。如果防爆盘破裂，试验应以 10g 样品在孔径更大的下一级防爆盘上重复进行，直到连续 3 次试验都没有破裂。

3. 试验结果、评估及结果实例

试验样品对压力容器加热的相对敏感度用防爆盘的极限直径表示。极限直径是指防爆盘孔板的最大直径。在用该孔径孔板进行的 3 次试验中，防爆盘至少破裂一次，而在用下一个更大直径的孔板进行的 3 次试验中防爆盘都没有破裂。试验结果类型包括以下 4 种。

· 结论“激烈”：用 9.0mm 或更大直径的孔板和 10g 试样进行试验时防爆盘破裂。

· 结论“中等”：用直径 9.0mm 的孔板进行试验时防爆盘没有破裂，但用直径 3.5mm 或 6.0mm 孔板和 10g 试样进行试验时防爆盘破裂。

· 结论“微弱”：用直径 3.5mm 孔板和 10g 试样进行试验时防爆盘没有破裂，但用直径 1.0mm 或 2.0mm 孔板和 10g 试样进行试验时防爆盘破裂，或者用直径 1.0mm 孔板和 50g 试样进行试验时防爆盘破裂。

· 结论“无”：用直径 1.0mm 孔板和 50g 试样进行试验时防爆盘没有破裂。

荷兰压力容器试验结果实例如表 19-11 所示。

表 19-11　结果实例

物质	极限直径/mm	结果
过氧苯甲酸叔丁酯	9.0	激烈
过氧化二苯甲酰（75%，含水）	6.0	中等
二叔丁基过氧化物	3.5	中等
联十六烷基过氧重碳酸酯	1.0	微弱
过氧化二月桂酰	2.0	微弱
过氧化二月桂酰（42%，在水中稳定弥散）	<1.0	无
氟硼酸-3-甲基-4-(吡咯烷-1-基)重氮苯（95%）	<1.0	无

19.2.11　美国压力容器试验[5]

1. 试验装置及材料

美国压力容器试验所需主要装置及材料如下。

试验容器：由 316 型不锈钢制成的圆柱形压力容器，其结构及各部件如图 19-11 所示。

支撑架：由与试验容器相同材质钢制成，其结构及各部件如图 19-12 所示。

电热器：加热功率 700W。

样品杯：铝材质杯，边长 28mm、高 30mm。

爆破盘：38mm 直径铝爆破盘，其爆裂压力为 22℃、620kPa±60kPa。

孔板：厚度为 2mm，孔径分别为 1.0mm、1.2mm、2.0mm、3.0mm、3.5mm、5.0mm、

6.0mm、8.0mm、9.0mm、12.0mm、16.0mm 及 24.0mm。

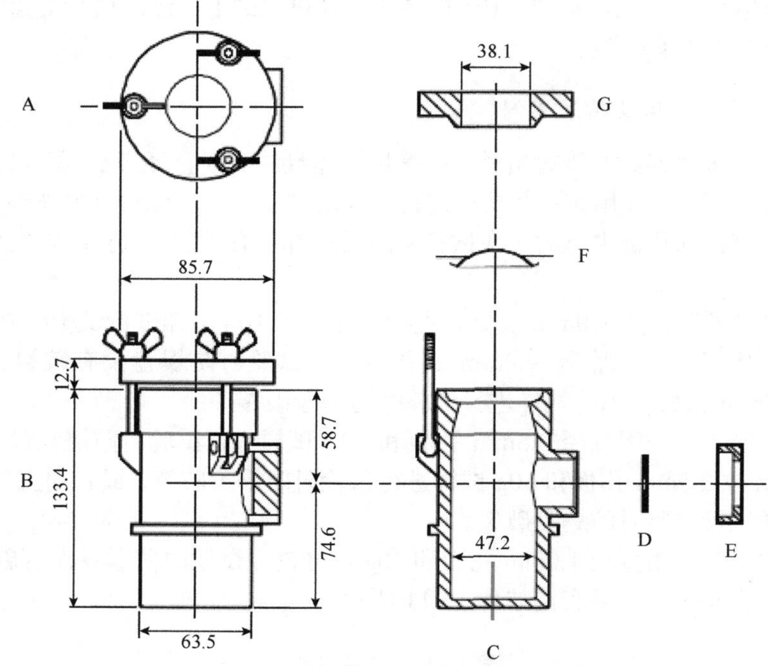

图 19-11　压力容器结构示意图（单位：mm）

A. 密封盖顶视图；B. 组装件侧视图；C. 压力容器仓体；D. 孔板；E. 孔板紧固螺母；F. 爆破盘；G. 帽盖

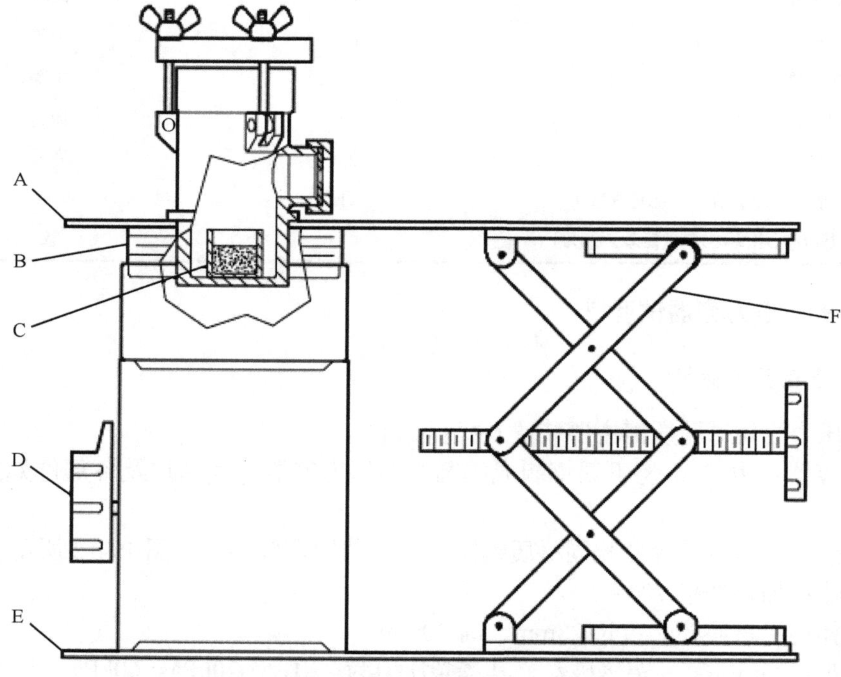

图 19-12　美国压力容器试验——支架

A. 屏蔽板；B. 绝热隔垫；C. 样品杯；D. 电热器；E. 底板；F. 支撑臂

2. 试验步骤

试验首先需测定加热器的加热速率，通过测量样品杯内 5.0g 酞酸二丁酯的温度从 50℃上升到 200℃所需的时间计算加热速率，试验过程中应调整并保持加热速率为 0.5K/s±0.1K/s。试验孔板应为比预计会造成破裂的孔径大的孔板。将精确称量的 5.0g 样品装入铝样品杯中，放置于压力容器中央。封闭爆破盘及紧固部件后，用水浇洒防爆盘以使其保持较低温度。

试验开始前至少 30min，将电热器调到正确的位置，将试验容器插进压力容器支架并置于电热器上，记录开始反应至达分解的时间。如果试验过程中爆破盘没有破裂，则换用孔径较小的孔板继续进行，直到爆破盘破裂为止；如果爆破盘破裂，则换用更大孔径的孔板继续进行，直到找出在连续 3 次试验中爆破盘没有破裂的孔板为止。

3. 试验结果、评估及结果实例

美国压力容器试验（USA pressure vessel test，USA-PVT）将没有造成爆破盘在分解期间破裂的最小孔径定为 USA-PVT 数值，用于衡量物质在规定封闭条件下加热产生的效应。所有物质的 USA-PVT 数值是根据相同试验条件下的加热速率确定的。试验结果包括以下 4 种类型。

· 结论“激烈”：USA-PVT 数值为 9.0～24.0 的样品。
· 结论“中等”：USA-PVT 数值为 3.5～8.0 的样品。
· 结论“微弱”：USA-PVT 数值为 1.2～3.0 的样品。
· 结论“无”：USA-PVT 数值为 1.0 的样品。

美国压力容器试验结果实例如表 19-12 所示。

表 19-12　结果实例

物质	极限直径/mm	结果
2,5-二甲基-2,5-二（叔丁基过氧）-3-己炔	9.0	激烈
过氧化二月桂酰	6.0	中等
过乙酸叔丁酯（75%，在溶液中）	8.0	中等
过氧异丙酸基碳酸叔丁酯（75%，在溶液中）	2.0	微弱
二枯基过氧化物	2.0	微弱
二枯基过氧化物（含 60%惰性固体）	1.0	无
二叔丁基过氧化物	1.0	无

19.2.12　弹道臼炮 MK.IIID 试验[5]

弹道臼炮 MK.IIID 试验测量样品的爆炸力，通过引发封闭在臼炮的样品中雷管，测量臼炮后座摆度，并扣除雷管效应后计算以苦味酸-炸药为标准的百分比等值爆炸力。

1. 试验装置及材料

弹道臼炮 MK.IIID 试验的装置包括臼炮、装填材料及雷管，如图 19-13 所示，试验对仪器各部分要求如下。

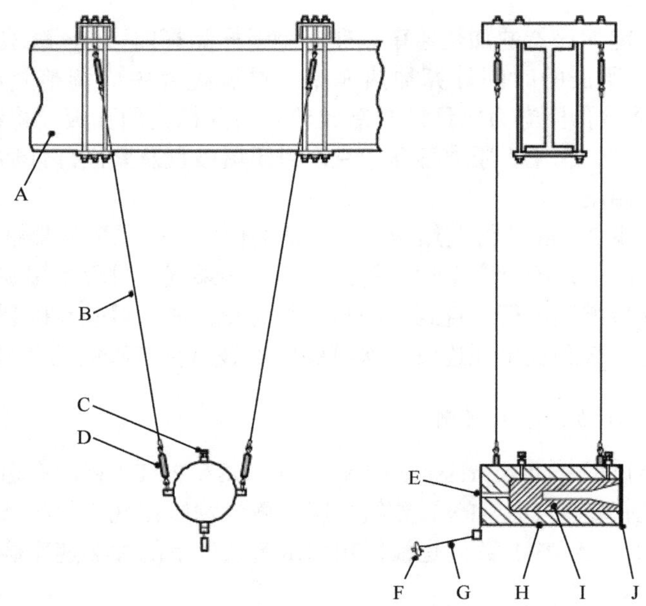

图 19-13　弹道臼炮 MK.IIID 试验装置示意图

A. 吊梁；B. 吊缆；C. 衬里定位螺丝；D. 瓶形螺丝；E. 取衬孔；F. 笔尖夹；G. 铰接笔尖拖臂；H. 臼炮体外壳；I. 内衬里；J. 环形固定板

（1）臼炮

由两部分组成，外壳为长 457mm、外径 203mm 的钢管，一端封闭，内圆柱体为经热处理至试验应力为 772MPa 的 V30 钢材质制成的长 229mm、内径 25mm 的炮膛，开口呈喇叭状。臼炮以 4 条钢缆悬挂固定且能自由摆动，臼炮、钢缆总重约 113.2kg，悬挂长度约为 2080mm。

（2）装填材料

采用清洁、干燥白砂填充，粒径为 600～250μm；试验用苦味酸为干燥的纯晶体，粒径为 600～250μm；分析纯硼酸需经 500μm 筛筛分后使用；装料袋为直径为 25mm 的桶形纸袋，内、外装料袋分别长 90mm 和 200mm。

（3）雷管

平底铝铠装雷管，内装 0.6g 季戊炸药。

2. 试验步骤

首先对物质进行撞击、摩擦和电火花试验，然后放在臼炮中进行试验。将 10g±0.01g 样品填塞进内装料袋，并将雷管插入以磷青铜棒在试验样品中挖出的 6mm 孔穴，把内装料袋颈缠绕在雷管上，然后将内装料袋塞进外装料袋并压到底部。塞填完毕后，将 57g 筛过的砂倒入外装料袋并轻轻拍打压实，外装料袋颈缠绕在雷管导线上，将整个装料袋塞进臼炮炮膛并用特别工具撞入。

填完毕后，点火雷管并测量臼炮的整个水平摆度（S），试验进行 3 次，计算物质的平均摆度（S_m）。液体样品试验时使用体积约为 16mL 的圆筒形玻璃容器，容器的开口端缩小成直径 8mm、长 8mm 的细管，标准雷管封装在适当长度的聚乙烯管内，推入玻璃容器颈部使其密封，然后将玻璃容器塞进外装料袋。试验中用纸装料袋确定的苦味酸标准值和雷管标准值可用于计算液体装在玻璃容器里发射的爆炸力。

试验结束后，将新的内圆柱体插入臼炮外壳时应测量硼酸（B_m）和苦味酸（P_m）10 次发射的平均摆度。

3. 试验结果、评估及结果实例

臼炮试验以苦味酸爆炸力百分比表示样品的爆炸力，采用式（19-2）进行计算：

$$P = 100(S_m^2 - B_m^2) / (P_m^2 - B_m^2) \qquad (19\text{-}2)$$

试验结果评定有以下 3 种类型。

· 结论“不低”：爆炸力为苦味酸爆炸力的 7%或更大。

· 结论“低”：爆炸力小于苦味酸爆炸力的 7%且大于苦味酸爆炸力的 1%。

· 结论“无”：爆炸力为苦味酸爆炸力的 1%或更小。

弹道臼炮 MK.IIID 试验结果实例如表 19-13 所示。

表 19-13　结果实例

物质	苦味酸爆炸力百分比平均数	结果
过氧苯甲酸叔丁酯	13	不低
叔丁基过氧-2-乙基己酸酯	8	不低
叔丁基过氧化氢（70%，含水）	2	低
枯基过氧化氢（80%，含枯烯）	4	低
联十六烷基过氧重碳酸酯	1	无
过氧化二月桂酰	1	无

19.2.13　弹道臼炮试验[5]

1. 试验装置及材料

弹道臼炮试验的装置包括臼炮、弹道摆、弹体、样品杯、支架、雷管及参考物质，如图 19-14 所示。

（1）臼炮

铬-镍钢材质制成的圆柱形炮体，重 248.5kg±0.25kg，轴向空腔从前到后由弹丸夹、点火室和雷管导线入口组成（图 19-15）。臼炮体积由于在使用中会发生点火爆炸而变化，因此发射特定装料产生的反冲力会减少，所以当 10g 苦味酸最后 10 次发射释放的平均能量小于最初 10 次发射产生的平均能量的 90%时应更换新的臼炮。

（2）弹道摆

臼炮用钢臂悬挂在装有滚柱轴承的水平轴上，其下部为钢锤，摆动呈弹道（图 19-14）。弹道摆需满足摆动周期为 3.47s、摆动质量为 479kg、转动轴与臼炮轴之间距离为 2950mm 的要求，扇形刻度尺上的游标由固定在臼炮上的一个横臂带动并用于测量后坐摆度距离。

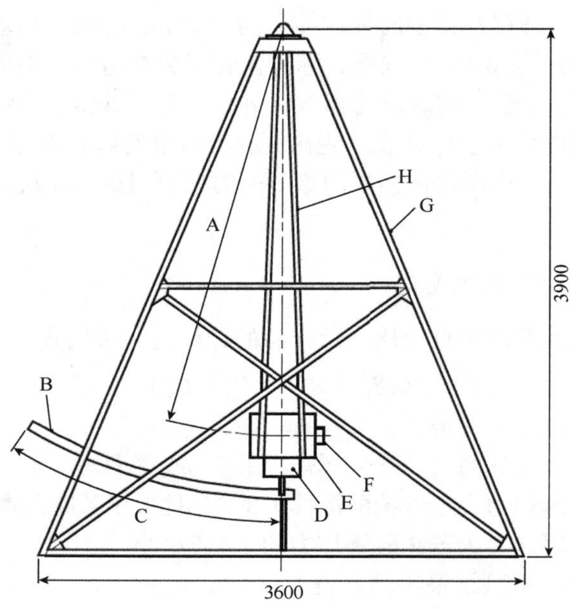

图 19-14　弹道臼炮试验装置示意图（单位：mm）

A. 两轴之间的距离为 2950mm；B. 刻度尺；C. 摆角（30°）；D. 钢锤；E. 臼炮；F. 弹丸；G. 支架；H. 摆臂

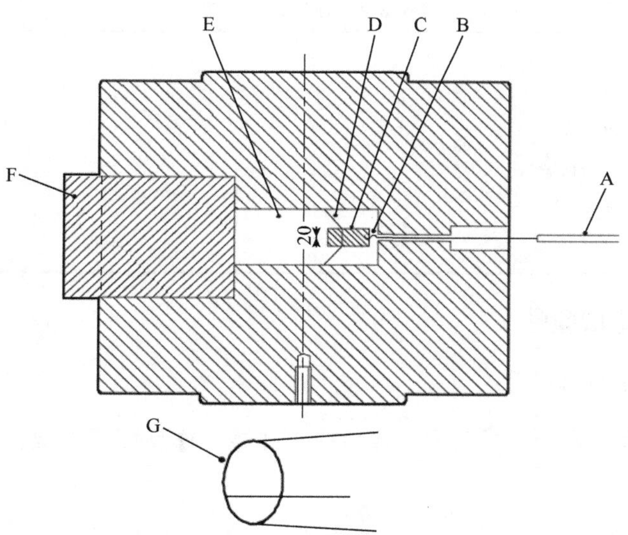

图 19-15　臼炮（上图）和装料支架（下图）(单位：mm）

A. 点火器接入处；B. 雷管；C. 直径为 20mm 的装料；D. 装料支架；E. 点火室；F. 弹丸；G. 装料支架放大图

（3）弹丸

钢圆柱体，直径 127mm、长 162mm，其中新弹丸与其在臼炮里支座之间的空隙应小于 0.1mm，质量为 16.00kg±0.01kg。当旧弹丸与它在臼炮里支座之间的空隙超过 0.25mm 时需要更换。发射时弹丸的推进速度为 100～200km/h。

（4）样品杯

液体样品试验使用 16g 重、具有注入孔及雷管座的玻璃安瓿（图 19-16），固体、颗粒、糊状样品则装在由厚 0.03mm、重 2g 的锡箔做成的直径 20mm 的圆柱形试样容器里。

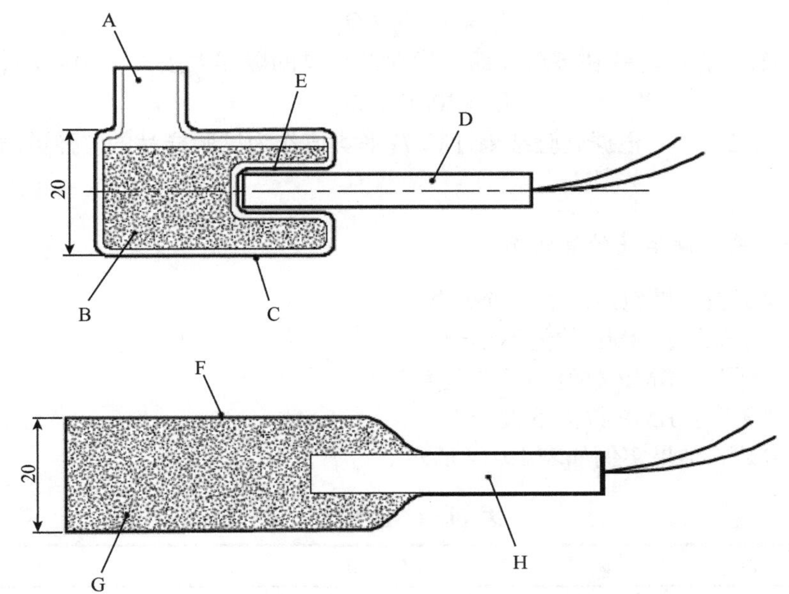

图 19-16　液体装料（上图）和液体以外物质的装料（下图）（单位：mm）

A. 注入孔；B. 含有 10g 物质的直径为 20mm 的装料；C. 玻璃安瓿（16g）；D. 0.6g 季戊炸药雷管；E. 雷管座；F. 2g 锡箔包皮；G. 含有 10g 物质的直径为 20mm 的装料；H. 0.6g 季戊炸药雷管

（5）雷管及参考物质

雷管为标准雷管，装有 0.6g 季戊炸药，参考物质苦味酸粒径小于 0.5mm，100℃下烘干，保存在紧紧塞住的烧瓶里。

2. 试验步骤

试验样品需制备成标准形状后进行试验，对于密实固体样品，需制成直径为 20mm±1mm 圆柱状，其中一端具轴向直径 7.3mm±0.2mm、深 12mm 的孔穴，圆柱体质量为 10.0g±0.1g，并以厚 0.03mm、重 2g 的锡箔包裹，雷管放在孔穴里，锡箔包皮末端裹在雷管头上，同时雷管插入物质的深度约为 12mm（图 19-16）。液体样品则取 10.0±0.1g 置于玻璃安瓿里，雷管放在雷管座里并用非易燃材料如金属丝固定。参考物质苦味酸同样取 10.0g±0.1g 以锡箔包裹，雷管插入苦味酸 12mm，并将包皮末端缠绕在雷管头上（图 19-16）。

准备完毕的试样置于装料支架上推至点火室底部，使雷管头顶着点火室后部，试验弹体涂固体润滑剂后插进其臼炮上的支座里并推到底。为了避免由臼炮或弹丸可能变形造成的散射，弹丸相对于臼炮上支座的位置应当检查并记录。把游标连接在移动臂上，点火之后，记录下摆偏差（D）。试验过程中首先用苦味酸进行 4 次发射并计算获得 4

个偏差的平均值（其平均值应约为 100），如 4 次结果相差不超过一个单位，便以此 D_0 作为测得的 4 个偏差的平均值。若其中一个结果与平均值相差超过一个单位，则以其他 3 个结果计算平均值 D_0。待环境温度稳定后采用样品重复试验，至少发射 3 次，获得偏差 D_1、D_2、D_3。用苦味酸试验结果百分比表示的相应爆炸力按式（19-3）计算：

$$T_k = 100D_k / D_0 \qquad (19\text{-}3)$$

式中，k=1，2，3，…。装在玻璃安瓿里发射的液体的爆炸力按式（19-4）计算：

$$T_k = 200D_k / D_0 \qquad (19\text{-}4)$$

式中，k=1，2，3，…。根据试验结果计算 T_k 平均值作为试验样品的“弹道臼炮爆炸力”（BMP）。

3. 试验结果、评估及结果实例

弹道臼炮试验结果包括以下 3 种类型。

· 结论“不低”：BMP 数值不小于 7。

· 结论“低”：BMP 数值小于 7 且大于 1。

· 结论“无”：BMP 数值不大于 1。

弹道臼炮试验结果实例如表 19-14 所示。

表 19-14　结果实例

物质	BMP 数值	结果
过氧苯甲酸叔丁酯	16	不低
叔丁基过氧-2-乙基己酸酯	7	不低
过氧化二苯甲酰（75%，含水）	8	不低
蒎烷基过氧化氢（54%，含蒎烷）	2	低
过氧化二月桂酰	5	低

19.2.14　BAM 特劳泽试验[5]

1. 试验装置及材料

BAM 特劳泽试验用圆柱形标准特劳泽铅块高 200mm、直径 200mm，有一个直径为 25mm、深为 125mm、体积为 61cm^3 的轴向凹口（图 19-17）。铅块浇铸温度为 390～400℃，其质量通过 3 次爆炸试验检验，每次爆炸试验使用 10cm^3 结晶苦味酸（装料密度为 1.0g/cm^3）。测得的 3 个净膨胀数值的平均值应在 287～300cm^3。

2. 试验步骤

（1）固体样品

待检测的固体样品，以质量已知的锡箔包裹成 10cm^3（外径 24.5mm，高 22.2mm）圆柱形试验装料（图 19-18），并确定装料的质量。试验装料一端具直径 7mm、深 12mm 的轴向凹口，用于放置雷管（装有 0.6g 季戊炸药）。雷管导线从调节螺丝的孔中伸出同螺丝接触，调节螺丝使雷管伸出底座 12.0mm。

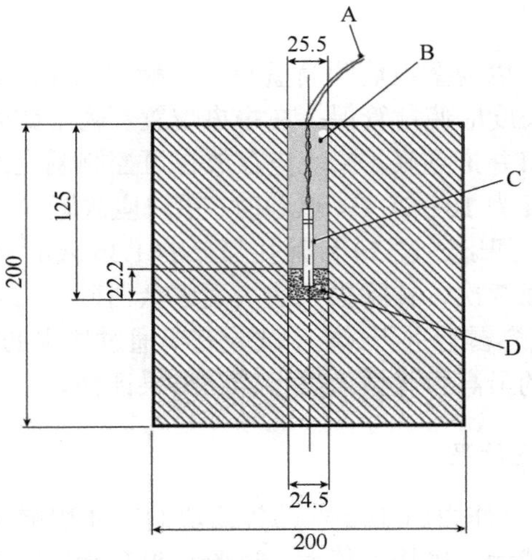

图 19-17　BAM 特劳泽试验装置示意图（单位：mm）

A. 雷管导线；B. 干砂填塞物；C. 标准雷管；D. 试验样品

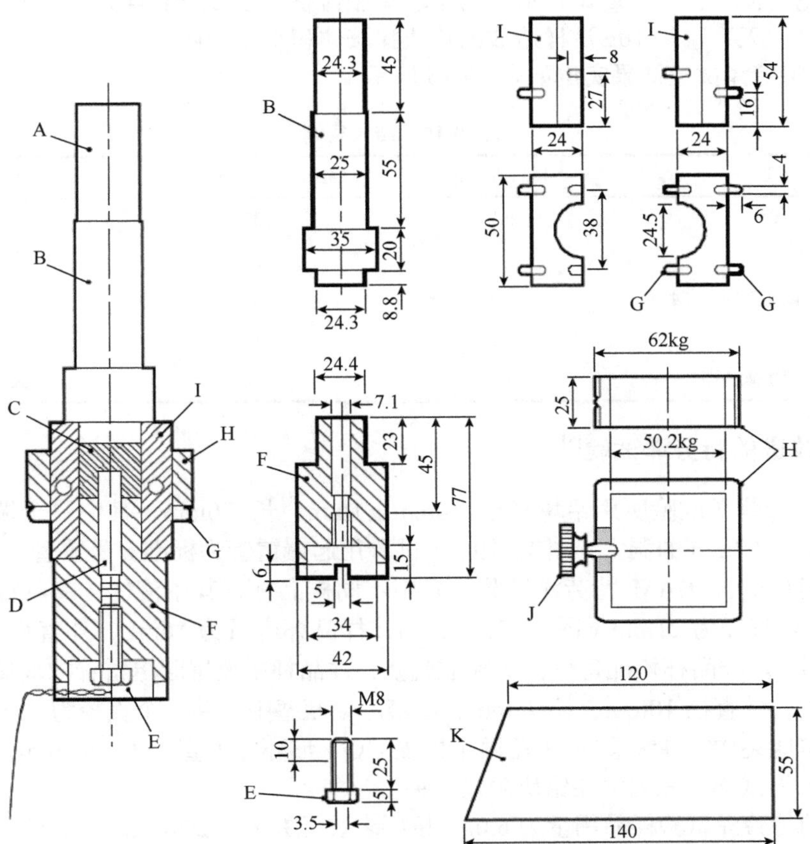

图 19-18　制备 BAM 特劳泽试验所用装料（体积 $10cm^3$、直径 24.6mm、高 22.2mm）的装置（单位：mm）

A. 用于制备锡箔管的活塞端部；B. 活塞；C. 试验样品；D. 雷管；E. 调节螺丝（轴向内膛直径为 3.5mm、孔口直径为 1mm、长为 100mm）；F. 底座；G. 销钉；H. 夹紧板；I. 原模；J. 滚花螺丝；K. 锡箔

（2）液体样品

待测试的液体样品，以薄壁玻璃圆筒盛装，其能容纳 10cm^3 试样及插入液体 12mm 深的雷管，圆筒颈部的长度应使雷管保持在中央位置。确定试样的质量之后，将试验装料小心地放进铅块的凹口并推到底。铅块应存放在可控制温度的房间内，在放进装料之前在凹口深处测得的温度为 10～20℃。试验时，铅块应放置在一个放在地面上的扁平大块钢支架上，凹口剩余空间以通过 30 目筛孔筛分的 1.35g/cm^3 干白砂填充，填充完毕后以 2kg 重锤敲打铅块侧面 3 次，并除去铅块表面多余白砂。

样品装填完毕后，点燃雷管进行试验，试验完毕通过注水的方式测量膨胀洞穴体积，试验进行两次，以获得的最高膨胀数值进行样品结果评估。

3. 试验结果、评估及结果实例

BAM 特劳泽试验的爆炸力用 10g 样品使铅块洞穴体积增加的数值表示，对于给定的引爆强度，膨胀体积越大，爆炸力越大。试验结果分为以下 3 种类型。

· 结论“不低”：每 10g 试样造成的铅块膨胀体积为 25cm^3 或更大。
· 结论“低”：每 10g 试样造成的铅块膨胀体积小于 25cm^3 且大于或等于 10cm^3。
· 结论“无”：每 10g 试样造成的铅块膨胀体积小于 10cm^3。

BAM 特劳泽试验结果实例如表 19-15 所示。

表 19-15 结果实例

物质	样品质量/g	膨胀体积/（cm^3/10g）	结果
过氧苯甲酸叔丁酯	9.1	32	不低
过氧化环己酮	6.4	50	不低
过氧化二苯甲酰（75%，含水）	8.0	21	低
二枯基过氧化物	6.9	12	低
联十六烷基过氧重碳酸酯	7.3	5	无

19.2.15 改进的特劳泽试验[5]

改进的特劳泽试验所用铅块直径 50mm±1mm、长 70mm，其中一个端面具直径 25.4mm、长 57.2mm 的洞穴（图 19-19）。试验用起爆雷管为标准 8 号雷管装置，固体、液体样品试验时同 BAM 特劳泽试验，采用不同样品杯，其中液体、糊状样品杯容量为 12mL、外直径为 21mm（图 19-20）；固体样品杯容量为 16mL、外直径为 24.9mm（图 19-20）。样品杯均配备聚乙烯标准瓶塞，样品杯中放置起爆雷管的玻璃管为硼硅玻璃培养管，外直径 10mm、长 75mm。在聚乙烯瓶塞中央钻一个直径为 10mm 的洞将玻璃管牢牢地夹住。在装置 A 中用两个橡皮“O”形环（内直径为 16.5mm，截面直径为 2.5mm）将试样小瓶固定在铅块洞穴中央。

改进的特劳泽试验样品用量为 6.0g，按要求装配并放入试验铅块中，起爆雷管完全插入。在试验前、后分别以注水方式准确测量试验铅块体积。每次试验均使用同一装置对试验样品、惰性参考物质分别进行 3 次试验。改进的特劳泽试验结果用样品爆炸力使铅块体积相对惰性参考物质增加量的平均值进行评估。试验结果分为以下 3 种类型。

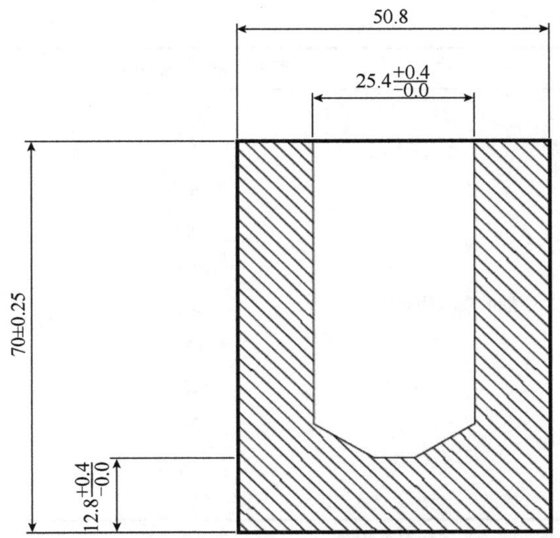

图 19-19　改进的特劳泽试验装置示意图（单位：mm）

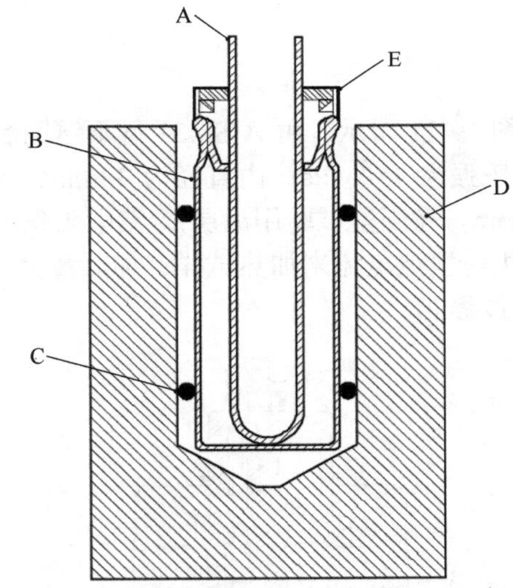

图 19-20　改进的特劳泽试验——液体（A）和固体（B）试样装置（单位：mm）

A. 玻璃管；B. 玻璃小瓶（A 为 12mL，B 为 16mL）；C. “O”形环（只适用于 A）；D. 铅块；E. 瓶塞

·结论“不低”：平均净铅块膨胀体积等于或大于 $12cm^3$。

·结论“低”：平均净铅块膨胀体积小于 $12cm^3$，但大于 $3cm^3$。

·结论“无”：平均净铅块膨胀体积等于或小于 $3cm^3$。

改进的特劳泽试验结果实例如表 19-16 所示。

表 19-16　结果实例

物质	膨胀体积/（$cm^3/10g$）	结果
过氧苯甲酸叔丁酯	19	不低
过乙酸叔丁酯（75%，在溶液中）	25	不低

续表

物质	膨胀体积/（cm^3/10g）	结果
叔丁基过氧-2-乙基己酸酯	10	低
枯基过氧化氢（85%，含枯烯）	5	低
空气①	6	无
邻苯二甲酸二甲酯	10	无
矿物油精①	10.5	无
60%碳酸钙+40%邻苯二甲酸二甲酯的糊状物质①	8	无
水①	10	无
空气②	5.5	无
苯酸②	7	无
碳酸钙（粉末）②	5	无
高岭土②	6	无

①表示液体、糊状参考物质；②表示固体参考物质

19.2.16 高压釜试验[5]

1. 试验装置及材料

高压釜试验的仪器如图 19-21 所示，由 AISI431 型不锈钢制成，外部为圆柱形，容积为 96mL，473K 时工作压强为 150MPa，内直径为 38mm，内高为 84mm；内部试样容器内直径 32mm、高 77mm。高压釜试验用涂层镍-铬电阻丝（电阻率为 10Ω/m）缠绕在一根玻璃管上，并通过供应恒定电流来加热试样，加热量为 50～150W。试验过程中确定爆炸的压力-时间作用过程。

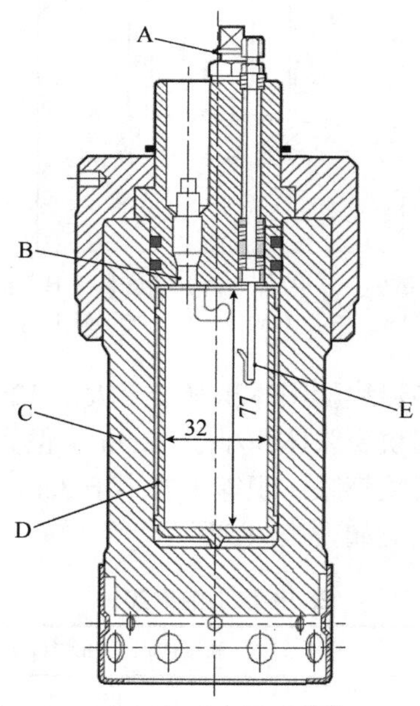

图 19-21 高压釜示意图（单位：mm）

A. 阀门；B. 压力传感器；C. 高压釜；D. 内部试样容器；E. 电极

2. 试验步骤

对于拟进行试验的样品，应称量后加入内部试样容器，然后将试样容器放进高压釜。加热线圈连接到高压釜盖并封闭、密封，采取措施确保整个加热线圈埋在物质里面。加热电阻丝的端点用低电阻丝接到供电电极上，加热试样直到发生爆炸。通常用 5g、10g、15g、20g 和 25g 物质进行试验，记录反应过程中的最大压力。

3. 试验结果、评估及结果实例

高压釜试验结果依据比能（F）进行评估，比能是最大压力上升值（P_m）的函数。比能的计算需要用到试样的初始质量（M_0）和反应容器的体积（V）：

$$V / M_0 = F / P_m + C \tag{19-5}$$

式中，C 为试验条件下的常数；F 由 V/M_0 对 $1/P_m$ 作图的曲线斜率确定。

样品爆炸力仅与比能 F 有关，依据 F 值大小可分为以下 3 种类型。

·结论“不低”：比能大于 100J/g。

·结论“低”：比能大于或等于 5J/g，但小于或等于 100J/g。

·结论“无”：比能小于 5J/g。

高压釜试验结果实例如表 19-17 所示。

表 19-17　结果实例

物质	F/（J/g）	结果
过氧苯甲酸叔丁酯	110	不低
二叔丁基过氧化物	140	不低
叔丁基过氧-2-乙基己酸酯	56	低
枯基过氧化氢（80%，含枯烯）	60	低
联十六烷基过氧重碳酸酯	无反应	无
二枯基过氧化物（40%，含惰性固体）	无反应	无

19.2.17　包件中热爆炸试验[5]

包件中热爆炸试验所需的装置包括：盛装不大于 50kg 样品所需要的容器、适当的加热装置（如 25kg 样品加热量为 2kW）及温度测量设备。试验时将加热线圈放在包件内，尽可能均匀地加热物质，同时保证加热线圈的表面温度不能高到使物质过早地点燃。试验可使用一个及以上加热线圈。试验过程中不断记录物质的温度并保持加热速率约为 60℃/h。试验进行两次，除非观察到爆炸。

包件中热爆炸试验结果依据包件的破裂情况进行评估，得到的结果只对所试验的包件有效。试验结果可能包括以下两种类型。

·结论“是”：内容器和/或外容器裂成 3 片以上（不包括容器底部和顶部），表明试验物质能造成该包件爆炸。

·结论“否”：内容器和/或外容器没有破裂或破裂碎片在 3 片以下（不包括容器底部和顶部），表明试验物质在包件中不爆炸。

包件中热爆炸试验结果实例如表 19-18 所示。

表 19-18　结果实例

物质	容器	碎片数	结果
2,2′-偶氮二（异丁腈）	4G，30kg	无	否
过氧苯甲酸叔丁酯	1B1，15L	>30	是
过氧苯甲酸叔丁酯	6HG2，30L	无	否
叔丁基过氧-2-乙基己酸酯	1B1，25L	>5	是
叔丁基过氧-2-乙基己酸酯	6HG2，30L	无	否
过氧异丙基碳酸叔丁酯	1B1，25L	>80	是
过氧异丙基碳酸叔丁酯	6HG2，30L	>20	是

19.2.18　包件中加速分解试验[9]

1. 试验装置及材料

包件中加速分解试验的设备为整体实验室，该实验室需保证包件周围空气条件在不少于 10 天时间内保持恒定，且其结构应具备良好的绝缘性，空气循环系统保持温度变化在预定温度±2℃范围，同时保持包件与墙壁间距不小于 100mm，如图 19-22 所示。

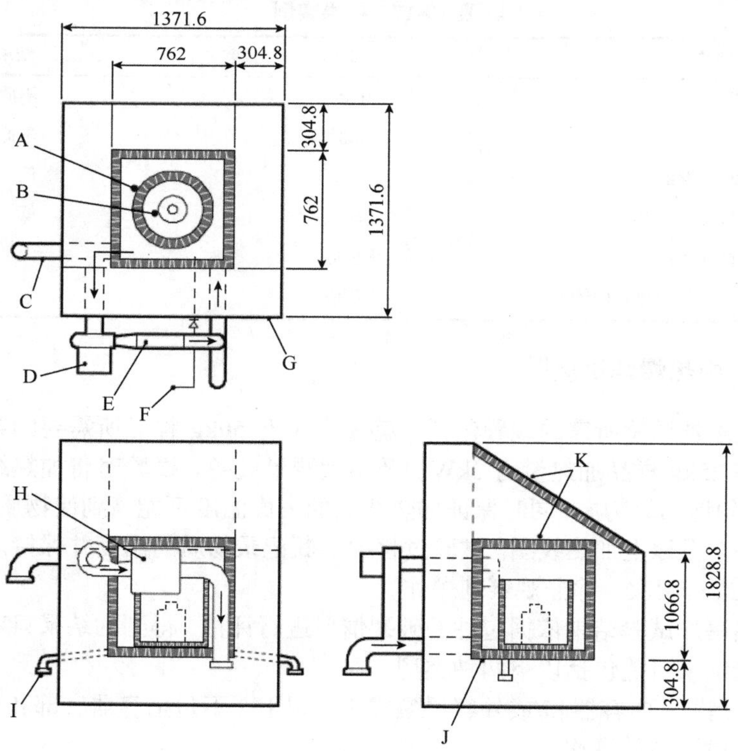

图 19-22　包件中加速分解试验装置示意图（单位：mm）

A. 试验容器；B. 试验样品包件；C. 通风管；D. 风扇；E. 加热器；F. 二氧化碳；G. 框架；H. 循环器；I. 带帽排水管；J. 绝热层；K. 绝热盖

2. 试验步骤

加速分解试验过程及装置参见 19.2.19 节。首先应将待测样品及包件称重，将测量用热电偶插入包件中央测量样品温度，但不应影响包件强度或其排气能力。若试验所需烤炉温度低于实验室环境温度，则样品包件放入烤炉前应先冷却烤炉至所需温度；若试验所需烤炉温度不低于实验室环境温度，则应在环境温度下将样品包件放入后再开始加热烤炉。

加热样品并连续测量试样、实验室温度，记录试验样品温度达到比实验室温度低 2℃的时间并继续进行试验 7 天，或者直到试样温度上升到比实验室温度高 6℃或更多时，记录样品包件温度从比实验室温度低 2℃上升到最高温度所需的时间。试验完毕后若包件完好无损，记录质量损失百分比并确定成分有无任何变化。若整个试验过程中试样温度没有比烤炉温度高 6℃或更多，则以新试样在温度高 5℃的烤炉内再进行试验。加速分解温度的定义是试样温度比烤炉温度高 6℃或更多的最低烤炉温度。

3. 试验结果、评估及结果实例

可依据试样、包件、实验室和邻近环境的状况来衡量所试验形状产品/包件的分解反应激烈程度，并参考是否发生爆炸进行结果评定。试验结果包括以下两种类型。

· 结论“是”：可看到实验室内部有相当大的破坏。外盖可能飞离至少 2m 远，表明实验室内部压力相当大。试验包件严重损坏，破裂成至少 3 个碎片。

· 结论“否”：实验室破坏轻微或无破坏。外盖可能飞走但离开实验室不超过 2m。试验包件可能破裂和损坏，如内容器破裂，纸板箱裂开。

包件中加速分解试验结果实例如表 19-19 所示。

表 19-19　结果实例

物质	包件	结果
过乙酸叔丁酯（75%，在溶液中）	6HG2，20L	是
过氧苯甲酸叔丁酯	6HG2，20L	否
叔丁基过氧-2-乙基己酸酯	6HG2，20L	否
过氧异丙基碳酸叔丁酯（75%，溶液）	6HG2，20L	否
2,5-二甲基-2,5-二(叔丁基过氧)-3-己炔	6HG2，20L	是

19.2.19　美国自加速分解温度试验[9]

美国自加速分解温度试验的装置与 19.2.18 节相同。该试验可以使用任何类型的烤炉，只要它能够满足温度控制要求，并且不会点燃分解产物。图 19-23 和图 19-24 分别示意了小包件烤炉与大包件烤炉。

试验结果的评估：如果任何一次试验中试验样品温度都没有超过烤炉温度 6℃或更多，自加速分解温度则记录为大于所使用的最高烤炉温度。

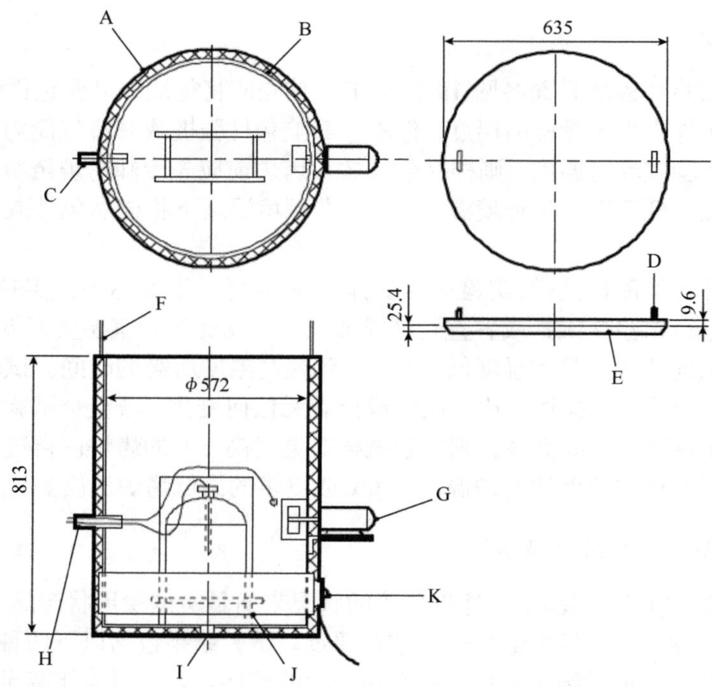

图 19-23　美国自加速分解温度试验——小包件烤炉（单位：mm）

A. 25mm 厚绝缘层；B. 220L 开顶圆桶；C. 19mm 长管子；D. 钢盖上的 9.6mm 直径眼螺栓；E. 钢盖上的绝缘层；F. 3mm 长控制索；G. 风扇；H. 热电偶和控制器；I. 排气孔；J. 25mm 高角架；K. 2kW 圆桶加热器

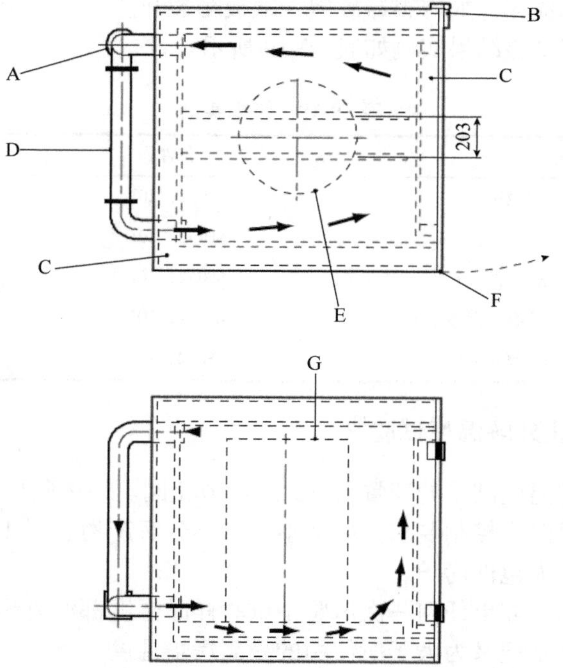

图 19-24　美国自加速分解温度试验——大包件烤炉（顶视图和侧视图）（单位：mm）

A. 风扇；B. 铰链；C. 绝缘层；D. 加热器；E. 圆桶；F. 门闩；G. 圆桶

美国自加速分解温度试验结果实例如表 19-20 所示。

表 19-20　结果实例

物质	样品质量/kg	包件	自加速分解温度/℃
叔戊基过氧苯甲酸酯	18.2	6HG2，22.8L	65
过乙酸叔丁酯（60%）	7.2	6HG2，22.8L	75
过氧化二苯甲酰	0.45	1G	70
二(叔丁基环己基)过氧重碳酸酯	43	1G	40

19.2.20　绝热存储试验[5]

绝热存储试验是用于测量试验样品发热率随温度的变化，并依据所得到的发热参数与有关样品的热损失数据协同确定样品在容器中的自加速分解温度，试验可在–20～220℃进行，可测定的最小升温相当于发热率 15mW/kg。试验中温度的上限是由冷却系统安全地冷却物质的能力确定的（最高达 500W/kg）。然而在实际试验过程中绝热并不能完全实现，但要保证热损失小于 10mW。最大误差在发热率为 15mW/kg 时是 30%，在发热率为 100mg～10W/kg 时是 10%。需要注意的是，如果绝热存储试验中冷却系统在发热率超过冷却能力时开动，可能会发生爆炸，因此应小心地选择试验场所以尽量减少可能发生的爆炸危险性和分解产物引起气体爆炸（次生爆炸）的危险性。

1. 试验装置及材料

绝热存储试验所涉及主要装置为杜瓦瓶、绝缘烤炉。其中杜瓦瓶为玻璃材质，在特殊情况下也可选用其他材料制成的杜瓦瓶，容积为 1.0L 或 1.5L，用于盛装试验样品。杜瓦瓶内惰性加热线圈、冷却管通过杜瓦瓶盖插入试验样品。绝缘瓶盖中需插入一根 2m 长的聚四氟乙烯毛细管以防杜瓦瓶内的压力上升。绝缘烤炉通过程序控制，保持箱体内温度与样品温度相差 0.1℃，为保证试验安全，除需具备冷却系统外，还需辅助安全设施，用于在预定的温度条件下切断烤炉电源以防发生无法控制的危害，试验周期内通过热电偶连续记录样品及烤炉内环境的空气温度，整个试验装置如图 19-25 所示，需注意的是，该设备需要防火及防爆。对于自加速分解温度低于环境温度的样品，试验应当在冷却室中进行或用固态二氧化碳冷却烤炉。

2. 试验步骤

绝热存储试验需要对试验仪器进行校准后再进行，校准程序依照以下步骤进行。

a）在杜瓦瓶中装入氯化钠、酞酸二丁酯或其他适宜的校准用油，并将杜瓦瓶置于绝热存储试验用烤炉托架上。

b）采用已知功率（如 0.333W 或 1W）的内部加热系统，以间隔 20℃温度加热校准样品，确定校准样品在 40℃、60℃、80℃及 100℃时热损失。

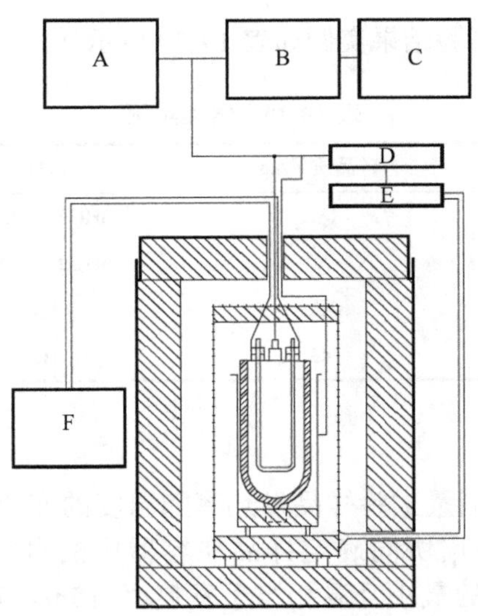

图 19-25　绝热存储试验装置示意图

A. 记录及控温系统；B. 零点调节器；C. 记录器；D. 控制器；E. 继电器；F. 内部加热器

c）依据式（19-6）计算试验所用杜瓦瓶热容量。

$$H = \frac{3600E_1}{A+B} - (M_1 \cdot C_{p1}) \qquad (19\text{-}6)$$

式中，E_1 为内部加热的功率，单位为 W；A 为计算温度下的温度下降率，单位为℃/h；B 为内部加热（校准物质）曲线在计算温度下的斜率，单位为℃/h；M_1 为校准物质的质量，单位为 kg；C_{p1} 为校准物质的比热，单位为 J/(kg · ℃)。

试验仪器完成校准程序后进行试验，并依据以下程序进行。

a）称一定量样品及代表性包装容器材料（当包装容器为金属时）加入杜瓦瓶并置于绝热存储试验用烤炉支架上。

b）测量温度，使用内部加热器将试验样品加热至可能检测到自加热反应的预定温度，并通过温度上升值、加热时间及加热功率计算样品比热。

c）关闭内部加热器，继续测量温度，若在 24h 内未观察到因自加热而引起的温度升高，则提升加热温度 5℃，重复进行上述试验，直至检测到样品自加热。

d）当检测到自加热反应时，即让试样在绝热条件下升温至发热率小于冷却能力的预定温度，开启试验体系冷却系统，同时确定是否有质量损失发生，并在必要的时候确定样品成分是否发生变化。

3. 试验结果、评估及结果实例

利用校准程序计算杜瓦瓶在各个温度时的温度下降率 A（℃/h），绘制曲线以确定任何温度下的温度下降率。依据校准物质计算杜瓦瓶热容量，每一预定温度下的热损失 K、样品比热 C_{p2} 及每隔 5℃计算的物质在每一温度下的发热率 Q_T（W/kg）分别依据式（19-7）～式（19-9）计算：

$$K=\frac{A\times(H+M_1C_{p1})}{3600} \tag{19-7}$$

$$C_{p2}=\frac{3600\times(K+E_2)}{C+M_2}-\frac{H}{M_2} \tag{19-8}$$

$$Q_T=\frac{(M_2C_{p2}+H)\times\frac{D}{3600}-K}{M_2} \tag{19-9}$$

式中，E_2 为用于内部加热的功率，单位为 W；C 为内部加热（试样）曲线在计算温度下的斜率，单位为℃/h；M_2 为试样的质量，单位为 kg；D 为自加热阶段曲线在计算温度下的斜率，单位为℃/h。

试验所得单位质量样品发热率对温度绘制曲线，确定特定包件、中型散货箱或罐体单位质量热损失 L[W/(kg · ℃)]，与曲线相切、斜率为 L 的直线和拟合曲线横轴（温度）的交点即试验样品的临界环境温度（包件中样品不显示自加速分解的最高温度），样品的自加速分解温度则为临界环境温度取整后到下一个更高的 5℃倍数的温度，如图 19-26 所示。

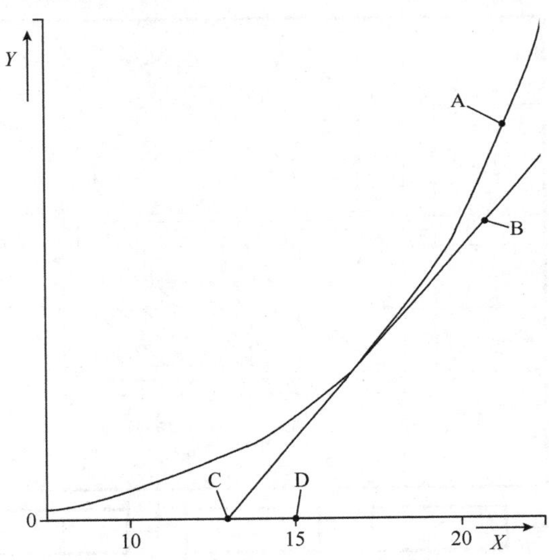

图 19-26　自加速分解温度拟合曲线

A. 发热曲线；B. 斜率为 L 的切线；C. 临界环境温度；D. 自加速分解温度；X. 温度（℃）；Y. 单位质量热流量（产生或损失）

绝热存储试验部分试验结果实例如表 19-21 所示。

表 19-21　结果实例

物质	质量/kg	容器	单位质量热损失/[mW/(kg · ℃)]	自加速分解温度/℃
偶氮甲酰胺	30	1G	100	>75
过氧苯甲酸叔丁酯	25	6HG2	70	55
叔丁基过氧-2-乙基己酸酯	25	6HG2	70	40
叔丁基过氧新戊酸酯	25	6HG2	70	25

19.2.21　等温存储试验[5]

等温存储试验用于测量试验样品发热率在恒温条件下随时间的变化，并通过所得到的试验数据确定样品在容器中的自加速分解温度，试验温度范围为–20～200℃。等温存储试验可以测量到的发热数值为 5mW/kg～5W/kg。试样容器与铝块之间经过热流计的热阻约为 0.1W/℃。设备能够测量的发热率为 15～1500mW/kg，最大误差在 15mW/kg 时为 30%，在 100～1500mW/kg 时为 5%。

1. 试验装置及材料

等温存储试验所用装置主要包括绝缘吸热装置、热流计、记录器及加热系统。其中，绝缘吸热装置为铝材质，顶部具有两个小孔用于放置热流计，试验过程中通过热流计记录样品与外界之间的热流变化，加热系统应可使温度保持在设定温度的±0.2℃范围。试验过程中需使用两个样品容器，分别盛装样品及惰性参考物质，容器由不锈钢或玻璃材质制成，体积为 70cm^3，并与试验物质相容，如图 19-27 所示。

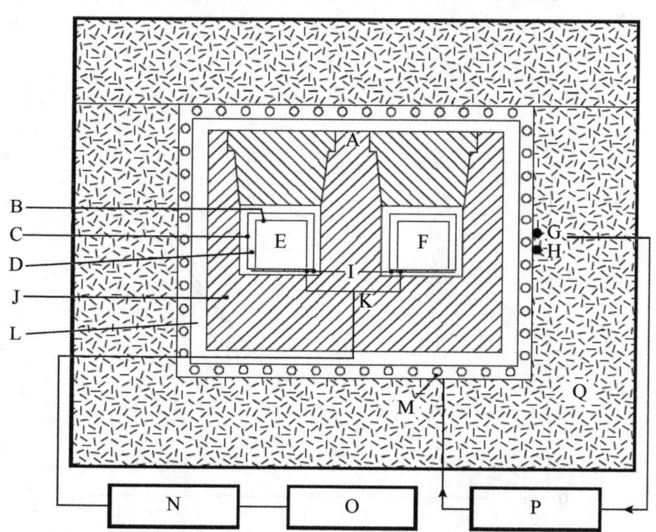

图 19-27　等温存储试验装置示意图

A. 铂电阻温度计；B. 试样容器；C. 圆柱形支座；D. 空隙；E. 样品；F. 惰性参考物质；G. 用于温度控制的铂电阻传感器；H. 用于安全控制的铂电阻传感器；I. 珀尔帖元件；J. 铝块；K. 电路；L. 空隙；M. 加热金属线；N. 放大器；O. 记录器；P. 温度控制器；Q. 玻璃棉

2. 试验步骤

等温存储试验同样首先需进行校准过程，应依照以下步骤进行。

a）选定并设置等温存储试验温度。

b）加热线圈插入试验容器，并在两个容器中分别放入约 20g 试验样品及惰性参考物质（如氯化钠、碎玻璃珠等），确保加热线圈被样品物质完全覆盖。

c）确定加热线圈未通电时的空白信号。

d）在预计试验样品发热率范围内，使用 2～3 个不同的电加热功率进行试验，确定热流计灵敏度。

经过校准试验的仪器可进行样品等温存储试验，依照以下步骤进行。

a）调整并设置样品试验所需温度。

b）在试样容器内加入称量的试验样品及包装容器代表材料（若包装为金属），将容器置于试验装置中，试验所用样品应达到足够的发热率（5～1500mW/kg）。

c）测量发热功率，由于试验初期处于平衡阶段，因此最初 12h 的数据不可使用，每次试验持续时间取决于试验温度及样品发热率，在经 12h 温度平衡时间后应继续进行至少 24h 即可停止，若发热率开始由最大值降低或发热率大于 1500mW/kg，停止试验。

d）试验结束后称样品质量。

e）以新的样品在间隔 5℃温度下重复进行试验，取得 7 个发热率在 15～1500mW/kg 的结果。

3. 试验结果、评估及结果实例

试验中，用于校准程序的不同电功率仪器的灵敏度 S（mW/mV）及最大发热率 Q（mW/kg）分别用式（19-10）和式（19-11）进行计算：

$$S=\frac{P}{U_\mathrm{d}-U_\mathrm{b}} \tag{19-10}$$

$$Q=\frac{(U_\mathrm{s}-U_\mathrm{b})\times S}{M} \tag{19-11}$$

式中，P 为电功率，单位为 mW；U_d 为假信号，单位为 mV；U_b 为空白信号，单位为 mV；U_s 为试样信号，单位为 mV；M 为试样质量，单位为 kg。

依据拟合曲线确定特定包件、中型散货箱或罐体的单位质量热损失，与绝热存储试验相同，与曲线相切、斜率为 L 的直线和拟合曲线横轴（温度）的交点即试验样品的临界环境温度（包件中样品不显示自加速分解的最高温度），样品的自加速分解温度则为临界环境温度取整后到下一个更高 5℃倍数的温度（参考绝热存储试验中的实例图 19-26）。

等温存储试验结果实例如表 19-22 所示。

表 19-22　结果实例

物质	质量/kg	容器	单位质量热损失/[mW/(kg · ℃)]	自加速分解温度/℃
氯化锌-2,5-二乙氧基-4-吗啉代重氮苯（90%）	25	1G	150	45
氟硼酸-2,5-二乙氧基-4-吗啉代重氮苯（97%）	25	1G	15	55
氯化锌-2,5-二乙氧基-4-苯磺酰重氮苯（67%）	25	1G	15	50
氟硼酸-3-甲基-4-(吡咯烷-1-基)重氮苯（95%）	25	1G	15	55

19.2.22　热积累存储试验[5]

热积累存储试验用于测量热不稳定物质在以包件运输中的条件下发生放热分解的最低恒定空气环境温度。

1. 试验装置及材料

热积累存储试验所需设备和材料包括适当的实验室、杜瓦瓶及其封闭装置、温度传感器及测量设备。

由于具有一定的危险性，因此热积累存储试验对实验室有一定的要求，对于温度在75℃以下的试验，应当使用双壁金属实验室（内径为250mm、外径为320mm、高为480mm、厚为 1.5～2.0mm、不锈钢板材质），温度控制循环液在金属壁间流动，实验室采用绝缘盖（如 10mm 厚聚氯乙烯板）松动地覆盖，温度应控制在使杜瓦瓶中惰性液体试样的预定温度能够在 10 天内保持偏差不大于±1℃；温度高于 75℃的试验，可以使用可恒温控制的干燥炉，其中空气的温度应当保持在使杜瓦瓶中惰性液体试样的预定温度能够在10 天内保持偏差不大于±1℃；对于低于环境温度的试验，可使用适当大小的双壁实验室，并保持实验室中空气温度控制在预定温度±1℃范围。

试验用杜瓦瓶及其惰性封闭装置具有的热损失特性应能代表提交运输的最大尺寸的包件的热损失特征，对于固体样品可以选用软木塞、橡皮塞，低挥发性或中等挥发性液体所用的封闭装置如图 19-28 所示，试验用杜瓦瓶容积不应低于 0.5L。通常而言，装有 400mL 样品、热损失为 80～100mW/(kg · ℃)的杜瓦瓶可用于 50kg 包件，对于更大的包件、中型散货箱或小型罐体，应当使用单位质量热损失较小的、容积更大的杜瓦瓶，

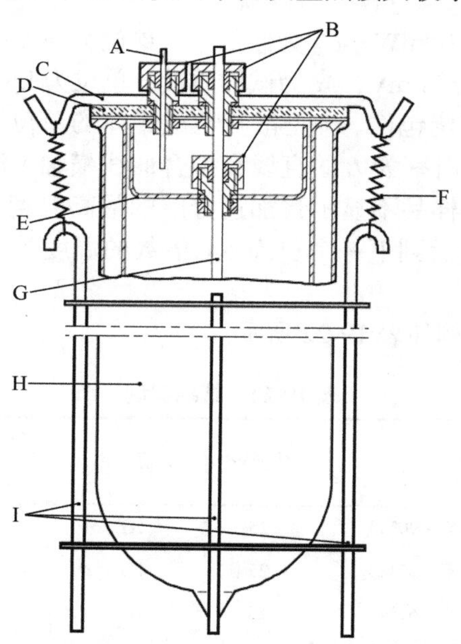

图 19-28　液体及水湿固体试验用杜瓦瓶及其封闭装置

A. 聚四氟乙烯毛细管；B. 带有“O”形密封圈的特制螺旋；C. 金属条；D. 玻璃盖；E. 玻璃烧杯底；F. 弹簧；G. 玻璃保护管；H. 杜瓦瓶；I. 钢夹持装置

如热损失为 16～34mW/(kg · ℃)的球形 1L 杜瓦瓶，可代表中型散货箱和小型罐体。

2. 试验步骤

首先调节实验室温度至选定的存储温度，将试验样品装入杜瓦瓶中至容量的 80%并记录所装样品质量，固体样品应经过适当的压实。测温热电偶插入样品中央后密封杜瓦瓶，关闭实验室。连续加热试样并记录样品、实验室温度，记录样品温度达到比实验室温度低 2℃的时间并继续试验 7 天，或至样品温度上升至比实验室温度高 6℃或更多。试验完毕后，更换新样品在间隔 5℃的不同温度条件下重复进行试验。

3. 试验结果、评估及结果实例

用新试样重复做实验，在间隔 5℃的不同储存温度下进行。为确定样品是否需要温度控制，试验应进行足够多的次数以确定自加速分解温度至最接近 5℃的温度或自加速分解温度是否不低于 60℃。为确定样品是否符合自反应物质的自加速分解温度标准，应确定 50kg 包件的自加速分解温度是否不高于 75℃。

热积累存储试验结果实例如表 19-23 所示。

表 19-23　结果实例

物质	质量/kg	杜瓦瓶热损失/[mW/(kg · ℃)]	加速分解温度/℃
偶氮甲酰胺	0.28	74	＞75
偶氮甲酰胺（90%，含 10%活化剂）	0.21	70	55
间苯二磺酰肼（50%）	0.52	81	70
叔丁基过氧新癸酸酯（40%）	0.42	65	25
过氧-3,5,5-三甲基己酸叔丁酯	0.38	79	60
过氧化二苯甲酰（50%）	0.25	90	60

19.2.23　分类鉴定实例

试验系列 A 至 H 的排列顺序同评估结束的顺序关系较大，同试验进行的顺序关系不大。对于有能力完成全试验的实验室，建议的试验顺序是试验系列 E、H、F、C，然后是 A。试验系列 B、D 和 G 只有在试验系列 A、C 和 E 的结果表明有此需要时才进行。

下面以工业纯的过氧苯甲酸叔丁酯为例，对其判定和分类过程进行举例说明。

1. 试验报告

1. 物质名称　　过氧苯甲酸叔丁酯，工业纯

2. 一般数据

2.1 组成　　98%过氧苯甲酸叔丁酯

2.2 分子式　　$C_{11}H_{14}O_3$

2.3 有效氧含量　　8.24%

2.4 活化剂含量	不适用
2.5 物理形状	液体
2.6 颜色	无色
2.7 视密度	1040kg/m^3
2.8 粒径	不适用
3. 爆炸（试验系列 A）流程图方框 1	是否传播爆炸
3.1 方法	BAM50/60 钢管试验
3.2 试样条件	环境温度
3.3 观察结果	30cm 钢管破裂，未反应的物质留在钢管内
3.4 结果	部分
3.5 出口	1.2
4. 爆燃（试验系列 C）流程图方框 4	是否传播爆燃?
4.1 方法 1	时间/压力试验
4.2 试样条件	环境温度
4.3 观察结果	时间为 2.5s
4.4 结果	是，很慢
4.5 方法 2	爆燃试验
4.6 试样条件	温度为 50℃
4.7 观察结果	爆燃率为 0.65mm/s
4.8 结果	是，很慢
4.9 总的结果	是，很慢
4.10 出口	4.2
5. 在封闭条件下加热（试验系列 E）流程图方框 8	在规定的封闭条件下加热的效应如何?
5.1 方法 1	克南试验
5.2 试样条件	质量为 26.0g
5.3 观察结果	极限直径为 3.5mm（到达反应的时间为 19s，反应持续时间为 22s）
5.4 结果	激烈
5.5 方法 2	荷兰压力容器试验
5.6 试样条件	10.0g
5.7 观察结果	极限直径为 10.0mm（到达反应的时间为 110s，反应持续时间为 4s）

5.8 结果　激烈

5.9 总的结果　激烈

5.10 出口　8.1

6. 在包件中爆炸（试验系列 E）流程图方框 10　在运输包件中能否爆炸?

6.1 方法　包件中热爆炸试验

6.2 试样条件　25kg 物质装在容量为 30L 的 6HG2 型号容器内

6.3 观察结果　只冒烟，包件没有碎裂

6.4 结果　没有爆炸（包装方法 OP5）

6.5 出口　10.2

7. 热稳定性（试验系列 H）

7.1 方法　美国自加速分解温度试验

7.2 试样条件　20L 物质装在容量为 25L 的 6HG2 型号容器内

7.3 观察结果　在 63℃自加速分解，在 58℃未自加速分解，自加速分解温度为 63℃

7.4 结果　不需要控制温度

8. 附加数据

8.1 方法　BAM 落锤仪试验

8.2 试样条件　环境温度

8.3 观察结果　极限撞击能为 5J

8.4 结果　对撞击敏感

9. 建议的划定

9.1 正式运输名称　液态 C 型有机过氧化物

9.2 联合国编号　3103

9.3 项别　5.2

9.4 技术名称　过氧苯甲酸叔丁酯

9.5 浓度　≤100%

9.6 稀释剂　无

9.7 次要危险性　无

9.8 包装类别　Ⅱ类

9.9 包装方法　OP5

9.10 控制温度　不需要

9.11 危急、温度　不需要

2. 分类判别流程

综合上述分类试验判定报告及分类判定流程图，可以得到过氧苯甲酸叔丁酯的分类判定流程如图 19-29 所示。

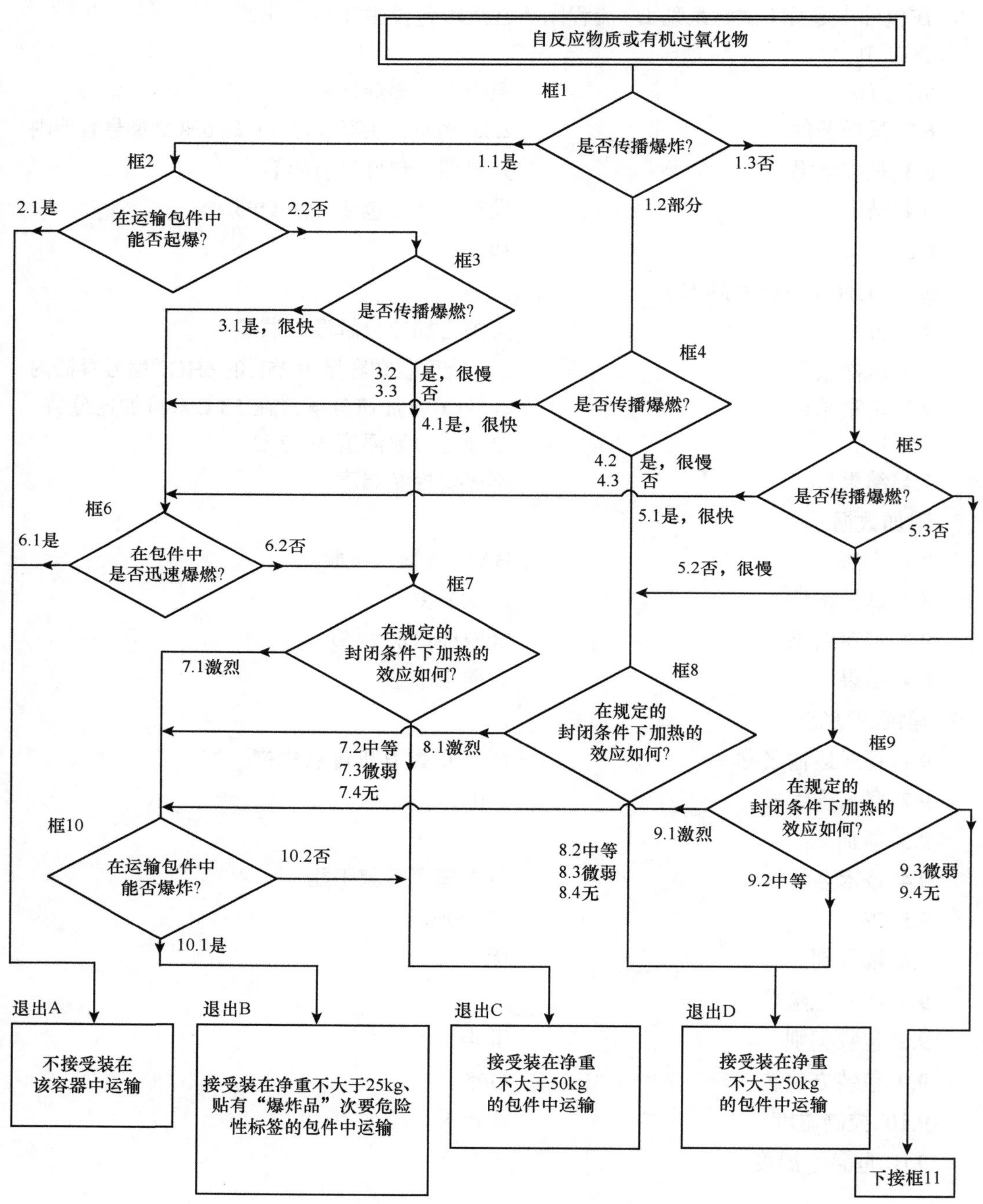

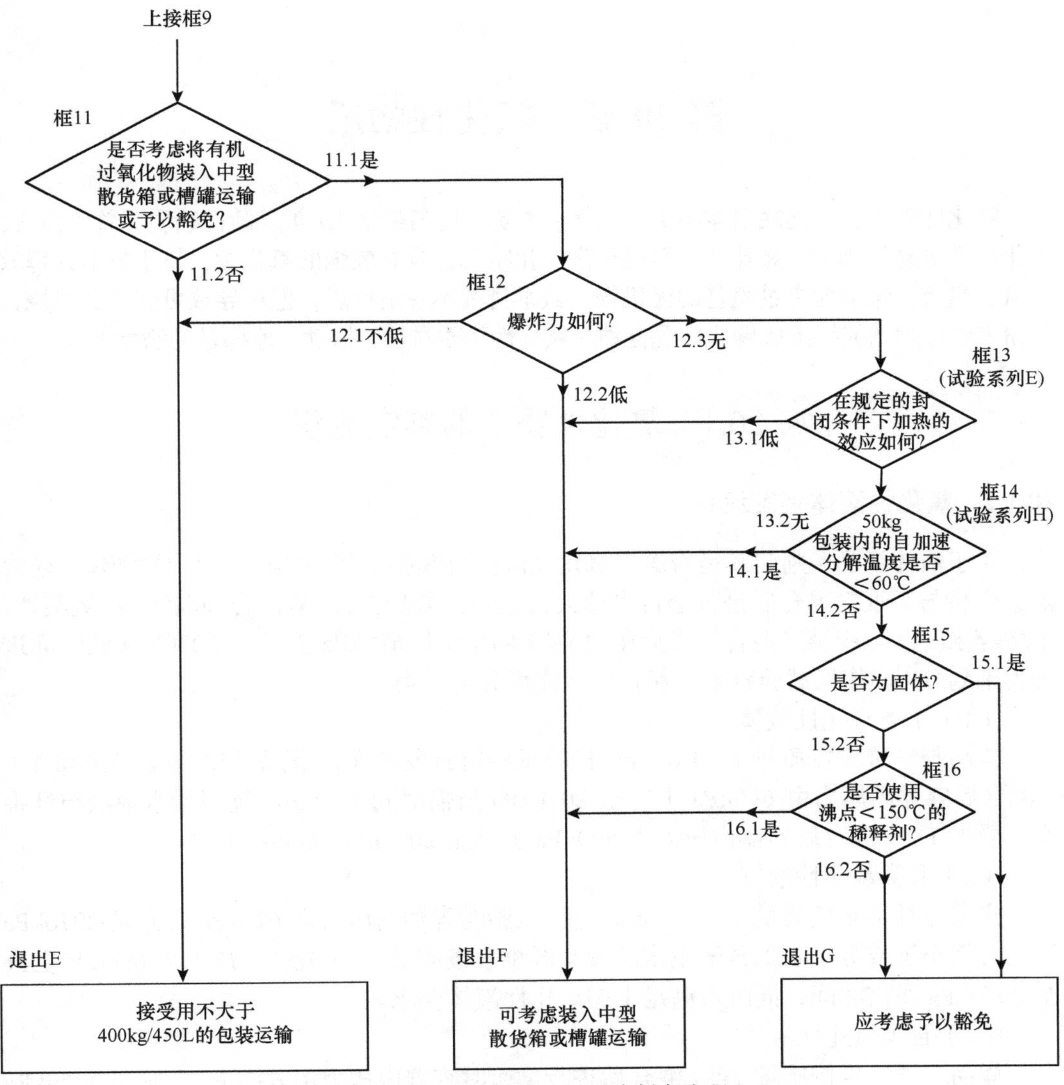

图 19-29　过氧苯甲酸叔丁酯判定流程

参 考 文 献

[1] 中华人民共和国国家标准. GB 30000.9—2013 化学品分类和标签规范 第 9 部分：自反应物质和混合物. 北京：中国标准出版社，2013.

[2] 中华人民共和国国家标准. GB 30000.16—2013 化学品分类和标签规范 第 16 部分：有机过氧化物. 北京：中国标准出版社，2013.

[3] 中华人民共和国国家标准. GB/T 21581—2008 危险品 液体钢管跌落试验方法. 北京：中国标准出版社，2008.

[4] 中华人民共和国国家标准. GB/T 21570—2008 危险品 隔板试验方法. 北京：中国标准出版社，2008.

[5] UN Recommendations on the Transport of Dangerous Goods. Manual of Tests and Criteria（Fourth revised ed.）. New York and Geneva：United Nations，2002.

[6] 中华人民共和国国家标准. GB/T 21579—2008 危险品 时间/压力试验方法. 北京：中国标准出版社，2008.

[7] 中华人民共和国国家标准. GB/T 21573—2008 危险品 单个包件试验方法. 北京：中国标准出版社，2008.

[8] 中华人民共和国国家标准. GB/T 21578—2008 危险品 克南试验方法. 北京：中国标准出版社，2008.

[9] 中华人民共和国国家标准. GB/T 21613—2008 危险品 自加速分解温度试验方法. 北京：中国标准出版社，2008.

第 20 章　氧化性物质

氧化性液体、氧化性固体同属于氧化性物质，均归类于 5.1 类危险性物质。总体而言，氧化性物质易于燃烧、爆炸，一般处于高氧化状态，具有较强的氧化性，易于分解并释放出氧、热量，包括含有过氧基的无机物，其本身并不一定可燃，但可导致可燃物的燃烧，与粉末状可燃物能够组成爆炸性混合物。氧化性物质对热、振动、摩擦较为敏感[1, 2]。

20.1　氧化性物质的判定流程

20.1.1　氧化性液体判定流程

对于液体样品，判定其是否属于氧化性液体及其属于何种类型的氧化性液体，通常依据样品与纤维素混合后是否会自发着火，或根据样品与纤维素混合和高氯酸、氯酸钠、硝酸等水溶液与纤维素混合后点火压力容器内压力由 690kPa 上升至 2070kPa 的时间进行类别划分[1]。依据试验结果，氧化性液体可分为 3 类。

（1）Ⅰ类氧化性液体

样品与纤维素按质量 1：1 混合后进行试验时自发着火，或样品与纤维素按质量 1：1 混合后容器内压力由 690kPa 上升至 2070kPa 所需时间小于 50%高氯酸水溶液与纤维素按质量 1：1 混合后容器内压力由 690kPa 上升至 2070kPa 所需时间。

（2）Ⅱ类氧化性液体

样品与纤维素按质量 1：1 混合后进行试验时容器内压力由 690kPa 上升至 2070kPa 所需时间小于或等于 40%氯酸钠水溶液与纤维素按质量 1：1 混合后压力由 690kPa 上升至 2070kPa 所需时间，同时不满足Ⅰ类氧化性液体要求。

（3）Ⅲ类氧化性液体

样品与纤维素按质量 1：1 混合后进行试验时容器内压力由 690kPa 上升至 2070kPa 所需时间小于或等于 65%硝酸水溶液与纤维素按质量 1：1 混合后压力由 690kPa 上升至 2070kPa 所需时间，同时不满足Ⅱ类氧化性液体要求。

根据上述分类准则及分类顺序，可以得出氧化性液体类物质的判定流程如图 20-1 所示。

20.1.2　氧化性固体判定流程

固体样品是否属于氧化性物质及其所属类别的评估依据：固体样品同纤维素的混合物是否发火并燃烧，以及固体物质同纤维素的混合物的平均燃烧时间与参考混合物的平均燃烧时间对比[2]。氧化性固体可分为以下 3 类。

（1）Ⅰ类氧化性固体

样品与纤维素按质量 4：1 或 1：1 混合后进行试验时显示的平均燃烧时间小于溴酸钾与纤维素按质量 3：2 混合后的平均燃烧时间。

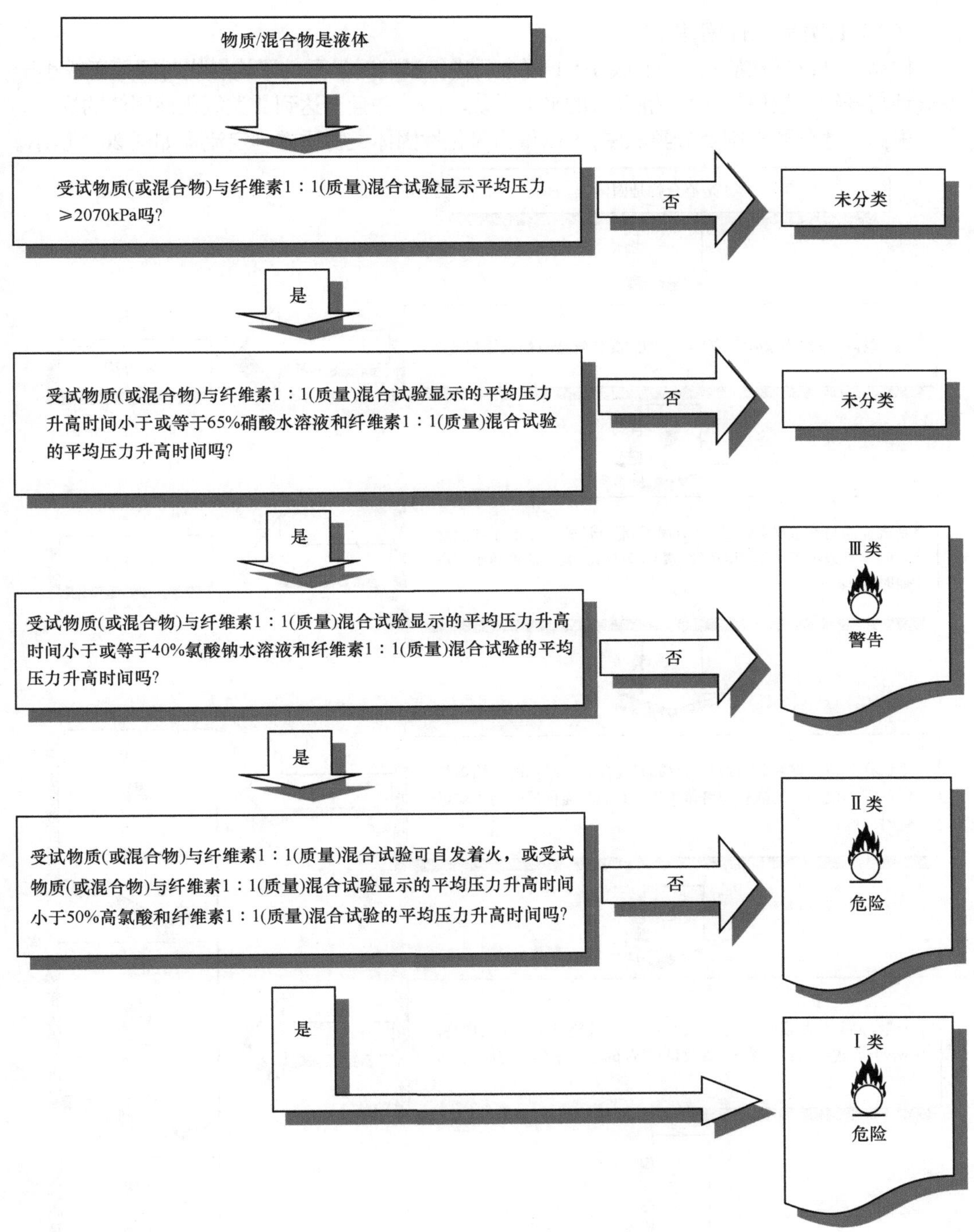

图 20-1　氧化性液体判定流程

（2）Ⅱ类氧化性固体

样品与纤维素按质量 4∶1 或 1∶1 混合后进行试验时显示的平均燃烧时间等于或小于溴酸钾与纤维素按质量 2∶3 混合后的平均燃烧时间，并且未达到Ⅰ类氧化性固体的标准。

（3）Ⅲ类氧化性固体

样品与纤维素按质量 4∶1 或 1∶1 混合后进行试验时显示的平均燃烧时间等于或小于溴酸钾与纤维素按质量 3∶7 混合后的平均燃烧时间，并且未达到Ⅱ类氧化性固体的标准。

根据上述分类准则及分类顺序，可以得出氧化性固体类物质的判定流程如图 20-2 所示。

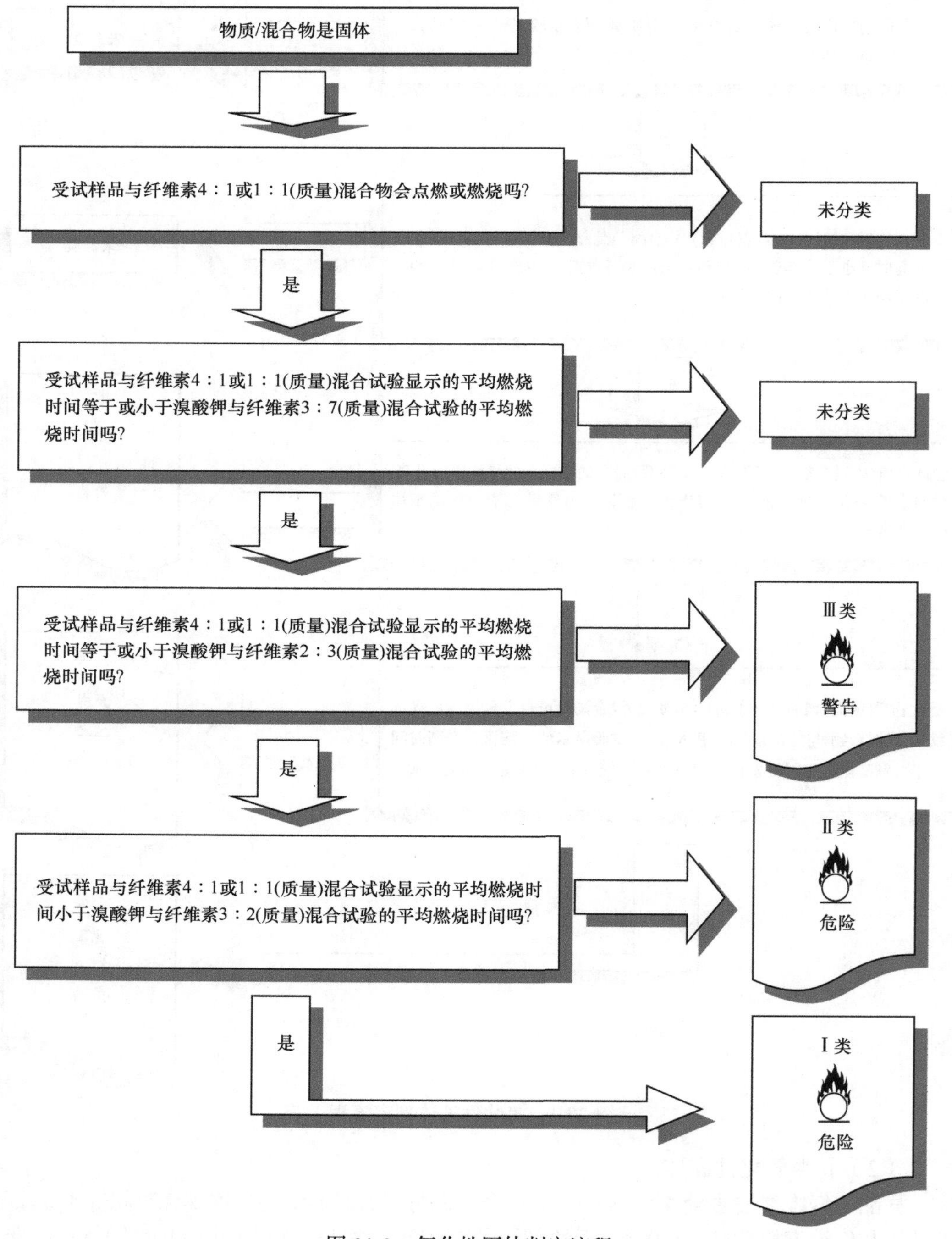

图 20-2　氧化性固体判定流程

20.2　氧化性物质的判定试验

20.2.1　氧化性液体试验[3]

1. 试验装置及材料

氧化性液体试验所需要的装置与 14.2.3 节基本相同，其中压力容器、压力测定装置和防爆盘完全相同，区别在于点火系统（图 20-3）。在氧化性液体试验中，点火系统包括一根 25cm 长的镍-铬金属线，直径 0.6mm，电阻 3.85Ω/m。使用一根直径 5mm 的棒把金属线绕成如图 20-3 所示的线圈样式，然后接到点火塞的电极上。压力容器底部和点火线圈下面之间的距离应为 20mm。如果电极不是可调的，线圈和容器底部之间的点火金属线端点应当用陶瓷包层绝缘。金属线用能够提供至少 10A 的直流电源加热。

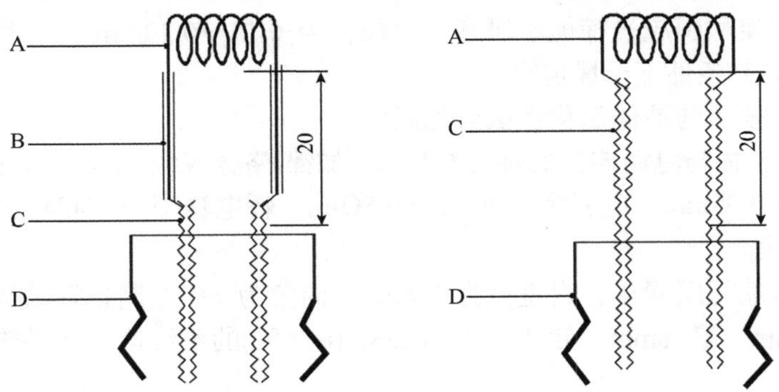

图 20-3　液体氧化性试验——点火线圈

A. 点火线圈；B. 绝缘体；C. 电极；D. 点活塞

2. 试验步骤

试验用纤维素丝为长 50～250μm、直径 25μm 的干纤维素丝，使用前需堆积为厚度不大于 25mm 的纤维素层，在 105℃下干燥 4h，干重含水量应低于 0.5%。试验过程中，应先将 2.5g 样品与 2.5g 干纤维素丝在安全的条件下搅拌均匀，若混合阶段或向压力容器中装填阶段即发生着火，则无须进行深入试验，样品即为 I 类氧化性液体，否则将样品少量、多批加入容器并轻轻拍打，确保混合物分布在点火线圈周围且与其接触良好。

装填完毕后封闭试验体系，接通 10A 电流开始试验，对于样品、参考物质分别进行 5 次试验，记录时间、压力变化，用平均值进行评估。

3. 试验结果、评估及结果实例

氧化性液体试验评估依据：样品物质与纤维素丝混合是否自发着火，以及压力容器内压力由 690kPa 上升至 2070kPa 所需时间与参考物质混合物的时间对比，最终将样品归为 I ～Ⅲ类氧化性液体或判定样品不属于氧化性液体。

氧化性液体试验部分结果实例如表 20-1 所示。

表 20-1　结果实例

物质	平均压力上升时间/ms	结论
重铬酸铵（饱和水溶液）	20 800	非氧化性液体
硝酸铁（饱和水溶液）	4 133	Ⅲ类氧化性液体
高氯酸镁（饱和水溶液）	777	Ⅱ类氧化性液体
55%高氯酸（水溶液）	59	Ⅰ类氧化性液体

20.2.2　氧化性固体试验[4]

1. 试验装置及材料

氧化性固体试验所用仪器、材料包括参考物质（溴酸钾）、纤维素丝、点火源及样品模具等，试验对各部分要求如下。

参考物质：溴酸钾应过筛但不研磨，取粒径为 0.15～0.30mm 部分作为参考物质，使用前还需在 65℃条件下干燥恒重。

纤维素丝：要求与液体氧化性试验相同。

点火源：是一根与电源连接的惰性金属线（如镍-铬金属线），并满足长 30cm±1cm、直径为 0.6mm±0.05mm、电阻为 6.0Ω/m±0.5Ω/m、耗电功率为 150W±7W，制备成如图 21-2 所示形状。

样品模具：端封闭漏斗，内直径为 70mm、内角为 60°，制备好的待试验样品堆放于边长为 150mm、厚 6mm、导热率为 0.23W/(m · ℃)的不渗透、低导热平板上，如图 20-4 所示。

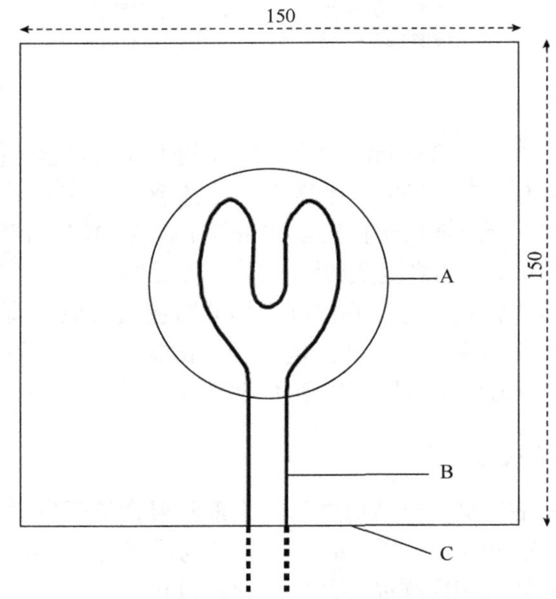

图 20-4　固体氧化性试验装置示意图

A. 椎体底部（直径为 70mm）；B. 加热金属线；C. 低导热平板

2. 试验步骤

对于待进行试验的固体样品，应首先观察其是否含有直径小于 500μm 的微粒，若其占总质量 10%以上，或试验样品易碎，则需将样品在试验前研磨成粉状。试验过程中，首先称取 30g 参考物质与纤维素丝混合（混合比例分别为 3∶7、2∶3、3∶2）及 30g 样品与纤维素丝混合（混合比例分别为 4∶1、1∶1），采用样品模具将混合物制成底部直径为 70mm、内角为 60°的圆锥状，覆盖于低导热平板上的环形金属点火线。试验区域应保持常压、20℃±5℃。

样品设置完毕后，接通点火金属线电源，若混合物不发火、燃烧则保持持续通电 3min。若样品燃烧，则记录从接通电源开始至主要反应（如火焰、灼热、无焰燃烧）结束的时间，但不应计入主要反应后的间歇反应（如火花、噼啪声响等）时间。试验应进行 5 次，以平均时间作为样品分类评估依据。

3. 试验结果、评估及结果实例

氧化性固体试验结果评估依据：样品与纤维素丝的混合物是否发火并燃烧，以及其平均燃烧时间与参考物质混合物的平均燃烧时间进行比较，最终依据氧化性固体判定流程判定样品是否属于氧化性物质及其类别。

氧化性固体部分试验结果实例如表 20-2 所示。

表 20-2　结果实例

物质	平均燃烧时间/s			结论
	4∶1		1∶1	
重铬酸铵	55		189	Ⅲ类氧化性固体
硝酸钙（无水）	10		25	Ⅱ类氧化性固体
三氧化铬	3		33	Ⅰ类氧化性固体
硝酸钴（六水合物）	205		390	非氧化性固体
参考物质（溴酸钾）	3∶7	2∶3	3∶2	
	100	54	4	

参 考 文 献

[1] 中华人民共和国国家标准. GB 30000.14—2013 化学品分类和标签规范 第 14 部分：氧化性液体. 北京：中国标准出版社，2013.

[2] 中华人民共和国国家标准. GB 30000.15—2013 化学品分类和标签规范 第 15 部分：氧化性固体. 北京：中国标准出版社，2013.

[3] 中华人民共和国国家标准. GB/T 21620—2008 危险品 液体氧化性试验方法. 北京：中国标准出版社，2008.

[4] 中华人民共和国国家标准. GB/T 21617—2008 危险品 固体氧化性试验方法. 北京：中国标准出版社，2008.

第 21 章　金属腐蚀剂

金属腐蚀剂属于腐蚀性物质的一种。通常而言，与生物体的皮肤等组织接触时，可通过化学作用造成严重损伤的物质统称为腐蚀性物质。作为腐蚀性物质的一种，金属腐蚀剂通过接触、渗漏会严重损害甚至毁坏其他货物或运输工具。

21.1　金属腐蚀剂的判定流程

某种物质是否属于金属腐蚀剂，判定流程（图 21-1）及方法是在一定条件下对样品的腐蚀性试验结果进行性质判定，在试验温度为 55℃条件下，用试验样品对钢和铝表面进行腐蚀，若其腐蚀这两种材料之一的速率超过 6.25mm/年，则试验样品判定为金属腐蚀剂。试验过程中，若对钢或铝其一进行第一次试验的结果即表明样品具有腐蚀性，则无须对另一个金属进行腐蚀性试验[1]。

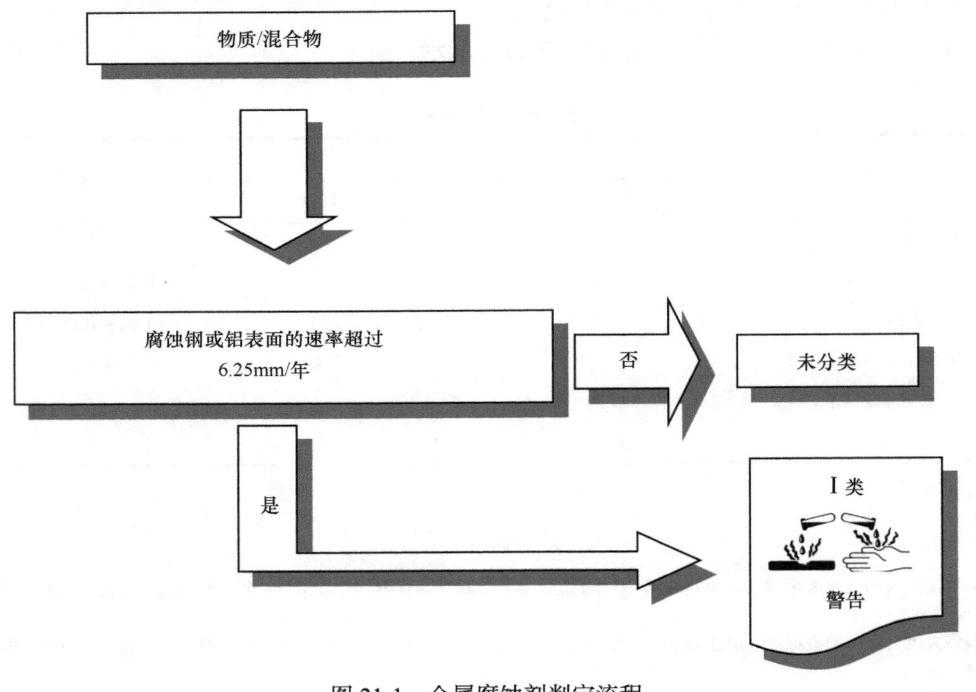

图 21-1　金属腐蚀剂判定流程

21.2　金属腐蚀剂的判定试验

1. 试验装置及材料

金属腐蚀性试验[2]于测定液体样品、可能变为液体的固体样品对金属的腐蚀性，试验所涉及的装置、材料包括反应容器及样品支架、测试片及控温系统，试验对各部分要求如下。

（1）反应容器及样品支架

可采用多口玻璃或聚四氟乙烯杯作为反应容器，为防止试验期间样品过量损失，应配备回流冷凝器回流蒸发损失的样品，同时保证空气能进入反应容器。样品支架用于支撑试验样品，分别悬挂于反应容器中气相、液相空间及 50%浸入液相空间（半悬挂态）。

（2）测试片

试样应为 2mm 厚度金属板，其材质要求如下：铝金属板，非复合型 7075-T6 或 AZ5GU-T6 铝金属板；钢金属板，S235JR+CR（1.0037 resp. St 37-2）和 S275J2G3+CR（1.0144 resp.St 44-3）型钢材料金属板，ISO 3574 或 UNS G10200 或 SAE 1020 型钢材料金属板。金属板尺寸规格为厚 2mm、边长 20mm×50mm，在距短边 12mm 处开直径为 3mm 圆孔，用于试样片悬挂。

（3）控温系统

控温系统应能保持试验样品在试验周期范围（168h±1h）内温度为 55℃±1℃。

2. 试验步骤

每种金属（铝、钢）应至少准备 3 套试样，为了进行试验，待分类样品体积应不少于 1.5L，以保证在整个腐蚀性试验接触时间内有足够的反应剂，由于试验时间过长而不更换样品溶剂可能导致负结果，因此在试验过程中应保证溶剂足够，避免试验过程中其腐蚀性发生明显变化，同时应在试验过程中添加新的溶剂。

待进行腐蚀性试验的金属片首先应经过 120#砂纸打磨，并以乙醇超声波洗涤表面残留沙粒、丙酮清洗去除残余油渍后精确称量（精度在±0.0002g）。处理完毕后的金属片不得对其表面进行任何化学处理，包括酸洗、蚀刻等，以防金属片表面出现刺激性的应激反应，如抑制、钝化等，影响试验。经过处理后的金属片应当天即进行试验，以防其表面形成氧化层导致试验误差。

试验过程中，应选择 3 片金属片，分别将其悬挂于液相空间、气相空间及 50%浸入液相空间进行试验，其中液相中应保持金属片上边缘与试验样品表面间距为 10mm，同时及时补充待测样品以保证腐蚀结果的准确，半悬挂金属片应保持 50%浸没、50%置于气相空间。整个试验过程中，应保持整个试验区域（包括样品上部的气相空间）内温度为 55℃±1℃，试验时间为 168h±1h。待试验完毕后，应对金属片进行冲洗，并以合成、天然毛刷进行刷洗，对于采用机械方法无法有效清除的残余物，如黏着的腐蚀产物或沉淀物等，应采用酸进行清洗，并同时用未经腐蚀的相同材质金属片进行参考对比酸洗试验。最后分别经乙醇、丙酮超声波洗涤后进行样品称重，依据试验结果计算样品对金属片的腐蚀率。

3. 试验结果、评估及结果实例

金属腐蚀性试验由于周期长、样品性质不同，可能产生的腐蚀性结果包括：金属片均匀腐蚀、局部腐蚀（非均匀腐蚀），对于两类不同的腐蚀结果应采用如下方式判定样品腐蚀性。

（1）均匀腐蚀的试验结果评估

对于均匀腐蚀情况，应采用腐蚀最严重的质量损失进行结果评估，如表 21-1 所示，若金属片的质量损失超过表 21-1 中所列结果，则结果判定为“+”，即样品对金属的腐蚀率高于 6.25mm/年，样品属于金属腐蚀剂。

表 21-1　不同暴露时间后均匀腐蚀最低质量损失

暴露时间/h	质量损失/%
168	13.5
336	26.5
504	39.2
672	51.5

（2）局部腐蚀的试验结果评估

对于局部腐蚀情况，应采用腐蚀最严重部分的侵蚀深度进而评估。若以金相学方法确定的最深侵蚀深度超过表 21-2 所列结果，则结果判定为“+”，即样品对金属的腐蚀率高于 6.25mm/年，样品属于金属腐蚀剂。

表 21-2　不同暴露时间后局部腐蚀最低侵蚀深度

暴露时间/h	侵蚀深度/μm
168	120
336	240
504	360
672	480

参 考 文 献

[1] 中华人民共和国国家标准. GB 30000.17—2013 化学品分类和标签规范 第 17 部分：金属腐蚀物. 北京：中国标准出版社，2013.

[2] 中华人民共和国国家标准. GB/T 21621—2008 危险品 金属腐蚀性试验方法. 北京：中国标准出版社，2008.

第 22 章 急 性 毒 性

急性毒性是指经口或经皮给予化学物质的单次剂量或在 24h 内给予的多次剂量，或者 4h 吸入接触发生的急性有害影响。急性毒性试验是评价急性毒性的重要方法，也是毒理学研究中最初步的工作[1]。1927 年 J. W. Trevan 引入半数致死量（LD_{50}）的概念来评价急性毒性，此后该指标得到广泛应用，并成为急性毒性主要评价指标。本章就化学品急性毒性试验及根据试验结果进行分类的原则进行简要介绍，内容包括《全球化学品统一分类和标签制度》（GHS）中化学品急性毒性的分类[2]，以及经济合作与发展组织（OECD）给出的一系列化学品急性毒性测试方法[3]。

22.1 急性毒性的分类和判定

由化学品急性毒性试验可以得到化学品一系列的毒性参数，化学品急性毒性的分类就依据这些参数。急性毒性参数包括：①绝对致死量或浓度（LD_{100} 或 LC_{100}）；②半数致死量或浓度（LD_{50} 或 LC_{50}）；③最小致死量或浓度（MLD，LD_{01} 或 MLC，LC_{01}）；④最大非致死量或浓度（MNLD，LD_0 或 MNLC，LC_0）。

以上 4 个参数是化学品急性毒性上限参数，而下限参数有：①所见有害作用最低量（急性毒性 LOAEL）；②未见有害作用量（急性毒性 NOAEL）。

上限参数以化学品受试动物的死亡为判定终点，而下限参数以受试动物不致死的最大剂量为判定终点[4]。

22.1.1 化学品急性毒性分类原则和判定流程

22.1.1.1 化学品急性毒性分类原则

化学品急性毒性的分类以受试动物急性毒性参数的上限参数指标作为依据。GHS 规定了化学品急性毒性包括 5 个类别（表 22-1）。其中类别 1 是最高毒性类别，类别 2 和类别 3 的毒性较类别 1 的毒性依次降低。对化学品急性毒性进行划分主要为满足运输部门采用不同的包装组别进行运输；类别 4 与类别 5 是相对低急性毒性化学品，划分到这两个类别的化学品在道路运输中被认为是不具有急性毒性的非危险化学品。

吸入毒性数值的确定基于受试动物 4h 试验结果。当试验数值取自 1h 的暴露时，可通过将 1h 数值除以 2（对于气体和蒸气）和除以 4（对于粉尘和烟雾）来转换成 4h 相应数值。吸入毒性的单位，对于粉尘和烟雾以毫克/升（mg/L）表示，对于气体则以百万分之体积（10^{-6}V）表示。

表 22-1　急性毒性各类别 LD_{50}/LC_{50}

暴露方式	类别 1	类别 2	类别 3	类别 4	类别 5①
经口（LD_{50}，mg/kg 体重）	5	50	300	2000	5000
经皮（LD_{50}，mg/kg 体重）	50	200	1000	2000	
吸入（气体）（LC_{50}，10^{-6}V）	100	500	2500	5000	
吸入（蒸气）（LC_{50}，mg/L）	0.5	2.0	10	20	
吸入（粉尘和烟雾）（LC_{50}，mg/L）	0.05	0.5	1.0	5	

①表示类别 5 的数值范围旨在识别急性毒性相对低但在某些情况下对体弱人群存在危险的化学品，这些物质经口或经皮 LD_{50} 的范围为 2000～5000mg/kg 体重，或与之相当的吸入剂量

22.1.1.2　混合物急性毒性分类原则

应获得或推算出能够应用于混合物急性毒性分类的相关参数。混合物急性毒性分类的方法是分层的，而且取决于混合物本身及其组分的现有信息数量。图 22-1 概括了混

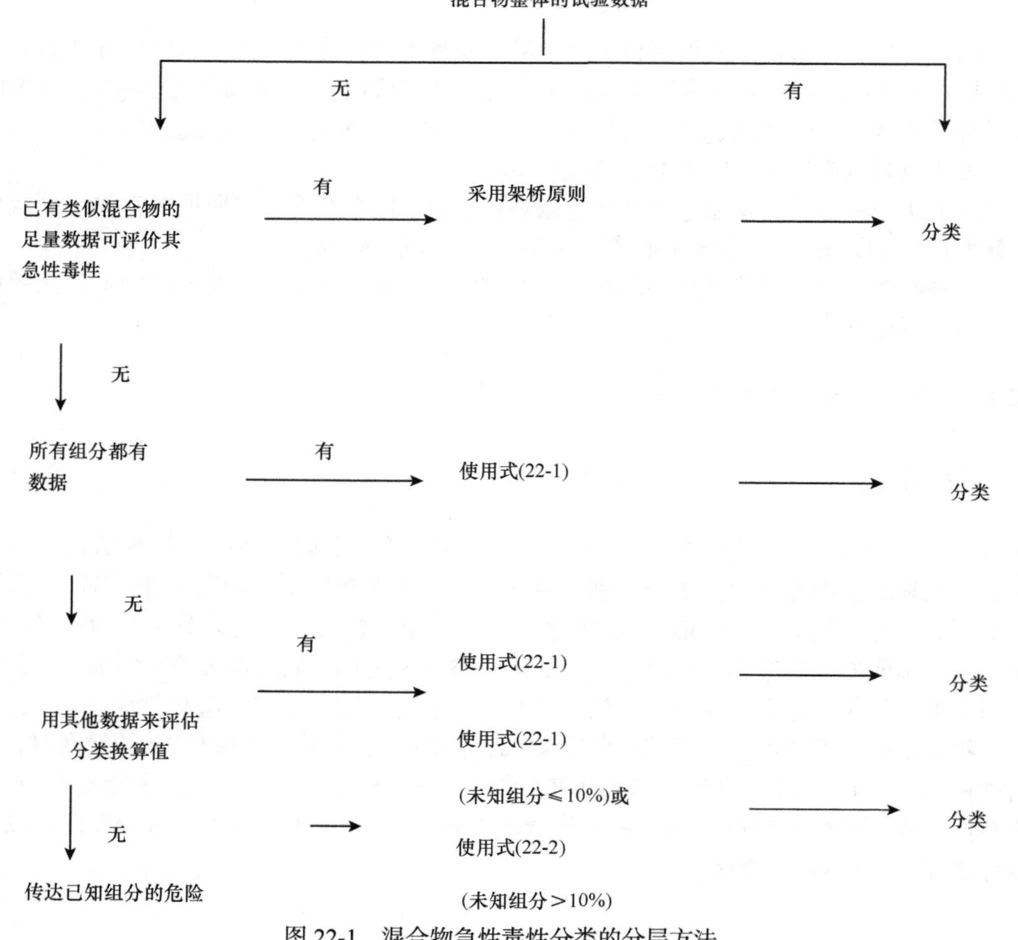

图 22-1　混合物急性毒性分类的分层方法

合物急性毒性的分类过程。为了可以应用所有可获取的数据对混合物进行分类，对该过程做了必要的假设。

a）参与混合物急性毒性推测/预估的组分是指浓度≥1%的成分（固体、液体、粉尘、烟雾和蒸气用质量百分比，气体用体积百分比），对于浓度＜1%的成分，除非有理由怀疑其仍可影响混合物急性毒性的分类，否则不予考虑。

b）如果一种已分类的混合物作为另一种混合物的组分，在使用式（22-1）和式（22-2）计算新混合物的急性毒性时可使用该混合物实际或推导的急性毒性点估计值（ATE）。

c）如果混合物所有组分换算得到的急性毒性点估计值均属同一类别，则混合物可按该类别分类。

d）如果只掌握了混合物各组分的范围估计数据（或急性毒性类别资料），在使用式（22-1）和式（22-2）计算新混合物的分类时，可根据表22-2将其换算成点估计值。

$$\frac{100}{\mathrm{ATE_{mix}}}=\sum_{i}^{n}\frac{C_i}{\mathrm{ATE}_i} \tag{22-1}$$

式中，C_i为组分i的浓度；n为混合物共有n个组分；ATE_i为组分i的急性毒性估计值。

$$\frac{100-(\sum C_{未知})}{\mathrm{ATE_{mix}}}=\sum_{i}^{n}\frac{C_i}{\mathrm{ATE}_i} \tag{22-2}$$

式中，$C_{未知}$为未知组分的浓度。

表22-2　由试验得到的急性毒性范围值（或急性毒性类别）转换成的不同暴露方式的急性毒性的点估计值（ATE）

接触途径	单位	分类类别或试验得到的急性毒性范围估计值			转换成的急性毒性点估计值（ATE）②
经口	mg/kg体重	0＜	类别1	≤5	0.5
		5＜	类别2	≤50	5
		50＜	类别3	≤300	100
		300＜	类别4	≤2000	500
		2000＜	类别5	≤5000	2500
经皮	mg/kg体重	0＜	类别1	≤50	5
		50＜	类别2	≤200	50
		200＜	类别3	≤1000	300
		1000＜	类别4	≤2000	1100
		2000＜	类别5	≤5000	2500
吸入（气体）	mL/L（$10^{-6}V$）	0＜	类别1	≤100	10
		100＜	类别2	≤500	100
		500＜	类别3	≤2500	700
		2500＜	类别4	≤5000	4500
			类别5①		

续表

接触途径	单位	分类类别值或试验得到的急性毒性范围估计值			转换成急性毒性点估计值（ATE）②
吸入（蒸气）	mg/L	0＜	类别 1	≤0.5	0.05
		0.5＜	类别 2	≤2.0	0.5
		2.0＜	类别 3	≤10.0	3
		10.0＜	类别 4	≤20.0	11
			类别 5①		
吸入（粉尘和烟雾）	mg/L	0＜	类别 1	≤0.05	0.005
		0.05＜	类别 2	≤0.5	0.05
		0.5＜	类别 3	≤1.0	0.5
		1.0＜	类别 4	≤5.0	1.5
			类别 5①		

①表示类别 5 的数值范围旨在识别急性毒性相对低但在某些情况可对体弱人群存在危险的混合物，这些混合物经口或经皮 LD_{50} 的范围为 2000～5000mg/kg 体重，或与之相当的吸入剂量；②表示该点估计值（ATE）依据混合物组分通过计算得到的，是用于对混合物进行分类的急性毒性估计值而不表示试验结果

1. 有完整急性毒性试验数据的混合物分类

在确定了混合物的急性毒性时，则可按表 22-1 中所列的标准进行分类。

2. 无完整急性毒性试验数据的混合物分类

（1）架桥原则

当混合物没有进行过急性毒性试验时，但有个别组分或类似的混合物进行过急性毒性试验且有充足的数据证实该混合物具危险性，则可以根据架桥原则进行分类。

1）稀释

已知某种混合物的急性毒性数据，用稀释剂对该混合物进行稀释后的分类遵循如下方法：当稀释剂的急性毒性等于或低于混合物中任意一个组分，且稀释混合物后不会对各组分的毒性产生影响，则可将稀释后的混合物与原混合物划分为相同的类别。除此之外，还可采用式（22-1）进行计算。

2）产品批次

同一制造商生产的或在其控制下生产的不同批次的相同产品，可认为其毒性相同，但如有充分的理由认为不同批次产品的毒性有显著变化，此时需重新进行分类。

3）高毒性混合物的浓度

如果某种混合物进行过急性毒性试验且划分为类别 1，那么当该混合物中属于类别 1 的组分浓度增加，则新混合物应划分为类别 1 而不需要进行试验。

4）一个毒性类别内的内推

对于 3 种具有同样组分的混合物（A、B 和 C），混合物 A 和 B 进行过急性毒性试验且划分为同类别中，而混合物 C 未经试验，但具有相同的毒性组分且其浓度介于混合物 A 和 B 的该毒性组分浓度之间，则混合物 C 应与 A 和 B 属同一类别而不需

要进行试验。

5）实质类似的混合物

假定如下情况：①有两种混合物：A+B 和 C+B；②组分 B 的浓度在两种混合物中是相同的；③组分 A 在混合物 A+B 中的浓度等于组分 C 在混合物 C+B 中的浓度。如果已知 A 和 C 的毒性数据，并属于同一类别，且 A 和 C 不会影响 B 的毒性，那么可以认定混合物 A+B 与混合物 C+B 属于同一类别。

6）气雾发生剂

如果加入气雾发生剂并不影响混合物喷射时的毒性，那么这种气雾形态的混合物可以划为与非气雾形态该混合物同一类别，但气雾形态混合物的吸入毒性应单独考虑。

（2）加和公式

1）已知混合物所有组分的数据

如果混合物所有组分的数据都可以得到（无急性毒性的组分如水、糖，以及限量试验结果显示无毒性的组分可以忽略），则该混合物的 ATE_{mix} 可按式（22-1）由所有相关组分的 ATE_i 计算确定。

2）混合物一个或多个组分的数据未知

如果混合物中浓度≥1%的组分的 ATE 未知时，则该混合物应根据已知组分来分类，并附加说明指出该混合物由未知毒性的一种（或几种）组分组成（每种组分的浓度为 x%）；如果未知急性毒性组分的总浓度≤10%，则应采用式（22-1）进行计算；如果未知急性毒性组分总浓度＞10%时，则应采用校正后的式（22-2）进行计算。

22.1.2 化学品急性毒性判定流程

GHS 给出了作为补充指导的判定流程图（图 22-2），在实际应用中可以根据图 22-2 结合 GHS 中相关规定对化学品的急性毒性加以分类判定[4]。

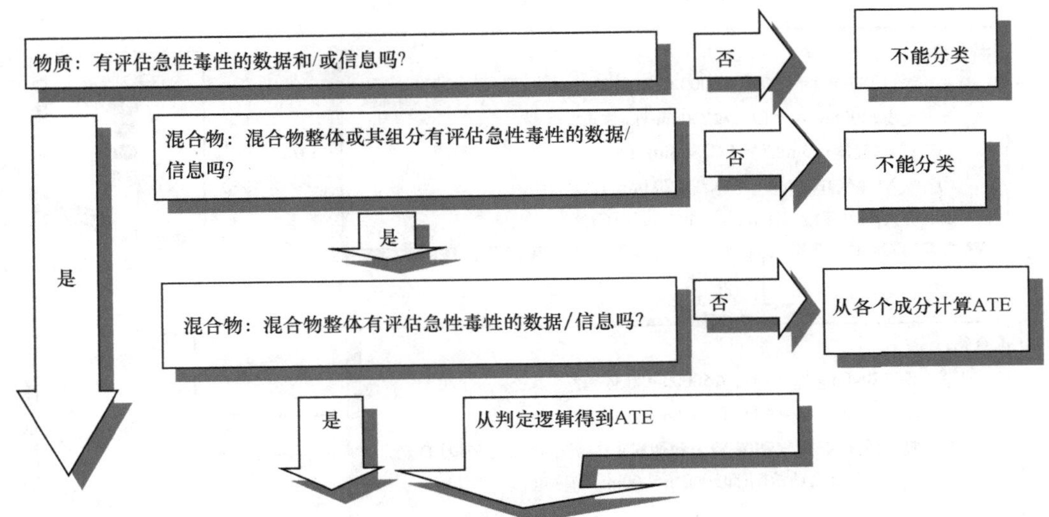

混合物：

a) 经口LD_{50}≤5mg/kg体重?
b) 经皮LD_{50}≤50mg/kg体重?
c) 吸入(气体)LD_{50}≤0.1mL/L?
d) 吸入(蒸气)LC_{50}≤0.5mg/L?
e) 吸入(粉尘和烟雾)LC_{50}≤0.05mg/L?

是 → 类别1 危险

否 ↓

混合物：

a) 经口5mg/kg＜LD_{50}≤50mg/kg体重?
b) 经皮50mg/kg＜LD_{50}≤200mg/kg体重?
c) 吸入(气体)0.1mL/L＜LC_{50}≤0.5mL/L?
d) 吸入(蒸气)0.5mg/L＜LC_{50}≤2.0mg/L?
e) 吸入(粉尘和烟雾)0.05mg/L＜LC_{50}≤0.5mg/L?

是 → 类别2 危险

否 ↓

混合物：

a) 经口50mg/kg＜LD_{50}≤300mg/kg体重?
b) 经皮200mg/kg＜LD_{50}≤1000mg/kg体重?
c) 吸入(气体)0.5mL/L＜LC_{50}≤2.5mL/L?
d) 吸入(蒸气)2.0mg/L＜LC_{50}≤10.0mg/L?
e) 吸入(粉尘和烟雾)0.5mg/L＜LC_{50}≤1.0mg/L?

是 → 类别3 危险

否 ↓

混合物：

a) 经口300mg/kg＜LD_{50}≤2000mg/kg体重?
b) 经皮1000mg/kg＜LD_{50}≤2000mg/kg体重?
c) 吸入(气体)2.5mL/L＜LC_{50}≤5mL/L?
d) 吸入(蒸气)10.0mg/L＜LC_{50}≤20.0mg/L?
e) 吸入(粉尘和烟雾)1mg/L＜LC_{50}≤5mg/L?

是 → 类别4 警告

否 ↓

混合物：

a) 经口2000mg/kg＜LD_{50}≤5000mg/kg体重?
b) 经皮2000mg/kg＜LD_{50}≤5000mg/kg体重?
c) 吸入(气体、蒸气和/或粉尘和烟雾)LC_{50}处于经口和经皮LD_{50}的(相当)等效毒性范围(即2000～5000mg/kg体重)

是 → 类别5 警告

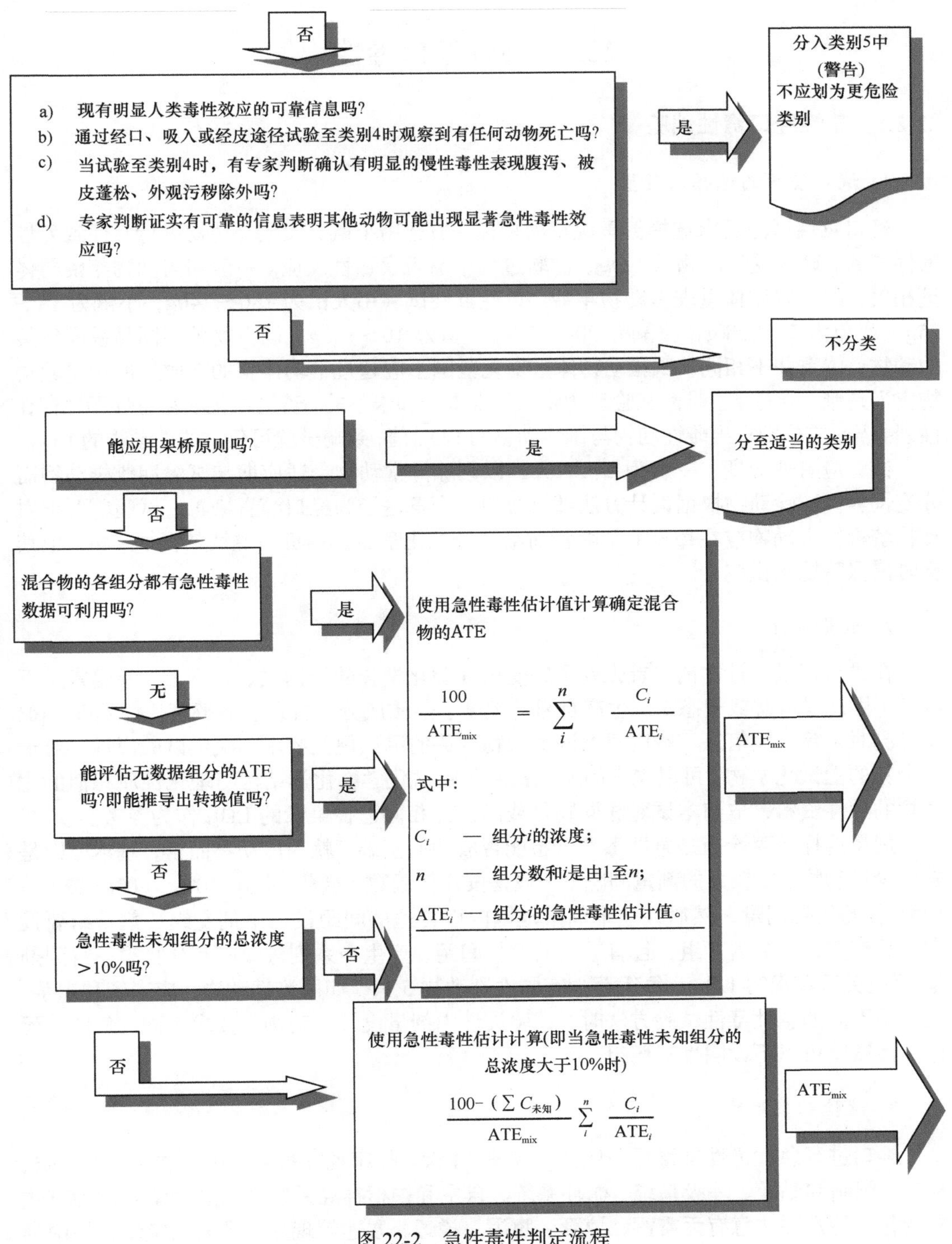

图 22-2　急性毒性判定流程

在混合物中没有任何信息可利用组分浓度≥1%的情况下，则只能根据已知急性毒性组分进行分类，并在标签上附加说明：识别该未知混合物 x%组分的急性毒性。

22.2 急性经口毒性

22.2.1 急性经口毒性试验

1. 试验动物的选择与处置

经口毒性试验要求选择健康成年动物，一般选用小鼠、大鼠等动物进行急性致死性毒性试验，确定受试动物的 LD_{50}，试验过程中需观察毒性反应。一般啮齿动物年龄与体重相关，故可以用体重表示动物年龄。急性毒性试验用大鼠为 180～240g，小鼠为 18～25g，家兔为 2～2.5kg，豚鼠为 200～250g，狗为 10～15kg。同一物种不同品系同年龄的动物，体重并不相同。试验动物体重变化范围不应超过平均体重的 20%。所用试验动物应当是雌、雄各半。雌性试验动物要求是未未产和未孕的。若受试化学物急性毒性存在性别差异，应分别求出雌性动物与雄性动物的 LD_{50} 值；致畸试验可仅求雌性动物的 LD_{50}。

试验应有适应期，一般为 5～7 天，以剔除异常动物。适应期与试验期雌雄动物需分笼饲养。试验动物根据设计方法随机分组。染毒途径为经口灌胃染毒，试验前要求对动物禁食。大动物应在每日上午喂食前给予受试化学品。染毒后继续禁食 3～4h，但禁食时需保障饮水供应。

2. 试验设计

在进行剂量设计之前，首先要了解受试外源化学物的结构式、分子量、常温常压下状态（固态、液态或气态）、生产批号、纯度、杂质成分与含量、溶解度、挥发度、pH（可测时）等相关信息。然后根据该受试物有关的测试规范要求，决定试验设计。对于一个新的受试化学物，可以先查阅文献找到与受试化学物化学结构与理化性质相似的化学物的毒性资料，取与本试验相同物种或品系经相同途径染毒的 LD_{50} 作为参考。

剂量选择是否恰当是急性毒性试验能否成功的基础。就啮齿动物而言，基本原则是先用少量动物，以较大的剂量间隔（一般是按几何级数）给药，找出 10%～90%（或 0～100%）的致死剂量，然后在这个剂量范围内以合适的间距设几个剂量组。剂量组要设定的足够多，至少为 3 组，且有适当的剂量间距，产生一系列毒效应和死亡率，得到剂量-反应关系和求得 LD_{50}。每组至少有同性别动物 5 只，如用雌性动物，应未产和未孕。在利用不同的急性毒性试验方法时，试验设计中剂量设计和动物数要求不同。急性致死性毒性试验可以不设阴性对照组。

3. 试验结果观察

经口进行急性毒性染毒后一般要求观察 14 天。临床观察每天至少一次，观察皮肤、被毛、眼睛和黏膜、呼吸系统、循环系统、自主和中枢神经系统及四肢活动与行为方式的变化。特别要注意有无震颤、惊厥、腹泻、嗜睡、昏迷等现象。观察试验动物的中毒体征有助于了解该化学物的靶器官。除此之外，临床观察还应记录发生每种体征的时间、表现程度，个体体征发展的过程及死亡前特征和死亡时间。

表 22-3 列出了急性毒性试验的一般观察和体征，可作为急性毒性试验中急性毒性

效应观察和结果分析评价的参考。

表 22-3 急性毒性试验中常见的体征和观察

临场观察		体征	可能涉及的组织、器官、系统及其症状
Ⅰ. 鼻孔呼吸阻塞，呼吸频率和深度改变，体表颜色改变	A.	呼吸困难：呼吸困难或费力，喘息，通常呼吸频率减慢	
		1. 腹式呼吸：隔膜呼吸，吸气时腹部明显塌陷	中枢神经系统（CNS），呼吸中枢，肋间肌麻痹，胆碱能神经麻痹
		2. 喘息：用力深吸气，有明显的吸气声	CNS，呼吸中枢，肺水肿，呼吸道分泌物蓄积，胆碱功能增强
	B.	呼吸暂停：用力呼吸后出现短暂的呼吸停止	CNS，呼吸中枢，肺心功能不全
	C.	紫绀：尾部、口和足垫呈现蓝紫色	肺心功能不足，肺水肿
	D.	呼吸急促：呼吸快而浅	呼吸中枢刺激，肺心功能不全
	E.	鼻分泌物：红色或无色	肺水肿，出血
Ⅱ. 运动功能：运动频率和特点的改变	A.	自发活动、探究、梳理毛发、运动增加或减少	躯体运动，CNS
	B.	困倦：动物出现昏睡，但易警醒而恢复正常活动	睡眠中枢
	C.	正常反射消失，翻正反射消失	CNS，感官，神经肌肉
	D.	麻醉：正常反射和疼痛反射消失	CNS，感官
	E.	僵住：保持原姿势不变	CNS，感官，神经肌肉，自主神经
	F.	运动失调：动物活动时运动不协调，但无痉挛、局部麻痹或僵直	CNS，感官，自主神经
	G.	异常运动：痉挛，足尖步态，踏步、忙碌、低伏	CNS，感官，神经肌肉
	H.	俯卧：不移动，腹部贴地	CNS，感官，神经肌肉
	I.	震颤：包括四肢和全身的颤抖和震颤	神经肌肉，CNS
	J.	肌束震颤：背部、肩部、后肢和足部肌肉的运动	神经肌肉，CNS，自主神经
Ⅲ. 惊厥(抽搐)：随意肌明显的无意识收缩或惊厥性收缩	A.	阵挛性抽搐：肌肉收缩和松弛交替性痉挛	CNS，呼吸衰竭，神经肌肉，自主神经
	B.	强直性抽搐：肌肉持续性收缩，后肢僵硬性伸展	CNS，呼吸衰竭，神经肌肉，自主神经
	C.	强直性-阵挛性抽搐：两种类型抽搐交替出现	CNS，呼吸衰竭，神经肌肉，自主神经
	D.	昏厥性抽搐：通常是阵挛性抽搐并伴有喘息和紫绀	CNS，呼吸衰竭，神经肌肉，自主神经
	E.	角弓反张：僵直性发作，背部弓起，头抬起向后	CNS，呼吸衰竭，神经肌肉，自主神经
Ⅳ. 反射	A.	角膜眼睑闭合：接触角膜导致眼睑闭合	感官，神经肌肉
	B.	基本反射：轻轻敲击外耳内侧，导致外耳扭动	感官，神经肌肉
	C.	正位反射：翻正反射	CNS，感官，神经肌肉
	D.	牵张反射：后肢从某一表面边缘掉下时收回的能力	感官，神经肌肉
	E.	对光反射(瞳孔反射)；见光瞳孔收缩	感官，神经肌肉，自主神经
	F.	惊跳反射：对外部刺激(如触摸、噪声)的反应	感官，神经肌肉

续表

临场观察		体征	可能涉及的组织、器官、系统及其症状
Ⅴ. 眼检指征	A.	流泪：眼泪过多，泪液清澈或有色	自主神经
	B.	缩瞳：无论有无光线，瞳孔缩小	自主神经
	C.	散瞳：无论有无光线，瞳孔扩大	自主神经
	D.	眼球突出：眼眶内眼球异常突出	自主神经
	E.	上睑下垂：上睑下垂，刺激后动物不能恢复正常	自主神经
	F.	血泪：眼泪呈红色	自主神经，出血，感染
	G.	上睑松弛	自主神经
	H.	结膜浑浊，虹膜炎，结膜炎	眼睛刺激（激惹）
Ⅵ. 心血管指征	A.	心动过缓：心率减慢	自主神经，肺心功能低下
	B.	心动过速：心率减慢	自主神经，肺心功能低下
	C.	血管扩张：皮肤、尾、舌、耳、足垫、结膜、阴囊发红，体热	自主神经、CNS、心输出量增加，环境温度高
	D.	血管收缩：皮肤苍白，体凉	自主神经、CNS、心输出量降低，环境温度低
	E.	心律不齐：心律异常	CNS、自主神经、肺心功能低下，心肌损伤
Ⅶ. 唾液分泌	A.	唾液分泌过多：口周毛潮湿	自主神经
Ⅷ. 竖毛	A.	毛囊竖毛肌收缩	自主神经
Ⅸ. 痛觉丧失	A.	对痛觉刺激(如热板)反应性降低	感官，CNS
Ⅹ. 肌张力	A.	张力降低：肌张力普遍降低	自主神经
	B.	张力增高：肌张力普遍增高	自主神经
Ⅺ. 胃肠指征			
排便(粪)	A.	干硬固体，干燥，量少	自主神经，便秘，胃肠动力
	B.	体液丢失，水样便	自主神经，腹泻，胃肠动力
呕吐	A.	呕吐或干呕	感官，CNS，自主神经(大鼠无呕吐)
多尿	A.	红色尿	肾脏损伤
	B.	尿失禁	自主感官
Ⅻ. 皮肤	A.	水肿：液体充盈组织所致肿胀	刺激性，肾脏功能衰竭，组织损伤，长时间静止不动
	B.	红斑：皮肤发红	刺激性，炎症，过敏

所有的动物均应进行大体解剖，并记录观察到的全部病变，包括各器官有无充血、出血、水肿或其他改变，必要时对肉眼观察有变化的器官进行组织病理学检查。存活 24h 以上的动物必要时进行组织病理学检查。死亡动物的大体尸检或组织病理学检查有时可得到有价值的资料。

4. 试验结果计算

LD_{50} 是经统计学计算处理得到的毒性参数，并可报告其 95%置信限。LD_{50}/LC_{50} 是一个统计量，受试验动物个体易感性差异的影响较小，因此是最重要的急性毒性参数，也可用来进行急性毒性分级。对于非致死性指标的量化问题，用 ED_{50} 和相应的剂量-反应关系曲线来解决。ED_{50} 是指一次给予试验动物某种化学物引起动物群体中 50%的个体出现某种特殊效应的剂量，该指标也是通过统计学计算处理得到的。

急性毒性剂量-反应关系中，随剂量增加，累计死亡率增加，呈“S”形曲线；如果以死亡率为纵轴时，则不同剂量下死亡率呈正态分布，为典型的“钟罩”形；将累计死亡率转换为概率单位后作为纵轴，则剂量对数值与死亡率（概率单位）的图形则表现为直线。因此，我们可以将剂量对数值与死亡率（概率单位）的关系进行直线回归，用最小二乘法求出 a、b 值，带入直线方程：$Y=a+bX$，式中，X 为剂量对数值，Y 为死亡率（概率单位），利用此式即可求得受试化学物的 LD_{50} 及其 95%置信区间。

22.2.2　急性经口毒性试验——固定剂量法[5]

固定剂量法由英国毒理学会于 1984 年提出，OECD 于 1992 年采用。固定剂量法与以往经典急性毒性试验方法的不同点是它不以动物死亡作为观察终点。该方法可以利用预先选定的或固定的一系列剂量染毒，从而观察化学物的毒性反应，进而对化学物的急性毒性进行分级。试验中各组选用同性别（一般选用雌性）动物，以固定的剂量间距（5mg/kg、50mg/kg、300mg/kg 和 2000mg/kg，如有特殊需要再考虑 5000mg/kg）顺次进行经口染毒。起始剂量是依照预试验的结果确定的，是能够产生毒性反应但不产生严重的毒性反应或致死的剂量。根据毒性反应和死亡的有无来确定是否用更高剂量或更低剂量继续做试验。当出现下列情况时应立即停止急性经口毒性试验：①当出现明显的毒性反应或已确认不多于一只动物死亡；②最高剂量组未出现毒性反应；③最低剂量组出现动物死亡。

1. *试验方法*

（1）试验动物

大鼠为首选。鼠龄为 8～12 周。试验动物体重变异不应超过平均体重的 20%，常用体重范围大鼠为 180～240g，小鼠为 18～25g。雌性动物应该未产和未孕。在缺乏构效关系或无提示雄性动物更为敏感的前提下，一般选用雌性动物进行试验。试验动物房的室温控制在 22℃±3℃，相对湿度为 30%～70%（清洁时应达到 50%～60%）。饲养室内宜采用人工光源，应保持 12h 明、12h 暗。动物食用标准饲料，自由饮水。每个剂量组分笼饲养。每个笼子动物数以不干扰活动及不影响观察为度。

试验前要对动物进行标记，用于个体识别。试验前动物要在试验环境中至少适应 5 天。

（2）受试化学品

通过配制不同浓度的受试化学品来实现固定的染毒体积。一般使用液体或者液状混合物染毒，但是如果使用未加稀释的受试物（恒定浓度），则后期需要进行相关的危险度评价并需要相应的管理。

一般情况下不能超过最大的染毒体积。每次能染毒的最大体积取决于试验动物的大小。对于啮齿动物，一般染毒体积不超过 1mL/100g，对于液体溶液可以考虑

2mL/100g。染毒时应采用液体溶液/悬浮液/乳化液助溶（如植物油），或使用其他增加溶解度的方法，但需要了解助溶剂的毒性。染毒溶液一般需要新鲜配制，除非有证据表明受试物溶液具有较好的稳定性，放置一阵时间后结果不受影响。

（3）染毒

急性经口毒性试验一般通过胃管或合适的插管灌胃进行一次性染毒，如果不能一次性染毒，则一次给一部分，但整体染毒时间不能超过 24h。染毒前动物需要禁食（大鼠禁食不禁水过夜；小鼠禁食不禁水 3～4h）。禁食后、染毒前需要对动物进行称重。染毒后仍需继续禁食（大鼠 3～4h；小鼠 1～2h）。如果染毒是在一个时期内完成的，则应该给动物提供水和食物。

（4）预试验

根据相关的毒理学资料，从 5mg/kg、50mg/kg、300mg/kg 和 2000mg/kg 中选择一个作为起始剂量。如果无相关的毒理学资料，一般以 300mg/kg 作为起始剂量。如果无明确的资料可以证明急性毒性试验对人类、动物健康和环境保护有重大意义，出于动物福利的考虑，应不做 5000mg/kg 剂量的试验。预试验每次取一只动物，按照如图 22-3 所示的步骤进行预试验，仔细观察并记录染毒后动物的毒性表现，间隔 24h 后，再给另一只动物染毒。所有试验动物至少观察 14 天。

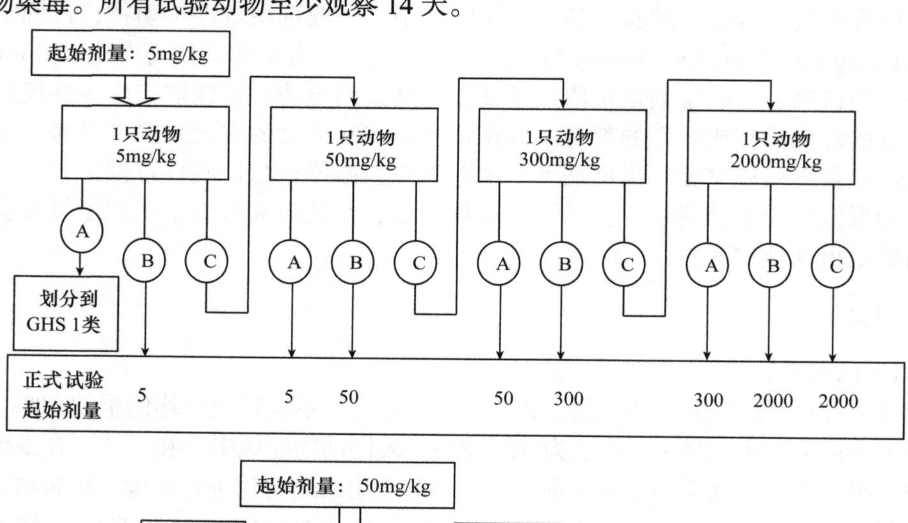

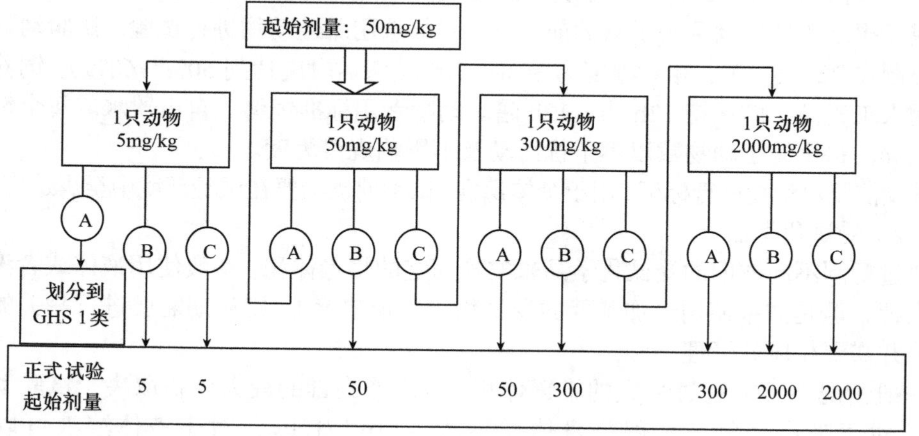

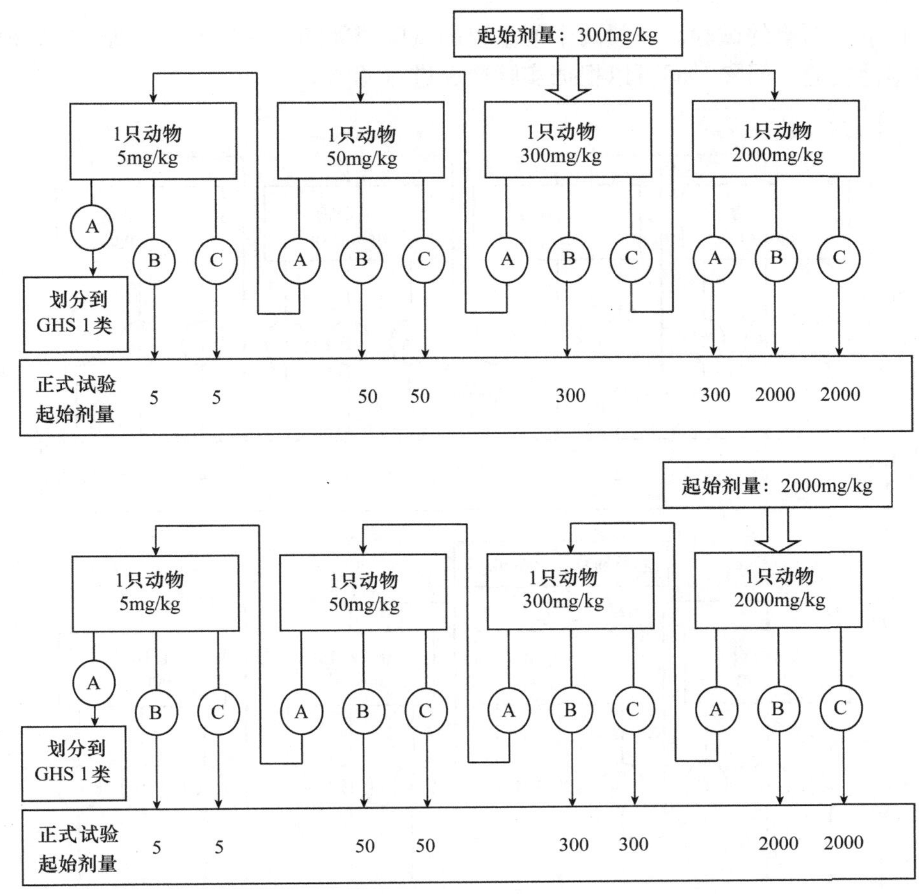

图 22-3　预试验流程

A. 死亡；B. 明显毒性；C. 无毒性

预试验中，如果在最低剂量 5mg/kg 时试验动物死亡，根据试验程序，应停止试验，并将该物质划为 GHS 急性毒性，危险类别为 1 类（图 22-3）。但为了获取更为确证的试验结果，应选取第二只试验动物按照 5mg/kg 染毒，如果第二只动物死亡，结束试验，该物质划为 GHS 急性毒性，危险类别为 1 类；如果该动物未死亡，最多再选 3 只然后顺序按 5mg/kg 染毒。出于动物福利的考虑，应一只一只动物顺序试验，间隔为确定上一只动物已经存活，只要有第二只动物死亡，则试验结束（此时已经可以按照正式试验进行分级）。

（5）正式试验

从预试验中选取只产生明显毒性而不引起死亡的剂量作为正式试验起始剂量。如果在正式试验时选择的起始剂量未见明显毒性，则应继续进行下一个较高剂量的染毒。如果在正式试验时选择的起始剂量使试验动物死亡或产生严重毒性反应，应从保护动物免受痛苦角度出发，选择下一个较低剂量进行试验。正式试验中每个剂量组选 5 只动物，其中应包含预试验中该剂量组使用的一只动物。正式试验在预试验所得结果的基础上，遵照图 22-4 的程序进行染毒。正式试验过程中，只有在确定前一剂量组的动物存活后，才可进行下一剂量的试验。一般两个剂量组的试验要间隔 3～4 天，有助于更好地观察迟发的毒性反应。间隔时间可以根据实际情况进行调整。

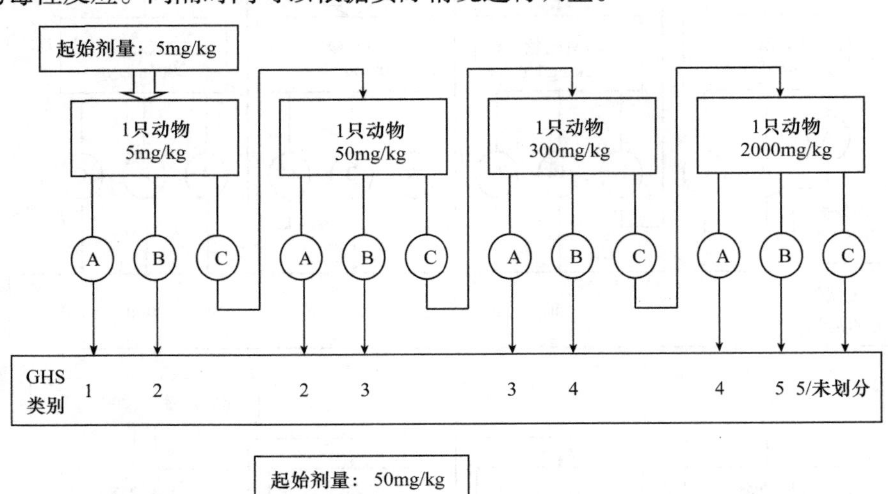

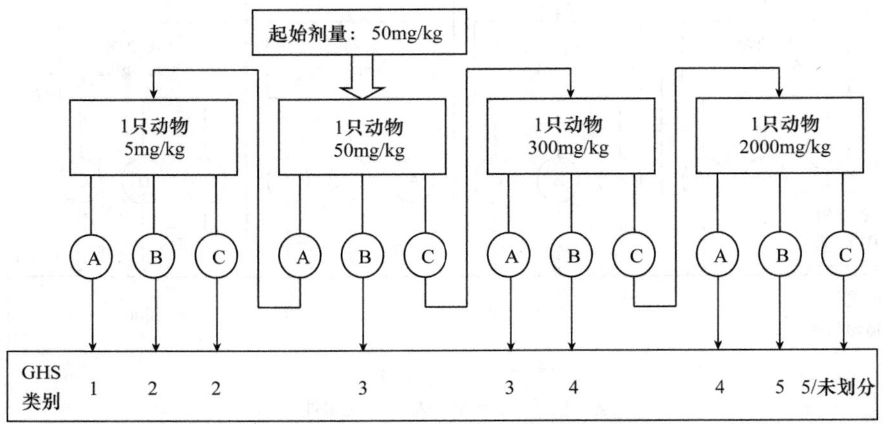

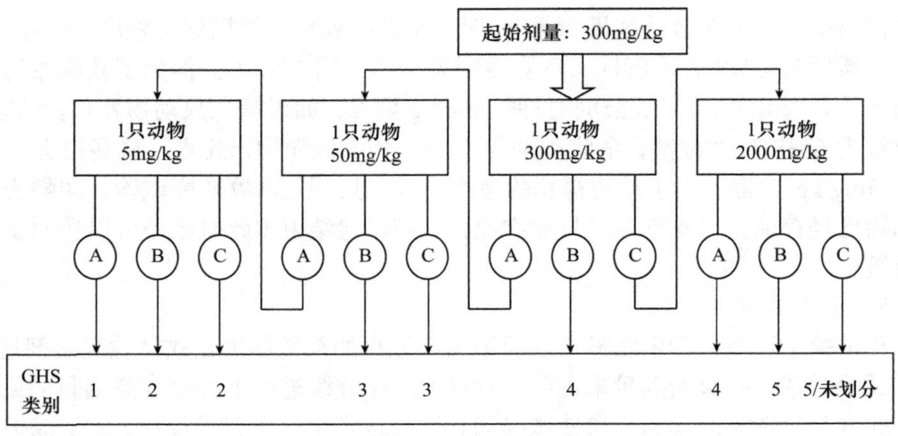

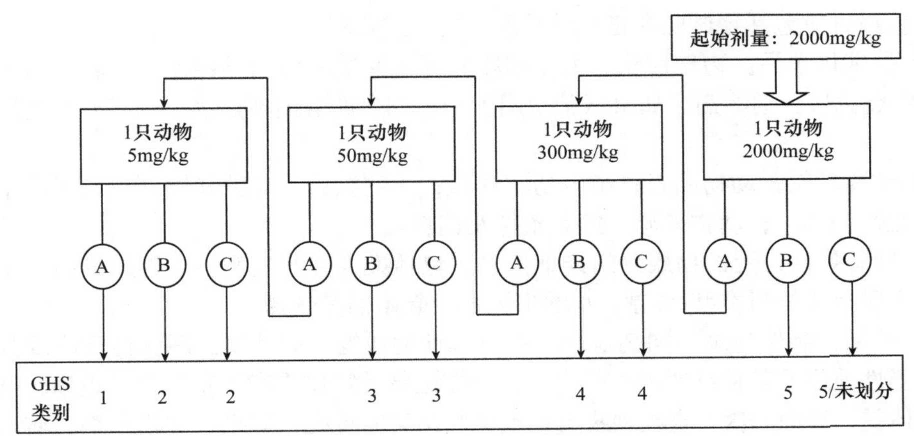

图 22-4 正式试验流程

A. 动物死亡数≥2 只；B. 观察到明显毒性的动物数≥1 只，或者 1 只死亡；C. 无毒性

（6）限量试验

如果有相关的资料表明受试化学品可能无毒（如只在限制值以上表现出毒性），可以进行限量试验。受试化学品的毒性资料可以通过其类似化合物或类似混合物（根据性质和所占的比例判断受试化学品所占的毒性重要性）的毒性资料获得。如无确切的证据表明该物质无毒，或者预计该受试物有毒，就不能进行限量试验。限量试验采用一般程序，染毒剂量为 2000mg/kg，选取 4 只动物进行试验。

（7）临床观察和期限

动物染毒当天应该在染毒后的 30min 和 4h 各做一次仔细的临床观察，以后每天一次。除非动物过度痛苦需及时处死外，一般在染毒后应对动物观察 14 天。观察期一般取决于毒性反应程度、发生体征的快慢和恢复时间的长短。如果中毒体征有迟发性倾向，应延长观察期。如果动物持续表现出毒性，则需要进行附加的观察，观察的内容包括体重和外部身体的变化。体重称量应在染毒后进行，以后至少每周一次，并做好体重记录，计算体重变化。试验结束时，应对存活动物进行称重；大体观察的内容包括皮肤、被毛、眼睛和黏膜变化，同时应观察呼吸、循环、自主神经和中枢神经系统的体征，肢体活动状况及行为变化。如果动物出现震颤、抽搐、腹泻、流涎、嗜睡和昏迷的情况应特别注意。

参考人类临终指导的原则和标准，对结束试验的处于濒死状态、出现明显疼痛或严重痛苦表现的动物应实施人道主义处死。当因人道原因处死动物或发现有动物死亡时，尽可能准确记录死亡时间。试验期间死亡或因人道原因处死的动物应进行大体解剖，记录全部肉眼可见的病损。染毒后存活 24h 以上的动物若器官出现明显肉眼所见病损应进行组织病理学检查。

2. 试验数据与报告

试验数据应包括每一只动物的资料。按各剂量水平将染毒动物的观察结果以表格形式进行总结：使用的动物数目；出现中毒体征的动物数；试验中死亡或因人道主义处死的动物数，每只动物的死亡时间；毒性反应及恢复的时间和大体解剖结果。

试验报告应包括预试验和正式试验所有的下述资料。

a）受试化学品：物理性状、纯度和相关理化性质（包括异构体）；名称和识别码如 CAS 登记号；助溶剂（如果试验中用到）；如果助溶剂不是水，则需要对助溶剂进行评价。

b）试验动物：动物品系；微生物学性状；动物数目、年龄和性别（是否用雄性动物替代雌性动物）；动物来源、饲养条件及饲料等。

c）试验条件：受试物成分的详细信息，包括染毒时的剂型；染毒剂量和时间；饲料和饮水质量（饲料类型/来源、水的来源）；起始剂量选择。

d）结果：制作记录不同剂量水平下每只动物数据（如动物出现毒性反应及其轻重程度和毒性效应及其持续时间）的表格；制作记录动物体重和体重变化的表格，染毒后动物的体重，每周一次，直到动物死亡或试验结束时处死；如果在动物宰杀之前动物死亡，记录死亡日期和时间；出现毒性反应的时间和持续时间，每只动物是否恢复；每只动物大体解剖的结果，如果有需要还应该包括组织病理学检查结果。

22.2.3 急性经口毒性试验——上下增减剂量法[6]

上下增减剂量法（UDP）于 1998 年被 OECD 采用。该法以试验动物死亡为终点，但也可用于观察不同的终点。UDP 法首先根据初步的毒理学资料确定第一只动物接受的染毒剂量，由第一只动物染毒后的反应决定第二只动物接受的染毒剂量，如果动物死亡，则下一次试验剂量降低；如果动物存活，则下一次试验剂量增高，但是需要选择一个比较合适的剂量范围，使得大部分的动物所接受的化学物剂量都会在真正的平均致死剂量左右。如果剂量范围过大，则需要用更多的动物来进行观察。每次取一只动物染毒，仔细观察并记录染毒后动物的毒性表现，间隔 48h 后，再给另一只动物染毒。所有试验动物至少观察 14 天。

UDP 法允许对 LD_{50} 的评估附带一个置信区间，根据 GHS 中急性毒性化学品的分类标准，依据这些试验结果可以对物质进行定级和分类。当没有任何信息可用于对 LD_{50} 和剂量-反应曲线斜率进行初步评价时，建议使用计算机模拟结果，从 175mg/kg 附近开始，利用剂量的半对数单位（对应剂量级数因子 3.2）可以产生最好的结果。如果物质可能是高毒性的，则应对该起始剂量进行修正。采用半对数单位可以较高效率地使用动物，增加了预测 LD_{50} 的准确性。由于 UDP 法对起始剂量有偏倚，因此起始剂量的选择一定要低于估计的 LD_{50}；与其他急性毒性试验方法相似，UDP 法对性质可变性大的化学品（如具低的剂量-反应曲线斜率）的致死量的评估会引入偏差，LD_{50} 会有一个大的统计误差。

UDP 法包含限量试验和主要试验。限量试验是一个连续的试验，动物最大使用量是 5 只。试验使用的剂量为 2000mg/kg，或异常情况下为 5000mg/kg。使用 2000mg/kg 和 5000mg/kg 的试验过程有轻微的差别。当受试化学品的 LD_{50} 接近限量剂量时，采取连续试验计划可以增加统计的有效性，但可能会向不进行限量试验的情况偏离，即出现方法安全性的问题。任何的限量试验，当真实 LD_{50} 非常接近限量剂量时，可能会降低受试化学品分类的正确性。主要试验由一个单级动物染毒剂量系列组成，每个动物每次染毒至少要间隔 48h。按照低于最佳估算 LD_{50} 一级的剂量给第一只动物染毒，如果受试动物存活，便使用高于最初剂量3.2倍的剂量给第二只动物染毒；如果第一只受试动物死亡，第二只动物就要接受较低的剂量，剂量级数同上文。染毒后对每只动物都应认真观察至少48h，然后才能决定是否对下一只动物染毒或染毒剂量的多少。该决定取决于观察期满后的动物生存状况。为了降低由较差的起始剂量或低的斜率所造成的影响，应及时调整染毒剂量模式，同时使用停止原则使受试动物数维持在较低的水平。满足停止原则后染毒需停止，此时可基于受试动物的情况对 LD_{50} 和其置信区间进行评估。在大多数情况下，动物试验结果中出现第一对逆转后，试验仅需要4只动物就可完成。此时可采用最大似然法对 LD_{50} 进行计算，以主要试验得到的结果作为起点，给出一个可信的置信区间评估。

1. 试验方法

（1）试验动物

啮齿动物中首选大鼠，但也可选用其他啮齿动物。通常选用雄性大鼠，这是因为在传统的 LD_{50} 计算方法中，性别间的敏感性差别较小，但通常雄性大鼠稍敏感。在缺乏构效关系或无提示雄性更为敏感的前提下，一般选用雄性动物进行试验。试验动物体重变异不应超过平均体重的20%。试验前要对动物进行标记，用于个体识别。试验前动物要在试验环境中至少适应5天。

（2）受试化学品

UDP法中受试化学品的准备与固定剂量法中受试化学品的前期准备相同。建议受试化学品尽可能溶解在水中，或制成悬浮液或乳液，其次考虑用油（如玉米油）或可能的其他助溶剂。当选用非水的助溶剂时应该了解其毒性。受试物应在试验前现制。

（3）染毒

UDP法中受试化学品的染毒过程与固定剂量法相同，具体可参考固定剂量法中的相关内容。

（4）限量试验

如果有相关的资料表明受试化学品可能无毒，可以进行限量试验。受试化学品的毒性信息可以通过相似化合物或相似混合物及其产品的测试信息获取。当受试化学品的毒性信息很少或者没有时，或推测受试物有毒时，则需要进行主要试验。

1）2000mg/kg限量试验

用上限剂量对动物进行染毒，如果动物死亡，进行主要试验并计算 LD_{50}；如果动物存活，继续对另外4只动物进行连续染毒。一共进行5只动物的染毒试验，如果有3只动物死亡，限量试验停止并进行主要试验。如果3只或3只以上动物存活，那么 LD_{50} ＞2000mg/kg。如果试验动物出现意外的延迟死亡，此时要停止染毒并观察所有的动物，看其他的动物在相同的观察周期是否也会死亡。延迟死亡的动物应和其他动物一样计入死亡数量。结果评估如下（O=存活，X=死亡）。

当3只或更多动物出现死亡，LD_{50} 低于限量剂量（2000mg/kg）。

OXOXX
OOXXX
OXXOX
OXXX

如果第 3 只动物出现死亡，则进行主要试验。

当 3 只或更多动物存活，则 LD_{50} 大于限量剂量（2000mg/kg）。

OOOOO
OOOXO
OOOOX
OOOXX
OXOXO
OXOOO/X
OOXXO
OOXOO/X
OXXOO

2）5000mg/kg 限量试验

特殊情况下才使用 5000mg/kg 进行限量试验。出于人道考虑，不主张对 LD_{50} 处于 2000～5000mg/kg 的物质采用动物测试，只有当试验结果极可能涉及人类或动物健康及环境保护等因素时，才考虑进行该试验。

对一只动物用 5000mg/kg 剂量进行染毒，如果动物死亡，就进行主要试验来确定 LD_{50}；如果动物存活，继续对另外两只动物进行染毒，如果两只动物都存活，则 LD_{50} 高于限制剂量，限量试验结束。

如果一只或者两只动物出现死亡，那么再给另外两只动物依次染毒，一次一只。如果试验中有一只动物出现延迟死亡且其他动物存活，此时应停止染毒并观察所有的动物，看其他动物在相同的观察周期是否也会死亡。延迟死亡的动物应同其他死亡动物一样记入死亡数量。结果评估如下（O=存活，X=死亡，U=不必要）。

当 3 只或更多动物死亡，LD_{50} 低于限量剂量（5000mg/kg）。

OXOXX
OOXXX
OXXOX
OXXX

当 3 只或更多动物存活，LD_{50} 高于限量剂量（5000mg/kg）。

OOO
OXOXO
OXOO
OOXXO
OOXO
OXXOO

（5）主要试验

主要试验通常每间隔 48h 对每只动物逐一染毒。但具体的染毒间隔时间由试验动物染毒后发作、持续时间和中毒症状的严重性共同决定，因此应在确认前一染毒剂量的动物仍然存活后，才进行下一个剂量的染毒。为了选择合适的起始剂量，所有可得到的资料，包括与受试物在结构上相关的物质的信息及受试物的所有毒性测试结果，都应用于估测 LD_{50} 和剂量-反应曲线斜率。

主要试验中染毒的总体原则是第一只动物的染毒剂量要比 LD_{50} 的最佳预测值低一级，如果动物存活，便使用较高一级的剂量给第二只动物染毒。如果第一只动物出现死亡或者濒死的状况，那么就用较低一级的剂量对第二只动物进行染毒。剂量级数因子应该选择 1/（预算的剂量-反应曲线斜率）的逆对数，且在整个测试中保持不变。当没有受试物的剂量-反应曲线斜率信息时，使用的剂量级数因子为 3.2。使用默认的级数因子时，染毒剂量依次为 1.75mg/kg、5.5mg/kg、17.5mg/kg、55mg/kg、175mg/kg、550mg/kg、2000mg/kg（或者特殊情况下使用 1.75mg/kg、5.5mg/kg、17.5mg/kg、55mg/kg、175mg/kg、550mg/kg、1750mg/kg、5000mg/kg 序列进行试验）。如果预测不到受试物的致死剂量信息，染毒剂量应当从 175mg/kg 开始，大多数情况下，这个剂量是亚致死剂量，因此，采用此剂量可以减少动物的疼痛和受苦程度。如果动物对化学品的忍受剂量远高于预期（即预期斜率低于 2.0），在开始测试前应考虑在剂量对数值上增加 0.5（即 3.2 级数因子）。同样，对于已知斜率很大的受试物，应选取比默认值小的剂量级数因子。表 22-4 为一个剂量级数表，起始剂量为 175mg/kg，斜率范围为 1～8。

表 22-4 剂量序列 （单位：mg/kg）

斜率							
1	2	3	4	5	6	7	8
0.175[①]	0.175[①]	0.175[①]	0.175[①]	0.175[①]	0.175[①]	0.175[①]	0.175[①]
						0.24	0.23
				0.275	0.26		
			0.31			0.34	0.31
		0.375			0.375		
							0.41
				0.44		0.47	
	0.55		0.55		0.55		0.55
				0.69		0.65	
							0.73
		0.81			0.82		
			0.99			0.91	0.97
				1.09	1.2		
						1.26	1.29
1.75	1.75	1.75	1.75	1.75	1.75	1.75	1.75
						2.4	2.3
				2.75	2.6		
			3.1			3.4	3.1
		3.75			3.75		
				4.4			4.1
						4.7	
	5.5		5.5		5.5		5.5
				6.9		6.5	

续表

斜率							
1	2	3	4	5	6	7	8
							7.3
		8.1			8.2		
			9.9			9.1	9.7
				10.9	12		
						12.6	12.9
17.5	17.5	17.5	17.5	17.5	17.5	17.5	17.5
						24	23
				27.5	26		
			31			34	31
		37.5			37.5		
				44			41
						47	
	55		55		55		55
						65	
				69			73
		81			82		
			99			91	97
				109	120		
						126	129
175	175	175	175	175	175	175	175
						240	230
				275	260		
			310			340	310
		375			375		
				440			410
						470	
	550		550		550		550
						650	
				690			730
		810			820		
			990			910	970
				1090	1200		
						1260	1290
1750	1750	1750	1750	1750	1750	1750	1750
						2400	2300

续表

斜率							
1	2	3	4	5	6	7	8
				2750	2600		
			3100				3100
					3750	3400	
							4100
5000	5000	5000	5000	5000	5000	5000	5000

①表示如果需要较低的剂量，将序列延续至较低的剂量

是否继续进行染毒取决于固定时间后所有动物的试验结果。当符合以下其中一个停止规则时，试验即可以结束：①在上限剂量时有连续 3 只动物存活；②在连续测试的任意 6 只动物中有 5 只发生逆转现象；③至少有 4 只动物跟随第一个逆转现象，并且确定的概率比例超过临界值。

对于 LD_{50} 和剂量-反应曲线斜率变化很大的化合物，试验出现逆转后再对 4～6 只动物进行试验后即可满足停止规则③。在一些情况下，对于剂量-反应曲线斜率较小的化学物质，可能需要更多的动物（最高试验动物总数为 15）。

符合停止规则时，采用最大似然法计算 LD_{50}。似然方程为

$$L = L_1 L_2 \cdots L_n \tag{22-3}$$

如果第 i 个动物存活：

$$L_i = 1 - F(Z_i) \tag{22-4}$$

或如果第 i 个动物死亡：

$$L_i = F(Z_i) \tag{22-5}$$

式中，L 为试验结果的似然值；n 为试验动物的总数；F 为标准累积正态分布；$Z_i=\dfrac{\lg(d_i)-\mu}{\sigma}$，$d_i$ 为第 i 个动物的染毒剂量，μ 和 σ 为给定，σ 为标准偏差。

真实 LD_{50} 的估算由似然值 L 取最大值时的 μ 计算得到。最大似然计算可以采用 SAS（如非线性回归分析统计程序 PROCNLIN）或 BMDP（如 AR 程序）统计软件的计算程序包或使用其他计算软件完成。程序得到的结果是 lg10LD_{50} 估算值及其标准误差。σ 的估计值一般为 0.5。

出于人道而处死的动物应等同考虑。如果试验中一只动物发生延迟死亡，并且其他服用同等或更多剂量的动物仍存活，比较合适的做法是停止染毒，并观察所有动物，看其他动物是否会在相似的观察期内死亡。如果后来存活的动物同样死亡，则表明所有剂量水平都超过了 LD_{50}，这时最恰当的做法是重新开始试验，所用起始剂量至少低于最低死亡剂量两级并延长观察时间，因为当起始剂量低于 LD_{50} 时，结果是最准确的。如果服用与之前死亡动物同等或更多剂量的动物能够存活，就不需要改变剂量级数，因为死亡动物的死亡信息将会作为比存活动物更低剂量的死亡率包含到计算中去，而不是后来的存活动物里，这会使 LD_{50} 降低。

（6）结果观察

在染毒后的前 30min 内，至少每个动物观察一次，前 24h 内要定时观察（在前 4h

内要特别注意），之后每天观察一次，共观察 14 天，除非因人道而处死或发现死亡。观察时间间隔不应硬性规定，要视中毒反应程度、发作时间及恢复周期的长短来决定，如有必要可加以延长。中毒征兆出现和消失的时间是很重要的，尤其是有中毒征兆延迟趋势的时候。如果动物继续出现中毒征兆，则必须进行额外的观察。观察项目包括皮肤、毛皮、眼睛和黏膜、呼吸系统、循环系统、自主神经和中枢神经系统、肢体活动和行为模式的改变。重点放在是否有震颤、抽筋、流涎、腹泻、嗜睡、睡眠和昏迷的观察上。发现动物处于濒死状态及表现出剧烈的疼痛或持续严重痛苦的病症时给予人道处死。当动物人道处死或者死亡时，尽可能精确地记录死亡的时间。除此之外，还应记录试验动物的体重，体重应在受试动物进行染毒前不久测量，此后至少每周一次，计算和记录体重的变化。

所有的动物（包括在试验期死亡及因人道处死而移出实验室的）应该进行大体解剖，记录每个动物的全体病理变化。以起始剂量染毒后存活 24h 或以上的动物，可以考虑对其存在大体病理的器官组织进行微观检查。

2. 试验数据和报告

（1）试验数据

根据主要试验结果和 LD_{50} 估计值，可以得出 LD_{50} 的置信区间。宽的置信区间表明 LD_{50} 估计值有较多的不确定性，LD_{50} 估计值的可靠性低时，其有效性也就低。窄的置信区间表明预期 LD_{50} 有较小的不确定性，LD_{50} 估计值可靠性高，其有效性也就高。这就意味着，如果重复进行主要试验，则新的 LD_{50} 估计值应与原来的 LD_{50} 估计值接近，并且这两个 LD_{50} 估计值应接近真实 LD_{50}。

根据主要试验结果，计算出真实 LD_{50} 的两个不同类型置信区间中的其中一个。当至少试验 5 种染毒剂量，且中间剂量染毒时至少有一只动物存活和一只动物死亡，此时可以用一个似然性计算机程序得到一个置信区间，即真实 LD_{50} 的 95%置信区间。然而，由于希望使用少量的动物进行试验，实际可信度水平一般不准确。使用随机停止原则提高了计算机程序应对条件发生变化的能力，但会导致报道的置信水平与真实置信水平存在稍许差别。

如果所有的动物在等于或低于某一染毒剂量时存活，且所有的动物在下一个较高染毒剂量时死亡，则可以计算出一个区间，下限为所有动物存活时的最高染毒剂量，上限为所有动物死亡时的染毒剂量。这个区间标注为“大约”，即这个区间的准确置信水平不能明确确定。然而，这种类型的反应仅发生在剂量反应不合理的时候。在大多数情况下，真实 LD_{50} 位于计算的置信区间内或与其非常接近，这个区间可能相对较窄，且在大多数的实际使用中十分准确。

在某些情况下，置信区间报告为无穷大，此时以零作为它的下限，无穷大作为它的上限，或零作为它的上限，无穷大作为它的下限，此类置信区间可能发生在所有动物死亡或所有动物存活的时候。实施固定的程序需要专门的计算方法，可使用 USEPA 或者 OECD 中的一个专门程序，或者使用 USEPA 或 OECD 中技术性细节资料。

（2）试验报告

报告的内容必须包括以下信息。

a）受试物：物理性质、纯度、相关理化性质（包括异构体）；标识资料，包括 CAS 登记号。

b）赋形剂：如果赋形剂不是水，注明赋形剂的选择理由。

c）试验动物：使用的动物品系；动物的微生物状况（已知）；动物数量、年龄和性别（如需要，包括用雄性代替雌性的理由）；水源、饲养条件、饲料等。

d）试验条件：起始剂量选择的基本原理，染毒剂量级数及接下来的染毒剂量水平；受试物化学式详细资料，包括物质用来染毒时物理形态的详细资料；受试动物执行染毒时的详细资料，包括染毒体积和染毒时间；饲料和水质的详细资料（包括饲料类型、饲料来源和水的来源）。

e）结果：体重及体重的改变；以表格的形式列出每只动物的响应数据和接受的剂量水平（如动物出现的毒性症状，包括性质、严重程度、持续性和死亡率）；染毒时的动物个体体重，随后以周为间隔称重，以及死亡时的体重；每只动物出现毒性症状的时间进程，且是否可逆；每只动物的尸检结果和组织病理学检查结果（如果有）；半数致死量数据；统计学处理的结果（使用的计算机程序描述和电子数据表格的计算）。

22.2.4　急性经口毒性试验——阶级法[7]

OECD 于 1996 年采用，2001 年更新。阶级法是以死亡为终点的分阶段试验法，每阶段 3 只动物，根据死亡动物数，平均经 2～4 个阶段即可判定急性毒性。所用动物少，但仍可得到可接受的结论，此法基于生物统计学，并通过了 OECD 的国际性验证研究。阶层法选用啮齿动物（首选大鼠），利用 4 个固定剂量 5mg/kg、50mg/kg、300mg/kg 和 2000mg/kg 之一开始进行试验，根据试验结果判断：①不需要进一步试验进行分级；②下一阶段以相同剂量用另一种性别试验；③下一阶段以较高或较低的剂量水平进行试验。确认染毒动物存活后，进行下一个性别或下一个剂量的试验。观察动物 14 天，在染毒当天观察体征和是否死亡至少两次，之后每日观察一次。染毒前和每周测体重，所有动物均进行大体解剖，必要时进行组织病理学检查。

1. 试验方法

（1）试验动物

试验动物的选择、饲料及准备与固定剂量法和上下增减剂量法相同。

（2）受试化学品

一般而言，各剂量组给予动物的受试化学品是一个恒定的体积，可通过改变受试化学品的浓度来达到所要求的体积。但是，在检验液体或混合液体受试化学品时，使用浓度恒定的不稀释受试化学品可能更有利于随后对该受试化学品的危险性评价。另外，给予试验动物的剂量不能过大，液体样本的一次最大给予量取决于受试动物的大小。对于啮齿动物，通常一次给予的体积不能超过 1mL/100g，但如果是水溶样本，也可给予 2mL/100g。关于剂型，建议尽可能使用水溶液/水悬浮液/水乳液，其次为用玉米油配制的溶液/悬浮液/乳液，再次为用其他赋形剂配制的溶液。

（3）染毒

受试物通过胃管或合适插管用管饲法一次给予。有时不可能一次给足剂量，则可在 24h 内分数次给予达到所需剂量。灌胃前，试验动物应先禁食（如大鼠，禁食而不禁饮水过夜；如小鼠，禁食不禁水 3～4h）。禁食期过后，动物称重，给予受试化学品。染毒完成后，大鼠仍应禁食 3～4h，小鼠禁食 1～2h。如通过 24h 多次染毒，则可根据间隔时间长短，适当给予动物饲料和饮水。

每一步骤使用 3 只动物，所用的起始剂量可以从 4 个固定剂量 5mg/kg、50mg/kg、300mg/kg 和 2000mg/kg 中选取。起始剂量最好能使受试动物有一定的死亡率。图 22-5 描述了每一起始剂量应遵循的试验操作程序。

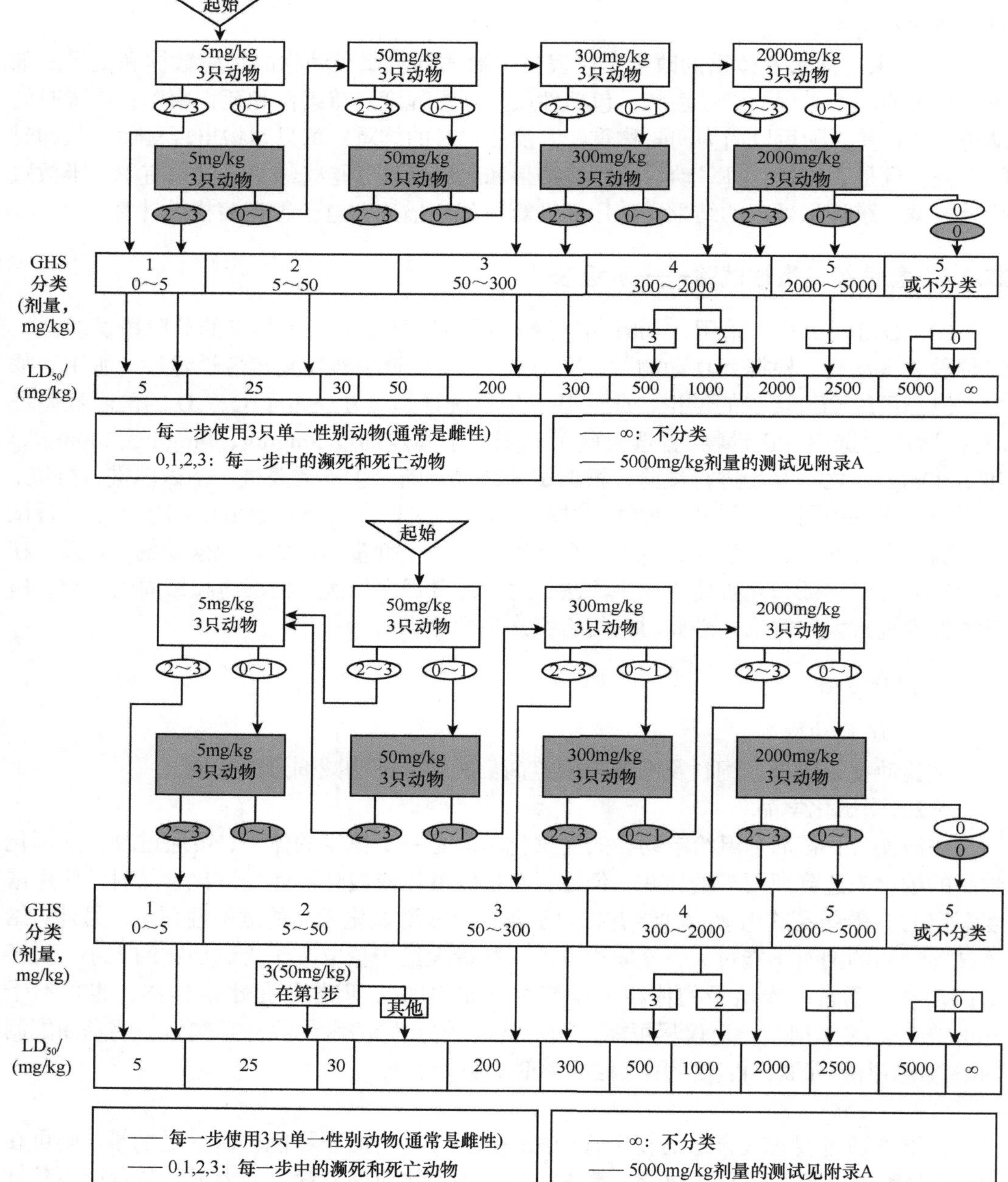

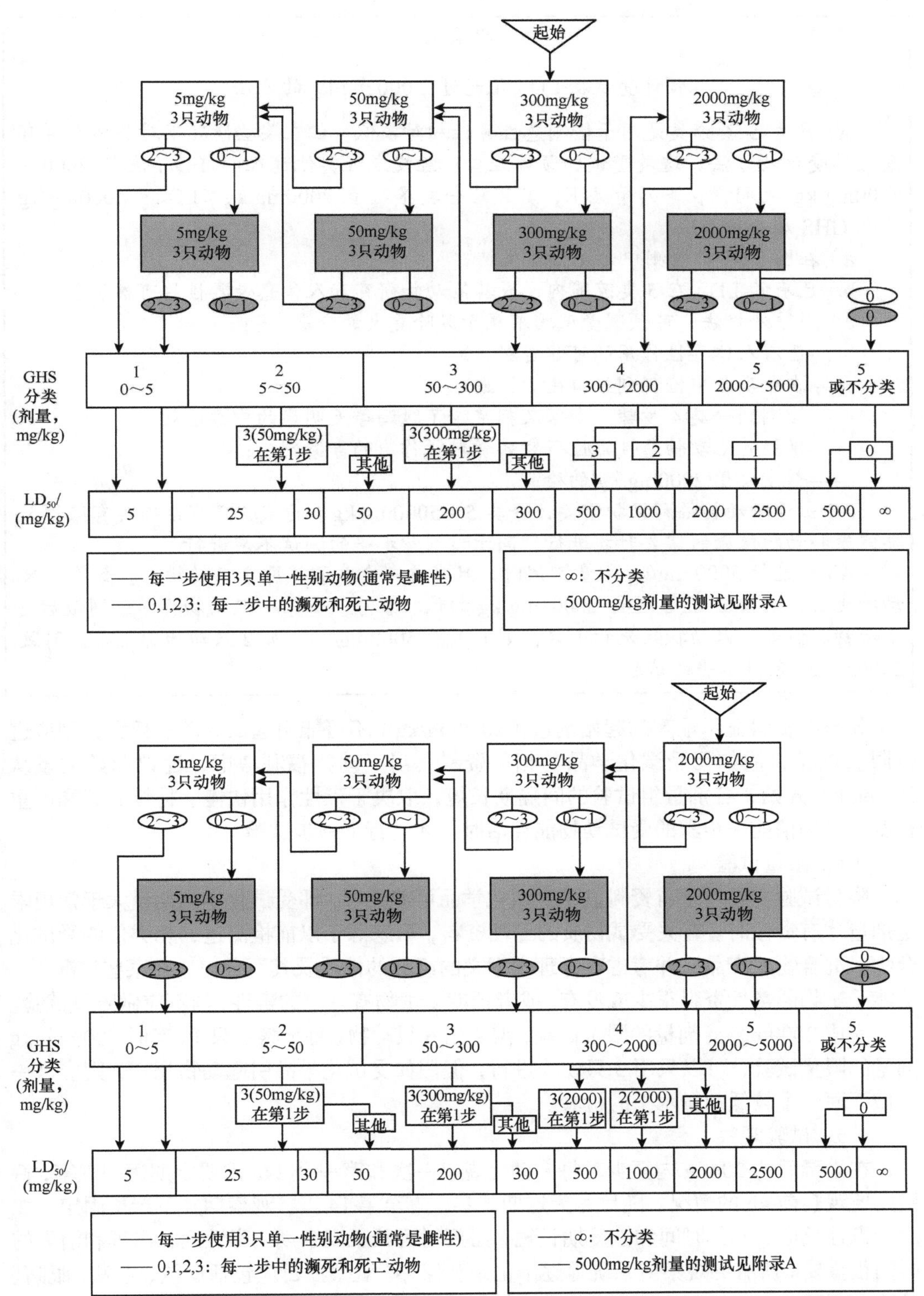

图 22-5　阶层法试验步骤流程图

附录 A

预计受试物 LD_{50} 值超过 2 000 mg/kg 的方法

A1 危害 5 类分类是用于检测急性毒性相对较低，但在某些情况下对易感人群有危险的受试物方法。这类受试物预计经口、经皮或经其他途径的 LD_{50} 值在 2000～5000mg/kg 之间，在下列情况下，其风险分类界定于 2000mg/kg＜LD_{50}＜5000mg/kg（在 GHS 属分类 5）：

a）在图 22-5 的检测中无死亡发生。

b）已有的 LD_{50} 在 5 类范围内，或其他动物研究和人体急性毒性的可靠资料。

c）通过外推法，可预测受试物不属于风险更大的分类，和

——已有人体毒性作用的可靠资料，或

——在分类 4 中检测到经口死亡，或

——检测到分类 4 步骤，专家又判定除了腹泻等无明显的中毒症状；

——根据其他动物急性毒性研究的资料所作出的专家判定；

——剂量大于 2000mg/kg 的检测。

A2 出于对动物福利保护需要，分类 5（5000mg/kg）的试验只有在确实有保护人类健康和动物健康的需要时才进行，高于该剂量水平的测试不应进行。

A3 当进行 5000 mg/kg 剂量测试时，只需要一个步骤（即 3 只动物）。如第一只动物死亡，则按图 22-5 进行 2000 mg/kg 的试验程序。如第一只动物存活，则做后 2 个动物。假如 3 只动物只死亡 1 只，则 LD_{50}＞5000mg/kg。如 2 只动物都死亡，则做 2000mg/kg 剂量水平的试验。

如果有资料显示最高的起始剂量（2000mg/kg）不可能引起试验动物死亡，则应进行限量试验，假如无受试化学品的相关资料，出于动物福利考虑，建议起始剂量从 300mg/kg 开始，各剂量组试验的间隔期长短，取决于毒性作用快慢、持续时间和严重程度。当确信前一步骤的受试动物能存活时，才进行下一步试验。

（4）限量试验

限量试验主要用于有资料显示受试化学品可能无毒，即受试化学品剂量大于常规限定剂量才有毒性时。有关受试物质的毒性资料，可来源于以前检测过的相类似的受试化合物、混合物或产品，并考虑有毒理学意义的组分的性质及其百分比。在某些情况下，可能受试物的毒性资料很少或没有，或者预期受试物有一定的毒性，则不应做限量试验。

完成 2000mg/kg 剂量的限量试验，需要用 6 只动物（每步骤 3 只）。有时 5000mg/kg 剂量的限量试验，可以只用 3 只动物进行，但假如受试化学品引起动物死亡，则应进一步做下面一个较低剂量水平的检验。

（5）试验观察

在染毒后的 30min 内至少对每一动物观察一次和第一个 24h 内要定期逐一观察，特别是要观察前 4h 的情况。随后每天定期观察，直至第 14 天。观察期并不严格固定，取决于毒性反应、发作时间和恢复期长短，必要时可延长观察期。毒性症状出现和消失的时间很重要。所有的观察应系统地逐个记录和保存。观察项目应包括皮肤、毛发、眼睛、黏膜和呼吸系统、循环系统、自主和中枢神经系统、身态和行为的改变，同时要特别注

意有无震颤、惊厥、流涎、腹泻、嗜睡、睡眠和昏迷等。发现濒死动物和重病动物应给予人道处死。当动物人道处死或死亡时，应尽可能准确记录死亡时间。在给予受试物前一刻，应称量每只动物的体重，在随后试验中，至少每周称量一次。要计算和记录动物体重的变化，在试验结束时，要记录存活动物的体重并人道处死。

所有受试动物（包括试验期间死亡或以动物福利为由人道处死的动物）都应做大体解剖。每一动物的所有大体病理学改变都应做记录。存活 24h 或更长时间的动物，若发现器官有大体病理学改变，应考虑做组织病理学检查。

2. 试验数据与报告

（1）试验数据

试验数据包括每一试验动物的资料，且所有资料以表格形式列出，以显示每一剂量组所用的动物数，出现毒性症状的动物数，试验期间死亡和以人道理由处死的动物数，各动物的死亡时间，毒性作用的描述及其出现和消失的时间，以及毒性作用的可逆性和死检所见。

（2）试验报告

a）受试化学品：物理性状，纯度及相关理化性质（包括其异构体）；识别资料，包括 CAS 登记号。

b）溶剂：溶剂选择依据（不包括水）。

c）试验动物：所用种属/品系；试验动物的微生物状况（已知）；动物数量、年龄、性别（包括为何用雄性替代雌性）；动物来源、动物房环境条件、饲料等。

d）试验条件：受试物组分的详细资料，包括受试化学品形态的详细资料；受试化学品给予的详细资料，包括给予体积和时间；水和饲料质量的详细资料（包括饲料的类型、来源和水的来源）；起始剂量选择理由。

e）试验结果：每一试验动物的资料和剂量水平以表格列出（即包括死亡在内的动物的毒性症状，毒性效应的性质、严重性和持续时间）；体重和体重改变的表格；染毒后如动物在规定处死的日期之前死亡，则应记录死亡日期和时间，染毒后动物的体重，随后每周的体重和死亡时或试验结束处死时体重的记录表格；每一动物症状出现的时间历程，以及症状是否可逆；每一动物尸检和组织病理学所见。

22.3　急性经皮毒性

22.3.1　急性经皮毒性试验[8]

1. 试验动物选择与处置

试验动物首选大鼠，也可选用豚鼠或家兔。试验动物体重要求范围分别为：大鼠 200～300g，豚鼠 350～450g，家兔 2000～3000g。试验期间动物尽可能单笼喂养。试验前 24h 在动物背部正中线两侧去毛，仔细检查皮肤，要求完整无损，以免改变皮肤的通透性。去毛面积不应少于试验动物体表面积的 10%。将试验动物分成若干剂量组，每组涂布不同剂量的受试化学品，而后观察试验动物中毒反应和死亡情况，计算 LD_{50}。对试验中死亡的动物做大体解剖和组织病理学检查，对试验结束时存活的动物也应做大体解剖。

2. 受试样品处理

不溶或难溶固体或颗粒受试化学品应研磨，过 100 目筛。用适量无毒无刺激性赋形剂混匀，以保证受试样品与皮肤良好接触。常用的赋形剂有水、植物油、凡士林、羊毛脂等。液体受试化学品一般不必稀释，可直接用原液试验。

3. 试验动物体表面积估算方法

以家兔为例，

$$S=Km^{2/3} \tag{22-6}$$

式中，S 为体表面积，单位为 cm^2；K 为常数，一般成年家兔为 10，豚鼠为 9.26，大鼠为 0.0913；m 为动物体重，单位为 g。

22.3.2 急性经皮毒性试验——固定剂量法[9]

急性经皮毒性指南《OECD 化学品测试准则》于 1987 年开始被采用。修订后的急性经皮毒性试验的固定剂量法（OECD 420）主要采用几个固定剂量，使用单性别动物（一般使用雌性动物）来检测急性经皮毒性。

传统方法在评价急性毒性时常以动物死亡作为唯一毒性终点。1984 年，英国提出了一项新的急性毒性试验方法，即选择固定剂量进行受试化学品染毒。该方法避免了以动物死亡作为观察终点，而是以几个固定剂量中某个剂量出现明显的中毒症状为观察终点，这一剂量也是受试化学品毒性分级的依据。经皮毒性试验方法也使用上述策略。为了达到《OECD 化学品测试准则》对观察终点前人道主义的要求，建议对试验方法进行优化，以便使动物承受的痛苦最小化，尽可能地少使用动物。经皮毒性试验的统计学合理性已经经数学模型进行了评价。

固定剂量法原则上只可应用中等毒性剂量，避免预期可致死的染毒剂量。同样，预估可能因腐蚀或剧烈刺激作用而导致剧烈痛苦的剂量也应避免。濒死的、显示明显疼痛的、持续痛苦的动物应安乐处死，进行结果解释时，这些动物归为死亡动物。根据预试验选择起始剂量，即预期产生明显毒性而不引起严重毒性反应或死亡的剂量。根据毒性表征或死亡出现与否进一步增加或降低固定剂量。当出现明显毒性或不超过一只动物死亡，或在最高剂量未观察到毒性效应，或在最低剂量也有动物死亡时应终止试验。

1. 试验过程

（1）动物种属选择

采用成年大鼠、兔子或豚鼠。常规推荐采用雌性动物。对于最合适的性别选择，通过调查传统急性经口和急性吸入毒性试验，发现通常情况下几乎没有性别敏感性差异，而有差异的情况表现为雌性的敏感性稍高。虽然经皮染毒尚无这些资料，但可推断其性别敏感性的差异与经口和吸入途径相类似。如果结构类似物的毒理学和毒代动力学资料表明雄性可能更敏感，则用雄性动物，同时需提供作出该选择的充足理由。

动物选择应该指向实验室内常用的动物品系，健康，8～12 周龄，雌性应是未产和未孕的。体重差异应在试验动物平均体重的±20%范围。动物房的温度应保持在 22℃±3℃，相对湿度最少为 30%，最好不超过 70%（清洁期间除外），相对湿度应在 50%～60%。采用人工照明，12h 明、暗交替。采用常规实验室饲料喂养，自由饮水。动物按剂量分组笼养，但每笼动物的数量以不影响对每只动物的有效观察为度。

（2）动物准备

在开始染毒前至少适应实验室条件 5 天。动物随机选择，并编号标记。试验前约 24h，剪或剃去动物背部的毛，去毛面积至少应为体表面积的 10%。确定除毛和覆盖面积时应考虑动物的体重。

将受试化学品均匀涂抹于不大于体表面积 10%的范围。对于高毒性受试物，涂皮面积可以小一些，涂敷的受试物薄层应尽可能薄，尽可能均匀地涂满整个染毒区域。在 24h 的染毒期间，用多孔纱布和无刺激性胶布固定受试物薄层，使受试物与皮肤保持接触，还应以适当的方式进一步覆盖染毒部位以防纱布脱落，并保证受试化学品不被动物舔食。固体受试化学品（需要研磨）染毒时用水使其充分湿润或使用适当的溶剂/赋形剂，以保证其与皮肤接触良好。使用溶剂/赋形剂应考虑溶剂/赋形剂对皮肤渗透受试化学品能力的影响。

为防止受试物被动物舔食，可使用制动器来限制动物活动，但不推荐完全制动。在染毒结束后，用水或其他合适溶剂清除残留的受试物。

（3）预试验

预试验的目的在于为正式试验选择合适的起始剂量。受试化学品按照图 22-6 顺序每次对一只动物染毒，一旦能够确定正式试验的起始剂量（或在最低固定剂量出现死亡），预试验即可停止。预试验的起始剂量从 50mg/kg、200mg/kg、1000mg/kg 和 2000mg/kg 4 个固定剂量中选择预期产生明显毒性的剂量。可能的话，可根据相同化学品或结构类似化学品的体内、体外试验资料来选择起始剂量，若无相关信息，可以 1000mg/kg 作为起始剂量。

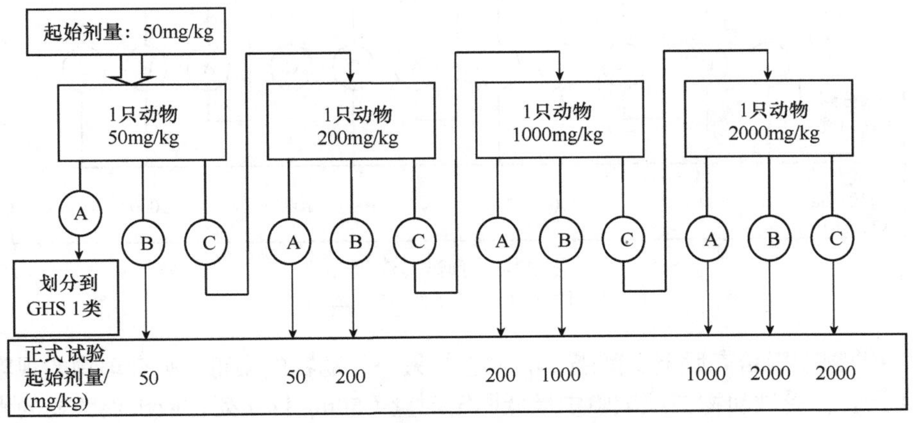

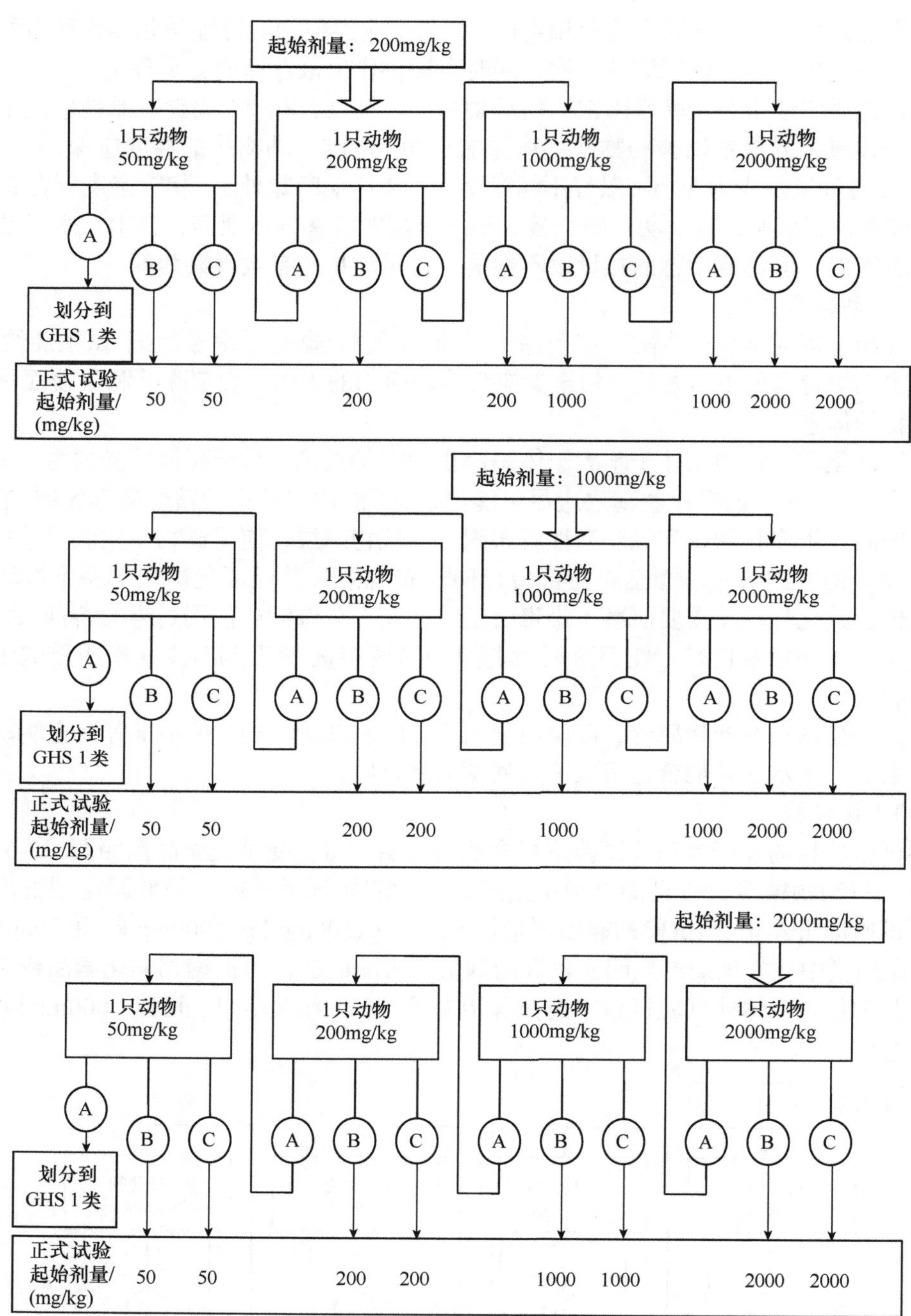

图 22-6　预试验流程

A. 死亡；B. 明显毒性；C. 无毒性

一只动物染毒结束后至少间隔 24h 才进行另一只动物的染毒，所有动物的观察期至少为 14 天。若受试动物在预试验中最低固定剂量（50mg/kg）死亡或出现明显的毒性表现，此时可终止试验，并将此物质定为 GHS 1 类物质；如果需要进一步证实，就以 50mg/kg

剂量对第二只动物染毒，如果此动物也死亡，则返归为GHS 1类，并立即终止试验，若第二只动物存活，则最多对另外3只动物以50mg/kg剂量染毒；前、后动物染毒的时间间隔应足够长，以便确定先染毒的动物是否可能存活。如果这3只动物中的第二只动物死亡，则立即结束试验，不需要再对第三只动物染毒。极少数情况下考虑使用5000mg/kg上限固定剂量。从动物福利角度考虑，不鼓励进行范围2000～5000mg/kg的动物试验。

（4）正式试验

图22-7显示了从起始剂量开始接下来的试验步骤，要求执行以下3个步骤的其中之一：终止试验并指定适当的危害级别，以更高或更低的固定剂量继续试验。但是，为避免对动物造成不必要的痛苦，正式试验不再重复预试验中引起死亡的剂量。经验表明，在起始剂量下，最可能出现的结果就是物质可分类而须进一步试验。若以剂量递减的方式进行试验，观察到2～3只动物死亡，此时考虑到动物福利应停止试验。

每一待测剂量共需要5只同性别动物，其中一只为所选剂量的预试验所用动物。不同剂量组的染毒间隔取决于毒性指征的开始时间、持续时间和严重程度。下一剂量组的染毒时间应推迟到能够确认上一剂量组动物确实存活为止。相邻剂量组的染毒间隔为3～4天，以观察迟发毒性。

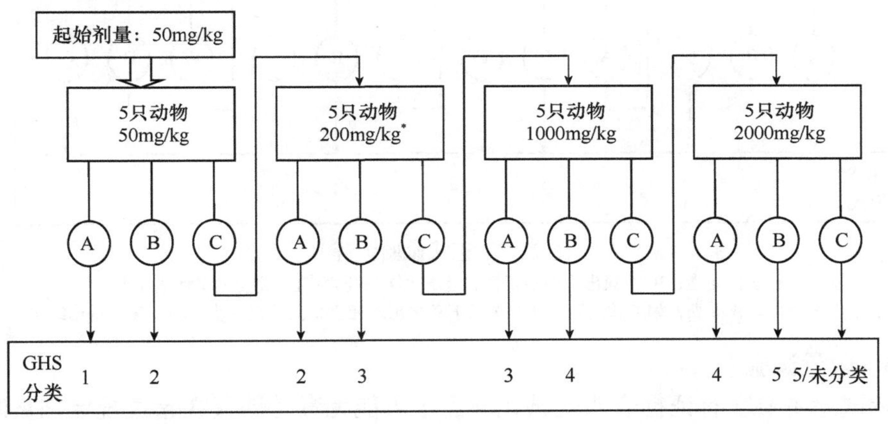

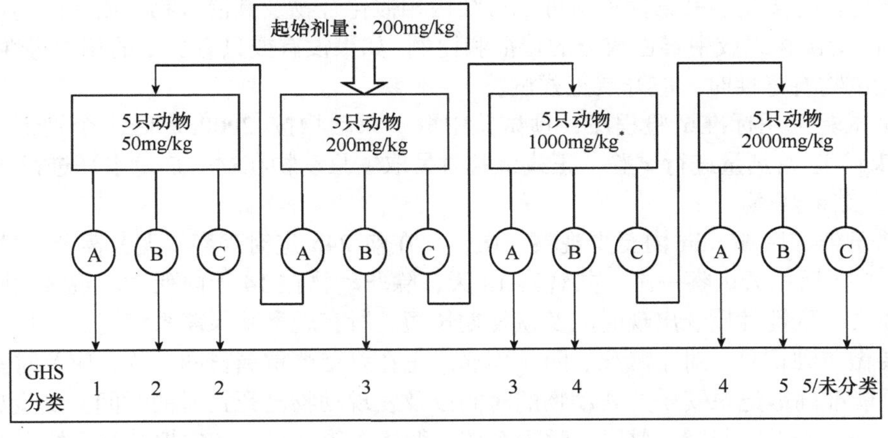

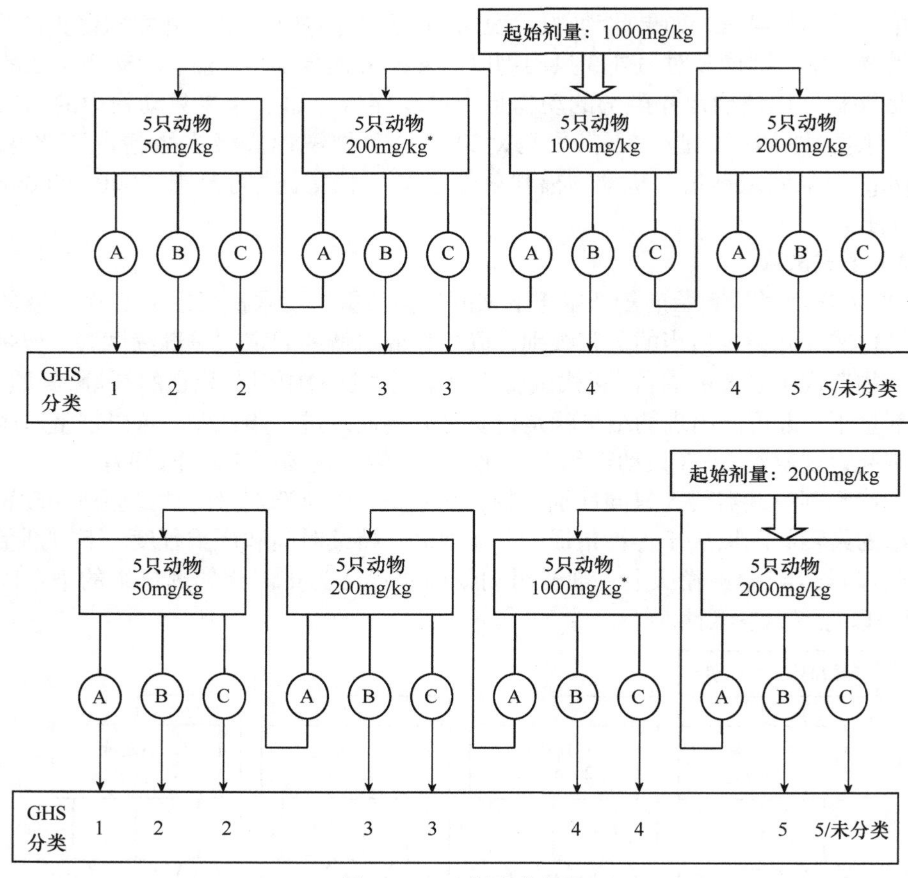

图 22-7　正式试验流程

A. 2 只死亡；B. 1 只出现明显毒性，且/或≤1 只死亡；C. 无明显毒性或死亡

*表示出于保护动物原则，如果须实验中在此剂量下动物出现死亡，无须进一步实验，直接得出结果 A

（5）限量试验

限量试验主要在有证据表明受试化学品很可能无毒（即仅在超过规定剂量时才有毒）时进行。受试化学品毒性资料可来自结构相似化合物及其混合物，或受试物产品的试验资料、受试物组成中毒性成分的特征和比例。如果没有或只有少量的相关毒性资料，或预测受试物有毒性时，应开展正式试验。

限量试验采用标准试验程序，预试验中取一只动物按 2000mg/kg（个别情况下用 5000mg/kg）起始剂量进行试验，正式试验时另取 4 只动物在这一剂量水平进行试验。

（6）结果观察

动物于染毒后 30min 内至少观察一次，并在前 24h 定时观察，尤其需要注意前 4h 的反应，24h 后每天观察一次，共观察 14 天，除非动物在 14 天内死亡。观察期限并不固定，取决于毒性性质、出现时间及恢复期长短。所有观察结果需系统记录，且对每只动物都要做单独记录。对于濒死、明显疼痛或正在忍受严重痛苦的动物，应及时安乐处死。尽可能准确地记录安乐处死动物的时间以及发现动物已死亡时的时间。试验观察内容包括皮肤、被毛、眼睛、黏膜、呼吸系统、循环系统、自主和中枢神经系统以及躯体运动和行为模式等方面的改变，特别需要注意震颤、抽搐、流涎、腹泻、呆滞、嗜睡和昏迷的发生。对濒死和表现明显痛苦的动物应予以安乐处死。另外，（如设立接触空气的对照组）在检查毒性作用的临床表现时，不能把染毒过程导致的早期外观和呼吸变化当成是受试化学品的毒性反应。观察内容还包括试验动物的体重，给药当天称重，之后至少每周称重一次。

对所有动物进行大体解剖，记录每只动物的大体解剖观察结果。对于用起始剂量染毒后存活 24h 以上的动物，要对其进行大体解剖，发现病变的器官，进行组织病理学检查，以收集有用资料。

2. 试验数据和报告

（1）数据

试验结果需提供每只动物的数据，每组所用的动物数，出现毒性症状的动物数，试验中死亡或安乐处死的动物数，每只动物的死亡时间，毒性反应的描述及其时间历程，毒性反应是否可恢复，组织病理学检查结果。

（2）试验报告

如有可能，检验报告应包含以下信息。

a）受试物：物理性状，纯度，相关理化性质（包括异构体）；鉴别资料，包括 CAS 登记号。

b）赋形剂（若有）：说明需要使用赋形剂的理由，选用的赋形剂不是水时也应说明理由。

c）试验动物：种属和品系；动物的洁净程度等级（如已知）；动物数量、周龄和性别（如雄性，则需说明不选雌性的理由）；动物来源、饲养条件、饲料、历史数据等；如有动物在试验中死亡，其死亡日期和时间。

d）试验条件：受试物详细成分，包括染毒时的物理性状；受试物给予的详细信息，包括染毒体积和时间；饲料和饮用水质量的详细信息（包括饲料的种类、来源，水的来源）；选择起始剂量理由；随机动物选择方法。

e）结果：用表格报告每只动物的毒性表现和染毒剂量（如动物死亡情况，毒性表现的性质、严重程度及持续时间）；每只动物染毒当天的体重，染毒后每周的体重、死亡及安乐处死时体重，试验过程中死亡动物的死亡日期和时间；每只动物毒性表现的时间历程，以及是否恢复；若有可能，每只动物的尸检和组织病理学检查结果。

22.4 急性吸入毒性

22.4.1 急性吸入毒性试验[10]

1. 试验动物选择和处置

急性吸入毒性试验首选健康成年小鼠（18～22g）或大鼠（180～220g），也可选用其他敏感动物。同性别各剂量组个体间体重相差不超过平均体重的±20%。试验前动物要在试验环境中至少适应 3～5 天。

各试验组动物在一定时间内吸入不同浓度的受试样品，染毒浓度的选择可通过预试验确定。染毒后观察动物的毒性反应和死亡情况。试验期间死亡的动物要进行尸检，试验结束时仍存活的动物要处死并进行大体解剖。

2. 染毒

急性吸入毒性试验包括静式染毒法和动式染毒法。

（1）静式染毒法

静式染毒过程是将试验动物放在一定体积的密闭容器（染毒柜）内，加入一定量的受试样品并使其挥发，制成含有试验需要受试样品浓度的空气，一次吸入性染毒 2h 或 4h。染毒柜的容积以每只染毒小鼠每小时吸入不少于 3L 空气计，每只大鼠每小时吸入不少于 30L 空气计。

染毒浓度一般应采用实际测定浓度，在染毒期间一般可测 4～5 次，求其平均浓度。在无适当测试方法时，可用式（22-7）计算染毒浓度：

$$c = a \times \frac{d}{V} \times 10^6 \tag{22-7}$$

式中，c 为染毒浓度，单位为 mg/m^3；a 为加入受试样品的量，单位为 mL；d 为化学品相对密度；V 为染毒柜容积，单位为 L。

（2）动式染毒法

动式染毒采用机械通风装置，连续不断地将含有一定浓度受试样品的空气均匀不断地送入染毒柜，空气交换量为 12～15 次/h，并排出等量的染毒气体，维持相对稳定的染毒浓度（对通过染毒柜的流动气体应不间断地进行监测，并至少记录 2 次）。一次吸入性染毒 2h。当受试化合物有特殊要求时，应用其他换气率。染毒时，染毒柜内应确保氧含量至少为 19%和均衡分配染毒气体。一般情况下，为确保染毒柜内空气稳定，试验动物的体积不应超过染毒柜体积的 5%，且染毒柜内应维持微弱的负压，以防受试样品泄漏污染周围环境。同时，应注意防止受试样品爆炸。

1）受试样品处理

气体受试样品经流量计与空气混合成一定浓度后，直接输入染毒柜；易挥发液体受试样品通过空气鼓泡或适当加热挥发后输入染毒柜；若受试样品需采取喷雾法现场配制时，可采用喷雾器或超声雾化器使其雾化为气溶胶后输入染毒柜。

2）染毒浓度计算

染毒浓度一般采用动物呼吸带实际测定浓度，至少每半小时测一次，取其平均值。各测定浓度应在其平均值的 25%以内。若无适当的测试方法，也可采用式（22-8）计算：

$$c = a \times \frac{d}{V_1 + V_2} \times 10^6 \tag{22-8}$$

式中，c 为染毒浓度，单位为 mg/m^3；a 为气化或雾化受试样品的量，单位为 mL；d 为受试样品相对密度；V_1 为输入染毒柜的风量，单位为 L；V_2 为染毒柜容积，单位为 L。

22.4.2　急性吸入毒性试验——固定剂量法[11]

急性吸入毒性试验最早于 1981 年开始采用。自经口毒性试验的固定剂量法于 2001

年 12 月实施后，就开始考虑建立急性吸入毒性试验的固定剂量法。与经口毒性试验的固定剂量法类似，吸入毒性试验的固定剂量法主要采用几个固定染毒浓度，使用单性别动物（一般使用雌性动物）来检测急性吸入毒性。

固定剂量法仅使用可产生一定毒性的浓度，而不使用可引起死亡的浓度。如果在某种浓度下，受试化学品由于腐蚀性或严重的刺激性而引起动物出现明显痛苦时，染毒时不建议使用该浓度进行试验。濒死、显示明显疼痛、持续痛苦的动物应给予安乐处死。进行结果解释时，这些动物应视为死亡动物。

蒸气、尘/雾或气体受试物在正式试验前要先进行预试验。预试验使用的染毒浓度应可引起明显的中毒症状，但不引起严重的中毒作用或动物死亡，根据预试验的结果选择正式试验的起始浓度。预试验中的动物是否出现中毒症状或死亡情况可作为采用更高或更低浓度进行试验的参考。当下列情况出现时，应终止试验：出现明显毒性但死亡动物数不超过一只，最高染毒浓度未出现毒性作用，或最低染毒浓度出现动物死亡。

22.4.2.1 试验方法

1. 试验动物选择

吸入毒性试验首选大鼠，也可使用其他种类的啮齿动物，使用其他啮齿动物或非啮齿动物时应说明理由。通常使用雌性动物，因为如果敏感性有性别差异时，雌性动物一般更为敏感。如果与受试物结构相类似的化学物的有关毒理学知识或毒代动力学资料表明雄性动物更为敏感，则使用雄性动物。选用雄性动物进行试验时应提供适当的理由，并说明其合理性。

一般选用常用品系的健康成年动物。雌性动物应是未生产过且未怀孕的。试验开始时的动物日龄为 56～84 天，其体重不应超过实验室既往使用的该品系动物平均体重的±20%。动物饲养房的温度应保持在 22℃±3℃，相对湿度最少为 30%，最好不超过 70%（清洁期间除外），以 50%～60%最为合适。采用人工照明，12h 明、暗交替。动物饲养需用常规饲料，自由饮水。同一浓度组的动物同笼饲养，但单笼内的动物数应不影响对每只动物的观察。开始染毒前动物饲养观察至少 5 天以适应实验室环境，并将动物随机分组并编号。

2. 染毒方式

头/鼻或全身染毒方式均可。头/鼻染毒方式可最大程度地减少经非吸入途径吸收受试化学品的量，且用高浓度受试化学品试验时（如限量试验所要求的浓度），不需要使用大量受试化学品。头/鼻染毒方式的优点是受试化学品在染毒气流中易于均匀分散，不易发生稳定性变化，需要的气体体积少，可在染毒柜中较快地达到均匀分布。该染毒方式的缺点是在整个染毒过程中需要限制动物的活动。

（1）头/鼻染毒方式

将动物置于固定器内进行染毒。固定器应不对动物产生额外的应激，并应确保动物无法避开吸入染毒。如果流入染毒柜的空气体积小于流出的气体体积，应防止空气经其他途径进入染毒柜而使受试化学物气溶胶稀释。染毒柜应置于通风良好的化学通风橱中，并保证通风橱内部处于负压状态以防受试化学物质泄漏到外部环境中。吸入染毒装置应配备动态气流，其通风量至少应超过染毒装置里动物总换气量的两倍。氧含量应至少为 19%，并要保证每只动物有类似的染毒条件。在采集气溶胶样本时，应避免过度影响动态气流。

（2）全身染毒方式

该方式的吸入染毒装置配有动态通风装置，每小时换气 12～15 次。对于某些受试化学物质，也许需采用其他的换气率。但无论是怎样的换气率，都要保证氧含量在 19%以上，且受试化学物质的气溶胶均匀分布于整个染毒柜。保证受试物气溶胶均匀分散的总体原则是：试验动物所占的总体积应不超过染毒柜体积的 5%，染毒柜内应保持轻微负压状态以防受试物泄漏到外部环境中。

头/鼻染毒方式和全身染毒方式都应至少持续 4h（不包含浓度达到稳态的时间）。也可根据具体的试验要求适当改变染毒持续时间。为确保可达到所要求的染毒浓度，应在不使用动物的情况下先进行一次染毒操作，检测一下染毒浓度并注意操作方面的关键问题。由于很难预知呼吸道的哪个部位对受试化学物质反应最强，以及受试物质粒径多大时危害最大，所选粉尘或气溶胶的颗粒大小应能保证其可到达呼吸道的每个区域。推荐受试化学物质气溶胶的空气动力学质量中位数直径（mass median aerodynamic diameter，MMAD）为 1～4μm，几何标准差（GSD）为 1.5～3.0，这样可保证整个呼吸道都可接触到受试化学物质。如受试化学物质的颗粒具有吸湿性，则应制备更小粒径的颗粒，保证其在吸湿胀大后的粒径仍然在 1～4μm。

必要时，可在受试物中加入适当的溶剂辅助受试物达到所要求的浓度或制备成吸入性颗粒。受试物气溶胶形成过程中如使用了溶剂，应事先掌握该溶剂的急性吸入毒性。对于固体颗粒状受试物，应进行机械处理以获得粒径大小符合要求的颗粒，但在加工过程中应注意不引起受试物分解或发生改变，同时要注意不要污染受试物。

（3）染毒条件监测

1）空气流量

每次染毒应连续监测通过染毒柜的空气流量并至少记录 3 次。

2）温度

每次染毒应连续监测动物呼吸带的温度并至少记录 3 次。温度应保持在 22℃±3℃。如果超出这一范围，需要考虑温度改变对染毒结果或毒性效应可能产生的影响。

3）相对湿度

无论采用口/鼻染毒方式还是全身染毒方式，可能的情况下，每次染毒都要连续监测动物呼吸带的相对湿度并至少记录 3 次。相对湿度应保持在 30%～70%。

4）受试物浓度

无论采用口/鼻染毒方式还是全身染毒方式，需测量动物呼吸带受试化学物质的确切浓度。染毒过程中，受试物的确切浓度应尽可能保持不变并进行连续或间歇性监测。如果是间歇性监测，则每隔 1h 左右采样 1 次，共采样至少 5 次。对于单一成分的固体粉末或挥发性极低的液体，可采用重量法进行浓度分析。对较高浓度组采样并采用重量法进行浓度分析时，需要对测量采样体积的流量计进行校准。有些液体受试化学品在挥发后剩余的质量恒定不变，这种情况下可采用称重法，通过称量挥发后剩余的质量来推算挥发前受试物的浓度。如动物呼吸带受试物的组成成分与受试物制剂的原有组成成分类似时，则不必对其中的无活性成分进行测定，只需在试验报告中提供此方面的结果即可。如受试物易于沉淀、含有不同的组成成分、含有挥发性组分或由于其他原因难以测定染毒柜中的受试物浓度时，则需另外进行受试物中无活性成分的分析。

5）粒径分散度

在每 4h 的染毒过程中，至少应进行 2 次气溶胶分散度的测定。所选用的采样设备应能计算出 MMAD。如受试物气溶胶含有多种组分，需按照上述原则对其进行浓度测定。

6）计算浓度

染毒柜或染毒管内的受试物浓度可按下列方法进行计算：气溶胶发生时散发到染毒柜或染毒管内的受试物总量除以通过染毒柜或染毒管的总空气流量。

3. 预试验

进行预试验是为了找到正式试验的合适起始剂量。预试验按照如图 22-8 所示的流程进行，采用先后有序的方式，每次取 1 只动物，吸入染毒至少 4h。如果出现明显的毒性作用或最低染毒剂量组有一只动物死亡，据此可确定正式试验的起始剂量并随之结束预试验。如果没有相关的参考资料，则蒸气。粉尘和烟雾及气体受试物起始剂量应分别选择 10mg/L、1mg/L 和 2500mL/m^3。

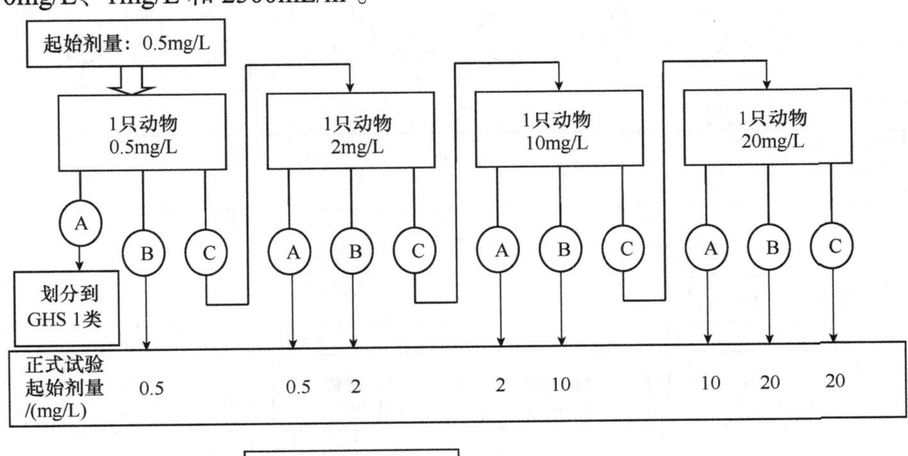

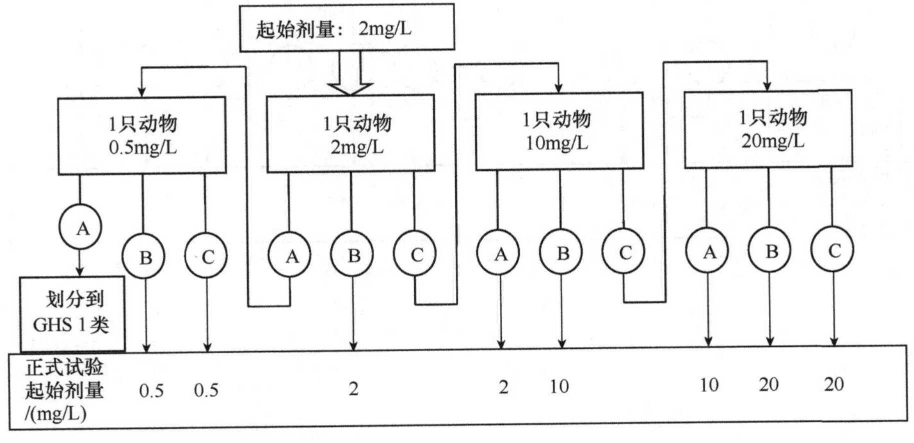

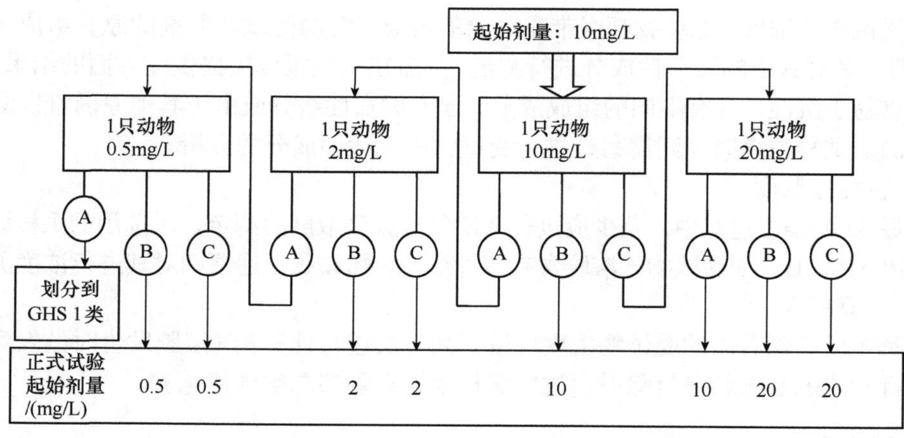
起始剂量：10mg/L
1只动物
0.5mg/L
1只动物
2mg/L
1只动物
10mg/L
1只动物
20mg/L
A
B
C
划分到
GHS 1类
正式试验
起始剂量
/(mg/L)
0.5 0.5 2 2 10 10 20 20

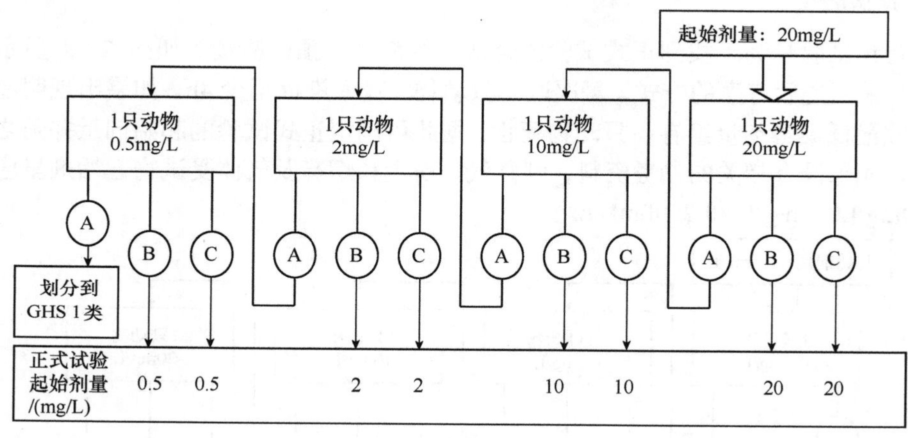
起始剂量：20mg/L
1只动物
0.5mg/L
1只动物
2mg/L
1只动物
10mg/L
1只动物
20mg/L
A
B
C
划分到
GHS 1类
正式试验
起始剂量
/(mg/L)
0.5 0.5 2 2 10 10 20 20

（a）

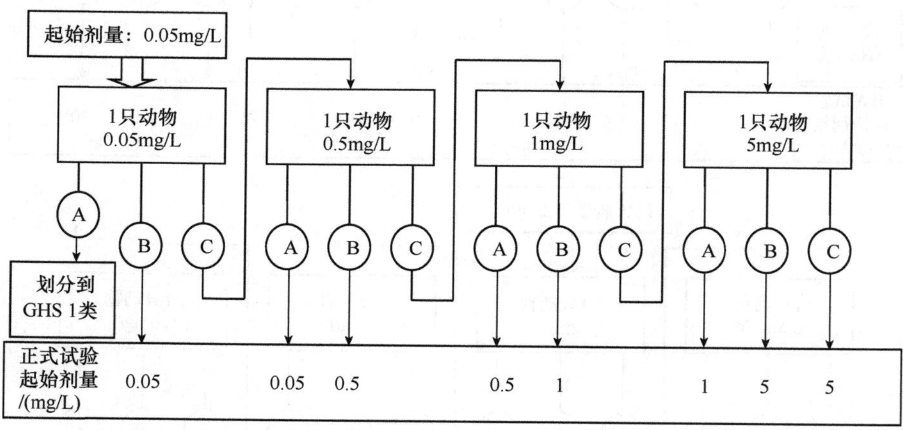
起始剂量：0.05mg/L
1只动物
0.05mg/L
1只动物
0.5mg/L
1只动物
1mg/L
1只动物
5mg/L
A
B
C
划分到
GHS 1类
正式试验
起始剂量
/(mg/L)
0.05 0.05 0.5 0.5 1 1 5 5

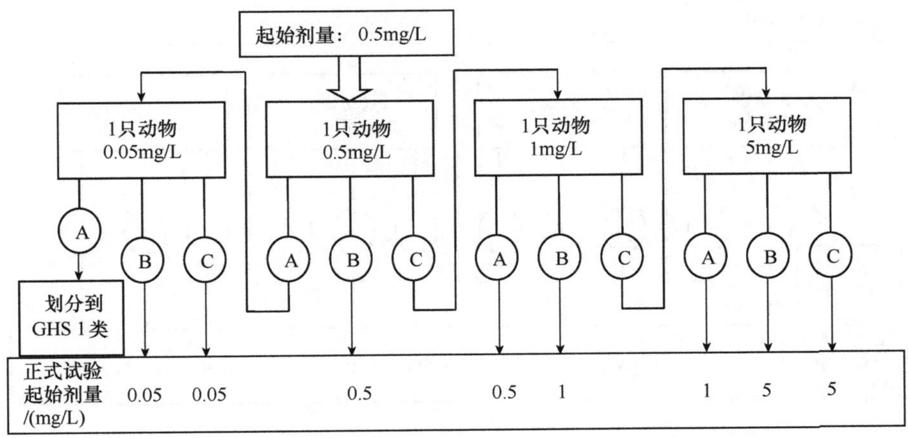
起始剂量：0.5mg/L
1只动物
0.05mg/L
1只动物
0.5mg/L
1只动物
1mg/L
1只动物
5mg/L
A
B
C
划分到
GHS 1类
正式试验
起始剂量
/(mg/L)
0.05 0.05 0.5 0.5 1 1 5 5

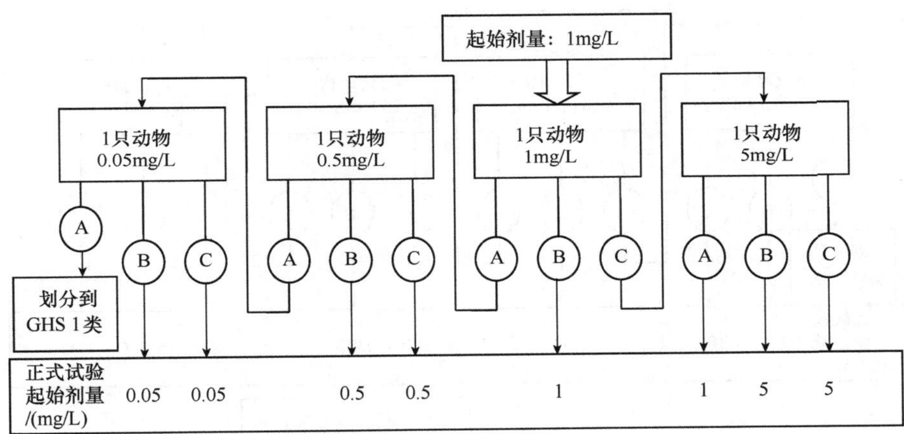
起始剂量：1mg/L
1只动物
0.05mg/L
1只动物
0.5mg/L
1只动物
1mg/L
1只动物
5mg/L
A
B
C
划分到
GHS 1类
正式试验
起始剂量
/(mg/L)
0.05 0.05 0.5 0.5 1 1 5 5

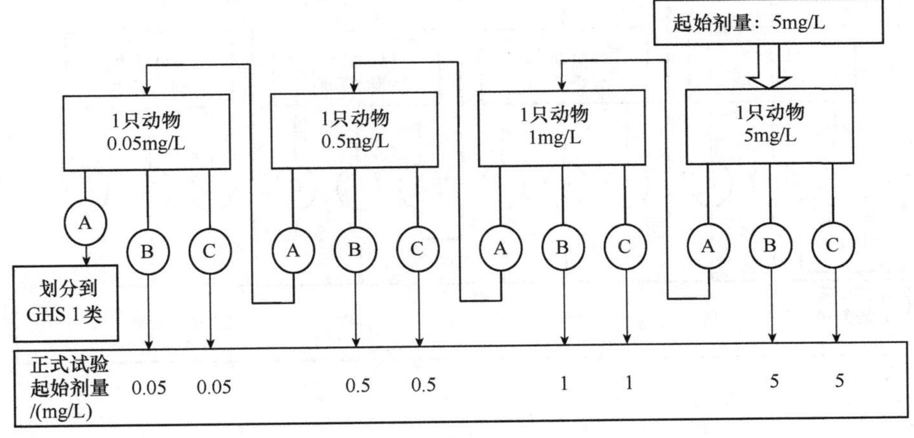
起始剂量：5mg/L
1只动物
0.05mg/L
1只动物
0.5mg/L
1只动物
1mg/L
1只动物
5mg/L
A
B
C
划分到
GHS 1类
正式试验
起始剂量
/(mg/L)
0.05 0.05 0.5 0.5 1 1 5 5

（b）

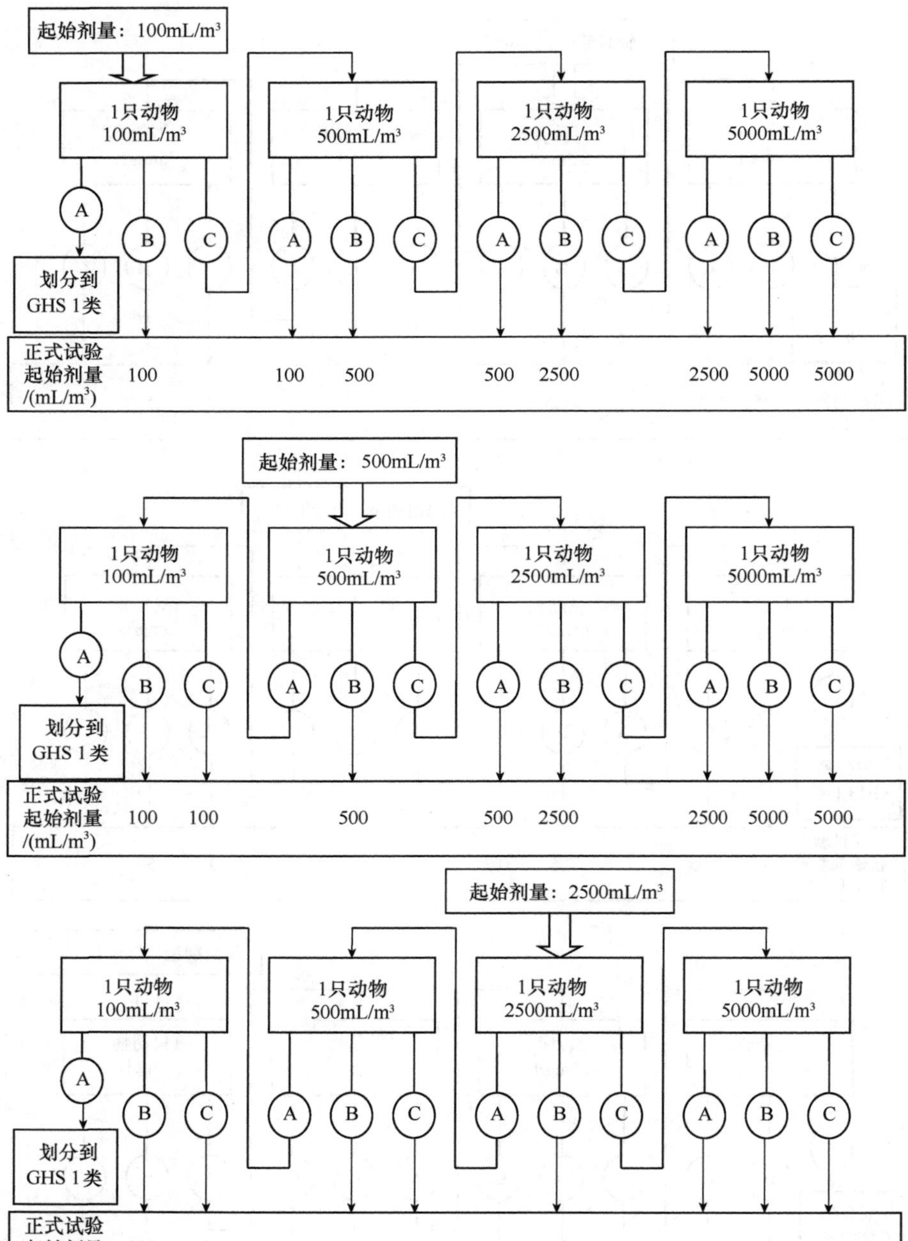
起始剂量：100mL/m³
1只动物
100mL/m³
1只动物
500mL/m³
1只动物
2500mL/m³
1只动物
5000mL/m³
A
B
C
划分到
GHS 1类
正式试验
起始剂量
/(mL/m³)
100
100
500
500
2500
2500
5000
5000
起始剂量：500mL/m³
1只动物
100mL/m³
1只动物
500mL/m³
1只动物
2500mL/m³
1只动物
5000mL/m³
划分到
GHS 1类
正式试验
起始剂量
/(mL/m³)
100
100
500
500
2500
2500
5000
5000
起始剂量：2500mL/m³
1只动物
100mL/m³
1只动物
500mL/m³
1只动物
2500mL/m³
1只动物
5000mL/m³
划分到
GHS 1类
正式试验
起始剂量
/(mL/m³)
100
100
500
500
2500
2500
5000
5000

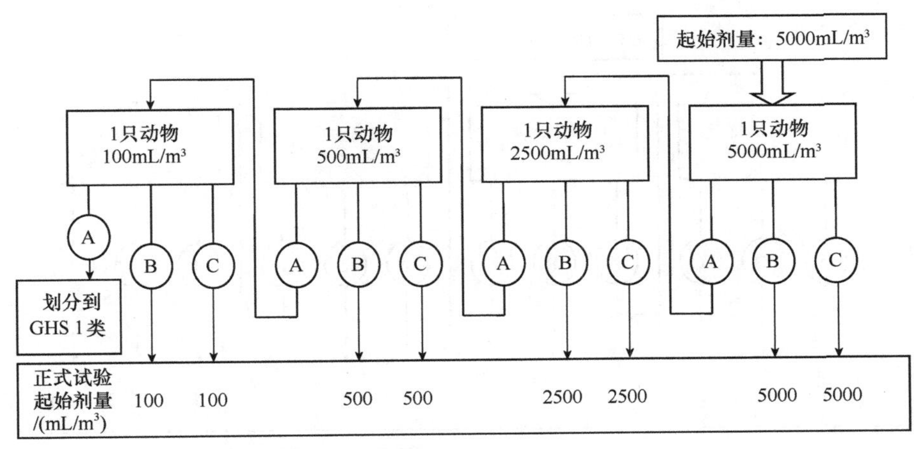

（c）

图 22-8　蒸气（a）、粉尘和烟雾（b）及气体（c）受试化学品预试验流程图

A. 死亡，B. 明显毒性，C. 无毒性。（a）蒸气预试验流程：一只动物经 0.5mg/L 剂量染毒，当结果为 A 时，可将受试化学品分类为 GHS 1 类，这时可选择后续的试验程序对其分类进行进一步证实；（b）粉尘和烟雾预试验流程：一只动物经 0.05mg/L 剂量染毒，当结果为 A 时，可将受试化学品分类为 GHS 1 类，这时可选择后续的试验程序对其分类进行进一步证实；（c）气体预试验流程：一只动物经 100mL/m³ 剂量染毒，当结果为 A 时，可将受试化学品分类为 GHS 1 类，这时可选择后续的试验程序对其分类进行进一步证实

一只动物染毒结束至少间隔 24h 才进行另一只动物的染毒。所有动物一般至少连续观察 7 天。如预试验中最低浓度引起动物死亡或出现明显毒性表现时，应结束试验并将受试物归为 GHS 1 类物质。如要对该分类进行验证，可采用最低剂量再测试一只动物的方法。如第二只动物也死亡，则可以确定为 GHS 1 类，并立即终止试验；如第二只动物存活，则在该剂量最多选 3 只动物进行试验。由于动物死亡的可能性很大，出于动物福利考虑，应采用前后有序的方式对 3 只动物进行试验。前、后动物染毒的时间间隔应足够长，以便确定先染毒的动物是否可能存活。如 3 只动物中的第二只动物死亡，则应立即结束试验，不必再对第三只动物染毒。

4. 正式试验

由图 22-9 可知，起始剂量染毒后可选择如下 3 种后续程序：终止试验并进行适当

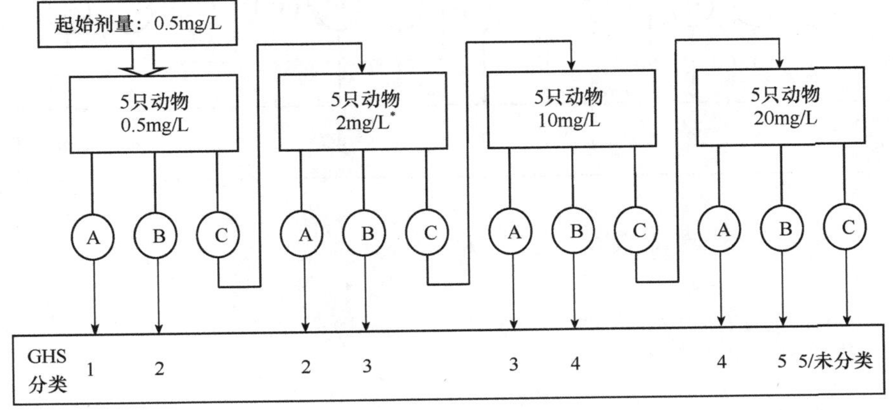

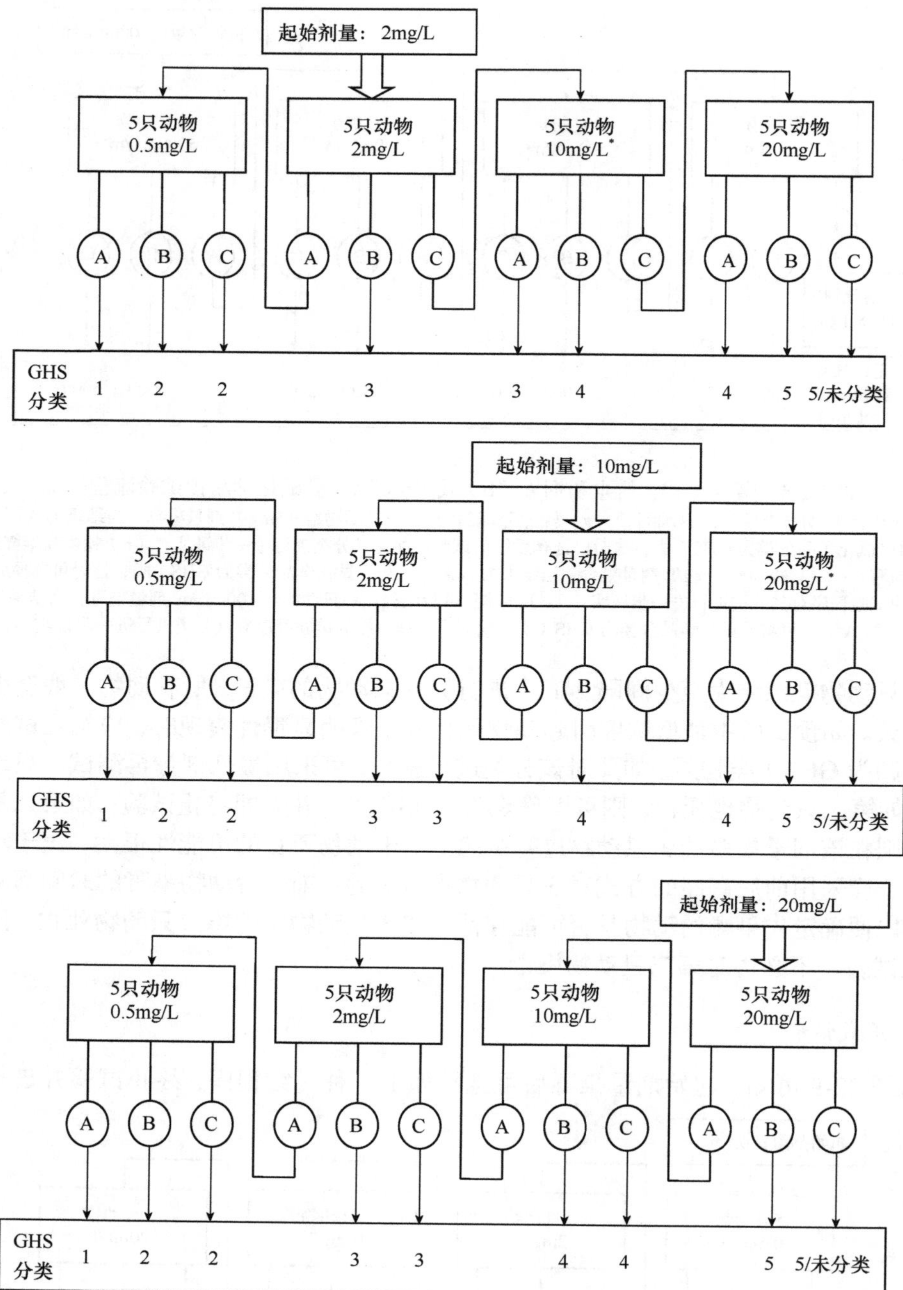
起始剂量：2mg/L
5只动物
0.5mg/L
5只动物
2mg/L
5只动物
10mg/L*
5只动物
20mg/L
A
B
C
GHS
分类
1 2 2 3 3 4 4 5 5/未分类
起始剂量：10mg/L
5只动物
0.5mg/L
5只动物
2mg/L
5只动物
10mg/L
5只动物
20mg/L*
GHS
分类
1 2 2 3 3 4 4 5 5/未分类
起始剂量：20mg/L
5只动物
0.5mg/L
5只动物
2mg/L
5只动物
10mg/L
5只动物
20mg/L
GHS
分类
1 2 2 3 3 4 4 5 5/未分类

（a）

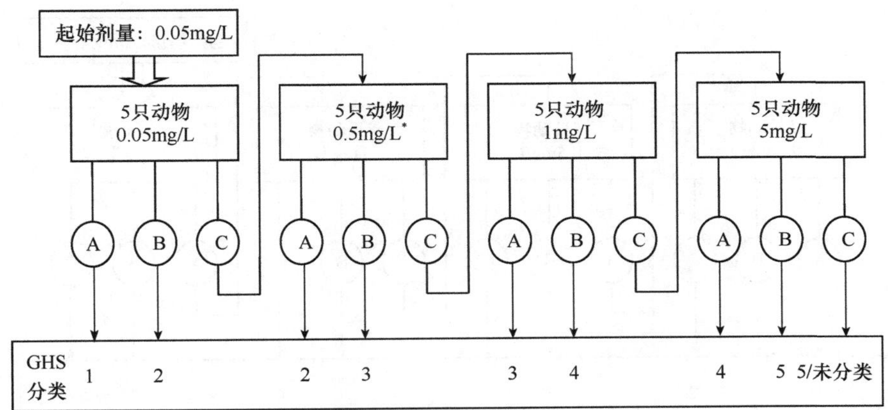
起始剂量：0.05mg/L
5只动物
0.05mg/L
5只动物
0.5mg/L*
5只动物
1mg/L
5只动物
5mg/L
A B C A B C A B C A B C
GHS
分类
1 2 2 3 3 4 4 5 5/未分类

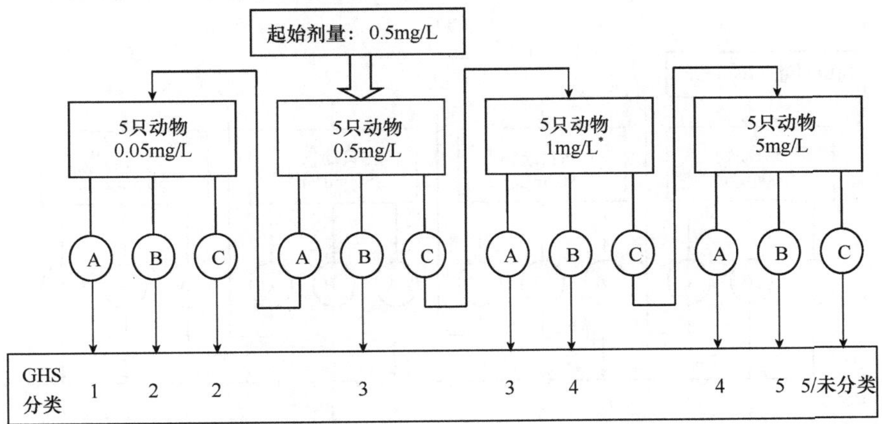
起始剂量：0.5mg/L
5只动物
0.05mg/L
5只动物
0.5mg/L
5只动物
1mg/L*
5只动物
5mg/L
A B C A B C A B C A B C
GHS
分类
1 2 2 3 3 4 4 5 5/未分类

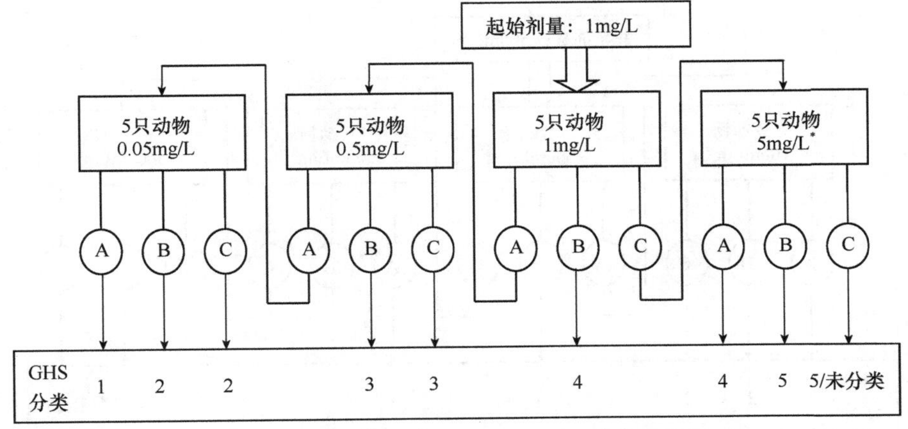
起始剂量：1mg/L
5只动物
0.05mg/L
5只动物
0.5mg/L
5只动物
1mg/L
5只动物
5mg/L*
A B C A B C A B C A B C
GHS
分类
1 2 2 3 3 4 4 5 5/未分类

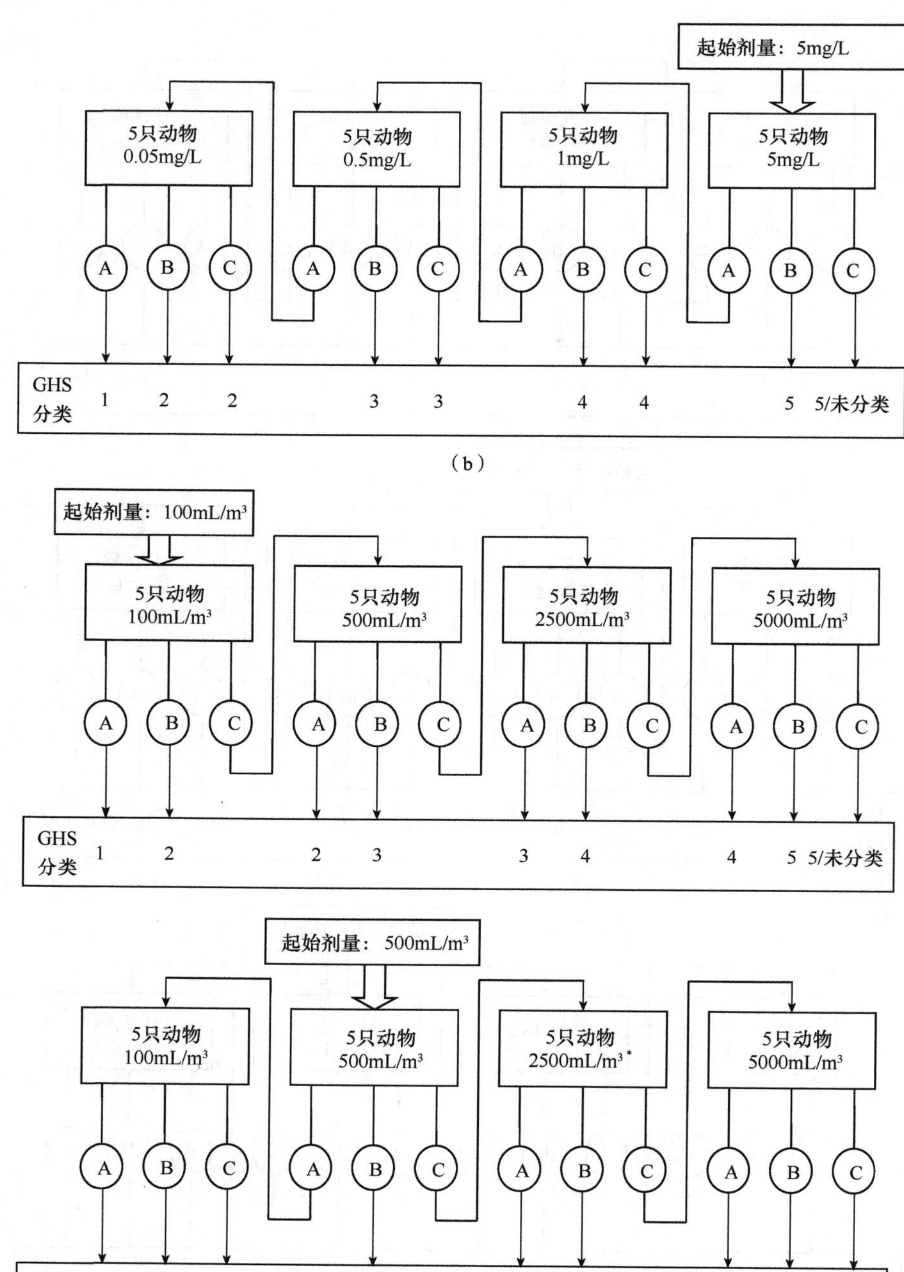
起始剂量：5mg/L
5只动物 0.05mg/L
5只动物 0.5mg/L
5只动物 1mg/L
5只动物 5mg/L
A B C A B C A B C A B C
GHS 分类 1 2 2 3 3 4 4 5 5/未分类
（b）
起始剂量：100mL/m³
5只动物 100mL/m³
5只动物 500mL/m³
5只动物 2500mL/m³
5只动物 5000mL/m³
A B C A B C A B C A B C
GHS 分类 1 2 2 3 3 4 4 5 5/未分类
起始剂量：500mL/m³
5只动物 100mL/m³
5只动物 500mL/m³
5只动物 2500mL/m³
5只动物 5000mL/m³
A B C A B C A B C A B C
GHS 分类 1 2 2 3 3 4 4 5 5/未分类

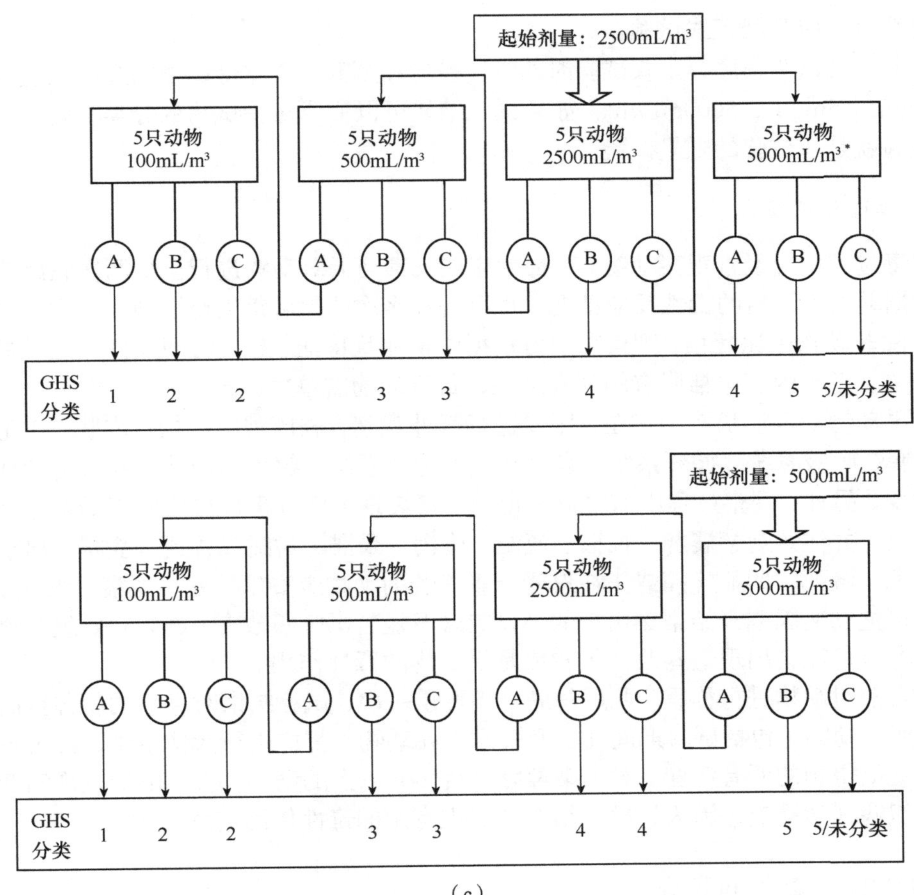

（c）

图 22-9 蒸气（a）、粉尘和烟雾（b）和气体（c）受试化学品正式试验流程图

A. 死亡 2 只以上动物；B. 1 只以上动物出现明显毒性和/或有 1 只动物死亡；C. 无明显毒性且无动物死亡。（a）蒸气正式试验流程：如果预试验中标“*”剂量引起了动物死亡，则不需要再耗费动物进行试验，而是直接按照结果为 A 时进行 GHS 分类；（b）粉尘和烟雾正式试验流程：如果预试验中标“*”剂量引起了动物死亡，则不需要再耗费动物进行试验，而是直接按照结果为 A 时进行 GHS 分类；（c）气体正式试验流程：如果预试验中标“*”剂量引起了动物死亡，则不需要再耗费动物进行试验，而是直接按照结果为 A 时进行 GHS 分类

的危害分级和分类；进行更高剂量试验或进行更低剂量试验。但在正式试验时不再使用预试验中引起动物死亡的剂量，以避免动物忍受不必要的痛苦。经验表明，起始剂量染毒后一般就可以对受试物进行分类而不必进行进一步试验。

每个染毒剂量只能使用 5 只同性别的动物，包括预试验使用的 1 只动物。

5. 限量试验

限量试验主要是在了解到受试化学物质很可能无毒（即在高于限定剂量时才有毒性）时才开展。了解与受试化学物质成分类似的化合物或混合物的现有毒理学资料，并了解这些化合物或混合物中哪些成分及其含量是多少时产生毒性作用，根据这些信息获得受试物质的相关毒性资料。但如果没有或只有少量的相关毒性资料，或预测受试物质具有毒性时，应开展正式试验。

按照正常试验程序，正式试验时蒸气、粉尘和烟雾、气体受试物的起始剂量应分别为 20mg/L、5mg/L、5000mL/m^3，如果试验结果可以完成对受试物的分类，则该剂量的染毒试验就是本试验的限量试验。

6. 毒性作用观察

染毒过程中应经常观察动物。染毒后应在染毒当天对动物进行至少两次临床症状观察。根据动物染毒后的毒性反应情况，也可观察多次。此后每天至少观察一次，共观察 14 天，除非动物中途死亡。观察期限可根据中毒症状特征、起始时间及恢复期长短适当加以调整。记录内容包括所有的观察结果，每只动物需单独记录。

如果动物中毒症状持续存在，则要进行额外观察。临床观察包括：皮肤、被毛、眼睛、黏膜、呼吸系统、循环系统、自主和中枢神经系统、躯体运动功能和行为特征等方面的改变。另外，观察过程中需根据出现的中毒表现来区分毒性作用属于局部作用还是全身作用，并注意观察震颤、抽搐、流涎、腹泻、呆滞、嗜睡和昏迷等症状。出于动物福利考虑，濒死、明显疼痛或正在忍受严重痛苦的动物应安乐处死。观察中毒症状时，注意不可把动物因刚开始染毒出现的不良表现及短暂的呼吸改变（例如对照组动物进行空气染毒时可能会出现这些改变）看成是受试物的毒性作用。

染毒前对动物进行称重，此后每周至少称重一次，试验结束时存活动物称重后安乐处死。所有动物（包括试验期间死亡及安乐处死动物）都应进行大体解剖，并记录对每只动物观察得到的所有病变。对于染毒后存活 24h 以上的动物，大体解剖发现病变时应进行组织病理学检查，因为该检查结果可提供有用的毒性作用信息。

22.4.2.2　数据和报告

1. 数据

每只动物的数据以表格形式汇总，并记录所有的试验数据，包括每组试验的动物数，出现中毒症状的动物数，试验期间死亡的动物数，安乐处死的动物数，每只动物的死亡时间，毒性作用特征，毒性作用出现、持续以及恢复时间，大体解剖所见等方面的信息。

2. 试验报告

a）受试物：物理性状，纯度及相关理化特性（包括异构体化）；鉴别资料，包括 CAS 登记号。

b）溶剂：说明需要使用溶剂的理由，选用非水溶剂时同样附加使用理由。

c）试验动物；种属和品系；动物的洁净程度等级（如已知）；试验前适应环境的时间；动物数量、周龄和性别（适当时，应说明使用雄性动物而不使用雌性动物的理由）；动物来源、饲养条件、历史数据、饲料等。

d）试验条件：制备受试化学品的详细过程，包括制备更小粒径受试物颗粒的详细过程及制备受试物溶液的详细步骤；描述所使用的气溶胶发生装置（包括图表）及动物的吸入染毒过程；详细描述用于监测染毒柜内温度、湿度和空气流量所用的设备；描述测定染毒柜内受试化学品浓度及气溶胶粒径大小时所有的使用仪器；用于测定受试化学品浓度的化学分析方法及所用方法的确认（包括滤膜或吸收液等采样介质中受试物质的提取率）；动物开始吸入染毒前染毒柜内受试化学品浓度达到稳态所需要的时间；将动物随机分为染毒组和对照组的方法；饲料和饮用水质量的详细信息（包括饲料种类、来源，饮用水来源）；选择起始剂量的理由。

e）结果：以表格形式报告染毒柜内的温度、湿度和空气流量；以表格形式报告染毒柜内受试物的计算浓度和实测浓度；以表格形式报告受试物粒径大小的相关结果，包括浓度分析时的采样结果、分散度及 MMAD 和 GSD 的计算；以表格形式报告每只动物的毒性作用情况及其染毒剂量（如动物死亡率、中毒表现特征、毒性作用严重程度及毒性作用持续时间）；每只动物在染毒当天前的体重、染毒后每周的体重、死亡时的体重、安乐处死时的体重；动物死亡的日期和时间，毒性表现出现的时间，毒性表现是否可恢复；每只动物的大体解剖及组织病理学检查结果。

参 考 文 献

[1] 周宗灿. 毒理学教程. 北京：北京大学医学出版社，2006.

[2] United Nations. Globally Harmonized System of Classification and Labelling of Chemicals. 6th ed. New York and Geneva, 2015.

[3] Organization for Economic Co-operation and Development. OECD Guidelines for the Testing of Chemicals，2012.

[4] 中华人民共和国国家标准. GB 30000.18—2013 化学品分类和标签规范 第 18 部分：急性毒性. 北京：中国标准出版社，2013.

[5] 中华人民共和国国家标准. GB/T 21804—2008 化学品 急性经口毒性固定剂量试验方法. 北京：中国标准出版社，2008.

[6] 中华人民共和国国家标准. GB/T 21826—2008 化学品 急性经口毒性试验方法 上下增减剂量法（UDP）. 北京：中国标准出版社，2008.

[7] 中华人民共和国国家标准. GB/T 21757—2008 化学品 急性经口毒性试验 急性毒性分类法. 北京：中国标准出版社，2008.

[8] 中华人民共和国国家标准. GB/T 21606—2008 化学品急性经皮毒性试验方法. 北京：中国标准出版社，2008.

[9] 中华人民共和国国家标准. GB/T 27823—2011 化学品 急性经皮毒性 固定剂量试验方法. 北京：中国标准出版社，2011.

[10] 中华人民共和国国家标准. GB/T 21605—2008 化学品 急性吸入毒性试验方法. 北京：中国标准出版社，2008.

[11] 中华人民共和国国家标准. GB/T 27824—2011 化学品 急性吸入毒性 固定浓度试验方法. 北京：中国标准出版社，2011.

第 23 章　皮肤腐蚀性/刺激性

皮肤腐蚀是对皮肤造成不可逆损害的结果，即施用试验物质最多 4h 内，可观察到表皮和真皮坏死。典型的腐蚀反应具有溃疡、出血、结痂等特征，并且在观察期 14 天结束时，皮肤、完全脱发区域和结痂处由于漂白而褪色[1]，应通过组织病理学检查来评估可疑的病变。皮肤刺激是施用试验物质达到 4h 后对皮肤造成可逆损害的结果。

23.1　皮肤腐蚀性/刺激性的分类和判定

23.1.1　皮肤腐蚀/刺激分类 [1]

1. 化学品皮肤腐蚀/刺激分类

试验前确定化学品对皮肤的腐蚀和刺激潜力时应综合评价多种因素。固态物质（粉末）变湿时或与湿润皮肤及黏膜接触时可能变成腐蚀物或刺激物。首先应对一次或反复接触试验的现有人类经验和数据以及动物观察与数据进行分析；在某些情况下，可从结构相近化合物的信息出发作出分类。例如，pH≤2 和 pH≥11.5 的化学品或试剂会产生显著的皮肤效应。需要说明的是，当一种化学品通过皮肤接触途径显示具有很高的毒性时，则皮肤刺激性/腐蚀性研究可能无法进行，因为所使用的试验物质剂量会大大超过中毒剂量，导致动物死亡。如果所使用的稀释物与试验化学品是等效的，当在急性毒性研究中观察到皮肤刺激性/腐蚀性，且是在极限剂量下进行观察的，那么就不需要进行附加试验。除此之外，也可以使用已验证有效并得到公认的体外替代试验来帮助分类，如经皮电阻（TER）试验[2]、人体皮肤模型试验[3]、膜屏障试验[4]和重组人表皮模型试验[5]等。

在确定需要进行体内皮肤刺激试验时，有关化学品的所有信息都应收集并使用。尽管有时利用分层法中（图 23-1）一层内的单一参数进行评估就可能获得信息，如具有极限 pH 的苛性碱应视为皮肤腐蚀物，但评价现有的全部信息并确定整体证据权重仍然是一种科学的方法，尤其是只能得到一些参数而非所有参数时，评价现有全部信息并确定整体证据权重是一种可靠的方法。在分层法中，重点应放在现有的人类数据上，其次是现有的动物数据，最后是体外数据和其他资料。

皮肤腐蚀和皮肤刺激试验结果分类标准分别列于表 23-1 和表 23-2。皮肤腐蚀类别中提供了 3 个子类别：子类别 1A，记录最多接触 3min 和观察最多 1h 后的反应；子类别 1B，记录接触 3min 至 1h 和观察 14 天后的反应，子类别 1C，记录接触 1～4h 和最多观察 14 天后的反应。

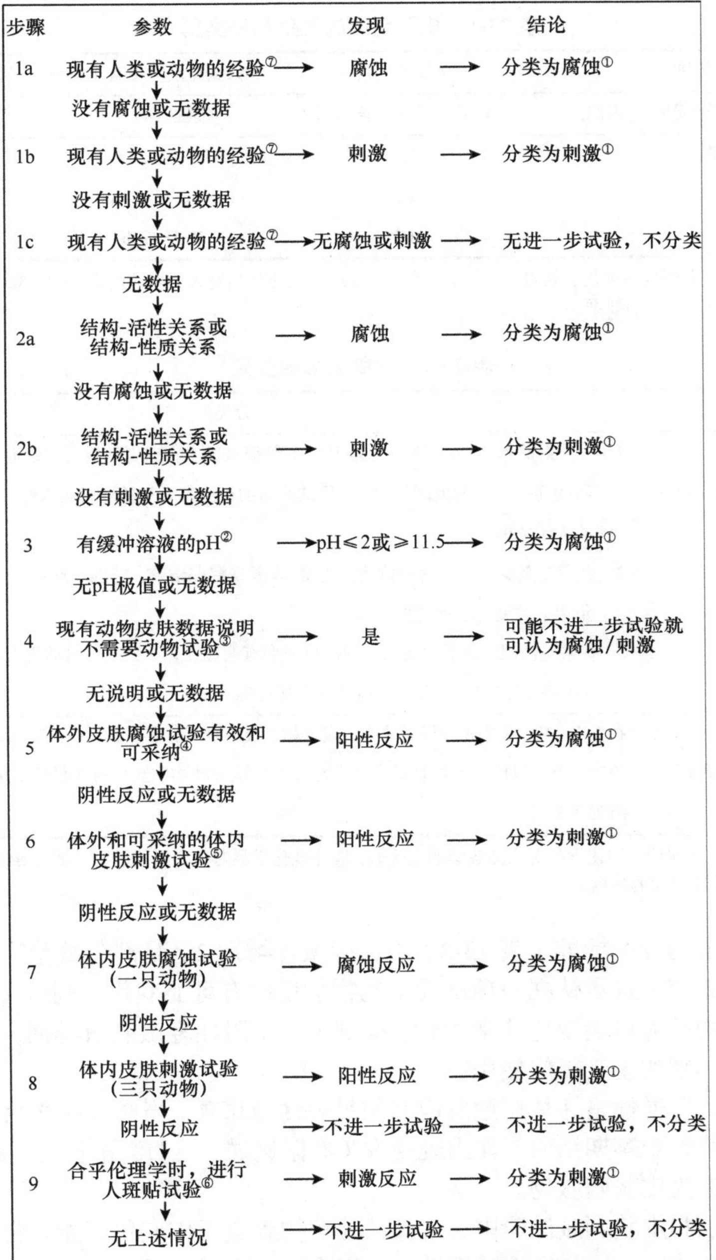

图 23-1　皮肤腐蚀/刺激分层试验和评估策略

①如图所示，划入适当的类别。②只测量 pH 就可能足够了，但最好也对酸碱预备物进行评估，需要有各种方法来评估缓冲容量。③应仔细审查已有动物数据，以确定是否需要体内皮肤腐蚀/刺激试验。例如，当一种试验材料在急性皮肤毒性试验限度剂量时无任何皮肤刺激，或在急性皮肤毒性试验中产生显著毒性效应，则无须再试验。在后一种情况下，该物质将由急性皮肤毒性分类为很有害物质，该物质对皮肤是否具有刺激性或腐蚀性无实际意义。在评估急性皮肤毒性信息时，应记住，报告的皮肤病变可能不完全，试验和观察对象是非家兔的动物品种，动物物种间对反映的敏感度是不相同的。④例如 GB/T 27828（OECD 430）和 GB/T 27830（OECD 431）是国际认可的、有效的体外皮肤腐蚀试验方法的例子。⑤目前没有有效的和国际认可的体外皮肤刺激试验方法。⑥该证据可以从一次或反复接触得到。没有国际认可的人类皮肤刺激试验方法，但已有 OECD 指导的建议。⑦试验通常用 3 只动物进行，从阴性腐蚀试验得出 1 只动物的结果

表 23-1　皮肤腐蚀的类别和子类别①

腐蚀（类别 1）	腐蚀子类别	3 只试验动物中有 1 只或 1 只以上显示出腐蚀性	
（适用于不使用子类别的主管部门）	（只适用某些主管部门）	接触时间	观察时间斑贴
腐蚀	1A	≤3min	≤1h
	1B	>3min 且≤1h	≤14d
	1C	>1h 且≤4h	≤14d

①表示为了分类，在评价一种化学品对人类健康的危险时，应体现化学品对人类影响的有关的可靠流行病学数据和经验（如职业数据、事故数据库的数据）

表 23-2　皮肤刺激的类别①

类别	分类
刺激（类别 2） （适用于所有主管部门）	1）在斑贴除掉之后的 24h、48h 和 72h 分级试验中，或者如果反应延迟，在皮肤反应开始后的连续 3 天分级试验中，3 只试验动物至少有 2 只的红斑或水肿平均值不小于 2.3 且不大于 4.0 2）炎症在至少 2 只动物中持续到正常 14 天观察期结束，特别注意脱发（有限区域）、过度角化、过度增生和脱皮 3）在某些情况下，不同动物之间的反应会有明显变化，只有 1 只动物有非常明确的与化学品接触有关的阳性反应，但低于上述标准
轻微刺激（类别 3） （适用于某些主管部门）	在 24h、48h 和 72h 分级试验中，或者如果反应延迟，在皮肤反应开始后的连续 3 天分级试验中（当不包括在上述刺激类别中时），3 只试验动物中至少有 2 只的红斑/焦痂或水肿平均值为 1.5～2.3

①表示为了分类，在评价一种化学品对人类健康的危险时，应体现化学品对人类影响的有关的可靠流行病学数据和经验（如职业数据、事故数据库的数据）

在皮肤刺激的分类标准（表 23-2）中，刺激（类别 2）是部分试验物质产生持续整个试验时间的效应，且承认在一项试验中动物的反应有可能变化；刺激（类别 3）是当一项试验中动物反应可能变化非常大时，提供了一个附加轻微刺激类别，供希望有一种以上皮肤刺激类别的主管部门使用。

皮肤病变的可逆性是评估刺激反应时的另一注意事项。当 2 只或 2 只以上试验动物的炎症现象持续到观察期结束，如出现脱发（有限区域）、过度角化、过度增生和脱皮，则该物质应分类为皮肤刺激物。

在皮肤腐蚀和皮肤刺激试验中，一次试验动物刺激反应变化可能非常大。当出现显著刺激反应，但结果平均分值小于阳性试验标准时，可引入另一个刺激标准。例如，如果在 3 只试验动物中至少有 1 只在整个研究中显示了阳性反应，包括病变保持到正常的 14 天观察期结束时，试验物质可分类为皮肤刺激物。其他反应也能符合这一标准，但应确保出现反应是接触化学品的结果。增加这一刺激标准会提高该分类系统的灵敏度。

表 23-2 给出了采用动物试验结果的刺激（类别 2），也可以使用严重性较低的轻微刺激（类别 3），如对农药的分类。刺激类别的主要标准是至少有 2 只试验动物的平均值不小于 2.3 且不大于 4.0；对于轻微刺激类别，至少 2 只试验动物的平均值为 1.5～2.3。

刺激类别的试验物质不能划入轻微刺激类别中。

2. 混合物的分类

（1）有混合物整体数据时的混合物分类

混合物将用物质的分类原则进行分类，并考虑试验和评价程序以完善这些危害分类的数据。

与其他危险类别不同，某些化学品可用替代试验来确定其皮肤腐蚀性，这些替代试验能够为分类提供准确的结果，并且方法实施简单且费用相对低廉。混合物进行试验时，鼓励分类人员采用皮肤腐蚀/刺激分类原则中的分层证据权重策略，以确保分类的准确性，并且可避免不必要的动物试验。如果一种混合物 pH≤2 或 pH≥11.5，则可认为是腐蚀物[皮肤腐蚀（类别 1）]。如果出现碱/酸预备物储备的情况，尽管该物质或混合物有很低或很高的 pH，但也可能并没有腐蚀性，那么需要进行进一步试验加以证实，最好采用适当的被证明有效的体外试验。

（2）无混合物整体数据时的混合物分类

在混合物本身没有进行过确定其皮肤刺激性/腐蚀性的试验时，但对混合物单个组分和已做过试验的类似混合物均已掌握充分数据，足以确定该混合物的危险特性，那么可以根据第 22 章提及的架桥原则并使用数据进行分类。使用架桥原则可确保分类过程最大程度地使用现有数据来确定混合物的危险特性，而无须附加的动物试验。

（3）有混合物的所有组分数据或只有一些组分数据时的混合物分类

为利用所有现存数据对混合物的皮肤腐蚀/刺激危险特性分类，做如下假设，并酌情应用于分层法：混合物的“相关组分”是浓度不小于 1%（固体、液体/粉尘、烟雾和蒸气为质量分数，气体为体积分数）的组分，除非推测某组分以小于 1%浓度存在时仍可能与该混合物的皮肤腐蚀/刺激分类具有相关性。

通常，当拥有混合物组分数据，但得不到整个混合物本身的数据时，混合物的皮肤腐蚀/刺激分类方法是以加和作用理论为基础的，即每一腐蚀组分都对混合物的皮肤腐蚀/刺激危险特性有贡献，贡献程度与其效力和浓度成比例。当腐蚀组分的浓度低于类别 1（表 23-3）的浓度极限值，但仍可促成混合物划为刺激物时，该腐蚀组分使用加权系数 10。当这样的组分的浓度之和超过相应临界值/浓度极限值时，混合物就分类为皮肤腐蚀物或皮肤刺激物。表 23-3 提供了混合物分类为皮肤腐蚀/刺激物的临界值/浓度极限值。

某些类型化学品的分类应特别谨慎，如酸类、碱类、无机盐类、醛类、酚类和表面活性剂。由于许多类似物质在浓度小于 1%时具有皮肤腐蚀/刺激危险特性，则前面阐述的方法对于这种物质的判定可能不适用。对于含强酸或强碱的混合物，应使用 pH 作为分类原则，与表 23-3 相比 pH 是更好的腐蚀性评价指标。一种含有腐蚀性或刺激性组分的混合物由于化学性质特殊不能按照表 23-3 的加和方法进行分类，在其所含腐蚀组分浓度不小于 1%时划为皮肤类别 1，在其所刺激组分浓度不小于 3%时划为皮肤类别 2/3。当含有不适合采用表 23-3 方法进行分类（混合物的分类）的组分时，可参考表 23-4 的分类方法。

表 23-3　混合物分类为皮肤腐蚀/刺激性类别 1、2、3 的临界值/浓度极限值

（按总组分分类的）皮肤类别	混合物分类的组分浓度		
	皮肤腐蚀	皮肤刺激	
	类别 1①	类别 2	类别 3
皮肤类别 1	≥5%	≥1%且<5%	
皮肤类别 2		≥10%	≥1%且<10%
皮肤类别 3			≥10%
（10×皮肤类别 1）+皮肤类别 2		≥10%	≥1%且<10%
（10×皮肤类别 1）+皮肤类别 2+皮肤类别 3			≥10%

①表示在使用皮肤类别 1 子类别的情况下，混合物中分类为皮肤子类别 1A、1B 或 1C 的所有组分的加和应当不小于 5%才能将该混合物分类皮肤类别 1A 或 1B 或 1C；在皮肤子类别 1A 组分的加和小于 5%，但皮肤子类别 1A+1B 组分的加和不小于 5%时，则该混合物应分类为皮肤子类别 1B；同样，在皮肤子类别 1A+1B 组分的加和小于 5%，但子类别 1A+1B+1C 组分的加和不小于 5%时，则该混合物分类皮肤子类别 1C

表 23-4　混合物按皮肤危险物分类但加和法不适用时的混合物组分浓度

组分	浓度	混合物的皮肤类别
pH≤2 的酸	≥1%	（皮肤）类别 1
pH≥11.5 的碱	≥1%	（皮肤）类别 1
不适用加和法的其他腐蚀（类别 1）组分	≥1%	（皮肤）类别 1
不适用加和法的其他刺激（类别 2/3）组分，包括酸和碱	≥3%	（皮肤）类别 2/3

有时可靠数据可能显示，某一组分在其浓度高于表 23-3 和表 23-4 中所述的一般浓度临界值/浓度极根值时皮肤腐蚀/刺激危险特性并不明显。在这种情况下，该混合物可根据这些数据进行分类。当某一组分浓度超过表 23-3 和表 23-4 中指明的所属类别临界值/浓度极限值，但预期皮肤腐蚀/刺激危险特性不明显时，可以对混合物进行试验。在这种情况下，应采用分层证据权重策略，如图 23-1 所示。

23.1.2　化学品皮肤腐蚀/刺激判定流程

1.皮肤腐蚀/刺激判定逻辑

图 23-2 给出了皮肤腐蚀/刺激的判定逻辑。

2. 根据组分信息/数据进行混合物皮肤腐蚀/刺激分类判定逻辑

图 23-3 给出了根据组分信息/数据进行混合物皮肤腐蚀/刺激分类的判定逻辑。

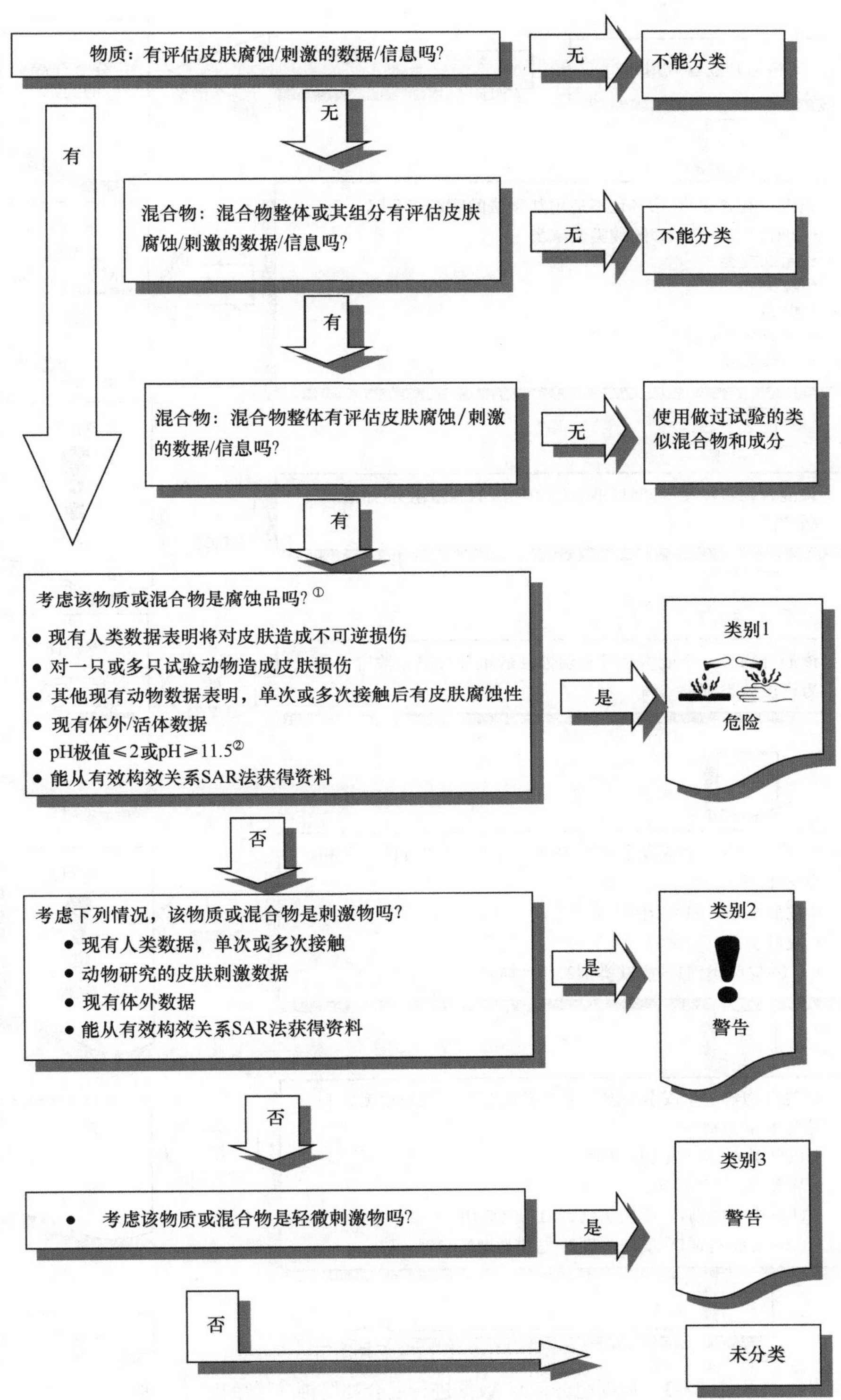

图 23-2　皮肤腐蚀/刺激判定逻辑

①表示图 23-1 包括了试验和评估的细节；②表示如适当，应考虑酸/碱储备能力

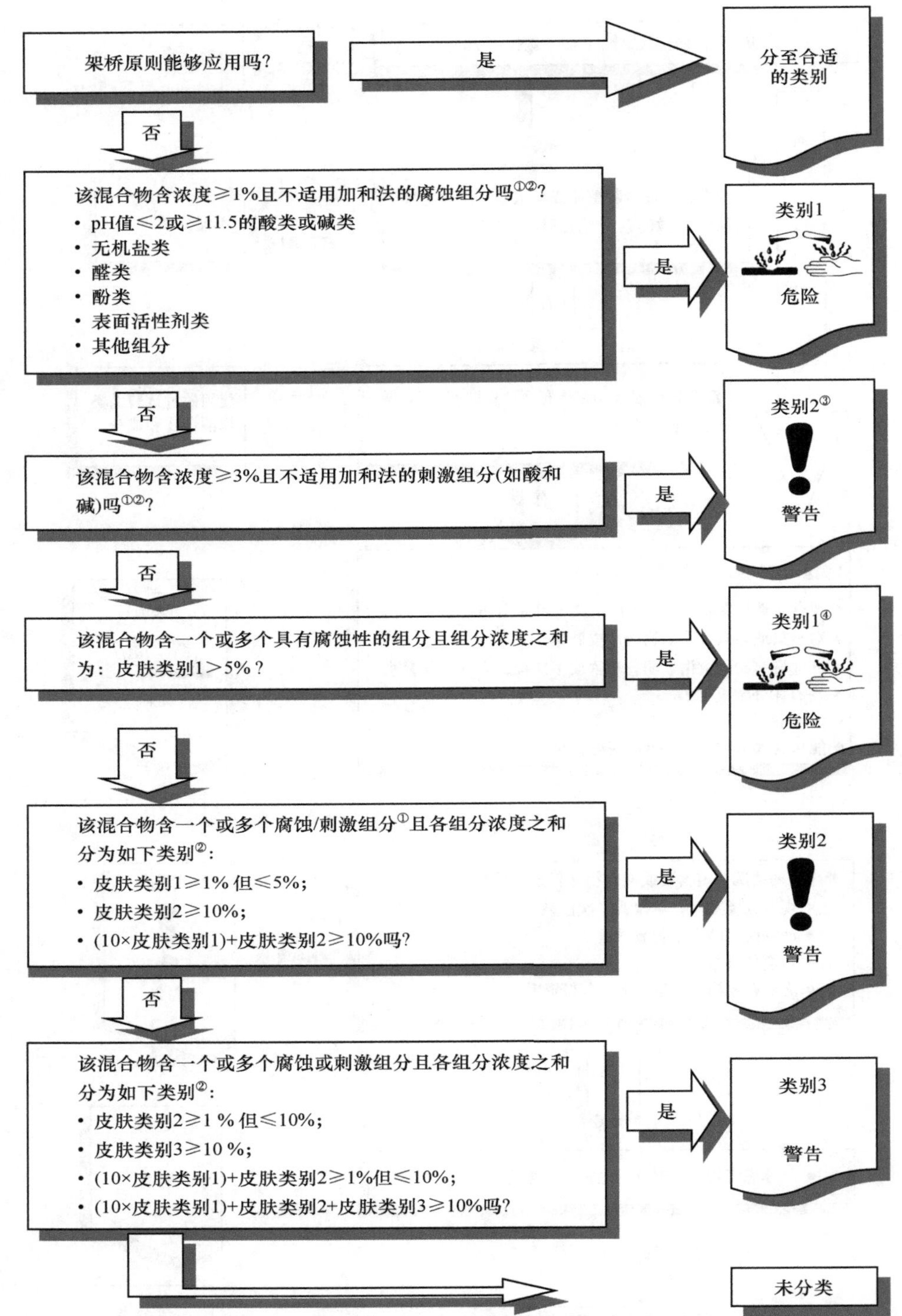

图 23-3　根据组分信息/数据进行混合物腐蚀/刺激的判定逻辑

①或者有关组分浓度＜1%；②关于具体的浓度极限值；③如果该混合物也含有使用加和法原则的腐蚀或刺激组分，则移至下框；④关于类别 1 各子类别的详细使用方法，见表 23-3 注释

23.2　急性皮肤腐蚀性/刺激性试验[6]

OECD 404 出于对科学性和动物福利的考虑，建议充分分析已有的相关资料后再进行体内皮肤腐蚀性/刺激性试验。相关资料包括已有的相关资料、相似结构化合物的腐蚀性/刺激性研究、皮肤腐蚀性/刺激性试验结果等。若资料不足，建议先进行序贯试验[7]。序贯试验不仅是 OECD 404 的补充，也是对体外试验的验证。

序贯试验可对体内、体外试验验证，作为 OECD 404 的补充已被 OECD 工作组的全体成员所认可，同时被 GHS 采用[8]。研究人员推荐在进行体内试验之前先进行序贯试验。对于新化合物，建议逐步进行。对于已知化合物，若皮肤刺激性/腐蚀性资料不足，可以进行急性皮肤腐蚀性/刺激性试验。试验过程中出现偏离或未用逐步方法应进行验证。

如果利用分析资料不能确定受试物的腐蚀性或刺激性，要进行序贯试验和体内试验。

根据 OECD 404，我国国家标准 GB/T 21604—2008 提供了急性皮肤刺激性/腐蚀性试验方法[9]。

23.2.1　体内试验原理

将受试物一次性涂敷于动物健康无损的皮肤上，采用自身未经处理的皮肤区为对照，在规定的间隔时间内观察刺激作用及其程度并进行评分，以评价受试物对皮肤的刺激或腐蚀作用。观察期限应能满足足以评价该作用的可逆性或不可逆性。

在试验过程中动物若持续出现严重的痛苦或疼痛症状，可以人道致死，对受试物作出相应的评价。

23.2.2　试验动物与受试物

1. 试验动物

（1）品系

首选健康成年的白色家兔。

（2）性别和数量

选用雄性和/或雌性动物，至少使用 4 只，如出现某些可疑反应，则需增加试验动物的数量。

（3）饲养条件

饲养条件应符合 GB 14924、GB 14925 的要求。试验动物应单笼饲养。试验动物房的室温家兔为 20℃±3℃、相对湿度为 30%～70%。采用人工光源时，应保持光照 12h，黑暗 12h。选用常规的实验室饲料，饮水要充足、不受限制。

（4）准备

试验动物应在饲养条件下检疫和适应环境至少 5 天。试验开始前 24h 内，紧贴皮肤细心剪去试验动物背部脊柱两侧的被毛，注意不得损伤皮肤。去毛范围每块各约 3cm×3cm。选择健康无损的皮区进行试验。

2. 受试物

a）如果受试物为液体，一般不稀释，可直接使用原液染毒。

b）如果受试物为固体，应将其粉碎并用水或其他适宜的介质溶解或湿润，以保证受试物与皮肤有良好的接触。若使用水以外的其他介质，应考虑该介质对受试物刺激作用的影响。

c）如果受试物为强酸或强碱，pH≤2 或≥11.5，可以不进行皮肤刺激试验。若已知受试物具有很强的经皮吸收毒性，或在急性经皮毒性试验中，当限量剂量为 2000mg/kg 时仍未出现皮肤刺激作用，或根据体外试验结果预知其具有腐蚀作用时，也无须进行皮肤刺激性试验。

23.2.3　染毒步骤

a）取受试物 0.5mL（或 0.5g）直接涂在 2.5cm×2.5cm 大小的皮肤上，仔细、缓慢涂布，不使药液流失。涂毕用 4 层纱布敷在其上，用无刺激性胶布和绷带固定。当受试物为液体或膏状物时，需先将其置于纱布上，再接触皮肤。

b）当受试物可能具有腐蚀性时，最多使用 3 块试验贴连续作用于动物皮肤。第一块试验贴作用 3min 后移去，如未见严重的皮肤反应，使用第二块试验贴，1h 后移去，如观察结果显示暴露于受试物的时间可以延长至 4h，则可以使用第三块试验贴，于 4h 后移去并将出现的皮肤反应分级。其中任何一步观察到腐蚀反应，均应立即结束试验。如果怀疑受试物具有强烈的刺激性而无腐蚀性，则使用一块试验贴作用于动物皮肤 4h。

c）如果一只试验动物贴敷受试物 4h 后既未观察到腐蚀作用，也未观察到严重的刺激作用，则追加 3 只动物来完成此试验。每只动物贴敷一块涂布受试物的纱布块，贴敷 4h。

23.2.4　试验结果

1. 临床观察和评分

a）为了确定观察到的反应的可逆性，需观察到移去试验贴的第 14 天。如果第 14 天前出现可逆反应，或出现剧烈疼痛、衰竭表现，应停止试验。

b）于除去受试物后的 24h、48h、72h，分别观察受试部位皮肤的反应，按表 23-5 进行皮肤反应评分。除刺激作用外，对观察到的任何皮肤损伤和其他毒作用都应详尽描述与记录。为澄清某些可疑的反应需进行组织病理学检查。

2. 结果评价

a）每一试验动物，按规定的观察时间点将皮肤红斑和水肿评分相加，获得每只动物皮肤反应的总分，其理论最高值可达 8 分。再进一步计算每一观察时间点动物皮肤反应总分的均值。

表 23-5　皮肤刺激反应评分

皮肤反应		评分
红斑/焦痂形成	无红斑	0
	很轻微的红斑（勉强可见）	1
	红斑清晰可见，易于确定	2
	中度至重度红斑	3
	严重红斑（紫红色）到焦痂形成	4
水肿形成	无水肿	0
	很轻微的水肿（勉强可见）	1
	轻度水肿（皮肤隆起轮廓清楚）	2
	中度水肿（皮肤隆起约 1mm）	3
	严重水肿（皮肤隆起超过 1mm，范围超出染毒区）	4

b）根据各观察时间点动物皮肤反应总分的均值，按表 23-6 判定受试物对皮肤是否有刺激或腐蚀作用及其强度。除此之外，有时还应结合观察到的其他皮肤损伤、组织病理学改变、反应可逆性等对受试物的皮肤刺激性或腐蚀性进行综合评价。

表 23-6　皮肤刺激强度分级

皮肤刺激	最高总分均值
无刺激性	0～0.5
轻刺激性	0.5～2.0
中等刺激性	2. 0～6.0
强刺激性	6.0～8.0

3. 结果解释

将动物皮肤刺激性、腐蚀性试验结果外推到人，仅具有有限的可靠性。受试动物种系、受试前皮肤性状、试验条件、试验动物的饲养环境等因素，都可以影响结果的准确性和可信度。封闭式染毒是一种超常的实验室条件下的试验方法，而实际中人群接触化学物绝大多数不是在封闭状态下。同时试验动物的数量有限。白色家兔在大多数情况下对刺激性或腐蚀性物质较人类敏感，若用其他种系动物进行试验也得到类似结果，则会增加从动物外推到人的可靠性。

4. 试验报告

试验报告应包括以下内容。

a）受试物及介质的名称、化学结构式、理化性状、pH、配制方法、浓度和用量。

b）试验动物的品系、性别、年龄、来源（注明动物合格证号和动物级别）、数量、试验开始和结束时的体重。

c）试验动物的饲养环境，包括饲料来源，动物房的温度、相对湿度，单笼饲养或群饲，试验动物房的合格证号。

d）试验条件，包括试验部位皮肤的准备，受试物的制备，染毒方法和使用的材料，从受试皮区清除受试物的方法等细节。

e）试验结果，包括每只动物在规定的各观察时间点的皮肤红斑和水肿评分及其相加后的皮肤反应总分，皮肤反应总分的均值，皮肤刺激作用的强度，皮肤其他损伤，组织病理学改变，皮肤反应或损伤的可恢复性及除皮肤刺激或腐蚀作用以外的其他毒性作用。

f）结果评价。

23.3 体外皮肤腐蚀性——经皮电阻试验[2]

如前所述，评估腐蚀性通常需要进行动物试验，GB/T 21604—2008 提供了具体的操作方法。鉴于皮肤腐蚀性试验中皮肤涂抹受试物后发生不可逆的组织损伤，允许使用体外方法进行皮肤腐蚀性测定，以避免动物的痛苦和疼痛。通常认为经皮电阻试验方法（OECD 430）和人体皮肤模型试验方法（OECD 431）可用于评价皮肤腐蚀性。

有关确认试验的研究结果及其他研究资料表明，经皮电阻试验方法（TER 试验）能可靠地识别已知的皮肤腐蚀性和非皮肤腐蚀性[10、11]。根据 OECD 430，我国制定了国家标准 GB/T 27828—2011《化学品 体外皮肤腐蚀—经皮电阻试验方法》[12]，对试验原理、试验方法、试验数据和报告等进行了规范。

23.3.1 试验原理

将受试物涂敷在置于两层测试系统中的表皮表面，保持 24h。在该测试系统中，层与层之间的试验用皮肤可作为一个独立的功能层。试验用皮肤来自经安乐处死的 28～30 日龄大鼠。根据皮肤角质层缺失的程度及皮肤屏障功能的降低[大鼠经皮电阻值（transcutaneous electrical resistance value，TER 值）低于临界值]情况来鉴定受试物是否具有腐蚀性。大量化学物的大鼠 TER 测试结果表明，大多数 TER 远远高于 5kΩ（常大于 10kΩ）或低于 5kΩ（常小于 3kΩ），故将判定大鼠是否具有皮肤腐蚀的 TER 临界值定为 5kΩ。

通常，对活体动物皮肤无腐蚀性的物质，无论是否具有刺激性，测定的 TER 一般不低于 5kΩ。此外，使用不同的皮肤或不同的试验装置时，TER 临界值可能发生改变，此时需要进一步验证。

本试验程序中加入了染色方法，以确认阳性结果（包括 TER 接近 5kΩ 时）。如果角质层遭到了破坏，会增加离子的通透性，从而可用染色方法进行验证。已有证据证明，采用大鼠皮肤进行 TER 试验可预测家兔体内腐蚀性试验的结果。需要指出的是，采用家兔体内试验得到的皮肤腐蚀性和皮肤刺激性结果与人体皮肤斑贴试验的结果具有高度一致性。

23.3.2　试验方法

1. 试验动物

已有研究证明大鼠皮肤对化学物更敏感，故选用大鼠皮肤进行试验。所用大鼠的鼠龄和品系很重要，确保用于试验的大鼠的皮肤处于毛发尚未开始生长前的毛囊休眠阶段。

选用约 22 日龄的 Wistar 大鼠（或其他相近品种），雌雄皆可。用小剪刀仔细剪掉大鼠背部和侧腹部被毛，然后小心擦拭动物。同时在染毒部位涂抹抗生素溶液（如含有效浓度的链霉素、青霉素、氯霉素和两性霉素的溶液，以抑制细菌生长），3～4 天后用抗生素溶液再清洗动物一遍。如剪毛后角质层已经恢复正常，在第三次清洗后 3 天内，动物可用于试验。

2. 试验用皮肤的制备

a）在大鼠的鼠龄为 28～30 天时将其处死，分离每只动物的背侧部皮肤，小心剥去皮下多余的脂肪，制成直径约为 20mm 的皮肤板。皮肤板在使用之前可贮藏起来，因为阳性对照和阴性对照的数据与由新鲜皮肤获得的试验数据相同。

b）每个皮肤板放在聚四氟乙烯（PTFE）管的一端，保证外皮的表面与管相接触。在管底放一个合适大小的“O”形橡胶环以固定皮肤，除去多余的皮肤。管子和“O”形橡胶环的尺寸见图 23-4。用凡士林将“O”形橡胶环与 PTFE 管端密封。用弹簧线夹将 PTFE 管固定在一个装有硫酸镁溶液的接收管中（如图 23-5 所示），并使 PTFE 管下端的试验用皮肤完全浸入硫酸镁溶液中。每只大鼠的皮肤可制备 10～15 块试验用皮肤。

c）试验开始前，分别从由每只动物制备的试验用皮肤中取两片进行电阻测定以进行质量控制。若两块试验用皮肤的电阻均大于 10kΩ，则由该只动物皮肤制成的试验用皮肤都不能用于试验。

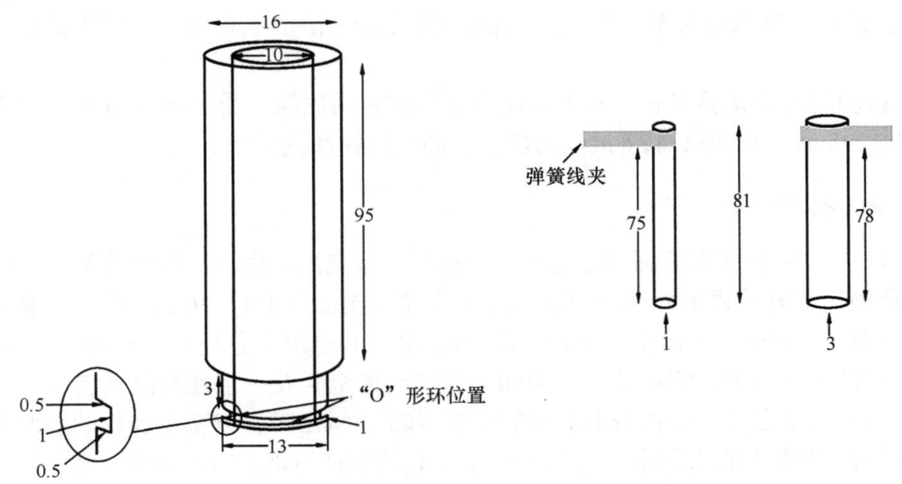

图 23-4　聚四氟乙烯（PTFE）管尺寸示意图（单位：mm）

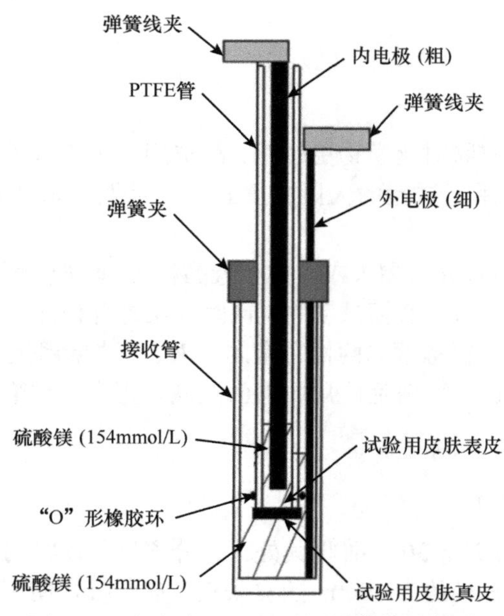

图 23-5　鼠皮肤 TER 试验测试器具示意图

3. 受试物和对照物的染毒

a）每次试验应同时设立阳性对照组和阴性对照组以确保试验系统处于正常状态。应使用来自同一只动物的试验用皮肤。建议阳性对照使用 10mol/L 盐酸，阴性对照使用蒸馏水。

b）试验时，将 150μL 液态受试物均匀涂敷于 PTFE 管内的试验用皮肤表面。如果受试物是固体，则应将足量的受试物均匀地铺在试验用皮肤上以保证整个外皮的表面都被覆盖，再向固体受试物表面加 150μL 去离子水并轻轻摇动管子混匀。为使固体受试物与皮肤达到最有效的接触，应将受试物加热至 30℃溶解或软化，或将受试物研磨成细粉状。

c）试验时每个试验组和对照组要使用 3 块试验用皮肤。受试物在 20～23℃条件下染毒皮肤 24h 后，用 30℃水将试验用皮肤上的受试物冲洗干净。

4. TER 测定

a）TER 采用低压交流惠斯通电桥来测量。一般交流电桥的工作电压是 1～3V，弯型或直角型交流电的频率为 50～1000Hz，测量范围至少是 0.1～30kΩ。确认试验所用的电桥在频率为 100Hz 或 1kHz 时的感应系数、电容和电阻应分别是 2000H、2000μF 和 2MΩ。在 TER 试验中，测量结果以 100Hz 频率时的电阻及一系列数值来表示。

b）测量电阻之前，应在表皮上涂敷足够多的 70%乙醇，以减小表皮的表面张力。保持几秒后，将管中的乙醇除去，向管中加 3mL 硫酸镁溶液（154mmol/L）使皮肤水化。将电桥的电极放置于试验用皮肤的两侧测量电阻（见图 23-5）。电极的直径和弹簧线夹夹距以下部分的电极长度见图 23-4。电阻测量过程中，要将夹持内电极的弹簧线夹置于

PTFE 管顶端以确保浸泡在硫酸镁溶液中电极长度保持不变。将外电极插入接收管底部。PTFE 管上的弹性回形针和底部的距离应保持不变，因为这个距离会影响电阻的测量值。因此，内电极与试验用皮肤之间的距离应保持不变并且要尽量短（1～2mm）。

c）如果测量所得的电阻大于 20kΩ，可能是由试验用皮肤上残留有受试物所致，应进一步除去这些残留的受试物，如可用戴手套的拇指堵住 PTFE 管，摇晃约 10s，弃去管内的硫酸镁溶液，加入新鲜的硫酸镁溶液后再次测量电阻。

d）试验装置的性能、大小及所使用的试验程序可影响 TER。判断腐蚀性的 5kΩ 临界值仅适用于在本方法要求的试验装置和试验程序条件下测量的 TER 判定。如果改变试验条件或使用不同的试验装置，则可以选择不同的临界值。因此，有必要从用于验证试验的化学物质中或从与受试物类似的物质中选择一系列的参照物质进行试验，借以对试验方法和电阻临界值进行校正。一些推荐的合适的化学物质参见表 23-7。

表 23-7　参考物质

化学品名称	CAS 登记号	腐蚀程度
1,2-丙二胺	78-90-0	严重腐蚀
丙烯酸	79-10-7	严重腐蚀
2-叔丁基苯酚	88-18-6	腐蚀
氢氧化钾（10%）	1310-58-3	腐蚀
硫酸（10%）	7664-93-9	腐蚀
正辛酸	124-07-02	腐蚀
4-氨基-1,2,4-三氮唑	584-13-4	无腐蚀
丁香酚	97-53-0	无腐蚀
溴乙基苯	103-63-9	无腐蚀
四氟乙烯	127-18-4	无腐蚀
异硬脂酸	30399-84-9	无腐蚀
4-甲基硫代苯甲醛	3446-89-7	无腐蚀

5. 染色方法

一些非腐蚀性物质可使 TER 降低至 5kΩ 临界值以下，因为这些物质可让离子通过角质层，如一些有机物和含有表面活性成分的化学物质（包括清洁剂、乳化剂和其他表面活性剂）能去除皮肤上的脂类物质，使皮肤的离子通透性增加。因此如果 TER 小于或在 5kΩ 左右，皮肤又没有明显的损伤，则需要用染色（硫酸若丹明 B）渗透的方法来确定电阻的减小是否是由渗透性增加或皮肤腐蚀引起的。由于后者常常会导致皮肤角质层损伤，当在皮肤表面加入硫酸若丹明 B 染料后，染料会迅速渗透皮肤角质层并使下面的皮肤组织染色。这种染料对很多种化学物质稳定，且不受后续的萃取试验影响。

6. 硫酸若丹明 B 染料的应用与去除

a）评估 TER 后，将管内硫酸镁溶液弃去，仔细检查皮肤是否有明显损伤。如果无明显损伤，则将 150μL 10%（质量/体积）硫酸若丹明 B 染料水溶液涂敷到每块皮肤的表皮并保持 2h。2h 后用室温自来水冲洗表皮 10s，以除去未结合的染料。

b）从 PTFE 管中小心去除皮肤板，放入含有 8mL 去离子水的小瓶中（如 20mL 的闪烁瓶），轻轻振摇 5min 以去除未结合的染料。重复上述清洗步骤后，将试验用皮肤移入装有 5mL 30%（质量/体积）十二烷基硫酸钠（SDS）溶液的瓶中，60℃孵育过夜。

c）孵育后，去除试验用皮肤并将其丢弃。将剩余溶液于 21℃离心 8min（相对离心力为 175*g*）。吸取 1mL 上清液并用 30% SDS 溶液稀释到原体积的 5 倍，测量溶液在 565nm 的光密度（OD）。

7. 计算染料含量

可通过 OD 来计算每块试验用皮肤中硫酸若丹明 B 染料的含量（硫酸若丹明 B 染料在 565nm 处的摩尔消光系数是 8.7×10^4，相对分子质量为 580）。用合适的标准曲线得出每块试验用皮肤的染料含量，并根据重复测定值（平行测量值）来计算每块试验用皮肤染料的平均含量。

23.3.3　结果解释

a）如果阳性对照和阴性对照的电阻在表 23-8 所列的范围内，则可认为试验结果是可信的。

表 23-8　电阻抗范围

对照组	物质	电阻范围/kΩ
阳性	10mol/L 盐酸	0.5～1.0
阴性	蒸馏水	10～25

b）如果阳性对照和阴性对照试验用皮肤的染料含量在表 23-9 所列的范围内，则可认为试验结果是可信的。

表 23-9　染料量范围

对照组	物质	染料含量范围/（μg/mm² 试验用皮肤）
阳性	10mol/L 盐酸	40～100
阴性	蒸馏水	15～35

c）符合以下情况可认为受试物对皮肤不具有腐蚀性：①受试物的 TER 平均值大于 5kΩ。②如果受试物的 TER 平均值小于或等于 5kΩ，试验用皮肤未见明显的损伤，且每块皮肤板的平均染料含量小于阳性对照组的染料含量均值（见表 23-9 中的阳性对照值）。

d）符合下列情况则可认为受试物对皮肤具有腐蚀性：①受试物的 TER 平均值低于或等于 5kΩ，并且皮肤有明显的损伤。②TER 平均值低于或等于 5kΩ，且试验用皮肤没有明显的损伤，但其染料含量均值高于或等于 10mol/L 盐酸阳性对照的染料含量均值（见表 23-9 中的阳性对照值）。

23.3.4　试验数据和报告

1. 试验数据

以表格的形式处理受试物组、阳性对照组和阴性对照组的电阻（kΩ）与试验用皮肤染料含量均值（μg/mm² 试验用皮肤）（单个试验数据和平行组的均值），还应列出重复测定的每个测定值和均值。

2. 试验报告

试验报告应包括以下信息。

a）受试物和对照物的化学名[如 IUPAC（国际纯粹与应用化学联合会）或 CAS 名称]及 CAS 登记号，化学物质或其抑制组分的含量（质量分数）、纯度和物理性质、物理特性（如物理状态、pH、稳定性、水溶性），试验前受试物、对照物的处理（如加热、研磨等）和对照物稳定性（如已知就在报告中提供）。

b）试验动物品系和性别、年龄、来源、饲养条件及饲料等，皮肤制备的细节。

c）试验条件，包括试验系统的标准曲线，染料含量测定标准曲线，TER 测量的详细试验步骤，染料含量测定的详细步骤（需要时），对试验程序做任何修改的描述，腐蚀作用判断标准。

d）结果，以表格形式报告每只动物及每块试验用皮肤的 TER 和染料含量；观察到的认可症状。

e）结果讨论。

f）结论。

23.4　体外皮肤腐蚀性——人类皮肤模型试验[3]

验证研究表明，使用人体皮肤模型试验能很好地区分已知的皮肤腐蚀物和非皮肤腐蚀物[13, 14]，还可为区分严重和次严重皮肤腐蚀性提供信息。人体皮肤模型试验用于鉴定腐蚀性物质及混合物。根据物质或混合物其他已知信息（如 pH、结构-活性关系、人或动物相关数据）[15]，人体皮肤模型试验能对该物质和混合物的非腐蚀性进行进一步的鉴定。本试验既不能为判定皮肤刺激性提供足够的信息，也不能对 GHS 认可的腐蚀性物质进行分级。

为全面评价单次皮肤给药后的局部皮肤反应，推荐追加 OECD 404 和 GHS 规定的一系列测试方法，该系列方法包括体外皮肤腐蚀性和刺激性试验，对活体动物试验有指导作用。

23.4.1　试验原理

受试物局部作用于一个三维人体皮肤模型，所用模型至少是一块含功能性角质层的重建表皮。根据在特定作用时间内受试物使细胞活性（如 MTT 还原法测定）[16]降低到设定的阈值水平来识别腐蚀性物质。人体皮肤模型试验的原理是建立在腐蚀性化学物质作用于皮肤后通过扩散作用或腐蚀作用穿透角质层，对其下面的细胞层产生细胞毒性作用的这一假设基础上的。

23.4.2 试验方法

1. 人体皮肤模型

人体皮肤模型可以通过商业途径获得（如 EpiDerm™ 和 EPISKIN™）或是在实验室培育或构建。人体皮肤的使用应遵从本国和国际道德伦理的要求。任何新的皮肤模型都应经过验证。用于本试验的人体皮肤模型必须满足皮肤模型的一般条件和功能性条件。

2. 皮肤模型的一般条件

a）应使用人体角质形成细胞构建皮肤模型的上皮，功能性角质层的下面应含有多层具活性的上皮细胞。皮肤模型可以具有一个角质层。角质层应是含有必需脂质成分的多层结构，以形成功能性屏障抵抗细胞毒性物质快速渗透。

b）模型的封闭特性应可以阻止角质层周围的物质进入活性组织内部。理想的皮肤模型其角质层周围应不存在受试物进入活性组织的通道，否则无法模拟皮肤暴露的实际情况。

c）皮肤模型应避免被细菌（包括支原体）和真菌污染。

3. 皮肤模型的功能性条件

a）细胞活性范围可用 MTT 及其他与代谢转化有关的活体染料进行定量测定。试验中，从阴性对照皮肤组织提取或溶解的染料的光密度（OD）至少应是单独使用溶剂提取的 OD 的 20 倍。阴性对照组的皮肤组织应能在测试期间保持稳定培养（组织活性保持稳定）。

b）角质层能充分阻止某种细胞毒性化学物（如 1% Triton X-100）快速渗透。该性能可以通过细胞活性降低 50%（ET_{50}）的暴露时间来评估。

c）皮肤模型最好在不同实验室间长时间显示出良好的重复性。另外，根据所选的试验方案，该皮肤组织可预测表 23-7 所列参考化学品的腐蚀性。

23.4.3 试验步骤

1. 染毒

a）每个处理组（包括对照组）使用两个相同的皮肤组织，对于液体受试物，用量应足以完全覆盖皮肤表面，最小用量为 25μL/cm^2。

b）对于固体受试物，用量应足以均匀覆盖皮肤表面，可用去离子水或蒸馏水溶解以保证其与皮肤良好接触。条件允许的情况下，固体受试物应研磨成粉末后使用。处理方式应适合该受试物。处理结束后，使用适当的缓冲液或 0.9%氯化钠溶液小心地洗去皮肤表面的受试物。

c）每次试验均需同时设阳性和阴性对照，以确保试验模型正常运行。推荐使用冰醋酸或 8mol/L 氢氧化钾作为阳性对照物，阴性对照物为 0.9%氯化钠溶液或水。

2. 细胞活性检测

a）只有定量有效的检测方法才能用于测定细胞活性，而且细胞活性的检测方法应与三维组织结构的相一致。非特异性染料的结合不能干扰细胞活性的检测。

b）能与蛋白质结合的染料和那些不能被代谢转化的染料（如中性红）不适用于本试验。最常用的方法是 MTT[3-(4,5-二甲基-2-yl)-2,5-联苯四唑，噻唑基蓝；CAS 登记号为 298-93-1]还原法。MTT 还原法结果精确并具有可重现性，也可选用其他方法。

c）将皮肤样品置于适当浓度（如 0.3～1mg/mL）的 MTT 溶液中，在适当温度下培养 3h 后，用溶剂（异丙醇）萃取蓝色还原产物，在波长 540～595nm 测定还原物的 OD。

d）如果受试物没有通过清洗从皮肤上完全除去，则受试物与染料发生的化学作用可能会模拟细胞新陈代谢的情形，进而导致对细胞活性错误判断。

e）如果受试物直接作用于染料，则需要增加一个额外的对照组来检测并纠正受试物对细胞活性测定结果的干扰。

23.4.4　结果解释

从每个测定样本得到的 OD 可以用来计算与阴性对照组相比较的细胞存活率，阴性对照组的细胞存活率设定为 100%。区别非腐蚀性受试物和腐蚀性受试物（或不同腐蚀分级之间的区别）的细胞存活率（百分数）阈值，或者用于评价结果和识别腐蚀性物质的统计程序必须有明确的规定与说明，并且表明是适宜的。一般而言，这些阈值是在试验方法优化期间建立，在预验证阶段测试和正式验证中得到确认。如用 EpiDerm^{TM} 模型进行腐蚀性预测[9]，其过程如下。

满足以下任一条件，判定受试物对皮肤具有腐蚀性：若受试物暴露 3min 后，细胞存活率＜50%；若受试物暴露 3min 后，细胞存活率≥50%，1h 后，细胞存活率＜15%。满足以下条件判定受试物为非腐蚀性物质：若受试物暴露 3min 后，细胞存活率≥50%，1h 后细胞存活率≥15%。

23.4.5　试验数据和报告

1. 试验数据

所有数据以表格形式归纳。

2. 试验报告

试验报告应包括以下信息。

a）受试物和对照物的化学名（如 IUPAC 或 CAS 名称）及 CAS 登记号，化学物质或其抑制组分的含量（质量分数）、纯度和物理性质、物理特性（如物理状态、pH、稳定性、水溶性），试验前受试物/对照物的处理（如加热、研磨等）和对照物稳定性（如已知就在报告中提供）。

b）说明采用所用皮肤模型的理由。

c）试验条件，包括所用的细胞体系，检测细胞活性的仪器（如分光光度计）进行校准的信息，关于试验所用皮肤模型的全部支持信息（包括其有效性），试验步骤的细节，使用的染毒剂量，对试验步骤做任何修正的描述，皮肤模型历史数据的参考资料，评价标准的描述。

d）结果，每个试验样本的数据表格，并且描述其他观察结果。

e）结果讨论。

f）结论。

23.5 体外皮肤腐蚀性——膜屏障试验[4]

Corrositex®是已经通过验证并且商品化的体外膜屏障试验方法。鉴于其公认的合理有效性，此试验方法已被推荐为化学品皮肤腐蚀性危害分级测试策略的一部分。新建的体外膜屏障试验用于皮肤腐蚀性检测前应确定该方法的可靠性、相关性（准确度）及局限性，以确保该方法与其他方法具有可比性。

膜屏障试验方法的局限性在于：基于最初的相容性试验结果，很多非腐蚀性化学品或混合物，以及某些腐蚀性化学品或混合物无法使用该方法进行检测。虽然 85%的 pH 在 4.5～8.5 的化学品水溶液的动物试验结果都是无腐蚀性的，但上述 pH 范围内的化学品水溶液通常不适合采用体外膜屏障法进行检测。体外膜屏障试验方法可用于检测固体（包括能溶于水和不溶于水的）、液体（包括水溶液和非水溶液）和乳剂。

体外膜屏障试验方法适用于对腐蚀性化学品或混合物鉴别，以及对 GHS 的腐蚀性物质分类系统进一步细化，也可用来判断一些特定种类的化学品是按照腐蚀性物质还是非腐蚀性物质来运输。然而，在相容性试验中，若受试化学品或混合物不出现可检测到的变化，则不适用于膜屏障试验方法，应选择其他的方法。

23.5.1 试验原理

试验体系由人造大分子生物膜和化学检测系统（CDS）两部分组成。试验假定生物膜上腐蚀作用的机制与活体皮肤上的相仿，将受试物作用于人工膜屏障的表面，检测由腐蚀性受试物引起的膜屏障损伤。

可以通过多种方法检测膜屏障的渗透性，包括 pH 指示剂颜色的改变和指示剂溶液其他特性的改变。试验前应当首先确定膜屏障是有效的，即与试验目的是相关和可靠的，包括确保所用膜屏障特性的一致性，如对非腐蚀性物质保持屏障功能的能力、对各类腐蚀性物质分类的能力。分类是依据受试物渗透通过膜屏障进入指示剂溶液的时间确定的。

23.5.2 试验程序

试验操作在环境温度为 17～25℃时进行，膜屏障及兼容性试剂/指示剂、腐蚀性受试物等可自行制备或直接购买商业化产品。

1. 受试物相容性试验

在进行膜屏障试验前，先进行相容性试验，以判断 CDS 能否检测到受试物。如果 CDS 无法检测到受试物，膜屏障试验方法不适于评价该受试物的腐蚀性，需要使用其他的试验方法。相容性试验使用的 CDS 以及暴露条件应该能够反映后面的膜屏障试验的暴露情况。

2. 受试物时间尺度分类试验

如果试验方法恰当，并且通过了相容性试验，则应确定受试物分类的时间尺度，即酸碱性强弱的筛选试验。例如，在验证了的参考试验方法中，分类所需时间尺度试验根据是否检测到显著的酸碱储留，确定使用哪一个时间尺度。鉴定化学品的腐蚀性以及进行 GHS 皮肤腐蚀性分类时，根据该化学品酸碱储留情况，选用两个不同的时间尺度。

3. 膜屏障试验

膜屏障试验主要的试验组件包括人造膜屏障和化学检测系统。

（1）膜屏障

膜屏障由两部分组成：大分子蛋白水凝胶和渗透支持膜。液体和固体不能通过蛋白水凝胶，但发生腐蚀作用后能够透过。构建完全的膜屏障应储存在一定的条件下，防止其变性，如干燥、被微生物污染、移位、开裂等，从而影响使用。确定膜屏障的有效期，超过有效期的膜屏障不能使用。

在蛋白水凝胶制备和受试物试验期间，渗透支持膜对蛋白水凝胶起机械支撑作用。渗透支持膜要能够防止胶下陷和移位，并对所有的受试物都具有较好的渗透性。

蛋白水凝胶基质由角蛋白、胶原或蛋白质混合物构成，是受试物作用的靶。先将蛋白水凝胶铺于支持膜的表面，形成胶体面，然后将膜屏障置于指示剂溶液上。蛋白水凝胶的厚度和密度要均匀，不能有气泡或其他影响整体功能的缺陷。

（2）化学检测系统

指示剂溶液应当与相容性试验所用的相同，应当在受试物存在时发生反应。当受试物发生某些类型的化学或电化学反应时，一种 pH 指示剂或指示剂组合，如酚红和甲基橙，出现颜色的改变，在试验中可以使用这样的指示剂或指示剂组合。这种变化可以通过肉眼观察或电子设备检测。

研发的化学检测系统除了应当能够检测出受试物是否通过了膜屏障，还应当能够评价检测系统精确度和可靠性，说明其适用范围和检测限。

23.5.3　试验操作

1. 试验部件的组装

膜屏障放置在一个装有指示剂溶液的小瓶（管）中，确保支持膜与指示剂溶液完全接触且膜与液面之间没有气泡。小心操作，以确保膜的完整性。

2. 受试物

适量受试物，如 500μL 液体或 500mg 研细粉末，小心地平铺在膜屏障表面并均匀分布。每个受试物及相应对照均需要一定数量的平行样，如 4 个平行样。记录受试物作用膜屏障的时间。平行样品的作用时间要相互错开，以确保能够精确记录较短的腐蚀时间。

3. 膜屏障渗透性的测定

合理监控每个平行试验，记录指示剂溶液颜色变化的时间，即膜通透性改变的时间。计算受试物开始作用于膜屏障到膜屏障通透性改变的时间。

4. 对照

试验中如果需要使用赋形剂或溶剂来溶解或分散受试物，那么赋形剂和溶剂要与膜屏障系统相容，既不能改变膜屏障系统的完整性，也不能改变受试物的腐蚀性。为了证明赋形剂（或溶剂）与膜屏障系统具有相容性，赋形剂（或溶剂）的对照试验要与受试物试验同时进行。用具有中等腐蚀性的化学品作为阳性（腐蚀性）对照物，如氢氧化钠（GHS 腐蚀性分类为 1B），阳性对照物应与受试物同时进行试验，以检测系统是否工作正常。第二种阳性对照物应当与受试物具有相同的分级，可用于评估腐蚀性物质的相对腐蚀性。为了能够检测渗透性改变时间较参考值过长或过短时，试验系统是否工作正常，应当选择具有中等腐蚀性的阳性对照物（如 GHS 腐蚀性分类为 1B 的物质）。因此，强腐蚀性物质（GHS 腐蚀性分类为 1A 的物质）和非腐蚀性物质要少用。GHS 腐蚀性分类为 1B 的物质可用于检测渗透过快或过慢的受试物。可以选用弱腐蚀性物质（GHS 腐蚀性分类为 1C 的物质）作为阳性对照物，用来检测试验方法区分弱腐蚀性和无腐蚀性物质的能力。除此之外，还应参考渗透时间历史数据的变化，确定阳性对照值的范围（用平均值±2～3 标准差表示）。在每一个试验中，应根据阳性对照的结果来精确判定渗透时间，剔除超出可接受范围的数据。阴性（非腐蚀性）对照物，如 10%柠檬酸、6%丙酸，应与受试物同时试验，作为另一个质控措施证明膜屏障的完整性。

5. 可接受的标准

本试验方法适用于腐蚀性化学品或混合物的鉴别，以及将腐蚀性物质分类到 GHS 子类别。根据 GHS 腐蚀性分类系统规定的时间尺度，计算受试物开始作用于膜屏障到膜屏障渗透性改变的时间（以 min 计），用来预测受试物的腐蚀性。对于一个可接受的试验，与受试物同时进行的阳性对照组应出现预期的渗透时间，同时进行的阴性对照组不应表现出腐蚀性，如果有同时进行的溶剂对照组，则溶剂对照组不应出现腐蚀性，也不应改变受试物的腐蚀性。依据本指南，在实验室使用某一试验方法进行常规检测之前，实验室可以用表 23-10 推荐的 12 种化学品进行测试，证明其技术水平。

6. 结果解释和受试物腐蚀性分类

受试物开始作用于膜屏障到膜屏障渗透性改变的时间（以 min 计）为受试物腐蚀性

分类和联合国危险货物运输包装分类（如果适用）的依据。对每一个试验方法，都有 3 种腐蚀性分类时间尺度。根据时间对受试物腐蚀性判定应当使腐蚀性危害最小化，即减少假阴性结果出现的概率。

表 23-10　已知腐蚀性分类的化学品

化学品名称	CAS 登记号	化学物分类	GHS 子类别
硝酸	7697-37-2	无机酸	1A
五氯化磷	10026-13-8	无机酸前体	1A
硒酸	7783-08-6	无机酸	1A
戊酰氯	638-29-9	酸性氯化物	1B
氢氧化钠	1310-73-2	无机碱	1B
1-(2-氨乙基)哌嗪	140-31-8	脂肪胺	1B
氯化苯磺酰	98-09-9	酸性氯化物	1C
硫酸羟胺	10039-54-0	有机铵盐	1C
四亚乙基五胺	112-57-2	脂肪族胺	1C
丁香酚	97-53-0	酚类	NC①
2-丙烯酸壬酯	2664-55-3	丙烯酸酯类/异丁烯酸酯类	NC①
碳酸氢钠	144-55-8	无机盐	NC①

①表示非腐蚀性物质

23.5.4　试验数据和报告

1. 试验数据

以表格形式将受试物和阳性对照组每一次试验的渗透时间（以 min 计）逐一列出，同时给出均数和标准差。

2. 试验报告

试验报告应包括以下信息。

a）受试物和对照物的化学名（如 IUPAC 或 CAS 名称）及 CAS 登记号、物理性质和纯度（主要的杂质）、与试验相关的物化特性，试验前受试物/对照物的处理（如适用）如加热、研磨等和对照物稳定性（如已知）。

b）说明体外膜屏障模型和适用方法的合理性，给出方法的精确度和可靠性。

c）试验条件，包括试验组件和制备方法的描述，体外膜屏障的来源和组成，指示剂溶液的组分和性质，测试方法，受试物和对照物的使用量，平行样品的数量，受试物时间尺度分类试验的描述和判断，受试物的使用方法，观察时间。

d）结果，包括受试物和对照组每一次试验原始数据的表格，观察到的其他效应，评价和分类标准。

e）结果讨论。

f）结论。

23.6　体外皮肤腐蚀性——重组人表皮模型试验[5]

重组人表皮模型试验能够进行刺激性化学物质或混合物的危害鉴定，适用于 GHS 皮肤腐蚀/刺激类别 2 物质。对于不采用 GHS 类别 3（轻度刺激）的国家和地区，也可用于鉴定不分类的化学品。本方法可作为化学品皮肤刺激性测试的标准方法代替体内皮刺试验，或者在逐级测试策略下部分替代。本方法通过重组人表皮（RhE）测试人类皮肤刺激健康终点。使用人源非转化角质细胞和代表性组织与细胞结构，综合设计模拟人体皮肤上皮的生理生化特性，获得重组人表皮模型。OECD 439 同时提供了对重组人表皮（RhE）模型试验进行评估的性能标准，EpiSkin^{TM}、EpiDerm^{TM} SIT（EPI-200）和 SkinEthic^{TM} RHE 均可作验证方法。

23.6.1　试验原理

受试化学品皮肤刺激性通过经局部处理的三维重组人表皮模型进行测试。RhE 是由人源非转化表皮角质细胞组合并培养成多层的高度分化的表皮组织。表皮包括基底层、棘层、颗粒层及多层角质层（含有胞间层状脂质层，同体内的主要脂类类似）。

受试化学品引起的皮肤刺激，表现为红斑和水肿，是受试化学品从角质层的渗透和在角质细胞底层破坏开始的一系列反应的结果。受损细胞释放介质，作用于真皮，特别是基质和内皮细胞，开始炎症反应，内皮细胞扩张和通透性增加，产生可见的红斑和水肿。基于 RhE 模型测量这些级联反应中的始发事件。

RhE 模型中细胞的存活率通过 MTT 法测定。活细胞还原 MTT 成蓝色甲臜盐，从组织中提取后进行定量测定。化学品刺激性根据其作用后细胞的存活率是否低于设定的阈值标准确定（即≤50%，GHS 皮肤腐蚀/刺激中类别 2）。当用化学品处理后细胞存活率高于设定的阈值水平时，考虑为非刺激物（即＞50%，不分类）。

23.6.2　试验方法

1. RhE 模型

RhE 模型是重组人表皮，可以在实验室制备或通过商业途径购买，EpiSkin^{TM}、EpiDerm^{TM} SIT（EPI-200）和 SkinEthic^{TM} RHE 的标准操作规程[17-19]都是有效的。

2. RhE 模型的一般条件

a）使用人源非转化角质细胞重组皮肤上皮。重组上皮由多层活的上皮细胞组成，包括基底层、棘层、颗粒层及上面具覆盖功能的角质层。角质层含有的基本脂质，有稳定的屏障功能，可对细胞毒性化学品快速渗透产生抵抗作用，如十二烷基硫酸钠（SDS）或 Triton X-100 等。

b）屏障功能证明能通过两种方法评价，一种是通过固定时间内标志化学物使细胞存活率降低 50%的浓度（IC_{50}）评价，另一种是通过固定浓度下标志化学品使细胞存活率降低 50%的时间（EC_{50}）评价。RhE 模型的阻遏特性将防止材料通过角质层进入下边活的组织，导致不良的皮肤暴露模型。

c）RhE 模型应该无细菌、病毒、支原体和真菌污染。

3. RhE 模型的功能性条件

a）细胞存活率的大小可用 MTT 分析测定。试验中，应确保每一批使用的 RhE 模型符合阴性对照定义的标准，提取液的光密度（OD）应足够小，即 OD<0.1。试验时，应提供阴性对照可接受范围（上限和下限）的 OD，如表 23-11 所示。

表 23-11　阴性对照可接受范围的 OD 值

	接受下限	接受上限
EpiSkin™	≥0.6	≤1.5
EpiDerm™ SIT（EPI-200）	≥1.0	≤2.5
SkinEthic™ RHE	≥1.2	≤2.5

b）角质层和其脂质组分应足以抵抗细胞毒性标志物的快速渗透，该性能可以通过 IC_{50} 和 ET_{50} 来评价，如表 23-12 所示。

表 23-12　渗透功能评价参考示例

	接受下限	接受上限
EpiSkin™（SM）（SDS 处理 18h）	IC_{50}=1.0mg/mL	IC_{50}=3.0mg/mL
EpiDerm™ SIT（EPI-200）（1% Triton X-100）	ET_{50}=4.8h	ET_{50}=8.7h
SkinEthic™ RHE（1% Triton X-100）	ET_{50}=4.0h	ET_{50}=9.0h

c）RhE 模型应进行组织病理学检查，证明人表皮样结构包括多层角质层。

d）阴性对照和阳性对照结果，随着时间推移应具有可重复性。应使用表 23-13 中的标准参考化学物质对模型的屏障功能进行确认。RhE 模型的存活率、屏障功能和形态学数据应符合一定标准，各验证方法的接受范围见表 23-12。

表 23-13　参考化学物质

化学品名称	CAS 登记号	*In vivo* 积分①	物理状态	UN GHS 分类
1-萘乙酸	86-87-3	0	固体	不分类
异丙醇	67-63-0	0.3	液体	不分类
硬脂酸甲酯	112-61-8	1	固体	不分类
丁酸庚酯	5870-93-9	1.7	液体	不分类（可选类别 3）②
水杨酸己酯	6259-76-3	2	液体	不分类（可选类别 3）②
兔耳草醛	103-95-7	2.3	液体	类别 2
溴己烷	111-25-1	2.7	液体	类别 2
氢氧化钾（5%水溶液）	1310-58-3	3	液体	类别 2

续表

化学品名称	CAS 登记号	*In vivo* 积分①	物理状态	UN GHS 分类
1-甲基-3-苯基-2-哌嗪	5271-27-2	3.3	固体	类别 2
庚醛	111-71-7	3.4	液体	类别 2

①表示 *In vivo* 积分同 OECD 404 相符；②表示 UN GHS 的可选类别 3（中度刺激物）视为不分类

23.6.3　试验步骤

1. 受试物和对照物的处理

a）每个测试受试物和平行对照至少设置 3 个重复。对于液体和固体受试物，将足量的受试物充分均匀地覆盖在类表皮的表面，剂量至少达到 25μL/cm^2 或 25mg/cm^2。若受试物为固体，应尽可能研磨成粉末再进行测试。固体在应用之前，类表皮应用去离子水或蒸馏水润湿，以确保受试物和类皮肤良好接触。

b）暴露结束后，类表皮表面的受试物应用缓冲溶液或 0.9%氯化钠溶液冲洗。根据使用的验证 RhE 方法不同，暴露时间为 15～60min，培养温度为 20～37℃，详细情况见验证方法的标准操作规程[17-19]。

c）测试应使用同步阴性对照（NC）和阳性对照（PC），分别证明组织的存活率（通过 NC）、屏障功能和灵敏度（通过 PC）在可接受范围。推荐的阳性对照是 5% SDS 溶液，推荐的阴性对照是水或者磷酸盐缓冲液（PBS）。

2. 细胞存活率的测定

a）存活率的测定在受试物暴露 42h 后进行。受试物暴露后将组织浸在新培养基中培养，有利于从弱的细胞毒性反应中恢复，使细胞毒性表现得更清晰。

b）采用 MTT 法测量细胞的存活率，该法与模型的三维组织结构兼容。组织样品放到适宜浓度（如 0.3～1mg/mL）的 MTT 溶液中培养 3h，生成的蓝色甲臜盐用溶剂（如异丙醇、酸性异丙醇）从组织中提取，在波长 540～595nm 测定还原物的 OD。

c）受试物的光学特性或与 MTT 的化学反应可能干扰分析结果。

d）如受试物直接和 MTT 反应本身有颜色，或者组织处理时变色，需增加一个额外的对照组来检测和校正受试物对存活率的影响。

3. 可接受的标准

a）对每种使用有效 RhE 模型的测试方法，NC 处理组织的 OD 应反映组织经运输、接收和所有试验过程后的质量。

b）对照组的 OD 不应低于参考范围。阳性对照（5% SDS 溶液）组织应反映其在试验条件下对刺激物反应的能力。

c）组织重复性试验结果使用标准差（SD）时，取单侧 95%置信区间，SD＜18%。

23.6.4　结果解释

从每个测定样本得到的 OD 可以用来计算与阴性对照组相比较的细胞存活率，阴性对照组的细胞存活率设定为 100%。区分化学品刺激性和不分类的细胞存活率临界值，以及用于结果评估和鉴定化学品刺激性的统计程序都是适宜的。

若经暴露和培养处理后细胞存活率≤50%，则判定受试物对皮肤有刺激性，同 UN GHS 类别 2 相对应。

若经暴露和培养处理后细胞存活率＞50%，则判定受试物为皮肤非刺激物，同 UN GHS 不分类相对应。

23.6.5　试验数据和报告

1. 试验数据

所有数据以表格形式归纳，包括 OD、细胞存活率以及分类等，每次测试的平均值和标准差，以及观察到的同 MTT 相互作用及受试物自身的颜色等。

2. 试验报告

试验报告应包括以下信息。

a）受试物和对照物的化学名（如 IUPAC 或 CAS 名称）及 CAS 登记号，化学物质或其抑制组分的含量（质量分数）、纯度和物理性质、物理特性（如物理状态、pH、稳定性、水溶性），试验前受试物/对照物的处理（如加热、研磨等）和对照物存储状态。

b）使用 RhE 模型和方法的理由。

c）试验条件，包括所用的细胞体系，使用特殊 RhE 模型的全部支持信息，测试程序的详细信息，使用的剂量，暴露时间和培养后处理时间，对测试程序修正的描述，模型历史数据的参考资料，评价标准的描述，参考的历史对照数据。

d）结果，包括每个试验样本的数据表格，MTT 直接还原剂和/或着色物质使用的对照化学品，并且描述其他观察结果。

e）结果讨论。

f）结论。

参 考 文 献

[1] United Nations. Globally Harmonized System of Classification and Labelling of Chemicals（GHS）. 8th ed. UN New York and Geneva，2019.

[2] OECD. *In Vitro* Skin Corrosion：Transcutaneous Electrical Resistance Test Method（TER）. OECD Guidelines for the Testing of Chemicals NO. 430. Paris，2004.

[3] OECD. *In Vitro* Skin Corrosion：*In vitro* Skin Corrosion：Reconstructed Human Epidermis （RHE）Test Method. OECD Guidelines for the Testing of Chemicals NO. 431. Paris，2004.

[4] OECD. *In Vitro* Membrane Barrier Test Method for Skin Corrosion. OECD Guidelines for the Testing of Chemicals NO. 435. Paris，2004.

[5] OECD. *In Vitro* Skin Irritation：Reconstructed Human Epidermis Test Method. OECD Guidelines for the Testing of Chemicals NO. 439. Paris，2004.

[6] OECD. Acute Dermal Irritation/Corrosion. OECD Guidelines for the Testing of Chemicals NO. 404. Paris，2004.

[7] OECD. Test Guidelines Programme：Final Report on the OECD Workshop on Harmonization of Validation and Acceptance Criteria for Alternative Toxicological Test Methods. Held on Solna，Sweden，22-24 January，1996.

[8] OECD. Harmonized Integrated Hazard Classification System for Human Health and Environmental Effects of Chemical Substances，as endorsed by the 28th Joint Meeting of the Chemicals Committee and the Working Party on Chemicals.

November，1998.
[9] 中华人民共和国国家标准. GB/T 21604—2008 化学品 急性皮肤刺激性/腐蚀性试验方法. 北京：中国标准出版社，2008.
[10] Whittle E, Basketter D A. The *in vitro* skin corrosivity test. Comparison of *in vitro* human skin with *in vivo* data. Toxicology *in Vitro* An International，1993，2273-2277.
[11] Botham P A，Hall T J，Dennett R，et al. The skin corrosivity test *in vitro*：results of an interlaboratory trial. Toxic *in Vitro*，1992，6：191-194.
[12] 中华人民共和国国家标准. GB/T 27828—2011 化学品 体外皮肤腐蚀 经皮电阻试验方法. 北京：中国标准出版社，2011.
[13] Barratt M D，Brantom P G，Fentem J H，et al. The ECVAM international validation study on tests for skin corrosivity. 1. Selection and distribution of the test chemicals. Toxic *in Vitro*，1998，12：471-482.
[14] Liebsch M，Traue D，Barrabas C，et al. The ECVAM prevalidation study on the use of EpiDerm for skin corrosivity testing. ATLA，2000，28：371-401.
[15] OECD. Extended Expert Consultation Meeting on The In Vitro Skin Corrosion Test Guideline Proposal. Berlin，lst-2nd November 2001，Secretariat's Final Summary Report，27th March 2002，OECD ENV/EHS，available upon request from the Secretariat，2002.
[16] Mosmann T. Rapid colorimetric assay for cellular growth and survival：application to proliferation and cytotoxicity assays. J Immunol Meth，1983，65：55-63.
[17] EpiSkin™ SOP，Version 1.8. ECVAM Skin Irritation Validation Study：Validation of the EpiSkin™ test method 15min—42hours for the prediction of acute skin irritation of chemicals. February，2009.
[18] EpiDerm™ SOP，Version 7.0. Protool for：*In vitro* EpiDerm™ skin irritation test（EPI-200-SIT），For use with MatTek Corporation's reconstructed human epidermal model EpiDerm（EPI-200）. March，2009.
[19] SkinEthic™ RHE SOP，Version 2.0. SkinEthic skin irritation test-42bis test method for the prediction of acute skin irritation of chemicals：42minutes application+42hours post-incubation. February，2009.

第 24 章　严重眼损伤/眼刺激

严重眼损伤/眼刺激试验也称眼损伤/眼刺激试验，包括单次和多次眼损伤/眼刺激试验等，观察终点为出现眼腐蚀性和眼刺激性[1]。GHS 规定的观察期限为 21 天[2]。眼腐蚀性（eye corrosion）是指眼睛前表面接触受试化学品后出现的不可逆性组织损伤。眼刺激性（eye irritation）是指眼睛前表面接触受试化学品后出现的可逆性炎性变化[3]。

24.1　严重眼损伤/眼刺激的分类和判定

24.1.1　严重眼损伤/眼刺激分类原则

1. 化学品眼损伤/眼刺激分类原则[4]

GHS 要求对化学品眼损伤/眼刺激分类时采用分层试验和评估方案，并且尽量多地考虑现有信息，以确定是否有必要进行眼损伤/眼刺激试验。尤其应当尽量避免使用皮肤腐蚀性物质进行眼损伤/眼刺激试验，皮肤腐蚀性物质及强酸及强碱物质一般会造成严重的眼损伤，可免于做动物试验。在某些情况下，可从结构类似化合物得到足够的信息来作出分类判定。另外，GHS 鼓励使用结构-活性关系（SAR）或结构-性质关系（SPR）的计算结果和已经被证明有效且认可的体外替代试验进行分类，以避免不必要的动物试验。图 24-1 给出了使用分层法来进行化学品眼损伤/眼刺激分类的过程。

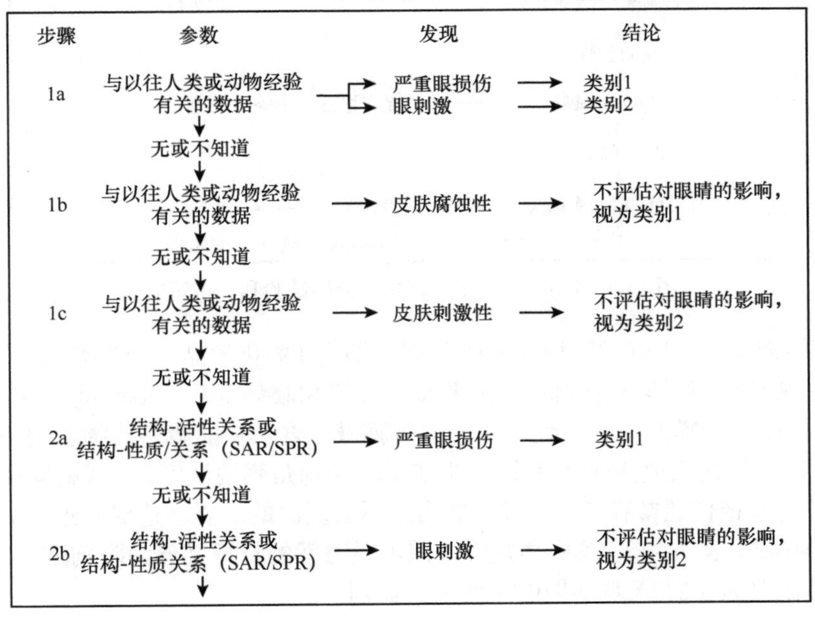

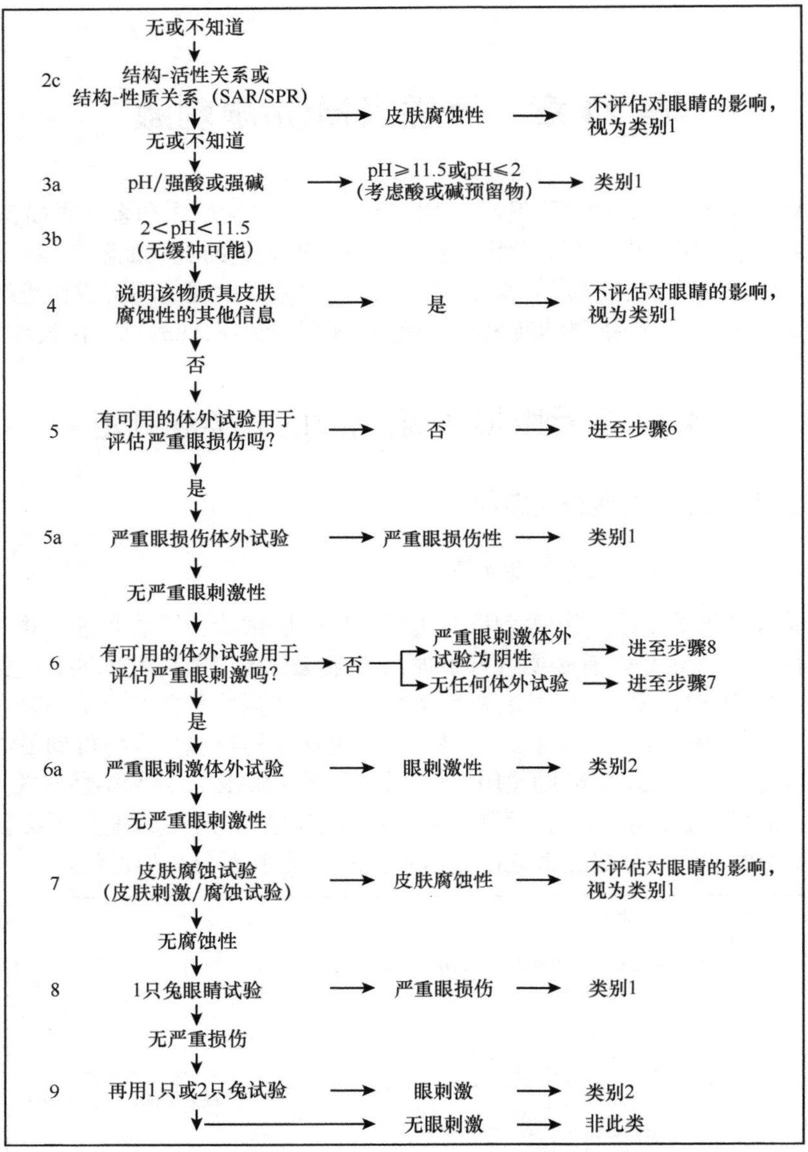

图 24-1　严重眼损伤/眼刺激的分层试验和评估策略

GHS 将能够造成不可逆眼损伤（21 天观察期内）的化学品划分为类别 1（表 24-1），其特征为在试验期间任何时候都能观察到动物 4 级角膜病变和其他严重反应（如角膜损伤），以及持续的角膜混浊、褪色、粘连，角膜翳、虹膜功能障碍或损害视力的其他效应，类别 1 还包括在眼损伤/眼刺激试验中使试验动物角膜混浊度≥3 或虹膜炎>1.5 的物质，因为严重眼损伤通常在 21 天观察期内是不会复原的。能够造成可逆眼刺激的化学品划分为类别 2（表 24-2），其中类别 2 按照可逆时间的长短又分为眼刺激（7 天观察期内）和轻微眼刺激（21 天观察期内）两个子类别。

表 24-1　不可逆眼效应的类别

试验物质有以下情况，分类为类别 1（对眼造成不可逆影响）：
——至少一只动物的角膜、虹膜或结膜受到影响，并预期不可逆或在正常 21 天的观察期内没有完全复原；
——3 只试验动物至少两只有如下项目的阳性反应：
a）角膜混浊度≥3
b）虹膜炎＞1.5
在接触试验物质后按 24h、48h 和 72h 分段计算平均得分。

表 24-2　可逆眼效应的类别

试验物质有以下情况，分类为类别 2A：
——3 只试验动物中至少两只有如下项目的阳性反应：
a）角膜混浊度≥1
b）虹膜炎≥1
c）结膜充血≥2
d）结膜水肿（球结膜水肿）≥2
在接触试验物质后按 24h、48h、72h 分段计算平均得分，并在正常 21 天观察期内完全复原。
——在本类别范围，如以上所列效应在 7 天观察期内完全可逆，则认为是轻微眼刺激（类别 2B）。

2. 混合物的分类原则

（1）有混合物整体数据时的混合物分类

混合物将用化学品物质的分类标准进行分类，同时应结合试验和评价程序以完善其危险分类数据。对于某些类型的化学品，可用替代试验来确定其皮肤腐蚀性。在进行混合物试验时，推荐采用物质皮肤腐蚀和严重眼损伤/眼刺激分类标准中的分层证据权重策略，以帮助其明确分类，并可避免不必要的动物试验。如果一种混合物其 pH≤2 或 pH≥11.5，则认为会导致严重眼损伤。如果结合碱/酸预备能力的研究结果表明，虽然物质或混合物有很低或很高的 pH，但可能并不会导致严重眼损伤，则需进行进一步的试验来分类。

（2）无混合物整体数据时的混合物分类：架桥原则

在混合物本身没有进行过眼损伤/眼刺激试验，但混合物的单个组分或其结构类似混合物做过试验且有充分的数据时，足以确定该混合物的危险性，那么可按架桥原则使用这些数据，对该混合物进行分类而无须动物试验。架桥原则内容可参见第 22 章急性毒性试验中的相关内容。

（3）有混合物所有组分数据或只有一部分组分数据时的混合物分类

为使用混合物眼损伤/刺激危险分类的所有可用数据，表 24-3 给出了对混合物进行分类的标准。这里的混合物“组分”是指浓度大于等于 1%（对于固体、液体/粉尘、烟雾和蒸气为质量分数，对于气体为体积分数）的组分，除非认为某组分以小于 1%浓度存在时可能仍与该混合物的眼损伤/眼刺激分类有关。

表 24-3　混合物中眼损伤和眼刺激性组分（类别 1 或 2）的类别及浓度

类别	不可逆眼效应	可逆眼效应
	类别 1	类别 2
眼或皮肤类别 1	≥3%	≥1%且<3%
眼类别 2/2A		≥10%
（10×眼类别 1）+眼类别 2/2A		≥10%
皮肤类别 1+眼类别 1	≥3%	≥1%且<3%
10×（皮肤类别 1+眼类别 1）+眼类别 2A/2B		≥10%

某些类型的化学品分类时必须特别小心，如酸类与碱类、无机盐类、醛类、酚类和表面活性剂，因为这些物质在浓度小于 1%时也可能具有眼损伤/眼刺激危险。对于含强酸或强碱的混合物，应以 pH 作为分类标准。一种含有眼损伤/眼刺激性组分的混合物由于化学性质不能根据表 24-3 的加和方法进行分类时，应按照表 24-4 的标准进行分类。

表 24-4　不能应用加和法分类的混合物组分的浓度

组分	浓度	混合物眼类别
pH≤2 的酸	≥1%	类别 1
pH≥11.5 的碱	≥1%	类别 1
不适用加和法的其他眼损伤性组分（类别 1）	≥1%	类别 1
不适用加和法的其他眼刺激性组分（类别 2），包括酸和碱	≥3%	类别 2

24.1.2　化学品严重眼损伤/刺激判定流程

GHS 给出了作为补充指导的判定流程图（图 24-2 和图 24-3），在实际应用中可以根据图 24-2 和图 24-3 并结合 GHS 的相关规定对化学品的眼损伤/眼刺激加以分类判定。

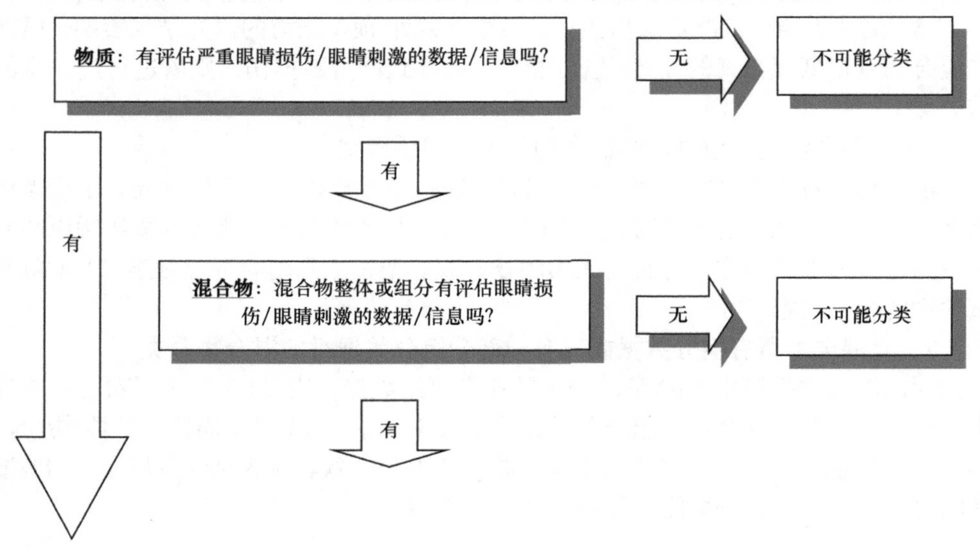

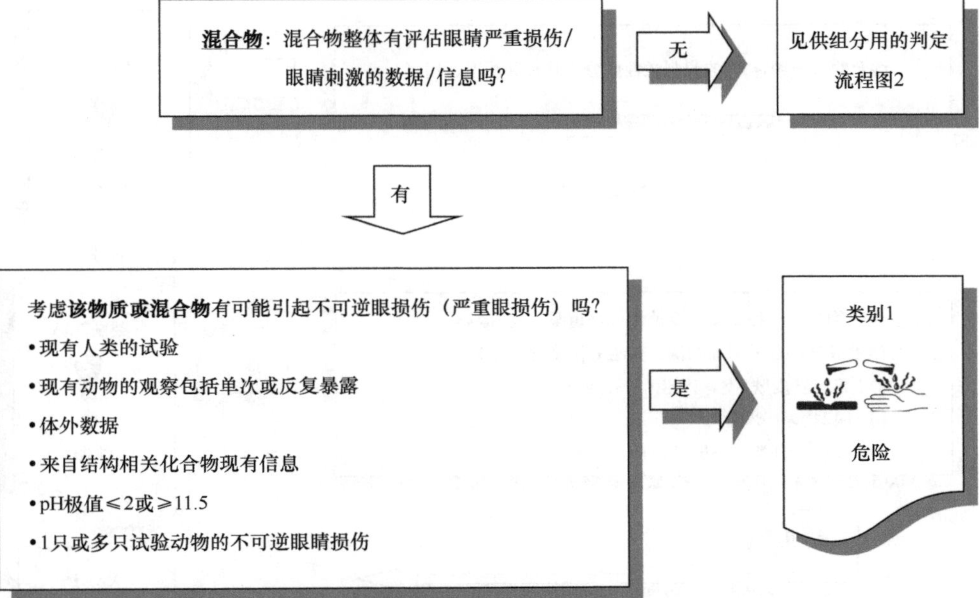

图 24-2　严重眼损伤/眼刺激判定流程

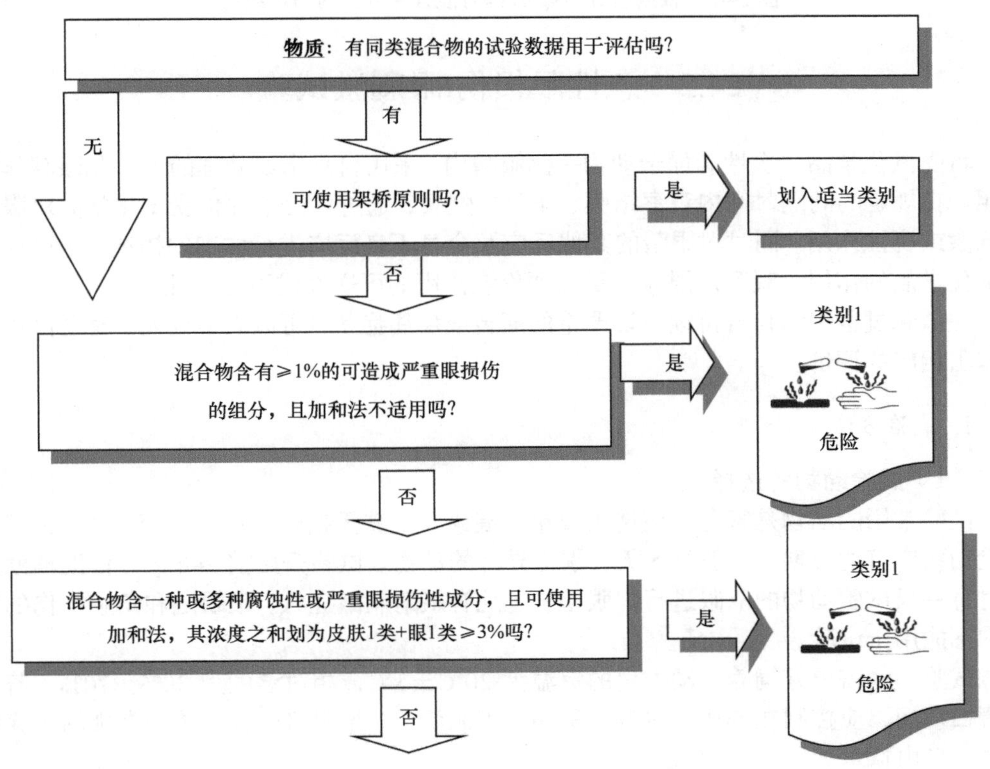

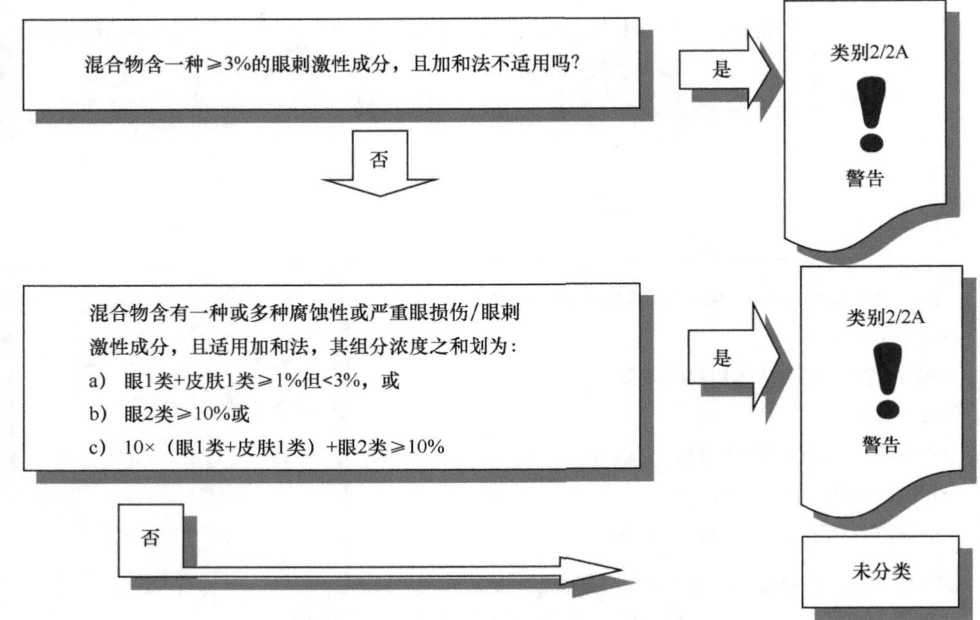

图 24-3　根据组分信息/数据对混合物分类的判定流程

24.2　急性眼损伤/眼刺激试验

将受试化学品一次性滴加于动物一侧眼睛内，采用自身未经处理的另一侧眼睛作为对照。在规定的间隔时间内观察结膜、角膜、虹膜，通过评分来评价受试化学品对眼睛的刺激或腐蚀作用。同时对眼睛的其他反应及全身不良反应进行详细的描述，全面评价受试化学品的作用。观察期限应能足以评价该作用的可逆性或不可逆性。

在试验过程中动物若持续出现严重的痛苦或疼痛症状，可以人道处死，对受试化学品作出相应的评价。

1. *试验方法*

（1）试验动物的选择

试验常用的动物是家兔，应选用成年、健康、皮肤无损伤的动物，至少 2～3 只。试验动物应有适应期，一般为 5 天，剔除异常的动物。试验开始前 24h 内，借助辅助光源对每一只试验动物的双眼进行肉眼检查，凡有眼睛刺激症状、眼缺陷和角膜损伤的动物均不能用于试验。

试验动物需单笼饲养。动物房的室温为 20℃±3℃，相对湿度为 30%～70%，若不是清扫期间，应控制在 50%～60%。采用人工照明，12h 明暗交替。选用常规的实验室饲料，自由饮水。

（2）受试化学品

如果受试物为液体可不稀释，直接使用原液进行染毒。装于手压泵式容器中的液态受试物不能直接滴入眼中，应先将它挤压入另一容器中，再滴入眼中。如果为固体、颗粒或粉末状受试物，在染毒前应将其粉碎、研细，轻叩容器，测定经轻轻压缩后细粉的体积并称重，计算相当于 0.1mL 体积的质量。装于加压容器中的液体气溶胶态受试化学品，可采用喷雾的方式进行染毒，也可收集喷出的液体，然后按照液体染毒的方式进行染毒。

如果受试物为强酸或强碱，pH≤2 或≥11.5，或已经证实对皮肤有腐蚀性或严重刺激性，可以不再进行眼部刺激性试验。如果根据体外试验结果能预知物质具有腐蚀性或严重刺激性，也无须进行眼刺激试验。

（3）染毒

a）使动物的头左倾，让受试的右眼侧向斜上方，轻轻提起双睑，将受试化学品直接滴（涂或放）于角膜上。液态受试化学品的剂量为 0.1mL，固态受试物的剂量为相当于 0.1mL 质量，但不超过 100mg。染毒后松开双睑，任其自然开或闭。染毒时应尽量避免瞬间遮盖角膜。染毒后 24h 不冲洗眼睛。若认为必要，可在 24h 后进行冲洗。不做处理的左眼为自身对照。

b）装于加压容器中的液体气溶胶态受试物，可采用喷雾的方法染毒，轻轻扒开双睑，从眼睛的正前方 10cm 处向眼睛一次喷雾 1s。喷雾染毒的剂量可通过模拟试验估测：在塑料膜的中央挖取与受试动物眼裂一样大小的窗孔，塑料膜后紧贴一层滤纸，用同样的方法向窗孔喷雾，喷雾前、后滤纸的质量差即约相当于喷入眼睛的染毒量。对于挥发性受试物的染毒剂量，可采用喷雾前、后压力容器的质量差来估测。

c）局部麻醉。如果受试物可引起剧烈的疼痛，染毒前可给予眼部局部麻醉（局麻）。为保证局麻对受试物的作用没有明显影响，应谨慎选择局麻药的种类、浓度和剂量。同时，对照眼同样也应给以局麻。

d）如果试验结果显示受试物有中度或中度以上眼刺激性，另选 6 只动物进行冲洗眼睛试验。分别各选 3 只动物，于眼染毒后 4s 及 30s 用足量、流速较快但又不会引起眼损伤的生理盐水冲洗 30s，对照眼也应用同样方法冲洗。

e）如果预知受试化学品对眼睛可能会产生严重的刺激或腐蚀作用，可以考虑先用一只动物进行试验。若试验结果表明受试化学品的确对眼睛有严重的刺激或腐蚀作用，则无须用更多的动物进行试验。

（4）试验结果观察

染毒后 1h、24h、48h、72h 和 4 天、7 天对眼睛进行检查，若观察到确定的反应，可以结束试验。观察过程中可借助放大镜、双目放大镜、手持裂隙灯、组织显微镜或其他器材对眼睛进行观察。在染毒后 24h 观察和记录结束后，对所有动物的眼睛应用荧光素做进一步检查，如角膜表面有荧光素滞留，则该眼睛在以后的每一观察时点都应做荧光素检查，直到结果显示为阴性。

每次检查均应按表 24-5 和表 24-6 所列的眼睛损伤评分标准对每一动物的角膜、虹膜、结膜损伤分别进行评分并计算它们的加权积分。除此以外，对观察到的任何损伤和其他毒性作用都应详尽描述与记录（表 24-7 和表 24-8）。

表 24-5　眼损伤的评分标准

部位及损伤情况	评分
角膜	
（O）角膜混浊——不透明程度（以最致密的部位为准）	
无溃疡或混浊	0
散在或弥漫性混浊（与正常的光泽轻度暗晦不同），虹膜的细微结构清晰可辨	1
半透明的混浊区容易分辨，虹膜结构轻度模糊	2
乳白色混浊区，虹膜细微结构看不清，瞳孔大小勉强可辨	3
角膜不透明，通过混浊的角膜看不到虹膜	4
（A）受损的角膜面积（出现任何程度混浊的总面积）	
无溃疡或混浊	0
＞0，≤1/4	1
＞1/4，＜1/2	2
＞1/2，＜3/4	3
＞3/4，～1	4
角膜损伤加权积分=$O \times A \times 5$，理论最高值=80	
虹膜	
（I）虹膜损伤	
正常	0
皱褶明显加深（折痕超过正常）、充血、肿胀，角膜周围中度充血，出现其中一项或全部，或其中任何两项的联合，虹膜对光仍有反应（反应迟钝）	1
对光反应消失、出血、有肉眼可见的明显破坏（出现其中一项或全部）	2
虹膜损伤加权积分=$I \times 5$，理论最高值=10	
结膜	
（R）结膜充血（指睑结膜和球结膜，不包括角膜和虹膜）	
血管正常	0
有些血管血液灌注充盈明显超过正常，呈鲜红色	1
弥散性充血，呈深红色，个别血管模糊、难以辨认	2
弥散性充血，呈紫红色	3
（S）结膜水肿（包括眼睑和瞬膜）	
无水肿	0
轻度水肿（包括瞬膜，轻度水肿）	1
明显水肿，包括部分睑外翻	2
水肿，眼睑近半闭合	3
水肿，眼睑半闭合到全闭合	4
（D）结膜分泌物	
无分泌物	0

续表

部位及损伤情况	评分
超过正常的少量分泌物（不包括正常动物内眦部位可见的少量分泌物）	1
分泌物增多，伴有眼睑和睫毛潮湿	2
分泌物增多，伴有眼睑、睫毛和眼周围相当大面积潮湿	3
结合膜损伤加权积分=（*R*+*S*+*D*）×2，理论最高值=20	
眼损伤加权总积分=角膜、虹膜和结膜加权积分之和，理论最高分=110	

表 24-6　眼刺激性分级及其评价标准

染毒前 4 天最高加权总积分均值	刺激反应持续时间及其分值			眼刺激性及其分级	
	时间	加权总积分均值	动物个体的加权总积分		
0.00～2.49	24h	=0		无刺激性	1
		＞0		实际无刺激性	2
2.50～14.99	48h	=0		轻微刺激性	3
		＞0		轻度刺激性	4
15.00～24.99	72h	=0		轻度刺激性	4
		＞0		中度刺激性	5
25.00～49.99	7 天	≤20	（1）半数以上动物≤10	中度刺激性	5
			（2）半数以上动物＞10 但无一动物＞30		
		≤20	半数以上动物＞10 且有任一动物＞30	重度刺激性	6
		＞20		重度刺激性	6
50.00～79.99	7 天	≤40	（1）半数以上动物≤30	重度刺激性	5
			（2）半数以上动物＞30 但无一动物＞60		
		≤40	半数以上动物＞30 且有任一动物＞60	很重度刺激性	6
		＞40		很重度刺激性	7
80.00～99.99	7 天	≤80	（1）半数以上动物≤60	很重度刺激性	7
			（2）半数以上动物＞60 但无一动物＞100		
		≤80	半数以上动物＞60 且有任一动物＞100	极重度刺激性	8
		＞80		极重度刺激性	8
100.00～110.00	7 天	≤80	半数以上动物≤60	很重度刺激性	7
		≤80	半数以上动物＞60	极重度刺激性	8
		＞80		极重度刺激性	8

表 24-7　眼损伤/眼刺激试验观察内容和症状描述——角膜新生血管形成与眼睛继发性损伤所见

检查所见	符号	定义
角膜新生血管形成		
新生血管形成——很轻微	VAS-1	血管形成的角膜组织总面积＜10%角膜表面积
新生血管形成——轻度	VAS-2	血管形成的角膜组织总面积＞10%且＜25%角膜表面积

续表

检查所见	符号	定义
新生血管形成——中度	VAS-3	血管形成的角膜组织总面积＞25%且＜50%角膜表面积
新生血管形成——重度	VAS-4	血管形成的角膜组织总面积＞50%角膜表面积
眼睛继发性损伤所见		
角膜上皮	SCE	角膜表面角膜上皮组织剥脱
角膜肿胀	CB	整个角膜表面向外膨出
角膜正常的光泽轻度暗晦	SDL	角膜正常的闪亮表面变得轻度暗晦
角膜表面区域性突出	RAC	角膜表面某区域相对于角膜的其他部位突起，该区域通常伴有新生血管形成，呈现灰白色或黄色
角膜水肿	CE	角膜肿胀
眼内残留受试物	TAE	眼内或结膜囊内或内眦部位有残留的受试物
裂隙灯观察验证	OCS	进行裂隙灯检查，验证初步所见
角膜矿化	CM	观察到角膜组织内有白色或灰白色小的结晶物

表 24-8　眼损伤/眼刺激试验观察内容和形状描述——角膜荧光素检查与染毒后的临床表现

检查所见	符号
角膜荧光素检查	
荧光素滞留伴有机械擦伤	MI
荧光素滞留伴有点状刻蚀	ST
荧光素滞留伴有角膜鳞片状脱落	DES
荧光素滞留伴有角膜混浊	FAO
荧光素滞留，无其他任何所见	FNF
未观察到荧光素滞留	
染毒后的临床表现	
染毒后动物尖叫	VOC
染毒后动物拼命乱抓受试眼睛	PAW
染毒后动物异常活跃	HYP
染毒后动物头极度侧倾	HT
染毒后动物受试眼斜视	SQ

2. 试验数据与报告

（1）试验数据

对于每一只试验动物，按规定的观察时点将角膜、虹膜、结膜损伤的加权积分相加，获得每只动物眼睛损伤的加权总积分，其理论最高分为 110 分。再进一步计算每一观察时点受试动物的眼损伤加权总积分值。

根据染毒前 4 天最高加权总积分均值、刺激反应持续时间及其分值，按表 24-5 和表 24-6 中眼睛刺激性分级及其评价标准判定受试物对眼有无刺激或腐蚀作用及其强度。

除此之外，有时还应结合观察到的眼睛其他损伤（表 24-7 和表 24-8）、组织病理学改变、可恢复性等对受试物的眼睛刺激性或腐蚀性进行综合评价。

（2）试验报告

试验报告应包括以下内容。

a）受试物及介质的名称、化学结构式、理化性状、pH、配制方法、浓度和用量。

b）试验动物的品系、性别、年龄、来源（注明动物合格证号和动物级别）、数量、试验开始和结束时的体重。

c）试验动物的饲养环境，包括饲料来源，动物房的温度、相对湿度，单笼饲养或群饲，试验动物房的合格证号。

d）试验条件，包括试验前眼睛的预检、染毒方法、染毒剂量等，如进行了眼局部麻醉，则应给出局麻药的名称、浓度、用法和用量；如进行了冲洗，则应给出冲洗用水及容量、流速和冲洗时间。

e）描述检查眼睛的方法。

f）试验结果，按不冲洗、染毒后 4s 冲洗和染毒 30s 冲洗分别描述，内容应包括各观察时点每只动物的角膜、虹膜、结膜损伤评分、加权积分，眼损伤的加权总积分，受试动物的加权总积分均值，眼刺激性的分级，眼睛的其他损伤，眼睛反应或损伤的可恢复性，眼部以外的其他毒性作用。

g）结果评价。

24.3　牛角膜混浊和通透性试验

牛角膜混浊和通透性试验是 OECD 437 的标准方法[5]。角膜混浊试验是检测暴露于测试物后角膜不透明度的一种方法。角膜混浊度增加说明其受到损伤。可按照 GB/T 21609 中的方法对角膜混浊度进行主观评价[6, 7]，也可通过仪器对其进行客观评价，如“浊度仪”；角膜通透性试验则是测定穿过角膜细胞层的荧光素钠染料的数量，对角膜内皮损伤进行定量分析。

试验的评价依据体外刺激的经验公式得分进行。该公式可将各处理组的平均混浊度值和平均渗透值整合为每一组的单独体外得分。IVIS（体外刺激积分）=平均混浊度值+（15×平均渗透值）。

1. 试验方法

（1）试验用牛眼球

牛眼球应从正规屠宰场取得。牛眼球应取自大于 12 且小于 60 月龄的牛。眼球应在供体死亡后尽快摘除，尽量减少对眼球的机械和其他伤害。眼球置于大小适当的带有冰浴的容器中并完全没入添加抗生素（100IU/mL 的青霉素和 100μg/mL 的链霉素）的 Hanks 盐溶液（HBSS）中，在运输过程中应尽可能减少生物降解及细菌污染程度。眼球收集的当天进行混浊和通透性试验，试验使用的所有眼球都应为当天收集的同一种群的眼球。

牛眼球到达实验室后，应仔细检查缺陷，包括混浊度增加、划痕及新生血管形成，从无以上缺陷的眼球中得到的角膜才能使用。每个处理组（测试组、阴性对照组和阳性对照组）至少包括 3 只眼球。

（2）试验用牛眼球的选择与处理

将眼角膜在距虹膜边缘 2～3mm 的地方切开，为避免损坏角膜的上皮细胞和内皮细胞要小心操作。分离的角膜安装在专门设计的角膜支架上，包括眼前房和眼后房，接口分别是角膜的上皮细胞和内皮细胞。两个眼房都填充预热过的伊格尔（氏）最小基础培养基（EMEM）（眼后房优先），确保无气泡形成。然后在 32±1℃的恒温下孵育至少 1h，使得角膜与介质达到平衡，并尽可能实现正常的新陈代谢。

在平衡期，两眼房都要注入新鲜预热的 EMEM，平衡后测试每个角膜混浊度，即混浊度基线。任何眼角膜显示宏观组织损伤（如划痕、色素沉着、血管新生）或混浊度大于 7 个单位的都要丢弃。计算所有平衡角膜的平均混浊度。至少选择 3 个混浊度值接近所有角膜中位值的角膜作为阴性对照角膜。将其余角膜分配至试验组和阳性对照组。

（3）受试化学品

1）液体和表面活性剂

液体受试化学品不进行稀释。对于表面活性剂，无论是固体还是液体，均应配制成为质量/体积分数为 10%的溶液，溶剂使用 0.9%的氯化钠溶液、蒸馏水或其他溶剂（被证明在试验系统中无可见效应）。半固体、乳化剂和蜡状物通常当作液体检测。眼角膜与测试物接触 10min。若选择其他稀释浓度及接触时间应提供适当的依据。

2）非表面活性剂的固体

均应配制成质量/体积分数为 20%的溶液，溶剂使用 0.9%的氯化钠溶液、蒸馏水或其他溶剂（被证明在试验系统中无可见效应）。某些情况下若有适当的科学依据，固体也可以用其他方法灵活地进行检测。眼角膜与测试物接触 4h。若选择其他稀释浓度及接触时间应提供适当的依据。

3）特殊测试物

对于一些特殊的测试物（如难溶物质、黏稠液体等），可以根据测试物理化性质使用不同的处理方法，但应确保测试物充分覆盖于上皮细胞表面且在清洗时可充分去除。

（4）试验过程

1）剂量分组

每个试验都应同时包括阴性或溶剂对照和阳性对照。液体测试物的阳性对照物是 1%的氢氧化钠或二甲基甲酰胺。固体测试物的阳性对照物是溶于 0.9%氯化钠溶液中的质量/体积分数为 20%的咪唑。对于不稀释的液体测试物，阴性对照物应为 0.9%的氯化钠溶液或蒸馏水；对于溶解稀释过的测试物，阴性对照物应为其溶剂。

2）清洗

测试物与角膜接触后，洗掉眼前房和上皮上的测试物（阴性组或阳性组相同操作），至少用 EMEM（含酚红指示剂）洗涤 3 次（或直到无可见的测试物）。用含酚红的培养液冲洗直到酚红发生可见颜色改变，以此来确定清洗酸碱材料的有效性。未发现酚红变色（黄色或紫色），或仍可见测试物的角膜要洗涤 3 次以上。培养液中无测试物时，用 EMEM（无酚红）最后冲洗角膜一次，以确保在检测混浊度之前除去眼前房的酚红。随后在眼前房中注满不含酚红的新鲜 EMEM。

3）孵育

对于液体或表面活性剂，清洗后，角膜要在 32℃±1℃下孵化至少 2h。对于固体不要求进一步孵化。

4）记录

孵育（液体和表面活性剂）或清洗（固体）后，记录每个角膜混浊度和角膜通透率。此外，目视观察每个角膜并做相关观察记录（如组织剥离、残留物检查、非均一不透明图形）。这些观察结果是很重要的，可以与角膜混浊度和角膜通透率结果相互参照。

5）测试终点

用通过角膜的光传输量来反映角膜混浊度。角膜混浊度可借助浊度仪进行定量检测，产生一个连续的混浊度值范围。

角膜通透率用透过所有角膜细胞层（即从角膜外表面的上皮细胞渗透到角膜内表面的内皮细胞）的荧光素钠染料量来确定。将 1mL 荧光素钠溶液（液体或表面活性剂用 4mg/mL；非表面活性剂的固体用 5mg/mL）加到角膜支架的眼前房即角膜上皮细胞侧的接口处，而在眼后房即角膜内皮细胞侧的接口注满新鲜的 EMEM。然后，将支架以水平位在 32℃±1℃下孵育 90min±5min。用 UV-VIS 分光光度法（或 96 微孔板酶标仪）定量测定进入眼后房的荧光素钠量，即测定 490nm 处的光密度（OD_{490}）或吸光度，对照标准曲线得出角膜通透率。荧光素渗透率用基于一个以标准 1cm 光程的可见光分光光度计测定的 OD_{490} 值来确定。

2. 数据与报告

（1）试验结果

计算每个处理组的平均角膜混浊度和平均角膜通透率（OD_{490} 值），并按照背景角膜混浊度和阴性对照 OD_{490} 值修正，按照经验公式（24-1）计算体外刺激积分（IVIS）：

$$\text{IVIS}=\text{平均角膜混浊度}+[15\times\text{平均角膜通透率}（OD_{490}\text{值}）] \qquad (24\text{-}1)$$

IVIS 不小于 55.1 的物质称为眼损伤或严重眼刺激物，角膜混浊度和角膜通透率也应单独评价以确定测试物是不是只通过两个终点的一个导致眼损伤或严重眼刺激。

（2）试验报告

试验报告应包括以下信息。

a）测试物和对照物的化学名称、CAS 登记号、理化性质和预处理过程。

b）牛眼球的来源及鉴定。

c）牛眼球的存储和运输情况（如眼球的收集日期和时间，测试前的时间间隔，传输介质和温度条件，使用的抗生素）。

d）测试方法、测试系统的描述及测试条件。

e）角膜支架的型号，用于测量混浊度和通透率的设备信息（如浊度仪和分光光度计）。

f）所用牛角膜的信息，包括有关它们质量的报告。

g）测试步骤。

h）描述所采用的评价标准。

i）单个测试样品的数据结果（如测试物混浊度和 OD_{490} 值、IVIS 值、阴性对照、阳性对照和标准质控（如果包括），以表格的形式报告。

j）描述观察到的其他现象。

24.4 离体鸡眼试验

离体鸡眼试验使用一种器官模型，在体外较短的时间内，这种模型能够维持鸡眼活性。在该试验方法中，受试化学品造成的损害通过测定角膜肿胀度、不透明性和荧光素滞留度进行评估[8]。其中，角膜肿胀度分析用于定量评价，后两个参数则涉及定性评价。每个测量值可转换为用于计算总刺激指数的定量数值，也可定性分类体外眼腐蚀性和严重刺激。所有此类结果都可以用来预测试样潜在的体内眼腐蚀性和严重眼刺激性。

1. 试验方法

（1）受试鸡眼

用于离体鸡眼试验的鸡眼可从供人类消费的屠宰场收集，由此可以降低试验动物需求，只使用供人类食用的健康动物的眼睛。鸡的年龄和体重要求为约 7 周大，1.5～2.5kg 重。

试验进行前应在实验室附近寻找鸡来源，以使其头部可以快速运送到实验室，尽量减少其变质和/或被细菌污染。收集鸡头部和鸡眼睛用于离体试验的间隔应尽量短（通常在 2h 内），并保证不影响试验结果。离体鸡眼试验的结果以及阳性与阴性对照反应是以眼睛的选择标准为基础的，因此进行试验的眼睛均应来源于同一天采集的相同鸡群。需要注意的是，完整的头部从屠宰场运出时应放在常温的塑料箱中，并用等渗盐水润湿的毛巾增湿，以便在实验室对眼睛进行解剖。

摘除后具有高基线荧光染色（大于 0.5）的眼睛和角膜混浊度评分（大于 0.5）的眼睛应弃用。每个处理组及对照组应至少包含 3 只眼睛。阴性对照组和溶剂对照组（如使用除盐水外的其他溶剂）应包含至少 1 只眼睛。

（2）受试鸡眼的处理

将眼睑仔细切除，注意不要损坏角膜。将一滴 2%（质量分数）荧光素钠滴加于角膜表面几分钟后迅速评估角膜完整性，然后用等渗盐水冲洗。利用裂隙灯显微镜对荧光素处理过的眼睛进行检查，确保角膜未受损（荧光素滞留度和角膜混浊度评分均不大于 0.5）。

如果未受损，将眼睛切离颅骨，注意不要损坏角膜。利用手术钳夹紧瞬膜将眼球从眼眶中拉出，用弯曲的钝头剪将眼睛的肌肉切断。避免压力（人为挤压）过大导致角膜损伤。眼睛离开眼眶后应有部分视神经附着其上，将眼睛放在吸水垫上，并将瞬膜和其他结缔组织切除。

将摘出的眼睛固定在不锈钢钳上，并使角膜处于垂直位置。将固定了眼睛的不锈钢钳转移到表面灌流装置的空腔中。不锈钢钳在表面灌流装置中的放置应确保眼睛能够全部接触到等渗盐水。表面灌流装置空腔中的温度应控制在 32℃±1.5℃。

放入表面灌流装置中后，应通过裂隙灯显微镜检查剥离过程是否对眼睛造成了损伤。此时还应通过裂隙灯显微镜上的厚度测定装置对处于角膜顶端的角膜进行厚度测定。对于荧光素滞留度大于 0.5、角膜混浊度大于 0.5 及有其他额外受损标志的鸡眼应放弃使用。

通过检查并认定合格的眼睛，在进行下一步试验前应孵育 45～60min 以使其与试验体系相均衡。孵育后测定零点参照角膜厚度和混浊度作为基线（试验时间等于零）。眼睛剥离时测定的荧光素评分作为该时间终点的基线。零点参照测定完成后立即将眼睛（及其固定装置）移出表面灌流装置，水平放置，然后进行受试化学品的染毒。

（3）受试化学品

液体化学品通常不经稀释直接试验，如果认为有必要可进行稀释（作为研究设计的一部分）。稀释溶剂首选生理盐水，在受控制条件下也可以使用其他溶剂，但需要说明所选溶剂比生理盐水更合适的原因。通过均匀涂布的方式将液体试样作用在全部角膜的表面，规范体积为 0.03mL。对于固体试样，可通过研钵和杵或其他研磨工具尽量磨细。将试样粉末均匀地分散在角膜表面，规范用量为 0.03g。

试样（液体或固体）在角膜上停留 10s 后于常温下用等渗盐水（约 20mL）冲洗除去。接着将眼睛（及其固定装置）重新放回表面灌流装置，并保持原来的垂直放置。

（4）对比物

试验应包括平行的阴性或溶剂/载体对照和阳性对照。当受试化学品为纯液体或固体时，生理盐水用作离体鸡眼试验方法的平行阴性对照以检测试验系统的非特异性变化，确保不因测定条件不当而出现刺激反应的结果；当试样为稀释过的液体时，试验方法应包括平行溶剂/载体对照以检测试验系统的非特异性变化，确保不因测定条件不当而出现刺激反应的结果。

每个试验还应包括一个已知眼刺激物质的平行阳性对照，以保证可引起适当的反应。阳性对照应选用可以引起严重反应的参照化学品。但是，为保证试验时间内可以对阳性对照引起的反应进行评估，阳性参照物的反应强度不应过度。如果特定阳性对照没有足够的已知数据，则需要通过试验补充。液体试样阳性对照的范例为 10%乙酸或 5%氯化苄烷铵，固体试样阳性对照的范例为氢氧化钠或咪唑。

（5）试验终点

处理后角膜的评估时间点包括：处理前、冲洗处理后的 30min、75min、120min、180min 和 240min（±5min）。在这些时间点测定可为 4h 的处理期提供足够的数据，而且相隔两次测定之间留下了足够长的时间以对所有眼睛进行必要的观察。

终点的评估包括：角膜混浊度、肿胀度、荧光素滞留度和形态影响（如上皮细胞的点蚀和松弛）。除了荧光素滞留度（仅在处理前和试样暴露 30min 后测定）外，所有的终点数据都是在上述每个时间点测定的。

角膜肿胀度通过裂隙灯显微镜厚度计测定的角膜厚度获得。通过式（24-2）计算角膜厚度，并以百分比的形式表达：

$$\left(\frac{\text{时间为}t\text{时的角膜厚度}-\text{时间为0时的角膜厚度}}{\text{时间为0时的角膜厚度}}\right)\times 100 \tag{24-2}$$

计算所有参试眼睛全部观测时间点的角膜肿胀平均百分比。根据任一观察时间点的角膜肿胀度最高平均值，给出每个试样的总体分类评分。

利用混浊密集的角膜区域进行角膜混浊度计算。计算所有参试眼睛全部观测时间点的角膜混浊平均百分比。根据任一观察时间点的角膜肿胀度最高平均值，给出每个试样的总体分类评分（表 24-9）。

表 24-9　角膜混浊度评分

观测结果	评分
无混浊	0
非常轻微的混浊	0.5
分散或弥漫性区域，虹膜细节清晰可见	1
可轻易辨别半透明区，虹膜细节略有模糊	2
严重的角膜混浊，具体的虹膜细节不可见，瞳孔大小难以分辨	3
角膜完全混浊，虹膜不可见	4

全部参试眼睛的平均荧光素滞留度都仅通过试样暴露 30min 后观测时间点数据计算得到的，可以用作每个试样的总体分类评分（表 24-10）。

表 24-10　荧光素滞留度评分

观测结果	评分
无荧光素滞留	0
很少数的单细胞染色	0.5
整个角膜处理区的单细胞染色	1
病灶或稠密汇合的单细胞染色	2
大面积汇合的角膜荧光素滞留	3

形态影响包括：角膜上皮细胞“点蚀”和“松弛”、角膜表面“粗糙”和试样在角膜上“黏附”。这些情况可以有不同的严重性，也可能同时发生。

2. 数据与报告

（1）试验数据

试验被认可的条件为平行阴性或载体/溶剂对照和平行阳性对照分别得出的刺激性分类结果为无刺激和严重刺激/腐蚀。

（2）试验报告

试验报告应包括如下与研究有关的信息。

a）受试物和对照物：化学名称，如 CAS 使用的结构命名法名称、其他名称；CAS 登记号；物质的纯度和组成（质量分数）或制备，对于此类信息已知的范围；理化性质，如物理状态、挥发性、pH、稳定性，与研究有关的化学物质的水溶性；试验前受试物和对照物的预处理，如加热、研磨等；稳定性。

b）相关资助者和实验室信息：资助者、实验室和实验室负责人的地址与名称；眼睛来源标识（收集场所）；眼睛的存储和运输条件（如眼睛收集的日期和时间、试验开始前的时间间隔）；如果可能，采集眼睛动物的具体个体信息（如供体动物的年龄、性别和体重）。

c）试验方法和试验计划的选择理由。

d）试验方法的完整性：确保试验方法完整性（即准确性和可靠性）的操作（如对熟悉物质的定期试验、使用已有的阴性和阳性数据）；认可试验的标准；如果可能，提供认可的基于已知数据的平行基准对照范围。

e）试验条件：所用试验系统的概述；使用的裂隙灯显微镜（模式）；所使用裂隙灯显微镜的仪器设置；所使用眼睛的信息，包括对其品质的陈述；所用试验操作的细节；所用试样浓度；对试验操作改进的概述；参考的已知模型数据（如阴性和阳性对照、标准物质和基准物质）；所用评估标准的概述。

f）结果：其他观察到的影响的概述；如果可能，提供眼睛照片。

g）结果讨论。

h）结论。

角膜混浊度、肿胀度和荧光素滞留度的结果应分别评估以进行每个终点的分类。然后将每个终点的分类结合起来，对每个试样进行刺激性分类。

每个终点都评估后，可以依据预定的范围给出分类。根据表 24-11～表 24-13 对角膜肿胀度、混浊度和荧光素滞留度进行解释。

表 24-11　角膜肿胀度分类标准

最终角膜肿胀度/%	试验分类
0～5	Ⅰ
5＜平均角膜肿胀度≤12	Ⅱ
12＜平均角膜肿胀度≤18（处理后＞75min）	Ⅱ
12＜平均角膜肿胀度≤18（处理后≤75min）	Ⅲ
18＜平均角膜肿胀度≤26	Ⅲ
26＜平均角膜肿胀度≤32（处理后＞75min）	Ⅲ
26＜平均角膜肿胀度≤32（处理后≤75min）	Ⅳ
＞32	Ⅳ

表 24-12　混浊度分类标准

最终角膜浑浊度评分	试验分类
0～0.5	Ⅰ
0.6～1.5	Ⅱ
1.6～2.5	Ⅲ
2.6～4.0	Ⅳ

表 24-13 平均荧光素滞留度分类标准

处理后 30min 最终荧光素滞留度评分	试验分类
0～0.5	Ⅰ
0.6～1.5	Ⅱ
1.6～2.5	Ⅲ
2.6～3.0	Ⅳ

试样的整体体外刺激通过综合评估角膜肿胀度、角膜混浊度和荧光素滞留度来分类，并运用表 24-14 所列的方案得到。

表 24-14 整体体外刺激分类

分类	3 个终点的组合
腐蚀/严重刺激	3×Ⅳ
	2×Ⅳ，1×Ⅲ
	2×Ⅳ，1×Ⅱ①
	2×Ⅳ，1×Ⅰ①
	30min 时角膜混浊度≥3（至少 2 只眼睛）
	任何时间点角膜混浊度=4（至少 2 只眼睛）
	上皮严重松弛（至少 1 只眼睛）

①表示不太可能存在的组合

参考文献

[1] 周宗灿. 毒理学教程. 北京：北京大学医学出版社，2006.

[2] United Nations. Globally Harmonized System of Classification and Labelling of Chemicals（6th edition）. New York and Geneva，2015.

[3] Organization for Economic Co-operation and Development. OECD Guidelines for the Testing of Chemicals，2012.

[4] 中华人民共和国国家标准. GB 30000.20—2013 化学品分类和标签规范 第 20 部分：严重眼损伤/眼刺激. 北京：中国标准出版社，2013.

[5] Test No. 437：Bovine Corneal Opacity and Permeability Test Method for Identifying Ocular Corrosives and Severe Irritants. OECD Guidelines for the Testing of Chemicals，2011，1：1-18.

[6] 中华人民共和国国家标准. GBT 21609—2008 化学品 急性眼刺激性/腐蚀性试验方法. 北京：中国标准出版社，2008.

[7] 中华人民共和国出入境检验检疫行业标准. SN/T 4153—2015 化学品 牛角膜混浊和通透性试验. 北京：中国标准出版社，2015.

[8] 中华人民共和国出入境检验检疫行业标准. SN/T 4150—2015 化学品 离体鸡眼试验. 北京：中国标准出版社，2015.

第 25 章　呼吸或皮肤致敏作用

GHS 中呼吸或皮肤致敏物的定义为：呼吸致敏物（respiratory sensitizer）是指吸入后会引起呼吸道出现过敏反应的物质，皮肤致敏物（skin sensitizer）是指皮肤接触后会引起过敏反应的物质[1]。

皮肤致敏（致敏性接触性皮炎）是一种由化学物质免疫介导的皮肤反应，人体这类反应的特点为瘙痒、红斑、水肿、丘疹、小水疱、大疱或兼而有之，其他物种的反应可有所不同，可能仅见红斑和水肿[2]。由此产生的皮肤致敏试验通过动物试验预测化学品经皮接触引起人类皮肤致敏反应的危害。皮肤致敏预测最常选用的动物是豚鼠。呼吸致敏与皮肤致敏过程类似，分为两个阶段，第一阶段是因接触某种过敏原而引起特定免疫记忆；第二阶段是引发，即因接触过敏原而产生细胞或抗体介导的过敏反应。反应通常表现为哮喘，但其他过敏反应如鼻炎、结膜炎和肺泡炎也是要考虑的[3]。

25.1　呼吸或皮肤致敏作用的分类和判定

25.1.1　呼吸或皮肤致敏作用分类[4]

1. 物质的分类原则

GHS 规定只要有人类证据表明该物质能引起特定的呼吸过敏或有来自适宜动物试验的阳性结果，就将该物质划分为呼吸致敏物类别 1。呼吸致敏物类别 1 当中，如果有证据表明其在人类中有较高的致敏率或根据试验结果推测可能具有较高的致敏率，该物质分类为类别 1A；如果其在人类中有低、中度的致敏率或根据试验结果推测可能具有低、中度的致敏率，则分类为类别 1B。呼吸致敏物判定所依据的人类证据包括临床病例、与物质接触有关的适当肺功能试验数据以及根据公认的确定特定过敏反应的原则对物质进行的阳性支气管激发试验得到的数据。在人或动物身上观察到的影响，采取证据权重法，通常可以作为呼吸致敏物分类的依据。根据表 25-1 所列的标准，依据人类案例或流行病学研究和/或恰当的动物试验研究所提供的可靠和高质量的证据，采用证据权重法，将物质划入类别 1A 或类别 1B。

同样，对于皮肤致敏物来说，GHS 规定，如果有人类证据表明该物质通过皮肤接触能引起过敏或有来自适宜动物试验的阳性结果，就将该物质划分为皮肤致敏物类别 1。同呼吸致敏物一样，皮肤致敏物类别 1 当中，如果证据表明其在人类中有较高的致敏率或根据试验结果推测可能具有较高的致敏率，该物质划分为类别 1A；如果证据表明其在人类中有低、中度的致敏率或根据试验结果推测可能具有低、中度的致敏率，则该物质划分为类别 1B。在人或动物身上观察到的影响，采取证据权衡法，根据表 25-2 中的标准，可将物质划入类别 1A 或类别 1B，采用的证据应可靠，以保证质量。

表 25-1　呼吸致敏物的分类标准和类别

类别 1	呼吸道致敏物质
	物质划为呼吸道致敏物 a）如果有人类证据表明该物质可导致特定的呼吸道过敏 b）如果有合适的动物试验阳性结果
类别 1A	物质显示在人类中有高致敏率，或根据动物或其他试验表明可能对人有高致敏率①，还应结合反应的严重程度
类别 1B	物质显示在人类中有低度到中度的致敏率，或根据动物或其他试验表明可能对人有低度到中度致敏率①，还应结合反应的严重程度

①表示目前还没有公认和有效的用来进行呼吸致敏试验的动物模型；在某些情况下，动物的研究数据，在做证据权重评估时可提供重要信息

表 25-2　皮肤致敏物的分类标准和类别

类别 1	皮肤致敏物质
	物质划为皮肤致敏物 a）如果有人类证据表明有较大数量的人在皮肤接触后可造成过敏 b）如果有合适的动物试验阳性结果
类别 1A	物质显示在人类中有高致敏率；或在动物身上有较高的致敏率，则可以假定该物质有可能在人类身上产生严重过敏作用，还应结合反应的严重程度
类别 1B	物质显示在人类中有低度到中度的致敏率，或在动物身上有低度到中度的可能性，可以假定有可能造成人的过敏，还应结合反应的严重程度

皮肤致敏物判定所依据的人类证据包括人多次接触过敏试验（HRIPT）、阳性反应诱导阈值≤500μg/cm^2，以及诊断性斑贴试验的阳性数据和其他流行病学证据。采用动物试验时，类别 1 使用辅助类型的试验方法进行皮肤致敏试验时，至少 30%的动物出现反应才应判断为阳性结果。对于非辅助类型的豚鼠试验方法，至少 15%的动物出现反应才应判断为阳性结果。对于类别 1，局部淋巴结试验的刺激指数为 3 或以上，视为阳性。小鼠耳廓肿胀试验（MEST）是中强致敏物的可靠筛选试验，在第一阶段可用于评估潜在的皮肤致敏作用。表 25-3 分别列出了划入类别 1A 和类别 1B 的物质进行动物过敏试验所应达到的标准。

表 25-3　类别 1 物质动物试验结果

试验	类别	
	1A	1B
局部淋巴结试验	EC3①不大于 2%	EC3 大于 2%
豚鼠最大值试验	不大于 0.1%的皮内诱导剂量，应答不小于 30%或 0.1%（不包含）～1%（包含）的皮内诱导剂量，应答不小于 60%	0.1%（不包含）～1%（包含）的皮内诱导剂量，应答 30%（包含）～60%（不包含），或大于 1%的皮内诱导剂量，应答不小于 30%

续表

试验	标准	
	1A	1B
Buehler 豚鼠试验	不大于 0.2% 的局部诱导剂量，应答不小于 15% 或 0.2%（不包含）～20%（包含）的局部诱导剂量，应答不小于 60%	0.2%（不包含）～20%（包含）的局部诱导剂量，应答 15%（包含）～60%（不包含），或大于 20%的局部诱导剂量，应答不小于 15%

①表示刺激指数等于 3 时的受试物浓度

2. 混合物的分类原则

（1）有整体数据时的混合物分类

当混合物有来自人类经验或适宜动物试验的可靠证据时，按照纯物质的标准进行分类。与其他危险种类不一样，可用替代试验来确定受试化学品的皮肤腐蚀性，这些替代试验能够提供分类用的准确结果，并且方法的实施简单且成本相对低。

（2）无整体数据时的混合物分类：架桥原则

在混合物本身没有进行过致敏试验，但混合物单个组分或其结构类似混合物做过试验且有充分的数据时，足以确定该混合物的危险性，那么可按架桥原则使用这些数据，架桥原则的使用可参见第 22 章。

（3）有所有组分数据或只拥有一部分组分数据时的混合物分类

当混合物中至少有一种组分划为呼吸或皮肤致敏物时，按照表 25-4 的标准根据其组分浓度（固体、液体/粉尘、烟雾和蒸气为分数，气体为体积分数）对混合物进行分类。

表 25-4　按照混合物的呼吸/皮肤致敏组分浓度对其进行分类

类别	呼吸道致敏物类别 1		皮肤致敏物类别 1
	固体/液体	气体	（所有物理状态）
呼吸致敏物类别 1	不小于 0.1%	不小于 0.1%	
	不小于 1.0%	不小于 0.2%	
呼吸致敏物类别 1A	不小于 0.1%	不小于 0.1%	
呼吸致敏物类别 1B	不小于 1.0%	不小于 0.2%	
皮肤致敏物类别 1			不小于 0.1%
			不小于 1.0%
皮肤致敏物类别 1A			不小于 0.1%
皮肤致敏物类别 1B			不小于 1.0%

25.1.2　呼吸或皮肤致敏作用判定

图 25-1 和图 25-2 分别是呼吸致敏物和皮肤致敏物的判定流程。需要指出的是，所示的判定流程和指导并不是 GHS 分类系统的组成部分，但作为附加指导可以为化学品的判定提供指导。

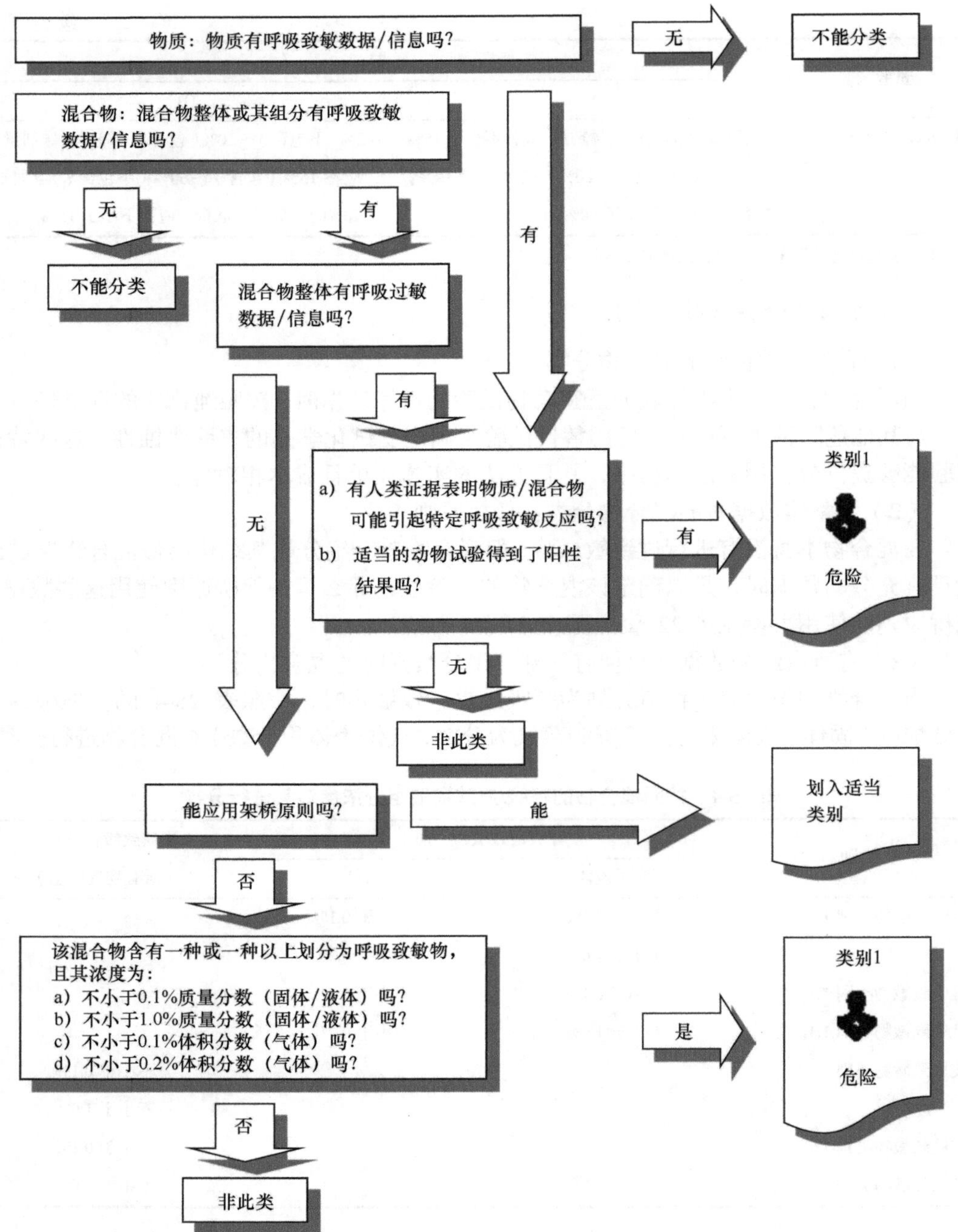

图 25-1　呼吸致敏物判定流程

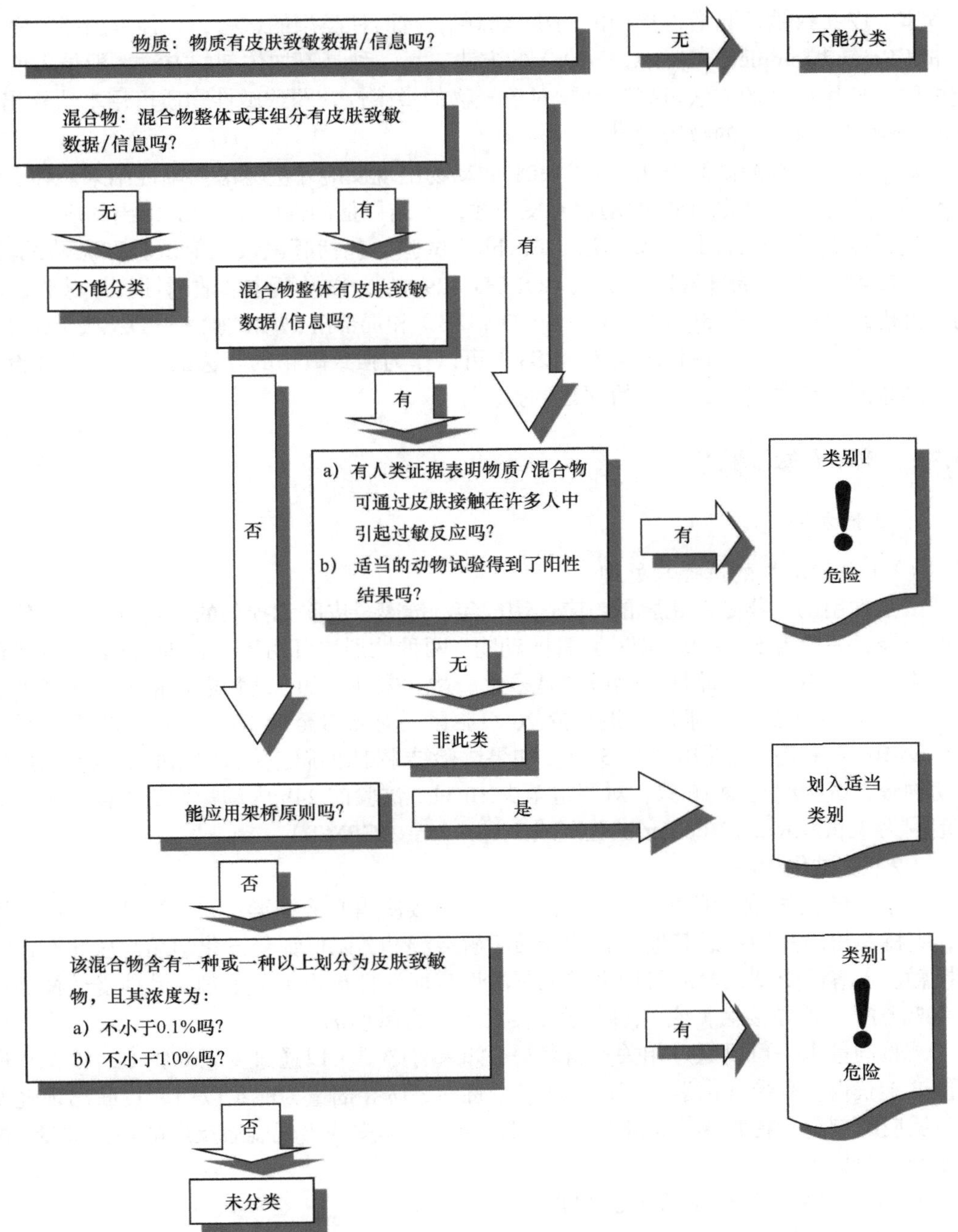

图 25-2　皮肤致敏物判定流程

25.2　呼吸或皮肤致敏试验

皮肤致敏试验的目的是通过动物试验预测化学品经皮接触引起人类皮肤致敏反应

的危害。皮肤致敏预测最常选用的动物是豚鼠，有两种类型的试验，一种是加弗氏完全佐剂（Frennd complete adjvant，FCA）的方法；另一种是不加佐剂的方法，即最大值反应试验。使用佐剂的方法可提高动物对致敏物的敏感性，弱致敏性物质可用本法检出，有利于预测其对人类的致敏性[5]。

对于采用佐剂的试验方法，至少 30%的动物出现反应才应考虑为阳性结果。对于无佐剂的试验方法，至少 15%的动物有反应才认为结果是阳性的。GHS 给出的皮肤致敏物判定试验包括：局部封闭敷贴法（Buehler 试验，包括豚鼠最大值试验和斑贴试验）（OECD 406）[6]、局部淋巴结试验（OECD 429）[7]，以及两个非放射性修订试验，即局部淋巴结试验——BrdU-ELISA（OECD 442B）和局部淋巴结试验——DA 法（OECD 442A）[8, 9]。小鼠耳廓肿胀试验（MEST）可以作为强致敏物的筛选试验[10]，在试验有阳性结果时，无须进行进一步的豚鼠试验。

25.2.1 皮肤致敏试验[6]

1. 试验方法

（1）试验动物的选择与处理

试验常用的动物是白化豚鼠，应选用成年、健康、皮肤无损伤的动物。试验动物应有适应期，一般为 5～7 天，剔除异常的动物。两种性别均可用于 Buehler 试验和豚鼠最大反应试验（GPMT）。雌性动物应该是未生产过和未怀孕的。动物数量依赖于选择的试验方法：Buehler 试验要求试验组至少 20 只豚鼠，对照组至少 10 只；GPMT 要求试验组至少 10 只豚鼠，对照组至少 5 只，如果试验结果难以确定受试样品的致敏性，应增加动物数，试验组至少 20 只，对照组至少 10 只。试验前 24h 内动物背部左侧去毛，去毛范围为 3cm×3cm（Buehler 试验）或 2cm×4cm（GPMT）。

（2）受试化学品

如果受试化学品为液体，一般不稀释，可直接使用原液染毒。如果受试化学品为固体，应将其粉碎并用水或其他适宜的介质溶解或湿润，以保证受试化学品与皮肤有良好的接触。水溶性受试化学品可用水或无刺激性表面活性剂作为赋形剂，其他受试样品可用 80%乙醇（诱导接触）或丙酮（激发接触）作为赋形剂。

试验剂量水平可以通过相关资料获得，如果有必要可以通过少量动物（2～3 只）进行预试验获得。在受试化学品存在皮肤刺激性时，诱导剂量为能足以引起皮肤出现轻度刺激反应的剂量（最小刺激剂量），激发剂量为不引起皮肤出现刺激反应的最大剂量（最大无刺激剂量）。

（3）豚鼠最大反应试验（GPMT）

1）诱导接触

在试验动物颈背部去毛区（2cm×4cm）中线两侧划定 3 个对称点，按照下述要求皮下注射 0.1mL 溶液，连续 7 天。

试验组：第 1 点：1∶1（体积分数）FCA/水（或生理盐水）的混合物。第 2 点：耐受浓度的受试样品。第 3 点：用 1∶1（体积分数）的 FCA/水（或生理盐水）配制的受试物，浓度与第 2 点相同。

对照组处理如下。第 1 点：注射 1∶1（体积分数）FCA/水（或生理盐水）的混合物。第 2 点：未稀释的赋形剂。第 3 点：用 1∶1（体积分数）的 FCA/水（或生理盐水）配制的浓度为 50%（质量分数）的赋形剂。

在第 8 天，将涂有诱导剂量受试样品的 2cm×4cm 滤纸敷贴在上述再次去毛的注射部位，然后用两层纱布、一层玻璃纸覆盖，无刺激性胶布封闭固定 48h。

2）激发接触

诱导结束后，间隔 14 天，进行激发接触。将试验组所有豚鼠躯干部去毛，用涂有激发剂量受试样品的 2cm×2cm 滤纸片敷贴在去毛区，然后用两层纱布、一层玻璃纸覆盖，无刺激性胶布封闭固定 24h。对照组动物做同步处理。如激发接触所得结果不能确定，可在第一次激发接触一周后进行第二次激发接触。对照组做同步处理。

3）观察及评分

观察 24h、48h 和 72h 后有无皮肤反应及反应的严重程度，按表 25-5 标准评分，比较诱导及激发后水肿、红斑出现的情况，判断受试样品是否产生皮肤致敏反应。当受试样品组动物皮肤反应积分不小于 1，应判定为皮肤致敏反应阳性，并计算致敏率，按表 25-6 划分级别。

表 25-5　豚鼠最大反应试验（GPMT）评分标准

反应	评分
无反应	0
散在或小块红斑	1
中度弥漫红斑、轻度水肿	2
严重红斑、水肿	3

表 25-6　皮肤致敏试验分级标准

致敏率/%	等级	致敏程度
小于 9	Ⅰ	弱
9～	Ⅱ	轻度
29～	Ⅲ	中度
65～	Ⅳ	强
不小于 81	Ⅴ	极强

注：致敏率是评分为 1 或以上的动物数占该组动物总数的百分比，Ⅰ级致敏没有意义，在实际使用中无致敏危险

（4）局部封闭敷贴法（Buehler 试验）

1）诱导接触

试验组于试验的第 1 天、第 8 天、第 14 天分别将涂有 0.4mL 新配制的诱导剂量受试样品的 2cm×2cm 滤纸片敷贴在试验动物左侧颈背部去毛区（3cm×3cm），以两层纱布和一层玻璃纸覆盖，再以无刺激性胶带封闭固定 6h，移去敷贴物，清洗残留受试样品。对照组动物敷贴赋形剂溶液，同步处理。

2）激发接触

诱导结束后，间隔 14 天，试验组及对照组所有动物均进行激发接触。将诱导剂量的受试样品敷贴于豚鼠右侧背部 2cm×2cm 的脱毛区（试验前 24h 去毛），然后用两层纱布和一层玻璃纸覆盖，再以无刺激性胶带封闭固定 6h，移去敷贴物，清洗方法同前。

3）观察与评分

在 24h、48h 后分别观察局部皮肤反应。用盲法观察对照组和试验组，按表 25-7 对局部皮肤反应评分。当受试样品组动物皮肤反应积分不小于 2，判定为动物皮肤致敏反应阳性，并计算致敏率，按表 25-6 划分受试化学品的致敏强度。

表 25-7　局部封闭敷贴法（Buehler 试验）评分标准

反应	评分
红斑和焦痂形成	
无反应	0
轻微红斑（勉强可见）	1
明显红斑（散在或小块红斑）	2
中度到重度红斑	3
严重红斑（紫红色）至轻微焦痂形成	4
水肿形成	
无水肿	0
轻微水肿（勉强可见）	1
中度水肿（皮肤隆起轮廓清楚）	2
严重水肿（皮肤隆起约 1cm 或以上）	3
最高积分	7

2. 试验报告

试验报告应包含以下内容。

a）受试样品名称、理化性状、配制方法、所用浓度等。

b）体内试验需包括试验动物的种属、品系和来源（注明合格证书号和动物级别）、性别、体重范围和/或周龄、喂养方式；试验动物饲养环境，包括饲料来源（对于非标准饲料应注明饲料的配方）、室温、相对湿度，动物实验室和饲料的合格证书号；剂量设计和动物分组方法，每组所用动物性别、数量及初始体重范围。

c）各项检测指标的测定方法及主要检测仪器的名称和型号。

d）评分等级系统的简要描述。

e）诱导和激发使用的赋形剂，如果不是水和生理盐水，说明使用的理由。任何可能与受试样品反应、增强或妨碍吸收的原料均应报告。

f）诱导和激发使用受试样品的总量，每次使用的技术。

g）阳性试验信息，包括阳性对照物、试验方法和试验时间。

h）检测结果的统计学处理方法及各项参数的计算方法。

i）列表报告各项指标测定结果，并列出经计算所得的毒理学参数。

25.2.2　局部淋巴结试验[11]

OECD 基于科学技术的进步，从动物福利的角度出发会对已经建立的动物试验方法进行定期审查，从而决定是否对现有的方法进行更新或者建立新的方法。在 GPMT 和 Buehler 试验基础上，一种新的方法，即利用小鼠判断皮肤变态反应的方法——局部淋巴结（LLNA）法经 OECD 充分验证后成为目前公布的第二个评估化学品皮肤致敏作用的动物试验方法。与 GPMT 和 Buehler 试验相比，LLNA 法检测的是皮肤变态反应诱导阶段淋巴细胞的增殖，可以提供剂量-反应的数据。通过剂量-反应量化数据，LLNA 法既可以识别皮肤致敏化学品，也能确定无明显皮肤致敏活性的化学品。

LLNA 法是一种体内试验，因此需要使用一定数量的动物，但所用动物的数量较 GPMT 和 Buehler 试验要少。LLNA 法是基于化学品刺激下致敏反应的诱导阶段建立的，因此不需要激发皮肤的超敏反应，也不需要进行豚鼠最大反应试验，因此不使用佐剂，可以减少动物的痛苦。值得注意的是，豚鼠试验中推荐使用的轻、中强度阳性对照致敏物，在 LLNA 试验中同样适用。

LLNA 试验的原理是致敏化学品暴露后，能够诱导染毒部位引流淋巴结内淋巴细胞的增殖。增殖反应与化学品的剂量（和致敏原的致敏力）成比例，因此可以通过简单的方法获得客观、定量的致敏试验数据。LLNA 试验通过比较受试样品试验组与溶剂对照组增殖的剂量-反应关系来评估增殖状况。对受试样品试验组与溶剂对照组的增殖比例即刺激指数（SI）进行比较，当该指数大于等于 3 时受试样品才能作为潜在皮肤致敏物进行进一步评估。OECD 推荐的 LLNA 试验是通过放射标记检测细胞增殖。也可以使用其他的毒性终点检测手段评价细胞的增殖，但必须提供充足的理由和科学依据。

1. *试验方法*

（1）受试动物选择与处理

LLNA 试验选择未生产过和未怀孕的成年雌性小鼠（CBA/Ca 或 CBA/J 品系）。试验开始时鼠龄为 8～12 周，体重变异应小于平均体重的 20%。选择其他种属或雄性动物时应有充足的证据表明在该试验中不存在种属和性别差异。

试验用小鼠应单笼饲养，动物房温度为 23℃±3℃，除了清理动物房时外，其他时间的相对湿度应在 30%～70%，最好保持在 50%～60%。采用人工照明，每天 12h 明暗交替。饲养采用常规实验室饲料，自由饮水。

每一剂量组至少应有 4 只动物，受试化学品至少设 3 个剂量组，设一个赋形剂阴性对照组，还应酌情考虑设立阳性对照组。收集每只动物的资料，每组动物数至少为 5 只。

（2）受试化学品

受试化学品可以是液态、固体和颗粒状。赋形剂应在考虑最大试验浓度和可溶性的基础上进行选择，使形成的溶液/悬浮液适合且可用。推荐赋形剂的优先顺序为丙酮/橄榄油（4∶1，*V*/*V*）、二甲基甲酰胺、丁酮、丙二醇和二甲基亚砜，如具备充分的科学依据，也可使用其他赋形剂。在某些情况下，有必要增加受试物使用的临床赋形剂或商品化制剂为另外的对照。特别应注意要使亲水物质分散在赋形剂系统中，这样既能湿润皮肤，又不会立即流失，但要避免使用只含水的赋形剂。

受试化学品的剂量设计可以从下列浓度系列中选择：100%、50%、25%、10%、5%、2.5%、1%、0.5%等。在选择 3 个连续剂量时应考虑现有的急性毒性和皮肤刺激性资料，最高剂量组应避免出现系统毒性和剧烈的局部皮肤刺激。对照组动物除了不给予受试化学品外，其余处理方法与试验组完全相同。

（3）试验过程

1）试验前准备

试验前 5 天将动物置于饲养笼内饲养以适应实验室环境，并于试验前检查，确保动物无可见的皮肤损伤。对随机分组的动物进行编号。

2）对照

a）阳性对照。阳性对照的设立用于验证试验过程的合理性，以及实验室成功实施试验的能力。阳性对照应该产生阳性的试验结果，所以在进行某个剂量水平的染毒后，与阴性对照相比，其刺激指数（SI）应在 3 以上。阳性对照剂量的选择以能够产生明显但又不过度的致敏作用为度。首选的阳性对照物为己基肉桂醛和巯基苯并噻唑。根据具体情况，也可以使用符合上述标准的其他阳性对照物。一般每次试验都需要阳性对照，但如果同一实验室以往的阳性对照资料显示，在 6 个月或更长时间内阳性反应具有良好的一致性，最长可 6 个月进行一次阳性对照试验。虽然阳性对照物溶解在特定的赋形剂（如丙酮/橄榄油）中易产生一致的试验结果，但在有特殊规定的情况下，需要溶解在非标准的赋形剂（如临床/化学相关试剂）中进行试验，这时应测试阳性对照物是否会与赋形剂发生化学反应。

b）阴性对照。一般为赋形剂对照。赋形剂必须是非致敏物，不与受试化学品发生化学反应，仅以赋形剂为受试物。

3）染毒

第 1 天：确定并记录每只动物的体重，将 25μL 受试样品稀释液、赋形剂或阳性对照物涂于相应组别动物的耳朵。第 2～3 天：重复第一天的操作。第 4～5 天：不进行处理。第 6 天：记录每只动物的体重，将 250μL 含 20μCi（7.4e+5Bq）^{3}H-甲基胸腺嘧啶脱氧核苷的磷酸缓冲液（PBS）注入试验组和对照组所有小鼠的尾静脉；或注射 250μL 含 2μCi（7.4e+4Bq）^{125}I-脱氧尿嘧啶核苷和 10^{-5}mol/L 氟脱氧尿嘧啶核苷的 PBS。5h 后处死动物。摘取每一只试验动物耳部的引流淋巴结并浸泡于 PBS 中（以每个试验组为单位），或摘取每只动物的双侧引流淋巴结并浸泡于 PBS 中（以每只动物为单位）。

4）细胞悬浮液的准备

用 200μm 孔径的不锈钢丝网纱对经上述步骤中所得的成组动物的淋巴结或单只动物的双侧淋巴结轻柔地进行机械分离，制成单细胞悬浮液，然后用大量的 PBS 洗涤两次，并用 5%三氯乙酸（TCA）在 4℃时沉淀 18h。沉淀物用 1mL（TCA）重新混旋转移至闪烁瓶中（内含 1.0mL 闪烁液）进行 ^{3}H-计数，或直接转移至 γ 计数管中进行 ^{125}I-计数。

5）细胞增殖测定（合并放射能）

用 β-闪烁计数仪测定 ^{3}H-甲基胸腺嘧啶脱氧核苷，以每分钟衰变数（DPM）计算；

或用 ^{125}I-计算仪测定 ^{125}I-脱氧尿嘧啶核苷，亦以 DPM 计算。根据计算方式的不同，检测结果分别以 DPM/试验组或 DPM/只表示。

6）临床观察

仔细观察动物的所有临床症状，用药局部刺激反应及系统毒性出现情况。系统观察并记录每只动物的临床表现。在试验开始和结束时（处死动物前）均应称量并记录每只动物的体重。

（4）试验结果与描述

结果以 SI 表示。若以试验组为单位，则 SI 为试验组 DPM 除以阴性对照组 DPM；若以每只动物为单位，SI 为每个受试样品试验组和阳性对照组的平均 DPM 除以阴性对照组的平均 DPM。阴性对照组的平均 SI 为 1。

实践证明，使用单只动物计算 SI 更有利于数据的统计分析。在选择其他的统计分析方法时，应注意可能存在的方差补齐和其他相关问题，有必要对数据进行转换或者进行非参数统计分析。以适当的方法解释数据，对试验组和对照组的所有个体资料进行评价，并由最好的剂量-反应曲线计算置信限（CI）。同时，应注意在同组中可能存在个别异常结果，这时应该选择其他的分析方法（如用中位数而不是平均数）或剔除该异常值。

2. 试验数据和报告

a）数据：以列表形式表示平均 DPM 和每一只小鼠的 DPM 以及每一剂量组（包括阴性对照组）的 SI。

b）受试样品：名称和识别码（如 CAS 登记号、来源、纯度、已知的杂质和批号）；物理性质和理化特性（如挥发性、稳定性和溶解度）；若为混合物，其组分和相对含量。

c）溶剂：名称和识别码（纯度、浓度、使用体积）；选择的依据。

d）试验动物：品系；微生物状况（如已知）；数量、年龄和性别；来源、饲养条件、饲料等。

e）试验条件：受试样品制备和使用的详细情况；剂量选择的依据（如果进行预试验，列出剂量及结果）；赋形剂和受试样品的浓度，以及受试物使用总量；饲料和饮水质量的详细情况（包括饲料类型和来源、水的来源）。

f）可靠性检查：最新的可靠性检查结果的总结，包括受试物及其使用浓度和赋形剂的相关信息；实验室当前和以往阳性、阴性对照的检测结果。

g）结果：染毒前和处死前每只动物的体重；以表格形式列出组 DPM 平均值/中位数，单只动物 DPM，整组和单只动物结果的置信区间，以及每个剂量组（包括溶剂对照组）的 SI；统计分析；毒性发作和症状出现的时间历程，包括每只动物的局部皮肤刺激反应。

25.2.2.1　局部淋巴结试验——BrdU-ELISA 法[8]

BrdU-ELISA 方法的基本原理是具有致敏作用的化学品能够诱导接触位点淋巴结内淋巴细胞增殖，细胞增殖与致敏物的剂量和致敏力成正比，可对致敏性进行简单定量。通过比较试验组和溶剂对照（VC）组的平均增殖获得增殖数。试验组平均增殖和同步载体对照组的比例，即 SI≥1.6 时，判定检测物为皮肤致敏物。本方法通过检测 BrdU 含量计算耳淋巴结中增生细胞数量。BrdU 是一种胸苷类似物，可以进入增生细胞的 DNA。使用过氧化物酶标记的 BrdU 特异性抗体，采用 ELISA 法检测合成的 BrdU。加入底物后，过氧化物酶与底物反应，产生有色产物，使用微量板读数器在特定吸光度下进行量化。

1. 试验方法

（1）试验动物的选择与处理

首选成年雌性 CBA/JN 小鼠，8～12 周龄，体重变化不超过平均体重的 20%。如果有其他证据证明反应中不存在明显的种系和性别差异，则其他种系或雄性动物也可使用。受试小鼠应群养。群养的动物房温度为 22℃±3℃，除清洁期间外，相对湿度最少为 30%，且不超过 70%，最好保持在 50%～60%，可采用人工照明，12h 明暗交替。采用常规实验室日粮，自由饮食。

随机选择动物，独立标记（不能使用任何形式耳标），试验前至少分笼饲养 5 天以适应实验室环境。试验前检查所有动物，保证没有明显的皮肤损伤。

（2）受试化学品

固体检测物涂抹小鼠耳朵前应溶解或悬浮于溶液或载体，必要时进行稀释。液体检测物直接涂抹，或在给药前稀释。不溶物，如通常所见的医疗装置，在涂抹小鼠耳朵前应在适当的溶剂中进行放大抽提，释放所有可抽提成分后检测。除非有数据证明其稳定，否则检测物应每天制备。

载体选择不能影响检测结果，并且使溶解度最大以获得适当的溶液或悬浮液。推荐溶剂为丙酮/橄榄油、二甲基甲酰胺、丁酮、丙二酮和二甲基亚砜。如果有科学依据其他溶剂也可以。在某些情况下，可能要使用临床相关溶剂或检测物的商品形式作为补充对照。特别注意要使用增溶剂保证亲水物质进入溶剂系统，皮肤湿润后不会立即挥发。避免使用全水型溶剂。

剂量组通常选自适当浓度系列，如 100%、50%、25%、10%、5%、2.5%、1%、0.5% 等。科学选择浓度系列，在选择 3 个连续浓度时，考虑检测物（或结构上与检测物相关的类似物）所有已有的毒理信息（如急性毒性和皮肤刺激性）和结构及理化信息，在不产生系统毒性和原发性皮肤刺激时，使用最高浓度。如果没有这些信息，需要进行试验。每个检测物最少有 3 个浓度，加一个阴性对照（检测物溶液）和一个阳性对照（同步或近期的），每一剂量组至少使用 4 只动物。使用非同步阳性对照时应考虑检测多剂量阳性对照。对照组动物与试验组动物同步处理。

（3）试验步骤

1）可靠性检测

阳性对照的致敏检测物应具备可重复且可量化的致敏力，以证明检测的准确性。阳性对照应在暴露水平产生阳性 BrdU-ELISA 反应，预期 SI＞1.6。阳性对照的剂量选择以不引起原发性皮肤刺激或系统毒性为度，同时诱导具有再现性但不宜过多（如 SI 大于 14 被认为过多）。首选的阳性对照物为溶于丙酮/橄榄油（4 : 1，*V*/*V*）的 25%乙基肉桂醛和 25%丁香酚。也可以是满足以上条件的其他阳性对照物。

试验使用同步阳性对照来证明其可靠性。如果实验室定期进行 BrdU-ELISA 试验，并且已建立历史阳性数据库证明有能力准确重复阳性对照结果，可定期使用阳性对照。如果 BrdU-ELISA 试验程序发生变化，通常要设立同步阳性对照，并在试验报告中记录。

2）预试验

如果没有最高剂量信息，进行预试验以确定适当的剂量水平进行 BrdU- ELISA 试验。如果没有引起系统毒性和原发性皮肤刺激浓度的相关资料，采用预试验确定试验最大剂量水平。最大剂量水平应该是液体检测物原液或固体、悬浮液的最大可能浓度。

除了不进行淋巴结增殖评估和各剂量组使用更少动物外，预试验的条件与正式试验相同。建议各剂量组使用 1 只或 2 只动物。每日观察所有小鼠的系统毒性临床症状和涂布点原发刺激。记录试验前和试验结束（第 6 天）时小鼠体重。观察每只小鼠两侧耳朵的红斑，根据表 25-8 评分。第 1 天（开始前）、第 3 天（约首次涂药后 48h）和第 6 天使用厚度测量仪测量耳厚。第 6 天人道处死动物后，使用耳打孔重量测定仪确定耳厚。任何一天测得红斑分数大于 3 或耳厚增加大于等于 25%判定为原发性刺激。正式试验的最高剂量应为预试验浓度系列中较低的剂量，不能引发系统毒性和/或原发性皮肤刺激。

表 25-8　豚鼠最大反应试验评分标准

观察	得分
无红斑	0
轻微红斑（勉强可见）	1
明显红斑	2
中度到重度红斑	3
严重红斑（紫红色）至结痂形成	4

作为综合评估的一部分，下述的临床观察可证明系统毒性，用于确定正式试验最大剂量水平：神经系统功能变化（如共济失调、震颤和抽搐）、行为变化（如好斗、清洁活动和活跃度）、呼吸系统变化（如呼吸频率和强度）和饮食变化。此外，在评价中应考虑呆滞或迟钝，重于轻微或瞬间疼痛的症状，1～6 天体重减少大于 5%及死亡症状。垂死动物和出现严重疼痛的动物应人道处死。

3）染毒

第 1 天：记录每个动物的体重和临床表现，将浓度为 25μL 的受试样品稀释液、赋形剂或阳性对照物涂抹于小鼠双耳背部。第 2 天和第 3 天：重复第 1 天的涂抹。第 4 天：不处理。第 5 天：腹腔注射 0.5mL（5mg/鼠）BrdU 溶液（10mg/mL）。第 6 天：记录每个动物的体重和临床表现。注射 BrdU 24h 后人道处死动物，取每只小鼠的耳淋巴结，在 PBS 中单独处理，记录耳红斑评分和耳厚（用厚度测量仪或解剖时打孔称重、测量）。

4）细胞悬液制备

通过 200 目不锈钢网或其他可用的制备单细胞悬浮液的技术（如一次性塑料槌压碎淋巴细胞，#70 尼龙网筛过滤）机械分离，制备每个小鼠双侧淋巴结细胞的单细胞悬浮液。在各试验中，淋巴结细胞悬液的终体积应调至固定的最佳体积（约 15mL）。最佳体积的阴性对照组平均吸光度在 0.1～0.2。

5）测定细胞增殖

使用市售 ELISA 试剂盒测定 BrdU。100μL 淋巴结细胞悬浮液分 3 次加到平底微孔板孔中。固定和降解淋巴结细胞后，每一孔加入 BrdU 抗体使其反应。洗去 BrdU 抗体，加入底物溶液，显色。370nm 作为测定波长，492nm 作为参考波长，测定吸光度。

6）染毒结果观察

每日至少观察一次每只小鼠的临床症状，涂布点的原发性刺激和系统毒性。统计每只小鼠的观察内容。监测计划应包括快速鉴定小鼠有无系统毒性、原发性皮肤刺激或安乐死后皮肤腐蚀的标准。试验开始和人道处死前称量每个动物体重。

（4）试验结果与计算

每个试验组的结果表示为平均 SI。SI 为试验组和阳性对照组中每只小鼠平均 BrdU 标记指数除以溶剂或 VC 平均 BrdU 标记指数。

$$\text{BrdU 标记指数}=(ABS_{em}-ABS_{\text{空白}\ em})-(ABS_{ref}-ABS_{\text{空白}\ ref}) \tag{25-1}$$

式中，ABS 为吸光度，em 为发射波长；ref 为参考波长。

SI≥1.6 时，可认为是阳性。但是，在判定边界结果（如 SI 为 1.6～1.9）为阳性时，需要考虑补充信息，如剂量-反应关系，系统毒性或原发性刺激，必要时用 SI 值统计显著性确认阳性结果。同时，应考虑检测物的不同特性，包括是否与已知皮肤刺激物存在结构相关，是否会引起小鼠原发性皮肤刺激等，以及观察到的剂量-反应关系的本质。

2. 试验数据与报告

（1）试验数据

以表格形式汇总单个动物 BrdU 标记指数，组/动物平均 BrdU 标记指数及相关误差项（如 SD、SEM），以及每个剂量组与溶剂/载体对照组的平均 SI。

（2）试验报告

a）受试化学品：鉴定信息（CAS 登记号、来源、纯度、已知杂质、批号）；物理性质和理化特性（如挥发性、稳定性、可溶性）；如果是混合物，其组成和各成分的相对百分浓度。

b）溶剂/载体：鉴定信息（纯度、浓度、使用体积）；载体选择原因。

c）试验动物：来源；微生物状况（若已知）；年龄和数量；来源、饲养环境、饮食等。

d）试验条件：ELISA 试剂盒的来源、批号和生产者质量保证/质控数据（抗体敏感性和特异性及检测限制）；受试化学品准备和敷用的细节；剂量选择原因（如果有预试验，附结果）；载体和试验物的使用浓度，试验物使用的总量；饲料和水质量信息（包括饮食类型和来源，水源）；处理和取样时间表；毒性检测方法；判定为阳性或阴性的标准；所有偏离情况，并说明偏离对试验设计和结果的影响。

e）可信度检查：最后的可信度检查结果摘要，包括检测物、使用浓度和载体信息；检测实验室同步和/或过去阳性对照及同步阴性（溶剂/载体）对照数据；如果没有同步阳性对照，最近的定期阳性对照数据和实验室报告，描述过去阳性对照数据以证明不进行同步阳性对照的理由。

f）结果：试验开始和人道处死时单个小鼠体重，同时包括每个试验组的平均数和相关误差项（如 SD、SEM）；毒性发作过程和症状，包括每个动物所有染毒位点的皮肤刺激；每个试验组单个小鼠 BrdU 标记指数和 SI 表；每个试验组 BrdU 标记指数平均数和相关误差项（如 SD、SEM）及每个试验组外部分析结果；SI 和变率，考虑试验组和对照组动物间差异；剂量-反应关系；必要时进行统计分析。

g）结果讨论：简要的结果评价，剂量-反应关系分析，必要时进行统计分析，得出受试化学品是否为皮肤致敏物的结论。

25.2.2.2　局部淋巴结试验——DA 法[9]

根据《OECD 化学品试验准则》的程序要求和基于动物福利等因素，OECD 于 2002 年确定了第一个小鼠皮肤过敏测试原则，即局部淋巴结试验。已获通过的局部淋巴结试验应用放射性同位素胸苷或碘测定淋巴细胞增生，因此在获得、使用和处理放射性物质时受到限制。局部淋巴结试验——DA 法是将局部淋巴结试验改进为不使用放射性物质的试验。DA 法通过应用生物荧光标记 ATP 的方法来确定淋巴细胞增殖情况。该试验被指定为评价化学品潜在皮肤过敏作用的替代方法。

和局部淋巴结试验 BrdU-ELISA 一样，局部淋巴结试验——DA 法研究皮肤过敏的诱导阶段并且为剂量-反应关系的评估提供量化数据，而且不需要使用放射性同位素标记 DNA，避免了操作人员接触、处理放射性物质。

与 BrdU-ELISA 法的原理相似，DA 法试验的基本原理是致敏化学品诱导作用位置淋巴结的淋巴细胞增殖。增殖与剂量和受试化学品致敏性呈量效关系，可作为定量测定致敏性的一个简单方法。通过比较每一个试验组和溶剂对照组（VC）的平均增殖值判断增殖情况。试验组与 VC 组增殖平均值之比称为刺激指数 SI，当受试化学品的 SI≥1.8 时，可判定其为潜在致敏阳性物。本方法采用荧光标记 ATP，通过测定 ATP 的含量（已知与活细胞数量有关）来判断耳后淋巴结中淋巴细胞的增殖情况。生物发光法利用蛍光素酶促进 ATP 和蛍光素反应生成光，反应如下：

$$\text{ATP+蛍光素+氧气} \longrightarrow \text{氧化蛍光素+AMP+Ppi+}CO_2\text{+光}$$

放射光的强度和 ATP 的浓度呈线性关系，用光度计测定。蛍光素-蛍光素酶试验是广泛应用的测定 ATP 的敏感方法。

1. 试验方法

（1）试验动物选择与处理

局部淋巴结试验——DA 法选择小鼠作为试验动物，首选 CBA/J 种属的小鼠，采用未生产过和未怀孕的年轻成年雌性小鼠。试验开始时鼠龄在 8～12 周，动物体重变化应不超过平均体重的 20%。如果有充分的数据资料证明种属和/或性别不存在差异时，也可选用其他种属或雄性小鼠。

试验小鼠应该群养，除非提供单独饲养合适的科学理由。实验室温度应该在 22℃±3℃，相对湿度应保持在 30%～70%，在房间清扫过程中相对湿度以 50%～60%最为适宜，人工照明，12h 连续明暗交替。日常实验室饮食，自由饮水。试验前随机选择动物，并对每只动物进行标记，为使动物适应环境，应在试验开始前驯养至少 5 天。给药处理开始前，应保证所有试验动物无可见的皮肤损伤。

（2）受试化学品

固体化学品应该溶解或悬浮于溶剂/溶媒中并稀释。液体受试物可直接或稀释后给药。

阳性对照物是致敏性确定的且重复性良好的化学品。在一定的暴露剂量下，阳性对照组（PC）应产生阳性的局部淋巴试验-DA 反应，并且在该剂量下，PC 与阴性对照组（NC）的刺激指数（SI）之比，应≥1.8。阳性对照物的选择以不引起过度的皮肤刺激或全身反应为度，并且诱导是可重复的但不过度。首选的阳性对照物质是 25%已基肉桂醛和 25%丁子香酚，溶剂为丙酮：橄榄油（4：1，*V*/*V*）。

已评价过的特殊化学品种类或具特殊反应变化的化学品，可成为皮肤过敏反应试验的潜在基准受试物。适宜的基准物质应该具有下列特性：①结构和功能与测试的供试物相似；②有已知的化学特性；③有来自局部淋巴结试验——DA 法的支持数据；④有来自其他动物模型和/或人的支持数据。

试验中每组至少有 4 只动物且受试化学品最少有 3 个浓度，外加与受试化学品应用相同溶媒的阴性对照组和阳性对照组。受试化学品的剂量和溶媒的选择可参考相关资料，从一个适合的浓度系列选择连续的剂量，如 100%、50%、25%、10%、5%、2.5%、0.5%等。应该考虑相关受试化学品所有的毒性信息（如急性毒性和皮肤刺激）和结构与物理化学信息。

溶解受试化学品的溶剂不应该有干扰受试化学品特性的倾向，并且能够使溶液/悬浮液中受试化学品达到最高的浓度。推荐的溶剂是丙酮/橄榄油（4：1，*V*/*V*）、*N*,*N*-二甲基甲酰胺、甲基乙基酮、丙烯乙二醇及二甲基亚砜，其他的溶剂在可提供足够科学的理由时也可以应用。

（3）试验步骤

1）预试验

为了确定局部淋巴结试验——DA 法合适的剂量水平应该进行预试验。预试验的目的是提供局部淋巴结试验——DA 法选择最大剂量水平的指导。液体受试化学品的最大剂量水平应该是 100%，固体受试化学品应该是最大可能的浓度，或最大可能的悬浮液。

预试验建议每组使用 1～2 只动物。所有的动物应该每天观察全身毒性临床症状和用药部位的局部刺激。试验前和试验后分别称重并记录。观察每只小鼠两只耳朵的红斑并应用表 25-9 评分。试验第 1 天（试验前）、第 3 天（约第一次给药 48h）、第 7 天（试验结束前 24h）和第 8 天应用厚度测量计（如数字测微计或 Peacock 标度盘厚度尺）测量耳朵厚度。另外，试验第 8 天，动物人道处死后对耳朵打孔进行厚度测定。红斑评分≥3 或耳朵厚度增加≥25%表明局部刺激过度。

2）正式试验

正式试验的试验步骤及时间安排如下。

第 1 天：个体识别和记录每一只动物的体重和所有临床症状。用 1%十二醇硫酸钠的水溶液在每只动物的每只耳后染毒。处理 1h 后，用 25μL 稀释的受试化学品、溶剂和阳性对照物对每只动物进行染毒。

表 25-9　局部淋巴结试验——DA 法评分标准

观察	得分
无红斑	0
非常轻微的红斑（勉强可见）	1
很清晰的红斑	2
中度到重度红斑	3
严重红斑（甜菜红）到阻止分级的结痂形成	4

第 2、3 和 7 天重复第 1 天的处理。

第 4、5 和 6 天无处理。

第 8 天：记录每只动物的体重和所有观察到的临床症状。在第 7 天涂抹后的 24～30h 人道处死动物。切除每只动物耳后的耳淋巴结，每只动物分别在磷酸缓冲液（PBS）中处理。

3）细胞悬浮液的准备

将分离的每只小鼠的淋巴结夹在两片载玻片之间，轻微用力压碎淋巴结，确定淋巴组织薄薄地铺开。捏住每一载玻片的角将载玻片上悬挂的组织浸入有盖培养皿的 PBS 中，用 PBS 冲洗并用细胞小刮刀刮下载玻片上的组织。用微量吸管采集 20μL 淋巴细胞悬浮液试样，小心提起细胞膜，用 1.98mL 的 PBS 搅拌制备成 2mL 的样本。采用相同的程序准备第二个 2mL 样本，每一只动物准备两个样本。

4）细胞再生的测定

通过萤光素-萤光素酶方法（ATP 试剂盒）测定淋巴结中增加的 ATP 含量。从耳后淋巴结的切除到 ATP 的测定，每只动物的标准试验流程在 20min 之内完成。

5）观察

涂药部位的局部刺激或全身的所有临床症状应该每天至少仔细观察一次，记录观察到的每一只动物所的症状。对于安乐处死的动物，观察的内容还包括已经确认的全身毒性症状，包括过度局部皮肤刺激或皮肤腐蚀。

在开始和计划人为处死时，应测量个体动物的体重。

2. 试验数据与报告

（1）试验数据

结果用处理组的平均 SI 表示，将每个剂量组和阳性对照组与对照组平均值相比，即每组的 SI。当 SI 位于 1.8 的临界点附近时，需要考虑剂量-反应关系、统计学意义和溶剂/溶媒及阳性对照反应对结果的影响。

对于 SI 在 1.8～2.5 的临界阳性反应，需要考虑的附加信息包括剂量-反应关系、全身毒性及过度刺激迹象，并且结合 SI 的统计学意义确定阳性结果。

（2）试验资料

试验资料以表格形式概括，包括每只动物的相对发光单位值（RUL）、每组试验每只动物的平均相对发光单位值及相关误差项（SD、SEM），每个剂量组和溶剂/溶媒对照组相比较的平均 SI。

（3）试验报告

a）受试化学品：受试化学品和对照物；受试化学品资料（包括 CAS 登记号、来源、纯度、杂质含量及批号等）；物理性状和理化特性（如挥发性、稳定性、溶解性）；如果是配方混合物，组分组成和相对含量。

b）溶剂/溶媒：资料（确认纯度、浓度、使用量等）；溶媒选择理由。

c）试验动物：遗传来源；微生物状况（若已知）；数量和年龄；来源、饲养条件、日常饮食等。

d）试验条件：ATP 试剂盒的来源、批号和质量保证/质控资料；受试化学品详细的制备和使用情况；剂量选择理由（如果进行了预试验，包括筛选预试验的结果）；应用的溶媒和受试化学品的浓度，使用受试化学品的总量；食物和水质量的详细资料（包括食物种类和来源、水源）；详细的处理和取样时间表；毒性检查方法；阳性或阴性研究的标准；试验计划的偏离，以及偏离如何影响试验研究和结果的说明。

e）可靠性检查：最近的结果可靠性检查的摘要，包括受试化学品的信息、浓度和使用的溶媒；实验室和背景阳性对照、同步阴性对照的资料；如果不包括同步阳性对照，最近的定期阳性对照资料和实验室报告，详述实验室背景阳性对照证明没有进行同步阳性对照的根据。

f）结果：给药时和计划处死时小鼠的个体体重，即每一处理组的平均值和相关误差项（如 SD、SEM）；毒性症状和发作的时间历程，包括每只动物涂药部位的皮肤刺激；每只动物处死时间和 ATP 测定时间；个体小鼠相对发光单位值和每个剂量处理组的 SI 表；每个处理组小鼠相对发光单位值的平均值和相关误差项（如 SD、SEM）及每个处理组外部分析结果；计算的 SI 和受试化学品与对照物之间有可能的变异性测量；剂量-反应关系；如果适合的话，进行统计分析。

25.2.3 小鼠耳廓肿胀试验[10]

传统的人类皮肤致敏预测试验都以豚鼠为模型。试验方法较为繁复，要求大量的动物和科学的动物管理，而且费用昂贵。以测量小鼠耳廓肿胀度来定量地测定迟发型接触性变态反应强度的小鼠耳廓肿胀试验（MEST）成为强致敏化学品的筛选试验，在试验有阳性结果时，无须进行进一步的豚鼠试验。

MEST 有很多不同方案，且试验动物的种属、年龄、致敏时间、激发间隔时间等对试验结果有明显影响。MEST 的原理是将含有半抗原的二硝基氟苯稀释液涂抹小鼠腹部皮肤后，半抗原与皮肤蛋白结合成完全抗原，刺激 T 淋巴细胞增殖成致敏淋巴细胞。4～7 天后再将其涂抹于小鼠耳部皮肤，使局部发生迟发型超敏反应。于抗原攻击后 24～28h，测定耳廓肿胀度，以反映迟发型皮肤超敏反应的强度。

1. *试验方法*

（1）试验动物

选取 6～8 周龄小鼠。试验前，试验动物用富含维生素 A 的饲料喂养 4 周。试验动物和试验环境设施符合国家标准的相关规定。

（2）剂量和分组

取体重为 18～22g 小鼠 50 只，随机分为 5 组，每组 10 只，雌雄各半，分别设阴性对照组、阳性对照组及染毒组（低、中、高剂量组）。阳性对照组用二硝基氟苯。

（3）试验步骤

1）二硝基氟苯溶液

1%的二硝基氟苯溶液新鲜配制，置于清洁干燥的青霉素小瓶中，将预先配制好的 5mL 丙酮麻油溶液倒入小瓶，盖好并用胶布密封，混匀后，用 250μL 注射器通过瓶盖取用。

2）染毒

试验前 24h 内于小鼠背部用剃须刀进行脱毛。第 1、2 天在小鼠背部脱毛区涂抹受试化学物 100μL，第 6 天将 40μL 受试化学品敷在小鼠左耳，右耳敷溶剂。激发后 24h 和 48h，颈椎脱臼处死小鼠，剪下左右耳壳，用打孔器取下直径为 8mm 的耳片，称重。以左、右耳质量之差代表肿胀度。

2. 试验结果

试验结果可以用双侧耳朵厚度的差值（mm）来表示或用耳肿胀度（%）来表示：

$$耳肿胀度（\%）=（试验组耳厚度/对照组耳厚度）\times 100 \qquad (25\text{-}2)$$

参 考 文 献

[1] 周宗灿. 毒理学教程. 北京：北京大学医学出版社，2006.

[2] United Nations. Globally Harmonized System of Classification and Labelling of Chemicals. 6th ed. New York and Geneva，2015.

[3] Organization for Economic Co-operation and Development. OECD Guidelines for the Testing of Chemicals，2012.

[4] 中华人民共和国国家标准. GB 30000.21—2013 化学品分类和标签规范 第 21 部分：呼吸道或皮肤致敏. 北京：中国标准出版社，2013.

[5] 中华人民共和国国家标准. GB/T 21608—2008 化学品 皮肤致敏试验方法. 北京：中国标准出版社，2008.

[6] Test No. 406：Skin Sensitisation. Oecd Guidelines for the Testing of Chemicals，Section 4：Health Effects.

[7] Test No. 429：Skin Sensitisation Local Lymph Node Assay. OECD Guidelines for the Testing of Chemicals，Section 4：Health Effects.

[8] Test No. 442B：Skin Sensitization Local Lymph Node Assay：BrdU-ELISA. OECD Guidelines for the Testing of Chemicals，Section 4：Health Effects.

[9] Test No. 442A：Skin Sensitization Local Lymph Node Assay：DA. OECD Guidelines for the Testing of Chemicals，Section 4：Health Effects.

[10] 中华人民共和国出入境检验检疫行业标准. SN/T 2497.7—2010 进出口危险化学品安全试验方法 第 7 部分：小鼠耳肿胀试验. 北京：中国标准出版社，2010.

[11] 中华人民共和国国家标准. GB/T 21827—2008 化学品 皮肤变态反应试验 局部淋巴结方法. 北京：中国标准出版社，2008.

第 26 章　生殖细胞致突变

突变是指细胞中遗传物质的数量或结构发生永久性改变。突变可能表现为显性的可遗传基因改变，也可能表现为 DNA 潜在的改变（如已知的特定碱基对改变和染色体易位）[1]。致突变化学品是指在细胞和/或有机体群落内引起突变率增加的物质。在将化学品及其混合物划归为致突变物时，还需关注体外致突变性/遗传毒性试验和哺乳动物体内致突变性/遗传毒性试验。遗传毒性效应是指能改变 DNA 的结构、信息内容，或分离的物质或过程，包括那些通过干扰正常复制过程造成 DNA 损伤，或能以非生理方式（暂时）改变 DNA 复制的物质或过程。遗传毒性试验结果通常用作反映致突变效应的指标。

26.1　生殖细胞致突变分类和判定

26.1.1　生殖细胞致突变分类[2]

1. 物质的分类标准

化学物质的生殖细胞致突变类别见表 26-1。根据证据的充分程度和附加考虑事项（证据权重）将生殖细胞致突变物划为两个类别。在某些情况下，可能需要进行针对具体途径的分类。

表 26-1　生殖细胞致突变物类别

类别	证据权重
类别 1	已知可引起人类生殖细胞发生可遗传突变或被认为可能引起人类生殖细胞发生可遗传突变的物质
类别 1A	已知可引起人类生殖细胞发生可遗传突变的物质 判断标准：人类流行病学研究的阳性证据
类别 1B	被认为有可能引起人类生殖细胞发生可遗传突变的物质 判断标准： a）哺乳动物体内生殖细胞致突变试验的阳性结果 b）哺乳动物体内细胞致突变试验的阳性结果，结合一些证据表明该物质具有引起生殖细胞突变的可能。这种支持性证据可来源于体内生殖细胞致突变性/遗传毒性试验，或证明物质或其代谢产物有能力与生殖细胞的遗传物质相互作用 c）人类生殖细胞试验显示出致突变效应的阳性结果，无须证明突变是否遗传给后代，如接触该物质的人群的精子细胞以非整倍性频率增加
类别 2	由于可能导致人类生殖细胞发生可遗传突变而引起人们关注的物质 判断标准：哺乳动物试验获得阳性证据和/或从一些体外试验中得到阳性证据，这些证据来自： ——哺乳动物体内细胞致突变试验 ——得到体外致突变性试验的阳性结果支持的其他体内细胞遗传毒试验

注：体外哺乳动物致突变试验得到阳性结果和与已知生殖细胞致突变物有化学结构活性关系的化学品划为类别 2

分类时需结合接触动物生殖细胞和/或体细胞的致突变效应和/或遗传毒性效应试验结果，也可结合体外试验确定的致突变效应和/或遗传毒性效应。需注意的是，表 26-1 的分类是建立在化学品危险性基础上的，根据物质引起生殖细胞突变的能力对其进行分类，因此，这种分类方法不同于对化学品的定量风险评估。人类生殖细胞可遗传效应的分类以实施良好、经充分证明有效的试验为基础，并按照有关国家标准进行试验，同时可利用专家判断对试验结果进行评估，而且分类时应结合所有现有证据。

个别化学物质的分类需要专家以全部可用证据权重为基础作出判别。在根据单一的、实施良好的试验资料对物质进行分类时，试验应提供明确清楚的阳性结果。如果出现新的、经充分证明有效的试验，也可将它们纳入全部证据权重。

2. 混合物的分类标准

（1）有整体数据时的混合物分类

混合物的分类应基于混合物各种组分的现有试验数据，使用划分为生殖细胞致突变组分的临界值/浓度极限值；也可根据混合物整体的现有数据，以个案为基础对分类进行修正。另一种情况下的分类应结合剂量和诸如生殖细胞致突变试验体系的持续时间、观察和分析结果（如统计分析、试验灵敏度）等因素，此时混合物整体的试验结果应是结论性的，同时要保留支持该分类结果的适当文档，以便应要求予以审查。

（2）无整体数据时的混合物分类：架桥原则

当混合物未进行过确定其生殖细胞致突变性的试验，但已掌握混合物各组分和已做过试验类似混合物的充分数据，足以确定该混合物的危险特性，则可根据架桥原则使用这些数据。有关架桥原则的内容参见第 22 章。

（3）有所有组分数据或只有一部分组分数据时的混合物分类

当至少一种组分已分类为类别 1 或类别 2，且其含量大于或等于表 26-2 中类别 1 和类别 2 的响应临界值/浓度极限值时，则该混合物应分类为致突变物。

表 26-2　生殖细胞致突变组分的临界值/浓度极限值

类别	类别 1		类别 2
	类别 1A	类别 1B	
类别 1A	≥0.1%		
类别 1B		≥0.1%	
类别 2			≥1.0%

注：临界值/浓度极限值适用于固体或液体（质量分数）及气体（体积分数）

26.1.2　生殖细胞致突变判定

图 26-1～图 26-3 的判定流程不是 GHS 分类系统的一部分，在此仅作为补充指导提供，在对化学物质及混合物进行分类时需要结合表 26-2 的标准进行。

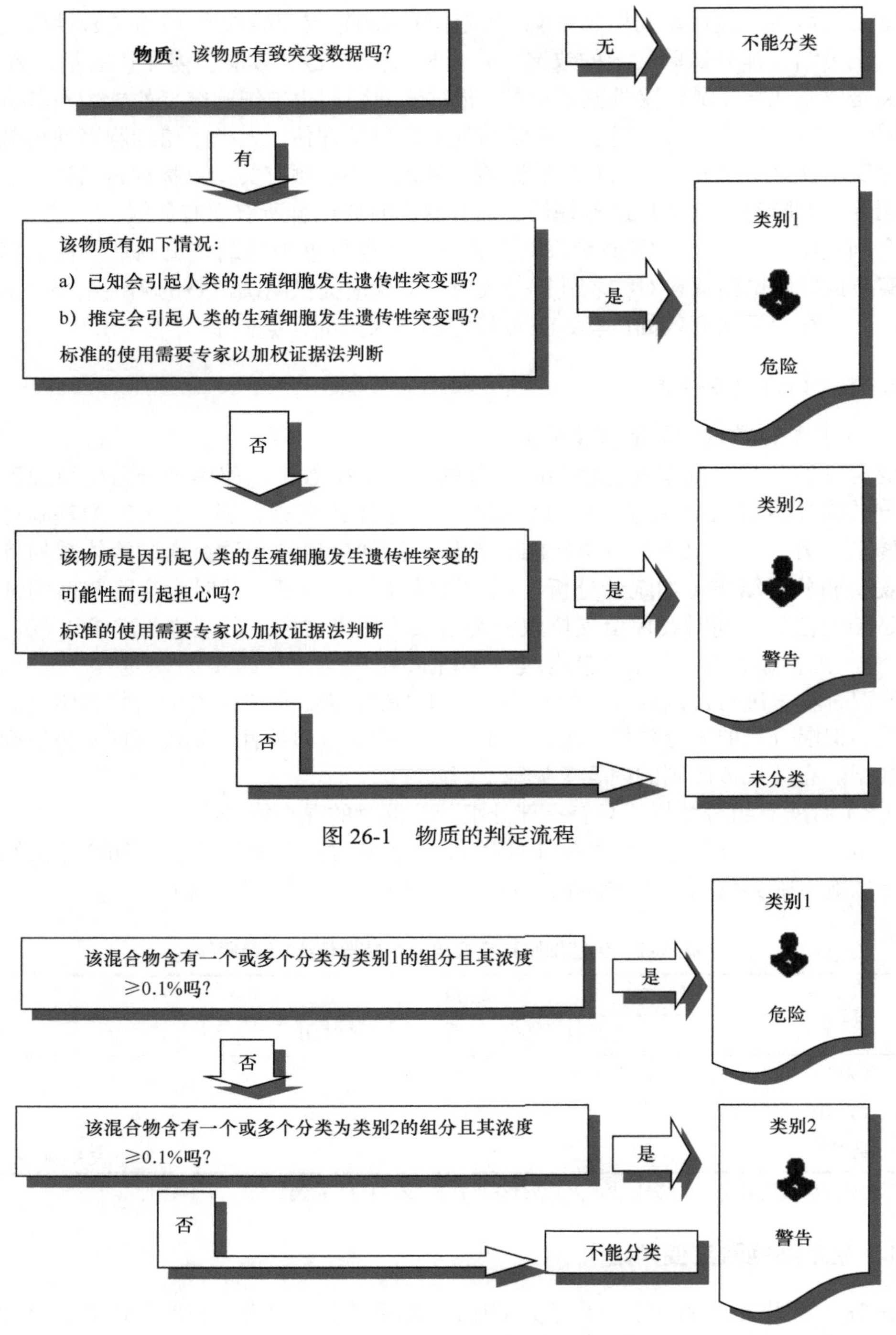

图 26-1　物质的判定流程

图 26-2　基于混合物个别组分的分类

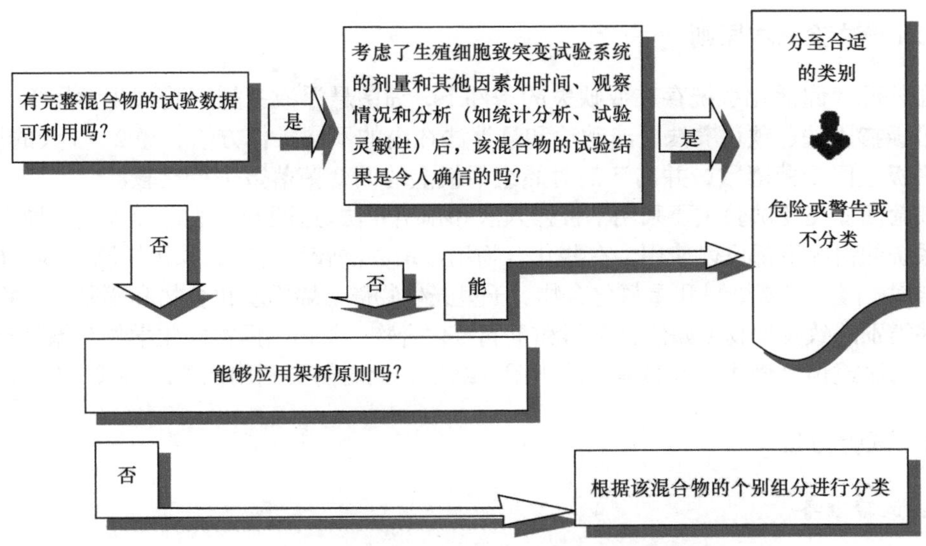

图 26-3　以个案为基础的混合物分类修正

1. 物质的判定逻辑

物质的判定可参照如图 26-1 所示的流程。

2. 混合物的判定逻辑

混合物分类可基于混合物个别组分的现有临界值/浓度极限值进行（图 26-2），也可以根据混合物整体的现有试验数据，采用架桥原则以个案为基础对分类进行修正，见图 26-3。

26.2　细菌回复突变试验

细菌回复突变试验利用鼠伤寒沙门氏菌和大肠杆菌某种氨基酸缺陷型菌株来检测点突变，涉及 DNA 一个或几个碱基对的置换、插入或缺失。该试验的原理是检测试验菌株发生回复突变（回变）并恢复合成必需氨基酸的能力评价受试物诱发突变的能力。通过植株在缺乏受试菌株所需氨基酸的培养基上的生长能力来检测回复突变的细菌[3]。

点突变是很多人类遗传病的原因，有大量的证据表明，人类和试验动物肿瘤形成涉及体细胞癌基因与肿瘤抑制基因的点突变。细菌回复突变试验是用时短、成本低和较易操作的试验。许多试验菌株具有一些对检测敏感的特征，如回复突变部位反应灵敏的 DNA 序列，细菌对大分子的通透性增强，DNA 修复系统缺失或易错 DNA 修复过程增强。试验菌株的特异性可为遗传毒性因子所诱发的突变种类提供一些有用的信息。细菌回复突变试验可提供各种结构化合物的大量数据结果，并开发了确定的用于测试具有不同物理化学性质的化学品，包括挥发性物质的方法。

26.2.1　试验基本原则

在外源代谢活化系统存在或缺失的条件下，细菌悬浮液暴露于受试化学品下，采用包括平板掺入法、预培养法、波动法和悬浮法在内的不同操作方法，经 2～3 天的培养，计数平板上回变菌落数，并与溶剂对照组平板上的回变菌落数进行比较。

细菌回复突变试验主要采用平板掺入法和预培养法。这两种方法在加入或不加入代谢活化系统的情况下都可以使用。有些化合物用预培养法较为有效，如短链脂肪族亚硝胺、二价金属、醛、偶氮染料和重氮化合物、千里光生物碱、烯丙基化合物和硝基化合物。已知某些类别的致突变物（如偶氮染料和重偶氮化合物、气体、挥发性化学物和糖苷类）用平板掺入法或预培养法并非总能检测出阳性结果，此时需要利用推荐的替代方法来检测。

26.2.2　试验方法

1. 试验准备

（1）细菌

新鲜的细菌培养物应生长期指数生长期晚期或稳定期早期（细菌浓度约为 10^9 个/mL），生长达稳定期晚期的培养物不能使用。试验所用培养物中活菌滴度应较高。活菌滴度可根据细菌生长曲线的历史性对照数据确定，或在每次试验时通过滴片测定活菌数。活菌的培养温度推荐为 37℃。

试验选用至少 5 个菌株，包括 4 个鼠伤寒沙门氏菌株（TA1535、TA1537 或 TA97a 或 TA97、TA98 和 TA100），这些菌株的检测结果可靠且不同实验室之间有较好的重现性。这 4 个菌株在初始回复突变位点有 GC 碱基对，已知不能用它们检测某些氧化型致突变物、DNA 交联剂和肼类物质。检测这些物质应选用在初始回复突变位点有 AT 碱基对的大肠杆菌 WP2 菌株或鼠伤寒沙门氏菌 TA102 菌株。因此，推荐的菌株组合方案如下：鼠伤寒沙门氏菌 TA1535；鼠伤寒沙门氏菌 TA1537 或 TA97 或 TA97a；鼠伤寒沙门氏菌 TA98；鼠伤寒沙门氏菌 TA100；大肠杆菌 WP2 uvrA 或大肠杆菌 WP2 uvrA（pKM101）或鼠伤寒沙门氏菌 TA102。

为检测 DNA 交联（突变）剂，最好用鼠伤寒沙门氏菌 TA102 或加一个擅长修复 DNA 的大肠杆菌 WP2 uvrA 或大肠杆菌 WP2 uvrA（pKM101）作为受试菌株。按操作规程对菌种的培养制品进行保存和标记鉴别。每次复苏冻存菌种的培养制品时均应进行氨基酸需求试验（鼠伤寒沙门氏菌需要组氨酸）。同样，还应进行其他的表型鉴定，包括有无 R 因子质粒[即 TA98、TA100 和 TA97a 或 TA97、WP2 uvrA、WP2 uvrA（pKM101）菌株对氨苄西林的抗性，以及 TA102 对氨苄西林和四环素的抗性]和特性突变存在。菌株发生的自发回变可通过平板计数获得自发回变数。

（2）培养基

用适宜的最低营养琼脂（含 Vogel-Bonner 最低培养基 E 和葡萄糖）及含有组氨酸和生物素或色氨酸的顶层琼脂，以供少数细胞完成数次分裂。

（3）代谢活化

细菌应在有或无适量代谢活化系统的条件下与受试化学品接触。最常用的代谢活化系统是经酶诱导剂处理的由啮齿动物肝脏制备的加有辅助因子的后线粒体组分（S9）。所用的酶诱导剂包括 Aroclor1254 或苯巴比妥和 β-萘黄酮联合诱导。常用的后线粒体组分 S9 浓度范围是 5%～30%（体积分数）。应根据受试化学品的类别选择代谢活化系统及其应用条件。在某些情况下，可使用一种以上浓度的 S9。对于偶氮染料或重氮化合物，应该选择还原性代谢活化系统。

（4）受试化学品

在对菌株进行处理前，固体受试化学品应溶解或悬浮于合适的溶剂或赋形剂中，如需要可进行适度稀释。液体受试化学品可直接加入测定体系或在处理前适度稀释。受试化学品应新鲜制备，否则需有资料证明其具贮存稳定性。

2. 试验条件

（1）溶剂/赋形剂

溶剂/赋形剂不应与受试化学品发生化学反应，且对细菌的存活和 S9 的活性无影响。若选用的不是常用的溶剂或赋形剂，应有资料提供适合的理由。首先考虑用水作为溶剂或赋形剂，如受试化学品对水不稳定，应选用不含水的有机溶剂或赋形剂。

（2）染毒剂量

根据受试化学品对细菌的毒性和配制的最终混合物中受试化学品的溶解度确定受试化学品所用的最高浓度。建议先进行预试验测定受试化学品的毒性和溶解度。可将回变菌落数的减少、背景菌苔体积变小或处理后细菌存活率降低等作为细胞毒性的指征。代谢活化系统的存在可改变受试化学品的毒性。在实际试验条件下，最终混合物出现肉眼可见的沉淀即判断为不溶。对于无细胞毒性的可溶性受试化学品，建议最高试验浓度应为 5mg/皿或 5μL/皿，对于无细胞毒性但溶解度达不到 5mg/皿或 5μL/皿的受试化学品，在最终处理混合物中应有一个或多个浓度出现沉淀现象。在低于 5mg/皿或 5μL/皿时即出现细胞毒性的受试化学品，最高浓度应达到出现细胞毒性的浓度。沉淀不应影响结果计数。

至少应选用 5 个可供分析的试验浓度。在开始试验时，计量间隔一般为半对数，在研究剂量-反应关系时也可以采用更小的剂量间隔。如果受试化学品含有可能具有致突变作用的杂质，试验浓度可超过 5mg/皿或 5μL/皿。

（3）对照

每次试验设置同时进行的阳性和阴性（溶剂或赋形剂）对照，并且在有或无代谢活化系统的条件下分别设置。加入代谢活化系统时，每一次试验选用的阳性对照物浓度应能证明试验的有效性。为检验所用的代谢活化系统，可根据试验菌株类型选择适宜的阳性对照物，下列化学品被证明是适合进行代谢活化试验的阳性对照物：9,10-二甲基蒽（9,10-dimethylanthracene，CAS 登记号为 781-43-1）、7,12-二甲基苯并蒽（7,12-dimethylbenzanthracene，CAS 登记号为 57-97-6）、刚果红（Congo red，CAS 登记号为 573-32-8）、苯并[a]芘（benzo[a]pyrene，CAS 登记号为 50-32-8）、环磷酰胺（单水合物）[cyclophosphamide（monohydrate），CAS 登记号为 50-18-0（无水）（CAS 登记号为 6055-19-2（单水））]、2-氨基蒽醌（2-aminoanthracene，CAS 登记号为 613-13-8）。

2-氨基蒽醌不能单独作为评价 S9 混合物活性的指示剂，如果选用该物质作为阳性对照物，对于每批 S9 还应另选一种需要微粒体酶代谢活化的致突变物证实其活性，如苯并[a]芘或二甲基苯并蒽。

对于不加代谢活化系统的试验，各菌株特异性的阳性对照物见表 26-3。

表 26-3　各菌株特异性阳性对照物

化学品名称及 CAS 登记号	菌株
叠氮钠（sodium azide，CAS 登记号为 26628-22-8）	TA1535 和 TA100
2-硝基芴（2-nitrofluorene，CAS 登记号为 607-57-8）	TA98
9-氨基丫啶（9-aminoaciridine，CAS 登记号为 90-45-9 或 ICR191，CAS 登记号为 17070-45-0）	TA1537、TA97 和 TAA97a
异丙基苯过氧化氢（cumene hydrop-eroxide，CAS 登记号为 80-15-9）	TA102
丝裂毒素 C（mitomycin C，CAS 登记号为 50-07-7）	WP2 uvrA 和 TA102
N-乙基-*N*-硝基-*N*-亚硝基胍(*N*-ethyl-*N*-nitro-*N*-nitrosoguanidine，CAS 登记号为 4245-77-6)或 *N*-甲基-*N*-硝基-*N*-亚硝基胍(*N*-methyl-*N*-nitro-*N*-nitrosoguanidine，CAS 登记号为 70-25-7)或 4-硝基喹啉-*N*-氧化物(4-nitroquinolime 1-oxide，CAS 登记号为 56-57-5)	WP2、WP2 uvrA 和 WP2 uvrA（pKM101）
呋喃糠酰胺[furylfuramide（AF-2），CAS 登记号为 3688-53-7]	含质粒的菌株

除表 26-3 所列的阳性对照物外，也可使用其他适合的阳性对照物，如可考虑使用与表 26-3 中对照物化学类别相关的阳性对照物。阴性对照在每次试验时除在试验培养基中只加入溶剂或载体外，其余处理应与各处理组相同。另外，如果没有历史数据证明所用溶剂或载体无毒性作用或致突变作用，还应设空白对照（不进行任何处理）。

3. 试验步骤

（1）受试化学品处理

平板掺入法：无代谢活化系统时，通常将 0.05mL 或 0.1mL 受试化学品溶液、0.1mL 新鲜细菌培养液（约含 10^8 个细菌）和 0.5mL 灭菌缓冲液与 2.0mL 顶层琼脂混合；有代谢活化系统时，将 0.5mL 含适量后线粒体组分（体积约占代谢活化混合液总量的 5%～30%）的代谢活化混合物与细菌和受试化学品/受试溶液一起与顶层琼脂混合。上述混合液充分混合后倒在最低营养琼脂上，待顶层琼脂凝固后放入培养箱培养。

预培养法：将受试化学品/受试溶液与受试菌株（约含 10^8 个细菌）和灭菌缓冲液或代谢活化系统（0.5mL）在 30～37℃预孵育 20min 或更长时间，再与顶层琼脂混合，然后倒在最低营养琼脂上。通常用 0.05mL 或 0.1mL 受试化学品/受试溶液、0.1mL 菌液、0.5mL S9 混合物或灭菌缓冲液与 2.0mL 顶层琼脂混合。在预培养过程中将试管放入振荡器中振荡充气。

为了评价结果的变异度，每个剂量水平做三个平行平皿。气态或挥发性物质应采用适当方式测试，如在封闭的培养皿中进行。

（2）培养

将试验的所有平皿置于 37℃培养 48～72h。培养结束后计数每个平皿的回复突变菌落数。

26.2.3　试验数据、结果和报告

1. 试验数据和结果

（1）数据处理

列出每个平皿的回复突变菌落数。阴性对照（溶剂对照，有时还有空白对照）和阳性对照各皿的回复突变菌落数同时记录；列出受试化学品各组、阴性对照和阳性对照平皿的回复突变菌落数、平均回复突变菌落数和标准差。

对于明确的阳性结果无须进行验证试验。可疑结果可通过改进试验条件后做进一步的试验来澄清。阴性结果需视具体情况决定：如认为阴性结果无须进行验证试验，应说明理由；需要验证时可在随后的试验中改进试验参数以扩大评价条件范围，改进的参数包括浓度间距、处理方法（平板掺入或预培养法）和代谢活化条件。

（2）结果评价和解释

阳性结果判定有若干标准，如受试化学品各组回复突变菌落数的增加呈剂量-反应关系，或至少有一个菌株在有或无代谢活化系统条件下，在一个或几个剂量水平每皿回复突变菌落数出现可重复的增加。对于阳性结果，首先考虑其生物学意义。除此之外，统计学方法可用于帮助评价试验结果，但不能作为判定阳性反应的唯一因素。不符合上述判定标准的受试化学品则认为在本试验中无致突变性。

细菌回复突变试验的阳性结果表明受试化学品可引起鼠伤寒沙门氏菌或大肠杆菌的基因组发生由碱基置换或移码突变诱发的点突变，可重复的浓度-反应关系意义较大。阴性结果表明在当前试验条件下受试化学品不引起试验菌株突变。

2. 试验报告

试验报告应包括以下信息。

a）受试化学品：名称和识别码如 CAS 登记号（如已知）；物理性质和纯度；与试验实施相关的物理化学特性；稳定性。

b）溶剂/赋形剂：选择理由；受试化学品在其中的溶解性和稳定性。

c）细菌：所用菌株；每皿加入的细菌数；菌株特征。

d）试验条件：每皿加入受试样品的量（mg/皿或 μg/皿），剂量选择的依据，每个浓度的平皿数；选用的培养基；代谢活化系统的类型和成分，包括判断可接受的标准；处理过程。

e）结果：毒性表现；沉淀现象；每皿的菌落计数；每皿平均回变菌落数和标准差；剂量-反应关系；统计分析；同期阴性（溶剂/赋形剂）和阳性对照数据（包括数据范围、均数和标准差）；历史阴性（溶剂/赋形剂）和阳性对照资料（包括范围、均数、标准差）。

26.3　体外哺乳动物细胞基因突变试验

体外哺乳动物细胞基因突变试验可用于检测由化学品诱发的基因突变。可选用的细胞株包括 L5178Y 小鼠淋巴瘤细胞、CHO、中国仓鼠细胞的 AS52 和 V79 株、TK6 人淋巴样母细胞。在这些细胞株中，最常用的遗传学终点是检测胸苷激酶（TK）和次黄嘌

呤-鸟嘌呤磷酸核糖基转移酶（HPRT）基因突变，以及黄嘌呤-鸟嘌呤磷酸核糖基转移酶（XPRT）的基因突变。TK、HPRT 和 XPRT 突变试验检测不同的遗传事件谱[4]。

基因突变试验可使用已建立的细胞系或细胞株培养物，但需根据其在培养基中的生长能力和自发突变率是否稳定来选择。体外试验通常需要采用外源代谢活化系统。在外源代谢活化系统不能完全模拟哺乳动物体内代谢条件的情况下，可采取措施避免出现无法反映体内基因突变的情况。pH、质量、渗透压、浓度改变，高细胞毒性的受试化学品等都可致假阳性结果。

体外哺乳动物细胞基因突变试验可用于哺乳动物致突变剂和致癌剂的筛查。尽管试验结果显示很多具阳性结果的化合物都是哺乳动物致癌剂，但该试验与化学品致癌性之间并不存在相关性。很多证据表明，大多数致癌物因通过其他的非遗传毒性机制发挥作用或因其致癌机制在细胞中不易检测出而无法在本试验中获得阳性结果。

26.3.1　试验基本原则

由于 $TK^{+}/^{-}$突变为 $TK^{-}/^{-}$后细胞缺乏 TK，突变体应对嘧啶类似物三氟胸苷（TFT）的细胞毒性效产生抗性。而含丰富 TK 的细胞则对 TFT 敏感，从而引起细胞代谢受到抑制和细胞进一步分化。因此，突变细胞能在 TFT 存在条件下迅速增长，而正常细胞由于含 TK 而无法生长增殖。同样，缺乏 HPRT 或 XPRT 的细胞分别因对 6-巯基鸟嘌呤（6-TG）和 8-氮鸟嘌呤（8-AG）具有抗性可被挑选出来。如受试的是碱基类似物或与选择剂在结构上相关的化合物，则在进行任意哺乳动物细胞基因突变试验时，应仔细考虑受试化学品的特性，判断其是否适合进行基因突变试验。例如，研究受试化学品对突变细胞和非突变细胞可能存在的选择性毒性。也就是说，在检测与选择剂结构相关的化合物时，必须核实选择系统/选择剂特性。

在加入或不加入代谢活化系统的条件下，悬浮或单层培养的细胞暴露于受试化学品一定时间，然后传代培养，测定细胞毒性，并在选择突变细胞前使其表型得到表达。细胞毒性一般通过检测细胞处理后的相对集落形成效率（生存能力）或集落的相对总生长数来评估。处理后的细胞在培养液中保持足够时间后，根据所选细胞和突变位点的特性，使诱发的突变表型表达至临近可观察到的水平。突变率则通过在含选择剂的培养基中接种已知数目细胞后检测的突变细胞数，或在不含选择剂的培养基中检测的集落形成效率（生存能力）。孵育适当时间后，计数细胞集落，根据选择性培养液中突变集落数和非选择性培养液中集落数，利用公式计算突变率。

26.3.2　试验方法

1. 试验准备

（1）细胞

细胞基因突变试验有许多种细胞类型可供选择，包括 L5178Y 亚群、CHO、AS52、V79 或 TK6 细胞。用于本试验的细胞类型应对化学致突变物具有明确的敏感性、高的集落形成效率及稳定的自发突变率。细胞选择前检测细胞是否被支原体感染，否则不能使用。

试验设计时应预先确定细胞的敏感性和检测能力。所用细胞数、培养皿/瓶数和所设受试化学物剂量组应能反映细胞的特定参数。经处理后仍存活的最少细胞数，以及每一试验阶段所用的最少细胞数应根据自发突变率确定。总的原则是所用细胞数至少是自发突变率倒数的 10 倍。但推荐使用的细胞数量是至少 10^6 个细胞。实验室应有所用细胞体系的合适历史数据，用于对试验结果的稳定性和可靠性进行评价。

（2）培养基和培养条件

细胞基因突变试验宜选用适宜的培养基和孵育条件（培养皿、温度、CO_2 体积分数和湿度）。根据试验所用的选择系统和细胞类型选择适宜的培养基，尤其重要的是培养条件的选择，应确保在表达期细胞呈最佳生长状态且突变细胞和非突变细胞有形成集落的能力。从菌种培养基得到的细胞经繁殖后接种于培养基中，在 37℃培养。培养前确定受试细胞中已突变细胞数。

（3）代谢活化

细胞株应在有或无外源哺乳动物代谢活化系统的条件下与受试化学品接触。最常用的活化系统是经酶诱导剂处理的由啮齿动物肝脏制备的加有辅助因子的后线粒体组分（S9）。所用的酶诱导剂包括 Aroclor 1254 或苯巴比妥和 β-萘黄酮的联合诱导。S9 通常在培养基中应用的终体积分数范围为 1%～10%。根据受试化学品的特点选择代谢活化系统及其应用条件。在某些情况下，可能使用不止一个 S9 浓度。随着代谢活化系统的不断发展，目前已构建了能表达特殊活性酶的基因工程细胞系，可以为细胞提供内源代谢活化能力。

（4）受试化学品

固体受试化学品应溶解或混悬于合适的溶剂或赋形剂中，在处理细胞前如需要可进行适度稀释。液体受试化学品可直接加入测定体系或在处理前适度稀释。使用新鲜制备的受试化学品，否则应有资料证明受试化学品溶液贮存是稳定的。

2. 试验条件

（1）溶剂/赋形剂

溶剂/赋形剂不应与受试化学品发生化学反应，且对细胞的存活和 S9 的活性无影响。若选用的不是常用的溶剂或赋形剂，应有资料支持其适用性。建议尽可能用水作溶剂或赋形剂。如受试化学品对水不稳定，应首先考虑不含水的有机溶剂或赋形剂，水可用分子筛除去。

（2）接触浓度

在确定最高浓度时应考虑受试化学品的细胞毒性、在试验系统中溶解性和 pH 或渗透性的变化。在正式试验中，细胞毒性需在有或无代谢活化系统存在的条件下分别测定，可用细胞完整性和生长程度作为指标，如细胞集落形成效率（存活能力）或集落相对总生长数。在预试验中测定细胞毒性和溶解性有利于正式试验的设计。

至少应选用 4 个可供分析的试验浓度。如有细胞毒性，浓度设计应涵盖产生最大毒性到产生最小或不产生毒性的范围，通常浓度间距应在 2～$\sqrt{10}$。如最高浓度可产生细胞毒性，则细胞存活能力（集落形成效率）或集落相对总生长数应控制在 10%～20%（不应该低于 10%）。无细胞毒性或细胞毒性较小的受试化学品，最高浓度至少达到 5mg/mL、

5μL/mL。

相对不溶的受试化学品应尽量使其在培养条件下达到溶解度的限值。观察细胞染毒时终处理液中不溶的证据。在处理开始和结束时评价其溶解度可获得有价值的资料，因为在试验体系中有细胞、S9 和血清等成分存在，受试化学品的溶解度在染毒过程中可能发生改变。不溶现象可通过肉眼观察。沉淀物不应干扰计数。

（3）对照

每次试验均应在有和无代谢活化系统的条件下同时设置阳性和阴性（溶剂或赋形剂）对照。在使用代谢活化系统时，选用的阳性对照物应是需要活化才具有致突变作用的间接突变物。

可用作阳性对照物的化学品有如表 26-4 所示的几种类型。

表 26-4 可用作阳性对照物的化学品

代谢活化条件	位点	化学品及其 CAS 登记号
不需外源代谢活化系统	HPRT	甲基磺酸乙酯（ethyl methanesulfonate，CAS 登记号为 62-50-0）
		乙基亚硝基脲（ethyl nitrosourea，CAS 登记号为 759-73-9）
	TK（小和大的集落）	甲基磺酸甲酯（methyl methanesulfonate，CAS 登记号为 66-27-3）
	XPRT	甲基磺酸乙酯（ethyl methanesulfonate，CAS 登记号为 62-50-0）
		乙基亚硝基脲（ethyl nitrosourea，CAS 登记号为 759-73-9）
需外源代谢活化系统	HPRT	3-甲基胆蒽（3-methylcholanthrene，CAS 登记号为 56-49-5）
		N-亚硝基二甲胺（*N*-nitrosodimethylamine，CAS 登记号为 62-75-9）
		7,12-二甲苯并蒽（7,12-dimethylbenzanthracene，CAS 登记号为 57-97-6）
	TK（小和大的集落）	环磷酰胺（单水合物）[cyclophosphamide（monohydrate），CAS 登记号为 50-18-0（6055-19-2）]
		苯并[a]芘[benzo[a]pyrene，CAS 登记号为 50-32-8]
		3-甲基胆蒽（3-methylcholanthrene，CAS 登记号为 56-49-5）
	XPRT	*N*-亚硝基二甲胺[*N*-nitrosodimethylamine（高浓度 S9 条件下），CAS 登记号为 62-75-9]
		苯并[a]芘[benzo[a]pyrene，CAS 登记号为 50-32-8]

除表 26-4 所列的化合物外，也可使用其他适合的阳性对照物。如某实验室有 5-溴-2′-脱氧尿苷（CAS 登记号为 59-14-3）的历史数据，则可将其作为阳性对照物。如可能，可考虑使用与受试化学品在化学结构上相关的化合物作为阳性对照物。

在每次试验时，阴性对照除在培养基中只加入溶剂或赋形剂外，其余处理应与各处理组相同。另外，如果没有历史数据证明所用溶剂或赋形剂无毒性作用或致突变作用，还应设不做任何处理的空白对照。

3. 试验步骤

（1）受试样品处理

在有或无代谢活化系统存在的情况下，分别使增殖细胞与受试化学品接触适当时间（通常 3～6h 即有效）。接触时间也可延长至一个或多个细胞周期。

受试化学品的每个浓度可只用一个培养皿/瓶，也可做平行样。如只用一个培养皿/瓶，浓度组数量应增加以确保有足够数量（如至少设 8 个可供分析的浓度）的培养皿/瓶用于分析。还应设置阴性对照（溶剂）的平行样。

气态或挥发性物质应采用适当方式测试，如在封闭的培养皿中进行。

（2）存活能力、生存能力和突变率的检测

在受试化学品染毒末期，细胞经洗涤、培养后检测存活能力，并使突变体的表型获得表达。细胞毒性通常以染毒后的集落形成效率（存活能力）或集落的相对总生长数来表示。

每个突变位点的新诱发突变体，其最佳表型表达有最短时间（HPRT 和 XPRT 位点突变需要至少 6～8 天，TK 需要至少 2 天）。细胞在含选择剂和不含选择剂的培养液中生长，以分别测定突变体数目和集落形成效率。生存能力的检测（用于计算突变率）可以从表达期结束时开始，通过检测接种在非选择性培养基中的细胞来实施。

如果受试化学品在 L5178Y $TK^{+/-}$试验中结果为阳性，至少应测定一个受试样品浓度（最高的阳性浓度）及阴性和阳性对照的集落大小。如受试样品在 L5178Y $TK^{+/-}$试验中结果为阴性，应测定阴性和阳性对照的集落大小。在使用 TK6 细胞株的 $TK^{+/-}$试验中，也应测定集落大小。

26.3.3　试验数据、结果和报告

1. 试验数据和结果

（1）数据处理

数据应包括处理组和对照组的细胞毒性与存活能力、集落计数和突变率，如 L5178Y $TK^{+/-}$试验结果为阳性，应分别计数至少一个受试样品浓度（最高阳性浓度）及阴性和阳性对照的大集落与小集落。在 $TK^{+/-}$试验中，集落计数标准为正常生长集落（大集落）和慢生长集落（小集落）。小集落的成因是突变细胞受到严重的遗传损伤，导致倍增期延长，细胞数量增加缓慢，典型的此类损伤范围包括整个基因缺失至细胞核内有可见的典型染色体畸变。小突变集落的诱发与化学品诱发的显著的染色体畸变有关。损伤较轻的突变细胞生长速率与亲代细胞相似，可形成较大的集落。

试验结果还应提供存活能力（集落形成效率）或集落的相对总生长率数据。突变率可以用存活细胞数中突变细胞数所占比例来表示。同时提供每次培养的试验数据，此外，所有数据应以表格形式列出。

对于明确的阳性结果无须进行验证试验，而意义不明确的阳性结果最好通过改进试验条件后进一步试验来澄清。阴性结果需视具体情况决定：如认为阴性结果无须进行验证试验，应提供依据；对于可疑的阴性结果，在后续的试验中应改进试验参数以扩大试验条件范围，可改进的参数包括浓度间隔、代谢活化条件等。

（2）结果评价和解释

阳性结果判定有多个标准，如有剂量-反应关系，或突变率增加，且结果可重复。对于阳性结果应首先考虑其生物学意义。统计学方法可用于帮助评价试验结果，但统计学意义不能作为阳性反应判定的唯一因素。不符合以上标准的受试化学品认为在本试验

体系中无致突变性。

体外哺乳动物细胞基因突变试验出现阳性结果，表明受试化学品可引起哺乳动物细胞发生基因突变，剂量-反应关系意义较大。阴性结果表明在本试验条件下受试化学品不引起哺乳动物细胞发生基因突变。

2. 试验报告

试验报告应包括以下信息。

a）样品：名称和识别码如 CAS 登记号；物理性质和纯度；与试验实施相关的物理化学特性；稳定性。

b）赋形剂：选择理由；受试样品在其中的溶解性和稳定性。

c）细胞：类型和来源；培养皿/瓶数量；传代次数；细胞培养的维护方法；没有支原体的证据。

d）条件：细胞浓度和细胞数量选择的理由，包括细胞毒性数据和溶解度限值等（如可能）；培养基的成分、CO_2 体积分数、受试化学品浓度，所加入赋形剂和受试化学品的体积；孵育温度、孵育时间和处理持续时间；细胞密度；代谢活化系统的类型和成分，包括可接受的标准；阳性和阴性对照；表达时间（包括细胞接种数、传代和接种程序及所加培养液）；选择剂；认定试验结果阳性、阴性或可疑的标准；计数存活细胞和突变细胞的方法；集落大小和类型的定义（包括所谓小集落和大集落的认定标准）。

e）结果：毒性表现；沉淀现象；受试样品接触过程中的 pH 和渗透性数据（如可确定）；集落大小（至少包括阴性和阳性对照的数据）；实验室具备检测 L5178Y $TK^{+/-}$ 体系小突变集落能力的说明（如适用）；剂量-反应关系；统计分析；同期阴性（溶剂/赋形剂）和阳性对照数据；历史阴性（溶剂/赋形剂）和阳性对照资料，包括范围、均数、标准差；突变率。

26.4　哺乳动物红细胞微核试验

哺乳动物体内微核试验通过分析动物（通常为啮齿类）骨髓和/或外周血液中的红细胞，从而检测由受试化学品诱发的成红细胞染色体或有丝分裂器损伤[5]。红细胞微核试验的目的是鉴别可引起细胞发生遗传学损伤的物质，这种损伤会导致迟滞染色体片段或整条染色体形成微核。

当骨髓成红细胞演变成嗜多染红细胞时，其主核被排出，已形成的微核随后就留在无细胞核的胞质中。因为这些细胞没有主核，便于观察到。在染毒动物中有微核的嗜多染红细胞出现频率的增加是诱发染色体损伤的指征。

由于骨髓可产生嗜多染红细胞，因此该试验一般使用啃齿动物骨髓进行试验。如果已经证实脾不能清除有微核的嗜多染红细胞，或已表明某物种对能致染色体结构或数目畸变的物质有足够的敏感性，同样可考虑检测其外周血的有微核嗜多染红细胞。微核的判定标准有许多种，其中包括微核是否存在着丝点或着丝粒的 DNA 鉴定。有微核的嗜多染红细胞的出现频率是主要的检测终点。当受试动物连续染毒 4 周或更长时，外周血中的某些成熟红细胞含有微核，此时外周血中成熟的正染红细胞出现频率也可作为检测终点。

哺乳动物体内红细胞微核试验特别适用于评价涉及体内代谢、药物代谢动力学和DNA 修复过程等因素的致突变危害，尽管这些因素在不同物种、不同组织和不同遗传终点之间而有所不同。微核试验对进一步研究由体外系统检测到的致突变作用也是有用的。另外，如果有足够的证据表明受试化学品或活性代谢产物不能到达相应的靶组织内，则受试化学品不适合采用本试验进行试验。

26.4.1　试验基本原则

受试化学品采用适当染毒途径使受试动物染毒。如使用骨髓样本，则在染毒后的合适时间将动物处死，提取骨髓制片、染色。当使用外周血样时，则要在染毒后适当时间采血制片、染色，且末次染毒和细胞收获之间的时间要尽可能短。分析样本中存在的微核。

26.4.2　试验方法

1. 试验准备

（1）动物的选择

如使用骨髓样品，推荐使用小鼠或大鼠，其他合适的哺乳动物也可使用。当使用外周血样，则推荐使用小鼠。但如果某种动物的脾不能清除有微核的嗜多染红细胞，或已显示该动物对能引起染色体结构或数目畸变的化学物有足够的敏感性，则也可使用。一般选用初成年的健康实验室品系动物。试验开始时，动物的体重差异要小，同性别间差异不能超过每种性别平均体重的±20%。

（2）饲养条件

试验动物房的温度应为 22℃±3℃，相对湿度应为 50%～60%，但至少为 40%且不超过 70%（清扫动物房时除外），采用人工照明，12h 明暗交替进行。喂饲常规实验室饲料，不限饮水。如果将受试化学品掺入饲料，应确保饲料与受试化学品适当混合。动物可单独或少量同性别动物一起笼养。

（3）动物准备

健康初成年动物随机分为对照组和处理组。每只动物都要有自己特有的识别记号。染毒前动物至少应适应实验室条件 5 天。动物饲养笼子的安放要尽可能少的产生影响。

（4）受试化学品准备

如可行，在动物染毒前将固态受试化学品溶解或悬浮于适当的溶剂或赋形剂中，并稀释。液态受试化学品可直接染毒，或染毒前适当稀释。如果没有稳定性资料证明可以贮存，染毒应使用新鲜配制的受试化学品。溶剂/赋形剂在所用剂量水平不应产生毒性作用，并且不应与受试化学品产生化学反应。如果使用未知的溶剂/赋形剂，应有可证明其相容性的参考资料。建议尽可能首选性含水溶剂/赋形剂。

（5）对照

每个试验中每种性别都应有同步进行的阳性和阴性（溶剂/赋形剂）对照。除处理组使用受试化学品外，对照组动物的处置与处理组动物完全相同。

阳性对照的染毒剂量水平预期在体内产生的微核数目要高于本底值，其增高的程度要达到可以检出的水平。阳性对照选择的剂量应使阳性效应明显，但又不使阅片者立即发现其为阳性对照片。阳性对照的染毒途径可不同于受试化学品，且只可采一个时间点的样本。此外，也可考虑使用与受试化学品化学结构相关的阳性对照物：甲磺酸乙酯（ethyl methanesulphonate，CAS 登记号为 62-50-0）、乙基亚硝基脲（ethyl nitrosourea，CAS 登记号为 759-73-9）、丝裂霉素 C（mitomycin C，CAS 登记号为 50-07-7）、环磷酰胺（单水合物）[cyclophosphamide（monohydrate），CAS 登记号为 50-18-0（无水）（CAS 登记号为 6055-19-2（单水））]、2,4,6-三亚乙基亚胺Ⅲ-1,3,5-三嗪（triethylenemelamine，CAS 登记号为 51-18-3）。

阴性对照为溶剂/赋形物，除非动物间的差异可以接受，同时有带微核细胞的出现频率的历史对照资料可以证明无须设阴性对照，否则在每个采样时间点都应设置与染毒组同样处理的阴性对照。如果阴性对照为单次采样，则最适合的时间为首次采样时间。此外，如果没有历史资料或公认的对照资料证明所选的溶剂/赋形物不引起毒性或致突变效应，则应设未做任何处理的空白对照。

如使用外周血样，染毒前的样品也可作为阴性对照，但仅适用于短期的（如 1～3 次染毒）外周血试验，且其结果应在历史对照的预期范围内。

2. 试验步骤

（1）动物数目和性别

每一处理和对照组必须至少包括每种性别 5 只可供分析的动物。如果试验时已有资料证明采用同一品系和染毒途径在性别之间无显著差别，则用一种性别即可满足试验的要求。若人暴露于该化学品可能存在性别差异，则应选择相应性别的动物进行试验。

（2）染毒程序

无标准的染毒程序可供参考。如果染毒时间长达可证明已出现阳性效应或已出现毒性，或应用了限制剂量且染毒持续到采样时仍为阴性结果，那么可接受扩展染毒方案。受试化学品可分数次染毒，即在同一天内染毒 2 次，间隔时间不超过几个小时，以便实现受试化学品的大容量染毒。

试验可用两种方式完成。

a）受试化学品一次性染毒。骨髓样品至少采集两次，开始采样的时间应在染毒后 24h 且不超过染毒后 48h，两次采样之间应有适当的间隔。采样时间早于染毒后 24h 应说明理由。外周血样至少采两次，首次采样的时间应在染毒后 36h，第二次采样与第一次采样之间应有一定的间隔，但不能超出染毒后 72h。当某一采样时间出现阳性反应时，则无须进一步采样。

b）如果每天染毒 2 次或更多次（如 24h 内染毒 2 次以上），可在末次染毒后 18～24h 采集骨髓一次，或在 36～48h 采集外周血样一次。

（3）剂量水平

由于没有可供利用的合适资料，因此剂量水平需要通过预试验来测定，预试验所用的实验室、动物种属和性别、处理程序应与正式试验相同。如果预试验存在毒性，则第一个采样点应设 3 个剂量水平，覆盖最大毒性、微毒性和无毒性剂量。随后的采样时间点只需要用最高剂量即可。最高剂量是指产生毒性体征的剂量，若用相同的染毒方式，高于该剂量即有可能引起动物死亡。对于在低剂量、无毒性剂量下具有特异生物活性的化学品（如激素和促细胞分裂剂），属于剂量设置准则的例外情况，应逐例评价。最高剂量也可定义为对骨髓产生某些毒性指征（如骨髓或外周血样中不成熟红细胞占总红细胞的比例减少）的剂量。

（4）限量试验

如果一次性染毒或在同一天内进行两次染毒的剂量水平大于或等于 2000mg/kg 体重未产生可观察到的毒性效应，并且根据结构相关化学物质资料推断受试化学品无遗传毒性，则不需要进行 3 个剂量水平的完整试验。对于染毒时间长达 14 天的较长期试验，剂量限度为每天 2000mg/kg 体重；染毒时间多于 14 天时，剂量限度为每天 1000mg/kg 体重。根据人预期的暴露水平，有时可能需要采用更高剂量水平的限量试验。

（5）染毒

通常采用经口灌胃或腹腔注射方式进行染毒，理由充分的情况下也可采用其他染毒途径。一次灌胃或注射染毒的最大液体容积取决于试验动物的大小，但最大应不超过 2mL/100g 体重。采用更大容积时，必须说明理由。除了通常在较高浓度时可出现毒效应增强的刺激或腐蚀物外，其余物质应调整浓度，确保所有剂量水平的容积相等，以尽量减少试验容积不同所致的差异。

（6）骨髓/血样制备

骨髓细胞一般在处死动物后立即由股骨或胫骨获得，通常从股骨或胫骨中取出细胞，用已建的方法制片和染色。外周血样从尾静脉或其他合适的血管中采集，血细胞应在存活状态下立即染色或制成涂片并染色。为了消除使用非 DNA 特异染色所造成的人工假象，可使用 DNA 特异性染料[如吖啶橙（acridine orange）或赫希斯特 33258（Hoechst 33258）加焦宁 Y（pyronin Y）]，但并不排除使用常规染色[如吉姆萨（Giemsa）染液]，其他合适在实验室制备微核的系统（如用纤维素柱子清除有核细胞）也可使用。

（7）分析

每只动物的骨髓中至少要计数 200 个红细胞，外周血样计数 1000 个红细胞，以计算嗜多染红细胞占总红细胞（嗜多染红细胞+嗜正染红细胞）的比例。所有阳性和阴性涂片，应在镜检前独立编号。

每只动物检查 2000 个嗜多染红细胞，以计算有微核嗜多染红细胞的发生率。检查嗜正染红细胞的微核，可获得附加的信息。涂片分析时，嗜多染红细胞占总红细胞的比例不应低于对照的 20%。当动物染毒 4 周或更长时间时，每只动物至少检查 2000 个嗜正染红细胞的微核发生率。

26.4.3　数据和报告

1. 试验数据

（1）数据处理

每只动物的数据以表格的形式列出。每只被分析的动物分别列出所计数的嗜多染红细胞数、有微核嗜多染红细胞数、嗜多染红细胞数占总红细胞的比例。如果动物连续染毒 4 周或以上，应给出嗜正染红细胞的数据（如已有）。如果反应不存在性别差异，则两性别的数据可合并统计并进行分析。

（2）结果评价和解释

阳性结果的确证标准包括：与剂量相关的有微核嗜多染红细胞数增加，或某一采样时间点某一剂量组中有微核嗜多染红细胞数明显增加。阳性结果首先考虑其生物学相关性。统计学方法可用于帮助评价试验结果，但其显著性不是确定阳性结果的唯一因素。对于存在疑问的结果，建议通过改进试验条件后进一步试验来验证。如果受试化学品的结果不符合上述标准，则可判定为不具致突变性。

虽然大多数试验可得到明确的阳性或阴性结果，但偶尔存在仅凭资料不能对受试化学品活性作出明确判断的情况。微核试验阳性结果表明受试物引起试验动物成红细胞染色体损伤或有丝分裂装置损伤；而阴性结果则表明在该试验条件下，受试化学品使试验动物的未成熟红细胞不产生微核。

2. 试验报告

试验报告应包括以下信息。

a）受试化学品：名称和识别码如 CAS 登记号（如已知），鉴定资料；物理性质及纯度；与本试验有关的理化特性；稳定性（如已知）。

b）溶剂/赋形剂；选择赋形剂理由依据；受试化学品在其中的溶解性和稳定性（如已知）。

c）试验动物：种系；数量、年龄和性别；来源、饲养条件、饲料等；试验开始时各动物的体重，包括每组动物的体重范围、均数和标准差。

d）试验条件：阳性、阴性（赋形剂/溶剂）对照数据；剂量选择试验的资料（如有）及剂量水平的选择理由；受试化学品制备的细节及受试化学品染毒的细节；染毒途径的选择理由；证明受试化学品到达体循环或靶组织的方法（如适用）；饲料/饮水质量及由饲料/饮水中受试化学品浓度换算成实际染毒剂量[mg/(kg 体重 · d)]（如适用）；细述处理和采样的计划；涂片的制备方法；测量毒性的方法；计数有微核嗜多染红细胞的标准；每只动物分析的细胞数；判断阳性、阴性或可疑结果的标准。

e）结果：毒性体征；嗜多染红细胞占总红细胞的比例；分别给出每只动物的有微核嗜多染红细胞数据；每组有微核嗜多染红细胞的平均数±标准差；剂量-反应关系（如有）；统计分析及所用的方法；同步进行的和历史的阴性与阳性对照数据。

f）结果讨论。

g）结论。

26.5　哺乳动物骨髓染色体畸变试验

哺乳动物骨髓染色体畸变试验用于检测由受试化学品诱发的啮齿动物骨髓染色体结构畸变。结构畸变有两种形式：染色体型和染色单体型。多倍体增加表明受试化学品可能有导致染色体数目畸变的潜在作用。大多数化学致突变物诱发的染色体畸变是染色单体型畸变，但染色体型突变也可发生[6]。

染色体突变及相关事件是很多人类遗传性疾病的原因。有充分的证据表明，引起癌基因和肿瘤抑制基因改变的染色体畸变及相关事件与人类、试验体系中癌症发生有关。

骨髓染色体畸变试验常规使用啮齿动物。骨髓是试验的靶组织，因它富含血管，且有大量易于分离和处理的快速循环的细胞。该试验尤其适合评价需要考虑体内代谢、药物代谢动力学和 DNA 修复过程等因素的致突变危害。体内试验对进一步研究由体外试验检出的致突变作用也是有用的。

如果有证据表明受试化学品或其活性代谢产物不能到达靶组织，则该受试化学品不适用于本试验。

26.5.1　试验基本原则

通过合适的染毒途径给试验动物染毒，并在染毒后适当的时间处死动物。在处死前，动物用细胞中期分裂相阻断剂（如秋水仙碱或秋水仙胺）处理，然后取骨髓细胞进行染色体制片、染色，分析中期分裂相细胞的染色体畸变。

26.5.2　试验方法

1. 试验准备

（1）动物品系选择

通常使用健康、初成年的大鼠、小鼠或中国仓鼠，但也可用其他合适的哺乳动物。在试验之初，动物体重变异应不超过同性别平均体重的±20%。

（2）饲养条件

试验动物房的温度应该为 22℃±3℃，除清洁动物房时间外，相对湿度应保持在 30%～70%，最佳相对湿度保持在 50%～60%，采用人工照明，12h 明暗交替。喂饲常规实验室饲料，自由饮水。也可以根据需要选择饲料，如果以受试化学品掺入饲料的方式进行染毒，需保证饲料与受试化学品适当混合。动物可单独或同性别少量笼养。

将试验动物随机分配到对照组和染毒组，饲养笼可随机安排，以使饲养笼的放置效应减小。动物应有唯一的鉴别标记，并至少适应试验条件 5 天。

（3）受试化学品

固体受试化学品在染毒前应溶于或悬浮于合适的溶剂或赋形剂中，并在染毒前进行适当稀释。液体受试化学品可直接染毒，或在染毒前适当稀释。应使用新鲜制备的受试化学品，除非有资料证明溶液贮存是稳定的。

（4）试验条件

1）溶剂/赋形剂

溶剂/赋形剂在所用剂量水平不应产生毒效应，且不应与受试化学品有发生化学反应的可能。如果使用未充分了解的溶剂/赋形剂，应有其相容性的资料支持。首先考虑使用水性溶剂/赋形剂。

2）对照

每个试验的每个性别都应包括同步进行的阳性和阴性（溶剂/赋形剂）对照。除染毒组染毒受试化学品之外，对照组动物应与染毒组动物以相同的方式进行操作。

阳性对照的染毒剂量应使体内有预期可检测到超过本底值的染色体结构畸变。阳性对照物的浓度应合理设计，最好是阳性结果明显，但又不能使阅片者立即发现其为阳性对照标本片。阳性对照物的染毒途径可不同于受试化学品，并且仅在一个时间点采样。如可能，可考虑利用与受试化学品化学结构相关的阳性对照物：2,4,6-三亚乙基亚胺-1,3,5-三嗪（triethylenemelamine，CAS 登记号为 51-18-3）、甲磺酸乙酯（ethyl methanesulphonate、CAS 登记号为 62-50-0）、乙基亚硝基脲（ethyl nitrosourea，CAS 登记号为 759-73-9）；丝裂霉素 C（mitomycin C，CAS 登记号为 50-07-7）、环磷酰胺（单水合物）[cyclophosphamide（monohydrate），CAS 登记号为 50-18-0（CAS 登记号为 6055-19-2）]。

阴性对照组为溶剂/赋形剂，且在每个采样时间点都应设置与染毒组同样处理的阴性对照。如果阴性对照为单次采样，则最适合的时间为首次采样时间。此外，如果没有历史资料或公认的对照资料证明所选的溶剂/赋形物不引起毒性或致突变效应，则应设未做任何处理的空白对照。

2. 试验步骤

（1）动物数量和性别

每个染毒组和对照组至少有 10 只可供分析的动物，雌雄各半。如果已有资料证明同一品系的两种性别动物经相同途径染毒结果无显著差别，则可只用一种性别。当人类暴露于该化学品可能有性别差异时（如某些药物），则应选择相应性别的动物进行试验。

（2）染毒程序

最好采用一次性染毒。若给予较大容量的受试化学品，可分次染毒，即在一天内染毒 2 次，其间隔时间不超过几小时。若采用其他方式染毒则需提供科学理由。

染毒后，分别在两个不同的时间点采集样品。啮齿动物第一次采样时间一般在一个半正常细胞周期后，即于染毒后 12～18h 采集样品。受试化学品吸收、代谢所需时间，以及其对细胞周期动力学的作用都可能影响染色体畸变检测的最佳时间。第二次采样时间推荐在第一次采样后 24h。如染毒程序超过一天，应在末次染毒后一个半细胞周期时采样。

动物在处死前，腹腔注射适量的细胞中期分裂相阻断剂（如秋水仙素胺或秋水仙碱），然后间隔适当时间取样。小鼠间隔 3～5h；中国仓鼠间隔 4～5h。从骨髓中采集细胞并分析染色体畸变。

（3）剂量水平

如果因没有可供利用的合适资料而需进行预试验来确定剂量范围，应采用与正式试验相同的实验室、相同品系和性别的试验动物及染毒程序进行试验。如果存在毒性，第一次采样时间应设计 3 个剂量水平。剂量范围的设计应覆盖最大毒性至最小毒性或无毒性剂量。随后的采样时间点仅需采用最高剂量。最高剂量是指产生毒性体征的剂量，并且采用同样的染毒程序，高于该剂量可引起动物死亡。对于在低剂量、无毒性剂量下具有特异生物活性的化学品（如激素和促细胞分裂剂），属于剂量设置准则的例外情况，应逐例评价。最高剂量也可定义为对骨髓产生某些毒性指征（如骨髓或外周血样中不成熟红细胞占总红细胞的比例减少）的剂量。

（4）限量试验

如果一次性染毒或同一天内两次染毒剂量水平大于或等于 2000mg/kg 体重未产生可观察到的毒性效应，并且根据结构相关化合物的资料推断受试化学品无遗传毒性，则不需要进行 3 个剂量水平的完整试验。对于染毒时间长达 14 天的较长期试验，剂量限度为每天 2000mg/kg 体重；染毒时间超过 14 天，剂量限度为每天 1000mg/kg 体重。根据人预期的暴露水平，有时可能需要采用更高剂量水平的限量试验。

（5）染毒

通常采用经口灌胃或腹腔注射途径染毒，具备充足依据的条件下其他染毒途径也可接受。一次灌胃或注射染毒的最大液体容积取决于试验动物的大小，但应不超过 2mL/100g 体重。除在较高浓度显示出毒效应增强的刺激或腐蚀物外，染毒化学品的浓度应调整到确保其在所有的剂量水平等容积染毒，以尽量减少因染毒容积不同而造成的差异。

（6）染色体制备与分析

处死动物后迅速取出骨髓，经低渗处理和固定，将细胞分散到载玻片上并染色。各染毒剂量组（包括阳性对照组）和阴性对照组，每个动物至少分析 1000 个细胞，测定有丝分裂指数，以确定细胞毒性。

每个动物应至少分析 100 个中期分裂相细胞，如果观察到的畸变率很高，则可适当减少观察的细胞数。所有标本片，包括阳性对照和阴性对照，在镜检前应独立编号。由于制片过程常导致一定比例中期分裂相细胞破裂而丢失染色体，因此所计数细胞含有的着丝粒数应等于 $2n\pm2$。

26.5.3　试验数据、结果和报告

1. 数据处理

以表格列出每只试验动物的资料。对细胞数、每个细胞畸变数和百分率作出评价。染毒组和对照组不同类型染色体结构畸变的数目与频率也应列出。裂隙应单独记录和报告，但一般不计入总畸变率中。若没有证据表明性别间有明显差异，雌雄动物的数据可合并进行统计分析。

2. 结果评价

判断阳性结果的标准有：染色体畸变细胞数的增高呈现剂量-反应关系，或在某一采样时间点某一剂量组畸变细胞数明显增高。对于阳性结果应首先考虑其生物学意义。统计学方法可用于帮助评价试验结果，但其显著性不应是确定阳性结果的唯一因素。对于可疑的试验结果，最好通过改进试验条件等后进一步试验加以澄清。

含多倍体增加表明受试化学品具有潜在诱发染色体数目畸变的作用。含内复制染色体细胞数增加则表明受试化学品具有潜在的抑制细胞周期的作用。结果不符合上述判断标准的受试化学品，可认为在本试验中无致突变作用。体内染色体畸变试验阳性结

果表明受试化学品具有诱发该种受试动物骨髓细胞发生染色体畸变的作用；阴性结果表明在本试验条件下，受试化学品不具有诱发该种受试动物骨髓细胞发生染色体畸变的作用。

3. 试验报告

试验报告应包括下列内容。

a）受试化学品：名称和识别码如 CAS 登记号（如已知）；物理性状和纯度；与本试验相关的理化特性；稳定性（如已知）。

b）溶剂/溶媒：选择依据；受试化学品在其中的溶解性和稳定性（如已知）。

c）试验动物：品系；数量、年龄和性别；来源、饲养条件、饲料等；试验开始时动物的个体体重，每组动物的体重范围、均数和标准差。

d）试验条件：阳性对照和阴性（溶剂/溶媒）对照；剂量设计的预试验资料（如进行）；剂量水平的选择理由；受试化学品制备的详细资料；染毒的详细资料；染毒途径的选择理由；证明受试物到达体循环或靶器官的方法（如进行）；从饲料/饮水中受试化学品浓度换算成实际染毒剂量[mg/(kg 体重 · d)]（如进行）；饲料及饮水质量的详细资料；染毒和采样时间的详细资料；测定毒性的方法；中期分裂相阻断剂的特性、浓度及处理时限；标本制备方法；计数畸变的标准；每只动物分析的细胞数；判断试验结果为阳性、阴性或可疑的标准。

e）结果：毒性体征；有丝分裂指数；每只动物的畸变类型和数量；每组的总畸变数、均数和标准差；染色体倍数的改变（如观察到）；剂量-反应关系（如可能）；统计学分析；同步进行的阴性对照资料；历史的阴性对照资料，包括范围、均数和标准差；同步进行的阳性对照资料。

f）结果讨论。

g）结论。

26.6　体外哺乳动物细胞染色体畸变试验

体外哺乳动物细胞染色体畸变试验的目的是检测受试化学品是否会导致哺乳动物细胞发生染色体结构畸变。结构畸变可以分为染色体型和染色单体型两种。大多数化学致突变物诱导染色单体型畸变，但也可诱导染色体型畸变。多倍体增加表明受试化学品可导致染色体数目畸变，但本试验并非用于检测数目畸变[7]。染色体突变及相关结果可引起很多人类遗传性疾病，并且有证据表明引起体细胞中癌基因和肿瘤抑制基因改变的染色体突变及相关结果与人类、试验动物肿瘤发生有关。

体外染色体畸变试验可选用已建立的细胞系、细胞株或原代细胞。细胞是根据培养的生长能力、核型稳定性、染色体数目、染色体差异以及染色体畸变自发频率来选择的。体外试验一般需要外源代谢活化系统，并不能完全模拟哺乳动物体内条件。

体外哺乳动物细胞染色体畸变试验用于筛选可能的哺乳动物致突变物和致癌物。尽管该试验结果中许多阳性化学品是哺乳动物致癌物，但本试验的结论与致癌性之间并无很好的相关性，因为越来越多的证据表明，本试验未检出的致癌物并不是通过直接损伤 DNA 的致癌机制起作用的。

26.6.1　试验原则

在加入和不加入代谢活化系统的条件下，细胞培养物暴露于受试化学品中，经过预先确定的时间间隔后，以中期相阻断剂（如秋水仙碱或秋水仙胺）处理、收获、染色，用显微镜分析中期分裂相细胞染色体畸变。

26.6.2　试验方法

1. 试验准备

（1）细胞

可用包括人细胞在内的多种细胞系、细胞株或原代细胞培养物（如中国仓鼠），如成纤维细胞、人或其他哺乳动物的外周血淋巴细胞。

（2）培养基和培养条件

使用合适的培养条件（培养管、CO_2 体积分数、温度和相对湿度）维持所培养细胞的生长。对已建立的细胞系或细胞株进行常规的染色体数目、稳定性和支原体污染情况检查，如有污染则不应使用。试验前了解正常的细胞周期和培养条件。

（3）培养物

已建立的细胞系和细胞株：通过贮备的培养物繁殖获得细胞，细胞培养温度为 37℃，培养基上接种密度应使细胞在收获时未融合。

淋巴细胞：从健康的个体采得经抗凝剂（如肝素）处理的全血或分离的淋巴细胞，加入含促细胞分裂剂（如植物凝血素）的培养基中，于 37℃培养。

（4）代谢活化

在加入或不加入代谢活化系统的条件下，细胞暴露于受试化学品中。最常用的代谢活化系统是由用酶诱导剂如 Aroclor 1254 或苯巴比妥和 β-萘黄酮联合处理后的啮齿动物肝脏制备的并补充辅助因子的去线粒体后组分（S9）。S9 在培养液中的终体积分数范围一般为 1%～10%，代谢活化系统的条件应取决于受试化学品的类别。在某些情况下，也可以采用一个以上的终浓度。许多新的代谢活化系统，包括有特定激活酶的遗传工程构建的细胞系，可能具有内源激活作用。

（5）受试化学品

固体受试化学品应溶于或悬浮于合适的溶剂/赋形剂中，在染毒前要适当稀释。液体受试化学品可直接加入试验系统和/或于染毒前稀释。除非有资料证实贮存受试物是稳定的，否则应使用新鲜制备的受试化学品。

1）溶剂/赋形剂

所有溶剂/赋形剂不应与受试化学品发生化学反应，并且不影响细胞存活和 S9 活性。如果采用不常用的溶剂/赋形剂，应有资料表明其对细菌存活率和 S9 活性无影响。应首先考虑采用水作溶剂/赋形剂。当受试化学品在水中不稳定时，则所用的有机溶剂应该是无水的，可用分子筛去除水。

2）染毒浓度

在确定最高浓度时应该考虑受试化学品的细胞毒性、在试验系统中溶解性及 pH 或渗透压的变化。在加入和不加入代谢活化系统的条件下，可利用细胞完整性和细胞生长参数（如融合程度、存活细胞计数或有丝分裂指数）等合适的指标来测定细胞毒性，可先通过预试验测定细胞毒性和溶解性。

至少设置 3 个染毒浓度组，在有细胞毒性时，浓度范围应包括最大细胞毒性至几乎无细胞毒性浓度，组间距应设为 2～10 倍。在收获细胞时，最高浓度组应见到明显的细胞融合程度、细胞计数或有丝分裂指数降低（均大于 50%）。有丝分裂指数仅是反映细胞毒性或细胞生长抑制作用的间接指标，且取决于染毒后的时间。但当测定毒性的其他方法不可行时，则测定悬浮培养液的有丝分裂指数是可接受的。细胞周期动力学资料如平均传代时间（AGT）可用作确定染毒浓度的补充资料。但作为总平均数的 AGT 通常不能揭示有延缓的亚群存在。对于相对无细胞毒性的化学品，最高浓度应该是 5μL/mL 或 5mg/mL。

相对不溶的受试化学品，在达到接近溶解度最高水平的浓度时仍无细胞毒性时，最高剂量应采用染毒期结束时最终培养液中溶解度限值以上的一个浓度。在某些情况（如毒性仅见于溶解度最高水平以上较高的浓度）下，应设一个溶解度最高水平以上可见沉淀的浓度。应在染毒开始和结束时评价溶解性，因为在试验系统中存在细胞、S9、血清等，在染毒过程中受试化学品溶解性可能改变。受试化学品的不溶性可用肉眼检测，沉淀不应干扰结果计数。

（6）对照

每个试验均应在加入和不加入代谢活化系统条件下，设平行的阳性和阴性（溶剂/赋形剂）对照。在使用代谢活化系统时，阳性对照物应是需要经代谢活化过程才显示致突变作用的化学物质。

阳性对照物应使用已知的断裂剂，其染毒水平应有明显超过本底值的、可重复的阳性结果，以证实试验系统的敏感性。阳性对照物的浓度应合理设计，最好是阳性结果明显，但又不能使阅片者立即发现其为阳性对照标本片。

不需要外源代谢活化系统的阳性对照物有：甲磺酸甲酯（methyl methanesulphonate，CAS 登记号为 66-27-3）、甲磺酸乙酯（ethyl methanesulphonate，CAS 登记号为 62-50-0）、乙基亚硝基脲（ethyl nitrosourea，CAS 登记号为 759-73-9）；丝裂霉素 C（mitomycin C，CAS 登记号为 50-07-7）、4-硝基喹啉-*N*-氧化物（4-nitroquinoline-*N*-oxide，CAS 登记号为 56-57-5）。

需要外源代谢活化系统的阳性对照物有：苯并[a]芘[benzo[a]pyrene，CAS 登记号为 50-32-8]、环磷酰胺（单水合物）[cyclophosphamide（monohydrate），CAS 登记号为 50-18-0（CAS 登记号为 6055-19-2）]。

也可使用其他合适的阳性对照物。如有可能，可使用与受试化学品化学结构相关的阳性对照物。

每个收获时间都应包括相应的阴性对照。阴性对照指培养液中仅含有溶剂或赋形剂而不含有受试化学品的对照，用与处理组相同的方法处置培养物。另外，在无历史对照资料证明所选用的溶剂无毒性或无致突变作用的情况下设空白对照。

2. 试验步骤

（1）染毒

在加入和不加入代谢活化系统的条件下，处在增殖期的细胞染毒受试化学品。淋巴细胞应在刺激有丝分裂后约 48h 开始染毒。每个染毒浓度，尤其是阴性/溶剂对照均应采用双份培养物。如果与历史资料比较证明双份培养物之间差异很小，则每个浓度仅用一个培养物也可以接受。

（2）采样

在首次试验时，细胞应在加入和不加入代谢活化系统条件下染毒 3～6h，并在染毒后约一个半正常细胞周期时采样。如在加入和不加入代谢活化系统条件下均为阴性结果，则应再进行一次不加入代谢活化系统的试验，并延长染毒时间至约一个半正常细胞周期。在有代谢活化条件下得到的阴性结果，需要逐个重复验证。如认为阴性结果不必进行证实，应提供适当理由。

（3）染色体制备与分析

在收获前通常以秋水仙胺或秋水仙碱处理细胞培养物 1～3h。收获每个细胞培养物并分别制备染色体。染色体制备包括细胞的低渗处理、固定和染色。包括阳性和阴性对照在内的所有涂片，均在镜检分析前独立编号。由于固定过程可导致一定数量的中期分裂相细胞破损而丢失染色体，因此计数的细胞含有许多着丝粒，其数目可等于各类细胞模式数的 $2n\pm2$；每个浓度组和对照组至少计数 200 个分散良好的中期分裂相细胞，如果可行，用 2 个平行培养物各计数 100 个细胞。如果观察到的染色体畸变数很高，计数的中期分裂相细胞数可以适当减少。

26.6.3　试验数据、结果和报告

1. 数据处理

计算染色体结构畸变细胞的百分比。列出染毒组和对照组不同类型染色体结构畸变的数目和频率。裂隙应单独记录和报告，但一般不计入总畸变率中。记录整个畸变试验中所有同时测定的染毒组和阴性对照组的细胞毒性结果。提供各个培养物的资料，且所有资料应以表格列出。

明确的阳性结果不要求验证。对可疑的结果应进一步试验，最好是改变试验条件。阴性结果的证实需要重复试验，在进一步试验中应考虑改进试验参数，以扩展评价条件的范围，试验参数包括浓度间距和代谢活化条件。

2. 结果评价

阳性结果的判断标准包括：染色体畸变细胞数的增加与浓度相关，或染色体畸变细胞数的增加是可重复的。对于阳性结果应首先考虑其生物学意义。可利用统计学方法帮助评价试验结果，但统计学显著性不应是确定阳性反应的唯一因素。

含多倍体增加表明受试化学品具抑制有丝分裂过程和诱发染色体数目畸变的潜在作用。含内复制染色体细胞数增加可能表明受试化学品具有潜在的抑制细胞正常分裂周

期的作用。对于结果不符合阳性判定标准的受试化学品，可认为在本系统中无致染色体畸变作用。

体外哺乳动物细胞染色畸变试验阳性结果表明受试化学品可诱发体外培养的哺乳动物体细胞发生染色体结构畸变；而阴性结果表明在试验条件下，受试化学品未诱发体外培养的哺乳动物体细胞发生染色体结构畸变。

3. 试验报告

试验报告应包括下列内容。

a）受试化学品：名称和识别码如 CAS 登记号（如已知）；物理性状和纯度；与本试验相关的理化特性；稳定性（如已知）。

b）溶剂/赋形剂：选择依据；受试化学品在其中的溶解性和稳定性（如已知）。

c）试验细胞：类型和来源；核型特征和选择理由；无支原体污染（如有资料）；细胞周期的长度；供血者性别，全血或分离淋巴细胞，所用促有丝分裂剂；细胞培养的代数（如适用）；细胞培养物的保养方法（如适用）；模式（model）染色体数。

d）试验条件：中期分裂相阻断剂名称、浓度和细胞染毒持续时间；选择受试化学品浓度和培养物数的理由，如细胞毒性资料和溶解性资料（如有资料）；培养基成分和 CO_2 体积分数（如适用）；受试化学品浓度；所加赋形剂和受试化学品的容积；培养温度；培养时间；染毒持续时间；接种的细胞密度（如适用）；代谢活化系统的类型和组分，包括可接受的标准；阳性和阴性对照；制片方法；计数畸变的标准；分析的中期分裂相细胞数；测定细胞毒性的方法；判断试验结果为阳性、阴性或可疑的标准。

e）结果：毒性表现，如融合程度、细胞周期资料、细胞计数、有丝分裂指数；沉淀迹象；处理基质的 pH 和渗透压资料（如测定）；畸变的定义，包括裂隙；每个处理组和对照组的培养物应分别提供染色体畸变细胞数、染色体畸变类型；染色体倍数的改变（如观察到）；剂量-反应关系（如可能）；统计分析（如进行）；同步进行的阴性（溶剂/赋形剂）和阳性对照资料；历史阴性（溶剂/赋形剂）和阳性对照资料，包括范围、均数和标准差。

26.7　啮齿动物显性致死试验

啮齿动物显性致死试验是一项生殖细胞阳性致突变试验，用来检测啮齿动物整体生殖细胞染色体畸变，进一步确证体外试验或其他试验系统获得的阳性结果，以评价受试化学品能否到达性腺组织并产生遗传危害[8]。

26.7.1　试验基本原则

使用雄性动物接触受试化学品，并与未染毒且未交配过的雌性动物交配。用每一只雄性动物以一定的时间间隔与不同的雌性动物交配来检测不同阶段的生殖细胞所受的影响。在适当的时间处死雌性动物，检查子宫内容物，测定着床数、活胎数和死胎数。根据染毒组和对照组每个雌性活的着床数来计算显性致死效应：如果染毒组每个雌性死的着床数高于对照组每个雌性死的着床数，则说明着床后损失；通过比较染毒组与对照组死亡着床数和总着床数比例，计算着床后的损失；根据染毒组与对照组总着床数或根据黄体数来估计着床前的损失。

26.7.2　试验方法

1. 试验准备

（1）受试化学品

受试化学品新鲜配制，除非有资料表明此溶液（或乳浊液、悬浊液等）保存具有稳定性。固体受试化学品应溶于或悬浮于适当的溶剂/赋形剂中，并进行稀释。液体受试化学品可直接使用或稀释后使用。根据受试化学品的理化性质（水溶性/脂溶性）确定受试化学品所用的溶剂/赋形剂，但所用溶剂/赋形剂的使用剂量应不对试验动物产生毒性作用，且不与受试化学品发生任何化学反应，通常用蒸馏水、等渗盐水、植物油、食用淀粉、羧甲基纤维素钠等。如采用非常用溶剂/赋形剂，应有参考资料说明其成分。

（2）对照

每次试验设置相应的阳性对照和阴性对照（溶剂/赋形剂），阴性对照除不使用受试化学品外，其他处理与受试化学品组一致。若一年内已从试验中获得了有效的阳性对照结果，则在同一实验室进行本试验时可不设阳性对照。选择已被证明在较低剂量水平即对显性致死敏感的阳性对照物，常用的阳性对照物有：环磷酰胺（cyclophosphamide，CAS 登记号为 50-18-0），40mg/kg 体重，腹腔注射；单水环磷酸胺（cyclophosphamide monohydrate，CAS 登记号为 6055-19-2），50～100mg/kg 体重，腹腔注射；三亚乙基蜜胺（triethylenemelamine，CAS 登记号为 51-18-3），0.3mg/kg 体重，腹腔注射；甲磺酸乙酯（ethyl methanesulphonate，CAS 登记号为 62-50-0），400mg/kg 体重一次或 100mg/kg 体重 5 次，腹腔注射。

阴性对照使用溶剂/赋形剂。当所使用的溶剂/赋形剂没有文献资料或历史资料可证明其无有害作用或无致突变性作用时，需设未做任何处理的对照组。

（3）受试动物和饲养环境

1）试验动物

应选用背景显性致死率低、妊娠率高和植入数高、健康、性成熟的动物品系，大鼠和小鼠是本试验的常规使用动物，经生殖能力预试验，受孕率应在 70%以上。小鼠体重 30g 以上或大鼠体重 200g 以上，动物平均体重差异按性别不能超过±20%。雌鼠应为未交配过且质量为雄鼠的 5～6 倍。动物应随机分组，每个处理组和对照组雄鼠一般不少于 15 只，要求每组每周至少有 30 只受孕雌鼠。动物购回后应适应实验室新环境不少于 3 天。

2）剂量设计

受试化学品至少设 3 个剂量组，并先进行预试验以确定最高剂量。最高剂量应能使试验动物出现毒性症状或繁殖能力轻微降低，染毒剂量可在 1/10～1/3 LD_{50} 选择；中间剂量应引起较轻的可观察到的毒性效应；低剂量应不出现任何毒性效应。剂量间距以 2～4 倍为宜。对照组除不接触受试化学品外，其他条件应与染毒组完全相同。必要时可设溶剂/赋形剂对照组，以研究溶剂/赋形剂的影响。对照组中赋形剂的浓度可采用高浓度组的赋形剂用量。如染毒后出现严重的中毒症状，则应降低受试化学品的剂量，即使高剂量组浓度降低会导致其他毒性反应明显下降或消失，也应如此。

受试化学品毒性较低时，最高剂量一次染毒为 5g/kg 体重，多次染毒为 1g/(kg · d)。

2. 试验步骤

（1）染毒方式与途径

雄鼠先接触受试化学品，再进行交配。雌鼠不接触受试化学品。根据试验目的或受试化学品的性质选择染毒途径，通常采取经口灌胃或腹腔注射途径。受试化学品溶液一次给予的最大容量，大鼠不应超过 2mL/100g 体重，小鼠不应超过 0.8mL/20g 体重。一般情况下染毒一次，或每天一次，连续 5 天。

（2）交配方式

雄鼠接触受试化学品后的当天（染毒一次）或最后一次接触受试化学品后的当天（多次染毒），按 1 : 1 或 2 : 1 的雌雄鼠比例同笼交配，于 5 天后取出雌鼠另行饲养，雄鼠则于 2 天后再与同样数量的另一批未交配的雌鼠同笼交配，如此共进行 6～9 批。

（3）临床观察

主要观察并记录亲代动物的毒性反应。

（4）胚胎检查

以雌雄同笼日算起第 15 至 17 天，采用颈椎脱臼法处死雌鼠，立即剖腹取出子宫，仔细检查、计数，分别记录每一雌鼠的植入数、活胎数、早期死亡胚胎数和晚期死亡胚胎数。

（5）胚胎鉴别

活胎：完整成形，色鲜红，有自然运动，机械刺激后有运动反应。早期死亡胚胎：胚胎形体较小，外形不完整，胎盘较小或不明显。最早期死亡胚胎会在子宫内膜上隆起一小瘤，如已完全吸收，仅在子宫内膜上留一隆起暗褐色点状物。晚期死亡胚胎：成形，色泽暗淡，无自然运动，机械刺激后无运动反应。

26.7.3　试验数据、结果和报告

1. 数据处理

以表格的形式列出雄鼠数、孕鼠数和未受孕雌鼠数。应分别记录每次每对雌雄鼠交配的情况。对于每只雌鼠而言，详细记录其交配周次、与之交配的雄鼠接触受试化学品的剂量，以及活胎率和死胎率情况。

以受试化学品组的雄鼠为单位，按式（26-1）～式（26-6）分别计算每周的下列各项指标：

$$\text{平均受孕率(\%)} = \frac{\text{每组孕鼠数}}{\text{每组同笼雌鼠总数}} \times 100 \tag{26-1}$$

$$\text{总着床数} = \text{活胎数} + \text{早期胚胎死亡数} + \text{晚期胚胎死亡数} \tag{26-2}$$

$$\text{平均着床数} = \frac{\text{每组总着床数}}{\text{每组受孕雌鼠数}} \tag{26-3}$$

$$早期胚胎死亡率(\%)=\frac{每组早期胚胎死亡数}{每组总着床数}\times 100 \quad (26\text{-}4)$$

$$晚期胚胎死亡率(\%)=\frac{每组晚期胚胎死亡数}{每组总着床数}\times 100 \quad (26\text{-}5)$$

$$平均早期胚胎死亡数=\frac{每组早期胚胎死亡数}{每组受孕雌鼠数} \quad (26\text{-}6)$$

试验组与对照组动物的上述指标分别用 t 检验、负二项分布、X^2 检验、单因素方差分析或秩和检验法进行统计分析。

2. 结果的评价与判定

试验组受孕率或着床数明显低于阴性对照组，早期或晚期胚胎死亡率明显高于阴性对照组，并有明显的剂量-反应关系和统计学意义时，即可确认为阳性结果。若统计学差异有显著性，但无剂量-反应关系，则需进行重复试验，结果能重复者可确定为阳性。显性致死阳性结果表明在试验条件下，受试化学品对所用动物的生殖细胞具有遗传毒性。

3. 试验报告

试验报告应包括如下信息。

a）受试化学品名称、理化性状、配制方法、所用浓度等。

b）试验动物的种属、品系和来源（注明合格证号和动物级别）、性别、体重范围和/或周龄、喂养方式。

c）试验动物饲养环境，包括饲料来源（对于非标准饲料应注明饲料的配方）、室温、相对湿度、动物实验室和饲料的合格证号。

d）剂量设计和动物分组方法，每组所用动物性别、数量及初始体重范围。

e）各项检测指标的测定方法及主要检测仪器的名称和型号。

f）剂量分组及选择的基本原则，阳性和阴性对照资料（包括当前和历史的资料），染毒途径和方式。

g）主要操作步骤。

h）检测结果统计处理方法及各项参数的计算方法。

i）结果。包括中毒症状，每周每组总着床数、平均着床数、平均受孕率、早期胚胎死亡率、晚期胚胎死亡率和平均早期胚胎死亡数，剂量-反应关系，阴性对照的参考资料及历史资料、阳性对照的参考资料等。

j）列表报告各项指标测定结果，并列出经计算所得的毒理学参数。

26.8　哺乳动物精原细胞染色体畸变试验

哺乳动物精原细胞染色体畸变试验的目的是鉴定能引起哺乳动物精原细胞发生染色体结构畸变的物质。结构畸变包括两种：染色体型畸变和染色单体型畸变。大多数化学诱变剂诱发的畸变为染色单体型畸变，但也可诱发染色体型畸变。精原细胞染色体畸变试验的目的不是检测染色体数目畸变，常规来说不用于此目的[9]。许多人类遗传病可由染色体畸变及相关改变所引起。

精原细胞染色体畸变试验通过检测精原细胞中染色体的变化，从而预测物质引起生殖细胞发生可遗传突变的可能性。试验常规采用啮齿动物，检测受试动物有丝分裂相精原细胞的染色体畸变，其他靶细胞不作为本试验的观察对象。精原细胞染色单体型畸变应在染毒后细胞的第一次有丝分裂完成时检查，以避免类似损伤在其后的细胞分裂中丢失。当染毒的精原细胞变为精母细胞时，通过对处于终变期——分裂中期Ⅰ相的染色体型畸变进行减数分裂染色体分析，可以从染毒后的精原干细胞中获得更多信息。

26.8.1　试验基本原则

动物通过适当的途径接触受试化学品，一定时间后处死动物。在处死之前，用细胞中期分裂相阻断剂（如秋水仙碱或秋水仙胺）处理。随后制备生殖细胞染色体标本并染色，分析中期分裂相细胞的染色体畸变。

26.8.2　试验方法

1. 试验准备

（1）动物种属

通常用雄性中国仓鼠和小鼠，但也可使用其他合适的雄性哺乳动物。通常使用健康、初成年的试验动物品系。在试验开始时，动物间的体重差异应尽可能小，不超过平均体重的±20%。

1）饲养条件

试验动物房合适的温度应为22℃±3℃，相对湿度不超过70%（房间清洗时除外），但应争取达到50%～60%，人工照明，12h明暗交替。喂饲常规的实验室饲料，自由饮水。如果采用喂饲染毒法，应根据需要选择饲料，确保受试化学品能均匀地在其中混合。动物可以单笼饲养或把少量的同性别动物一起笼养。

2）动物准备

将健康、初成年的雄性动物随机分配到对照组和染毒组。应尽可能减少笼子安放所产生的可能影响。动物要标上特有的标识。在试验开始之前，动物应先适应实验室环境至少5天。

（2）受试化学品

固体受试化学品溶解或悬浮于适当的溶剂/赋形剂中，在染毒前可根据需要进行适当的稀释。液体受试化学品可直接染毒，也可稀释后染毒。除非有稳定性资料证明其可以贮存，否则受试化学品应新鲜配制。

（3）试验条件

1）溶剂/赋形剂

在选用的剂量水平下，溶剂/赋形剂不应产生毒性效应，也不应存在与受试化学品发生化学反应的可能性。如果使用的不是熟知的溶剂/赋形剂，应有参比资料支持其适合性。建议只要条件允许，首先考虑用水作溶剂/赋形剂。

2）对照

每次试验同步设置阳性和阴性（溶剂/赋形剂）对照。阴性对照组除不使用受试化学品外，其他处理与受试化学品组一致。阳性对照物的接触剂量应使阳性对照组动物体内能产生可检测到的高于背景值的精原细胞染色体结构畸变。阳性对照的剂量设置应能产生明显效应，但又不能阅读片者一看即知为阳性对照标本片。阳性对照物的染毒途径可以有别于受试化学品，且可以只采取一个时间点的样品。此外，如可行可以考虑使用与受试化学品化学结构相关的阳性对照化合物。阳性对照物的例子有：环磷酰胺（cyclophosphamide，CAS 登记号为 50-18-0；)、单水环磷酰胺（cyclophosphamide monohydrate，CAS 登记号为 6055-19-2）、环己胺（cyclohexylamine，CAS 登记号为 108-91-8）、丝裂霉素 C（mitomycin C，CAS 登记号为 50-07-7）、单聚丙烯酰胺（monomeric acrylamide，CAS 登记号为 79-06-1）、三亚乙基蜜胺（triethylenemelamine，CAS 登记号为 51-18-3）。

阴性对照为溶剂/赋形物，除非有历史对照资料可以证明可接受动物间差异以及细胞染色体突变率，否则在每个采样时间点都应设置与染毒组同样处理的阴性对照组。此外，如果无历史或公开发表的资料表明所用溶剂/赋形剂无毒性或无致突变作用，则所有采样点设置的对照都应有空白对照。

2. 试验步骤

（1）动物数量

每个试验组和对照组应包括至少 5 个可供分析的雄性动物。

（2）染毒程序

受试化学品可一次或两次染毒，两次染毒时应将受试化学品分小剂量在同一天内进行两次染毒（间隔时间不超过几个小时），以便实现大容量染毒。其他染毒方式应经过科学论证确证后才能使用。

最高剂量试验组在染毒后应分两次采集样品。由于受试化学品可能影响细胞周期动力学，早晚两次采样时间分别约为染毒后 24h 和 48h。除最高剂量外的其他剂量组，一般在染毒后 24h 或一个半正常细胞周期时采一次样，除非有其他已知的更适合检测效应的采样时间。

此外，也可采用其他采样时间，如当受试化学品引起染色体出现畸变滞后现象或产生 S 期毒理效应时，较早的采样时间可能是合适的。

多次染毒方式是否合适需视具体情况逐一鉴定。采用多次染毒方式时，于末次染毒后 24h（相当于一个半正常细胞周期）处死动物。根据需要可采用其他采样时间。在处死动物之前，腹膜注射适当剂量的中期分裂相阻断剂（如秋水仙碱或秋水仙酰胺）。此后按合适的间隔时间采集动物样品，小鼠的间隔应为 3～5h，中国仓鼠为 4～5h。

（3）剂量水平

如果没有合适的试验数据资料可利用，需对受试化学品的染毒剂量范围进行试验。预试验在与正式试验相同的实验室进行，并使用同一动物种属、品系及相同的处理方式。如果受试化学品具有毒性，应在第一个采样时间点设置 3 个剂量水平。这 3 个剂量应该覆盖最大毒性到微毒性或无毒性剂量。下一次采样只需采样最高剂量组。最高剂量的定义为：能使动物产生毒性体征的剂量，在此基础上用相同的染毒方式，若增加剂量会导致动物死亡。

在较低的无毒性剂量水平就具有特殊生物活性的化学物质（如激素和促细胞分裂剂），可不采用上述剂量设计标准，而应逐例具体评价。

（4）限量试验

如果试验剂量不低于 2000mg/kg，且在同一日内进行一次或两次染毒没有产生可观察到的毒性效应，并且根据结构相关物质的资料不能推断受试化学品有遗传毒性，则可不必在整个试验中设置 3 个剂量水平。

（5）染毒

受试化学品一般采用胃管或合适的导管插入强饲给药，或者采用腹腔注射。其他染毒途径经论证确证后也可使用。一次灌胃或注射的最大液体体积取决于检测动物的大小，但不能超过 2mL/100g 的限度，超过这个限度应进行论证。除在较高浓度下会导致影响加重的刺激或腐蚀物以外，其他受试化学品应通过调整浓度来减小受试化学品容积的变化，从而保证全部的剂量水平有相同的给药体积。

（6）染色体制备与分析

杀死动物后，立即取单侧或两侧睾丸制备细胞悬浮液，经低渗溶液处理和固定后，平铺细胞于载玻片上并进行染色。每个动物分析至少 100 个分散良好的中期分裂相细胞（即每个剂量组至少观察 500 个中期分裂相细胞）。当观察到的畸变细胞数目较多时，观察的细胞总数可减少。所有的涂片，包括阳性和阴性对照的涂片在镜检之前独立编码。由于细胞固定过程常常导致一部分中期分裂相细胞发生断裂而丢失染色体，因此所计数细胞含有的着丝粒数应等于 $2n\pm2$。

26.8.3　试验数据、结果和报告

1. 试验数据和结果

每一试验动物的数据以表格的形式列出。试验单位为动物个体。对每只动物的染色体结构畸变细胞数和每个细胞的染色体畸变数进行评价。处理组和对照组列出不同类型染色体结构畸变的数量与频率。裂隙应单独记录和报道，但一般不包括在总畸变数中。

如果在所有试验组和阴性对照组中每一动物所采取的 100 个分裂细胞样本中同时观察到有丝分裂与减数分裂，则要计算出精原细胞有丝分裂期至第一次和第二次减数分裂中期细胞的比值，用于衡量细胞毒性。如只观察到有丝分裂，则每只动物至少观察 1000 个细胞，以确定有丝分裂指数。

2. 结果评价和解释

染色体畸变细胞数的增加呈剂量-反应关系，或某一剂量组和某一采样时间点畸变细胞数明显增加，都是阳性结果判定标准。但对于阳性结果，首先需要考虑其生物学意义。统计学方法可用来帮助评价检测结果，但并不是阳性结果唯一的决定因素。对于模棱两可的结果，可通过修改试验条件后做进一步的试验加以澄清。

体内精原细胞染色体畸变试验阳性结果表明受试化学品可诱发受试动物生殖细胞

发生染色体畸变；阴性结果表明在本试验条件下，受试化学品不诱发受试动物生殖细胞发生染色体畸变。

3. 试验报告

试验报告应包括以下信息。

a）受试化学品：名称和识别码，如 CAS 登记号（如已知）；物理性质和纯度；与试验相关的理化特性；稳定性（如已知）。

b）溶剂/赋形剂：选择的理由；受试化学品在其中的溶解度和稳定性（如已知）。

c）试验动物：种属/品系；数量和年龄；来源、饲养条件、饲料等；试验开始时每只动物的体重，包括每组动物的体重范围、平均体重和标准差。

d）试验条件：确定剂量范围的预试验资料（如已进行）；剂量水平选择的依据；染毒途径选择的依据；受试化学品制备细节描述；受试化学品染毒细节描述；处死时间选择的依据；将饲料/饮水中受试化学品浓度换算成实际给药量[mg/(kg 体重 · d)]（若可能）；饲料和饮水质量的描述；染毒和采样方案的详细说明；毒性的测定方法；分裂中期相阻断剂的名称、浓度和作用持续时间；涂片制备方法；畸变的评价标准；每一动物分析的细胞数；试验结果为阳性、阴性或可疑的划分标准。

e）结果：毒性体征；有丝分裂指数；处于第一次和第二次有丝分裂中期的精原细胞的比例；每个动物的畸变类型和数量；每组的总畸变数；每组畸变细胞数；剂量-反应关系（如可能）；统计分析（如进行）；同步的阴性对照资料；历史阴性对照数据的范围、均数和标准差；同步的阳性对照资料；倍数的改变（如观察到）。

26.9　小鼠斑点试验

小鼠斑点试验的目的是确定孕鼠在特定的时间经胎盘吸收受试化学品后可能发生的胚胎体细胞突变[10]。

26.9.1　试验基本原则

小鼠斑点试验是经母体染毒而使发育早期的胚胎接触受试化学品的小鼠体内试验。发育的胚胎中靶细胞为黑色素细胞，靶基因是调控毛色的基因，发育中的胚胎是毛色基因杂合子。黑色素细胞的显性等位基因产生突变或丢失将影响其子代细胞中隐性性状的表达，从而使受试小鼠形成毛色镶嵌的斑点。将试验组中斑点的出现频率与对照组进行比较，以此来评估受试化学品的遗传毒性。

26.9.2　试验方法

1. 试验准备

（1）受试化学品

受试化学品溶于或悬浮于等渗盐溶液中。不溶于水的化合物可溶于或悬浮于合适的赋形剂中。所用的赋形剂应既不干扰受试化学品，也不产生毒性作用。受试化学品应在临用前新鲜配制。

（2）试验动物

T 系的小鼠（非刺鼠，a/a；灰鼠，粉红色眼睛，c^{ch}p/c^{ch}p；棕色，b/b；淡色，短耳，d se/d se；花斑，s/s）与 HT 系（淡色，非刺鼠，短足，pa a bp/pa a bp；铅灰色绒毛，1n fz/1n fz；蓝灰色，pe/pe）或 C57/B1（非刺鼠，a/a）交配。其他合适杂交，如 NMRI（非刺鼠，a/a；白化体，c/c）和 DBA（非刺鼠，a/a；棕色 d/d；淡色，d/d）也可以使用繁殖非刺鼠小鼠。

2. 试验步骤

（1）动物数量和性别

每个剂量组要有足够的染毒孕鼠用来繁殖适量的存活小鼠。通过观察处理组的斑点和对照组斑点数目范围来决定样本数大小。

（2）染毒途径

常用的染毒途径为经口灌胃和腹腔注射，必要时也可采用吸入或其他适当的染毒途径。腹腔注射可能更适合于鉴定先天性突变。采用与人接触途径一致的方式染毒，所得的试验结果对评定危险度最为实用。

（3）染毒剂量

至少使用两个有适当间隔的剂量，包括一个产生毒性作用体征或使仔鼠数目减少的剂量。受试化学品相对无毒性时测试剂量应达到 1g/(kg · d)，如不可能达到如此高剂量，应测试能达到的最高剂量。

（4）对照

设置与试验组同步进行的只含赋形剂的阴性对照。同一个实验室同类小鼠的历史数据也可以作为对照。近期内（一般不超过 12 个月）由同一个实验室得到的满意阳性对照结果，也可以代替同步的阳性结果。

（5）染毒程序

通常在受孕的第 8、9 和 10 天一次性染毒孕鼠，查到阴栓那天计为第 1 天。这些天数相当于受孕的第 7.25 天、8.25 天和 9.25 天。也可以在这些天数中做连续染毒处理。

（6）结果观察

将小鼠编号并计数小鼠出生后 3～4 周的斑点，分为 3 类。

a）距腹中线 5mm 范围内的白色斑点，可能由细胞死亡所致（WMVS，white mid vertral spot）。

b）乳房、生殖器、咽喉、腋下、腹股沟区及前中额部的黄色、灰色斑点，可能由分化异常所致（mis-differentiation spot，MDS）。

c）随机分布在被毛处的含色素的白色斑点，可能是由体细胞突变造成的（RS，recessive spot）。

上述 3 类斑点都需要计数，但是只有 RS 与遗传损伤有关。MDS 和 RS 可以用荧光显微镜观察皮毛样品来区分。

26.9.3　试验数据、结果和报告

1. 试验数据和结果

（1）数据处理

数据以表格形式呈现，包括小鼠总数和由体细胞突变引起的斑点数，以及每窝仔鼠的有关数据。数据统计资料用合适的统计方法进行评价。

（2）结果评价和解释

如果与遗传有关的斑点数目与染毒剂量相关且具有统计学意义，或至少在一个剂量水平出现有统计学意义的、可重复的斑点数目增加，则试验结果为阳性。否则可认为受试化学品在此系统中的结果为阴性。

2. 试验报告

试验报告应包含以下内容。

a）杂交动物的品系。

b）试验组和对照组的孕鼠数目。

c）试验组和对照组小鼠出生和断奶时的平均窝仔数。

d）受试化学品的剂量。

e）使用的溶剂。

f）孕鼠染毒时间、染毒途径。

g）测试的小鼠总数，试验组和对照组中的 MWVS、MDS 与 RS 数目。

h）测试的窝仔总数，试验组和对照组中的 MWVS、MDS 与 RS 数目。

i）外观形态异常，如有。

j）RS 是否呈剂量-反应关系。

k）统计评价。

l）结果讨论。

m）结果。

26.10　小鼠可遗传易位试验

小鼠可遗传易位试验用于检测哺乳动物 F_1 代中生殖细胞染色体结构和数量上的改变[11]。

26.10.1　试验基本原则

小鼠可遗传易位试验检测子代染色体水平的变化，雄鼠主要是染色体的相互异位，雌鼠则是 X 染色体的缺失（XO）。雄性的染色体异位和雌性的 XO 可导致动物的生育性降低，因此可利用 F_1 代来分析染色体变异的细胞学变化。雄性 X 常染色体和 c/t 型的异位可导致完全不育。细胞学变化可以在 F_1 代雄鼠生殖细胞减数分裂的终变期-中期 I 观察到，也可在 F_1 代雌性的雄性仔鼠中发现。

26.10.2 试验准备

1. 试验准备

（1）受试化学品

受试化学品溶于或悬浮于等渗盐溶液中。非水溶性受试化学品可溶于或悬浮于适当的赋形剂中，受试化学品应在使用前新鲜配制。如果使用赋形剂，则赋形剂应不干扰受试化学品的特性，也不能产生毒性作用。

（2）试验动物

为方便喂养和便于进行细胞学验证，试验选用小鼠。对小鼠品系无特殊要求，但要求所使用小鼠品系的平均窝仔数应大于 8 只，且相对稳定。应选用健康、性成熟的动物。

（3）动物数量

动物数量根据自发易位频率和阳性结果需要的最低诱导率而定。小鼠可遗传易位试验需要分析雄性 F_1 代，每个剂量水平至少需 500 只 F_1 代雄鼠。

2. 试验步骤

（1）对照

设置对照组的相关资料必须充分，数据可来自平行对照和历史对照。同一实验室近期的可用阳性结果，可以代替试验的平行阳性对照。

（2）剂量水平

通常把能产生极小毒性作用但不影响生殖行为且不造成死亡的最高剂量作为试验剂量。为了建立剂量-反应关系，还需另设两个低剂量组。对于无毒性受试化学品，当采用单次染毒时，剂量可达 5g/kg，当采用重复染毒时，剂量可达 1g/(kg · d)，当达不到以上剂量时，使用所能达到的最高剂量。

（3）染毒途径

常用的染毒途径为经口灌胃和腹腔注射，也可用其他合适的途径。采用与人暴露途径一致的方式染毒，所得的试验结果对评价危险度最有效。

（4）操作步骤

1）染毒和交配

可采用两种染毒方式：常用的一次性染毒和每周 7 天、连续 35 天染毒法。根据染毒方法确定染毒后交配的次数，以保证每一阶段染毒精细胞有同等受孕机会。在交配结束时，雌鼠要单笼饲养。记录雌鼠分娩时间、窝产仔鼠数和子鼠性别。除试验有要求外，应弃去雌鼠；所有的雄性子代饲养至断奶。

2）易位杂合试验

有两种方法可用：①利用子代生殖试验初筛和采用细胞遗传学技术分析检测可能的易位携带者；②不通过生殖试验初筛，直接用细胞遗传学技术分析检测所有的雄性子代。

3）生育试验

生殖能力正常或者下降的鉴定标准必须建立在所用的小鼠品系基础上。

通过窝产仔鼠数和/或雌鼠子宫内容物来判断 F_1 代个体的生殖能力是否下降。

仔鼠数目观察：每只 F_1 代雄鼠分别与该试验的雌鼠或者同一批的雌鼠同笼。交配后第 18 天开始每天观察。记录 F_2 代仔鼠出生时的数量和性别，然后丢弃。如果使用雌性 F_1 代进行试验，数目较少的 F_2 代仔鼠可以用来做进一步试验。雌性易位携带者可通过利用细胞遗传学技术分析任意雄性子代的易位情况来验证。XO 雌鼠可通过后代的雄性：雌性由 1∶1 变成 2∶2 来辨认。在随后的试验中，如果 F_2 代仔鼠达到或者超过了预先制定的正常值，那么 F_1 代动物视为正常，不需要进一步的试验，否则要观察第 2 窝或者第 3 窝 F_2 代仔鼠。如果观察 3 窝 F_2 代动物后仍不能确认 F_1 代动物是否正常，则需要进行雌鼠子宫内容物分析或者直接进行细胞遗传学分析。

子宫内容物分析：由于部分胚胎死亡，染色体易位携带者产仔鼠减少。因此，试验中子宫着床死亡数增高是染色体易位的表现。每只 F_1 代雄鼠与 2～3 只未交配过的雌鼠交配，每日清晨通过观察阴栓判断雌鼠受孕情况。受孕后 14～16 天，处死雌鼠，记录子宫内存活胚胎数和吸收胚胎数。

（5）细胞遗传学分析

使用空气-干燥技术进行试验前准备。观察到 2 个以上终变期-中期 I 的初级精母细胞出现多价体结构即可确认受试动物是易位携带者。如果没有进行喂养选择，那么所有 F_1 代雄性都要做细胞遗传学分析。每只雄鼠显微镜下至少计数 25 个终变期-中期 I 细胞。睾丸减小或者终变期前减数分裂终止的 F_1 代雄鼠，以及怀疑为 XO-F_1 代雌鼠，都需要观察精原细胞或者有丝分裂中期相骨髓细胞。10 个细胞出现异常的长和/或短的染色体即为雄性不育易位（c/t 型）。某些由 X 染色体易位引起的雄性鼠不育，只能通过分析有丝分裂染色体显带进行鉴定。在 10 个有丝分裂相细胞中都观察到 39 条染色体即为 XO 雌鼠。

26.10.3　试验数据、结果和报告

1. 试验数据和结果

（1）数据处理

数据以表格形式提交。记录交配雌鼠产仔和断奶时的平均 F_1 代仔鼠数与仔鼠性别比例。列出正常交配动物的窝仔平均数和每只 F_1 代易位携带动物的窝仔数。对于子宫内容物分析，列出正常鼠交配后活胎和死胎的平均数，以及每只 F_1 代易位携带者的活胎和死胎数。

终变期-中期 I 细胞遗传学分析，列出每只易位携带者的多价体结构数目和类型及细胞总数；对于不育的 F_1 代个体，列出交配次数和交配时间，睾丸质量和细胞遗传学分析的详细资料；对于 XO 雌鼠，列出 F_2 代平均窝仔数、性别比例和细胞遗传学分析结果。如果可能，通过生殖试验筛出 F_1 代易位携带者。以表格列出证实为易位杂合子的数目，并同时给出阴性对照和阳性对照的数据。

（2）结果评价和解释

如果至少在一个剂量水平观察到可重复的且具有统计学意义的易位率增加，或易位率的增加与受试化学品剂量的增加有相关性且具有统计学意义，则试验结果可判断为阳

性；否则应认为该受试化学品在本测试系统中的结果为阴性。

2. 试验报告

试验报告应包括以下内容。

a）小鼠品系、月龄、体重。

b）试验组和对照组中亲代每一性别的动物数。

c）平行对照或者历史对照资料（如使用和/或可获得）。

d）试验条件、动物处理的详细描述、受试化学品剂量水平、使用的赋形剂、交配的程序。

e）每只雌鼠子代的数目和性别，进行易位分析的子代数目和性别。

f）易位分析的时间和标准。

g）易位携带者的数量、喂养资料、子宫内容物的详细描述（如果适用）。

h）细胞遗传学分析和显微镜分析过程的详细资料，最好附照片。

i）统计学评价。

j）结果讨论。

k）结论。

26.11 体内哺乳动物肝细胞程序外 DNA 合成试验

体内哺乳动物肝细胞程序外 DNA 合成（UDS，unscheduled DNA synthesis）试验用于检测受试化学品是否诱发动物肝细胞发生 DNA 修复。该试验是研究受试化学品对肝脏的遗传毒性的方法[12]。测定的终点是肝细胞的 DNA 损伤和随后的修复。肝脏通常是吸收代谢受试化学品的主要部位，因此是测定体内 DNA 损伤的适当部位。如果有证据表明受试化学品不能到达靶组织，则该受试化学品不适宜用本试验检测。程序外 DNA 合成试验的终点是通过测定未经历程序（S 期）DNA 合成的细胞对标记的核苷的摄取量来确定的。放射性自显影法是应用最广泛的测定掺入的氚标记核苷（^{3}H-TdR）的技术。本试验优先利用大鼠肝脏，其他组织也可使用，但本试验并不涉及。

UDS 反应的测定取决于 DNA 损伤部位切除和取代的 DNA 碱基数。因此，此试验特别适用于检测诱发“长程修复”（20～30bp，碱基）的物质，对“短程修复”（1～3bp）物质的敏感性差。此外，突变可能是由 DNA 损伤未修复、错配修复或错复制引起的，因此，UDS 反应的程度并不是修复过程的真实反映。另外，除 DNA 损伤以外的 DNA 突变反应的修复，也可能并不是通过剪切修复过程完成的。

26.11.1 试验基本原则

化学或物理因素诱发 DNA 损伤后，细胞启动程序外 DNA 合成程序以切除或移除 DNA 损伤区域，体内哺乳动物肝细胞 UDS 试验就是检测受损 DNA 的修复合成过程。肝细胞处于细胞周期中 S 期的频率很低，因此本试验通常用放射性自显影法检测 ^{3}H-TdR（胸腺嘧啶脱氧核苷）掺入肝细胞 DNA 的量。与液闪计数法比较，放射自显影法对 S

期细胞的干扰不明显。

26.11.2　试验方法

1. 试验准备

（1）试验动物

用常用品系的健康、成年动物。首选大鼠，也可用其他适合的哺乳动物。在试验开始时，动物体重差异不超过每种性别平均体重的±20%。

1）饲养条件

动物室温度为 22℃±3℃，相对湿度维持在 30%～70%，除清洁动物房时外，相对湿度建议控制在 50%～60%，光照采用人工照明，12h 明暗交替。喂以常规实验室饲料，自由饮水。如果受试化学品渗入饲料进行染毒，应选择适当的饲料以保证其与受试化学品充分混合。动物可单独饲养或同性别分小组笼养。

2）动物准备

健康、刚成年的动物随机分配到对照组和染毒组，饲养笼也应随机分配，以减少饲养笼放置的可能影响效应。动物应适应实验室条件至少 5 天。

（2）受试化学品和溶剂/赋形剂

1）受试化学品处理

固体受试化学品溶于或悬浮于适当的溶剂/赋形剂，并于染毒前稀释。液体受试化学品可直接染毒，或在染毒前稀释。应新鲜制备受试化学品，除非有稳定性资料证明其可以贮存。

2）溶剂/赋形剂

溶剂/赋形剂在所用剂量水平不应产生毒性效应，不应与受试化学品反应。如果用充分了解的溶剂/赋形剂，应有其相容性资料，推荐首先使用水性溶剂/赋形剂。

2. 试验过程

（1）剂量与分组

通常设 2 个剂量组。最高剂量组应产生毒性，即采用相同的染毒方式最高剂量组可导致动物死亡。较低剂量一般应为高剂量的 50%～25%。在较低无毒性剂量水平有特殊生物活性的物质（如激素和促细胞分裂剂）可能是剂量设置标准的例外，并应逐例评价。如无适当资料，需进行确定剂量范围的试验，并在同一实验室利用同一品系、性别的动物和染毒方案。

（2）对照组

每个试验应包含同步进行的阳性对照和阴性（溶剂/赋形剂）对照。除了染毒物质不同之外，对照组动物应以与染毒组动物相同的方式进行操作。

阳性对照在暴露水平应得到超过本底值可被检测的 UDS 增加量。阳性对照剂量应使效应很清楚，但不使阅片者立即发现其为阳性对照标本片。阳性对照的染毒途径可以不同于受试化学品。阳性对照物包括：早期采样（2～4h）为 *N*-二甲基亚硝胺（*N*-nitrosodimethylamine，CAS 登记号为 62-75-9）为晚期采样（12～16h）为 2-乙酰氨基芴（*N*-2-fluorenylacetamide，CAS 登记号为 53-96-3）。

（3）动物数量和性别

考虑到试验反应中自然存在的生物学差异，应使用适当的动物数，每组至少有 3 只可供分析的动物。如已有充分的本底对照数据库，则同步进行的阴性和阳性对照仅需 1～2 只动物。试验前已有资料表明同一品系采用相同的暴露途径在不同性别之间毒性无差别，则用单一性别（优先雄性）动物即可。当人暴露于受试化学品可能有性别特异性（如某些药物）时，则应选适当的性别进行试验。

（4）试验步骤

1）染毒程序

受试化学品通常采用一次性染毒。

2）限量试验

如果单次染毒剂量水平或同一天两次染毒的剂量水平（按体重计）达到至少 2000mg/kg，同时未观察到毒性效应，且根据结构相关化合物的资料表明受试化学品无遗传毒性，则不需要进行两个剂量水平的完整试验。除非人类暴露在受试化学品的资料表明需要在限量试验中使用更高的剂量水平。

3）染毒

受试化学品通常用灌胃或合适的方式进行插管经口染毒。只要证明合理，也可采用其他的染毒途径。一次灌胃或注射染毒的最大液体容积应不超过 2mL/100g 体重。若利用更高容积，需说明理由。除了刺激或腐蚀物（通常刺激性作用会随浓度的升高而加重）外，染毒前应通过调整受试化学品的浓度使受试化学品的体积差异降到最低，使所有剂量水平的受试化学品的体积保持相同。

4）肝细胞制备

动物染毒后 12～16h 制备肝细胞。除非在 12～16h 具有明显的阳性反应，一般应增加早期采样时间（一般在染毒后 2～4h）。也可根据已有的毒代动力学资料，采用其他的采样时间。

通常采用胶原酶原位灌注肝脏，分离肝细胞，贴壁后，进行哺乳动物肝细胞短期培养。阴性对照动物的肝细胞存活率应在 50%以上。

5）UDS 测定

新分离的哺乳动物肝细胞通常在含 ^{3}H-TdR 的培养液中培养适当长的时间，如 3～8h。在培养期末，移去培养基，再培养在含过量未标记胸腺嘧啶的培养液之中，以除去未掺入的放射性，如培养时间较长可免去此操作。然后细胞进行淋洗、固定和干燥。标本片浸涂放射性自显影乳胶，置于黑暗中（如冰箱 7～14 天）曝光、显影、染色，计数银粒。每个动物制备 2～3 个标本片。

6）分析

标本片应有足够的形态正常的细胞以进行 UDS 评价。在显微镜下检查细胞毒性（如核固缩、放射性标记水平降低）。标本片应在读片前编号。每个动物至少从 2 个标本片计数 100 个细胞，如每个动物计数少于 100 个细胞，应说明理由。对 S 期细胞核不计数银粒，但应记录 S 期细胞的比例。

以适当的方法计数形态正常细胞的核内和胞质中 ^{3}H-TdR 掺入量，以作为银粒沉淀的依据。测定核内银粒数（NG，nuclear grain）和与核面积相当的胞质内银粒数（CG，cytoplasmic grain）。CG 的数值可以取细胞质内标记最多的区域，或取接近核的随机 2～3 个区域的均值。如果合理，可以利用其他计数方法（如全细胞计数）。

26.11.3　试验数据、结果和报告

1. 试验数据和结果

（1）数据处理

所有资料以表格形式列出。列出每张标本片和每只动物的数据。由各细胞、各动物、各剂量和各采样时间的 NG 减去相应 CG 计算净核银粒数（NNG，net nuclear grain）。如果计数“修复期细胞”，应核实“修复期细胞”的标准，并基于历史数据或同步进行的阴性对照数据。计数结果可以用统计学方法评价。如使用统计学方法，应于试验前合理选择。

（2）结果评价和解释

a）阳性反应评价标准：净核银粒数（NNG）高于根据实验室本底对照资料预先设定的阈值；或 NNG 高于同步进行的阴性对照，并有统计学显著性。

b）阴性反应评价标准：NNG 在本底对照值的范围内或低于设定阈值，或 NNG 并不显著高于同步进行的阴性对照。

考虑数据的生物学关联及多种参数，如动物间变异、剂量-反应关系和细胞毒性等。可利用统计学方法辅助评价试验结果，但统计学意义不应作为判定阳性结果的唯一因素。大多数试验能得到明确的阳性或阴性结果，但极个别情况下利用得到的资料不能对受试化学品的活性进行明确的判断，经多次重复试验，结果仍然是意义不明或可疑。

体内哺乳动物肝细胞 UDS 试验阳性结果表明受试化学品对哺乳动物肝细胞 DNA 造成损伤，此损伤能在体外经程序外 DNA 合成修复；阴性结果表明在本试验条件下，受试化学品不能诱导可检测到的 DNA 损伤。

2. 试验报告

试验报告应包括下列资料。

a）受试化学品：物理性质和纯度，鉴定资料和 CAS 登记号（如已知）；与本试验有关的物理化学性质，稳定性（如已知）。

b）溶剂/赋形剂：选择依据；受试化学品在其中的溶解性和稳定性（如已知）。

c）试验动物：品系；数量、年龄和性别；来源、饲养条件、饲料等；在试验开始时动物的个体体重，包括每组的体重范围、均数和标准差。

d）试验条件：阳性对照和阴性（溶剂/赋形剂）对照；剂量范围设置的预试验资料（如进行）；剂量水平的选择理由；受试化学品制备操作的细节；受试化学品染毒操作的细节；染毒途径的选择理由；证明受试化学品到达体循环或靶器官的方法（如进行）；染毒和采样方案的详细描述；由饲料/饮水中受试化学品浓度（ppm）换算成实际剂量 [mg/(kg · d)]（如进行）；饲料和饮水质量的描述；测定毒性的方法；肝细胞制备和培养方法；放射自显影法；制备的标本片数和细胞计数：①评价的标准；②判断结果为阳性、

阴性或可疑的标准。

e）结果：各个标本片、各个动物和各组 NG、CG 与 NNG 的均值；剂量-反应关系（如可能）；统计分析（如有）；毒性表现；同步进行的阴性（溶剂/赋形剂）对照和阳性对照资料；历史阴性（溶剂/赋形剂）对照和阳性对照资料，包括范围、均数和标准差；“修复期细胞”数（如测定）；S 期细胞数（如测定）；细胞存活率。

f）结果讨论。

g）结论。

参 考 文 献

[1] 周宗灿. 毒理学教程. 北京：北京大学医学出版社，2006.

[2] 中华人民共和国国家标准. GB 30000.22—2013 化学品分类和标签规范 第 22 部分：生殖细胞致突变性. 北京：中国标准出版社，2013.

[3] Test No. 471：Bacterial Reverse Mutation Test. OECD Guidelines for the Testing of Chemicals，Section 4，Health Effects.

[4] Test No. 476：*In Vitro* Mammalian Cell Gene Mutation Tests using the Hprt and xprt genes. OECD Guidelines for the Testing of Chemicals，Section 4，Health Effects.

[5] Test No. 474：Mammalian Erythrocyte Micronucleus Test. OECD Guidelines for the Testing of Chemicals，Section 4，Health Effects.

[6] Test No. 475：Mammalian Bone Marrow Chromosomal Aberration Test. OECD Guidelines for the Testing of Chemicals，Section 4，Health Effects.

[7] Test No. 473：*In Vitro* Mammalian Chromosomal Aberration Test. OECD Guidelines for the Testing of Chemicals，Section 4，Health Effects.

[8] Test No. 478：Rodent Dominant Lethal Test. OECD Guidelines for the Testing of Chemicals，Section 4，Health Effects.

[9] Test No. 483：Mammalian Spermatogonial Chromosome Aberration Test，Section 4，Health Effects.

[10] Test No. 484：Genetic Toxicology：Mouse Spot Test. OECD Guidelines for the Testing of Chemicals，Section 4，Health Effects.

[11] Test No. 485：Genetic toxicology，Mouse Heritable Translocation Assay. OECD Guidelines for the Testing of Chemicals，Section 4，Health Effects.

[12] Test No. 486：Unscheduled DNA Synthesis(UDS)Test with Mammalian Liver Cells *in vivo*. OECD Guidelines for the Testing of Chemicals，Section 4，Health Effects.

第 27 章　致　癌　性

致癌物是指可导致癌症或癌症发生率增加的化学物质或化学物质混合物[1]。良好试验室规范（GLP）指导下的动物试验性研究中诱发良性和恶性肿瘤的物质也被认为是假定或可疑的人类致癌物，除非有确凿证据显示该肿瘤的形成机制与人类无关。有致癌危险的化学品的分类依据是该物质的固有性质，但固有性质并不提供该化学品可能产生人类致癌风险的信息。

27.1　致癌性的分类和判定

27.1.1　致癌性分类

1. 物质的分类标准[2]

化学物质的致癌性类别见表 27-1。根据证据的充分程度和附加考虑事项（证据权重）将致癌性划为两个类别。在某些情况下，可能需要进行针对具体途径的分类。

表 27-1　致癌物危险类别

类别 1	已知或假定的人类致癌物：可根据流行病学和/或动物试验数据将物质划为类别 1，个别物质可进行进一步的分类
类别 1A	已知对人类有致癌可能；对物质的分类主要根据人类证据
类别 1B	假定对人类有致癌可能；对物质的分类主要根据动物证据
	以证据的充分程度及附加考虑事项为基础，证据可来自人类研究，即研究确定人类接触化学物质和癌症发展之间存在因果关系（已知的人类致癌物）。另外，证据也可来自动物试验，即动物试验以充分的证据证明了物质的致癌性（假定的人类致癌物）。此外，在具体情况下根据有限的人类致癌迹象和试验动物致癌迹象，可能需要通过科学判断作出假定物质对人类致癌的决定
类别 2	可疑的人类致癌物：可根据人类和/或动物研究得到的证据将物质划为类别 2，前提是这些证据不能令人信服地将该化学品划为类别 1。根据证据的充分程度及附加考虑事项，证据可来自人类研究中显示有限的致癌证据，也可来自动物研究中显示有限的致癌性证据

物质根据以可靠和公认的方法获得的证据进行分类，旨在用于具有产生这种致癌毒性效应的物质评估。评估要以所有现有数据、已发表的经同行审查过的数据及管理机构认可的数据为基础。物质分类是一个基于标准的单一步骤过程，包含两个相互关联的判定——对证据的充分程度评估和对所有其他相关信息考虑，以便将具有人类致癌危害的

化学品划入对应类别。

证据的充分程度包括列举人类和动物研究中的肿瘤资料并确定其统计意义。充分的人类证据可证明人类接触物质和癌症发展之间有因果关系，而充分的动物证据则可表明试剂增加和肿瘤发生率之间有因果关系。接触和癌症之间存在正联系可以作为来自人的有限证据，但并不能说明它们之间有因果关系。如果数据显示有致癌效应，则可作为来自动物的有限证据，但这种证据并不充分。

附加考虑事项即证据权重，除了要确定致癌性证据的充分程度之外，还需考虑其他一些因素，这些因素影响化学物质对人类造成致癌危险的整体可能性。这种影响因素完全列出会很长，这里只考虑一些重要的因素。可以认为，这些因素要么提高、要么降低对人类致癌性的关注程度。每种因素的相对重要性取决于与每种因素有关的证据数量和相关性。一般来说，降低关注程度所要求的信息比提高关注程度所要求的信息要全面。在以个案方式评估肿瘤调查结果和其他因素时需考虑附加事项。但当评估整体关注程度时，可以考虑的一些重要因素有：①肿瘤类型和背景影响范围；②多部位反应；③恶性肿瘤病变进展；④肿瘤潜伏期缩短。

可能提高或降低关注程度的因素包括：①反应是在单一性别出现还是在两性别中都出现；②反应是在单一物种中出现还是在多个物种中出现；③与有充分致癌证据的化学品是否有结构相似性；④接触途径；⑤试验动物和人类之间吸收、分布、新陈代谢与排泄物的比较；⑥在试验剂量时出现过量毒性的混淆效应的可能性；⑦作用方式及其与人类的关联性，如致突变、刺激增长的细胞毒性、有丝分裂、免疫抑制。

对于致突变性，基因活动在整个癌症的发展过程中发挥着中心作用。因此，体内致突变活性证据可表明一种化学品有致癌的可能。在某些情况下，未进行过致癌性试验的化学品可根据由结构类比法得到的肿瘤数据，以及通过考虑其他重要因素（如常见的重要代谢产物形成）得到的大量支持信息，划为类别 1 或类别 2，如联苯胺同系物染料。致癌性分类还应考虑化学品是否以特定途径吸收，或者是否只在施加位置产生局部肿瘤，而其他主要途径的适当试验表明没有致癌性。进行分类时，应考虑物质的物理化学性质、毒代动力学特性，以及与化学类似物有关的任何现有相关信息，包括结构-活性关系。

需要说明的是，化学品的相对潜在危险由其内在效力决定，不同化学品的效力差别很大，因此还需要考虑这些效力差异。世界卫生组织/国际化学品安全规划署（WHO/IPCS）在一个统一致癌性和致突变性（生殖细胞）风险评估的研讨会（1995 年，英国卡肖尔顿）上指出了化学品分类引起的一些科学问题，如小鼠肝脏肿瘤、过氧化物酶体增生、受体传递反应、只在中毒剂量有致癌性但未证实有致突变性的化学品。因此，需要阐明为解决过去导致分类分歧的科学问题所需的原则。一旦这些问题得到解决，那么一些化学致癌物的分类便会拥有坚实的基础。

2. 混合物的分类标准

（1）有整体数据时的混合物分类

混合物的分类基于混合物中各个组分的现有试验数据，使用这些组分的临界值/浓度极限分类。分类时依据混合物整体的现有试验数据，根据具体情况对分类进行修正。考虑到剂量和诸如致癌性试验制度的持续时间、观察结果和分析（如统计分析、试验灵敏度）等其他因素，混合物整体的试验结果必须获得致癌性结论，同时应保留支持该分类结论的文档，以便应要求供审查用。

（2）无整体数据时的混合物分类：架桥原则

如果混合物本身未进行过确定其致癌危险的试验，但其各个组分或类似混合物有充分数据时，足以确定该混合物的危险特性，可以根据架桥原则使用这些数据进行分类。有关架桥原则的内容参见第 22 章。

（3）有所有组分数据或只有一部分组分数据时的混合物分类

当至少有一种组分已经划为类别 1 或类别 2，而且其浓度等于或高于表 27-2 中类别 1 和类别 2 的适当临界值/浓度极限，该混合物应划为致癌物。

表 27-2　划为致癌物的混合物组分的临界值/浓度极限

类别	类别 1		类别 2
	类别 1A	类别 1B	
类别 1A	≥0.1%		
类别 1B		≥0.1%	
类别 2			≥0.1%①
			≥1.0%②

①表示如果类别 2 组分在混合物中的浓度为 0.1%～1%，则主管部门要求在产品的安全技术说明书上提供相关信息，但相关信息中的标签警告属于可选项，当该组分在混合物中的浓度为 1.0%～10%时，主管部门会选择性对张贴标签提出要求；②表示如果类别 2 组分在混合物中的浓度不小于 1%，那么一般既需要安全技术说明书，也需要标签

27.1.2　致癌性判定

图 27-1～图 27-3 提供的判定流程不是统一分类制度的一部分，在此仅作为补充指导提供，在对化学品物质及混合物进行分类时需要结合表 27-2 的标准进行。

1. 物质的判定流程

物质判定流程见图 27-1。

2. 混合物的判定流程

混合物分类可基于混合物个别组分的现有临界值/浓度极限数据（图 27-2），可以依据混合物整体的现有试验数据采用架桥原则，根据具体情况对分类进行修正，见图 27-3。

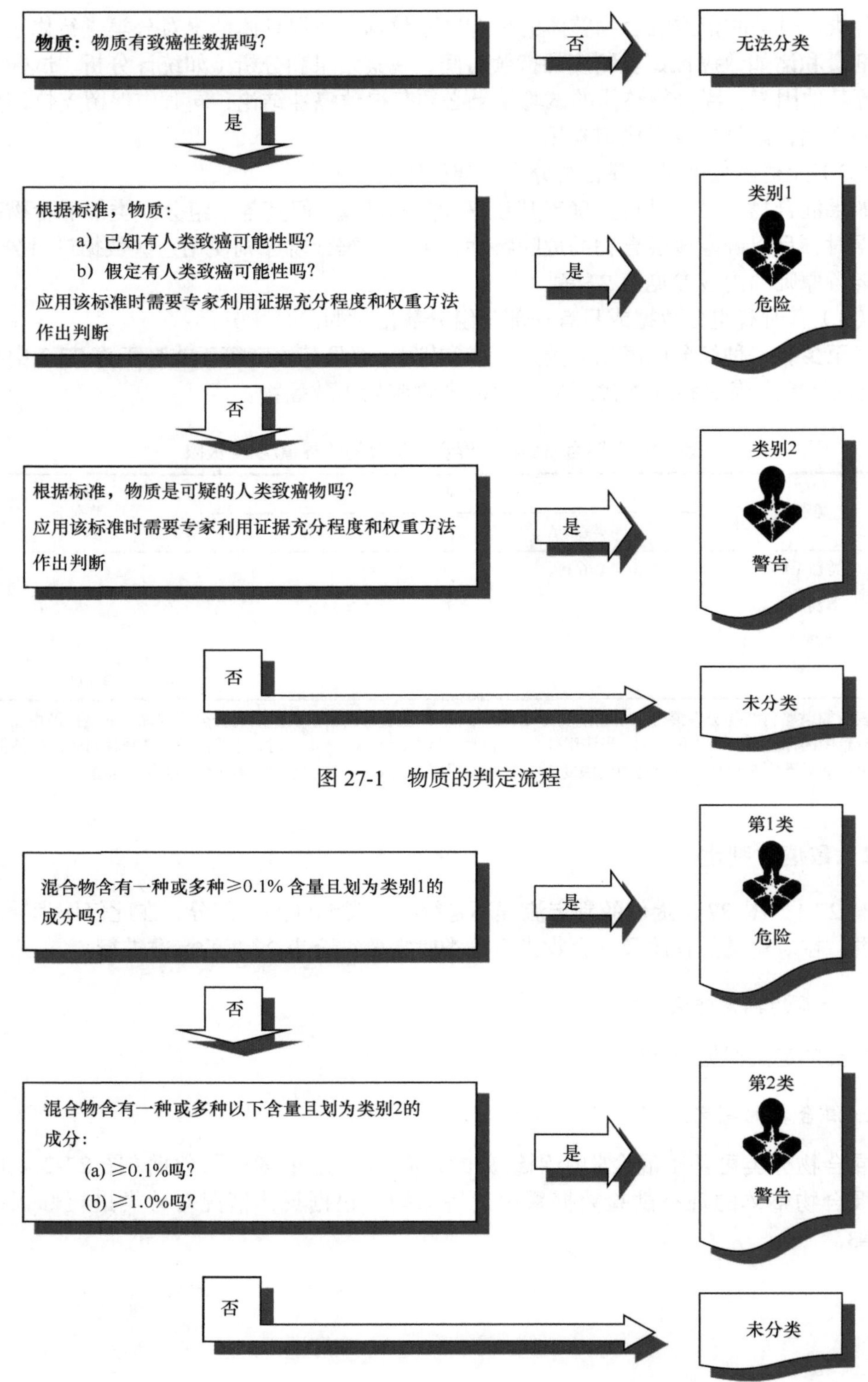

图 27-1　物质的判定流程

图 27-2　基于混合物个别组分的分类

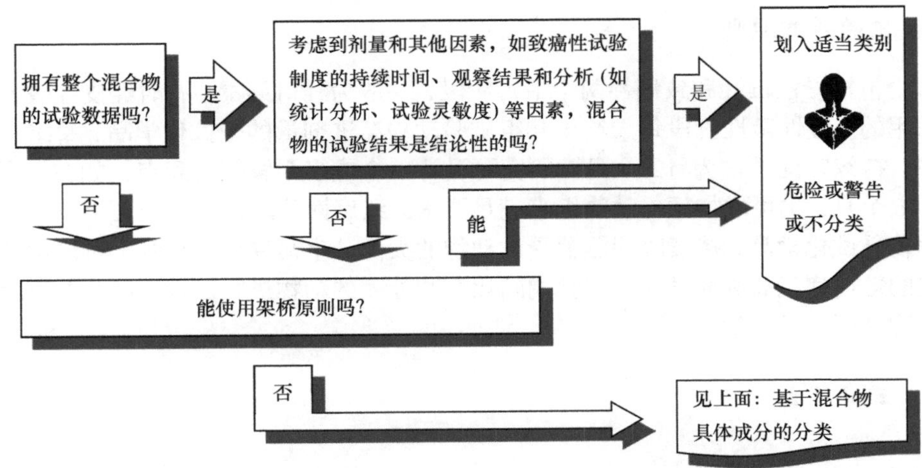

图 27-3 根据具体情况对混合物分类修正

27.2 慢性毒性与致癌性联合试验[3]

试验动物慢性中毒的基础是体内有化学品的蓄积。慢性毒性试验是使动物长期以一定方式接触受试化学品引起毒性反应的试验。当某种化学品经短期筛选试验证明具有潜在致癌性，或其化学结构与某种已知致癌剂十分相近，且此化学品有一定实际应用价值时，就需用致癌性试验进行进一步验证。动物致癌性试验为确定人体长期接触该物质是否引起肿瘤及其可能性提供了资料。

在试验动物的大部分生命周期将受试化学品以一定方式染毒动物，观察动物的中毒表现，并进行生化指标、血液学指标、组织病理学等检查，以阐明此化学品的慢性毒性。将受试化学品以一定方式染毒动物，在该动物的大部分或整个生命周期及死后检查肿瘤出现的数量、类型、发生部位及发生时间，与对照动物相比，以阐明此化学品有无致癌性。

评价受试化学品的慢性毒性与致癌潜力时需考虑受试化学品的所有有效信息，并设计有效的试验检测毒性，以最大程度地减少动物的使用。受试化学品的有效信息包括化学识别号、化学结构、理化性质、体外或体内试验结果（如遗传毒性试验）、预期使用或潜在的人群暴露水平、有效的结构-活性定量关系数据、结构类似物的致突变/遗传毒性与致癌性和其他毒性数据、有效的毒代动力学数据（如单次给药或重复给药动力学试验数据），以及其他重复给药试验数据。进行慢性毒性/致癌试验前应该首先获得28天或90天重复给药试验的毒性基本信息。

慢性毒性与致癌性联合试验不是慢性毒性试验和致癌试验分开进行。联合试验同两个分开的试验相比能提供更大的效益，并节约成本和时间，同时不影响慢性毒性和致癌性阶段的数据质量。进行慢性毒性与致癌性联合试验时应该仔细考虑剂量选择的原则，同时应注意在某些管理框架下要求分开进行试验。

27.2.1 试验基本原则

试验包括慢性毒性和致癌性两个平行阶段，一般为经口染毒，有时经皮或吸入染毒也是适用的。慢性毒性阶段每天给予几组试验动物渐进剂量的受试化学品，每组一个剂量水平，持续时间通常为 12 个月。研究可设计一个或多个解剖时间点，如在染毒后 3 个月和 6 个月，也可增加额外动物组来满足要求。致癌性阶段每天给予几个不同剂量组试验动物受试化学品，持续时间涵盖受试动物的大部分生命周期。在两个阶段中仔细观察动物的毒性症状和肿瘤发生。试验期间死亡和处死的动物进行剖检，试验结束时所有存活动物处死，进行剖检。

27.2.2 试验方法

27.2.2.1 试验准备

小鼠和大鼠是评价受试物潜在致癌性应用最为广泛的动物，大鼠和犬在慢性毒性试验中使用最多。慢性毒性与致癌性联合试验常规选用大鼠，但不排除使用其他动物。原则上，所选动物种属和品系对受试化学品的致癌作用与毒性作用应很敏感，但其肿瘤自发背景不应太高而影响对致癌作用进行有意义的评价。

试验动物的饲养环境和管理操作技术应得到严格的控制。另外，动物的操作管理和观察要有监视设备，以减少出入动物室的频率。长期试验中的垫料应消毒。饲养室应安静，通风条件良好，有可控制的照明、温度及相对湿度。动物应在适应环境一定时间后再开始试验。外源动物应经过足够长的检疫期方能投入使用，避免在一个饲养室内饲养不同种属的动物。为了防止受试化学品交叉暴露，一个饲养室内仅能饲养接触一种受试化学品的动物。对照动物应饲养在试验动物饲养室内，如饲养在别的地方，会给资料评价带来额外的影响。饲养动物的试验笼、笼架和其他设备应摆放有序和易于定期清洗，应避免使用消毒剂和农药，特别是动物有可能接触的地方。动物饲料应能满足所选择动物种属的营养需求，不含可能会影响试验结果的杂质。啮齿动物应自由进食和饮水，喂饲器内剩余的饲料每周至少要更新替换一次。

常规饲料、综合型饲料和任意配制饲料的前两种被广泛用于致癌性试验。不论选择哪种类型的饲料，应定期检测基础饲料中的营养成分与杂质含量。当受试化学品本身是一种营养类物质，如工业蛋白质或淀粉、单细胞蛋白、辐照食物等，应特别注意饲料的配方，因为这些产品的加入水平可能高达饲料的 20%～60%，从而损害相应的营养物。如果要将受试化学品掺入水和饮食中，其在配制物中应均匀稳定。

应当使用两种性别的动物。慢性毒性与致癌性联合试验通常使用断乳后的动物，以使动物在生命的绝大部分时间内接触受试化学品，使肿瘤诱发效应充分发挥。啮齿动物应在断乳和检疫后尽早开始染毒，可能时，最好在 6 周龄前就开始试验。

为了保证试验结果的可靠性并满足统计学处理的要求，试验动物随机分入染毒组和对照组。所设计的试验动物数量，应保证试验结束时每组都有足够的动物数量，以满足生物学和统计分析的要求。

27.2.2.2 试验方法

1. 剂量水平和染毒操作

为了达到评价致癌危险的目的，至少要设具 3 个剂量水平的染毒组及一个同步对照组。最高剂量组可以引起轻微的毒性反应，如血清酶水平改变或体重减轻等（减少程度低于 10%），但不能明显缩短动物寿命（因肿瘤引起的除外）。对于受试化学品混于饲料内染毒，最高的浓度不能超过 5%。最低剂量组在不影响动物正常生长、发育和寿命的同时，不能引起任何毒性反应，其剂量一般不应低于上一高剂量的 10%。中剂量应介于高剂量和低剂量之间，也可参照受试化学品的毒代动力学资料进行设计。

进行慢性毒性毒理学评价时，应增设高剂量附加染毒组和该附加组的同步对照组。高剂量附加染毒组的染毒剂量应能产生明显毒性，用于显示受试化学品的毒理学作用特征。剂量应根据已有的资料设定，首选亚慢性毒性试验资料。

染毒通常应每天进行，但根据染毒途径可有不同。受试化学品加入饲料或饮水中进行经口试验时应当是连续染毒。染毒频率可根据毒代动力学资料而调整。

应设立对照组，对照组动物除了不接触受试化学品外，其他条件均与染毒组相同。在某些特殊情况下，如吸入染毒或经口染毒受试化学品制备时使用了生物活性不明的乳化剂等赋形物，应增设赋形物对照组。

2. 试验步骤

（1）染毒方式

经口、经皮和经呼吸道吸入是 3 种主要染毒途径。选择何种途径要根据受试化学品的理化特性和人体代表性的接触方式决定。

1）经口染毒

已有证据表明受试化学品能经胃肠道吸收，首选经口染毒。经口染毒可以有多种方式，混于饲料或溶于饮水中，或采取灌胃饲养的方式。如果受试化学品混于饲料或溶于饮水中染毒，动物接触受试化学品应是连续性的。喂养染毒时混于饲料中受试化学品的浓度不能高于 5%（受试化学品如为营养素除外）。灌胃染毒次数应为每周 5 次或 7 次。通常情况下每周染毒 5 次时，在未染毒的剩余时间内可能存在恢复过程和毒性减退消失，进而对试验结果造成影响和在评价中出现困难，因此理想的染毒次数为每周 7 次。

2）经皮染毒

经皮染毒可用于模拟人类经皮接触受试化学品，或用于诱发皮肤损伤动物模型。染毒时，理想的染毒次数是每周 7 次。每周染毒 5 次可对试验结果造成影响和在评价上出现困难，但从实际考虑，每周 5 次染毒也可接受。在联合试验中经皮染毒不包括诱发皮肤肿瘤的特殊性试验内容。

3）吸入染毒

相比其他两种染毒方法，吸入染毒在技术上更加复杂，在某些特定的情况下，推荐使用气管注入染毒方式。对于慢性毒性这种长期毒性试验，按职业接触方式为每天吸入

6h，每周 5 天（间接染毒方式）；按生活环境接触方式为每天染毒 22～24h（留下约 1h 给动物喂食和清理染毒装置），每周吸入 7 天（连续染毒方式）。染毒期间试验动物吸入接触恒定浓度的受试化学品。这两种染毒方式的主要差别是间接染毒动物每天在接触受试化学品后有 17～18h 的恢复时间，每周染毒 5 天，在周末有更长的恢复时间。

采用哪种染毒方式要根据试验目的和需要模拟的人类接触方式决定。除此之外，还要考虑某些技术上存在的困难，如连续染毒方式虽然能够模拟环境接触情况，但染毒期间除了需提供饮水和饲料外，还需要更为复杂的气溶胶（可靠度）、蒸气发生装置和浓度监测技术等。

（2）染毒装置

推荐使用动式口-鼻吸入染毒装置，其对空气条件的要求与柜式装置基本相同。使用染毒柜时，其设计必须保证换气次数能达到 12～15 次/h；柜内氧体积分数在 19%左右；柜内受试化学品浓度均匀。对照组与吸入染毒组动物用柜的结构和设计要保证动物接触条件除了吸入或不吸入受试化学品外，其他应完全相同。笼内动物保持不太拥挤，使动物能最大限度地接触受试化学品，通用的规则是柜体内空气环境稳定，要求动物所占体积不超过染毒柜容积的 5%；染毒柜应保持一定的负压，以防受试化学品扩散到周围环境中。

（3）染毒环境条件的测定

染毒期间，应尽量避免柜内气体体积分数大幅波动或者染毒条件改变，可从以下几个方面进行控制。

a）气流流速监控：通过染毒装置的气流流速采用连续监控方式监测。

b）染毒柜内气体受试化学品浓度监控：染毒过程中，受试化学品的实际浓度尽可能保持不变。

c）温度和湿度监控：对于啮齿动物，染毒环境温度控制在 22℃±3℃，相对湿度，除了水性气溶胶外，最好保持在 30%～70%。温度和湿度同时连续监控。

d）粒度监控：对柜内空气中液体或固体气溶胶的粒度分布进行测定；气溶胶颗粒的大小应为受试动物可呼吸性的空气动力学直径大小。采集柜内处于动物呼吸带的气体样品，样品的粒径分布能代表受试动物的实际接触。所有悬浮气溶胶采用不同粒径颗粒的数量或质量占比来表示（即便大部分粒子是非可呼吸性的）。为保证染毒期间气溶胶稳定，应在气溶胶发生器的研发阶段尽量多采集样品进行粒度大小分析、标定；在动物暴露期常在需要证明动物所接触粒子的分布恒定时才进行分析测定。

（4）染毒周期

致癌试验的期限应是所选受试动物的正常寿命期，因为绝大多数化学品如果有致癌性，在正常寿命的大部分时间内诱发肿瘤的概率是很高的。建议的染毒周期如下。

a）试验染毒期限，通常小鼠和仓鼠应为 18 个月、大鼠为 24 个月；对于某些寿命较长或肿瘤自发率较低的动物种系，小鼠和仓鼠可达 24 个月，大鼠可达 30 个月。

b）如果最低剂量组或对照组动物存活率只有 25%，可以结束试验；如果受试化学品所引起的效应具有明显的性别差异，应将每种性别动物试验视为单个试验，结束的时间也可以存在区别。个别情况下如受试化学品的毒性作用造成高剂量组动物过早死亡，此时不应结束试验。

c）所设的高剂量附加染毒组（雌雄各 20 只和其对照组雌雄各 10 只）应当至少染毒 12 个月。这些动物可按设计的不同时间处死检查，结果可用于评价与受试化学品有关的毒性作用，以区别老年性改变所导致的病理改变。

试验结果评价为阴性结论，除了满足诱发肿瘤的条件外，必须满足下列全部条件：①由组织自溶、自食或管理不当所造成的任何一组动物损失不超过 10%；②小鼠和仓鼠染毒 18 个月、大鼠染毒 24 个月后，各组动物的存活率不低于 50%。

3. 结果观察与记录

（1）临床观察

试验期内每天至少详细观察一次。在出现毒性作用时增加每天的观察次数以便及时解剖、冷藏死亡动物。质弱或濒死动物及时隔离、处死、冷藏，并解剖检查，尽量减少因疾病、自溶或自食造成的动物损失。除此之外仔细记录毒性作用的开始时间及转归时间；记录每只动物的临床症状，包括神经系统、眼部变化及动物的死亡率等；记录任何毒性作用包括疑似癌变的发生和发展情况。

记录各组每只动物的体重，前 13 周每周记录体重一次，此后每 4 周记录一次；动物的摄食量在前 13 周每周记录一次，此后 3 个月一次。动物健康状况或体重异常时应适当增加测定次数。

（2）血液检查

染毒后 3 个月、6 个月及以后每隔 6 个月和试验结束时对非啮齿动物，或啮齿动物 20 只/性别/组别进行血液检查，检查内容包括：血红蛋白量、红细胞压积、红细胞总数、白细胞总数、血小板计数及其他凝血试验等。每次检查的动物最好相同。白细胞分类计数通常先检查最高剂量组和对照组动物，需要时再对中剂量组动物进行检查。

试验过程中，临床观察提示动物健康状况不好时，需对该动物进行白细胞分类计数。首先对最高剂量组和对照组进行血细胞的分类计数检查，只有最高剂量组与对照组主要项目出现差别时才对较低剂量组进行检查。

（3）尿液检查

收集各组动物尿液进行分析，大鼠每组每性别检查 10 只，每次检查的动物最好相同，检查时间间隔与血液检查一致，或是收集每只动物的尿样或是每组每性别动物的混合尿样进行分析。尿液检查的指标包括：外观，体积与密度（需要每只动物的资料）；蛋白质、葡萄糖、酮体含量，潜血（半定量法）；沉淀物镜检（半定量法）。

（4）临床生化检查

临床生化检查每 6 个月及试验结束时进行。大鼠每组每性别检查 10 只，每次检查的动物最好相同。从采集到的血液中分离血浆，检查指标包括：总蛋白质浓度、白蛋白浓度、肝功能检查（包括碱性磷酸酶、丙氨酸氨基转移酶和天冬氨酸氨基转移酶、γ-谷氨酰转肽酶及鸟氨酸脱羧酶活性），糖代谢，如空腹血糖浓度；肾功能检查，如血液尿素氮含量。

（5）病理学检查

病理学检查包括大体解剖与组织病理学检查两部分。病理学检查是慢性毒性与致癌性联合试验的重要部分，应全面检查、详细描述和报告，包括结果的诊断等。

1）大体解剖

大体解剖能为组织病理学检查提供有价值的信息，在某些情况下还可为组织病理检查提出良好的建议。即使在某些情况下组织病理学检查很完善，也不能替代不充分的大体解剖。所有动物（包括试验期间死亡的、因濒死处死的）皆应进行详细完整的大体解剖。动物处死前应收集血液以进行血细胞分类计数。所有肉眼可见病损、肿瘤或怀疑是肿瘤性改变的组织或脏器皆应保存。

所有的器官组织都应保存并进行组织病理学检查，包括：脑（延髓、脑桥、小脑皮层、大脑皮层）、垂体、甲状腺（包括甲状旁腺）、胸腺、肺（包括气管）、心脏、唾液腺、肝脏、脾、肾脏、肾上腺、食道、胃、十二指肠、空肠、回肠、盲肠、结肠、直肠、膀胱、淋巴结、胰腺、性腺、子宫、雌性乳腺、皮肤、肌肉、外周神经、脊髓（颈、胸、腰）、胸骨（带骨髓）、股骨（带关节）与眼。在吸入染毒试验中，全部呼吸道包括咽、喉与鼻腔都应保存。

2）组织病理学检查

所有肉眼可见的肿瘤和其他病损都应进行组织病理学检查，除此之外，还应进行下列检查。

a）对固定保存的器官和组织进行病理学检查，对见到的所有损伤、异常进行详细描述，包括在试验期间死亡或处死的动物和高剂量组与对照组的所有动物。

b）由接触受试化学品引起的或可能是由受试化学品引起的、在较低剂量组也能检查出来的组织和器官异常。

c）试验结果可提供动物正常寿命有明显改变的证据，或出现可能改变毒性效应的诱导作用时，下一个剂量组也应进行相应的上述检查。

d）所使用试验动物种系正常的损伤发生率（在相同试验条件下，如历史对照数据）对正确地评价暴露组所观察到的异常改变是不可缺少的。

27.2.3 试验数据和结果报告

1. 试验数据

（1）数据处理

肿瘤发生率是试验结束后患瘤动物总数在有效动物总数中所占的百分比，有效动物总数指最早出现肿瘤时的存活动物总数。

（2）结果评价

1）致癌阳性结果的判断标准

试验采用世界卫生组织提出的 4 条判断致癌性试验阳性的标准：①肿瘤只发生在试验组动物中，对照组无肿瘤；②试验组与对照组动物均发生肿瘤，但试验组中发生率高；③试验组动物中多发性肿瘤明显，对照组中无多发性或只有少数动物有多发性肿瘤；④试验组与对照组动物肿瘤的发生率无显著差异，但试验组中肿瘤发生的时间较早。

试验组与对照组之间的数据经统计学处理后，上述 4 条中任何 1 条有显著差异即可认为受试化学品的诱癌试验为阳性。

2）致癌阴性结果的判断标准

与阳性结果的判定相对立，如果试验规模为两种种属、两种性别，至少 3 个剂量水平，其中一个接近最大耐受剂量，每组动物数至少 50 只，试验组肿瘤发生率与对照组无差异，方可判定为阴性结果。

2. 试验报告

试验报告应包括以下内容。

a）受试化学品名称、理化性状、配制方法。

b）试验动物的种属、品系、性别、体重、数量和来源（注明合格证号和动物级别）。

c）试验动物饲养环境，包括饲料来源、室温、相对湿度、单笼饲养或群饲、试验动物室合格证号。

d）试验方法，包括染毒途径和试验期限、剂量分组。

e）食物摄入量和动物体重资料。

f）按性别和剂量的毒性效应数据，动物出现的异常症状及时间。

g）血液学检查、尿液检查、临床生化检查等结果。

h）按性别和剂量的大体解剖和组织病理学检查，说明肉眼可见和镜检病变的性质。

i）数据处理和结果评价，包括肿瘤发生率、致癌性试验阳性的判断标准，对结果进行处理的统计学方法。

j）结论。

27.3　慢性毒性试验[4]

慢性毒性试验可反映某一物质对哺乳动物长时间和重复暴露所产生的影响。除了瘤样病变外，慢性毒性试验期限也存在广泛争议。在本试验条件下，潜伏期长或者累积性的作用可能不明显，如致癌作用和缩短生命的非特异作用。但是本试验方法能得到主要的慢性毒性数据，并能显示剂量-反应关系。理论上，试验设计和执行应考虑神经、生理、生化、血液的毒性检测和与暴露相关的形态学（病理）影响。

27.3.1　试验原则

每天给予若干组试验动物渐进剂量的受试化学品，时间通常为 12 个月，也可根据要求选择或长或短的持续时间，但选择的期限应足够长，以便能够阐明任何累积性毒性反应，同时排除老龄化的影响。试验时间偏离 12 个月时需要说明理由，尤其是短于 12 个月时更应说明理由。试验通常采用经口途径给药，有时经皮或吸入途径也适用。研究可能需要设计一个或多个中期解剖时间点，如在染毒后 3 个月和 6 个月，同时应该增加额外组来满足这一要求。试验期间，仔细观察动物的毒性症状。试验期间死亡和处死的动物进行剖检，试验结束时所有存活动物处死进行剖检。

27.3.2 试验方法

1. 试验准备

（1）受试化学品

试验前应充分了解受试化学品的特性和结构信息。化学品的结构信息可用于基本的构效关系分析，以阐明其可能存在的生物或毒理活性。受试化学品的物理化学性质为染毒途径的选择、试验设计以及其自身的处理和存储提供了重要依据。

在毒性试验开始前必须了解受试化学品组成，包括主要杂质，了解受试化学品的相关理化特性，包括稳定性。在开始长期研究前先建立受试化学品（包括主要杂质）在赋形剂和生物材料中的定性与定量分析方法。

（2）动物的选择与处理

慢性毒性试验推荐选用啮齿与非啮齿两类哺乳动物。选用遗传背景明确、具有抵抗疾病能力且无先天缺陷的动物。啮齿动物一般选用大鼠，非啮齿动物一般选用犬或灵长类。

试验动物雌雄两种性别都应使用，并且应选用年轻、健康的动物。啮齿动物应该在断奶和适应环境之后的快速生长期开始试验。试验动物数量应确保试验结束时每组有足够的动物进行详尽的生物学研究，并能使用随机选择程序合理分配试验组和对照组的动物。如用啮齿动物，每个剂量组和其对照组中每种性别应至少各 20 只，非啮齿动物则每种性别至少各 4 只。如果考虑中途会有死亡，则应增加相应数量。

为了保证试验结果高度可靠，需要有严格的环境控制条件的设备和合适的动物管理方法。动物设备应能有效监控，以避免意外事故的发生。动物房条件、疾病、药物治疗、饮食、空气、水中杂质、垫料、主要的动物护理设施等因素都能对动物试验结果产生巨大影响。

慢性毒性试验中使用的垫料应消毒。动物饲养室应安静，通风良好，能控制照明、温度和相对湿度。动物适应环境条件后需经过足够长的隔离期方可进行试验。不同种群的动物避免饲养在同一个笼中。每个笼仅饲养染毒一种受试化学品的动物，以避免发生交叉污染。同一笼中饲养的对照组试验动物除不接触化学品外，需与试验组进行同样处理。饲养笼、试验架和其他设备应能经常定期清理，并易于清洗。清洗过程中不应使用消毒剂和杀虫剂，特别是动物能接触到的地方。

喂养动物的饲料应当满足试验动物的营养需要，且不含可能影响试验结果的杂质。啮齿动物自由进食与饮水，每周至少更换饲料一次。当采用非啮齿动物如犬时，需每天喂食。动物的饲料有常规（标准）、人工合成和各种公开配方饲料 3 种。标准饲料和人工合成饲料广泛使用于致癌性相关的生物测定。无论选择哪种饲料，应通过检测基础饮食中污染物含量来定期监测其中营养物质的含量，以期获得饮食对动物新陈代谢及寿命的影响。

2. 试验步骤

（1）剂量组和染毒频率

慢性毒性试验的目的是得到剂量-反应关系以及未见有害作用量（NOTEL）。因此，除了相应的对照组外，至少还应该选用 3 个剂量。最高剂量的设计，要引起一些中毒迹象但不至造成过度损害。低剂量应不会产生毒性作用。与饲料形成混合物的受试化学品，除了营养物质外，最高浓度不应超过 5%。染毒的频率一般为每天一次，但可根据选择的途径稍做改变。如果受试化学品是通过饮用水或饲料给予的，则应该为连续染毒。染毒频率可根据受试化学品的毒代动力学进行调整。

（2）对照组

必须设置对照组，除不接触受试化学品外，对照组的其他条件与试验组完全一致。在特殊情况下，如在气溶胶吸入试验或经口试验中使用非特征生物活性乳化剂，应当设置阴性对照组加以对比。阴性对照组除不接触受试化学品或任何赋形剂外，其他各方面都应和试验组采用同样的方式处理。

（3）染毒方式

主要的染毒途径有经口、经皮和吸入 3 种。染毒途径的选择取决于受试化学品的物理和化学特性及人类的类似接触方式。一般来说，根据所选线路和染毒途径的不同，暴露的频率可能会有所变动，如果可能的话，应根据受试化学品的毒代动力学予以调整。

1）经口染毒

如果受试化学品是通过胃肠道吸收，则经口途径是首选。在长时间的研究过程中，可将受试化学品混入饲料或饮水中，或采用灌胃法或者胶囊法染毒。如果受试化学品混在饮水或饲料中，那么这种染毒是连续的。如果受试化学品混于饲料中，除营养物质外，测得的最高浓度不超过 5%。理论上一个星期染毒 7 天，虽然采用灌胃法或胶囊法研究发现每周染毒 5 天动物会在染毒停顿后得到一定程度的恢复，从而影响结果和最后评价，但考虑到实际工作方便，也可以考虑每周染毒 5 天。

2）经皮染毒

皮肤暴露可作为模拟人类暴露的一种主要途径及作为诱导皮肤病变的一种模式。

3）吸入染毒

吸入染毒试验在技术上比其他试验更复杂。在某些情况下，气管灌输可有效替代吸入途径。吸入途径按职业接触方式，染毒时间为每天 6h，每周 5 天（间接暴露方式）；按生活环境接触方式为每天 22～24h，留下约 1h 给动物喂食和清理染毒柜，每周 7 天（连续暴露方式）。染毒时间从染毒柜内受试化学品达到预定浓度开始计算。这两种情况，动物都暴露在固定浓度受试化学品条件下，这两种暴露方式的主要不同点是间接暴露动物每天有 17～18h 的恢复期，而且在周末恢复时间更长。

4）染毒柜

染毒柜的设计必须保证换气次数能达到 12～15 次/h；柜内氧含量大于或等于 19%；柜内受试化学品浓度均匀；对照组与试验组染毒柜在结构和设计上应一致；应减少柜内动物数，使得受试化学品暴露最大化，动物所占体积不超过柜内容积的 5%；染毒柜应保持一定的负压，以防受试化学品意外漏出。

5）染毒环境条件的测定

染毒期间，应尽量避免柜内气体体积分数大幅波动或者染毒条件改变，可从以下几个方面进行控制。

a）气流：通过染毒柜内的气流流速建议连续监测。

b）染毒柜内受试化学品浓度：保持恒定。

c）温度和相对湿度：对于啮齿动物，保持温度在22℃±2℃，相对湿度为30%～70%（水溶性受试化学品染毒时除外），连续监测。

d）粒度测量：颗粒物包括染毒柜中的液体或固体气溶胶。气溶胶颗粒物必须是试验动物可吸入的颗粒物。染毒柜气体样品应在动物的呼吸水平下获取。动物所暴露的空气样品中颗粒分布应具有代表性，并且考虑重力作用下所有的悬浮气溶胶。粒度分析在气溶胶发生期间要频繁进行，以确保气溶胶稳定，此后也要经常进行颗粒物分布的连续性检测。

3. 试验结果观察与记录

试验期内每天至少仔细观察一次，另外，增加观察次数并采取适当的措施可以减少动物损失。仔细观察毒性作用的开始时间及发展情况，尽可能减少因疾病、自溶或自食造成的动物损失。记录所有动物的临床症状，包括神经系统、视觉变化及死亡率。毒性症状的发生和发展情况，包括可疑肿块，应做相应的记录。

所有动物的体重在试验的前13周每周记录一次，此后至少每4周记录一次。摄食量在前13周每周记录一次，此后如动物健康状况或体重无异常变化可每3个月记录一次。

（1）血液检查

血液检查包括血红蛋白浓度、红细胞压积、红细胞计数、白细胞计数及分类、血小板计数、凝血功能等指标。在染毒开始后第3和6个月检查一次，此后每隔6个月检查一次。试验结束时采集所有非啮齿动物和所有组别中每种性别10只大鼠的血样进行检测，如有可能，每次检查的动物最好相同。此外，应从非啮齿动物中采集试验前的血样。

在试验过程中，如果临床观察表明动物的健康状况发生恶化，则应对其进行血细胞分类计数。通常先对高剂量组和对照组进行血细胞分类计数，当高剂量组和对照组存在较大差异时，应对较低剂量组进行血细胞分类计数。

（2）尿液检查

收集所有非啮齿动物和所有组别每性别各10只大鼠的尿液进行检测，如有可能，每次检查的动物最好相同，时间间隔与血液检查相同。检查指标来源于单个动物，或者来源于啮齿动物混合样本/性别/组别。检查指标包括每只动物的尿量和尿密度；蛋白质、葡萄糖、酮类含量，潜血（半定量法）；沉淀物镜检（半定量法）。

（3）临床生化检查

每隔6个月及试验结束时采集所有非啮齿动物及所有组别每性别各10只大鼠的血样，如有可能，每次检查的动物最好相同。此外，从非啮齿动物中采集试验前的血样。提取血浆，对其中的总蛋白质浓度、白蛋白浓度和肝功能（如碱性磷酸酶、谷氨酸氨基转移酶、天冬氨酸氨基转移酶、γ-谷氨酰转肽酶、鸟氨酸脱羧酶活性）及糖代谢（如空腹血糖浓度）和肾功能（如血液尿素氮）进行检验。

（4）病理学检查

病理学检查是慢性毒性试验的基础，包括大体解剖和镜检。

1）尸体解剖

所有动物，包括试验过程中死亡或因濒死而处死的动物都需进行完整的大体解剖。

处死动物前应采集血样进行血细胞分类计数。所有肉眼可见病变、肿瘤或可疑肿块都应保存。分析大体解剖与镜检结果之间的联系。

所有的器官和组织都应保存下来以供镜检，包括脑（延髓、脑桥、小脑皮层、大脑皮层）、垂体、甲状腺（包括甲旁状腺）、胸腺、肺（包括气管）、心脏、主动脉、唾液腺、肝脏、脾、肾脏、肾上腺、食管、胃、十二指肠、空肠、回肠、盲肠、结肠、直肠、子宫、膀胱、淋巴结、胰腺、性腺、附属生殖器官、雌性乳腺、皮肤、肌肉、外周神经、脊髓（颈、胸、腰）、胸骨（包括骨髓）、股骨（包括关节）和眼。肺和膀胱用固定剂填充后能保存更好，在吸入研究中必须扩张肺以供组织病理学检查。在吸入染毒试验中，全部呼吸道包括咽、喉与鼻腔都应保存。

2）组织病理检查

所有肉眼可见的肿瘤和其他病变都应进行组织病理学检查，并可按以下顺序检查。

a）对所有发现的病变组织和器官进行镜检并详细描述，包括在试验中途死亡或处死的动物及高剂量组和对照组动物。

b）当器官和组织异常是由受试化学品引起或可能是由受试化学品引起时，对低剂量组也要进行检查。

c）试验结果证明受试化学品能明显改变动物正常寿命，或诱发能影响毒性反应的效应时，则下一低剂量组也应进行如上所述的组织病理学检查。

d）各组动物（在同样的试验条件下）有共同病理损害时，对试验组动物可观察到的重要改变评价需要参考历史对照数据。

27.3.3 试验数据和报告

1. 试验数据

所有试验数据以表格形式汇总，包括试验开始时每组的动物数，意外死亡和人道处死的动物数、死亡时间，出现毒性反应动物数并描述观察到的毒性症状，包括症状发生、持续时间和严重程度等，发生病变的动物数、病变的类型和每种类型病变动物百分比。数据汇总表除含分级型病变数据外，应提供发生毒性或病变动物的平均值和标准差（连续型数据），报告对所有参数进行评估，提供动物个体数据。

2. 试验报告

试验报告应该包括下列信息。

a）受试化学品：物理性状、纯度和理化性质；鉴定数据；来源；批号；化学分析报告。

b）溶媒及选择理由（非水溶剂/赋形剂）。

c）试验动物：种类/品系和选择理由；数量、年龄和性别；来源、饲育条件和饲料等；试验开始时动物的体重。

d）试验条件：给药途径和剂量选择的合理性；适用时，数据分析使用的统计学方法；受试化学品的配制过程；受试化学品的实际浓度、稳定性和均一性分析数据；给药途径和给药过程；对于吸入试验，口/鼻暴露或者全身暴露方法；实际剂量[mg/(kg · d)],

饲料或饮水浓度（mg · kg）到实际剂量的转换因子；饲料和水质数据。

e）结果（表格汇总和个体数据）：生存率数据；体重和体重变化；摄食量、食物利用率、摄水量；不同性别和剂量毒性反应数据，包括毒性症状；临床观察的特性、严重程度和持续时间；眼科检查；血液检查；临床生化检查；尿液分析结果；所有神经和免疫毒性结果；绝食体重；脏器质量（和系数，如适用）；解剖发现；详细描述所有相关的组织学病变；吸收数据（如适用）。

f）结果讨论：剂量-反应关系；假设的作用模式；适用模型的讨论；确定 BMD、NOAEL/LOAEL；历史对照数据；人类相关性。

g）结论。

27.4 亚慢性经皮毒性试验

在评价化学品的毒性特征时，亚慢性经皮试验应在获得急性经皮毒性试验结果的基础上进行，该试验的目的是了解在一段时期内重复接触化学品可能产生的危害[5]。

27.4.1 试验基本原则

受试化学品以一定的剂量梯度每天分别涂敷于各染毒组动物皮肤上，一组一个剂量，连续 90 天。染毒期间，每天观察动物出现的毒性体征。试验期间死亡的和试验结束时处死的动物，都进行大体解剖和组织病理学检查。

27.4.2 试验方法

1. 试验准备

（1）品系的选择

试验动物首选成年大鼠、家兔或豚鼠。选用其他动物需说明理由。试验开始时动物体重范围为：大鼠 200～300g，家兔 2.0～3.0kg，豚鼠 350～450g，以保证足够的试验操作面积。如果将 90 天重复经皮染毒试验作为长期试验的预试验，两项试验应使用同一品系的动物。

（2）数量和性别

每个剂量组至少使用 20 只皮肤健康的动物（雌雄各半）。雌性应为未生产过和未怀孕。如试验设计需要定期处死动物进行检查，需增加相应的动物数。可增设一个有 20 只动物的追踪观察组（雌雄各半），按高剂量染毒 90 天，染毒结束后的观察期一般不少于 28 天，用于观察毒性效应的可逆性、持久性及有无迟发毒性效应。

（3）动物饲养条件

动物应单笼饲养。啮齿动物的饲养房温度为 22℃±3℃，家兔为 20℃±3℃，相对湿度为 30%～70%。人工照明时，明暗交替 12h 进行。饲以实验室的常规饲料，自由饮水。

2. 试验步骤

（1）剂量设计

至少设置3个剂量组和1个对照组，使用赋形剂时还应设赋形剂对照组。对照组动物除不给动物染毒受试化学品外，其他处理均应与染毒组相同。最高剂量应引起明显的毒性效应，但不引起动物死亡（即使出现死亡也不应影响结果评价），最低剂量不能出现任何毒性效应，但剂量应超过人预期接触剂量。理想的中间剂量应引起动物出现轻微的可观察到的毒性效应。假如设计了一个以上中间剂量，则应有适当的剂量梯度以生产不同程度的毒性效应。

如果受试化学品染毒引起严重的皮肤刺激，应降低受试化学品的浓度，尽管这样可能导致原来在高剂量下出现的其他毒性反应减弱或消失。如果试验初期染毒引起严重的皮肤损伤，应停止试验，降低受试化学品的浓度并重新进行染毒试验。

（2）限量试验

采用亚慢性经皮毒性试验，如果1000mg/kg体重的剂量（除非预期的人接触浓度显示需要更高剂量）没有产生可观察到的毒性效应，或根据结构相似化合物的资料进行预判受试化学品也不会产生毒性，则无须用3个剂量组进行全面试验。

（3）动物准备

试验前，健康、初成年的动物至少要适应实验室条件5天，随机将动物分为染毒组和对照组。在开始染毒前24h内，用剪刀将动物躯干背部染毒区的被毛剪去。按照动物体重确定染毒部位的面积，去毛时注意不要损伤动物皮肤，以免引起皮肤渗透性的改变。此后视动物被毛生长情况，大约每周一次将染毒部位去毛。各组的去毛时间和去毛面积应相同。染毒部位的面积约相当于动物表面积的10%。固体受试化学品染毒时进行研磨并用水湿润，或利用其他合适的赋形剂。使用赋形剂时，应考虑其对皮肤渗透性的影响。液体受试化学品一般无须稀释直接染毒。

（4）染毒操作

受试化学品应尽可能薄而均匀地涂敷于动物背部整个染毒区域，如果受试化学品毒性较高，可以减少涂敷面积。使用多孔纱布敷料和无刺激性胶带（或医用胶布）将受试化学品固定，以保证受试化学品与皮肤良好接触和防止受试化学品脱落。染毒后采用适当的措施防止动物舔食受试化学品，必要时可应用限制器，但不提倡使动物处于完全不能活动的状态。每天连续染毒6h，染毒后，使用清水（或其他适宜溶液）洗净染毒区皮肤，清除残存受试化学品。

染毒期限为每周7天，每天6h，连续90天。从实际考虑，每周染毒5天也可接受。为观察染毒结束后毒性效应的转归而设的追踪观察组，90天染毒结束后不做任何处理，再观察28天，以检测毒效应的可逆性和持久性。

（5）临床观察

每天至少要进行一次仔细的临床观察，必要时增加观察次数，以减少试验动物的损失；衰弱或濒死动物进行隔离或处死后进行大体解剖。

记录所有动物的毒性体征，包括出现时间、程度、持续时间。笼旁观察应包括但不限于皮肤和被毛、眼睛和黏膜、呼吸系统、循环系统、自主和中枢神经系统、四肢活动和行为方式等的变化。每周测量食物消耗量和动物体重。严格制定观察程序，避免由自残、自溶或遗忘等造成动物的损失。试验结束后，除追踪观察组外处死所有染毒组存活的动物。

3. 临床检查

所有动物应做下列项目的检查。

（1）眼科检查

用适宜的眼科检查器械于染毒前对所有动物和试验结束时高剂量组与对照组动物进行眼科检查。如发现眼睛有异常变化，再检查其他剂量组的所有动物。

（2）血液检查

试验结束时进行血液检查，包括红细胞压积、血红蛋白浓度、红细胞计数、白细胞计数及分类、血液凝固功能（如凝血时间、凝血酶原时间、凝血活酶时间或血小板计数）的测定。

（3）临床生化检查

试验结束时进行血液临床生化测定，包括电解质平衡、糖代谢、肝和肾功能的测定。根据受试化学品的毒性作用模式选择特定的测试项目，建议测定的项目有：钙、磷、氯、钠、钾、空腹血糖（禁食时间依动物品系而定）、血清谷丙转氨酶、血清谷草转氨酶、鸟氨酸脱羧酶、谷氨酰转肽酶、血液尿素氮、白蛋白、血肌酐、总胆红素和血清总蛋白质，如有必要，可检查脂类、激素、酸碱平衡、高铁血红蛋白和胆碱酯酶等。

（4）尿液检查

通常不要求进行尿液检查。但是预期或观察到有肾毒性时，要进行尿液检查。如果试验前正常值范围资料不够充分，在开始染毒之前，应考虑进行血液学和临床生化参数的测定，以便确定其正常值范围。

4. 病理学检查

（1）大体解剖

对所有的动物进行全面的大体解剖，包括体表、体腔的各开口处，颅腔、胸腔和腹腔及其内容物的检查。所有动物（包括濒死动物和中期和结束时处死的动物）的肝脏、肾脏、肾上腺、睾丸在剥离干净后为避免失水干燥，应尽快称其湿重。

某些器官和组织应保存在适宜的固定液中进行组织病理学检查，包括所有肉眼可见损害的脏器、脑（包括延髓/脑桥、小脑皮质和大脑皮质）、垂体、甲状腺（包括甲状旁腺）、胸腺（气管段）、肺、心脏、主动脉、唾液腺、肝脏、脾、肾脏、肾上腺、胰腺、性腺、附属生殖器官、胆囊（如存在）、食道、胃、十二指肠、空肠、回肠、盲肠、膀胱、代表性淋巴结、雌性乳腺、股部肌肉、周围神经、眼睛、胸骨（带骨髓）、股骨（带关节）、脊髓（颈髓、胸髓、腰髓）和泪腺。上述器官和组织若出现毒性体征或是毒性作用的靶器官，则需要进行检查。

（2）组织病理学检查

对照组和高剂量组所有动物的正常皮肤及染毒区皮肤以及所有器官与组织都应该进行详尽的组织病理学检查。如果试验动物为大鼠，低剂量和中剂量组受试大鼠的肺应进行组织病理学检查，以证明是否存在感染。该项检查用来评价动物是否处于健康状态。一般情况下中、低剂量组的其他脏器不需要做组织病理学检查，但在高剂量组出现损害的器官应进行相应的检查。

27.4.3 试验数据和结果、报告

1. 试验数据和结果

（1）数据处理

将所有数据综合成表格形式，包括每组试验开始时各组的动物数、出现损害的动物数、损害类型及每种类型动物的百分比。所有观察到的结果，无论定性的还是发生率，都应进行适当的统计与评价。在设计试验时选好所采用的统计学方法。

（2）结果评价

应结合前期试验结果，并考虑到毒性效应指标和尸检及病理组织学检查结果进行综合评价。毒性评价应包括受试物染毒剂量与是否出现毒性反应、毒性反应的发生率及其程度之间的关系。这些反应包括行为或临床异常、肉眼可见的损伤、靶器官、体重变化情况、死亡效应以及其他一般或特殊的毒性作用。成功的亚慢性试验应能够提出统计学上有意义的无有害作用水平。

2. 试验报告

试验报告要包括下列资料：①动物品系；②不同性别和剂量的毒性反应资料；③试验期间动物死亡的时间或结束时动物是否存活；④毒性效应或其他效应；⑤每种异常体征出现时间及转归过程；⑥动物的食物消耗量和体重资料；⑦血液学检查结果及所采用方法和正常值；⑧临床生化检查结果及所用方法和正常值；⑨大体解剖结果；⑩所有组织病理学观察结果的详细描述。

27.5 亚慢性吸入毒性试验

亚慢性吸入毒性试验的目的是确定一定时期内反复多次吸入染毒受试化学品而发生的健康危害，以明确化学品对动物的蓄积作用及其靶器官，并确定其未见有害作用量和所见有害作用最低量，为亚慢性、慢性毒性或致癌性试验的剂量设计提供依据[6]。

亚慢性吸入毒性试验设置几个吸入浓度梯度组别，每组一个浓度，连续吸入染毒 14 天或 28 天。染毒期间密切观察动物的毒性反应，期间死亡、濒死或试验结束被处死的动物要进行解剖。14 天与 28 天重复吸入试验，除在染毒时间长短上和临床及病理结果严重程度上有所不同外，其余均基本相同，二者同属短期试验。

27.5.1 试验基本原则

在试验确定的时间内不同试验组动物每天以一定浓度梯度吸入受试化学品，每组一个浓度，连续染毒 90 天。为制备合适浓度的受试化学品而使用赋形剂时，需设赋形剂

对照组。染毒期间每天观察动物的毒性反应。试验期间死亡和试验结束时处死的动物均做大体解剖。

27.5.2 试验方法

27.5.2.1 试验准备

试验选用啮齿动物，首选大鼠，也可使用其他动物。选用常用品系且健康的初成年动物。试验开始时，动物的体重差异不得超过同性别平均体重的 20%。如果试验设计为长期试验的预试验，这两项试验应使用同一品系的动物。

试验动物房的温度应为 22℃±3℃，相对湿度为 30%～70%。人工光照时，12h 明暗交替。饲以实验室的常规饲料，自由饮水。动物按性别单笼饲养，也可群养，每笼的动物数以不影响对每只动物的观察为宜。

健康、初成年动物至少饲养 5 天以适应实验室环境。试验前，将动物随机分配到各组，必要时，可在受试化学品中加入适合的赋形剂，以利于受试化学品在空气中形成适宜的浓度，但应证实赋形剂不影响受试化学品的吸收，同时不产生毒性反应。每一浓度组至少应有 20 只动物（雌雄各半）。雌性应为未生产过和未怀孕。如试验设计定期处死动物，需按要求增加动物数。另外，如设卫星组（20 只动物，雌雄各半），该组以高浓度染毒 90 天，染毒结束后的观察期一般不少于 28 天，用于观察毒性效应的可逆性、持久性及有无迟发毒性效应。

27.5.2.2 试验步骤

1. 染毒浓度

至少应有 3 个染毒组和 1 个对照组，使用赋形剂时还应设赋形剂对照组。对照组动物除不给动物染毒受试化学品外，其他处理均应与染毒组相同。最高浓度应引起毒性效应，但不引起动物死亡，以免影响对结果作出有意义的评价。最低浓度不能出现任何毒性效应，但浓度应超过人类预期接触浓度。理想的中间浓度应引起动物出现轻微的可观察到的毒性效应。若设计了一个以上中间浓度，则应有适当的浓度梯度以产生不同程度的毒性效应。低、中浓度组和对照组的死亡率很低，以便对试验结果作出有意义的评价。

若受试化学品具有潜在的爆炸性应小心，试验时应避免达到爆炸的浓度。

2. 染毒设施、环境和受试化学品浓度监测

动物应在吸入染毒设备中进行试验。对设备设计的基本要求：维持换气 12～15 次/h，保证氧气体积分数为 19%和受试化学品在空气中均匀分布。如果设备是染毒柜，除了上述要求外，要保证动物在柜内不拥挤，并能最大程度地接触空气中的受试化学品。试验的总体要求是确保染毒柜中气流稳定，试验动物的总体积不能超过染毒柜容积的 5%，如采用口/鼻或头部暴露吸入染毒法，避免经口和皮肤途径接触受试物。

试验建议采用配有控制空气中受试化学品浓度的动式吸入染毒系统。通过调整空气

流速使整个设备内的受试化学品浓度分布基本相同。染毒设备应维持轻微的负压，以免受试化学品从染毒柜逸出。试验过程中应进行的测量包括：①气流速度，最好连续监测；②在染毒期间，应尽可能地使受试化学品的实际浓度维持恒定；③在气溶胶发生期间应进行粒度分析，对气溶胶浓度的稳定性作出估测；在染毒期间，需尽可能多地采样分析粒度，以测定粒度分布的一致性；④最好连续监测温度和相对湿度。

3. 染毒步骤

用受试化学品对受试动物进行染毒，每周 7 天，每天 6h，连续 90 天。每天的吸入接触时间可根据需要采用其他或长或短的时间。从实际考虑，每周染毒 5 天也可接受。为观察染毒结束后毒性效应转归而设的卫星组动物，染毒 90 天后不做任何处理，并至少再观察 28 天，以检测毒性效应的可逆性和持久性。试验时动物呼吸带的温度维持在 22℃±2℃。相对湿度，除了水性气溶胶外，应保持在 30%～70%。染毒过程中停止供食供水。

4. 临床观察

每天至少进行一次仔细的临床观察，必要时增加观察次数，以减少试验动物的损失，如发现死亡的动物应及时进行大体解剖，或冷藏以备检查；衰弱或濒死动物进行隔离或处死做大体解剖。

吸入染毒期间和染毒后要观察动物。系统观察和记录，并保存每只动物的观察记录；每天要观察所有动物，记录动物的毒性体征，包括出现时间、程度、持续时间；笼旁观察包括但不限于皮肤和被毛、眼睛和黏膜、呼吸系统、循环系统、自主和中枢神经系统、四肢活动和行为方式等的变化；每周测量饲料的消耗量和动物体重。严格制定观察程序，避免由自残、自溶或遗忘等造成的动物损失。试验结束后，除卫星组外，处死所有染毒组存活的动物。

（1）临床检查

所有动物应做下列项目的检查。

a）用适宜的眼科检查器械于染毒前对所有动物和试验结束时高剂量组与对照组动物进行眼科检查。如发现眼睛有异常变化，再检查其他剂量组的所有动物。

b）试验结束时进行血液学检查，包括红细胞压积、血红蛋白浓度、红细胞计数、白细胞计数及分类、血液凝固功能（如凝血时间、凝血酶原时间、凝血活酶时间或血小板计数）的测定。

c）试验结束时进行血液临床生化测定。对所有试验都适用的包括电解质平衡、糖代谢、肝和肾功能的测定。由于受试化学品的毒性作用模式可影响测试项目的选择，因此建议测定的项目有：钙、磷、氯、钠、钾、空腹血糖（适宜禁食的动物）、血清谷丙转氨酶、血清谷草转氨酶、鸟氨酸脱羧酶、谷氨酰转肽酶、尿素氮、白蛋白、血肌酐、总胆红素和血清总蛋白质，如有必要，可检查脂类、激素、酸碱平衡、高铁血红蛋白和胆碱酯酶等。最后，根据观察到的受试化学品引起的毒性效应确定其他特殊检查项目。

d）通常不要求进行尿液检查。但预期有或观察到有肾毒性时，要进行尿液检查。另外，如果历史正常值范围资料不充分，在开始染毒之前，应考虑进行血液学和临床生化参数的测定。

（2）病理学检查

1）大体解剖

对所有的动物都应进行全面的大体解剖，包括体表、体腔的各开口处，颅腔、胸腔和腹腔及其内容物的检查，为避免兔肝、肾、肾上腺和睾丸失水干燥，分离后应尽快称其湿重。

解剖后的器官和组织保存于适宜的固定液中，以便做进一步的组织病理学检查，包括所有肉眼可见损害的部分、肺、鼻咽部、脑（包括延髓/脑桥、小脑皮质、大脑皮质）、垂体、甲状腺（包括甲状旁腺）、胸腺、气管、心脏、主动脉、唾液腺、肝脏、脾、肾脏、肾上腺、胰腺、性腺、附属生殖器官、皮肤、胆囊（如存在）、食道、胃、十二指肠、空肠、回肠、盲肠、结肠、直肠、膀胱、代表性淋巴结、雌性乳腺、股部肌肉、周围神经、眼、胸骨（带骨髓）、股骨（带关节）、脊髓（颈髓、胸髓、腰髓）和泪腺。上述器官组织若出现毒性体征或是毒性作用的靶器官，则需要进行检查。

2）组织病理学检查

a）对照组和高浓度组所有动物的呼吸道及其他器官与组织都应进行详尽的组织学病理检查。

b）所有肉眼见到损害的器官、部位；

c）中、低剂量组中靶器官。

d）试验动物为大鼠时，低浓度和中浓度组大鼠的肺应进行组织病理学检查，以证明是否存在感染。此项检查通常用来评价动物是否处于健康状态。常规情况下中、低剂量组的其他脏器不需要做组织病理学检查，但是在高剂量组出现损害的器官应进行相应的检查。

e）当设有追踪观察组时，应对由试验组确证有毒性效应的组织和器官进行组织病理学检查。

27.5.3　试验数据和结果、报告

1. 试验数据和结果

（1）数据处理

将所有数据综合成表格形式，包括每组试验开始时各组的动物数、出现损害的动物数、损害类型及每种类型动物的百分数。所有观察到的结果，无论定性的还是发生率，都应用适当的在设计试验时选好的统计学方法进行统计与评价。

（2）结果评价

应结合前期试验结果，并考虑到毒性效应指标和尸检及病理组织学检查结果进行综合评价。毒性评价应包括受试物染毒剂量与是否出现毒性反应、毒性反应的发生率及其程度之间的关系。这些反应包括行为或临床异常、肉眼可见的损伤、靶器官、体重变化情况、死亡效应以及其他一般或特殊的毒性作用。成功的亚慢性试验应能够提供未见有害作用量（NOAEL）的估计值。

亚慢性吸入试验提供重复吸入受试化学品时的毒性效应信息。虽然从试验结果外推

到人的可靠性是有限的，但是能提供该受试化学品经呼吸系统吸入引起的毒性反应和作用方式、未见有害作用量（NOAEL），并为制定人类允许接触水平提供依据。

2. 试验报告

试验报告应包括下列信息。

（1）试验条件

a）吸入染毒装置的描述，包括设计、类型、容积、空气来源、微粒和气溶胶的发生系统、调节空气的方法、排出废气的处理和动物在染毒时的放置方法。

b）描述测量温度、相对湿度、微粒/气溶胶及其粒度的设备。

（2）染毒资料

染毒资料列成表格，并用平均值和测量变异（标准差）来表示，应包括：①通过吸入装置的气流流速；②空气的温度、相对湿度；③标识浓度（送入吸入装置的受试化学品总量除以空气的体积）；④试验动物呼吸带的实际浓度；⑤粒度分布（微粒的空气动力学直径中值及标准值）。

（3）动物资料

a）所用的动物品系。

b）不同性别和浓度的毒性反应数据。

c）试验过程中动物死亡的时间或动物是否存活到试验结束。

d）毒性效应和其他效应。

e）每种异常效应出现的时间及转归。

f）动物的摄食量和体重资料。

g）血液学检查的结果和所采用方法和正常值。

h）临床生化检查结果和所采用方法和正常值。

i）大体解剖结果。

j）详细描述所有病理组织观察结果。

参 考 文 献

[1] United Nations. Globally Harmonized System of Classification and Labelling of Chemicals. 9th ed. New York and Geneva, 2021.

[2] 中华人民共和国国家标准. GB 30000.23—2013 化学品分类和标签规范 第 23 部分：致癌性. 北京：中国标准出版社，2013.

[3] 中华人民共和国国家标准. GB/T 21788—2008 化学品 慢性毒性与致癌性联合试验方法. 北京：中国标准出版社，2008.

[4] 中华人民共和国国家标准. GB/T 21759—2008 化学品 慢性毒性试验方法. 北京：中国标准出版社，2008.

[5] 中华人民共和国国家标准. GB/T 21764—2008 化学品 亚慢性经皮毒性试验方法. 北京：中国标准出版社，2008.

[6] 中华人民共和国国家标准. GB/T 21765—2008 化学品 亚慢性吸入毒性试验方法. 北京：中国标准出版社，2008.

第 28 章　生 殖 毒 性

生殖毒性包括化学物质对成年雄性和雌性动物性功能与生育能力的有害影响，以及对后代发育的毒性。化学物质生殖毒性研究关注的内容主要包括：对生殖能力的有害影响和对后代发育的有害影响。对生殖能力的有害影响包括（但不限于）改变雌性和雄性的生殖系统，对青春期开始、生殖细胞产生和输送、生殖周期正常状态、性行为、生育能力、分娩和怀孕的有害影响，以及引起生殖系统过早衰老，或者改变依赖生殖系统完整性的其他功能。对哺乳的有害影响或通过哺乳产生的有害影响也属于生殖毒性范围[1]。

化学品对后代发育的毒性包括在出生前或出生后干扰胎儿的正常发育。产生这种效应是由于受孕前父母一方接触有害物，或者正在发育之中的后代在出生前或出生后性成熟前这一期间接触有害物。在 GHS 的分类标签制度中，对后代发育毒性进行分类主要是为了对怀孕雌性和有生殖能力的雄性和雌性提出危险警告。因此，发育毒性实质上是指怀孕期间发生的有害影响，或父母接触有害物造成的有害影响。这些效应可在生物体生命周期的任何时间显现出来。发育毒性的主要表现包括发育中的生物体死亡、结构畸形、生长改变以及功能缺陷。

28.1　生殖毒性的分类和判定

28.1.1　生殖毒性分类

1. 物质的分类原则[2]

为了对生殖毒性进行分类，化学物质划分为两个类别。化学物质对生殖能力的影响和对发育的影响作为不同的问题考虑。另外，化学物质对哺乳期的影响划为单独的危险类别。生殖有毒物的危险类别见表 28-1 和表 28-2。

表 28-1　生殖有毒物的危险类别

类别 1	已知或假定的人类生殖或发育有毒物 包括已知可对人类生殖能力或发育产生有害影响的物质，或动物研究证据（可能有其他信息作补充）表明其干扰人类生殖的可能性很大的物质。为了管理，可根据分类证据主要来自人类数据（类别 1A）或是动物数据（类别 1B）对物质进行进一步的划分
类别 1A	已知可对人类生殖能力或发育产生有害影响的物质 将物质划为本类别主要以人类证据为基础
类别 1B	假定可对人类生殖能力或发育产生有害影响的物质 将物质划为本类别主要是以试验动物证据为基础。动物研究数据在没有其他毒性效应的情况下应提供明确的特定生殖毒性证据，或者如果与其他毒性效应一起发生，化学物质对生殖的有害影响不能是其他毒性效应的非特异继发性结果。但是，如果机械论信息使人对该效应与人类的相关性产生怀疑时，将其划为类别 2 可能更适合

续表

类别 2	可疑的人类生殖或发育有毒物 一些人类或试验动物证据（可能有其他信息作补充）表明在没有其他毒性效应的情况下可能对生殖能力或发育产生有害影响，或者如果与其他毒性效应一起发生，对生殖的有害影响不是其他毒性效应的非特异继发性结果，而且存在的证据不足以将物质划为类别 1 的化学物质。例如，研究中的缺陷可能使证据质量不是很令人信服，鉴于此，划为类别 2 可能更适合

表 28-2 影响哺乳或通过哺乳产生影响的分类标准和类别

影响哺乳或通过哺乳产生影响
影响哺乳或通过哺乳产生影响划为单独类别。对于许多物质，并没有信息显示它们是否有可能通过哺乳对后代产生有害影响。但是，被女性吸收并发现干扰哺乳的物质，或者其在母乳中的数量（包括代谢物）足以使人们关注以母乳喂养的儿童健康的物质，应划为此类别，表明这种物质对以母乳喂养的婴儿有危害的性质，可根据以下情况进行分类。
a）吸收、新陈代谢、分布和排泄研究表明，该物质有可能以具有潜在毒性的水平存在于母乳之中
b）一代或两代动物研究的结果提供的明确证据表明：该物质进入母乳中或对母乳质量产生有害影响而对后代有有害影响
c）人类证据表明该物质在哺乳期内对婴儿有危险

（1）分类基础

化学品生殖毒性的分类要以表 28-1 和表 28-2 所述的标准及整体证据权重的评估为基础。对生殖或发育有有害影响的具有内在特定性质的化学品应划为生殖或发育有毒物，但如果这种效应只是其他毒性效应的非特异继发性结果，则该化学品不应划入此类。在评估物质对发育中后代的毒性效应时，应重点考虑母体毒性的可能影响。若要以人类证据为主要依据进行类别 1A 的划分，就必须有可靠证据表明物质对人类生殖有有害影响。用于分类的证据最好来自实施良好的流行病学研究，包括进行适当的对照试验、均衡评估及适当考虑偏见或混淆因素。来自人类研究的数据如果不太精确，就将由试验动物研究得到的适当证据作为补充，并应考虑划入类别 1B。

（2）证据权重

化学品生殖毒性的分类要以整体证据权重的评估为基础。这些证据信息包括人类流行病学研究和病例报告及特定生殖研究，以及动物的亚慢性、慢性试验和特定研究结果，从中获得的有关信息显示化学品对生殖和相关内分泌器官有毒性。在该物质的信息十分缺乏时，也包括与所研究物质在化学上相关的物质评估信息。这些证据信息的权重会受到各种因素的影响，如研究的质量、结果的一致性、效应的性质和严重性、群体间差异的统计学显著性、受影响终点指标的数量、人类施用途径的相关性和偏倚的自由度情况。除此之外，确定证据权重要同时考虑正结果和负结果，如果依据正确的科学原理进行的单次研究取得正结果，并具有统计学或生物学意义，即可作为分类的依据。

动物和人类毒代动力学研究、物质作用部位和作用机制或模式研究结果可提供化学品生殖毒性的相关信息，这些信息可以减少或增加人们对人类健康危害的关注。如果化学品的作用机制/模式与人类无关，且明确可识别，或者在毒代动力学上有明显的差异并可明确其危险性不会在人类身上出现，则该受试化学品不应继续分类。在一些试验动物的生殖毒性研究中，所记录的效应可能具有很低或极其微小的毒理学意义，可不必进行分类。在没有其他系统毒性效应的情况下，动物研究数据最好能提供明确的特定生殖毒性证据。但是，如果发育毒性和其他毒性效应在母兽身上同时发生，应尽可能对普遍性有害效应的潜在影响进行评估。最好首先考虑其对胚胎/胎儿的有害影响，再评估母体毒性，以及作为证据权重一部分的可能影响这些效应的任何其他因素。一般来说，在中毒剂量于母体中观察到的发育效应不应自动扣除。只有在因果关系已经确定或否定时，才能根据具体情况扣除在中毒剂量于母体中观察到的发育效应。如果拥有适当的信息，就应尝试确定发育毒性是由特定的母体媒介机制还是由非特异继发性机制引起的。一般来说，不能用母体毒性的存在否定胚胎/胎儿效应的研究结果，除非能够明确证明这些效应是非特异继发性效应，在后代效应很显著时（如结构畸形之类的不可逆效应）尤其如此。在一些情况下，可以合理假定生殖毒性是母体毒性的继发性结果而不考虑这些效应，如化学品毒性非常大导致母体无法茁壮成长、严重虚弱、无法哺育幼仔或是它们已衰竭或即将死去。

（3）母体毒性

在整个怀孕期和产后早期阶段，后代的发育可能会受到母体内化学品毒性效应的影响，这种影响可通过与压力有关的非特异机制和母体体内平衡破坏，或通过特异母体媒介机制传播。因此，在分析发育结果以便确定其发育效应分类时，有必要考虑母体毒性的可能影响。这是一个复杂的问题，因为在母体毒性与后代发育结果之间，存在着不确定因素。在分析发育效应分类标准时，应利用所有现有研究，通过专家判断和证据权重来确定母体毒性的影响程度。各种因素的先后顺序是首先考虑对胚胎/胎儿的有害影响，再考虑母体毒性，以及可能影响这些效应的任何其他因素，用它们作为证据权重，帮助得出分类结论。

在分类过程中，母体毒性可能通过非特异继发性机制影响发育，产生各种效应，如胎儿体重下降、延迟成骨，某些物种的一些系族中还可能出现后代和某些畸形效应。但是对发育效应和一般母体毒性之间关系进行的数量有限的调查研究并不能证实物种间存在着一致的、可再现的关系。在母体毒性存在的情况下出现的发育效应被认为是发育毒性的证据，除非能够根据具体情况明确证实发育效应是母体毒性的继发性效应。另外，后代有显著的诸如结构畸形、胚胎/胎儿致死、显著的产后功能缺陷等不可逆毒性效应时，应考虑对化学品进行分类。

对于只与母体毒性一起产生发育毒性的化学品，即使其特异母体媒介传播机制已经得到证明，也不应自动不予分类，在这种情况下划为类别 2 比划入类别 1 更为适当。但是当一种化学品毒性非常大并导致母体死亡或严重虚弱，或母体已经衰竭而无法哺育幼仔时，或许可以假设发育毒性只是母体毒性的继发性效应，并不考虑发育效应。如果只是出现轻微的发育变化（如胎儿/幼畜体重轻微减少、与母体毒性有关的成骨延迟），而且这些变化是与母体毒性一起发生的，则可能不必进行分类。目前，已经有相应的终点指标用来评估化学品的母体毒性，如果可以获取这些终点指标的相关数据，则应根据这些终点指标的统计学或生物学意义和剂量-反应关系予以评估。这些终点指标如下。

a）母体死亡率：如果母体死亡率增加与受试化学品剂量有关并能体现受试化学品的系统毒性，母体死亡率增加应视为是母体毒性的证据。母体死亡率大于 10%被认为是非常大的，并且该剂量水平的数据没有必要做进一步的评估。

b）交配指数（有精液插管或精液的动物数量/交配数量×100）。

c）生育指数（有受精卵着床功能的动物数量/交配数量×100）。

d）妊娠时长（如果能够分娩）。

e）体重和体重变化：如果母体体重变化和/或母体体重的校正值这类数据可获得，

应考虑将其作为母体毒性评估中的证据。对校正的平均母体体重变化进行计算，可说明该变化是母体的还是子宫内的，校正的平均母体体重变化为最初和最终体重差值减去怀孕子宫的质量（胎儿的质量总和）。在兔子试验中，体重的增加可不用作为母体毒性的指示证据，因为兔子怀孕期间体重会正常波动。

f）食物和水的消耗（如果有关）：观察到处置母体食物或水的平均消耗量比对照组明显减少。出现这种减少有助于评估母体毒性，特别是当受试化学品是以食物或饮水引入动物体内时。食物或水消耗量的变化应与母体体重结合起来评估，应注意区别消耗量减少是母体毒性的反映还是因为食物或水中的受试化学品影响食欲。

g）临床评估（包括临床症状、标记、血液学和临床化学研究）：受测母体相对于对照组出现明显的临床毒性症状的发生率增加可用于评估母体毒性。如果将此信息用作评估母体毒性的基础，则应在研究中报告临床症状的类型、范围、程度和持续时间。母体中毒明显的临床症状包括：昏迷、衰弱、功能亢奋、正位反射失常、运动失调或呼吸障碍。

h）解剖数据：发生率增加和/或严重的解剖结果可能是母体毒性的表现。可能包括整体或微观的病理学检查结果或器官质量数据，如绝对器官质量、器官与身体质量比，或者器官与脑质量比。当得到受影响器官的有害组织病理学效应的研究支持结果时，观察到的处理母体与对照组母体相比可疑的靶器官平均质量有显著变化，可看作母体毒性证据。

（4）动物和试验数据

生殖毒性试验有许多国际公认的方法可供使用，包括发育毒性试验方法（OECD 414，ICH S5A）、产期和产后毒性试验方法（ICH S5B）和一代或两代毒性试验方法（OECD 415，OECD 416）。甄别试验（OECD 421 和 OCED 422）获得的证据也可用来证明分类的正确性，当然，这种证据没有全面试验获得的证据可靠。

在没有明显大范围毒性的情况下，在短期或长期重复剂量毒性研究中观察到的认为可能会损害生殖功能的有害效应或变化，可作为分类的基础，如生殖腺中组织病理学变化。

体外试验或非哺乳动物试验得到的证据，以及使用结构-活性关系（SAR，structure-activity relationship）从类似物得到的证据，都有助于进行分类。采用上述方法获取的数据需通过专家判断评估数据的充分性，不充分的数据不能用作分类的主要支持数据。最好使用与潜在的人类接触途径有关的适当的施加途径进行动物试验。但在实践中，生殖毒性研究通常使用口服途径，而且这样的研究一般适合评估物质的生殖毒性。然而如果最终有明确的证据证明受试化学品的作用机制或作用模式与人类无关，或者在毒代动力学上有明显的差异并可明确其危险性不会在人类身上出现，对试验动物的生殖产生有害影响的物质不得进行分类。静脉注射或腹膜内注射等施加途径，可能使生殖器官接触与实际不符的高剂量受试化学品，可能引起生殖器官的局部损坏。使用这些施加途径的研究，解读必须极其慎重，单靠这些研究通常不应作为分类的依据。

极限剂量的概念有一致的约定，即高于极限剂量所产生的有害影响被认为超出了分类准则的范围。然而，经济合作与发展组织特别工作组未将有关特定剂量作为极限剂量达成共识。某些试验通则规定了极限剂量，并说明如果预期人类暴露水平非常高但不会达到充分的暴露限值时，则采用更高的剂量进行试验是必要的。另外，由于种类间毒代动力学不同，在人类比动物模型更敏感的情况下，制定特定的极限剂量可能并不适当。

动物研究中只在非常高的剂量水平（如引发衰竭、食欲严重不振、死亡率过高的剂量）上观察到有害效应，通常不能分类，除非其他信息表明分类是适当的，如表明人类可能比动物更易受影响的毒代动力学信息。但是，实际极限剂量的规定，取决于为提供试验结果而采用的试验方法，如经济合作与发展组织提出的经口途径的反复接触剂量研究的试验指导中，推荐极限剂量为1000mg/kg，除非预期的人类反应表明需要更高的剂量水平。关于将分类原则中的规定剂量作为极限剂量引入标准的问题，还需要进一步讨论。

2. 混合物分类标准

（1）拥有混合物整体数据时的混合物分类

混合物的分类应基于混合物各个组分的现有试验数据，使用混合物各组分的临界值/浓度极限分类。可以依据混合物整体的现有试验数据，根据具体情况对分类进行修正。在这种情况下，考虑到剂量和诸如生殖试验制度的持续时间、观察和分析（如统计分析、试验灵敏度）之类的其他因素，混合物整体的试验结果必须是结论性的。应保留支持分类的适当记录，以便应要求供审查用。

（2）无整体数据时的混合物分类：架桥原则

如果混合物本身并没有进行过明确其生殖毒性的试验，但其各个组分和类似组分有充分数据时，足以确定该混合物的危险特性，可以根据架桥原则（参见第 22 章）使用这些数据分类分类。

（3）拥有所有组分数据或只有一部分组分数据时的混合物分类

当至少有一种组分已经划为类别 1 或类别 2，而且其浓度等于或高于表 28-3 所示类别 1 和类别 2 的相应临界值/浓度极限时，该混合物应划为生殖有毒物。

表 28-3　划为生殖有毒物的混合物组分的临界值/浓度极限

类别	类别 1		类别 2	影响哺乳或通过哺乳产生影响的附加类别
	类别 1A	类别 1B		
类别 1A	≥0.1%①			
	≥0.3%②			
类别 1B		≥0.1%③		
		≥0.3%④		
类别 2			≥0.1%①	
			≥0.3%②	
影响哺乳或通过哺乳产生影响的附加类别				≥0.1%①
				≥0.3%②

①表示如果类别 1 的一种影响哺乳或通过哺乳产生影响的组分存在于混合物中，而且其浓度在 0.1%～0.3%，每一个管理当局都会要求在产品的安全数据单上提供相应信息，但是标签警告属于可选项，一些管理当局会要求贴标签，而其他一些管理当局在这种情况下通常不要求贴标签；②表示如果类别 1 的影响哺乳或通过哺乳产生影响的组分存在于混合物中，而且其浓度≥0.3%，一般既需要安全数据单也需要标签；③表示如果类别 2 的一种生殖有毒组分存在于混合物中，而且其浓度在 0.1%～3.0%，每一个管理当局都会要求在产品的安全数据单上提供相应信息，但是标签警告属于可选项，一些管理当局会要求贴标签，而其他一些管理当局在这种情况下通常不要求贴标签；④表示如果类别 2 的一种生殖有毒组分存在于混合物中，而且其浓度≥3.0%，一般既需要安全数据单也需要标签

（4）含有影响哺乳的物质的混合物分类

目前对影响哺乳或通过哺乳产生影响的混合物进行分类尚未制定出统一的标准。在解决含有可能污染母乳的组分的混合物分类问题之前，必须先使用 GHS 统一制度中的分类方法获取全面的经验。

28.1.2　生殖毒性判定

图 28-1～图 28-6 示意了化学物质和混合物的生殖毒性判定流程，包括影响哺乳或通过哺乳产生影响的物质或混合物的分类判定流程。需指出的是，这些判定逻辑和指导并不是 GHS 统一分类制度的一部分，而仅仅是作为补充指导提供。

1. 物质的判定流程

物质的判定流程见图 28-1。

2. 混合物的判定流程

混合物的分类应根据混合物各组分的现有试验数据，使用这些组分的临界值/浓度极限分类。可以使用混合物整体的现有试验数据或架桥原则，根据具体情况对分类进行修正。

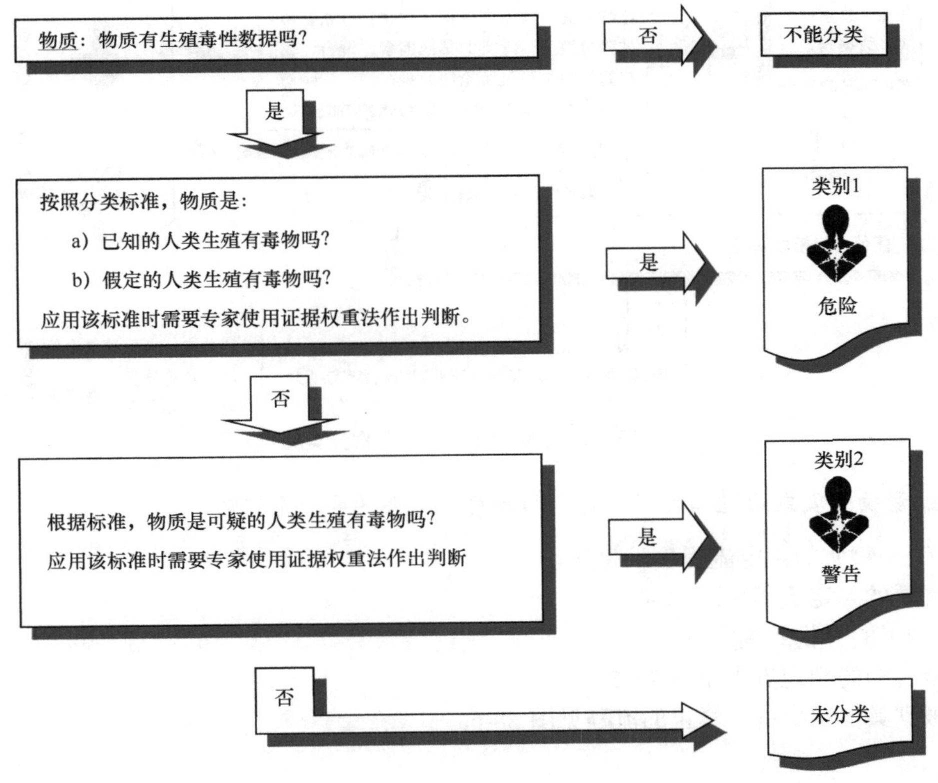

图 28-1　物质的判定流程

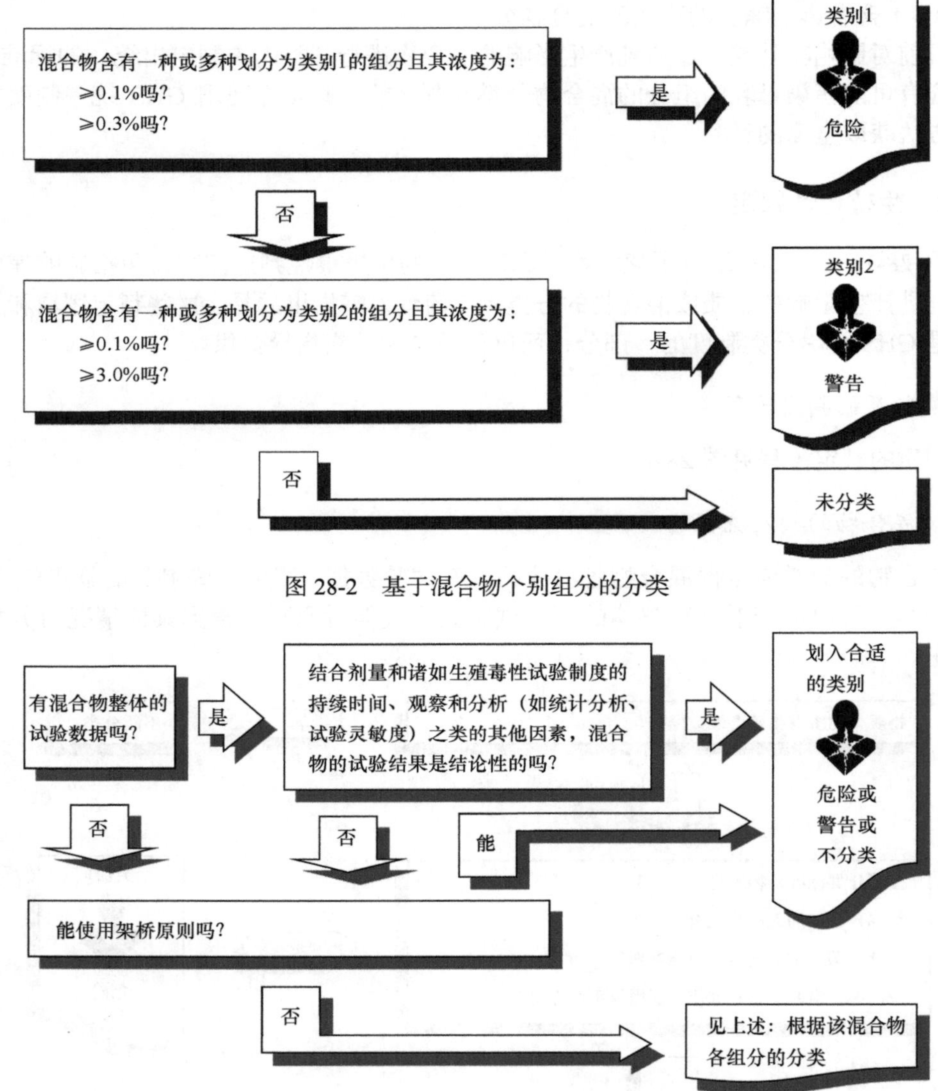

图 28-2　基于混合物个别组分的分类

图 28-3　根据具体情况对混合物分类修正

3. 影响哺乳或通过哺乳产生影响的物质或混合物的判定流程

（1）物质的判定流程

物质的判定流程见图 28-4。

（2）混合物的判定流程

混合物的判定流程见图 28-5。

根据具体情况进行修正的流程见图 28-6。

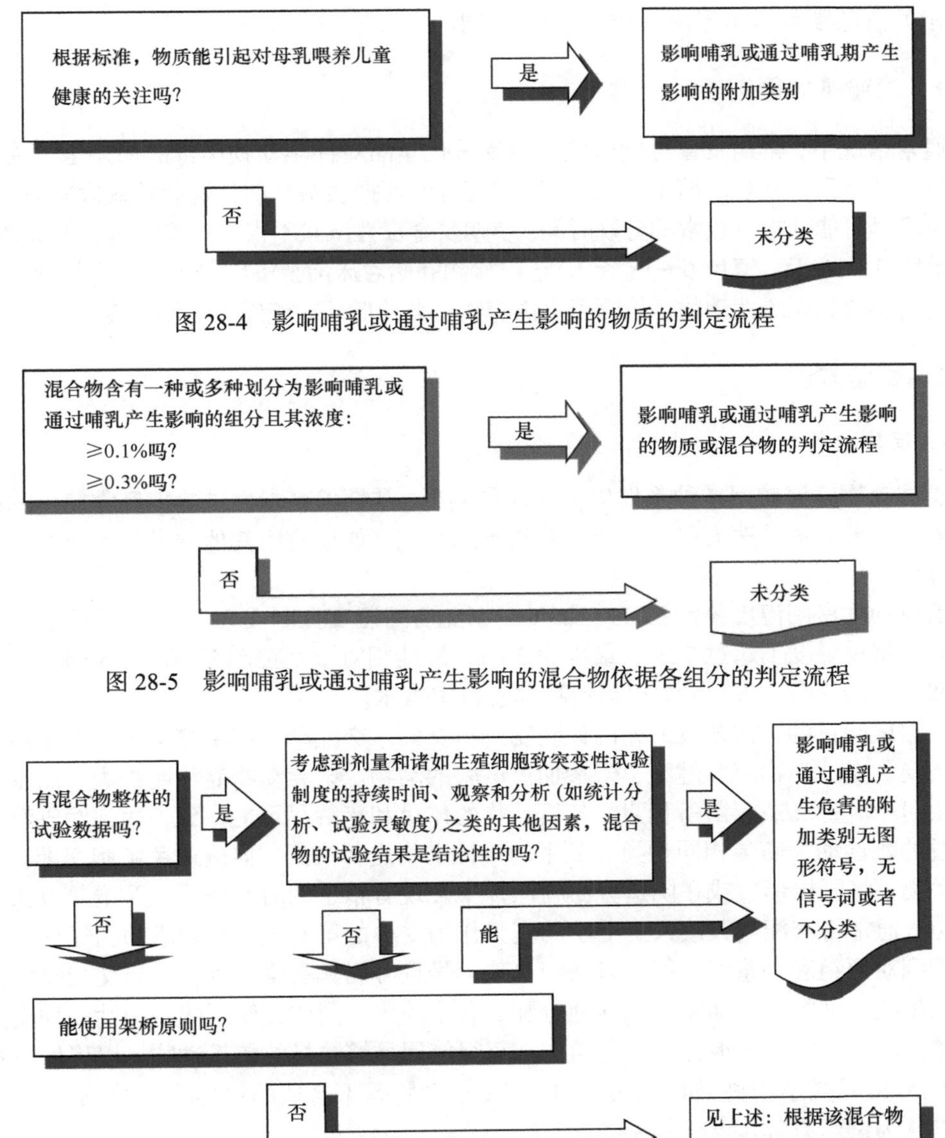

图 28-4 影响哺乳或通过哺乳产生影响的物质的判定流程

图 28-5 影响哺乳或通过哺乳产生影响的混合物依据各组分的判定流程

图 28-6 影响哺乳或通过哺乳产生影响的混合物依据实际情况分类修正

28.2 孕期发育毒性试验

孕期发育毒性试验提供有关怀孕动物和幼兽发育成为成体前暴露于受试化学品所出现毒性反应的一般信息[3]。毒性反应包括母体毒性，如死亡、结构异常或胎儿生长发生变化。此外，虽然功能缺陷也是发育的重要组成部分，但功能缺陷试验可作为一个独立的试验或作为发育神经毒性指导原则的附加试验。功能缺陷试验和其他出生后毒性效应的相关信息参考 28.4 节和 28.5 节指导原则。

28.2.1　试验基本原则

通常情况下，孕期发育毒性试验使用受试化学品对怀孕动物染毒的周期至少为从受精卵植入开始到计划解剖前 1 天，如果没有充分的证据表明早期分娩会导致数据丢失，则解剖时间尽可能地接近正常的分娩时间。孕期发育毒性试验不仅检查组织器官形成期（如啮齿动物 5～15 天，家兔 6～18 天），还应检测胚胎着床前至解剖前 1 天的毒性效应。剖宫产之前迅速处死雌性动物，检测子宫内容物，评价胎儿软组织和骨髓的变化。

28.2.2　试验方法

1. 试验准备

受试动物建议使用在种系发生上与人最接近、孕期发育毒性试验中经常使用的种类和品系。啮齿动物首选大鼠，非啮齿动物首选家兔。如果使用其他种类的动物需提供正当的理由。

啮齿动物房间温度控制在 19～25℃，家兔房间温度控制在 15～21℃。除清洗动物房期间，相对湿度不超过 70%，最少为 30%，最佳相对湿度控制在 50%～60%。人工照明时间为明暗交替 12h。用常规饲料喂养且自由饮水。

根据试验目的，在合适的笼内让动物进行交配。交配动物应单笼饲养，少量的群居也可接受。受试动物应为健康、未参加过试验的动物。试验动物需注明种类、品系、来源、性别、体重和/或年龄等信息。各组动物的体重和年龄尽可能一致，达到性成熟且未生产过的雌性动物需与相同种类和品系的雄性动物进行交配，但应避免同胞交配。对于啮齿动物，将阴栓形成或在阴道分泌物涂片中发现有精子的时间作为受孕的第 0 天；对于家兔，通常将交配当天或人工受孕的当天作为受孕的第 0 天。交配成功的雌性动物随机分配到对照组和剂量组。每一只动物单独标号且号码具有唯一性。如果交配雌性动物有不同批次，则每一批动物应平均地分配到各个组中。同样，使用同一雄性动物交配的不同雌性动物，应均匀地分配到各组中。每组使用足够数量的雌性动物，以确保在解剖时有大约 20 只受孕动物，如每组少于 16 只受孕动物是不合适的；母体死亡率不超过 10%时可以认为试验有效。

2. 受试化学品

为方便给药而使用赋形剂或其他添加剂时应该考虑赋形剂或添加剂对受试动物吸收、分布、代谢、潴留或排泄的影响；因受试化学品化学特性改变而导致毒性特征改变的效应；对动物耗食、水或动物营养状态的影响。溶媒应既无发育毒性也无繁殖毒性。

受孕动物的染毒期为从受精卵植入（受孕第 5 天）至剖宫产前 1 天。若有研究显示无潜在的胚胎着床前丢失/损失风险，染毒期可以覆盖受孕当天至解剖前 1 天。设立 3 个剂量组和 1 个并行控制对照组。健康的动物随机分配到对照组和剂量组。剂量水平应该有间隔以产生不同的毒性效应。除非受试化学品有物理性质/化学性质/生物性质的限制，否则高剂量组应该出现发育毒性和/或母体出现毒性反应（临床症状或体重减轻），但并不包括死亡或严重痛苦。设置的剂量至少有一个中间剂量出现最低限度可观察到的毒性反应。依据剂量递减水平设立 2～4 倍剂量间距，若增加一个第 4 剂量组，则剂量之间采用大的间隔（如大于 10 倍）是可接受的。剂量设置应参考现有的毒性资料，受试化学品或相关物质的代谢和毒代动力学信息。

试验需设立并行对照，为假给药对照，或赋形剂对照（如果在给药时使用赋形剂）。所有组应给予同等体积的受试化学品溶液或赋形剂。对照组的动物应给予与给药组动物相同的操作。赋形剂对照组动物给予量应为试验中赋形剂的最高用量。

3. 限量试验

如果经口给药剂量达到至少每天 1000mg/kg 体重后仍未观察到毒性反应，且现有的资料（如相关化合物的结构和/或代谢产物）预测受试化学品毒性不是很高，则不必设立 3 个剂量组。对于其他给药方式，如吸入或经皮给药，最大剂量由受试化学品物理化学性质决定（如经皮给药不应导致严重的局部毒性反应）。

4. 染毒方式

一般采用经口灌胃法给予受试化学品或溶媒。如果使用其他途径染毒，则需要提供依据。染毒时根据最近一次受孕动物的体重调整染毒量。在妊娠末期调整染毒量时要避免产生过度的毒性反应。若剂量组动物出现过度毒性反应，则应给予人道处死。如果大量受孕动物出现过度毒性反应，应考虑终止该剂量组试验。采取灌胃方式染毒时，使用胃管或合适的插管套管进行染毒。根据受试动物的大小确定单次染毒的最大体积。染毒体积 100g 体重不应超过 1mL；如果是水溶液，染毒体积可为 2mL/100g 体重；如果使用玉米油作溶媒，染毒体积不应超过 0.4mL/100g 体重。如果通过调整浓度确保所有剂量组动物按体重染毒的体积一致，那么将染毒体积的差异控制在最小范围。

5. 结果观察与检查

染毒后的临床症状每天至少观察记录一次，尽可能在每天同一时间观察，建议在动物给药后预期出现峰值效应的时间观察。观察记录的动物状态包括死亡、濒死、相关的行为改变，以及所有明显的毒性征兆。

（1）体重和食物摄入量

在动物受孕第 0 天开始称重，若受孕动物来自外部则应在到达前 3 天称重。在动物开始染毒至计划解剖期间，从染毒当天开始，至少每 3 天称重一次，同样，食物摄入量每 3 天记录一次，与动物称重时间一致。

（2）大体解剖

雌性动物在预产期的前 1 天处死。雌性动物在计划解剖时间之前出现流产或早产症状时应处死，并进行详细的肉眼检查。在试验结束或动物死亡时，对受试动物的任何结构异常或病变都应进行详细的检查。在剖宫产和随后的胎儿检查过程中，应用盲法（即在没有剂量组动物信息的条件下）对供试动物进行评估，将偏差控制在最小范围。

（3）子宫内容物检查

在试验结束或动物死亡后，应尽快将子宫取出，并确定受孕状态。若子宫显示未孕要进一步检查（如对于啮齿动物进行硫化铵染色，对于家兔选择 Salewski 染色或其他合适的方法），以确定是否未孕。

受孕动物的子宫连带子宫颈进行称重。在试验过程中死亡的受孕动物的子宫不必称重。确认受孕动物的黄体数量。子宫内容物检查还包括胚胎数量及死胎与活胎数量。吸收胎应描述其吸收程度，以评估胎儿死亡的时间。

（4）胎儿检查

胎儿检查的内容包括每一个胎儿的体重、性别和外观，以及胎儿的骨骼和软组织变化（如变异、畸形或异常）。建议标明胎儿变化的分类。如果标明胎儿变化的分类，应清楚地陈述每一个变化种类的确定标准，对于生殖部分，应特别关注生长发育的检查。

对于啮齿动物，一窝胎儿约一半进行骨髓变化检查，余下胎儿进行软组织变化的检查，一般使用连续切片方法或大体解剖技术。对于非啮齿动物，如家兔，所有的胎儿既要进行软组织变化的检查也要对骨髓变化的进行检查；通过对软组织变化的仔细解剖，对胎儿进行评估，包括对心脏内部结构进行进一步评估；一半胎儿的头部使用标准连续切片方法或同等的灵敏方法进行软组织变化（包括眼、脑、鼻道和舌）的评估；上述胎儿的身体和其余的完整胎儿，利用与检查啮齿动物相同的方法进行骨髓变化的检查。

28.2.3 试验数据和结果、报告

1. 数据处理

数据应独立报告，并以表格形式进行总结，包括试验开始时每个试验组和每代的动物数、试验过程中死亡的动物数、给予安乐死的动物数、怀孕的雌性动物数和出现毒性反应的动物数、动物死亡时间或安乐死时间、毒性反应发生时间和持续的时间、观察到的毒性反应及其严重程度、观察到的胎儿类型和所有以窝为单位统计的相关数据。

2. 结果评估

对孕期发育毒性试验得到的结果进行评估，包括以下内容。

a）母体和胎儿的试验结果，包括有无关系的评估，结果的严重程度及发生率。

b）使用的胎儿外形、软组织和骨髓变化的分类标准（如果进行分类）。

c）解释试验结果所使用的适当背景数据。

d）计算的百分比和指数。

e）试验结果的统计分析，如果适合，包括统计学方法的充分信息。

3. 试验报告

试验报告必须包括下列资料。

a）受试化学品：物理特性，相关的理化特性；鉴定资料，包括CAS登记号（如已知）；纯度。

b）可能应用到的溶媒：除水以外，应说明选择理由。

c）试验动物：种类和品系；数量和年龄；来源、居住条件、饮食等；试验开始的个体体重。

d）试验条件：剂量设计的依据；受试化学品与饲料配比、最终浓度、稳定性、均一性；给予受试化学品的细节；将饲料/饮用水中受试化学品的浓度（mg/kg）换算成实际剂量[mg/(kg · d)]；环境条件；饲料和饮水质量。

e）结果：给药后母体毒性反应数据及其他可能有的数据；试验开始时动物数、存活动物数、怀孕动物数、流产动物数及早产动物数；试验期间动物死亡时间或至试验终点动物是否存活；计划解剖之前死亡的动物数（该数据不用于组间比较）；异常症状出现时间与持续的过程；体重、体重改变、怀孕子宫的质量、修正因怀孕而引起的体重改变；耗食量和耗水量（如果测量）；解剖所见，包括子宫质量；母体未见有害作用量（NOAEL）和发育毒性。

f）按剂量以窝为单位的着床发育终点：黄体的数量；着床的数量，活胎、死胎、吸收胎的数量和百分比；着床前后损失的胚胎数量和百分比。

g）按剂量以窝为单位的活胎发育终点：活胎的数量与百分比；性别比例；胎儿体重，按照性别或不分性别统计；外观、软组织和骨髓的畸形和相关的改变；分类的标准（如果适合）；胎儿和子宫的外观，软组织和骨髓改变的总数与百分比，个体异常的类型和发生率以及其他相关的改变。

28.3 一代繁殖毒性试验

一代繁殖毒性试验适用于检测化学品的繁殖毒性，该试验提供化学品对雌性和雄性动物繁殖功能影响的一般信息，如性腺功能、交配行为、受孕、分娩、哺乳、断乳以及子代生长发育的情况等。同时可取得生长发育毒性（新生仔缺陷、死亡和畸形等）方面的初步资料，作为进一步试验的指导。一代繁殖毒性是指由化学品引起的雌性或雄性生殖功能损伤或生殖能力降低，如繁殖率下降；或引起子代出现非遗传性不良效应，如生长发育毒性，包括致畸性和哺乳期的健康损害效应。

一代繁殖毒性试验可反映动物在多次接触某一受试化学品后所产生的生殖毒性。在分析结果时，应将其与亚慢性试验、致畸试验以及其他试验的结果相结合进行综合分析。试验结果能提供未见有害作用量和人体安全接触水平，但试验结果外推到人仍存在着一定的局限性[4]。

28.3.1 试验基本原则

一代繁殖毒性试验设多个剂量组，并且选择处于生长期的动物进行试验，两种性别都应使用。繁殖毒性染毒期限雄性动物至少为一个完整的精子形成周期（小鼠约 56 天，大鼠约 70 天）。为发现受试化学品在发情期的有害作用，亲代雌鼠（P 代）交配前染毒应至少持续两个完整的发情期，交配期两个性别均应给予受试化学品，此后只是此次受孕期染毒并持续到哺乳期。

28.3.2　试验方法

1. 试验准备

（1）受试化学品

受试化学品可以是固体、液体、气体或蒸气。试验前应对受试化学品的化学特性、纯度（含有的重要杂质）、溶解性、挥发性、稳定性等进行了解。需要时还应知道其熔点/沸点或酸碱度。

（2）试验动物选择与处理

首选健康、初成年的大鼠或小鼠。避免选用繁殖率低的品系。所选动物应注明种类、品系、性别、体重和/或周龄。为了正确地评价化学品对动物生殖能力的影响，两种性别的动物都应使用。最常使用已断乳、7～8 周龄、至少经过 5 天适应期的动物来进行繁殖毒性试验。雌性动物必须是未生产过的。雄性和雌性动物通常按 1∶1 或 1∶2 的比例合笼交配。交配的动物数应保证每个剂量组及对照组都能获得 20 只左右的孕鼠。试验动物和试验环境设施应符合国家相应规定。繁殖毒性试验中动物自由饮食。孕鼠临近分娩时单笼饲养在分娩笼中，需要时笼中放置造窝垫料。

2. 试验步骤

（1）剂量水平

试验至少设 3 个剂量组和 1 个对照组。根据受试化学品特性（如生物代谢和生物蓄积特性）选择适当剂量。在受试化学品理化和生物特性允许的条件下，最高剂量应使亲代动物出现明显的毒性反应，但不引起动物死亡；中间剂量可引起轻微的毒性反应；低剂量应不引起动物及其子代出现任何毒性反应。如果受试样品的毒性较低，剂量达到 1000mg/kg 体重时仍未对繁殖过程产生任何毒性作用，则可以采用限量试验，即试验不需要设其他剂量组。若高剂量预试验观察到明显的母体毒性，但对生育无影响时，也可以采用预试验的高剂量进行限量试验。

（2）染毒

染毒时可将受试化学品掺入饲料中或溶于饮水中。整个试验过程中所有动物必须采用相同的方式染毒。使用赋形剂时，赋形剂应无任何毒性作用。如果染毒途径为吸入染毒，参见第 30 章的“亚慢性吸入毒性试验”。每周染毒 7 天。染毒前将动物按体重随机分为剂量组和对照组。如果受试化学品使用赋形剂，对照组应采用赋形剂的最大使用量进行平行染毒。如果受试化学品引起动物食物摄入量和利用率下降，对照组动物需要与试验组动物配对喂饲。如果受试化学品是通过灌胃或胶囊染毒，染毒剂量应按每只动物的体重来确定，且每周进行调整。对于妊娠期的母鼠，染毒量应按妊娠第 0 天或第 6 天的体重计算。

一代繁殖毒性试验的染毒时间和程序（以大鼠为例）见表 28-4。

表 28-4 染毒时间及程序

试验周期	亲代（P）	子代（F_1）
第1周至第8周末	给予雄性与雌性亲代动物受试化学品	
第9周至第11周末	交配（染毒），交配后处死雄性亲代动物	
第12周至第14周末	雌性亲代动物继续染毒（妊娠及分娩）	F_1出生
第15周至第17周末	哺乳结束后，停止染毒并处死雌性亲代动物	断乳后处死F_1

（3）交配方法及妊娠检查

雄性和雌性动物按1∶1或1∶2的比例进行交配。以1∶1的交配方式为例，雌鼠应始终与同剂量组的同一只雄鼠合笼直至受孕，合笼最长时间可为3周。在交配过程中，每天早晨应对雌鼠进行检查，查看阴道中是否有精子或阴栓。将检查到精子或阴栓的当天计为雌鼠妊娠第0天（判定为交配成功动物）。若3周后仍未受孕，应对不育的动物进行检查，分析其原因。可将不育的动物与证实生育功能正常的动物重新配对，需要时也可进行生殖器官的组织病理学、发情周期和精子形成周期检查。

（4）窝的规格

出生后4天将仔鼠尽量随机调整到每窝4雌和4雄。若得不到4雌和4雄可做不均等的调整（如5雄和3雌等），仅清除发育不良的幼鼠是不适当的。每窝的幼仔数小于8只时无须进行调整。

3. 结果观察及检查

每日至少对动物进行一次仔细观察。记录的项目包括有无行为改变、难产或滞产症状及所有的毒性反应（包括死亡）。

（1）体重和食物摄入量

在交配前和交配期，测定每只动物每天的食物摄入量（交配期间雌、雄动物摄食量分别按交配前一周平均值计算）。产仔后，称量每窝仔鼠体重的同时计算母鼠的食物摄入量。如受试化学品是添加到水中进行染毒的，则需记录水的摄入量。

亲代动物应在染毒的第1天进行称重，以后每周称量体重一次。数据应逐只进行记录。妊娠周期应该从怀孕的第0天开始计算。生产的仔鼠应尽早分辨性别，记录每窝的出生数、活仔数及幼仔外观有无异常和畸形。同时记录母鼠或仔鼠在生理上和行为上的异常表现。以每窝为单位，在仔鼠出生当天上午、第4天、第7天、第14天和第21天进行称重。

（2）大体解剖

死亡和到期处死的亲代动物都应进行大体解剖，肉眼观察有无组织和器官形态上的改变，特别是生殖器官。死亡或濒临死亡的仔鼠也应接受检查，查看是否有外观或器官形态的缺陷。

（3）组织病理学检查

保留剖检的所有亲代动物的卵巢、子宫、子宫颈、阴道、睾丸、附睾、精囊、前列腺、脑下垂体和靶器官标本。对最高剂量组和对照组的动物标本及剖检中发现异常的标本进行组织病理学检查。如最高剂量组没有发现有意义的病变，其他剂量组的标本可不必再进行病理学检查。若最高剂量组发现有意义的病理改变，则其他剂量组相关的标本也应做进一步的检查。

28.3.3　试验数据和报告

1. 试验数据

（1）繁殖指数

交配成功率（%）=（交配成功动物数/用于交配的雌性动物数）×100

受孕率（%）=（受孕动物数/用于交配的雌性动物数）×100

活产率（%）=（生产活仔的雌性动物数/受孕动物数）×100

出生存活率（%）=（出生后 4 天幼仔存活数/出生当时幼仔存活仔数）×100

哺育成活率（%）=（21 天断奶时幼仔成活数/出生后 4 天幼仔存活数）×100

（2）数据处理

收集的数据采用列表表示，应显示每组的试验动物数、交配的雄性动物数、受孕的雌性动物数、各种毒性反应及出现毒性反应动物的百分比。可采用适当的统计学方法对数据进行统计分析。

逐一比较剂量组动物与对照组动物繁殖指数是否有显著差异，以评定受试化学品有无繁殖毒性，同时可根据出现统计学差异的指标（如体重、观察指标、大体解剖和组织病理学检查结果等）进一步估计繁殖毒性的特点。

2. 试验报告

试验报告应包括以下内容。

a）受试化学品名称、理化特性、配制方法。

b）试验动物的种类、品系、性别、体重、数量和来源（注明合格证号和动物级别）；试验动物饲养环境，包括饲料来源、室温、相对湿度、合笼或单笼饲养、动物实验室合格证号。

c）试验方法，包括染毒方法和期限，剂量分组。

d）亲代动物的食物摄入量和体重资料；按性别和剂量分别记录毒性反应，包括繁殖、妊娠和发育能力的异常；试验过程中动物死亡的时间及试验到期时动物是否还存活。

e）每窝仔鼠的体重和仔鼠的平均体重，以及试验后期单个仔鼠的质量；任何有关繁殖、子鼠生长发育的毒性和其他健康损害效应；观察到各种异常症状的时间和持续过程。

f）大体解剖结果；组织病理学检查结果；统计处理结果。

g）结论。

28.4　两代繁殖毒性试验

两代繁殖毒性试验与一代繁殖毒性试验相同，也是用于检测化学品的繁殖毒性。两代繁殖毒性试验可提供受试化学品对雌性和雄性动物生殖系统完整性与功能影响的一般信息，如性腺功能、发情周期、交配行为、受孕、分娩、哺乳、断乳以及子代生长发育的情况等。同时可取得子代生长发育毒性（新生仔缺陷、死亡和畸形等）方面的初步资料，为其他有关毒性试验提供参考[5]。本试验也用于评估子代（F_2）雌雄动物生殖系统的完整性和功能性，以及子代（F_2）的生长和发育状况。发育毒性和功能缺陷的进一步信息，可以利用发育毒性和/或发育神经毒性试验获取，将附加试验与本试验合并为一个整体，也可以用适当的准则将这些终点作为单独的试验用于研究。

28.4.1 试验基本原则

两代繁殖毒性试验将雌、雄动物分配到有一定梯度的不同剂量组。亲代（P）雄鼠在生长期染毒受试化学品且至少要覆盖一个完整的精子形成周期（小鼠约 56 天，大鼠 70 天）以诱发其对生精过程的有害作用。可通过测定精子参数（如精子形态和精子活力）和组织制品及详细的组织病理学检查来检测受试化学品对精子的影响。如果可从已完成的试验期足够长（如 90 天）的重复染毒试验中获得精子生成的相关数据，本试验则无须评价雄性亲代（P）的精子质量。尽管如此，建议保留雄性亲代（P）的精子样品和记录数据。为评价受试化学品在发情期的有害作用，亲代雌鼠应从生长期开始染毒并持续几个完整的发情期再交配。亲代（P）雌鼠在交配期、妊娠期也要继续染毒并持续到子代 F_1 断乳。子代 F_1 断乳后要继续给予受试化学品，并持续子代 F_1 的生长期、成熟期、交配期、子代 F_2 出生，直至 F_2 断乳。

28.4.2 试验方法

1. 试验准备

首选大鼠。如用别的品系，则需给出适当的理由并做必要的改进。不使用生育率低或发育缺陷率高的品系。试验开始前，应尽可能降低试验动物间的体重变异，使之不超过相同性别平均体重的 20%。饲养动物房温度保持在 22℃±3℃，相对湿度在 30%～70%，最好控制在 50%～60%。动物房采用人工照明，12h 明暗交替。试验动物用常规饲料喂养，自由饮水。经饲料染毒时，应确保受试化学品在饲料中混合均匀。

试验动物可单笼饲养，也可按性别少量群养。交配期前后从饲养笼取出，放入合适的笼具内以便确认交配情况。确定交配后，将雌鼠放入分娩笼或产笼里单独饲养，也可按少量一组进行群养，分娩前 1 天或 2 天移入分娩笼单养。分娩临近时可为孕鼠提供合适的造窝垫料。

选择年轻、健康、未接受过其他试验的动物。试验动物在试验前需适应实验室环境至少 5 天。标明试验动物的种属、品系、来源、性别、体重和周龄。试验之前应明确所用动物的亲属关系以避免发生同胞交配。动物随机分为对照组和剂量组（推荐按体重进行随机分组）。每个动物要有单独唯一的标记，亲代（P）在开始染毒前完成，子代 F_1 在断乳后交配前完成。所有被选的子代 F_1 需记录和保存其窝别来源信息。

试验最少设 3 个剂量组和 1 个同步对照组。剂量组和对照组应有足够数量的动物以保证分娩前约有 20 只孕鼠。只有有足够数量孕鼠，才能对受试化学品对生育力、受孕、母鼠行为、哺乳，以及子代 F_1 从胎儿至成熟期的生长发育、子代 F_2 出生到断乳可能产生的潜在影响作出评价。因此，如果不能获得预期的怀孕动物数，需就具体情况作出分析，但试验结果不一定无效。

2. 试验步骤

（1）受试化学品

推荐使用经口途径对试验动物进行染毒（如掺入饲料、饮水中或灌胃），需要时也可通过其他途径染毒（如经皮或吸入）。受试化学品可以溶解或悬浮到一定的溶剂里。建议首选水溶液或水悬浮液，其次考虑油溶液或乳化液（如玉米油）和其他可能的溶剂。在用其他溶剂时，要了解该溶剂的毒性，并测定受试化学品在该溶剂里的稳定性。

受试化学品除非受到理化性质和生物性质的限制，否则染毒的最高剂量应引起毒性但不导致亲代动物死亡和承受严重痛苦。试验中，如果出现死亡，亲代（P）动物的死亡率应控制在 10%以下。另外两组应设计递减的剂量水平，能显示出任何与染毒处理有关的作用和未见有害作用量（NOAEL）。递减组间距通常选择 2～4 倍，如果要设置第 4 个剂量组，该剂量组的间距可以很大（超过 10 倍）。在喂饲试验中，剂量组的间距不能超过 3 倍。剂量的选择要考虑到已有的染毒资料，尤其是重复染毒试验资料。受试化学品或相关物质的代谢和毒代动力学方面的所有信息也要作为参考。

对照组不给予任何染毒处理。如果使用了溶剂，需设溶剂对照组。对照组除不给予受试化学品外，应与剂量组动物处理方式相同且溶剂对照组给予最大的溶剂量。如果受试化学品通过喂饲给予并导致摄入量或利用率降低，就有必要考虑设立一个饲料配对对照组。溶剂对照组要考虑溶剂和其他添加物对受试化学品吸收、分布、代谢或潴留的影响，对其化学性质的影响，以免改变受试化学品的毒性特征，以及对动物食物或水摄入或动物营养状况产生影响。

（2）限量试验

如果通过试验规定的操作获取受试化学品的经口毒性试验中至少有一个剂量水平高于 1000mg/(kg · d)，或通过饲料和饮水染毒所接触剂量相当于该剂量时，未出现可观察到的毒性效应或基于结构和/或代谢相关化合物的数据表明没有毒性，则无须进行其余剂量的完整试验。当人类暴露资料显示需要更高的经口染毒剂量时，则不可使用限量试验。对于其他的染毒途径，如吸入或经皮染毒，则需参考受试化学品的理化特性如溶解性，以便获取可达到的最高浓度。

（3）染毒操作

经口染毒时每周染毒 7 天，也可采用其他染毒途径，但需提供理由并进行适当的调整。染毒过程中所有的动物需采用相同的方式。采用灌胃法染毒时使用胃管，每次灌胃液量不超过 1mL/100g 体重（溶媒为玉米油时最大体积为 0.4mL/100g 体重）；如果是水溶液，则最大体积可提高到 2mL/100g 体重。试验过程中，除了高浓度下作用会加剧的刺激或腐蚀物浓度不能太高外，应通过调整浓度将测试溶液体积的差异降到最低，以保证所有剂量水平的体积是恒定的。如果使用灌胃法，哺乳期仔鼠是通过奶液间接摄取受试化学品，直到它们断乳后才能直接给予受试化学品。当采用饲料或饮水给予受试化学品时，在泌乳期的后期，仔鼠开始自己觅食，仔鼠可直接摄取受试化学品。

当采用饲料或饮水染毒时要确保受试化学品的添加比例不会干扰动物正常的营养和水平衡。当受试化学品通过饲料给予时，可用恒定浓度（mg/kg）或根据动物体重计算出恒定剂量水平来表示接触程度；当采用灌胃法给予受试化学品时，应每天在同一时间染毒，并且每周至少根据体重调整一次染毒剂量以使剂量维持在恒定水平。

（4）试验过程

亲代雌、雄鼠从5～9周龄开始染毒。子代 F_1 雌、雄鼠则从断乳后开始每日染毒。对于亲代和子代 F_1 的雌、雄鼠，在交配前都要持续染毒至少10周，2周交配期也应染毒。对于不再需要评价生殖作用的雄鼠，应人道处死并进行解剖；亲代雌鼠则应继续染毒，从怀孕期直到子代 F_1 断乳。如果已有资料表明受试化学品具有毒性、代谢诱导或生物富集作用，需调整相应的染毒计划。一般来讲，应根据每只动物的当时体重来确定各自的剂量。怀孕期末调整染毒剂量时，应格外慎重。

（5）动物交配

1）亲代（P）交配

每次交配时，雌鼠应始终与同剂量组但不是同窝的一只雄鼠合笼（即 1∶1 配对）直至受孕或最长2周。每天检查母鼠阴道是否有精子或阴栓，发现阴道有精子或阴栓的当天为妊娠第0天。如果交配不成功，则可考虑用同一组已经证明可成功交配的其他雄鼠与雌鼠进行重新交配。配对的动物应有明确的标识和记录，要避免近亲交配。

2）子代 F_1 交配

子代 F_1 交配时，要在断乳时从同一窝里至少挑出雌、雄鼠各1只并和同剂量组但不同窝的其他动物进行交配以繁殖出子代 F_2。如果各窝间的动物在体重和外表上没有显著差异，应按随机原则从每窝里选出动物进行交配。如果有显著差异，就要从每窝里选出最具代表性的动物。F_1 只有性成熟后，才能开始进行交配。未受孕的一对动物需明确未受孕的原因，包括与已证实有生育能力的动物再进行一次交配，生殖器官进行组织病理学、发情周期和生精机能检查。

3）二次交配

在某些情况下，如与染毒相关的窝的大小改变或首次交配观察到可疑的毒性作用，推荐进行二次交配。二次交配建议让亲代（P）或子代 F_1 动物进行二次交配以繁殖出第二窝后代。方法是将没有繁殖出后代的雌鼠或雄鼠与证实具有生育能力的异性鼠进行二次交配。如果亲代（P）或子代 F_1 都要进行第二窝的繁殖，就要在最后一窝断乳后约一周再进行二次交配。

4）窝的规格

允许试验动物正常产仔以及抚养后代至断乳期。窝的规格没有强制性的标准化规定。如果要建立标准化程序，应详细描述方法。

3. 结果观察与检查

（1）临床观察

每日进行临床观察。不同的染毒方式观察内容和周期稍有区别。采用灌胃法试验时，观察时间应为染毒后预期反应高峰期。应详细记录动物的行为改变、难产或滞期分娩的表现和所有中毒体征；每周至少应进行一次详细的检查。另外，每日两次（周末每日一次）观察动物的发病和死亡情况。

1）亲代动物体重和食物/水摄入量

灌胃观察时，亲代（P 和 F_1）动物应在开始染毒当天称重，此后至少每周一次。亲代（P 和 F_1）雌鼠应在妊娠期第 0 天、第 7 天、第 14 天和第 20 或 21 天称重，哺乳期应在测量窝重的当天和处死动物当天进行称重。在交配前期和妊娠期，至少每周测量一次食物摄入量。如果受试化学品通过饮水给予，也至少每周测量一次水摄入量。

2）发情周期

P 和 F_1 雌鼠发情期的长短与状态可在交配前及交配期任何时间根据阴道涂片观察结果来评价，直到得到交配成功的证据。如果在阴道涂片中发现有阴道/宫颈细胞，需鉴别出是由黏膜紊乱还是假性妊娠造成的。

3）精子参数

试验结束时记录所有 P 和 F_1 雄鼠睾丸与附睾的质量，取一侧器官固定用于组织病理学检查。未固定的睾丸和附睾用于测定生殖细胞抗均一化和附睾尾精子计数。收集附睾尾或输精管内的精子并对其活力和形态进行评价。如果观察到与处理有关的影响，或在其他试验中发现了受试化学品对精子生成有影响，每个剂量组的所有雄鼠都应进行精子评价；否则，精子计数只限于对照组和高剂量组的 P 与 F_1 动物。

记录睾丸抗均一化精子和附睾尾精子的总数。其中附睾尾的精子储存量可由用于完全定性评价的悬浮液中精子浓度和体积，以及用剩余附睾尾组织进一步切碎和/或均一化回收的精子数来计算确定。所有剂量组雄鼠中被选中的亚组，在处死后立即进行计数，除非已进行了影像记录或数字记录，或者标本已冷冻以备以后分析。

先对最高剂量组和对照组精子参数进行分析。如最高剂量组未见与受试化学品相关的影响（如对精子计数、活力和形态的研究），则不必分析其他剂量组。反之，若最高剂量组发现与处理相关的影响，则其他剂量组也应做进一步的分析评价。

人道处死的动物应立即评价附睾（或输精管）的精子活力或进行录像。精子的回收要尽量减少损伤，并用适当的方式稀释后进行精子活力分析。精子活力的测定需主观与客观方法并用。采用计算机辅助测定精子活力时，需合适地定义辅助工具中的平均通道速率和直线或线性指数阈值。在对样品进行了录像或在解剖时进行了拍照的情况下，只需对高剂量组和对照组的 P 与 F_1 动物进行分析。如果观察到影响，则其他低剂量组也应进行评价。

对附睾或输精管的精子进行形态学分析时可用固定、湿式制备样品（每个样品至少 200 个），结果按正常或不正常分类。不正常的精子形态包括精子融合，具游离头、畸形头和/或畸形尾。在人道处死每个剂量组雄鼠中被选中的亚组后，应立即进行精子形态学分析，也可进行录像或拍照以备之后评价。精子的形态学分析应先对最高剂量组和对照组进行。如最高剂量组没有发现与处理有关的影响，则不必分析其他剂量组，否则其他剂量组也应做分析评价。

4）子代

在分娩后（泌乳当天）应尽可能早地进行检查，包括幼仔的数量、性别、死胎和活胎数及异常等。如在分娩当天发现死仔，应检查有无缺陷、导致其死亡的原因并加以保存。于出生当天（泌乳当天）或生后第 1 天汇总活仔的数量并逐个称重，并在泌乳的第 4 天、第 7 天、第 14 天和第 21 天进行称重。同时记录所观察到的母体和子代的身体或行为异常。

子代发育情况通过体重增加来反映。其他的体格参数（如开耳、开眼、出牙、毛发生长）可以提供补充信息，但这些信息建议与性成熟资料（如阴道开口或包皮分离时的日龄和体重）一起评价。如果未单独设计相关功能（如运动活力、感觉功能、反射功能）试验，特别是与性成熟有关的功能检查，需在子代 F_1 断乳前和/或断乳后进行这些功能的检查。如果子代 F_1 的性别比或性成熟时间出现改变，应在子代 F_2 出生当天测量肛门与生殖器间的距离。如果动物出现明显的有害作用（如体重增加明显变缓等），则这些动物可不进行功能检查。

5）大体解剖

试验结束时和试验期间死亡的所有亲代（P 和 F_1）动物、所有外观畸形或出现临床症状的仔鼠，以及从 F_1 和 F_2 两代每窝中随机抽取的至少雌、雄各一只仔鼠，都应肉眼观察有无结构异常和病理学改变，特别是生殖器官的形态异常或病理改变。死亡或因濒死人道处死的仔鼠在浸泡固定前也应检查有无缺陷和/或死亡原因并保存标本。

检查所有初产母鼠的子宫，观察着床位置及着床数量。

6）器官称重

试验结束时对所有的 P 和 F_1 动物进行称重并测量以下器官的质量（成对的器官应分别称重）：子宫、卵巢、睾丸、附睾（附睾整体和附睾尾）、前列腺、精囊（内含凝固腺）及其液体（作为一个单位）、脑、肝脏、肾脏、脾、垂体、甲状腺、肾上腺和已知的靶器官。

试验结束时要对 F_1 和 F_2 中被选中做大体解剖的仔鼠进行称重，并对随机抽取的每窝每性别的一只动物的脑、脾和胸腺进行称重。

（2）组织病理学检查

1）亲代动物

亲代 P 和 F_1 动物的典型器官与组织或其代表性样本应固定并保存，以便进行组织病理学检查。这些器官或组织包含：①阴道、带有子宫颈的子宫和卵巢（用合适的固定剂保存）；②一侧睾丸[用布英防腐液（Bouin's）或类似的固定剂保存]、一侧附睾、精囊、前列腺和凝固腺；③被选中用于交配的所有 P 和 F_1 动物中已经确认的靶器官。

高剂量组和对照组中被选中用于交配的所有 P 及 F_1 动物都应进行上述器官与组织的全面组织病理学检查。亲代动物的卵巢检查作为备选。低剂量和中剂量组的器官改变证明与处理有关时，则上述所列的器官也应进行检查。除此之外，低剂量和中剂量组中生殖器官生殖能力减退（如不能进行交配、受孕，不能生产或分娩出正常子代，或动情周期和精子数量、活力或形态受到了影响）的动物也进行组织病理学检查。

应对睾丸进行详细的组织病理学检查以鉴别出与染毒有关的影响，如滞留的精细胞、缺失生殖细胞层或类型，以及多核巨细胞或生精细胞脱皮进入管腔内。完整的附睾应包括头、体和尾，可通过附睾的纵切面检查。可根据白细胞浸润、细胞类型的改变程度、异常细胞类型以及精子被吞噬状态来评价附睾。

泌乳后的卵巢应包括原始和生长卵泡及巨大的泌乳期黄体。组织病理学检查应包括对原始卵泡数减少进行定性，并对 F_1 雌鼠进行原始卵泡的定量分析。卵巢组织病理学检查还应包括原始卵泡的计数，并将染毒组和对照组进行比较。

2）断乳动物

将所有具有外部缺陷或临床症状的仔鼠，或从未被选中用于交配的 F_1 和 F_2 代中按每窝每性别一只仔鼠随机挑选动物进行大体解剖，检查异常组织和靶器官，重点检查生殖系统的器官。

28.4.3 试验数据和结果、报告

数据摘要以列表形式逐一报告，包括试验开始时每组和每代的动物数、试验期间死亡或人道处死的动物数及死亡或处死时间、具有生育能力的动物数、妊娠动物数、出现中毒症状的动物数。所见中毒症状的描述包括症状出现和持续的时间、毒性反应的严重程度、组织病理学的改变类型及所有的相关数据。

采用通用的统计学方法对试验结果进行统计。试验设计包括统计学方法的选择。

试验报告中需体现分析方法和所用计算机程序方面的信息，以便能够对数据进行再评估或重建。

28.5 生殖发育毒性试验

生殖发育毒性试验用于检测化学品致畸性、繁殖及生长发育毒性，该试验可作为致畸试验、一代繁殖毒性试验和两代繁殖毒性试验的预试验[6]。

28.5.1 试验基本原则

生殖发育毒性试验设多个剂量组以获取必要的试验数据。从试验开始至到期处死，雄性动物的染毒期至少为 4 周，即交配前期最少染毒 2 周，交配期和交配后期染毒 2 周，直至试验处死的前 1 天。由于雄性动物交配前期的染毒时间较短，仅以繁殖能力的大小来评价化学品对雄性动物生殖系统的影响是不够的，因此应进行组织病理学检查以全面评价化学品对雄性动物繁殖能力和精子形成的毒性作用。雌性动物在整个试验中一直染毒，交配前期至少染毒 2 周（相当于两个完整的发情期），交配期、妊娠期和至少 4 天的分娩后期至少 4 天都需染毒，直至试验处死的前 1 天。雌性动物试验期限大约为 54 天，即交配前期至少为 14 天，交配期为 14 天左右，妊娠期和哺乳期则分别为 22 天和 4 天左右。

28.5.2 试验方法

1. 试验准备

首选健康、初成年的未经交配及未参加过任何试验的大鼠，避免选用繁殖率低和发育缺陷率高的品系。试验用动物应明确其种属、品系、性别、体重和年龄。试验初，动物的体重差异应当控制在最小范围，每只动物的体重不能超过同性别平均体重的±20%。

试验动物的房间温度要保持在22℃±3℃，除了房间清洗时，房间相对湿度要至少控制在30%～70%，最好控制在50%～60%。动物房按照12h白天/黑夜循环进行人工照明。动物要用常规饲料饲养，自由饮水。动物可以单独饲养或者同性别动物分笼群养，每笼不能超过5只动物，饲养笼要适合动物交配。受孕雌鼠要单笼饲养，同时要放入造窝垫料。

试验开始后选择健康、初成年动物，将其随机分为对照组和染毒组。饲养笼要放置有序，以最大程度减少由位置移动导致的可能影响。对动物逐一进行标记，试验开始前动物要在饲养笼中至少适应实验室环境5天。

2. 试验过程

（1）受试化学品

受试化学品可以是固体、液体、气体或蒸气。试验前应对受试化学品的化学特性、纯度（含有的重要杂质）、溶解性、挥发性、稳定性等进行了解。需要时还应知道其熔点/沸点或酸碱度。

（2）剂量设计

为了获得足够的孕鼠（至少每组8只）和子代，正确评价受试化学品对动物繁殖、妊娠和哺育的影响，以及其对子代 F_1 从受孕到出生后4天的哺乳、生长发育情况可能造成的健康损害效应，每个试验组至少应有20只动物，雌雄各半。一般情况下，每次试验要有至少3个剂量组和1个对照组。染毒剂量水平可依据急性毒性试验或重复染毒试验的结果来设定。对照组动物除了不给予受试化学品外，其他处理方法与剂量组相同。如果受试化学品染毒过程使用了赋形剂，则对照组就要给予最大体积的赋形剂。

受试化学品的剂量选择要考虑其本身或相关化学品已有的毒性和毒代动力学资料。设置的最高剂量要诱导动物出现毒性效应，但不能出现动物死亡或表现痛苦。然后设置递减次序的剂量水平，原则是要反映出剂量-反应关系和未见有害作用量（NOAEL）。在设置低剂量时，通常选择2～4倍组间距，如果要增加第4个剂量组，那么第4个剂量组的组间距可以考虑大一些，如超过10倍。

（3）限量试验

按照试验方法，受试化学品经口（包括饲料和饮用水方式）一次染毒剂量达到1000mg/(kg · d)时仍未观察到中毒反应，同时根据结构相关化化合物进行的分析预计受试物没有毒性，则无须进行其他剂量的染毒试验。如果人体暴露表明需要进行更高剂量试验时，则不应进行限量试验。如果试验采用其他类型的染毒方式，如吸入或经皮染毒时，染毒的最高浓度或剂量通常可由受试化学品的理化特性来决定。

（4）染毒

动物要连续染毒，每天1次。当通过灌胃方式染毒时，用胃管或合适插管一次剂量完成。液体受试化学品一次灌胃染毒的最大体积取决于试验动物的大小。除了水溶液的灌胃体积可以为2mL/100g体重外，其他性质的溶液不能超过1mL/100g体重。一般可通过调节受试化学品浓度来使不同染毒剂量组的灌胃体积保持一致，但刺激和腐蚀物除外，因其浓度较高时会加剧反应。

如果受试化学品通过饲料或饮水给予，要确保受试化学品的添加量不能破坏饲料或饮水中的营养平衡。当受试化学品通过饲料染毒时，可以采用恒定质量分数（mg/kg）

或者根据动物体重保持恒定剂量。采用其他方式时需提供相关的说明。采用灌胃方式染毒时，动物每天染毒时间要一致，而且要根据动物体重进行浓度调节来维持受试化学品的染毒剂量恒定。

（5）试验步骤

动物在结束至少 5 天的适应期后，雌、雄动物在开始交配前至少染毒 2 周。试验日程安排在动物性成熟后。不同实验室不同品系大鼠的性成熟时间会略微不同，比如 SD 大鼠 10 周龄、Wistar 大鼠 12 周龄。有后代的母鼠应当在产后第 4 天处死。出生当天（即分娩完成时）定义为出生后第 0 天。没有交配迹象的雌鼠要在交配期最后 1 天后再过 24～26 天才处死。雌鼠和雄鼠在交配期间要持续染毒。雄鼠在交配期结束后要继续染毒，直到完成总计最少 28 天的染毒期。接着雄鼠处死，如果认为合适，也可以保留并继续染毒用来二次交配。亲代雌鼠在妊娠期要每天染毒，直到（包括）幼鼠出生后第 3 天或者处死之日。对于吸入或经皮肤途径染毒的试验，染毒至少要持续到（包括）妊娠第 19 天。染毒的日程图可参见表 28-5。

表 28-5　生殖/发育毒性试验日程图

				雄鼠（父系）		延长暴露（可选）		
雄鼠		雄鼠						
		+		怀孕雌鼠		母体		
雌鼠		雌鼠				幼仔		
				未怀孕雌鼠				
交配前期 14 天		交配期（最长 14 天）		妊娠期（大约 22 天）		哺乳期（4 天）		
1	7	14	21	28	35	42	50	54
试验开始				解剖雄鼠（至少 4 周染毒期）			分娩	产后 4 天解剖雌鼠和幼鼠雄鼠（可选）
染毒			未染毒					

通常试验要按照 1∶1（1 雌鼠对 1 雄鼠）比例进行动物交配，偶然发生雌鼠死亡情况下除外。一只雌鼠要与同一只雄鼠同笼直到受孕或者 2 周时间。每天早上检查雌鼠阴道中是否有精子或阴栓。将检查到精子或阴栓的日期定义为妊娠第 0 天。若交配两周后仍未受孕，可以将不孕雌鼠与同一组其他已证实有生殖能力的雄鼠重新交配。

（6）结果观察与检查

1）观察

试验期间，每天至少进行一次一般临床观察，如果发现中毒症状，增加观察次数。每天的观察时点应固定，并在染毒后毒性体征可能出现的高峰期进行。记录有关的行为改变、难产或滞产症状和所有的毒性反应，包括死亡率，同时记录毒性症状出现时间、程度和持续时间。记录动物的妊娠周期（从受孕第 0 天开始计算）。生产后要尽快确定每窝幼鼠的性别和死胎、活胎、低体重鼠（明显小于对照组的幼崽）数量及出现的畸形；活幼鼠进行计数和性别区分，并在分娩后 24h 内（产后第 0 天或第 1 天）和产后第 4 天称窝重。除了观察亲代动物的行为外，还要记录子代动物的任何异常行为。

2）体重和食物/水摄入量

雌鼠和雄鼠在染毒第 1 天称重，以后每周至少称重一次，试验结束时再称重一次。妊娠期雌鼠在妊娠第 0 天、第 7 天、第 14 天和第 20 天及分娩后 24h 内（产后第 0 天或第 1 天）和产后第 4 天称重。

在交配前、妊娠期和哺乳期，记录至少按周测量的饲料摄入量。可选择记录受试动物在交配期的饲料摄入量。当受试化学品通过饮水方式染毒时，也要测量并记录试验期间动物的水摄入量。

3）病理检查

试验中有成年动物处死或死亡时，立即用肉眼检查有无任何畸形或病理学改变，尤其注意生殖系统的组织器官。记录着床数目，推荐记录黄体数量。

所有亲代雄鼠的睾丸和附睾进行称重。保留所有亲代动物的卵巢、睾丸、附睾、附属性器官和有肉眼可见损害的器官标本。睾丸和附睾进行常规检查时避免使用甲醛溶液固定，建议使用 Bouin’s 固定液。先对高剂量组和对照组动物的卵巢、睾丸、附睾进行详细的组织病理学检查（特别强调精子发生阶段和睾丸间质的细胞结构）。如果有必要，也可检查保存的其他组织。在高剂量组发现组织病理改变时，就要对其他剂量组的动物进行检查。

死胎和产后 4 天处死的仔鼠至少要仔细检查外观有无畸形。

28.5.3　试验数据和结果、报告

1. 数据处理

每只动物的数据分别进行记录，列表表示试验结果。表中应显示每组试验动物数，试验中死亡、到期处死动物数或出于人道原因处死动物数，交配动物数，受孕动物数，各种毒性反应及出现毒性反应动物百分比。详细描述观察到的毒性症状，包括出现时间、持续时间和程度、组织病理学改变和相关的仔鼠资料。

受到研究规模的限制，对试验中许多终点，尤其对生殖终点进行的差异性统计分析很难保证其完全准确。选择的统计学方法应当适合所研究变量的分布，而且要在试验前就确定统计学方法。由于该试验的样本量小，如果有历史对照数据（如窝的大小），对本试验的结果分析是有帮助的。

2. 结果评价

试验结果要根据观察到的毒性作用、大体解剖和组织病理学检查结果来评价。评价内容包括受试化学品剂量与畸形是否出现、发生率和严重程度之间的关系，以及与一般损伤、有无生育能力、临床畸形、生殖功能受损、体重变化、死亡率和其他毒性

反应的关系。

3. 试验报告

试验报告必须包括下列信息。

a）受试化学品：物理性状和相关理化性质；名称和识别码。

b）赋形剂：除非是水，否则需要提供选择其他赋性剂的理由。

c）试验动物：种类/品系；数量、年龄、性别；来源、居住条件、饲料等；试验开始时的个体质量。

d）试验条件：剂量选择的原则；详细说明受试化学品的制备、最终浓度、稳定性和制备样品的均匀程度；详细说明受试化学品染毒情况；按需要将饲料/饮用水中受试化学品浓度转换成实际剂量[mg/(kg · d)]；详细说明饲料和水的质量。

e）结果：体重/体重变化，饲料和水消耗；按照性别和剂量的毒性反应数据，包括繁殖力、妊娠和其他毒性症状，受试化学品对妊娠、生殖、子代、产后生长等的毒性或其他效应；临床观察到的现象、严重程度和持续时间；活仔数、流产数、可见异常的仔鼠数、矮小仔鼠数；试验过程中动物死亡时间；着床数、黄体数、记录时窝大小和窝重；亲代动物处死时的体重和器官质量的数据；大体解剖结果，雄鼠生殖器和其他组织解剖学检查结果；流产数据（如果能获得）的统计处理。

28.6　结合重复染毒的生殖发育毒性试验

在获得化学品的急性毒性信息后应进行重复剂量经口毒性的测定。本试验可提供在有限时间内进行重复染毒可能产生的健康危害信息。方法包括基本的重复毒性试验，可用于没有批准 90 天试验的化学品，或作为长期试验的预试验。除此之外，本试验还包括生殖/发育毒性筛选试验，用于获得化学品影响雄性和雌性动物生殖行为方面的信息，如生殖腺功能、交配、受孕、胚胎发育和产仔，试验结论可作为化学物质或相关化学物质毒性的早期评价。本试验不能提供生殖和发育毒性的全面信息，只能用于检测孕期染毒子代出生后的表现，或出生后染毒可能发生的效应。由于终点的选择存在困难和研究期较短，不能得出无生殖/发育毒性的肯定结论[7, 8]。但是，如果实际染毒剂量明显低于未见有害作用量（NOAEL），那么这个信息可以解除生殖毒性方面的疑虑。

当化学品的全身毒性、生殖/发育毒性、神经毒性和/或免疫毒性研究数据缺乏时，本试验阳性结果可用于对化学品初步的危险性进行风险评价。本试验作为筛选信息数据组（SIDS，screening information data set）的一部分，对于现存毒性信息很少或没有的化学品的评价具有特别价值。当分别进行两个独立试验重复剂量毒性试验（29.2 节）和生殖发育毒性试验（28.5 节）时，可用本试验替代。对于更加深入的生殖发育或其他研究，本试验可作为一个预试验。

一般来讲，怀孕动物与非怀孕动物的敏感性存在差别，组合试验的剂量水平比单个试验的要复杂，但组合试验更适于评估全身毒性和特定的生殖/发育毒性。此外，对全身毒性试验结果解释比对一个独立的重复剂量试验结果解释更加困难，尤其是当试验中血清和组织病理学参数在同一时间未被评估时。结合重复染毒生殖发育毒性试验的染毒期比传统的 28 天重复剂量试验的要长，当传统的 28 天重复剂量试验同时附加生殖/发育毒性筛选试验时，本试验所用的动物数比 28 天重复剂量试验每组每性别所用的动物数要少。

28.6.1　试验基本原则

受试化学品以不同剂量给予雌雄动物。雄性最少染毒 4 周直至计划解剖前 1 天（包括交配前至少 2 周，交配期和交配后约 2 周）。鉴于雄性交配前染毒期限制，生育能力可能不是反映睾丸毒性的敏感指标，因此进行睾丸组织病理学检查是必要的。交配前 2 周的染毒期和随后的交配/生育观察相结合，总染毒期至少为 4 周，然后，继续进行雄性性腺的组织病理学检查，以确定雄性生育能力和精子形成的主要效应。

雌性染毒应覆盖整个试验过程，包括交配前 2 周（至少覆盖 2 个完整的动情周期）、交配期、妊娠期、产后至少 4 天，直到计划解剖的前 1 天。环境适应之后的试验期取决于雌性的表现，约为 54 天（交配前至少 14 天，交配期 14 天，妊娠期 22 天，哺乳期 4 天）。

28.6.2　试验方法

1. 试验准备

首选健康、初成年的未经交配且未参加过任何试验的大鼠。避免选用繁殖率低和发育缺陷率高的品系。试验初，动物的体重不应超过同性别平均体重的 20%。如果试验分为预试验和正式试验，所用动物的品系和来源应相同。所选动物应注明种类、品系、性别、体重和/或周龄。最好使用 7～8 周龄、至少经过 5 天适应期的动物。雌性动物必须是未生产过的。

试验初，每个试验组至少应有 20 只动物，雌雄各半。如果试验中需要处死一部分动物进行检查，则试验初就需要增加这一部分动物数。

2. 试验过程

（1）受试化学品

受试化学品可以是固体、液体、气体或蒸气。试验前应对受试化学品的化学特性、纯度、溶解性、挥发性、稳定性等进行了解。需要时还应知道其熔点/沸点或酸碱度。若需要赋形剂，首先应考虑水溶液或水悬浊液，再考虑选用油性的溶液、乳化剂（植物油）或其他溶剂。如果选用非水溶剂作为赋形剂，应明确赋形剂的毒性及受试化学品在赋形剂中的稳定性。

（2）剂量水平

试验至少设 3 个剂量组和 1 个对照组。剂量水平可以根据受试化学品已知的毒性和毒代动力学数据来制定，同时应考虑妊娠动物对受试化学品毒性的敏感程度不同于非妊娠动物。最高剂量应使亲代动物出现毒性反应，但不引起动物死亡或明显痛苦；低剂量应不引起亲代及子代动物出现任何毒性反应；中间剂量可引起轻微的毒性反应。组间距通常为 2～4 倍。若试验设 4 个剂量组，第 4 个剂量组的组间距可以考虑大一些，如 10 倍。

（3）染毒

将动物按体重随机分为剂量组和对照组，编号后进行染毒。受试化学品采用相同的灌胃体积进行经口染毒。每只动物的染毒体积应按其体重来确定，且每周进行调整。最大的灌胃量通常不超过 1mL/100g 体重。如果受试化学品为水溶液，灌胃量则可以考虑增大到 2mL/100g 体重。通过调整浓度确保所有剂量组动物按体重给药的体积一致，将给药的体积差异控制在最小范围。刺激和腐蚀物除外，因其浓度较高时会加剧反应。每周染毒 7 天，每天应在相同的时间进行。对照组动物除了不给予受试化学品外，其余的处理应与剂量组完全相同。如果受试化学品使用赋形剂，对照组应采用赋形剂的最大使用量进行平行染毒。如果将受试化学品掺入饲料或溶于饮水中进行染毒，其在饲料或饮水中的含量应恒定，但添加量不能破坏普通饲料或饮水中的营养平衡。

染毒期限及繁殖程序见表 28-6。

表 28-6 染毒时间及程序

试验周期	亲代（P）	子代（F_1）
第 1 至第 2 周末	雄性与雌性亲代动物开始染毒	
第 3 至第 4 周末	交配（染毒），4 周末处死雄性动物	
第 5 至第 7 周末	孕鼠继续染毒（妊娠及分娩）	F_1 出生
第 8 周	哺乳（染毒），子代出生 4 天后处死雌性动物	出生 4 天后处死 F_1
第 9 至第 10 周末	未处死的动物，继续染毒 2 周后予以处死	

雄性和雌性动物按 1∶1 比例合笼交配。雌鼠应始终与同剂量组的同一只但不是同胞的雄鼠合笼直至受孕，合笼时间最长不超过 2 周。在交配过程中，每天早晨应对雌鼠进行检查，查看阴道中是否有精子或阴栓。将检查到精子或阴栓的当天计为雌鼠妊娠第 0 天。若交配 2 周后仍未受孕，可将不育的动物与证实生育功能正常的同一剂量组的动物重新配对，再次合笼交配。

（4）限量试验

如果受试化学品以 1000mg/kg 体重的剂量经口染毒后仍未观察到任何毒性作用，则可以采用限量试验，即试验不需要设其他剂量组。若试验采用的是吸入或经皮染毒，则最高浓度/剂量由受试化学品的理化特性来决定。

（5）结果观察与检查

每天对动物进行一次仔细观察，观察时间点应固定且选择在染毒后预期毒性症状出现高峰期观察。动物发病或死亡的情况，每天至少观察两次。

1）临床检查

在染毒前和染毒后的每周对所有的动物进行详细临床检查。检查内容和项目包括皮肤、毛、眼睛、黏膜、分泌物、排泄物、自律活动（如流泪、竖毛、瞳孔大小、异常的呼吸方式）的变化；观察动物的步态、姿态变化和对受试化学品的反应（如抽搐、僵直、呆滞、过度梳理毛发、反复转圈）；记录动物有无行为改变（如自残、倒走）、难产或滞产等现象。

在染毒结束后和采血进行血液学和生化检查之前，从各组随机选择5雌和5雄对其进行感官刺激（如听力、视觉和肢体反应）、抓力和肌肉运动的检查。处于哺乳期的母鼠进行检查时离开仔鼠的时间不能超过30min。妊娠周期从怀孕的当天开始计算。新产的仔鼠尽早分辨性别，记录每窝的出生数、活仔数、死仔数、低体重仔数以及幼仔外观有无异常和畸形。

2）体重与食物摄入量

以窝为单位，分别于仔鼠出生的当天和第4天进行称重。记录仔鼠的任何异常反应。动物在染毒的第1天进行称重，以后每周称量一次。雌鼠在妊娠第0天、第7天、第14天、第20天以及分娩当天和产后第4天称重。

在交配前和交配期，测定每天的食物摄入量（交配期间雌、雄动物的摄入量分别按交配前期的周平均值计算）。

3）血液学检查

到期处死动物之前，从各组随机选择5雌和5雄进行血液学检查，包括红细胞压积、血红蛋白含量、红细胞计数、白细胞计数及分类、血小板计数和血凝时间。

4）临床生化检查

到期处死动物之前随机选择5雌和5雄对其进行生化检查。检查内容和项目包括受试化学品对组织，特别是肝脏、肾脏的毒性作用。检验标本可为血浆或血清，指标包括钠、钾、葡萄糖、总胆固醇、尿素、肌酐、总蛋白质和白蛋白，以及至少两项肝功能（如谷氨酸氨基转移酶、天冬氨酸氨基转移酶和山梨糖醇脱氢酶）和胆酸；雄性动物可用尿检代替血液生化检查，指标包括定时收集的尿量以及尿液外观、渗透压、密度、pH、尿蛋白、尿糖和隐血。

5）大体解剖

所有成熟的动物进行大体解剖，肉眼观察有无外观和组织器官形态上的改变，包括口、头、胸、腹腔及其内脏组织，特别是生殖系统。雌鼠同时记录着床数和黄体数；雄鼠的睾丸和附睾进行称重。死亡的和出生后4天处死的仔鼠也应该检查有无异常。此外，从各组随机选择雌、雄鼠各5只，取出肝脏、肾脏、肾上腺、胸腺、脾、脑和心脏称量湿重。

6）组织病理学检查

保留上述剖检的所有动物的脑、脊髓、胃、肠、肝脏、肾脏、肾上腺、胸腺、脾、甲状腺、心脏、气管、肺、子宫、膀胱、淋巴结、外周神经、骨髓、睾丸、附睾及肉眼观察有病的气管标本。睾丸和附睾组织建议使用Bouin’s液进行固定。先对最高剂量组和对照组的动物标本及剖检中发现异常的标本进行组织病理学检查。如最高剂量组没有发现有意义的病变，其他剂量组的标本可不必再进行病理学检查。反之，若最高剂量组发现有意义的病理改变，则其他剂量组相关的标本也应做进一步的检查。

28.6.3 试验数据和结果、报告

1. 试验数据和结果

动物数据以列表形式加以归纳，显示的项别包括每组试验开始时的动物数，试验期

间死亡和处死的动物数，有生殖力动物数，妊娠雌鼠数和出现中毒体征的动物数，死亡或安乐死时间，试验动物的中毒体征，包括发作时间、持续时间、中毒反应严重程度的描述，病理组织学类型，全部相关的胎仔数据。采用适当且普遍应用的统计学方法对数据进行分析。在试验设计时选定统计学方法，所选的方法应适合各种被检查的变量分布。

对所有毒性试验结果、观察到的作用、大体解剖和组织病理学检查的所有发现进行评价。包括有无剂量关系，异常的发生率和严重程度，以及外观损伤、确定的靶器官、有无生育能力、临床异常、受影响的生殖功能、窝的行为和体重变化、死亡率和任何其他毒性作用。评价受试化学品对雄性生殖作用的影响时，由于染毒期短，在生育能力数据中必须考虑睾丸和附睾的组织病理学检查结果。

2. 试验报告

试验报告应包括以下内容。

a）受试化学品名称、理化特性、配制方法（溶剂）。

b）试验动物的种类、品系、性别、体重、数量和来源（注明合格证号和动物级别）；饲养环境，包括饲料、饮水来源、室温、相对湿度、合笼或单笼饲养、动物实验室合格证号。

c）试验方法，包括剂量设计的原则、染毒方法和期限、剂量分组。

d）动物的食物（或饮水）摄入量和体重资料。

e）按性别和剂量分别记录的毒性反应，包括繁殖、妊娠及子代、子代发育和其他毒性症状。

f）感官、抓力和肌肉运动的检查结果。

g）血液学、生化检查结果。

h）着床数、黄体数、每窝仔鼠数及其质量、活仔数、流产数、肉眼观察到的畸形和低体重仔鼠数。

i）亲代动物脏器的质量。

j）大体解剖结果。

参 考 文 献

[1] United Nations. Globally Harmonized System of Classification and Labelling of Chemicals. 6th ed. New York and Geneva, 2015.

[2] 中华人民共和国国家标准. GB 30000.24—2013 化学品分类和标签规范 第 24 部分：生殖毒性. 北京：中国标准出版社，2013.

[3] Test No. 414：Prenatal Development Toxicity Study. OECD Guidelines for the Testing of Chemicals，Section 4，Health Effects.

[4] 中华人民共和国国家标准. GB/T 21607—2008 化学品 一代繁殖毒性试验方法. 北京：中国标准出版社，2008.

[5] 中华人民共和国国家标准. GB/T 21758—2008 化学品 两代繁殖毒性试验方法. 北京：中国标准出版社，2008.

[6] 中华人民共和国国家标准. GB/T 21766—2008 化学品 生殖发育毒性筛选试验方法. 北京：中国标准出版社，2008.

[7] Test No. 422：Combined Repeated Dose Toxicity Study with the Reproduction/Developmental Toxicity Screening Test. OECD Guidelines for the Testing of Chemicals，Section 4，Health Effects.

[8] 中华人民共和国出入境检验检疫行业标准. SN/T 2241—2008 结合重复染毒毒性研究的生殖发育毒性筛选试验. 北京：中国标准出版社，2008.

第 29 章　靶器官毒性

靶器官毒性是指受试动物或人类一次（单次接触）/多次（重复接触）接触化学物质或其混合物发生的特异性、非致死性靶器官毒性作用，包括所有明显的健康效应、可逆的和不可逆的以及即时的和迟发的功能损害。针对靶器官的化学品毒性试验可将化学品划为靶器官/系统有毒物，表明受试化学品可能会对接触者的健康产生潜在有害影响。化学品靶器官的分类取决于是否拥有可靠证据，包括受试化学品的单次/重复接触对人类或受试动物产生了一致的、可识别的毒性效应，影响组织/器官的机能或形态发生显著变化，或者使生物体的生物化学或血液学发生严重变化，且这些变化与人类健康有关。人类数据是化学品靶器官毒性分类的主要证据来源。在分类评估中，包括单一器官或生物系统的显著变化在内的多个器官的严重性变化都是影响分类的重要因素。具有靶器官/系统毒性的化学品或混合物可能以与人类有关的任何方式与人类接触，包括口服、皮肤接触或吸入途径[1]。

29.1　靶器官毒性的分类和判定

29.1.1　靶器官毒性分类

29.1.1.1　物质的分类标准

1. 单次接触[2]

（1）类别 1 和类别 2

物质分类以所有现有证据权重为基础，采用专家判断的方式进行。证据包含推荐使用的指导值，根据即时或延迟效应，依据观察到的效应的本质和严重性将物质归入类别 1 和类别 2。靶器官毒性/单次接触类别见表 29-1。

表 29-1　靶器官毒性/单次接触类别

类别 1	对人类产生显著毒性的物质，或根据受试动物研究得到的证据，可假定在一次接触之后可能对人类产生显著毒性的物质 根据以下各项将物质划入类别 1： a）人类病例或流行病学研究得到的可靠和质量良好的证据 b）适当的试验动物研究观察结果。在试验中，一般在较低的接触浓度下产生了与人类健康有关的显著和/或严重毒性效应。表 29-2 提供的指导剂量/浓度可用于证据权重评估
类别 2	根据试验动物研究证据，假定在一次接触之后可能对人类健康产生危害的物质 根据适当的试验动物研究观察结果将物质划入类别 2。在试验中一般在适度的接触浓度下产生了与人类健康相关的显著和/或严重毒性效应。表 29-2 提供了指导剂量/浓度辅助进行分类 在特别情况下，也可使用人类证据将物质划入类别 2

续表

类别 3	暂时性靶器官效应 某些靶器官效应不符合把物质/混合物划入上述类别 1 或类别 2，这种效应在接触后的短暂时间内改变了靶器官的某些功能，但其功能在一段合理时间内恢复且不留下显著的组织改变，符合这一类别的效应仅包括麻醉效应和呼吸道刺激。受试化学品或者混合物可按照有整体数据时的混合物分类方法进行分类

单次接触靶器官毒性分类必须获得受试化学品产生危害时相关接触途径的数据。分类以所有现有证据权重为基础，包括人类偶然事件、流行病学和受试动物研究在内的所有证据权重，以及有助于分类的靶器官/系统毒性效应。评估靶器官/系统毒性所需的信息可从人类单次接触研究中获得，如在家中、工作场所或周围环境中的接触，也可从试验动物研究中获得。依据待分类化学品或混合物的大鼠或小鼠急性毒性研究数据，包括临床观察及详细的宏观和微观检验，确定其对目标组织/器官的毒性效应。其他物种的急性毒性研究结果也可以提供相关信息。在特殊情况下，根据毒理学专家判断，可以将有人类靶器官/系统毒性证据的某些物质划入类别 2：①当人类证据权重不足以证明可将物质划入类别 1；②根据效应的本质和严重性。在分类过程中，如果化学品已有的动物数据证明其划入类别 1 是合理的，则该化学品必须划为类别 1。

受试化学品单次接触与可识别的毒性效应存在联系的证据有助于对其进行分类，而人类经验与偶然事件获得的证据由于接触情况不确定，可能无法获取与受试动物在 GLP 实验室进行试验所获取的相同数据。动物研究所获取的数据证据包括临床观察、宏观和微观病理检查结果。尽管动物试验可能不会威胁其生命，但往往会造成机能损伤。因此，在受试化学品分类过程中必须考虑所有现有证据及其与人类健康的相关性。下面列举了若干项支持靶器官/系统毒性的证据。

a）单次接触产生病症。

b）中枢神经系统或周围神经系统或其他器官系统出现显著机能变化，包括中枢神经系统衰弱迹象和对特殊感觉（如视觉、听觉和嗅觉）产生影响。

c）临床生化、血液或尿液分析参数中任何一致和显著的有害变化。

d）在尸体解剖中注意到和/或随后在微观检验中观察到或证实的显著器官损伤。

e）有再生能力的生命器官存在多病灶或坏死、纤维化或形成肉芽瘤及扩散。

f）潜在可逆，但有明确显著的器官机能失调证据的形态变异。

g）生命器官无法再生的明显的细胞死亡证据（包括细胞退化和细胞数量减少）。

下面这些效应则是观察到的无法证明分类合理性的情况。

a）体重增加、食物或水摄入量方面的临床观察结果或微小变化可能有一些毒理学意义，但其本身并未显示“显著”毒性。

b）临床生化、血液或尿液分析参数存在微小变化和/或瞬间效应，但变化或效应令人怀疑，或毒理学意义很小。

c）没有器官机能失调证据情况下的器官质量变化。

d）被认为没有毒理学相关性的适应反应。

e）物质引起的特定物种的毒性机制，即有合理的确定性证据证实其有与人类健康无关的毒性机制，不应作为分类根据。

受试化学品的分类应在获得试验动物研究结果的基础上进行。分类可依据剂量/浓度指导值，表明产生显著健康影响的剂量/浓度。提出指导值的理由是所有的化学品都有潜在毒性，但必须用一个合理的剂量/浓度来确认其毒性效应。表 29-2 显示了适用于急性毒性试验并已产生显著的非致命毒性效应的单次接触建议指导值范围。

表 29-2　单次接触指导值范围①

接触途径	单位	指导值（C）范围		
		类别 1	类别 2	类别 3
经口（大鼠）	mg/kg	$C\leqslant 300$	$2000\geqslant C>300$	指导值不适用②
经皮肤（大鼠或兔）	mg/kg	$C\leqslant 1000$	$2000\geqslant C>1000$	
吸入气体（大鼠）	mL/(L · 4h)	$C\leqslant 2.5$	$20\geqslant C>2.5$	
吸入蒸气（大鼠）	mL/(L · 4h)	$C\leqslant 10$	$20\geqslant C>10$	
吸入粉尘/烟/雾（大鼠）	mL/(L · 4h)	$C\leqslant 1.0$	$5.0\geqslant C>1.0$	

①表示表中提出的指导值和范围只用于指导，即作为证据权重的一部分，以便作出分类决定，并非严格的限界值；②表示类别 3 主要基于人类数据，动物数据可以用于证据权重评估中

试验中低于指导值的剂量/浓度（如口服＜2000mg/kg 体重）有可能观察到特异性的毒性特征，但该效应有可能导致作出不分类的决定。反过来说，在动物研究中，可能在高于指导值上（如，口服≥2000mg/kg 体重）观察到特异性的毒性特征。此外，对于其他来源（如其他单次剂量接触研究或人类经验）的补充信息也支持这样的结论，即考虑到证据权重作出分类更为稳妥。

（2）类别 3

1）呼吸道刺激标准

呼吸道刺激划为类别 3 的标准。

a）损害功能并有咳嗽、疼痛、窒息和呼吸困难等症状的呼吸道刺激作用（征象是局部红斑、水肿、瘙痒症和/或疼痛）。公认这一评估的主要根据是人类数据。

b）主观的人类观察辅以对明显的呼吸道刺激（RTI）的客观测量（如电生理反应图、鼻或支气管肺泡灌洗液中发炎生物标记等）。

c）观察到的人类症状应是接触的人群通常会产生的症状，而不是只有呼吸道特别敏感的个人会产生的孤立特异反应。

d）目前仍然没有具体涉及呼吸道刺激的有效动物试验，不过一次和反复吸入毒性试验的临床症状（呼吸困难、鼻炎等）和组织病理学（如充血、水肿、轻微炎症、黏膜层变厚）检查结果可以提供有用的资料，因为上述症状是可逆的，而且可能反映上述临床症状的特性，该类动物研究结果可以作为证据权重的一部分。

2）麻醉效应标准

麻醉效应划为类别 3 的标准。

a）中枢神经系统机能衰退，包括人类麻醉效应，如昏昏欲睡、昏睡状态、警觉性降低、反射作用丧失、肌肉协调缺失、头晕等。这些效应的表现形式也可能是严重头痛或恶心，并可导致判断力降低、眩晕、易发怒、疲劳、记忆功能减弱、知觉和肌肉协调迟钝、反应迟钝或困倦。

b）动物研究观察到的麻醉效应可能包括无力、缺乏协调纠正反射作用、昏睡状态

和运动机能失调。

2. 重复接触[3]

重复接触试验中，物质的分类与单次接触试验相似，也以所有现有证据权重为基础，采用专家判断，结合接触持续时间和产生效应的剂量/浓度指导值，将受试化学品划分为特异性靶器官毒物，并根据观察到的效应的本质和严重性，将物质划为两种类别，见表 29-3。

表 29-3 特异性靶器官毒性重复接触类别①

类别 1	对人类产生显著毒性的物质，或根据试验动物研究得到的证据，可假定在反复接触后对人类可能产生显著毒性的物质 根据下面各项将物质划入类别 1： a）人类病例或流行病学研究得到的可靠和质量良好的证据 b）适当的试验动物研究观察结果。在试验中，一般在较低的接触浓度下产生了与人类健康有关的显著和/或严重毒性效应。表 29-4 提供的指导剂量/浓度可用于证据权重评估
类别 2	根据试验动物研究证据，可假定在反复接触之后有可能危害人类健康的物质 可根据适当的试验动物研究观察结果将物质划为类别 2。在试验中，一般在适度的接触浓度下产生了与人类健康有关的显著和/或严重毒性效应。表 29-4 提供了指导剂量/浓度辅以进行分类。 在特殊情况下，也可使用人类证据将物质划为类别 2

①表示对这两种类别来说，可以确定主要受到已分类物质影响的特异性靶器官，或者可将物质划为一般毒物；确定主要的毒性靶器官（系统）并据此进行分类，如肝毒物、神经毒物。仔细评估数据，而且如果可能，不要包括次生效应，如肝毒物可能对神经系统或肠胃系统产生次生效应

重复接触产生的靶器官毒性的物质进行分类以现有证据权重为基础，采用专家判断的方式进行。证据权重包括人类偶然事件、流行病学和试验动物研究在内的所有数据以及有助于分类的特异性靶器官毒性效应。评估特异性靶器官/系统毒性所需的信息可从人类重复接触研究中获得，如在家中、工作场所或周围环境中的接触，或者从试验动物研究中获得。动物试验提供的信息包括从大鼠或小鼠标准动物研究（28 天、90 天或终生研究）获取的血液、临床生化及详细的宏观和微观检验结果，以便确定待分类化学品对目标组织/器官的毒性效应。从其他物种进行的重复剂量研究获得的数据也可以使用。其他关于受试化学品长期接触的研究数据，如致癌性、神经毒性或生殖毒性，也可提供用于特异性靶器官毒性分类的证据。在特殊情况下，根据专家判断，可将有人类靶器官毒性证据的受试化学品划入类别 2：①当人类证据权重不足以证明将受试物质划入类别 1；②根据效应的本质和严重性。在分类中如果化学品的动物数据证明划入类别 1 是合理的，则该化学品必须划为类别 1。

如果证明受试化学品的重复接触与可识别的毒性效应存在联系，则可为其分类提供依据。相较于动物试验，人类经验/偶然事件获得的证据通常局限于健康危害的后果，且受试化学品的接触途径和方式不确定，因此不会提供类似于在 GLP 实验室进行动物试验获得的科学细节。适当的试验动物研究获得的证据可以以临床观察、血液、临床生化、宏观和微观病理学检查的形式提供更详细的细节，虽这些试验不会危及生命，但可能损伤机能。因此，在分类过程中必须考虑所有现有的证据及其与人类健康的相关性。多次接触试验中，靶器官毒性的支持证据与无效依据同单次接触相似。

在试验动物研究中，受试化学品的分类不仅依赖于对效应的观察，而且需要参考接触时间和剂量/浓度，即所有物质都有潜在毒性，但决定毒性的是剂量/浓度和接触时间。在大部分试验动物研究中，试验准则使用上限剂量。表 29-4 提供了重复接触的剂量/浓度指导，用于确定是否应对化学物质进行分类，以及分为哪个类别（类别 1 和类别 2）。另外，重复剂量试验目的是使用最高剂量的受试化学品产生毒性，以便优化试验目标，所以，大部分研究至少在最高剂量下揭示一些毒性效应。因此，要确定的不仅是产生了什么效应，还有效应是在什么剂量/浓度产生的及这些效应与人类的相关性如何。因此，在动物研究中，当观察到显示可以分类的显著毒性效应时，可将产生此效应的剂量与表 29-4 中的建议指导值相比对。

表 29-4　重复接触指导值范围

接触途径	单位	指导值（C）范围	
		类别 1	类别 2
经口（大鼠）	mg/(kg · d)	$C \leqslant 10$	$100 \geqslant C > 10$
经皮肤（大鼠或兔）	mg/(kg · d)	$C \leqslant 20$	$200 \geqslant C > 20$
吸入气体（大鼠）	(mL/L)/(6h · d)	$C \leqslant 0.05$	$0.25 \geqslant C > 0.05$
吸入蒸气（大鼠）	(mL/L)/(6h · d)	$C \leqslant 0.2$	$1.0 \geqslant C > 0.2$
吸入粉尘/烟/雾（大鼠）	(mL/L)/(6h · d)	$C \leqslant 0.02$	$0.2 \geqslant C > 0.02$

表 29-4 中所列的参考/指导值可指导受试化学品的分类。该指导值基本上是在标准大鼠 90 天毒性研究中能观察到效应，并基于该效应外推时间更长或更短毒性研究的等价指导值，为此可使用与 Haber 吸入规则相类似的剂量/接触时间外推法。该方法的基本规则是：有效剂量与接触浓度和接触时间成正比，且评估需以个案为基础。对于 28 天试验，表 29-4 中的指导值乘 3 可外推 90 天毒理数据。因此，对于类别 1，应用 90 天重复剂量试验动物观察到的显著毒性效应与表 29-4 的指导值条件下观察到的显著毒性效应进行对比分析，进而证明分类的正确性；对于类别 2，将 90 天重复剂量试验动物观察到的显著毒性效应与表 29-4 的指导值条件下观察到的显著毒性效应对比分析，用于证明分类的正确性。

表 29-4 所列的指导值和范围仅用于指导，即作为证据权重的一部分用于作出分类决定，但不用作严格的界限值。因此，在重复剂量动物研究中，在低于指导值的剂量/浓度下[如口服＜100mg/(kg 体重 · d)]可能观察到特定的毒性特征，但是染毒后的效应（如只在已知易产生肾毒性效应的特定系族雄性大鼠中观察到肾毒性）有可能导致作出不分类的决定；同样，在动物研究中，也可能在指导值或指导值之上[如口服>100mg/(kg 体重 · d)]观察到特定的毒性特征。

29.1.1.2　混合物分类标准

1. 单次接触

混合物可使用与物质相同的标准进行分类，划定为单次接触特异性靶器官毒物、重复接触靶器官毒物，或者两者都是。

（1）有整体数据时的混合物分类

如物质标准所述，混合物有来自人类经验或适当的试验动物研究的可靠和质量良好的证据，那么就可通过这些数据的证据权重对混合物进行分类。

（2）无整体数据时的混合物分类：架桥原则

如果混合物本身并没有进行过确定其特异性靶器官毒性的试验，但已掌握混合物单个组分和已做过试验类似混合物的充分数据，据此足以适当确定该混合物的危险特性，那么可根据架桥原则使用这些数据对受试化学品进行分类。

（3）拥有所有组分数据或只有一些组分数据时的混合物分类

当特定混合物本身没有可靠的证据或试验数据，而且架桥原则不能用来进行分类时，那么该混合物的分类将以组分物质的分类为基础。在这种情况下，当至少一种组分已经划为类别 1 或类别 2，而且其含量等于或高于表 29-5 中类别 1 和类别 2 的适当临界值/浓度极限时，该混合物将划定为单次接触特异性靶器官毒物（说明具体器官）和重复接触特异性靶器官毒物（说明具体器官），或者两者都是。

表 29-5　划为特异性靶器官毒物的混合物组分的临界值/浓度极限

类别	类别 1	类别 2
类别 1	≥1.0%①	1.0%～10%③（包含 1.0%）
	≥10%②	
类别 2	—	≥1.0%④
		≥10%⑤

①表示如果混合物的一种组分划分为类别 1，而且其浓度在 1.0%～10%，则主管部门会要求在产品的安全技术说明书上提供相应信息；②表示如果混合物的一种组分划分为类别 1，且其浓度≥10%，则安全技术说明书和标签同时需要提供相应信息；③表示如果混合物的一种组分划分为类别 1，且其浓度在 1.0%～10%，主管部门应将混合物划分为类别 2；④表示如果混合物的一种组分划分为类别 2，且其浓度在 1.0%～10%，则主管部门会要求在产品的安全技术说明书上提供相应信息；⑤表示如果混合物的一种组分划分为类别 2，且其浓度不小于 10%，则安全技术说明书和标签同时需要提供相应信息

试验中，当受试化学品的毒性影响一个以上器官/系统时，应谨慎分析受试化学品的增强作用或协同作用，某些物质的浓度小于 1%，如果已知混合物中其他组分可增加它的毒性效应，那么可能产生特异性靶器官毒性。

在外推含有类别 3 组分的混合物的毒性时，建议使用临界值/浓度极限的 20%，并结合专家判断。呼吸道刺激和麻醉效应单独进行评估。在对这些危险进行分类时，每种组分的作用应认为是相加的。

2. 重复接触

上述临界值也适用于单次和多次剂量的靶器官毒物，并作出相应的分类。因此，混合物重复接触试验的分类可参考单次接触试验进行。

29.1.2　靶器官系统毒性判定

1. 单次接触

图 29-1 和图 29-2 的判定流程与指导仅作为补充，以方便对受试化学品进行分类。在分类过程中，建议采用表 29-1 所列的标准进行分类。

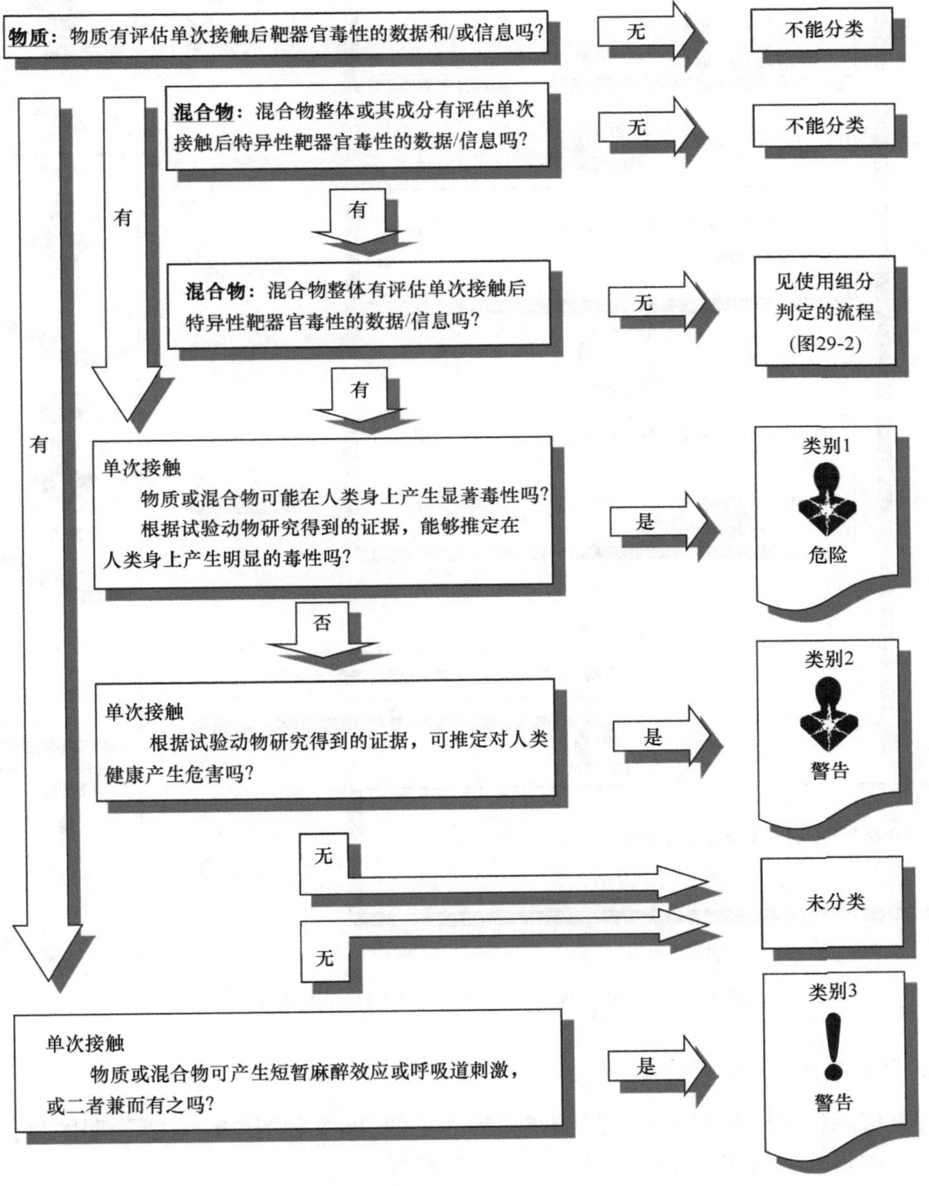

图 29-1　单次接触特异性靶器官毒物的判定流程（1）

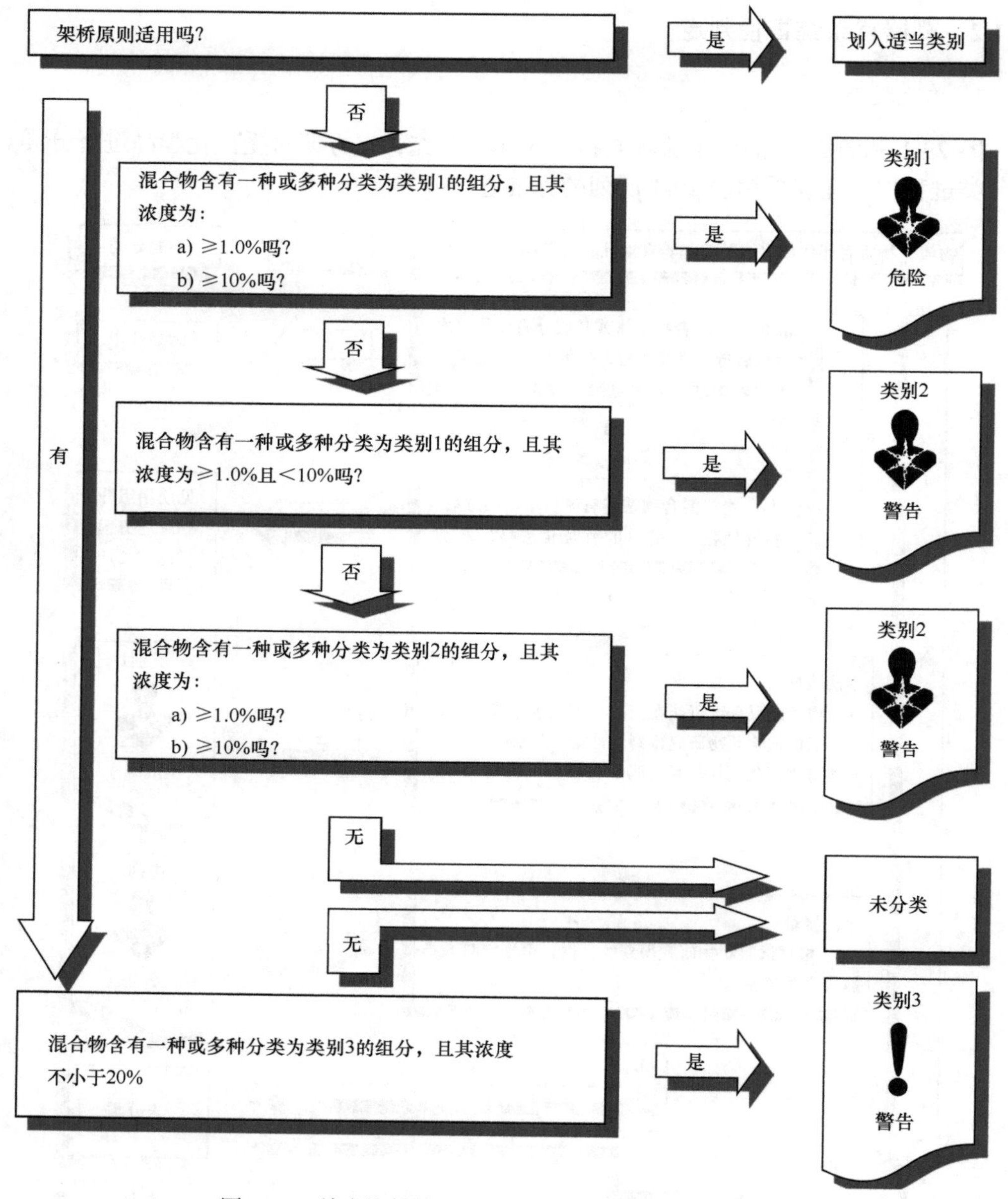

图 29-2　单次接触特异性靶器官毒物的判定流程（2）

2. 重复接触

重复接触特异性靶器官毒物的判定流程参见图 29-3 和图 29-4。需说明的是，图中所列判定逻辑关系仅作为受试化学品分类补充指导。

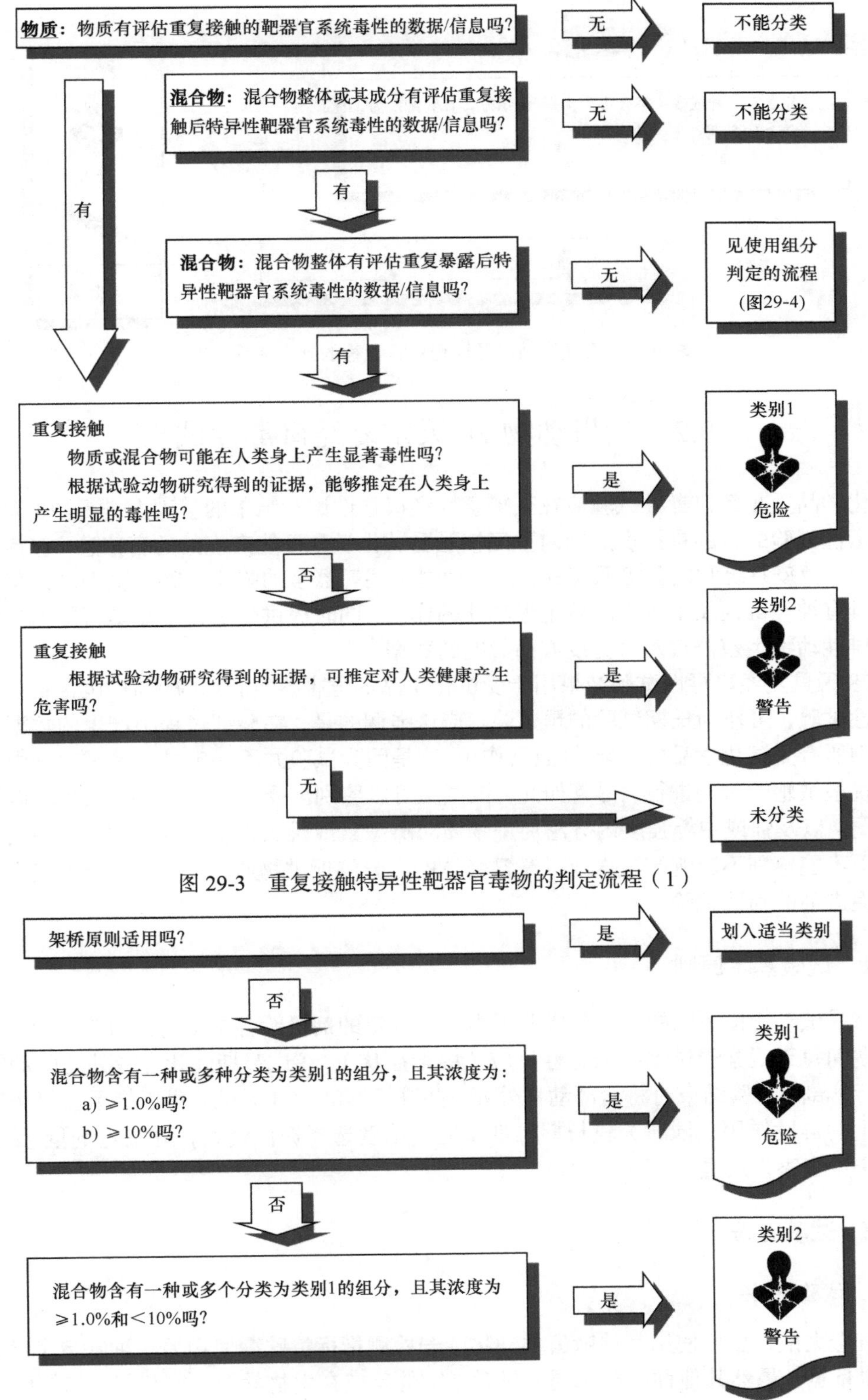

图 29-3　重复接触特异性靶器官毒物的判定流程（1）

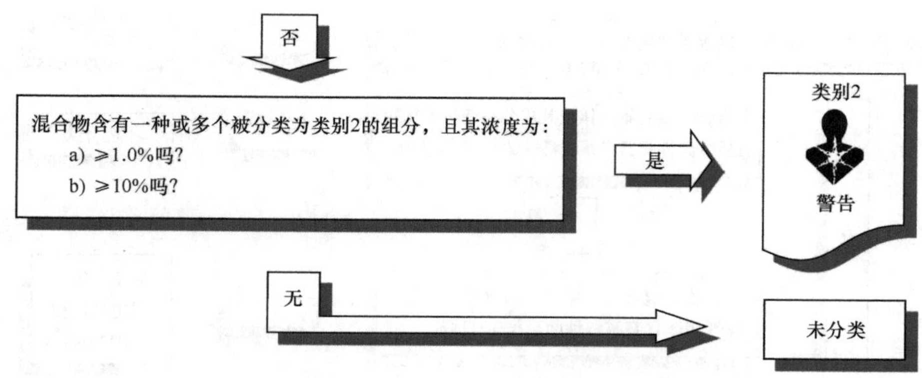

图 29-4　重复接触特异性靶器官毒物的判定流程（2）

29.2　啮齿动物 28 天重复经口毒性试验

化学品重复经口毒性试验应在获得急性经口毒性试验结果的基础上进行。28 天重复经口毒性试验的目的是提供短期内重复接触受试化学品可能产生的危害信息，包括对神经系统、免疫系统和内分泌系统的作用。通过上述靶器官的临床观察来鉴别受试化学品是否具有神经毒性及干扰甲状腺生理功能的作用，同时提供受试化学品是否影响成年雄性或雌性动物生殖器官及对免疫方面影响的数据[4, 5]。

28 天重复经口毒性试验结果用于受试化学品的危害鉴定和风险评估，包含基本的重复毒性试验，可作为长期试验的预试验。应该强调的是，在验证过程中产生的数据不足以鉴别所有受试化学品的抗雌/雄激素作用，这是因为试验并不一定是在受试动物内分泌对干扰最敏感的时期进行。尽管如此，该试验可以鉴别出受试化学品对甲状腺功能影响的强弱，以及强或中等强度内分泌促进物质对雌激素或雄激素受体的作用，但在大多数情况下不能鉴别不影响雌激素或雄激素受体的内分泌促进物质，因此该试验不能作为内分泌促进剂的筛选试验。

29.2.1　试验基本原则

将受试动物按不同的剂量分成若干组，按设定的剂量给各组动物经口染毒 28 天。染毒期间每天观察受试动物的毒性反应（中毒症状）。在试验期间死亡或处死的动物均需进行解剖；试验结束时将全部动物处死，并进行解剖。28 天试验可以提示反复经口暴露产生的毒性作用，同时为较长期毒性试验的浓度选择提供资料，并确定剂量-反应关系和未见有害作用量。

29.2.2　试验方法

1. 试验准备

首选大鼠，也可使用其他啮齿类动物。若检测指标特殊需使用另一种啮齿类动物，应提供依据。虽然其他种属动物同大鼠对毒物的反应在生物学上可能相似，但使用小种属动物在小的器官检测上存在技术挑战。选用成年、健康的试验动物，雌性动物应为未怀孕及未生产过。一般选用断乳后的大鼠，尽可能在大鼠断乳后进行试验，最晚不得超过 9 周。染毒时动物的体重差别不应超过同性别平均体重的±20%。试验作为慢性试验的预试验时，两种试验应使用同一品系动物。

（1）动物饲育条件

所有的规程应遵循试验动物福利标准。动物房的室温应控制在 22℃±30℃，相对湿度为 30%～70%，除清扫时一般在 50%～60%。人工照明，12h 明暗交替。动物自由饮水，食用适合试验动物的标准饲料。选择饲料时应考虑染毒的方式。在每个笼具内饲养少量同性别动物，如有需要可单笼饲养。每笼最多不超过 5 只动物。

（2）动物准备

将健康、成年动物随机分为对照组和染毒组。尽量减小笼具摆放位置对试验结果的影响。单独标记试验动物。试验前将动物适应性饲养至少 5 天。

（3）受试化学品

受试化学品灌胃染毒，或者混于饲料中或水中经口饲喂染毒。染毒的方法取决于试验的目的和受试化学品的理化性质。必要时，将受试化学品溶解或者悬浮于适当的溶剂/赋形剂中。配制灌胃用受试化学品时首选水溶液或者悬浊液，其次考虑用油（如玉米油）。若均不适用，再考虑其他溶剂/赋形剂，同时确定溶媒的毒性（水除外），并了解受试化学品在溶剂/赋形剂中的稳定性。

2. 试验过程

（1）动物数量与剂量

每个剂量组至少使用 10 只动物，雌、雄各 5 只。如设计在试验期间处死动物做检查，则应增加相应的动物数。在试验中应额外增设卫星组，每组 10 只动物，雌雄各半，分别按对照和高剂量染毒。卫星组在染毒结束后至少继续饲养 14 天，以便观察毒性反应的可逆性、持久性和迟发性。

试验至少设 3 个染毒组和 1 个对照组；如果有资料提示未见有害作用量为 1000mg/(kg · d)，可以进行限量试验。如果没有合适的资料，可以进行剂量范围选择试验（选用同一品系或来源动物），有助于确定染毒剂量。对照组动物除不用受试化学品染毒外，完全采用同染毒组一样的处理条件。如果使用溶剂/赋形剂配制受试化学品，对照组也应使用溶剂/赋形剂进行试验，并且体积应与试验中最大使用量相同。可根据现有受试化学品及相关化合物的毒性与毒代动力学资料进行染毒剂量水平的设计。选择的最高剂量要使受试动物产生明显的毒性效应，但不引起死亡或严重痛苦。中间剂量应出现程度较轻的毒性反应。低剂量则为不出现有害效应的最高剂量，即未见有害作用量（NOAEL）。一般以 2～4 倍的剂量间距来设计剂量水平，但可以较大的剂量间距（如大于 10 倍）设计第 4 个染毒组（试验组）。

（2）限量试验

如果按试验设计程序进行单次染毒剂量大于 1000mg/kg 体重，或按掺入饲料或饮水中受试化学品浓度（%）计算出的受试化学品剂量大于 1000mg/kg 体重的未测得可见有害效应，且根据文献资料中类似物的构效关系推论受试化学品不会产生明显毒性时，则试验中不需要设 3 个剂量水平。

（3）染毒

受试化学品每天经口染毒 1 次，为期 28 天。当用灌胃方式染毒时，应使用灌胃针或合适的灌胃器按固定剂量给每只动物染毒。一次染毒的最大体积取决于试验动物的大小。一次灌胃量每 100g 体重不宜超过 1mL，水溶液可以达到 2mL。刺激或腐蚀物通常浓度较高时会使动物出现极度痛苦，应将灌胃量减至最少，调节受试化学品浓度可使各剂量的灌胃体积相等。

如果受试化学品采用掺入饲料或饮水中方式染毒，必须保证受试化学品的含量不干扰正常营养的摄取或饮水的平衡。当受试化学品以掺入饲料方式染毒时，受试物应在饲料中保持一个恒定的浓度或保持一个恒定的剂量水平，该水平根据动物体重而定，用任何其他方法必须进行详细说明。当采用灌胃方式染毒时，应每日保持在相同的时间染毒，并应按动物的体重调整染毒剂量，保持恒定的剂量水平。由于重复经口毒性试验作为长期试验的预试验，本试验所用饲料应与长期试验保持一致。

（4）临床观察

观察期限应为 28 天。卫星组试验动物应在染毒结束后继续观察 14 天，以便检查毒性效应的持续时间或恢复状况。

一般临床观察每天至少 1 次，最好在每天同一时间观察，并在染毒后预期产生毒效应的高峰期进行观察。每次观察后记录动物健康状况及毒性反应。每天至少观察染毒动物的疾病和死亡状况 2 次。

在首次染毒前详细观察一次，以后在每周对全部动物做一次详细的临床观察，取出动物在笼外进行观察，最好每次定时观察，并做好详细记录，采用实验室明确规定的记分方式进行记录，以使试验条件差异减至最小。记录所见中毒表现，包括但不限于以下内容：皮肤、被毛、眼睛和黏膜的变化；出现的分泌物和排泄物、自主神经活动（如流泪、竖毛反应、瞳孔大小变化及异常呼吸）；动物的步态、姿势、对外界的反应、有无强直性或痉挛性活动及刻板反应（如过多梳理毛发、反复转圈）或反常行为（如自残及后退步态）。

在染毒至第 4 周时检查不同类型刺激引起的感觉反应（听觉、视觉及身体感受器）、抓力强度及自主活动等，具体方法可参照相应的文献。如果该试验仅作为亚慢性（90 天）试验的预试验，于第 4 周染毒时可以不进行上述检查。在某些情况下动物毒性反应已达到明显妨碍功能测试时，可不做功能观察。在大体解剖时，可以通过阴道涂片确定雌性动物的发情周期。

（5）血液学检查

在处死动物之前或在处死期间在指定部位取血样，并在合适的条件下保存血样。动物处死前隔夜禁食。血液学检查项目包括红细胞压积、血红蛋白含量、红细胞计数、网织红细胞计数、白细胞计数及分类、血小板计数及凝血时间或凝血功能潜在指标。若受试化学品及其可能代谢产物具有或怀疑有氧化作用，应进行其他检测指标测定，包括高铁血红蛋白浓度和海因茨小体含量。

（6）临床生化检查

所有动物的血样进行临床生化测定，以研究组织出现的主要毒性效应，特别是化学品对肝脏、肾脏的影响。通常在处死动物前或处死期间对全部存活动物采血做临床生化检验。测定的血浆或血清项目可包括钠、钾、葡萄糖、总胆固醇、尿素、肌酐、总蛋白质及白蛋白含量，至少选择反映肝功能的两种酶（如谷丙转氨酶、天冬氨酸转氨酶、碱性磷酸酶、γ-谷氨酰转酞酶和谷氨酸脱氢酶）、胆酸。

在试验的最后一周收集阶段尿液进行包括外观、体积、渗透浓度或密度、pH、蛋白质含量、糖含量、潜血及血细胞在内的尿液分析。

试验过程中或后期提示受试化学品对垂体-甲状腺功能轴有作用时，应对血液中的甲状腺激素（T3、T4）和促甲状腺激素 TSH（可选）含量进行测定。但需要说明的是，具有促进甲状腺分泌作用的化合物的鉴定更多依赖于组织病理学分析而不是激素水平检查。用于激素测定的样本需在同一时间获得。建议 T3、T4 和 TSH 测定与甲状腺组织病理学检查综合考虑。

（7）病理学检查

1）大体解剖

全部动物进行全面仔细的肉眼剖检，包括体表检查，所有孔道、颅腔、胸腔和腹腔及其内容物检查。除濒死的和/或试验期间死亡的动物外，取全部动物的肝脏、肾脏、肾上腺、睾丸、附睾、前列腺及储精囊（带凝固腺）、胸腺、脾、脑和心脏，剥去所有附着组织，检查完尽快称量其湿重，以免干燥。其中，储精囊和前列腺可以在固定后剥离和称重，卵巢和子宫可选择在分离后立即称重以免干燥，甲状腺质量可选择在固定后称量。

解剖后将全部肉眼可见病变的组织、脑（包括小脑和脑桥）、脊髓、眼、胃、小肠和大肠（包括 Peyer 淋巴结）、肝脏、肾脏、肾上腺、脾、心脏、胸腺、甲状腺、气管和肺（先将固定液注入气管和肺内，然后浸于固定液中）、性腺（睾丸和卵巢）、生殖附属器官[子宫和子宫角、附睾、前列腺及储精囊（带凝固腺）]、阴道、膀胱、淋巴结（一段接近排泄的淋巴结，另一段根据实验室经验选取）、外周神经（坐骨神经或胫神经）、一段骨髓（或吸出新鲜的骨髓进行固定）保存于最适当的固定液中。睾丸建议用 Bouin's 或 Davidson 液固定。临床观察和其他结果提示需要检查的其他组织一并做组织病理学检查。

上述器官中，包括性腺（卵巢和睾丸）、生殖附属器官[子宫（含子宫颈）、附睾、储精囊（带凝固腺）、前列腺]、阴道、垂体、雄性乳腺、甲状腺和肾上腺在内的器官和组织关于内分泌作用的研究可提供有价值的参考信息。

2）组织学病理检查

对高剂量组和对照组全部动物的器官和组织进行全面的组织病理学检查。如果在高剂量组观察到与染毒相关的病理变化，应进一步对其他剂量组动物的相应器官和组织进行检查。对全部肉眼可见病变的组织进行组织病理学检查。当设有卫星组时，对卫星组中出现病变或毒性反应的组织和器官进行组织病理学检查。

29.2.3 试验数据和结果、报告

1. 试验数据和结果

提供个体动物的试验数据，将所有数据和结果按表格形式进行总结，列出试验开始时的动物数，试验期间死亡的或因人道原因安乐死的动物数及其死亡或处死时间，以及出现毒性反应的动物数，叙述所见的毒性表现，包括毒效应出现时间、持续时间及程度，描述出现病损的动物数、病变类型及各类病损动物的百分比。

使用合理的和一般认可的统计学方法对数量结果作出评价。数据与内分泌干扰指标有关时，建议使用背景空白数据计算变异系数。

2. 试验报告

试验报告应包括以下信息。

a）受试化学品：物理状态、纯度和理化性质；鉴定数据。

b）溶剂/赋形剂：除水以外，提供溶剂/赋形剂选择依据。

c）试验动物：种类和品系；数量、年龄和性别；来源、饲育条件及饲料等；试验开始时动物个体体重；若不是大鼠，选择其他种属的理由。

d）试验条件：剂量设计理由；受试化学品/饲料配制方法，配制样品的浓度、均一性和稳定性；染毒的过程；实际剂量[mg/(kg · d)]，如果可行，将供试物在饲料或水中的浓度折算成动物实际摄入剂量（mg/m^3）；动物饲料和饮水质量。

e）终点：列出选择的终点。

f）试验结果：动物体重/动物体重变化；动物摄食量/摄水量（如果需要）；按性别和剂量水平描述毒性反应及毒性表现；临床症状的性质、轻重程度及持续时间（是否可逆）；眼科检查结果；血液学检查结果与背景值；临床生化检查结果与背景值；处死时的动物体重及器官质量；大体解剖所见；组织病理学检查所见；吸入资料（如果有）；数据的统计处理结果。

29.3 啮齿动物 90 天重复经口毒性试验

90 天重复经口毒性试验应在获得急性毒性或 28 天重复经口毒性试验结果的基础上进行。90 天重复经口毒性试验的目的是提供受试动物在断奶后的生长期长时间重复接触受试化学品可能发生的危害。试验提供的信息包括受试化学品的主要毒性效应、靶器官和可能产生的蓄积反应，以及受试化学品的未见有害作用量，该试验结果有助于慢性试验的剂量选择和建立人类接触受试化学品的安全标准[5]。

29.3.1 试验基本原则

各组试验动物每日经口摄入不同剂量的受试化学品，连续染毒 3 个月（90 天），有时候根据需要可染毒 6 个月（180 天），染毒期间每天观察动物的毒性反应。在染毒期间死亡的动物要进行尸检。染毒结束后所有存活的动物均要处死、剖检及做适当的组织病

理学检查。

29.3.2　试验方法

1. 试验准备

（1）受试化学品

试验前尽量搜集受试化学品现有的各种资料。

a）受试化学品的商品名和其他名称（包括 CAS 登记号）。

b）受试化学品的结构式、分子式和分子质量。

c）受试化学品的理化性质，包括外观、沸点、熔点、折射率、密度、光谱资料、溶解度、挥发性、化学活性、光化学性质、电离度、粒度、密度等，赋形剂或饲料中受试化学品的稳定性也非常重要。

d）受试化学品的分析方法。

e）受试化学品的生产方法、合成路线和杂质。

f）储存方法，长期储存受试化学品（包括在赋形剂或饲料中）的合适方法。

g）人类每日可能接触的水平。

h）化学品登记日期，受试化学品的来源和批号，尽可能使用同一批生产的受试化学品。

（2）试验动物

常规选择啮齿动物，首选大鼠。动物断奶后尽早进行试验，尽量使动物在体重快速增长期有更长的时间接触受试化学品。大鼠 6 周龄最好，不超过 8 周龄（体重 80～120g），动物体重的变动范围按性别不超出平均体重的 20%。染毒开始前至少要有 5 天时间使试验动物适应清洁级动物房饲养环境，并观察其状态。

1）环境设施

试验动物饲养和动物试验环境设施符合国家相应规定。选用常规饲料，自由饮水。动物可分性别群饲或单笼饲养，群饲时每笼不超过 5 只。

2）动物的性别和数量

试验动物随机分组，每组至少 20 只，雌雄各半。可适当增加每组雌、雄动物数。若计划在试验过程中处死动物，需增加计划处死的动物数。试验结束时的动物数需满足能够有效评价受试化学品的毒性作用。

2. 试验过程

（1）剂量水平

试验一般设 3 个染毒组和 1 个对照组。对照组动物不接触受试化学品，其他条件均与染毒组相同。最高染毒剂量应使动物产生较明显的毒性效应，但不引起过多动物死亡（死亡率不应超过 10%），以免影响结果评价。低剂量应不出现任何毒性作用。若已掌握人群接触水平，则最低染毒剂量应高于人群的实际接触水平。如剂量设计得当，中间剂量组可出现较轻的毒性效应，若设多个中间剂量，应产生不同程度的毒性效应。此外，可另设一附加组做追踪观察，选用 20 只动物（雌雄各半），给予最高剂量受试化学品，染毒 90 天，在全程染毒结束后继续观察一段时间（一般不少于 28 天），以了解毒性作用的持久性、可逆性或迟发性；也可在设计试验时每组增加一定的动物数，试验结束时每组剖杀的动物数应满足统计分析，剩余动物继续做追踪观察。

因染毒目的加入的其他溶剂等赋形剂不应影响受试化学品的吸收或引起毒性作用，必要时应设相应的赋形剂对照组。

如果受试化学品的毒性较低，则加入饲料的受试化学品所占比例较大，应注意混入饲料中的受试化学品浓度不应超过 5%，否则会对动物正常营养摄入产生影响。必要时应定期监测饲料或饮水中的受试化学品浓度，观察其均匀性和稳定性。若采用灌胃方式染毒，则每日染毒时点应相同，并定期（如每周）按体重调整灌胃量，维持染毒剂量不变。其他的染毒方式要附加特殊说明。

（2）染毒方法

常用的方法是将受试化学品混入饲料或饮水中，每周 7 天染毒。若受试化学品会引起饲料和饮水适口性下降，影响动物的正常摄入量，或由于某种原因，受试化学品不能加入饲料和饮水中，可采用灌胃法或药囊法，此时每周可染毒 5～7 天。试验期间各组动物染毒的方式应完全相同。

（3）限量试验

试验中如果剂量在 1000mg/(kg · d)或以上时仍未产生可观测到的毒性效应，但人类接触水平的资料表明需用高剂量进行试验，且根据相关结构化学品可以预测受试化学品的毒性时，可不必设 3 个剂量水平进行试验。

（4）临床观察

试验期内每天至少观察一次，必要时增加观察次数。附加组还要增加至少 28 天。观察期间动物的任何毒性表现均应记录，记录内容包括发生时间、程度和持续时间。观察至少包括皮肤和被毛、眼和黏膜、呼吸系统、循环系统、自主神经和中枢神经系统、肢体运动和行为活动等的改变。死亡动物应进行解剖，质弱或濒死动物应隔离或处死后解剖。记录每周饲料摄入量，经饮水染毒时还应记录每天饮水摄入量，记录每周动物体重变化。试验结束时处死动物做相关检查。

（5）临床检查

1）眼科检查

建议在染毒前和染毒后对所有试验动物，至少应对最高剂量组和对照组动物，使用眼科镜或其他有关设备进行眼科检查。若发现动物有眼科变化则应对所有动物进行检查。

2）血液学检查

血液学检查一般在染毒结束时进行，必要时在染毒中期也可进行。如设立附加组，染毒结束时如有异常的指标，附加组追踪观察结束时应进行检查。测定指标至少应包括红细胞压积、血红蛋白浓度、红细胞计数、血小板计数、白细胞计数及分类，必要时测定网织红细胞数、凝血功能等指标。

3）临床生化检查

一般在染毒结束时进行，必要时在染毒中期也可进行。染毒结束时如有异常的指标，附加组追踪观察结束时应进行检查。检查指标包括肝功能、肾功能、电解质平衡、糖代谢等。测定指标至少应包括丙氨酸氨基转移酶、天冬氨酸氨基转移酶、碱性磷酸酶、乳酸脱氢酶、尿素氮、肌酐、总胆红素、白蛋白、总蛋白质等；还可根据受试化学品可能的毒性作用补充如下指标：鸟氨酸脱羧酶、γ-谷氨酰转肽酶、总胆固醇、甘油三酯、正铁血红蛋白、胆碱酯酶、钙、磷、氯、钠、钾、血糖等。此外，还可根据所观察到的毒性作用进行其他更大范围的临床生化检查，以便进行全面的毒性评价。

4）尿液检查

一般毒性分析不需要进行尿液检查，但当怀疑存在或观察到相关毒性作用时需要进行尿液检查。

（6）病理学检查

1）大体解剖

所有动物均应进行全面的大体解剖，包括外观、体腔开口处、胸腔、腹腔等。肝脏、肾脏、肾上腺和睾丸等器官应在分离后尽快称重以防水分丢失。应将主要组织和器官保存在固定液中，以备日后进行组织病理学检查。

心脏、肝脏、脾、肺、肾脏、脑、睾丸的绝对质量和相对质量（脏器系数=脏器质量/体重×100%）为必测指标，必要时增加其他脏器质量和脏器系数的检测。

2）病理组织检查

通常至少应包括心脏、肝脏、脾、肾脏、胃、大脑、肺、睾丸（卵巢）、附睾、肾上腺等。根据需要，还可包括脑桥、小脑和大脑皮层、脑垂体、主动脉、气管、胰、十二指肠、空肠、回肠、结肠、直肠、膀胱、甲状腺（包括甲状旁腺）、胸腺、前列腺、子宫、乳腺、皮肤、肌肉、胸骨（包括骨髓）、淋巴结、眼球等。

如果提示可成为毒性作用靶器官时还可选择检查唾液腺、生殖附属器官、皮肤、眼、股骨（包括关节面）、脊髓（包括颈部、胸部、腰部）、泪腺、雌性乳腺、大腿肌肉等。先对高剂量组和对照组动物及系统解剖时发现的异常组织做详尽的组织病理学检查，其他剂量组一般仅在高剂量组有异常发现时才进行组织病理学检查。在附加组，对在染毒组呈现毒性作用的组织和器官进行检查。中、低剂量组动物也需做肺的组织病理学检查，肺部感染情况可用于判断动物的健康状况。必要时肝脏、肾脏也做同样的检查。

29.3.3　试验数据和结果、报告

1. 数据处理

数据结果以表格形式总结，显示试验开始时各组动物数，出现毒性反应的动物数，毒性反应的类型和出现毒性反应动物的百分比。对所有数据采用适当的统计学方法进行评价。

2. 结果评价

亚慢性经口毒性试验结果应结合前期试验结果，并考虑毒性效应指标和大体解剖及组织病理学检查结果进行综合评价。毒性评价应包括受试化学品染毒剂量与是否出现毒性反应、毒性反应发生率及程度之间的关系。毒性反应的结果包括行为或临床异常，肉眼可见的损伤，靶器官、体重变化，死亡效应以及其他一般或特殊的毒性作用。成功的

亚慢性试验应能够提供统计学上有意义的未见有害作用量（NOAEL）。

3. 试验报告

除一般鉴定报告的内容外，还应包括以下方面：试验方法；按性别和剂量的毒性反应数据；试验期内动物死亡的数量和时间；毒性作用或其他作用；每种异常症状出现的时间及其转归情况；动物体重资料，食物和/或饮水摄入量资料；眼科检查结果；血液学检查结果；临床生化检查结果；大体解剖所见；组织病理学检查所见的详细描述；对结果进行处理的统计学方法；确定的未见有害作用量（NOAEL）；结论。

29.4 非啮齿动物 90 天重复经口毒性试验

90 天重复经口毒性试验应在获得急性毒性或 28 天重复经口毒性试验结果的基础上进行。本试验的目的是提供受试动物刚进入成年后在快速生长期内长时间重复接触受试化学品可能发生的危害。本试验提供的信息包括受试化学品的主要毒性效应、靶器官和可能产生的蓄积反应，以及受试化学品的未见有害作用量，有助于慢性试验的剂量选择和建立人类接触受试化学品的安全标准[6]。

29.4.1 试验基本原则

将试验动物按照不同的剂量分成若干组，每天按设定的剂量给各组动物经口染毒 90 天。在染毒期间每天观察受试动物的毒性反应（中毒症状）。在试验期间死亡或处死的动物均需进行解剖；在试验结束时将全部动物处死，并进行解剖。

29.4.2 试验方法

1. 试验准备

（1）动物种类

非啮齿动物一般使用犬类进行试验，其中 Beagle 犬为常用品系。其他品系如猪类和迷你猪也可以用于试验。选用健康的刚成年动物，受试犬为 4～6 个月，最大不超过 9 个月。如果该试验用于为慢性试验提供参考数据，应与慢性试验选用同一来源和品系的试验动物。

（2）动物饲养条件

动物自由饮水，食用适合的标准饲料。选择饲料时考虑染毒的方式（受试化学品是否混入饲料中）。笼具应适合所选用的动物品系。人工照明，12h 明暗交替。动物饲育条件应满足所选用动物的权威法规和指导原则的特殊需要。

（3）动物准备

试验前将健康动物进行驯化，以适应环境。驯化的时间取决于所使用动物的品系和来源，本地的 Beagle 犬和猪类驯化用时较少，而外来 Beagle 犬和猪类最少需要驯化 2 周。注明试验动物的品系、来源、性别、体重和年龄。将动物随机分为对照组和染毒组。尽量减小笼具摆放位置对试验结果的影响。每只试验动物单独标记。

（4）受试化学品

受试化学品灌胃染毒，或者混于饲料或水中经口饲喂染毒。染毒的方法取决于试验的目的和受试化学品的理化性质。必要时，将受试化学品溶解或者悬浮于适当的溶剂/赋形剂中。配制灌胃用受试化学品时首选水溶液或者悬浊液，其次考虑用油配制（如玉米油）。若均不适用，再考虑其他溶媒。应确定溶剂/赋形剂的毒性（水除外），还应了解受试化学品在溶剂/赋形剂中的稳定性。

2. 试验过程

（1）动物性别与数量

每个剂量组至少有 8 只动物，雌雄各半。如设计在试验期间处死动物做检查，则每组应增加相应的动物数。试验终期存活动物数应满足毒性统计的需要。在试验中应额外增设卫星组，每组 8 只动物，雌雄各半，分别按对照和高剂量染毒。卫星组在染毒结束后至少继续饲养一段时间，以便观察毒性反应的可逆性、持久性和迟发性。

（2）剂量水平

一般至少设 3 个染毒组和 1 个对照组，除非进行限量试验。根据重复经口试验结果和现有受试化学品及相关化合物的毒理学与毒代动力学资料进行染毒剂量水平的设计。若受试化学品的理化性质和生物效应允许，高剂量应使供试动物产生明显的毒性效应，但不引起死亡或严重痛苦。中间剂量应出现剂量-反应关系。最低剂量则为未见有害作用量（NOAEL）。通常以 2～4 倍的剂量组间距来设计剂量水平；较大的剂量组间距（如 6～10 倍）常用于设计第 4 个染毒组。对照组动物除不用受试化学品染毒外，完全采用同染毒组一样的处理条件。如果使用溶剂/赋形剂配制受试化学品，对照组也应使用溶剂/赋形剂进行试验，并且体积应与试验中最大使用量相同。当将受试化学品混入饲料中染毒，且混入受试化学品有可能使动物的摄食量减少时，根据对照组的数据可以区别摄食量降低是由受试化学品毒性还是由受试化学品的口感差导致的。充分考虑溶剂/赋形剂和其他添加物是否影响受试化学品吸收、分布、代谢及蓄积；是否改变受试化学品的毒性；是否影响动物摄食量、摄水量或者营养状况。

（3）限量试验

如果每天一次染毒的剂量至少达到 1000mg/kg 体重时还不能引起可见的毒性效应，且根据构效关系资料预计该化学品不会产生毒性，可以不设 3 个剂量水平。除预期人体需要接触较高剂量外，均可进行限量试验。

（4）染毒方法

受试化学品每天经口染毒 1 次，为期 90 天，每周染毒 7 天或每周染毒 5 天（需要说明其可行性）。当用灌胃方式染毒时，应使用灌胃针或合适的灌胃器按固定剂量给每只动物染毒。一次染毒的最大体积取决于试验动物的大小。尽量减小灌胃的体积。刺激或腐蚀物通常浓度较高时会使动物出现极度痛苦，应将灌胃量减至最少，调节受试化学品浓度可使各剂量的灌胃体积相等。如果受试化学品采用掺入饲料或饮水中方式染毒，必须保证受试化学品的含量不干扰正常营养的摄取或饮水的平衡。当受试化学品以掺入饲料方式染毒时，受试物应在饲料中保持一个恒定的浓度或保持一个恒定的剂量水平，该水平根据动物体重而定，用任何其他方法必须进行详细说明。当采用灌胃或胶囊方式染毒时，应保持每日相同时间染毒，并应按动物的体重调整染毒剂量，以保持恒定的剂量水平。由于 90 天染毒试验为慢性试验的预试验，所用饲料应与慢性试验保持一致。

（5）临床观察

观察期限应为 90 天。卫星组试验动物应在染毒结束后继续观察一段时间，以便检查毒性效应的持续时间或恢复状况。一般临床观察每天至少 1 次，最好在每天同一时间观察，并考虑在染毒后预期产生毒性效应的高峰期进行观察。每次观察后记录动物健康状况及毒性反应。每天至少观察染毒动物的疾病和死亡状况 2 次。

在首次染毒前详细观察一次，以后在每周对全部动物做一次详细的临床观察，取出动物在笼外进行观察，最好每次定时观察，并做好详细记录，可采用实验室明确规定的记分方式进行记录，以便使试验条件差异减至最小。记录所见中毒表现，包括但不限于皮肤、被毛、眼睛和黏膜的变化；出现的分泌物和排泄物、自主神经活动（如流泪、竖毛反应、瞳孔大小变化及异常呼吸）；动物的步态、姿势、对外界的反应、有无强直性或痉挛性活动及刻板反应（如过多梳理毛发、反复转圈）或反常行为。

在染毒开始前和染毒结束后使用检眼镜或者其他适当的设备对试验动物进行眼科检查。检查所有的试验动物，也可以只检查对照组和高剂量组动物，但若出现异常反应，那么需要检查所有的试验动物。

（6）体重、耗食/水量

所有动物每周至少称量和测量一次体重及耗食量。如果受试化学品加入饮水中染毒，应测量耗水量，每周至少一次。若经口饲喂或灌胃影响饮水量，则需考虑水量。

（7）血液学检查和临床生化检查

在处死动物之前或在处死时在受试动物的指定部位采血，并在合适条件下保存血样。试验开始、每月或试验中期和试验结束后进行的血液学检查项目包括红细胞比积、血红蛋白含量、红细胞计数、白细胞计数及分类、血小板计数及凝血功能潜在指标（如凝血时间、凝血酶原时间和凝血活酶时间）。

在试验开始、每月或试验中期和试验结束后采集所有存活动物血样进行临床生化测定，以研究组织出现的主要毒性效应，特别是化学品对肝脏、肾脏的影响。需要考虑动物体内电解质平衡、糖代谢及肝和肾功能。根据受试化学品的作用方式选择检测指标。最好在取血之前对动物禁食一夜。测定的血浆或血清项目包括钙、磷、氯、钠、钾、空腹血糖、丙氨酸转氨酶、鸟氨酸脱羧酶、γ-谷氨酰转酞酶、尿素氮、白蛋白、肌酐、总胆红素、总蛋白质。

试验开始前、染毒中期和染毒结束阶段收集阶段尿液进行尿液分析，项目包括外观、体积、渗透浓度或密度、pH、蛋白质、糖、潜血及血细胞。若需要进一步评价已观察到的效应，可增加分析指标。

除此之外，考虑检查反映各种组织损害的血清指标。如果已知受试化学品的毒性作用性质或推测可影响有关代谢，则应检查脂类、激素、酸平衡、高铁血红蛋白、胆碱酯酶抑制剂。若需要进一步评价已观察到的效应，可增加分析指标。

（8）病理学检查

1）大体解剖

全部动物进行全面仔细的肉眼剖检，包括体表检查，所有孔道、颅腔、胸腔和腹腔及其内容物检查。除濒死的和/或试验期间死亡的动物外，取全部动物的肝脏及胆囊、肾脏、肾上腺、睾丸、附睾、卵巢、子宫、胸腺、脾、脑和心脏，并剥去所有附着组织，在切取脏器后尽快称重，以免干燥。

将全部肉眼可见病变的组织、脑（包括小脑和脑桥）、脊髓（包括颈部、胸部和腰部）、脑垂体、眼睛、甲状腺、甲状旁腺、胸腺、食管、唾液腺、胃、小肠和大肠（包括 Peyer 淋巴结）、肝脏、胆囊、胰腺、肾脏、肾上腺、脾、心脏、气管和肺、主动脉、性腺、子宫、附属性器官、乳腺、前列腺、膀胱、淋巴结（最好选取一段接近染毒部位，另一段远离染毒部位，以消除系统影响）、外周神经（坐骨神经或胫神经）、一段骨髓（或吸出新鲜的骨髓进行固定）、皮肤以及临床观察和其他结果提示需要检查的其他组织。若已知受试化学品的性质，应保存可能成为靶器官的任何器官。

2）组织病理检查

对高剂量组和对照组全部动物的器官和组织进行全面的组织病理学检查。如果在高剂量组观察到与染毒相关的病理变化，应进一步对其他剂量组动物的相应器官和组织进行检查，并对全部肉眼可见病变的组织进行组织病理学检查。当设有卫星组时，对卫星组中出现病变或毒性反应的组织和器官进行组织病理学检查。

29.4.3　试验数据和结果、报告

1. 试验数据和结果

提供个体动物的试验数据，将所有数据和结果按表格形式进行总结，列出试验开始时的动物数，试验期间死亡的或因人道原因处死的动物数及其死亡或处死时间，以及出现毒性反应的动物数，叙述所见的毒性表现，包括毒性效应出现时间、持续时间及程度，描述出现病损的动物数、病变类型及出现各类病损动物数的百分比。使用合理的和一般认可的统计学方法对数量结果作出评价。

2. 试验报告

试验报告应包括以下信息。

a）受试化学品：物理状态、纯度和理化性质；鉴定数据。

b）溶媒：除水以外，提供溶媒选择依据。

c）实验动物：种类和品系；数量、年龄和性别；来源、饲育条件及饲料等；试验开始时动物个体体重。

d）试验条件：剂量设计理由；受试化学品/饲料配制方法，配制受试化学品的浓度、均一性和稳定性；染毒过程；实际剂量[mg/(kg · d)]，如果可行，将受试化学品在饲料或水中的浓度（mg/kg）折算成动物实际摄入剂量（mg/m^3）；动物饲料和饮水质量。

e）试验结果：动物体重/动物体重变化；动物摄食量/摄水量（如果需要）；按性别和剂量水平描述毒性反应及毒性表现；临床症状的性质、轻重程度及持续时间（是否可逆）；眼科检查结果；血液学检查结果与背景值；临床生化检查结果与背景值；处死时的动物体重、器官质量及脏体比、脏脑比；大体解剖所见；组织病理学检查所见；吸入资料（如果有）；数据的统计处理结果。

29.5　重复经皮毒性试验（21 天/28 天）

21 天/28 天重复经皮试验应在获得急性经皮毒性试验结果的基础上进行。试验的目的是了解在一段时期内重复接触化学品可能产生的危害。21 天重复经皮试验和 28 天重复经皮试验方法有很多相似之处，其区别仅仅是染毒时间不同[7]。

29.5.1　试验基本原则

将试验动物按不同的剂量分成若干组，每天按设定的剂量给各组动物经皮染毒 21 天/28 天。在染毒期间每天观察受试动物的毒性反应。在试验期间死亡的动物均需进行解剖；在试验结束时将全部动物处死，并进行解剖。

29.5.2　试验方法

1. 试验准备

试验前将健康、成年动物在实验室环境下至少适应性饲养 5 天。将动物随机分为对照组和染毒组。试验前 24h 左右将动物躯干背部剃毛，反复剃毛一般需间隔 1 周。剃毛时要注意避免损伤皮肤。剃毛面积不低于体表面积的 10%，供涂敷受试化学品，剃毛的面积应参考动物的体重。若进行试验的样品是固体，应研磨粉碎，并以水湿润，必要时使用适当的溶剂/赋形剂，以保证受试化学品与皮肤有良好的接触。在应用溶剂/赋形剂时，要考虑溶剂/赋形剂对受试化学品渗入皮肤的影响。液体受试化学品一般使用其原液。

常选用成年鼠、家兔或豚鼠，也可选用其他品系，但需要提供理由。体重建议选用以下范围：大鼠 200～300g，家兔 2.0～3.0kg，豚鼠 350～450g。挑选健康、皮肤完整的试验动物。该试验作为长期试验的预试验时，两种试验应使用同一品系的动物。

每组至少 10 只皮肤健康的动物（雌雄各半），雌性动物应为未怀孕及未生产过。如在试验结束前需提前处死部分动物，则每组应增加相应的动物数。在试验中应额外增设卫星组，每组 10 只动物，雌雄各半，按照高剂量染毒 21 天/28 天。卫星组在染毒结束后继续饲养 14 天，以便观察毒性反应的可逆性、持久性和迟发性。

试验动物单笼饲养。啮齿试验动物饲养室温度控制在 22.0℃±3.0℃，家兔饲养室温度控制在 22.0℃±3.0℃，相对湿度为 30%～70%。人工照明，12h 明暗交替。动物饲养使用常规实验室饲料，自由饮水。

2. 试验过程

（1）剂量水平

至少应设 3 个染毒组和 1 个对照组，如必要，设溶媒对照组。对照组动物除不给予受试化学品外，处置方式同染毒组。最高剂量应产生毒性反应但不能出现影响统计的大量死亡，否则会影响结果的评价。最低剂量不应出现任何毒性反应，但剂量应超过预期的人接触剂量。理想的是，中间剂量应产生最小的可观察到的毒性反应。如有一个以上中间剂量，则应有适当的剂量间隔，以产生不同程度的毒性反应。为保证结果评价有意义，低、中和对照组应保持较低的死亡率。

如果试验初期皮肤发生严重的损害，即使有可能减轻甚至无法观察到其他中毒症状也应停止试验，并且以较低浓度重新试验。

（2）限度试验

如果以 1000mg/kg 体重的剂量（除非预期人类接触需要更高剂量）进行试验后没有产生可观察到的毒性效应，而且根据结构相似化合物的资料预测该受试化学品不会产生毒性，则不需要用 3 个剂量进行试验。

（3）染毒过程

以受试化学品染毒动物，每周 7 天，每天 6h，连续 21 天/28 天。从实际考虑，每周染毒 5 天也可接受。为追踪观察而设的卫星组动物在染毒 21 天/28 天后不再染毒，并再观察 14 天，以检测毒性反应的持久性或迟发性。染毒时将受试化学品均匀地涂布在皮肤上，涂布面积约占体表面积的 10%。若受试化学品毒性较高，可以减少涂布面积，但尽可能涂布均匀且薄。

用多孔纱布敷料和无刺激性胶布使受试化学品与皮肤保持良好的接触并固定纱布，并防止动物舔食受试化学品。必要时可用固定器，但不提倡使动物处于完全不能活动的状态。

记录所观察到的毒性症状，包括出现时间、程度和持续时间。笼边观察不限于皮肤和被毛，还应包括眼睛和黏膜、呼吸系统、循环系统、植物和中枢神经系统、四肢活动和行为方式等的变化。每周测量摄食量和动物体重。定期观察动物，防止动物互食、尸体自溶或者丢失。试验结束时，除卫星组外，处死所有染毒组存活的动物。如果发现动物呈现濒死状态，处死并解剖动物。

（4）临床检查

应对所有的动物进行下列项目的检查。

a）血液学检查，包括红细胞压积、血红蛋白浓度、红细胞计数、白细胞计数及分类以及凝血功能如凝血时间、凝血酶原时间、凝血活酶时间或血小板计数。

b）临床生化检查，研究组织出现的主要毒性效应，特别是化学品对肝脏、肾脏的影响。建议测定的项目有钙、磷、氯、钠、钾、空腹血糖（绝食时间要适合不同的种属）、血清丙氨酸氨基转移酶、血清天冬氨酸氨基转移酶、鸟氨酸脱羧酶、γ-谷氨酸转酞酶、尿素氮、白蛋白、肌酐、总胆红素和血清总蛋白质。如有必要，可检查脂类、激素、酸碱平衡、高铁血红蛋白和胆碱酯酶等。

c）常规不要求进行尿液分析，但是预期有或观察到有肾毒性时，要进行尿液分析。如果缺乏合适的背景资料，可在染毒之前决定需要测定的血液学和临床生化指标。

（5）病理学检查

所有的动物进行全面的大体解剖，包括体表、体腔的各开口处、颅腔、胸腔和腹腔及其内容物。为避免肝脏、肾脏、肾上腺和睾丸失水干燥，尽快称量其湿重。将正常和给药部位皮肤、肝脏、肾脏与靶器官、肉眼可见病变的组织或大小改变的器官及组织保存于适宜的固定液中，留待组织病理学检查。对高剂量组和对照组动物保存的器官与组织进行组织病理学检查。在高剂量组观察到病变时，对其他剂量组的动物亦进行上述检查。如果在其他剂量组发现毒性变化，要对卫星组动物进行组织病理学检查，特别是发现毒性的器官和组织。

29.5.3 试验数据和结果、报告

1. 数据处理

将所有数据和结果以表格形式进行总结，列出每一组试验开始时的动物数，出现损伤反应的动物数、损伤类型及各类型动物的百分比。所有观察到的结果（绝对数和发生率）以适当的统计学方法给予统计与评价。

2. 结果评价

反复经皮毒性试验的研究结果，结合出现的毒性反应和大体解剖、组织病理学发现进行综合评价，包括受试化学品的剂量与异常反应有无、发生率和严重程度之间的关系。异常反应包括行为和临床上的异常、肉眼所见的损伤、已确定的靶器官、体重变化、死亡率的影响及其他一般或特殊的毒性反应。成功的 21 天/28 天的试验能提供重复经皮染毒后的毒性效应，并能表明是否需要进一步的较长期试验。同时为较长期试验的剂量选择提供资料。

3. 试验报告

试验报告要包括以下信息：①动物品系；②不同性别和剂量的毒性反应；③试验过程中动物死亡的时间及结束时动物是否存活；④毒性效应和其他效应；⑤每种异常症状的出现时间及后续过程；⑥摄食消耗和体重数据；⑦血液学检查方法和结果，并有相应背景值；⑧临床生化检查方法和结果，并有相应背景值；⑨大体解剖结果；⑩所有组织病理学检查结果的详细描述；⑪用合适的方法对结果进行统计处理。

29.6 亚慢性经皮毒性试验（90 天）

与重复经皮毒性试验相似，亚慢性经皮毒性试验应在获得急性经皮毒性试验结果的基础上进行。该试验的目的是了解在一段时期内重复接触化学品可能产生的危害[8]。

29.6.1 试验基本原则

将试验动物按不同的剂量分成若干组，每天按设定的剂量给各组动物经皮染毒 90 天。染毒期间每天观察受试动物的毒性反应。试验期间死亡动物进行解剖；在试验结束时将全部动物处死，并进行解剖。

29.6.2 试验方法

1. 试验准备

试验前将健康、成年动物在实验室环境下至少适应性饲养 5 天。将动物随机分为对照组和染毒组。试验前 24h 左右，将试验动物躯干背部剃毛，反复剃毛一般需间隔 1 周。

剃毛时要注意避免损伤皮肤。剃毛面积不低于体表面积的 10%，供涂敷受试化学品，剃毛的面积参考动物的体重。若进行试验的样品是固体，应研磨粉碎，并以水湿润，必要时采用适当的溶媒，以保证受试化学品与皮肤有良好的接触。在应用溶媒时，考虑溶媒对受试化学品渗入皮肤的影响。液体受试化学品一般使用其原液。

选用成年鼠、家兔或豚鼠，选用其他品系时需提供理由。体重建议选用以下范围：大鼠 200～300g，家兔 2.0～3.0kg，豚鼠 350～450g。挑选健康、皮肤完整的试验动物。如果将该试验作为长期试验的预试验，两种试验应使用同一品系的动物。

每组至少 20 只皮肤健康的动物（雌、雄各 10 只），雌性动物应为未怀孕及未生产过。如在试验结束前需提前处死部分动物，则每组应增加相应的动物数。在试验中额外增设卫星组，每组 20 只动物，雌雄各半，按照高剂量染毒 90 天。卫星组在染毒结束后继续饲养，以便观察毒性反应的可逆性、持久性和迟发性，但不超过 28 天。

试验动物单笼饲养。啮齿试验动物饲养室温度控制在 22.0℃±3.0℃，家兔饲养室温度控制在 22.0℃±3.0℃，相对湿度为 30%～70%。人工照明，12h 明暗交替。动物饲养使用常规实验室饲料，自由饮水。

2. 试验过程

（1）剂量水平

一般至少设 3 个染毒组和 1 个对照组，如有必要需要设溶媒对照组。对照组动物除不给予受试化学品外，处置方式同染毒组。最高剂量应产生毒性反应，但不能出现影响统计的大量死亡，否则会影响结果的评价。最低剂量不应出现任何毒性反应，但剂量应超过预期的人类接触剂量。理想的是，中间剂量应产生最小的可观察到的毒性反应。假如有一个以上中间剂量，则应有适当的剂量间隔，以产生不同程度的毒性反应。如果试验初期皮肤发生严重的损害，即使有可能减轻甚至无法观察到其他中毒症状也应停止试验，并且以较低浓度重新试验。

（2）限量试验

采用该试验方法进行试验时，如果以 1000mg/kg 体重的剂量（除非预期人类接触需要更高剂量）进行试验时未观察到任何毒性效应，且根据结构相似化合物的资料预测受试化学品不会产生毒性，则不需要用 3 个剂量进行试验。限量试验过程中每天至少进行 1 次详细的临床观察。必要时进行额外的观察并采取适当的方法减少动物损失，如尸检或冷藏死亡动物，隔离或处死体弱或濒死动物。

（3）染毒过程

以受试化学品染毒动物，每周 7 天，每天 6h，连续 90 天。从实际考虑，每周染毒 5 天也可接受。为追踪观察而设的卫星组动物，染毒 90 天后不再染毒，继续观察 28 天，以检测毒性反应的持久性或迟发性。将受试化学品均匀地涂布在皮肤上，涂布面积约占体表面积的 10%。若受试化学品毒性较高，可以减少涂布面积，但尽可能涂布均匀且薄。

用多孔纱布敷料和无刺激性胶布使受试化学品与皮肤保持良好的接触，同时固定纱布并防止动物舔食受试化学品。必要时可应用固定器，但不提倡使动物处于完全不能活动的状态。

记录所观察到的毒性症状，包括出现时间、程度和持续时间。笼边观察不限于皮肤和被毛，还包括眼睛和黏膜、呼吸系统、循环系统、自主和中枢神经系统、四肢活动和行为方式等的变化。每周测量摄食量和动物体重。定期观察动物，防止动物互食、尸体自溶或者丢失。试验结束时，除卫星组外，处死所有染毒组存活动物。如发现动物呈现濒死状态，处死并解剖该动物。

（4）临床检查

对所有的动物进行下列项目的检查。

a）使用检眼镜或者其他适当的设备对试验动物进行眼科检查。检查所有的试验动物，也可只检查对照组和高剂量组动物，若有异常改变，则需检查所有的试验动物。

b）血液学检查，包括红细胞压积、血红蛋白浓度、红细胞计数、白细胞计数及分类，以及凝血功能如凝血时间、凝血酶原时间、凝血活酶时间或血小板计数。

c）临床生化检查，研究组织出现的主要毒效应，特别是化学品对肝脏、肾脏的影响。根据观察到的毒性作用调整检测项目。建议测定的项目有钙、磷、氯、钠、钾、空腹血糖（绝食时间要适合不同的种属）、血清丙氨酸氨基转移酶、血清天冬氨酸氨基转移酶、鸟氨酸脱羧酶、γ-谷氨酰转酞酶、尿素氮、白蛋白、肌酐、总胆红素和血清总蛋白质。如有必要，可检查脂类、激素、酸碱平衡、高铁血红蛋白和胆碱酯酶等。必要时，根据受试化学品作用方式选择其他特殊测定。

d）常规可不进行尿液分析，但预期有或观察到有肾毒性时，要进行尿液分析。如果缺乏合适的背景资料，可在染毒之前决定需要测定的血液学和临床生化指标。

（5）病理学检查

1）大体解剖检查

所有的动物进行全面的大体解剖，包括体表、体腔的各开口处、颅腔、胸腔和腹腔及其内容物。为避免肝脏、肾脏、肾上腺和睾丸失水干燥，应尽快称量其湿重。将包括所有肉眼可见损害的部分、脑（包括延髓、脑桥、小脑皮质和大脑皮质）、垂体、甲状腺/副甲状腺、胸腺、气管、肺、心、主动脉、唾液腺、肝脏、脾、肾脏、肾上腺、胰腺、性腺、生殖附属器官、胆囊（如存在）、食道、胃、十二指肠、空肠、回肠、盲肠、结肠、直肠、膀胱、代表性淋巴结、乳腺、大腿肌纤维、周围神经、眼、胸骨（带骨髓）、股骨（带关节面）、脊髓（颈髓、胸髓、腰髓）和泪腺在内的器官与组织保存于适宜的固定液中，留待组织病理学检查。

2）组织病理学检查

a）对对照组和高剂量组所有动物的正常皮肤与染毒皮肤、器官及组织进行组织病理学检查。

b）所有肉眼见到损伤的部位。

c）其他剂量组中的靶器官。

d）采用大鼠试验时，对低剂量和中间剂量组大鼠的肺进行组织病理学检查；低剂量和中间剂量组动物，常规情况下不需要进行组织病理学检查，但高剂量组显示有损伤的器官应进行相应的检查。

e）当设有卫星组时，对其他剂量组确证有毒性反应的组织和器官进行组织病理学检查。

29.6.3　试验数据和结果、报告

1. 数据处理

将所有数据和结果以表格形式进行总结，列出每一组试验开始时的动物数，出现损伤反应的动物数、损伤类型及各类型动物的百分比。所有观察到的结果（绝对数和发生率）以适当的统计学方法给予统计与评价。

2. 结果评价

亚慢性经皮毒性试验的研究结果应与之前进行的试验的结果一并评价，并与出现的毒性反应和大体解剖、组织病理学发现进行综合评价，包括受试化学品剂量与异常反应有无、发生率和严重程度之间的关系。异常反应包括行为和临床上的异常、肉眼所见的损伤、已确定的靶器官、体重变化、对死亡率的影响及其他一般或特殊的毒性反应。成功的亚慢性试验可提供受试化学品未见有害作用量的资料。

3. 试验报告

试验报告要包括以下信息：①动物品系；②不同性别和剂量的毒性反应；③试验过程中动物死亡的时间及结束时动物是否存活；④毒性效应和其他效应；⑤每种异常症状的出现时间及后续过程；⑥摄食消耗和体重数据；⑦血液学检查方法和结果，并有相应背景值；⑧临床生化检查方法和结果，并有相应背景值；⑨大体解剖结果；⑩所有组织病理学检查结果的详细描述；⑪用合适的方法对结果进行统计处理。

参 考 文 献

[1] United Nations. Globally Harmonized System of Classification and Labelling of Chemicals. 6th ed. New York and Geneva，2015.

[2] 中华人民共和国国家标准. GB 30000.25—2013 化学品分类和标签规范 第 25 部分：特异性靶器官毒性 一次接触. 北京：中国标准出版社，2013.

[3] 中华人民共和国国家标准. GB 30000.26—2013 化学品分类和标签规范 第 26 部分：特异性靶器官毒性反复接触. 北京：中国标准出版社，2013.

[4] Test No. 407：Repeated Dose 28-day Oral Toxicity Study in Rodents. OECD Guidelines for the Testing of Chemicals，Section 4，Health Effects.

[5] Test No. 408：Repeated Dose 90-Day Oral Toxicity Study in Rodents. OECD Guidelines for the Testing of Chemicals，Section 4，Health Effects.

[6] Test No. 409：Repeated Dose 90-Day Oral Toxicity Study in Non-Rodents. OECD Guidelines for the Testing of Chemicals，Section 4，Health Effects.

[7] Test No. 410：Repeated Dose Dermal Toxicity：21/28-day Study. OECD Guidelines for the Testing of Chemicals，Section 4，Health Effects.

[8] Test No. 411：Subchronic Dermal Toxicity：90-day Study. OECD Guidelines for the Testing of Chemicals，Section 4，Health Effects.

第 30 章　吸入危险

吸入危险是化学品经呼吸道染毒引起的毒性作用。研究气体、挥发性液体和气溶胶类化学品的吸入危险可为研究此类外来化合物经呼吸道进入人体而对健康造成的潜在危害提供资料。吸入危险试验根据试验的期限分为急性、亚慢性及慢性吸入危险试验。当用染毒柜进行吸入染毒有困难时以气管注入法代替，主要用于粉尘混悬液的染毒。吸入毒性试验中常用空气中外来化合物的浓度（用 ppm、mg/m^3 或 mg/L）来表示染毒剂量[1]。

30.1　吸入危险的分类和判定

30.1.1　吸入危险分类[2]

吸入始于受试动物吸气的瞬间，在吸一口气所需的时间内，引起效应的化学品停留在咽喉部位的上呼吸道和上消化道交界处。吸入危险的结果包括化学性肺炎、不同程度的肺损伤或死亡等严重急性效应。目前虽然有一种确定动物吸入危险的方法，但还没有标准化。动物试验中得到的正结果只能用作可能有人类吸入危险的指导，因此在评估动物吸入危险数据时必须慎重。分类标准以运动黏度作基准，式（30-1）用于动力黏度和运动黏度之间的换算：

$$\frac{\text{动力黏度}(\mathrm{mPa\cdot s})}{\text{密度}(\mathrm{g/cm^3})}=\text{运动黏度}(\mathrm{mm^2/s}) \tag{30-1}$$

烟雾剂和烟雾产品通常封闭在密封容器、扳机式和按钮式喷雾器等容器内。此类产品进行分类的关键在于是否有一团液体在喷嘴内形成，且可能被吸出。如果从密封容器喷出的烟雾产品是细粒的，可能不会有一团液体形成。另外，如果密封容器是以气流形式喷出产品，可能有一团液体形成且容易被吸出。一般来说，扳机式和按钮式喷雾器喷出的烟雾是粗粒的，因此可能有一团液体形成且被吸出。如果按钮式装置拆除可能引发吸入危险，就应当考虑对产品进行分类。

1. 物质的分类标准

具有吸入危险的物质分类标准见表 30-1。

2. 混合物的分类标准

（1）拥有整体数据时的混合物分类

混合物应根据可靠人类证据划入类别 1。

（2）无整体数据时的混合物分类

无整体数据的混合物分类时可采用架桥原则。如果混合物本身并没有进行过确定其吸入危险的试验，但个别成分和类似的做过试验的混合物有充分数据，足以确定该混合物的危险特性，可以根据第22章中的架桥原则使用这些数据进行分类。

表30-1 吸入毒性危险的类别

类别	标准
类别1： 已知可引起人类出现吸入危险的化学品或者被看作会引起人类出现吸入危险的化学品	化学品被划入类别1： a）根据可靠的优质人类证据[①] b）如果是烃类并且在40℃测量的运动黏度不大于20.5mm^2/s
类别2： 因假定它们会引起人类出现吸入危险而令人担心的化学品	根据现有的动物研究及专家考虑表面张力、水溶性、沸点和挥发性作出的判断，在40℃测量的运动黏度不大于14mm^2/s的物质，划入类别1的物质除外[②]

①表示划入类别1的物质有某些烃类、松脂油和松木油；②表示在这种条件下，有些主管当局可能会考虑将下列物质划入这一类别：至少有3个但不超过13个碳原子的正伯醇、异丁醇和有不超过13个碳原子的酮类

（3）拥有所有组分数据或只有一部分组分数据时的混合物分类

1）第1类

a）混合物如总共含有浓度不小于10%划为类别1的一种或多种组分，并且在40℃测量的运动黏度不大于20.5mm^2/s，将划为类别1。

b）如果混合物隔成两层或更多层，其中一层含有浓度不小于10%划为类别1的一种或数种组分，并且在40℃测量的运动黏度不大于20.5mm^2/s，则整个混合物将划为类别1。

2）第2类

a）混合物如总共含有浓度不小于10%划为类别2的一种或多种组分，并且在40℃测量的运动黏度不大于14mm^2/s，将划为类别2。

b）在将混合物划为类别2时，使用专家根据表面张力、水溶性、沸点和挥发性所作出的判断极为重要，特别是在类别2物质与水混合的情况下。

c）如果混合物隔成两层或更多层，其中一层含有浓度不小于10%划为类别2的一种或数种组分，并且在40℃测量的运动黏度不大于14mm^2/s，则整个混合物被划为类别2。

30.1.2 吸入危险判定

图30-1和图30-2的判定流程与指导并不是GHS分类系统的一部分，在此仅作为补充指导提供。但建议在对具有吸入危险属性的物质进行判定前和判定过程中研究该分类标准。

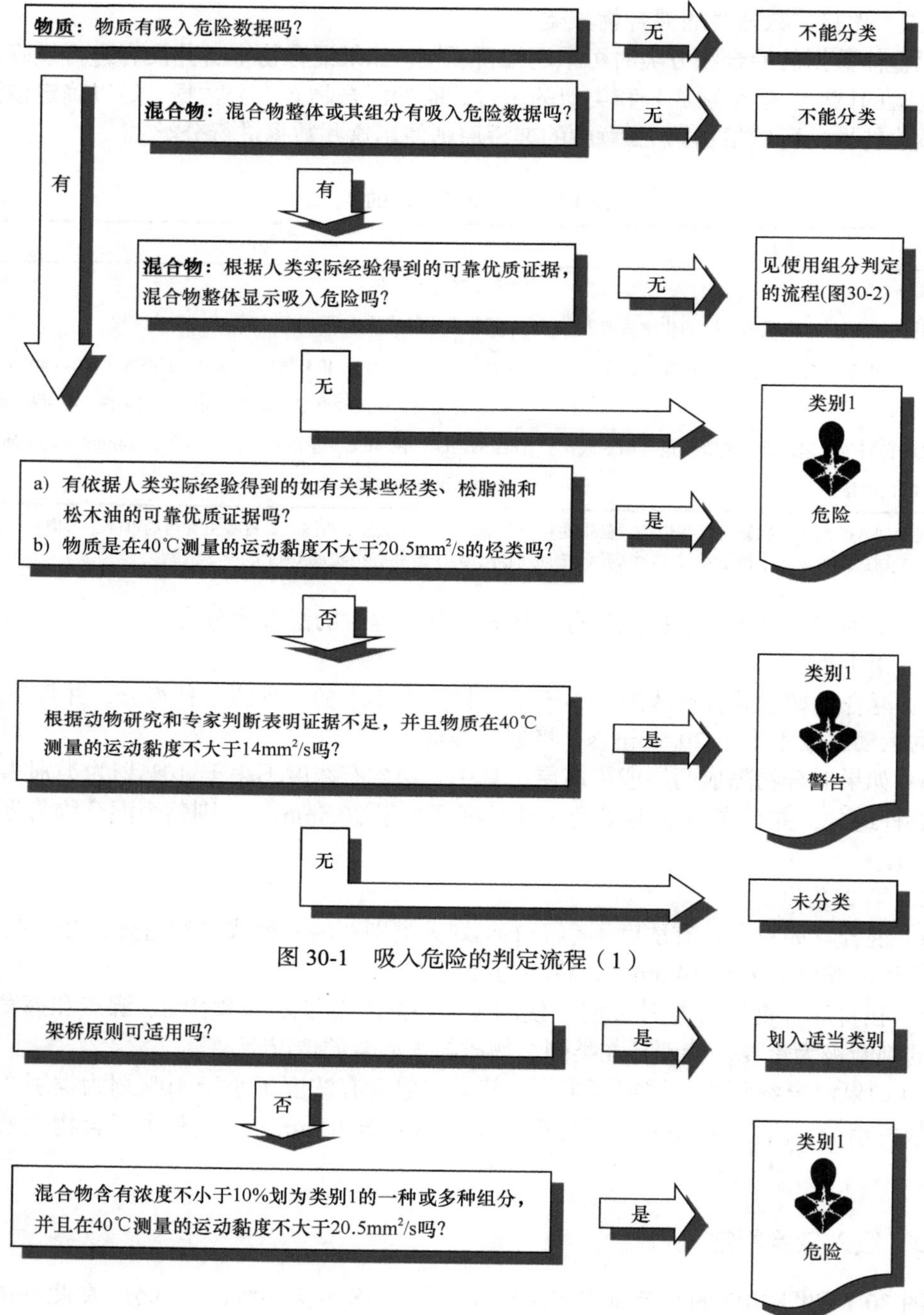

图 30-1　吸入危险的判定流程（1）

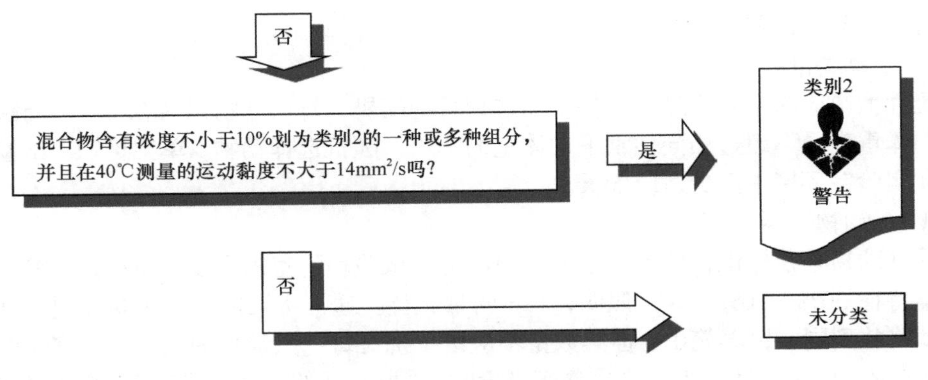

图 30-2 吸入危险的判定流程（2）

30.2 亚急性吸入毒性试验（28 天）

亚急性吸入毒性试验（28 天）的目的是充分显示受试化学品通过吸入途径（28 天）重复暴露后的毒性特征，并为定量吸入风险评估提供数据。试验设计的每组至少有 5 只雄性和 5 只雌性啮齿动物，每天暴露 6h，共 28 天。受试动物通常暴露 5 天，也可暴露 7 天。雄雌动物都要进行测试，但是如果已知其中一种性别对所给予受试化学品更加敏感，二者可以暴露在不同的浓度水平。为了更好地表征受试化学品的毒性，研究指导者可灵活性设计亚急性吸入毒性试验（28 天），包括设置附加（可逆性）组、支气管肺泡灌注（BAL）、神经功能测试及附加的临床病理学和血液学评价[3]。

30.2.1 试验基本原则

试验开始前考虑受试化学品的所有可用信息。对试验有帮助的信息包括受试化学品的特性、化学结构和理化性质；体内与体外的毒性测试结果；预期的人类暴露信息；结构相关物质的可用的（Q）SAR 数据和毒理学数据及从急性吸入毒性测试中得到的数据。另外，受试化学品的神经毒性可通过功能观察组合（FOB）和运动功能检查进行评价。

试验期间将腐蚀性或刺激性受试化学品稀释成可产生不同毒性的不同浓度进行测试，以便当受试动物暴露于该化学品时，其浓度应该低至不会造成明显的疼痛和痛苦。受试化学品剂量的选择建议参考资料提供的关键点、任何刺激阈值和开始刺激的时间等信息。濒死动物、明显疼痛或显示遭受痛苦的动物应人道处死。濒死动物按试验中死亡动物相同的方式进行处理。

30.2.2 试验方法

1. 试验准备

（1）动物种属选择

通常选用实验室常用种属的健康、成年啮齿类动物，首选大鼠。使用其他种属时应提供合适的理由说明。

（2）动物准备

雌性大鼠应为未生产过和未怀孕。选择日期随机，每只动物保持在 7～9 周龄，每只动物体重变异不超过相同性别平均体重的 20%。随机选择动物，单独标识。试验染毒前要在实验室环境中至少适应 5 天。

（3）动物饲养

受试动物单独标识，便于观察和避免混乱。试验动物室内温度为 22℃±3℃，相对湿度维持在 30%～70%。人工照明，12h 明暗交替。通常将染毒前后相同性别和染毒剂量的动物放到同一饲养笼中，但其数量不应该干扰对每一只动物的观察，并避免由同类互食或撕咬引起的伤亡。采用鼻式暴露染毒时，采取合适的方法使受试动物适应限制管；采用全身暴露方式时，受试动物应单独饲养，以防止试验气溶胶透过同笼动物的皮肤。受试动物食用常规合格实验室饲料，自由饮水。

（4）吸入室

染毒采用吸入装置时，考虑受试化学品的特性和试验目的。首选鼻式暴露装置（包括头暴露、鼻式暴露或口鼻部暴露）。对于液体或固体气溶胶和可能浓缩形成气溶胶的蒸气，鼻式暴露一般为首选。有特殊研究目的的可采用全身暴露完成。全身暴露试验中受试动物的总体积不应该超过暴露装置容积的 5%。

2. 试验步骤

（1）受试化学品毒性研究

1）限量浓度

亚急性吸入毒性试验中受试化学品无限量浓度。试验的最大浓度应该考虑：①最大可达到的浓度，②人暴露后出现最坏情况的浓度，③需要维持适当的氧气供应，④动物福利相关事项。在缺乏基础限量数据时，可用 GHS 方法明确限量。当测试气体或非常易挥发的受试化学品（如制冷剂）时，超过 GHS 的浓度限量时应提供恰当的理由。限量浓度应该没有引起动物出现不恰当的痛苦或影响它们寿命的明确毒性[4]。

2）测定范围研究

正式试验前一般进行测定范围研究。测定范围研究的结果可为正式试验提供参考。例如，测定范围研究提供了正式试验的分析方法、粒径大小、毒性代谢情况、临床病理学资料、NOAEL 和 MTC 评估技术的信息。测定范围研究的结果可以帮助试验人员识别受试化学品对受试动物呼吸道的刺激阈值（包括呼吸道的组织病理学检查、肺功能测试或支气管肺泡灌注）、无过分痛苦耐受浓度及受试化学品粒径毒性的参数描述。

测定范围研究由 1 个或更多个浓度水平组成。每一浓度水平暴露不超过 3 只雄性、3 只雌性。测定范围研究应该持续最少 5 天，且一般不超过 14 天。选择浓度水平时应考虑所有可用的资料，包括相似化合物的构效关系和资料。

3）正式试验

正式试验一般由 3 个浓度水平组成，同时有阴性对照组（空气）和/或溶媒对照组。每个试验组至少 10 只啮齿动物（雌雄各 5 只），4 周试验期限（总的研究期限至少为 28

天），每周暴露受试化学品5天，每天暴露受试化学品6h。试验选择的目标浓度应能识别靶器官和表现出明确的剂量反应，并遵循如下原则：①高浓度水平应该产生毒性作用，但不至于引起影响评价的延迟症状或死亡；②中间浓度水平应该在低浓度和高浓度之间，产生渐变的毒性作用；③低浓度水平应该产生轻的或不明显的毒性。

4）附加（可逆性）试验

可用附加（可逆性）研究来观察毒性的可逆性、持久性或迟发性，试验不少于14天。采用5只雄性和5只雌性，同时和正式试验动物暴露于受试化学品中。附加（可逆性）试验应采用最高浓度水平的受试化学品，同时要有空气和/或溶剂/赋形剂对照组。阴性（空气）对照组动物以和剂量组完全相同的方式进行处理；当采用水或其他物质协助产生试验环境时，应该设溶剂/赋形剂对照组，以代替阴性（空气）对照组。

（2）暴露条件

1）染毒浓度

染毒浓度根据受试化学品的理化性质进行选择，染毒时受试化学品的状态应是化学品使用和处理期间最可能呈现的物理形态。吸湿并发生化学反应的受试化学品应在干燥大气条件下测试。

2）粒径分布

所有气溶胶进行微粒粒径大小的测试。考虑到受试动物呼吸道所有有关区域的特性，建议气溶胶的空气动力学中位数直径（MMAD）范围为1～3μm，几何标准差（σg）在1.5～3.0[5]。

3）受试化学品的制备

理想情况下受试化学品应在不使用溶剂/赋形剂的情况下进行测试。如果采用溶剂/赋形剂产生合适的受试化学品浓度和粒径，水是首选。在受试化学品溶解于水中时，应说明其稳定性。

（3）暴露条件的监控

1）气流

谨慎地控制通过染毒室的空气流速，在每一次暴露期间至少每小时检测一次，并记录。如果采用实时监测技术，空气流速检测频率可以减少至每天暴露期间检测一次。氧气浓度至少在19%，二氧化碳浓度应不超过1%。

2）受试化学品浓度

受试化学品浓度既可以通过特定方法（直接抽样、吸收或化学反应方法或连续分析描述）得到，也可以通过像质量过滤分析法的非特定方法得到。质量过滤分析法只对单一成分的粉末气溶胶或低挥发性液体的气溶胶适用，多成分粉末气溶胶的浓度也可通过质量过滤分析法检测。试验过程中有规律地间隔进行受试化学品再分析是必要的。

整个试验期间采用一个批号的受试化学品，并且试验样品应该在能维持样品纯度、均一性和稳定性的条件下储存。试验前了解受试化学品的特征，包括其纯度和污染物及杂质含量。对于环境的稳定性，可采用气溶胶光度计或挥发性物质碳氢化合物全分析设备来监测或说明暴露条件的稳定性。每一次暴露每一个剂量水平，吸入室的实际浓度应该至少检测3次。吸入室样品浓度偏离平均吸入室浓度气体和挥发性物质不超过10%，液体和固体气溶胶不超过20%。计算并记录吸入室受试化学品达到平衡的时间（t_{95}）。

接触的时间跨度是测试化学物质产生的时间。

对于气体/蒸气和气溶胶组成的非常复杂的混合物(如燃烧气体和目的驱动的终端产品/设备的受试化学品)，每个阶段在吸入室可能有不同的表现，所以混合物中至少有一个指标物质（分析物）。指标物质通常选择每个阶段产品制剂中的主要活性物质。

3）受试化学品粒径分布

气溶胶粒径分布可用阶式撞击取样器或空气动力学粒径检测仪进行测试，并且至少每周检测一次。通过粒径分析得到的质量浓度应该在通过质量过滤分析法得到的质量浓度范围内。

（4）临床观察

暴露前、暴露期间和暴露后对动物进行临床观察。根据暴露期间动物的反应确定观察的频次。单独记录每一只动物所有观察到的临床症状。当以人为理由处死动物或发现死亡动物，准确地记录动物死亡时间。

笼旁观察包括皮肤、被毛、眼睛和黏膜的改变，呼吸、循环系统的改变，自主神经和中枢神经系统的改变，以及躯体运动活动和行为模式的改变。观察试验期间是否有震颤、抽搐、流涎、腹泻、嗜睡、睡眠和昏迷临床症状。

在第一次暴露前、死亡和安乐死时，记录个体动物体重，之后每周称量 2 次体重。如果在开始的 4 周没有毒性，在研究剩余的时间可以每周称量体重。附加（可逆性）组动物在整个恢复期每周称量体重。在研究结束时，考虑到无偏差地计算脏器质量比，在解剖之前称量所有动物体重。

（5）血液学检查

所有试验动物均进行血液学评估，包括对照组和附加（可逆性）组动物。记录暴露结束和血液采集之间的时间间隔。在常规病理学观察中不要求尿液分析，但当预期或观察到的毒性认为有用时，可以进行尿液分析。此外，受试化学品的毒性评估可选用另外的参数，如胆碱酯酶、脂类、激素、酸碱平衡、高铁血红蛋白或海因茨小体、肌酸激酶、骨髓与原生细胞比、肌钙蛋白、动脉血气、乳酸脱氢酶、山梨（糖）醇脱氢酶、谷氨酸脱氢酶、γ-谷氨酰转肽酶等。

（6）大体解剖和脏器称重

对全部动物包括在试验期间死亡或由于动物福利从研究中移出的动物进行全面仔细的检查和大体解剖。记录每只动物最后暴露和处死的时间。如果死亡动物不能立即解剖，在能减少自溶的温度冷藏（不是冷冻），并尽可能尽快解剖，正常在 1～2 天。记录每只动物所有的肉眼病理改变，特别关注呼吸道的任何改变。

组织和器官解剖后尽快固定于 10%甲醛溶液或其他适宜的固定液中，并且根据应用的固定液在修剪前固定不应少于 24～48h。肺完整取出，称重，并在 20～30cm 的水压下灌注合适的固定液，以确保维持肺结构的完整性[6]。一个平面上所有叶片的截面都收集，包括主支气管，但如果进行肺灌注，未灌注的叶应该在 3 个平面切片（不连续切片）；检查 4 个平面的鼻咽部组织，其中之一包括鼻咽管，鳞状上皮、过渡上皮（无纤毛呼吸）、呼吸上皮（纤毛呼吸）和嗅上皮[6-10]，以及排泄淋巴组织（NALT）适当检查；检查喉的 3 个平面，3 个平面中至少一个包括会厌基底部[11]；检查气管 2 个平面，包括通过肺外支气管分叉隆突的一个纵向切面和一个横向切面。

（7）组织病理检查

对高剂量组和对照组，包括在试验期间死亡和处死的所有动物的器官和组织进行组织病理学评价，特别关注呼吸道、靶器官和肉眼损伤。在高剂量组发现损伤的器官和组织后应检查所有剂量组的相应部位。评价人员可选择进行附加组的组织病理学评价，以说明明显的剂量-反应关系。组织病理学检查应关注肉眼观察和显微镜所见的关联性。

30.2.3 试验数据和报告

1. 试验数据

提供每个动物的数据资料，包括体重、耗食量、血液学检查结果、大体解剖结果、脏器质量和组织病理学检查结果。临床观察数据以表格形式概述，并且需要显示每一试验组的动物数量、显示特殊毒性症状的动物数量、在试验期间死亡或以人为理由处死的动物数量、个体动物死亡的时间、毒性作用和可逆性的描述与时间历程、解剖所见。通过适宜的统计学方法评价所有的试验结果、数量和偶发事件。

2. 试验报告

试验报告应该包括如下信息。

（1）试验动物和饲育环境

a）饲养条件，每笼的动物数或数量的变化，垫料，环境温度和相对湿度，光周期，饲料信息。

b）动物种属/品系，使用非大鼠时应说明理由；如果使用的是暴露在与大鼠相似试验和禁食条件下的其他种属，提供来源和背景数据。

c）动物数量、年龄和性别。

d）随机分组方法。

e）暴露前的任何处理措施，如饮食、检疫和疾病处理等。

（2）受试化学品

a）物理性状、纯度、相关的理化性质（包括异构体）。

b）化学识别、CAS登记号（如果已知）。

（3）溶媒

a）使用和选择溶媒的理由（如果不是水时）。

b）证明溶媒不影响试验结果的历史和同步数据。

（4）吸入室

a）吸入室说明，包括尺寸和体积。

b）动物暴露设备的来源和说明，以及气体发生器。

c）温度、相对湿度、粒径和测量实际浓度的设备。

d）空气来源，供应气体的处理方式和使用的空调系统。

e）为保证试验气体均一性所用的校准方法。

f）压差（正压或负压）。

g）吸入室的暴露端口（鼻式）；动物在系统的位置（全身暴露式）。

h）试验环境的动态稳定性。

i）温湿度传感器和吸入室采样位置。

j）空气供给和抽取的处理。

k）空气流动比例、空气流动速度/暴露端口（鼻式），或动物装入/吸入室（全身暴露式）。

l）吸入室受试化学品达到平衡的时间（t_{95}）。

m）每小时换气次数。

n）计量设备（如果使用）。

（5）暴露数据

a）主试验中靶向浓度选择的理由。

b）名义浓度（进入吸入室的受试化学品质量除以通过吸入室的空气流量）。

c）动物呼吸区的实际浓度；对多相混合物（气体、蒸气和气溶胶）每一相的分析。

d）空气浓度的质量单位（mg/L、mg/m^3 等）报告。

e）粒径分布、空气动力学中位数直径（MMAD）、几何标准差（σg），包括计算方法和单个粒子大小的分析。

（6）试验条件

a）受试化学品制备的详细情况，包括降低固体材料粒子大小的方法，受试化学品溶液的配制。

b）气体发生仪器和动物暴露设备的描述（可以示意图形式表示出来）。

c）检测吸入室温度、相对湿度和空气流速的仪器的详细情况（完善校准曲线）。

d）采集与确定吸入室样品浓度和粒径分布的仪器的详细情况。

e）采用的化学分析方法和验证方法（包括溶媒中受试化学品的回收率）的详细情况。

f）试验组和对照组随机分组的方法。

g）饲料和水质量的详细信息（包括饲料类型和来源、水的来源）。

h）试验浓度的选择理由。

（7）结果

a）吸入室温度、相对湿度和流速的列表。

b）吸入室名义浓度和实际浓度的列表。

c）粒径汇总数据，包括采集样品的分析数据、粒径分布、MMAD 和 GSD 的计算。

d）发生毒性反应动物的数据和浓度水平，包括死亡率、反应特性、严重程度、发生和持续时间等。

e）个体动物体重表格。

f）摄食量表格。

g）临床病理表格。

h）每只动物解剖所见和组织病理学检查所见的表格数据（如果适用）。

30.3 亚慢性吸入毒性试验（90天）

为了评估工人在职业岗位上的风险，采用亚慢性吸入毒性试验获得限量浓度，用于评估人们的居住、交通和环境风险。90天亚慢性吸入毒性试验能够描述重复呼吸暴露受试化学品90天而发生的毒性作用的特点。亚慢性吸入毒性研究得到的数据可用于量化风险评估和慢性试验的浓度选择[12]。需要特别指出的是，该试验不仅仅适用于纳米物质的测试。

在进行90天亚慢性吸入毒性试验前，需充分考虑受试化学品所有可用的资料。试验期间，有助于确定合适染毒浓度的信息包括受试化学品的特性、化学结构和理化性质信息，任何体内或体外毒性试验结果，人暴露的预期和潜在的应用，结构相关物质可用的（Q）SAR资料和毒性资料，以及从其他重复暴露研究得到的资料。如果在试验过程中预期或观察到受试化学品的神经毒性，受试动物的功能观察系列（FOB）和检测活动行为有助于适宜评估受试化学品。

预期产生腐蚀作用或刺激作用的受试化学品可适当进行稀释。当受试动物暴露于该物质时，受试化学品的目标浓度应是不引起明显疼痛和痛苦的足够低的浓度，但能使剂量-反应曲线满足试验要求。受试化学品的染毒浓度采取具体情况具体分析的原则进行选择，根据提供的受试化学品关键浓度点、刺激阈值和开始刺激的时间等信息设计适宜的测定范围。

濒死或明显疼痛或严重痛苦的动物应人道处死。濒死动物采用与试验中死亡动物相同的方式进行处理。

30.3.1 试验基本原则

90天亚慢性吸入毒性试验每组含10只（雌雄各半）啮齿动物，每天暴露3个或更多浓度水平的受试化学品、过滤空气（阴性对照）和溶媒（溶媒对照）6h。一般情况下，动物每周暴露5天，但也可每周暴露7天。雌性和雄性动物均进行试验。如果已知某种性别对受试化学品更敏感，雄性与雌性动物可暴露于不同浓度水平。为了更好地描述受试化学品的毒性特征，90天亚慢性吸入毒性试验可设置附加（可逆性）组、临时处死、支气管肺泡灌注（BAL）、神经学检测和临床病理组织学评价等。

30.3.2 试验方法

1. 试验准备

（1）动物种属选择

通常使用实验室常用种属的健康、成年啮齿动物。首选大鼠，选择其他种属动物应提供合适的理由。

（2）动物准备

雌性大鼠为未生产过和未怀孕。选择日期随机，受试动物保持在7～9周龄，每只动物体重应在动物平均体重的±20%。随机选择动物，单独标识。试验染毒前受试动物在实验室环境中至少适应 5 天。

（3）饲养管理

动物单独标识，可用皮下发射机应答器辅助，以便于观察和避免混乱。受试动物试验房温度为 22℃±3℃，相对湿度维持在 30%～70%。12h 明暗交替人工照明。染毒前和染毒后，相同性别和染毒剂量的动物置于同一笼中饲养，笼中受试动物的数量不应干扰对每一只动物的观察，同时要减少由同类互食或撕咬引起的伤亡。染毒方式采用鼻式暴露时，采取合适的方法使受试动物适应限制管；采用整个身体暴露于气溶胶的方式进行染毒时，受试动物应单独饲养，以防试验气溶胶透过同笼动物的皮肤。采用常规合格的实验室饲料，除染毒期间禁水外，其余时间自由饮水。

（4）试验装置

吸入装置的选择应考虑受试化学品的特性和试验目的。首选鼻式暴露装置（包括头暴露、鼻式暴露或口鼻部暴露）。对于液体或固体气溶胶和可能浓缩形成气溶胶的蒸气，一般鼻式暴露为首选。有特殊试验目的的可通过全身暴露方式完成，但在结果报告中应说明合适理由。采用全身暴露装置时，受试动物的总量不应该超过暴露装置容积的 5%，以保证暴露装置内环境稳定。

2. 试验步骤

（1）受试化学品

1）限量浓度

90 天亚慢性吸入毒性研究无限量浓度的规定。试验的最大浓度应考虑：①最大可达到的浓度，②人暴露后出现最坏情况的浓度水平，③需要维持适当的氧气供应，④动物福利相关事项。在缺乏基础限量数据时，可按 GHS 方法明确限量。当受试化学品为气体或非常易挥发的物质（如制冷剂）时，染毒剂量超过限量浓度时应提供恰当的理由。

2）测定范围研究

正式试验前一般进行测定范围研究。测定范围研究的结果可为正式试验的实施提供参考。例如，测定范围研究提供了关于正式试验的分析方法、粒径大小、毒性代谢所见、临床病理学资料、NOAEL 和 MTC 浓度评估信息。试验人员在设计试验时可应用测定范围研究结果识别呼吸道的刺激阈值（如呼吸道的组织病理学检查、肺功能测试或支气管肺泡灌注）、无过分痛苦耐受浓度及受试化学品粒径毒性的参数描述。

测定范围研究可由 1 个或多个浓度水平组成。根据终点的选择，3～6 只雄性和 3～6 只雌性暴露于每一个剂量水平。测定范围研究至少持续 5 天，并且一般不超过 28 天。浓度选择时考虑受试化学品的所有可用信息，包括相似化合物的构效关系和资料。

3）正式试验

正式试验一般由 3 个浓度水平组成，同时有阴性对照组（空气）和/或溶媒对照组（如必要）。正式试验前考虑所有有助于选择合适染毒浓度的资料，包括全身毒性、代谢和动力学研究的结果。每个试验组 10 只雄性和 10 只雌性啮齿动物，13 周试验期限（总的研究期限至少为 90 天），每周暴露受试化学品 5 天，每天暴露 6h；也可每周暴露受试化学品 7 天。如果已知受试化学品具有性别敏感区别，则各性别动物可以暴露于不同浓度水平。受试动物在暴露期间禁食，暴露超过 6h 给予饲料，不禁水。

4）期间解剖

如果试验期间解剖，每个暴露水平应该增加相应的动物数量。应该提供试验期间解剖的理由，并且用统计分析适当说明。

5）附加（可逆性）研究

染毒后可以设置附加（可逆性）研究以观察毒性的可逆性、持久性或迟发性，附加试验不少于 14 天，由 10 只雄性和 10 只雌性组成，同时和正式试验动物暴露于受试化学品中。附加（可逆性）试验设置为受试化学品的最高浓度水平，需要时，设置空气和/或溶媒对照组。

6）对照组

阴性（空气）对照组动物按与剂量组动物完全相同的方式进行处理。当使用其他物质协助产生试验环境时，设置溶媒对照组；当用水作为溶媒时，对照组动物应与暴露组一样具有同等湿度的暴露环境。

（2）暴露条件

1）染毒浓度

染毒前根据受试化学品的理化性质选择其浓度。染毒时采用受试化学品处理和/或应用期间最可能呈现的物理形态。吸湿并发生化学反应的受试化学品在干燥大气条件下测试。对于某些化学品，应注意避免产生爆炸浓度。特殊的受试化学品可考虑通过机械程序来降低粒径大小。

2）微粒分布

所有气溶胶类型的受试化学品进行微粒粒径大小的测试。对于易挥发受试化学品，可浓缩形成气溶胶后再进行试验。综合考虑受试动物呼吸道暴露的相关区域，建议气溶胶的空气动力学直径（MMAD）范围为 1～3μm，几何标准差（σg）在 1.5～3.0。

3）溶媒受试化学品的配制

理想状态下受试化学品应在不使用溶媒的情况下进行测试。如果采用溶媒产生合适的受试化学品浓度和粒径，水应为首选。当溶于水中时，说明其稳定性。

（3）暴露条件的监测

1）染毒室气流

注意控制通过染毒室的空气流速，在每一次暴露期间至少每小时检测一次，并记录。实时检测试验环境浓度（随时间的稳定性），并提供间接平均数以控制试验的动态吸入参数。采用实时检测方式时，空气流速的检测频率可减少至每天暴露期间检测一次。监测过程中氧气浓度至少应该为 19%，二氧化碳浓度不超过 1%。

2）受试化学品浓度

受试化学品浓度既可通过特定方法（直接抽样、吸收或化学反应方法、连续分析描述）得到，也可通过像质量过滤分析法的非特定方法得到。质量过滤分析法只对单一成分的粉末气溶胶或低挥发性液体的气溶胶有效，并由合适的可明确受试化学品特征的预试验支持。多成分粉末气溶胶的浓度也可以通过质量过滤分析法检测，但需说明在空气中运动的混合物和相似物质的分析数据。

试验期间采用一个批号的受试化学品，且试验样品在能够维持样品纯度、均一性和稳定性的条件下储存。试验开始前，建议采用技术手段了解受试化学品的特征，包括其纯度、确定的污染物和杂质含量。

染毒期间受试化学品的暴露环境维持恒定，采用气溶胶光度计和碳氢化合物全分析设备监测染毒环境中的气溶胶和挥发性物质。监测过程中，每一次暴露每一个剂量水平吸入室的实际浓度至少检测 3 次。吸入室样品浓度偏离平均吸入室浓度气体和挥发性物质不超过 10%，液体和固体气溶胶不超过 20%。计算并记录达到吸入室平衡的时间（t_{95}）。接触的时间跨度是测试化学物质产生的时间。

由气体/挥发性物质（如燃烧环境和从产品/装置排出的物质）组成的非常复杂的受试化学品，在吸入室内每一阶段可以有不同的监测方式。通常主要测试受试化学品的主要活性成分，每个阶段（气体/挥发性物质和气溶胶）至少选择一个指示物质进行分析。

3）受试化学品粒径大小

染毒期间气溶胶粒径的分布用阶式撞击取样器或空气动力学粒径检测仪（APS）进行每周至少一次的检测。通过粒径分析得到的质量浓度应该在通过质量过滤分析法得到的质量浓度范围内。

（4）临床观察

暴露前、暴露期间和暴露后动物应进行临床观察。根据暴露期间动物的反应确定观察的频次。单独记录每一只动物所有观察到的临床症状。当人为处死动物或发现死亡动物，尽可能准确地记录动物死亡时间。

笼旁观察包括皮肤、被毛、眼睛和黏膜的改变，呼吸、循环系统的改变，自主神经和中枢神经系统的改变，以及躯体运动活动和行为模式的改变。注意观察受试动物是否有震颤、抽搐、流涎、腹泻、嗜睡、睡眠和昏迷临床症状。

在第一次暴露前、死亡和人道处死时记录个体动物体重，之后每周称量 2 次体重。如果在开始的 4 周没有毒性，在研究剩余的时间可以每周称量体重。附加（可逆性）组动物在整个恢复期每周称量体重。

（5）血液学检查

所有受试动物都进行血液学评估，包括对照组和附加（可逆性）组动物。解剖并记录暴露结束和血液采集之间的时间间隔。常规检验中不要求尿液分析，但当预期或观察到的毒性认为有用时，可进行尿液分析。除此之外，受试化学品的毒性还可以通过另外的参数诸如胆碱酯酶、脂类、激素、酸碱平衡、高铁血红蛋白或海因茨小体、肌酸激酶、骨髓与原生细胞比、肌钙蛋白、动脉血气、乳酸脱氢酶、山梨（糖）醇脱氢酶、谷氨酸脱氢酶、γ-谷氨酰转肽酶的监测来更好地评估。

（6）眼科检查

在给予受试化学品之前，对所有的动物，包括所有高剂量组动物和对照组动物用检眼镜或等同的仪器进行眼底、晶状体、虹膜及巩膜检查。如果检查到眼睛改变，其他剂量组的所有动物包括附加（可逆性）组动物都需进行眼科检查。

（7）大体解剖和脏器称重

对全部动物包括在试验期间死亡或由于动物福利从研究中移出的动物进行全面仔细的检查和大体解剖。记录每只动物最后暴露和处死的时间。如果死亡动物不能立即解剖，在能减少自溶的温度下冷藏（注意不是冷冻）。一般应在 1～2 天进行解剖。记录每一只动物所有的肉眼病理改变，特别注意呼吸道的任何改变。

解剖后肺应完整无损取出、称重，用适当的固定液在 20～30cm 的水压力下逐步灌注，以维持保证肺结构的完整性[6]。采集 1 个平面的所有肺叶的剖片，包括主支气管，但是如果进行灌注，则未灌注的肺叶在 3 个平面进行切片（不连续切片）；检查包括鼻咽管在内的 4 个平面的鼻咽部组织；检查包括会厌基底部在内的喉的 3 个平面，其中也包括气管的 2 个平面。

（8）组织病理学检查

对高剂量组和对照组包括在研究期间死亡或处死的所有动物的全部器官和组织进行组织病理学评价。评价过程中尤其注意呼吸道、靶器官和肉眼损伤。评价规则是如果在高剂量组发现损伤的器官组织，应对所有的剂量组进行检查。如果认为有必要，可以进行附加组的组织病理学评价。

30.3.3 试验数据和报告

1. 试验数据

总结每个动物的数据资料，包括体重、耗食量、血液学检查结果、大体解剖结果、脏器质量和组织病理学检查结果。临床观察数据以表格形式概述，显示每一个试验组所用的动物数、显示特殊毒性症状的动物数、在试验期间死亡或人道处死的动物数、个体动物死亡的时间、毒性作用和可逆性的描述与时间历程、解剖所见。采取合适的统计学方法评价所有的试验结果、数量和偶然的事件。

2. 试验报告

试验报告应该包括以下适当的信息。

（1）试验动物和饲育环境

a）饲养条件，每笼的动物数或数量的变化，垫料，环境温度和相对湿度，光周期，饲料信息。

b）动物种属/品系，使用非大鼠时的理由说明；采用与大鼠相似暴露、试验和禁食条件下的其他动物种属的来源和背景数据。

c）动物数量、年龄和性别。

d）随机分组方法。

e）暴露前的任何处理措施，如饮食、检疫和疾病处理等。

（2）受试化学品

a）物理性状、纯度、相关的理化性质（包括异构体）。

b）化学识别、CAS 登记号（如已知）。

（3）溶媒

a）使用和选择溶媒的理由（非水时）。

b）证明溶媒不影响试验结果的历史和同步数据。

（4）吸入室

a）吸入室说明，包括尺寸和体积。

b）动物暴露设备的来源和说明，以及气体发生器。

c）温度、相对湿度、粒径和测量实际浓度的设备。

d）空气来源，供应气体的处理方式和使用的空调系统。

e）为保证试验气体均一性所用的校准方法。

f）压差（正压或负压）。

g）吸入室的暴露端口（鼻式）；动物在系统的位置（全身暴露式）。

h）试验环境的动态稳定性。

i）温湿度传感器和吸入室采样位置。

j）空气供给和抽取的处理。

k）空气流动比例、空气流动速度/暴露口端（鼻式），或动物装入/吸入室（全身暴露式）。

l）吸入室达到平衡的时间。

m）每小时换气次数。

n）计量设备（如果使用）。

（5）暴露数据

a）主试验中靶向浓度选择的理由。

b）名义浓度（进入吸入室的受试化学品质量除以通过吸入室的空气流量）。

c）动物呼吸区的实际浓度；对多相混合物（气体、蒸气和气溶胶）每一相的分析。

d）以质量单位（如 mg/L、mg/m^3 等）报告的空气浓度。

e）粒径分布、空气动力学中位数直径（MMAD）、几何标准差（σg），包括计算方法、单个粒子大小分析结果。

（6）试验条件

a）受试化学品制备的详细情况，包括降低固体材料粒子大小的方法，受试化学品溶液的配制。

b）气体发生仪器和动物暴露设备的描述（最好以示意图表示出来）。

c）检测吸入室温度、相对湿度和空气流速的仪器的详细情况（完善校准曲线）。

d）采集与确定吸入室样品浓度和粒径分布的仪器的详细情况。

e）采用的化学分析方法和验证方法（包括溶媒中受试化学品的回收率）的详细情况。

f）试验组和对照组随机分组的方法。

g）饲料和水质量的详细信息（包括饲料类型和来源、水的来源）。

h）试验浓度的选择理由。

（7）结果

a）吸入室温度、相对湿度和流速的列表。

b）吸入室名义浓度和实际浓度的列表。

c）粒径汇总数据，包括采集样品的分析数据、粒径分布、MMAD 和 GSD 的计算。

d）发生毒性反应动物的数据和浓度水平，包括死亡率、反应特性、严重程度、发生和持续时间等。

e）个体动物体重表格。

f）摄食量表格。

g）临床病理学检查所见表格。

h）每只动物解剖所见和组织病理学检查所见表格（如果适用）。

参考文献

[1] United Nations. Globally Harmonized System of Classification and Labelling of Chemicals. 6th ed. New York and Geneva，2015.

[2] 中华人民共和国国家标准. GB 30000.27—2013 化学品分类和标签规范 第27部分：吸入危害. 北京：中国标准出版社，2013.

[3] Test No. 412：Subacute Inhalation Toxicity：28-Day Study. OECD Guidelines for the Testing of Chemicals，Section 4，Health Effects.

[4] OECD. Guidance Document on the Recognition，Assessment and Use of Clinical Signs as Humane Endpoints for Experimental Animals Used in Safety Evaluation. Environmental Health and Safety Monograph Series on Testing and Assessment No. 19，ENV/JM/MONO（2000）7，OECD，Paris，2000.

[5] Whalan J E，Redden J C. Interim Policy for Particle Size and Limit Concentration Issues in Inhalation Toxicity Studies. Office of Pesticide Programs，United States Environmental Protection Agency，1994.

[6] Dungworth D L，Tyler W S，Plopper C E. Morphological methods for gross and microscopic pathology （Chapter 9）*In*：Witschi H P，Brain J D. Toxicology of Inhaled Material. Heidelberg：Springer Verlag，1985，229-258.

[7] Sakane T，Akizuki M. Direct drug transport from the rat nasal cavity to the cerebrospinal fluid：the relation to the molecular weight of drugs. Journal of Pharmacy & Pharmacology, 2011，23：337-341.

[8] Harkema J R. Comparative pathology of the nasal mucosa in laboratory animals exposed to inhaled irritants. Environmental Health Perspectives，1990，85：231-238.

[9] Woutersen R A，Van Gaderen-Hoetmer A，Slootweg P J，et al. Upper respiratory tract Carcinogenesis in Experimental Animals and in Humans. *In*：Waalkes M P，Ward J M. Carcinogenesis. Target Organ Toxicology Series. New York：Raven Press，1994：215-263.

[10] Mery S，Grai E A，Joyner D R，et al. Nasal diagrams：a tool for recording the distribution of nasal lesions in rats and mice. Toxicologic Pathology，1994，22：353-372.

[11] Lahat N，Resnick M B，Cohen K. Detection of cytokeratins in normal and malignant laryngeal epithelia by means of reverse transcriptase-polymerase chain reaction. Ann Otol Rhinol Laryngol, 2002.

[12] Test No. 413：Subchronic Inhalation Toxicity：90-day Study. OECD Guidelines for the Testing of Chemicals，Section 4，Health Effects.

第 31 章　水生环境危害

水生环境可认为包括生活在水中的水生生物和它们生活的水生生态系统。危害水生环境物质包括污染水生环境的液体或固体物质，以及这类物质的混合物。确定物质危害水生环境的依据是物质或混合物的水生毒性，也可根据有关讲解和物质在生物体内积累的进一步资料加以修正。

31.1　水生环境危害的分类和判定

31.1.1　基本要素

1. 物质分类基本要素

危害水生环境物质分类的依据包括水生急性毒性、水生慢性毒性、可能或实际发生的生物体内积累和有机化合物的生物或非生物降解。

2. 数据使用原则

应优先使用利用国际统一试验方法得到的数据，也可使用采用国家等效试验方法得到的数据。通常，淡水和海洋物种的毒性数据可认为是等效数据，应遵循良好实验室规范（GLP）的各项原则，且经过《OECD 化学品测试准则》或等效试验准则得到。如果不能得到这样的数据，则应使用可利用的质量最好的数据。

3. 急性水生毒性

急性水生毒性一般使用鱼类 96h LC_{50} 试验（OECD 203 或等同方法如 GB/T 27861）、甲壳纲 48h EC_{50} 试验（OECD 202 或等同方法如 GB/T 21830）和/或藻类 72h 或 96h ErC_{50} 试验（OECD 201 或等同方法如 GB/T 21805）确定。这些物种被认为可以代表所有水生生物，如果试验方法是合适的，也可考虑其他种类生物（如浮萍）的数据。

4. 慢性水生毒性

使用未见作用浓度（NOEC，no observed effect concentration）或其他等效的 EC_x 数据，根据 OECD 210 或 GB/T 21854《化学品　鱼类早期生命阶段毒性试验》，或 GB/T 21828《化学品　大型溞繁殖试验》和 GB/T 21805《化学品　藻类生长抑制试验》得到的数据是可接受的。也可使用其他证明有效的国际公认的试验数据。

5. 生物富集潜力

生物富集潜力通常用正辛醇-水分配系数确定，即由 OECD 107（或 GB/T 21853）或 117（或 GB/T 21852）测定的 $\lg K_{ow}$。但如果可以获取由试验确定的生物富集系数（BCF），就应优先使用生物富集系数（BCF）。生物富集系数应按 OECD 305（GB/T 21800）进行测定。

6. 快速降解性

环境降解可能是生物性的，也可能是非生物性的。快速生物降解性可按照快速生物降解试验即 OECD 301（或 GB/T 21801～21803、GB/T 21831、GB/T 21856、GB/T 21857、GB/T 27850）测定，这些试验中的通过水平可作为大部分环境中的快速降解指标，也可以使用更适合海洋环境的通过 OECD 306（或 GB/T 21815.1）得到的结果。如果没有这样的数据，若 BOD（生化需氧量）（5 天）/COD（化学需氧量）＞0.5 也认为可以表示快速降解。对于非生物降解、非生物和生物初级降解、非水介质中的降解，以及环境中已证实的快速降解都可以在定义快速降解性时加以考虑。

31.1.2　物质的分类标准

根据联合国 GHS[1]，物质分类由 3 个短期（急性）分类类别和 4 个长期（慢性）分类类别组成，其核心部分只有 3 个短期（急性）分类类别和 3 个长期（慢性）分类类别，见图 31-1。短期（急性）和长期（慢性）类别单独使用。将物质划为急性类别 1～3 的

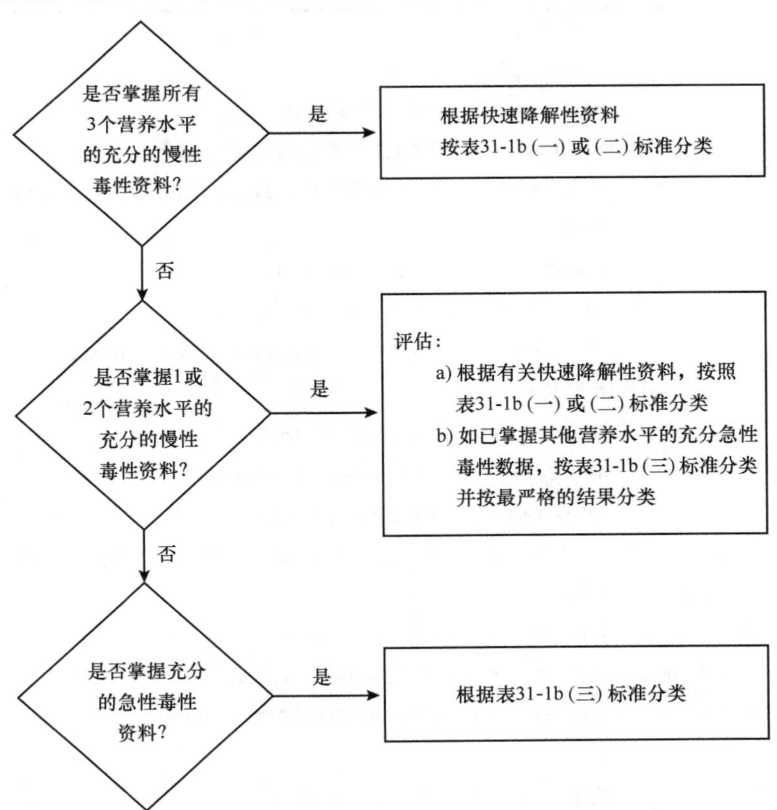

图 31-1　长期危害水生环境物质的分类程序

标准，仅以急性毒性数据（EC_{50}或LC_{50}）为基础。将物质划为慢性类别1～3，采用分级方法，第一步看现有的有关慢性毒性的资料是否可作为长期水生环境危害物质分类的依据。如果没有充分的慢性毒性分类数据，则下一步需结合两种类型信息，即急性毒性信息和环境归趋数据（降解性和生物富集数据）进行分类。

慢性类别4，即“安全网”分类，在现有数据不允许根据正式标准进行分类但仍有一些理由令人担忧时使用。对于没有证实毒性的水溶性很差的物质，如果物质不能快速降解，且有生物富集潜力，那么就可进行分类。对于这种不易溶解物质，由于较低的接触水平和生物体存在潜在的缓慢摄取，在短期时间内可能无法对毒性作出充分的评估。如果证实物质无长期水生环境危害，也就排除了进行分类的必要。

急性毒性明显低于1mg/L或慢性毒性明显低于0.1mg/L（如不能快速降解）和0.01mg/L（如能快速降解）的物质作为混合物的组分时，即使在低浓度下仍可增加混合物的毒性，在采用加和法时，应给以更高的权重。

1. 危害水生环境物质的分类

危害水生环境物质的分类标准见表31-1。

表31-1 危害水生环境物质的分类标准①

a）急性（短期）水生危害		类别1②
		96h LC_{50}（鱼类）≤1mg/L
		48h EC_{50}（甲壳纲动物）≤1mg/L
		72h或96h ErC_{50}（藻类或其他水生植物）≤1mg/L③
		一些管理制度可能将急性类别1进行细分，包括更低的水平，即L（E）C_{50}≤0.1mg/L
		类别2
		96h LC_{50}（鱼类）>1mg/L且≤10mg/L
		48h EC_{50}（甲壳纲动物）>1mg/L且≤10mg/L
		72h或96h ErC_{50}（藻类或其他水生植物）>1mg/L且≤10mg/L③
		类别3
		96h LC_{50}（鱼类）>10mg/L且≤100mg/L
		48h EC_{50}（甲壳纲动物）>10mg/L且≤100mg/L
		72h或96h ErC_{50}（藻类或其他水生植物）>10mg/L且≤100mg/L③
		一些管理制度可能将急性类别1进行细分，包括更低的水平，即L（E）C_{50}>0.1mg/L
b）长期水生危害	（一）不能快速降解物质④，已掌握充分的慢性毒性资料	类别1②
		慢性NOEC或EC_x（鱼类）≤0.1mg/L
		慢性NOEC或EC_x（甲壳纲动物）≤0.1mg/L
		慢性NOEC或EC_x（藻类或其他水生植物）≤0.1mg/L
		类别2
		慢性NOEC或EC_x（鱼类）≤1mg/L
		慢性NOEC或EC_x（甲壳纲动物）≤1mg/L
		慢性NOEC或EC_x（藻类或其他水生植物）≤1mg/L

续表

b）长期水生危害	（二）可快速降解物质，已掌握充分的慢性毒性资料	类别 1[②] 慢性 NOEC 或 EC_x（鱼类）≤0.01mg/L 慢性 NOEC 或 EC_x（甲壳纲动物）≤0.01mg/L 慢性 NOEC 或 EC_x（藻类或其他水生植物）≤0.01mg/L 类别 2 慢性 NOEC 或 EC_x（鱼类）≤0.1mg/L 慢性 NOEC 或 EC_x（甲壳纲动物）≤0.1mg/L 慢性 NOEC 或 EC_x（藻类或其他水生植物）≤0.1mg/L 类别 3 慢性 NOEC 或 EC_x（鱼类）≤1mg/L 慢性 NOEC 或 EC_x（甲壳纲动物）≤1mg/L 慢性 NOEC 或 EC_x（藻类或其他水生植物）≤1mg/L
	（三）尚未掌握充分的慢性毒性资料的物质	类别 1[②] 96h LC_{50}（鱼类）≤1mg/L 48h EC_{50}（甲壳纲动物）≤1mg/L 72h 或 96h ErC_{50}（藻类或其他水生植物）≤1mg/L[③] 且该物质不能快速降解，和/或试验确定的 BCF≥500（在无试验结果的情况下，$\lg K_{ow}$≥4）[④, ⑤] 类别 2 96h LC_{50}（鱼类）＞1mg/L 且≤10mg/L 48h EC_{50}（甲壳纲动物）＞1mg/L 且≤10mg/L 72h 或 96h ErC_{50}（藻类或其他水生植物）＞1mg/L 且≤10mg/L[③] 且该物质不能快速降解，和/或试验确定的 BCF≥500（在无试验结果的情况下，$\lg K_{ow}$≥4）[④, ⑤] 类别 3 96h LC_{50}（鱼类）＞10mg/L 且≤100mg/L 48h EC_{50}（甲壳纲动物）＞10mg/L 且≤100mg/L 72h 或 96h ErC_{50}（藻类或其他水生植物）＞10mg/L 且≤100mg/L[③] 且该物质不能快速降解，和/或试验确定的 BCF≥500（在无试验结果的情况下，$\lg K_{ow}$≥4）[④, ⑤]
c）“安全网”分类		慢性类别 4 对于不易溶解的物质，如在水溶性水平之下没有显示急性毒性，而且不能快速降解，$\lg K_{ow}$≥4（表现出生物富集潜力），将划为本类别，除非有其他科学证据表明不需要分类，这种证据包括经试验确定的 BCF＞500，或者慢性毒性 NOEC＞1mg/L 或在环境中快速降解

①表示鱼类、甲壳纲和藻类等生物作为替代物种进行试验，试验包括一系列的营养水平和门类，而且试验方法高度标准化，也可以使用其他生物的数据，但需要是等效的物种和试验终点指标；②表示在物质分类为急性类别 1 或慢性类别 1 时，应同时注明供加和法使用的适当系数（*M* 系数，表 31-2）；③表示如果藻类毒性 ErC_{50}[$=EC_{50}$（生长率）]下降到次敏感物种的 100 倍水平之下，而且仅能以该效应为基础进行分类，那么要考虑这种毒性是否代表对水生植物有毒性，如果能够证明不是如此，那么应使用专业判断来确定是否应进行分类，分类应以 ErC_{50} 为基础，在未规定 EC_{50} 基准而且没有记录 ErC_{50} 的情况下，分类应以可得的最低 EC_{50} 为基础；④表示判断不能快速降解的依据是物质本身不具备生物降解能力，或有其他证据表明其不能快速降解；在未掌握有意义的降解性数据的情况下，不论是试验确定的还是估计的数据，物质均应视为不能快速降解；⑤表示生物富集潜力以试验得到的 BCF≥500 为基础，或者，如果没有该数值，以 $\lg K_{ow}$≥4 为基础，但前提是 $\lg K_{ow}$ 是物质生物富集潜力的适当描述指标，BCF 测定值优先于 $\lg K_{ow}$ 值，$\lg K_{ow}$ 测定值优先于估计值

表 31-2　混合物高毒性组分的 *M* 系数

急性毒性 L（E）C_{50}值	*M* 系数	慢性毒性 NOEC 值	*M* 系数	
			不能快速降解组分	可快速降解组分
1＜L（E）C_{50}≤1	1	0.01＜NOEC≤0.1	1	
0.01＜L（E）C_{50}≤0.1	10	0.001＜NOEC≤0.01	10	1
0.001＜L（E）C_{50}≤0.01	100	0.000 1＜NOEC≤0.001	100	10
0.000 1＜L（E）C_{50}≤0.001	1 000	0.000 01＜NOEC≤0.00 01	1 000	100
0.000 01＜L（E）C_{50}≤0.000 1	10 000	0.000 001＜NOEC≤0.000 01	10 000	1 000
（继续以系数 10 为间隔）		（继续以系数 10 为间隔）		

2. *慢性危害水生环境物质的分类*

根据表 31-1 所列标准分类的物质，可划为危害水生环境类别，物质分类程序见图 31-1，其原则详细说明了分类类别。

3. *危害水生环境物质的分类方案*

危害水生环境物质的分类方案见表 31-3。

表 31-3　危害水生环境物质的分类

分类类别			
急性危害①	长期危害②		
	掌握充分的慢性毒性资料		没有掌握充分的慢性毒性资料①
	不能快速降解物质③	可快速降解物质③	
急性类别 1： L（E）C_{50}≤1.00	慢性类别 1： NOEC 或 EC_x≤0.1	慢性类别 1： NOEC 或 EC_x≤0.01	慢性类别 1： L（E）C_{50}≤1.00 且缺少快速降解能力，和/或 BCF≥500，或如没有该数值，lgK_{ow}≥4
急性类别 2： 1.00＜L（E）C_{50}≤10.0	慢性类别 2： 0.1＜NOEC 或 EC_x≤1	慢性类别 2： 0.01＜NOEC 或 EC_x≤0.1	慢性类别 2： 1＜L（E）C_{50}≤10.0 且缺少快速降解能力，和/或 BCF≥500，或如没有该数值，lgK_{ow}≥4
急性类别 3： 10.0＜L（E）C_{50}≤100		慢性类别 3： 0.1＜NOEC 或 EC_x≤1	慢性类别 3： 10.0＜L（E）C_{50}≤100 且缺少快速降解能力，和/或 BCF≥500，或如没有该数值，lgK_{ow}≥4
	慢性类别 4④： 示例⑤： 没有准确的毒性数值且不能快速降解，和 BCF≥500，或如没有该数值，lgK_{ow}≥4，除非 NOEC＞1		

①表示以鱼类、甲壳纲和/或藻类或其他水生生物的 L（E）C_{50}数值（单位 mg/L）为基础的急性毒性范围[或者如果没有试验数据，以定量结构-活性关系（QSAR）估计值为基础]；②表示物质按不同的慢性毒性分类，除非掌握所有 3 个营养水平的充分的慢性毒性数据，浓度在水溶性以上或 1mg/L 以上（“充分”系指数据可充分满足相关所有关注，一般而言，是指测定的试验数据，但为了避免不必要的试验，可在具体情况下使用估计数据，如（Q）SAR，或在明显的情况下依靠专家判断）；③表示慢性毒性范围以鱼类或甲壳纲类别的 NOEC 或等效的 EC_x数值（单位 mg/L），或其他公认的慢性数据毒性为基础；④表示本准则还引入“安全网”分类（称为慢性类别 4），在现有数据不允许根据正式标准进行分类但仍有一些理由让人担忧时使用；⑤表示本类适用于不易溶解物质，在水溶解度下没有显示急性毒性，既不能快速降解，也不表现出生物富集潜力，除非能够证明无长期水生环境危害

31.1.3　分类确认

1. 分类制度的确认

水生生物体核心固有危害表现为物质的急性和慢性毒性，可在短期（急性）和长期（慢性）危害之间加以区分。因此，针对这两种性质确定了不同危害类别，它们代表已确定的危险水平等级。已掌握不同营养水平之间和之内的毒性值，通常取最低者，用来确定适当的危险类别。但是，在某些情况下可能要使用证据权重方法。

2. 急性毒性是确定短期危害的关键性质

一种物质大量运输可能由于意外事件或严重溢出而引起短期危害。因此，制定了 L（E）C_{50}最大为 100mg/L 的危险类别。

3. 包装物质慢性毒性的处理

对于包装物质，主要危险由慢性毒性确定，尽管 L(E)C_{50}不大于 1mg/L 产生的急性毒性也被认为是危险的。正常使用和处置之后，水生环境中的物质含量达到 1mg/L，被认为是可能的。毒性数值高于此数值时，急性毒性本身不能说明主要危害，低浓度在更长时间内引起的毒性效应才是主要危害。因此，许多危险类别的定义依据的是慢性水生毒性的水平。但是，许多物质没有慢性毒性数据，应使用已知的急性毒性数据与缺少快速降解性的固有性质和/或生物富集潜力相结合，确认是否将物质划为长期危害类别。如果掌握的慢性毒性数据显示 NOEC 大于水溶性或大于 1mg/L，即表明不需要做长期类别 1～3 的划分。同样，对于 L（E）C_{50}大于 100mg/L 的物质则认为毒性不够，不必进行分类。

达到 1mg/L 水平的物质正常使用和废弃被认为可能出现在水环境中。在高于此毒性水平时，短期毒性不能被认为是主要危害，低浓度的较长时间影响才是主要危害，因此根据慢性水生毒性水平确定了一系列危险类别。然而，许多物质无慢性毒性数据可利用，因而有必要使用急性毒性数据来评估慢性毒性。使用快速降解性和/或生物富集潜力的内在特性，结合急性毒性数据将物质分类为慢性危害类别。如果慢性毒性表现出 NOEC＞1mg/L，说明没有必要分类为慢性危害类别。同样的，对于 L（E）C_{50}＞100mg/L 的物质，在大多数法规系统中认为该物质不足以分类。

4. 水生毒性

有机体如鱼类、甲壳纲和藻类是作为涉及一定范围营养水平和分类单位的代用物种进行试验的，而且试验方法是非常标准化的。然而如果其他有机体能表现出等效的物种和试验结果，则其数据也可考虑。藻类生长抑制试验是慢性试验，但 EC_{50}是急性数值。EC_{50}用于分类目的被作为急性值对待。EC_{50}通常应以生长速度抑制为基础。如果只能得到以生物质量减少为基础的 EC_{50}，或者没有说明记录了哪个 EC_{50}，则可以用同样方式使用该值。

水生毒性试验的特点是需要受试物质在水介质中的溶解性，以及在试验过程中保持一个稳定的接触浓度。有些物质很难在标准程序下进行试验，因此应制定这些物质进行数据解释时和在应用分类准则时如何使用数据的特殊指导。

5. 生物富集

物质能在较长时间内即使在水中浓度较低都会引起毒性影响，就是水生机体内物质的生物富集。生物富集潜力的测定依据物质在正辛醇和水之间的分配关系。有机物的分配系数与由鱼类中的 BCF 的关系已有大量的科学文献支持。使用临界值 $\lg K_{ow}\geqslant 4$ 进行分类的仅是鉴定出真正有生物富集潜力的那些物质。公认的 $\lg K_{ow}$ 不是测量的 BCF 的理想替代值，BCF 测量值总是优先考虑。在鱼类中 BCF＜500 被认为是一个低水平生物富集潜力指标。

6. 快速降解性

快速降解的物质能够很快从环境中消除，虽然会产生影响，尤其是在发生泄漏或事故的情况下，但是它们将局限于某一区域和持续很短时间。在环境中无快速降解性能意味着某物质在水中有潜力在宽泛的时间和空间范围内产生毒性。可利用生物降解筛选试验测定某物质是否是易生物降解的。因此，通过这种筛选试验的物质是能在水环境中快速生物降解的物质，因此它不可能持久存在。然而，没有通过筛选试验的物质并不意味着在环境中不会快速降解。因此，需要增加进一步的准则，允许使用数据来证明该物质在水环境中 28 天内的实际生物降解或非生物降解＞70%。因此，如果在实际的环境条件下能够证明降解，则符合快速降解性的定义。许多可利用的降解数据以降解半衰期的形式表示，也能使用这些数据确定快速降解。某些试验可以测量物质的最终生物降解，即实现完全的矿化。初步的生物降解，通常不考虑快速降解评估，除非能证实降解产物不符合水环境危险的分类准则。

必须认识到环境降解可以是生物的或非生物的（如水解），所使用的准则反映了这一事实。同样的，也应认识到没有通过 OECD 易生物降解性准则并不意味着该物质在现实环境中不会快速降解。因此，如果证实发生了快速降解，该物质就应分类为可快速降解物质。如果水解产物不满足水环境危险分类准则，应考虑水解作用。在快速降解性的具体定义下面，也应考虑在其他环境中快速降解的证据，在标准试验所用浓度水平下该物质抑制了微生物的活性尤为重要。

7. 快速降解性的标准

如果符合下列准则，那么认为该物质在环境中是可快速降解的。

a）在 28 天快速生物降解研究中达到下列降解水平：以溶解的有机碳为基础的试验，70%；以耗氧或产生二氧化碳为基础的试验，理论最大值的 60%。必须在降解开始的 10 天内达到上述水平，降解开始点是指该物质的 10%已经降解的时间。

b）只有 BOD 和 COD 数据可以利用时，BODs/COD≥0.5。

c）其他可信的科学证据可证明该物质在水环境中可以降解（生物和/或非生物），28 天内降解到＞70%水平。

8. 无机化合物和金属

对于无机化合物和金属而言，适用于有机化合物的降解概念已意义不大或无意义。其可通过正常的环境过程转化，会提高或降低毒性物种的生物利用率。相同的，应慎重使用生物富集数据。应为如何使用物质的有关数据满足分类准则要求提供特别指导。

溶解性差的无机化合物和金属在水环境中可以是急性或慢性毒物，取决于生物可利用的无机物的内在毒性和该物的质溶解速度和数量。

9. 使用 QSAR

最好使用试验得到的数据，如果没有试验数据，那么可在分类过程中使用有效的水生毒性定量结构-活性关系（QSAR）和 $\lg K_{ow}$，但仅限于作用方式和适用性都有良好表征的化学品。可以使用有效的 QSAR，且无须对议定标准进行修改。对于“安全网”类别，可靠的毒性水平和 $\lg K_{ow}$ 值应该很有价值。预测快速生物降解的 QSAR 尚不够准确，不建议使用。

31.1.4　混合物的分类

混合物分类系统涵盖了物质的所有分类类别，即急性类别 1～3 和慢性类别 1～4。为利用所有现有数据对混合物进行分类，进行了以下假设，并在分类时适当使用：混合物的“相关组分”是指属于急性类别 1 和/或慢性类别 1 的组分，质量分数以等于或大于 0.1%的浓度存在的相关组分，或等于和/或大于 1%的其他组分，除非另外假定（如存在高毒性组分的情况下）以低于 0.1%存在的组分仍可对混合物的水生环境危害产生重要影响。

水生环境危害混合物分类采用分层方法，并且取决于混合物本身及其组分的现有信息。分层方法的要素包括：以试验过的混合物为基础的分类；以架桥原则为基础的分类；使用“已归类组分加和法”和/或“加和公式”。图 31-2 概括了急性和慢性水生环境危害混合物的分层分类方法。

1. 有整体数据时的混合物分类

a）在已对混合物整体进行试验确定其水生毒性的情况下，应按照物质分类的标准对混合物进行分类，通常利用鱼类、甲壳纲和藻类的数据。在没有充分的混合物整体急性或慢性数据的情况下，应使用架桥原则或加和法。

b）对长期危害混合物进行分类，需要更多的有关降解的资料，在有些情况下还需要其在生物体内富集的数据。如果没有混合物整体的降解性和生物富集数据，通常不对混合物进行整体降解性和生物富集试验，因为这些试验通常难以判断，且只对单一物质有意义。

c）急性类别 1、类别 2 和类别 3 的分类。

a. 当掌握混合物整体充分的急性毒性试验数据（LC_{50} 或 EC_{50}），显示 $L(E)C_{50}$ 不大于 100mg/L 时，根据表 31-1a），混合物划为急性类别 1、类别 2 或类别 3。

b. 当掌握混合物整体的急性毒性试验数据[LC_{50}(s)或 EC_{50}(s)]，显示 $L(E)C_{50}$(s)大于 100mg/L 或高于其溶解度时，无须做急性危害类别分类。

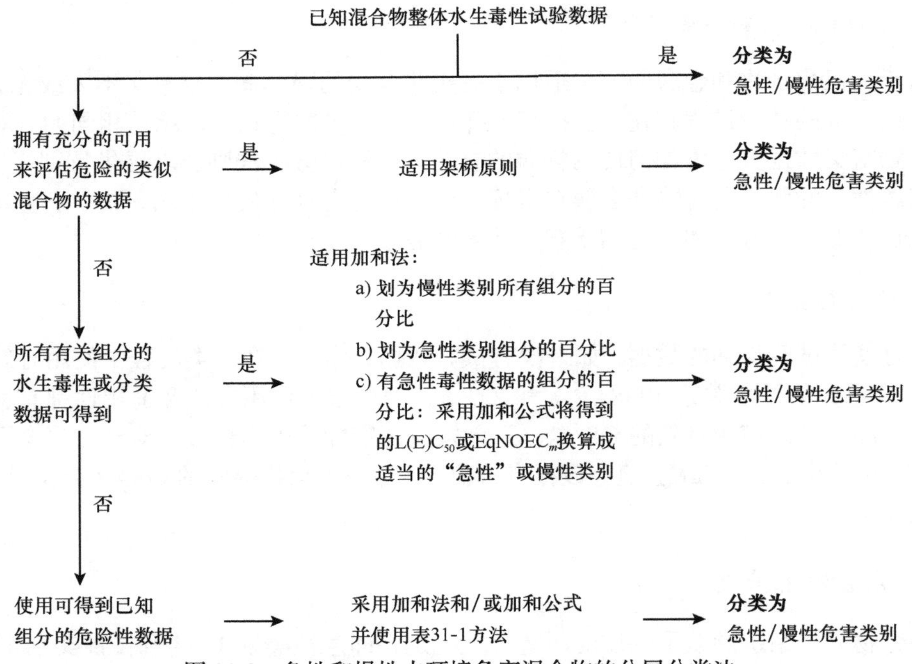

图 31-2　急性和慢性水环境危害混合物的分层分类法

d）慢性类别 1、类别 2 和类别 3 的分类。

a. 当掌握混合物整体充分的慢性毒性试验数据（EC_x或 NOEC），显示混合物的 EC_x 或 NOEC 不大于 1mg/L 时：①如果掌握的资料可得出结论，混合物的所有主要组分均可快速降解，根据表 31-1b)（二）（可快速降解），混合物划为慢性类别 1、类别 2 和类别 3；②在所有其他情况下，根据表 31-1b)（一）（不能快速降解），混合物划为慢性类别 1 和类别 2。

b. 当掌握混合物整体充分的慢性毒性试验数据（EC_x或 NOEC），显示混合物的 EC_x 或 NOEC 大于 1mg/L 或高于其溶解度时，无须做长期危害类别分类，除非仍有理由需要关注。

e）慢性类别 4 的分类。

如果仍有理由需要关注，根据表 31-1c)，混合物划为慢性类别 4（“安全网”类别）。

2. 无整体数据时的混合物分类：架桥原则

（1）数据的使用

如果混合物本身并没有进行过确定其水生环境危害的试验，但它的各个组分和做过试验的类似混合物有充分数据，足以确定该混合物的危害特性，可以根据架桥原则使用这些数据，以确保分类过程最大限度地使用现有数据，而无须进行更多的动物试验。

（2）稀释

如果一种新的混合物是通过稀释另一种已经测试过的混合物或物质而成，使用的稀释剂的水生环境危害相当于或低于毒性最低的原始组分，且预料不会影响其他组分的水生环境危害，则所形成混合物的分类应与测试过的原混合物或物质相当，或者采用加和法或加和公式进行分类。

（3）产品批次

一个生产批次的经过测试的混合物，其水生环境危害的可假定在本质上与同一制造商生产的或在其控制下生产的同一商品的另一批次未经测试的产品相当，除非有理由认为存在重要差异，以致未经测试的产品批次的水生危害发生改变。如果后一种情况发生，则需要重新进行分类。

（4）划为最严重分类类别（慢性类别 1 和急性类别 1）的混合物的浓度

如果一种混合物划为慢性类别 1 和/或急性类别 1，而且该混合物中划为慢性类别 1 和/或急性类别 1 的组分进一步浓缩且未经测试，则组分浓度提高后的混合物应划为与原先经过测试的混合物相同的分类，无须再进行试验。

（5）一种毒性类别内的内推法

3 种成分完全相同的混合物（A、B 和 C），混合物 A 和混合物 B 经过测试，属同一毒性类别，而混合物 C 未经测试，但含有与混合物 A 和混合物 B 相同的毒性组分，且其毒性组分浓度介于混合物 A 和混合物 B 中相同毒性组分浓度之间，则混合物 C 应与 A 和 B 属同一类别。

（6）实质上类似的混合物

假定下列情况：①两种混合物：A+B 和 C+B。②组分 B 的浓度在两种混合物中基本相同。③混合物 A+B 中组分 A 的浓度等于混合物 C+B 中组分 C 的浓度。④已知 A 和 C 的水生危害数据并且二者实质上危害是相当的，即它们属于同一危害类别，并预料不会影响组分 B 的水生毒性。

如果已根据测试试验数据对混合物 A+B 或 C+B 进行了分类，则另一混合物可归入同一类别。

3. 有所有组分数据或只有一部分组分数据时的混合物分类

a）混合物的分类以其已分类成分浓度的加和为基础。划为急性或慢性类别的组分的百分比直接用于加和法中。

b）混合物可能是由两种已经分类的组分（如急性类别 1、类别 2 或类别 3 和/或慢性类别 1、类别 2、类别 3、类别 4），以及已经掌握足够毒性试验数据的成分结合而成的。当已经掌握混合物中一种以上成分的充分毒性数据时，可根据毒性数据的性质，使用加和公式（31-1）或式（31-2）预测这些组分的综合毒性。

（1）根据急性水生环境毒性

$$\frac{\sum C_i}{\mathrm{L(E)C}_{50m}}=\sum_{n}\frac{C_i}{\mathrm{L(E)C}_{50i}} \tag{31-1}$$

式中，C_i 为组分 i 的浓度（质量分数）；$\mathrm{L(E)C}_{50i}$ 为组分 i 的 LC_{50} 或 EC_{50}，单位为 mg/L；n 为组分数量，i 为 1～n；$\mathrm{L(E)C}_{50m}$ 为混合物中有试验数据那部分组分的 $\mathrm{L(E)C}_{50}$。

计算出来的结果，可用来划定混合物中部分组分的类别，然后将其用于加和法中确定混合物整体的类别。

（2）根据慢性水生环境毒性

$$\frac{\sum C_i + \sum C_j}{\text{EqNOEC}_m} = \sum_{n_1} \frac{C_i}{\text{NOEC}_i} + \sum_{n_2} \frac{C_j}{0.1 \times \text{NOEC}_j} \tag{31-2}$$

式中，C_i为混合物中有试验数据的组分 i 的浓度（质量分数），为可快速降解的组分，%；C_j为混合物中有试验数据的组分 j 的浓度（质量分数），为不能快速降解的组分，%；NOEC_i为混合物中有试验数据的组分 i 的 NOEC（或其他公认的慢性毒性测量值），为可快速降解组分，单位为 mg/L；NOEC_j为混合物中有试验数据的组分 j 的 NOEC（或其他公认的慢性毒性测量值），为不可快速降解组分，单位为 mg/L；n_1 为混合物中有试验数据的可快速降解的组分数目，i 为 1～n_1；n_2为混合物中有试验数据的不能快速降解的组分数目，j 为 1～n_2；EqNOEC_m为混合物中有试验数据组分的等效 NOEC，单位为 mg/L。

等效毒性结果表明不能快速降解的物质分类更加“严格”，比可快速降解物质高出一个危害类别。

利用计算出来的等效毒性结果，根据可快速降解物质分类标准[表 31-1b）（二）]来划定混合物该部分组分的类别，然后将其用于加和法中确定混合物整体的类别。

c）混合物的部分组分使用加和公式计算毒性数据时，最好使用每种组分对同一类群（如鱼类、甲壳纲或藻类）的毒性值，然后取得到的最高毒性值（最低值）（如取用 3 个类群中最敏感的一群）。在无法得到每种组分对相同分类群的毒性数据时，选定每种组分的毒性值，应使用与物质分类选定毒性值相同的方法，即取用较高（最敏感的测试生物体）的毒性值。然后用计算出来的急性毒性和慢性毒性值对这一部分混合物进行分类，采用与物质分类相同的标准，将之划为急性类别 1、类别 2 或类别 3，和/或慢性类别 1、类别 1、类别 2 或类别 3。

d）如果混合物用一种以上的方法进行分类，则应使用得到较保守结果的方法。

e）加和性。

（1）基本原理

就从急性类别 1/慢性类别 1 到急性类别 3/慢性类别 3 的物质分类类别而言，从一个类别到另一个类别的基本毒性值相差 10 倍。因此，划入高毒性范围类别的成分可能对混合物划入较低毒性范围类别做出贡献。因此，这些分类结果的计算需要同时考虑划为急性类别 1/慢性类别 1 到急性类别 3/慢性类别 3 类别的所有组分的贡献。

当混合物含有划为急性类别 1 或慢性类别 1 类的成分时，应特别注意，这类组分即使其急性毒性水平明显低于 1mg/L，和/或慢性毒性水平明显低于 0.1mg/L（如不能快速降解）和 0.01mg/L（如能快速降解），但在低浓度下仍可增加混合物的毒性。农药的活性成分通常有这样高的水生环境毒性，一些其他物质如有机金属化合物，也有这样高的水生环境毒性。在这种情况下，使用正常的临界值/浓度极限可能会导致混合物“类别下降”。此时，对于高毒性成分，应当使用放大因子。

（2）分类程序

一般来说，危害严重性较高混合物类别优先于危害严重性较低的混合物类别。例如，慢性类别 1 优先于慢性类别 2。因此，如果分类结果是慢性类别 1，那么分类程序就已经完成。比慢性类别 1 更严重的类别是没有的，因此不需要再做进一步的分类。

（3）急性类别 1、类别 2 和类别 3 的分类

首先确认所有划为急性类别 1 的组分，如果这些组分的浓度（%）加和不小于 25%，则混合物划为急性类别 1，且分类过程完成。

如果混合物没有划为急性类别 1，应考虑将混合物划为急性类别 2。如果所有划为急性类别 1 组分的浓度（%）之和乘以 10，再乘以对应的 M 系数后，加上所有划为急性类别 2 组分的浓度（%）的总和不小于 25%，则该混合物划为急性类别 2，且分类过程完成。

如果混合物没有划为急性类别 1 或急性类别 2，应考虑将混合物划为急性类别 3。如果所有划为急性类别 1 组分的浓度（%）之和乘以 100，再乘以对应的 M 系数后，加上所有划为急性类别 2 组分的浓度（%）之和乘以 10，再加上所有划为急性类别 3 组分的浓度（%）的总和不小于 25%，则混合物划为急性类别 3。

表 31-4 归纳了根据已分类组分的浓度之和，对急性危害混合物进行分类的方法。

表 31-4　根据已分类组分的浓度之和对混合物分类

已分类组分的浓度（%）之和		混合物分类
急性类别 1×M	≥25%	急性类别 1
（M×10×急性类别 1）+急性类别 2	≥25%	急性类别 2
（M×100×急性类别 1）+（10×急性类别 2）+急性类别 3	≥25%	急性类别 3

①有关 M 系数确定见表 31-2

（4）慢性类别 1、类别 2、类别 3 和类别 4 的分类

首先确认所有划为慢性类别 1 的组分，如果这些组分的浓度（%）加和不小于 25%，则混合物划为慢性类别 1，且分类过程完成。

如果混合物没有划为慢性类别 1，应考虑将混合物划为慢性类别 2。如果所有划为慢性类别 1 组分的浓度（%）之和乘以 10，再乘以对应的 M 系数后，加上所有划为慢性类别 2 组分的浓度（%）的总和不小于 25%，则该混合物划为慢性类别 2，且分类过程完成。

如果混合物没有划为慢性类别 1 或急性类别 2，应考虑将混合物划为慢性类别 3。如果所有划为慢性类别 1 组分的浓度（%）之和乘以 100，再乘以对应的 M 系数后，加上所有划为慢性类别 2 组分的浓度（%）之和乘以 10，再加上所有划为慢性类别 3 组分的浓度（%）的总和不小于 25%，则混合物划为慢性类别 3。

如果混合物仍然没有划为慢性类别 1、类别 2 或类别 3，可将混合物划为慢性类别 4，如果划为慢性类别 1、类别 2、类别 3 和类别 4 组分的浓度（%）加和不小于 25%，则混合物划为慢性类别 4。

表 31-5 归纳了根据已分类组分的浓度之和，对慢性危害混合物进行分类的方法。

（5）含有高毒性成分的混合物

急性类别 1 或慢性类别 1 的组分，在急性毒性值远低于 1mg/L，和/或慢性毒性值远低于 0.1mg/L（如不能快速降解）和 0.01mg/L（如可快速降解）的情况下，仍可能影响

混合物的毒性，因此在使用加和法时应给予更高的权重。当混合物含有急性类别 1 或慢性类别 1 的组分时，应适用上文（4）中所述的分层法，使用一个加权和数，用急性类别 1 和慢性类别 1 组分的浓度乘以一个因数，而不是仅仅将百分比相加，即意味着表 31-4 左栏中“急性类别 1”的浓度和表 31-5 左栏中“慢性类别 1”的浓度乘以适当的因数。这些组分使用的因数，以毒性数值来确定，表 31-2 做了归纳。因此，为了对含有急性/慢性类别 1 组分的混合物进行分类，分类人员需要知道 M 系数的数值，才能使用加和法。或者，如掌握混合物中所有高毒性成分的毒性数据，而且有令人信服的证据表明所有其他成分，包括那些没有具体急毒性和/或慢毒性数据的成分都是低毒或无毒的，且不会明显增加混合物的环境危害，也可使用加和公式[见（1）和（2）节]。

表 31-5　根据已分类组分的浓度之和对混合物分类

已分类组分的浓度（%）之和		混合物分类
慢性类别 1×M	≥25%	慢性类别 1
（M×10×慢性类别 1）+慢性类别 2	≥25%	慢性类别 2
（M×100×慢性类别 1）+（10×慢性类别 2）+慢性类别 3	≥25%	慢性类别 3
慢性类别 1+慢性类别 2+慢性类别 3+慢性类别 4	≥25%	慢性类别 4

4. 组分没有任何可用信息时的混合物分类

如果一种或多种主要组分没有可用的急性和/或慢性毒性信息，可判定该混合物不能划入明确的类别。在这种情况下，应只根据已知组分对混合物进行分类，并另外注明：“混合物的 x%是未知的水生环境危害成分”。

31.1.5　判定流程

1. 急性水生环境危害物质/混合物判定流程

急性（短期）水生环境危害物质/混合物的判定流程见图 31-3～图 31-5。其中，急性（短期）水生环境危害物质/混合物判定流程如图 31-3 所示，急性（短期）水生环境危害混合物判定流程如图 31-4 所示，急性水生环境危害混合物采用加和公式的判定流程如图 31-5 所示。

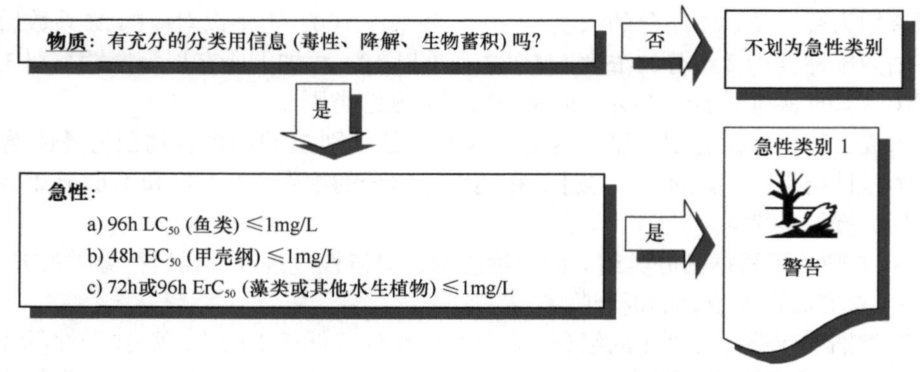

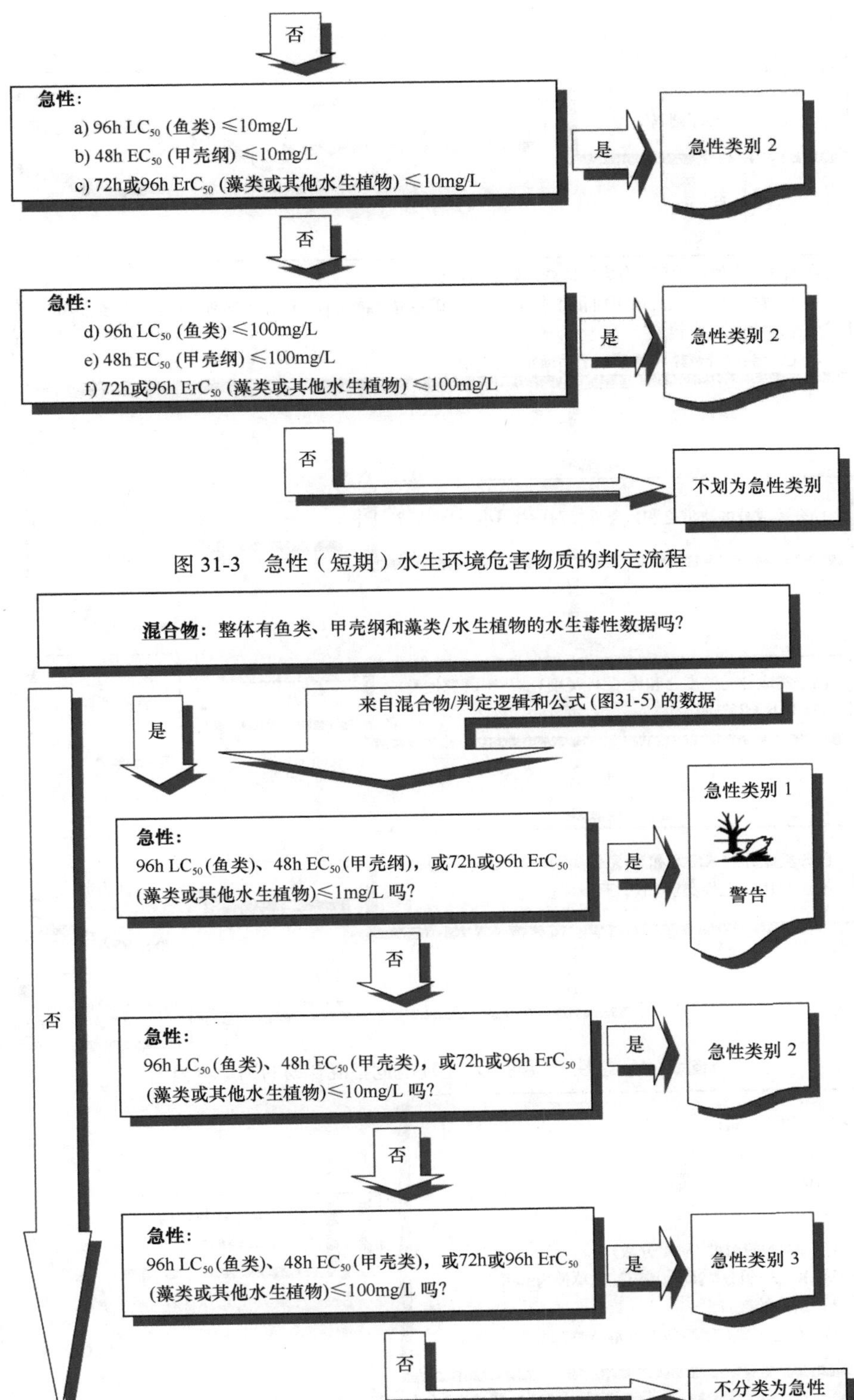

图 31-3　急性（短期）水生环境危害物质的判定流程

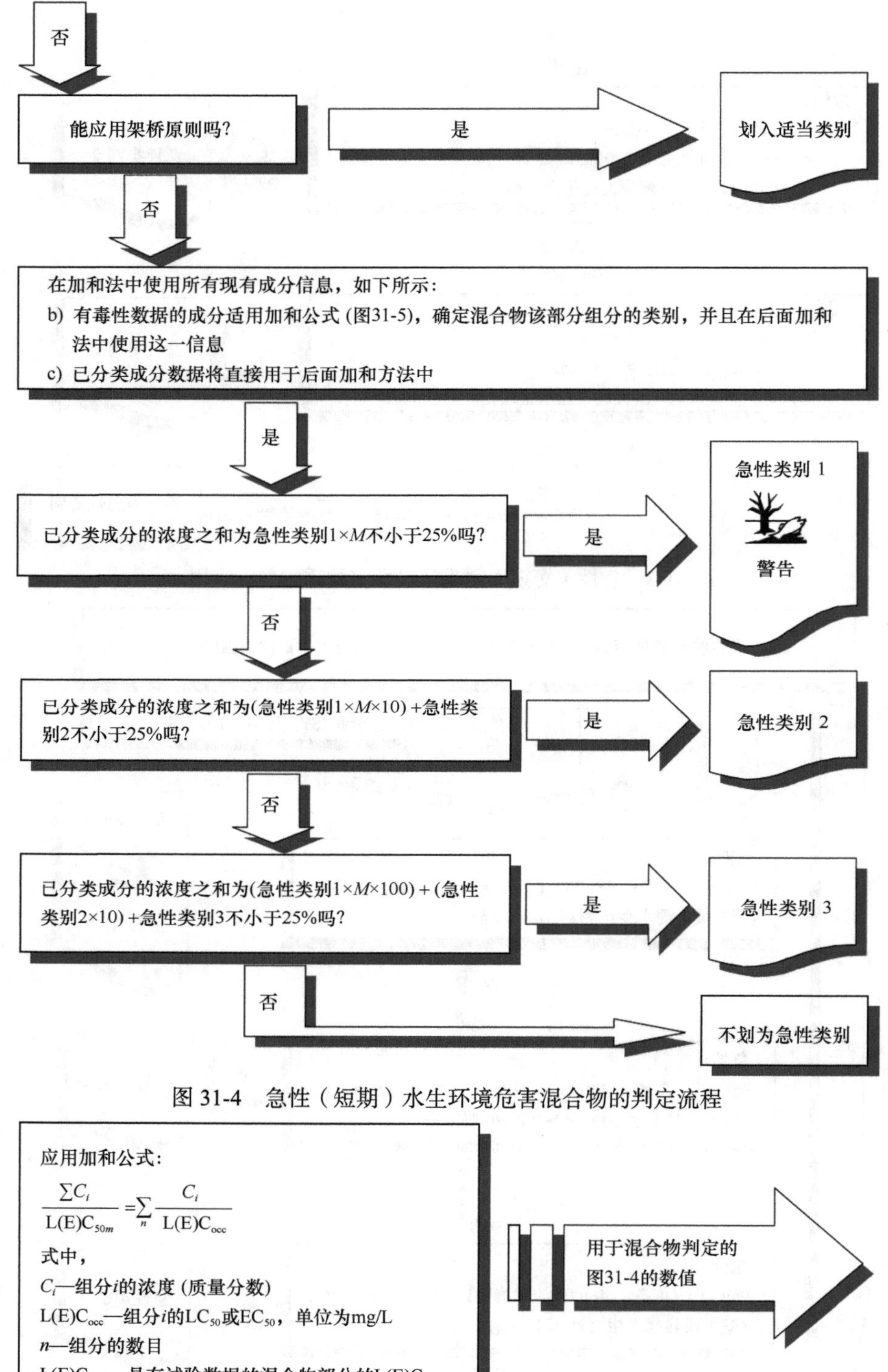

图 31-4 急性（短期）水生环境危害混合物的判定流程

应用加和公式：

$$\frac{\sum C_i}{\mathrm{L(E)C}_{50m}}=\sum_n \frac{C_i}{\mathrm{L(E)C}_{\mathrm{occ}}}$$

式中，

C_i—组分i的浓度 (质量分数)

$\mathrm{L(E)C}_{\mathrm{occ}}$—组分$i$的$\mathrm{LC}_{50}$或$\mathrm{EC}_{50}$，单位为mg/L

n—组分的数目

$\mathrm{L(E)C}_{50m}$—具有试验数据的混合物部分的$\mathrm{L(E)C}_{50}$

用于混合物判定的图31-4的数值

图 31-5 急性水生环境危害混合物采用加和公式的判定流程

2. 慢性水生环境危害物质/混合物的判定流程

慢性（长期）水生环境危害物质/混合物的判定流程见图 31-6～图 31-8。其中，掌握所有 3 个营养水平的充分的慢性毒性资料的长期水生环境危害物质的判定流程如图 31-6 所示，所有 3 个营养水平的长期水生毒性数据都无法得到的长期水生环境危害物质的判定流程如图 31-7 所示，长期水生环境危害混合物的判定流程如图 31-8 所示。

31.2　鱼类急性毒性试验

OECD 203《鱼类急性毒性》和国家标准 GB/T 27861—2011《化学品　鱼类急性毒性试验》提供了鱼类急性毒性试验方法[2,3]。鱼类急性毒性试验用于对化学品的鱼类急性毒性进行测定，评价试验样品对水生生物可能产生的影响，以短期暴露效应表明试验样品的有害性[4, 5]。

31.2.1　试验原理

在规定条件下，使鱼接触不同浓度试验样品水溶液，以 96h 为一试验周期，在 24h、48h、72h 和 96h 时记录试验鱼的死亡率，确定鱼类死亡 50%时的试验样品浓度，半致死浓度用 24h LC_{50}、48h LC_{50}、72h LC_{50} 和 96h LC_{50} 表示，并记录无死亡的最大浓度和导致鱼类全部死亡的最小试验浓度。

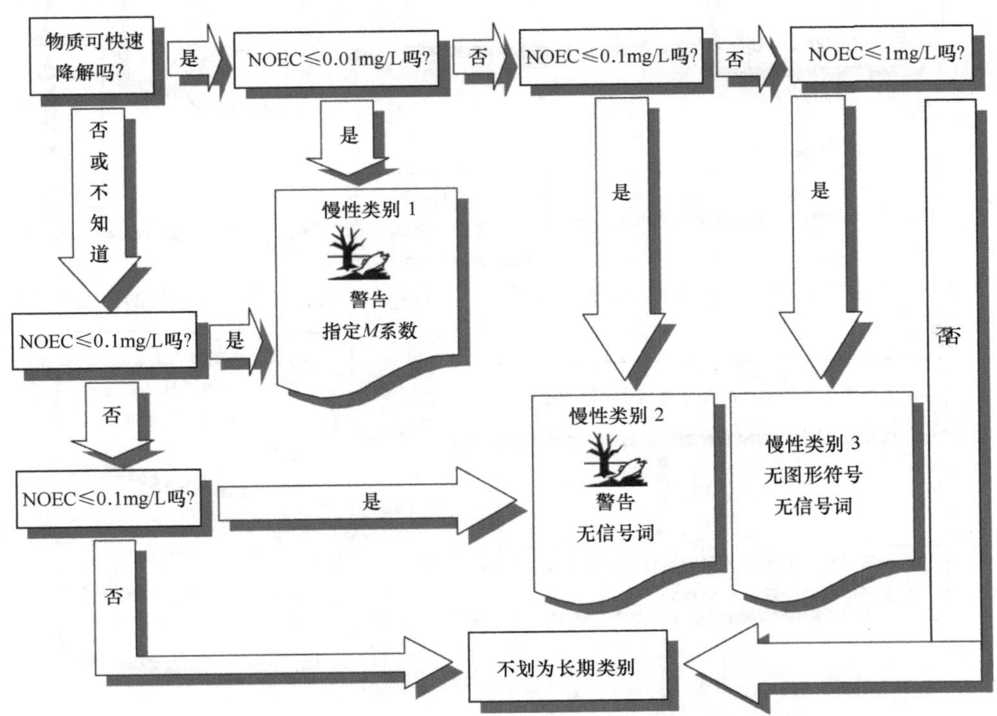

图 31-6　长期水生环境危害物质的判定流程（掌握所有 3 个营养水平的长期水生毒性数据）

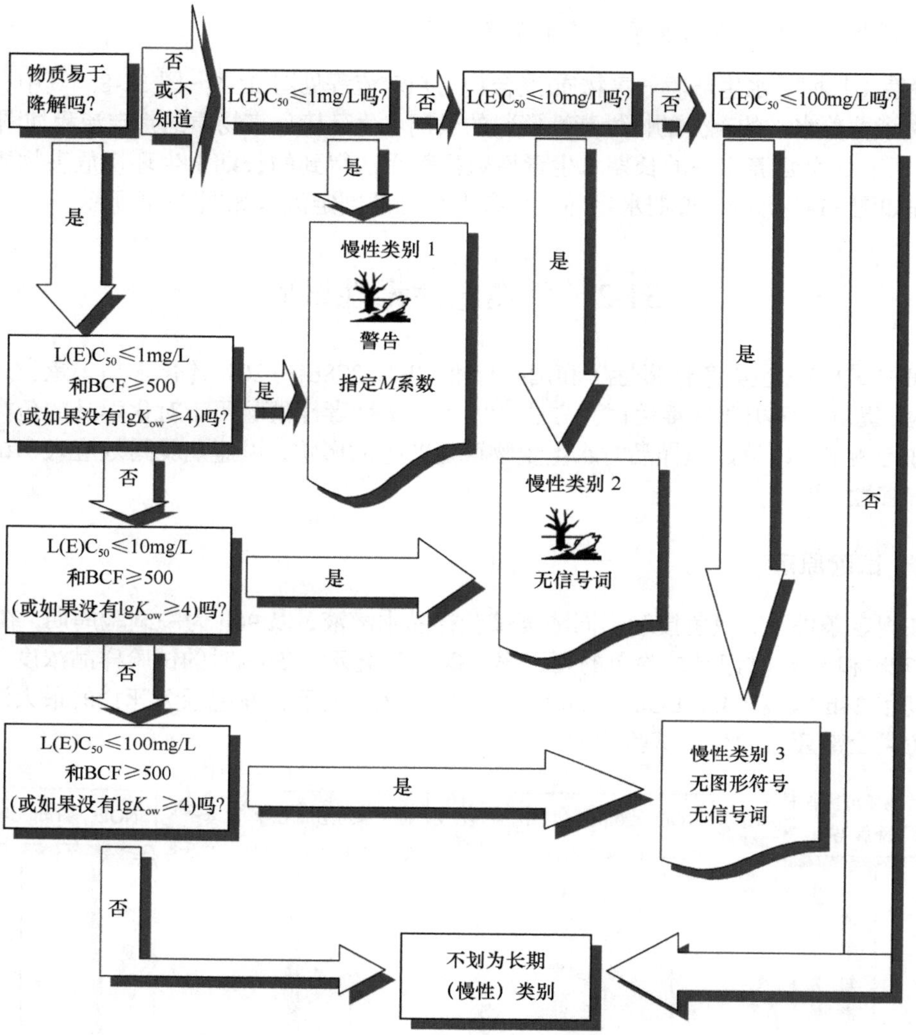

物质易于降解吗?

否或不知道

L(E)C_{50}≤1mg/L吗?

否

L(E)C_{50}≤10mg/L吗?

否

L(E)C_{50}≤100mg/L吗?

是

是

慢性类别 1

警告

指定*M*系数

是

是

L(E)C_{50}≤1mg/L
和BCF≥500
(或如果没有lgK_{ow}≥4)吗?

是

否

慢性类别 2

无信号词

否

L(E)C_{50}≤10mg/L
和BCF≥500
(或如果没有lgK_{ow}≥4)吗?

是

否

L(E)C_{50}≤100mg/L
和BCF≥500
(或如果没有lgK_{ow}≥4)吗?

是

慢性类别 3
无图形符号
无信号词

否

不划为长期
(慢性）类别

图 31-7　长期水生环境危害物质的判定流程（所有 3 个营养水平的长期水生毒性数据都无法得到）

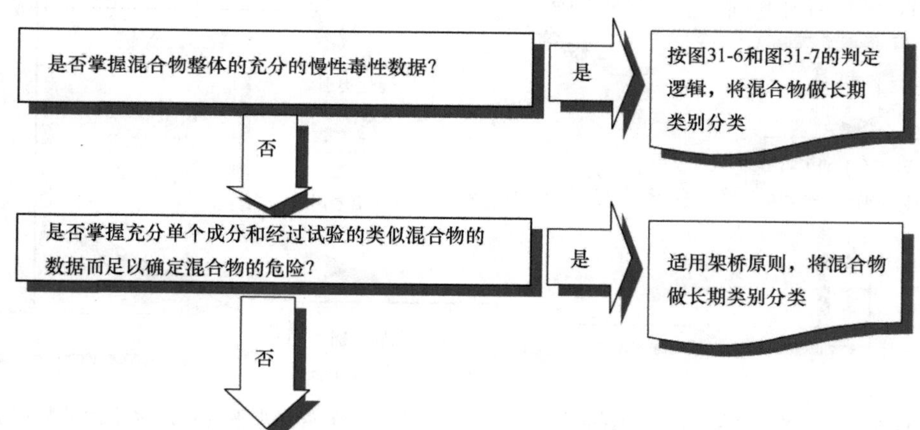

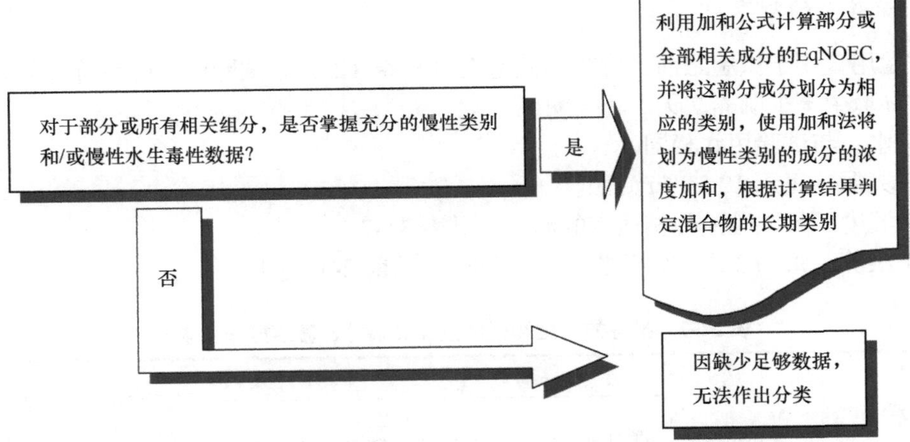

图 31-8　长期水生环境危害混合物的判定流程

31.2.2　试验准备

1. 试验设备

溶解氧测定仪；水硬度计；温度控制仪；化学惰性材料制成的水族箱或水槽，规格一致，体积适宜；pH 计。

2. 试验生物

选用一个或多个鱼种，根据需要自行选择。建议根据全年可得、易于饲养、方便试验等原则，并结合相关的经济、生物或生态因素来确定鱼种。试验用鱼应健康，无明显的畸形。

推荐试验用鱼种类见表 31-6。

表 31-6　推荐试验用鱼种类

建议的鱼种	建议的试验温度范围/℃	建议试验鱼的全长①/cm
斑马鱼 *Brachydanio rerio*	21～25	2.0±1.0
黑头软口鲦 *Pimephales promelas*	21～25	2.0±1.0
鲤 *Cyprinus carpio*	20～24	3.0±1.0
青鳉 *Oryzias latipes*	21～25	2.0±1.0
虹鳉 *Poecilia reticulate*	21～25	2.0±1.0
蓝鳃太阳鱼 *Lepomis macrochirus*	21～25	2.0±1.0
虹鳟 *Oncorhynchus mykiss*	13～17	5.0±1.0
稀有鮈鲫 *Gobiocypris rarus*	21～25	2.0±1.0
剑尾鱼 *Xiphophorus helleri*	21～25	2.0±1.0

①表示如果使用的鱼超过推荐的规格，应在报告中说明使用的规格及使用理由

3. 试验鱼的驯养

试验用鱼用于试验之前，应在实验室至少驯养 12 天。试验前，应在符合下列试验条件的环境中至少驯养 7 天。

a）水：与试验用水相同。

b）光照：每天 12～16h 光照。

c）温度：与试验鱼种相适宜的温度，见表 31-7。

d）喂养：每周 3 次或每天投食，至试验开始前 24h 为止。

表 31-7　推荐的亲鱼和受试鱼及其喂养、繁殖操作要求

种类	食物					孵化后转移时间（如适用）	首次喂食时间
	繁殖亲鱼	初孵仔鱼	稚鱼				
			种类	数量	频率		
稀有鮈鲫 *Gobiocypris rarus*	FBS，BSN48	不需要①	BSN48	适量	2～3 次/天	不必	产卵后 4～5 天
斑马鱼 *Brachydanio rerio*	BSN48，片状食物	原生动物②，蛋白质③	BSN48			不必	产卵后 6～7 天
虹鳟 *Oncorhynchus mykiss*	鲑鱼食物	不需要①	鲑鱼酵母	4%体重/天	2～4 次/天	孵化后或者能游泳后的 14～16 天	孵化后或者能游泳后的 19 天
黑头软口鲦 *Pimephales promelas*	FBS	BSN	BSN48			第一次孵化 90% 后	孵化的 2 天内
青鳉 *Oryzias latipes*	片状食物	BSN48，片状食物（或原生动物或轮虫）	BSN48，片状食物（或轮虫）		BSN 1 次/天；片状食物 2 次/天或者片状食物加轮虫 1 次/天	从孵化到游泳	孵化/游泳后的 1 天内
鳉 *Cyprinodon variegates*	FBS 或片状食物	BSN	BSN48		2～3 次/天	不适用	第一次孵化后的 1 天内

注：FBS. 冷冻的卤虫（又称盐水丰年虫，*Artemia* sp.）成体；BSN. 卤虫幼体，刚孵出的（无节幼体）；BSN48. 卤虫幼体，孵出约 48h；①表示卵黄囊仔鱼不需要食物；②表示混合培养过滤；③表示经发酵的小颗粒

驯养开始 48h 后，记录死亡率，并按照下列标准处理。

a）7 天内，死亡率大于 10%，舍弃整批鱼。

b）7 天内，死亡率在 5%～10%，继续驯养 7 天。

c）7 天内，死亡率小于 5%，可用于试验。

4. 试验用水

使用高质量的自然水或标准稀释水，也可以使用饮用水，必要时应除氯。水的总硬度（以 $CaCO_3$ 计）为 10～250mg/L，pH 为 6.0～8.5。用于配制标准稀释水的试剂应为分析纯，去离子水或蒸馏水的电导率应小于或等于 10μS/cm。稀释用水经曝气直到氧饱

和为止，然后储存 2 天备用，在使用前不必再曝气。

配制标准稀释水采用分析纯化学品。将氯化钙溶液（将 11.76g $CaCl_2 \cdot 2H_2O$ 溶解于去离子水中，稀释至 1L）、硫酸镁溶液（将 4.93g $MgSO_4 \cdot 7H_2O$ 溶解于去离子水中，稀释至 1L）、碳酸氢钠溶液（将 2.59g $NaHCO_3$ 溶解于去离子水中，稀释至 1L）和氯化钾溶液（将 0.23g KCl 溶解于去离子水中，稀释至 1L）各 25mL 混合并用去离子水稀释至 1L。溶液中钙离子和镁离子的总和是 2.5mmol/L，Ca 与 Mg 的摩尔浓度比为 4∶1，Na 与 K 的摩尔浓度比为 10∶1，溶液中的酸容量常数为 0.8mmol/L。

5. 试验溶液

通过稀释储备液配制试验溶液。低水溶性物质的贮备液可以通过超声分散或其他适合的物理方法配制，必要时可使用对鱼毒性低的有机溶剂、乳化剂或分散剂来助溶。使用这些物质时应加设助溶剂对照试验，对照组助溶剂浓度应为试验组使用助溶剂的最高浓度，并且不得超过 100mg/L。

不需调节试验溶液的 pH，如果加入受试物后试验溶液的 pH 有明显变化，建议重新配制，调节受试物贮备液的 pH，使其接近加入受试物前稀释水的 pH。用于调节 pH 的物质不应使储备液的浓度明显改变，也不应与受试物发生化学反应或产生沉淀，最好使用 HCl 和 NaOH 来调节。

31.2.3　试验过程

1. 暴露条件

a）持续时间：96h。

b）承载量：静态和半静态试验系统试验鱼的最大承载量为 1.0g/L，流水式试验系统承载量可高一些。

c）光照：每天 12～16h。

d）温度：与试验鱼种相适宜（表 31-7），保持恒定，变化范围为适宜温度的±2℃。

e）溶解氧：不小于 60%空气饱和值，若不会导致受试物明显损失时可进行曝气。

f）喂食：不进行。

g）干扰：避免可能改变鱼行为的干扰。

2. 试验鱼数量

空白对照组与各试验浓度组应每组至少 7 尾鱼。

3. 试验浓度设置

根据预试验结果来选择正式试验合适的浓度范围，至少应设置 5 个浓度组，并以几何级数排布，公比应不大于 2.2。

4. 观察

至少在 24h、48h、72h 和 96h 后检查试验鱼的状况。如果试验鱼没有任何肉眼可见的运动，如鳃的扇动，以及碰触尾部后无反应，即可判断该鱼已死亡。观察并记录死鱼数目后，将死鱼从容器中移去。最好在试验开始后 3h 及 6h 观察各试验组鱼的状况。记录可见的试验鱼异常情况（如平衡能力丧失、游泳能力和呼吸功能减弱、颜色变浅等）。

5. 限量试验

使用本方法时，为证明 LC_{50}＞100mg/L，可以进行浓度为 100mg/L（有效成分）的限量试验。限量试验试验组至少使用 7 尾鱼，与对照组使用的数目相等。二项式理论表明：使用 10 尾鱼，没有 1 尾鱼死亡，那么 LC_{50}＞100mg/L 的概率为 99.9%；使用 7 尾、8 尾或 9 尾鱼，没有 1 尾鱼死亡，那么 LC_{50}＞100mg/L 的概率至少为 99%。如果试验鱼发生死亡，则应按本试验程序进行完整的试验。若观察到亚致死效应，应进行记录。

31.2.4 质量保证与控制

有效的试验应符合以下条件。

a）试验期间，尽可能维持恒定条件。如有必要，应使用半静态或流水式试验。

b）试验结束时，对照组鱼死亡率不大于 10%，如果每组鱼不到 10 尾则对照组死亡不超过 1 尾。

c）试验期间，试验溶液的溶解氧浓度不小于 60%空气饱和值。

d）试验期间，受试物的实测浓度应不小于 80%配制浓度。如果试验期间受试物实测浓度与配制浓度相差超过 20%，则以受试物实测浓度平均值来确定试验结果。

31.2.5 试验数据和报告

31.2.5.1 试验数据

在对数-概率坐标纸上，绘制不同暴露时间下试验浓度对累计死亡率的曲线。用常用统计学程序计算出某暴露时间的 LC_{50} 值，并用标准方法计算 95%置信限[4, 5]。

如果试验数据不足以用标准方法计算 LC_{50} 值，可用不引起死亡的最高浓度和引起 100%死亡的最低浓度估算 LC_{50} 的近似值，即这两个浓度的几何平均值。

31.2.5.2 试验报告

试验报告应包括以下内容。

a）受试物的物理状态及相关理化特性等、标识信息。

b）试验用鱼的学名、品系、大小、来源、驯化情况等。

c）试验条件，包括使用的试验方法（如静态、半静态或流水式，以及曝气、承载量等），水质特性（pH、硬度、温度），每 24h 试验溶液中的溶解氧浓度、pH、温度，储备液及试验溶液配制方法，配制的试验溶液浓度，试验溶液中受试物的实测浓度，每一试验浓度用鱼数目。

d）结果，试验期间无死亡发生的最高浓度；试验期间导致 100%死亡的最低浓度；每个推荐观察时间下各个浓度的累计死亡率；每个推荐观察时间下的 LC_{50}，以及其 95%置信限；试验结束后的浓度-死亡率曲线图；确定 LC_{50} 的统计学方法；对照组的死亡率；试验期间可能会影响试验结果的因素；鱼的异常反应。

31.3　鱼类早期生活阶段毒性试验

经济合作与发展组织（OECD）化学品测试准则 210《鱼类早期生活阶段毒性试验》和国家标准 GB/T 21854—2008《化学品　鱼类早期生活阶段毒性试验》提供了鱼类早期生活阶段毒性试验[6,7]。鱼类生命早期生活阶段急性中毒试验用于确定危险物质和物品在早期生命阶段对受试生物的致死与亚致死效应，以评价该物质和物品对其他鱼种的慢性致死效应与亚致死效应。

31.3.1　试验原理

将处于早期生活阶段的鱼（胚胎）暴露于一定浓度范围的试验样品水溶液中，在流水条件或半静态条件下进行试验。开始试验时，将受精卵放入试样容器中，至对照组中所有的鱼能够自由摄食时结束试验。通过评价致死和亚致死效应及将其与对照组来比较确定试验样品的最低可见有害作用浓度（LOEC）、未见有害作用浓度（NOEC）。

31.3.2　试验准备

1. 仪器和设备

溶解氧测定仪；水硬度计；温度控制仪；pH 计；分析天平；试验容器装置为化学惰性材料制成的水族箱或水槽，规格一致，体积适宜；如使用流水式试验装置，应具有控温、充气、控制流速等的系统。

2. 受试鱼类

（1）鱼种的选择

推荐使用的鱼种详见表 31-8 和表 31-9。使用其他鱼种时，石灰岩条件应做相应调整，并在报告中说明鱼种选择理由和试验方法。

表 31-8　推荐的受试鱼种

淡水	咸水
斑马鱼 *Brachydanio rerio*	鳉 *Cyprinodon variegates*
稀有鮈鲫 *Gobiocypris rarus*	
虹鳟 *Oncorhynchus mykiss*	
黑头软口鲦 *Pimephales promelas*	
青鳉 *Oryzias latipes*	

表 31-9　其他经充分证明且已使用的鱼种示例

淡水	咸水
银大麻哈鱼 *Oncorhynchus kisutch*	月银汉鱼 *Menidia menidia*
大鳞大麻哈鱼 *Oncorhynchus tschawytscha*	半岛银汉鱼 *Menidia peninsulae*
鳟 *Salmo trutta*	
鲑 *Salmo salar*	
溪红点鲑 *Salvelinus fontinalus*	
湖红点鲑 *Salvelinus namaycush*	
白斑狗鱼 *Esox lucius*	
白亚口鱼 *Catostomus commersoni*	
蓝鳃太阳鱼 *Lepomis macrochirus*	
斑鮰*Ictalurus punctatus*	
乔氏鳉 *Jordanella floridae*	
刺鱼 *Gasterosteus aculeatus*	
鲤 *Cyprinus carpio*	

（2）亲鱼的驯养

亲鱼驯化条件要求见表 31-7 和表 31-10。

在繁殖前，亲鱼应驯养 14 天以上，驯养环境应符合如下条件。

a）温度：与试验鱼种相适宜。

b）光照：每天 12～16h 光照。

c）溶解氧：不小于 80%空气饱和值。

d）疾病处理：不做任何疾病处理。

e）喂养：每天喂食，提供多样化的饵料。

表 31-10　其他已有良好记录的亲鱼和受试鱼喂养、繁殖操作要求[②]

种类	食物				孵化后转移时间（如适用）	首次喂食时间
	繁殖亲鱼	初孵仔鱼	稚鱼			
			种类	频率		
银大麻哈鱼 *Oncorhynchus kisutch*	鲑鱼食物	不需要[①]	鲑鱼酵母	2～4 次/天	孵化后或者能游泳后的 26～36 天	开始游泳并且转移后
大鳞大麻哈鱼 *Oncorhynchus tschawytscha*	鲑鱼食物	不需要	鲑鱼酵母	2～4 次/天	孵化后或者能游泳后的 26～36 天	孵化后并且开始游泳的 23 天
鳟 *Salmo trutta*	鲑鱼食物	不需要[①]	鲑鱼酵母	5 次/天	孵化后或者能游泳后的 21 天	能游泳时
鲑 *Salmo salar*	鲑鱼食物	不需要	鲑鱼酵母	5 次/天	孵化后或者能游泳后的 21 天	能游泳时

续表

种类	食物				孵化后转移时间（如适用）	首次喂食时间
	繁殖亲鱼	初孵仔鱼	稚鱼			
			种类	频率		
溪红点鲑 *Salvelinus fontinalus*	鲑鱼食物	不需要	鲑鱼酵母	5次/天	孵化后或者能游泳后的21天	能游泳时
湖红点鲑 *Salvelinus namaycush*	鲑鱼食物	不需要	鲑鱼酵母	5次/天	孵化后或者能游泳后的21天	能游泳时
白斑狗鱼 *Esox lucius*	活小鲦鱼	BSN48	仔鱼		每天转移出孵化鱼	孵化后1周或带有卵黄囊游动
白亚口鱼 *Catostomus commersoni*	FBS	不需要	BSN48	3次/天	所有胚胎孵化后转移一次	孵化后或者能游泳后的7～8天
蓝鳃太阳鱼 *Lepomis macrochirus*	FBS，鲑鱼食物	BSN	BSN48	3次/天		游泳时
斑鮰 *Ictalurus punctatus*	鲇鱼食物	改进的Oregon	改进的Oregon	至少3次/天	26℃时的6～7天②	能游泳的48h内
乔氏鳉 *Jordanella floridae*	FBS，片状食物，BSN	BSN48，片状食物或原生动物/轮虫	BSN48，片状食物	齿虫无节幼体1次/天，片状食物2次/天或片状食物和原生动物轮虫1次/天	从孵化到游泳	孵化后的24h内
刺鱼 *Gasterosteus aculeatus*	吡甲四环素FBS	轮虫	BSN48，热带鱼薄片饲料	BSN48 2～3次/天，热带鱼薄片饲料1次/天	孵化后几小时	孵化后的24h内
鲤 *Cyprinus carpio*	专用鲤鱼食物，冻干线虫或鲑鱼食物	BSN	BSN48，泥土，鲑鱼酵母，片状食物	3～4次/天	一旦孵化完成	孵化后的36～48h
月银汉鱼 *Menidia menidia*	BSN48，片状食物		BSN48和轮虫BSN48	3次/天 2次/天	不适用	第一次孵化后的24h内
半岛银汉鱼 *Menidia peninsulae*	FBS或片状食物		BSN48和轮虫BSN48	3次/天 2次/天	不适用	第一次孵化后的24h内

注：BSN. 卤虫幼体，刚孵出的（无节幼体）；BSN48. 卤虫幼体，孵出约48h；FBS. 冷冻的卤虫（又称盐水丰年虫，*Artemia* sp.）成体；①表示卵黄囊仔鱼不需要食物；②表示使用内径为6mm的玻璃虹吸管处理鱼体

3. 试验用水

（1）水质

可用曝气除氯的自来水、高质量的天然水或标准稀释水。

稀释水必须保证对照组试验鱼的存活率达到表 31-11 的要求。整个试验期间水质应保持恒定，定期取样分析，每隔 3 个月测定重金属、主要的阴和阳离子、农药、总有机碳及悬浮物等指标。合格稀释水的化学特性如表 31-12 所示。

表 31-11　推荐鱼种的试验条件、周期和存活率

种类	试验条件			推荐的试验周期	对照组的存活率最小百分值/%	
	温度/℃	盐度/‰	光照周期/h		孵化率	鱼苗存活率
斑马鱼 *Brachydanio rerio*	25±2		12～16⑦	孵出后 30 天		70
稀有鮈鲫 *Gobiocypris rarus*	25±2		12～16⑦	对照组自由摄食后 2 周（或孵出后 28 天）	>66	70
黑头软口鲦 *Pimephales promelas*	25±2		16	试验开始后 32 天（或孵出后 28 天）	>66	70
虹鳟 *Oncorhynchus mykiss*	10±2① 12±2②, ④		—③	对照组自由摄食后 2 周（或孵出后 60 天）	>66	70
青鳉 *Oryzias latipes*	24±1① 23±2②, ⑤		12～16⑦	孵出后 30 天		80
鳉 *Cyprinodon variegates*	25±2	15～30⑥	12～16⑦	试验开始后 32 天（或孵出后 28 天）	>75	80

①表示对于胚胎；②表示对于仔鱼和稚鱼；③表示对于仔鱼，孵化后的一周内不能光照，除了对它们进行检查时，然后在试验过程中采用柔和光照（12～16h）；④表示特殊品系的虹鳟必须使用其他的温度，亲鱼和卵使用的温度应当相同；⑤表示取代以前试验提出的温度控制要求；⑥表示对于任何试验都应当满足变化范围为±2‰；⑦表示同一试验中，光照周期应保持恒定

表 31-12　合格稀释水的化学特性

物质	浓度
颗粒物	<20 mg/L
总有机碳	<2 mg/L
游离氨	<1 μg/L
残留氯	<10 μg/L
总有机磷农药	<50 ng/L
总有机氯农药及多氯联苯（PCB）	<50 ng/L
总有机氯	<25 ng/L

（2）试验溶液

流水式试验必须具备受试物储备液连续分配和稀释系统。试验期间定期检查储备液和稀释水的流量变化，应不大于 10%。每 24h 流量应不小于试验容器容积 5 倍。

必要情况下可使用溶剂或分散剂（助溶剂）。

半静态试验中，将存活的受精卵或仔鱼移入新试验液，或将受试生物留在试验容器内，更新 2/3 以上试验溶液。

31.3.3　试验过程

1. 试验准备

（1）试验容器

用全玻璃、不锈钢或其他化学惰性材质制成，其尺寸应符合负荷率要求。在试验区域内随机摆放，每个试验区域的每个处理组最好也能随机设计，避免不必要的干扰。

（2）胚胎和仔鱼的处理

试验开始时，将胚胎和仔鱼暴露在置于大容器中的更小玻璃容器或不锈钢容器中，小容器的侧壁或底部有网以便试验液流经容器。这些小容器悬在臂上，通过臂的上下移动总保持生物体被浸没来保证试验液非紊流地流经小容器。支撑鲑受精卵的架子或者网子需要有足够大的孔径，以保证仔鱼孵化后能够落进大容器中。

仔鱼孵出后，将大容器内用于放卵的容器、格栅或网移开。转移仔鱼时，不得暴露于空气，也不得用网具捞取。转移仔鱼的时机因种类不同而不同，是否转移应根据需要而定。

（3）暴露条件

a）持续时间：卵受精后开始试验。胚盘开始分裂前，将胚胎浸在试验液中。试验持续到对照组鱼能自由摄食。试验持续时间取决于所选鱼种（表 31-13）。

表 31-13　试验鱼种及适宜的试验条件

种类	推荐的试验温度范围/℃	光周期/h	推荐的初始鱼重范围/g	测量精度	负荷率/（g/L）	饲养密度/（尾/L）	饵料	试验周期/天
斑马鱼 *Brachydanio rerio*	21～25	12～16	0.050～0.100	1mg	0.2～1.0	5～10	活饵料（*Brachionus Artemia*）	≥28
稀有鮈鲫 *Gobiocypris rarus*	21～25	12～16	0.050～0.100	1mg	0.2～1.0	5～10	活饵料（*Brachionus Artemia*）	≥28
剑尾鱼 *Xiphophorus helleri*	21～25	12～16	0.5～2.5	50mg	1.2～2.0	4	活饵料（*Brachionus Artemia*）	≥28
虹鳟 *Oncorhynchus mykiss*	12.5～16.0	12～16	1～5	100mg 左右	1.2～2.0	4	干的鲑鱼鱼苗食品	≥28
青鳉 *Oryzias latipes*	21～25	12～16	0.050～0.100	1mg 左右	0.2～1.0	5～20	活饵料（*Brachionus Artemia*）	≥28

b）负荷率：受精卵的数量应能满足统计学需要。受精卵随机分配于各浓度组，每个浓度组 60 粒卵，平行分配到两个平行组。保证试验液的溶解氧浓度不低于 60%空气饱和值。流水式试验中，24h 流量的负荷率不超过 0.5g/L，容器内溶液的负荷率不超过 5g/L。

c）光照和温度：光照周期和水温应适合受试生物（表 31-13）。

d）喂食：不同生长阶段的鱼适时适量投饵。及时清除剩余食物和粪便。喂食方案见表 31-12。

（4）试验浓度

a）根据急性毒性试验得到的 96h LC_{50} 设定试验浓度范围，试验最高浓度不超过 96h LC_{50} 或 10mg/L。

b）以几何级数系列设置 5 个受试物浓度，浓度的间隔系数不大于 3.2。限量试验组可设置少于 5 个浓度。浓度设置小于 5 个时需说明理由。

c）避免使用助溶剂，如必须使用，其所用浓度不大于 0.1mL/L，且应保持相同。

d）在试验系列中必须设置一个稀释水对照组，如果试验中使用了助溶剂，还需要设置一个助溶剂对照组。

2. 试验操作

（1）分析测量的频次

试验期间，定期测定受试物浓度 5 次。试验持续时间超过 1 个月，每周测定一次。必要时对样品进行过滤（0.45μm 孔径）或离心。

试验期间，测量所有试验容器中的溶解氧、pH、总硬度、盐度、温度。每周测量一次溶解氧、盐度和温度。试验开始和结束时，测量 pH 和硬度。一个试验容器中的温度进行连续测定。

（2）胚胎发育阶段

准确地记录试验开始时胚胎发育所处的时期。可保存部分清洁的卵作为标准。

（3）孵出和存活

每天观察一次孵出及存活情况，并记录数量。移走死亡的胚胎、仔鱼和稚鱼。移走死亡个体时应避免磕碰周围的卵或仔鱼或对其造成物理伤害。各阶段的死亡判断标准为：①卵，特别是在早期阶段，由于蛋白质的凝固作用和/或沉降作用，半透明状显著丧失（变为不透明）兼有颜色上的变化；②胚胎，没有身体运动或心脏停止搏动；③仔鱼和稚鱼，静止不动，无呼吸运动，无心脏跳动，中枢神经系统呈白色不透明，对机械刺激无反应等一种或多种症状。

（4）异常表征记录

根据试验周期和出现畸形的类型，定期记录畸形仔鱼或鱼的数量。关注某些鱼种自然发生的胚胎和仔鱼畸形，以及其占对照组的百分比。及时清除死亡的畸形个体。

（5）异常行为记录

根据试验周期定期记录异常行为，如呼吸急促、不协调的游动、反常的静止和异常的摄食等。

（6）称量

试验结束时对所有存活的鱼进行称重，建议逐一进行，对于特别小的鱼，以试验容器为组整组称量干重（60℃烘 24h）。

（7）长度测量

在试验结束时，建议逐一测量鱼体长度，测量指标可用标准长（即体长）或全长，若尾鳍腐烂或腐蚀，应采用标准长。

31.3.4 质量保证与控制

有效的试验应满足以下的条件。

a）试验期间，溶解氧浓度应为 60%～100%空气饱和值。

b）试验期间任何时候，各试验容器之间或各连续时间内的水温差不能超过±1.5℃，且应在受试生物适宜的温度范围内（表 31-11 和表 31-14）。

c）受试物浓度保持在平均测量值的±20%。

d）在对照组和相应的溶剂对照组中，受精卵的总存活率必须不小于表 31-14 中规定的限定值。

e）使用助溶剂时，应设置溶剂对照组以证实其对受试生物在早期生活阶段的存活无显著影响及其他任何不利影响。助溶剂的浓度应不大于 0.1mL/L。

表 31-14 其他已有良好记录鱼种的试验条件、周期和存活率

种类	试验条件		推荐的试验周期	对照组的存活率最小百分值/%	
	温度/℃	光照周期/h		孵化率	鱼苗存活率
银大马哈鱼 *Oncorhynchus kisutch*	10①，12②	—③	孵出后 60 天	>66	70
大鳞大马哈鱼 *Oncorhynchus tschawytscha*	10①，12②	—③	孵出后 60 天	>66	70
鳟 *Salmo trutta*	10	—③	孵出后 60 天	>66	70
鲑 *Salmo salar*	10	—③	孵出后 60 天	>66	70
溪红点鲑 *Salvelinus fontinalus*	10	—③	孵出后 60 天	>66	70
湖红点鲑 *Salvelinus namaycush*	12～18	16	孵出后 60 天	>66	70
白斑狗鱼 *Esox lucius*	7	—③	试验开始后 32 天	>66	70
白亚口鱼 *Catostomus commersoni*	15	16	试验开始后 32 天	>66	80

续表

种类	试验条件		推荐的试验周期	对照组的存活率最小百分值/%	
	温度/℃	光照周期/h		孵化率	鱼苗存活率
蓝鳃太阳鱼 *Lepomis macrochirus*	28	16	试验开始后 32 天		75
斑鮰 *Ictalurus punctatus*	26	16	试验开始后 32 天		65（全部）
乔氏鳉 *Jordanella floridae*	24～26	16			
刺鱼 *Gasterosteus aculeatus*	18～20	12～16	28 天	80	80
鲤 *Cyprinus carpio*	21～25	12～16	孵出后 28 天	＞80	75
月银汉鱼④ *Menidia menidia*	22～25	13	28 天	＞80	60
半岛银汉鱼④ *Menidia peninsulae*	22～25	13	28 天	＞80	60

①表示对于胚胎；②表示对于仔鱼和稚鱼；③表示对于仔鱼，孵化后的一周内不能光照，除了对它们进行检查时，然后在试验过程中采用柔和光照（12～16h）；④表示盐度 20%

31.3.5　试验数据和报告

1. 试验数据处理

（1）统计参数

累计死亡率；试验结束时的健康鱼数；开始孵出及全部孵出的时间；每天孵出仔鱼数；存活个体的长度及质量；畸形仔鱼数；呈现异常行为的鱼数。

（2）统计分析方法

允许对试验容器数量、浓度组数目、试验开始时受精卵数、测量参数等试验设计进行合理调整，建议统计包括试验设计和分析。

采用方差分析或列联表方法分析浓度组间的变异。对于平行组间差异很小的数据，可使用 Dunnett's 方法对各个浓度组和对照组之间的结果进行多重比较。

2. 试验报告

试验报告应包括以下内容。

a）受试化学品的物理状态及相关理化特性等、标识信息。

b）受试生物学名、品系、来源，受精卵的收集方法及随后的处理。

c）试验条件，包括使用的试验方法（如静态、半静态或流水式，负荷），光照周期，试验设计（如试验容器及其平行的数目，每个平行中的胚胎数），制备储备液的方法及试液更新的频率（若使用助溶剂，需给出其成分和浓度），受试化学品浓度的实测值和标准差，分析测量方法及测量值与受试化学品实际浓度相关的证据，稀释水特性[pH、硬度、温度、溶解氧浓度、残留氯水平（若测定）、总有机碳、悬浮物、试验介质的盐度（若测定）及其他测定数据]，试验容器内的水质（pH、硬度、温度和溶解氧浓度），喂食的详细内容（如食物种类、来源，喂食量和频率）。

d）试验结果，对照组总存活率及是否符合该鱼种的有关标准；胚胎、仔鱼和稚鱼的死亡和/或存活数据，以及总死亡和/或存活率；孵出天数及孵出数目；长度及质量数据；形态异常的发生率及描述；行为效应的发生率及描述；数据的统计分析及处理；所测定的每个反应的未见有害作用浓度（NOEC）；所测定的每个反应的最低可见有害作用浓度（LOEC）（P=0.05）；所有有效的浓度-反应数据及曲线。

e）结果讨论　并对偏离测试标准方法之处加以说明。当试验溶液中所测受试化学品浓度大小与分析方法的检出限接近时，对结果的阐述应当慎重。

31.4　鱼类幼体生长试验

经济合作与发展组织（OECD）化学品测试准则 215《鱼类幼体生长试验》和国家标准 GB/T 21806—2008《化学品　鱼类幼体生长试验》提供了鱼类幼体生长试验方法[8, 9]。鱼类幼体生长试验用于测试延长化学品暴露时间对鱼类幼鱼生长的毒性影响。

31.4.1　试验原理

将处于指数生长阶段的幼鱼称重后放入试验容器中，并在试验样品的亚致死浓度下暴露于流水式试验条件或半静态试验条件。试验周期为 28 天。每天投饵，投饵量根据鱼的初始质量计算，14 天后应重新计算投饵量。试验结束时，再次称重。通过回归模型估计引起 x%生长率变化的浓度，从而分析其对生长率的影响。通过试验组与对照组的比较确定最低可见有害作用浓度（LOEC）及未见有害作用浓度（NOEC）。

31.4.2　试验准备

1. 仪器和设备

溶解氧和 pH 测定仪；水硬度和碱度测定设备；温度控制及连续测温设备；用化学惰性材料制成的试验容器，容积要考虑到负荷和饲养密度（表 31-15）；天平（精确度±0.5%）。

表 31-15　试验鱼种及适宜的试验条件

鱼种	推荐的试验温度/℃	光周期/h	推荐的初始鱼重范围/g	测量精度	负荷率/(g/L)	饲养密度/(尾/L)	饵料	试验周期/d
斑马鱼 *Brachydanio rerio*	21～25	12～16	0.050～0.100	1mg	0.2～1.0	5～10	活饵料（*Brachionus Artemia*）	≥28

续表

鱼种	推荐的试验温度/℃	光周期/h	推荐的初始鱼重范围/g	测量精度	负荷率/(g/L)	饲养密度/(尾/L)	饵料	试验周期/d
稀有鮈鲫 *Gobiocypris rarus*	21～25	12～16	0.050～0.100	1mg	0.2～1.0	5～10	活饵料（*Brachionus Artemia*）	≥28
剑尾鱼 *Xiphophorus helleri*	21～25	12～16	0.5～2.5	50mg	1.2～2.0	4	活饵料（*Brachionus Artemia*）	≥28
虹鳟鱼 *Oncorhynchus mykiss*	12.5～16.0	12～16	1～5	100mg 左右	1.2～2.0	4	干的鲑鱼鱼苗食品	≥28
青鳉 *Oryzias latipes*	21～25	12～16	0.050～0.100	1mg 左右	0.2～1.0	5～20	活饵料（*Brachionus Artemia*）	≥28

2. 系统选择

试验期间，应尽可能维持条件恒定，使用流水式试验系统或半静态试验系统。

3. 试验鱼类

（1）试验鱼类选择

推荐使用的淡水鱼种为稀有鮈鲫（*Gobiocypris rarus*）、斑马鱼（*Brachydanio rerio*）和剑尾鱼（*Xiphophorus helleri*）（表 31-13）。

如果使用其他鱼种，试验过程中需调整相应的试验条件，并在报告中说明试验鱼种和试验方法的选择理由。

（2）试验鱼的驯养

试验鱼应来自单一种群，并来自同一批卵或幼鱼。试验前应在与试验相同的条件下驯养 14 天以上。驯养及试验期间，每天投饵量应为体重的 2%～4%。

驯养开始 48h 后，记录死亡率，并按照下列标准处理。

a）驯养 7 天内，死亡率大于 10%，舍弃全组鱼。

b）死亡率在 5%～10%，继续驯养 7 天；在继续驯养的 7 天内死亡率超过 5%，舍弃全组鱼。

c）驯养 7 天内，死亡率小于 5%，接受该组鱼试验。

试验开始前的两周内及试验期间不对鱼进行任何疾病处理。

4. 试验用水

（1）水质

试验用水的 pH 应为 6.5～8.5，在试验期间变化幅度应保持在±0.5。推荐硬度（以

$CaCO_3$ 计）大于 140mg/L。定期取样进行分析，分析测定重金属（如 Cu、Pb、Zn、Hg、Cd、Ni）、主要的阴和阳离子（如 Ca^{2+}、Mg^{2+}、Na^+、K^+、Cl^-、SO_4^{2-}）、农药（如总有机磷和总有机氯农药）、总有机碳和悬浮物。合格稀释水的化学特性应符合表 31-12。

（2）试验溶液

通过稀释储备液的方法来配制确定浓度的试液。储备液的配制推荐采用机械方式（如搅拌或超声），使受试化学品在稀释水中进行简单混合或胶冻。需要使用助溶剂或分散剂时，助溶剂对照组不能对幼鱼生长有明显影响，也不能对幼鱼有任何可观察到的不利影响。推荐的助溶剂包括丙酮、乙醇、甲醇、二甲基亚砜、二甲基甲酰胺、三甘醇。推荐的分散剂包括聚氧乙烯化脂肪酸甘油酯、吐温 80、0.01%的甲基纤维素、聚氧乙烯化氢化蓖麻油。

流水式试验应具备连续分配和稀释受试化学品储备液的系统。每天定时检查储备液和稀释水的流速，变化应小于或等于 10%。

半静态试验中，试液的更新频率取决于受试化学品的稳定性。浓度不稳定的受试化学品，采用流水式试验。

31.4.3　试验过程

1. 设计

（1）试验设计

试验设计原则如下。

a）试验设计的浓度应包含效应浓度，应设计预试验。

b）试验包括 1 个空白对照组及 5 个浓度梯度试验组。试验中使用助溶剂时，需增设助溶剂对照组。

c）采用几何级数系列或对数系列（表 31-16）设置试验浓度，推荐对数间隔。

d）试验容器超过 6 个时，超出的部分容器可设置为平行，或增加梯度浓度。

e）回归分析优于方差分析。没有合适的回归模型（$r^2<0.9$）时，使用 NOEC 或 LOEC 评价。

表 31-16　毒性试验浓度对数表格

纵列（10～100 或 1～10 的浓度数字）						
1	2	3	4	5	6	7
100	100	100	100	100	100	100
32	46	56	63	68	72	75
10	22	32	40	46	52	56
3.2	10	18	16	22	27	32
1.0	4.6	10	16	22	27	32
	2.2	5.6	10	15	19	24
	1.0	3.2	6.3	10	14	18

续表

纵列（10～100 或 1～10 的浓度数字）						
1	2	3	4	5	6	7
		1.8	4.0	6.8	10	13
		1.0	2.5	4.6	7.2	10
			1.6	3.2	5.2	7.5
			1.0	2.2	3.7	5.6
				1.5	2.7	4.2
				1.0	1.9	3.2
					1.4	2.4
					1.0	1.8
						1.3
						1.0

（2）方差分析估计 NOEC/LOEC 的设计

每个浓度应设平行，并对试验组进行统计分析。没有平行组时，应对处于相同条件下的各试验鱼进行统计分析。

设置 5 个浓度组，应以几何均数分布，浓度间隔系数不应超过 3.2。

平行对照组的容器数量及试验鱼数量应为相应试验组数量的两倍，且鱼的个体大小应相同。如果没有设置平行，对照组鱼的数目与相应试验组数量相同。

根据容器数量进行方差分析（ANOVA），但需要足够的平行组才能确定各浓度组平行容器的标准差，且方差分析中标准误的自由度应至少为 5。

2. 试验准备

（1）试验鱼的选择和称量

试验前取样称量，确保试验鱼的质量差异小。推荐试验用鱼的大小范围见表 31-13。试验用鱼的个体质量应在平均体重的±10%，任何情况下都不得超过 25%。试验前取部分鱼样品称量以测定平均体重。

试验前 24h 停止喂食，随机挑选试验鱼。常规麻醉剂麻醉，逐尾称鲜重至相应精度。合适质量的鱼随机分配到每个试验容器。记录容器中鱼的总鲜重。幼鱼进行处理应尽量小心，避免对试验鱼产生胁迫与损伤。

试验 28 天后对鱼再次称重。需要重新计算饵料投喂量时，在试验 14 天进行称重。

（2）暴露条件

a）暴露时间：大于或等于 28 天。

b）负荷率和饲养密度：与试验中所使用的鱼种（表 31-13）相适应。负荷率应低至在未曝气条件下溶解氧浓度至少为 60%空气饱和值。推荐换水频率是 6L/（g · d）。

c）喂养：必须喂养适当的食物（表 31-13），采用适当的投放率以获得适当的生长率。也可以通过称重确定喂食量，称重前应禁食 24h。

d）光照和温度：光周期和水温应适合鱼种的生长（表 31-13）。

（3）试验浓度

设置 5 个试验样品浓度。试验浓度低于 5 个应说明理由。设置的最高浓度不得超过受试化学品的水中溶解度。

若使用助溶剂，其最终浓度不能超过 0.1mL/L，且在试验容器中要保持相同。

稀释水对照组的数量依据试验设计而定。使用助溶剂时，助溶剂对照组的数量应与稀释水对照组相同。

3. 试验操作

（1）分析测试

试验期间，应规定时间间隔以定时测试试验样品的浓度。

a）流水式试验：要按时检测稀释液和毒物储备液的流速，最好每天一测，在整个试验中流速变化不能超过±10%。试验样品浓度变化不能超过设定值的±20%，试验开始后每周一次定期分析试验样品的最高和最低浓度。如果在测定中试验样品的浓度不能保证保持在设定值的±20%（有赖于试验样品的稳定性），就有必要分析每个浓度组的水样，分析频率同上。

b）半静态试验：若试验样品的浓度能够保持在设定值的±20%，试验开始后每隔一周分析测定新配制的试液和即将被更换的试液。对于不能保证检测物质浓度保持在设定值的±20%的试验，就有必要遵循同样方法对每个浓度都测定。

c）浓度的选取：试验结果应以测定浓度为准。如果整个试验期间溶液中试验样品浓度保持在设定值或初始浓度的±20%，结果可采用设定值或测定值计算。

d）水样处理：0.45μm 孔径滤膜过滤或离心，推荐使用离心。

e）测量试验中每组的溶解氧、pH 和水温。

f）测定对照组和一个高浓度组的总硬度、碱度、盐度。试验期间应至少测定 3 次溶解氧、盐度，即试验开始、中间和结束时。半静态试验中，应增加溶解氧的测试频率，尤其是每次试液更新前后，或至少每周一次。在静态试验中，应在每次试液更新的开始和结束时测定 pH。流水式试验则至少每周测试一次 pH。每个试验应进行硬度和碱度测试。应至少在一个试验容器中连续监测水温。

（2）观察

试验结束时，对所有存活的鱼按试验容器称总鲜重或逐尾称鲜重。推荐称总重。

试验期间每天观察与记录所有外部异常现象和反常行为。记录所有死亡率，尽快移除死鱼。不替换死鱼，负荷率和饲养密度应符合试验鱼的需求，以避免因试验容器中鱼数变化对试验鱼的生长造成影响，投喂量需相应调整。

31.4.4　质量保证与控制

a）试验结束时对照组鱼的死亡率小于或等于 10%。

b）试验组鱼平均质量的增长量应大于或等于 50%初始平均质量。

c）试验期间溶解氧浓度大于或等于 60%空气饱和值。

d）试验期间各试验容器间的水温差小于或等于±1℃，并应保持在受试生物适宜温度的±2℃（表 31-13）。

e）使用助溶剂时，应设置溶剂对照组以证实其对受试生物早期生活阶段的存活无显著影响及其他任何不利影响。助溶剂的浓度应不大于 0.1mL/L。

31.4.5 试验数据和报告

1. 试验数据

（1）统计参数

如果整缸鱼的死亡率超过 10%不应计算生长率，但应说明所有试验浓度的死亡率。介于时间 t_1 和 t_2 间的特定生长率 r 的计算方法如下：

$$r_1=\frac{\ln W_2-\ln W_1}{t_2-t_1}\times 100 \qquad (31\text{-}3)$$

$$r_2=\frac{\overline{\ln W_2}-\overline{\ln W_1}}{t_2-t_1}\times 100 \qquad (31\text{-}4)$$

$$r_3=\frac{\ln W_2-\overline{\ln W_1}}{t_2-t_1}\times 100 \qquad (31\text{-}5)$$

式中，r_1 为单尾鱼的比生长率，单位为 d^{-1}；r_2 为每个容器中鱼的平均比生长率，单位为 d^{-1}；r_3 为假定比生长率；W_1、W_2 为某尾鱼在时间 t_1 与 t_2 时的质量，单位为 g；$\ln W_1$ 为试验开始期间单尾鱼的体重对数；$\ln W_2$ 为试验结束期间单尾鱼的体重对数；$\overline{\ln W_1}$ 为试验开始期间容器中鱼重 W_1 的对数平均值；$\overline{\ln W_2}$ 为试验结束期间容器中鱼重 W_2 的对数平均值；t_1 与 t_2 为试验开始与试验结束的时间，单位为天。

r_1、r_2、r_3 根据 0～28 天计算，理想的结果应按 0～14 天和 14～28 天计算（在试验进行 14 天时测量）。

（2）结果的回归分析（剂量-反应模型）

a）这种分析方法适合分析特定生长率与浓度之间适宜的数学关系，可估算 EC_x，即任何所需 EC 值。运用此方法，不必计算单尾鱼（r_1）的 r 值，相反，可根据 r 的容器平均值（r_2）进行分析，尤其适用于个体较小的鱼种。

b）为得出浓度-反应曲线，应绘制容器平均比生长率（r_2）与浓度的关系图。

c）为表达 r_2 与浓度的关系，应选择恰当的模型，并且所选模型应有适当的理论支持。

d）如果每个容器中所存活的鱼数不相等，考虑到各组数量不同，无论模型是线性还是非线性的，建立模型时均应称重。

e）建立模型的方法必须能估计诸如 EC_{20} 及其离差（或者标准误或置信区间）等。为了建立适当的模型，拟合模型图应能显示其与数据的关系。

（3）LOEC 的估计结果分析

a）如果试验中每个浓度组都有平行，可根据容器平均比生长率的方差分析（ANOVA）对 LOEC 进行估算。但当存在显著差异（P=0.05）时，应选择适当的方法（如 Dunnett's 或 William 检验），通过将每个浓度组的 r 平均值与对照组的 r 平均值比较来确定最低浓度。如果所需的参数不能满足正态分布或非齐次性差异，则应考虑在方差分析前将数据转换成为齐次性差异，或进行加权方差分析。

b）如果试验中每个浓度没有平行，基于容器数的方差分析将不适用。此时，就要根据单尾鱼“假定”的比生长率 r_3 来进行方差分析。

c）将每个试验浓度的 r_3 平均值与对照组的 r_3 平均值进行比较，即可确定 LOEC。应考虑到这种方法既不能修正也不能防止容器间的差异，但当这种差异指单尾鱼之间的差异除外。如果分析中不包括单尾鱼，则需给出确定的方法和理由。

2. 试验报告

试验报告应包括：试验名称、目的、原理、准确的起止日期及下列内容。

a）受试化学品的物理状态及相关理化特性、化学标识，包括受试化学品的纯度、所用的定量分析方法等。

b）受试生物学名、品系、个体大小、来源及所有的前处理等。

c）试验条件，包括试验程序，试验设计，制备储备液的方法及试液更新的频率（若使用助溶剂，需给出其成分和浓度），受试化学品浓度的实测值和标准差，分析测量方法及测量值与受试化学品实际浓度相关的证据，稀释水特性[pH、硬度、温度、溶解氧浓度、残留氯水平（若测定）、总有机碳含量、悬浮物含量、试验介质的盐度（若测定）及其他测定数据]，试验容器内的水质（pH、硬度、温度和溶解氧浓度），饵料的详细信息。

d）试验结果，对照组总存活率及是否符合该鱼种的有关标准，符合有效存活标准的证据，以及所有试验浓度组的死亡率数据；所用的统计分析技术，依据平行或鱼进行统计，数据处理与所用技术的理由；列表数据包括在 0 天、14 天及 28 天的个体重或平均鱼重，或者 0～28 天或 0～14 天和 14～28 天的容器平均鱼重或假定的比生长率；统计分析结果，以表格和图形表示，包括标准差及 LOEC（P=0.05）和 NOEC 或 EC_x；所有鱼的异常反应发生率，以及由受试化学品引起的各种可观察效应。

e）结果讨论，并对偏离测试标准方法之处加以说明。当试验溶液中所测受试化学品浓度大小与分析方法的检出限接近时，或在半静态试验中，新配制的试液出现受试化学品浓度下降时，对结果的阐述应当慎重[10]。

31.5　藻类生长抑制试验

经济合作与发展组织（OECD）化学品测试准则 201《藻类生长抑制试验》和国家标准 GB/T 21805—2008《化学品　藻类生长抑制试验》提供了藻类（淡水绿藻和蓝藻）生长抑制试验方法[11, 12]。藻类生长抑制试验的目的是确定试验样品对单细胞藻类生长的影响。单细胞藻类个体小，世代时间以小时计算，采用本测试方法可在短时间内得到化学物质对藻类许多世代及种群水平上的影响并评价。

31.5.1　试验原理

不同浓度的受试化学品会对藻类（淡水绿藻和蓝藻）生长产生不同程度的影响。将处于指数生长期的淡水绿藻和蓝藻暴露于不同浓度受试化学品的水溶液中，试验周期为72h，测定并记录 24h、48h 和 72h 时藻类生物量，计算抑制率（与对照相比），得出 EC_{50} 及其 95%置信区间，并统计得出最低可见有害作用浓度（LOEC）和/或未见有害作用浓度（NOEC）。虽然试验周期相对较短，但是通过藻类若干代的繁殖可以评价其效应。

测定不同时间藻类的生物量，以量化藻类的生长和生长抑制。由于藻类干重难以测定，多使用其他参数替代，如细胞浓度、荧光性和光密度等。应知晓所使用的替代参数与生物量之间的换算关系。

测定终点为生长抑制，可以试验期间平均比生长率或生物量的增加来表示。从一系列试验浓度下的平均比生长率或生长量可以获得致使藻类生长率或生物量受到 x%抑制（如 50%）时的受试化学品浓度，并表达为 ErC_x 或 EyC_x（如 ErC_{50} 或 EyC_{50}）。

31.5.2 试验准备

1. 仪器和设备

a）一般的藻类实验室设备。

b）试验容器：根据需要可选择一定容积的试验容器，同一试验的容器应规格一致。为保证 CO_2 交换，要有一定的表面积-体积比：125mL 的三角瓶中测试液体积应为 40～60mL，250mL 三角瓶为 70～100mL，500mL 三角瓶为 100～150mL。

c）照度计：球面照度计和普通照度计。

d）培养设备；温度范围为 21～25℃（误差范围±2℃），连续均匀光照，光谱范围为 400～700nm，光通量为 0.72×10^{20} 光子/（$m^2 \cdot s$）（用球面照度计测定可产生光强为 8000lx 的光），连续光照 12∶12 或 14∶10（光暗比）。

e）机械振荡器：100 次/min±10 次/min，或定时人工摇动若干次。

f）培养容器：用棉塞、海绵塞、滤纸、纱布（2～3 层）、锡箔纸封闭，挥发性化学品试验时应用磨口玻璃塞完全密闭。

g）检测细胞浓度的设备：电子颗粒计数仪、荧光计、分光光度仪（必须使用至少 4cm 的吸收池作一曲线）、比色计、显微镜、浮游植物计数框（0.1mL）或细胞计数板、定量吸管（0.1mL）、手动计数器等。

h）电子分析天平、pH 计、高压灭菌锅等。

2. 受试生物的选择

选择一些不易附着于瓶壁上的绿藻和蓝藻作为受试物，如绿藻中的羊角月牙藻（*Pseudokirchneriella subcapitata*）、栅藻（*Desmodesmus subspicatus*）和普通小球藻（*Chlorella vulgaris*），蓝藻中的水华鱼腥藻（*Anabaena flos-aquae*）和聚球藻（*Synechococcus leopoliensis*），以及硅藻中的舟形藻（*Navicula pelliculosa*）等。

这些藻类的详细信息见表 31-17。也可选用其他藻类，但应在报告中说明其品系和来源，并确保在试验期间于相应的试验条件下保持指数增长。

表 31-17　试验藻类的外观和特征

项目	*P. subcapitata*	*D.subspicatus*	*N. pelliculosa*	*A. flos-aquae*	*S. leopoliensis*
外观	新月形或链形，单个细胞	椭圆形，单个细胞	杆状细胞	椭圆形，链状细胞	杆状细胞
大小（宽×长）/μm	（2～3）×（8～14）	（3～12）×（7～15）	3.7×7.1	3×4.5	1×6
细胞体积/（$μm^3$/个）	40～60①	60～80①	40～50①	30～40①	2.5②
细胞干重/（mg/个）	（2～3）×10^{-8}	（3～4）×10^{-8}	（3～4）×10^{-8}	（1～2）×10^{-8}	（2～3）×10^{-8}
生长率③/d^{-1}	1.5～1.7	1.2～1.5	1.4	1.1～1.4	2.0～2.4

①表示电子颗粒计数仪测定的结果；②表示用细胞大小计算的结过；③表示培养条件为 OECD 藻类培养基，光照强度 70μE/(m^2 · s)，温度 21℃

3. 藻类的储备培养

a）得到纯藻种后，需要加以保存，以备试验用。

b）藻种可在试管内固体培养基斜面上保存。在培养基中加入 0.8%的琼脂，灭菌后倒入试管，冷却成斜面，然后接种藻类，用棉塞封闭，在较低光照和温度条件下可保存较长时间。大约每隔 2 个月转接一次。

c）如果经常进行试验，储备培养物应在液体培养基中保存。在三角瓶中加入约 100mL 培养基，接种藻类，在试验要求的相同温度和光照条件下培养，每周转接一次，以保持培养物生长良好，随时有足够的数量可用于试验。对于生长快速的藻类，接种量为转接前藻细胞浓度的 1%。一般应在藻类进入生长停滞期前转接。

d）应该经常检查储备培养藻类的生长情况，包括形态和生长速度，以及有无其他藻类的污染。培养物有畸形生长或受到其他藻类或菌类的污染时应废弃或采取春化、复壮等措施。

e）为了避免藻种受到细菌和其他藻类的污染，必须在无菌室进行操作。

4. 藻类的预培养

从储备培养物中取出一定量的藻液，接种到新鲜的无菌培养基中，在试验要求的条件下培养。应使藻类在 2～4 天达到指数生长。经检查藻类生长健壮并处于对数生长期即可用来制备试验需要的藻类试验液，若藻类污染或生长异常（如畸形等）应废弃。

5. 试验条件

（1）培养基

可用于培养藻类的培养基很多，成分和浓度各不相同。推荐使用 OECD 和 AAP 藻类培养基。淡水藻类可用表 31-15 推荐的培养基，需要注意的是，两种介质的初始 pH 和缓冲能力（调节 pH 增加）是不同的。因此，测试结果可能因使用的介质而异，特别是在测试电离的物质。

当受试化学品为金属和螯合物或测定不同 pH 条件下其对藻类的影响时，可适当修改培养基，但在报告中应说明修改后培养基的组分，并阐明使用该培养基的合理性[13]。

（2）其他条件

温度为 21～24℃，同一试验中温差不大于 2℃。试验期间，必须保持藻细胞悬浮和 CO_2 流通。

试验期间，对照组 pH 的升高应小于 1.5。如果受试化学品是金属或混合物，且在试验 pH 发生部分离子化，那么必须限制 pH 的偏移，以确保获得可重复的良好的试验结果。

培养物应接受连续均匀的光照，光照强度应适宜受试生物。使用合适的接收器测定波长在 400～700nm 的对光合作用有效的光照，推荐的绿藻适宜生长光照强度为 60～120μE/(m^2 · s)，水华鱼腥藻适宜光照强度为 40～60μE/(m^2 · s)。光照强度差异应保持在±15%。

机械振荡器频率为（100±10）次/min 或定时人工摇动若干次。

31.5.3　试验过程

1. 制备

（1）受试化学品溶液的制备

a）如果受试化学品易溶于水，用经灭菌后的新鲜培养基配制受试化学品的储备液，其浓度为测试时所需最高浓度的 2 倍。用此储备液稀释配制成一系列不同浓度的受试化学品溶液，其浓度也分别为测试时所需浓度的 2 倍。

b）如果受试化学品难溶于水，用适当的溶剂，如丙酮、t-丁基乙醇和二甲基甲酰胺等制备受试化学品的储备液，其浓度应是测试时所需最高浓度的 10^4 倍。用此储备液稀释配制成一系列不同浓度的受试化学品溶液，其浓度也分别为测试时所需浓度的 10^4 倍。应选用对藻类生长无影响的溶剂，试验液中溶剂最大允许使用量为 100μg/L。

（2）藻液的制备

镜检并记数预培养的藻类，若藻类生长良好即可用于试验。试验液中藻类的初始生物量（干重）应小于 0.5mg/L，因此，各种藻类在试验液中的初始细胞浓度如下：①羊角月牙藻（*Pseudokirchneriella subcapitata*）5×（10^3～10^4）个/mL；②栅藻（*Desmodesmus subspicatus*）（2～5）×10^3 个/mL；③普通小球藻（*Chlorella vulgaris*）10^4 个/mL；④舟形藻（*Navicula pelliculosa*）10^4 个/mL；⑤水华鱼腥藻（*Anabaena flos-aquae*）10^4 个/mL；⑥聚球藻（*Synechococcus leopoliensis*）5×（10^4～10^5）个/mL。

如果受试化学品易溶于水，试验用藻液中的藻细胞浓度为初始细胞浓度的 2 倍；如果受试化学品难溶于水，试验用藻液中的藻细胞浓度为初始细胞浓度。

（3）试验液的制备

a）如果受试化学品易溶于水，将受试化学品溶液和藻液以 1∶1 的比例混合，即为试验液。对照组不加入受试化学品溶液而加入同体积的无菌培养基。

b）如果受试化学品难溶于水，向一定体积的藻液中加入 10μL 受试化学品溶液，即为试验液。增设溶剂对照组，其中加入 10μL 溶剂。

2. 试验操作

（1）预试验

a）为确定正式试验中试验样品的浓度范围，可以先进行一次预试验。

b）预试验的浓度可按对数间距排布，最低浓度应为试验样品的检测下限，最高浓度应为饱和浓度。无须设平行，测定项目和方法可简化，试验时间有时也可缩短。

c）如果预试验在最高浓度测到藻类的生长抑制低于 50%，或者在最低浓度测到藻类的生长抑制高于 50%，可不必再进行正式试验。

d）如果有必要进行正式试验，可根据预试验的结果确定正式试验时受试化学品的浓度范围和浓度间距。

（2）正式试验

a）根据预试验的结果进行正式试验，最好在藻类产生 5%～75%生长抑制效应之间以几何级数设置受试化学品浓度系列。正式试验至少设置 5 个浓度，浓度的间隔系数大于或等于 3.2，每个浓度 3 个平行。

b）如果试验不需要得出未见有害作用浓度（NOEC），可以适当减少平行数而增加试验浓度。

c）应同时设置空白对照组，若使用溶剂，还应增设溶剂对照组，对照组至少设 3 个平行。如果条件允许，对照组平行数为处理组的 2 倍。

（3）试验周期

试验周期为 72h。但为满足质量保证与质量控制的各项要求，也可根据实际情况缩短或延长试验周期。

（4）藻类生长状况的测定

试验开始后，每隔 24h，即在 24h、48h、72h 时，从每个瓶中取样进行测定。测定项目包括藻类细胞计数、光密度和叶绿素含量。测定方法如下。

a）细胞计数：在显微镜下，用 0.1mL 计数框或细胞计数板对藻细胞的数量计数。用计数框时可采用视野法，即对显微镜视野中的所有细胞计数。放大倍数为 40 或 10，每片至少计数 10 个视野，如果藻细胞密度小，则要适当增加计数视野，藻数按视野数累加。每次计数（同一批样品）应采用相同的方法（视野数目、放大倍数等）。每一样品至少计数 2 次，如计数结果相差大于 15%，应重复计数。如工作量过大，可先取样，用鲁哥氏液固定后保存，留待以后计数。镜检计数工作量较大，有条件时可采用电子颗粒计数仪。

b）光密度：取一定量的测试液在分光光度计上测定其光密度，波长可选用 650nm、663nm 或其他波长。亦可用荧光光度计测定。

c）叶绿素：样品经离心或过滤后，用丙酮、乙醇或其他溶剂萃取，进行分光测定。亦可用荧光光度计测定。

（5）分析检测

a）试验开始和结束时，应测定对照组和各处理组试验液的 pH，pH 的差异小于 1.5。如果受试化学品是金属或混合物，且在试验 pH 发生部分离子化，那么必须限制 pH 的偏移，以确保获得可重复的试验结果。偏移小于 0.5 在理论上是可行的，并且可以通过

确保有充足的 CO_2 在空气和试验液间交换来实现，如增大摇动频率。另一个途径是通过减少初始生物量或缩短试验周期来减少 CO_2 的需求。

b）建立试液中受试化学品浓度的分析测定方法，试验开始和试验期间定期取样，测定各处理组试液的初始浓度及试验期间的暴露浓度。如果试验期间受试化学品的浓度能维持在设定浓度（或初始测定浓度）的±20%，测定试验开始和结束时一个高浓度组、一个低浓度组和约 50%生长抑制浓度组中受试化学品的浓度；如果不能，则测定各浓度组受试化学品的浓度。如果受试化学品具有挥发性、不稳定性或强吸附性，则每隔 24h 应测定一次。

c）用于受试化学品浓度分析的培养基应与试验用培养基经过同样的处理，即它必须接种了绿藻且在相同试验条件下培养。如果需要分析溶解的受试化学品浓度，必须将藻类从培养基中分离出来，最好使用离心法，较低转速就可使藻类沉淀。

d）结果计算以测定浓度为准。如果测定浓度为设定浓度（或初始浓度）的 80%～120%，可以用设定浓度或初始浓度来计算；如果超出该范围，则使用测定浓度的几何平均值或受试化学品浓度下降的模型进行结果计算。

e）相对于其他绝大多数的短期水生生物毒性试验而言，藻类生长抑制试验是一个动态的试验系统。试验中实际的暴露浓度难以确定，尤其是强吸附性物质处于低浓度时。因此，由于吸附于生物量增加的藻类上，试液中受试化学品的消失并于意味着它从该试验系统中消失。结果计算时，需核查受试化学品浓度降低过程中是否伴随着藻类生长抑制效应的减少。如果发生此类情况，建议应用合适的受试化学品浓度下降模型。如果未发生此类情况，最好采用初始浓度（设定或测定）的分析结果进行计算。

（6）试验观察

试验结束时，镜检试液中藻细胞生长是否健康正常，记录并说明细胞的任何异常情况，如畸形等（暴露于受试化学品中引起的）。

（7）限量试验

若预试验的结果表明，受试化学品在 100mg/L 浓度下（或在试验液中的最大溶解度下，该溶解度大于 100mg/L）对受试藻类没有产生任何可观察到效应，正式试验可使用限量试验，限量试验的浓度为 100mg/L，如果受试化学品在试验液中的最大溶解度大于 100mg/L，则取最大溶解度作为限量试验的浓度。

限量试验设 6 个重复，对照组与处理组应同时进行。所有上述有关试验条件和质量保证与质量控制的内容均适用于限量试验。对照组和处理组测得的响应变量需用统计学方法进行比较分析，如 t 检验。如果两组所得变量不规则，则调整 t 检验方法。

31.5.4 质量保证与控制

试验达到以下指标方为有效。

a）试验开始的 72h 内，对照组藻细胞浓度应至少增加 16 倍，即比生长率不小于 0.92/天。对于常用的试验藻种，比生长率远高于此。如果试验使用了其他生长较慢的藻种，该指标可能不能满足。如果发生此类情况，应延长试验周期，直至对照组藻细胞呈指数增长且浓度增加 16 倍。同时，可缩短试验周期，但至少应为 48h 且供给充足，同样应达到对照组藻细胞呈指数增长且浓度增加 16 倍。

b）试验各阶段，如 0～1 天、1～2 天和 2～3 天，对照组比生长率的变异系数平均值小于 35%。

c）整个试验期间，对照组各平行平均比生长率的变异系数，羊角月牙藻（*Pseudokirchneriella subcapitata*）和栅藻（*Desmodesmus subspicatus*）不大于 7%，其他推荐藻类不大于 10%。

31.5.5　试验数据和报告

1. 试验数据

（1）绘制生长曲线

用测定的替代参数（如藻细胞浓度、荧光性）表示试验容器中藻类的生物量。

以表格形式列出 24h、48h 和 72h 时对照组与各处理组的试验容器中藻类生物量。

以各平行试验平均值，绘制对照组、处理组的藻类生物量-时间曲线。可采用直线坐标轴或对数坐标轴，推荐使用对数坐标轴绘制直线生长曲线，直线斜率即藻类比生长率。

观察生长曲线，检查试验期间对照组的指数生长期是否达到预期的比生长率。仔细检查所有数据点和相关图表，核对原始数据和可能产生误差的环节。仔细检查可能偏离系统误差的所有数据点。如果发现了明显的程序上错误或该错误发生的可能性非常高，将相关的数据点标为异常值，并在进行下一步的统计分析时剔除这些数据（如果其中一个平行中藻类的浓度为零，那可能是该平行试液中未接入藻类或器皿的洗涤方法不正确）。试验报告中对于作为异常值被剔除的数据应阐明原因。可以接受的原因只限于程序上的错误和精密度差。判定异常值的统计学程序仅仅适用于此类问题，它并不能代替专家评审。最好在之后出现的图表中保留异常值。

（2）参数计算

计算以下参数以评价受试化学品对藻类的影响。

a）比生长率：试验期间，每天生物量的增长用式（31-6）表示

$$\mu_{i-j}=\frac{\ln X_j-\ln X_i}{t_j-t_i} \qquad (31\text{-}6)$$

式中，μ_{i-j} 为从 i 时间到 j 时间的比生长率，单位为 d^{-1}；X_i 为 i 时间的生物量；X_j 为 j 时间的生物量。

对于各处理组和对照组，计算各平行的平均值进行毒性评价。

采用初始生物量的设定值计算整个试验（通常 0～3 天）的平均比生长率，比采用测量值计算得更精确，特别是生物量低时。如果测定生物量时使用了非常精密的仪器，可使用初始生物量的测量值进行计算。计算并评估试验过程中每天（0～1 天、1～2 天和 2～3 天）的比生长率，并检查对照组的比生长率是否符合质量保证和质量控制的要求。如果与总平均比生长率相比，第一天的比生长率相当低，说明第一天藻类处于生长停滞期。通过预培养消除对照组的生长停滞期或使其最小化，试验组生长停止表明藻类

经受试化学品作用后可能恢复或由于受试化学品损失（包括吸附于藻类上的）暴露量减少了。因此，为了评价暴露期间受试化学品对藻类生长的影响，应评价试验各阶段的生长率。如果平均比生长率和各阶段生长率间存在显著差异，说明藻类未保持持续指数增长，因此，要仔细检查生长曲线。

b）以比生长率为基础的抑制率见式（31-7）：

$$I_r = \frac{\mu_C - \mu_T}{\mu_C} \times 100 \quad (31\text{-}7)$$

式中，I_r为以比生长率为基础的抑制率，%；μ_C为对照组各平行比生长率的平均值；μ_T为试验组各平行的比生长率。

c）生长量：试验期间，生物量的增长见式（31-8）：

$$I_y = \frac{Y_C - Y_T}{Y_C} \times 100 \quad (31\text{-}8)$$

式中，I_y为以生长量为基础的抑制率，%；Y_C为对照组各平行生长量的平均值；Y_T为试验组各平行的生长量。

如果试验设置了溶剂对照组，进行抑制率计算时，应以溶剂对照组为准。

由比生长率和生长量分别得出的毒性数据没有可比性，在应用试验结果时应注意区分。由于计算方法的不同，由平均比生长率得出的 ErC_x 一般高于由生长量得出的 EyC_x。由于所使用的计算方法不同，两个变量灵敏度的差异不用特别说明。平均比生长率的定义基于在营养充足条件下藻类的指数生长模式，毒性评价是依据受试化学品对生长率的影响，而不是依据对照组比生长率的绝对水平、剂量-效应曲线的斜率或试验周期。相对而言，基于生长量得出的结果是依据所有其他变量得出的。由于种类和品系的不同，基于各试验中藻种的平均比生长率和最大比生长率得出的 EyC_x 也不同，该响应变量不能用于比较不同种类和品系藻类对有毒物质的灵敏度。用平均比生长率进行毒性评价更科学。

（3）绘制剂量-效应曲线

以受试化学品浓度的对数值为横坐标，比生长率的抑制率或生长量的抑制率为纵坐标，作出回归曲线，即剂量-效应曲线。作回归曲线时应忽略上一阶段已定为异常值的数据。

采用直线内插法或其他计算机统计软件得出 EC_{50}、EC_{10} 和/或 EC_{20} 这些关键值。但该方法有时可能不适用：①计算机统计软件不适用于所得数据，专家评审更有利于得到更可靠的结果，这种情况下，一些软件甚至不能给出一个可靠的解决办法（迭代不集中等）；②一般的计算机统计软件不适用于处理刺激效应数据。

（4）统计分析

通过回归分析得出量化的剂量-效应关系。对数据进行线性转化后，可以用加权线性回归进行统计，但是非线性回归是能够更好地处理不规则和偏离曲线但又不能忽略不计的数据的首选方法。对于像接近 0 抑制率或 100%生长抑制率这样不规则的难以进行分析的数据，通过转化可能被放大。主要使用概率单位、对数或韦布尔单位转化的标准方法是针对量子（如死亡率或存活率）数据的，为了使其与生长和生物量数据兼容，必须进行改良。非线性回归分析的应用详细说明见GB/T 21805—2008附录C。

统计分析各响应变量，通过剂量-效应关系求出EC_x及其95%置信区间（如果可能）。最好通过作图或统计分析响应数据是否与回归模型相符。采用各平行所得数据而不是各平行的平均值进行回归分析。如果数据过于分散，难以或不能拟合成非线性曲线，需要用各平行的平均值进行回归，这样可以减少可疑异常值的影响。如果选择这样处理，在报告中应将其作为常规程序的背离并进行说明和验证，因为曲线与个别平行相符并不是个好结果。

如果所得数据无法通过可利用的回归模型/方法求出EC_{50}及其95%置信区间，可采用直线内插法。

通过单因素方差分析（ANOVA），比较各试验组受试化学品对藻类生长的影响，得出LOEC和NOEC。必须采用适当的多重比较方法，比较各试验组的平均值和对照组的平均值是否存在显著差异。建议采用Dunnett's法或Williams法进行多重比较[14, 15]。必须评估ANOVA中变量具有齐次性的假设是否成立，可通过作图或试验[16]进行评估。建议采用Levene法或Bartlett法检验变量是否具有齐次性，如果结果是否定的，则应通过对数转换进行校正。如果非齐次性异常显著，难以通过数据转换来校正，建议采用递减的Jonkheere趋势检验进行分析。其他确定NOEC的准则可参考文献[17]。

（5）生长刺激

试验有可能观察到低浓度生长刺激效应（负抑制率），产生此效应的原因可能是毒物兴奋效应（毒物刺激效应）或受试化学品中刺激生长的因子加入至培养基中所致。值得注意的是，加入无机营养盐并不会产生直接的影响，因为试验期间培养基中的营养成分是保持过剩状态的。计算EC_{50}时，如果观察到明显的刺激效应或需要求解的EC_x中x值较低，建议采用毒物兴奋效应模型，否则可忽略不计。计算时尽可能避免从原始数据中删除刺激效应的部分。如果所使用的统计软件不容许刺激效应（次要地位）出现，则采用直接内插法。

（6）非受试化学品的毒性引起的藻类生长抑制

由于遮挡会减少有效光照，对于具有光吸收性的受试化学品来说，生长抑制现象加剧。应通过修改试验条件和试验方法等来区分理化性质等对藻类生长的影响。相关准则见参考文献[18, 19]。

2. 试验报告

试验报告应包括以下内容。

a）受试化学品的物理状态及相关理化特性（包括水溶解性）、化学特性（如CAS登记号）、纯度。

b）受试藻类的种类、来源或提供者、培养条件。

c）试验条件，包括试验开始日期和持续时间，试验设计（试验容器、培养体积和试验开始时的生物量密度），培养基的成分，试验浓度和平行（如平行数、试验浓度数及其公比），试验溶液的配制（包括溶剂的使用），培养设备，光照强度和光质（来源，是否均匀），温度，浓度（设定浓度和所有实测浓度，应说明添加回收试验的方法和仪器的最低检出限），对标准的所有背离，生物量的测定方法以及所测参数和干重的关系等。

d）试验结果，试验开始和结束时各处理组的pH，生物量的测定方法以及各测定时间点各试验容器的生物量，生长（生物量-时间）曲线，计算出的各平行的各参数及其平均值和变异系数，剂量-效应曲线，评估受试化学品对藻类的毒性（如 EC_{50}、EC_{10}、EC_{20}及其置信区间，LOEC和NOEC及统计学方法），如果采用单因素方差分析（ANOVA）进行统计说明最小显著差数，各试验组中任何对藻类生长有刺激效应的结果，观察到的其他效应（如藻类在形态学上的改变），结果讨论（包括对偏离的解释说明）。

31.6 溞类急性活动抑制试验

经济合作与发展组织（OECD）化学品测试准则 202《溞类急性活动抑制试验》和国家标准 GB/T 21830—2008《化学品 溞类急性活动抑制试验》提供了溞类急性活动抑制试验方法。溞类急性活动抑制试验用于评价化学物质对水生生物短期暴露的影响，以及化学物质对水生生物的急性效应，以确定和判断适用于繁殖试验的化学物质浓度[20, 21]，为进一步的生态毒理学研究提供依据。

31.6.1 试验原理

幼溞（试验开始时溞龄小于24h）以一定的浓度范围暴露于受试化学品溶液中48h，相对于空白对照组，观察记录24h和48h时受试化学品对溞类活动的抑制情况。通过对结果分析计算48h EC_{50}，亦可选择24h EC_{50}结果。

31.6.2 试验准备

1. 仪器和设备

使用标准的试验仪器及用具，与试验溶液接触的仪器最好完全是玻璃制的；测氧计（有微电极或其他用于测量小体积样品中溶解氧的合适仪器）；温度控制仪器；pH计；水硬度计。

2. 受试生物

（1）受试生物的选择

首选大型溞（*Daphnia magna* Straus），也可以使用其他溞类，如蚤状溞（*Daphnia pulex*）。试验开始时试验用溞应是小于24h的非头胎溞，并应来源于同一个保种培养的健康溞，即未表现出任何受胁迫现象（如死亡率高，出现雄溞和冬卵、头胎延迟、体色异常等）。

（2）受试生物的驯养

保种培养的条件（光照、温度、培养液）应与试验条件一致，一般试验用溞应在实验室条件下驯养至少48h。

3. 试验用水

a）可使溞类在培养、驯化及试验期间存活的天然水（地表/地下水）、重组水或去氯自来水及其他水均符合表 31-12 标准。试验期间水质应保持稳定，重组水应为添加有特定含量分析纯试剂的去离子水或蒸馏水，重组水如表 31-18 所示。对于大型溞（*Daphnia magna* Straus），水质条件：pH 为 6～9，硬度（以 $CaCO_3$ 计）为 140～250mg/L，如果用于其他溞类，也可以适当降低硬度。稀释水在使用前应充分曝气使溶解氧浓度达到饱和。

b）如果采用天然水，应至少每年两次（或怀疑水质可能发生明显变化时）取样测定水质，测定重金属（如 Cu、Rb、Zn、Hg、Cd、Ni 等）含量；如果采用去氯自来水，应每天分析残留氯的含量；如果采用地表/地下水，应测定电导率并分析水中的总有机碳（TOC）或化学需氧量（COD）。培养液中应含有已知的螯合剂，M4 和 M7 培养液应避免用于对含有金属的受试化学物质进行测试[21]。

表 31-18　ISO 试验用水示例[22]

储备液（单一物质）		每升水①储备液的加入量/mL
物质	每升水①的加入量/g	
$CaCl_2 \cdot 2H_2O$	11.76	25
$MgSO_4 \cdot 7H_2O$	4.93	25
$NaHCO_3$	2.59	25
KCl	0.23	25

①表示水为纯水，如去离子水、蒸馏水或反向渗透水，其电导率不能超过 10μS/cm

4. 试验液

试验液一般由储备液加水稀释而成。储备液由受试化学物质加入到试验用水中配制而成。尽量避免使用助溶剂、乳化剂或分散剂，但有时需要使用这些物质来配制适当浓度的储备液，有关助溶剂、乳化剂和分散剂的准则见参考文献[23]。任何情况下，受试化学品的浓度不能超过其在试验用水中的溶解度。

通常不能调节试验液的 pH。如果溶液的 pH 不在 6～9，调节储备液 pH 的同时进行第二套试验。调节 pH 可以使用 HCl 或 NaOH，但必须保证储备液的性质、浓度不发生改变，即不发生化学反应或沉淀作用。

31.6.3　试验过程

1. 暴露条件

（1）试验组和对照组

a）试验容器中盛有适当体积的试验用水和受试化学品溶液。对照组和试验组容器中空气与溶液的体积比应相同，每个试验浓度组和对照组至少 20 只溞，分成 4 组、每组 5 只溞，负荷量为每只溞不小于 2mL。当受试化学品浓度不稳定时，可以采用半静态或流水式系统进行试验。

b）除试验组外，应至少设置一组空白对照，如果使用溶剂还应包括溶剂对照组，溶剂浓度应与试验组中的溶剂浓度一致。

（2）试验浓度

a）正式试验前应先进行预试验以确定浓度范围，除非受试化学品已有可用的毒性资料。因此先将溞类暴露于较大范围浓度系列的受试化学品溶液中 48h，每个浓度 5 只溞，不设平行。若在短时间内即能够确定可用的浓度范围，预试验的暴露期可缩短至 24h 或更短。

b）根据预试验的结果进行正式试验，在使溞类全部发生活动抑制的最低浓度和未发生活动抑制的最高浓度之间（即 EC_0～EC_{100}）以几何级数设置浓度系列，至少设 5 个浓度，呈等比级数排列，公比不大于 2.2。如果试验浓度少于 5 个，应在试验报告中给予合理解释。

（3）培养条件

温度为 18～22℃，同一试验中，温度变化小于或等于 1℃；光照周期（光暗比）为 16h：8h，若受试化学品易光解，亦可在完全黑暗的条件下进行测试。

（4）试验周期

试验周期为 48h。

2. 观察

试验后 24h 和 48h 分别观察每个试验容器中试验溞类的受抑制情况。除了活动受抑制外，其他任何异常症状或表现均应记录。

3. 分析测试

a）试验开始和结束时，应测定对照组和最高浓度组试验液的溶解氧浓度及 pH。对照组溶解氧浓度应符合相关规定。在同一测试中，试验期间 pH 变化通常不能超过 1.5 个单位。测定对照组容器中的温度或环境空气温度，至少在试验开始和结束时分别测定温度，最好连续记录温度。

b）应测定试验液中受试化学品的浓度，至少在试验开始和结束时分别测定最高浓度组和最低浓度组试验液中受试化学品的浓度。建议用测定浓度计算试验结果。如果能够提供有力证据证明试验期间受试化学品的浓度能维持在配制浓度（或初始浓度）的 ±20%，可以用配制浓度或初始浓度来计算结果。

4. 限量试验

限量试验的浓度为 100mg/L 或受试化学品在试验液中的最大溶解度（二者中选浓度低者），以表明 EC_{50} 大于其限量浓度。限量试验需用 20 只溞（如 4 组，每组 5 只），对照组相同。试验结束时，溞类受抑制率超过 10%，还应进行完整的试验，并记录受试溞类的任何异常反应和行为。

31.6.4　质量保证与控制

a）对照组（包括空白对照组和溶剂对照组）溞类的受抑制率不能超过 10%；其受抑制情况包括：活动受抑制、有疾病症状或受损伤，如变色、出现行为异常（如漂浮于液面）等。

b）试验结束时对照组和试验组溶解氧浓度应不小于 3mg/L。

31.6.5　试验数据和报告

1. 试验数据

a）以表格形式列出 24h 和 48h 时对照组与各试验组试验溞数、活动受抑制溞数及百分比。以 24h 和 48h 时溞类受抑制率与受试化学品浓度作剂量-效应曲线，选择合适的统计学方法（如概率单位法）计算 24h EC_{50}（可选）和 48h EC_{50} 及其 95%置信区间。

b）当获得的数据使用标准方法无法统计时，无抑制作用的最高浓度和引起 100%抑制的最低浓度可用于推导 EC_{50}（可以认为其为两者浓度的几何平均值）。

2. 试验报告

试验报告应包括以下内容。

a）受试化学品的物理状态及相关理化特性、化学标识、纯度。

b）受试溞类的来源和种类、提供者、培养条件（包括食物的种类和来源、喂食量及频率）。

c）试验条件，包括试验容器的类型和溶剂，试验液的体积，每个容器中溞类的数量，每个浓度的平行数；储备液和试验液制备的方法，包括溶剂、分散剂和乳化剂的使用情况及浓度；试验用水的来源和水质特性（包括 pH、硬度、Ca/Mg、Na/K、碱度和电导率等），若使用重组水，应提供其组成和制备方法；温度、光照强度和光周期、溶解氧、pH 等培养条件。

d）试验结果，各观察时间点对照组和试验组中溞类活动受抑制或行为异常的数量和百分比；参比物的试验结果；每个容器中受试化学品的配制浓度和所有分析测定的受试化学品浓度结果，分析方法的回收率和检出限；试验期间水质测定结果，包括温度、pH 和溶解氧；24h EC_{50}（可选）和 48h EC_{50} 及其 95%置信区间，以及剂量-效应曲线及其标准误差；用于计算 EC_{50} 的统计学程序；如果出现偏离需解释并说明及其对试验结果的影响。

31.7　生物富集流水式鱼类试验

经济合作与发展组织（OECD）化学品测试准则 305《生物富集：流水式鱼类试验》和国家标准 GB/T 21800—2008《化学品　生物富集流水式鱼类试验》提供了生物富集流水式鱼类试验方法[24, 25]。生物富集流水式鱼类试验用于测试与评价 $\lg P_{ow}$ 在 1.5～6.0 的稳定有机化学品的生物富集性，以及测试与评价 $\lg P_{ow}>6.0$ 的高亲脂性物质的生物富集性。

31.7.1 试验原理

生物富集流水式鱼类试验包括暴露（吸收）阶段和暴露后（清除）阶段。

在吸收阶段，将受试鱼暴露于两个或两个以上浓度的受试化学品溶液中，吸收阶段一般为 28 天，除非能证明在此之前已达到吸收平衡。如果在 28 天内尚未达到稳定状态，吸收阶段应延长直至达到稳定状态，最长为 60 天。吸收阶段的天数和达到稳定状态的时间可采用 GB/T 21800—2008《化学品　生物富集流水式鱼类试验》附录 C 进行预测。

在吸收阶段达到稳定状态后，将受试鱼转入不含有受试化学品的相同介质中，清除阶段开始。清除阶段必不可少，除非在吸收阶段受试化学品的吸收量可忽略（如 BCF＜10）。

在整个测试过程中，定时测定鱼类（或其特定组织）中的受试化学品含量。除两组不同浓度的受试化学品试验之外，应设置空白对照组。

生物富集系数（BCF）的计算应选用一次指数模型，如果一次指数模型明显不适用，应选用更复杂的模型。

用实测的受试化学品在鱼体内的浓度和溶液中的浓度拟合模型，并计算吸收速率常数、清除速率常数和生物富集系数的置信限。

BCF 一般以鱼体总湿重表示。如果鱼体足够大或鱼可以分为可食用部分（鱼肉）和非食用部分（内脏）时，可用特定组织或器官（如肌肉、肝脏）进行分析。对于高亲脂性受试化学品（$\lg P_{ow} > 3$），在测定受试化学品在受试鱼体内浓度的同时，应测定受试鱼体的脂肪含量。

31.7.2 试验准备

1. 试验设备

溶解氧测定仪；水硬度计；pH 计；分析天平；TOC 分析仪；受试化学品分析仪器；样品前处理仪器设备；连续配制和分配系统；水质测定仪器；化学惰性材料制成的水族工具；温度控制设备。

2. 试验容器

试验容器应使用化学惰性材料制成，对受试化学品没有明显的吸附。建议使用特富龙材料、不锈钢或玻璃，最大限度地避免使用软塑料。对于有高吸附系数的物质，要求使用硅烷化玻璃。使用过的容器必须废弃。

3. 受试鱼类

（1）鱼种选择

鱼种选择的标准为易于获得、大小合适和实验室内易驯养，也包括娱乐、商业、生态学价值以及相对灵敏性和其他领域选择时的成功经验。

推荐使用的试验鱼种见表 31-19。也可用其他鱼种，但试验条件应做相应调整，并在报告中说明鱼种选择理由和试验方法。

表 31-19　推荐试验用鱼种类

种类	建议的试验温度范围/℃	建议的试验鱼全长[①]/cm
斑马鱼 *Brachydanio rerio*	20～25	3.0±0.5
稀有鮈鲫 *Gobiocypris rarus*	21～25	3.0±0.5
剑尾鱼 *Xiphophorus helleri*	21～25	3.0±0.5
黑头软口鲦 *Pimephales promelas*	20～25	5.0±2.0
鲤 *Cyprinus carpio*	20～25	5.0±3.0
青鳉 *Oryzias latipes*	20～25	4.0±1.0
孔雀鱼 *Poecilia reticulata*	20～25	3.0±1.0
蓝鳃太阳鱼 *Lepomis macrochirus*	20～25	5.0±2.0
彩虹大麻哈鱼 *Oncorhynchus mykiss*	13～17	8.0±4.0
三刺鱼 *Gasterosteus aculeatus*	18～20	3.0±1.0

①表示如果使用的鱼超过推荐的规格，应在报告中说明使用的规格及使用理由

（2）驯养

受试鱼应在与试验温度相同的水中驯养 2 周以上，每天投喂相当于鱼体重 1%～2% 的饵料。应测定饵料的脂肪和总蛋白质含量、农药和重金属含量。

在受试鱼开始驯养 48h 内，记录其死亡率并按照下列标准评判。

a）7 天内试验鱼死亡率大于 10%：舍弃整批鱼。

b）7 天内试验鱼死亡率在 5%～10%：再驯养 7 天。

c）7 天内试验鱼死亡率小于 5%：接收本批鱼。如果在第二个 7 天内，试验鱼死亡率超过 5%，舍弃整批鱼。

畸形或患病鱼不能作为受试鱼，应舍弃。试验期间及试验前 2 周不应对鱼做任何防止疾病处理。如果试验中使用成年鱼，应报告受试鱼是雄性还是雌性或两者混用。如果试验中雄鱼和雌鱼混用时，两者的脂肪含量应没有显著差异。雄鱼和雌鱼应一起喂养。

4. 驯养用水

驯养用水一般为无污染、水质相同的天然水。受试鱼种在驯养用水中应能够存活、生长和繁殖，并且在驯养期间不产生任何外观或行为异常。水的特性指标至少应包括pH、硬度、颗粒物、总有机碳、铵及亚硝酸盐含量、碱度及含盐量（仅对海水鱼类而言）。淡水和海水部分参数的最大值不得超过表31-20的极限浓度。

表 31-20　合格稀释水的化学特性

物质	极限浓度
颗粒物	5mg/L
总有机碳	2mg/L
游离氨	1μg/L
残留氯	10μg/L
总有机磷农药	50ng/L
总有机氯农药及多氯联苯（PCB）	50ng/L
总有机氯	25ng/L
铝	1μg/L
砷	1μg/L
铬	1μg/L
钴	1μg/L
铜	1μg/L
铁	1μg/L
铅	1μg/L
镍	1μg/L
锌	1μg/L
镉	100ng/L
汞	100ng/L
银	100ng/L

5. 试验用稀释水

稀释水来源和水质同驯养用水。在整个试验期间，试验用稀释水的质量应保持稳定不变，pH应保持在6.0～8.5，pH的变化幅度应保持在±0.5。稀释水应定期取样分析，包括测定重金属（如Cu、Pb、Zn、Hg、Cd、Ni）、主要阴离子和阳离子（如Ca^{2+}、Mg^{2+}、Na^+、K^+、Cl^+、SO_4^{2-}）、杀虫剂（如总有机磷和总有机氯农药）、总有机碳和悬浮物含量。

稀释水中的天然颗粒物最大可接受质量浓度为5mg/L（孔径为0.45μm滤膜截留的干物质），总有机碳最大可接受数值为2mg/L（表31-20）。整个试验过程中，试验容器内其他来源的有机碳不应超过来自受试化学品的有机碳。如使用助剂，不应超过10mg/L（±20%）。

6. 受试化学品溶液

配制适当浓度的受试化学品储备液。建议将受试化学品加入到稀释水中通过简单混合或搅拌来配制储备液，应尽量不用或慎用助溶剂或分散剂，可以使用的助溶剂有乙醇、甲醇、乙二醇一甲基醚、乙二醇二甲醚、二甲基乙酰胺和三甘醇，可以使用的分散剂有吐温 80（脱水山梨醇单油酸酯聚氧乙烯醚）、0.01%甲基纤维素和 HCO-40（聚氧乙烯氢化蓖麻油）。

每天至少更换试验槽 5 倍体积的水量。试验开始前 48h 应检查储备液和稀释水的流速，试验期间每天至少核查一次。检查每个试验槽的水流速度，以保证每个试验槽内或各个试验槽之间水流流速变化均不超过±20%。

31.7.3　试验过程

1. 预备试验

优化试验条件，如受试化学品的浓度、吸收阶段和清除阶段的持续时间。

2. 试验设计

鱼类要暴露在受试化学品至少 2 个浓度的水溶液中。通常，较高（或最高）的浓度应为急性 LC_{50} 的 1%，同时该浓度应为水中受试化学品分析方法检出限的 10 倍以上。最高测试浓度也可以通过 96h LC_{50} 除以恰当的急、慢性比率来估计。如果可能，也可以选择其他的浓度系列。如果受到 LC_{50} 的 1%和分析下限的限制而不能配制上述浓度时，可以采用小于 10 倍的浓度级差，或考虑使用 ^{14}C 标记的受试化学品。任何情况下不得采用大于受试化学品溶解度的浓度。

当试验中使用了助溶剂时，其体积浓度应小于 0.1mL/L，而且所有试验容器中的浓度应相同。应测定助溶剂的有机碳含量。

应设立稀释水对照组或助溶剂对照组。

3. 试验条件

（1）吸收阶段持续时间

吸收阶段持续时间可以从实践经验或凭借一定的关系式获得，如利用受试化学品的水溶解性或辛醇-水分配系数，可参考国家标准 GB/T 21800—2008 附录 C。

吸收阶段持续时间应为 28 天，除非能证实试验可以较早达到平衡。如果 28 天时还未达到稳定状态，应延长吸收阶段，进一步测定，直到达到稳定状态或 60 天。选时间较短的一种方法。

（2）清除阶段持续时间

清除阶段持续时间一般为吸收阶段持续时间的一半。如果达到 95%清除量所需的时间过长，如超过了样品吸收阶段持续时间的 2 倍（如超过 56 天），那么清除阶段持续时间可以缩短（如至受试化学品浓度小于稳定状态浓度的 10%）。

使用一次指数模型的化学物质，需要较长的清除阶段持续时间以测定清除速率常数。清除阶段持续时间取决于鱼体内受试化学品浓度的检出限。

（3）受试鱼的数量

各试验浓度受试鱼的尾数应满足每次取样测定，每次取样最少 4 尾鱼。如果要求更大的统计样本，则需要更多尾数。

实验室应选择体重接近的受试鱼，最小鱼体重不小于最大鱼体重的 2/3。所有的受试鱼应是相同鱼龄、相同来源。应准确记录受试鱼的质量和鱼龄，建议在试验前对受试鱼取样称重。

（4）承载量

推荐使用的承载量为鱼重（湿重）0.1～1.0g/(d · L)。如果受试化学品浓度波动能保持在±20%，并且溶解氧浓度不低于 60%空气饱和值，可以提高承载量。

在选择适当的承载量时，应考虑鱼种要求的正常生长环境。

（5）喂养

在试验期内，使用驯养期间采用的饵料。每天投喂相当于鱼体重 1%～2%的饵料。建议在试验前对受试鱼取样称重。可根据最近取样的鱼体重来估算各试验槽中鱼的质量，不得称量试验槽中鱼的质量。

每天喂食之后的 30～60min，用虹吸方式清除试验槽中剩余的饵料和鱼类排泄物。在整个试验期间尽可能地保持试验槽干净，以保证有机物的浓度尽可能低。

（6）光照和温度

试验期间，光周期应为 12～16h，温度应控制在受试鱼种最适宜温度的±2℃（表 31-19）。

4. 水质测定的频率

试验时应测定所有试验容器中的溶解氧、TOC、pH 和温度，对照组和较高或最高试验浓度组应测定总硬度和盐度。在吸收阶段，至少应测定 3 次溶解氧，即试验开始时、吸收阶段中期和结束时。清除阶段每周 1 次。TOC 的测定在投入受试鱼前（吸收阶段前 24～48h）、吸收阶段和清除阶段应至少每周 1 次。pH 应在各个阶段的开始和结束时测定。每个试验测定 1 次硬度。每日应测量温度，至少要连续监测一个试验容器中的温度。

5. 受试鱼和水的取样及分析

（1）受试鱼和水的取样计划

在加入受试鱼之前、吸收阶段和清除阶段，均应采集试验槽中的水样进行受试化学品浓度测定。水样采集频率应不小于鱼样采集频率，且应在投饵之前进行。

在吸收阶段至少采集鱼样 5 次；在清除阶段，至少 4 次。在有些情况下，仅靠这几个样品很难计算出一个足够精确的 BCF，因此在两个阶段建议增加取样次数，$\lg P_{ow}$ 为 4.0 的受试化学品的生物浓度试验取样理论样例参见表 31-21。用其他 $\lg P_{ow}$ 的估算值去计算吸收 95%的暴露时间，也可得出相关的计划表。

表 31-21　受试化学品的生物浓度试验取样理论样例

试验鱼取样	取样时间		水样数	每次鱼样的尾数
	要求最低的频率/天	额外取样/天		
吸收阶段	–1		2①	加入 45～80 尾鱼
	0			
第一次	0.3	0.4	2（2）	4（4）
第二次	0.6	0.9	2（2）	4（4）
第三次	1.2	1.7	2（2）	4（4）
第四次	2.4	3.3	2（2）	4（4）
第五次	4.7		2	6
清除阶段				把鱼转至清水中
第六次	5.0	5.3		4（4）
第七次	5.9	7.0		4（4）
第八次	9.3	11.2		4（4）
第九次	14.0	17.5		6（4）

①表示最少替换 3 个试验槽体积的水之后采水样；如果有额外取样，括号中的数是鱼或水的样品数

在吸收阶段应连续取样测定，直到达到稳定状态，或 28 天时尚未达到稳定状态，应继续取样直到达到稳定状态或 60 天（二者取其短）。在清除阶段开始前，把受试鱼转入清水中。

（2）取样和样品制备

按虹吸原理，使用惰性材料管从试验槽的中部区域采集水样进行分析测定。应保持容器尽可能干净，并在吸收和清除阶段检测总有机碳的含量。

从试验槽取出适当数量的受试鱼（最少 4 尾），快速用水冲洗受试鱼，吸干体表水分，用最人道的方法快速致死后称重。

鱼样和水样采集后尽快测定，以避免降解或其他方面的损失，并近似计算吸收和清除速率。

不能即时测定样品时应用适当的方法保存样品。试验开始前应掌握保存特定受试化学品的方法、贮存时间和提取方法等。

（3）分析方法

对于特定的受试化学品，需要检查分析方法的准确性和重现性，以及水和鱼体中该受试化学品的回收率。另外，稀释水中不得检出受试化学品。必要时，应校正试验中测得的 C_w 和 C_f 值。

（4）鱼样测定

在试验中使用了放射性标记物，则能够测定放射标记物总量（包括母体和代谢产物），或者清洗样品后单独测定母体受试化学品，在稳定状态或吸收阶段末（二者取其短）也可鉴定主代谢产物。如果根据放射性标记物残余总量得到的 BCF 不小于 1000，则有必要鉴别稳定状态时鱼体组织中受试化学品总残留的降解率是否不小于 10%，特别

是对于农药等特殊类别的受试化合物。如果鱼体组织中受试化学品总残留的降解率不小于 10%，则需测定受试化学品在水中的降解率。

通常应测定每尾鱼体内的受试化学品含量，或每次取样后应将相同试验浓度的受试鱼合并，但这将无法进行数理统计。如果确实需要进行数理统计，在试验设计时就需充分考虑样品量（受试鱼尾数）。

BCF 可表示为试验鱼总湿重的函数，对于高亲脂性物质，也可表示为鱼体脂肪含量的函数。如果可能，每次取样都测定鱼样的脂肪含量。三氯甲烷/甲醇萃取法为标准方法。不同的测试方法得到的结果不会完全相同，所以应给出所有方法的详细步骤。如果可能，脂肪含量测定和受试化学品含量测定应使用相同的样品萃取物，因为受试化学品进行色谱分析通常要去除脂肪。试验结束时与开始时的试验鱼脂肪含量（以 mg/kg 湿重表示）差值应不大于±25%，同时应报告鱼体组织干重，以了解脂肪含量从湿重转化为干重的比例。

31.7.4 质量保证与控制

有效的试验应满足以下的条件。

a）温度变动小于±2℃。

b）溶解氧浓度不小于 60%空气饱和值。

c）控制受试化学品在试验照明条件下发生光转化作用，滤除波长小于 290nm 的紫外辐射，避免试验鱼暴露于异常的光化产物中。

d）在吸收阶段，试验容器中的受试化学品浓度保持在测定平均值的±20%。

e）直至试验结束时，对照和试验组鱼的死亡率或其他不良影响或疾病发生率小于 10%；当试验延长数周或数月时，两组中试验鱼死亡率或其他不利影响发生率每月应小于 5%，并且在整个过程中不大于 30%。

31.7.5 试验数据和报告

1. 试验数据

将鱼体（或鱼体特定组织）的受试化学品浓度按时间绘制在坐标纸上形成曲线，如果曲线已经达到了一个稳定状态（相比时间轴已经变成了一条近似的渐近线），用式（31-9）计算稳定状态时的生物富集系数（BCF_{SS}）：

$$BCF_{ss}=\frac{C_f}{C_w} \tag{31-9}$$

式中，C_f为鱼体组织中受试化学品的平均浓度；C_w为试验液中受试化学品的平均浓度。

当没有达到稳定状态时，应计算出达到 80%或 95%稳定状态时的 BCF_{SS}。

生物富集系数（BCF_K）可用一次指数方程的吸收速率常数 K_1 和清除速率常数 K_2 的比值来确定。清除速率常数 K_2 通常通过清除曲线（即鱼体中受试化学品浓度对时间的曲线）来确定。吸收速率常数 K_1 则可根据给定的 K_2 值和来自吸收曲线的 C_f 值计算获得，详见国家标准 GB/T 21800—2008 附录 E。求取 BCF_K 和 K_1、K_2 的更好方法是应用非线性参数估计方法软件，否则可用图表法计算 K_1、K_2 值。如果清除曲线明显不是一次指数方程，则应使用更复杂的方法和生物统计学方法计算。

2. 试验报告

试验报告应包括以下内容。

a）受试化学品的物理性状及相关的物理、化学性质（包括有机碳含量），如果使用了放射性标记物，标记原子的准确位置和放射性杂质的百分比。

b）试验生物的学名、品系、来源、预处理、驯养、年龄和个体大小等。

c）试验条件，包括所用试验程序；所用光源类型、特性及光周期；试验设计，如试验槽的大小和数量、换水频率、重复数、每个重复的试验鱼数、受试化学品浓度的个数、吸收阶段和清除阶段持续时间、鱼和水的取样频率；制备试验储备液的方法和储备液更新的频率（当使用了溶剂时，其浓度、对试验液有机碳含量的贡献率）；设定的试验浓度、试验容器中测定的浓度平均值和标准偏差、分析方法；稀释水来源，预处理描述，试验鱼在水中生活能力的表现和水质特性，如 pH、硬度、温度、溶解氧浓度、余氯水平（如果有测定）、总有机碳浓度、悬浮颗粒物浓度、试验介质的含盐量和任何其他测定结果；喂食的详细信息，如饵料类型、来源、成分（至少包括脂肪和蛋白质含量）、投喂量和频率；鱼和水样的处理信息，包括详细的准备、储存、萃取过程受试化学品与脂肪含量的分析程序与精确度。

d）试验结果，预试验得到的结果；对照组和各试验组鱼的死亡率、观察到的鱼异常行为；鱼的脂肪含量；曲线（包括所有测试数据），表明直到稳定状态吸收和清除阶段鱼体中受试化学品的情况；所有取样时间的 C_f 和 C_w（包括标准偏差和变化范围）、对照组 C_w 及本底值（C_f 用 mg/g（整个鱼体湿重或鱼体特殊组织如脂肪湿重）或 mg/kg 表示，C_w 用 mg/g 或 mg/kg 表示）；稳定状态时生物富集系数（BCF_{SS}）和生物富集系数（BCF_K），如有可能，95%置信限的吸收和清除速率常数（以整鱼、鱼体总脂肪含量或特殊组织表示）、置信限和标准偏差，以及各受试化学品浓度的计算和数据分析方法；当使用放射性标记物时，在需要的情况下，测得的任何代谢产物；试验中的任何异常情况、试验程序的调整及其他相关信息；其他说明事项。

e）结果讨论，测定方法的预试验结果应尽可能避免出现类似“方法检测限下未检测到”的结果，因为这将无法计算速率常数。

31.8　鱼类延长毒性 14 天试验

经济合作与发展组织（OECD）化学品测试准则 204《鱼类延长毒性 14 天试验》和国家标准 GB/T 21808—2008《化学品　鱼类延长毒性 14 天试验》提供了鱼类延长毒性 14 天试验方法[26, 27]。鱼类延长毒性 14 天试验用于测定试验样品对鱼类的亚慢性致死效应和其他可观察效应。

31.8.1　试验原理

试验期间，定期测定鱼类致死效应浓度和其他可观察效应浓度阈值，以及未见有害浓度（NOEC），试验至少进行 14 天。如果有必要，可延长 1～2 周。

31.8.2 试验准备

1. 试验设备

温度控制仪；pH 计；溶解氧测定仪；水硬度计；化学惰性材料制成的容积适宜的试验容器。

2. 系统选择

试验期间，应尽可能维持条件恒定。通常采用流水式试验系统，若适合，也可采用半静态试验系统。

3. 试验生物

（1）试验生物的选择

可选用一个或多个鱼种，但建议选择鱼类急性毒性试验所推荐的鱼种，见表 31-22。选择鱼种应基于几个重要的标准，如全年的易获得性、易于饲养、方便进行测试、价格低廉及生物的和生态的因素等。选择的鱼应健康、无任何可见畸形。

表 31-22 推荐受试鱼种

推荐的鱼种	建议的试验温度范围/℃	建议的试验鱼全长①/cm
斑马鱼 *Brachydanio rerio*	21～25	2.0±1.0
黑头软口鲦 *Pimephales promelas*	21～25	2.0±1.0
鲤 *Cyprinus carpio*	20～24	3.0±1.0
青鳉 *Oryzias latipes*	21～25	2.0±1.0
孔雀鱼 *Poecilia reticulata*	21～25	2.0±1.0
蓝鳃太阳鱼 *Lepomis macrochirus*	21～25	2.0±1.0
虹鳟 *Oncorhynchus mykiss*	13～17	5.0±1.0
稀有鮈鲫 *Gobiocypris rarus*	21～25	2.0±1.0
剑尾鱼 *Xiphophorus helleri*	21～25	2.0±1.0

①表示若鱼的大小不在推荐范围内，应报告并说明理由

试验鱼种的疾病和寄生虫得到控制，健康状况有保证，出身可知。

若采用推荐鱼种之外的符合上述条件的其他鱼种，应说明理由，按相应的试验条件改编试验方法，写入试验报告。

（2）试验生物的驯养

a）12～15 天。所有试验鱼使用前，需在与试验用水水质相同的水中驯养至少 7 天。应避免任何可能改变试验鱼行为的干扰因素。

b）光照：每天 12～16h 光照。

c）温度：适合试验鱼种。

d）溶解氧：不低于 80%空气饱和值。

e）疾病处理：避免进行疾病处理，如有处理应报告。

f）饲喂：1 次/天。

g）驯养 48h 后，记录死亡率，并按下列标准处理：7 天内死亡率大于 10%，舍弃全组鱼；死亡率在 5%～10%，继续驯养 7 天；死亡率小于 5%，该组鱼可用于试验。

4. 试验用水

（1）水质

可用饮用水（必要时除氯）、高质量的天然水或配制的稀释水。总硬度为 50～250mg/L（以 $CaCO_3$ 计），pH 为 6.0～8.5，钙和镁离子总量为 2.5mmol/L，钙离子：镁离子=4：1，钠离子：锂离子=10：1。用于配制稀释水的试剂应为分析纯，去离子水或蒸馏水的电导率应小于或等于 10μS/cm。溶液应曝气，直至氧饱和。贮存 2 天左右，使用前不需要再曝气。

（2）试验液

a）将适量受试物溶于一定体积的稀释水中，制成适当浓度的受试物储备液。

b）低水溶性受试物的储备液可用机械分散法制备，或必要时采用对鱼低毒的有机溶剂、乳化剂、分散剂等，但溶剂在试验液中的浓度应不超过 100mg/L。

c）通过稀释储备液来配制所选浓度的试验液。

d）试验液的 pH 不需调节。若加入受试物后试验液的 pH 有明显变化，建议重新配制，调整储备液的 pH 至与加受试物前的 pH 相同。用于调节 pH 的物质不应使储备液的浓度有明显改变，也不应与受试物发生化学反应或产生沉淀。最好使用 HCl 或 NaOH 来调节 pH。

31.8.3　试验过程

1. 试验浓度

选择的试验浓度，应包括试验生物致死效应浓度、其他可观察效应浓度阈值和未见有害作用浓度。若阈值水平超过 100mg/L，不需进行测试。

如果使用助溶剂，应加设溶剂对照组，对照中溶剂浓度应为试验液中溶剂的最高浓度。

2. 试验条件

a）周期：试验周期一般为 14 天，也可延长 1～2 周。

b）承载量：半静态试验系统的最大承载量为 1.0g/L；流水式试验系统的承载量可高一些。试验容器的容积应与推荐的承载量相适应。

c）试验生物数：每一浓度组和对照组至少使用 10 尾鱼。

d）光照：每天光照 12～16h。

e）温度：与试验鱼种相适应，保持恒定，变化范围为±2℃。

f）溶解氧：试验期间，试验液溶解氧含量不低于 60%空气饱和值。

g）饲喂：每日投饵一次或多次，投食量恒定，每次投食量不得超过试验鱼一次需食量。

h）清污：流水式试验系统，每周至少清洗试验水箱内壁两次；半静态试验系统，可在每次更换试验液时清理一次。

3. 观察测定

a）观察和记录鱼的死亡情况，当观测到鱼没有呼吸运动或触碰鱼尾无反应，可判断鱼已死亡，将死鱼从容器中取出，记录死亡数，每天检查一次。

b）观察和记录其他非致死效应，包括与对照组鱼明显不同的表征、大小和行为，异常游泳行为，对外来刺激的不同反应，鱼类外观上的改变，摄食下降或停止，体长和体重改变等。

c）每周记录所有可观察到效应 3 次。

d）每周测定各容器的溶解氧含量、pH 和温度 2 次。

e）浓度测定：流水式试验系统，试验开始时测定试验液中受试化学品浓度；半静态试验系统，试验开始时、第一次更新试验液前和试验结束时分别测定试验液中受试化学品浓度。若能证明可以维持足够高的受试化学品浓度，也可采用化学分析之外其他适合的程序。

f）试验开始前，选择试验鱼中有代表性的个体测量体重和体长。试验结束时，测定所有存活鱼的体重和体长。

31.8.4 质量保证与控制

试验有效应满足如下条件。

a）试验结束时，对照组的死亡率不高于 10%。

b）试验期间，试验液的溶解氧含量不低于 60%空气饱和值。

c）采用半静态试验系统时，若不会造成受试化学品明显损失，可对试验液充气。

d）应有证据证明试验期间受试化学品浓度维持在较高的水平（受试化学品浓度应不低于 80%配制浓度），若与配制浓度的偏差大于 20%，测试结果应以实测浓度为基础计算。

31.8.5 试验结果和报告

1. 试验结果

如果发现未能维持受试化学品试验液的稳定性和同质性，应慎重解释所得结果，并注明该试验结果不能重现。

2. 试验报告

a）受试化学品的化学鉴定数据。

b）受试生物的学名、品系、大小、供应商、预处理等。

c）试验条件，包括采用的试验操作（如半静态或流水式，曝气、承载量等），水质特征（水质处理情况，包括除氯、溶解氧浓度、pH、硬度、温度等），每一推荐观察时间试液中的溶解氧浓度、pH、温度和总硬度，制备贮备液和试验液的方法，试验液中受试化学品的浓度及保持情况，各试验浓度组中鱼的数量，鱼类急性毒性试验数据。

d）试验结果，用表列出每一观察时间各浓度组的可见有害作用；绘制产生致死效应或其他效应的浓度随时间变化的曲线；致死效应浓度阈值；可见有害作用浓度阈值；未见有害作用浓度（NOEC）；如可能，每一推荐观察时间各浓度组的累计死亡率；对照组死亡率；鱼的行为观察；试验期间对试验结果可能产生影响的事件；与本试验的任何偏离。

31.9 蚯蚓急性毒性试验

经济合作与发展组织（OECD）化学品测试准则 207《蚯蚓急性毒性试验》和国家标准 GB/T 21809—2008《化学品 蚯蚓急性毒性试验》提供了蚯蚓急性毒性试验方法[28, 29]。

31.9.1 方法概述

1. 简介

溶于水和不溶于水的化学品测试方法不同。测试化学品对蚯蚓毒性的方法包括点施、强制饲喂和全浸试验，本试验包括两个方法：滤纸接触毒性试验和人工土壤试验。

滤纸接触毒性试验作为预试验，可得出土壤中受试化学品对蚯蚓的可能毒性，决定是否需要进行进一步的人工土壤试验。

滤纸接触毒性试验简单、易于操作，使用推荐生物的试验结果具有可重复性。人工土壤试验得出的毒性数据能代表蚯蚓自然暴露在受试化学品下的情况。

对照组的死亡率在试验结束时不超过 10%试验是有效的。

2. 参比物

为测定 LC_{50} 应选定一个参比物，以确保试验室测试条件是足够的且没有显著改变。氯乙酰胺（chloracetamide）是合适的参比物。

3. 试验原理

预试验（滤纸接触毒性试验）使蚯蚓与湿润纸上的受试化学品接触，识别出对土壤中蚯蚓有潜在毒性的化学品。人工土壤试验将蚯蚓置于含不同浓度受试化学品的人工配制土壤中，7 天和 14 天后，评价其死亡率。其中应包括生物无死亡发生和全部死亡的两个浓度组。

4. 试验有效性

对照组的死亡率在试验结束时不超过 10%试验是有效的。

31.9.2 试验准备

1. 准备

（1）蚯蚓（*Eisenia foetida*）养殖

蚯蚓可在许多动物废弃物中繁殖。推荐的繁殖介质为马粪或牛粪与泥炭以 50∶50 混合，其他动物废弃物也适用；介质的 pH 为 7 左右，低电导率（低于 6.0mS）和不能受到氨或动物尿的过度污染。

木制饲养箱规格为 50cm×50cm×15cm，上面用合适的盖子盖紧，在 6 周的时间内可繁殖 1000 条蚯蚓。为生产足够的蚯蚓，介质能在 20kg 的废物可养殖高达 1kg 的蚯蚓，以及每一个蚯蚓将重达 1g。为获得蚯蚓标准的年龄和体重，应在 20℃开始培养蚓茧，3～4 周孵化，7～8 周蚯蚓成熟。

（2）滤纸

80～85g/m^2，厚度 0.2 mm，中级。

（3）人工土壤试验基质

a）泥炭藓灰 10%（pH 尽可能接近 5.5～6.0，无明显植物残体，磨细，风干，测定含水量）。

b）高岭黏土 20%（高岭石质量分数大于 30%）。

c）石英砂 70%（50～200μm 粒径的细砂质量分数大于 50%）。

d）加入碳酸钙调 pH 为 6.0±0.5[30]。

以正确比例混合人工土壤的各个干燥组分。为了混合均匀，可采用大型实验室搅拌器或小型水泥电动搅拌机。然后取少量上述样品置于 105℃条件下烘干称重，测定其含水量。加入去离子水使其含水量达到干重的 35%左右，混合均匀。混合物不能过湿且挤压人造土壤时不能有水分出现。

（4）玻璃容器

结晶皿，或加有玻璃盖或具孔塑料板的 1L 烧杯。

（5）培养装置

光照强度 400～800lx，温度控制精度为±2℃的培养箱。

2. 系统选择

试验期间，应尽可能维持条件恒定。通常采用流水式试验系统，若适合，也可采用半静态试验系统。

3. 受试生物

推荐的蚯蚓品种是赤子爱胜蚓 *Eisenia foefida*，虽然这种蚯蚓不是典型的土壤品种，但它存在于富含有机质的土壤中，对化学品的敏感性与真正栖息在土壤中的蚯蚓类似，其生命周期短，在 20℃的条件下，孵化需要 3～4 周，7～8 周即可发育成熟。*Eisenia foefida* 繁殖能力强，一条蚯蚓可以在一周内产 2～5 个蚓茧，每个蚓茧可孵出几条蚯蚓。*Eisenia foefida* 易于在含各种有机废物的土壤中饲养，蚓茧容易购得或从一个来源分发，这有利于确保采用同一品系。

赤子爱胜蚓存在 *E. foetida foetida* 和 *E. foetida andrei* 两个分支，首选选用 *E. foetida foetida*。当必须使用某种方法时，也可以使用其他品种。

选择 2 月龄以上、体重 300～600mg 的健康蚯蚓。

31.9.3　试验过程

1. 滤纸接触毒性试验

a）采用长 8cm、直径 3cm 的平底玻璃管。内壁衬铺滤纸，滤纸的大小以不重叠为宜。

b）受试化学品溶于水（溶解度大于 1000mg/L）或适宜的有机溶剂（如丙酮、正己烷、氯仿），在已知浓度范围内配成浓度系列溶液。用移液管向每个玻璃管移入 1mL 受试化学品溶液，用过滤的压缩空气吹干，气体流速不要太快。在干燥过程中，水平旋转玻璃管（对于不易溶于水或有机溶剂中的物质必须重复几次上述过程），以获得试验所需的受试化学品在滤纸上的沉积量。对照组用 1mL 的去离子水或有机溶剂处理。干燥后在每一玻璃管内加 1mL 去离子水以湿润滤纸，采用含小孔的塞子或塑料薄膜封住玻璃管口。

c）在正式试验之前，应预先进行选择浓度范围的试验，浓度设计见表 31-23。

表 31-23　预试验浓度设计

受试物在滤纸的沉积量/（mg/cm^2）	受试物浓度/（g/mL）
1.0	7×10^{-2}
0.1	7×10^{-3}
0.01	7×10^{-4}
0.001	7×10^{-5}
0.0001	7×10^{-6}

d）正式试验应设置 5 个以上浓度按几何级数增加的试验组。

e）对于试验浓度应至少设重复 10 个，每个玻璃瓶 1 条蚯蚓，因为同一管内蚯蚓的死亡可能对其他蚯蚓造成有害影响。精密度试验应重复 20 个。每一个试验浓度应使用

10 个控制管。

f）为了使蚯蚓排出肠内的内含物，在试验开始前，先将蚯蚓置于湿润的滤纸上 3h，然后冲洗，用滤纸吸干，试验用。

g）将玻璃管并排置于盘内，控制温度 20℃±2℃，试验在黑暗条件下进行 48h，亦可延长至 72h，观测、记录蚯蚓死亡情况。

h）判别蚯蚓死亡的标准是蚯蚓前尾部对轻微机械刺激没有反应，同时观察报告蚯蚓的病理症状和行为。

2. 人工土壤试验

a）在正式试验之前，一般需预先进行选择浓度范围的试验，按几何级数设置 5 个不同浓度组，如 0.01mg/kg 干重、0.1mg/kg 干重、1mg/kg 干重、10mg/kg 干重、100mg/kg 干重和 1000mg/kg 干重。

b）试验介质处理。试验前，将受试化学品溶于去离子水，然后与人工土壤相混合或者用精细的层析喷头或类似的喷头喷到土壤中。倘若受试化学品不溶于水，可使用尽量少的可挥发有机溶剂（如正己烷、丙酮、氯仿等），若受试化学品既不可溶，也不可分散或乳化，可将一定量的受试化学品与石英砂混合，其总量为 10g，然后在试验容器内与 740g 湿的人工土壤混合，总量为 750g。当只能采用易挥发性有机溶剂溶解、分散和乳化受试化学品时，在试验开始之前，应将溶剂全部挥发，并补充与蒸发量相同的水。对照组需接受同样的处理。

c）对于每一试验，在玻璃容器中加入湿重 750g 的试验介质和 10 条蚯蚓。这些蚯蚓在试验前已在人工土壤环境中饲养 24h，在使用之前将蚯蚓冲洗干净，放在试验介质表面。用具孔的塑料板盖好容器以防试验介质变干。

d）每一处理组和对照组应有 4 个平行。每一试验应用各有 10 条蚯蚓的 4 个结晶皿，进行相同的溶剂对照试验。

e）整个试验期为 14 天，在 20℃±2℃、相对湿度 80%的条件下培养，并提供连续光照（以保证试验期间蚯蚓始终生活在试验介质中）。

f）在试验第 7 天和第 14 天评估蚯蚓死亡率，应记录观察到的异常行为或病理症状。第 7 天将培养瓶内的试验介质轻倒入一玻璃皿或平板，取出蚯蚓，检查蚯蚓前尾部对机械刺激的反应，检查结束后，将试验介质和蚯蚓重新置于培养瓶中继续培养。第 14 天时再进行相同的检查。

g）试验结束时，应分析和报告试验介质的含水量。

31.9.4 试验数据和报告

1. 试验数据

将死亡率和受试化学品浓度数据在对数-概率纸上作图，计算 LC_{50} 和置信限，也可使用其他计算概率的方法。

当两个连续浓度的死亡率为 0 和 100%，并呈几何级数（比率最大为 2.0），这两个水平可充分指出 LC_{50} 范围。

2. 试验报告

a）受试化学品的化学特性、施用方法。

b）受试生物的年龄、饲养和繁殖条件、来源。

c）试验条件，详尽描述所有试验材料和试验条件及任何改变。

d）试验结果，每一处理试验开始和结束时存活蚯蚓的平均体重与数量；试验过程中蚯蚓的详细生理和病理症状或异常行为记录；测定 LC_{50} 的方法，数据和结果；浓度-效应曲线图；对照组的死亡率；参比物和受试化学品组的死亡率；LC_{50} 及所有用于计算的数据；人工土壤在试验开始和结束时的湿度，以及开始时的 pH；死亡率为 0 的最高浓度；死亡为 100%的最低浓度。

31.10　鸟类日粮毒性试验

经济合作与发展组织（OECD）化学品测试准则 205《鸟类饲喂毒性试验》和国家标准 GB/T 21810—2008《化学品　鸟类日粮毒性试验》提供了鸟类日粮毒性试验方法[31, 32]。

31.10.1　试验原理

在暴露期内，用含不同浓度受试化学品的食物投喂受试鸟。在恢复期内，改用不含受试化学品的基本食物饲喂受试鸟，至少喂 3 天。试验期间，每天记录鸟的死亡率和中毒症状。

31.10.2　试验准备

1. 准备

a）应有必要的饲养装置，特别是室内装置及设施，包括光照、温度和湿度控制设备，以及合格的鸟笼。

b）试验鸟在具试验条件和基本食物的环境中驯化至少 7 天。受试鸟应随机分配到饲养笼子里，且各笼子里受试化学品的浓度也是随机分配的。基本食物充足，并有清洁和足够的饮用水。

c）在 72h 的预试验期间，应随时观察受试鸟的健康状况，应采用下列标准记录死亡率：如果死亡率超过 5%，应舍弃整个受试鸟群；如果死亡率小于 5%，可采用该受试鸟群。

2. 受试鸟

a）本试验可选用多种鸟类。所选择鸟的种类应与所进行试验的要求一致。一般应选择有过报道的在试验条件下饲养和试验的鸟类。试验用鸟应健康，无任何疾病和外表可见畸形。试验鸟的推荐种类和试验条件见表 31-24。如采用其他的试验鸟类，测试方法应与已有的试验条件相适应。

表 31-24 推荐的试验鸟种类和环境条件

鸟种		推荐条件			
		温度/℃	相对湿度/%	鸟龄/天	空间/（cm^2/鸟）
绿头鸭（mallard duck）	鸟龄 0～7 天	32～35	60～85	10～17	600
	鸟龄 8～14 天	28～32			
	鸟龄＞14 天	22～28			
鹌鹑（bobwhite quail）	鸟龄 0～7 天	35～38	50～75	10～17	300
	鸟龄 8～14 天	30～32			
	鸟龄＞14 天	25～28			
鸽子 *Colum balivia*（pigeon）	鸟龄＞35 天	18～22	50～75	56～70	2500①
日本鹌鹑 *Coturnix japonica*（Japanese quail）	鸟龄 0～7 天	35～38	50～75	10～17	300
	鸟龄 8～14 天	30～32			
	鸟龄＞14 天	25～28			
环颈雉 *Phasianus colchicus*（ring-necked pheasant）	鸟龄 0～7 天	32～35	60～85	10～17	600
	鸟龄 8～14 天	28～32			
	鸟龄＞14 天	22～28			
红脚石鸡 *Alectoris rufa*（red-legged partridge）	鸟龄 0～7 天	35～38	50～75	10～17	450
	鸟龄 8～14 天	30～32			
	鸟龄＞14 天	25～28			

①表示鸽子 Pigeons 是单独饲养

b）表 31-24 中所列的鸟类易于饲养，且一年四季可得，可在实验室内孵化繁殖，或从种禽场购买。所购买的鸟应不患有如下疾病：曲霉病、新城疫（Newcastle disease，ND）、鸡百痢等；其亲代也应无上述疾病。

c）所有的试验鸟应来源于亲鸟已知的同一种群，鸟龄相同，试验幼鸟的鸟龄为 10～17 天。

31.10.3 试验过程

1. 受试化学品在食物中浓度

a）一种受试化学品至少采用 5 个不同的浓度。这些浓度应是以等比级数排列，其公比应不超过 2.0。为确定浓度可能需要进行一次线性回归试验。

b）如果进行测试时发现在 5g/L 受试化学品剂量下未见与受试化学品相关的致死效应或其他明显的毒性作用，则不必进行 5 个不同剂量的完整测试。

c）含受试化学品的食物制备：将适量的受试化学品加入一定量的幼鸟基本食物中进行混合即可。受试化学品在基本食物中混合均匀是选择混合方法的依据。如必要，可采用少量的对鸟低毒的稀释剂进行助溶以确保混合均匀。稀释剂不应超过食物质量的 2%，且在对照鸟采用相同剂量。可采用水、玉米油及其他已有充分证据表明不会干扰受试化学品毒性的稀释剂。

2. 驯养和饲养条件

受试鸟在具试验条件和基本食物的环境中驯化至少 7 天。在环境驯化期间，除了提供不含受试化学品的食物以外，其他环境条件应与试验期间相一致。一般应保持清洁干净的饮水；每天 12～16h 的光照；良好的通风条件；鸽子需要单独喂养，其他鸟以每笼 5 只或 10 只为宜。注意防止任何干扰，以避免鸟行为改变。

3. 试验步骤

a）在具 5 个不同浓度处理的试验中，每一浓度至少应设置两个对照组和一个处理组。对照组饲喂不含受试化学品的基本食物。受试鸟随机分配到不同的处理或对照组。应避免使用预防性药物 和其他的化学品，一旦使用必须在报告中说明。

b）一般最短试验期为 8 天。其中前 5 天为暴露期，饲喂受试化学品，后 3 天只投喂基本食物。如果第 7 天或第 8 天出现死亡，或者毒性症状保持到第 8 天且没有明显减轻，则试验应继续进行，或直至连续 2 天不出现死亡，并且确保受试鸟可以恢复正常；或是试验持续到第 21 天。两者中以先满足条件的为准。

4. 观察

a）中毒症状及其他异常行为：暴露期的第 1 天观察 2 次，以后每日 1 次，如有可能，可每天观察 2 次。应观察和记录以下症状及行为，如呼吸困难、腿部无力、出血、惊厥、痉挛、羽毛皱竖等。所有中毒症状及其他异常行为（如好斗、啄趾等），无论是否由受试化学品引起，均应在报告中给出。对于存活下来的受试鸟，应每天按每个浓度对中毒症状缓解和异常行为终止进行记录。当同一浓度出现不同的中毒症状时，应记录出现该症状的鸟的数目。

b）死亡：暴露期的第 1 天统计 2 次，以后每天 1 次。

c）体重：试验开始、第 5 天、第 8 天各测量 1 次。若试验超过 8 天，应在试验结束时再测定 1 次。

d）食物消耗量：分别统计计算暴露期、恢复期的食物消耗量。若试验超过 8 天，应统计计算延长期的食物消耗量。

31.10.4　质量保证与控制

试验有效的条件如下。

a）试验结束时，对照组鸟的死亡率不超过 10%。

b）在暴露期内，应保证投喂食物中受试化学品的浓度可满足试验的要求，受试化学品的含量不能低于规定含量的 80%。

c）在最低处理浓度，不应出现与受试化学品有关的死亡或其他明显的毒性症状。

31.10.5 试验数据结果和报告

1. 试验数据

半数致死浓度 LC_{50} 的计算可采用概率分析或概率图解或其他合适的方法[33-35]。为了确保数据的有效性，可用合适的方法确定数据的95%置信限，进行非齐次性统计检验。

当用试验数据计算的 LC_{50} 不能满足概率分析法的要求时，如无死亡或全部死亡，或者所用浓度公比小于2.0，可用未引起死亡的最高浓度和引起100%死亡率的最低浓度与其他处理浓度引起的死亡率数据结合，测定和计算 LC_{50}。

当用最高推荐浓度（5g/L）处理鸟的死亡率低于50%而无法计算 LC_{50} 时，应在报告中指出受试化学品的 LC_{50} 大于5g/L。

2. 试验结果

若发现试验期间不能维持受试化学品的稳定性和均匀性，应慎重解释得出结果，并注明该结果不能重复。

3. 试验报告

a）受试化学品的化学鉴定数据。

b）受试生物的学名及品系、来源，试验开始时的鸟龄（以天计算），若使用的不是推荐鸟，应陈述其理由。

c）试验条件，环境适应（包括鸟笼的类型、大小和材料，鸟笼内的温度，试验动物房的相对湿度、光周期和光照强度）；基本食物，包括来源、组成和营养成分分析，如蛋白质、糖类、脂肪、钙、磷、维生素等，以及使用的添加剂和载体；食物（对于商用食物，如果其说明书较为详细，则说明书上所列的成分报告即可满足报告要求），如受试食物的制备方法，受试化学品在食物中的设计浓度和实测浓度，浓度分析测试的方法，混合和更新的频率，载体，存放条件及饲喂方法；环境适应的程序和随机分配试验鸟的方法；每一个浓度和对照的笼子数量及每一笼中受试鸟的数量；观察的频率、时间及方法；参比物的名称和制备含受试化学品食物的方法。

d）试验结果，试验组和对照组中受试鸟的死亡数；试验开始、暴露期结束和试验结束时，每一鸟笼中鸟的平均体重，试验期间每一只死亡鸟的体重；中毒症状（如痉挛、昏睡等）和其他异常行为的描述，包括发生日期和时间、程度（包括死亡），不同处理组和对照组中每日受影响的个数等；估算各处理浓度和对照组中每日受影响的个体数等；浓度范围选择试验的结果；计算 LC_{50} 及其95%置信限、浓度-效应曲线的斜率、试验结果的拟合优度（如 X^2 检验等）、不引起死亡的最高浓度和引起100%死亡率的最低浓度；所有试验中的异常现象，偏离上述步骤的操作，以及其他相关的信息。

31.11　鸟类繁殖试验

经济合作与发展组织（OECD）化学品测试准则 206《鸟类繁殖试验》和国家标准 GB/T 21811—2008《化学品　鸟类繁殖试验》提供了鸟类繁殖试验[36, 37]。

31.11.1　试验原理

在不少于 20 周的时间内，用含不同浓度受试化学品的食物投喂受试鸟。通过调控光周期，诱导鸟下蛋。收集 10 周内产的蛋，置于人工孵化器，孵出幼鸟，饲养 14 天。测定成鸟的死亡率、产蛋量、破裂蛋数、蛋壳厚度、存活力、孵化力以及化学品对幼鸟的影响等，并与对照组进行比较。

31.11.2　试验准备

1. 前期准备

应有必要的饲养装置，特别是室内装置及设施，包括良好的通风设施，合适的温度、相对湿度及光照控制设备。人工光照应与当地的自然光照大体一致，且可自动控制。在黎明和黄昏时，应有 15～30min 的光照过渡期。

将受试鸟随机分配到对照组和处理组中，并进行饲养装置、设施和基本食物的环境适应。环境驯养时间不短于 2 周。在驯养第 1 周内，对难以相处的鸟可再次进行随机分配。

在驯养期间，如果任一性别的鸟的死亡率超过 3%，或受试鸟变得衰弱，则不能采用该群鸟。

2. 装备

a）清洁干净、空间合适的适用于繁殖鸟类和饲养幼鸟的鸟舍。具温度控制装置的幼鸟育雏器。

b）控温、控湿、能够反转鸟蛋的孵化器。

c）恒温、恒湿的鸟蛋贮存装置。

3. 受试动物

（1）鸟种选择

可以使用一种或两种以上的鸟类，其选择应根据试验要求而定。推荐的种类是绿头鸭[mallard duck（*Anas platyrhynchos*）、鹌鹑[bobwhite quail（*Colinus virginiatus*）]和日本鹌鹑[Japanese quail（*Coturnix japonica*）]。如果使用了推荐鸟类以外的其他鸟种，应在结果报告中说明其合理性。受试鸟可以从种禽场购买，或在实验室中饲养。只能从那些繁殖历史已知的种系获取受试鸟，这个“历史”应包括：饲养期的光照、疾病记录、药品及药物使用情况以及准确的鸟龄。可能的情况下，还应同时获取受试鸟的饲养实践操作经验，确保能满足本实验室的需求。受试鸟应经过检查，确认没有任何疾病和伤害。处理组和对照组的鸟应来自亲代已知的同一种群，使用绿头鸭（mallard duck）时，其在外观上应与其他的野生种群相似。

（2）驯养和饲养条件

a）成鸟应在温度 22℃±5℃、相对湿度 50%～70%、通风良好、环境清洁的环境中饲养。表 31-25 给出了不同种类的附加特殊条件。

表 31-25　推荐的成鸟试验条件

鸟种	试验开始时的鸟龄	试验中鸟龄的变异范围	每对鸟的最小笼底面积①
绿头鸭	2～9 月	±2 周	1m^2
鹌鹑	20～24 周	±1 周	0.25m^2
日本鹌鹑②		±1/2 周	0.15m^2

①表示如果使用较大的鸟群，则应按比例增加笼底面积；②表示建议在使用之前证明日本鹌鹑（Japanese quail）是种鸟（表 31-27），以减少变异

b）驯养期间，除基本食物不含受试化学品外，其他环境条件应与试验期间相同。应避免使用其他的化学品和药品，如果使用，则应在结果报告中注明。

c）应防止干扰，以避免鸟类行为改变。

d）入孵蛋和幼鸟的环境条件见表 31-26。

表 31-26　推荐的入孵蛋和幼鸟环境条件

鸟种		温度/℃	相对湿度/%	是否翻蛋
绿头鸭	贮存	14～16	60～85	可选择
	孵化	37.5	60～75	是
	出雏	37.5	75～85	否
	幼鸟，第 1 周	32～35	60～85	
	幼鸟，第 2 周	28～32	60～85	
鹌鹑	贮存	15～16	55～75	可选择
	孵化	37.5	50～65	是
	出雏	37.5	70～75	否
	幼鸟，第 1 周	35～38	50～75	
	幼鸟，第 2 周	30～32	50～75	
日本鹌鹑	贮存	15～16	55～75	可选择
	孵化	37.5	50～65	是
	出雏	37.5	70～75	否
	幼鸟，第 1 周	35～38	50～75	
	幼鸟，第 2 周	30～32	50～75	

表 31-26 列出的温度和相对湿度是针对强制通风的孵化器与育雏器而言；对于无对流、依靠重力换气的孵化器和育雏器，温度应高 1.5～2℃，相对湿度增加 10%。在海拔较高的地方也应该增加相对湿度。应在距笼底 2.5～4cm 处测量孵化器中的温度。

31.11.3　试验过程

1. 受试食物

a）按试验设计配制受试化学品的浓度，一般至少选择 3 个处理浓度，浓度设计以限定日食物 LC_{50} 试验结果为依据。最高浓度大约为 LC_{50} 的 50%，较低浓度设置以最高浓度为基础按几何级数递减（如 1/6 和 1/36）。推荐的最高浓度是 1g/L。

b）受试化学品在基本食物中应混合均匀，选用对鸟类低毒的载体，量不应超过食物质量的 2%，并在对照组的食物中加入同样的载体。可以采用水、玉米油，以及其他已有充分证据表明不会干扰受试物毒性的载体。对于证据不充分的载体，需要采用试验进行判断。

c）幼鸟的食物中不应加入受试化学品和载体。

2. 试验操作

a）鸟类可以成对或一雄两雌（鹌鹑和日本鹌鹑）或三雌（绿头鸭）成组，置于鸟舍（笼）中饲养。也可采用其他合理分组安排。处理组和对照组应在相同的条件下饲养。对于以一对鸟作为受试单位的试验，每个处理组和对照组应该至少重复 12 次；对于以一组为受试单位的试验，每一处理组和对照组，绿头鸭至少为 8 笼，鹌鹑或日本鹌鹑至少为 12 笼。

b）试验开始即对受试鸟投喂含受试化学品的食物，在整个试验过程中，都应对成鸟投喂含受试化学品的食物，对于在试验过程中产生的幼鸟，不投喂含受试化学品的食物。应提供清洁干净的饮用水。

c）如果试验在室内人工环境条件下进行，试验开始后受试鸟应在短日照条件下（每天 7～8h 光照）连续喂养 8 周。在此期间的黑暗期，应不受任何光的干扰或中断。然后调整光周期，增加光照时间至每天 16～18h，以便诱使鸟进入繁殖状态。一般在 2～4 周后，鸟开始产蛋。

d）如果试验是在室外自然条件下进行，则试验时间应与该鸟种在当地的自然繁殖季节相一致。在正常产蛋之前，受试鸟应至少用含受试化学品的食物投喂 10 周。

e）不管在哪一种条件下，在开始产蛋后，试验应至少继续进行 8 周，最好进行 10 周。

f）试验开始的第一周，受试化学品加入食物中后，应立即测定其最高浓度和最低浓度。4h 内对新混合的食物再进行一次分析，直至食物中受试化学品的浓度稳定。若全部测定结果表明食物中受试化学品的浓度在设计浓度的 80%以上，则无须再进行分析。应经常更换经处理的食物，以保证受试化学品的浓度稳定。

g）若测试结果表明食物中受试化学品的浓度低于设计浓度的 80%，则必须调整初始浓度，或者增加食物更换频率，以达到试验要求的实际浓度。在试验的第 2 周，应对新调整初始浓度或者频率更换增加的食物进行测定，以保证调整后的浓度已达到设计浓度的 80%以上。无论食物中受试化学品的稳定性如何，应至少每周更换一次食物。若受试化学品的稳定性只能靠每天更换食物来维持，则该试验无效。

h）开始产蛋后，应每天收集并贮存鸟蛋，并将鸟笼编号用铅笔标记在蛋的钝端。每周或每两周进行孵化（孵化条件见表 31-26）。在孵化之前，取出贮存的鸟蛋，置于照明灯光下检查蛋壳有无破裂，如有破裂则不能进行孵化。6～7 天之后应对所孵化鸟蛋再次进行检查，观察其是否存活。

i）按照标记，从每个鸟舍中取出至少 2 只蛋（如第 3 只蛋和第 10 只蛋，或第 5 天、第 20 天、第 35 天所收集的所有蛋），以测定蛋壳厚度。破裂的蛋不能用于测定蛋壳厚度，但其数目应计算在内。厚度测定时应在最大直径处打开，冲洗内含物，在自然条件下干燥后，沿直径最大横断面选 3～4 点进行测量。

j）绿头鸭在 23 天、鹌鹑在 21 天和日本鹌鹑在 16 天时转换孵蛋条件为出雏条件。绿头鸭在 25～27 天、鹌鹑在 23～24 天、日本鹌鹑在 17～18 天应该全部完成孵化。

k）孵出的雏鸟应按照原先标记的笼号分组饲养，或者对每一个体标记后群养。雏鸟应投喂适当的食物（不含受试化学品）至 14 天。适合幼鸟的温度和湿度见表 31-26，每天光照 14h、黑暗 10h，光照和黑暗转换时有 15～30min 的过渡期，其他的光周期也是可行的。

3. 观察

a）成鸟的体重：在试验的暴露期开始、产蛋开始以及研究结束时测定。

b）幼鸟的体重：14 天时测定。

c）成鸟的饲料消耗量：计算试验期间每间隔一周或两周的平均食物消耗量。

d）幼鸟的饲料消耗量：在孵化后的第 1 周和第 2 周测定。

e）病理学检查：所有死亡成鸟。

f）$\lg P_{ow}$＞3.0 的受试化学品可进行特定组织的残留分析。

31.11.4 质量保证与控制

试验有效的条件如下。

a）试验结束时，对照组鸟的死亡率不超过 10%；对照组每笼孵出的 14 日龄幼鸟的平均数分别不少于：绿头鸭 14 只、鹌鹑 24 只。

b）对照组蛋壳的平均厚度分别不小于：绿头鸭 0.34mm、鹌鹑 0.19mm、日本鹌鹑 0.19mm。

c）如果在使用所推荐的浓度范围内未观察到受试化学品对繁殖有影响，试验结果可报告 NOEC 大于最高试验浓度。

d）投喂含受试化学品的食物期间，应保证食物中受试化学品的浓度满足试验要求，受试化学品的含量不能低于规定含量的 80%。

31.11.5 试验数据和报告

1. 试验数据

按照研究计划选择的统计学程序将试验各处理组分别与对照组进行比较。可采用任何通常可接受的统计学方法，如方差法，或参考文献[38]中给出的其他方法。统计参数见表 31-27。此外，在可能的情况下，还应统计产蛋率、成鸟体重和 14 日龄幼鸟体重。

表 31-27　繁殖过程中的正常参数

参数	绿头鸭	鹌鹑	日本鹌鹑
产蛋数[每笼（舍）中 10 周]	28～38	28～38	40～65
破裂蛋的百分比/%	0.6～6.0	0.6～2.0	
胚胎成活率（入孵蛋胚胎的发育百分比）/%	85～98	75～90	80～92
孵化率（入孵蛋的出雏百分比）/%	50～90	50～90	65～80
14 日龄幼鸟存活率/%	94～99	75～90	93
每笼孵出雏鸟到 14 日龄时的存活数/%	16～30	14～25	28～38
蛋壳厚度/mm	0.35～0.39	0.19～0.24	0.19～0.23

注：这些参数为一般值，但如果对照组与这些参数不相符合或相差甚远，则应检查试验程序和条件，发现潜在的问题

2. 试验报告

（1）受试物

化学鉴定数据。

（2）受试生物

学名及品系、来源，试验开始时的鸟龄（以周计或者月计），所有的预处理等。

3. 试验条件

a）驯养条件：鸟笼的材料、大小和类型，鸟舍的温度、相对湿度、光周期和光照强度、通风条件，以及试验过程中的变化。

b）基本食物：来源、组成、营养成分分析（蛋白质、糖类、脂肪、钙、磷等），以及所使用的添加剂和载体等。

c）受试食物：制备方法，处理浓度，食物中受试化学品的设计和实测浓度，浓度测定方法，混合和更换食物的频率，所使用的载体，贮存条件，投喂方法等。

d）在驯养中将鸟随机分配到各处理浓度和对照组，以及难以相处的鸟进行再次分配的程序和方法。

e）每一试验鸟舍（笼）中鸟的数量，每一处理组和对照组的重复次数。

f）鸟和鸟蛋的标记方法。

g）鸟蛋贮存、孵化出雏的条件，包括温度、相对湿度和翻转频率等。

h）如果使用毒物作为参比物，其名称和浓度、配制方法。

4. 试验结果

中毒症状、频率、持续时间、影响程度、受影响的个体数量等；成鸟和幼鸟的食物消耗量与体重；病理学检查描述；鸟组织和蛋中受试化学品的残留分析；产蛋数、入孵蛋数、胚胎发育率、孵化率（包括正常孵化）、蛋壳厚度表（以各浓度每周每鸟舍为单位）、14 日龄幼鸟存活率；统计分析方法和结果分析；NOEC 及其他具显著统计学意义

的效应值；试验中的异常或其他可能影响试验结果的相关信息。

31.12　蜜蜂急性经口毒性试验

经济合作与发展组织（OECD）化学品测试准则 213《蜜蜂急性经口毒性试验》和国家标准 GB/T 21812—2008《化学品　蜜蜂急性经口毒性试验》提供了蜜蜂急性经口毒性试验方法。蜜蜂急性经口毒性试验用于评价农药或者其他化学品对成年工蜂的急性经口毒性[39, 40]。在评估和判断化学品毒性特征的过程中，蜜蜂的急性经口毒性应该予以关注，如蜜蜂有可能暴露在一种给定的受试化学品中。该急性毒性试验主要用于测定农药的遗传毒性及其他化学品对蜜蜂的毒性。

31.12.1　试验原理

成年工蜂首先通过取食暴露于蔗糖溶液中的受试化学品，然后用不含受试化学品的同样食物饲养蜜蜂，在至少 48h 内记录死亡率并与对照组进行比较。如果在 24～48h 死亡率持续增加，而对照组死亡率保持不大于 10%的可接受水平，应考虑将试验周期延长至最长 96h。计算 24h 和 48h LD_{50}，以及当试验延长后的 72h 和 96h LD_{50}。

31.12.2　试验准备

1. 蜜蜂的选择

要求受试蜜蜂营养状况良好、健康、抗病毒能力强、年龄相同。受试蜜蜂可以不来自同一群峰，但其家族背景应清晰已知。在使用当天早晨或试验的前一天晚上采集，并在试验条件下饲养一直到试验开始。尽量避免在早春或晚秋采集蜜蜂。如果在此期间进行试验，则应利用孵化器使蜜蜂羽化，并用花粉和蔗糖溶液饲养 1 周。如果使用经抗生素、抗螨剂等化学品处理的蜜蜂，自最后一次处理的 4 周内不能用于毒性试验。

2. 试验笼

使用易于清洁、通风性良好的笼子，可采用任何合适的材料，如不锈钢、金属丝、塑料等，也可用一次性木笼。试验笼的大小要与蜜蜂的数量相适应，以提供足够的空间。

3. 操作和喂养条件

白天（光照下）进行处理和观察。以最终浓度为 500g/L 的蔗糖水溶液作为食物。在给予试验剂量后，可不受限制提供食物，并对每笼的食物摄入量进行记录。喂食采用长 50mm、宽 10mm、底端开口处直径为 2mm 的玻璃管。

4. 蜜蜂的准备

将采集的蜜蜂随机分配到实验室里随机放置的试验笼中。试验开始前使蜜蜂饥饿 2h，以保证在试验开始时蜜蜂腹内食物含量相同。试验前用健康的蜜蜂替换出垂死的蜜蜂。

5. 受试化学品的准备

如果受试化学品易于与水混溶，则可以直接分散到 500g/L 的蔗糖水溶液中。对于有技术要求的产品和一些水溶解性较低的化学品，可以使用毒性较低的有机溶剂、分散剂或乳化剂（如丙酮、二甲亚砜、二甲基甲酰胺）作为助溶剂。助溶剂的浓度可根据受试化学品的溶解性来决定，并且各个浓度组的助溶剂浓度应一致，但一般不应超过 1%。

应准备适当的溶剂对照，即当使用了助溶剂和分散剂时，应分别准备两组溶液对照，一组为水溶液对照，一组为含溶剂的蔗糖溶液对照，溶剂浓度与试验组中的浓度相同。

31.12.3　试验过程

1. 试验组和对照组

a）试验浓度及平行试验数量的设置应满足在 95%置信限下确定 LD_{50} 的统计需要。通常在进行试验时，要求在 LD_{50} 范围内至少设置 5 个按几何级数排列的浓度，浓度组公比不应超过 2.2。另外，稀释因子和受试化学品浓度的设置，还应考虑以浓度对死亡率表示的毒性曲线的斜率，以及进行结果分析所选用的统计分析方法。应先进行预试验，以确定正式试验的浓度范围。

b）最低要求：每个浓度组设 3 个平行，每一试验容器各放 10 只蜜蜂。

c）对照组至少设 3 个平行，各 10 只蜜蜂，与试验组同时进行。对照组还应该包括助溶剂或载体对照。

2. 参比物

参比物应包括在测试系列里。参比物浓度至少应选择覆盖预期 LD_{50} 的 3 个剂量。每个剂量 3 个平行，各 10 只蜜蜂。首选的参比物是乐果，其报道的 24h 急性经口毒性 LD_{50} 范围为 0.10～0.35g（a.i.）/只蜜蜂[41]。若有充分的数据可证明预期的剂量反应，也可以接受其他的参比物。

3. 暴露

（1）剂量处理

在容器中，加入 100～200μL 含有一定浓度受试化学品的 500g/L 蔗糖水溶液。对于低溶解性的物质则要求加大体积，如果受试化学品为低溶解性、低毒性或在制剂中浓度较低，则要求使用较高比例的蔗糖水溶液。对每组经处理食物消耗量进行监测。食物通常在 3～4h 消耗完，一旦食物消耗完，将食物容器从笼中取出，换上只含有蔗糖的食物，不限量。对于一些受试化学品，在较高试验剂量下，蜜蜂拒绝进食，从而导致食物消耗很少或几乎没有消耗，最长到 6h 后，用蔗糖溶液将剩余的经处理食物换掉。对经处理食物的消耗量进行估算（经处理食物残存的体积或质量）。

（2）试验条件

蜜蜂应该放在黑暗的实验室内，室温为 25℃±2℃。试验过程中相对湿度应为

50%～70%。

（3）持续时间

在投给含有受试化学品的500g/L蔗糖水溶液后开始计时，试验持续48h。如果2～48h死亡率增加了10%以上，则需要延长试验，最长至96h，同时对照组死亡率不得超过10%。

4. 观察

在加入试液后4h、24h、48h记录死亡率。如果需要延长观察时间，则以24h为时间间隔进行进一步的评估，最长至96h。对照组死亡率不得超过10%。

估计每一组的食物消耗量。在给定的6h内，对试验组和对照组的食物消耗量进行比较，可以得出关于经处理食物适口性的信息。

在整个试验过程中，记录观察到的所有异常行为。

5. 限量试验

在预计一种受试化学品为低毒性等情况下，应进行限量试验，以确定 LD_{50} 是否大于限量值，即100μg/只蜜蜂。试验要求同上述程序。限量试验中若有死亡发生，需进行完整试验。如果观察到亚致死效应，则应进行记录。

31.12.4 质量保证与控制

试验有效的条件包括：①在试验结束时，对照组的平均死亡率不超过10%；②参比物的 LD_{50} 满足特定的范围。

31.12.5 试验数据和报告

1. 试验数据

数据应该以表格形式表示，给出每一个处理组、对照组及参比物组的数据、所使用的蜜蜂数、每一观察时间的死亡率与行为异常蜜蜂的数量。采用适当的统计学方法分析蜜蜂的死亡数据，作每一观察时间（即24h、48h、72h、96h）的剂量-效应曲线图，计算曲线的斜率及在95%置信限下的平均致死剂量（LD_{50}）。如果经处理食物没有完全消耗光，则应该确定每组中受试化学品的消耗量。LD_{50} 以每只蜜蜂消耗受试化学品的量来表示，单位为μg/只蜜蜂。

2. 试验报告

a）受试化学品和物理性质和相应的理化特性（如水溶解性、蒸气压），化学鉴定数据，包括分子式、结构式、纯度（对于农药而言，应标明活性成分的特征和浓度）。

b）受试生物的学名、周龄、采集方法、采集日期；采集的受试蜜蜂蜂群的信息，包括健康状况、预处理等。

c）试验条件，实验室的温度及相对湿度；试验容器的条件，包括类型、大小及材料；试验溶液及储备液的准备方法（如果使用助溶剂，给出浓度）；试验设计，如所使用试验浓度和数量、对照组数量。对于每一个试验包括浓度及对照，平行数及每笼中蜜蜂数量。

d）试验结果，如果进行了预试验，给出浓度范围；每一观察时间死亡率的原始数据；试验结束时的剂量-效应曲线图；在每一观察时间，受试化学品及参比物在 95%置信限下的 LD_{50} 值；确定 LD_{50} 的统计学方法；对照组死亡率；观察或检测到的其他生物效应，如蜜蜂的异常行为（包括受试化学品达到一定剂量时，蜜蜂拒食的情况），处理组和对照组的食物消耗量；有关偏离操作方法及其他相关的信息。

31.13　蜜蜂急性接触毒性试验

经济合作与发展组织（OECD）化学品测试准则 214《蜜蜂急性接触毒性试验》和国家标准 GB/T 21813—2008《化学品　蜜蜂急性接触性毒性试验》提供了蜜蜂急性接触性毒性试验方法[42,43]。在评估和判断化学品毒性特征的过程中，蜜蜂的急性接触性毒性应该予以关注。受试化学品在实际应用中如果可能与蜜蜂发生接触，那么在评估受试化学品毒性时，需要确定其接触性毒性的大小。本方法提供了杀虫剂和其他化学品的蜜蜂急性接触性毒性试验方法，可用于确定受试化学品是否需做进一步评估。本方法可应用在实验室-半田间-田间序列试验中评估杀虫剂和化学品的蜜蜂急性接触性危害。在试验过程中，杀虫剂可以是一种活性组分，也可以是按配方制造的产品。试验过程中应对蜜蜂的灵敏性和试验程序的精密度进行控制。

31.13.1　试验原理

通过合适的载体将一定浓度范围的受试化学品溶液滴到成年工蜂的胸部，持续暴露 48h。在至少 48h 内记录死亡率并与对照组进行比较。如果在 24～48h 的死亡率持续增加，而对照组死亡率保持在不大于 10%的可接受水平，应考虑将试验周期延长至最长 96h。计算 24h 和 48h LD_{50}，以及当试验延长后的 72h 和 96h LD_{50}。

31.13.2　试验准备

1. 蜜蜂的选取

试验用蜜蜂应选自于同一个种群，尽量选择蜂龄相仿、喂养方式相同、营养良好、抗病能力强且家族史已知的年轻成年工蜂。在使用的当天早晨或前一天晚上采集，在试验条件下饲养，直到试验开始。蜜蜂的生理状态在早春和晚秋时节会发生变化，故应尽量避免此时选蜂。如不得不在此时选蜂，蜜蜂需置于孵卵器中羽化，且以花粉和蔗糖水溶液饲养一周。4 周之内接受过药物处理（如抗生素、抗螨剂等）的蜜蜂不得用于试验。

2. 试验笼

试验笼应易清理、通风良好。试验过程中可以使用不锈钢、铁丝网、塑料、木质箱等工具。每个箱子装 10 只蜜蜂。箱子的大小以留给蜜蜂足够的空间为宜。

3. 操作和喂养条件

在白天（光照下）进行处理观察等操作步骤。试验期间用喂养器盛 500g/L 蔗糖水溶液喂养蜜蜂。喂养器可用玻璃管（长 50mm，宽 10mm，一端开口且开口直径为 2mm）代替。

4. 蜜蜂的准备

选好的蜜蜂用二氧化碳或氮气麻醉，并应尽量降低麻醉剂的用量和作用时间，麻醉过度的蜜蜂不能参加试验，需要使用健康的蜜蜂替换。

5. 试剂的准备

受试化学品溶于溶剂中配成溶液使用，溶液可以是有机溶液也可以是水溶液，如配制有机溶液，通常选用丙酮作为溶剂或使用其他低毒性有机溶剂（如二甲基甲酰胺、二甲基亚砜）。由于水溶性物质和高极性有机化合物难溶于有机溶剂，此时应使用润湿剂（如 Agral、Citowett、Lubrol、Triton、Tween）配制溶液。

当使用了助溶剂和分散剂时，应准备适当的溶液进行比对。应分别准备两组溶液进行比对：一组为水溶液比对，一组为溶剂和分散剂溶液比对。

31.13.3　试验过程

1. 设置试验组和对照组

a）用药量和重复次数应满足半数致死剂量 95%置信限的要求。通常需要准备 5 种不同的剂量，剂量值呈几何级数排列，但公比不得超过 2.2，同时剂量范围应包含半数致死剂量。最终的剂量由毒性曲线（剂量-死亡率曲线）的斜率及分析试验结果的统计学方法共同决定。为更好地确定剂量，可以预先进行一组预试验，确定剂量的大致范围。

b）试验组最少重复进行 3 次（每组 10 只蜜蜂）。

c）对照组最少重复进行 3 次（每组 10 只蜜蜂），与试验组同时进行。

d）如果使用了有机溶剂或润湿剂，则再加 3 个溶剂对照组（每组 10 只蜜蜂）。

2. 参比物

试验中应使用参比物进行质量控制。参比物应配备 3 种不同的剂量，且应涵盖预期的半数致死剂量，每个剂量做 3 组重复试验（每组 10 只蜜蜂）。通常情况下可以选用二甲苯作为参比物（24h LD_{50} 范围为 0.10～0.30μg/只蜜蜂）。在数据充分的情况下也可以使用其他的参比物（如硝基硫磷酯）。

3. 暴露

（1）剂量处理

使用局部麻醉的方法分别处理蜜蜂个体。将蜜蜂随机分配到试验组和对照组中，用微量进样器将 1μL 含有一定浓度受试化学品的溶液滴加到蜜蜂前胸板处。如果经过证明可行，也可以改变受试化学品溶液量。处理后将蜜蜂放回试验笼中，提供蔗糖溶液。

（2）试验条件

蜜蜂应置于暗室中，温度控制在 25℃±2℃，记录试验过程中的相对湿度（正常维持在 50%～70%）。

（3）试验时间

试验时间为 48h。如 24～48h 死亡率上升了 10%以上，测定时间应适当延长，最多不超过 96h，同时对照组死亡率不得超过 10%。

4. 观察

给予受试化学品后分别在 4h、24h、48h 记录死亡率。如需延长观察时间，则以 24h 为时间间隔进行进一步的评估，最长至 96h。对照组死亡率不得超过 10%。记录在整个试验过程中观察到的蜜蜂所有异常行为。

5. 限量试验

在某些情况下（如受试化学品毒性很低时），应首先使用 100μg/只蜜蜂的剂量对蜜蜂进行限量试验，确认半数致死剂量是否大于此值，试验要求遵循上述程序。限量试验中若有蜜蜂死亡，则需进行完整的试验，出现了亚致死效应也应进行记录。

31.13.4　质量保证与控制

试验结果有效应满足以下条件：①对照组的平均死亡率在试验结束时不超过 10%。②半数致死剂量满足特定的范围要求。

31.13.5　试验数据和报告

1. 试验数据

试验数据应包括每一个试验组、对照组及参比物组的数据、所使用的蜜蜂数、每一观察时间的死亡率及行为异常蜜蜂的数量。用适当的统计学方法分析蜜蜂的死亡率，依据每一观察时间（如 24h、48h、72h、96h）的剂量-效应曲线图，计算曲线的斜率及在 95%置信限下的平均半数致死剂量。死亡率的校正可用 Ahhott’s 校正法。半数致死剂量用每只蜜蜂消耗受试化学品的量来表示，单位为 μg/只蜜蜂。

2. 试验报告

a）受试化学品的物理性质及相关的理化特性（如水溶解性、蒸气压），化学鉴定数据，包括分子式、纯度（对于农药，应标明活性组分的名称和浓度）。

b）受试生物的学名、种属、周龄、采集方式、采集时间；采集蜜蜂的蜂群信息，包括健康状况、成体疾病、预处理等。

c）试验条件，实验室的温度及相对湿度；试验容器的条件，包括类型、大小及材料；试验溶液及储备液的准备方法（如果使用助溶剂，给出浓度）；试验设计，如所使用试验浓度和数量、对照组数量。对于每一个试验包括浓度及对照、平行数及每笼中蜜蜂数量。

d）试验结果，如果进行了预备试验，给出浓度范围；每一观察时间死亡率的原始数据；试验结束时的剂量-效应曲线图；每一观察时间受试化学品及参比物在 95%置信限下的半数致死剂量；确定半数致死剂量的统计学方法；对照组死亡率；观察或检测到的其他生物效应，如蜜蜂的异常行为（包括受试化学品达到一定剂量时，蜜蜂拒食的情况），试验组和对照组的食物消耗量；有关偏离操作方法及其他相关的信息。

31.14 鱼类胚胎和卵黄囊吸收阶段的短期毒性试验

经济合作与发展组织（OECD）化学品测试准则 212《鱼类胚胎和卵黄囊吸收阶段的短期毒性试验》和国家标准 GB/T 21807—2008《化学品　鱼类胚胎和卵黄囊吸收阶段的短期毒性试验》提供了鱼类胚胎和卵黄囊吸收阶段的短期毒性试验方法[44, 45]。鱼类胚胎和卵黄囊吸收阶段的短期毒性试验是一个测定鱼类在从受精卵发育到卵黄囊阶段暴露于受试化学品中所受到的短期毒性的试验。由于在胚胎和卵黄囊阶段不需要提供食物，因此本试验终止于胚胎开始从卵黄囊中吸收营养。只有包含鱼类整个生命阶段的试验才能为受试化学品对鱼类的慢性毒性提供准确的评价信息，与整个生命阶段相比，胚胎和卵黄囊阶段的试验可能存在较低的敏感性，特别是对于那些脂溶性较高（$\lg P_{\mathrm{ow}}>4$）的受试化学品，或者具有特定毒性作用模式的受试化学品。但是，对于那些非特异性的、具有麻醉作用模式的受试化学品，这两种试验之间也许会存在较小的差异。

31.14.1 试验原理

将处于胚胎-卵黄囊阶段的鱼苗暴露于一定浓度范围的受试物水溶液中。试验方式为半静态或流水式试验。试验从受精卵放入试验容器中开始，直至任一幼体的卵黄囊完全被吸收前或对照组鱼因饥饿开始死亡前。计算致死和亚致死剂量，并与对照组相比较来确定 LOEC 和 NOEC。此外，可用回归模型分析估算引起 x %试验生物产生某一特定反应的效应浓度，即 LC_x 或 EC_x。

31.14.2 试验准备

1. 仪器设备

a）测定水温、pH、溶解氧和硬度的仪器。

b）温度控制仪。

c）试验容器或装置：全玻璃、不锈钢或其他化学惰性材质制成，容器的尺寸符合负荷率标准。流水式试验方法采用流水式试验装置，具备受试化学品储备液连续分配和稀释系统，并具控制温度、充气、流量等的装置。

2. 系统选择

试验期间应尽可能维持条件的恒定，推荐流水式试验系统或半静态试验系统。

3. 受试生物

（1）受试生物的选择

推荐使用的淡水鱼种为稀有鮈鲫（*Gobiocypris rarus*）和斑马鱼（*Brachydanio rerio*）等，见表 31-28。

如使用其他鱼种（表 31-29），试验过程及试验条件需做相应调整，且在报告中说明选择试验鱼种和试验方法的理由。

表 31-28　推荐的受试鱼种

淡水
斑马鱼 *Brachydanio rerio*
稀有鮈鲫 *Gobiocypris rarus*
虹鳟 *Oncorhynchus mykiss*
鲤 *Cyprinus carpio*
青鳉 *Oryzias latipes*
黑头软口鲦 *Pimephales promelas*

表 31-29　其他已有良好记录的受试鱼种范例

淡水	咸水
金鱼 *Carassius*	半岛银汉鱼 *Menidia peninsulae*
蓝鳃太阳鱼[46] *Lepomis macrochirus*	大西洋鲱 *Clupea harengus*
	大西洋鳕 *Gadus morhua*
	鳉 *Cyprinodon variegates*

斑马鱼的胚胎-卵黄囊阶段毒性试验，见 GB/T 21807—2008 附录 A。

（2）受试生物的驯养

亲鱼驯养条件见表 31-30。

表 31-30　受试生物及其喂养、繁殖操作要求

种类	食物					孵化后转移时间（如适用）	首次喂食时间
	繁殖亲鱼	初孵仔鱼	稚鱼				
			种类	数量	频率		
Gobiocypris rarus 稀有鮈鲫	FBS，BSN48	①	BSN48	适量	2～3 次/天	不必	产卵后 4～5 天
Brachydanio rerio 斑马鱼	BSN48，片状食物	原生物②，蛋白质③	BSN48	适量		不必	产卵后 6～7 天

注：FBS. 冷冻的卤虫（也称盐水年虫，*Artemia* sp.）成体；BSN. 卤虫幼体，刚孵出的（无节幼体）；BSN48. 卤虫幼体，孵出约 48h；①表示卵黄囊仔鱼（或称早期仔鱼）不需食物；②表示混合培养过滤；③表示经发酵的小颗粒

亲鱼繁殖前应在符合下列条件的环境中驯养至少 2 周。

a）温度：与试验鱼种相适宜。

b）光照：每天 12～16h。

c）溶解氧：浓度不小于 80%空气饱和值。

d）疾病处理：避免任何疾病处理。

e）喂养：每天喂食，且提供的饵料应多样化。

4. 试验用水

（1）水质

试验用水应符合 GB/T 21807—2008 附录 D 的要求，或对照组试验用鱼的存活数量满足 GB/T 21807—2008 附录 B 和附录 C 的条件。

试验期间水质保持恒定。pH 的变化保持在±0.5。定期分析水样，测定重金属（如 Cu、Pb、Zn、Hg、Cd、Ni）、主要的阴和阳离子（如 Ca^{2+}、Mg^{2+}、Na^{+}、K^{+}、Cl^{-}、SO_4^{2-}）、农药（如总有机磷和有机氯农药）、总有机碳和悬浮物含量。

（2）试验溶液

通过稀释储备液配制试验溶液。必要时使用低毒的助溶剂或分散剂。推荐的溶剂有丙酮、乙醇、甲醇、二甲基亚砜、二甲基替甲酰胺、三甘醇。适合的分散剂有聚氧乙烯化脂肪酸甘油酯、吐温 80、0.01%甲基纤维素、聚氧乙烯化氢化蓖麻油。当使用某种助溶剂时，相应的溶剂对照组不能对胚胎和幼体的存活有明显影响，也不能在早期生活阶段对其有任何可观察到的不利影响。应尽量避免使用此类物质。

半静态试验更换溶液时，将受精卵和幼体转移至新的试验液中，避免暴露于空气中；或将受试生物留在试验容器内，部分更新试验溶液（不少于 3/4）。试验溶液更新的频率取决于受试化学品的稳定性，推荐每天更新。当受试化学品浓度变化超出 20%，应采用流水式试验。

流水式试验需具备连续分配和稀释受试化学品储备液的系统。定期检查储备液和稀释水的流速，试验期间的变动不大于 10%。24h 的流量至少为试验容器容积的 5 倍。

31.14.3　试验过程

1. 胚胎和幼体的处理

试验开始时，将胚胎和幼体暴露在置于大容器中的小容器。在半静态试验中推荐使用巴斯德吸管移动胚胎和幼体。

幼体孵化后，将大容器内的小容器、格栅或网移开。转移幼体时，不得暴露在空气中，也不得用网具捞取。容器的容积满足负荷量要求时，不必转移胚胎和幼体。

2. 暴露条件

a）持续时间：应在卵受精后 30min 内开始试验。在胚胎开始分裂前或胚胎开始分裂后尽可能快地将胚胎放入试验溶液，在任何情况下必须在原肠期前开始试验，不能迟于卵受精 8h 后。暴露期间不投饵。当任一试验容器中幼体的卵黄囊完全被吸收前，或对照组中幼体因饥饿而发生死亡前结束试验。应根据所选择的试验鱼种确定试验的持续时间，参见 GB/T 21807—2008 附录 B 和附录 C。

b）负荷：受精卵的数量应满足统计学要求。受精卵随机分配到各试验组，每一浓度 30 粒，平分到 3 个平行试验容器。保证试验溶液溶解氧浓度保持在 60%空气饱和值以上。流水式试验中，负荷率不大于 0.5g/(L · 24h)，且不大于 5g/(L · 24h)。

c）光照和温度：光周期和试验水温应适合受试鱼种，见 GB/T 21807—2008 附录 B 和附录 C。

3. 试验浓度

a）根据 96h LC_{50} 确定试验浓度范围，试验最高浓度不得高于 96h LC_{50} 或 10mg/L。

b）以几何级数浓度系列设置 5 个受试化学品浓度，浓度公比不大于 3.2。

c）可少于 5 个浓度。浓度设置少于 5 个时需说明理由。

d）避免使用助溶剂，如必须使用，其所有浓度应不大于 0.1mL/L。

e）每个浓度系列设置稀释水对照组和相应的溶剂对照组。

4. 分析测量的频次

试验期间，应定期测定受试化学品浓度。

半静态试验条件下，如受试化学品浓度保持在设定值的±20%，在整个试验期间应对最高试验浓度和最低试验浓度组至少取样测定 3 次，样品为新配制的试验溶液和即将更换前的试验溶液。如果试验中受试化学品浓度不能保持在设定值的±20%（根据受试化学品的稳定性数据），就必须在新配制试验溶液和更新试验溶液时，对所有试验溶液取样进行分析，取样的次数、间隔及方式相同，除非之后状况相同（即试验期间至少平均间隔取样 3 次）。更换试验溶液前对每个试验浓度中的一个平行容器取样测定受试化学品浓度，且测定间隔不应超过 7 天。试验结果应以测定浓度为准。但如果整个试验期间受试化学品浓度保持在设定值或初始浓度的±20%，则结果可以设定值或初始浓度为准。

流水式试验，取样方式与半静态试验相同。若试验持续时间超过 7 天，第 1 周内应采样测定 3 次。

对样品进行离心或过滤（如使用 0.45μm 孔径滤膜）。当两者均无法分离受试化学品的非生物利用部分与生物利用部分，无须进行样品处理。

试验期间，应测定所有试验容器中的溶解氧、pH 和水温，以及对照组与最高浓度组中一个试验容器的总硬度和盐度。溶解氧、盐度应至少测定 3 次，即试验开始、中间和试验结束时。半静态试验应增加溶解氧的测试频率，尤其是每次试验溶液更新前和更新后，或至少一周一次。在半静态试验中，应在每次试验溶液更新的开始和结束时测定 pH，流水式试验中则至少每周测定一次 pH。硬度每次试验测定一次。温度应每天进行测量，且至少对一个试验容器进行连续监测。

5. 观察

（1）胚胎发育阶段

选择代表性的卵样准确核查胚胎发育阶段。

（2）孵出和存活

每天观察孵出与存活情况一次，记录数量。试验开始 3h 内每 30min 观察一次。及时移去死亡的胚胎和幼体。

各生活阶段的死亡标准如下。

a）卵：特别是在早期阶段，由于蛋白质的凝固作用和/或沉降作用，半透明状显著丧失（变为不透明）兼有颜色上的变化。

b）胚胎：没有身体运动，没有心脏跳动，幼体通常由半透明变为不透明。

c）幼体：静止不动，无呼吸运动，无心脏跳动，中枢神经系统呈白色不透明，对机械刺激无反应。

（3）异常表征

定期记录畸形或变色的幼体数量，以及卵黄囊吸收阶段，间隔时间取决于试验周期和畸形情况。

记录对照组中异常胚胎和幼体的自然发生率。移走死亡的畸形个体。

（4）异常行为

定期记录异常行为，如呼吸急促、不协调的游动和反常的静止。

（5）长度

试验结束时，建议逐一测量个体长度，采用标准长（即体长）或全长。尾鳍腐烂或腐蚀时应采用体长。对照组平行组间的长度变化率不大于 20%。

（6）质量

试验结束时，逐尾称重，干重（60℃，24h）优于湿重。对照组平行组间的质量变化率不大于 20%。

31.14.4 质量保证与控制

试验结果有效应满足以下条件。

a）对照组和溶剂对照组中受精卵存活率应不低于国家标准 GB/T 21807—2008 附录 B 和附录 C 中规定的限度。

b）试验期间，溶解氧浓度不低于 60%空气饱和值。

c）整个试验期间，各试验容器之间或试验持续期间的温差不能超过±1.5℃，水温应在受试生物适宜的范围内，参见国家标准 GB/T 21807—2008 附录 B 和附录 C。

31.14.5 试验数据和报告

1. 试验数据处理

（1）统计参数

通过观察，可对部分或全部下列数据进行统计分析：①累计死亡率；②试验结束时的健康鱼数；③开始孵出及全部孵出的时间；④每天孵出仔鱼数；⑤存活个体的长度及质量；⑥出现畸形或有异常表征的仔鱼数；⑦呈现异常行为的仔鱼数。

（2）统计分析方法

允许对试验容器数量、试验浓度数目、受精卵数和测量参数等方面的试验设计进行合理调整，建议包括试验设计和分析。

用方差分析（ANOVA）或列联表程序分析各平行组间的变化，估计 LOEC 和（或）

NOEC。用 Dunnett's 检验对各试验组与对照组之间的结果进行多重比较。预测并报告方差分析和其他程序的检测能力。用概率法分析累计死亡率和幼体存活率。

估算 LC_x 和/或 EC_x 值时，用最小二乘法或非线性最小二乘法进行数据拟合，对相应的 LC_x 和/或 EC_x 及其标准误差进行直接估计。计算 LC_x 和（或）EC_x 的置信限，采用双尾 95%置信限。可运用拟合曲线图解法。观察结果可进行回归分析。

2. 试验报告

a）受试化学品的物理属性、相关的理学特性、化学鉴定数据（包括纯度、所用的定量分析方法）。

b）受试生物的学名、品系，亲鱼的数量、来源，受精卵的收集方法及随后的处理。

c）试验条件，试验程序（如方式、时间、负荷量等）；光周期；试验设计；储备液的制备方法及试验溶液更新的频率；试验设置浓度、实测浓度及其平均值和标准差，以及浓度分析测定方法；稀释水特性，如 pH、硬度、温度、溶解氧浓度、残留氯水平（如测定）、总有机碳含量、悬浮物含量、盐度及其他测定特性；试验容器中的水质，如 pH、硬度、温度和溶解氧浓度。

d）试验结果，受试化学品稳定性的所有初步研究结果；对照组的总存活数及是否符合相关标准（国家标准 GB/T 21807—2008 附录 B 和附录 C）；胚胎、幼体的死亡率或存活率，以及总死亡率或存活率；孵化天数及仔鱼孵出数目；长度、质量数据；如有，形态异常的发生及描述；如有，行为效应的发生及描述；数据的统计分析及处理；采用 ANOVA 分析，针对每种效应确定 LOEC 和 NOEC（$P \leqslant 0.05$），并说明所用统计学程序及其检测能力；所用的回归分析技术，LC_x 和/或 EC_x 及其置信限，以及用于计算的拟合模型曲线。

e）结果讨论，对偏离测试准则之处加以说明。当试验溶液中受试化学品浓度接近分析方法的检出限或高于受试化学品溶解度时，对结果的解释应慎重。

31.15　快速生物降解性改进的 MITI 试验（Ⅰ）

经济合作与发展组织（OECD）化学品测试准则 301C《改进的 MITI 试验（Ⅰ）》和国家标准 GB/T 21802—2008《化学品　快速生物降解性改进的 MITI 试验（Ⅰ）》提供了快速生物降解性改进的 MITI 试验（Ⅰ）方法[47,48]。

31.15.1　试验原理

受试化学品溶解或悬浮在试验培养基中，加入未经驯化的接种物，在黑暗、密闭、搅拌和 25℃±1℃条件下培养 28 天，用碱石灰吸收产生的二氧化碳，连续测定耗氧量。受试化学品生物降解时接种物的耗氧量经空白对照校正后，占理论需氧量（ThOD）的百分比为降解率。另外，通过化学分析测定试验开始和结束时受试化学品浓度，可以确定受试化学品的初级生物降解性。通过溶解分析有机碳（DOC），可以确定受试化学品的最终生物降解率。

推荐以苯胺（新蒸馏）、乙酸钠或苯甲酸钠作为参比物。

31.15.2　试验准备

1. 试验设备

耗氧测定仪（BOD 测定仪）或呼吸测定仪（配 6 个 300mL 烧瓶和 CO_2 吸收杯多个）；培养箱或水浴（25℃±1℃）；膜过滤器（可选）；有机碳分析仪（可选）。

2. 接种物

从使用和排放各种化学物质的不少于 10 个场所采集接种物，这些场所包括城市污水处理厂、工业污水处理厂、河流、湖泊和沿海。采集活性污泥、表层土壤、水等样品各 1L 将它们混合在一起，去除漂浮物静置，以氢氧化钠或磷酸调节上清液 pH 为 7±1，曝气培养 23.5h 后静置 30min，弃去上清液的 1/3 并加入等体积的含葡萄糖、蛋白胨和磷酸钾各 0.1%的溶液（pH 为 7），再次曝气。培养过程每天操作 1 次。接种物中应出现原生动物，并且至少每 3 个月用参比物测定活性 1 次。接种物培养 1 个月后方可使用，但不能超过 4 个月。每 3 个月从 10 个或以上场所采集接种物，并与正使用接种物等量混合，培养 18～24h 后方可作为新的试验接种物。

3. 试验用水

使用高纯度去除毒性物质（如 Cu^{2+}）的去离子水或蒸馏水，确保有机碳含量不高于受试化学品浓度的 10%，每组系列试验使用一批水。

4. 培养基

（1）试验培养基储备液

用分析纯试剂制备下列储备液，储备液中如果出现沉淀，则需重新配制。

a）磷酸缓冲液：称取 8.50g 磷酸二氢钾（KH_2PO_4）、21.75g 磷酸氢二钾（K_2HPO_4）/ 44.60g 十二水磷酸氢二钠（$Na_2HPO_4 \cdot 12H_2O$）和 1.70g 氯化铵（NH_4Cl），用水溶解，定容至 1L，pH 为 7.2。

b）氯化钙溶液：称取 27.50g 无水氯化钙（$CaCl_2$）或 36.40 二水合氯化钙（$CaCl_2 \cdot 2H_2O$），用水溶解，定容至 1L。

c）硫酸镁溶液：称取 22.50g 七水合硫酸镁（$MgSO_4 \cdot 7H_2O$），用水溶解，定容至 1L。

d）氯化铁溶液：称取 0.25g 六水合氯化铁（$FeCl_3 \cdot 6H_2O$），用水溶解，定容至 1L。加入 0.05mL 浓盐酸或 0.4g/L EDTA 二钠盐缓冲溶液保存。

（2）试验培养基的制备

取磷酸缓冲液、氯化钙溶液、硫酸镁溶液、氯化铁溶液各 3mL，用试验用水溶解并定容至 1L。

31.15.3　试验过程

1. 组别设计

试验中需要设置下列组别：①瓶 1：非生物降解对照组（含受试物和去离子水，质量浓度为 100mg/L）。②瓶 2、瓶 3、瓶 4：含受试物、试验培养基和接种物的试验组（受试物质量浓度为 100mg/L）。③瓶 5：含参比物、试验培养基和接种物的程序对照组（参比物质量浓度为 100mg/L）。④瓶 6：仅含接种物和试验培养基的空白对照组。

必要时，可增加含受试物、参比物和接种物的毒性对照组（见国家标准 GB/T 21802—2008 附录 A）。

2. 受试物储备液

受试化学品或参比物的水溶解度若超过 1g/L，则称取 1～10g，用试验用水溶解并定容至 1L。否则，将受试化学品直接加入试验培养基中，确保受试化学品溶液均质。

3. 试验操作

难溶受试化学品进行试验时不能使用助溶剂和乳化剂，可采用研磨或超声分散等适当方式使溶液均质化。试验瓶 2、瓶 3 和瓶 4（试验组）、瓶 5（程序对照）、瓶 6（接种物的空白对照组）加入接种物质量浓度为 30mg/L，瓶 1 中不加入接种物而作为非生物对照，CO_2 吸收杯加入 CO_2 吸收剂，装好设备，检查气密性，开始搅拌，在黑暗条件下开始测量氧消耗。每天检查温度和搅拌器状态，定期测定溶解氧浓度，并观察试验瓶中颜色变化。28 天试验结束时，测定各瓶试验溶液 pH，测定瓶 1 中受试化学品浓度或代谢中间产物的浓度。如可能发生硝化作用，测定硝酸盐或/和亚硝酸盐浓度。

31.15.4　质量保证与质量控制

试验结果有效应满足以下条件。

a）在稳定期、试验结束时或 10 天观察期结束时，平行试验间的降解率最大差别低于 20%。

b）试验进行到第 7 天和第 14 天时，参比物降解率分别高于 40%和 65%。

c）接种物空白对照组的耗氧量通常在 20～30mg/L（以 O_2 计）；28 天试验期间，氧消耗不高于 60mg/L（以 O_2 计）。

d）若 pH 超出 6～8.5，且受试化学品的耗氧量低于 60%，则设置较低的受试化学品浓度，重新试验。

31.15.5　试验数据和报告

1. 试验数据

一定时间后，受试化学品的耗氧量（mg）经同时段的接种物空白对照校正后除以受试化学品质量（mg），得到用毫克每毫克受试化学品（mg/mg）表示的 BOD（生化需氧量），见式（31-10）：

$$\mathrm{BOD}=\frac{m_1-m_2}{m_3} \tag{31-10}$$

式中，m_1为受试化学品的耗氧量，mg；m_2为空白对照的耗氧量，mg；m_3为受试化学品加入量，mg。

生物降解率可由式（31-11）获得

$$D=\frac{\mathrm{BOD}}{\mathrm{ThOD}}\times 100\% \tag{31-11}$$

式中，D为生物降解率，%。

对于混合物，ThOD 的计算可采用元素分析，将其当作单位化合物，根据硝化作用是否发生选取适当的 ThOD（$\mathrm{ThOD_{NH_4}}$ 或 $\mathrm{ThOD_{NO_3}}$）（见国家标准 GB/T 21802 附录 B）。当硝化作用发生但反应不完全时，可通过硝酸盐和亚硝酸盐的浓度变化校正硝化作用的耗氧量。

若瓶 1 中的受试化学品减少，计算非生物降解率，用该瓶 28 天后受试化学品的浓度（S_b）计算降解率，见式（31-12）：

$$D_\mathrm{a}=\frac{S_\mathrm{b}-S_\mathrm{a}}{S_\mathrm{b}}\times 100\% \tag{31-12}$$

式中，D_a为非生物降解率，%；S_b为试验开始时瓶 1 中受试化学品浓度，mg/L；S_a为试验结束时瓶 1 中受试化学品残留浓度，mg/L。

当采用 DOC 测定时（可选），计算 t 时刻的最终生物降解率，见式（31-13）：

$$D_t=\left[1-\frac{C_t-C_{\mathrm{bl}(t)}}{C_0-C_{\mathrm{bl}(0)}}\right]\times 100\% \tag{31-13}$$

式中，D_t为 t 时刻的降解率，%；C_0为含受试化学品和接种物组的初始 DOC 浓度，单位为 mg/L；C_t为含受试化学品和接种物组 t 时刻的 DOC 浓度，单位为 mg/L；$C_{\mathrm{bl}(0)}$为空白对照组的初始 DOC 浓度，单位为 mg/L；$C_{\mathrm{bl}(t)}$为 t 时刻空白对照组的 DOC 浓度，单位为 mg/L。

当有无菌对照时，利用化学分析测定受试物母体化合物含量，见式（31-14）：

$$D_a=\frac{C_{\mathrm{a}(0)}-C_{\mathrm{a}(t)}}{C_{\mathrm{a}(0)}}\times 100\% \tag{31-14}$$

式中，D_a为非生物降解率，%；$C_{\mathrm{a}(0)}$为瓶 1 受试化学品初始 DOC 浓度，单位为 mg/L；$C_{\mathrm{a}(t)}$为 t 时刻瓶 1 受试化学品的 DOC 浓度，单位为 mg/L。

2. 试验报告

a）受试化学品的物理属性及基本理化性质、化学鉴别数据。

b）试验条件、接种物的状态、取样地点和浓度；污水中工业废水的比例和状况（若已知）；试验周期与温度；难溶受试化学品溶液/悬浮液制备方法；程序改变的原因及解释说明。

c）试验结果，将数据填入数据表；任何观察到的抑制现象；任何观察到的非生物降解；化学物质分析数据（若适用）；受试化学品降解产物的分析数据（若适用）；受试化学品及参比物的降解曲线，包括停滞期、降解期、10 天观察期和下降期；稳定期、试验结束时和/或 10 天观察期结束时的降解率。

d）结果讨论。

31.16 快速生物降解性改进的 MITI 试验（Ⅱ）

经济合作与发展组织（OECD）化学品测试准则 302C《改进的 MITI 试验（Ⅱ）》和国家标准 GB/T 21818—2008《化学品快速生物降解性 改进的 MITI 试验（Ⅱ）》提供了快速生物降解性改进的 MITI 试验（Ⅱ）方法[49, 50]。

31.16.1 试验原理

本方法通过测定生化需氧量（BOD）和进行受试化学品残留分析，评价由改进的 MITI 试验（Ⅰ）筛选得到的低生物降解性物质的固有生物降解性。

以受试化学品作为唯一的有机碳源，在微生物对受试化学品无适应性的前提下，使用自动、密闭的耗氧测定仪（BOD 测定仪），将微生物接种到装有受试化学品的试验容器中。试验期间，以一定时间间隔测定试验溶液的 BOD。通过 BOD 测定值与化学分析结果（如测定溶解性有机碳浓度或化学物质的残留浓度等）计算生物降解率。

为了检测活性污泥的活性，应设置参比物试验，目前仍未有专一性的参比物。本方法推荐以苯胺（新蒸馏）、乙酸钠或苯甲酸钠作为参比物。若使用其他参比物，试验报告中应加以说明。

31.16.2 试验准备

1. 试验设备

BOD 测定仪（配 6 个 BOD 瓶和 CO_2 吸收杯），对于挥发性物质，需用改进的 BOD 仪；膜过滤器（可选）；有机碳分析仪（可选）。

2. 接种物

污泥采样点原则上不少于 10 个全国使用和排放各种化学物质的场所，这些场所包括城市污水处理厂、工业污水处理厂、河流、湖泊和沿海。原则上，污泥样品每年在 3 月、6 月、9 月和 12 月采样 4 次。

3. 污泥采样方法

从城市污水处理厂采集回流污泥 1L，与空气接触的河流、湖泊和沼泽或海洋各采集地表水和表面土壤 1L。将各采样点的污泥样品放入同一容器，搅拌混匀后静置。去除漂浮物，用 2 号滤纸过滤后以氢氧化钠或磷酸将滤液 pH 调为 7.0±1.0，转移至曝气池内曝气培养。

曝气结束后静置 30min，弃去上清液总体积的 1/3，加等体积的 0.1%合成污水（1g 葡萄糖、1g 蛋白胨和 1g 磷酸钾溶解于 1L 水中，以 NaOH 调节 pH 为 7.0±1.0）再次曝气。每日重复进行，培养温度为（25±2）℃。

培养活性污泥时，应检查下列项目和采取必要的控制措施。

a）上清液外观：活性污泥上清液应是澄清的。

b）活性污泥的沉降：絮凝成团的活性污泥应具有较强的沉降性。

c）活性污泥形成状态：当无絮状污泥出现时，可增加 0.1%合成污水或增加合成污水添加次数。

d）pH：上清液 pH 为 7.0±1.0。

e）温度：活性污泥培养温度为（25±2）℃。

f）曝气量：加入合成污水的上清液中，应充分曝气，溶解氧浓度不低于 5mg/L。

g）活性污泥原生动物：在放大 100～400 倍的显微镜下，应可见大量不同种类的原始动物。

h）新鲜和驯化污泥的混合：为了保持新鲜和驯化污泥具有相同的活力，将试验使用的活性污泥上清液滤液与等体积的新鲜活性污泥混合后培养。

i）活性污泥活性测定：标准物质定期检测活性污泥活性（至少每 3 个月 1 次），特别是在新鲜和驯化污泥样品混合后（图 31-9）必须进行测定，保证与老污泥样品活性一致。

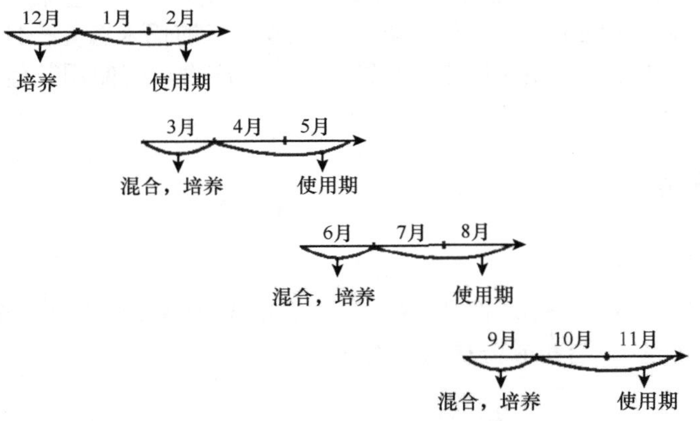

图 31-9　活性污泥样品制备和适用周期实例

4. 培养基

（1）试验培养基储备液

用分析纯试剂制备下列储备液。

a）磷酸缓冲液：称取 8.50g 磷酸二氢钾（KH_2PO_4）、21.75g 磷酸氢二钾（K_2HPO_4）、44.6g 十二水合磷酸氢二钠（$Na_2HPO_4 \cdot 12H_2O$）和 1.70g 氯化铵（NH_4Cl），用水溶解，定容至 1L，pH 为 7.2。

b）氯化钙溶液：称取 27.50g 无水氯化钙（$CaCl_2$），用水溶解，定容至 1L。

c）硫酸镁溶液：称取 22.50g 七水合硫酸镁（$MgSO_4 \cdot 7H_2O$），用水溶解，定容至 1L。

d）氯化铁溶液：称取 0.25g 六水合氯化铁（$FeCl_3 \cdot 6H_2O$），用水溶解，定容至 1L。

（2）试验培养基的制备

取上述 4 种储备液各 3mL，用试验用水稀释并定容至 1L。

31.16.3　试验过程

1. 组别设计

通常试验需要设置下列组别。①瓶 1：非生物降解对照（受试化学品 30mg/L）。②瓶 2、瓶 3 和瓶 4：含受试化学品和接种物的试验组[活性污泥 100mg/L（以干重计）+受试化学品 30mg/L]。③瓶 5：含参比物和接种物的程序对照[活性污泥 100mg/L（以干重计）+受试化学品 30mg/L+苯胺 100mg/L]。④瓶 6：仅含接种物的空白对照[活性污泥 100mg/L（以干重计）]。

2. 受试物预处理

若受试化学品在水中的溶解度小于最佳试验浓度，应将受试化学品充分磨碎。若受试化学品具有挥发性，应冷藏以减少挥发。必要时，应对受试化学品进行鉴定。

3. 试验操作

难溶受试化学品进行试验时不能使用助溶剂和乳化剂，可采用研磨或超声分散等适当方式使溶液均质化。试验瓶 2、瓶 3 和瓶 4（试验悬浮液）、瓶 5（程序对照）、瓶 6（接种物空白对照）加入接种物浓度为 100mg/L，瓶 1 中只加受试化学品而不加接种物作为非生物降解对照，CO_2 吸收杯中加入 CO_2 吸收剂，装好设备，检查气密性，开始搅拌，在黑暗条件下于（25±2）℃开始试验，每天检查温度和搅拌器状态，定期测定溶解氧浓度，并观察试验瓶中颜色变化，连续获得 14～28 天的 BOD 曲线（图 31-10）[50]。培养 14～28 天，测定各瓶试验溶液 pH、受试物残留量或中间体浓度。为确定试验过程中受试化学品可能发生的变化，如由蒸发或试验容器器壁吸附作用造成受试化学品损失等，不加活性污泥处理的受试化学品浓度也要进行测定。

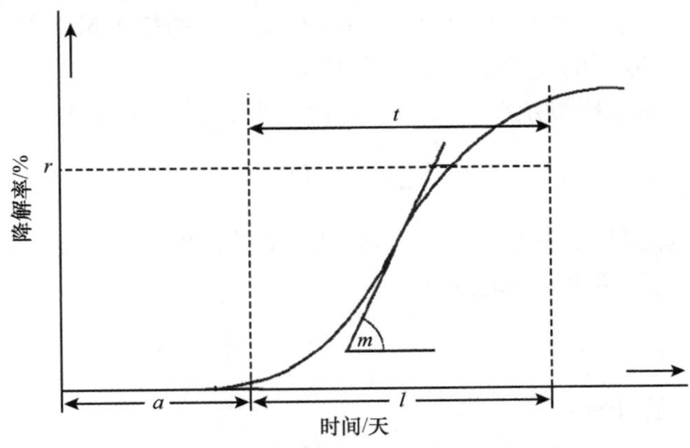

图 31-10　快速生物降解类化合物的生物降解曲线

a. 适应期；*l*. 对数生长期；*m*. 最大降解率（斜率）；*r*. 所需的降解程度；*t*. 时间窗

4. 分析方法

a）若受试化学品溶于水，应测定总有机碳残留量。

b）总有机碳含量测定方法：从培养容器中取出 10mL 溶液，3000×g 离心 5min，用有机碳分析仪检测上清液总有机碳残留量。

c）其他分析方法：以适当溶剂提取培养液中的受试化学品，经浓缩等预处理后，采用适当方法，测量受试化学品残留量。

d）对于挥发性物质，为了减少蒸发，BOD 仪温度应在 10℃至少保持 30min 后开始上述分析。

31.16.4　质量保证与控制

试验结果有效应满足以下条件。

a）水中溶解度超过 100mg/L 的受试化学品，重现性较好。

b）耗氧量检出限为 1mg（微生物氧消耗）。

c）受试化学品测定灵敏度取决于所采用的分析方法。

d）水中/空气中受试化学品浓度应不低于 1，对于挥发性受试化学品，应采用改进的 BOD 测定法（见国家标准 GB/T 21818—2008 附录 A）。

e）若使用苯胺作为参比物，试验进行到第 7 天和第 14 天时，参比物降解率应分别不低于 40%和 65%。

31.16.5　试验数据、结果和报告

1. 试验数据

a）根据耗氧量计算生物降解率，见式（31-15）：

$$D = \frac{\mathrm{BOD} - B}{\mathrm{TOD}} \times 100\% \qquad (31\text{-}15)$$

式中，D 为生物降解率，%；BOD 为根据 BOD 曲线确定的受试化学品的生化需氧量，单位为 mg；B 为根据接种物空白对照的 BOD 曲线确定的耗氧量，单位为 mg；TOD 为受试化学品完全氧化需要的理论需氧量，单位为 mg。

b）由受试化学品分析测定结果计算生物降解率，见式（31-16）：

$$D = \frac{S_b - S_a}{S_b} \times 100\% \qquad (31\text{-}16)$$

式中，S_a 为生物降解试验结束后受试化学品的残留量，单位为 mg；S_b 为 2 个空白对照中受试化学品的平均残留量，单位为 mg。

2. 试验结果

a）理论需氧量的计算：

元素	氧化态
C	CO_2
H	H_2O
N	N_2O
S	SO_2
X（卤素）	X

b）分析方法的回收率。

c）对受试化学品的生物降解能力与苯胺的相对降解程度进行分类；若用苯胺作为参比物，试验进行到第 7 天和第 14 天时，参比物降解率分别达到 40%和 65%，则试验有效；若 S_b 回收率不超过 10%，试验无效；若受试化学品浓度较低，BOD 绝对值可能比正常条件下 BOD 要低，该试验条件下比标准试验条件下的基本耗氧量要高很多，因此试验物质的 BOD 应仔细测定。

3. 试验报告

a）受试化学品的基本信息：包括名称、分子式、分子质量、纯度、杂质等；理化性质；光谱数据。

b）试验条件：接种物的状态和取样地点、浓度、试验周期与温度，程序改变的原因及解释说明。

c）化学分析：前处理；仪器分析条件；回收率；中间产物分析。

d）试验结果：BOD 曲线和仪器名称，BOD（mg）、B（mg）、S_a（mg）、S_b（mg）、TOD（mg），根据 BOD 计算的降解率，根据化学分析结果计算的降解率，受试化学品的色谱或光谱分析结果。

e）结果讨论。

参 考 文 献

[1] The United Nations Economic Council Committee of Experts on the Transport of Dangerous Goods and on the Globally Harmonized System of Classification and Labelling of Chemicals on Sub-Committee of Experts on the Globally Harmonized System of Classification and Labelling of Chemicals. Globally Harmonized System of Classification and Labeling of Chemical（GHS）. Fourth revised edition. New York and Geneva：UNITED NATIONS，2015.

[2] OECD Guidelines for Testing of Chemicals. Test No.203：Fish，Acute Toxicity Test.1992.

[3] 中华人民共和国国家标准. GB/T 27861—2011 化学品　鱼类急性毒性试验. 北京：中国标准出版社，2011.

[4] 化学品测试方法编委会. 化学品测试方法. 北京：中国环境科学出版社，2004: 190.

[5] Crossland N O, van Compernolle R, Meyer C L. Aquatic hazard assessment of the toxic fraction from the effluent petrochemical plant. Enviromental Toxicology & Chemistry, 1991，10（5）：691.

[6] OECD Guidelines for Testing of Chemicals. Test No. 210：Fish，Early-life Stage Toxicity Test. 2013.

[7] 中华人民共和国国家标准. GB/T 21854—2008 化学品　鱼类早期生活阶段毒性试验. 北京：中国标准出版社，2008.

[8] OECD Guidelines for Testing of Chemicals. Test No. 215：Fish，Juvenile Growth Test. 2000.

[9] 中华人民共和国国家标准. GB/T 21806—2008 化学品　鱼类幼体生长试验. 北京：中国标准出版社，2008.

[10] Environment Canada. Biological test method：toxicity tests using early life stages of salmonid fish（rainbow trout，coho salmon，or Atlantic salmon）. Conservation and Protection，Ontario，1992，Report EPS 1/RM/28，81.

[11] OECD Guidelines for Testing of Chemicals. Test No. 201：Freshwater Alga and Cyanobacteria，Growth Inhibition Test.

[12] 中华人民共和国国家标准. GB/T 21805—2008 化学品　藻类生长抑制试验. 北京：中国标准出版社，2008.

[13] OECD. Guidance Document on Aquatic Toxicity Testing of Difficult Substance and mixtures. Environmental Health and Safety Publications. Series on Testing and Assessment，No.23. Organisation for Economic co-operation and Development，Paris，2000；International Organisation for Standardisation. ISO 5667-16 Water quality-Sampling-Part 16：Guidance on

Biotesting of samples，1998.

[14] Norber-King T J. An interpolation estimate for chronic toxicity：the ICp approach. National Effluent Toxicity Assessment Center Technical Report 05-88. US EPA，Duluth，MN，1988.

[15] Aoshima M，Takad Y. Asymptotically optimal allocation for multiple comparisons with a control when variances are unknown and unequal. American Journal of Mathematical & Management Ences，2009，29（1-2）：125-137.

[16] Draper N R，Smith H. Applied Regression Analysis. 2nd ed. New York：Wiley. 1981.

[17] OECD. Current Approaches in the Statistical Analysis of Ecotoxicity Data：A Guidance to Application. Organization for Economic Co-operation and Development，Paris，2005.

[18] International Organization for Standardisation. ISO/DIS 14442. Water Quality-Guidelines for Algal Growth Inhibition Tests with Poorly Soluble Materials，Volatile Compounds，Metals and Waster Water，1998.

[19] OECD. Guidance Document on Aquatic Toxicity Testing of Difficult Substances and mixtures. Environmental Health and Safety Publications. Series on Testing and Assessment，No. 23. Organisation for Economic Co-operation and Development，Paris，2000.

[20] OECD Guidelines for Testing of Chemicals. Test No. 202：*Daphnia* sp. Acute Immobilisation Test. 2004.

[21] 中华人民共和国国家标准 GB/T 21830—2008 化学品　溞类急性活动抑制试验. 北京：中国标准出版社，2008.

[22] ISO 6341. Water quality-Determination of the Inhibition of the Mobility of *Daphnia magna* Straus（Cladocera，Crustacea）- Acute Toxicity Test. 3rd ed. 1996.

[23] Guidance Document on Aquatic Toxicity Testing of Difficult Substances and Mixtures. OECD Environmental Health and Safety Publication. Series on Testing and Assessment. No. 23. Paris，2000.

[24] OECD Guidelines for Testing of Chemicals. Test No. 305：Bioaccumulation in Fish：Aqueous and Dietary Exposure. 2012.

[25] 中华人民共和国国家标准. GB/T 21800—2008 化学品　生物富集　流水式鱼类试验. 北京：中国标准出版社，2008.

[26] OECD Guidelines for Testing of Chemicals. Test No.204：Fish，Prolonged Toxicity Test：14-Day Study. 1984.

[27] 中华人民共和国国家标准. GB/T 21808—2008 化学品　鱼类延长毒性 14 天试验. 北京：中国标准出版社，2008.

[28] OECD Guidelines for Testing of Chemicals. Test No.207：Earthworm，Acute Toxicity Tests. 1984.

[29] 中华人民共和国国家标准. GB/T 21809—2008 化学品　蚯蚓急性毒性试验. 北京：中国标准出版社，2008.

[30] The Analysis of Agricultural Materials，Materials，Ministry of Agriculture，Fisheries and Food，Reference Book 427，HMSO，London，1981.

[31] OECD Guidelines for Testing of Chemicals. Test No. 205：Avian Dietary Toxicity Test. 1984.

[32] 中华人民共和国国家标准. GB/T 21810—2008 化学品　鸟类日粮毒性试验. 北京：中国标准出版社，2008.

[33] Finney D J. Probit Analysis，3rd ed. London：Cambridge University Press，1971.

[34] Litchfield J J，Wilcoxon F，Pharmacol J. A simplified method of evaluating dose-effect experiments. J Pharmacl and Exper Ther，1949，96：99-113.

[35] Tatjana T，Zagorc-Končan. J. Comparative assessment of toxicity of phenol，formaldehyde，and industrial wastewater to aquatic organisms. Water，Air，& Soil Pollution，1997，97：315-322.

[36] OECD Guidelines for Testing of Chemicals. Test No. 206：Avian Reproduction Test. 1984.

[37] 中华人民共和国国家标准. GB/T 21811—2008 化学品　鸟类繁殖试验. 北京：中国标准出版社，2008.

[38] Finney D J. Statistical Methods in Biological Assay，3rd ed. Griffin，Weycombe，U.K. or Macmillan，New York，1978.

[39] OECD Guidelines for Testing of Chemicals. Test No.213：Honeybees，Acute Oral Toxicity Test. 1998.

[40] 中华人民共和国国家标准. GB/T 21812—2008 化学品　蜜蜂急性经口毒性试验. 北京：中国标准出版社，2008.

[41] Gough H J，McIndoe E C，Lewis G B. The use of dimethoate as a reference compound in laboratory acute toxicity tests on honey bees（*Apis mellifera* L.）1981-1992. Journal of Apicultural Research，1994，22，119-125.

[42] OECD Guidelines for Testing of Chemicals. Test No.214：Honeybees，Acute Contact Toxicity Test. 1998.

[43] 中华人民共和国国家标准. GB/T 21813—2008 化学品　蜜蜂急性接触性毒性试验. 北京：中国标准出版社，2008.

[44] OECD Guidelines for Testing of Chemicals. Test No.212：Fish，Short-term Toxicity Test on Embryo and Sac-Fry Stages. 1998.

[45] 中华人民共和国国家标准. GB/T 21807—2008 化学品　鱼类胚胎和卵黄囊吸收阶段的短期毒性试验. 北京：中国标准出版社，2008.

[46] Brige J W，Black J A，Westerman A G. Short-term fish and amphibian embryo-larval tests for determining the effects of toxicant stress on early life stages and estimating chronic values for single compounds and complex effluents. Environmental Toxicology and Chemistry，1985，4：807-821.

[47] OECD Guidelines for Testing of Chemicals. Test No. 301C：Ready Biodegradability：Modified MITI Test（I）. 1992.

[48] 中华人民共和国国家标准. GB/T 21802—2008 化学品　快速生物降解性改进的 MITI 试验（Ⅰ）. 北京：中国标准出版社，2008.

[49] OECD Guidelines for Testing of Chemicals. Test No. 302C：Inherent Biodegradability：Modified MITI Test（Ⅱ）. 2009.

[50] 中华人民共和国国家标准. GB/T 21818—2008 化学品　快速生物降解性改进的 MITI 试验（Ⅱ）. 北京：中国标准出版社，2008.

第 32 章 化学品结构活性关系模型

化学品对生态环境和人类健康的影响引起了社会的日益关注。为此，许多工业化国家执行了严格的化学品法规，并启动了规模庞大的风险评估与管理计划。然而，人们在化学品法规的执行和管理中逐渐意识到，若采用传统的测试方法，化学品风险控制和管理的任务将远远超过其所需要的且可获取的资源，包括专家判断、时间成本和财力消耗。逐渐地，在对任务艰巨性认识的加深，尤其是对动物福利日益关注的今天，促使了各种动物替代试验的发展和应用。

动物替代试验最早源自 1959 年动物学家 William Russell 和微生物学家 Rex Burch 共同撰写的 *The Principles of Humane Experimental Technique* 一书，该书提出在动物试验中应当遵守“3R”准则：减少（reduction）、优化（refinement）和替代（replacement）。欧盟委员会在其指令 86/609/EEC 中第 72 条规定建议：“试验中如果有更为合理、良好并能达到同样效果的科学手段，应当避免使用动物”。随着人们对动物保护与动物福利的关注和重视及试验动物使用“3R”原则在全球范围内的广泛倡导与实施，动物试验受到越来越严格的限制；另外，经济和社会的快速发展，有害化学品暴露的种类及数量日益增多，亟待进行毒性测试与风险评估。传统的毒性测试主要依赖于大量的动物试验，周期长、花费大，且由于种属差异等，试验结果在预测人体毒性风险时存在较大的不确定性，已经难以满足众多化学品，尤其是新增化学品等有害因素的评价需求。

32.1 动物试验替代方法

32.1.1 动物试验替代方法 3R 原则

动物试验替代方法 3R 准则包括：减少（reduction）科学研究活动中的动物使用量；探索能够达到相同目的或获得相同结果的动物试验替代（replacement）方法；采用一切可行的技术和手段，使动物免受试验所造成的痛苦、不安和疼痛或/和改善生活环境，从而提高动物生存质量的优化（refinement）方法。

1. 减少 reduction

减少是指在科学研究中，使用较少量的动物能获取同样多的试验数据或使用一定数量的动物能获得更多试验数据的科学方法。

2. 替代 replacement

替代是指使用没有知觉的试验材料代替活体动物，或使用低等动物替代高等动物进行试验，并获得相同试验效果的科学方法。替代有不同的分类方法：①根据是否使用动物或动物组织，替代方法可分为相对性替代和绝对性替代两个方面，前者是指采用无痛的方法处死动物，使用细胞、组织或器官进行体外试验研究，或利用低等动物替代高等动物的试验方法；后者则是在试验中完全不使用动物。②按照替代物的不同，可分为直接替代（如志愿者或人类的组织等）和间接替代（如鲎试剂替代家兔热原试验）。③根据替代的程度，可分为部分替代（利用替代方法来代替整个动物试验研究计划中的一部分或某一步骤）和全部替代（用替代方法取代原有的动物试验方法）。

3. 优化 refinement

优化是指通过改进和完善试验程序，避免、减少或减轻给动物造成的疼痛和不安，或为动物提供适宜的生活条件，以保证动物健康和康乐，保证动物试验结果可靠和提高试验动物福利的科学方法。优化包括试验动物生产和试验动物使用两个方面。

32.1.2 动物试验替代方法

“替代”是“3R”准则的核心内容之一。广义而言，动物试验替代方法就是指采用新的技术方法代替传统的或旧的动物试验,任何一种能够减少动物使用和/或减轻动物痛苦、提高动物福利的方法都可视为动物试验替代方法。动物试验的替代基本方法主要包括:①应用体外试验替代整体动物试验,如体外培养的动物或人源细胞、组织和器官等,细胞系和人组织标本等；②应用低等生物和具有限知觉的生物体替代脊椎动物试验，如植物、细菌、果蝇和斑马鱼等；③应用数学、物理和化学技术方法和计算机模型等非生物手段，如利用结构-活性关系（SAR）模型预测化学品的潜在生物学效应。根据替代的层次和目的，动物试验替代方法可分为减少性替代、替代性研究和优化性替代。减少性替代是指在保证获得等同信息甚至更多有用信息的条件下，采用新的替代方法，以减少动物使用数量和/或缩短动物试验时间。例如，在药物急性毒性试验中，采用上下法既能获得动物半数致死剂量值（LD_{50}），也能大大减少动物使用数量；替代性研究主要是指采用无脊椎动物或非动物试验手段替代脊椎动物试验；优化性替代主要是指在动物饲养、管理和/或试验过程中，采用新的技术方法进行优化完善，着力提高试验规范化水平和动物福利。因此，从某种程度上而言，替代从不同层面和不同角度涵盖了“3R”准则的所有内容。

1. 细胞检测方法

细胞通过化学信息进行通讯的能力取决于信号分子的合成与分泌以及受体与配体的相互识别和结合，配体与受体的结合又与配体与受体的结构和化学性质相关联，基于配体-受体的结合化学信息可转化为确定的细胞反应过程。该类方法要用到细胞系统和无细胞系统，并且主要以识别特定有害物质的靶分子为基础。虽然目前开发的细胞检测方法取得了进展，有些方法已完成了实验室间验证，很多检测方法具有代替动物试验的商业化应用前景，但是每个试验方法都应以国际通用的准则和程序进行正式验证，需要从以下方面努力：①当受试样品只存在一种单一毒素时，要能证明这种分析方法的准确性；②对含有混合毒素的检测样品，应能提供有良好重复性的证据，最好通过一个参照机构使用同样的细胞方法对单一材料中特定有害物质的总含量进行估计；③被测样品用单一法定方法分析评估得到的数据可以由细胞检测方法通过数据转化得出；④进一步明确每个特定有害物质类别中主要分析物的有害毒性等效因子的估计值，以及其在独立程序中的特征描述；⑤制备用于方法比较和实验室间验证的参照材料。

2. 免疫学方法

免疫学方法建立在抗体与化学品特异性结合的基础上。可以将制备好的毒素抗体用于一系列的试验，包括酶联免疫吸附试验（ELISA）、横向流动免疫测定（LFIA）和基于表面等离子体共振（SPR）的生物传感器。免疫学方法实际上是通过非功能分子的化学识别，而不是对样品中有害物质直接测定。在只有一种有害物质存在并且其抗体特异性高的情况下，样品中有害物质的浓度与其毒性直接相关。但在其他情况下，抗体测定法的结果只能用于样品有害物质含量的估计。由于这个不足，免疫学方法只能当作筛选或定性方法，不能作为定量方法。

3. 化学分析方法

化学分析是以物质的化学反应为基础的分析，根据样品的量、反应产物的量或所消耗试剂的量及反应的化学计量关系，通过计算得待测组分含量。化学分析方法以液相色谱（LC）分离原样或净提取物为基础，然后用物理化学方法进行特异性有害物质检测。仪器分析（instrument analysis）是相对定量的，根据标准工作曲线估计出来，如紫外（UV）、荧光（FLR）或质谱分析法（LC/MS）。

4. 生物传感器方法

生物传感器以生物化学和传感技术为基础，是用生物活性物质（如酶、抗体、抗原、细胞等）作为识别元件，配以适当的物理或化学信号转换器所构成的分析工具。传感器技术建立在对特定有害物质作用机制充分了解的基础上，适用于特定有害物质的快速检测，但多数方法仍处于实验室开发阶段。

32.2　定量结构活性关系

化学品的结构与其物理、化学及生物性质之间的关系异常复杂，需要对其进行高度复杂的计算，且对相应数据进行分析总结后才能对其性质进行预测。如前所述，不仅 3R 原则促使人们减少使用动物进行化学品毒理学（健康和生态毒理）评估，计算机及各种应用程序的快速发展也使得人们通过计算技术来预测和评估化学品的毒性特征成为可能。1987 年诺贝尔化学奖获得者 J. M. Lehn 教授首次提出化学信息学的概念，研究的主要内容就是分子结构与其性质之间的定量关系，以及从分子结构预测分子的各种性质，这就促进了结构活性关系研究的快速发展。

定量结构代谢动力学关系（quantitatives structure pharmacokinetics relationship，QSPR）的应用最早是为了满足药物合理设计的需求而发展起来，并在药物设计领域形成了一个定量药物设计的研究分支，对于设计和筛选具有生物活性的药物、阐明药物的作用机制均具有指导作用。QSAR/QSPR 主要应用化学理论计算方法和各种数学统计分析方法，定量地描述和研究有机化学品的结构与活性/性质之间的相互关系，并建立起 QSAR/QSPR 的数学模型。可靠的 QSAR/QSPR 模型一旦建立，通过预测能力的检验，就可以用来预测新化合物的各种性质，以“结构-活性”（SAR）和“定量结构活性关系”（QSAR）为基础的预测方法统称/或混称为（Q）SAR。目前，科学文献中已报道过的（Q）SAR 已经达到数万种，除此之外，研究人员还开发了许多通常作为包含化学品在内的商品的“专家系统”。“专家系统”是指以计算机为基础的不同种类预测方法的集合，它以试验性数据库和规则库（包括 SAR、QSAR 及其他决定性规则）为基础，实现对不同属性化学品性质的预测。

32.2.1 定量结构活性关系模型的开发

QSAR 模型的开发需要分子模型和统计学方面的专业知识，以及依据化学、生物学和毒理学知识作出的专家判断。QSAR 模型的建立需要考虑 3 个原则：①作为模型基础的化学品的特征，包括描述化学品的描述符和结构片段等信息；②预测的性质或效应，即模型的开发是为了预测毒性的终点或毒性响应；③可将描述符或子结构转换成目标终点和/或响应的运算式。

目前，已经有许多的文献资料报道了描述符，并且建立了很多计算机软件程序，直接从化学结构式自动生成描述符，如 Kier 和 Hall[1]、Dearden[2]、Netzeva[3]及 Todeschini 和 Consonni[4]等对描述符做了大量的综述。常用的计算机软件包包括 EPI Suite（Syracuse Research Corporation，NY，USA）、DRAGON（Taletesrl，Milan，Italy）、Adriana. Code（Molecular Networks GmBH，Erlangen，Germany）、Molconn-Z（Edusoft，CA，USA）、TSAR（Accelrys Inc，CA，USA）、MDL QSAR（Elsevier MDL，CA，USA）、MOPAC（CAChe Group，OR，USA）和 QSARBuilder（Pharma Algorithms，Ontario，Canada）。

QSAR 模型的开发通常采用 3 种模式进行：①理论 QSAR 模型，其中的方程式以基本物理原理为基础；②以统计学或统计学经验为基础的 SAR 或 QSAR 模型，模型中通常是将统计学方法应用到化学品样本集中而获得；③以实践或专家判断为基础的决定法则。3 种类型的 QSAR 模型中，以基本物理原理为基础的理论 QSAR 模型只限于物理化学或动力学性质模型，如阿伦尼乌斯速率方程；以统计经验为基础的 QSAR 模型也有理论基础，即便此类模型并非严格从最初原则推导，该类模型包括通过 Hansch 方法建立的 QSAR，其源自 QSAR 模型的奠基人 Corwin Hansch。Hansch 认为一组同类化学品的生物活性通常可通过一个简单的模型来描述[5-7]：

$$\lg(1/C_{\mathrm{m}}) = a\pi + bE + cS + \text{常数} \qquad (32\text{-}1)$$

式中，C_{m} 为产生特定生物学响应的化学品的摩尔浓度；π 为疏水项[原指替代物的疏水组分，现在一般表示正辛醇-水分配系数的对数值（$\lg K_{\mathrm{ow}}$）]；E 为电子项[Hammett 电子描述符（σ）]；S 为空间项[为 Taft 空间参数（E_{S}）]；a、b、c 为相应的系数。

McFarland 就式（32-1）给出其基本原理[8]：假设具生物活性的化学品的相对活性取决于①化学品到达反应点（毒性动力学相）的概率（$P_{\mathrm{r_1}}$）；②化学品在反应点与合适的目标分子（接受分子）发生相互作用的概率（$P_{\mathrm{r_2}}$）（毒物动态学相）；③外部浓度（C）

或暴露剂量。

对于既定的效应水平，化学品的分子反应数量或目标分子浓度（C_t）为常数，可表示为

$$C_t = c \cdot P_{r_1} \cdot P_{r_2} \cdot C = 常数 \tag{32-2}$$

式中，c 为常数。

对式（32-2）两边取对数则变成：

$$\lg(1/C_m) = a(\lg P_{r_1}) + b(\lg P_{r_2}) + c' \tag{32-3}$$

由式（32-3）可以说明化学品的毒性可视为吸收、分布、消除（毒性动力学）及毒物与目标分子在反应点的相互作用。P_{r_1} 取决于疏水性，P_{r_2} 取决于空间效应及电子效应。因此，式（32-3）等价于式（32-1）。

QSAR研究中的基本假设是化学品的性质或其生物活性可用描述化学结构的函数来表示，即可采用数学模型将理论计算和统计分析二者结合起来，并研究系列化学品的结构与其性质之间的定量关系。QSAR 研究兼具理论和实用价值，许多成果已经越来越多地被应用到各个领域，如有机化学品的环境行为评价、药物设计及化工设计等。

32.2.2　定量结构活性关系模型的验证

QSAR模型的建立与应用意味着模型将要为未进行过试验的化学品的毒性作出可靠性的预测。一般说来，可靠性将随着化学品结构复杂程度的增加而减小，但如果 QSAR 是从狭义定义的一组与候选物质结构类似的化学品得到的，则其可靠性普遍较高，这种模型预测未知化学品的毒性是通过内插法而不是外推法作出评估。例如，若有乙醇、正丁醇、正己醇和正壬醇的黑头鲦 96h LC_{50} 试验数据可用，则可以有较高的把握为 *n*-丙醇和 *n*-戊醇的 LC_{50} 作出预测。相比之下，如果要为甲醇作出这样的预测就没有充足的把握，这是因为外推预测的甲醇的碳原子数少于任何一种试验化学品，而即使是支链结构的乙醇的毒性也可能是不合理的外推。

确定 QSAR 模型有效性的重要指标是该模型为推导特定生物学终点指标所用各种化学品通过共同的分子机制起作用的程度。2002 年 3 月，化学协会国际理事会（ICCA）及欧洲化学工业委员会在葡萄牙赛图巴尔举办的关于“用于预测人类健康和环境终点的 QSAR 模型在法规上的可接受性”的国际研讨会上提出了一组共 6 项原则用以评价 QSAR 的有效性[9-13]。随后，OECD 专家组将 6 项原则（也称为“赛图巴尔原则”）应用于若干不同的（Q）SAR 中并将其中的两项并为一项，最终形成一组共 5 项原则。2004 年 11 月，OECD 成员和欧洲委员会作为政策采用了此 5 项原则，并撰写了关于 QSAR 验证的 OECD 指导文件，用以说明如何与实际方法一起应用该原则。这 5 项原则如下。

1. 确定的终点

QSAR 应包含一个“确定的终点”。“确定的终点”意指任何可以测量并模型化的物理、化学、生物学或环境效应。该原则的目的是确保在给定模型下预测获得的终点的透明性。

2. 明确的运算式

QSAR 应该以清晰的运算式来表达。该原则旨在确保描述模型运算式的透明性。但对于商业模型，该类信息未必总是公开的。

3. 确定的应用范围

QSAR 应有确定的应用范围。与实际情况不同，QSAR 模型是一种简约的模型，对于能被模型可靠预测的各类化学结构类型、物理化学性质及活性机制而言，QSAR 模型必然带有局限性。QSAR 模型应用范围的大小根据定义它的方法及模型适用宽度和预测的总可靠性之间的预期权衡比而发生变化。

4. 拟合度、完整度、预测性的合适方法

QSAR 模型应结合“测定拟合度、完整度和预测性的合适方法”。该原则表明 QSAR 模型需要提供以下两类信息：①通过使用训练样本集测定模型的内部性能（由拟合度和完整度表示）；②使用合适的测试样本测定模型的预测能力。由于模型的预测能力可随着评估中使用的统计方法和参数不同而变化，因此没有适用于所有测定目的的绝对的预测方法。此外，每个模型及其作出的预测都将依据具体情况进行评价，以确定预测是否达到了预期目的。有关模型预测的评估拟合度、完整度和预测性的统计学方法可参考文献[14-16]。

5. 可能的机制解释

QSAR 应在任何可以作出解释的地方给出相对合理的“机制解释”。该原则旨在确保对模型中使用的描述符和被预测的终点之间的机制联系作出评估，并记录两者之间的联系。

32.3　定量结构活性关系模型实例

32.3.1　健康毒理学预测模型

1. 急性毒性模型

（1）皮肤刺激性和腐蚀性

评估皮肤刺激性和腐蚀性的传统法规方法是 Draize 兔皮肤测试法[17]。在欧盟法规及 OECD 测试指导方法中，皮肤腐蚀性测试已被一些体外测试方法替代，皮肤刺激性测试也可能被替代。

皮肤刺激性通常根据 Draize 等级表来划分等级。表中根据红斑/结痂的形成程度及观察到的水肿程度将皮肤刺激性主观分成 0～4 分。法规分类表以这些参数的相应临界值为基础。从皮肤刺激和腐蚀的本质上讲，皮肤腐蚀性是一个分类响应，区别严重腐蚀和轻微/中等腐蚀取决于引发响应（破坏表皮并进一步破坏真皮）所需的持续暴露时间。与（Q）SAR 预测其他健康毒理学终点相比，关于（Q）SAR 对皮肤损害预测的报道很少。一些（Q）SAR 尝试模拟基本参数，还有一些（Q）SAR 尝试模拟刺激性或腐蚀性的法规分类。其中，用于预测腐蚀性的最简易模型是以化学物质的酸度/碱度（pH）为基础的，并采用了简单的决策准则形式。

如果化学物质 pH＜2 或 pH>11.5，则预测其具有腐蚀性。

该模型已被纳入 OECD 皮肤刺激性和腐蚀性测试策略中，且可以作为一种方法使该化学物质免于进一步的评估。在 OECD 测试策略中，结构相似物具有潜在腐蚀性（或刺激性），可用于预测所研究物质的影响并免除进一步的评估。然而，由结构相似法得出的无影响数据不能用于预测。但有些报道说明对于确定类别的化学物质，（Q）SAR 及其相关模型可对这些物质是否具有腐蚀性，以及其是否具有皮肤刺激性作出区分[18-21]。目前，已经发表了几个预测 pH 的模型[22, 23]。

（2）眼睛刺激性和腐蚀性

对眼睛刺激性和腐蚀性进行法规评估的常规测试方法是 Draize 兔眼测试[17]。眼睛刺激性是根据在眼球结膜、角膜和虹膜中的多种反应进行评级。为替代 Draize 眼睛试验，人们做了大量的研究工作，建立替代（非动物）方法，其中包括大量的（Q）SAR 方法。在专家系统中，Enslein 等开发了基于结构碎片的模型，并将该模型归入了 TOPKAT 软件[24]。对于非环状化合物，TOPKAT 可从其他化学物质中辨别出严重刺激物及非刺激性物质；对于环状化合物，TOPKAT 不仅可从其他化学物质中区分严重刺激性物质，而且可从中等和严重刺激性物质中区分出无刺激性物质和轻微刺激性物质。除此之外，由德国联邦风险评估研究所（BfR）开发的决定支持系统，通过应用物理化学规则库预测不存在某些效应并利用结构规则库预测存在某些效应的方法，也可预测眼睛刺激性/腐蚀性[25, 26]。

在公开的科学文献中，（Q）SAR 的眼睛刺激性和腐蚀性模型以连续眼睛刺激性的分类为基础[27-29]。例如，Abraham 等将溶剂显色参数用于衰退模型做了探讨[30]，另外，神经网络方法[31]也用于该模型的建立。在早期的（Q）SAR 分析中，Worth 和 Cronin 将一种被称为“嵌入簇”模型（ECM）的新分类方法作为生成二维或多维椭圆形模型的方法[32]，将刺激性物质确认为位于椭圆界限内的化学物质。Kulkarni 和 Hopfinger 还建立了另外一种称为“膜-相互作用 QSAR 分析”的方法，并利用该方法引入分子动态模拟试验，以获得隔膜-溶解物相互作用的特性。

（3）急性毒性

急性毒性研究包括在 24h 内一种测试化学物质的单独施用或几次施用。大多数急性毒性研究测定的是化学物质的 LD_{50}，即统计学上获得的预计引起试验组中动物半数死亡的单一剂量。当暴露途径为吸入方式时，终点通常表示为半数致死浓度 LC_{50}。一般认为，急性毒性试验产生的信息有助于评估化学品对人体及野生哺乳动物的影响。目前，一些（Q）SAR 研究的重点是模拟体内的 LD_{50} 值或 LC_{50} 值，而其他一些研究则集中于模拟体外系统中细胞毒性或者在亚细胞片段上观察到的效应。使用细胞毒性试验来预测体内毒性的想法源自 Ekwall 提出的“基细胞细胞毒性”的概念[33]。该概念指出大多数化学物质的毒性是细胞功能非特定性改变的结果，这说明某个化学物质的潜在细胞毒性的测定数据常常可用于外推该化学物质的体内潜在毒性。大量的研究已证实细胞毒性和体内毒性之间存在着合理的相关性[34-36]。

急性毒性的模型主要有 3 类：①传统（Q）SAR，倾向于“局部的”模型（适用于确定化学物质的类别）；②专家系统，倾向于具有“全部的”特质（广泛适用于不同的化学领域）；③人工神经网络（ANN）模型，兼具“局部的”或“全部的”模型）。其中，专家系统往往具有所有权，而传统的局部（Q）SAR 一般为公开发表的文献报道；对于 ANN 模型来说，一些模型具有所有权，而另一些则为公开发表的文献或报道。

下面是 Cronin 等提供的一个基于文献和用于预测急性毒性的模型[37]。该模型已完成了对一系列 pyrine 对雌性鼠的毒性作用的 QSAR 预测：

$$\lg \mathrm{LD}_{50} = 0.660\mathrm{LUMO} - 0.380\lg K_{\mathrm{ow}} - 1.81 \tag{32-4}$$

$$n=20,\ r^2=0.85,\ r_{\mathrm{cv}}^2 = 0.82,\ s=0.19,\ F=54.1$$

式中，LUMO 指最低分子非占据轨道，K_{ow} 指正辛醇-水分配系数。该模型中的描述符强调了亲电性（活性）和疏水性（分配）在毒性作用机制中的重要性。有关该模型的解释如下：①n 为训练样品集中化学物质的数量；②r^2 为（多重）测定系数；③r_{cv}^2（或 q^2）为 r^2 的交叉验证值；④s 为估计值的标准误差；⑤F 为费歇尔统计值。

测定系数（r^2）用于估算的 y 值的变化比例[式（32-4）中，$y=\lg \mathrm{LD}_{50}$，y 值可由回归方法解释]。如果独立变量和非独立变量完全线性相关，则 r^2 等于 1。估计值的标准误差用于测量被观察值对回归曲线的离散性：s 值越小，预测的可靠性越高。交叉验证系数提供了用于衡量回归模型稳定性（稳健性）的方法。从理论上讲，r_{cv}^2 值应大大低于 r^2。调整的 r^2 值（r_{adj}^2）表示 r^2 变化量，它是（Q）SAR 方程式中考虑的变量的数量。该统计数值可由各种方法生成，取决于使用的交叉验证的种类。费歇统计值（F）提供了一种用于衡量回归模型统计学显著性的方法。F 值是指在某个给定自由度数值的情况下，可解释的变异度和不可解释的变异度之间的比值，F 值越高，方程式有意义的可能性越大。

作为专家系统的一个实例，TOPKAT 含有大鼠口服 LD_{50} 值的预测单元。该单元含有 19 个具有统计学意义且经交叉验证的（Q）SAR 回归模型。模型以各种结构、拓扑及亲电性描述符为基础。TOPKAT LD_{50} 模型以来自 RTECS®（化学物质毒性效应登记）数据库的约 4000 种化学物质为基础的试验值。但由于 RTECS®列举的是多种毒性数值存在时其中的最大值，因此 TOPKAT 模型往往会高估急性毒性。

2. *皮肤敏感性*

预期确认皮肤致敏化学品的方法有很多，豚鼠试验，特别是豚鼠最大反应试验（GPMT）及 Buehler 局部封闭敷贴法已被广泛应用于确定皮肤致敏危害。GPMT 是一种佐剂类的测试，而 Buehler 试验是一种非佐剂方法，它局部使用诱导期试验化学物质，而不使用 GPMT 中的皮下注射方法。GPMT 和 Buehler 试验都已证明具有检测出具有中强潜在致敏性及具有较弱潜在敏感性物质的能力。

化学物质的皮肤致敏性潜力和它与皮肤蛋白质发生共价反应的能力有关。化学品经新陈代谢或化学方式活化后，可发生直接或间接反应。通过比较已知致敏剂及与非致敏剂的化学性质，可以得出与蛋白质结合是蛋白质作为亲核剂而致敏剂作为亲电子剂的结论[38]。已知致敏剂的典型反应种类包括：饱和乙醛导致 Schiff 碱基的生成；α、β-不饱和羰基基团发生 Michael 加成反应或 2,4-二硝基卤代苯按照 SNAr 机制发生反应。另一个需考虑的因素是致敏物穿透进入活的皮肤上皮层[39]。

对于直接反应的化学品，可使用 Roberts 和 Williams 推导的数学模型"相对烷基化因子（RAI）"来模拟其致敏化能力[40]。模型的根本假设是在诱导和激发时产生的致敏程度取决于共价结合程度。RAI 来源于若干微分方程式，这些方程式模拟了疏水环境中载体半抗原化反应及致敏剂经分配进入极性淋巴液之间的竞争。RAI 模型的一般形式为

$$\mathrm{RAI} = \lg D + a\lg k + b\lg K_{\mathrm{ow}} \tag{32-5}$$

半抗原化作用的程度随着致敏剂剂量（D）、反应活性（通过致敏剂与一个模拟亲核试剂反应的速率常数或相对速率常数 k 来定量）及疏水性（通过 $\lg K_{\mathrm{ow}}$ 来定量）的增加而增加。目前，该模型已经对不同数据组皮肤致敏化学物质，包括磺酸酯类[41]、磺酸内酯类[40]、烷基溴类[42]及丙烯酸盐类[43]化学物质进行模型评估。例如，用于评估伯烷基溴类物质的方程式为[42]

$$\mathrm{pEC_3} = 1.61\lg K_{\mathrm{ow}} - 0.09(\lg K_{\mathrm{ow}})2 - 7.4 \tag{32-6}$$

$$n=9,\ r=0.97,\ s=0.11,\ F=50.0$$

最近,RAI 模型继续被开发以用于基于机制的 QSAR 模型的建立。其中包括为 Schiff 碱和 Michael 受体醛类[44-46]、1,2-双酮[47-49]类化学品而建立的模型。例如，一种为 Schiff 碱醛类[式（32-7）]和 Michael 受体[式（32-8）]而建立的 QSAR 模型为[46]

$$\mathrm{pEC_3} = 0.55 + 0.141gK_{\mathrm{ow}} + 0.51R\sigma^*(beta) + 1.07R'\sigma^* \tag{32-7}$$

$$n=13,\ r^2=0.73,\ r_{\mathrm{adj}}^2 = 0.64,\ s=0.270,\ F=8.16$$

$$\mathrm{pEC_3} = 0.17 + 0.30\lg K_{\mathrm{ow}} + 0.93\sigma^* \tag{32-8}$$

$$n=14,\ r^2=0.87,\ r_{\mathrm{adj}}^2 = 0.85,\ s=0.165,\ F=37.7$$

在式（32-7）和式（32-8）中，Taft 常数（σ^*）提供了一种可量化与羰基相连的烷基诱导效应的方法，这些羟基来自 Schiff 碱性醛类和 Michael 受体；该效应可用于说明羰基基团的亲电子反应性。需特别指出，σ^* 值是指连在羰基基团上的烷基基团的 Taft 取代常数；$R'\sigma^*$ 是 β-烷基基团 R 的 Taft 取代常数；$R'\sigma^*$ 是 α -烷基基团的 Taft 取代常数。

另一种模型是包括经验型（Q）SAR 的统计模型。其中经验性的（Q）SAR 通过将统计学方法应用于若干组生物数据和结构描述符来建立。利用鼠类局部淋巴试验（LLNA）数据的一些模型例子已有报道。例如，Miller 等选取了一组 87 个 LLNA 数据，剔除其中 20 个局外物质后，分析了剩余 67 个化学物质的 LLNA 数据[50]。使用 Codessa 软件的描述符通过计算获取的最好模型为

$$\mathrm{EC_3} = 9.16\mathrm{FPSA2_{ESP}} + 4.29E_{\mathrm{HOMO-LUMO}} - 45.89 \tag{32-9}$$

$$n=50,\ r^2=0.773,\ r_{\mathrm{adj}}^2 = 0.763,\ r_{\mathrm{cv}}^2 = 0.738,\ F=79.9$$

式中，$\mathrm{FPSA2_{ESP}}$ 指基于静电电势电荷的片段正电表面积描述符；$E_{\mathrm{HOMO\text{-}LUMO}}$ 指最高占据分子轨道（HOMO）和最低非占据分子轨道（LUMO）之间的能量差。

Estrada 等利用线性判别分析法将拓扑描述符（特别是 TOPS-MODE）和 LLNA 测定的皮肤致敏性数据联系了起来[51]，并对一组 93 个不同化学物质及其相关的 LLNA EC_3 值进行了整理，将 EC_3 值归为不同的致敏作用等级并建立了两个 QSAR 模型：第一个模型可从其他的化学物质中区分强/中等致敏剂（EC_3＜10%）；第二个模型可从极弱的和非致敏性物质（EC_3>30%）中区分弱致敏剂（10%＜EC_3＜30%）。

与此同时，Enslein 等通过使用 315 种化学物质的豚鼠试验数据建立了用于预测皮肤致敏性的 QSAR 模型[52]。该模型中包含两套模型：一套用于芳香族物质（不包括只有 1 个苯环的物质），另一套用于脂肪族化合物及只有 1 个苯环的物质。两个模型未采用基于假设的方法，为所选的化学物质计算出了多种描述符，并使用逐步两组判别式分析法来确认相关的描述符及建立模型。第一套模型根据由所提交结构式计算得到的概率小于 0.30（非致敏剂）或大于 0.70（致敏剂）来区别非致敏剂和致敏剂；第二套模型可判定致敏力度为弱的/中等的/强的。当概率等于或大于 0.70 时，则表明化学物质为强致敏剂，小于 0.30 则表明为弱的或中等的致敏剂。概率值在 0.30 和 0.70 之间位于“中间区域”。此外，模型中还纳入了最佳预测空间（OPS）运算法则，以保证只能为在模型范围内的化学物质作出预测。

3. 慢性毒性

慢性毒性是指长时间重复暴露于非致死剂量的化学物质中，最终导致伤害的结果。观察内容涉及发育、繁殖和存活，通常以最低可观察影响剂量水平（LOAEL）表示。LOAEL 是指生物学上观察到不利影响显著加剧时所处的最低暴露水平。通过 QSAR 方法来模拟慢性毒性的尝试相对很少，这可能是因为 LOAEL 不是真正的单一终点，而是涵盖了在不同时间尺度上、在不同器官和组织中发生的许多不同效应的统一性术语。

在软件 TOPKAT 中含有若干用于预测大鼠口服慢性毒性 LOAEL 的回归模型。该模型由 Mumtaz 等依据 234 个具不同结构的化学物质，通过逐步回归分析法建立的包含有 44 个描述符的模型[53]。模型的拟合度通过预测训练集中每个化合物的 LOAEL 值与试验测得的 LOAEL 值进行比较的方法来测试。通过比较计算获得和试验测得的慢性毒性 LOAEL 值发现约 55%的化学物质预测在因子 2 以内，而大于 93%的化学物质预测在因子 5 以内。新的 TOPKAT 模型通过增加训练集中额外的数据获得了改进，其中包含 393 种化学物质的扩展训练集被用于建立 5 种化学品子类别的模型：脂肪族类、脂环族类、芳香族类、单苯环类及多苯环类。为验证模型的有效性，Venkatapathy 等通过使用来自 USEPA 杀虫剂计划办公室数据库中的 343 种化学物质，以及来自其他 USEPA 数据库中的 313 种化学物质对 5 个子模型进行了评估（表 32-1）。

4. 致畸性和致癌性

致畸性和致癌性是化学品健康毒性中能引起特别关注的毒性效应。化学品的潜在致畸性可以用相对简单的试验方法进行评估，而啮齿动物的致癌性试验则耗时长、费用贵，且所需动物数量多。传统的遗传毒性试验被广泛用于筛选潜在致癌性和致畸性。然而，遗传毒性试验仅提供关于遗传致癌物的信息，不能检测非遗传毒性机制的致癌危害性。致畸性（遗传毒性）最常用的体外测试试验是沙门氏菌（Ames 试验）和大肠杆菌的细菌回复突变试验。由于细菌细胞在诸如吸收和代谢等方面不同于哺乳动物细胞，因此体外试验通常要求使用外源代谢激活。

表 32-1　预测 LOAEL 的 TOPKAT 子模型的准确度

类别	化学物质的编号	拟合优度 adj R^2	在下列因子内被预测的化学物质所占百分比/%				在下列因子内，预测的化学物质占 95%
			2	3	4	5	
脂肪族	73	0.87	73	92	97	100	4
脂环族	39	0.98	94	100			3
芳香族	68	0.85	78	92	98	100	4
多苯环	83	0.78	70	92	96	97	4
单苯环	130	0.79	66	88	94	98	5

在 Ames 试验中，外源代谢活化系统分为存在和不存在两种情况，并将培养菌暴露于试验化学品中。2～3 天的培养后，计算恢复的群体数量并使之与对照盘上的自发回复群体的数量进行比较。在致畸性的（Q）SAR 分析中最常用到的终点是复制盘上回复突变基因群体数的对数。用于预测致畸性和致癌性的（Q）SAR 模型包括结构-活性关系（SAR，预警结构）及定量结构-活性关系[（Q）SAR]。公认的遗传毒性和遗传致癌性的预警结构包括若干碳正离子（烷基、芳香基、苄基）、氮锚离子、环氧化合物和氧锚离子、醛、极化的 α,β-不饱和片段、过氧化物、自由基、酰化中间体[54, 55]。致畸性的预警结构实例已由 Ashby 纳入其建立的多聚致癌物模型中[54]，其中的高效诱变物质模型是将分子结构与许多片段的毒性模型联系起来的初始设计尝试，如图 32-1 所示。

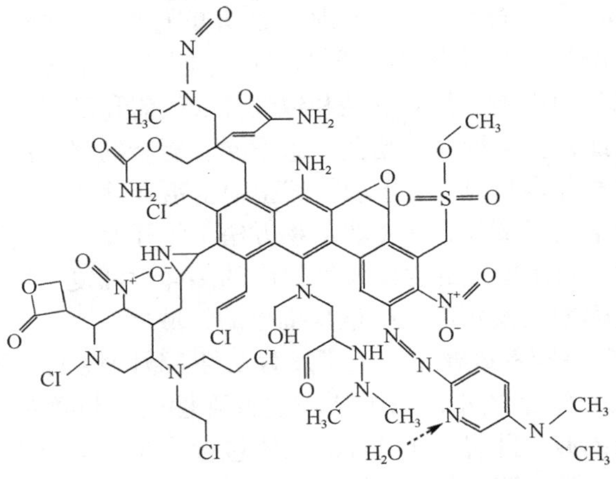

图 32-1　Ashby 的多聚致癌物模型[54]

遗传毒性物质的共性是它们能够与 DNA 生成共价键并直接损伤 DNA。因为它们通常为亲电性化学物质或可以被代谢成亲电产物的化学物质，因此相对容易确定预警结构。与此相反，非遗传致癌物缺乏通用作用机制，这使其很难确定预警结构。预警结构的确定方法结合了现有的知识、观点及机制假设[56]。但仅含预警结构的规则库的缺点在于其难以说明其他官能团的调节效应。因此预警的结果可能会确定出假阳性的化学物质。这种“过度的”敏感度归因于各种预警结构中的“分类标识符”。虽然模型中这些“分类标识符”可指出预警化学物质的功能性存在，但不能在每个潜在的危害类别中作出等级划分[57]。为此，研究人员建立了致畸性和致癌性的定量模型来预测是否存在危害性（分类模型），或预测与危害性有关的数值（连续模型），如 Livingston 和 Contrera 的分类模型[58, 59]。最近，Benigni 总结了预测致畸性和致癌性的不同模型及方法，结果表明从专家组判断到计算机化的专家系统，再到专为非同类系列推导出的定量方法，普通模型和传统 QSAR 有显著的差别[60]。

在致畸性和致癌性不同预测模型中，基于非同类系列的模型尚存在许多问题，主要表现在如用单一的模型模拟多重或者相互重叠的作用机制、模型的适用范围、赋予预测置信水平及测定模型描述符的机制意义等方面[56]。相比较而言，依据统计学背景建立的，并从化学反应活性的模型出发加上已知或假设的作用机制建立的模型更加实用。Debnath 等建立了一个用于预测致畸性的分类线性回归模型[61]，并给出了方程式（32-10）。

$$\lg \mathrm{TA}_{100} = 0.92K_{\mathrm{ow}} + 1.17\mathrm{HOMO} - 1.18\mathrm{LUMO} + 7.35 \qquad (32\text{-}10)$$

$$n=67,\ r=0.877,\ s=0.708$$

式中，$\lg\mathrm{TA}_{100}$ 为致畸性强度（回复突变/nmol）；HOMO 为最高占据分子轨道的能量，而 LUMO 指最低非占据分子轨道的能量。此模型有清晰的机制基础，以疏水性（由 $\lg K_{\mathrm{ow}}$ 表示）及反应性（由 HOMO 及 LUMO 表示）表示遗传毒性的决定因子。

5. 生殖毒性

生殖毒性是健康毒性中另一个备受关注的毒性效应。生殖毒性包括对雄性和雌性生殖能力造成的不良影响和发育毒性（对胚胎和胎儿的毒性），它涵盖了在出生前后、从妊娠期到性成熟期影响生物正常发育的任何效应。动物试验中生殖毒性的检测是建立在对生殖能力和一般的生殖性能、胚胎毒性和致畸性、产前和产后发育以及多代效应的评估的基础之上的。因此，生殖毒性是涵盖一组不同且复杂的终点的统一性术语，其中每个终点都可能包含多种作用机制。由于动物试验中生殖毒性的检测涉及资金消耗和动物福利的问题，这大大推动了替代方法（非动物方法）的开发，包括能够减少动物试验数的 QSAR 模型。然而，由于模拟的生殖毒性效应的多样性和复杂性，并且对许多效应还了解甚少，因此该类模型是预测毒性中最具挑战的领域之一[62]。

在该领域中，某些专家系统模型加入了发育毒性（致畸性）的预警结构，包括 Derek 和 Hazard 专家系统。除此之外，用于预测发育毒性的定量模型还包括 TOPKAT 和 MultiCASE 系统中的模型。目前，TOPKAT 系统包含了 3 个用于预测致畸性的模型，每一个都适用于不同的化学基团。训练集包括在大鼠口服研究中被检测的超过 170 种化学物质。Pearl 等对一组在啮齿动物体内进行过致畸性研究的 105 个化合物（包含 34 个致畸物和 71 个非致畸物）在 MultiCASE、TOPKAT 和 Derek 系统中的预测结果进行了研究。结果证明，TOPKAT 一致性概率为 50%，假阳性比例比假阴性比例大；MultiCASE 具有更大的一致性概率，为 66%，且假阴性比假阳性比例高；Derek 可确定一些在其规则库中有预警结构的阳性化学物质。由此 Pearl 等得出的结论是综合使用不同的软件程序可以提高预测的总体水平。

生殖毒性的特定机制与内分泌功能的扰乱有关。已研究过其他的路径，研究得最多且理解最透彻的一种导致内分泌扰乱的途径是核激素受体大家族（包括雌激素和雄激素受体）中配体和受体的直接相互作用。化学物质与核激素受体的作用是众多（Q）SAR模型的基础。用于预测生殖毒性的（Q）SAR模型是通过各种应用方法建立的，如自动对接法[63]、相对分子场分析（CoMFA）[64, 65]、经典QSAR和全息QSAR[66]、通用反应模式方法[67, 68]、分子量子相似性分析[69]、决策群[70]及综合利用从简单筛选到复杂先进工具来进行化学鉴定并达到最优化[71]。典型的实例为Netzeva等[72]基于来自重组细胞酵母试验的体外数据建立的决定树形分类模型。该模型可以预测相关雌激素基因激活。另外，最新修订的模型进一步发展并评估了模型的外部预测性[73]，如图32-2所示。

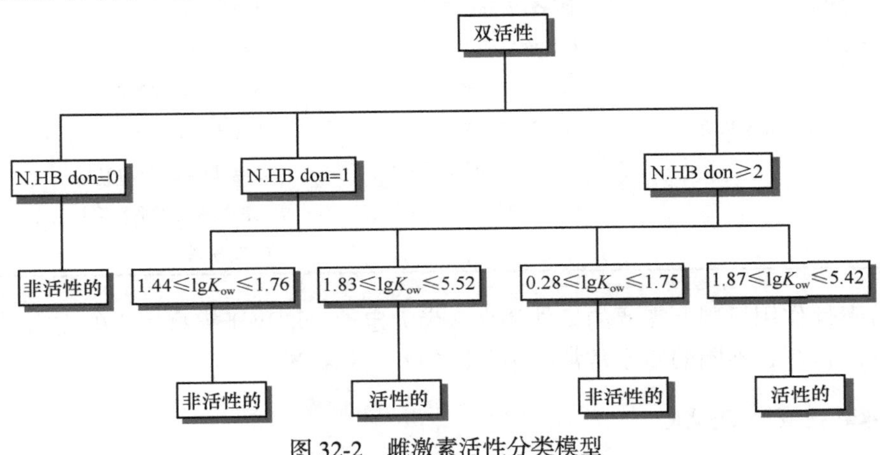

图 32-2　雌激素活性分类模型

32.3.2　生态毒理学预测模型

用于生态环境中化学物质的危害与风险评估的终点通常以代表性物种如藻类、甲壳类和鱼类的效果浓度为基础。体内试验一般是对诸如存活、麻木或是生长及生殖抑制进行测定，结果表示为可导致达到50%预定效应的受试化学品浓度（EC_{50}）。在这些模型中既可使用点预测，也可使用效果是分类型的（如毒性/非毒性或低/中/高毒性）模拟方式。与此同时，（Q）SAR预测方法也已建立用来预测连续的终点或者划分类别的尺度。通常情况下，存在连续的数据资料时推荐使用连续的QSAR，但分类QSAR也可能适用，这取决于数据的用途和可利用程度。

生态毒理学预测模型QSAR预测的质量取决于很多因素，包括基础毒性数据和模型的质量及模型的适用范围。用于建立QSAR的生物学数据的质量（可变性）会影响最终建立的模型的质量。高质量的毒性数据通常来源于标准化试验。例如，USEPA-Duluth的黑头呆鱼死亡率数据库相对地被认为是具有最高质量的毒理数据库之一[74]；而较低质量水平的数据库则往往是因为使用了不同来源或是未经检查的毒性数据[75]。

1. 按毒性作用模式分类化学物质

与健康毒理学效应相比，生态毒理学效应中的毒性作用模式相对简单且已得到了充分了解，因此预测水生生物毒性终点的（Q）SAR倾向于以机制为基础。例如，McKim

等和 Bradbury 等在鱼类急性毒性试验中确定了一些作用模式[76, 77]。不同的作用模式是根据鱼类急性毒性的综合结果来区分，包括急性暴露于化学品后所观察到的呼吸道、心血管及生理等各方面的反应。McKim 等区分了 6 种不同的毒性作用模式[76]。Verhaar 等认为有 4 种作用模式与不同的结构类别有关[78]。而 Russom 等则提出了 7 种毒性作用模式（表 32-2）[79]。Nendza 和 Muller[80]提出了 9 种机制（包括只与藻类有关的光合作用的抑制，以及作为鱼类特殊机制的雌激素活性）。

表 32-2　McKim、Verhaar 和 Russom 提出的毒性作用模式

Verhaar	McKim	Russom
惰性化学物质	非极性麻醉剂	非极性麻醉剂
亚惰性化学物质	极性麻醉剂	极性麻醉剂
活性化学物质	氧化磷酸化解偶联	氧化磷酸化解偶联
发生特殊反应的化学物质	呼吸黏膜刺激	呼吸系统抑制
	乙酰胆碱酯酶活性抑制	亲电试剂/亲核试剂反应
	CNS 控制	乙酰胆碱酯酶活性抑制
		CNS 控制

划分毒性作用机制所需要的条件和水平尚无定论，取决于模型用户的需求。因此，对于不同的机制，不同的专家常常使用不同的术语和标准。

2. *麻醉效应的* QSAR

麻醉的作用模式与细胞膜的功能改变有关。鱼类对麻醉类化学品的全部反应包括整个呼吸和心血管功能的急剧减缓及典型的麻醉效应，如对外界刺激无反应、失去平衡、呼吸频率下降及髓质萎缩[76]。在对 177 种 OECD 筛选信息数据组（SIDS）中物质分类时，超过 50%的化学品被分类为麻醉剂[81, 82]。由于每一种有机化合物原则上都是麻醉剂，因此，这种作用模式被认为是基本的或最弱的效应，有关这类化学物质的 QSAR 方程式可用于预测最低毒性[83]，并按照惯例可区分为非极性和极性麻醉剂，且极性麻醉剂的毒性较非极性麻醉剂的毒性强。这两种机制都可以仅仅使用辛醇-水分配系数来模拟，但是线性回归方程的斜率和截距稍有不同。在欧盟风险评估的技术指南文件中推荐了非极性麻醉剂和极性麻醉剂的最常用模型[非极性对应于式（32-11）；极性对应于式（32-12）][84]：

$$\lg \mathrm{LC}_{50} = -0.85 \lg K_{\mathrm{ow}} - 1.39 \tag{32-11}$$

n=58，r^2=0.94，q^2=0.93，s=0.3

$$\lg \mathrm{LC}_{50} = -0.73 \lg K_{\mathrm{ow}} - 2.16 \tag{32-12}$$

n=86，r^2=0.90，q^2=0.90，s=0.33

上述模型中，LC_{50} 为黑头呆鱼暴露于物质 96h 后的半数致死浓度（mol/L）；q^2 为一交叉校验过程中观察数据和预测的观察数据之间的测定系数。

对于 $\lg K_{\mathrm{ow}}$ 大于 3.0 的化学物质既可按照式（32-9），也可按照式（32-10）来模拟，因为这两个等式的回归线发生了交叉，且按照两个等式得出的 $\lg \mathrm{LC}_{50}$（mol/L）没有显著差异。事实上，可以利用数据集建立一个通用的麻醉剂模型[式（32-13）][85]：

$$\lg \mathrm{LC}_{50} = -0.81 \lg K_{\mathrm{ow}} - 1.74 \quad (32\text{-}13)$$

n=144，r^2=0.88，q^2=0.87，s=0.45

该模型应慎重用于 $\lg K_{\mathrm{ow}}$ 相对较低的化学物质。Roberts 和 Costello[86]为应用于古比鱼的非极性和极性麻醉剂建立了相似的模型：

$$\lg \mathrm{LC}_{50} = -0.84 \lg K_{\mathrm{ow}} - 1.12 \quad (32\text{-}14)$$

n=8，r^2=0.97，F=199，s=0.24

$$\lg \mathrm{LC}_{50} = -0.85 \lg K_{\mathrm{ow}} - 1.39 \quad (32\text{-}15)$$

n=10，r^2=0.89，F=0.90，s=0.29

式（32-9）和式（32-12）的相似性，以及式（32-10）和式（32-13）的相似性可以通过这样的事实来解释，即麻醉剂的作用机制不是特定的，其效应仅取决于被吸收化学品的麻醉能力及古比鱼可与其他不同物种对比的吸收机制（一般为穿过生物膜的被动扩散）。因此，用于 4 种物种的非极性麻醉剂的 $\lg K_{\mathrm{ow}}$ 模型显示出对于这种作用模式，物种间差异很小。但是其他的研究显示出，不同的物种可能对芳香族麻醉剂有不同的敏感性，$\lg K_{\mathrm{ow}}$ 小于 4 的尤为明显[87]。

除此之外，文献报道中还讨论了化学品麻醉效应的其他机制。例如，有文献报道在黑呆头鱼试验中，除了苯胺衍生物，胺类有增强的毒性，并根据试验结果建立了单独的“胺类麻醉剂”模型[88]：

$$\lg \mathrm{LC}_{50} = -0.67 \lg K_{\mathrm{ow}} + 0.81 \quad (32\text{-}16)$$

n=61，r^2=0.86，s=0.53

该报道中，研究人员使用了 LC_{50} 倒数的对数值，但在模型中 LC_{50} 的单位依然为 mmol/L。此外，由于毒性的增强，针对用于 *P. promela* 的单酯及二酯脂肪族和芳香族化合物，还建立了独立的“酯麻醉”模型[89]。在该模型中 LC_{50} 的单位也是 mmol/L。

$$\lg \mathrm{LC}_{50} = -0.64 \lg K_{\mathrm{ow}} + 0.64 \quad (32\text{-}17)$$

n=14，r^2=0.95，s=0.22，F=207

报道中研究人员同样运用了 LC_{50} 对数的倒数。与基础模型的偏离可以解释为体内的酯类水解显著，这导致观察到了比非极性麻醉剂更大的毒性。

3. 其他反应模式的 QSAR

当化学反应涉及急性毒性机制时，疏水性则成为 QSAR 模型中的不充分因子。一般基于 $\lg K_{\mathrm{ow}}$ 的 QSAR 模型针对更具反应性的化学物质可扩展为下式：

$$\lg C = a(\text{渗透}) + b(\text{相互作用}) + c \quad (32\text{-}18)$$

大多数情况下，用于水生毒性终点的有机分子的毒性强度可以通过两个因素来模拟：疏水性（表示为 $\lg K_{\mathrm{ow}}$）及反应性（表示为各种量子力学指数，如轨道能量、局部电荷和/或离域能指数）。例如，芳香族麻醉剂及非特定亲电试剂的黑呆头鱼 96h 急性毒性模型式（32-17）[82]，该模型由文献[90]中的等式发展而来：

$$\lg \mathrm{LC}_{50} = -0.57 \lg K_{\mathrm{ow}} + 0.45 E_{\mathrm{LUMO}} - 2.44 \quad (32\text{-}19)$$

n=114，r^2=0.78，q^2=0.76，s=0.48

模型中 LC_{50} 的单位为 mol/L，E_{LUMO} 为最低未占据分子轨道的能量。这种类型的模型为“反应-表面”模型[91]。

早期的研究观察到了偏离基础模型的倾向，发现疏水亲电试剂比亲水亲电试剂小，这可能是因为疏水化学品更加倾向于占据生物膜并且降低发生反应的细胞溶质中的化合物的浓度。而最近的研究显示化学物质的亲电性越强，来自反应-表面模型的残留就越大[92]。这种情况可能是由非特定的弱亲电性机制转向了更为特定的机制而导致的。此处特定的机制是指亲电中心决定了外源化学物质与生物分子间的强不可逆反应。研究人员已经开发了一些工具来建立构象变化的电子描述符，使其作为化学反应的描述符[93]。计算电子描述符时的另一个自由度是量子力学方法的选择。对于模拟全身现象（如对鱼的急性毒性）而言，和传统上计算机应用不密集的半经验方法相比，耗时更长且使用计算机更密集的从头计算法并没有具备更多的优势[94]。虽然反应-表面模型可能是模拟麻醉品及非特定弱亲电物质毒性的最佳常用模型，但它不适于模拟所有毒性作用的反应机制。目前，有大量的研究集中于开发用于预测化学物质反应性的 QSAR 模型[95-99]。

表 32-3 列举了若干化学品类别，这些化学品呈现出增强的反应活性，因此可以从反应-表面模型中分离出来单独考虑。其中，醛的主要部分与 Schiff 碱的生成有关[100]，即使这些醛在 Michael 加成反应中同样作为受体，但该机制（与 α,β-不饱和酮相关的典型机制）仍可与 α,β-不饱和醛相联系[99]；另外一个需使用独立 QSAR 模型预测的反应机制的实例是亲核取代（SN2）机制，该机制专门用于考虑单卤代的酯类及腈类[101]。当化学物质为丙烯酸酯及异硫氰酸酯时，若反应基团不受空间位阻影响，那么化学物质的毒性变化会很微小，因而无法建立有实际意义的 QSAR 模型。此时，这些同一系列物质的毒性可视为常数。

表 32-3　显示反应活性增加的化学物质类别举例

化学物质类别	化学物质结构	化学物质举例	模型中的描述符
α,β-不饱和乙醛	RCH=CHCHO	2-丁基丙烯醛	$\lg K_{ow}$，羰基上 C、O 原子局部电荷的差别
α,β-不饱和酮	$R_1COCH=CHR_2$	3-戊烯-2-酮	E_{LUMO}，双键/三键两端碳原子的局部总电荷量
α-卤化酯和腈	$R_1C(X)C(=O)R^2$	4-溴丁基乙酸酯	E_{LUMO}，分子中的最大接受离域能，椭圆柱
	$R^1C(X)C(\#N)R^2$	4-溴丁腈	
丙烯酸酯	$R^1OC(=O)CH=CH_2$	丙烯酸乙烷	为常数的毒性
异氰酸酯	RN=C=S	丙烷基异氰酸酯	为常数的毒性

根据预测水生生物毒性的 QSAR 模型的相关文献，可以作出若干条趋势线。其中一条线的趋势是：化学物质反应活性越高，则其毒性变化越大。另一条线的趋势是：化学物质反应活性越高，则将疏水性作为毒性预测依据的重要性越不显著。因此，QSAR 从以前借助反应-表面模型（用于预测弱亲电物质）的仅以辛醇-水分配系数（用于预测麻醉品）为基础的模型，发展成为与辛醇-水分配系数无关的模型。此外，目前缺乏可预测化学物质最高反应活性的模型。据推测，已有足够数量的分子整体描述符来模拟较低水平的反应活性，而特定原子及特定键的电子描述符可能更适合于模拟较高水平的反应活性。

目前，研究人员已进行了大量不直接考虑作用机制的模拟水生生物毒性的尝试。因此，已经建立的用于预测不同化学品类别的 QSAR 模型可能表示或可能不表示单一的机制。USEPA 建立了大量基于辛醇-水分配系数的模型来预测不同种类的化学物质。此外，文献报道中还建立了大量基于除辛醇-水分配系数以外描述符预测特定化学品种类的 QSAR 模型[102-107]，以及通过将多元技术应用于大量理论描述符建立的其他 QSAR 模型[94, 108-110]。在这些机制模型中，乙酰胆碱酯酶活性抑制及中枢神经刺激等特定机制，以及其他一些机制，如麻醉、氧化磷酸化解偶联、呼吸道黏膜刺激及呼吸道阻塞机制已得到了认识[76]。对于鱼类的乙酰胆碱酯酶活性抑制，最显著的表现是呼吸道-心血管综合征，包括摄氧量快速下降及心率下降。中枢神经活性的可见症状包括颤抖、痉挛并伴有呼吸及心搏停止。中枢神经活性是一种模式而非作用机制，因而 QSAR 模拟参数依据的是能对中枢神经产生影响的过程。乙酰胆碱酯酶活性抑制是一种强特异性的机制，其中包括配体-受体型反应。它可由分子大小、电荷分布/极性及疏水性描述符进行模拟[105]。另外，连接在乙酰胆碱酯酶活性位点上的化学物质的特征性，在模型化中也应服从更精密的方法，如 3D QSAR 分析[106]。

如今，研究人员日益关注一系列的特殊模型。严格来说，它们并非 QSAR 模型，而是所谓量化的活性-活性关系（QAAR）模型[110-112]及量化的结构-活性-活性关系（QSAAR）模型[36, 113-115]。这两种模型是基于以下两条假设：在不同生物中，预测某一特定终点所依据的作用机制通常是相似的；相似的作用机制可作为预测不同终点的基础（如致畸性与致敏性）。QAAR 模型与 QSAAR 模型的优势在于无须准确把握潜在的作用机制便可导出这些模型。然而，其局限性在于这两种模型需要试验数据在两种生物（或终点）间进行外推。

总而言之，虽然在模拟水生生物毒性的麻醉机制方面已取得巨大进展，但以 QSAR 来模拟具反应活性化学品的毒性机制仍存在一定困难。其原因在于：①模型缺乏极具价值的毒性数据，阻碍了有目的的 QSAR 模型对反应机制研究；②依据作用机制对化学物质作出的分类往往主观且有时含糊不清；③无论从理论或是试验观点来看，对反应活性的描述不是无意义的。目前，已开发了一些工具用于辅助预测水生生物毒性，如 ECOSAR、TOPKAT、CASE、OASIS/TIMES 等。最近，Moore 等就针对用于预测鱼的急性毒性的 6 种软件包的模拟效果发表了对比性分析报告。研究结论表明，参与对比的 6 种软件包预测麻醉剂毒性的效果令人满意，但仍需要有更多研究为具有其他毒性作用机制的化学物质提供建议。总体上，在 TOPKAT 的最佳预测范围内，该软件具有卓越的模拟效果。但是，仅有比例较低的测试样落在 TOPKAT 的最佳预测范围内，因而限制了该程序的应用。若一种化学物质未落在 TOPKAT 的最佳预测范围内，则推荐使用计算神经元网络进行预测。

32.3.3　动力学参数预测模型

化学物质的吸收、分布、代谢和排泄（absorption，distribution，metabolism，excretion，ADME）信息描述了化学品在有机生物体内的归趋，因此可利用化学物质的 ADME 信息结合毒性危害数据，研究该物质对人体的治疗与安全水平，如利用 QSAR 方法，结合化学物质的理化性质（水溶性、离子化性、亲/疏水性等）可开展基于 ADME 信息的初步评估[116]。此外，由于工业化学品的皮肤暴露途径是最相关的暴露途径之一，因此皮肤渗透模型也是最常采用的预测模型。

1. 水溶性

水溶性化学品往往被快速吸收并排泄（经肾随尿液排泄）。低溶解性的化合物可以在给药处沉积且很难被吸收。人们已经广泛地研究了水溶性并报道了许多计算方法[117]。水溶性的预测模型是以多样化的描述符为基础的，如依据试验的描述符、分子的性质及结构特征。这些描述符通过各种统计技术与活性相联系。具体的方法包括运动规则热力学[118]、线性溶剂化能量关系[119]及电子拓扑状态指数[120]。尽管水溶性仍是一个难以预测的参数，但在文献[121-126]中仍然有许多关于 QSAR 预测水溶性的实例。

2. 离子化作用

只有化学品处于非离子化形式才会发生穿过细胞膜的被动扩散，而与离子化形式密切相关的 pH 是一个影响吸收（和排泄）的因素。例如，胃肠吸收水平将取决于化学物质在给定 pH（胃中 pH 为 2，而肠中 pH 为 6）下的离子化作用。目前，市场上有一些预测酸碱度（pK_a/pK_b）的商业软件包。例如，先进化学发展软件包（加拿大，安大略湖，多伦多）（http：//www.acdlabs.com/products/phys_chem_lab/pka）、帕拉斯软件包（匈牙利，布达佩斯，compudrug 公司）及化学硅软件（http：//www.chemsilico.com/CS_products/products.html）。

3. 疏水性

亲脂性化学品通过生物膜相对较为容易。该物质也可在脂肪中蓄积。因此化学品对皮肤的渗透程度很大程度上取决于化合物的疏水性。$\lg K_{ow}$是评价化合物疏水性的指标。目前，已建立了许多预测该参数的 QSAR 方法，常用的方法基于片段常数建立。现在可获得的预测软件包包括 ClgP 和 KoWwin。ClgP 程序（Biobyte Corp，CA，USA）基于 Hansch 法及 Leo 计算程序，由两部分构成[127]。该程序首先对每一个组分原子或基团的片段值进行总结，然后应用于诸如链长度、环碳数、支链数及不饱和度等因素相关的修正值；SRC 公司（Syracuse Research Corporation）的 KoWwin 方法也是一个基于基团贡献的方法，它使用结构片段和校正因子[128]。

其他估测$\lg K_{ow}$的方法则是基于运算式（回归分析法或神经网络法）而建立的 QSAR。这些 QSAR 以大量不同类别化学品的数据库为基础，对这些数据库应用各种不同描述符，包括拓扑因子，如 Devillers 和 Moriguchi 建立的模型[129-131]。其中，AutoLogP 软件源于从文献中收集的一组不同类别的 800 种物质[129]，然后通过使用 Rekker 和 Manhold 的[124]片段常数及可获得的 66 个原子及基团贡献自相关方法[132]对这些物质进行了描述。

4. 皮肤渗透

通过皮肤来吸收化学物质可视为一种被动扩散过程，遵循稳定状态下 Fick 第一扩散定律[133]。在此过程中，吸收速率（通量）与化学品穿过皮肤的浓度梯度成正比。在皮肤暴露之后，有一个时间段，即延迟时间（从几分钟到几天）。一旦系统达到稳定状态，吸收速率与应用浓度成正比，如由下面方程式表达的一级速率过程：

$$J_s \alpha C \tag{32-20}$$

式中：J_s为吸收速率或稳定状态通量，单位为 μg/(cm^2 · h)；C 为渗透物体积浓度，单位为 μg/cm^3。

如果考虑化学品穿过皮肤的浓度梯度并添加比例常数，稳定状态通量可由式（32-21）获得：

$$J_s = K_p \cdot \Delta C \tag{32-21}$$

式中，K_p为渗透系数，单位为 cm/h；ΔC 为化学品穿过皮肤的浓度梯度。参数 K_p特别重要，因为它独立于应用剂量，且可以利用式（32-22）计算得到：

$$K_p = (A / S_A) \cdot C \cdot t \tag{32-22}$$

式中，A 为通过皮肤吸收的渗透物数量；S_A为应用化合物皮肤的表面积；C 为化合物的浓度；t 为渗透时间[134]。

化学品渗透皮肤的能力取决于其亲脂性、分子大小和溶解性[135]。例如，Flynn 首先建立了用单一种类测得的最大数据组的皮肤渗透值[136]。该数据组包括利用人体皮肤测定的 94 种化合物的共 97 个体外渗透系数。由于数据组由至少 15 个不同文献源汇编而成，因此试验误差很大，包括实验室间的差异及由使用不同来源和身体不同部位的皮肤而产生的差异。但尽管如此，Flynn 还是基于以下假设提出了很多运算式来预测皮肤渗透性[136, 137]：皮肤渗透性主要是化学品在水相和非水相层间分配系数的函数，因而可通过疏水性（如 $\lg K_{ow}$）和分子大小（以分子质量 M_W或分子体积 M_V表达）进行有效描述。Potts 和 Guy 利用 $\lg K_{ow}$并结合 M_W或 M_V来预测皮肤的渗透性[137]。

目前，研究人员已建立了许多用于预测皮肤渗透性的模型。这些模型合理解释了低分子质量/分子体积及中度亲脂化合物的渗透性，但是对亲水（特别是带电荷的）及强亲脂化合物（如训练集中所占比例最低的物质）渗透性的解释存在分歧。因此，对于较特别的种类，需要进行更多的试验以获得它们的渗透性数据。另外，当前的模型仅可在一种介质系统中预测 K_p。因此，要说明化学品在其他介质、溶剂及制剂中的渗透性还需进行更多研究[138]。

5. 生物浓缩系数 BCF

如果可以得到试验确定的 BCF，应将这些数据用于分类目的。化学品的浓度测量必须使用纯样，以水溶解度范围内的试验浓度进行，而且要经历足够长的试验时间，以使水中和鱼体组织内的化学品浓度达到稳态平衡。此外，在长时间的生物富集试验中，与 $\lg K_{ow}$相关的关系会拉平并最终减小。在环境条件下，通过从食物和水中摄取两种方式，强亲脂化学品在生物体内积累，当 $\lg K_{ow} \approx 6$ 时，将切换到食物摄取方式。否则，$\lg K_{ow}$可同 QSAR 模型一起用作预测有机化合物生物积累潜力的手段。BCF 与这些 QSAR 的偏差往往反映化学物质在鱼体内新陈代谢程度的差异。因此，某些化学物质，如邻苯二甲酸盐，在生物体内的积累水平会显著低于预测值。此外，在将 BCF 预测值与放射性同位素标记的化合物的检测值进行比较时应谨慎处理，因为所检测到的组织内浓度可能是一种由母体化合物和代谢产物甚至是由共价键连接的母体化合物或代谢产物的混合物的浓度，因此最好使用试验得到的 $\lg K_{ow}$。然而，对于 $\lg K_{ow}$ 大于 5.5 的，且采用比较老的长颈瓶摇动法检测获取的化合物的 $\lg K_{ow}$ 不太可靠，在许多情况下，最好使用某些计算值平均数或利用缓慢搅拌法重新测量这些数据。如果仍然有理由怀疑测量数据的准确性，则应使用 $\lg K_{ow}$ 计算值。

6. 新陈代谢及生物转化

新陈代谢的归趋取决于化学品自身及生物系统的变量。因此，有关化学品新陈代谢及生物转化的模型，介绍一些可预测外源物质代谢的计算机系统及一些酶促生物转化反应数据库。

（1）COMPACT

化学品毒性计算机优化分子参数分析系统（COMPACT）由英国萨瑞大学的 Lewis 及其合作者共同开发[139]。COMPACT 含有的几种模块可评估外源物质形成酶基底络合物并通过细胞色素 P450 的 CYP1A 及 CYP2E 亚型进行代谢激活的能力。

（2）META

META 系统由美国 Case Western Reserve 大学的 Klopman 及其合作者共同开发[140-142]。该专家系统可预测潜在的酶进攻位点及采用这种代谢转化形成的化学物质的性质。该程序使用生物转化运算符字典。这些转化运算符由外源生化物质代谢领域的专家创建，用于表示已知的代谢路径。输入欲查询结构后，该程序可依据检测到的官能团应用生物转化运算符。每次生物转化后，将通过量子力学计算方法对反应产物进行稳定性检测，以发现不稳定的原子排列。然后，该程序会评估形成的稳定代谢产物，并尝试对其进行进一步的转化，直到形成可视为排泄物的水溶性代谢产物。

（3）Metabol Expert

Metabol Expert 系统由一个数据库、一个知识库及若干预测工具组成[143]。基本生物转化数据库包含 179 个生物转化过程，其中的 112 个由 Testa 及 Jenner 生成[144]，其他的以常见的代谢路径为基础[145]。生物转化知识库由专家文献的“如果-然后”规则组成。

（4）METEOR

METEOR 计算机系统使用一个依据结构代谢规则建立的知识库来预测欲查询化学结构的代谢归趋。该系统由英国利兹 LHASA 公司开发并销售，是由 Derek 毒性预测系统发展而来的[146]。METEOR 生物转化规则是普通反应描述符，并非反应数据库的简单输入。为限制过分预测，METEOR 系统具备以非数值论证系统为基础的综合推理引擎，它可使用更高级的推理规则知识库。该推理模型允许系统评估生物转化的可能性，并对各种潜在的竞争生物转化作出比较。用户可在若干种可用的搜索水平上选择分析欲查询的结构。在“高度可能”的水平上，仅要求显示更可能发生的生物转化过程。该系统配有知识库编辑器，因此用户可将自己版权所有的规则加入其中。除此之外，用户还可以搜索新陈代谢树形图，以及具有特定分子质量/或分子式的代谢产物。产生的树形图也可按结构搜索。单个的生物转化过程可通过其范围内概括的图形描述符来表示。另外，METEOR 系统与 ClgP 数据库相链接，可确认由于亲脂性过低而不可能发生的生物转化过程。

（5）TIMES

组织代谢模拟模型（TIMES）利用由生物转化综合库发展而来的规则，使用启发式运算来获得欲查询分子的合理生物转化途径[147]。TIMES 生成的代谢产物可限制在最可能生成的物质，也可延伸到包括更小可能性的产物。该系统开发者综合了用于预测各种大分子间相互作用的反应模型。

（6）MDL 代谢系统

MDL 代谢系统（http://www.mdli.com）包含数据库、注册系统及浏览界面。数据库是唯一的信息来源，它利用来自多项研究的信息组合成结构代谢数据库，用于预测特定母体化合物。数据库主要涉及外源化合物及药物生物转化过程。MDL 代谢系统主要着重于外源生化物质及药物的生物转化。试验数据来源于体内试验及体外试验研究。除了结构信息外，该数据库还包括酶、种类、生理活性、母体化合物毒性、生物利用度、分析方法、给药途径、排泄途径、定量与定性收率、母体化合物的 CAS 登记号及原始参考文献等信息。

（7）Accelrys 生物转化数据库

该数据库可以通过 CD ROM 的形式从 Accelrys 网站获得（http://www.Accelrys.com），它包括化学物质的生物转化信息，如药物、农药、食品添加剂及环境和工业化学品。该数据库将原始引文、测试系统及各种用于一般搜索的关键字列入索引。

（8）明尼苏达州大学生物催化/生物降解数据库

明尼苏达州大学生物催化/生物降解数据库（http://umbbd.ahc.umn.edu）包含了化合物、酶及主要人工合成物质的微生物降解反应和途径信息。该数据库在网络上运行使用已有 10 年以上，且数据库也已从 4 种途径发展为近 150 种途径。目前该数据库含有 900 多种化合物、600 多种酶、1000 多种反应及大约 350 种微生物条目。除了途径数据，还可使用生化周期表格（http://umbbd.ahc.umn.edu/periodic）及生物降解途径预测系统（PPS）（http://umbbd.ahc.umn.edu/predict）。

参 考 文 献

[1] Kier L B，Hall L H. Molecular Connectivty in Structure-Activity Analysis. Letchworth：Res. Studio Press Ltd，1986.

[2] Dearden J C. 1990. Physicochemical properties. *In*: Karcher W，Devillers J. Pracrical Applications of Quantitative Structure-Activityrelationships（QSAR）in Environmental Chemistrv and Toxicology. Dordrecht：Kluwer，1990：25-59.

[3] Netzeva T I. Whole molecule and atom based topological descriptors. *In*：Cronin M T D，Livingstone D J. Predicting Chemical Toxicity and Fate. London：Taylor and Francis，2004：61-83.

[4] Todeschini R，Consonni V. Handbook of Molecular Descriptors. Weinheim：Wiley-VCH，2000.

[5] Hansch C，Maloney P P，Fujitya T，et al. Correlation of biological activity of phenoxyacetic acids with Hammett substituent constants and partition coefficients. Nature，1962，194：178-180.

[6] Hansch C，Fukita T. Rho-sigma-pi analysis. A method for the correlation of biological activity with chemical structure. J Airterican Chemical Societ，1964，v86：1616-1626.

[7] Leo A, Hansch C，Church C. Comparison of parameters currently used in the study of structure-activity relationships. J Med Chem，1969，12：766-771.

[8] McFarland J W. On the parabolic relationship between drug potency and hydrophobicity. J Med Chem，1970，13：1192-1196.

[9] Commission of the European Communities. Regulation（EC）NO 1907/2006 of the European Parliament and of the Council of 18 December 2006 concerning the Registration. Evaluation，Authorisation and Restriction of Chemicals（REACH），establishing a European Chemicals Agency，amending Directive 1999/45/EC and repealing Council Regulation（EEC）No. 793/93 and Commission Regulation（EC）NO 1488/94 as well as Council Directive 76/769/EEC and Commission Directives 91/155/EEC. 93/67/EEC，93/105/EC and 2000/21/EC. Off J Eur Union，2006.

[10] Jaworska J S，Comber M，Auer C. et al. Summary of a workshop on regulatory acceptance of （Q）tSARs for human health and environmental endpoints. Environ Health Perspect，2003，111：1358-1360.

[11] Eriksson L. Jaworska J S，Worth A P，et al. Methods for reliability，uncertainty assessment and applicability evaluations of classification and regression based QSARs. Environ Health Perspect，2003，111：1361-1375.

[12] Cronin M T D，Walker J D，Jaworska J S，et al. Use of quantitative structure activity relationships in international decision-making frameworks to predict ecologic effects and environmental fate of chemical substances. Environ Health Perspect，2003，111：1376-1390.

[13] Cronin M T D，Jaworska J S，Walker J D，et al. Use of quantitative structure activity relationships in intenational decision-making frameworks to predict health effects of chemical substances. Environ Health Perspect，2003，111：1391-1401.

[14] Livingstone D J. Dara Analysis jor Chemists：Applications to QSAR and Chemical Product Design. Oxford University Press，1995.

[15] Draper N R，Smith H. Applied Regression Analsis. New York: John Wiley and Sons，1991.

[16] Worth A P，Cronin M T D. The use of discriminant analysis，logistic regression and classification tree analysis in the development of classification models for human health effects. J Mol Struct（Theochcm），2003，622：97-111.

[17] Draize J H，Woodard G, Calvery H O. Methods for the scudy of irritation and toxicity of substances applied topically to the skin and mucous membranes. J Phar nacol Exp Therapeutics，1944，82：377-390.

[18] Barratt M D. Quantitative structure-activity relationships for skin corrosivity of organic acids. Bases and phenols：principal components and neural network analysis of extended sets. Toxicol *In Vitro*，1996，10：85-94.

[19] Barratt M D. Quantitative structure-activity relationships for skin irritation and corrosivity of neULral and electrophilic organic chemicals. Toxicol *In Vitro*，1996，10：247-256.

[20] Smith J S，Macina O T，Sussman N B，et al. A robust structure-activity relationship（SAR）model for esters that cause skin irritation in humans. Toxicol Sci，2000，55：215-222.

[21] Smith J S, Macina O T, Sussman N B, et al. Experimental validation of a structure-activity relationship model of skin irritation by esters. QSAR，2000，19：467-474.

[22] Hayashi M，Nakamura Y，IIigashi K，et al. A quantitative structure-activity relationship study of the skin irritation potential of phenols. IZuic-ol *In Vitro*，1999，13：915-922.

[23] Kodiihala K，Hopfinger A J，Thompson E D，et al. Prediction of skin irritation from organic chemicals using membrane-interaction QSAR analysis. Toxicol Sci，2002，66：336-346.

[24] Enslein K，Blake B W，Tuzzeo T M，et al. Estimation of rabbit eye irritation scores by structure activity equations. *In Vitro* Toxicology，1988，2：1-14.

[25] Gerner I，Zinke S，Graetschel G，et al. Development of a decision support system for the introduction of alternative methods into local imtation/corrosivity testing strategies. Creation of fundamental rules for a decision support system. Altern Lab Anim，2000，28：665-698.

[26] Gerner I，Graetschel G，Kahl J，et al. Development of a decision support system for the introduction of alternative methods into local irritation/corrosivity testing strategies. Development of a relational database. Altern Lab Anim，2000，28：11-28.

[27] Barratt M D. QSARs for the eye irritation potential of neutral organic chemicals. Toxicol *In Vitro*，1997，1：1-8.

[28] Cronin M T D，Baqketter D A，York M. A quantitative structure-activity relationship（QSAR）investigation of a Draize eye irritation database. Toxicol *In Vitro*，1994，8：21-28.

[29] Sugai S，Murata K，Kitagaki T，et al. Studies on eye irritation caused by chemicals in rabbits-Ⅱ. Structure-activity relationships and *in vitro* approach to primary eye irritation of salicylates in rabbits. J Toxicol Sci，1991，16：111-130.

[30] Abraham M H，Kumarsingh R，Cometto-Muniz J E，et al. A quantitative structure-activity relationship（QSAR）for a Draize eye irritation database. Toxicol *In Vitro*，1998，12：201-207.

[31] Patlewic G Y, Rodford R A, Ellis G, et al. A QSAR model for the eye irritation of cationic surfactants. Toxicol *In Vitro*, 2000，14：79-84.

[32] Worth A P，Cronin M T D. Embedded cluster modelling：a novel quantitative structure-activity relationhip for generating elliptic models of biological activity. *In*：Balls M，van Zeller A-M，Halder M E. Progress in the Reduction，Refinement and Replacement of Animal Experimentation. Amsterdam：Elsevier Science，2000，479-491.

[33] Ekwall B. Screening of toxic compounds in mammalian cell cultures. Ann N Y Acad Sci，1983，407：64-77.

[34] Ekwall B，Clemedson C，Crafoord B，et al. MEIC evaluation of acute systemic toxicity. Part Ⅴ. Rodent and human toxicity data for the 50 reference chemicals. Altern Lnb Anim，1998，26 Suppl. 2：571-616.

[35] Ekwall B，Clemedson C，Crafoord B，et al. MEIC evaluation of acute systemic toxicity. Part Ⅵ. The prediction of human toxicity by rodent LD_{50} values and results from 61 *in vitro* methods. Allern Lab Anim，1998，26（Suppl. 2）：617-658.

[36] Lessigiarska I，Worth A P，Netzeva T I，et al. Quantitative structure-activity-activity and quantitative structure-activity investigations of human and rodent toxicity. Chemosphere，2006，65：1878-1887.

[37] Cronin M T D，Dearden J C，Duffy J C，et al. The importance of hydrophobicity and electrophilicity descriptors in

mechanistically-based QSARs for toxicological endpoints. SAR QSAR Environ Res，2002，13：167-176.
[38] Dupuis G，Benezra C，Allergic Contact Dermatitis to Simple Chemicals：A Molecular Approach. New York & Basel：Marcel Dekker Inc，1982.
[39] Aptula A O，Patlewicz G，Roberts D W. Skin sensitisation：reaction mechanistic applicability domains for structure-activity relationships. Chem Res Toxicol，2005，18：1420-1426.
[40] Roberts D W，Williams D L. The derivation of quantitative correlations between skin sensitisation and physicochemical parameters for alkylating agents and their application to experimental data for sultones. J Theor Biot，1982，99：807-825.
[41] Roberts D W，Basketter D A. Quantitative structure-activity relationships：sulfonate esters in the local lymph node assay. Contact Dermatitis，2000，42：154-161.
[42] Basketter D A，Roberts D W，Cronin M，et al. The value of the local lymph node assay in quantitative structure-activity investigations. Contact Dermatitis，1992，27：137-142.
[43] Roberts D W. Structure-activity relationships for skin sensitisation potential of diacrylates and dimethacrylates. Contact Dermatitis，1987，17：281-289.
[44] Patlewicz G，Basketter D A，Smith C K，et al. Skin-sensitisation structure-activity relationships for aldehydes. Contact Dermatitis，2001，44：331-336.
[45] Patlewicz G，Wright Z M，Basketter D A，et al. Structure-activity relationships for selected fragrance allergens. Contact Dermatitis，2002，47：219-226.
[46] Patlewicz G，Basketter D A，Pease C K，et al. Further evaluation of quantitative structure-activity relationship models for Lhe prediction of the skin sensitisation potency of selected fragrance allergens. Contact Dermatitis，2004，50：91-97.
[47] Roberts D W，York M，Basketter D A. Structure-activity relationships in the murine local lymph node assay for skin sensitisation：alpha，beta-diketones. Contact Dennatitis，1999，41：147.
[48] Roberts D W，Patlewicz G. Mechanism based structure-activicy relationships for skin sensitization-the carbonyl group domain. SAR QSAR Env Res，2002，13：145-152.
[49] Patlewicz G，Roberts D W. Walker J D. QSARs for the skin sensitisation potential of aldehydes and related compounds. QSAR Comb Sci，2003，22：196-203.
[50] Miller M D，Yourtee D M，Glaros A G，et al. Quantum mechanical structure-activity relationship analyses for skin sensitisation. J Chem Inf Model，2005，45：924-929.
[51] Estrada E，Patlewicz G，Chamberlain M，et al. Computer-aided knowledge generation for understanding skin sensitisation mechanisms：The TOPS-MODE approach. Chem Res Toxicol，2003，16：1226-1235.
[52] Enslein K，Gombar V K，Blake B W，et al. A quantitative structure-toxicity relationships model for the dermal sensitisation guinea pig maximization assay. Food Chem Toxicol，1997，35：1091-1098.
[53] Mumtaz M M，Knauf L A，Reisman D J，et al. Assessment of effect levels of chemicals from quantitative structure-activity relationship（QSAR）models. Ⅰ. Chronic lowest-observed-adverse-effect level（LOAEL）. Toxicol Lett，1995，79：131-143.
[54] Tennant R W，Ashby J. Classification according to chemical structure，mutagenicity to Salmonella and level of carcinogenicity of a further 39 chemicals tested for carcinogenicity by the U.S. National Toxicology program. Mutat Res，1991，257：209-227.
[55] Woo Y T，Lai D，McLain J L，et al. Use of mechanism-based structure-activity relationships analysis in carcinogenic potential ranking for drinking water disinfection by-products. Environ Health Perspecl，110（Suppl 1）：75-87.
[56] Richard A M. International commission for protection against environmental mutagens and carcinogens. Application of SAR methods to non-congeneric data bases associated with carcinogenicity and mutagenicity：issues and approaches. Mutat Res，1994，305：73-97.
[57] Benigni R. Chemical structure of mutagens and carcinogens and the relationship with biological activity. J Exp Clin Cancer Res，2004，23：421-424.
[58] Livingstone D J，Greenwood R，Rees R，et al. Modelling mutagenicity using properties calculated by computational chemistry. SAR QSAR Env Rcs，2002，13：21-33.
[59] Contrera J F，Matthews E J，Kruhlak N L，et al. In silico screening of chemicals for bacterial mutagenicity using electrotopological E-state indices and MDL QSAR software. Regul Toxicol Pharmacol，2005，43：313-323.
[60] Benigni R. Quantitative Strucrure-Activity Relationship（QSAR）Models for Mutagens and Carcinogens. BocaRaton：CRC Press，2003.
[61] Debnath A K，Debnath G，Shusterman A J，et al. A QSAR investigation of the role of hydrophobicity in regulating mutagenicity in the Ames test：1. Mutagenicity of aromatic and heteroaromatic amines in Salmonella typhimurium TA98 and TA100. Environ Mol Mutagen，1992，19：37-52.
[62] Polloth C，Mangelsdorf L. Commentary on the application of（Q）SAR to the toxicological evaluation of existing chemicals. Chemosphere，1997，35：2525-2542.
[63] Mizutani M Y，Tomioka N，Itai A. Rational automatic search method for stable docking models of protein and ligand. J Mol

Biol，1994，243：310-326.

[64] Tong W，Perkins R，Xing L I W，et al. QSAR models for binding of estrogenic compounds to estrogen receptor a and p subtypes. Endocrinology，1997，138：4022-4025.

[65] Yu S J，Keenan S M，Tong V，et al. Influence of the structural diversity of data sets on the statistical quality of three-dimensional quantitative structure-activity relationships（3D-QSAR）models：predicting the estrogenic activity of xenestrogens. Chem Res Toxicol，2002，15：1229-1234.

[66] Tong W，Lowis D R，Perkins R，et al. Evaluation of quantitative structure-activity relationship methods for large scale prediction of chemicals binding to the estrogen receptor. J Chem Inf Comput Sci，1998，38：669-677.

[67] Schmieder P K，Aptula A O，Routledge E J，et al. Estrogenicity of alkylphenolic compounds：a 3-D structure-activity evaluation of gene activation. Environ Toxicol Chem，2000，19：1727-1740.

[68] Serafimova R，Walker J，Mekenyan O. Androgen receptor binding affinity of pesticide ‘active’ formulation ingredients. QSAR evaluation by COREPA method. SAR QSAR Env Res，2002，13：127-134.

[69] Gallegos Saliner A，Amat L，CarbÓ-Dorca R，et al. Molecular quantum similarity analysis of estrogenic activity. J Chem Inf Comput Sci，2003，43：1166-1176.

[70] Tong W，Xie Q，Hong H，et al. Assessment of prediction confidence and domain extrapolation of two structure-activity relationship models for predicting estrogen receptor binding affinity. Environ Heakh Perspect，2004，112：1249-1254.

[71] Tong W，Fang H，Hong H，et al. Regulatory application of SAR/QSAR for priority setting of endocrine disruptors：a perspective. Pure Appl Chem，2003，75：2375-2388.

[72] Netzeva T I，Gallegos Saliner A，Worth A P. Comparison of the applicability domain of a quantitative structure-activity relationship for estrogenicity with a large chemical inventory. Environ Toxicol Chem，2006，25：1223-1230.

[73] Saliner A G，Netzeva T I，Worth A P. Prediction of estrogenicity：validation of a classification model. SAR QSAR Env Res，2006，17：195-223.

[74] Russom C L，Bradbury S P，Broderius S J，et al. Predicting modes of toxic action from chemical structure：acute toxicity in the fathead minnow（*Pimephales promelas*）. Environ Toxicol Chem，1997，16：948-967.

[75] Cronin M T D. Toxicological information for use in predictive modelling：quality，sources，and databases *In*：Helma C. Predictive Toxicology. New York：Marcel Dekker Inc.，2004：93-133.

[76] McKim J M，Bradbury S P，Niemi G J. Fish acute toxicity syndromes and their use in the QSAR approach to hazard assessment. Environ Health Perspect，1987，71：171-186.

[77] Bradbury S P，Henry T R，Carlson R W. Fish acute toxicity syndromes in the development of mechanism-specific QSARs. *In*：Karcher W，Devillers J. Practical Applications of Quantitative Structure-Activity Relationships（QSAR）in Environmental Chemistry and Toxicology. Dordrecht：Kluwer，1990，295-315.

[78] Verhaar H J M，Van Leeuwen C J，Hermens J L M. Classifying environmental pollutants. 1：structure-activity relationships for prediction of aquatic toxicity. Chemosphere，1992，25：471-491.

[79] Russom C L，Bradbury S P，Broderius S J，et al. Predicting modes of action from chemical structure：acute toxicity in the fathead minnow（*Pimephates promelas*）. Environ Toxicol Chem，1997，16：948-967.

[80] Nendza M，Muller M. Discriminating toxicant classes by mode of action：2. Physicochemical descriptors. Quant Struct-Act Relat，2000，19：581-598.

[81] Pavan M，Worth A P，Netzeva T I. Preliminary analysis of an aquatic toxicity dataset and assessment of QSAR models for narcosis. JRC Report No. 21749 EN. European Chemicals Bureau，lspra，Italy，2005.

[82] Pavan M，Worth A P，Netzeva T I. Comparative Assessment of QSAR Models for Aquatic Toxicity. JRC Report No EUR 21750 EN. European Chemicals Bureau，Ispra，Italy，2005. http：//ecb.jrc.it.

[83] Veith G D，Call D J，Brooke L T. 1983. Structure-toxicity relationships for the fathead minnow，*Pimephales promelas*：narcotic industrial chemicals. Can J Fish Aquat Sci，1983，40：743-748.

[84] European Commission. Technical guidance documents on risk assessment in support of Commission Directive 93/67/EEC on risk assessment for new notified substances，Commission Regulation（EC）No. 1488/94 on risk assessment for existing substances，and Directive 98/8/EC of the European Parliament and of the Council concerning the placing of biocidal products on the market. JRC reporl EUR 20418 EN. European Chemicals Bureau，Ispra，Italy，2003.

[85] Pavan M，Netzeva T I，Worth A P. Validation and applicability domain of a QSAR model for acute toxicity. SAR QSAR Env Res，2006，17：147-171.

[86] Roberts D W，Costello J F. Mechanisms of action for general and polar narcosis：a difference in dimensions. QSAR Comh Sci，2003，22：226-233.

[87] Marzo W D，Galassi S，Todeschini R，et al. Traditional versus WHIM molecular descriptors in QSAR approaches applied to fish toxicity studies. Chemosphere，2001，44：401-406.

[88] Newsome L D，Johnson D E，Nabholz J V. Validation and upgrade of a QSAR study of the toxicity of amines to freshwater

fish. Environmental Toxicology and Risk Assessment, 1993: 413-426.

[89] Jaworska J S. Hunter R S, Schultz T W. Quantitative structure-toxicity relationships and volume fraction analyses for selected esters. Arch Environ Contam Toxicol, 1998, 29: 86-93.

[90] Veith G D, Mekenyan O G. A QSAR approach for estimating the aquatic toxicity of soft electrophiles. Quant Strucr-Act Relat, 1993, 12: 349-356.

[91] Dimitrov S D, Mekenyan O G, Sinks G D, et al. Global modelling of narcotic chemicals: ciliate and fish toxicity. Journal of Molecidar Structure (Theochem), 2003, 622: 63-70.

[92] Schultz T W, Hewitt M, Netzeva T I, et al. Assessing applicability domains of toxicological QSARs: definition, confidence in predicted values. and the role of mechanisms of action. QSAR Comb Chem, 2007, 26 (2): 238-254.

[93] Mekenyan O, Pavlov T, Grancharov V, et al. 2D-3D migration of large chemical inventories with conformational multiplication. Application of the genetic algorithm. J Chem Inf Model, 2005, 45: 283-292.

[94] Netzeva T I, Aptula A O. Benfenati E, et al. Description of the electronic structure of organic chemicals using semiempirical and ab initio methods for development of toxicological QSARs. Chem Inf Model, 2005, 45: 106-114.

[95] Schuurmann G. QSAR analysis of the acute fish toxicity of organic phosphorothionates using theoretically derived molecular descriptors. Environ Toxicol Chem, 1990, 9: 417-428.

[96] Karabunarliev S, Mekenyan O G, Karcher W, et al. Quantum chemical descriptors for estimating the acute toxicity of electrophiles to the fathead minnow. Quant Struct-Act Relat, 1996, 15: 302-310.

[97] Karabunarliev S, Mekenyan O G, Karcher W, et al. Quantum chemical descriptors for estimating of acute toxicity of substituted benzenes to the guppy (*Poecilia reticulata*) and fathead minnow (*Pimephales promelas*). Quant Struct-Act Relat, 1996, 15: 311-320.

[98] Freidig A P, Hermens J L M. Narcosis and chemical reactivity QSARs for acute toxicity. Quant Struct-Act Relat, 2001, 19: 547-553.

[99] Schultz T W, Netzeva T I, Roberts D W, et al. Structure-toxicity relationships for the effects to *Tetrahymena pyriformis* of aliphatic, carbonyl-containing, α,β-unsaturated chemicals. Chem Res Toxicol, 2005, 18: 330-341.

[100] Lipnick R L. Outliers: their origin and use in the classihcation of molecular mechanisms of toxicity. The Science of the Total Environment, 1991, (109/110): 131-153.

[101] Schultz T W. Cronin M T D, Netzeva T I, et al. Structure-toxicity relationships for aliphacic chemicals evaluated with *Tetrahymena pyriformis*. Chem Res Toxicol, 2002, 15: 1602-1609.

[102] Protic M, Sabljic A. Quantitative structure-activity relationships of acute toxicity of commercial chemicals on fathead minnows: effect of molecular sb.e. Aquat Toxicol, 1989, 14: 47-64.

[103] Kulkarni S A, Raje D V, Chkrabarti T. Quantitative structure-activity relationships based on functional and structural characteristics of organic compounds. SAR QSAR Env Res, 2001, 12: 565-591.

[104] Toropov A A, Benfenati E. QSAR modelling of aldehyde toxicity by means of optimisation of correlation weights of nearest neighbouring codes. Journal of Molecular Structure (Theochem), 2004, 676: 165-169.

[105] Nendza M, Muller M. Discriminant toxicant lasses by mode of action: 2. Physicochemical descriptors. Quant Struct-Act Relat, 2000, 19: 581-598.

[106] Sippl W, Contreras J M, Parrot I, et al. Structure-based 3D QSAR and design of novel acetylcholinesterase inhibitors. Comput Aided Mol Des, 2001, 15: 395-410.

[107] Dimitrov S, Koleva Y, Schultz T W, et al. Interspecies quantitative structure-activity relat ionship model for aldehydes: aquatic toxicity. Environ Toxicol Chem, 2004, 23: 463-470.

[108] Huuskonen J. QSAR modelling with the electrotopological state indices: predicting the toxicity of organic chemicals. Chemosphere, 2003, 50: 949-953.

[109] Papa E, Villa F, Gramatica P. Statistically validated QSARs, based on theoretical descriptors, for modelling aquatic toxicity of organic chemicals in *Pimephales promelas* (fathead minnow). J Chem Inf Model, 2005, 45: 1256-1266.

[110] Cronin M T D, Dearden J C, Dobbs A J. QSAR studies of comparative toxicity in aquatic organisms. Sci Total Environ, 1991, 109/110: 431-439.

[111] Sinks G D, Schultz T W. Correlation of *Tetrahymena* and *Pimephales* toxicity: evaluation of 100 additional compounds. Environ Toxicol Chem, 2001, 20: 917-921.

[112] Tremolada P, Finizio A, Villa S, et al. Quantitative inter-specific chemical activity relationships of pesticides in the aquatic environmuent. Aquatic Toxicol, 2004, 67: 87-103.

[113] Zhao Y, Wang L, Goa H, et al. Quantitative structure-activity relationships. Relationship between toxicity of organic chemicals to fish and to *Photobacterium phosphoreum*. Chemosphere, 1993, 26: 1971-1979.

[114] Dearden J C, Cronin M T D, Dobbs A J. Quantitative structure-activity relationships as a tool to assess the comparative toxicity of organic chemicals. Chemosphere, 1995, 31: 2521-2528.

[115] Cronin M T D, Netzeva T I, Dearden J C, et al. Assessment and modeling of the toxicity of organic chemicals to chlorella vulgaris: development of a novel database. Chem Res Toxicol, 2004, 17: 545-554.

[116] Duffy J C. Prediction of pharmacokinetic parameters in drug design and toxicology. *In*: Cronin M T D, Livingstone D J. Predicting Chemical Toxicity and Fate. BocaRaton: CRC Press, 2004, 229-261.

[117] Taskinen J. Prediction of aqueous solubility in drug design. Current Opinion Drug Discovery, 2000, 3: 102-107.

[118] Ruelle P, Kesselring U W. The hydrophobic effect. 2. Relative importance of the hydrophobic effect on the solubility of hydrophobes and pharmaceuticals in H bonded solvents. J Pharm Sci, 1998, 87: 998-1014.

[119] Abraham M H, Le J. The correlation and prediction of the solubility of compounds in water using an amended solvation energy relationship. J Pharm Sci, 1999, 88: 868-880.

[120] Huuskonen J, Rantanen J, Livingstone D. Prediction of aqueous solubility for a diverse set of organic compounds based on atom type electrotopological state indices. Eur J Med Chem, 2000, 35: 1081-1088.

[121] Huuskonen J. Estimation of aqueous solubility for a diverse set of organic compounds based on molecular topology. J Chem Inf Comput Sci, 2000, 40: 773-777.

[122] Kuhne R, Ebert R-U, Kleint F, et al. Group contribution methods to estimate water solubility of organic chermcals. Chemosphere, 1996, 33: 2129-2144.

[123] Jain N, Yalkowsky S H J. Estimation of the aqueous solubility I: application to organic nonelectrolytes. Pharm Sci, 2001, 90: 234-252.

[124] Liu R, So S-S. Development of quantitative-property relationship models for early ADME evaluation in drug discovery. 1. Aqueous solubility. J Chem Inf Comput Sci, 2001, 41: 1633-1639.

[125] Klopman G, Wang S, Balthasar D M. Estimation of aqueous solubility of organic molecules by the group contribution approach. Application to the study of biodegradation. J Chem Inf Comput Sci, 1992, 32: 474-482.

[126] Klopman G, Zhu H J. Estimation of the aqueous solubility of organic molecules by the group contribution approach. J Chem Inf Comput Sci, 2001, 41: 439-445.

[127] Hansch C, Leo A J. Substituent Constants for Correlation Analysis in Chemistry and Biology. New York: Wiley, 1979.

[128] Meylan W M, Howard P H. Atom fragment contribution method for estimating octanol-water partition coefficients. J Pharm Sci, 1995, 84: 83-92.

[129] Devillers J, Domine D, Karcher W. Prediction of n-octanol-water partition coefficients with AUTOLOGP. Abstracts of Papers of the American Chemical Society, 1996, 212: 83.

[130] Devillers J, Domine D, Guillon C, et al. Simulating lipophilicity of organic molecules with a back-propagation neural network. J Pharm Sci, 2000, 87: 1086-1090.

[131] Moriguchi I, Hirono S, Liu Q, et al. Simple method of calculating octanol/water partition coefficient. Chem Pharm Bull, 1992, 40: 127-130.

[132] Broto P, Moreau G, Vandycke C. Molecular-structures-perception, auto-correlation descriptor and SAR studies-system of atomic contributions for the calculation of the normal-octanol water partition-coeffIcients. Eur J Med Chem, 1984, 19: 71-78.

[133] Barry B W. Dermatological Formulations: Percutaneous Absorption. Drugs and the Pharmaceutical Sciences. Vol 18. New York: Marcel Dekker, 1983.

[134] Smith C K, Hotchkiss S A M. Allergic Contact Dermatitis. London: Taylor and Francis, 2001.

[135] Howes D, Guy R, Hadgraft J, et al. Methods for assessing percutaneous absorption. Altern Lab Anim, 1996, 24: 81-106.

[136] Flynn G L. Physicochemical determinants of skin absorption. *In*: Gerrity T R, Henry C J. Principles of Route-to-Route Extrapolation for Risk Assessment. New York: Elsevier, 1990: 93-127.

[137] Potts R O, Guy R. Predicting skin permeability. Pharm Res, 1992, 9: 663-669.

[138] Jories A D, Dick L P, Cherrie J W, et al. CEFIC workshop on methods to determine dermal permeation for human risk assessment. Institute of Occupational Medicine, Research Report TM/04/07, 2004.

[139] Lewis D V F. COMPACT: a structural approach to the modelling of cytochromes P450 and their interactions with xenobiotics. J Chem Technol Biotechnol, 2001, 76: 237-244.

[140] Klopman G, Dimayuga M, Talafous J. META l. A program for the evaluation of metabolic transformation of chemicals. J Chem Inf Comput Sci, 1994, 34: 1320-1325.

[141] Talafous J, Sayre L M, Mieyal J J, et al. META 2. A dictionary model of mammalian xenobiotic metabolism. J Chem Inf Comput Sci, 1994, 34: 1326-1333.

[142] Klopman G, Tu M H. META-a program for the prediction of products of mammalian metabolism of xenobiotics. *In*: Erhardt P W. Drug Metabolism: Databases in High Throughput Testing during Drug Design and Development. Oxford: Blackwell, 1999, 271-276.

[143] Darvas F. 1987. Metabolexpert, an expert system for predicting metabolism of substances. *In*: Kaiser K. QSAR in

Environmental Toxicology. Dordrecht：Riedel，1987：71-81.

[144] Testa B，Jenner P. Drug Metabolism：Chemical and Biochemical Aspects. New York：Marcel Dekker，1976.

[145] Pfeifer S，Borchert H. Biotransformation von Avzneimitteln Berlin：VEB，1963.

[146] Greene N，Judson P，Langowski J，et al. Knowledge based expert systems for toxicity and metabolism prediction：DEREK，StAR and METEOR. SAR QSAR Env Res，1999，10：299-313.

[147] Mekenyan O G，Dimitrov S，Schmieder P，et al. A systematic approach to simulating metabolism in computational toxicology. I. The TIMES heuristic modelling framework. Curr Pharm Des，2004，10：1273-1293.

第 33 章　典型高关注度化学品检测技术

33.1　高关注度化学品

自 2008 年 10 月 28 日欧盟化学品管理局（ECHA）首次公布第一批高关注度物质（substances of very high concern，SVCH）候选清单以来，截至 2019 年 1 月 15 日，ECHA 已公布了 20 次共计 197 种 SVHC（表 33-1）。近年来，SVCH 的概念和管理逐渐步入人们的视野，并被世界许多国家接受认可用来作为化学品管理的重要内容之一。

表 33-1　ECHA 公布的 20 批次共计 197 种 SVHC 物质清单

批次	公布时间	数量	清单
1	2008.10.28	15	蒽，4,4′-二氨基二苯基甲烷，邻苯二甲酸二丁酯，氯化钴，五氧化二砷，三氧化二砷，二水合重铬酸钠，二甲苯麝香，邻苯二甲酸二(2-乙基己基)酯，六溴环十二烷及其非对应异构体，C10～13 短链氯化石蜡，三丁基氧化锡，砷酸氢铅，邻苯二甲酸丁基苄基酯，三乙基砷酸酯
2	2010.01.13	14	蒽油，蒽油（蒽糊，轻油），蒽油（蒽糊，蒽馏分），蒽油（蒽量少），蒽油（蒽糊），高温煤焦油沥青，铬酸铅，三(2-氯乙基)磷酸酯，邻苯二甲酸二异丁酯，钼铬红（C.I.颜料 104），铅铬黄（C.I.颜料 34），2,4-二硝基甲苯
2	2010.03.30	1	丙烯酰胺
3	2010.06.18	8	硼酸，无水四硼酸钠，七水合四硼酸钠，铬酸钠，铬酸钾，重铬酸铵，重铬酸钾，三氯乙烯
4	2010.12.15	8	硫酸钴，硝酸钴，碳酸钴，乙酸钴，乙二醇单甲醚，乙二醇单乙醚，三氧化铬，铬酸及其低聚物产生的酸类
5	2011.06.20	7	乙二醇乙醚乙酸酯，铬酸锶，1,2-苯二酸-二（C6～8 支链）烷基酯（富 C7），联氨，1-甲基-2-吡咯烷酮，1,2,3-三氯丙烷，1,2-苯二酸-二（C7～11 支链与直链）烷基酯
6	2011.12.19	20	铬酸铬，氢氧化铬酸锌钾，锌黄（C.I.颜料黄 36），硅酸铝耐火陶瓷纤维（RCF），氧化锆硅酸铝耐火陶瓷纤维（Zr-RCF），甲醛与苯胺的共聚物，邻苯二甲酸二甲氧乙酯，邻甲氧基苯胺，对特辛基苯酚，1,2-二氯乙烷，二乙二醇二甲醚，砷酸，砷酸钙，砷酸铅，*N,N*-二甲基乙酰胺，4,4′-二氨基-3,3′-二氯二苯甲烷，酚酞，叠氮化铅，2,4,6-三硝基苯二酚铅，苦味酸铅
7	2012.06.18	13	三乙二醇二甲醚，乙二醇二甲醚，4,4′-二(二甲氨基)-4″-甲氨基三苯甲醇，4,4′- 二(二甲氨基)二苯甲酮，C.I.碱性紫 3，C.I.碱性蓝 26，三氧化二硼，甲酰胺，甲基磺酸铅，*N,N,N′,N′*-四甲基-4,4′-二氨基二苯甲烷，1,3,5-三(环氧乙基甲基)-1,3,5-三嗪-2,4,6(1H,3H,5H)-三酮，C.I.溶剂蓝 4,1,3,5-三-[(2S 和 2R)-2,3-环氧丙基]-1,3,5-三嗪-2,4,6-(1H,3H,5H)-三酮

续表

批次	公布时间	数量	清单
8	2012.12.19	54	二盐基邻苯二甲酸铅，1,2-苯二酸-二(支链和直链)戊基酯，乙二醇二乙醚，1-溴丙烷，3-乙基-2-甲基-2-(3-甲基丁基)噁唑烷，对特辛基苯酚乙氧基醚，4,4′-二氨基-3,3′-二甲基二苯甲烷，4,4′-二氨基二苯醚，4-氨基偶氮苯，2,4-二氨基甲苯，4-壬基（支链与直链）苯酚，2-甲氧基-5-甲基苯胺，碱式乙酸铅，4-氨基联苯，十溴联苯醚，偶氮二甲酰胺，二丁基二氯化锡，硫酸二乙酯，邻苯二甲酸二异戊酯，硫酸二甲酯，地乐酚，双(十八酸基)二氧代三铅，C16～18 脂肪酸铅，呋喃，全氟十一烷酸，全氟十二烷酸，全氟十三烷酸，全氟十四烷酸，六氢邻苯二甲酸酐（包括顺式和反式结构），甲基六氢邻苯二甲酸酐（还包括4-甲基六氢邻苯二甲酯，1-甲基六氢邻苯二甲酯酐和 3-甲基六氢邻苯二甲酯），四氟硼酸铅，氨基氰铅盐，硝酸铅，一氧化铅，碱式硫酸铅，四氧化三铅，钛酸铅，钛酸铅锆，甲氧基乙酸，*N,N*-二甲基甲酰胺，*N*-甲基乙酰胺，邻苯二甲酸正戊基异戊基酯，邻氨基偶氮甲苯，2-氨基甲苯，硫酸四氧化五铅，1,2-环氧丙烷，C.I.颜料黄 41，掺杂铅的硅酸钡，硅酸铅，二碱式亚硫酸铅，四乙基铅，硫酸三氧化四铅，碱式碳酸铅，二碱式亚磷酸铅
9	2013.06.20	6	镉，氧化镉，全氟辛酸铵，全氟辛酸，邻苯二甲酸二正戊酯，乙氧基化壬基酚（分支的或线性的）（包括含有 9 个碳烷基链的所有直链和支链结构）
10	2013.12.16	7	硫化镉，C.I.直接红 28，C.I.直接黑 38，邻苯二甲酸二己酯，亚乙基硫脲，乙酸铅，磷酸三二甲苯酚
11	2014.06.16	4	氯化镉，邻苯二甲酸二己酯（支链和直链），过硼酸钠，过硼酸钠水合物
12	2014.12.17	6	氟化镉，硫酸镉，紫外线吸收剂 UV-320，紫外线吸收剂 UV-328，硫代甘醇酸异辛酯二正辛基锡，DOTE 和 MOTE 反应产物
13	2015.06.15	2	邻苯二甲酸二（C6～C10）烷基酯；（癸基、己基、辛基）酯与 1,2-苯二甲酸二 C6～10 烷基酯；1,2-苯二甲酸混合癸、己、辛二酯，包含≥0.3%的邻苯二甲酸二己酯（EC No. 201-559-5），包含以下[1]与[2]之所有单独立体异构物与其组成：[1] 5-二级丁基-2-(2,4-二甲基环己-3-烯-1-基)-5-甲基-1,3-二噁烷；[2] 5-二级丁基-2-（4,6-二甲基环己-3-烯-1-基）-5-甲基-1,3-二噁烷
14	2015.12.17	5	硝基苯，紫外线吸收剂 UV-327，紫外线吸收剂 UV-350，1,3-丙烷磺内酯，全氟壬酸及其钠盐和铵盐
15	2016.06.20	1	苯并[a]芘
16	2017.01.12	4	双酚 A，全氟癸酸（PFDA）及其钠盐和铵盐，对叔戊基苯酚，4-庚基苯酚（支链和直链）
17	2017.07.07	1	全氟己基磺酸及其盐类
18	2018.01.16	7	屈，苯并[a]蒽，硝酸镉，氢氧化镉，碳酸镉，德克隆[包括所有反式和顺式异构体及其组合]，1,3,4-噻二唑烷-2,5-二硫酮，甲醛和 4-庚基苯酚支链和直链（RP-HP）的反应产物[4-庚基苯酚，支链和直链含量 ≥ 0.1% *w/w*]
19	2018.06.27	10	八甲基环四硅氧烷，十甲基环五硅氧烷，十二甲基环六硅氧烷，铅，四水合八硼酸二钠，苯并[G,H,I]芘，氢化三联苯，乙二胺，偏苯三酸酐，邻苯二甲酸二环己酯
20	2019.01.15	6	2,2-二(4-羟基苯基)-4-甲基戊烷，苯并[k]荧蒽，荧蒽，菲，芘，1,7,7-三甲基-3-(苯亚甲基)双环[2,2,1]庚-2-酮

相比其他化学品，SVHC 在环境和健康方面表现出更明显的毒理学效应。第 1 批公布的邻苯二甲酸丁基苄基酯、第 2 批公布的邻苯二甲酸二异丁酯、第 6 批公布的邻苯二甲酸二甲氧乙酯、第 8 批公布的邻苯二甲酸正戊基异戊基酯和邻苯二甲酸二异戊酯以及第 9 批公布的邻苯二甲酸二正戊酯 6 种物质都属于邻苯二甲酸酯类增塑剂，广泛应用于聚烯烃类聚合物的生产，是一类具有生殖健康危害的化学物质；另外一类物质——全氟代烷基酸类化合物，如第 8 批公布的全氟十一烷酸、全氟十二烷酸、全氟十三烷酸和全氟十四烷酸和第 9 批公布的全氟辛酸和全氟辛酸铵 6 种物质广泛应用于油漆、纸张、纺织品、皮革和餐厨具中，是一类具有高生物蓄积性和高持久性（vPvB）的物质。

从表 33-1 可以看出，ECHA 公布的 197 种 SVHC 涵盖无机化合物和有机化合物，以及一些金属有机化合物，其应用范围遍布各个行业。由于其具有高持久性和高生物蓄积性，并且具有致癌性和生殖毒性，这些遍布在工业产品中的有毒物质的快速检测就成为人们亟待解决的主要问题之一。以下就其中一些与人们生活密切相关的几类高关注度物质的检测方法进行介绍。

33.2　二甲苯麝香检测

33.2.1　简介

二甲苯麝香（musk xylene，MX），是一种人造麝香。二甲苯麝香可用作化妆品香精和皂用香精等的定香剂[1]。二甲苯麝香是高持久性、高生物蓄积性物质[2]，因此已被欧盟化学品管理局列为高关注度物质[3]。我国《化妆品安全技术规范》（2015 年版）[4]及欧盟化妆品规程（76/768/EEC）[5]将二甲苯麝香规定为化妆品组分中限用物质（不得用于口腔卫生用品），在香水、淡香水和其他产品中的限量分别为 1.0%、0.4%和 0.03%。国际日化香料协会计划在IFRA标准第44次修订稿中建议二甲苯麝香不作为日化香料成分使用。国际日化香料研究所同时建议二甲苯麝香不得用于唇用产品或口腔卫生用品。

1. 理化性质

二甲苯麝香化学名 2,4,6-三硝基-1,3-二甲基-5-叔丁基苯，分子式为 $C_{12}H_{15}N_3O_6$，化学相对分子质量为 297.26，结构式如图 33-1 所示。外观为浅黄色粉状或针状结晶，熔点为 112.5～114.5℃，溶于乙醇、苯甲酸苄酯、苄醇及大部分油质香料。

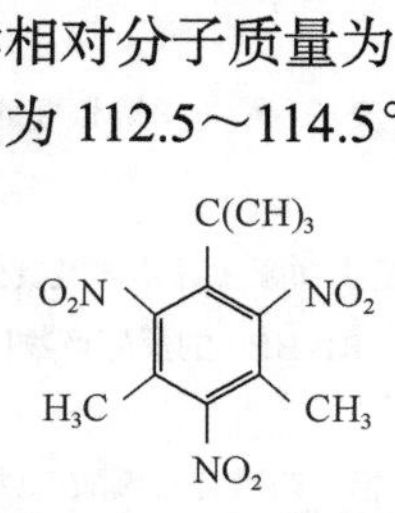

图 33-1　二甲苯麝香

二甲苯麝香具有强烈的麝香气味，是人造麝香中较低档的品种，价格低廉，广泛用于低档的各种类型的香精，如日用化学品和廉价化妆品用香精，作为定香剂和修饰剂，亦广泛用于香皂、香波、香粉和香精中，尤其在玫瑰香型用之甚佳，还宜用作松木香型的主要定香剂[1]。香皂香精中用量可达 3%～6%。

2. 毒性危害

二甲苯麝香作为个人日用品中典型的合成硝基麝香类有机物，具有极性较小、亲脂憎水性较强、在环境中不易降解等特点。近年来，随着化工行业的发展，人们持续不断使用，使得该物质不断地通过各种转运途径进入水、大气、土壤等环境体系。溶解于水中的人工合成麝香可以被藻类和鱼类吸收，并通过食物链的传递蓄积到人体组织内。有研究表明，人工合成麝香容易造成环境污染并能够诱导、增强其他毒性物质的毒性，最终给人们的身体健康带来隐患。

人体可通过呼吸、皮肤接触吸收二甲苯麝香，导致其在体内富集。使用化妆品、香水等由其制成的物品时，麝香化合物的一部分就留在了人体上，直接与皮肤接触。进入体内后造成肝肾负担加重进而影响免疫系统，其慢性危害会造成畸胎及肿瘤。因此欧盟保健和环境科学委员会“致癌、致突变或致生殖毒性（CMR）”专家工作组在第 29 次会议上将二甲苯麝香列为“第 3 类物质”。

二甲苯麝香作为一种新型污染物持续不断地输入水环境，其难以降解，易发生生物富集，对水生生物和人体均呈现一定的生物毒性。目前，国内有关机构在水体、污泥、大气中均已检测到了二甲苯麝香，主要来自城市生活污水、污泥和垃圾填埋。二甲苯麝香也可以通过大气环流迁移到偏远的极地地区，导致二甲苯麝香在全球范围内扩散，增加了其进入环境介质、生态系统、食物链和食物网的可能性。

德国化妆品、护肤品、香水及洗涤工业协会（IKW）曾就二甲苯麝香等的生物富集性和致癌性公开讨论，建议在化妆品、洗涤剂和其他日化产品中不再使用该类化合物。我国《化妆品安全技术规范》(2015 年版)规定二甲苯麝香为化妆品组分中限用物质（不得用于口腔卫生用品），在香水、淡香水和其他产品中的限用量分别为 1.0%、0.4%、0.03%[5]。

33.2.2　前处理技术

检测痕量二甲苯麝香常用的样品前处理方法有液-液/液-固萃取、固相萃取（SPE）和固相微萃取（SPME）等[6]。

液-液/液-固萃取法常见的有索氏提取法和溶剂萃取法，兼有富集与排除基体干扰的效果，但该法溶剂耗量大，样品损失严重。样品经溶剂提取后，在提取液中往往还存在一定量的干扰组分，需要柱吸附/固相净化技术进一步分离提纯达到净化目的。例如，耿永勤等采用振荡萃取法对烟用添加剂进行处理[7]。首先称取 1.0g 样品于 50mL 锥形瓶中，加入超纯水 10mL 分散样品后，再加入浓度为 1μg/mL 的 d_{15}-二甲苯麝香内标溶液 0.3mL、环己烷 10mL，25℃振荡提取 10min，混合液用离心机在 4000r/min 转速下离心 10min，取出上层有机相，在水相中再加入环己烷 10mL，进行第二次萃取离心，合并两次萃取有机相，用无水硫酸钠干燥、浓缩，用环己烷定容至 1mL，待 GC-MS 测定。结果显示，二甲苯麝香检出限为 0.04μg/g，定量限为 0.13μg/g，在 0.15μg/g、0.3μg/g、0.5μg/g 添加水平的平均回收率为 85.1%～91.4%，相对标准偏差（RSD）平均值小于 10%。

SPE 法是 20 世纪 70 年代发展起来的样品前处理技术，可用于化妆品等样品分析前的富集与净化，采用此法样品量不受限制，涉及的吸附柱填料有氧化铝、硅藻土、硅胶、C18 等。以水剂等化妆品样品为例，典型的处理过程是在样品中加入甲醇等有机溶剂萃取，辅以涡旋或超声，然后在高转速下离心获取上清液，将上清液采用氮吹或旋转蒸发浓缩至近干，以有机溶剂溶解残渣后用固相萃取柱进行净化。固相萃取柱可用甲醇活化后再用二氯甲烷平衡。净化后收集洗脱液，氮气缓慢吹干，用拟准备溶解残渣的有机溶剂溶解定容，过微孔滤膜后用气相或气相-质谱联用仪进行测定[8]。二甲苯麝香定量限为5μg/kg，在 5～50μg/kg 添加水平平均回收率为 81.1%～86.9%，相对标准偏差（RSD）平均值小于 12%。

SPME 是在 SPE 基础上发展起来的崭新的样品前处理技术，该法具有样品用量少、无须萃取溶剂、可直接进样等优点[6]。采用 SPME 法和水蒸气蒸馏法对化妆品进行处理，结果表明 SPME 法明显优于后者。除此之外，含二甲苯麝香的样品还可采用色谱分离法，如凝胶渗透色谱（GPC）和分子排阻色谱（SEC）进行提取。

33.2.3 检测方法

目前关于二甲苯麝香检测方式的研究报道主要集中在化妆品[9]、生物样品[10]、环境样品[11]等方面，涉及的方法主要包括气相色谱-质谱（GC-MS）、薄层色谱（TLC）、毛细管电泳（CE）、气相色谱-电子捕获检测器（GC-ECD）、气相色谱-高分辨质谱（GC-HRMS）、气相色谱-串联质谱（GC-MS/MS）、核磁共振（NMR）等。其中最常使用的方法是气相色谱-质谱联用法。

Mar 等采用顶空 SPME 法结合 GC-MS 对污泥中的 5 种多环麝香和 4 种硝基麝香进行了分析检测[12]。该方法从样品提取分离到分析结束仅用时 40min。杨润采用电子轰击离子源（EI）作为离子源对化妆品中的二甲苯麝香进行分析[13]，得到的检出限为 0.8mg/kg。马强等采用固相萃取-同位素稀释-气相色谱-串联质谱分析方法测定化妆品中的二甲苯麝香[8]，该方法的定量限为 5μg/kg，在 5～50μg/kg 的 3 个添加水平的平均回收率为 81.1%～86.9%，方法准确、快速、灵敏度较高。

丁立平等研究采用多重吸附同步净化（MASP）-气相色谱-质谱联用法（GC-MS）测定水产品中痕量二甲苯麝香。以乙腈高速匀浆提取样品，运用 MASP 方法对样品进行提取、盐析和净化，并在选择性离子监测（SIM）模式下采用 GC-MS 方法测定水产品中的痕量二甲苯麝香，以基质匹配标准溶液、外标法进行定量。测定结果表明：在优化条件下，二甲苯麝香的线性关系在 1～100μg/kg 良好，检出限（S/N=3）为 0.30μg/kg。在明虾、花蛤和鳗鱼空白样品中 1.0μg/kg、2.0μg/kg、10.0μg/kg 3 个添加水平二甲苯麝香的加标回收率为 85%～104%。该方法具有操作简便、快速、准确度高的特点，可应用于水产品中痕量二甲苯麝香的日常检测[14]。

二甲苯麝香和酮麝香还可通过 HRGC-MS、GC-ECD、GC-AED 等方法检测。例如，Berset 采用高分辨气相色谱-质谱（HRGC-MS）法对污水淤泥中的二甲苯麝香、酮麝香及其氨基代谢产物进行了分析[15]，在所采集的 10 份样品中，有一份样品被检出含有 32.5μg/kg 的二甲苯麝香，有 7 份样品被检出含有酮麝香，含量在 1.5～7.1μg/kg。GC-NCI-MS 法检测含硝基苯基团的二甲苯麝香类化合物也相当灵敏，如 Roland 等利用 GC-MS 法分析了当地空气中两种硝基麝香和三种多环麝香的含量[16]，采用了负化学离子源（NCI）和电子轰击离子源（EI）作为 MS 离子源，检出限分别为 0.2～0.5pg/m^3 和

6～12pg/m^3，灵敏度较高。

电子捕获检测器（ECD）是气相色谱选择性检测器，具有灵敏度高、选择性好的特点。Angerer 等采用 GC-ECD 法对人体血液中的二甲苯麝香进行了测定[17]，在所采集的 72 份样品中有 66 份检出了二甲苯麝香；Polo 等采用 GC-ECD 法对水体中 4 种硝基麝香进行了分析，其中对二甲苯麝香的检测灵敏度较高，在所检样品中均检出了二甲苯麝香和酮麝香，含量分别在 2.4～15ng/L 和 3.8～6.3ng/L[18]。Struppe 等采用 GC-AED（原子发射光谱检测器）法检测了化妆品中 3 种硝基麝香化合物[19]。AED 的一个重要优点是其响应值只与元素的含量有关，而与化合物的结构无关，因此可以进行定量分析，灵敏度很高。研究者对 36 份不同种类功能的化妆品样品进行了分析检测，其中有 10 份样品检出了二甲苯麝香，其含量在 0.5～232mg/kg，两份样品检出了酮麝香，含量在 40mg/kg 左右。此法检测化妆品中硝基麝香化合物有很高的选择性和灵敏度。

33.3　短链氯化石蜡检测

33.3.1　简介

氯化石蜡（CP）是一组人工合成的直链正构烷烃氯代衍生物，其碳链长度为 10～38 个碳原子，氯代程度通常为 30%～70%（以质量计）[20]。室温下，除氯化程度为 70% 的氯化石蜡为白色固体外，其余为无色或淡黄色液体。一般按碳链长度将氯化石蜡分为 3 类：碳链长度为 10～13 个碳原子的是短链氯化石蜡（SCCP），碳链长度为 14～17 个碳原子的是中链氯化石蜡（MCCP），长链氯化石蜡（LCCP）的典型碳链长度为 20～30 个碳原子。由于氯原子数目和取代位置的不同，氯化石蜡组分极为复杂，物理化学性质差别很大。

含氯化石蜡的相关产品广泛分布在我们的日常生活中，目前市售的就达 200 种以上。其中 SCCP 在工业生产中用途广泛，主要用作金属加工润滑剂、PVC 增塑剂、高分子材料阻燃剂、油漆、密封剂、黏合剂等。根据联合国欧洲经济委员会（UNECE）的持久性有机污染物筛选标准，SCCP 被列为具有远距离环境迁移能力、毒性、持久性和生物蓄积性的持久性有机污染物（POP）。因此，欧洲经济共同体成员国及《关于持久性有机污染物的斯德哥尔摩公约》（以下简称《公约》）缔约方向联合国环境规划署 POP 审查委员会提交了把 SCCP 作为 POP 列入《公约》的提案。至此，SCCP 引起国际社会的高度关注，美国国家环境保护局、加拿大环境保护局和欧盟等陆续制定了法令控制或限制 SCCP 的生产、使用及排放。在欧盟化学品管理署（ECHA）公布的首批需 ECHA 授权才能使用的 7 种物质中就包含 SCCP。

1．理化性质

短链氯化石蜡是一类结构复杂的混合物，氯化程度为 16%～78%，其分子式为 $C_xH_{(2x-y+2)}Cl_y$，其中 x=10～13，y=1～13。图 33-2 为两种短链氯化石蜡混合物（$C_{10}H_{17}Cl_5$ 和 $C_{13}H_{22}Cl_6$）的结构，短链氯化石蜡的

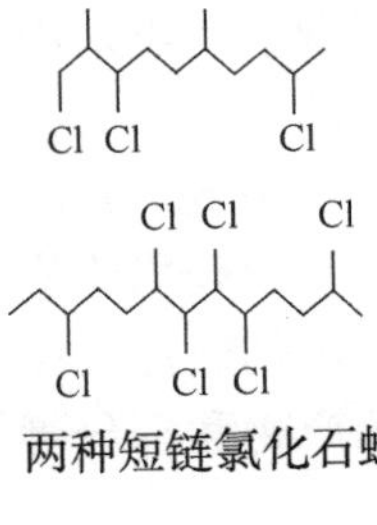

Cl Cl Cl Cl Cl

Cl Cl Cl Cl Cl Cl Cl

图 33-2　两种短链氯化石蜡混合物

相对分子质量在 320～500。

由于氯原子取代位置、氯化程度等的不同，SCCP 同系物、对映及非对映异构体的数量巨大，保守估计其异构体数量为 6300。SCCP 具有较低的蒸气压，为 2.8×10^{-7}～0.066Pa，水中的最大溶解度为 994μg/L，生物降解性很差，疏水作用很强[21]，因此容易在底泥、土壤及生物有机体中富集。作为重要的工业产品，其在生产、使用及最终处理过程中被广泛释放到环境中。

2. 毒性危害

欧盟化学物质信息系统显示短链氯化石蜡（C10～13）属于第三类致癌、长期接触可能引起皮肤干裂并对水生生物有剧毒、可能对水生环境造成长期有害影响的物质，认为其是持久性、生物蓄积性、有毒物质（PBT）的一类新型化合物[22]。氯化石蜡的毒性变化规律是碳链越短，毒性越强。

根据现有资料，短链氯化石蜡对哺乳动物的毒性比现有的持久性有机污染物小，其对哺乳动物的毒性较低。SCCP 的环境水平与研究报道中其能产生毒性作用的浓度水平相比差距甚远，当前一些国家对饮食产品中 SCCP 做的风险评价，也基本揭示了 SCCP 尚未对人体健康产生风险。虽然 SCCP 具有持久性、一定的毒性和生物蓄积性，还有长距离迁移的能力，但是由于其最低效应浓度相对于环境最高浓度还要高很多，因此其对生态环境和人类健康可能产生的影响有限，其危害性需要进一步评价。

33.3.2　前处理技术

SCCP 的提取方法与其他含卤素的疏水有机化合物的提取方法类似，并无特殊要求，提取的技术主要有索氏提取、液-液萃取、加压流体萃取和固相萃取等。环境和生物样品经提取后，提取液中除了 SCCP，通常还包括其他有机氯化合物，如有机氯农药、多氯联苯（PCB）等干扰物质。由于 SCCP 在色谱上的保留时间窗口比较宽，这些干扰物质的存在会对 SCCP 的分析检测造成严重的干扰，影响结果的准确性。因此，需要在样品提取之后进行合适的净化处理，将干扰物质与 SCCP 分离。常用的净化方法有凝胶渗透色谱法和层析柱色谱法。

生物样品中的脂肪和沉积物样品中的硫等会对气相色谱分析造成潜在的干扰，可以采用 GPC 进行除脂除硫。常用于 SCCP 净化的 GPC 柱填料主要是聚苯乙烯-二乙烯基苯共聚物，洗脱剂包括二氯甲烷或正己烷/二氯甲烷混合溶剂。更为重要的是，采用 GPC 可以实现 SCCP 和毒杀芬的分离。例如，Coelhan 发现采用 GPC 可以分离 SCCP 和部分有机氯化合物，如氯丹、毒杀芬、DDT、硫丹等[23]。研究结果表明，采用 GPC 初步纯化样品提取液，当采用二氯甲烷作为流动相时，根据保留时间可实现对 SCCP 和毒杀芬的完全分离。

对样品中 SCCP 的分离纯化主要是通过柱层析来实现的，所用的吸附材料包括弗罗里硅土、硅胶和氧化铝。Tomy 等采用弗罗里硅土纯化沉积物和生物样品中 SCCP[24]，随着洗脱溶剂极性的增强，即可实现 SCCP 与其他有机氯化合物如 PCB、氯苯、DDT 及其降解产物和部分毒杀芬的分离。但极性更强的环氧七氯和狄氏剂及部分毒杀芬，会随着 SCCP 一起被淋洗下来，因此有必要采取进一步的分离净化措施。

硅胶层析柱也难以将 SCCP 与其分析干扰物全部分离。Coelhan 研究发现，采用含水量为 5%的硅胶柱分离纯化含 SCCP 样品时，其中的氯丹、毒杀芬、DDD 及硫丹盐等物质难以在硅胶层析柱上与 SCCP 达到完全分离，还需要进一步净化处理，如氧化铝层析柱或 GPC 等[23]。Marvin 等提出采用弗罗里硅土和活性氧化铝联用的净化方法，内标物质的回收率达到 75%以上，但 SCCP 的回收率并没有报道[25]。然而，Parera 等发现采用纯二氯甲烷洗脱中性氧化铝上的 SCCP，很难将其洗脱下来[26]。

33.3.3　检测方法

1. 色谱技术

由于氯化石蜡在工业生产过程中氯化点位选择性低，因此 SCCP 的组成复杂，大量的共流出物常使色谱峰呈现一个驼峰形状。如果 SCCP 在色谱上的保留时间窗口过宽，将无法准确判断 SCCP 色谱峰的保留起止时间，或放大基线漂移对 SCCP 色谱共流出峰积分面积计算的影响，从而使 SCCP 的定量计算不准确。为解决此问题，普遍采用较短的气相色谱分析柱对 SCCP 进行分析，以使 SCCP 在尽可能短的时间内大量共流出。所采用的色谱分析柱通常为非极性固定相色谱柱，如 HP-1、HP-5、DB-1 和 DB-5，柱长通常为 30m 或 15m。此外，还可以采用二维色谱技术对其进行分离分析。对于全二维气相色谱分析方法，第一维的色谱分离同样采用较短的非极性固定相色谱柱。Korytára 等将全二维气相色谱（GC×GC）与电子捕获负化学离子源（ECNI）快速扫描四极杆质谱（QTOF-MS）联用分析氯化石蜡，一维色谱柱为 30m 长的 DB-1 色谱柱，通过改变第二维色谱的色谱柱极性，优化了氯化石蜡不同组分在二维气相色谱上的分离效果，二维色谱图中能够分辨出按照碳链长度和氯原子个数分布的色谱峰轮廓[27]。

工业产品中 SCCP 的分析通常采用碳骨架反应气相色谱分析方法，即首先用催化剂在高温氢气吹扫条件下使 SCCP 脱氯加氢转化为相应的烷烃，然后用气相色谱-氢火焰离子检测器（GC-FID）法检测产生的相应烷烃含量。催化剂使用 $PdCl_2$，先将其负载在玻璃珠上，然后装入色谱进样口衬管中。目前，国际通标标准（SGS）中检测工业产品中的 SCCP 采用碳骨架反应气相色谱分析方法，标准 SN/T 2570—2010 也规定了针对皮革中 SCCP 残留量检测的碳骨架反应气相色谱分析方法[28]。2002 年，In-Ock 等采用碳骨架反应气相色谱分析方法分析了几种金属切削液和密封材料中的氯化石蜡[29]；张海军等进一步发展了 SCCP 的碳骨架反应气相色谱分析方法，研制出 SCCP 在线催化脱氯加氢装置，并采用氯代 2-甲基十一烷（可与 SCCP 在样品净化分离过程中同步分离）作为提取内标，98%以上的 SCCP 可被转化为相应的烷烃[30]。此方法不仅可用于工业产品中 SCCP 的分析，还可用于环境介质和生物质样品中 SCCP 的分析，可提供准确的 SCCP 碳链分布信息。

尽管目前多数研究工作者采用气相色谱法对氯化石蜡进行分离，也有文献报道采用高效液相色谱（HPLC）结合氯增强大气压化学电离（Cl—PCI）离子阱质谱分析氯化石蜡。Zencak 和 Oehme[31]采用这种方法，以氯仿作为流动相，在非极性液相色谱柱上进行分离，分析工业氯化石蜡产品、家庭日用品和涂料中的 SCCP。但由于液相色谱柱的分离能力有限，氯化石蜡在色谱图上作为一个峰而无法获得不同组分的信息。此外，其他分析干扰物也会对计算结果产生较大影响。因此，这种方法对前处理要求较高，需要尽可能地去除分析干扰物。

2. 质谱技术

SCCP 的最常用检测手段是电子捕获负化学离子源（ECNI）-高/低分辨质谱。在 ECNI 电离模式下，氯化石蜡主要产生[M-Cl]、[M-HCl]、[M+Cl]及[Cl_2]和[HCl_2]离子，其相对丰度受氯化石蜡的氯原子取代位置、氯含量、进样量和离子源温度等因素影响。离子源温度升高，生成的碎片离子中[M+Cl]和[M-Cl]丰度下降，而[HCl_2]和[Cl_2]增加，进样量增大会使[M+Cl]离子丰度增大。Froescheis 等比较了氯化癸烷和氯化十二烷的 ECNI-质谱图[32]，结果表明，氯含量较低的组分主要生成[M+Cl]离子，氯含量较高的组分主要生成[M-Cl]和[M-HCl]离子。ECNI 电离模式存在的缺点是其响应因子依赖于氯原子的数量和其在碳链上的位置。由于高氯代组分的亲电能力高，响应因子高，低氯代组分亲电能力低，响应因子低，因而在用不同的氯化石蜡混合物作定量标样时会导致分析结果有相当大的偏离。另外，SCCP 的 ECNI-质谱检测，即使采用高分辨质谱（HRMS）也会受到中链氯化石蜡（MCCP）和长链氯化石蜡（LCCP）及其他有机氯化合物（如毒杀芬和多氯联苯等）的干扰。

由于 HRMS 设备昂贵，不适于常规分析，因此目前检测 SCCP 多采用低分辨质谱（LRMS）。但由于 LRMS 分辨率相对较低，SCCP 分析受到 MCCP、LCCP 和其他有机氯化合物的干扰会更大。Reth 和 Oehme 采用 HRGC-ECNI/LRMS 分析了 SCCP 和 MCCP 的混合样品[33]，结果表明，某一固定碳链长度和氯取代度的氯化石蜡与比其多 5 个碳原子且少 1 个氯原子的氯化石蜡，在质谱上有相同的特征离子峰，并且二者在色谱上的保留时间存在重叠，因此即使用选择性离子扫描模式也无法避免 MCCP 对 SCCP 定量分析的干扰。Castells 等和 Nicholls 等分别采用离子阱质谱在 ECNI 模式下选择性检测[Cl_2]和[HCl_2]离子来分析氯化石蜡，可以获得氯化石蜡的总浓度，但缺乏各同系物的组分分布信息，并且对净化处理的要求较高[34, 35]。

为了降低在 ECNI 模式下氯原子取代个数对氯化石蜡响应因子的影响，Zencak 等采用甲烷/二氯甲烷（80：20）混合气作为反应气，在 ECNI 下氯含量不同的氯化石蜡组分具有相似的响应因子，可以检测到低氯代（3～5 个氯原子取代）氯化石蜡，并且只产生[M+Cl]离子，有效避免了氯化石蜡同系物之间的互相干扰[36]。但由于该方法使用甲烷/二氯甲烷混合气，电离过程中易形成炭黑残留物并覆盖在离子源上，连续分析 72h 就会导致离子化效率衰减，因此不适于作为常规分析方法。

在电子轰击电离模式下，氯化石蜡可以产生大量的离子碎片，质谱图比较杂乱，难以获取氯化石蜡不同组分的有效信息，但对氯化石蜡的总量分析仍然是可行的。袁博等建立了土壤中氯化石蜡总量的 GC-EI-MS/MS 分析方法[37]，定量离子为 m/z 91～53，定性离子为 m/z 102～65，但该方法能否测定 LCCP 还需要进一步探讨。在正化学电离模式下，氯化石蜡可不断脱掉 Cl 和 HCl 形成一系列相对丰度较低的离子碎片，但缺乏分子离子峰，难以定性。另外，Moore 等建立了分析氯化石蜡的高分辨气相色谱-亚稳态原子轰击-高分辨质谱（HRGC-MAB-HRMS）法[38]，其质谱图主要由$[M-HCl]^+$和不断脱去

Cl 和 HCl 的碎片离子组成，通过选择性检测$[M-HCl]^+$，可以测定氯含量不同的氯化石蜡同系物，低至三氯取代氯化石蜡也可检出。此方法检出限与 ENCI-HRMS 接近，但是成本较高，对于大多数实验室来说过于昂贵。

3. 定量计算技术

如前所述,碳骨架反应气相色谱分析方法已成为工业产品中 SCCP 的标准分析方法。其采用内标法进行定量，内标化合物可以为 1,2,4-三甲基苯或氯化支链烷烃。该方法通常首先测试 SCCP 转化为相应烷烃的转化因子，通过 GC-FID 分析获得进样样品中烷烃的质量浓度，然后基于分析样品质量、分取倍数、转化因子、内标回收率和氯含量等信息，折算成相应的 SCCP 含量。氯化石蜡氯含量的测定通常首先采用灰化方法将氯化石蜡灰化成氯盐，然后采用汞量法、离子色谱法或火焰原子吸光光谱法等间接测定。由于灰化过程中氯离子可能损失，因此这类方法会导致测定的氯含量偏低。

目前,已有的环境介质和生物质中 SCCP 定量分析数据绝大部分来源于 GC-ECNI-LRMS 分析方法。该方法本质上是一种外标定量分析法,其定量计算方法基于待测样品中 SCCP 同系物分布与非同位素标记 SCCP 标样同系物分布的比对，前提条件是二者同系物分布模式相同或相近。但是由于环境介质中 SCCP 的同系物分布模式可能多种多样，可能与人工合成 SCCP 标样存在一定差异，因此会在一定程度上影响定量结果的准确性。Mehmet 等研究发现,采用 GC-ECNI-LRMS 分析方法用高氯代 SCCP 标样定量待分析样品中低氯代 SCCP 时，由氯含量造成的结果差异，最高甚至能达到 11 倍，最低也会造成 2 倍左右偏差[39]。为解决此问题，Tomy 等通过混合氯含量不同的 SCCP 标样获得与待分析样品相似的 SCCP 同系物分布模式[40]。Reth 等提出采用氯含量校正响应因子消除样品中 SCCP 和标样中 SCCP 的氯含量差异引起的定量偏差[41]。该方法采用 ECNI-LRMS 分析一系列氯含量不同的 SCCP 标准参考物质，通过计算总响应因子和氯含量，对二者进行线性回归分析，获得回归方程，然后用此方程定量计算待分析样品中 SCCP 含量。但是该方法适用的氯含量范围有限，对于氯含量低的 SCCP 样品不适用，主要是因为低氯代组分在 ECNI 上的响应因子较低，无法有效检测。另外，为解决 ECNI-LRMS 分析环境样品时 MCCP 干扰 SCCP 的定量结果这一问题，Zeng 等提出了一种通过解二元一次方程组消除干扰的一种数学计算方法[42]。该方法通过计算氯化石蜡干扰组分检测离子碎片的同位素丰度，将干扰组分的真实响应信号以未知量代入方程组中，通过求解获得其真实响应信号值。

33.4　邻苯二甲酸酯检测

33.4.1　简介

邻苯二甲酸酯（PAE）是邻苯二甲酸的酯化衍生物，具有高稳定性和低挥发性等性质，是塑胶工业中最为常见的塑化剂，可改善塑料制品的可加工性、耐久性和柔韧性等[43]。邻苯二甲酸酯被广泛地应用于塑料制品生产中，如玩具、化妆品、医疗器具、食品包装材料等行业。但由于 PAE 与塑料中聚合物之间没有化学键的结合，只有物理上的相互作用，因此很容易迁移到食品和环境中来。

塑料类制品在日常生活中的普遍使用导致塑料垃圾日益增多，PAE 因此也逐渐成为全球最普遍的污染物之一。目前，欧盟、美国、日本等均对食品、玩具产品中的邻苯二甲酸酯类物质提出了限量要求。在 2011 年台湾地区暴发的“起云剂”事件中，部分不法商家将邻苯二甲酸酯作为乳化剂非法添加到食品中，造成了重大的食品安全事故。2011 年 6 月，卫生部将 17 种邻苯二甲酸酯列入食品中可能添加的非食用物质或易滥用食品添加剂的黑名单。

1. 理化性质

邻苯二甲酸酯类化合物又称酞酸酯，是邻苯二甲酸形成的酯类化合物的统称，常温下为无色透明的油状液体，无味或略带气味，难溶于水，易溶于有机溶剂。邻苯二甲酸酯由 1 个刚性平面芳烃和 2 个可塑的非线性脂肪侧链组成，其结构式参见图 33-3。邻苯二甲酸酯常见的主要有以下 18 种：邻苯二甲酸二甲酯、邻苯二甲酸二乙酯、邻苯二甲酸二异丁酯、邻苯二甲酸二丁酯、邻苯二甲酸二甲氧基乙酯、邻苯二甲酸二甲基戊基酯、邻苯二甲酸二乙氧基乙酯、邻苯二甲酸二戊酯、邻苯二甲酸二己酯、邻苯二甲酸丁基苄基酯、邻苯二甲酸二丁氧基乙酯、邻苯二甲酸二环己酯、邻苯二甲酸二乙基己基酯、邻苯二甲酸二苯酯、邻苯二甲酸二辛酯、邻苯二甲酸二壬酯、邻苯二甲酸二异壬酯和邻苯二甲酸二异癸酯。

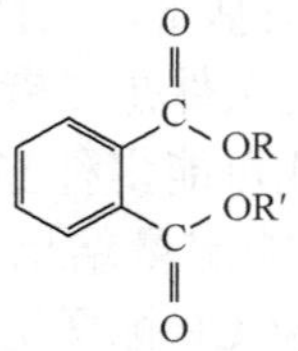

图 33-3　邻苯二甲酸酯类化合物结构式
R 和 R′代表相同或不同的烷基或芳香基

2. 毒性危害

邻苯二甲酸酯类物质是一类内分泌系统破坏性物质，其分子结构大多与生物内源雌激素有一定的相似性。邻苯二甲酸酯类物质进入人体后可以与相应的激素受体结合，影响激素的正常分泌，干扰体内激素正常水平并表现出生物蓄积性，逐渐改变人体雌激素水平，影响生物体内激素的正常分泌，致细胞突变、畸形、癌症和损害生殖及发育等，从而导致严重的健康问题[44]。

目前，美国和其他一些国家都将其归为优先监测的污染物。欧盟于 2007 年 1 月 16 日开始执行关于邻苯二甲酸酯的新指令（2005/84/EC）[45]。根据标准，邻苯二甲酸二丁酯（DBP）、邻苯二甲酸丁基苄基酯（BBP）和邻苯二甲酸二异辛酯（DEHP）被限制在所有的儿童玩具、服装、PVC 材料及所有可能被放入口中的物品中使用[43]。

33.4.2　前处理技术

邻苯二甲酸酯的基质种类多、成分复杂，因此有效地进行提取、净化和富集是仪器检测前的重要步骤。样品前处理的步骤主要包括样品的采集、提取、净化和浓缩。目前常用的前处理方法有溶剂萃取、固相萃取（SPE）、固相微萃取（SPME）、液相微萃取（LPME）等。

1. 溶剂萃取

邻苯二甲酸酯属于脂溶性物质，因此可以选用有机溶剂进行提取。溶剂萃取主要有振荡萃取法、索氏提取法、超声提取法和加速溶剂萃取法 4 种。采用甲醇为提取剂对饮料中邻苯二甲酸酯进行涡旋振荡萃取，或采用正己烷和乙醚对塑料与橡胶中邻苯二甲酸酯进行索氏提取，都可以有效地将邻苯二甲酸酯提取出来；采用甲醇-水（体积比为 90∶10）混合溶液为萃取溶剂，萃取指甲油中的邻苯二甲酸酯，回收率可达 90.0%。另外，超声萃取法提取效率高、操作简便，也已广泛应用于食品、化妆品、包装材料等样品中邻苯二甲酸酯的提取[43]。

2. 固相萃取

固相萃取（solid-phase extraction，SPE）是一种最为常用的净化方法，目前已经广泛应用于化工、食品、环境、商检等领域。梁中秀等利用固相萃取对水中的 DMP、DEHP、DOP 进行了富集[46]，通过 SPE 柱对化妆品中 14 种邻苯二甲酸酯类和 5 种己二酸酯类成分的正己烷提取液进行了纯化。王桂萍等采用固相萃取（SPE）与气相色谱-质谱联用法对水样中 6 种邻苯二甲酸酯类成分进行了检测[47]。固相萃取法具有溶剂用量少、分离效果好、操作简单、省时省力等特点。EPA 和 ISO 标准方法中均采用反相 C18 固相萃取柱富集水中邻苯二甲酸酯类物质。

3. 液相微萃取

液相微萃取（liquid phase micro extraation，LPME）是一种新型的前处理方法，该方法是将微量的有机萃取液插入样品或悬于样品之上，可以近似视为微型化的液-液萃取。李敏霞等利用单液滴液相微萃取对水样中 5 种邻苯二甲酸酯进行提取，建立了单液滴液相微萃取-气相色谱法测定水体中邻苯二甲酸酯的方法[48]。马燕玲等以四氯化碳为萃取剂，以乙腈为分散剂，采用超声辅助分散液液微萃取技术对水中 4 种邻苯二甲酸酯进行有效富集[49]。林小葵等将超声辅助萃取与液-液微萃取技术结合，建立了水中 3 种邻苯二甲酸酯的高效液相色谱测定方法[50]。

4. 固相微萃取

固相微萃取法（SPME）是在固相萃取技术的基础上发展起来的一种无溶剂的分离技术。刘振岭等用自制的聚硅氧烷/富勒烯聚二甲基硅氧烷涂层，采用顶空 SPME 富集水中 5 种邻苯二甲酸酯[51]。杨左军等采用顶空 SPME 对浸泡有塑料制品的水溶液中 12 种邻苯二甲酸酯进行了萃取[52]。固相微萃取技术特别适用于含有痕量有机物样品的分析，集采样、萃取、浓缩、进样于一体，是一种无溶剂的样品前处理技术，但成本较高，适合于气质分析样品前处理。

5. 凝胶色谱净化

凝胶色谱（GPC）净化技术适用于含油脂类样品中邻苯二甲酸酯的提取和富集。盛建伟等采用 GPC 对食品中含油样品进行了处理，能够对含油样品中 18 种邻苯二甲酸酯进行提取和净化[53]。黄永辉对油脂采用 GPC 进行提取和净化，结合 GC-MS 方法能够同时对油脂中 22 种邻苯二甲酸酯进行检测[54]。张春雨等对含油食品中 5 种邻苯二甲酸酯采用石油醚提取、GPC 净化，该方法具有简便、快捷、实用的优点[55]。总之 GPC 净化技术能有效分离含油脂类样品的邻苯二甲酸酯和基质，达到提取和净化目的。

6. QuEChERS 法

QuEChERS（Quick、Easy、Cheap、Efficient、Rugged、Safe）方法是近年来国际上最新发展起来的一种样品快速前处理技术，具有简便高效、溶剂消耗量少、无须特殊设备的优点，该技术的核心是分散固相。王连珠等采用乙二胺-*N*-丙基硅烷（PSA）为固相分散吸附剂对罐头食品提取液中 6 种邻苯二甲酸酯进行了净化，能有效消除食品中共萃取物的影响，且方法简单、回收率高、重现性好[56]。李婷等利用 Cleanert MAS-PAE 净化玻璃管和 CNW 多油基质 B 套餐净化玻璃管分别对低脂与高脂食品进行净化，该方法快速、精确、稳定[57]。张渝等对土壤中 18 种邻苯二甲酸酯进行提取浓缩后，以 C18 为吸附剂进行分散固相萃取，可以有效去除杂质干扰[58]。施雅梅等利用 QuEChERS 高效液相色谱分析方法测定食品中 17 种邻苯二甲酸酯类化合物[59]。彭俏容等采用 QuEChERS 方法对白酒进行前处理，测定其中 13 种邻苯二甲酸酯类化合物[60]。

33.4.3　检测方法

1. 气相色谱及质谱法

气相色谱法适用于气体、易挥发或可以转化为易挥发物质的液体和固体的分析，也适用多组分沸点范围宽、热稳定的样品，具有应用范围广、灵敏度高、分析速度快及选择性高等优点。但气相色谱检测器易受其他有机物的污染，灵敏度变动较大，对样品的前处理要求较高，且邻苯二甲酸酯类沸点较高，要求有较高的汽化温度及柱温等。所以，用气相色谱法对复杂样品中的有机物进行分析时，样品前处理方法是极其重要的一步，它的主要目的是通过各种手段将预分析的物质从样品中净化、富集浓缩、萃取出来，使之转变成符合色谱分析仪器所要求的形式。

气相色谱-质谱联用在气相色谱的基础上联用一级或多级质谱，较气相色谱而言，气质联用不仅具有更高的灵敏度，而且其选择性离子监测（SIM）模式可以很大程度地去除基质干扰，准确地定性和定量，目前在 PAE 的检测中具有广泛的应用。梁婧等建立了化妆品中 19 种 PAE 的 GC-MS 检测方法，检出限为 0.0065～0.062μg/g，可用于多种类型化妆品中 PAE 的测定[61]。邵栋梁利用 GC-MS 建立了白酒中 16 种 PAE 的检测方法，检出限均为 0.05mg/kg[62]。贝峰等采用 GC-MS 方法测定番茄皮和番茄肉中 11 种 PAE 化合物，检出限均在 0.01mg/kg[63]。然而，在样品基质非常复杂、分析物共流出的情况下，GC-MS 仍不能很好地区分目标物。而气相色谱-串联质谱（GC-MS/MS）法采用多反应监测（MRM）模式，能有效解决基质干扰大、定性不准等问题，特别适用于分析背景干扰严重、定性困难、含痕量有机污染物的复杂基质样品，可以大幅提高 PAE 分析的准确性，目前在 PAE 检测中也得到很好的应用。例如，王淑惠等采用 GC-MS/MS 建立了植物油中 16 种 PAE 的检测方法，检出限范围为 0.004～0.01mg/kg[64]。黄思静等建立了饮用水中检测 6 种 PAE 的 GC-MS/MS 方法[65]。李红等建立了土壤中 6 种 PAE 的 GC-MS/MS 分析方法[66]。高雪等建立了辣椒油中 14 种 PAE 的气相色谱-质谱（GC-MS）分析方法，14 种邻苯二甲酸酯的检出限为 0.5～5.0mg/kg[67]。虽然气质联用方法的灵敏度和分离度都很高，但是这种方法对前处理的要求也比较高，各个步骤需谨慎操作以免损坏色谱柱，影响其使用寿命。

2. *液相色谱及质谱法*

由于 PAE 极性较弱，一般采用反相液相色谱法分析，以甲醇-水或者乙腈-水为流动相进行梯度洗脱，通过 C8 柱或 C18 柱对 PAE 进行分离。液相常用的检测器中，紫外检测器灵敏度高，能够满足 PAE 的定量检测要求。孙文闪等采用 HPLC-DAD 建立了化妆品中 BBP、DBP 和 DEHP 的分析方法，检出限分别为 14mg/kg、12mg/kg、6mg/kg[68]。徐向华等建立了牛奶中 6 种 PAE 的 HPLC 检测方法，检出限为 0.1～0.6μg/g[69]。王美丽等采用 HPLC 测定肉制食品中 5 种 PAE，检出限为 4.4～13.8ng/mL[70]。由于紫外检测器特异性较差，基质效应明显，因此使用液相色谱能够同时分离的 PAE 种类比较少。此外，超高效液相色谱（UPLC）也被用于 PAE 的测定，相对于普通的液相色谱，其灵敏度更高，分析时间更短，样品与杂质分离更好。黄素华采用 UPLC 测定饮用水中邻苯二甲酸二丁酯和邻苯二甲酸二(2-乙基己基)酯的含量，分析时间为 7min，检出限为 0.3μg/L 和 0.4μg/L[71]。郑和辉建立了化妆品中 4 种 PAE 的检测方法，检出限为 0.14～0.31ng/mL，分析时间为 3min[72]。液相色谱方法检测的费用较低，但条件选择繁琐复杂，且需要使用大量的甲醇、乙腈等毒性有机溶剂作流动相，同时其灵敏度比气相要低。

随着质谱技术的发展，液相色谱-质谱联用技术已广泛应用于农药、兽药残留等领域。例如，祝伟霞等比较了 PAE 在两种电离方式下的离子化效率和检测灵敏度，发现 ESI 离子化效率与灵敏度均高于 APCI，但 ESI 基质抑制现象明显，与标准溶液响应强度相比，信号响应强度减少了约 5 倍，而 APCI 基质抑制效应较小[73]。与气相色谱-质谱方法相同，LC-MS 一般以选择性离子监测（SIM）为监测模式，LC-MS/MS 则以多反应监测（MRM）为模式。刘超等采用 LC-MS 测定饮料中的 4 种 PAE[74]。黄珂等建立了水中 7 种 PAE 的 HPLC-MS/MS 检测方法，最低检出限为 0.2μg/L[75]。邹宇等建立了超高效液相色谱-飞行时间质谱（UHPLC-TOF-MS）法来测定邻苯二甲酸酯类物质，能够同时定性 18 种 PAE，并能准确定量测定包括 DIDP、DINP、邻苯二甲酸二壬酯（DNNP）等在内的 18 种 PAE 的含量[76]。张小涛等采用液相色谱-串联质谱（LC-MS/MS）联用技术建立了烟用香精香料中 16 种邻苯二甲酸酯类化合物的测定方法，方法的定量限（S/N=10）为 0.28～37.5ng/mL，线性范围为 50～1000ng/mL[77]。史礼貌等采用超高压液相色谱-串联质谱（UPLC-MS/MS）测定了地表水中的 6 种邻苯二甲酸酯类成分，6 种 PAE 线性相关性良好，方法最低检出限为 0.01～0.05μg/L[78]。李杰和王虎采用 UPLC-MS/MS 法建立了白酒、葡萄酒、黄酒等产品中 8 种邻苯二甲酸酯类物质的测定方法，检出限为 0.05mg/L[79]。液相色谱-质谱联用技术虽然和气相-质谱联用技术相比灵敏度较低，但其分析样品范围广。

3. 其他检测方法

（1）傅里叶变换红外光谱法

傅里叶变换红外光谱（FT-IRS）仪是 20 世纪 70 年代根据光的相干性原理设计的新一代红外干涉型光谱仪。它的核心部件——迈克尔逊干涉仪，由固定平面反射镜、分光器和可调反射镜组成。由光源发出的入射光经分光器分为相等的两部分：一半光束经分光器后被反射，另一半光束则透过分光器。经分光器后被反射的那束光，再经过两反射镜反射后又汇集在一起，投射到检测器上，经过计算机傅里叶变换处理后得到红外光谱图。

俞雄飞等利用傅里叶变换红外光谱法对聚氯乙烯及邻苯二甲酸酯类增塑剂进行快速鉴定[80]。首先用溶解-沉淀法对试样进行分离和纯化，使聚合物与增塑剂达到很好分离和纯化，再采用透射法对邻苯二甲酸酯类进行定性。塑料膜样品经提纯处理后得到的增塑剂红外光谱图进行谱库搜寻，可对 DEHP 等增塑剂进行鉴定，匹配率达 97.1%。傅里叶变换红外光谱法具有扫描速率快、光通量大、可检测透射率较低的样品、分辨率高及测定光谱范围宽等优点。但红外光谱法的灵敏度一般较低，且受基体的干扰较大。因此，一般需要将样品进行分离纯化后才可以获得比较理想的结果。

（2）胶束电动毛细管色谱法

胶束电动毛细管色谱（MECC）法是一种基于胶束增溶和电动移动的新型色谱法，把水相看作流动相，胶束相看作固定相，与色谱过程比较，该技术可被看作是一种不需固体支持质来固定液体相的液-液分配色谱。它以胶束增溶为分配原理，采用表面活性剂在缓冲溶液内形成动态胶束相，利用溶质在水相与胶束相之间分配系数的不同，经过一定距离不同的位移后便得到分离。陈惠等应用胶束电动毛细管色谱法测定塑料食品袋中邻苯二甲酸酯类化合物，考察了溶液 pH、胶束浓度和有机改性剂等对分离的影响，获得了最佳的试验条件，成功地建立了塑料食品袋中邻苯二甲酸酯类化合物的测定方法[81]。此外，Guo 等建立了胶束电动毛细管色谱法来分离和测定邻苯二甲酸酯类，采用 100mmol/L 胆酸钠、50mmol/L 硼酸盐和 pH 为 8.5 的甲醇-水（15+85）缓冲溶液基线分离 PAE，用优化了的胶束电动毛细管色谱法测定来自中国不同区域的 11 种土壤样品中待测物的浓度，其中 DEP、DBP 和 DEHP 的浓度范围分别为 0～0.42mg/kg、0～1.43mg/kg、0.24～0.35mg/kg，DMP 和邻苯二甲酸二正辛酯（DNOP）未检出；DMP、DEP、DBP、DEHP 和 DNOP 的检出限分别为 0.050mg/kg、0.051mg/kg、0.052mg/kg、0.054mg/kg、0.063mg/kg[82]。胶束电动毛细管色谱（MECC）集电泳技术与色谱技术的优点于一体，适于分离中性物质，它不仅具有高的柱效和选择性，且具有分析速度快、进样量少、效率高、耗费低等优点，具有较好的应用前景。

33.5　全氟烷酸检测

33.5.1　简介

全氟烷酸（perfluoroalkyl acid，PFAA）类化合物是一类具有高能 C—F 共价键的新型持久性有机污染物，包括全氟辛酸（PFOA）、全氟辛烷磺酸（PFOS）、全氟十烷酸和全氟十二烷酸等碳链不同长度的化合物。全氟烷酸类化合物广泛应用于工业生产中，如纺织品、包装材料、不粘锅、泡沫灭火剂和杀虫剂等。该类物质具有耐高温、耐酸和耐碱的特性，分子间存在弱的相互作用，在环境中很难水解、光解或生物降解，因此能够持久存在于环境中。

PFAA 可以用于制作泡沫灭火剂，泡沫灭火剂生产排放 PFAA 50～100t。PFAA 的另一来源是消费和工业产品，如纺织品、皮革、纸张和润滑剂等，1960～2000 年，全球来自 PFAA 产品的排放量在 40～200t，这些产品常常是人类直接的暴露源[83]。总之，全球 PFAA 的排放主要来自氟聚物的生产过程，然后通过大气、洋流和生活用品扩散到全球各地。大气、土壤、水、淤泥、水生动物、陆生生物和普通人群中均检测到了该类化合物，且检测值呈增加趋势，其中 PEOA 和 PFOS 在各种介质中含量最高。因而本节以全氟辛酸为例介绍全氟烷酸类化合物的检测技术。

1. 理化性质

全氟辛酸（PFOA）是一种全氟有机酸，是聚四氟乙烯化工产品的关键原材料，是强酸性的含氟表面活性剂，其分子式为 $C_8HF_{15}O_2$，相对分子质量为 414，熔点为 45～50℃，沸点为 189～192℃/736mmHg，蒸气压为 1mmHg/25℃，水溶性为 3.4g/L[84]，其结构式如图 33-4 所示。

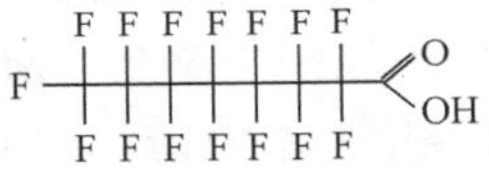

图 33-4　全氟辛酸结构式

PFOA 有疏水和疏油的特性，耐高温和耐强氧化剂，化学结构远较其他表面活性剂稳定。有研究表明，PFOA 即使长期浸泡在强氧化性溶液中，或在强酸溶液中煮沸也不易发生降解，而且在生物体内的蓄积性较强，在环境中也难以降解，是一种新型的环境污染物。

2. 毒性危害

研究表明，全氟辛酸具有中等的致肝癌毒性，并会影响生物体脂类物质的代谢及抑制生物体免疫系统的功能。水、土壤和大气等环境中全氟辛酸含量达到一定浓度会给人类健康带来潜在危害。全氟辛酸具有持久性和生物蓄积性，在生物体内的蓄积水平是已知的有机氯农药和二噁英等持久性有机污染物的数百倍至数千倍。全氟类化合物（PFC）还具有生殖毒性、诱变毒性、发育毒性、神经毒性、免疫毒性等多种毒性，是一类具有全身多脏器毒性的环境污染物。毒理学研究中可观察到的毒性具体包括：抑制免疫系统，影响线粒体代谢，损伤肝细胞、生殖细胞受损，降低繁殖与生育能力，影响胎儿晚期发育、基因表达，干扰酶活性，破坏细胞膜结构，改变甲状腺功能等[85]。

到目前为止，在全世界范围内调查的地下水、地表水和海水，甚至人迹罕至的北极地区的生态环境样品、野生动物和人体内都已经检测到全氟类化合物的存在。研究表明，生物体内以及人体内均广泛存在着以 PFOA 为主的 PFC 污染。研究人员在北太平洋地区、地中海地区、南美地区及北欧地区的多种不同鸟类体内都检测到了不同程度的 PFC 污染。

33.5.2 前处理技术

对于全氟辛酸样品，前处理是检测的关键环节，目前 PFOA 的前处理方法主要有以下几种。

1. 固相萃取（SPE）

利用固体吸附剂将液体样品中的目标化合物吸附，与样品的基体和干扰化合物分离，再用洗脱液洗脱或加热解吸附，达到分离和富集目标化合物的目的。Michael 和 Kim 研究对比了 2 种 SPE 柱对水和组织样品中多种全氟类化合物的回收情况，最终选用 WAX 柱对样品萃取液进行净化，并采用液-质联用法分析检测了多种实际样品，加标回收率为 80%～120%，方法检出限为 2～32pg/g[86]。

2. 液-液萃取（LLE）

LLE 技术利用样品中不同组分在 2 种不相溶溶剂中溶解度或分配系数的不同来达到分离、提取或纯化的目的，常用于样品中被测物质与基质的分离。在样品中加入四丁基硫氰酸铵（TBAHS）和碳酸氢钠缓冲液进行振荡混合后，加入 MTBE 进行萃取，收集上层甲基叔丁基醚（MTBE）相。萃取液用高纯氮吹干后，加入甲醇进行定容，再用高效液相色谱-质谱（HPLC-MS）进行定量分析[87]。

由于 LLE 技术消耗的溶剂量大，且易发生乳化，萃取效率降低。因此，通常结合其他萃取方法（超声萃取、微波萃取、SPE 等）对样品进行多次萃取以提高效率。

3. 超声萃取（USE）

利用超声波辐射压强产生的强烈空化效应、扰动效应与高加速度、击碎和搅拌作用等多级效应增加物质分子的运动频率和速度，增加溶剂的穿透力，从而加速目标成分进入溶剂，促进提取。

USE 法简单、快速，可以避免 LLE 繁琐的操作步骤和大量的溶剂消耗，也可以避免 SPE 中小粒径物质造成的填料孔堵塞。但 USE 对复杂样品的萃取特别是生物样品是否有效仍需进一步研究。此外，对于基体复杂的样品还需利用其他手段对提取液进行净化处理。

35.5.3 检测方法

1. 气相检测方法

由于 PFC 自身是非挥发性的，因此要通过衍生方法使 PFC 转变成 PFC 甲基酯才可以进行 GC/MS 检测，步骤繁琐，衍生过程会产生有毒物质，且线性范围窄，不适于含量范围较大的污水中 PFC 检测，所以气相方法在一定程度上受到限制。Martin 在 2002 年最早使用气相色谱-化学离子质谱（GC/CI-MS）分析法检测空气中的全氟类化合物，检出限达 0.2～20pg[88]。

2. 液相检测方法

由于全氟类化合物本身既无紫外活性也无荧光活性，因此单独采用液相色谱法难以达到精确定量检测的目的，必须在经过一定预处理的基础上与一些特定的检测器联用。常用的技术手段包括液相色谱-电导检测器（LC-CD）、液相色谱-紫外检测器（LC-UVD）、液相色谱-荧光检测器（LCFID）法等。2004 年 Hisao 等首次在文献中报道采用高效液相色谱法测定各种环境中全氟类化合物的含量，采用高效液相色谱与电导检测器（HPLC-CD）联用技术可使检出限达到 0.12～0.66mg/L[89]。该技术的局限性在于不能采用梯度洗脱，只适用于基底简单的物质。程小艳建立了一个新的分析 PFOA 的 HPLC-UVD 方法。由于 PFOA 本身没有紫外吸收，需要在 PFOA 分子上接一个强的紫外吸收基团。PFOA 的分子结构中含有羧基，可采用羧酸常用紫外衍生剂，对溴代苯甲酰甲基溴、萘酰甲基溴和 ω-溴苯乙酮等，衍生化后检测。其中 ω-溴苯乙酮具有摩尔吸收系数大、衍生效率高、衍生试剂廉价易得的优点，研究考察它对 PFOA 离子对缔合物的衍生效果，PFOA 以离子对缔合物的形式被萃取富集后，能与衍生剂 ω-溴苯乙酮发生反应，生成具有较强紫外吸收的物质，最后用紫外检测器分析检测，外标法定量测定[90]。

目前国内研究者多采用单级质谱进行以 PFOS、PFOA 为代表的全氟类化合物的分析。与串联质谱法相比，其缺点是选择性较差，基质复杂时容易出现干扰，所以在利用该法进行分析时，必须净化本底，除去杂质干扰，这就增加了样品处理时间、难度及检测成本。串联质谱法是目前文献报道中使用最为广泛的一种 PFOA 检测方法，它可以定量地检测环境基质中的全氟烷酸物质。其优点有：MS/MS 能提供相比单级 MS 更详细的结构信息；分析模式多，背景干扰少，选择性和灵敏度高；对液相色谱（LC）分离的要求较低，能简化复杂基质的前处理工作，在低含量有害物质残留分析中具有显著的优势。其缺点是有时会出现过度检出，而且仪器昂贵，不利于大规模普及。张倩等建立了固相萃取与高效液相色谱/质谱（SPE-HPLC/MS）联用的方法来测定地表水中全氟辛酸（PFOA）及全氟辛烷磺酸（PFOS）的含量，水样中全氟辛酸和全氟辛烷磺酸的检出限均为 0.5ng/L[91]。郭睿等采用固相萃取/高效液相/四极杆飞行时间串联质谱检测活性污泥中的全氟辛烷磺酸（PFOS）及全氟辛酸（PFOA），并利用该方法分析了我国 4 个城市和地区活性污泥中的 PFOS 和 PFOA 污染情况[92]。四级杆飞行时间串联质谱分辨率高和准确度高，可将共流出物及基质干扰减至最小，确保目标样品在飞行过程中完成准确质量测定，从而消除基体杂质干扰所造成的假阳性结果，是分析复杂环境样品中全氟类化合物的重要工具。但 Q-TOF 相对四级杆串联质谱法来说存在一定的局限性，如灵敏度稍低，线性范围小，因此目前还没有广泛运用到日常的监测中。

33.6　有机锡检测

33.6.1　简介

有机锡化合物是一类典型的雄激素样内分泌干扰物，曾被广泛用于制作工业稳定剂、防腐防污剂、农业杀虫杀菌剂等。但是随着有机锡化合物用途的日益广泛，其造成的环境污染日益严重。有机锡化合物会危害人体健康，特别是对人体的肝、肾及生化过程和酶系统存在潜在的破坏，对儿童尤甚。为了遏制有机锡化合物的污染，欧盟、美国、加拿大、瑞典等发达国家政府纷纷颁布法令法规，限制有机锡化合物的使用。因此，研究建立简便、快速、灵敏的有机锡化合物分析方法并将其应用于分析环境、工农业产品及食品等样品，对于有机锡化合物的监测具有十分重要的现实意义。

1. 理化性质

有机锡化合物是一族至少含有一个碳—锡（C—Sn）键的化合物，通式为 R_mSnX_{4-m}（m=1～4，R 为烷基或芳香基；X 为阴离子，如氯、氧化物、羟化物或其他一些功能基团），分为烷基锡化合物和芳香基锡化合物两类。其基本结构有一取代体、二取代体、三取代体和四取代体。锡产量中 10%～20%用于合成有机锡化合物。有机锡多为固体或油状液体，具有腐败青草气味。常温下易挥发。不溶或难溶于水，易溶于有机溶剂。部分此类化合物可被漂白粉或高锰酸钾分解成无机锡。

2. 毒性危害

有机锡化合物对海洋生物和哺乳动物等生物体具有较大危害。研究显示，三丁基锡化合物对真菌、革兰氏阳性菌和鱼类的毒性较强。有机锡化合物可以导致大量的海洋物种在生理和形态上产生变异，从而影响其生存。三丁基锡化合物会影响贝类及浮游生物的生殖，高浓度的三丁基锡会干扰鱼的正常生殖行为，低浓度的三丁基锡即可使牡蛎的死亡率升高、形态发生畸变，并引起腹足纲软体动物的性变异。

有机锡化合物同样会对人体健康造成危害。由于有机锡化合物的种类繁多，毒性影响因生物靶向器官的不同而存在差异。研究显示，有机锡化合物对人体产生的毒性作用包括：一取代有机锡化合物主要对皮肤产生比较强烈的毒性作用，二取代有机锡化合物主要对人体的肝胆产生毒害，而三取代有机锡化合物则主要对人的神经系统产生危害。有机锡化合物主要通过皮肤、消化道和呼吸道进入人体，引起人体中毒，例如，Kannan 等在人体的血液、肝和尿液中分别检测到了有机锡化合物的存在[93]。

研究人员通过研究发现，有机锡化合物的毒性主要与以下两个因素有关：①有机锡化合物烷基链的长度。一般长链的烷基会减少有机锡化合物的毒性，取代基是环己基、正烷基或苯基时，其毒性最大。②有机锡化合物与蛋白质结合的能力。有机锡化合物亲脂性较强，容易渗入到组织和神经系统中，易与蛋白质键合，对细胞膜有较高的亲和性。在有机锡化合物中，三取代有机锡化合物的生物毒性最大，而二取代和一取代有机锡化合物的毒性相对较小。四取代有机锡化合物可在外界条件下转化为低取代形式有机锡化合物，其毒性具有后续效应[94]。

33.6.2 前处理技术

目前，关于分析研究有机锡化合物的报道越来越多，文献中采用各种前处理技术，结合高灵敏的分析手段，构建了一系列分析有机锡化合物的新技术。对于有机锡化合物的测定，样品前处理是关键环节，主要包括萃取、衍生、浓缩和净化等步骤。前处理过程需要特别谨慎，避免操作过程中待测物的损失。所建立方法的可行性可以通过加标回收试验来验证。用于评估回收效果的方法包括添加标准物质、同位素稀释法、使用多种加标物质和替代品等。这些方法均可对由样品误处理、样品不完全萃取、衍生过程非完全转化及挥发损失等所导致的目标物损失进行校正。

1. 提取方法

在提取过程中，目标物从样品中转移，通常是从复杂的样品基质中转移至均匀且简单的介质中，即将目标化合物选择性地与基质（水、土壤、海底沉积物、生物组织或液体等）分离。不同基质中有机锡化合物的提取方法不同，常用的提取方式有液-液萃取、微波辅助提取和超声波提取及超临界流体萃取等。在某些情况下，需要加入络合试剂（如环庚三烯酚酮）进行辅助萃取。

液体样品中有机锡化合物的提取常采用两种方式：①先衍生后萃取或衍生萃取同时进行，即有机锡化合物经有机硼烷试剂和氢化物衍生后，通过液-液萃取、固相萃取或固相微萃取等对衍生物进行萃取；②先萃取后衍生，即在酸性条件或者非酸性条件下，使用单一或者混合的非极性溶剂（如甲苯和二氯甲烷等）对有机锡化合物进行液-液萃取，然后萃取液进行衍生化反应。对于固体样品中有机锡化合物，常用的提取方式包括索氏提取、机械振动、声波降解、超声波提取、微波辅助提取和加压液相萃取。对于沉积物中有机锡化合物，常用酸（盐酸和乙酸）或者酸与极性溶剂（甲醇）混合液进行浸提[95]。

提取过程中提取溶剂的选择对目标化合物提取效果的影响较大。提取溶剂的选择主要考虑以下两个方面：溶剂在基质中对不同种类有机锡化合物的萃取能力和溶剂在分离衍生阶段是否会形成干扰。对于 50%以上生物和非生物样品中有机锡化合物的萃取分析测定，通常选择在酸性条件下，采用低极性到中等极性的混合有机溶剂并加一定的酸（如乙酸和盐酸等）对目标物进行提取[96]。但是，酸度较高时，可能导致有机锡化合物的分解，这在苯基锡化合物的分析测定中更为明显。通过添加络合试剂可提高无机锡和烷基链短有机锡化合物的回收率。常用的络合试剂有环庚三烯酚酮和氨基甲酸盐、二乙基二硫代氨基甲酸钠及吡咯烷二硫代氨基甲酸铵。

2. 净化方法

大多数样品的基质复杂，这些杂质可能会对有机锡化合物的定性和定量分析造成影响。由于有机锡化合物对共存的杂质较敏感，因此，对有机锡化合物的提取液进行净化显得尤为重要。净化步骤主要指除去样品基质中的脂质、脂肪、蛋白质、含硫化合物及高沸点化合物等。常用的净化方法包括过滤、滤膜净化和固相萃取等。当用液相色谱对水样进行分析时，常采取简单的过滤净化方式除去水中的悬浮杂质，以避免色谱柱堵塞而导致柱压过高。

对于基质复杂的样品，在有效萃取和衍生后，常采用短柱（填充柱或固相萃取小柱）进行净化。在净化过程中，应用较多的吸附剂有 *N*-丙基乙二胺、硅胶、氧化铝、弗罗里硅土及两种吸附剂结合使用。弗罗里硅土适用于脂质含量高的生物样品。但通常在使用之前，这些吸附剂需要经加热活化来去除从水和空气中吸附的化合物[97]。由于吸附剂具有大的比表面积、能够进行特异性吸附等，因此常用于食品等复杂样品的净化。样品的净化过程不仅要达到净化的目的，还要确保目标分析物可定量回收。因此，在选择合适吸附剂的同时，也要对洗脱溶液的种类和用量进行优化，且洗脱液用量的确定应以吸附剂的用量为根据，以能充分洗脱分析物的最小体积用量为标准。常用的洗脱液有多种类型，可以是单一溶剂、多种溶剂或混合溶剂等多种体系，如正己烷、正己烷-乙酸乙酯、正己烷-乙醚、0.02mol/L 盐酸-甲醇-二氯甲烷等。Magi 等研究证明，用弗罗里硅土固相萃取小柱净化生物样品，可以提高有机锡化合物色谱峰的信号强度，尤其是可以降低基线和未知峰形干扰，从而提高检测方法的灵敏度[98]。

对衍生前的样品进行净化的研究也有报道。Yang 等使用 C18 固相萃取柱对海产品进行净化，同时测定了海产品中一丁基锡、二丁基锡和三丁基锡，获得了满意的结果。由于未衍生的有机锡化合物与吸附剂存在强烈吸附作用，需要使用极性溶剂回收目标分析物，使用环庚三烯酚酮-正己烷作为洗脱液可以提高此方法中有机锡化合物的回收率[99]。

33.6.3 检测方法

1. 气相色谱与质谱联用检测方法

以气相色谱技术为基础的有机锡化合物检测受有机锡高沸点的限制，不能直接进行 GC 分离，必须进行衍生化反应生成沸点较低的衍生物后才能测定，当前主要的有机锡衍生化反应可分为 3 种：利用硼氢化钠进行氢化衍生化反应，利用格氏试剂（RMgX）进行衍生化反应，利用四乙基硼酸钠进行衍生化反应。

Bancon 等采用气相色谱-火焰光度检测器（GC-FPD）研究了生物体内有机锡，由于 FPD 的性能、灵敏度、色谱峰形等受燃烧器流量影响很大，因此条件优化对于有机锡检出限的提高非常重要，锡在富氢火焰中于 360～490nm 及 600～640nm 有强发射，检测波长选择 610nm 可获得良好的检测灵敏度，检出限达 10^{-12}g，通过设定脉冲火焰光度检测器（PFPD）特征发射门槛时间、发射延迟时间及采用不联系火焰工作模式可极大提高检测器选择性、灵敏度[100]，丁基锡与苯基锡灵敏度可提高为 FPD 检测器的 30 倍。Tea 等通过优化 PFPD 条件（发射延迟时间 3ms，发射门槛时间 2ms，以三丙基锡为内标），得到三丁基锡（TBT）、三丙基锡（TPT）最低检出限为 8ng[101]。此外，提高样品萃取、衍生效率同样可提高有机锡检出限，如采用顶空固相微萃取-气相色谱-火焰光度检测器（SPEM-GC-FPD）法检测动物体内 TBT 含量，检出限可达 0.80ng；采用戊基溴化镁格氏试剂衍生化，对水产品中 8 种有机锡采用 GC-PFPD 方法检测，对于贝类、鱼类样品检出限分别可达到 0.1～0.6ng、0.1～0.5ng。Afsoon 等采用扩散液-液微萃取（DLLME）法结合 GC-FPD 检测有机锡化合物，检出限提高至 0.2～1ng/L[102]。在使用 FPD 法检测沉积物中有机锡时，GC-FPD 选择性检测器对有机锡化合物的高选择性、低检出限（可达 pg 级）易受环境样品中共萃取物（如沉积物中的硫和有机硫化合物）干扰，其对检测器有很强影响会导致检出限过高，并且当注入 FPD 的有机锡含量大于 100ng 时检测器会发生“中毒”现象。对此 Andrzej 等采用液压萃取（PLE）技术，在水相中以 $NaBEt_4$ 衍生化的同时以异辛烷萃取，萃取液采用 GC-FPD 检测，实现了对沉积物中除单丁基锡（MBT）外的有机锡进行选择性分离检测[103]。

气相色谱-原子吸收光谱联用技术是通过测量锡原子蒸气中基态锡原子对特征谱线的吸收，从而对其进行定量分析。该方法灵敏度较高，采用火焰原子吸收法可检测 ng/mL 级别有机锡，采用无焰原子吸收光谱法可测得 pg/mL 级别有机锡。原子吸收谱线分析方法相对比较简单，分析选择性好，准确度高，但受溶剂吸收峰的影响，氘灯无法扣除背景，这对样品的分离、测定有一定的影响。目前气相色谱-电热原子吸收（GC-ETAAS）联用在有机锡检测领域应用较为广泛。例如，研究表明，在优化改进分离与测定条件的基础上，可实现甲基锡、丁基锡等 7 种有机锡化合物的在线分离，在水体系中检出限可达 0.01g/L[104]。

气相色谱-原子发射光谱检测器（GC-AES）联用检测技术是对受激原子的外层电子从较高能级回迁至较低能级时所释放的光谱进行检测，通过原子发射光谱谱线波长对元素进行定性分析，根据谱线强弱对元素浓度进行定量分析。对于有机锡形态分析，以电感耦合等离子体（ICP）或直流等离子体（DCP）为激发源的 AES 法灵敏度高于各种火焰法的灵敏度，GC-ICP-MS 检出限可达 10^{-12}g 以下，如 Alzieu 等利用 GC-ICP-MS 测定海水中 MBT、DBT、TBT，分析时间为 14min，检出限为 0.1μg/L[105]。此外，采用常压微波等离子体发射光谱作为检测器与气相色谱联用（GC-MIP-AES），其有机锡检出限为 0.10～6.00pg，如 Natalia 等利用 GC-MIP-AES 对海水中有机锡化合物进行检测，得到 TBT 检出限为 11ng/L[106]。Ryszard 等利用 GC-MIP-AES 测定水样、水体底泥中有机锡化合物，检出限达 0.05pg[107]。Chau 等利用 GC-MIP-AES 测定生物体中有机锡化合物，检出限为 6pg[108]。Dirkx 等采用 GC-MIP-AES 测定比利时安特卫普港湾海水中有机锡化合物，并比较了 GC-AES 与 GC-AAS 测定有机锡化合物的灵敏度，结果表明 AES 灵敏度为 0.1～0.5pg，比 AAS 灵敏度高约 2 个数量级[109]。

气相色谱-质谱（GC-MS）联用技术也是检测有机锡常用的方法，有机锡在 MS 中电离形式有电子电离（EI）、化学电离（CI）两种，相对而言 EI 方式更为常用，检出限可达 pg 级别。胡志国采用四乙基硼酸钠衍生化，用 GC-MS 法测定了纺织品中的有机锡含量，选用 Elite-5MS 毛细柱（30m×0.25um×0.32mm），在程序升温条件下（初始柱温 60℃，以 4℃/min 升温至 190℃再以 12℃/min 升温至 270℃）对衍生化样液进行检测，质谱扫描范围为 45～400amu，采用全扫描，选择离子监测模式，结果表明可以对 TPT、DBT、TBT 及 DHT 等目标化合物有效分离、检测，TBT、DBT 回收率范围分别为 87.07%～121.95%及 109.60%～123.23%，检出限分别是 TBT 为 0.02mg/kg，DBT 为 0.025mg/kg[110]。通过样品预处理、分离技术，GC-MS 的有机锡检出限可进一步提高，如 Chou 和 Lee 采用顶空固相微萃取-气质（HS-SPME-GC-MS）联用对海港地区表层海水的有机锡检测，检出限达到 ng/L 级别[111]。高俊敏采用 SPME-$NaBEt_4$ 衍生化，用 GC-MS 测定水体样品中有机锡，发现顶空萃取法有利于丁基锡、三丙基锡、一苯基锡的痕量检测，而浸入萃取法对二苯基锡、三苯基锡有较高灵敏度，检出限均达 0.1ng/L[112]。相比而言，顶空萃取法不直接接触样品，避免了基体干扰，提高了选择性、分析速度，适应于任何样品基质，浸入萃取法只对样品中靶化合物进行萃取，仅适用于气体、液体样品。例如，沈海涛等同样采用 $NaBEt_4$ 衍生化，用 GC-MS 测定水产品中三丙基锡、TBT 和 TPT，该方法检出限在 0.33～0.97ng[113]。Serra 和 Nogueira 采用改进后的自动化在线氢化-程序控温汽化-气相色谱-质谱（PTV-GC-MS）联用技术对 DBT、TBT 进行检测，检出限分别达 0.12ng/L 和 9ng/L[114]。

2. 液相色谱与质谱联用检测方法

高效液相色谱检测有机锡类化合物不受样品沸点限制，适用范围广泛，并通过与 MS、ICP-AES、FAAS 等检测器联用实现了对有机锡化合物快速、高通量、低检出限的检测，其中常用的分离有机锡的液相色谱有离子交换色谱、离子对色谱、反/正相色谱、胶束色谱等。有机锡化合物的存在形态多为离子形态，其中尤以氯化物居多，因而可采用强离子交换色谱进行检测，流动相采用甲醇/水混合液，并加入缓冲溶液调制酸度，加入协同配体等流动相修饰剂改善峰形、缩短保留时间。例如，Jewett 等采用强离子交换柱、乙酸铵缓冲液、Partisil-10-SCX 柱、甲醇/水（70/30）流动相、GF-AAS 检测器对三苯基锡、三丁基锡、三甲基锡、三乙基锡进行分离检测，检出限达 5～30ng[115]。Les 则对 TBT 进行了研究，采用 FAAS 检测器，样品检出限为 200ng[116]。

经液相色谱分离后，有机锡化合物常采用 ICP-AES、ICP-MS、FAAS、GFAAS 等联用检测器检测，如利用有机锡卤化物较易形成氢化物的性质，HPLC-ICP-AES 在线测定有机锡常采用在线氢化衍生化法，相较气相色谱而言，ICP-MS 检测技术能够更好地与 HPLC 流动相流速（0.1～1mL/min）相匹配，因而成为有机锡形态分析检测的有效方法。ICP 雾化器兼作气-液分离器，达到了提高雾化效率、去溶剂化、改善峰形的目的。例如，Paola 等利用氢化衍生 DCP 技术，结合离子对色谱，对一甲基锡、二甲基锡、三甲基锡进行了在线、实时全分析[117]，在混合接口输入 KOH-$NaBH_4$ 与洗脱液混合液进入雾化器，经喷雾后在 DCP 中燃烧检测，对于有机锡类化合物检出限达到 ng 级。Kumar 等利用反相 HPLC-ICP-MS 测定了生物样品中 TMT、TBT、TPT，最低检出限达 1.5pg[118]。Dauchy 等利用 HPLC-ICP-MS 对水样中有机锡的含量进行了研究，通过选择不同毛细管，改变雾化器、进样器条件提高检测、雾化效率，以微型 LC 填充柱、直接进样雾化系统降低溶剂、死体积的影响，对于丁基锡、甲基锡等各形态有机锡化合物检出限均达 pg 级别[119]。在 HPLC-FAAS 检测有机锡化合物的研究中，Burns 等利用 HPLC-HG-AAS 分离、测定了甲基锡和乙基锡。通过改变脉冲自动进样器及其氢化和离子化条件，各有机锡化合物检出限达 pg 级，同时通过改变空气平衡速度及空气与氢气火焰比，实现在线实时检测三丁基锡，检出限达 0.5μg/mL[120]。

3. 毛细管电泳检测方法

毛细管电泳（CE）又称高效毛细管电泳（HPCE），是一类以毛细管为分离通道、以高压直流电场为驱动力的新型液相分离技术，具有进样量少、分析速度快、自动化程度高等优点，现已广泛应用于食品及环境样品中污染物的分析。Yang 等采用 CE-ICP-MS 技术对水生生物中三甲基锡（TMT）、三苯基锡（TPhT）、三丁基锡（TBT）、三丙基锡（TPrT）和三乙基锡（TET）等有机锡进行超痕量分析。该方法采用微波辅助萃取技术，在几分钟内即可完成水生生物中痕量有机锡的提取，无须衍生化和浓缩，且方法灵敏度高，检出限为 0.2～0.7ng（Sn）/mL，回收率在 93%～104%，相对标准偏差（RSD）小于 5%[121]。

33.7　多环芳烃检测

33.7.1　简介

多环芳烃（polycyclic aromatic hydrocarbon，PAH）为一种在自然界广泛存在的物质，它主要是由 2 个或 2 个以上苯环以稠环或非稠环形式相连形成的性质稳定的化合物，具有致癌、致畸及致突变等危害性。

PAH 是目前自然界中发现最早且数量最多的致癌物，目前发现的 100 多种 PAH 中，虽然某些多环芳烃母体本身并不具有致癌性，但当这些母体与—NO、—OH、—NH 等发生作用时，其所衍生化成的 PAH 衍生物便具有非常强烈的致癌作用。同时研究表明，PAH 的致癌特性会随着苯环数的增加而明显增强。

1. 理化性质

多环芳烃大部分是无色或淡黄色的结晶，少数为深色，熔点及沸点较高，蒸气压很小，大多不溶于水，易溶于苯类芳香性溶剂中，微溶于其他有机溶剂中，辛醇-水分配系数比较高。多环芳烃大多具有大的共轭体系，因此其溶液具有一定荧光。一般情况下，随多环芳烃分子质量的增加，其熔沸点升高，蒸气压减小。多环芳烃的颜色、荧光性和溶解性主要与多环芳烃的共轭体系与苯环的排列方式有关。随 p 电子数的增多和 p 电子离域性的增强，多环芳烃颜色加深、荧光性增强，紫外吸收光谱中的最大吸收波长也明显红移。而对于直线状的多环芳烃，苯环数增多，辛醇-水分配系数增加。但是对于苯环数相同的多环芳烃，苯环结构越“团簇”，其辛醇-水分配系数越大。

多环芳烃化学性质稳定。当它们参加反应时，趋向保留它们的共轭体系，因而一般多通过亲电取代反应形成衍生物并代谢为最终致癌物的活泼形式。虽然其基本单元是苯环，但化学性质与苯并不完全相似。

2. 毒性危害

PAH 广泛存在如空气、水、土壤中等。雾霾的大量有害物质中，含量最多的就是 PAH。因此，雾霾严重时可导致牲畜死亡，人类患上呼吸道疾病。绿色植被中的 PAH 主要来源于受污染的土壤、灌溉水和空气，PAH 会导致植被生长缓慢，威胁人类的粮食安全。水中的 PAH 主要来源于生活垃圾倾倒和工业废水向河流中倾倒排放等。土壤中的 PAH 主要来源于垃圾的堆放，有机化合物的不完全燃烧，油类污染等，油田周边地区的土壤 PAH 污染尤为严重。地表水中 PAH 的主要来源包括生活废水、工业废水、农业用药、石油化工企业废弃物排放、被废弃物污染的河流、被污染土壤的淋溶、水上船运排放的废弃物及石油泄漏和沉积物的二次释放等[122]。我国石油开采地区的周边水域中 PAH 主要来自石油开采和运输过程中复合 PAH 污染。

33.7.2 前处理技术

多环芳烃在环境样品中残留浓度一般很低，并且性质稳定，但由于环境样品基质复杂，其中存在着多种干扰物质，因此环境样品的预处理技术要求较高，在这一过程中既要消除复杂环境基质中的干扰物质，也要保证待测组分的有效提取，以达到提高检测灵敏度、降低检出限的目的。

传统的多环芳烃残留分析前处理技术是由 EPA 推荐的液-液萃取（liquid-liquid extraction，LLE）技术[123]，但是这种技术溶剂消耗量较大，在操作过程中易对人体造成危害且易对环境产生二次污染，因此在样品前处理过程中逐渐被取代。对于经典的索氏提取，虽然其仍被作为标准方法使用，并具有保证待测物在提取过程中有较高回收率的优点，但由于耗时长，操作繁琐，溶剂用量大等缺陷也逐渐被具有快速、高效、节能、易于自动化操作优点的新兴前处理技术所代替。近些年来用于环境介质中多环芳烃样品前处理的技术主要有固相萃取及微波辅助萃取等方法。

固相萃取（SPE）技术是 20 世纪 70 年代开发并发展起来的一种集净化、富集于一体的样品前处理技术，被广泛应用于水体及大气等介质中有机污染物的残留分析，该技术主要是基于液相色谱的分离原理，通过选择性吸附与选择性洗脱作用来达到使样品中待测组分与基质干扰物分离的效果。Martinez 等比较了 8 种不同的固相萃取吸附剂对水体中 PAH 的萃取效果，结果表明选用 C18 作为吸附剂，分别用乙酸乙酯、甲醇、甲醇+水处理后，再用乙酸乙酯洗脱 5 次，使得 PAH 得到了最高的回收率，同时检出限达 0.3～15ng/L[124]。

微波辅助萃取（MAE）是在微波加热的条件下来加速溶剂对样品中目标物的提取，使其以初始形式被萃取出来的技术，其特点是高效、环境友好、节省溶剂，特别适用于对大量样品的快速处理。李核等以正己烷/二氯甲烷混合溶剂为萃取剂，使用微波辅助萃取-气相色谱-质谱联用测定大气可吸入颗粒物中痕量 PAH [125]，结果表明使用 110W 的微波功率对气体颗粒物萃取 4min 就能得到很好的回收率。

33.7.3 检测方法

1. 气相色谱检测方法

针对 PAH 沸程较宽的性质，可利用 GC 的程序升温较快地使各组分在最优化的温度下洗脱，从而使不同的组分得到分离。例如，邹辉等采用 ASE 提取、硅胶柱净化、气相色谱法测定土壤中 16 种 PAH，方法的回收率在 58%～106%[126]。罗世霞等应用固相微萃取联合气相色谱法，分析测定了饮用水源中 16 种多环芳烃，加标回收率为 82.65%～115.35%，相对标准偏差小于 16.36%[127]。刘菲和刘永刚以 USEPA 及国家标准为基础研究了地下水中 16 种 PAH 的 SPE-GC 分析检测方法，该方法检出限可以达 4～10mg/L，加标回收率达 71.5%～99.7%[128]。

另外，还可以利用 GC 的高分离能力和质谱的高灵敏度、高鉴别能力来对 PAH 进行测定。在 EPA 规定的优先控制的 16 种 PAH 中，其中多种物质化学性质相近并且沸点较高，因此单纯采用气相色谱来对其分析存在一定的困难，同时采用毛细管柱对性质相近的同分异构体分离及对各组分定量也存在着一定的困难。因此，越来越多的研究人员采用 GC-MS 方法对环境介质中的 PAH 进行分析研究。例如，Keith 利用快速气相色谱升温的模式，在 10min 内完成了气相色谱-质谱-质谱联用的测定[129]。同时，朱丽波等运用 ASE 提取、GPC 净化、GC-MS-MS 多反应监测（MRM）方式测定了土壤中的 16 种 PAH，该方法的最低检出限达 55～585mg/kg，回收率为 72.1%～101.4%[130]。

2. *液相色谱检测方法*

液相色谱分离和检测多环芳烃主要采用 C18 或 C8 等反相液相色谱柱，多以水、乙腈、甲醇等溶剂为流动相，检测器主要为紫外（UV）、二极管阵列（DAD）、荧光（FLR）、示差折光检测器（RID）等类型。由于 HPLC 在分析过程中不需要对样品进行汽化，因此多用于不挥发或半挥发及热稳定性差物质的分析。从 20 世纪 70 年代以来，HPLC 被广泛应用于大气颗粒物、水体、土壤及沉积物等环境样品中 PAH 的分析与分离。Sabrina 和 Lanfranco 的研究表明，由于正相液相色谱柱对低环 PAH 的分离效率较低，因此推荐使用 C18 反相柱作为 PAH 进行液相色谱分析的色谱柱[131]。

目前 ISO 已将 HPLC 推荐为土壤质量-多环芳烃分析的标准方法，我国国标也推荐将 HPLC 作为水体中 6 种 PAH 的检测方法。饶竹等采用高效液相色谱-紫外-荧光检测器串联的方式测定了土壤中 16 种多环芳烃，实现了 15 种 PAH 的荧光高灵敏度检测，同时在优化的分析条件下，紫外与荧光检测器的检出限分别为 0.4～30μg/L、0.015～0.8μg/L，实际加标回收率为 76.4%～111%[132]。

3. *光谱检测方法*

国内应用最多的是荧光光谱法结合化学计量学的分析方法。杨丽丽等通过三维荧光光谱技术和平行因子分析法相结合，提出了识别和检测一种石油类污染物的方法，验证了在未知干扰存在的情况下仍然能够对混合样品各成分进行准确识别和浓度测量，并得到满意的回收率[133]。傅平青等采用三维荧光光谱法对溶解有机质进行了光谱特征分析[134]。崔香和罗友鲜用荧光分光光度法测定水中包含多环芳烃在内的有机污染物的含量，为环境样品中痕量物质的分析提供测定方法[135]。刘宝林等分析得出第二松花江流域上游水域的 PAH 含量最高，其值基本与长江河口相近[136]。刘庚等为准确界定污染场地土壤中 PAH 在三维条件下的污染分布范围和受污染土方量，选择焦化厂污染场地中的苯并芘为研究对象，对比研究 4 种 3 维插值方法对污染范围界定不确定性的影响。结果表明，不同方法结果差异较大，选择合理的插值模型对预测污染范围非常重要[137]。

参 考 文 献

[1] Yang J J，Metcalfe C D. Fate of synthetic musks in a domestic waste water treatment plant and in an agricultural field amended with biosolids. Science of the Total Environment，2006，363（1-3）：149-165.

[2] Masamichi F，Seiichi N，Akira T. Synthesis of tritium labeled musk xylene，[3H] 5-tert-butyl-2,4,6-trinitro-m-xylene. Journal of Labelled Compounds & Radiopharmaceuticals，1991，29（11）：1207-1216.

[3] 李金玉，崔山，马保民. 二甲苯麝香项目环境风险分析与防范措施实例. 上海化工，2016，1：17-20.

[4] China Food and Drug Administration. Safety and Technical Standards for Cosmetics. Beijing（北京），2015.

[5] Council Directive of 27 July 1976 on the Approximation of the Laws of the Member States Relating to Cosmetic Products（76/768/EEC）.

[6] 阎俊秀，李琼，崔俭杰，等. 二甲苯麝香和酮麝香的分析方法进展. 上海应用技术学院学报（自然科学版），2011，11

（2）：103-107.
[7] 耿永琴，陈建华，黄海涛，等. 振荡萃取 GC-MS 测定烟用添加剂中高关注物质二甲苯麝香. 光谱实验室，2012，29（4）：2514-2518.
[8] 马强，白桦，王超，等. 固相萃取-同位素稀释-气相色谱-串联质谱法测定化妆品中二甲苯麝香. 分析化学，2009,37（12）：1776-1780.
[9] Roosens L，Covaci A，Neels H. Concentrations of synthetic musk compounds in personal care and sanitation products and human exposure profiles through dermal application. Chemosphere，2007，69（10）：1540-1547.
[10] Mohammad M，Sascha U，O'Donnell J G，et al. Gas chromatography-mass spectrometry screening methods for select UV filters，synthetic musks，alkylphenols，an antimicrobial agent，and an insect repellent in fish. Journal of Chromatography A，2009，1216（5）：815-823.
[11] Mitjans D，Ventura F. Determination of fragrances at ng/L levels using CLSA and GC/MS detection. Water Science and Technology，2005，52（10-11）：145-150.
[12] Mar L，Carmen G，Carmen S，et al. Determination of musk compounds in sewage treatment plant sludge samples by solid-phase micro-extraction. Journal of Chromatography A，2003，999（1-2）：185-193.
[13] 杨润. GC/MS 法测定化妆品中三种人造麝香的方法. 中国卫生检验杂志，2003，13（4）：456-457.
[14] 丁立平，蔡春平，林永辉，等. 多重吸附同步净化-气相色谱-质谱联用法测定水产品中痕量的二甲苯麝香和酮麝香. 色谱，2014，32（3）：309-313.
[15] Berset J D. Analysis of nitromusk compounds and their amino metabolites in liquid sewage sludges using NMR and mass spectrometry. Analytical Chemistry，2000，72（9）：2124-2131.
[16] Roland K，Robert G，Sissel P，et al. Gas chromatographic determination of synthetic musk compounds in Norwegian air samples. Journal of Chromatography A，1999，846（1-2）：295-306.
[17] Angerer J，Kafferlein H U. Gas chromatographic method using electron-capture detection for the determination of musk xylene in human blood samples. Journal of Chromatography B，1997，693（1）：71-78.
[18] Polo M，Garcia-Jares C，Llompart M，et al. Optimization of a sensitive method for the determination of nitro musk fragrances in waters by solid-phase microextraction and gas chromatography with micro electron capture detection using factorial experimental design. Analytical and Bioanalytical Chemistry，2007，388（8）：1789-1798.
[19] Struppe C，Schäfer B，Engewald W. Nitro musks in cosmetic products-determination by headspace solid-phase microextraction and gas chromatography with atomic-emission detection. Chromatographia，1997，45（1）：138-144.
[20] Tolgyessy P，Nagyova S，Sladkovicova M. Determination of short chain chlorinated paraffins in water by stir bar sorptive extraction-thermal desorption-gas chromatography-triple quadrupole tandem mass spectrometry. Journal of Chromatography A，2017，4：77-80.
[21] Yumak A，Boubaker K，Petkova P. Molecular structure stability of short-chain chlorinated paraffins（SCCPs）：evidence from lattice compatibility and Simha-Somcynsky theories. Journal of Molecular Structure，2015，10：255-260.
[22] 白利. 欧盟 REACH 法规对阻燃剂行业的影响及最新进展. 中国阻燃，2010，3：2-4.
[23] Coelhan M. Determination of short-chain polychlorinated paraffins in fish samples by short-column GC/ECNI-MS. Analytical Chemistry，1999，71：4498-4505.
[24] Tomy G T，Stern G A，Muir D C G，et al. Quantifying C10-C13 polychloroalkanes in environmental samples by high-resolution gas chromatography electron capture negative ion high-resolution mass spectrometry. Analytical Chemistry，1997，69：2762-2771.
[25] Marvin C H，Painter S，Tomy G T，et al. Spatial and temporal trends in short-chain chlorinated paraffins in Lake Ontario sediments. Environmental Science & Technology，2003，37：4561-4568.
[26] Parera J，Santos F J，Galceran M T. Microwave-assisted extraction versus Soxhlet extraction for the analysis of short-chain chlorinated alkanes in sediments. Journal of Chromatography A，2004，1046：19-26.
[27] Korytára P，Parerac J，Leonardsa P E G，et al. Characterization of polychlorinated n-alkanes using comprehensive two-dimensional gas chromatography-electron-capture negative ionisation time-of-flight mass spectrometry. Journal of Chromatography A，2005，1086（1-2）：71-82.
[28] 出入境检验检疫行业标准. SN/T 2570—2010 皮革中短链氯化石蜡残留量检测方法气相色谱法. 北京：中国标准出版社，2010.
[29] In-Ock K，Wolfgang R，Wolfram H，et al. Analysis of chlorinated paraffins in cutting fluids and sealing materials by carbon skeleton reaction gas chromatography. Chemosphere，2002，47（2）：219-227.
[30] 张海军，高媛，马新东，等. 短链氯化石蜡（SCCPs）的分析方法、环境行为及毒性效应研究进展. 中国科学：化学，2013，43（3）：255-264.
[31] Zencak Z，Oehme M. Chloride-enhanced atmospheric pressure chemical ionization mass spectrometry of polychlorinated n-alkanes. Rapid Communications in Mass Spectrometry，2004，18：2235-2240.
[32] Froescheis O，Ballschmiter K. Electron capture negative ion（ECNI）mass spectrometry of complex mixtures of chlorinated

decanes and dodecanes: an approach to ECNI mass spectra of chlorinated paraffins in technical mixtures. Fresenius' Journal of Analytical Chemistry, 1998, 361 (8): 784-790.

[33] Reth M, Oehme M. Limitations of low resolution mass spectrometry in the electron capture negative ionization mode for the analysis of short- and medium-chain chlorinated paraffins. Analytical and Bioanalytical Chemistry, 2004, 378: 1741-1747.

[34] Castells P, Santos F J, Galceran M T. Solid-phase extraction versus solid-phase microextraction for the determination of chlorinated paraffins in water using gas chromatography-negative chemical ionisation mass spectrometry. Journal of Chromatography A, 2004, 1025: 157-162.

[35] Nicholls C R, Allchin C R, Law R J. Levels of short and medium chain length polychlorinated n-alkanes in environmental samples from selected industrial areas in England and Wales. Environmental Pollution, 2001, 114 (3): 415-430.

[36] Zdenek Z, Margot R, Michael O. Determination of total polychlorinated n-alkane concentration in biota by electron ionization-MS/MS. Analytical Chemistry, 2004, 76 (7): 1957-1962.

[37] 袁博，王亚韡，傅建捷，等. 氯化石蜡分析方法的研究及土壤样品中氯化石蜡的测定. 科学通报，2010，55 (19): 1879-1885.

[38] Moore S, Vromet L, Rondeau B. Comparison of metastable atom bombardment and electron capture negative ionization for the analysis of polychloroalkanes. Chemosphere, 2004, 54: 453-459.

[39] Mehmet C. Determination of short-chain polychlorinated paraffins in fish samples by short-column GC/ECNI-MS. Analytical Chemistry, 1999, 71 (20): 4498-4505.

[40] Tomy G T, Westmore J B, Stern G A, et al. Interlaboratory study on quantitative methods of analysis of C10-C13 polychloro-n-alkanes. Analytical Chemistry, 1999, 71: 446-451.

[41] Reth M, Oehme M. Limitations of low resolution mass spectrometry in the electron capture negative ionization mode for the analysis of short- and medium-chain chlorinated paraffins. Analytical and Bioanalytical Chemistry, 2004, 378 (7): 1741-1747.

[42] Zeng L, Wang T, Han W, et al. Spatial and vertical distribution of short chain chlorinated paraffins in soils from wastewater irrigated farmlands. Environmental Science & Technology, 2011, 45: 2100-2106.

[43] 杨文韬，匡武，郑西强. 邻苯二甲酸酯类化合物在环境中的污染现状及生态风险研究进展. 环境保护与循环经济，2020，2: 34-40.

[44] 崔银，李明，杜道林. 邻苯二甲酸酯类化合物免疫检测技术研究进展. 江苏农业科学，2020，4: 33-40.

[45] 王志鹏，陈蕾. 邻苯二甲酸酯去除技术研究进展. 应用化工，2020，2: 426-429.

[46] 梁中秀. 邻苯二甲酸酯检测技术的研究进展. 广东化工，2019，2: 132-133.

[47] 王桂萍，曹春艳，梁存珍. 固相萃取与 GC-MS 联用测定地下水中的邻苯二甲酸酯. 光谱实验室，2013，30 (5): 2267-2270.

[48] 李敏霞，吴京洪，曾玮，等. 液相微萃取-气相色谱法测定水样中邻苯二甲酸酯. 分析化学，2006，34 (8): 1172-1174.

[49] 马燕玲，陈令新，丁养军，等. 超声辅助分散液液微萃取-高效液相色谱测定水样中的 4 种邻苯二甲酸酯类增塑剂. 色谱，2013，32 (2): 155-161.

[50] 林小葵，徐灼均，李玉萍. 超声辅助乳化液液微萃取-高效液相色谱法测定水中邻苯二甲酸酯. 中国卫生检验杂志，2012，22 (7): 1558-1559，1562.

[51] 刘振岭，肖春华，吴采樱，等. 固相微萃取气相色谱法测定水相中邻苯二甲酸二酯. 色谱，2000，18 (6): 568-570.

[52] 杨左军，王成云，张伟亚，等. PVC 塑料中邻苯二甲酸酯类增塑剂在体液中的迁移行为研究. 聚氯乙烯，2006，2: 25-32.

[53] 盛建伟，祝建华，张卉，等. 气相色谱-串联质谱法同时测定食品中 18 种邻苯二甲酸酯. 分析科学学报，2012，28 (6): 855-858.

[54] 黄永辉. 凝胶渗透色谱-气相色谱/质谱法同时测定食用油中 22 种邻苯二甲酸酯. 分析科学学报，2012，28 (2): 217-221.

[55] 张春雨，王辉，张晓辉，等. 凝胶渗透色谱净化-高效液相色谱法测定油脂食品中的邻苯二甲酸酯类增塑剂. 色谱，2011，29 (12): 1236-1239.

[56] 王连珠，王瑞龙，刘溢娜，等. 分散固相萃取-气相色谱-质谱法测定罐头食品中 6 种邻苯二甲酸酯. 检验检疫科学，2008，18 (5): 13-17.

[57] 李婷，汤智，洪武兴. 分散固相萃取-气相色谱-质谱法测定含油脂食品中 17 种邻苯二甲酸酯. 分析化学，2012，40 (3): 391-396.

[58] 张渝，张新申，杨坪，等. 分散式固相萃取净化-气相色谱-质谱联用测定土壤中的邻苯二甲酸酯. 分析化学，2009，37 (10): 1535-1538.

[59] 施雅梅，徐敦明，周昱，等. QuEChERS/高效液相色谱测定食品中 17 种邻苯二甲酸酯. 分析测试学报，2011，30 (12): 1372-1376.

[60] 彭俏容，于淑新，赵连海，等. QuEChERS-HPLC 快速测定白酒中 13 种邻苯二甲酸酯. 酿酒科技，2014，1: 89-92.

[61] 梁婧，庄婉娥，魏丹琦，等. 气相色谱-质谱法同时测定化妆品中 19 种邻苯二甲酸酯. 色谱，2012，30 (3): 273-279.

[62] 邵栋梁. GC-MS 法测定白酒中邻苯二甲酸酯残留量. 化学分析计量，2010，19 (6): 33-35.

[63] 贝峰，左一鸣，王超，等. GCMS 法测定番茄中的邻苯二甲酸酯类化合物. 食品研究与开发，2013，34 (23): 101-103.

[64] 王淑惠，刘印平，王丽. 气相色谱串接质谱快速检测植物油中邻苯二甲酸酯. 应用化工，2013，42 (2): 376-378.

[65] 黄思静，汪义杰，许振成. 固相萃取-气相色谱串联质谱法测定饮用水中的多环芳烃和邻苯二甲酸酯. 分析科学学报，

2012，28（6）：762-766.
[66] 李红，田福林，任雪冬，等. 气相色谱-串联质谱法测定土壤中的邻苯二甲酸酯. 色谱，2011，29（6）：563-566.
[67] 高雪，孟冰冰，刘永. SPE-GC/MS 测定辣椒油中 14 种邻苯二甲酸酯. 中国调味品，2014，39（2）：106-109，114.
[68] 孙文闪，田富饶，杨兰花. 高效液相色谱-二极管阵列检测器法测定化妆品中邻苯二甲酸酯. 化学分析计量，2012，21（3）：56-59.
[69] 徐向华，方晓明，丁卓平，等. 高效液相色谱测定牛奶中邻苯二甲酸酯的方法研究. 化学通报，2008，6：420-424.
[70] 王美丽，陈海婷，张会娜，等. 高效液相色谱测定肉制食品中五种邻苯二甲酸酯. 分析实验室，2009，28（6）：49-52.
[71] 黄素华，何日安，田霆. 正己烷液液萃取-超高压液相色谱法测定邻苯二甲酸酯. 广西科学院学报，2012，28（4）：253-255.
[72] 郑和辉，李洁，吴大南，等. 超高效液相色谱法检测化妆品中邻苯二甲酸酯. 分析试验室，2008，27（7）：75-77.
[73] 祝伟霞，杨冀州，袁萍，等. 大气压化学电离-液相色谱串联质谱法测定油基食品中的 18 种邻苯二甲酸酯类化合物. 现代食品科技，2012，28（1）：115-118.
[74] 刘超，李来生，王上文，等. 液相色谱-电喷雾质谱联用法测定饮料中的邻苯二甲酸酯. 色谱，2007，25（5）：766-767.
[75] 黄珂，赵东豪，黎智广，等. 高效液相色谱-串联质谱法测定水中邻苯二甲酸酯. 海洋环境科学. 2011，30（4）：590-593.
[76] 邹宇，刘亚威，张亚杰，等. 超高效液相色谱-飞行时间质谱法测定邻苯二甲酸酯类物质. 中国药品标准，2012，13（6）：458-461.
[77] 张小涛，侯宏卫，刘彤，等. 高效液相色谱-串联质谱法同时测定烟用香精香料中 16 种邻苯二甲酸酯类化合物. 分析科学学报，2013，29（6）：806-810.
[78] 史礼貌，王雷，李欣. 超高压液相色谱-串联质谱测定地表水中邻苯二甲酸酯. 新疆环境保护，2013，35（4）：40-43.
[79] 李杰，王虎. UPLC-MS/MS 法测定酒中邻苯二甲酸酯. 实验室研究与探索，2013，32（10）：266-269.
[80] 俞雄飞，林振兴，莫卫民. 傅里叶变换红外光谱法对聚氯乙烯及邻苯二甲酸酯类增塑剂的快速鉴定. 理化检验（化学分册），2007，43（11）：970-972.
[81] 陈惠，贾蕊，贾丽，等. 胶束电动毛细管色谱测定塑料食品包装袋中邻苯二甲酸酯类化合物的研究. 分析科学学报，2007，23（1）：21-24.
[82] Guo B Y，Wen B，Shan X Q，et al. Separation and determination of phthalates by micellar electrokinetic chromatography. Journal of Chromatography A，2005，1095（1-2）：189-192.
[83] 陈鑫，刘杰. 全氟辛酸污染及检测方法的研究进展. 环境科学与技术，2019，5：125-134.
[84] 周茜，刘征辉. 全氟辛酸免疫毒性研究进展. 环境与职业医学，2019，3：266-271.
[85] 柯晓静，王亚旭. 全氟辛酸对小鼠的急性毒性以及遗传和免疫毒性的研究. 河北农业大学学报，2019，4：63.
[86] Michael S Y，Kim V T. OASIS WAX 固相提取吸附剂用于水及组织中 PFOS 和相关化合物的 UPLC/MS 定量分析. 环境化学，2007，26（1）：119-121.
[87] 曹培，付寒鸣，黄宏，等. 不同职业人群血清 PFOS 和 PFOA 负荷水平检测. 中国公共卫生，2010，26（8）：1015-1016.
[88] Martin J W. Collection of airborne fluorinated organics and analysis by gas chromatography/chemical ionization mass spectrometry. Analytical Chemistry，2002，74（3）：584-590.
[89] Hisao H，Etsuko H，Nobuyoshi Y，et al. High-performance liquid chromatography with conductimetric detection of perfluorocarboxylic acids and perfluorosulfonates. Chemosphere，2004，57（4）：273-282.
[90] 程小艳. 全氟辛酸测定方法及其水环境行为研究. 成都：四川大学硕士学位论文，2006.
[91] 张倩，张超杰，周琪，等. SPE/HPLC/MS 联用法测定地表水中的 PFOA 及 PFOS 含量. 四川环境，2006，25（4）：10-12.
[92] 郭睿，蔡亚岐，江桂斌. 高效液相/四极杆-飞行时间串联质谱法分析活性污泥中的全氟辛烷磺酸及全氟辛酸. 化学进展，2006，18（6）：808-815.
[93] Kannan K，Senthilkumar K，Giesy J P. Occurrence of butyltin compounds in human blood. Environmental Science & Technology，1999，33：1776-1779.
[94] 程丽华. 高效液相色谱-串联质谱法测定食品中不同形态的有机锡化合物的研究. 南昌：南昌大学硕士学位论文，2013.
[95] Matamoros V，Diana C，Carmen D. Analytical procedures for the determination of emerging organic contaminants in plant material：a review. Analytica Chimica Acta，2012，2：4-22.
[96] Flores M，Bravo M，Pinochet H，et al. Tartaric acid extraction of organotin compounds from sediment samples. Microchemical Journal，2011，98：129-134.
[97] Takeuchi M，Mizuishi K，Hobo T. Determination of organotin compounds in environmental samples. Analytical Sciences，2000，16：349-359.
[98] Magi E，Liscio C，Di Carro M. Multivariate optimization approach for the analysis of butyltin compounds in mussel tissues by gas chromatography-mass spectrometry. Journal of Chromatography A，2008，1210：99-107.
[99] Yang R Q，Zhou Q F，Liu J Y，et al. Butyltins compounds in molluscs from Chinese Bohai coastal waters. Food Chemistry，2006，97（4）：637-643.
[100] Bancon M，Lespes G，Potin G M. Improved routine speciation of organotin compounds in environmental samples by pulsed flame photometric detection. Journal of Chromatography A，2000，896（1-2）：149-158.

[101] Tea Z，Gaetane L，Radmila M，et al. Comprehensive study of the parameters influencing the detection of organotin compounds by a pulsed flame photometric detector in sewage sludge. Journal of Chromatography A，2008，1188（2）：281-285.
[102] Afsoon P B，Araz B，Fatemeh R，et al. Speciation of butyl and phenyltin compounds using dispersive liquid-liquid microextraction and gas chromatography-flame photometric detection. Journal of Chromatography A，2008，1193（1-2）：19-25.
[103] Andrzej W，Barbara R，Jerzy B，et al. Optimisation of pressurised liquid extraction for elimination of sulphur interferences during determination of organotin compounds in sulphur-rich sediments by gas chromatography with flame photometric detection. Chemosphere，2007，68（1）：1-9.
[104] 蔡琪，陈春曌. 基于被动采样技术的水体中有机锡污染筛查取证研究. 生态毒理学报，2019，2：113-121.
[105] Alzieu C，Michel P，Tolosa I，et al. Organotin compounds in the mediterranean：a continuing cause for concern. Marine Environmental Research，1991，32（1-4）：261-270.
[106] Natalia C，Pilar V，Rosa P，et al. Solid-phase microextraction followed by gas chromatography for the speciation of organotin compounds in honey and wine samples：a comparison of atomic emission and mass spectrometry detectors. Journal of Food Composition and Analysis，2012，25（1）：66-73.
[107] Ryszard L，Wilfried M R，Michiel C，et al. Optimization of comprehensive speciation of organotin compounds in environmental samples by capillary gas chromatography helium microwave-induced plasma emission spectrometry. Analytical Chemistry，1992，64（2）：159-165.
[108] Chau Y K，Zhang S，Maguire R J. Determination of butyltin species in sewage and sludge by gas chromatography-atomic absorption spectrometry. Analyst，1992，117（7）：1161-1164.
[109] Dirkx W M R，Calle M B D L，Ceulemans M，et al. Speciation of butyltin compounds in sediments using gas chromatography interfaced with quartz furnace atomic absorption spectrometry. Journal of Chromatography A，1994，683（1）：51-58.
[110] 胡志国. 气相色谱-质谱法测定纺织品中的有机锡. 质谱学报，2005，26（1）：59-61.
[111] Chou C C，Lee M R. Determination of organotin compounds in water by headspace solid phase microextraction with gas chromatography-mass spectrometry. Journal of Chromatography A，2005，1064（1）：1-8.
[112] 高俊敏. 有机锡分析方法的建立及其在中国部分水环境中的暴露水平和风险评价. 重庆：重庆大学博士学位论文，2004.
[113] 沈海涛，马冰洁，高筱萍，等. 气相色谱-质谱法测定水产品中的有机锡. 中国卫生检验杂志，2008，18（1）：69-70.
[114] Serra H，Nogueira J M F. Organotin speciation in environmental matrices by automated on-line hydride generation-programmed temperature vaporization-capillary gas chromatography-mass spectrometry detection. Journal of Chromatography A，2005，1094（1-2）：130-137.
[115] Jewett K L，Brinckman F E. Speciation of trace Di- and triorganotins in water by ion-exchange HPLC-GFAA. Journal of Chromatographic Science，1981，19（11）：583-593.
[116] Les E，Steve J H，Cristina R. Organotin compounds in solid waste：a review of their properties and determination using high-performance liquid chromatography. TrAC Trends in Analytical Chemistry，1998，17（5）：277-288.
[117] Paola R，Laura Z，Roberto F，et al. Determination of organotin compounds in marine mussel samples by using high-performance liquid chromatography-hydride generation inductively coupled plasma atomic emission spectrometry. Analyst，1995，120，1937-1939.
[118] Kumar U T，Dorsey J G，Caruso J A，et al. Speciation of inorganic and organotin compounds in biological samples by liquid chromatography with inductively coupled plasma mass spectrometric detection. Journal of Chromatography A，1993，654（2）：261-268.
[119] Dauchy X，Cottier R，Batel A，et al. Application of butyltin speciation by HPLC/ICP-MS to marine sediments. Environmental Technology，1994，15（6）：569-576.
[120] Burns D T，Harriott M，Glockling F. The extraction，determination and speciation of tributyltin in seawater. Fresenius' Zeitschrift für Analytische Chemie，1987，327（7）：701-703.
[121] Yang G D，Xu J H，Xu L J，et al. Analysis of ultratrace triorganotin compounds in aquatic organisms by using capillary electrophoresis-inductively coupled plasma mass spectrometry. Talanta，2010，80（5）：1913-1918.
[122] 张翼飞，曲梦杰. 多环芳烃对海洋贝类多生物水平毒性效应的研究进展. 生态毒理学报，2019，1：18-29.
[123] 水和废水监测分析方法编委会. 国家环保局. 水和废水监测分析方法. 3 版. 北京：中国环境科学出版社，1989.
[124] Martinez E，Gros M，Lacorte S，et al. Simplified procedures for the analysis of polycyclic aromatic hydrocarbons in water，sediments and mussels. Journal of Chromatography A，2004，1047（2）：181-188.
[125] 李核，李攻科，陈洪伟，等. 微波辅助萃取-气相色谱-质谱法测定大气可吸入颗粒物中痕量多环芳烃. 分析化学，2002，30（9）：1058-1062.
[126] 邹辉，罗岳平，陈一清，等. 加速溶剂萃取-气相色谱法测定土壤中 16 种多环芳烃. 分析试验室，2008，27（S1）：37-39.

[127] 罗世霞，朱淮武，张笑一. 固相微萃取-气相色谱法联用分析饮用水源水中的 16 种多环芳烃. 农业环境科学学报，2008，27（1）：395-400.
[128] 刘菲，刘永刚. 固相萃取-气相色谱测定地下水中多环芳烃的质量控制研究. 有色矿冶，2004，20（1）：51-55.
[129] Keith W. 沃特世 QUATTRO MICRO GC 对水中多环芳烃（PAHs）的快速 GC/MS/MS 分析. 环境化学，2008，27（2）：278-279.
[130] 朱丽波，徐能斌，傅晓钦，等. ASE$GC/MSMS 多离子反应监测（MRM）测定土壤中的 16 种多环芳烃（PAHs）. 中国环境监测，2008，24（5）：43-47.
[131] Sabrina M，Lanfranco S C. Polycyclic aromatic hydrocarbons in edible fats and oils：occurrence and analytical methods. Journal of Chromatography A，2000，882（1-2）：245-253.
[132] 饶竹，李松，何淼，等. 高效液相色谱-荧光-紫外串联测定土壤中 16 种多环芳烃. 分析化学，2007，35（7）：954-958.
[133] 杨丽丽，王玉田，鲁信琼. 三维荧光光谱结合二阶校正法用于石油类污染物的识别和检测. 中国激光，2013，40（6）：35-38.
[134] 傅平青，刘丛强，吴丰昌，等. 洱海沉积物孔隙水中溶解有机质的三维荧光光谱特征. 第四纪研究，2004，24（6）：695-700.
[135] 崔香，罗友鲜. 三维荧光光谱法分析西宁环境水样有机污染类型. 科技信息，2009，19：32.
[136] 刘宝林，董德明，花修艺，等. 第二松花江流域水体表层沉积物多环芳烃的污染特征与暴露风险评价. 吉林大学学报，2014，52（1）：151-157.
[137] 刘庚，毕如田，王世杰，等. 某焦化场地土壤多环芳烃污染数据的统计特征. 应用生态学报，2013，24（6）：4256-4262.

第四篇

化学品安全与包装

第 34 章　化学品包装概论

化学品有相当一部分具有易燃、易爆、有毒、腐蚀等危险特性，在包装、运输、贮存过程中，若处理不当，极易造成事故，轻则影响生产，造成经济损失，重则造成人员伤亡，严重污染环境。随着化学品产量的增加，使用范围的扩大，化学品由于包装、贮存、运输不当而发生的事故越来越多，危害越来越大。化学品外包装直接影响化学品的安全运输，尤其是具有危险性的化学品，应严格按照危险货物进行包装、运输和管理。而对危险化学品包装进行检验，旨在保证装有化学品的包件能够满足正常运输条件所需安全程度的要求。

34.1　包装基础知识

34.1.1　包装的定义

不同国家和地区对包装有不同的定义，虽然其表达方式不一，但从内涵来讲，包装的定义是大同小异的。

我国国家标准《包装术语基础》（GB/T 4122.1—2008）中给出的包装定义是：包装是为在流通中保护产品，方便运输，促进销售，按一定的技术方法而采用的容器、材料及辅助物等的总称[1]。也指为了达到上述目的在采用容器、材料和辅助物的过程中施加的一定技术方法等操作活动。

美国包装专业技术协会（IoPP）对包装的定义是：符合产品需求，以最佳成本，为便于货物传送、流通、交易、储存与贩卖而实施的统筹整体系统的准备工作。著名包装教育专家 Walter Soroka 教授对包装的定义是：包装最好被描述为在货物的运输、流通、仓储、销售及其使用等方面做好准备的一种协作系统，具有复杂、动态、科学、艺术及争议的商业功能，其最基本的作用是对产品包容、保护/保藏、运输和宣传/销售[2]。

日本工业规格（JIS 101）对包装的定义是：为便于物品输送及保管，并维护商品的价值，保持其状态，而以适当的材料或容器，对物品所实施的技术与状态。

从上述定义可以看出，包装的目的性很强，都是为产品的储运和销售而做的一系列准备工作，是为了达到保护产品、方便运输及促进产品销售的目的。

34.1.2　包装的分类[3]

如今，商品的种类琳琅满目，用途多种多样，性质也千差万别。商品包装是综合了各种技术和艺术手段，包含了不同材料和工艺的集合体。将包装进行科学的分类，对包装的设计、生产、应用和管理均具有重要的意义。

包装分类是按照一定的目的和一定的标准进行的。在科研、生产和管理实践中，一般可以按照以下方法进行分类。

1. 按包装的形态、顺序进行分类

按商品包装的形态和包装物与内装物的装载顺序，可以把包装分为内包装、中包装和外包装。日本则将包装分为内包装、外包装和个体包装；美国则分成原包装、二次包装和三次包装。

内包装是指直接与商品接触的包装，起保护商品的作用，有时也可以称为销售包装。

中包装是将一定数量的内包装或小包装进行集装，在流通过程中主要起方便运输、计量、陈列和销售的作用。

典型的例子是一些饮料的包装，如酸奶，直接接触酸奶的酸奶盒是内包装，若干盒酸奶被包装成一箱或一件，则是中包装。

外包装是以运输、储存为目的的包装，它能容纳一定数量的中包装或内包装。外包装对外观设计要求不高，但要求必须有清晰的产品标志，必要时应该显示运输注意事项。外包装一般称为大包装，有的场合也称为运输包装。

2. 按用途分类

按用途可以将包装分类为内销包装、外销（出口）包装和特殊包装。因为产品包装在国内外的运输条件、储藏条件以及技术要求不同，所以内销包装和外销包装在材料种类、质量等级、包装形式等方面都有所不同。

由于产品的用途是多方面的，还可以将包装分为透明包装、可折叠包装、易开可携带包装、可悬挂式包装、开窗包装和多用途包装等。

3. 按使用次数分类

可分为一次性包装和多次使用包装等。

一次性使用包装：包装内物品数量较少，仅供一次使用，如瓶装矿泉水、瓶装饮料等，一次用量的医疗器械、药品、汤料、调味品的包装等。

多次使用包装：回收后经清洗、消毒等过程，可以再次使用的包装，如玻璃制啤酒瓶、玻璃或瓷质酸奶瓶、桶装矿泉水的水桶等。

4. 按包装技术方法分类

根据包装技术方法可分为充气、无菌、真空、条形、防水、防振、防尘、防爆、防燃、保鲜和速冷速热等包装。例如，充气包装可以防止内装物被挤压变形和破碎，如果控制充入的气体成分和类型，还可以有效防止内装物的霉变，延长保质期，因此，充气包装常用于包装薯片、糕点等含有油脂的易碎、易变形产品；再如，真空包装广泛用于某些食品类产品的包装，主要是通过真空技术手段，排除包装内的氧气，这样一来有利于产品的长期储存。

5. 按运输方式分类

可分为铁路运输包装、公路运输包装、船舶运输包装和航空运输包装四大类。分类主要依据的原则是运输条件下不同的冲击加速度、振动频率和振幅等特征参数。这是进行产品运输包装设计的基本条件之一。

6. 按包装的目的分类

可分为销售包装和运输包装两大类。这两类包装在设计时侧重点不同，销售包装以满足卖场销售的促销效果为主要目的，侧重于产品包装的外观设计，具有保护、美化、宣传产品，促进销售的作用。销售包装有时被称为商业包装。而运输包装则以满足物流过程的安全性为主要目的，侧重于解决产品在运输过程中受到的冲击、撞击、振动防护问题，具有保障产品安全、方便储运装卸、加速交接和点验等作用。运输包装有时被称为工业包装。

7. 按包装材料分类

按产品包装使用的材料，可分为纸质包装、塑料包装、金属包装、玻璃包装、陶瓷包装、木材包装和复合材料包装七大类。其中前 4 种被称为纸、塑、金、玻（陶）四大包装材料。在包装工程学科中，包装材料学、包装结构设计等课程均是以包装材料的分类作为课程的主线。

8. 其他分类方法

根据包装材料的柔软性，可分为软包装、硬包装。软塑、纸包装等多属软包装，玻璃、金属、陶瓷、硬塑、纸箱包装则多属硬包装，如香烟包装。

按使用对象不同，可分为军用包装和民用包装。

按包装容器的结构形态分类，可分为箱、桶、筐、篓、缸、袋、瓶、罐、盒等。

需要说明的是，在日常的生产实践中，“包装”的含义远远超出上述范围。例如，欧盟 2004/12/EC《修正的包装指令》中指出，“包装”是指“一切用于盛装、保护（握持）、运送以及展示货品的消耗性资源”。根据这一定义，包装是指：①包装盒、包装袋、包装箱及直接与商品系在一起的标签等；②具有包装的作用，同时具有其他功能的物品；③现场包装的物品；④包装的组成部分，如装订针等。

34.1.3 包装在国民经济中的地位

包装是涵盖科技、经济、文化、市场和生活等多方面的综合性工业，是社会经济及其持续发展不可缺少的配套产业，是提升工农业产品竞争力、增加产品附加值的重要手段，是反应经济发展水平的晴雨表、观察行业整体水准和社会综合购买力的窗口。我国包装工业已形成一个以纸、塑料、金属、包装印刷和包装机械设备为主要产品的独立、完整、门类齐全的工业体系和以长江三角洲地区、珠江三角洲地区为重点区域的包装产业格局。包装是产品生产的继续，是产品的有机组成部分，产品从生产领域经过流通领域到消费，都要经过不同的包装，包装在国民经济中的作用日益重要。

自我国加入 WTO，包装对现代国际经济交流广泛性和物资流通复杂性的影响显得更为突出，使其在国民经济的发展中居于前所未有的重要地位。一些经济发达国家，已从致力于包装科学研究、推广应用新技术和发展现代包装工业的成果中获得巨大的效益。

包装在国民经济发展中的重要性，主要表现在它是实现商品价值的手段，是使生产、流通和消费紧密联系的桥梁。

1. 包装和生产

生产是形成产品使用价值的基本过程，是满足社会消费需求的前提。包装与生产，特别是与现代工业大生产的密切关系主要表现在以下几个方面。

（1）包装是整体产品的组成部分

传统概念认为，产品是人们为满足生存需要，经过有目的的生产劳动所获得的物质资料。而现代市场学广义的整体产品概念则认为，产品是由产品的核心、产品的形式、产品的延伸三个层次的内容构成的整体形态。其中，产品核心是产品使用价值给消费者提供的物质上和精神上的实际利益。无论产品的传统概念或新的广义概念，作为在市场上进行交换的商品，归根结底是由产品实体和包装实体这两大部分构成的一个多属性组合。因此，也可把商品的物质形式简单看作是产品与包装的组合，即

产品+包装=商品

事实上，消费者购买商品时直接感觉到的实物往往首先是包装。在市场竞销中，如果说产品本身的质量是商品的第一生命，那么，包装的质量则是商品的第二生命。二者位置也有互相颠倒的情况。例如，一些礼品商品、多种同类易购商品之间的竞销等，决定消费者购买的往往是包装的魅力。总之，它们都是决定商品市场命运的根本因素。企业和设计者追求的是二者的最佳结合。因为只有这样，产品的特色在包装的烘托下才显得更加突出；同时，包装依附产品而存在的价值也最为明显。

（2）包装工艺是企业生产系统的组成

现代化大生产进入产品生产工艺和包装工艺紧密相连的时代。在生产高度机械化、系统化的条件下，制造产品的作业必须与包装作业衔接成为一个完整的系统，才能保证生产全过程有节奏地进行。特别是在高速、精密的全自动化生产流水线上，只有达到产包一体化，才能充分发挥先进设备的优势。这就要求包装物的质量、规格符合标准规定，并保证及时准确和连续不断供给。即便是半自动化生产、传统机械生产或手工生产，包装物的充分供给也是使产品及时包装捆扎，完成最后生产过程的必备条件。因此，一般来说，包装工艺往往是生产过程的最后一道工序。此外，包装与农、牧、渔业的生产关系也十分密切。总之，几乎所有的社会产品，都要经过包装以后才能进入流通环节和消费市场。

（3）包装管理是生产企业现代化管理的重要内容

现代生产企业的各项管理，如经营计划管理、生产管理、技术管理、产品质量管理、设备管理、物资管理、劳动人事管理、销售管理、财务管理和经济核算等都直接与包装问题及其科学管理有关。例如，企业制定市场经营战略，必须包括正确的包装策略；要降低产品成本，也必须考虑优化包装设计和包装工艺，对包装费用精打细算，严格控制；要根据企业方向、市场需求和产品特点，选择合适的包装设备和技术，制定相应的规章制度，聘配合格的包装人才等。国内外实践证明，生产企业的管理若偏离了包装的管理，就是不完备的管理。企业家不懂或不重视包装及其科学管理，也就管不好生产企业。

基于包装与生产的密切关系，生产企业必须注意：设计新产品的同时，也要设计包装；规划完善生产系统时，应考虑包装作业系统的衔接；对企业的现代管理，必须包括

对包装的科学管理。

另外，从包装工业本身的生产来看，虽然包装是商品生产的有机组成部分，但它不仅仅是为商品生产部门配套服务的从属事物，包装产品本身的生产就已形成一个独立的工业部门。包装工业的产品也是国内外市场广泛交换的商品，从事包装生产的劳动也在为社会创造价值。

现代包装工业是涉及多门学科、多种技术和行业的新兴工业，是国民经济的重要组成部分。一些包装工业发达的国家，包装工业的年产值已占国民经济总产值的 2%以上，而我国仅占 1%左右。为了适应社会主义现代化建设的需要，国家经济委员会制定了《全国包装工业发展纲要》。

2. 包装与流通

商品流通指商品从生产领域向消费领域的运动。现代流通理论把商品流通过程分解为两种并行的运动加以剖析：一是商品通过市场交换发生的价值形态变化和所有权的转移，称为商流；二是商品从生产地点向消费地点的物理性空间转移，称为物流。后者对商品实体运动形态和范围的界定，就是狭义的物流概念，也正是我们要研究的包装与流通关系的范围。所以，后面提到的“物流”就是指这个含义。

包装与物流的关系十分密切，主要反映在以下几方面。

（1）物流过程是包装发挥其功能作用的主要领域

在物流过程中，包装伴随着内装产品经历收购进货、运输装卸、储存养护、批发配送、零售销货等，在一系列商品流转运动中，包装可以全面发挥其功能作用，而且发挥得越充分，所取得的经济效益和社会效益也就越大。

（2）物流过程比生产过程对包装有更多和更高的要求

在物流过程中，环节的多样性、条件的复杂性和市场竞销的激烈性，使包装自始至终面临着一系列的严峻考验。只有“科学、牢固、美观、经济、适销”的合理包装，其价值和使用价值才能得到社会的承认。尤其在国际市场上，同类商品的竞争往往演变成为产品设计和包装设计的竞争。以包装取胜，已成为很多国家发展对外贸易的重要手段和策略。当然，决定竞争成败的因素有很多，不能绝对肯定一个好的包装就有取胜的十足把握。但可以肯定的是，不良包装必将导致竞争的失败或经济效益的衰减。因此，我国进出口商品检验部门，不仅对出口商品的质量和等级进行法定检验，还要对包装进行法定检验。未获得包装检验合格证书或鉴定证明书的商品不准出口。这是维护国家声誉和市场地位的有效措施与政策。

（3）物流过程的现代化有赖于包装的标准化

在流通系统中，物流条件不合理是造成重大经济损失的原因之一。因此，有些国家正积极推进物流过程的现代化。其内容是利用现代科技成就实行包装标准化、运输集装化、仓储货架化、装卸机械化和检测监控自动化等。日本已制定了在 21 世纪使商品储运等环节走向无人化的规划。但物流过程是一个庞大的体系，它环节很多，纵横相连，环境复杂，涉及面广，要实现物流全过程的现代化，必须实现各物流环节的标准化和各环节之间的协调配合。配合性不好，尽管实现了某些环节的标准化，也难以取得理想的效益。而解决各环节之间配合性问题的关键，在于包装的标准化，进而言之，在于包装的模数化。

3. 包装和消费

国民经济的发展，是再生产的 4 个环节——生产、分配、交换、消费，周而复始螺旋上升的运动。消费既是再生产过程的终端，又是下一个再生产过程的先导，它在国家经济发展运动中起承前启后的作用。在市场经济条件下，国民经济发展的中心问题是如何满足人们日益增长的消费需要。这些需要包括各种生产资料、生活资料、军用资料及它们的包装。也就是说，消费既是产品资料的消费，也是包装资料的消费。

就生产资料而言，除运输包装外，销售包装在人们消费的各个方面是无处不在、无时不在的。同时，随着社会主义的发展和国民人均收入的增加，人们对销售包装的要求也不断变化，越来越高。

总之，包装不但要在自然功能上满足消费者实用的需求，而且要在社会功能上满足人们求新、审美、求名、好胜、自尊、益寿等心理的需求。因此，应针对不同需求层次的消费者的特点，恰当地选择材料，经过创造性构思和准确的设计定位，以令人喜爱的包装去左右消费者的选购决策。

34.1.4 包装与环境

34.1.4.1 包装带来的环境污染问题

自然资源是自然界中天然存在的能为人类利用的一切自然要素。它包括土地资源、矿产原料资源、生物资源、能源资源、水利资源等自然物，但不包括人类加工创造的原材料。它们是人类谋取生活资源的物质来源，是社会生活的自然基础。

自然基础与包装发展的关系极大，是包装工业生产赖以进行的物质基础。自然资源尤其是矿产原料资源和能源资源对包装工业的发展有更大的意义。能源不仅是包装工业的动力源泉，有些能源（石油、天然气、煤炭等）既是化工产品的主要原料，又是生产包装的原料来源；矿产原料资源则是包装工业所需多种金属和非金属原料的主要来源。

包装生产企业运用现代科技成就，使自然资源得到充分利用，不但对保护产品质量、降低成本费用有直接作用，还对防止环境污染和保持生态平衡有着重要作用。由此可见，自然资源状况与包装发展有十分密切的关系。我国是资源大国，有某些得天独厚的优势，如矿产资源和能源资源的品种齐全、储量较为丰富、分布广泛而又相对集中，有不少著称于世的矿产分布区和开发点。这为我国发展包装工业提供了良好的物质基础。但也必须认识到存在的不利因素：在总的资源蕴藏量上，我国与美国、俄罗斯等资源大国相比有较大差距；我国有 14 亿多人口，资源的人均拥有量不高；科学技术水平有待进一步提高，管理水平还较低，在资源的勘探、合理开发和充分利用上受到一定限制。尤其在社会主义现代化建设过程中包装对资源的消耗将会越来越大，所以，我国应该以较快速度发展包装工业，进一步完善我国的包装工业体系。

当然包装与环境污染和生态平衡的密切关系，主要表现在包装工业和包装废弃物对环境的污染。

包装材料工业，如造纸、塑料制造、玻璃制造、金属冶炼和一些辅助材料的加工等工业排放的废气、废水与废渣，含有多种无机物和有机物；未经回收利用的废物所含的有毒化学物质和有毒微生物造成了环境污染，增加了工业公害，加重了生态平衡的破坏。因此，发展包装工业，必须根据国家有关规定，正确处理好环境问题，兼顾经济效益、社会效益与生态效益的统一。

随着市场经济的发展和人民生活水平的不断提高，包装工业提供的商品包装越来越多，包装用后的废弃物也相应增加，是形成垃圾公害的重要原因。垃圾的处理是个棘手的问题，若以掩填法处理，其中的有害化学物质污染土壤和水源；部分塑料物难以分解，一旦被雨水冲刷流入江河湖海，会给一些水生生物带来危害；若以焚烧法处理，一些释放到空气中的有害物质会形成“二次公害”，如形成酸雾、酸雨，危害地面植物和水生植物，影响农作物和水产品的质量，有些有害气体物质通过人的呼吸和皮肤接触，产生致病、致癌的危害。因此，研究无公害包装，意义尤为重要。

包装工业的发展，使包装材料从天然材料、陶瓷等演变成为以纸、塑料、玻璃、金属四大类材料为主体的格局，包装形式也日趋丰富、多样化，凡是商品，件件均有包装。然而伴随着商品的繁荣和包装工业的迅速崛起，包装废弃物也与日俱增。一些包装材料难以回收和处理，或回收管理措施不到位，加上人们保护环境的意识不足，随意丢弃废弃物等，造成了严重的环境污染，尤其是塑料包装废弃物带来的“白色污染”更是有目共睹，令人担忧。

据有关资料，目前世界人均包装材料的消费量为 145kg/年，美国人均包装材料消费量居世界之首，达 250kg/年，日本达 200kg/年。中国人均包装材料消费量为 30kg/年，相当于世界平均水平的 1/5。虽然中国人均包装材料消费量较低，不及一些发达国家，但我国有 14 亿多人口，年包装材料绝对消耗量超 4000 万 t，这其中有许多变成了包装固体废弃物。据统计，在城市生活垃圾中，1/3 来自家庭，2/3 来自商业、食品业和第三产业，废弃物约占总数的 10%，其中质量轻、体积大的塑料包装废弃物很容易成为影响市容景观的塑料垃圾。

纸包装废弃物在适当条件下 7 天内可腐烂，一般情况下，几年内可以分解；而塑料废弃物却能在自然界存在 200～400 年。据美国盖洛普舆论研究所的调查，在破坏环境的垃圾中，塑料占 72%，玻璃占 8%，钢占 5%，铝占 4%，纸占 4%，其他占 1%，不明物占 6%。而目前在国内，塑料废弃物除了少数被回收利用外，大部分被焚烧或掩埋处理，有的则被倒入江河湖海或随意丢弃。因而在众多的废弃物中，塑料废弃物已成为环境保护专家所关注的焦点，引起许多国家的重视。

34.1.4.2　包装废弃物的处理

1. 国内包装废弃物的影响

（1）包装废弃物对城市生态环境的影响

包装废弃物对城市造成的污染在其总污染中占有较大的份额，有关资料统计显示，包装废弃物的排放量约占城市固体废弃物质量的 1/3，体积的 1/2。基于此，实行绿色包装是世界包装整体发展的必然趋势。目前，中国大部分城市的垃圾处理采用露天堆放和于自然沟壑中填埋等简单方法，这种处理垃圾的方法，必然会污染城市生态环境，污染地下水和土地资源。同时，有些城市采用焚烧或堆放的方法，会产生大量的有毒气体，产生二噁英及其他有毒气体，使本已污染严重的城市空气更加污浊。

（2）包装废弃物对人体健康的危害

随着包装工业的日益规模化，一次性塑料包装材料被广泛应用，手提塑料袋、一次性泡沫饭盒等材料一旦被人们随手丢弃之后，就形成了大量难以处理的垃圾。铁路、公路、街头巷尾的“白色污染”十分严重，微风一吹，带有各种病菌的包装纸、塑料等包装废弃物随风飘舞，把各种病菌吹进千家万户，严重危害了人们的身体健康。

（3）食品包装废弃物对经济环境的影响

一种资源用于本项目而放弃其他机会时，所损失的利益可能就是机会成本。大部分食品包装废弃物是可以回收再利用的，但是现实中能回收利用的那一部分都没有得到很好的再利用。

从经济学角度看，可以把包装废弃物看成是人民或商家放弃了废弃物的再利用价值。放弃的这一部分资源，如果再利用，那么不仅能节约资源的开采，而且能促进经济发展增加税收，从而促进国民经济的发展。废弃物得不到合理利用，使经济蒙受了损失，对经济环境造成了负面影响。

包装废弃物大部分是以固体形态存在，这些固体废弃物存放过程中如果不能合理分配，则将会占用大量的空间。食品的包装中不能集中回收再利用的主要是内包装部分，而在内包装所用的材料大多是塑料和纸制品。这些垃圾排放到社会中，将会产生“白色垃圾”，对一个城市、一个地区、一个旅游景点或者一个家庭都会产生负面影响，使得这些个体在整体形象上受到损失，从而影响社会主义文明社会的构建。如果垃圾过多且没有得到治理，也将会对社会文化环境造成影响。

2. 包装废弃物的处理方法

包装废弃物很早就已成为社会问题，因而城市垃圾处理的中心问题之一往往是考虑包装废弃物处理。特别是各类一次性塑料容器，这种废弃物收集时体积庞大，燃烧会引起环境的污染，掩埋却不易腐烂。因此有人提出不要包装，如水果、蔬菜类商品，也有人提出禁止使用发泡聚苯乙烯，有些国家甚至提出使用某类塑料包装的产品不准进口。这里列举几种包装废弃物处理的方法。

（1）回收再利用

从资源循环利用的角度出发，对包装废弃物加以处理。从回收的包装废弃物中提取有用部分加以再利用，以减少资源的浪费。例如，啤酒瓶、牛奶瓶之类，可回收后经洗涤、杀菌加以利用；铁罐、铝罐、碎玻璃等，可回收后经再熔制、再加工加以利用；有的包装废弃物可进行资源转变后加以利用，如进行垃圾焚烧、热分解等转换成热能加以利用，或将垃圾混合堆肥或烧结成其他材料加以利用，或将废旧塑料裂解成燃油加以利用等。

（2）易处理高分子树脂材料的研究

为了解决塑料包装废弃物带来的环境污染问题，人们已从多方面研究其处理技术。塑料包装废弃物和含废旧塑料的垃圾难以处理的原因在于：体积较大；燃烧时发热量高，容易损坏焚烧炉；燃烧时熔融滴落，降低焚烧效率；燃烧时会产生黑烟和有害气体等。针对这些问题，开发易处理树脂可以有两种思路。

1）易焚烧型树脂

研究易焚烧型树脂的目的是将废旧塑料进行无公害焚烧，即在主体树脂（HDPE、LDPE、PP 等）中添加无机填料（如碳酸钙、滑石粉、褐土、氢氧化铝等），以改进它们的焚烧特性。这样，废旧塑料进行焚烧处理时由于发热量低、熔融滴落减少而变得容易处理。然而，随着无机填料充填量的增加，易焚烧型树脂的主要机械性能，如拉伸强度、撕裂强度等均要降低。因此，这种技术目前仅在某些特殊场合使用。

2）易分解型树脂（降解塑料）

易分解型树脂的研究目标是使废弃物长期存放或掩埋在地下时能在自然条件下分解。较为成熟的易分解型树脂包括光降解、生物降解和水溶型树脂。其中，光降解型树脂中加入了一定量的光敏剂，这是一类可以促进或引发聚合物发生光降解反应的物质。紫外光被聚合物链所吸收，从而导致聚合物分子间的共价键断裂和自由基产生，最终引起聚合物破坏、分解。生物降解型树脂包括破坏性生物降解塑料和完全生物降解塑料两类。前者包括淀粉改性（或填充）聚乙烯、聚丙烯、聚氯乙烯、聚苯乙烯等；后者由天然高分子（如淀粉、纤维素、甲壳质）或农副产品经微生物发酵或合成的具有生物降解性的高分子制得，如热塑性淀粉塑料、脂肪族聚酯、聚乳酸、淀粉/聚乙烯醇等，它们都能在自然条件下被微生物分解。

目前，虽然生物降解型树脂产业还面临着不少难题，包括技术尚不成熟、成本偏高等，但各国都投入了巨大的人力物力进行生物降解型树脂新工艺、新配方及其产业化研究。

3. 包装废弃物的治理政策建议

中国国家标准 GB/T 16716.1—2018《包装与环境第一部分：通则》中包装废弃物处理的定义是改变包装废弃物的物理、化学、生物特性，减少已产生的包装废弃物的数量，减小包装废弃物的体积，减少或者消除其有害成分的活动。该标准在技术内容上参考了 ISO 14000《国际环境管理标准体系制度》、德国法令《废弃物处理及管理法》（联邦告示：包装—包装废弃物处理法令）、欧洲经济共同体《包装、包装废弃物的指令》和中国《中华人民共和国固体废物污染环境防治法》[5]。

《中华人民共和国固体废物污染环境防治法》是为防治固体废物污染环境，保障人体健康，维护生态安全，促进经济社会可持续发展而制定的法规。1995 年 10 月 30 日第八届全国人民代表大会常务委员会第十六次会议通过，1995 年 10 月 30 日中华人民共和国主席令第 58 号公布，自 1996 年 4 月 1 日施行。该法律于 2004 年、2013 年和 2015 年进行了 3 次修订。新法实行了生产者责任延伸制度，不仅要求生产者要对生产过程中造成的环境污染负责，还要承担回收利用和处置报废后的产品或者使用过的包装物的责任。针对过度包装，修订后的防治法规定，国务院标准化行政主管部门应当根据国家经济和技术条件、固体废物污染环境防治状况及产品技术要求，组织制定有关标准。根据包装废弃物治理的 3R（减量化 reduce、再利用 reuse、再循环 recycle）原则，中国国家标准 GB/T 16716.1—2018《包装与环境第一部分：通则》和《中华人民共和国固体废弃物污染环境防治法》提出以下建议。

a）包装废弃物的高效处理：主要包括废塑料的热处理油化技术、加工成衍生燃料（RDF）的焚烧能源化利用技术及其他化学处理技术，如制涂料、油漆、黏合剂、轻质建材等，而焚烧和堆肥化处理是最适合中国国情的处理技术。

b）焚烧：塑料的能量值最高，日本及欧洲一些国家主要通过焚烧塑料来发电，比利时等国则通过焚烧塑料提供工业用蒸汽，他们认为焚烧塑料回收热能是塑料废弃物再资源化的一个重要途径，也是治理塑料废弃物最现实的手段。回收的木质废品经过热解制成煤气的主要成分二氧化碳、一氧化碳、甲烷、乙烯、氢气等，是一种不污染环境的优良气态燃料。

c）堆肥化处理：有些包装制品破碎后实在难以分解但又富含有机质，如废纸屑、碎木屑等纤维类物质和可降解塑料废弃物等与其他物质混合后，经微生物发酵进行堆肥化处理可制作有机复合肥。

d）包装废弃物的回收利用：包装废弃物的回收利用受到了世界各国的高度重视，欧美发达国家已形成产业体系。世界各国主要通过制定强制回收法律和建立回收系统对包装废弃物进行回收利用。德国是最重视包装废弃物回收的国家，目前回收率已达 83%。德国在 1991 年便公布了《包装-包装废弃物处理法令》，明确了各级的回收义务，特别是实施了饮料、洗涤剂和涂料瓶征收押金制度。德国环境部于 1991 年 6 月颁布《包装法规》，其为世界上第一个规定由生产者和包装货物的厂商承担包装废弃物的收集分选和处理费用的法规，其中心目标是减少包装废弃物的总量，制定了明确的回收目标。该包装法规实施以来，包装材料的消费减少了 100 万 t，回收的包装材料几乎每年达 50 万 t。

无论从保护环境还是从节约能源的角度出发，我国必须高度重视包装废弃物的回收利用。目前，我国四大类包装的回收状况与国外工业发达国家相比差距还很大。一方面，废纸是重要的再生资源，工业发达国家对其回收十分重视，我国废纸回收还处于粗放阶段。另一方面，工业发达国家对废金属回收冶炼再利用的重视程度高于对矿山的开发，而我国废金属回收冶炼及废金属罐回收的情况还很差。

从国外对包装废弃物的回收处理来看，回收处理包装废弃物需要认真解决三个问题：一是国家立法，强制限制包装废弃物；二是建立专门的废弃物回收处理系统；三是进一步开发回收处理尤其是回收再生技术。建立完善的废弃物回收、处理系统：食品商品最终消费者是社会中的每一个个体，其丢弃的包装废弃物因而也是分散的，这就要求有一个完整的回收系统，把分散的资源重新聚拢在一起才能很好地实现废弃物的循环再利用。在这方面，可以借鉴美国、英国等国家先进的废弃物回收、处理系统。在美国，包装废弃物的回收通过路边回收、零散回收和分散回收系统实现，总的策略是包装材料的减量、回收、再利用和处置。州和地方政府负责包装废弃物的管理，通过建立最大覆盖范围的回收体系实现包装废弃物的减量和再生利用。同时，政府的指导和支持作用以及经济激励措施对减少包装材料的使用，提高包装废弃物的分类回收和再生利用水平非常重要。

总之，包装废弃物是影响生态环境的重要因素。正确认识包装废弃物与环境的关系，有助于我们了解包装废弃物回收利用的重要性和迫切性，有助于我们在处理包装废弃物的问题上跟上欧美发达国家的脚步，为全球环境做出重大贡献，为能源的可持续发展开创道路，坚持包装发展与生态环境和谐发展，把包装污染降到最低，造福全人类。

34.2　化学品包装的作用

化学品是指各种元素组成的化合物及其混合物，包括天然的和人造的。目前全世界已有的化学品多达上千万种，其中已作为商品上市的有 10 万余种，经常使用的有 8 万多种，现在每年全世界新出现化学品也有 1000 多种。

危险化学品包装是指根据危险化学品的特性，按照有关法规、标准专门设计制造的，用于盛装危险化学品的桶罐、瓶、箱、袋等包装物和容器，包括用于汽车、火车、船舶运输危险品的罐槽。为确保货物在储存运输过程中的安全，除危险品包装本身的质量符合安全规定，其流通环节的各种条件正常合理外，最重要的是危险货物必须具有合适的运输包装。包装对于避免危险品不发生危险具有十分重要的作用，同时也便于危险品的保管、储存、运输和装卸。也就是说，没有合理的包装，也就谈不上危险品的保管、储存、运输和装卸，更谈不上危险品的贸易。国际上非常重视危险品包装的安全监管，相关国际规章见表 34-1。

表 34-1　危险货物包装的主要国际规章

名称	颁布机构
《关于危险货物运输的建议书　规章范本》	联合国危险货物运输专家委员会
《国际海运危险货物规则》（IMDG code）	国际海事组织
《空运危险货物运输安全技术规则》	国际民航组织
《国际公路运输危险货物协定》	联合国欧洲经济委员会
《国际铁路运输危险货物规则》	欧洲铁路运输中心局
《国际内河运输危险货物协定》	联合国欧洲经济委员会

由包装的定义可以看出，化学品包装的主要功能有：第一，防止化学品受不利气候或环境影响变质或发生反应，如化学品因接触雨、雪、阳光、潮湿空气和杂质而变质或发生剧烈的化学变化而造成事故；第二，减少物品在储存和运输过程中所受的撞击、摩擦与挤压，使其在包装的保护下处于完整和相对稳定的状态；第三，防止撒漏、挥发及性质相互抵触的物品直接接触而发生事故；第四，便于装卸、搬运和储存保管，从而保证安全储存与运输。

34.3　化学品包装容器的种类

化学品包装从使用角度分为销售包装和运输包装，本节所讲的化学品包装是指危险化学品的运输包装。危险化学品包装通常包括盛装化学品的常规包装容器（最大容量≤450L 且最大净重≤400kg）、中型散装容器、大型容器等，还包括压力容器、喷雾罐和小型气体容器、便携式罐体和多元气体容器。

34.3.1　危险品包装定义

不同国家或地区对于同一种包装可能有不同的叫法，而同一个名词或术语有可能有不同的命名或定义。国际上依据联合国危险货物运输专家委员会制定的《关于危险货物运输的建议书　规章范本》来规范和指导危险货物包装的定义[6]。按照这个规定，危险品包装及相关术语定义如下。

袋：由纸张、塑料薄膜、纺织品、编织材料或其他适当材料制作的柔性容器。

箱：由金属、木材、胶合板、再生木、纤维板、塑料或其他适当材料制作的完整矩形或多角形容器；为了诸如便于搬动或开启，或为了满足分类要求，允许有小的洞口，只要洞口不损害容器在运输时的完整性。

罐体：系指便携式罐体，包括罐式集装箱、公路罐车、铁路罐车或拟盛装固体、液体或气体的贮器，当用来运输第 2 类物质时，容量不小于 450L。

木制琵琶桶：由天然木材制成的容器，其截面为圆形，桶身外凸，由木板条和两个圆盖拼成，用铁圈箍牢。

圆桶（桶）：由金属、纤维板、塑料、胶合板或其他适当材料制成的两端为平面或凸面的圆柱形容器。本定义还包括其他形状的容器，如圆锥形颈容器或提桶形容器。木制琵琶桶或罐不属于此定义范围。

复合容器：由一个外容器和一个内贮器组成的容器，其构造使内贮器和外容器形成一个完整容器。这种容器经装配后，便成为单一的完整装置，整个用于装料、贮存、运输和卸空。

烟雾器或喷雾器：为不可再装填的贮器，用金属、玻璃或塑料制成，装有压缩、液化或加压溶解的气体，同时包含或不包含液体、糊状物或粉状物，带有释放装置，可使内装物变成悬浮于气体中的固体或液体颗粒而喷射出来，喷出物或呈泡沫状、糊状或粉状，或为液体或气体。

气筒：水容量大于 150L 但不大于 3000L 的无接缝可运输压力贮器。

试验压力：为鉴定或重新鉴定进行压力试验时所需施加的压力。

散装货箱：用于运输固体物质的装载系统（包括所有衬里或涂层），其中的固体物质与装载系统直接接触。容器、中型散装货箱（中型散货箱）、大型容器和便携式罐体不包括在内。

散装货箱特点：①具有长久性，也足够坚固，适合多次使用；②专门设计，便于以一种或多种手段运输货物而无须中途装卸；③装有便于装卸的装置；④容量不小于 $1.0m^3$。

散装货箱包括货运集装箱、近海散装货箱、翻斗车、散料箱、交换车体箱、槽型集装箱、滚筒式集装箱、车辆的载货箱等。

气瓶捆包：捆在一起用一根管道互相连接并作为一个单元运输的一组气瓶。总的水容量不得超过 3000L，但拟用于运输 2.3 项气体的捆包的水容量限值是 1000L。

承运人：使用任何运输手段承运危险货物的任何人、机构或政府部门。此术语既包括领取工钱或报酬的承运人（在某些国家称作公共承运人或合同承运人），也包括自行负责的承运人（在某些国家称作个人承运人）。

收货人：有权接收托运货物的任何人、机构或政府部门。

托运货物：发货人提交运输的任何一个包件或多个包件，或一批危险货物。

发货人：将托运货物提交运输的任何人、机构或政府部门。

运输工具：①用于公路或铁路运输的任何车辆；②用于水路运输的任何船舶，或船舶的任何货舱、隔舱或限定的甲板区；③用于空中运输的任何飞机。

临界温度：在该温度以上物质不能以液态存在的温度。

低温贮器：用于装冷冻液化气体的可运输隔热贮器，其水容量不大于 1000L。

气瓶：水容量不超过 150L 的可运输压力贮器。

限定的甲板区：在船舶的露天甲板上，或在滚装船或渡船停放车辆的甲板上指定用于堆放危险货物的那个区域。

装载率：气体质量与装满准备供使用的压力贮器的 15℃水质量之比。

货运集装箱：一件永久性运输设备，因此需足够坚固，适于多次使用；专门设计用来以一种或他种方式便利运输货物，无须中间装卸，设计安全且便于操作，装有用于上述目的的装置，并根据修订的 1972 年《国际集装箱安全公约》得到批准。“货运集装箱”一词既不包括车辆，也不包括容器，仅包括在底盘上运载的箱体。

高温物质：指运输或要求运输的物质①处于液态，温度达到或高于 100℃；②处于液态，闪点高于 60℃，并故意加热到高于其闪点的温度；③处于固态，温度达到或高于 240℃。

中型散货集装箱（中型散货箱）：①具有下列容量，装Ⅱ类包装和Ⅲ类包装的固体与液体时不大于 $3.0m^3$（3000L）；Ⅰ类包装的固体装入软性、硬塑料、复合、纤维板和木质中型散货箱时容量不大于 $1.5m^3$；Ⅰ类包装的固体装入金属中型散货箱时容量不大于 $3.0m^3$；装第 7 类放射性物质时容量不大于 $3.0m^3$。②设计用机械方法装卸。③能经受装卸和运输产生的应力，该应力由试验确定。

改制的中型散货箱，是如下情况的金属、硬塑料或复合中型散货箱：①从一种非联合国型号改制为一种联合国型号；②从一种联合国型号转变为另一种联合国型号。

改制的中型散货箱需符合联合国《关于危险货物运输的建议书—规章范本》中同一型号的新中型散货箱的要求。

修理过的中型散货箱，是金属、硬塑料或复合中型散货箱由于撞击或任何其他原因（如腐蚀、脆裂或与设计型号相比强度减小的其他迹象）而被修复到符合设计型号并且能够经受设计型号试验的散货箱。把复合中型散货箱的硬内贮器换成符合原始制造商规格的贮器也算修理。不过，硬质中型散货箱的例行维修（见下文定义）不算修理。硬塑料中型散货箱的箱体和复合中型散货箱的内贮器是不可修理的。柔性中型散货箱是不可修理的，除非得到主管当局的批准。

柔性中型散货箱的例行维修：对塑料或纺织品制的柔性中型散货箱进行下述作业。①清洗；②更换非主体部件，如非主体的衬里和封口绳锁，换成符合原制造厂家规格的部件，但上述作业不得有损于柔性中型散货箱的装载功能，或改变设计类型。

刚性中型散货箱的例行维修：对金属、硬塑料或复合中型散货箱例行进行下述作业。①清洗；②符合原始制造商规格的箱体封闭装置（包括连带的垫圈）或辅助设备的除去和重新安装或替换，但需检验中型散货箱的密封性；③将不直接起封装危险货物或阻挡卸货压力作用的结构装置修复到符合设计型号（如矫正箱脚或起吊附件），但中型散货箱的封装作用不得受到影响。

内容器：运输时需用外容器的容器。

内贮器：需要有一个外容器才能起容器作用的贮器。

中间容器：置于内容器或物品和外容器之间的容器。

罐：横截面呈矩形或多角形的金属或塑料容器。

大型容器：由一个内装多个物品或内容器的外容器组成的容器，并且设计用机械方法装卸；超过 400kg 净重或 450L 容量但体积不超过 $3m^3$。

衬里：指另外放入容器（包括大型容器和中型散货箱）但不构成其组成部分，包括其开口的封闭装置的管或袋。

液体：在 50℃时蒸气压不大于 300kPa（3bar）、在 20℃和 101.3kPa 压力下不完全是气态、在 101.3kPa 压力下熔点或起始熔点等于或低于 20℃的危险货物。熔点无法确定的黏性物质应当进行 ASTM D 4359-90 试验，或进行《欧洲国际公路运输危险货物协定》1 附件 A 中 2.3.4 节规定的流动性测定试验（穿透计试验）。

最大容量：贮器或容器的最大内部体积，以 L 表示。

最大净重：一个容器内装物的最大净重，或者是多个内容器及其内装物的最大总质量，以 kg 表示。

多元气体容器：气瓶、气筒和气瓶捆包用一根管道互相连接并且装在一个框架内的多式联运组合。多元气体容器包括运输气体所需的辅助设备和结构装置。

近海散装货箱：专门用来往返近海设施或在其之间运输危险货物并多次使用的散装货箱。近海散装货箱的设计和建造，需符合国际海事组织在文件 MFC/Circ.860 中具体规定的批准公海作业离岸集装箱的准则。

外容器：复合或组合容器的外保护装置，连同容纳和保护内贮器或内容器的吸收材料、衬垫与其他部件。

外包装：指一个发货人为了方便运输过程中的装卸和存放，将一个或多个包件装在一起以形成一个单元所用的包装物。外包装的例子是若干包件以下述方法装在一起：①放置或堆叠在诸如货盘的载重板上，并用捆扎、收缩包装、拉伸包装或其他适当手段紧固；②放在诸如箱子或板条箱的保护性外容器中。

包件：包装作业的完结产品，包括准备供运输的容器和其内装物。

便携式罐体：①用于运输第 1 类和第 3 至第 9 类物质的多式联运罐体。其罐壳装有运输危险物质所需的辅助设备和结构装置；②用于运输非冷冻液化第 2 类气体、容量大于 450L 的多式联运罐体，其罐壳装有运输气体所需的辅助设备和结构装置；③用于运输冷冻液化气体、容量大于 450L 的隔热罐体，装有运输冷冻液化气体所需的辅助设备和结构装置。

便携式罐体在装货和卸货时不需去除结构装置。罐壳外部必须具有稳定部件，并可在满载时吊起。便携式罐体必须主要设计成可吊装到运输车辆或船舶上，并配备便利机械装卸的底垫、固定件或附件。公路罐车、铁路罐车、非金属罐体、气瓶、大型贮器及中型散货箱不属于本定义范围。

压力桶：可运输的焊接压力贮器，水容量大于 150L 但不超过 1000L（如装有滚动环箍、滑动球的圆柱形贮器）。

压力贮器：包括气瓶、气筒、压力桶、封闭低温贮器和气瓶捆包的集合术语。

质量保证：任何组织或机构施行的系统性管制和检查方案，目的是提供充分的可信性以在实践中达到联合国《关于危险货物运输的建议书　规章范本》所规定的安全标准。

贮器：用于装放和容纳物质或物品的封闭器具，包括封口装置。

修整过的容器：①金属桶，把所有以前的内装物、内外腐蚀痕迹及外涂层和标签都清除掉，露出原始建造材料；恢复到原始形状和轮廓，并把凸边矫正封好，把所有外加密封垫换掉；洗净上漆之前经过检查，剔除了肉眼可见的凹痕、材料厚度明显降低、金属疲劳、织线或封闭装置损坏或者有其他明显缺陷的容器。②塑料桶和罐，把所有以前的内装物、外涂层和标签都清除掉，露出原始建造材料；把所有外加密封垫换掉；洗净后经过检查，剔除了可见的磨损、折痕或裂痕、织线或封闭装置损坏或者其他明显缺陷的容器。

回收塑料：从使用过的工业容器中回收的、经洗净后准备用于加工成新容器的材料。用于生产新容器的回收材料的具体性质必须定期查明并记录，作为主管当局承认的质量保证方案的一部分。质量保证方案必须包括正常的预分拣和检验记录，表明每批回收塑料都有与用这种回收材料制造的设计型号一致的正常熔体流率、密度和拉伸屈服强度。必须了解回收塑料来源容器的材料，以及这些容器先前的内装物，先前的内装物是否可能降低用该回收材料制造的新容器的性能。

改制的容器：①金属桶，从一种非联合国型号改制为一种联合国型号；从一种联合国型号转变为另一种联合国型号；更换组成结构部件（如非活动盖）。②塑料桶，从一种联合国型号转变为另一种联合国型号（如 1H1 变成 1H2）；更换组成结构部件。

改制的圆桶：需符合联合国《关于危险货物运输的建议书　规章范本》中同一型号的新圆桶的要求。

再次使用的容器：准备重新装载货物的容器，经过检查后没有发现影响其装载能力和承受性能试验的缺陷；本用语包括重新装载相同的或类似的相容内装物，并且在产品发货人控制的销售网范围内运输的容器。

救助容器：一种特别容器，用于运输回收或准备处理的损坏、有缺陷、渗漏或不符合规定的危险货物包件，或者溢出或漏出的危险货物。

稳定压力：压力贮器中内装物达到热和弥散平衡时的压力。

装运：托运货物从启运地至目的地的特定运输。

防筛漏的容器：可使所装的干物质，包括在运输中产生的细粒固体物质不向外渗漏的容器。

工作压力：压缩气体在参考温度 15℃下装满压力贮器时的稳定压力。

装卸装置：固定在柔性中型散货箱体上或由箱体材料延伸形成的各种吊环、环圈、钩眼或框架。

最大许可总重：中型散货箱及任何辅助设备或结构装置的质量加上最大净重。

防护：金属中型散货箱另外配备的防撞击的防护装置，其形式可能是多层（夹心）或双壁结构或金属网格外罩。

辅助设备：装货和卸货装置，以及某些中型散货箱的降压或排气、安全、加热及隔热装置和测量仪器。

结构装置：除柔性中型散货箱体外的加强、紧固、握柄、防护或稳定构件，包括带塑料内贮器的复合中型散货箱、纤维板和木质中型散货箱的箱底托盘。

编织塑料：柔性中型散货箱体中由适宜的塑料拉长带或单丝制成的材料。

柔性中型散货箱：包括一个由薄膜、纺织品或任何其他软性材料或这些材料混合构成的箱体，必要时加内涂层或衬里，以及适当的辅助设备和装卸装置。

刚性塑料中型散货箱：由一个硬塑料箱体组成，箱体可有结构装置以及适当的辅助设备。

纤维板中型散货箱：包括一个纤维板箱体，带有或不带有分开的顶盖和底盖，必要时有内衬（但没有内容器）、适当的辅助设备和装卸装置。

下面的解释和实例是为了帮助说明本节所定义的一些容器术语。

本节所定义的术语与联合国《关于危险货物运输的建议书　规范章本》中的用法是一致的。不过，一些术语常被作他用，如“内贮器”一词常被用来表示组合容器的“内部”，而“组合容器”的“内部”常称为“内容器”，不称“内贮器”，玻璃瓶可当作“内容器”的实例。“复合容器”的“内部”一般称为“内贮器”。例如，6HA1 复合容器（塑料）的“内部”即为“内贮器”，因为其通常没有“外容器”，就起不到盛装的作用，故不称“内容器”。

34.3.2　危险品包装分类

除第 1、2、7 类，第 5.2 项和第 6.2 项的危险货物外，其他各类危险货物的包装可按货物危险程度划分为三种等级，即：Ⅰ类包装——高度危险性；Ⅱ类包装——中等危险性；Ⅲ类包装——轻度危险性。

各类危险货物危险程度的划分可通过有关危险特性试验来确定。

34.4　化学品包装相关问题

34.4.1　与化学品包装有关的事故

1. “意实”轮火灾事故

2003 年 8 月 3 日 9：50 左右，巴拿马籍集装箱船“意实”轮在深圳港盐田 4 号锚地锚泊，装载在主甲板面左舷中部 BAY 位号为 311482 的集装箱内货物（塑料桶装的液体过氧化甲基乙基酮，属 5.2 类危险货物）起火，并引起周围集装箱内可燃货物燃烧。事故造成 45 个集装箱全损、49 个集装箱内货物全损，同时产生了救助费用，直接经济损失约合 1000 万元，属重大事故。

经调查，火灾的原因是 BAY311482 集装箱内桶装过氧化甲基乙基酮泄漏后发生化学反应而燃烧。

2. 异氰酸苯酯泄漏事件

2004 年 5 月 19 日，由宁波空运至香港的联合国危险货物——编号为 UN2487 的主危险性为剧毒、副危险性为腐蚀性的危险货物异氰酸苯酯，到港卸货时因货物泄漏放出的有毒气体，造成 6 名工作人员受伤入院。

本次事故的直接原因是该批危险货物托运代理未申请危险货物包装容器的使用鉴定，伪造化验单证，将禁止空运的危险货物匿报为非危险货物运输。

3. 锂电池航空运输事故

2006 年 6 月，某航空公司一架飞机在起飞滑行时飞机货仓警报启动，机长启动火灾扑救程序并疏散乘客。调查发现，祸源是锂聚合物电池的包装件。该包装件的货物申报为电器零件，且货物文件中没有电池运输的 UN 测试报告。事故原因分析结果显示，不正确的包装及飞行环境等因素共同引起了电池的外短路。

2009 年 8 月，联邦快递在设备中发现燃烧、冒烟的包装件。该包装件含有 33 个锂离子电池的 GPS 定位装置，其中两个设备过热，最终导致了包装件和衬垫材料的燃烧。事故原因分析结果显示，包装不正确及运输中的机械振动导致该事故。

2010 年 9 月 3 日，一架美国联合包裹服务公司（UPS）的波音 747-400 型货机在迪拜机场起飞后不久坠毁，两名机组人员丧生。据报道，失事的 UPS 货机（从香港起飞，经迪拜飞往德国）搭载了大量的家用电子产品。调查结果显示，货机上的锂电池引发大火，浓烟充斥整个驾驶舱。

锂电池一旦在航空器上燃烧，其燃烧产生的溶解锂会穿透货舱或产生足够压力冲破货舱壁板，使火势蔓延到飞机的其他部分。

4. 砷化氢泄漏事件

1974 年一艘集装箱船穿越大西洋，船员均不知道船上的一个集装箱装有一些砷化氢。由于积载不当，其中一个圆桶发生泄漏，以至于 20 年后那些当年在现场调查事故的船员还不能正常工作。

34.4.2　化学品包装使用存在的问题

化学品包装不仅能够保护产品质量不发生变化、数量完整，而且是防止在储运和运输过程中发生着火、爆炸、中毒、腐蚀和放射性污染等灾害性事故的重要措施之一，是保证安全运输的基础。从多年化学品储存和运输中的事故看出，由包装方面的原因造成的事故占有较大的比例。因此，在化学品的安全监督工作中，必须要高度重视化学品包装的安全管理。

1. 影响化学品包装的因素

包装是产品从生产者传递到使用者之间所采取的一种保护措施，在流通过程中会遇到外界各种因素的影响。所以在设计制作过程中需要充分认识并考虑可能遇到的各种影响因素，以便采取相应的预防措施。通过观察分析，一般认为包装在流通中受以下因素的影响较大。

（1）装卸作业的影响

产品从生产者手中转到使用者手中，要经过多次的装卸和短距离搬运作业。在作业过程中，可能发生从高处跌落、碰撞等，易使包装以至于物品受到外力的冲击，甚至破坏或引起事故。所以，其装卸次数越多，对包装的影响也就越大。例如，在人工装卸搬运时，一般较大的包装多是用肩扛，高度通常在 140cm 左右；而用手搬运时，高度为 70cm 左右。所以不管是用肩扛还是用手搬，跌落时的冲击力都会对包装造成影响。随着现代科学技术的发展，叉车、吊车得到广泛应用，托盘包装、集装箱也广为采用。当吊车吊起或下落时，都有较大的惯性作用于包装上。因此，装卸机械、搬运方式都对包装有着直接的影响。所以包装在设计制作时，要充分考虑装卸机械所产生的外力作用，保证化学品的运输与储存安全。

（2）运输中的影响

化学品的长途运输方式，目前主要有汽车、火车、轮船和飞机 4 种。在使用这些运输工具时，一般包装物品所受到的冲击力没有装卸时大，但因震动而损坏的机会较多。在使用汽车运输的时候，若公路不平，所产生的冲击力和震动力较大；火车运输时，急刹时也会有较大的冲击力；海上船舶运输时，也会产生较大的冲击力、颠簸震动力和冲击力。另外，负荷、温度、湿度等的变化也会对包装产生影响。

（3）储存中的影响

化学品在存储和运输过程中，一般都会形成一定高度的货垛，处于下层的包装会受到较大的负荷；同时存储时间的长短、存储条件的好坏（如潮湿）等也会对包装产生影响。

（4）气象条件的影响

化学品在储存和运输过程中，有可能遇到大风、大雨、冰雪等恶劣天气，如大风会使包装堆垛倒塌而受到冲击，大雨、大雪会使包装受潮、受损、锈蚀以致破损、渗漏等。

2. 包装的基本安全要求

根据化学品的危险特性和储存与运输特点，危险品包装应符合下列基本要求。

包装的材质、种类、封口应与所装物品的性质相符。

（1）材质

危险品的性质不同，对其包装及容器材质的要求也不同。例如，苦味酸与金属能生成苦味酸金属盐类（铜、铅、锌盐类），此类盐的爆炸敏感度比苦味酸更大，所以此类炸药严禁使用金属容器盛装；氢氟酸有强烈的腐蚀性，能腐蚀玻璃，因此不能使用玻璃容器盛装，要用铅桶或耐腐蚀的塑料、橡胶桶装运和储存；铅在空气中能形成氧化物薄膜，对硫化物、浓硝酸和任何浓度的乙酸及一切有机酸类都有抗腐蚀性，所以冰醋酸、醋酐、混合酸、二硫化碳（化学试剂除外），一般都由铅桶盛装；铁桶盛装甲醛应涂有防酸保护层（镀锌）；所有压缩及液化气体，因处于较高的压力状态下，应使用耐压气瓶装运。又如，丙烯酸甲酯对铁有一定的腐蚀性，储运中容易渗漏，且丙烯酸甲酯含铁离子较多会影响产品质量，所以不能用铁桶盛装。

（2）种类

危险品的状态不同，所选用的包装种类也不同。例如，液氨是由氨气压缩而成的，沸点为–33.35℃，而乙胺沸点为 16.6℃，在常温下都必须装入耐压气瓶中；但若将氨气或乙胺溶解于水中，就成了氢氧化铵（氨水）和乙胺水溶液，这时因其状态发生了变化，所以可用铁桶盛装。

（3）封口

危险品的性质不同，对其包装及容器封口的要求不同。一般来说，包装的封口越严密越好。特别是各种气体及易挥发危险品的包装封口就应特别严密。例如，各种钢瓶充装压缩气体和液化气体，当封口不严密而有气体跑出时，不但产生剧毒和易燃气体有中毒和着火的危险，而且由于气瓶内压力很高，气瓶会高速朝放出气体的相反方向移动，可能造成很大的破坏和严重的人身伤害事故；添加稳定剂的危险品（如黄磷、金属钠、金属钾、二硫化碳等），容器必须严密封口，不得有任何溢漏，否则稳定剂溢出将会发生事故；绝大多数易燃液体，不但极易挥发，而且有不同程度的毒性，若容器封口不严，液体溢出，极易造成中毒事故；粉状易燃固体或有毒粉末固体，若封口不严（如桶、瓶、袋），粉末撒出与空气混合遇明火易发生爆炸事故或引起中毒，所以，这些危险品的包装封口必须严密不漏。但是，碳化钙块和铁桶壁碰撞产生火星时，即能引起电石桶内乙炔气的爆炸，所以盛装碳化钙的铁桶，除充氮气外，一般不能密封，而应留有排出（乙炔）气体的小孔；过氧化氢受热后能急剧分解出氧，所以装入塑料容器时，应留有小孔透气，以防容器胀裂；油布、油纸及其制品本身经重压或密不透气时，则很容易积热不散而发生自燃，所以其包装应透气，堆垛也必须分层隔开，不能重压。

总之，包装及容器材质、种类、封口都要根据所盛装危险品的性质来确定，否则会造成事故。

3. 包装及容器要有一定的强度

（1）包装及容器的强度

应能经受储运过程中正常的冲撞、震动、积压和摩擦。

（2）材料的强度

包装材料的强度应根据其应力的大小来确定。应力表示材料本身单位面积能够承受的外力，其单位为 kPa。应力可分为“破坏应力”和“允许应力”。破坏应力（极限强度）表示材料受到外力作用直接破坏时所能产生的最大应力。但通常在使用材料时，安全起见，其强度不能以破坏应力作为计算依据，而应适当地保留材料的储备力量。从破坏应力中减去一定的安全系数所得到的应力称“允许应力”（或称许用应力）。在计算材料强度时，应以允许应力作为标准。

（3）包装的强度

包装的强度虽然与材料的强度有关，但两者并不是一回事。绝不能说，只要材料强度达到了要求，包装也就达到了要求。以木箱为例，木箱包装的强度除跟木材的强度有关外，还和木材的含水率、木箱的形式和结构、增强板条的数量及钉子的长度、数量和钉钉的方法有关。铁桶也是如此，它除了和铁皮的强度有关外，还和两端边缘的结合方式，桶侧接缝的结合方式，滚动箍的形式，桶端上加边的形式等有关。钢瓶的强度除取决于钢材的强度外，主要还和钢瓶的制造工艺有关。所以除要求包装材料应有一定的强度以外，还应要求包装本身有一定的强度。一般来讲，性质比较危险、发生事故以后危害较大的危险品，对其包装强度的要求应提高；同一种危险品，单位包装质量越大，危险性也就越大，因而包装强度要求也越高；对于内包装强度较低或用瓶盛装液体，则外包装强度要求应更高；同一类包装，运输距离越远，途中搬运次数越多，则外包装强度要求也应越高。

（4）包装强度的检验

包装强度的检验，主要根据在储运过程中可能遇到的各种情况做各种不同的试验，以检验包装的结构是否合理，制作是否正确，能否经受储运中遇到的各种情况等。

包装检验内容通常包括：跌落试验（装卸搬运过程中可能发生的跌落）、堆码试验（货物堆垛后可能发生倒塌）、液压试验、气密试验 4 种。这 4 种试验，不是每一类包装都要做，而是根据材质和包装物品的性质做其中的某几种。

由于实际工作中情况很复杂，改进包装时，需要根据实际情况具体分析。例如，有的单位将硝铵炸药的外包装改用合成纤维制作的编织袋，码放时没有挤牢，车辆冲撞或其他震动很容易导致其滑下而发生事故。所以从储存和运输角度考虑，不宜采用此种保护组合。又如以条筐代替木箱作外包装，新条筐的强度可能符合要求，但由于露天储存，风吹、雨淋、日晒等易使筐子腐烂和结构松散，储运中仍然易出事故。再如，有的单位将纸箱的外铁皮用五股刷胶纸绳捆扎，强度不够且无铁扣，储运中纸箱相互摩擦，纸绳易折断，包装易散开，不能保证安全等，这些都是值得注意的问题。

（5）包装应有适当的衬垫

要根据物品的特性和需要，采用适当的材料和正确的方法在物品和包装之间进行衬垫，以防止运输过程中内、外包装之间，包装和包装之间及包装和车辆、装卸机械之间发生冲撞、摩擦、震动，从而避免包装破损。同时，有些衬垫还能防止液体物品挥发和渗漏；当液体泄漏后，还可以起到一定的吸附作用。例如，钢瓶上的胶圈，铁桶的胶皮衬垫，属于防震、防摩擦的外衬垫材料；瓦楞纸、细刨花、草套、塑料套、泡沫塑料、蛭石、弹簧等属于防震的内衬垫材料；硅藻土、陶土、稻草、草套、草垫、无水氯化钙等属于防震和吸附衬垫物。衬垫材料的选用应符合所盛装危险品的性质。例如，硝酸坛的外衬垫就不能用稻草，因为硝酸的氧化力极强，破漏后接触稻草即可自燃；桶装易燃液体不可用易燃材料作为衬垫，以防危险事故的发生。又如，有机乳剂农药在用玻璃瓶盛装时，不能外加塑料袋，因为这种药液腐蚀性强，会使塑料袋软化或穿孔，当瓶子破碎时，也会将塑料袋扎破，药液流出，起不到吸附作用。如加草套、草垫，既能衬垫瓶子起到防震作用，又能起到吸附作用；如用大块煤渣作为溴素瓶的衬垫材料，不但起不到衬垫和吸附作用，反而容易碰破瓶子造成事故；用黄土、黄沙作为酸坛的衬垫和吸附材料，能起到吸附作用，但太重，增加了装卸搬运的难度，有时木箱不牢固，还易造成事故。总之，衬垫材料的选择应符合所装危险品的性质。

（6）包装应能经受一定范围温、湿度变化的影响

1）温度的影响

我国幅员辽阔，同一时间各地气温相差很大，如1月平均最低气温哈尔滨为–25.8℃，而广州为9.2℃；8月平均最高气温昆明为24.5℃，而南京、上海为33.0℃。由于同一时间南北气温相差很大，有些危险品运输距离较远时，也会随温度的变化而发生变化。例如，无水的醋酸在低温时凝固成冰状，俗称冰醋酸，用坛子盛装或储运，但液体的冰醋酸遇冷结冰，凝固使体积膨胀，易将坛子胀裂，再由低温地区运往气温较高地区时，冰醋酸会因熔化（熔点16.71℃）而渗漏。所以运输距离较远，在温差较大的地区运输，用这种包装很不合适。

在同一地区，由于季节的变化温度也会有很大的变化，如北京地区冬季的最低气温为–27.4℃，夏季的最高气温为40.6℃，有些危险品在储存期间也会随温度的变化而发生变化，这就要求包装能适应此种变化。例如，氰化氢、四氧化二氮本身都是液体，但它们的沸点极低，一般在20℃以上即变为气体，所以必须用钢瓶盛装。

2）湿度的影响

湿度的影响和温度一样，在同一时间各地的湿度也相差很大，如8月的平均相对湿度上海为84%，而乌鲁木齐为44%。在同一地区，季节不同，湿度也大不一样。以北京地区为例，4月、5月的相对湿度为50%～60%，而8月的相对湿度为70%～80%。由于湿度的影响，包装的防护措施应按湿度最大的地区和季节考虑。尤其是忌湿危险品的包装，应能经受一定范围湿度变化的影响。

包装的防潮措施一般应从两方面考虑。首先，应采用防潮衬垫，危险品包装防潮衬垫的作用是，防止物品吸潮后变质和吸潮后发生化学变化而引起事故。常用的防潮衬垫有塑料袋、沥青纸、铝箔纸、耐油纸、蜡纸、防潮玻璃纸、抗潮及吸潮干燥剂等。其次，危险品包装本身亦应具有一定的防潮性能，如纸箱本身需刷油，使其具有一定的防水性。特别是将木箱、条筐等改为纸箱时，一定要对纸箱的防水性能提出具体要求，采用纸袋、麻袋、布袋等防潮性差的包装盛装危险品时，除要求里面有防潮衬垫外，袋子本身亦应有防潮层。

（7）包装的容积、质量和形式应便于装卸与运输

每件包装的容积、质量和形式都应适应装卸与搬运的条件，不可过大或过重。每件包装的容积和质量与装卸机具、机械化程度及包装强度有关。人工装卸时还与人体的负重能力有关，如国家颁发的《装卸搬运劳动作业条件规定》（1956年）提到：女工及未成年男工，其单人负重一般不超过25kg，两人抬运的总质量不超过50kg：成年男工单人负重不得超过50kg，两人抬运时每人平均质量不超70kg。参照此规定，当人工装卸搬运易燃易爆等怕震、怕摔、怕碰的危险品时，男工的单人负重不得超过50kg，两人抬运时每人平均负重不应超过40kg，如若单人负重超过50kg，平地上搬运距离不应大于

20m。根据此规定，国家规定人工搬运危险品的包装，如各种袋类包装、木桶、木琵琶桶和易碎的玻璃瓶、陶坛等，最大质量不得大于 50kg；当采用机械吊装时虽可大大提高载重量，但考虑到危险品的危险性和其他机械及人员操作因素，也限制质量不应大于 400kg。

考虑到包装强度对包装容积的影响，对强度较小的包装容器的容积应有严格的限制。例如，国家规定胶合板桶、硬质纤维板桶、木琵琶桶容积不应大于 60L，玻璃瓶、陶坛等易碎容器的容积不应大于 32L 等，其他材质各种包装的最大容积也不得大于 450L。此外，根据装卸和搬运的需要，对于较重的包装件，还应有便于提起的提手、抓手或吊装的环扣，以便于装卸作业。

中国的危险化学品运输尽管取得了很大进步，为国民经济发展做出了应有的贡献，但很多方面仍需改进，恶性事故常有发生，安全运输问题突出。

a）认识不到位，疏于管理。一些地方政府和有关主管部门对危险化学品车辆、船舶、码头和仓库安全管理问题重视不够，尚未把危险化学品运输安全管理工作提到重要议程上。一些企业领导只顾赚钱，安全生产意识淡薄。

b）体制不顺，职责不清，监管不力。长期以来，中国在危险化学品生产、经营、运输、储存和使用等方面没有一个统一的协调管理部门。目前，尽管体制问题已经引起重视，但理顺现有体制还需要一个过程。体制不顺必然造成多头管理、职能交叉或职责不清的问题。虽然运输就分公路、水路、铁路和民航等几个部门管理，但在同一个部门里也不统一。由于体制不顺，管理分散，因而对危险化学品整个运输过程难以实施不间断的强有力的监督。有时一些管理部门互相扯皮或推诿，直接影响生产或安全。

c）法规和制度建设不够完善。尽管《危险化学品安全管理条例》已经修订颁布，但从总体上看，中国的危险品立法体系尚不健全，不但缺少相关法律，而且现有的危险货物规章存在层次低、修订不及时及部门之间规章相互矛盾冲突等问题。技术规范、技术标准体系不健全，制定修订不及时，影响相关法律制度的落实。国际国内危险货物运输法规和规章的宣传贯彻执行力度也不够。

d）人员素质低，教育培训制度尚未建立和健全。一些危险化学品运输企业缺少培训，无证上岗；从业人员业务素质差，对危险化学品性质、特点、鉴别方法和应急防护措施不了解、不掌握，造成事故频发；一些货主对危险货物危险性认识不足，在托运时为图省钱、省事，存在不报、瞒报情况，甚至将危险货物冒充普通货物。

e）危险化学品运输、储存设施缺乏合理的规划，设备条件较差，社会应急能力弱，缺乏过程监视监控体系。一些城市从事危险化学品作业的码头、车站和库场的建设缺乏通盘考虑，布局分散零乱，对城市和港口安全构成威胁。国内从事危险化学品运输的车辆和船舶，大部分是改装而来的，又由乡镇、个体经营，安全技术状况较差。相当一部分专用危险化学品船舶是从国外购进的老龄船或超龄船，安全技术状况也较差。在危险化学品运输消防方面，公共消防力量薄弱，特别是水上消防力量贫乏，消防设施配备不到位，不能应付特大恶性事故。一部分老旧船消防设备失修、失养或形同虚设；一部分散装危险化学品的码头和仓库系在普通码头或在简陋条件基础上改造而成，消防设施不足，存在隐患。人身防护和应急设施也存在不足与缺损。

f）包装质量差，近年来危险货物包装质量呈下降趋势。由于包装不符合安全运输标准，包装检验工作刚刚起步，管理工作没有完全到位，各种危险货物泄漏、污染、燃烧等事故频频发生。这些事故不仅造成经济上的重大损失，还影响了中国声誉。每天穿梭往返于城市、工厂或港口的大量危险化学品运输车辆，有的是整车缺少标识或标识不清，有的是载运的危险化学品外包装标识不清，包装质量也较差。

每一批危险品包装必须经过严格的检测方可使用。常规危险品包装的基本试验是跌落试验、堆码试验、气密试验（密封性试验）、液压试验，其他试验有喷淋试验、戳穿试验等，危险品包装在检测过程中可能会出现一系列问题。下面以不同形式和材质的常规包装为例进行说明。

A. 木质类包装容器

主要有木箱和木琵琶桶，木琵琶桶的应用不多。木箱的主要特点是强度高、耐腐蚀、防锈、防潮，其应用较多，较为常见的是作为盛装黄原酸盐的组合包装的外包装。当危险品的包装为木箱时，在检测过程中常见的问题是：跌落过程中底盘破损，主要原因是附带底盘的强度不够；跌落过程中箱体破损，主要原因是箱体材质不好，所以强度不够，或者木箱的设计不合理（如外部缺少紧固带、没有侧挡板等），所以箱体的抗冲击能力较低。

B. 金属类包装容器

金属类包装容器的主要优点是机械强度高、耐压、耐冲击。按照材质分，主要有钢桶（包括刚提桶、马口铁罐、马口铁听）、铝瓶等。

（a）钢桶（开口/闭口）

闭口钢桶为液态危险货物的常用包装容器，开口钢桶用于盛装固态或者半固态危险货物。钢桶检测过程中的常见问题如下。

闭口钢桶。跌落试验中桶底“T”形区出现破损，原因是所使用的板材较薄，所以产品强度降低，或者制造工艺不好（如卷封时的机械咬合不紧密）；跌落试验中桶底卷边封口处液体渗漏，主要原因是薄钢板卷边层数不够、卷边不严、卷边接合处密封胶性能不佳；液压试验中封闭器处渗漏液体，主要原因是封闭圈密封性能不好，盛装的某些危险货物与密封圈反应而造成渗漏。

开口钢桶。跌落试验中桶盖一端翘起造成内容物撒漏，原因是桶箍封闭器的紧固性差；对封闭器有要求的开口钢桶进行气密试验时桶口出现渗漏，主要原因是工艺设计不好，如在同等条件下螺旋式封闭器的密封性优于插销式封闭器。

（b）铝瓶（铝听）

作为一种小容量包装，通常作为组合包装的内包装，主要优点是耐酸碱、抗腐蚀、密封性能好，在检测过程中的常见问题是：气密试验过程中瓶口处出现渗漏，主要原因是密封圈，或者密封胶的密封性能不好，或者密封圈与内容物发生反应而降解。

C. 塑料类包装容器

主要有塑料桶、塑料罐、塑料编织袋、塑料薄膜袋等。塑料类包装容器的主要优点是耐腐蚀、不生锈、质量轻等。

塑料桶/罐。按形式可以分为开口和闭口 2 种，分别用于盛装固态或半固态、液态危险货物。在制作过程中的主要问题是：低温跌落试验中桶底或者桶顶缝合处出现破裂造成内容物渗漏，主要原因是用料不均匀，所以厚度不一致，或者制作工艺有问题；液压试验过程中封闭器处渗漏液体，主要原因是封闭器密封性能不好。

塑料编织袋/塑料薄膜袋。主要作为一种小型包装或者大包装的内包装盛装固体类危险品，主要优点是强度高，塑料薄膜袋具有防潮、防水的优点。其在检测过程中的主要问题是：跌落试验中袋体破裂，主要原因是材料强度不够；跌落试验中包括底部缝合处或者黏合处破裂，主要原因是缝合力或者黏合力不够，缝线本身的密度问题造成缝合处撕裂。

D. 纸质类包装容器

主要有瓦楞纸箱、纸袋（多层）、纸板桶、全纸罐等，主要优点是防震、缓冲性好。

瓦楞纸箱。通常作为组合包装的外包装，检测过程中的主要问题：跌落试验中箱体破裂或者箱钉处开裂导致内容物撒漏，箱体破裂的主要原因是纸质差，所以纸箱强度低，箱钉处开裂主要原因是黏合力达不到要求或打钉工艺不好。

纸袋（多层）。主要用于盛装小量散装危险品或者作为组合包装的内包装，主要优点是防潮性好，作为一种柔性包装，可以装不同形态的危险货物。在检测过程中的主要问题是：跌落过程中袋体破裂，主要原因是材料强度不够；跌落过程中包装底部缝合处或者黏合处破裂，主要原因是缝合力不够，缝线本身的密度问题造成缝合处撕裂。

纸板桶、全纸罐。主要用于盛装固态或者半固态危险货物，主要优点是防潮性和绝热性好。检测过程中的主要问题是：跌落过程中木质桶盖破裂，主要原因是木质桶盖的材质差；跌落过程中桶盖的一端翘起导致内容物撒漏，主要原因是连接桶盖和桶体的桶箍封闭器的紧固性差。

E. 复合类包装容器

复合类包装容器由 2 种材料复合而成，主要有钢塑复合桶、纸塑复合袋等形式。

钢塑复合桶。综合了钢桶和塑料桶的双重优点，双层结构抗冲击能力强、刚性好、内胆耐腐蚀，适宜于盛装与金属起反应的液态危险品。其质量问题主要是封闭器性能不好。

纸塑复合袋。优点是强度高，防水、防潮性好，广泛应用于散装固体危险品的运输。纸塑复合袋的质量问题和纸袋的质量问题基本一致。

总之，从危险品包装的检测和使用情况来看，危险品包装在使用过程中出现了一系列质量问题。典型的原因总结如下。

a）包装质量差，包装破损后引起货物的自反应或者与其他物质反应。

包装的质量问题源于多个因素，包括用料、设计、工艺等，如自燃物品的包装如果受损破坏，就会发生自燃，典型的例子为黄磷燃烧事故；遇水放出气体的物质发生自燃，典型的例子为电石桶爆炸事故。

b）包装的使用不规范导致质量问题，如包装件封闭器没有完全封闭引起内容物泄漏，典型的例子是 1988 年齐鲁石化公司托运的氯丙烷在运输途中发生毒气泄漏；包装的填充度不合理引起内容物碰撞、外溢或者发生反应，如 1991 年某公司托运一批冰醋酸，由于没有预留足够的罐空余量，运输过程中冰醋酸外溢；使用的危险品包装的类别低于危险品分类要求的包装类别；包装的使用没有遵循联合国危险品包装标记的要求，如内装物的质量超出标记所示，内装物的密度超出包装标记所示，包装本身达不到内装物的防水要求等。

c）包装与危险品逐渐相互作用引起安全问题，如麻袋不能用于盛装腐蚀性危险品；钢桶两端接缝处的凹边中添加的防渗漏剂与内装危险品之间发生作用导致渗漏；钢桶封闭器的橡胶垫圈被内装的有机类危险品溶解造成渗漏；塑料桶不能盛装汽油等易燃易爆危险品及对塑料有溶胀作用的有机溶剂，否则容易引起火灾。

34.4.3　危险品包装检测的要求

1. 包装检测场地的要求

包装的发展表现出扩大化趋势，因此包装的检测要求一定规模的场地，要求冲击地面、堆码场地均满足中型、大型及组合包装的试验要求。

2. 包装检测设备的要求

危险品包装的发展趋势对包装检测设备提出了以下要求：一是要求具备量程大的设备，以满足中、大型包装的检测要求；二是要求具备紧密度和灵敏度高的设备，主要是针对某一类危险品包装的特殊检测要求，如感染性物质的包装；三是要求进一步优化改进检测设备，现有检测设备的自动化程度低、人为误差大，先进的检测设备是危险品包装安全监管的关键因素。

3. GHS 制度和 REACH 法规的要求

欧盟 REACH 法规已于 2007 年 6 月 1 日正式实施，GHS 制度已经在部分国家实施，在一定程度上影响了中国的化工贸易。随着 GHS 制度和 REACH 法规的实施，对危险品分类、包装标记和公示信息提出了新的要求。如何将新的危险品包装要求与包装检测有机结合，使包装检测更好地服务于危险化学品贸易，给包装检测提出了一个新的问题。

4. 包装检测和制造有机结合的要求

随着危险品包装的形式增多，包装产品的质量问题层出不穷，如何控制进而减少危险品包装的质量问题，已经引起使用者、检测者和生产者等相关方面的重视。危险品包装进行检测一方面是出于安全监管的需要，另一方面应当服务于产品的制造。因此，目前危险品包装的检测者可以针对不同形式的危险品包装，通过检测反馈包装在材料、工艺、设计等制造方面的问题，从而指导产品的制造。

5.国际上危险品运输最新发展动态的要求

随着危险品包装的发展，世界各国对危险品包装不断提出新要求。联合国危险货物运输和全球化学品统一分类和标签制度专家委员会，是专门研究国际危险货物安全运输问题的国际组织。该委员会每 2 年修订并出版一次《联合国危险货物运输建议书规章范本》，其包含的一个重要部分是危险品包装检测的规范和指导。同时，国际上有关危险品及其包装的规章、制度也不断修订，为以各种方式运输的危险品包装提供了指导。

危险品包装除了需满足一般包装的功能要求外，其主要功能体现在“安全、卫生、环保”方面，因此，危险品包装的质量把关尤其重要。首先，确保使用者的安全至关重要；其次，确保内装危险品不发生品质改变。质量检测是提高产品质量的一个重要环节，包装检测应当适用危险品及其包装的发展趋势，并且紧跟国际最新发展动态，从而可以更好地促进我国危险品及其包装行业朝着安全、卫生、环保的方向发展。

34.5 危险品包装发展趋势

34.5.1 危险品包装的发展趋势

1. 包装形式增多

近年来，危险品包装从单一包装形式发展到包括组合包装、中型散装容器（IBC）、大包装、集合包装、可移动罐柜和公路罐车、运输槽车等多种形式。

2. 包装形式扩大化

目前，危险品包装正逐渐向中型化、大型化、集合包装的形式发展。近年来，包装形式扩大化的一个显著例子是中型散装容器（IBC）的推广应用，在一定程度上代替了常规包装塑料桶和钢桶。

3. 包装形式特殊化

为了满足危险品运输的要求，一些特殊化的包装形式不断开发出来。比较典型的一个例子是小型危险品组合式运输包装，其组合方式有多种，一般包括外包装瓦楞纸箱、模制泡沫缓冲层、滑盖金属罐、塑料瓶或者玻璃瓶。

34.5.2 我国包装行业发展趋势

包装行业作为一个独立的行业体系，于2011年首次被列到国家发展规划中，“十二五”规划中的“改造提升制造业”部分提出：包装行业要加快发展先进包装装备、包装新材料和高端包装制品。中国包装业协会数据显示，全世界每年包装销售额为5000亿～6000亿美元，占国民生产总值的1.5%～2.2%。通常发达国家的包装工业在其国内属于第九或第十大产业，发展中国家包装工业和产品销售额的年增长率均达10%以上。到2014年，全球包装市场规模从2009年的4290亿美元增至5300亿美元，其增长速度将明显高于全球经济增速。

《2012—2016年中国包装行业投资策略及深度研究咨询报告》数据显示：中国包装行业发展迅速，包装产业总产值从2003年的2500亿元，发展到2010年的约12 000亿元，年复合增长率为21%。由于全球包装行业向亚洲转移，特别是向中国转移，预测未来3～5年中国包装产业总产值的增长将加速，年增长率大于21%，将继续保持仅次于美国的世界第二大包装产品生产国，甚至有望超越美国。

我国包装行业市场容量巨大，并且持续快速成长。2011 年我国包装行业市场规模约为 1700 亿美元，占全球的 25%。2002～2009 年行业销售额年均增速为 20%。

市场调查发现，我国包装企业规模较小，行业集中度将逐步提升。发达国家包装行业集中度高，大型包装企业深度参与客户的产品研发、设计、物流等各个环节，为客户提供全面的方案。从国际经验来看，包装行业能够孕育巨型企业。我国包装行业极为分散，如瓦楞包装行业前十大企业市场占有率不足 8%。我们判断，我国包装行业市场集中度将逐步提升，主要基于以下可行性研究报告：①包装产业规模效应突出，大企业的规模优势将不断强化；②人民币升值、人工成本上升将使我国制造业加速升级，与其配套的包装产业也将升级，中小型包装厂将被迫退出市场；③消费升级，导致对产品包装的要求也在升级，中小包装企业份额将受挤压；④环保要求的提高导致包装材料和工艺不断进步，如饮料包装的轻量化趋势，部分企业将在技术和设备进步的过程中被淘汰；⑤在中国独特的金融体制下，小企业很难获得外部融资来扩大产能，大企业尤其是上市公司则更容易获得低成本资金进行快速扩张，上市的公司能凭借招募巨额资金快速打通扩张道路。

拥有独特竞争优势、商业模式容易复制的企业可持续成长。行业集中度提升的趋势已经开始，在这一过程中，已在某些细分领域形成较强竞争优势，且商业模式容易复制的企业具备迅速扩张的潜质。

包装产品是商品流通中不可或缺的一部分，下游涉及食品饮料、电子、家电、机电等各行各业。按照体量划分，可分为微型包装、轻型包装、重型包装等；按照包装材料划分，可分为纸包装、塑料包装、金属包装、玻璃包装和其他包装，占比分别为 39%、30%、18%、7%和 6%。

消费品是包装行业最大的下游，因此包装行业与社会消费品零售总额关联度较大。2002～2009 年我国消费品零售总额年均增速为 20%，据包装行业增速为 20%。据预测，我国消费品零售总额仍将延续较快增速，保守估计包装行业可维持 15%左右的增长速度。

一国包装行业的先进程度与该国的经济发展阶段密切相关，决定因素包括下游集中程度、制造业整体水平、环保要求执行情况等。发展中国家包装产业比较落后，大部分企业只是简单地为客户提供盒子、瓶子、箱子等包装产品。发达国家包装产业集中度高，大型包装企业深度参与下游制造业供应链系统的产品设计制造、材料研发、物流等各个环节，体现的是全面服务的高附加值。例如，全球最大软包装供应商利乐公司年收入达 119 亿美元；澳大利亚包装巨头 Amcor 公司年收入达 88.5 亿美元；国际纸业 2009 年包装产品销售额为 89 亿美元；欧洲最大瓦楞纸板制造商爱生雅 2008 年包装收入 51 亿美元。我国行业集中度提升为大势所趋，优势企业的增长前景乐观。我国瓦楞包装行业虽然市场庞大，但集中度低，前十大企业市场份额不到 8%，而发达国家前五大企业市场份额达 70%～80%。我国行业低端产品过剩的局面已经较为严重。全国有纸箱厂 16 000～20 000 家，大多数为地方中小型企业，平均每家产量只有 100 万～125 万 m^2。目前全国有 4000 多条瓦楞纸板生产线，约 40%为速度 50m 左右的低速线，约 45%为 80～150m

的中速线，而 150m 以上的高速线只占约 15%。此外，随着制造业的升级，对瓦楞包装产品的要求也在提升，轻量化、低克重、高强度是主要发展趋势。大部分中小企业无法生产满足以上要求的产品。

参 考 文 献

[1] 中华人民共和国国家标准. GB/T 4122.1—2008 包装术语　第 1 部分：基础. 北京：中国标准出版社，2008.

[2] Soroka W. Fundamentals of Packaging Technology. 4th ed. USA：Institute of Packaging Professionals (IoPP). Lancaster：DEStech Publications，Inc.，2002.

[3] 王志伟. 食品包装技术. 北京：化学工业出版社，2008.

[4] 王建清. 包装材料学. 北京：国防工业出版社，2004.

[5] 中华人民共和国国家标准. GB/T 16716.1—2018《包装与环境　第 1 部分：通则》. 北京：中国标准出版社，2008.

[6] 联合国《关于危险货物运输的建议书　规章范本》，2019.

第 35 章　包装材料及其制品

包装材料是指用于制造包装容器、包装装潢、包装印刷、包装运输等能满足产品包装要求的材料的总称。它既包括金属、塑料、玻璃、陶瓷、纸、竹木、野生菌类、天然纤维、化学纤维、复合材料等主要包装材料，还包括缓冲材料、涂料、黏合剂、装潢和印刷材料等辅助包装材料。为了实现包装的功能，包装材料通常需要具有一定的力学、物理、化学性能，以及良好的安全性能和加工性能。了解包装材料的性质，选择适当的包装用材，是设计合理包装、实现科学防护的重要一环。开展包装材料的性能研究，是推动包装技术进步的基础。

35.1　塑料包装材料及其制品[1, 2]

塑料包装是指各种以塑料为原料制成的包装的总称。塑料包装包括塑料周转箱、钙塑瓦楞箱、塑料桶、塑料瓶、塑料软管、塑料盘、塑料盒、塑料薄膜袋、复合塑料薄膜袋、塑料编织袋以及泡沫塑料缓冲包装等。

塑料包装的用途非常广泛，适于用作食品、医药品、纺织品、五金家电产品、各种器材、服装、日杂用品等的包装。

20 世纪 70 年代以来，塑料包装材料在包装领域迅速崛起，其发展速度大大超过了传统包装材料，并在此以后一直保持 6%～7%的较高年增长使用率。迄今为止，塑料包装材料已经成为仅次于纸类的重要包装材料。塑料包装材料的产值占世界包装业总产值的 31%。

塑料包装材料之所以发展迅速，是因为它与其他包装材料相比有很多优点：①质轻，封合和抗冲击性能好；②适宜的阻隔性与渗透性；③化学稳定性好，对一般的酸、碱、盐等介质均有良好的耐受能力，可以抵抗来自被包装物的酸性成分、油脂等和包装外部环境的水、氧气、二氧化碳及各种化学介质的腐蚀；④光学性能优良，许多塑料包装材料都具有良好的透明性，着色性好、易印刷；⑤卫生性良好，单纯的聚合物树脂材料本身几乎没有毒性，可以安全地用于食品包装；对于某些含有有毒单体的塑料（如聚氯乙烯中的单体氯乙烯等），若在树脂聚合过程中尽量将单体控制在一定数量之下，也可以保证其卫生性；⑥绝缘性好，导热性低；⑦易于与其他材料复合；⑧一般成型性，加工成本低。

塑料包装材料也有许多缺点，如强度和硬度不如金属材料高，耐热性和耐寒性比较差；热膨胀率大，易燃烧；材料容易老化；强度不如金属，尺寸稳定性差；某些塑料包装材料难以回收处理，包装废弃物易造成环境污染等。这些缺点使得它们的使用范围受到一定限制。

35.1.1　塑料的助剂

塑料以合成的或天然的树脂为主要成分，在一定温度和压力下加工成型，并在常温下保持其形状不变的材料。

由于有些树脂或产品其固有性能不满足其产品所需加工工艺要求，在塑料加工和使用过程中加入塑料助剂，添加助剂仅仅是需要改变其加工性；而有些材料其加工性能较好，而产品性能却达不到我们的要求，这也要添加助剂，以改变其产品性能。

35.1.1.1　塑料助剂的一般要求

1. 相容性

一般来说，助剂只有与树脂间有良好的相容性，才能使助剂长期、稳定、均匀地存在于制品中，有效地发挥其功能。如果相容性不好，则易发生“迁移”现象。表现在液体助剂中就为“出汗”现象，表现在固体助剂中为“喷霜”现象。但有时在对制品要求不太严格时，仍然可以允许其相容性差一些，如填充剂与树脂间相容性不好，但只要填充的粒度小，仍然能满足制品性能要求，当然若用偶联剂或表面活性剂处理一下，则更能充分发挥其功能。但是有一些改善制品表面性能的助剂则要求其稍微有一些迁移性，以使其在制品的表面发挥作用。

2. 耐久性

耐久性是要求助剂可长期存在于制品中而基本不损失或很少损失。助剂的损失主要通过 3 条途径：挥发、抽出和迁移。这主要与助剂的分子质量大小，在介质中的溶解度及在树脂中的溶解度有关。

3. 对加工条件的适应性

某些树脂的加工条件较苛刻，如加工温度高，此时应考虑所选助剂是否会分解，助剂对模具、设备有无腐蚀作用。

4. 制品用途对助剂的制约

不同用途的制品对助剂的气味、毒性、电气性、耐候性、热性能等均有一定的要求。例如，装食品的塑料包装制品，因要与食品接触，故要求无毒，因此所用的助剂与一般包装用的塑料制品的助剂是不同的。

5. 助剂配合中的协同作用和拮抗作用

在同一树脂体系中，两种或两种以上助剂并用，如果它们的共同作用大大超过它们单独应用的效果的总和，就会产生“协同作用”，也就是比单独用某一种助剂的加和作用大十几倍甚至几十倍。但如果配合不当，有些助剂间可能产生“拮抗作用”，也称反协同作用。这样会削弱每种助剂的功能，甚至使某种助剂失去作用，这一点应特别注意，如炭黑与硫代酯类抗氧剂配合使用，对聚乙烯有着良好的协同作用，但与胺类或酚类抗氧剂并用就会产生拮抗作用，彼此削弱原有的稳定效果。

35.1.1.2　塑料中的主要成分

1. 合成树脂

是指以煤、电石、石油、天然气及一些农副产品为主要原料，先制得具有一定合成条件的低分子化合物（单体），进而通过化学、物理等方法合成的高分子化合物。它是塑料的主要成分。塑料的性质主要取决于所采用的合成树脂。

2. 增塑剂

为改进塑料成型加工时的流动性和增进制品的柔顺性而加入的一类物质称增塑剂。常用熔点低的低分子化合物来增加大分子链间距离，从而达到增加大分子链的柔顺性的目的。常用增塑剂有甲酸酯类、磷酸酯类、氯化石蜡等。

3. 稳定剂

能阻止或延缓塑料包装材料老化变质的物质称为稳定剂，又称防老化剂，可分为热稳定剂、光稳定剂等。常用热稳定剂有硬脂酸盐、环氧化合物和铅化合物等。光稳定剂有炭黑、氧化锌等遮光剂。其用量一般低于2%，有时可达到5%以上。

4. 填充剂

能改善塑料的力学、电学性能或降低成本等的惰性物质称为填充剂，又称填料。它在塑料中占有相当大的比例。填充剂的用量一般在40%以下。例如，加入铝粉可提高光反射能力和防老化；加入二硫化钼可提高润滑性。常用填充剂有云母粉、石墨粉、炭粉、氧化铝粉、木屑、玻璃纤维、碳纤维等。

5. 抗静电剂

抗静电剂添加于塑料中或涂覆于制品表面，能够降低塑料制品的表面电阻和体积电阻，适度增加导电性，从而防止制品上积聚静电荷，也称作静电防止剂或静电消除剂。常用的抗静电剂为硬脂酰胺丙基二甲基-β-羟乙基铵硝酸盐、ECH 抗静电剂和三羟乙基甲基铵硫酸甲酯盐。

6. 着色剂

能使塑料具有色彩或特殊光学性能的物质称为着色剂。常用的着色剂是一些有机染料和无机颜料。有时也采用能产生荧光或磷光的颜料。塑料制品中约有 80%是经过着色后制成最终产品的。

7. 润滑剂

既可以提高塑料在加工成型过程中的流动性和脱模能力，又可使制品光亮美观而加入的物质称润滑剂。常用润滑剂有硬脂酸盐类等。其用量一般低于 1%。

8. 防雾剂

在潮湿环境中，当湿度达到露点以下时，为防止透明的塑料薄膜、片材或板材在其表面凝结一层细微水滴，使表面模糊雾化，阻碍光波透过的助剂称为防雾剂。它们是一些带有亲水基的表面活性剂，可在塑料表面取向，疏水基向内，亲水基向外，从而使水易于湿润塑料表面，凝结的细水滴能迅速扩散形成极薄的水层或大水珠顺薄膜流下来。可避免小水珠散射光所造成的雾化，防止凝结的水滴洒落到被包装物上，损害被包装物。按照防雾剂加入塑料的方式，防雾剂可分为外涂型防雾剂和内加型防雾剂。常用防雾剂有甘油单油酸酯、山梨糖醇酐单硬脂酸酯和聚环氧乙烷（20）甘油单硬脂酸酯。

9. 防霉剂

防霉剂是一种能抑制霉菌生长并杀灭霉菌的助剂，适用于塑料制品的防霉剂主要有酚类化合物、有机金属化合物、含氯有机物、含卤有机物、含硫有机物等。防霉剂的作用是降低或消除霉菌细胞内各种酶的活性，破坏细胞内的能量释放体系，阻碍电子转移系统及氨基转移酶的生成。常用的防霉剂主要有五氯苯酚、水杨酰替苯胺等。

10. 阻燃剂

在高分子材料中，除了含氟、氯、溴、碘、磷等元素的聚合物以外，大多数聚合物耐热性、耐燃性很不好，受热先软化然后分解，遇火易燃烧。近年来塑料制品在建筑、交通、电子电气、日用家具等领域中广泛应用，因此，阻燃对于塑料材料的稳定性来说很重要。阻燃剂主要是含磷、卤素、硼、锑等元素的有机或无机物。阻燃剂基本功能在于干扰氧、热和可燃物这三个维持燃烧的基本要素。塑料的阻燃有两种方法：一是将阻燃性元素或含有阻燃性元素的原子团用化学方法引入塑料的分子结构中；二是向塑料中添加阻燃性元素或含有阻燃性元素的化合物。阻燃剂的类型主要有含卤化合物、含磷化合物、三氧化二锑等。

11. 发泡剂

为了使塑料形成内部带有许多微泡结构的轻质材料即泡沫塑料，需要在加工成型过程中加入一种能因受热变成气态或分解出气体的物质，这种物质称为发泡剂。在受热过程中发生化学分解而放出气体的物质称为化学发泡剂，因受热挥发产生气体物质的称为物理发泡剂。常用发泡剂分为有机发泡剂和无机发泡剂两种，有机发泡剂主要为碳酸氢铵，无机发泡剂主要包括偶氮二甲酰胺、*N,N*-二亚硝基五次甲基四胺和对甲苯磺酰肼。

35.1.2　塑料的分类及应用

塑料的分类方法很多，按常规分类主要有以下 3 种：一是按使用特性分类；二是按加工方法分类；三是按理化特性分类。

（1）按使用特性分类

根据塑料不同的使用特性，通常将塑料分为通用塑料、工程塑料和特种塑料 3 种类型。

1）通用塑料

一般是指产量大、用途广、成型性好、价格便宜的塑料，如聚乙烯、聚丙烯等。

2）工程塑料

一般是指能承受一定外力作用，具有良好的力学性能和耐高、低温性能，尺寸稳定性较好，可以制作工程结构的塑料，如聚砜、聚酰胺等。

3）特种塑料

一般是指具有特种功能，可用于航空、航天等特殊应用领域的塑料，如氟塑料、增强塑料、泡沫塑料等。

（2）按加工方法分类

根据塑料不同的加工方法，可把塑料分为吹塑、层压、模压、挤出、注射、烧铸塑料和反应注射塑料等多种塑料。

（3）按理化特性分类

按各种塑料不同的理化特性，可把塑料分为热塑性塑料和热固性塑料两大类。

1）热塑性塑料

是指加热时可以塑制成型，冷却固化后保持其形状的塑料。这种过程能反复进行，即可以反复塑制，如硝酸纤维塑料、乙酸纤维塑料、聚乙烯塑料、聚苯乙烯塑料、聚酰胺塑料、聚酯塑料等。热塑性塑料又分为烃类、含极性基团的乙烯基类、工程类、纤维素类等多种类型。

2）热固性塑料

是指加热时可塑制成一定形状，一旦定型后即成为最终产品，再次加热时也不会软化，温度进一步升高则会引起它的分解破坏的塑料，即不能反复塑制，如酚醛塑料、胶木塑料、装置板等。热固性塑料又分为甲醛交联型和其他交联型两种类型。

1. 常见包装用热塑性塑料

（1）聚乙烯（PE）

聚乙烯是以乙烯单体聚合而成的聚合物，工业上把乙烯均聚物和乙烯与其他单体的共聚物均归入聚乙烯之类。聚乙烯是世界上产量最大，也是消耗量很大的塑料包装材料，约占塑料包装材料的 30%。

聚乙烯的分类：①按制造工艺区分，可分为高压聚乙烯和低压聚乙烯。②按密度区分，可分为低密度聚乙烯（LDPE）、高密度聚乙烯（HDPE）、中密度聚乙烯（MDPE）等。③按相对分子质量或结构特征区分，可分为线性低密度聚乙烯（LLDPE）、交联聚乙烯（CLPE）、低相对分子质量聚乙烯（LMWPE）和超高相对分子质量聚乙烯（UHMWPE）等。

聚乙烯的主要优点：无臭、无毒、质轻；透湿率低、防潮性好；化学性质稳定，耐水、酸碱水溶液和 60℃以下的大多数溶剂；较好的耐寒性、耐辐射和电绝缘性。

聚乙烯的主要缺点：气密性不良、强度较低、耐热性较差；不耐浓硫酸、浓硝酸及其他氧化剂的侵蚀；耐环境应力开裂性较差，且容易受光、热和氧的作用而发生降解；透明性差、印刷性能差。

聚乙烯的主要用途：主要用来制造各种包装薄膜、容器和泡沫缓冲材料等。聚乙烯塑料还可做成塑料气泡膜，再加工成各种规格的成型包装袋和包装片材，多用于各种电子仪器、计算器、玻璃与陶瓷制品、洁具、灭火器、电信器材、机电产品配件的包装，起到缓冲、防震的作用。聚乙烯的基本性能见表 35-1。

表 35-1　聚乙烯（PE）的基本性能

性能	LDPE	LLDPE	HDPE
相对密度	0.91～0.94	0.92	0.94～0.97
冲击强度/(kJ/m^2)	48		65.5
断裂伸长率/%	90～800	950	600
拉伸强度/MPa	7～16.1	14.5	30
连续耐热温度/℃	80～100	105	120
脆化温度/℃	−80～55	−76	−65
邵氏硬度/D	41～46	60～70	55～57

（2）聚丙烯（PP）

聚丙烯是用石油炼制时的副产品丙烯和经过精炼的丙烯单体，在催化剂的催化下进行聚合反应而得的聚合物。聚丙烯是高结晶结构，渗透性为聚乙烯的 1/4～1/2。其外观类似聚乙烯，但比聚乙烯透明、质轻，是通用塑料中最轻的一种。

聚丙烯的主要优点：无毒、无味；光泽度、透明度高；代替玻璃纸，成本降低 40%；较好的耐摩擦性、防潮性、抗水性和防止异味透过性；抗张强度和硬度均优于聚乙烯；耐高温，可在 100～120℃长期使用；定向的聚丙烯塑料具有极好的耐弯曲疲劳强度，常用于制作各种容器盖子上的铰链。

聚丙烯塑料的主要缺点：耐低温性、耐老化性差；气密性不良；易受光、氧的影响使其性能变差；易带静电，印刷性能欠佳。

聚丙烯塑料的主要用途：常用于制作食品、化工产品、化妆品等的包装容器；医疗器械的杀菌容器；文具盒、仪器盒等。双向拉伸聚丙烯薄膜（BOPP）是广泛应用的包装薄膜，可用于食品、日用品和香烟包装等。拉伸对聚丙烯基本性能的影响见表 35-2。

表 35-2　聚丙烯（PP）的基本性能

性能	拉伸聚丙烯	未拉伸聚丙烯
硬度	高，接近于玻璃纸	非常低
热封性能	不能热封	能热封
撕裂强度	非常低	高
光泽度	没有变化	好
相对密度	0.910	0.902
表面与油墨黏接力	非常低	低

（3）聚苯乙烯（PS）

聚苯乙烯是由乙烯与苯在无水三氧化铝催化下发生烃化反应生成乙基苯，再经催化脱氢而得苯乙烯，苯乙烯单体在适量引发剂（过氧苯甲酰）和分散剂（聚乙烯醇）的水悬浮液中加热聚合而得的聚合物。它是一种无色透明、类似于玻璃状的材料。

聚苯乙烯有通用级聚苯乙烯（GPPS）和高抗冲击级聚苯乙烯（HIPS）两种。

聚苯乙烯的主要优点：无味、无毒、无嗅、质轻；优良的透明度和光泽度；纯净美观，着色性和印刷性能好；吸湿率低；较好的尺寸稳定性，刚挺而无延展性；透气性能良好；加工性能好，成本低。

聚苯乙烯的主要缺点：冲击强度低，表面硬度小、易划痕磨毛；防潮性、耐热性较差；易受烃类、酮类、高级脂肪酸及苯烃等的作用而软化甚至溶解，且耐油性不好。

聚苯乙烯塑料的主要用途：广泛用于制作透明食品盘、水果盘等，目前市场上的一次性快餐盒大多是由聚苯乙烯原料加上发泡剂加热发泡而成的。聚苯乙烯收缩率可达 60%～70%，是制作收缩包装的好材料；聚苯乙烯有良好的绝缘性能，可制作多种电信零件。此外，聚苯乙烯是制作泡沫塑料缓冲材料的主要原料。聚苯乙烯的基本性能见表 35-3。

表 35-3　聚苯乙烯（PS）的基本性能

性能	普通聚苯乙烯	改性聚苯乙烯
相对密度	1.04～1.09	1.04～1.10
冲击强度/(kJ/m^2)	0.54～0.86	1.1～23.6
压缩强度/MPa	80.5～112	28～112
连续使用温度/℃	60～80	60～80
洛氏硬度	65～80	20～90
拉伸强度/MPa	35～84	8.4～10.5
断裂伸长率/%	7.0～17.5	14.0～56.0

（4）丙烯腈-苯乙烯共聚物（AS）

丙烯腈-苯乙烯共聚物俗称 AS 树脂，是无色或微黄色非晶态透明物质，由于共聚物中的丙烯腈分子具有极性，与苯乙烯树脂相比，丙烯腈-苯乙烯共聚物树脂具有更高的耐冲击强度、刚性，更好的耐应力开裂性能，高透明性和表面硬度，耐热性也得到提高，可在 80～100℃长期使用。它比聚苯乙烯有更好的耐烃类溶剂和耐油性。化学稳定性好，丙烯腈含量越高，其韧性和耐化学性越好。丙烯腈-苯乙烯共聚物可用于制造透明的杯、盘、盒等餐具以及包装容器等聚苯乙烯不能满足要求的各种制品。丙烯腈-苯乙烯共聚物的基本性能见表 35-4。

表 35-4　丙烯腈-苯乙烯共聚物（AS）的基本性能

性能	正常流动级(NF)	高耐热级(HH)
透光度/%	90	90
冲击强度/(kJ/m^2)	24	25
拉伸弹性模量/GPa	2.6	2.7

续表

性能	正常流动级(NF)	高耐热级(HH)
热变形温度/℃	93	95
洛氏硬度	76	77
拉伸强度/MPa	74	78
断裂伸长率/%	3.2	3.4
总含腈/%（质量百分比）	24.5	28

（5）聚氯乙烯（PVC）

聚氯乙烯是氯乙烯经引发剂作用进行悬浮聚合或乳液聚合而得的聚合物。聚氯乙烯是产量仅次于聚乙烯的塑料品种，也是价格最便宜的塑料品种之一。聚氯乙烯塑料的透明度高，属于极性高分子聚合物。

聚氯乙烯塑料的主要优点：机械强度高，优良的耐磨、耐压性能；防潮性、抗水性和气密性良好；可以热封合，并具有优良的印刷性能和难燃性；良好的化学稳定性，能耐强酸、强碱和非极性溶剂；生产耗能小，价格低。

聚氯乙烯塑料的主要缺点：容易受极性有机溶剂的侵蚀；耐热性差，受热易分解放出氯化氢；其单体氯乙烯的析出，也具有一定的毒性。因此，目前在食品包装领域已限制使用聚氯乙烯薄膜。

聚氯乙烯塑料的主要用途：由于其价格便宜，用途广泛，多用于制造硬质包装容器，硬质 PVC 不含增塑剂，可用于阻隔性要求不高的食品包装；透明片材和软质包装薄膜；泡沫塑料缓冲材料；各种管材等。聚氯乙烯的基本性能见表 35-5。

表 35-5　聚氯乙烯（PVC）的基本性能

性能	软质聚氯乙烯	硬质聚乙烯
相对密度	1.16～1.35	1.30～1.58
拉伸强度/MPa	10～24	4～52
断裂伸长率/%	100～450	2～40
冲击强度/(kJ/m^2)		21～1608
连续耐热温度/℃	65～80	65～80

（6）聚酰胺（PA）

聚酰胺俗称“尼龙”，是用二元酸与二元胺通过缩聚反应而得的聚合物。

聚酰胺的主要优点：无色、无毒、透明；熔点高；耐碱和稀酸，耐油，耐一般溶剂；耐磨性好，冲击韧性强，力学性能优异；较高的耐弯曲疲劳强度；对温度适应性强，可在−40～100℃使用；气密性较聚乙烯、聚丙烯好；不带静电，印刷性能与装饰性能良好。

聚酰胺的主要缺点：吸水性强，透湿率大，在高温情况下尺寸稳定性差，吸水后气密性急剧下降，不耐甲酸、苯酚和醇类，浓碱对其也有侵蚀作用。

聚酰胺的主要用途：用途广泛，可以制作轴承、齿轮、泵叶、汽车零件等；主要用于食品的软包装，特别适用于油腻食品的包装；也常用于制造化学试剂等的包装容器。

聚酰胺的基本性能见表 35-6。

表 35-6　聚酰胺（PA）的基本性能

性能	尼龙 6	尼龙 66	尼龙 610	尼龙 1010
相对密度	1.13	1.15	1.07	1.07
拉伸强度/MPa	75	80	60	55
压缩强度/MPa	85	105	80	65
弯曲强度/MPa	120	60～100	90	80
冲击强度/(kJ/m^2)	5.5	5.4	5.5	5
熔点/℃	215	252	220	210
热变形温度/℃	68	75	82	
耐寒温度/℃	–30	–30	–40	–40

（7）聚偏二氯乙烯（PVDC）

聚偏二氯乙烯是偏二氯乙烯与氯乙烯的共聚物，是一种略带浅棕色的强韧材料。

聚偏二氯乙烯的主要优点：无毒、无味、透明；结晶性强，对水蒸气、气体的透过率极低，是很好的阻隔材料；机械强度大，韧性好；耐强酸、强碱和有机溶剂，耐油性优良；热收缩性和自黏性好。

聚偏二氯乙烯的主要缺点：具有自燃性；机械加工性差；耐老化性差，容易受紫外的影响，易分解出氯化氢，其单体也有毒性。

聚偏二氯乙烯的主要用途：由于其价格较贵，因此使用时主要是发挥其气密性好的特性，用它和其他塑料材料制成复合薄膜。聚偏二氯乙烯的基本性能见表 35-7。

表 35-7　聚偏二氯乙烯（PVDC）的基本性能

性能	指标
相对密度	1.68～1.75
吸水性/%	<0.1
拉伸强度/MPa	34.5～69
压缩强度/MPa	60
弯曲强度/MPa	100～120
冲击强度/(kJ/m^2)	100～150
洛氏硬度	50～65
断裂伸长率/%	10～20
平均使用温度/℃	75
脆化温度/℃	约 40
软化温度/℃	100～130
热分解温度/℃	170～200

（8）聚乙烯醇（PVA）

聚乙烯醇是由聚乙酸乙烯酯水解得到的聚合物。

聚乙烯醇的主要优点：透明度和韧性大，无味、无毒；优良的气密性和保香性，是通用塑料中阻隔性最好的品种之一；机械强度、耐应力开裂性、耐化学药品性和耐油性均较好；不带静电，印刷性能好；具有良好的热封合性。

聚乙烯醇的主要缺点：吸水性强，吸水后阻隔性和机械强度下降；透湿率大，为聚乙烯的5～10倍；易受醇类、酯类等溶剂的侵蚀。

聚乙烯醇的主要用途：主要以薄膜的形式用于食品包装。

（9）乙烯-乙酸乙烯共聚物（EVA）

乙烯-乙酸乙烯共聚物是乙烯与乙酸酯的聚合物。

乙烯-乙酸乙烯共聚物的主要优点：透明性良好，弹性突出，有很高的断裂伸长率，耐应力开裂性、耐寒性、耐老化性和低温热封合性均优于聚乙烯，耐强碱、弱酸的侵蚀。不同乙酸乙烯酯含量的乙烯-乙酸乙烯共聚物的基本性能见表35-8。

表35-8　乙烯-乙酸乙烯共聚物（EVA）的基本性能

性能	VA 8%	VA 19%	VA 28%	VA 33%
相对密度	0.930	0.940	0.950	0.960
拉伸强度/MPa	20	20	18	8.5
断裂伸长率/%	650	800	800	900
软化温度/℃	74	64	42	<40

乙烯-乙酸乙烯共聚物的主要缺点：薄膜的滑爽性差，易粘连；防潮性、气密性不良；耐热性差；易受强酸等有机溶剂的侵蚀，耐油性不良。

（10）聚对苯二甲酸乙二醇酯（PET）

聚对苯二甲酸乙二醇酯俗称聚酯，是一种结晶性好、无色透明、极为坚韧的材料。

聚酯塑料的主要优点：无嗅、无味、无毒；机械性能最好，其扩张程度与铝相似，强度为聚乙烯的9倍、聚碳酸酯和尼龙的3倍，冲击强度是一般塑料的3～5倍；耐热、耐寒性好，可在−40～120℃使用；较好的防潮性、气密性和防止异味透过性；能耐弱酸、弱碱和大多数溶剂，耐油性好；印刷性能好。

聚酯塑料的主要缺点：不耐强碱、强酸，氯代烃对其也有侵蚀作用；易带静电，且尚无适当的防止带静电的方法；热封合性差；价格比较昂贵，但由于此种材料的回收利用技术发展较快，回收后经熔融、吹塑等，又可以制成新瓶，从而循环利用。

聚酯塑料的主要用途：用于制作包装容器和薄膜；油脂类食品包装；冷冻食品和蒸煮食品的包装。聚酯瓶则大量用作饮料的包装（如可乐、矿泉水等）。近年来PET打包带已成为包装捆扎材的新宠，它以外观漂亮、强度高、不易老化等优点已部分取代了钢制打包带。PET树脂的基本性能见表35-9。

（11）聚碳酸酯（PC）

聚碳酸酯是分子链中含有碳酸酯的一类高分子聚合物的总称。通常是指双酚A型的聚碳酸酯。

表 35-9　聚酯（PET）的基本性能

性能	指标
相对密度	1.395～1.405
吸水性/%	0.6
拉伸强度/MPa	175
断裂伸长率/%	60～110
熔点/℃	265
耐寒温度/℃	–70

聚碳酸酯塑料的主要优点：无色透明、无毒、无异味、光洁美观；具阻止紫外透过性能；较好的防潮性和气密性，优良的保香性；耐温范围广，在–180～130℃可长期使用；突出的冲击韧性，有良好的耐磨性；成型收缩率小，吸水率低；不带静电，绝缘性能优良；耐油。所以，其是一种理想的食品包装材料。

聚碳酸酯塑料的主要缺点：易产生应力开裂现象；耐弯曲疲劳强度较差；热封合性不良；不耐碱、酮、芳香烃。

聚碳酸酯塑料的主要用途：是一种综合性能良好的工程塑料，可制作各种齿轮、机器零件等；可制成薄膜和容器用作食品的包装。采用聚碳酸酯材料制成的运动水壶，可直接放于微波炉内加热；可受热或受冷（–20～120℃）；放于冰箱内冷冻，不会变形；直接注入开水，不会变形，也不会有任何影响食欲的塑料异味；瓶身透明度极高，非常坚硬，抗冲击，特别适合在运动过程中使用。聚碳酸酯的基本性能见表 35-10。

表 35-10　聚碳酸酯（PC）的基本性能

性能	指标
相对密度	1.20
拉伸强度/MPa	60
压缩强度/MPa	70～80
弯曲强度/MPa	91
冲击强度/(kJ/m^2)	50
断裂伸长率/%	70～120
长期使用温度/℃	–60～120
热变形温度/℃	126～135
脆化温度/℃	–100
熔点/℃	220～230

（12）聚氨基甲酸酯（PVP）

聚氨基甲酸酯简称聚氨酯。它是由异氰酸酯和羟基化合物反应制得的聚合物。

聚氨酯塑料的主要优点：极好的弹性；柔软性好，断裂伸长率和压缩强度优良；耐低温性优良；化学稳定性好，耐许多溶剂和油类；其耐磨性较天然海绵大 20 倍；具有优良的绝热、隔音、防震及黏合性能等。

聚氨酯塑料的主要用途：由于其价格较高，一般用作精密仪器、贵重器械、工艺品等的现场发泡防震包装或用来制造缓冲衬垫材料。

2. 常见包装用热固性塑料

（1）酚醛塑料（PF）

酚醛塑料主要是由苯酚和甲醛在催化剂促进下经缩聚而形成的苯酚-甲醛聚合物，是最早商品化的热固性塑料，俗称“电木”。

酚醛塑料的主要优点：具有良好的强度和刚硬性能；优良的耐磨性和电绝缘性；耐高温、不易变形；能耐某些稀酸，耐油性好。

酚醛塑料的主要缺点：弹性较差，脆性大，制品颜色较暗，多为黑色或棕色，具有微毒。

酚醛塑料的主要用途：由于其价格低廉，在包装上主要用来制作瓶盖、箱盒及化工产品的耐酸容器。用酚醛塑料制作的瓶盖，能承受装盖机的扭力，并能长期保持密封。

（2）密胺塑料（MF）

密胺塑料是以三聚氰胺（密胺）与甲醛为原料，经缩聚反应而得树脂作为主要成分，加入填料、润滑剂、着色剂、硬化剂等，经热压而成的热固性塑料。

密胺塑料的主要特点：强度大、不易变形；表面光滑且坚硬，外观似陶瓷；无味、无毒、卫生性能好；着色性好；耐热、耐水性好；在−20～100℃其性能变化很小；能耐沸水，耐酸、碱，耐油脂性能好。

密胺塑料的主要用途：由于其价格较低，多利用其薄膜，可用于制作食品容器，也可制作精美的食品包装容器及家用器皿等。

（3）脲（甲）醛塑料（UF）

脲醛塑料俗称“电玉”，其主要成分为脲醛树脂，是以尿素和甲醛为原料，经缩聚反应而得树脂作为主要成分，加入填料、润滑剂、着色剂、硬化剂等，经热压而成的热固性塑料。

脲醛塑料的主要优点：无毒、无味、耐霉菌；表面坚硬、耐刮伤；具有良好的光泽和适宜的半透明态；着色性好；不易吸附灰尘，具有良好的电绝缘性；化学性质稳定，耐油脂性能优良。

脲醛塑料的主要缺点：耐水性差、易吸水变形；冲击强度也稍有不足；不耐碱和强酸的侵蚀。

脲醛塑料的主要用途：可制造日用品、电气元件等；在包装上主要用于制作精致的包装盒、化妆品容器和瓶盖等。因在乙酸或100℃沸水中浸泡时有游离的有毒物质甲醛析出，故不适于包装食品。

35.1.3 塑料在包装中的应用

1. 塑料薄膜与片材

a）塑料薄膜是使用最早、用量最大的塑料包装材料。目前塑料包装薄膜的消耗量占塑料包装材料总消耗量的 40%以上。随着我国包装、农业等领域对塑料薄膜的需求不断增大，我国塑料薄膜的需求量将以每年 9%以上的速度增长，市场前景十分广阔。

塑料薄膜的主要优点：透明、柔韧性较好；良好的耐水性、防潮性和阻气性；机械强度较好；化学性质稳定、耐油脂；可热封制袋等。

塑料薄膜的主要缺点：热膨胀系数大，尺寸稳定性差；耐老化性差；易燃烧。

薄膜的主要用途：主要用作食品包装、电器产品包装、日用品包装、服装包装及垃圾袋等。

塑料薄膜通常按化学组成、成型方法、包装功能、结构等几种方法进行分类。

按化学组成分类：PE、PP、PS、PVC、PVDC、PET、EVA、PVA 薄膜等。

按用途分类：有农用薄膜（这里根据农膜的具体用途，又可分为地膜和大棚膜）、包装薄膜（包装薄膜按其具体用途，又可分为食品包装薄膜和各种工业制品用包装薄膜等）及用于特殊环境、具有特殊用途的透气薄膜、水溶薄膜及具有压延性能的薄膜等。

按成型方法分类：挤出吹塑薄膜、挤出流延薄膜、压延薄膜、溶液流延薄膜、单向或双向拉伸薄膜、共挤出复合薄膜、涂布薄膜等。

按包装功能分类：防潮膜、保鲜膜、防锈膜、热收缩膜、弹性膜、扭结膜、隔氧膜、耐蒸煮膜等。

按结构分类：单层薄膜和复合薄膜两大类。

塑料薄膜工业上的生产方法有：压延法和挤出法，其中挤出法又分为挤出吹膜、挤出流延、挤出拉伸（又称二次成型）等，目前挤出法应用最广泛，尤其是聚烯烃薄膜的加工，而压延法主要用于一些聚氯乙烯薄膜的生产。

b）塑料片材通常是指以合成树脂为基材制得的厚度为 0.25～2mm 的软质平面材料和厚度为 0.25～0.5mm 的硬质平面材料。塑料片材的化学组成、成型方法等与塑料薄膜相似。塑料片材类似纸板但比纸板的透明度、防潮性、防油性、强度等都好。

塑料片材的主要用途：广泛用作化工设备衬里、电器绝缘垫片、包装材料和装饰材料等。

2. 塑料包装容器

塑料包装容器是指将塑料原料经成型加工制成的用于包装物品的容器。

塑料包装容器的优点：①密度小、质轻，可透明也可不透明；②易于成型加工，只要更换模具，即可得到不同品种的容器，并容易大批量生产；③包装效果好，塑料品种多，易于着色，色泽鲜艳，可根据需要制作不同种类的包装容器，取得最佳包装效果；④有较好的耐腐蚀、耐酸碱、耐油、耐冲击性能，并有较好的机械强度。

塑料包装容器的缺点：①在高温下易变形，故使用温度受到限制；②容器表面硬度低，易于磨损或划破；③在光氧和热氧作用下，塑料包装容器会发生降解、变脆、性能降低等老化现象；④导电性差，易于产生静电积聚等。

塑料包装容器通常按化学组成、成型方法、容器形状和用途等几种方法进行分类。

按化学组成可分为：聚乙烯、聚丙烯、聚苯乙烯、聚氯乙烯、聚酯、聚碳酸酯等塑料容器。

按成型方法可分为：吹塑成型、挤出成型、注射成型、拉伸成型、滚塑成型、真空成型等容器。

按容器的形状和用途可分为：塑料箱盒类、塑料瓶罐类、塑料袋类、塑料软管类等。

3. 泡沫塑料

泡沫塑料是由大量气体微孔分散于固体塑料中而形成的一类高分子材料，又称多孔性塑料。它是以树脂为主体、加入发泡剂等其他助剂经发泡成型制得的。几乎各种塑料均可做成泡沫塑料，泡沫塑料是目前产品缓冲包装中使用的主要缓冲材料之一。

泡沫塑料的主要优点：①密度很低，可减轻包装质量，降低运输费用；②具有优良的吸收冲击、振动能量的性能，用作缓冲防振包装能大大减少产品的破损；③对温度、湿度的变化适应性强，能满足一般包装要求；④吸水率低，吸湿性小，化学稳定性好，本身不会对内装物产生腐蚀，且对酸、碱类等化学药品有较强的耐受性；⑤导热率低，隔热性能好，优良的电绝缘性能；⑥成型加工方便，可以采用模压、挤出、注射等成型方法制成各种泡沫衬垫、泡沫块、片材等，容易进行二次成型加工；⑦具有耐腐蚀、耐霉菌性能；⑧泡沫塑料也可用黏合剂进行自身黏接或与其他材料黏接，制成各种缓冲衬垫等。

泡沫塑料通常按化学组成、密度、泡沫结构、机械性能等几种方法进行分类。

按化学组成可分为：PE、PS、PVC、聚氨酯（PVP）、PP 泡沫塑料等。

按密度可分为：低发泡、中发泡和高发泡泡沫塑料。

按泡沫结构可分为：开孔型泡沫塑料和闭孔型泡沫塑料。

按机械性能可分为：软质、半硬质和硬质 3 种泡沫塑料。

泡沫塑料的用途：广泛用作绝热、隔音、包装材料及制作车船壳体等。

4. 塑料编织袋与塑料无纺布

（1）塑料编织袋

塑料编织袋是指用塑料扁丝编织成的袋。塑料扁丝主要是以聚乙烯或聚丙烯树脂为原料经挤出成型制得平膜或管膜，然后切割成一定宽度的窄条，再经单向拉伸制成的。

塑料编织袋的主要优点：①质轻、强度高、耐腐蚀；②加入塑料薄膜内衬后能防潮、防湿。

塑料编织袋的分类如下。

按主要材料分类：聚丙烯袋、聚乙烯袋等。

按缝制方法分类：缝底袋、缝边底袋。

按装载量分类：轻型袋、中型袋和重型袋 3 种；轻型袋装载量在 2.5kg 以下，中型袋为 25～50kg，重型袋为 50～100kg。

塑料编织袋的用途：适于用作化工原料、农药、化肥、谷物等的重型包装，特别适于用作外贸出口商品包装。

（2）塑料无纺布

塑料无纺布又称非织造布，或称不织布。它由定向的或随机的纤维而构成，多采用塑料粒料为原料，经高温熔融、喷丝、铺纲、热压卷取连续一步法生产而成。因具有布的外观和某些性能而称其为布。但它们是由化学纤维和植物纤维等在以水或空气作为悬浮介质在湿法或干法抄纸机上制成的，虽为布而不经纺织故称其为无纺布。无纺布生产用纤维主要有丙纶（PP）、涤纶（PET）。此外，还有锦纶（PA）、黏胶纤维、腈纶、乙纶（HDPE）、氯纶（PVC）。

塑料无纺布的主要优点：突破了传统的纺织原理，工艺流程短、生产速度快、产量高、成本低、用途广等。

塑料无纺布的用途：可用于医疗、卫生、家庭装饰、服装等行业，在包装领域主要用作衬垫材料，或用该材料制成包装袋等。

5. 塑料网

塑料网主要用挤出法制造，挤出网又分普通挤出网和挤出发泡网。

（1）普通挤出网

普通挤出网简称挤出网，它是将聚乙烯或聚丙烯等树脂加入挤出机，使其熔融塑化后经螺杆挤出进入一个设有若干小孔的内外模口的特殊旋转机头，熔融的塑料流经模口孔隙形成两股熔融料丝。因机头旋转，两股料丝间断汇合于一点，从而形成网络，再经冷却定型成网。

塑料挤出网的主要优点：成型工艺及设备简单，易于操作，从原料到成网一次成型，生产效率高，成本低。

塑料挤出网的用途：广泛用作各种玩具、食品、蔬菜、酒瓶、机械零件的包装，用于水产养殖、建筑工程及道路交通建设等。另外，可用于生产汽车靠背、席梦思床垫、空调用网、阻燃网、路基网等。

（2）挤出发泡网

挤出发泡网是一种新型的缓冲衬垫材料，它是在挤出网的基础上发展起来的。挤出发泡网是以聚乙烯树脂为原料，加入交联剂、发泡剂等助剂，经挤出发泡成网。

挤出发泡网的主要优点：质轻，有一定的强度和弹性，并具有缓冲和防震性能。

挤出发泡网的用途：广泛应用作玻璃瓶装化学药品、小型精密仪器、电子产品以及水果等物品的包装。

35.1.4　生物塑料材料及其应用

生活中各种塑料容器随处可见，但这些塑料容器都是由化学塑料制成的，废弃后很难分解，它们的处理是一个难题。很多塑料容器在高温下还会出现安全问题。近年来，我国和日本、美国等国家的科学家正在研究的生物塑料产品。生物塑料的应用非常广泛，包括包装、消费产品、电子产品、汽车和纺织品等，其中包装仍然占据最大的细分市场，在 2021 年达到 48%的市场占有率。生物塑料的发展主要得益于生物塑料技术和性能的改进，技术创新将拓展其在汽车、医疗和电子行业的应用。生物塑料不仅对环境友好，其对机体的适应性也非常好，可望用于生产可被机体吸收的术后缝合线等医用产品。

生物塑料是指以淀粉等天然物质为基础在微生物作用下生成的塑料。它具有可再生性，因此十分环保。目前，已经在工程和包装中应用的主要有两类：PHA（聚羟基脂肪酸酯）和 PLA（聚乳酸）。

生物塑料的主要优点：①生产生物塑料可以减少石油消耗；②生物降解型塑料可以推动塑料回收；③生物塑料不含聚氯乙烯、邻苯二甲酸酯等有毒物质，这些毒素对健康的影响已受到广泛关注，部分国家地区已经颁布法令禁止在玩具和婴儿用品中添加邻苯二甲酸酯；④生物塑料的原料都是从纯植物中获取，植物中含有大量淀粉和蛋白质，是生物塑料中丙烯酸、聚乳酸的主要来源。从植物中提取的丙烯酸、聚乳酸等经过各种工艺生产制成生物可降解塑料材料，这在很大程度上避免了对环境的污染和破坏，这是传统塑料无法比拟的优越性。

生物塑料面临的主要问题：①价格问题，生物塑料现阶段比普通塑料价格要高两三倍，阻碍了这类材料的迅速普及；②生物塑料和生物燃料一样可能会与人争粮，生物燃料来源于玉米、小麦等粮食作物，会带动世界粮食价格上涨，以玉米等为原料的生物塑料也可能导致同样的问题；③生物塑料供应仍较有限，产品价格在一定程度上仍受石油价格的推动；④缺乏统一的生物塑料贴标方法；⑤生物塑料的消费者意识日益增加，但多数消费者不懂得如何辨别这些材料。

尽管生物塑料面临如上一些问题，但它也拥有无可比拟的优点。因此，日本政府为推进生物塑料等可再生资源的使用出台了《生物技术战略大纲》和《生物质日本综合战略》，其中提到，扩大生物塑料的使用是一项重要课题。美国农业部为鼓励生物塑料的生产，从 2004 年起实行生物产品优先采购计划。欧洲比利时 Vincotte 机构推出 OKbiobased 标签，用于标明生物塑料产品生物基的含量，鼓励消费者消费绿色环保的生物塑料。由于我国生物基材料发展时间短，许多产品尚没有标准和测试方法，而国外的标准和测试评价体系相对制定得较早，因此，在生物基含量、生物分解性能等方面，国内产品出口时往往会碰到壁垒。我国生物降解塑料产业仍然羽翼未丰，企业要想马上盈利还有困难，市场及消费者接纳也需要有一定的过程，因此还是需要得到政府的大力扶持。

35.2　纸质包装材料及其制品[3, 4]

纸包装材料及其制品是指以造纸纤维为主要原料制成的包装用纸和纸板，纸包装容器及其他纸包装制品，统称为纸质包装。纸质包装材料是四大支柱包装材料之一。据统计，纸质包装材料占包装材料总用量的 40%～50%。在白色污染日益严重的今天，纸质包装材料更具重大意义。

纸包装材料具有其他材料无法比拟的独特优点：①质较轻，原料来源丰富，价格低廉，易于大批量生产；②折叠性能优异，有一定的韧性和抗压强度，便于机械化生产或者手工生产，便于运输和储存；③弹性良好，有一定的缓冲作用，保护性好，不受温度影响；④卫生、无毒、无污染；⑤印刷性能良好，油墨和涂料吸收率大，字迹、图案清晰牢固；⑥可以完全回收利用，不会造成环境污染。

纸包装材料的缺点体现在阻隔性低、耐水性差、强度较低，尤其湿强度低。

纸制包装应用十分广泛，不仅用作百货、纺织、五金、电信器材、家用电器等商品的包装，还适于用作食品、医药、军工产品等的包装。

35.2.1　包装用纸、纸板的分类

包装用纸可分为纸和纸板两大类。纸和纸板是按定量（指单位面积的质量，以每平方米的克数表示）或厚度来区分的。凡定量＜250g/m^{2}或厚度在 0.1mm 以下的统称为纸；定量＞250g/m^{2}或厚度在 0.1mm 以上的纸称为纸板或卡纸（有些产品定量虽达 250g/m^{2}习惯上仍称为纸，如白卡纸、绘图纸等）。

根据用途，纸大致可分为：文化用纸、工农业用纸、包装用纸和生活用纸四大类。纸板可分为：包装用纸板、工业技术用纸板、建筑纸板及印刷与装饰用纸板四大类。

用于包装的纸和纸板常称为包装用纸与纸板。包装用纸主要用于包装商品、制作手袋和印刷装潢商标等；包装用纸板主要用于生产纸箱、纸盒、纸筒等包装容器。

35.2.2　主要包装用纸与纸板

1. 包装用纸

一般纸张均可用于包装，但为了使包装制品达到所要求的强度指标，保证被包装的产品完好无损，因此包装所用纸张应强度大，含水量低，透气性小，不含对包装产品有腐蚀性的物质，有良好的印刷性能，具有这些性能的纸张才能用于各类产品的包装。

包装用纸大致包括：纸袋纸、牛皮纸、中性包装纸、普通食品包装纸、鸡皮纸、羊皮纸、玻璃纸、胶版纸、有光纸、防潮纸、防锈纸等。

（1）纸袋纸

纸袋纸又称水泥袋纸，一般以本色硫酸盐针叶木浆为原料，使用长网多缸造纸机或圆网多缸造纸机制造。纸袋纸分为一号、二号、三号、四号 4 种，常供水泥、化肥、农药等包装之用。要求有较高的强度，保证装袋和运输过程中不破损，撕裂力、抗折强度、透气性适中，韧性大。

（2）牛皮纸

牛皮纸是高级包装纸，因其质量坚韧结实得似牛皮而得名。它由硫酸盐针叶木浆纤维或掺一定比例的其他纸浆制成。牛皮纸从外观上可分为单面光牛皮纸、双面光牛皮纸、有条纹牛皮纸和无条纹牛皮纸等品种；双面牛皮纸又分压光和不压光两种。牛皮纸有较好的耐破度和良好的耐水性，没有透气性要求，这点是与纸袋纸不同的。

牛皮纸用途十分广泛，大多供包装工业品，如作棉毛丝绸织品、绒线、五金家电及仪器仪表等包装，也可加工制作砂纸、档案袋、纸袋等。

（3）中性包装纸

中性包装纸用未漂 100%硫酸盐木浆或 100%硫酸盐竹浆制造。这种纸张不腐蚀金属，主要用于军工产品和其他专用产品的包装。中性包装纸分为包装纸与纸板两种。

（4）普通食品包装纸

普通食品包装纸是一种不经涂蜡加工可直接包装入口食品的包装纸。它是以 60%漂白化学木浆和 40%漂白化学草浆为原料，加入 5%填料，采用圆网单（多）缸造纸机制

造而成的。它分为一号、二号、三号 3 种，有单面光和双面光两种式样。

普通食品包装纸主要用于食品商店、副食店、旅游食品供应点等零售食品的包装。

（5）鸡皮纸

鸡皮纸又称白牛皮纸，是一种单面光的平板薄型包装用纸，主要供印刷商标、包装日用百货和食品。以漂白硫酸盐木浆为主要原料，或掺入部分漂白草浆或白纸边。其特点：纸质均匀，拉力强，施胶度和耐折度较好，纸面光泽良好并有油腻感，纤维分布均匀，经过包扎不易破裂，色泽多样。

（6）羊皮纸

羊皮纸又称植物羊皮纸或硫酸纸，是一种半透明的高级包装纸，其工艺较为复杂，价格也稍高。它是用 100%未漂亚硫酸盐木浆抄制成原纸，用一定浓度（72%）的硫酸浸渍，经清水冲洗，然后用甘油浸渍，使纸形固定，最后烘干而成。

羊皮纸具有一系列与许多其他种类纸张不同的特殊物理机械性质，如结构紧密，高抗水性；不透水、不透气、不透油；性硬、半透明、不燃等。

包装用羊皮纸按其用途一般可分为工业羊皮纸和食品羊皮纸。工业羊皮纸具有防油、防水、湿强度大的特性，适用于包装精密仪器和机构零件。食品羊皮纸主要用于食品、药品、消毒材料等的包装。

（7）玻璃纸

玻璃纸又称透明纸，是一种透明度最高的高级包装用纸。玻璃纸是用高级漂白硫酸盐木浆经较复杂的工艺制成的。

玻璃纸的主要优点：透明性、光泽性好；质地柔软，厚薄均匀，具有伸缩性；不透气、不透油；阻隔性、防灰性强；耐热、不易带静电等。

玻璃纸的缺点：吸湿性大，防潮性差，遇潮后易起皱和粘连；撕裂强度也较小，干燥后易脆，无热封性。

玻璃纸的用途：主要适于用作医药、食品、纺织品、精密仪器等商品的美化包装。

（8）有光纸和胶版纸

有光纸俗称单面光纸，一种薄页型纸。纸的一面平滑光亮，一面粗糙。用漂白的苇浆、草浆、蔗渣浆、竹浆和废纸等原料加入少量脱墨废纸浆，经打浆、施胶和加填料（滑石粉或高岭土）后，在造纸机上抄造而成。主要用于商品里层包装或衬垫，也可作为裱糊纸盒用纸。

胶版纸旧称“道林纸”，是主要供平版（胶印）印刷机或其他印刷机印刷较高级彩色印刷品时使用的双面印刷纸。胶版纸按纸浆料的配比分为特号、1 号、2 号和 3 号，具有较高的强度和适印刷性能。有单面和双面之分，还有超级压光与普通压光两个等级。胶版纸纤维紧密、均匀、洁白、施胶度高、不脱粉和伸缩率小、抗张力、耐折度好，适用于印制单色或多色书刊封面、正文、插页、画报、地图、宣传画、彩色商标和各种包装品。

（9）防潮纸

为减少纸的吸湿量，常采用油脂、蜡等对纸进行表面处理或者采用沥青涂料进行涂布加工成的石蜡纸、沥青纸、油纸等，通称为防潮纸。

防潮纸的用途：主要用作食品内包装材料、武器弹药包装、卷烟包装、水果包装等。

（10）防锈纸

防锈纸是用于包装金属制品，以防止其氧化生锈的一种包装纸。除具有较高的韧性和耐折度外，还不含任何可能引起金属生锈的物质。原纸定量为 40～80g/m^2，用未漂硫酸盐木浆，经打浆、施胶、加填（料）后，在造纸机上抄造，然后采用浸涂、刷涂或胶涂等方法，将除锈剂（如苯甲酸钠、苯甲酸钠与亚硝酸钠混合液）涂布于原纸上，再经干燥而制成。防锈纸兼具金属防锈与包装双重功效。

2. 包装用纸板

包装用纸板主要用途是制作包装容器和衬垫，在生活、文化用品上广为采用，特别是商品包装使用纸板的数量很大。

包装用纸板主要有瓦楞原纸、箱纸板、牛皮箱纸板、草纸板、单面白纸板、灰纸板、瓦楞纸板、蜂窝纸板等。

（1）瓦楞原纸

瓦楞原纸是一种低定量的薄纸板。瓦楞原纸的纤维组织均匀、厚薄一致，无突出纸面的硬块，纸质坚韧，具有一定的耐压、抗张、抗戳穿、耐折叠性能。

按原料不同，可分为半化学木浆、草浆和废纸浆瓦楞原纸 3 种。瓦楞原纸与箱纸板贴合制造瓦楞纸板，再制成各类纸箱。它们在高温下，经机器滚压成为波纹形的楞纸（称瓦楞芯纸），与箱纸板裱合成单楞或双楞的纸板，可制作瓦楞纸箱、盒、衬垫和格架。

（2）箱板纸

箱纸板专门用于和瓦楞原纸裱合后制成瓦楞纸盒或瓦楞纸箱。主要作为日用百货等商品的外包装和个别配套的小包装使用。

（3）牛皮箱纸板

牛皮箱纸板是用 40%～50%的硫酸盐木浆和 50%～60%的废纸浆、废麻浆、半化学木浆抄制而成的。主要适用于制造外贸包装纸箱、内销高档商品包装纸箱及军需物品包装纸箱。

（4）草纸板

草纸板又称黄纸板、马粪纸，是用稻草、麦草等草料经石灰法或烧碱法制浆后用多圆网、多烘缸生产线抄制得到的（目前也使用混合废纸作原料）。

草纸板由于成本很低，用途极为广泛，主要用于制作各式商品内外的包装纸盒或纸箱，也可用作精装书籍等的封面衬垫。

（5）单面白纸板

单面白纸板一般用化学热磨机械浆、脱墨废纸浆或混合废纸浆作底（里），用漂白化学木浆挂面，采用多圆网和长圆网混合纸板机抄制而成。

单面白纸板经单面彩色印刷后制盒，供包装用。

（6）灰纸板

灰纸板又称青灰纸板。一般原料采用 20%～50%漂白化学木浆，其余为漂白化学草浆和白纸边等，芯浆用混合废纸，底浆是废新闻纸脱墨浆。

由于灰纸板的质量低于白纸板，主要用于各种商品的中小包装。

（7）瓦楞纸板

瓦楞纸板又称波纹纸板。它由瓦楞原纸和箱板纸加工而成，是二次加工纸板。先将瓦楞原纸压成瓦楞状，再用黏合剂将两面黏上箱纸板，使纸板中间呈空心结构。瓦楞的波纹就像一个个拱形门，相互支撑，形成三角形空腔结构，能够承受一定的平面压力，且富有弹性，缓冲性能好，能起到防震和保护商品的作用。

按结构分，常用的瓦楞纸板分为 5 种：二层瓦楞纸板（又称单面瓦楞纸板）、三层瓦楞纸板[又称双面瓦楞纸板或单（坑）瓦楞纸板]、五层瓦楞纸板（又称复双面瓦楞纸板或双面双瓦楞纸板）、七层瓦楞纸板（又称双面三瓦楞纸板）、X-PLY 型瓦楞纸板（又称高强瓦楞纸板）。

世界各国通用的瓦楞纸板规格有 A、B、C、D、E 5 种。

瓦楞纸板（箱）是全世界公认的绿色环保型包装产品。但随着人们环保观念的日益增强，加上全球森林资源的日益匮乏和水土资源的日益短缺，生产纸箱用纸所需木材的采伐在许多国家越来越受到限制，致使瓦楞纸箱业木材纤维的来源受到严重影响。在市场竞争日趋激烈，科学技术不断更新，新的包装材料不断研制面世的今天，瓦楞纸板要想保持自己在包装材料中的“一哥”地位，在技术设备的研发、质量性能的提高和产品品类的扩充丰富等方面还要更进一步提高与发展。

（8）蜂窝纸板

蜂窝纸板是根据自然界蜂巢结构原理制作的，它是把瓦楞原纸用胶黏结方法连接成无数个空心立体正六边形，形成一个整体的受力件——纸芯，并在其两面黏合面纸而成的一种新型夹层结构的环保节能材料。

蜂窝纸板特殊的结构使其具有独特的优点：①质轻，用料少，比强度、成本低；②强度高，表面平整，不易变形；③有较好的隔震、隔音功能；④抗冲击性、缓冲性好；⑤由于易于进行特殊工艺处理，可获得独特的性能；⑥蜂窝纸板制品出口无须熏蒸，可以免检疫；⑦属于环保产品，不污染环境。

然而，作为包装材料，蜂窝纸板也有其缺点：由于其特殊的内部结构，包装件的加工、成型都比较困难；制造工艺较为复杂，成本高；一般蜂窝纸板的面纸只有一层，故其耐戳穿性较低；蜂窝纸板的缓冲性能劣于发泡聚苯乙烯材料（EPS）；蜂窝纸板虽然也可以用作衬垫或包装充填物，但因不能任意造型，故使用上有一定的局限性。

蜂窝纸板主要用来制作具多种用途的包装制品，如缓冲衬垫、纸托盘、蜂窝复合托盘、角撑与护棱、蜂窝纸箱等。

35.2.3　纸质包装制品

纸质包装制品又称纸包装制品，它是用纸或纸板制成的容器。前者属于柔性容器，后者属于刚性容器。纸质包装制品大体包括纸盒、纸箱、纸桶、纸袋、纸浆模塑制品和纸托盘等。

1. 纸盒

纸盒是用纸板制作，容量较小，且具有一定刚性的盒形容器，是一种中型包装。按纸盒成型后能否再折叠成平板状储运，可分为折叠纸盒和固定纸盒。

（1）折叠纸盒

折叠纸盒是指把较薄（通常是 0.3～1mm）的纸板经裁切或模切加工后，主要以折叠组合方式成型的纸盒。

折叠纸盒生产成本低，流通费用低，生产效率高，结构变化多，又适合于中、大批量及机械化生产，所以其应用相当广泛，常用于包装糕点、糖果、药品、化妆品和日用品等。

（2）固定纸盒

固定纸盒是用贴面材料将基材纸板粘贴、裱合而成的纸盒。

粘贴纸盒的原材料有基材和贴面材料两类。基材主要是非耐折纸板（如草板纸等），贴面材料又有内衬和贴面两种。

固定纸盒的优点：①可选择多种贴面材料，用途广泛；②刚性较好，抗冲击能力强；③堆码强度高；④小批量生产时，设备投资少，经济性好；⑤具有良好的展示、促销功能。

固定纸盒的缺点：①不适宜机械化生产，因而也不适于大批量生产；②不能折叠堆码，因而流通成本高（仓储运输空间大）。

2. 纸箱

（1）瓦楞纸箱

瓦楞纸箱是用瓦楞纸制成的刚性纸质容器，是运输包装中最重要、应用最广泛的包装容器。

瓦楞纸箱主要箱型均已有相应的标准。国际瓦楞纸箱的箱型标准有两大类：一类是经国际瓦楞纸板协会批准，由欧洲瓦楞纸板制造工业联合会（FEFCO）和瑞士纸板协会（ASSCO）联合制定的国际纸箱箱型标准；另一类是日本、美国的国家标准。

国际瓦楞纸箱型标准中的箱型代号由两部分组成，前两位表示纸箱类型，后两位是箱型序号，表示同一类箱型中的不同结构形式，如 0201 型纸箱表示是 02 型纸箱中的第一种结构形式。

我国国家标准《运输包装用单瓦楞纸箱和双瓦楞纸箱》（GB/T 6543—2008）参考国际箱型标准规定了瓦楞纸箱的基本箱型，这一标准中只包括 02 型、03 型、04 型 3 类[5]。

国际瓦楞纸箱型标准中瓦楞纸箱的基本箱型如下。

a）02 型——开槽型纸箱：这种箱型最为常用。特点是：一页成型；无独立分离的上下摇盖，接头由生产厂家钉合、黏合或用胶带纸黏合，运输时呈平板状。

b）03 型——套盒型纸箱：即罩盖型。由箱体、箱盖两个独立的部分组成。正放时箱盖或箱底可以全部或部分盖住箱体。

c）04 型——折叠型：一般由一页纸板组成，无须钉合或黏合，部分箱型还需黏合，只要折叠即可成型，还可以设计锁口、提手、展示牌等。

d）05 型——滑盖型：由数个内装箱或框架及外箱组成，内箱与外箱以相对方向运动套入（类似抽屉），其部分箱型还可以作为其他类型纸箱的外箱。

e）06 型——固定型：由两个分离的端面和连接这两个端面的箱体组成，使用前用钉合、黏合或胶带纸黏合将端面和箱体连接起来。俗称 Bliss 箱。

f）07 型——自动型：用一页纸板形成，采用局部黏合。运输时呈平板状。使用时只要打开箱体即可自动固定成型。其结构与管式、盘式折叠纸盒中的自动折叠纸盒相同。

g）09 型——内衬件。内衬件又包括以下几类：①平板型，将内装物分隔为上下、左右、前后两部分（序号为 00-03）。②平套型，起加强作用，增加抗压强度（序号为 04-10）。③直套型，起分隔、加强作用（序号为 13-29）。④隔板型，分隔内装物（序号为 30-35）。⑤填充型，填充纸箱上端空间，避免内装物跳动（序号为 40-67）。⑥角型，填充纸箱上四角以固定内装物（序号为 70-76）。

自 20 世纪 80 年代后期以来，为了适应商品市场的需求，很多具有时代特点、结构新颖的非标准瓦楞纸箱不断涌现。其中包括包卷式纸箱、分离式纸箱、三角柱型纸箱、大型纸箱等。

（2）蜂窝纸箱

蜂窝纸箱以蜂窝纸板冲压、裁切、粘贴制成。利用蜂窝纸板制作的蜂窝纸箱，因具有纸板厚度故有易于控制、平压强度和抗弯强度都很高等特点，在某些包装领域，可用来替代木箱、重型瓦楞纸箱等包装产品，以求节约资源。蜂窝纸箱可应用于包装、石材、家电、家具、电子通信、机电机械、服装等行业。

3. 纸罐、纸桶、纸杯

以包装纸为主要材料制成圆筒状并配有纸盖或其他材质的底盖，这种容器通称为纸罐。较大的纸罐也称纸桶。

纸罐（桶）的用途：由于纸罐（桶）质轻、不生锈、价格便宜，常被用来代替马口铁罐作为粉状、晶粒状物体和糕点、干果等物品的销售包装；在纸罐（桶）内壁涂覆防水材料后也可用作油脂类产品等的包装。无底无盖的纸管主要用于印染、纺织、造纸、塑料、化工等行业，作为带状材料的卷轴等。

纸杯是用纸板制成杯筒与杯座，经模压咬合再成杯体的小型纸制容器。纸杯通常口大底小，可一只只套叠起来，以便于储运和取用。

纸杯的用途：广泛用于盛装冰淇淋、乳制品等食品。

4. 纸袋

纸袋是纸质包装容器中使用量仅次于瓦楞纸箱的一大类纸制包装容器，用途甚广，种类繁多。

根据纸袋形状可将其分为信封式、方底式、摇带式、“M”形折式、筒式、阀式 6 种。

纸袋封口的方法主要有：缝合封口、四合扣封口、胶带封口、钉合封口等。

纸袋的用途：适于用作纺织品、衣帽、日用品、小食品、小商品等的销售包装。

5. 纸浆模塑制品

纸浆模塑是以纸浆为原料，用带滤网的模具，在一定压力（负压或正压）、时间等条件下，使纸浆脱水、纤维成型而生产出所需产品的加工方法。它与造纸的原理基本相同，因而又有人称之为“立体造纸”。

纸浆模塑制品是近十几年来才发展起来的，其主要优点：①选材广泛，纸浆模塑制品多数以废旧纸品、天然植物（秸秆、芦苇、竹子、甘蔗、植物果壳）为原材料制成，资源广泛，可节省大量天然木材，降低生产成本。②制品可以通过模具实现各种不同的造型，从而使造型单调的纸包装得以丰富、改善，提高其市场适应能力。③制品质轻、防护性能好，可作为缓冲、防震内衬。④通过添加各种助剂，可以制成耐水、耐热、耐油的包装容器。⑤纸浆模塑制品可回收利用，重复进行生产；包装废弃物可自行降解、掩埋或焚烧，无有害气体产生。

纸浆模塑制品也存在明显的缺点：①制品受潮后很快变形，强度也随之下降；②外观颜色明度低，略显灰、黄色。纸浆模塑制品表面比较粗糙，一般不适合包装中高档产品。

纸浆模塑制品的用途：电气包装内衬、种植育苗、医用器具、食（药）品包装、隔离易碎品、军品专用包装、一次性卫生用品、制作模特等。

另外，纸包装制品中还有纸质托盘、纸板展示架、纸绳和纸质缓冲结构件等。

35.3　木材包装材料及其制品[1, 6]

木质包装是以木材制品和人造木材板材（如胶合板、纤维板）为基材制成的包装的统称。木质包装主要用作大型或较笨重的机械、五金家电、自行车及怕压、怕摔的仪器、仪表等商品的外包装。

由于木质包装能够充分满足各种商品的仓储和运输要求，尤其在大型成套设备的包装、储运方面是必不可少的，因此尽管我国木材资源比较匮乏，木质包装有逐步被其他材料所取代的趋势，但在包装产业中，仍约占 25%的比例。

35.3.1　木材的种类和特点

1. 天然木材

天然木材具有很多优点：①分布广，可以就地取材；②制作简单，仅使用简单的工具就能制作；③质轻、强度高且有一定的弹性，能够承受较大的冲击和振动；④具有很高的耐久性；⑤和金属材料相比较，木材的热胀冷缩系数较小，不会生锈，不易被腐蚀；⑥木质包装材料可以回收再利用，有的也可反复使用，价格低廉。

因此木材在现代包装工业中仍然占有很重要的地位。

木材也有一定的缺点：组织结构不匀，各向异性；易受环境温度、湿度的影响而变形、开裂、翘曲和强度降低；易于腐朽、易燃、易被白蚁蛀蚀等。

2. 人造木材

人造板材所使用的原料均系木材采伐过程中的剩余物或其他木质纤维，使树枝、截头、板皮、碎片、刨花、锯末等废料都得到利用。近代常用的人造板材的原材料又扩大到灌木、农作物秸秆等。

人造板材的种类很多，主要有：胶合板、纤维板、刨花板。

（1）胶合板

胶合板是由原木旋切成薄木片，经选切、干燥、涂胶后，按木材纹理纵横交错重叠，通过热压机加压而成的。其层数均为奇数，有 3 层、5 层、7 层乃至更多。

由于胶合板各层按木纹方向相互垂直，使各层的收缩与强度可相互弥补，避免了木纹方向不同而导致的性能差异的影响，使胶合板不易发生翘曲与开裂等。

胶合板品质的好坏与所采用的黏合剂品种有很大的关系。包装轻工、化工类商品的胶合板，多用酚醛树脂作黏合剂，具有耐久、耐热和抗菌等性能。包装食品的胶合板，多用骨胶和血胶作黏合剂，具有无嗅、无味等特性。

（2）纤维板

纤维板是利用各种木材加工的下脚料与木材采伐的剩余物或蔗渣、竹子、稻草、麦秆等植物纤维经过制浆、成型、热压等工序制成的人造板。

纤维板的特点：纤维板板面宽平，不易裂缝、不易腐朽虫蛀，有一定的抗压、抗弯曲强度和耐水性能，但冲击强度不如木板与胶合板。

纤维板的用途：硬质纤维板适宜于作为包装木箱挡板和制作纤维板桶等。软质纤维板结构疏松，具有保温、隔热、吸声等性能，一般用作包装防震衬板。

（3）刨花板

刨花板又称碎木板或木屑板，是将碎木、刨花经过切碎加工后与胶黏剂拌和，再经加热压制而成的。

刨花板的特点：刨花板的板面宽、花纹美丽，没有木材的天然缺陷，但易吸潮，吸水后膨胀率较大，且强度不高。

刨花板的用途：一般可以作为小型包装容器，也可以作为大型包装容器的非受力壁板。

35.3.2 木质包装制品

木质包装制品的主要形式有木桶、木箱、木盘、木盒等。

1. 木桶

木桶是一种古老的包装容器，分为木板桶、胶合桶和纤维桶。木板桶具有透气性好、不渗、无味等优点。胶合板桶桶盖与桶底为木材，桶身为胶合板。纤维板的结构与用途和胶合板相同，具有防潮、耐冲击等优点。

木桶的用途：主要用来包装化工类、酒类等商品。

2. 木箱

（1）框架木箱

一般由底座、侧板、堵头、顶盖 4 个式样的墙板组成。使用时，先将内装物牢固地固定在底座上面，再安侧面板和堵头挡板，最后安装顶盖。墙板可根据需要覆盖木板条、胶合板。组装方式分为钉子和螺栓两种，货物轻者采用钉子，货物重者用螺栓。

（2）钉板箱

简称木箱。各面用木板钉制而成，具有良好的抗破裂及抗穿透性；能耐较大的码垛载荷，尤其在受潮的情况下，不会因强度下降而变形导致倒垛事故，为内装物提供有效的保护。但是木板的弹性小，缓冲防震性能差，受潮后不易干燥，拼缝留有空隙而难以密封等。

（3）缩角木箱

这种木箱堵头的三根木带呈“H”形，故也称为“H”形木箱，每个木箱形成缩角，适用于装体积小、分量较重的商品。

（4）花格木箱

简称条板箱。它是用板条做成箱架，成为稀疏的木条箱。具有成本低、质轻、易看清商品、避免粗暴装卸等特点。适用于装易碎商品。

（5）木撑合木箱

各面由撑框结构钉以胶合板而构成，它与钉板箱的承载能力基本相同，但这种板箱有比钉板箱轻、木撑结构易于搬运、便于印刷、节省木材等优点。然而耐穿透性差，强度低，箱体尺寸不宜过大。

3. 木盘

（1）底盘

包装用底盘通常是木质的坚固构件，直接和具有足够强度和刚度的产品固定在一起。适用于塔、罐、机械设备等大型产品。用底盘作为包装，主要为了运输、装卸的方便。底盘载重通常在 500kg 以上、6000kg 以下。

（2）托盘

托盘是一种集合装卸（集约包装）工具，有的地区也称为栈板。按结构可分为：箱式托盘、立柱托盘、平板托盘和滑片托盘。托盘包装的产品本身不是很重、尺寸不是很大。而集约包装就是把若干数量的单件物品归并成一个整体，使用托盘进行装卸运输。其主要优点是简化了包装，能有效降低包装成本，方便运输和装卸。

4. 木盒

木盒是一种十分古老的容器，也是家居器皿之一，它多用作礼品包装。木盒表面可采用多种工艺加工处理，以获得满意的装饰效果。

35.3.3　代木包装

目前，我国不断加大森林保护力度，人们的环保意识也逐渐增强，因此大量使用木材作为包装材料的前景暗淡，节约木材与发展代木包装已迫在眉睫。

代木包装是指为了节约木材资源和克服木质包装的不足而采用其他材料来代替木材的包装方式和技术。从原理上讲，前述几乎所有木质包装都可以使用代木材料制造，但实际应用中通常是指运输包装中的大型木箱、木托盘、木底盘等代木包装产品。

1. 以纸（植物纤维）代木

以纸代木的包装材料是废纸为主要原料，加工方便、制作成本低，在生产过程中无污染，废品也可回收，具有环保和价格上的优势。它主要包括使用重型瓦楞纸箱或蜂窝纸板箱代替一般木箱包装；瓦楞纸板或蜂窝纸板托盘代替木托盘；使用植物纤维进行直接压制包装产品，如托盘和底盘等。

2. 以钢（铁）代木

目前，物流行业开始越来越多地应用钢材加工一次性托盘和可回收使用的托盘。

3. 以塑代木

主要指使用塑料注塑件代替木质包装的方法和技术。目前应用较广的有塑料周转箱或塑料箱、塑料托盘等。

4. 木塑材料

木塑材料或称塑木材料，这是一种将聚合物树脂（一般是回收废塑料）和生物纤维材料（木屑、竹屑、稻壳、秸秆等）按一定比例混合，并添加特殊的助剂，经高温挤出造粒，然后像普通塑料一样通过模具注射或挤出成型的复合材料。目前，主要运用在建筑领域的门窗、顶板、模板、地板等，木塑制品不吸水、不变形、高效低廉，市场前景广阔。

35.4　金属包装材料及其制品

金属包装材料是指被压延成薄片，用于商品包装的金属材料。金属包装是中国包装工业的重要组成部分，其产值约占中国包装工业的 10%，主要为食品、罐头、饮料、油脂、化工、药品及化妆品等行业提供包装服务。其中用于食品包装的数量最大。目前，在我国、日本和欧洲等地，金属包装材料占包装材料总使用量的第三位；在美国，金属包装材料的使用量占到第二位。因此，金属包装材料的应用研究在包装材料学中占有重要的地位。

35.4.1　金属包装材料的分类

1. 按材质分类

分为钢系和铝系两大类。

a）钢系主要有低碳薄钢板、镀锡薄钢板、镀铬薄钢板、镀铝薄钢板、镀锌薄钢板等。

b）铝系主要有铝合金薄板和铝箔。

2. 按材料厚度分类

可分为板材和箔材。

a）板材（厚度大于或等于 0.2mm）主要用于运输包装，制造金属桶、集装箱、捆扎材料；用于销售包装，制造金属罐、金属软管等。

b）箔材（厚度小于 0.2mm）是箔容器、复合材料的主要组成部分。

35.4.2　金属包装材料的优点和缺点

1. 金属包装材料的优点

a）非常牢固、强度高。用金属材料制造的包装容器的壁厚可以很薄，因此容器质轻，强度较高，加工和运输过程中不易破损，便于储存运输。

b）具有独特的光泽，便于印刷、装饰。

c）具有良好的综合保护性能。金属对水、气等透过率低，不透光，能有效避免紫外等有害影响，能长时间保持商品的质量。

d）资源丰富，加工性能好。金属包装材料可用不同的方法加工出形状、大小各异的容器。

e）易再生利用。

2. 金属包装材料的缺点

a）金属及焊料中的铅、砷等易渗入食品中，污染食品。另外，金属离子还会影响食品的风味。

b）金属材料的化学稳定性差，易受腐蚀而生锈、损坏。

c）与纸、塑料等材料相比，其在价格、加工成本、运输成本方面均不占优势。

3. 包装用主要金属材料的主要性能和特点

（1）钢材

钢材资源丰富，生产成本较低，是包装金属材料中的主要材料。包装用钢材的主要形式是低碳薄钢板，它包括镀锡薄钢板、镀铬薄钢板、镀锌薄钢板等。低碳薄钢板主要用于制造集装箱、普通钢桶，也可作为捆扎材料，广泛应用于运输包装；也可制成销售包装容器，广泛用于食品、医药等包装。

为满足耐蚀性要求，可对低碳薄钢板进行镀锡、镀铬、镀锌及涂覆相应的涂料等处理。通过这样处理后也可制成销售包装容器，广泛用于食品、医药等包装。

1）镀锡薄钢板

镀锡薄钢板俗称马口铁，是用量最大的一种金属包装材料。它是在低碳薄钢板两面镀锡而制成的。用热浸法生产的称为热镀锡板；用电镀法生产的称为电镀锡板。它是制罐主要材料，大量用于罐头食品、饮料工业，也用来制作其他包装容器。

2）镀锌薄钢板

镀锌薄钢板俗称白铁皮，它是在酸洗薄钢板表面镀上一层厚度在 0.02mm 以上锌保护层而制成的。镀锌薄钢板是应用较多的金属包装材料，多用于制造中型和大型工业包装容器。

3）镀铬薄钢板

镀铬薄钢板是20世纪60年代初为减少价格昂贵的锡的用量而生产的一种材料，又称无锡钢板，是在低碳薄钢板表面镀铬而制成的。其是制罐的材料之一，可部分代替马口铁，主要用来制作饮料罐。

4）其他钢制包装材料

主要有薄锡铁、镀镍铁皮等，也用于制造各种包装容器。

（2）铝材

铝质包装材料的使用历史较短，但由于铝材具有独特的优点，因此在食品包装中也得到广泛应用。我国铝箔、铝管及铝容器的用铝量约占铝产量的2%。

铝材的优点：①密度小，仅为钢的 1/3；②无毒、无味、美观、加工性能良好、表面具有光泽；③铝表面能生成一层致密的氧化铝薄膜，能有效地阻止内部的铝进一步氧化；④铝还能与其他材料如纸、纸板及塑料等复合成复合材料，应用范围更广；⑤铝包装材料的废弃物可以回收再循环，再加工能耗低，仅为原来的5%。

铝材的缺点：①在各类酸、碱、盐介质中都易腐蚀，因此几乎所有的铝容器均应在喷涂后使用；②强度比钢低，生产成本比钢高，约为钢的5倍。

铝材主要用于销售包装，如铝罐主要用作有一定内压的含气饮料等的包装。

（3）金属箔

用钢、铝、铜等做成的金属箔，在包装行业中有着独特的作用。

铝箔作为阻隔层和纸、塑料等复合使用成为最常用的金属包装材料，广泛用于食品、饮料等的软包装；与耐热塑料薄膜复合制成的容器可用作高温消毒食品的包装等。

35.4.3 金属包装制品

金属是4种主要包装材料之一。为满足包装可靠性的要求，加工生产金属包装容器的工艺越来越先进，金属包装容器在包装行业的应用也越来越广泛。目前金属包装容器广泛应用于食品工业，作为食品罐头、饮料、糖果、饼干、茶叶等的包装容器；同时也用作化工产品如油墨、油漆、染料、化妆品、医药和日用品的包装。

包装用金属容器主要有金属罐、金属桶、金属软管及金属箔制品等。

1. 金属罐

金属罐是用金属薄板制成的容量较小的容器。通常金属罐壁厚小于0.5mm，容量小于20L。

金属罐有多种分类方法。

按照金属罐的形状分类：圆罐、方罐、椭圆罐、扁罐和异形罐等。

按照金属罐的材料分类：低碳薄钢板罐、镀锡薄钢板罐、镀铬薄钢板罐和铝罐等。

按照金属罐的结构和加工工艺分类：三片罐、二片罐等。

按照金属罐的开启方法分类：普通罐、易开罐等。

按照金属罐的用途分类：食品罐、通用罐、18L罐和喷雾罐等。

常用的金属罐是三片罐、二片罐、食品罐、通用罐、18L罐及喷雾罐等。

（1）三片罐

又称接缝罐、敞口罐。它由罐身、罐盖和罐底 3 部分组成。罐身有接缝，根据接缝工艺不同又分为锡焊罐、缝焊罐和黏结罐。多用作食品和药品等的包装。

（2）二片罐

由与罐底连在一起的罐身加上罐盖两部分组成，其罐身无接缝。根据加工工艺又分为拉伸罐和变薄拉伸罐。二片罐多用作含气饮料和啤酒等产品的包装。

（3）食品罐

一般用于制作罐头，是完全密封的罐，需加热灭菌。我国食品罐所用的材料几乎都是镀锡薄钢板，近年来也开始使用无锡钢板和铝薄板，而且需求量有增长的趋势。

（4）通用罐

是指不包括罐头在内的包装点心、紫菜、茶叶等食品的金属罐及包装药品与化妆品等的金属罐。这些罐也是密封的，但无须灭菌处理。通用罐的外表面一般都经过精美印刷，故亦称“美术罐”。材料可用镀锡铁皮或非镀锡铁皮。

（5）18L 罐

泛指盛装油漆、食用油等产品的一类大型金属罐，其容积约为 18L。这种罐几乎全部使用镀锡铁皮制作。

（6）喷雾罐

是一种耐压罐，它是利用喷发剂的喷发力，将液态的、气态的乃至混合状态的商品，经由喷嘴喷出使用。主要用于包装化妆品、洗涤剂、杀虫剂、油漆等产品，在食品包装方面也有一定的市场尚待开发。可见这是一种发展中的新型包装。90%以上的喷雾罐是用马口铁、铝和不锈钢制造的。

2. 金属桶

金属桶是用较厚的金属薄板制成的容量较大的容器。通常金属罐壁厚大于 0.5mm，容量大于 20L。金属桶是常用的金属容器。金属桶分类有以下几种。

按桶口分类：敞口和闭口两种。

按形状分类：圆桶、方桶、椭圆桶。

按提手分类：提桶、钢桶。

按厚度分类：轻型、次中型、中型、重型桶。

3. 金属软管

金属软管是一种用于包装膏状产品的特殊容器。

金属软管种类：铝制金属软管、锡制金属软管、铅制金属软管。

金属软管的优点：易加工、耐酸碱、防水、防潮、防污染、防紫外、可进行高温杀菌处理，适宜长期保存内装物。

金属软管携带方便，使用时挤出内装物而无回吸现象，内装物不易受污染，特别适合反复使用的药膏、颜料、油彩、黏结剂等。

4. 金属喷雾包装

喷雾包装（喷雾罐）是将目的物和推进剂混合后，装入带有阀门的耐压容器中，利用推进剂的压力，把内装物从阀门中喷出来，喷射出来的为有效内装物或有效内装物与推进剂的混合物。这些内装物可以以喷雾、泡沫或射流的状态喷放出来。喷雾包装广泛用作医药品，日用品、化妆品、食品等商品的包装。

喷雾包装与其他包装一样，均用作消费材料的个体包装，除了要考虑商品的美观性，还有如下特殊要求。

1）耐压性

喷雾罐属于高压容器，对其耐压强度是有要求的。喷雾罐在常温下的压力为 0.1～0.6MPa，而容器必须具备长期耐受这种压力的耐压强度。所以比起一般容器，要增加壁厚，并采用硬度较大的材料。另外，容器盖多用具有曲面形状的耐压结构。

2）结构的特殊性

为安装喷雾阀，必须有特殊的开口，阀的安装结构主要有两种：“U”形盖安装方式和 GV 盖安装方式。

3）气密性

推进剂容易挥发泄漏，一旦泄漏，喷雾制品就失去了性能，必须保持气密性。喷雾容器中泄漏部位有阀门结构、阀和容器的结合部，还有容器各部分的结合处及构成容器的材料。

5. 金属箔制品

金属箔有铁箔、硬质铝箔、软质铝箔、铜箔、钢箔 5 类。目前常用的是铝箔容器。

铝箔容器是指以铝箔为主体的箔容器。铝箔容器的优点是：质轻、外表美观；传热性好，既能高温加热又能低温冷冻，并能承受温度的急剧变化；阻隔性能好，可制成形式、种类、容量各不同的容器；可进行彩色印刷；开启方便，使用后易处理。

铝箔包装容器有两种类型：一类是以铝箔为主体经成型加工制得的成型容器，又称刚性或半刚性容器；另一类是袋式容器，又称柔性容器，是以纸铝箔、塑料/铝箱及纸/铝箔/塑料黏结的复合材料制成的袋式容器。

铝箔容器的用途：盛装冷冻食品、方便食品、应急食品等，还包括可加热的盒式容器、蒸煮袋、旅行食品包装等。

除金属容器以外，还有金属集装网箱、金属托盘和金属周转箱等金属包装制品。

35.5 玻璃陶瓷包装材料及其制品

玻璃与陶瓷同属于硅酸盐类材料。玻璃与陶瓷包装容器是指以普通或特种玻璃与陶瓷制成的包装容器。玻璃和陶瓷包装是具有很近“血缘”关系的两种古老的包装形式。二者共同点是：材质相仿、化学稳定性好。但在制作工艺（如成型、烧制等）上有一定的区别。前者是先成材后成型，后者是先成型后成材。

35.5.1　玻璃包装材料

玻璃作为传统的包装材料沿用至今，仍是现代包装的主要材料之一。玻璃以其自身的优良特性及玻璃制造技术的不断改进，仍能适应现代包装的需要，是食品工业、化学工业、医药卫生行业等常用的主要包装容器，在国民经济中占有非常重要的地位。

1. 玻璃包装材料的化学组成

玻璃是由无机熔融体冷却而成的非结晶态固体。它一般由玻璃组成氧化物和其他辅助原料所组成。按玻璃组成氧化物在玻璃结构中的作用，可分为玻璃形成体氧化物、中间体氧化物和网格外体氧化物三大类。玻璃形成体氧化物一般有 SiO_2 和 B_2O_3 等。SiO_2 和 B_2O_3 等在玻璃中形成硅氧四面体网状结构，成为玻璃的骨架，使玻璃具有一定的机械强度、耐热性和良好的透明性、稳定性等。中间体氧化物自身不能形成玻璃，但可以连接 SiO_2 等链使其保持玻璃态，它既是玻璃网络结构的一部分，又可以改进结构内部的位置。中间体氧化物主要有氧化铝、氧化铅、氧化锌等。网格外体氧化物也称为改性剂，它不参加玻璃的结构网络，居于网络之外，但能促使玻璃网络破裂而改变玻璃的性质。网格外体氧化物主要有氧化钠、氧化锂、氧化钾、氧化镁、氧化钙、氧化钡等。辅助原料包括澄清剂、着色剂、脱色剂、助熔剂、乳浊剂等。

2. 玻璃包装材料的优点和缺点

（1）玻璃包装材料的优点

a）玻璃的保护性能优良，不透气，不透湿，有紫外屏蔽性，化学稳定性高，无毒、无异味，有一定强度，能有效地保存内装物。

b）玻璃的透明性好，易于造型，具有特殊的美化商品的效果。

c）玻璃可制成的品种规格多样，对产品商品化的适应性强。

d）玻璃的强化、轻量技术以及复合技术已有一定发展，加强了其对包装的适应性，尤其在一次性包装材料中，玻璃材料有较强的竞争力。

e）玻璃的原料资源丰富且便宜，价格较稳定。

f）玻璃易于回收复用、再生，不会造成公害。

（2）玻璃包装材料的缺点

玻璃包装材料存在冲击强度低，碰撞时易破损，自身质量大，运输成本高，能耗大等缺点，限制了玻璃的应用。另外，玻璃有一定耐热性，但不耐温度急剧变化，良好的透光性有时会使内装物变色、变质等。

3. 玻璃包装材料的种类

玻璃包装材料有普通瓶罐玻璃（主要是钠钙硅酸盐玻璃）和特种玻璃（如中性玻璃、石英玻璃、微晶玻璃、钠化玻璃等）之分。

4. 玻璃包装容器的分类及用途

商品销售包装所用玻璃容器主要是玻璃瓶罐。玻璃瓶罐种类繁多，用途广，分类方法如下。

按瓶身造型可分为有肩瓶与无肩瓶，高装瓶和矮装瓶，圆形瓶、方形瓶和异形瓶等。

按瓶颈形状可分为有颈瓶与无颈瓶、长颈瓶和短颈瓶、粗颈瓶与细颈瓶等。

按色泽可分为无色透明瓶、半透明乳白瓶、绿色瓶、茶色瓶及不透明瓶等。

按瓶口直径分，有小口瓶、广口瓶两类。一般瓶口直径与瓶身内径之比小于 1/2 的称为小口瓶，大于 1/2 的称广（大、粗径）口瓶。

按制造方法可分为：①模制瓶，直接用模具成型（压制、吹制），上述大部分玻璃容器均是模制瓶。②管制瓶，先制造成玻璃管，再用吹制的方法制成瓶子。

按用途可分为 6 种：食品用瓶、酒瓶、医药用瓶、化学试剂用瓶、化妆品用瓶、文具用瓶。

5. 玻璃瓶罐的生产工艺简介

（1）原料及原料制备

按玻璃的性质要求确定原料配方，然后按配方称重。将称重的原料与化学成分相同的碎玻璃一同混合备用。

（2）熔制

通常采用连续作业的池炉进行熔制，温度为 1500℃左右。

（3）成型

经高温熔制好的玻璃液冷却至成型温度，就可以采用各种方法成型，即制成具有固定形状的制品。

常用的成型方法有模制法（吹制或压制）和管制法两类。

（4）退火

玻璃制品成型后各部位不均匀冷却，会造成一定的内应力，这种内应力使制品有发生爆裂的危险。退火，即将成型的制品重新加热至退火温度，使内应力释放，然后均匀冷却。退火温度常为 550℃左右。

（5）后期加工和增强处理

玻璃的后期加工对于制品的质量和性能都十分重要，主要包括以下几种。

a）烧口。用于酒瓶、汽水瓶等。烧口即进行瓶口火抛光。目的是提高瓶口光洁度，消除微裂纹，提高承压能力，易于密封。光洁的瓶口对于使用者来说也比较安全。

b）钢化。将制品加热至接近玻璃软化温度，然后均匀快速冷却，使其表层产生适当的均匀压应力，以提高机械强度和热稳定性。

c）磨口和磨塞。某些盛装化学药品的瓶子使用磨砂密封时需对瓶口内和瓶塞外进行磨修。

d）抛光。对制品表面进行精细研磨或用氢氟酸处理，使其表面平滑光亮，增加美感。

e）喷砂或酸蚀。用高速细砂流或酸对制品表面进行加工，以形成毛面或制成花样、标签等。

f）烤花。将釉彩印花或花纸贴在制品表面，放入烤花炉中以适当温度烘烤，使花纹附着在制品表面。

6. 强化玻璃和轻量玻璃容器

强化玻璃又称钢化玻璃。玻璃的强化技术是根据玻璃的抗压强度比抗拉强度高的原理而设计的。采用物理（热处理）或化学（离子交换）方法，将能抵抗拉应力的压应力层预先置入玻璃表面，使玻璃在受到拉应力时，首先抵消表面层的压应力，从而提高玻璃的抗拉强度。

玻璃的强化技术与双层涂敷工艺相结合，可研发出高强度轻量玻璃容器，这已成为当今玻璃包装材料的主要发展方向之一。

35.5.2　陶瓷包装材料

陶瓷是以铝硅酸盐矿物或某些氧化物为主要原料，或加入配料，经粉碎、混合和塑化，按用途给予造型，表面涂上各种表面釉，或特定釉和各种装饰，采取特定的化学工艺，用相当的温度和不同的气体（氧化、碳化、氮化等）烧结而成的制品，是一种多晶、多相（晶相、玻璃相和气相）的硅酸盐材料。

1. 陶瓷的化学组成

陶瓷由各种基本金属氧化物组成，单元系统有 SiO_2、Al_2O_3、Fe_2O_3、CaO、MgO、MnO 等，二元系统与三元系统最多，还有碳化物如 SiC、WC、TiC，氮化物如 Si_3N_4、BN、TiN，氮氧化物等。陶瓷的矿物组成有刚玉、莫来石、白硅石、磷石英、石英、磷英石、镁黄长石、钙长石、硅铍石、尖晶石等。

2. 陶瓷的性能

陶瓷的化学稳定性与热稳定性均较好，能耐各种化学物品的侵蚀，热稳定性比玻璃好，在 250～300℃时也不开裂，并可耐温度剧变。不同商品包装对陶瓷的性能要求不同，高级饮用酒瓶（如茅台酒）不仅要求机械强度高，阻隔性好，而且要求白度好，有光泽。有时则要求良好的电绝缘性、压延性、热电性、透明性、机械性能等。一般包装用陶瓷材料主要考虑的是化学稳定性和机械强度。

3. 包装陶瓷的种类

包装陶瓷按材料特性分类主要有粗陶器、精陶器、瓷器和炻器四大类。

（1）粗陶器

粗陶器具有多孔、表面粗糙、不透明、颜色深、不施釉、吸水率和透气性高的特点，主要制成缸、盆、罐、瓮等容器。

（2）精陶器

精陶器又分为硬质精陶（长石精陶）和普通精陶（石灰质、镁、熟质料等）。精陶器较粗陶器精细，灰白色，质地致密，气孔率和吸水率均小于粗陶器，它们常常制成坛、罐和陶瓶等容器。

（3）瓷器

瓷器比陶器结构紧密均匀，色白光亮，吸水率低；极薄瓷器还具有半透明的特性。

按原料不同，瓷器又分长石瓷、绢云母质瓷、滑石瓷和骨灰瓷等瓷质。瓷器主要用作包装容器和家用器皿，也有少数瓷罐。

（4）炻器

炻器是介于瓷器与陶器之间的一种陶瓷制品，有粗炻器和细炻器两种，主要制作缸、坛、砂锅等容器。

（5）特种陶瓷

特种陶瓷包括金属陶瓷与泡沫陶瓷等。

a）金属陶瓷是在陶瓷原料中加入金属微粒，如镁、镍、铬、钨等，使制出的陶瓷兼有金属的韧而不脆和陶瓷的耐高温、硬度大、耐腐蚀、耐氧化性等特点。

b）泡沫陶瓷则是一种质轻且多孔的陶瓷，其孔隙是通过加入发泡剂形成的，具有机械强度高、绝缘性好、耐高温的性能。

这两类陶瓷均可用于特殊用途或制作特种包装容器。

按用途分类：陶瓷制品可分为工业陶瓷、艺术陶瓷和日用陶瓷。包装用陶瓷属于日用陶瓷。

4. 陶瓷包装的性能特点

a）陶瓷的原料是黏土及一些天然矿物、岩石等，来源广、费用低。

b）陶瓷耐热性、耐火性与隔热性比玻璃好，且耐酸和耐药性能优良，陶瓷容器透气性极低，历经多年不变形、不变质，是理想的食品、化学品的包装容器。

c）陶瓷容器在成型与焙烧时伴随着不可避免的收缩与变形，尺寸误差较大，因而给自动包装作业带来一定的困难。

d）陶瓷容器耐冲击性差，密度也比较大，包装和运输成本也较高。

5. 陶瓷包装容器的品种、用途和结构

陶瓷包装容器按其结构形式可分为缸、坛、罐、钵和瓶等多种。

陶缸大多为烙质容器，形体下小上大，敞口器壁较厚，口缘加厚施釉，内外施釉，容量较大。多用于包装皮蛋、咸蛋、咸菜、酱类等物品。

坛和罐是可封口的容器，坛较大，罐较小，有平口和小口之分。坛器腹部较大、口部较小，内外施釉，有的坛两侧或一侧带有耳环，方便运输。罐器较低平，容量较小，口、腹径向尺寸相近。这类容器主要用于盛装酒、硫酸、酱油、酱腌菜、腐乳等商品。

陶瓷瓶是盛装酒类和其他饮料的销售包装，其造型有鼓腰形、壶形、葫芦形等。陶瓷瓶古朴典雅，施釉和装潢比较美观，主要用作高级名酒的包装。

35.6　复合包装材料及其制品

复合材料是由两种或两种以上异质、异形、异性的材料复合形成的新型材料。

复合材料由基体和增强材料两个主要部分组成。基体在复合材料中起黏结作用；增强材料在复合材料中起骨架作用。

复合材料的特点：复合材料既保持了原有材料的主要优点，又使各组分之间协同作用，形成优于原材料的特性。

复合材料的分类如下。

按基体分类：树脂基复合材料、金属基复合材料和陶瓷基复合材料。

按增强材料的形状分类：颗粒增强复合材料、夹层增强复合材料和纤维增强复合材料。

35.6.1　复合包装材料的组成

复合包装材料分为基材、层合黏合剂、封闭物及热封合材料、印刷与保护性涂料等组分。

1. 基材

在多层复合结构中，基材通常由纸张、玻璃纸、铝箔、双轴取向聚丙烯、双向拉伸聚酯、尼龙与取向尼龙、共挤塑材料、蒸镀金属膜等构成。

（1）纸张

a）性能：价格低廉、种类齐全、便于印刷黏合，能适应不同包装用途的需要，因此在层合材料中广泛用作基材。

b）用途：用蜡或聚偏二氯乙烯（PVDC）涂布的加工纸和防潮纸广泛地用于糖果、快餐、小吃和脱水食品的包装；印刷精美、用聚乙烯贴面的纸复合材料在食品包装和其他领域也有广泛的应用。

（2）玻璃纸

a）性能：是一种用于包装的透明软材料。未涂布防潮树脂的玻璃纸很容易吸潮变软、变形。

b）用途：用于层合的玻璃纸一般在其一面或两面涂布聚偏二氯乙烯，用于立式成型-充填-封合的糖果包装。若使用聚乙烯黏合剂，则这种层合材料能形成高强度的气密性封合，广泛用于充气包装，盛装干粉、葵花籽、药片等产品。用乙烯共聚物代替聚乙烯，可以降低热封合温度。如果不希望透明，可在层合时使用加了白色颜料的聚乙烯薄膜。

（3）铝箔及蒸镀铝材料

a）性能：闪光表面和良好的印刷性能；可较好地保持食品的风味，对光、空气、水及大多数气体和液体具有不渗透性；可高温杀菌，使产品不受氧气、日光和细菌的侵害。

b）用途：层合材料中广泛地使用铝箔作阻隔层，可制作蒸煮包装；为节省铝材，可以用蒸镀铝代替铝箔，蒸镀铝层厚度只有 10～20nm，附着力好，有优良的耐折性及韧性，部分透明，但必须有另外的基材作支撑材料。适合真空镀铝的基材有玻璃纸、纸、聚氯乙烯、聚酯、拉伸聚丙烯、聚乙烯和聚酰胺等。

（4）双向拉伸热定型聚丙烯（BOPP）

a）性能：由于其有极好的适应性，已经成为层合软包装中使用最广的塑料薄膜材料。这种材料既可以像玻璃纸一样被涂布，又可以与其他树脂共挤塑，生产出具有优良热封合性的复合结构，以满足各种不同的需要。

b）用途：未涂布的双向拉伸热定型聚丙烯一般用作复合材料外层的印刷组分，其背面印刷可提供光泽的外表面，并保护油墨不被擦掉；用 PVDC 涂布双向拉伸热定型聚丙烯能提供良好的阻隔功能并使其具有热封合性。

（5）双向拉伸热定型聚酯（BOPET）

a）性能：具有良好的尺寸稳定性、耐热性及印刷适性能，因而它广泛应用的层合结构外层组分。

b）用途：PET-PVDC-印刷/PE（或离子键聚合物）用作加工肉食品的包装，未涂布 PVDC 时用来包装蒸煮食品；含有铝箔或蒸镀铝的聚酯复合结构具有优秀的阻隔性能和耐热性。但这种复杂的结构加工成本较高。

（6）尼龙与取向尼龙

a）性能：阻潮性能不好，但其阻氧性能较好；取向尼龙能提高抗拉强度和氧气阻隔性，减小延伸性和降低热成型性，还具有极好的抗戳穿强度。

b）用途：将尼龙与具有阻隔潮气和热封合功能的材料复合，这种层合结构常用来包装鲜肉及块状干酪；乙酯共聚物/尼龙/聚乙烯（或乙酯共聚物）复合结构常作为衬袋箱的衬袋材料；取向尼龙-PVDC-印刷/低密度 PE 用于立式成型-充填-封口的咖啡包装。

（7）共挤塑包装材料

a）性能：成本低、适应性广、易加工。LDPE、LLDPE 具有优良的韧性和热封性。HDPE 具有隔湿性及加工性。PP 取向拉伸可得到高抗冲击、高劲度性能。

b）其他共挤材料：乙烯-乙酸乙烯、乙烯丙烯酸、乙烯甲基丙烯酸等共聚物具有低温热封性，常用作共挤结构的黏结层和热封合材料；乙烯-乙烯醇是阻隔性聚合物，在软包装和硬包装中得到应用。

2. 层合黏合剂

常用的层合黏合剂如下。

a）溶剂型和乳液型黏合剂：用于纸和铝箔层合。主要有糊精、硅酸钠和酪酸/橡胶胶乳。

b）热塑型和热固型黏合剂。热塑型黏合剂层合的材料缺少耐热性，如增塑的乙酸乙烯-氯乙烯共聚物及乙烯-乙酸乙烯共聚物；热固型黏合剂抗热性、抗化学性、抗渗透性都较好，如聚氨酯和聚酯-聚氨酯。广泛用于塑料、纸及纸板等基材。

c）挤塑黏合剂。聚乙烯、乙烯-丙烯酸共聚物、乙烯甲基丙烯酸共聚物和离子键聚合物等是广泛应用的挤塑黏合剂。

d）蜡及蜡混合物。石蜡和微晶石蜡常用于不需要高黏合强度和高耐热性情况下的黏合。向蜡中添加低分子质量 PE、乙酯共聚物或其他树脂可改进黏合力、热黏性和层合材料的挺度或柔韧性。

3. 封闭物与热封合材料

封闭包装的方法有热封合、冷封合和黏合剂封合。

a）热封合是利用多层结构中的热塑性内层组分在加热时软化封合，移掉热源就固化。蜡和热封合塑料薄膜是常用的热封合材料。除了上述热封合材料外，热封合涂料（如PVDC或丙烯酸系塑料等）及热熔融体（乙基纤维素、PA等）也是常用的热封合材料。

b）改性橡胶基物质则不用加热只要加压就能封合，称为冷封合涂料或压敏胶。它只能自身封合而不能与其他材料封合。

4. 印刷与保护性涂料

（1）保护性涂料的功能：保护印刷表面、防止卷筒料粘连、有光泽、控制摩擦系数、具热封合性和阻隔性等。硝酸纤维素、乙基纤维素、丙烯酸系塑料、聚酰胺等树脂都可用作保护性涂料。

（2）印刷的功能：在高度反光的铝箔或蒸镀铝上使用透明印刷，可使软包装具有引人注目的外观；在外层透明薄膜的反面印刷，可提高光泽和使其具有极好的耐擦性；透明薄膜全版印刷，能提供遮光性能。

35.6.2　多层复合容器

1. 多层塑料瓶

多层塑料瓶一般由结构层树脂、阻隔层树脂、黏合剂和黏合材料组成。在多层塑料瓶中，使用强度高且成本低的树脂（PS、PC 等）满足机械强度方面的要求，而用阻隔性能好的树脂（如PVDC、PAN、乙烯-乙烯醇等）作阻隔层，由于很薄，因而可降低整体成本。多层瓶广泛地用来包装农药、药品、试剂及洗涤剂等。

2. 层合软管

层合软管与层合薄膜一样都是多层复合包装材料新的应用领域。层合软管具有轻、柔、韧、耐压等特性。常用作化学品运输管、油品运输管、高温运输管等。

3. 塑料-金属箔复合容器

钢箔比铝箔刚性好，不易变形，可消除铝箔形成容器时常见的褶皱现象，外形美观。典型的钢箔塑料复合结构为PP（40μm）/钢箔（75μm）/PP（70μm），它可用于冷冻食品、烧鸡、田螺、咸鳕鱼及婴儿食品等包装。抗氧化的钢箔复合无菌容器用作水果类及蔬菜类等食品的包装，其基材是75cm厚的镀锡钢箔，外面复合聚丙烯，在制罐工艺中，于罐口突缘及侧壁处涂上专用涂料，底面的镀锡层裸露。它是利用锡极易氧化的原理，有效地消除包装内部残留的氧，从而提高食品的货架寿命。

参考文献

[1] 张新昌. 包装概论. 北京：印刷工业出版社，2007.
[2] 骆光林. 包装材料. 北京：印刷工业出版社，2005.
[3] 崔若光，盖玉杰，高海峰. 商品包装概论. 哈尔滨：东北林业尔大学出版社，2005.
[4] 陈港，唐爱民，张宏伟. 现代纸容器. 北京：化学工业出版社，2002.
[5] 中华人民共和国国家标准. GB/T 6543—2008 运输包装用单瓦楞纸箱和双瓦楞纸箱. 北京：中国标准出版社，2008.
[6] 戴宏民，武军. 包装与环境. 北京：印刷工业出版社，2007.

第 36 章　包装容器性能测试

包装测试是指对包装材料及包装容器的物理、化学、光学性能进行测试。有些材料如纸张是在未成为产品如一张原纸便可进行测试，而有些包装材料如塑料，要制成包装产品如瓶、罐等具体形状的包装容器以后才可以进行测试。对包装材料及包装件进行必要的测试，可以优化包装设计，提高包装质量，扩大产品影响，对提高企业、社会的经济效益都具有十分重要的意义。

包装容器测试的内容主要包括以下几个方面。

（1）塑料包装容器性能测试

原料的力学性能试验如拉伸试验、冲击性能试验、压缩试验、弯曲强度试验、剪切强度试验、塑料薄膜耐撕裂性试验、蠕变与应力松弛试验等；塑料容器的力学性能测试，如常温实箱跌落试验、低温空箱跌落试验、周转箱常温跌落试验、堆码试验、悬吊试验、空箱抗压试验等；塑料容器的密封性试验、耐化学药品性试验如浸渍试验、塑料薄膜的耐药性试验、药品渗透性试验、环境应力开裂试验；塑料的卫生性能测试如溶出试验、塑料添加剂的分析等。

（2）一般玻璃容器性能测试

内应力试验、耐内压强度试验、耐外压强度试验、抗机械冲击外压试验、运行冲击强度试验、斜面冲击强度试验、抗热震性和热震耐久性试验、垂直载荷强度试验、水冲强度试验、防飞散性试验、耐化学性试验及其他参数测试等。

（3）钙塑瓦楞箱/板性能测试

空箱抗压强度试验、堆码试验、垂直冲击跌落试验、拉伸性能测试、压缩性能测试、撕裂性能测试、低温耐折性能测试等。

（4）金属包装容器性能测试

气密性测试、耐压（水压）测试、安全阀泄气压力试验、跌落试验、堆码试验、漆膜附着力测试、化学稳定性测试和真空金属镀层厚度测试等。

（5）软包装性能测试

材料的透明性测试、拉伸性能测试、直角撕裂性能测试、热合强度测试、密封性能测试、透气性测试、透湿性测试、跌落性能、耐高温介质和耐热性测试等。

36.1　塑料包装容器性能测试

根据原料和加工成型方法的不同，塑料包装容器有多种分类方法。根据加工成型方法分，主要有吹塑成型、挤出成型、注塑成型、拉伸成型、真空成型和压缩成型等；根据形状、结构及用途的不同，可分为瓶类、罐类、桶类、袋类和大型塑料容器；根据所用原材料分，主要有低密度聚乙烯（LDPE）、高密度聚乙烯（HDPE）、聚丙烯（PP）、聚氯乙烯（PVC）等。

塑料包装容器具有质轻、柔软、弹性好、耐化学药品腐蚀性强、易成型、便于用户选择等优点。但是塑料包装容器还存在一定的缺点，如在高温下易变形，成型后易收缩变形，容器表面易产生细小伤痕，耐气候性较差，易产生静电反应等。因此有必要对塑料包装容器进行性能测试，以保证塑料容器的包装质量。需要对包装内装物的特性、塑料原料特性及成型后容器的特点，以及塑料容器相关包装性能进行测试。测试项目包括：力学性能、阻隔性能和耐受性能等。本节主要介绍塑料原料的测试，塑料包装容器的力学性能、密封性能、耐药性等测试内容。

36.1.1　原料基础测试[1]

36.1.1.1　拉伸试验

拉伸试验是在规定的温度、湿度及试验速度下，对试样沿轴向施加拉伸载荷，直至试样被破坏。在拉伸试验过程中，将材料的应力-应变关系曲线记录下来。拉伸应力可按照式（36-1）计算：

$$\sigma=\frac{p}{b\cdot d}\times10^4 \tag{36-1}$$

式中，σ 为拉伸应力，单位为 Pa；p 为最大破坏载荷，单位为 N；b 为试样宽度，单位为 cm；d 为试样有效长度，单位为 cm。

拉伸应变按照式（36-2）计算：

$$\varepsilon=\frac{L-L_0}{L_0}\times100\% \tag{36-2}$$

式中，ε 为拉伸应变；L_0 为试样原有长度，单位为 cm；L 为试样拉伸变形后的长度，单位为 cm。

36.1.1.2　压缩试验

压缩试验是对试样材料施加压缩载荷，直至试样发生破裂（脆性材料）或产生屈服现象（非脆性材料）。压缩应力为材料单位面积所能够承受的载荷，计算式为

$$\sigma_c=\frac{P}{A}\times10^4 \tag{36-3}$$

式中，σ_c 为压缩应力，单位为 Pa；P 为产生压缩破坏时的载荷，单位为 N；A 为试样的横截面积，单位为 cm^2。

36.1.1.3　弯曲强度试验

弯曲强度是采用简支梁法，在两个支点之间对试样施加集中载荷，使试样变形直至破坏的强度。弯曲屈服点的载荷即破坏载荷。

此时对应的弯曲应力的计算方法为

$$\sigma_{\mathrm{j}}=\frac{3PL}{2bh^2}\times10^4 \quad (36\text{-}4)$$

式中，σ_{j}为弯曲应力，单位为 Pa；P 为产生弯曲破坏时的载荷，单位为 N；L 为试样两支点间的距离，单位为 cm；b 和 h 为试样的宽度和厚度，单位为 cm。

36.1.1.4　剪切强度试验

在包装容器的某些部位，外力作用时会产生剪切力，如塑料容器封口部位受力时会产生剪切力。

剪切应力是指材料在剪切力作用下发生破坏时单位面积所能承受的载荷，计算方法为

单面剪切　$$\sigma_{\mathrm{s}}=\frac{P}{b\cdot l}\times10^4 \quad (36\text{-}5)$$

双面剪切　$$\sigma_{\mathrm{s}}=\frac{P}{2b\cdot l}\times10^4 \quad (36\text{-}6)$$

式中，σ_{s}为剪切应力，单位为 Pa；P 为产生剪切破坏时的最大载荷，单位为 N；b 和 l 为试样材料剪切面的宽度和长度，单位为 cm。

36.1.1.5　弹性模量的测试

弹性模量是衡量材料在外力作用下抵抗变形能力的物理量。弹性模量有杨氏模量 $\boldsymbol{E}$、剪切模量 $\boldsymbol{G}$ 和体积模量 $\boldsymbol{B}$ 3 种。

材料在比例极限内的弹性模量为

$$E=\frac{\sigma}{\varepsilon} \quad (36\text{-}7)$$

3 种模量之间的关系为

$$E=2G(1+2\mu)=3B(1-2\mu) \quad (36\text{-}8)$$

式中，μ 为泊松比。

测量弹性模量的方法很多，最常用的是拉伸应力-应变试验，其计算式为

$$E=\frac{\sigma}{\varepsilon}=\frac{F/A}{(L-L_0)/L_0} \quad (36\text{-}9)$$

L_0为试样原有长度，单位为 cm，L 为试样拉伸变形后的长度，单位为 cm。弹性模量还可以通过振动测试求得，剪切模量可以利用扭转振动测试求得。

36.1.1.6　蠕变和应力松弛试验

蠕变和应力松弛试验是测定塑料包装容器尺寸稳定性的方法。这种试验在实际应用中非常重要，特别是蠕变试验。

塑料包装容器在流通过程中，会经受长期的外部负荷作用，随着时间的增长，容器会发生变形。例如，塑料袋若长期悬挂，在重力作用下，会随时间的增长而发生变形，这是塑料黏弹性的表现。

蠕变试验是在恒定的温度、湿度条件下，对塑料材料持续地施加恒定的外力，测定被测材料随时间变化所表现出的特性，如变形量增加的情况、断裂强度降低的情况等特性。

蠕变在不同外力形式下可分为拉伸蠕变、压缩蠕变、弯曲蠕变等。

应力松弛与蠕变互为倒数关系，其关系式为

$$\varepsilon_t / \varepsilon_0 = \sigma_0 / \sigma_t \tag{36-10}$$

式中：ε_0为蠕变试验中的初始应变，%；ε_t为 t 时间后的蠕变应变，%；σ_0为应力松弛试验开始时的初始应力，单位为 Pa；σ_t为 t 时间后测得的应力，单位为 Pa。

载荷的大小对蠕变速率有很大影响，载荷越大，蠕变速率越大。当载荷小到一定值时，经过一段时间后蠕变速率为零，即变形量不再随时间增加，此时的最大应力为蠕变极限。在一定温度环境条件下，经过一定时间，使材料发生断裂时的最大应力称为蠕变断裂强度。

36.1.1.7　冲击强度试验

冲击试验用来衡量被测材料在高速冲击状态下的韧性或对断裂的抵抗能力。包装容器在运输与倒转过程中会经受各种冲击外力的作用，特别是对于由脆性材料制成的容器，冲击韧性是重要的性能指标。冲击强度常用的测试方法为摆锤式冲击试验、落球冲击试验和高速拉伸冲击试验。

36.1.2　力学性能测试

36.1.2.1　跌落试验

对于塑料包装容器，分为普通塑料容器与危险品塑料容器。其中普通塑料容器需要进行常温实箱跌落试验和低温空箱跌落试验，跌落后不允许产生裂纹。盛装危险品的塑料容器需要进行低温实箱跌落试验，跌落后不允许产生裂纹。

1. 常温实箱跌落试验

在常温条件下，在塑料容器中装入实际内装物或模拟物，提升到一定高度后，按照规定的次数自由跌落。通常采用底部跌落试验。

2. 低温空箱跌落试验

首先将塑料容器试样在−10℃±2℃的环境下预处理 4h，然后将试样从 2m 的高处自由跌落，使试样底面的一对长边、短边以及它们的夹角依次跌落，各跌 1 次，以及使容器底面进行面跌落和角跌落。

3. 周转箱空箱低温跌落试验

试样内部不加配重，放置在−18℃±2℃的环境处理 24h，跌落高度为 1.8m，分别跌落试验样品底部的一条长棱、一条短棱及它们的夹角，每个部位跌落 1 次，跌落试验应在 10min 内完成。试验后检查试验样品是否有明显的变形及裂纹、破损等功能性损伤。

4. 周转箱常温跌落试验

在常温条件下，按照试验样品的额定承载量填装沙袋，跌落高度为 800mm，分别跌落试验样品底部的 4 个角和 4 条底棱，每个部位跌落 1 次。试验后检查试验样品，是否有明显变形及裂纹、破损等功能性损伤。

5. 运输包装用塑料容器跌落试验

（1）试样预处理

进行试验前，先将试验样品及其内装物的温度降至−18℃或更低。盛装液体的试验样品中试验液体应保持液态，必要时可添加防冻剂，所装入的液体不应低于样品最大容量的 98%。盛装固体的试验样品所装入的固体不应低于样品最大容量的 95%。

（2）试验装置及材料[2]

1）冲击台

冲击台为水平平面，试验时不移动、不变形，并满足如下要求：①为整块物体，质量至少为试验样品质量的 50 倍；②要有足够大的面积，以保证试验样品完全落在冲击台面上；③在冲击台面上任意两点的水平高度差不得超过 2mm；④冲击台面上任何 $100mm^2$ 的面积承受 10kg 的静负荷时，其变形量不得超过 0.1mm。

2）提升装置

在提升或下降的过程中，不应损坏试验样品。

3）支撑装置

支撑试验样品的装置在释放前应能使试验样品处于所要求的预定状态。

4）释放装置

在释放试验样品的跌落过程中，应使试验样品不碰到装置的任何部件，保证其自由跌落。

（3）跌落高度

如果试验是用拟装物或者用物理性质基本与拟装物相同的另一物质进行，跌落高度为 0.8m；如果试验是用水进行，且拟装物的相对密度不大于 1.2，跌落高度为 0.8m；若拟装物的相对密度大于 1.2，跌落高度为 $0.67\times\rho$（拟装物相对密度），四舍五入至第一位小数，单位为 m。

（4）跌落部位

第一轮跌落：以样品的底部圆周接缝斜着撞击在冲击台上，重心位于撞击点的垂直上方。试验样品数量为 3 个，每个跌 1 次。

第二轮跌落：以第一轮跌落未试验过的最弱部位撞击在冲击台上，如闭口塑料容器桶身的纵向接缝；开口塑料容器的封闭装置。试验样品数量为 3 个，每个跌 1 次。

（5）试验结果记录及评估方法

试验样品不破裂，内容物无渗漏或撒漏为合格。若其中有一个样品不合格，则跌落试验结果为不合格。

6. 低温实箱跌落试验

危险品包装跌落试验适用于评定包装件承受垂直冲击的能力和包装保护内装物的能力[3]。

（1）试验装置及材料

同运输包装用塑料容器跌落试验。

（2）预处理

对塑料桶、塑料罐、泡沫聚乙烯箱以外的塑料箱，以及复合容器（塑料）塑料袋以外的拟用于装固体或物品的塑料内容器的组合包装进行试验，使试样和其盛装物质的温度降至−18℃或更低。内装物是液体，降温后如果不能保持液态，应加入防冻剂。组合包装需组合后进行跌落试验。

纸和纤维板包装应在控制温度和湿度的环境中放置至少 24h。以下 3 种方案，可选择其一。最好环境是温度 23℃±2℃和相对湿度 50%±2%，或温度 20℃±2℃和相对湿度 65%±2%，或温度 27℃±2℃和相对湿度 65%±2%。

（3）试验数量

桶、罐类包装 6 个样品；箱类包装 5 个样品；袋类包装 3 个样品。

（4）试验标记

试样按 GB/T 4857.1—2019《包装　运输包装件基本试验　第 1 部分：试验时各部位的标示方法》要求进行标记[4]。

（5）跌落高度

大包装跌落试验高度见表 36-1。

表 36-1　跌落高度　（单位：m）

Ⅰ类包装	Ⅱ类包装	Ⅲ类包装
1.8	1.2	0.8

注：Ⅰ类包装——高度危险性；Ⅱ类包装——中等危险性；Ⅲ类包装——轻度危险性

拟装液体的大包装进行跌落试验时，如使用另一种物质代替，这种物质的相对密度及黏度应与待运物质相似，也可用水来进行跌落试验，其跌落高度如下。

a）如待运物质的相对密度不超过 1.2，跌落高度见表 36-1。

b）如待运物质的相对密度大于 1.2，应根据待运物质的相对密度 d 计算（四舍五入取第一位小数）其跌落高度，见表 36-2。

表 36-2　跌落高度计算　（单位：m）

Ⅰ类包装	Ⅱ类包装	Ⅲ类包装
d×1.5	d×1.0	d×0.67

（6）试验步骤

提起试验样品至所需的跌落高度位置，并按预定状态将其撑住。其提起高度与预定高度之差不得超过预定高度的±2%。

按下列预定状态，释放试验样品。

a）面跌落时，使试验样品的跌落面与水平面之间的夹角最大不超过 2°。

b）棱跌落时，使跌落的棱与水平面之间的夹角最大不超过 2°，试验样品上规定面与冲击台面夹角的误差不大于±5°或夹角的 10%（以较大的数值为准），使试验样品的重力线通过被跌落的棱。

c）角跌落时，试验样品上规定面与冲击台面之间夹角的误差不大于±5°或夹角的 10%（以较大的数值为准），使试验样品的重力线通过被跌落的角。

d）无论何种状态和形状的试验样品，都应使试样样品的重力线通过被跌落的面、线、点。

e）实际冲击速度与自由跌落时的冲击速度之差不超过自由跌落时的±1%。

不同包装容器具体跌落方式见表 36-3。

表 36-3　跌落方式

包装容器	跌落方式
钢桶 铝桶 钢罐 纤维板桶 塑料桶和罐 桶状复合包装	第一组跌落（用 3 个试样跌在同一部位）：须以倾斜的方式使包装的凸边撞击在目标上，重心垂线通过凸边撞击点。如包装无凸边，则应与圆周接缝或边缘撞击，移动顶盖桶须将桶倒置倾斜，锁紧装置通过中心垂线跌落。 第二组跌落（用另外 3 个试样跌在同一部位）：应使第一组跌落时没有试验到的最薄弱的包装部位撞击到目标上，例如封闭器或桶体纵向焊缝，罐的纵向合缝处等
天然木箱 胶合板箱 再生木板箱 纤维板箱、钢或铝箱 箱状复合包装 塑料箱	第一次跌落：以箱底平落 第二次跌落：以箱顶平落 第三次跌落：以一长侧面平落 第四次跌落：以一短侧面平落 第五次跌落：以一个角跌落
无缝边单层或多层袋	第一次跌落：以袋的宽面平面跌落 第二次跌落：以袋的端部跌落
有缝边单层或多层袋	第一次跌落：以袋的宽面平落 第二次跌落：以袋的狭面平落 第三次跌落：以袋的端部跌落

注：于非平面跌落，试样的重心（矢量）应垂直于撞击点。

某一指定方向跌落时试样可能不止一个面，必须跌最薄弱的那面。

试验应在预处理相同的冷冻环境或温、湿度环境中进行。如果达不到相同条件，则必须在试样离开预处理环境 5 分钟内完成。

（7）试验结果记录及评估方法

a）盛装液体的包装除组合包装以外，在跌落试验后首先应使包装内部压力和外部压力达到平衡。所有包装均应无渗漏，有内涂（镀）层的包装，其内涂（镀）层应完好无损。

b）盛装固体的包装经跌落试验后，即使封闭装置不再具有防筛漏能力，内包装或内容物应仍保持完好无损、无撒漏。

c）复合包装或组合包装的外包装，不得出现可能影响运输安全的任何损坏，也不得有内装物从外包装或外容器渗出，内容器或内包装不得出现渗漏，若有内涂（镀）层，应完好无损。

d）袋子的最外层或外部包装不得出现影响运输安全的任何损坏。

e）跌落时可允许有少量的内装物从封闭器中漏出，跌落后不得继续泄漏。

f）不允许盛装爆炸品的包装出现破裂。

g）只要有一个试样不合格，该项试验不合格。

36.1.2.2　堆码试验

1. 塑料桶堆码试验

（1）试验设备[5]

1）水平平面

水平平面应平整坚硬（最高点与最低点之间的高度差不超过 2mm）。如为混凝土地面，其厚度应不少于 150mm。

2）加载方法

a）方法 1：包装件组。

该组包装件的每一件应与试验中的样品完全相同。包装件的数目应依据其总质量达到合适的载荷而定。

b）方法 2：自由加载平板。

该平板应能连同适当的载荷一起，在试验样品上自由地调整达到平衡。载荷与加载平板可以是一个整体。加载平板的重心置于试验样品顶部的中心，其尺寸至少应较包装件的顶面各边大出 100mm。该板应足够坚硬，在完全承受载荷下不变形。

c）方法 3：导向加载平板。

采用导向措施使该平板的下表面能连同适当的载荷一起始终保持水平。加载平板居中置于试验样品顶部时，其各边尺寸至少应较试验样品的顶面各边大出 100mm。该板应足够坚硬，在完全承受载荷下不变形。

3）偏斜测定方法

应精确到±1mm，并能指示出倾斜尺寸的增减情况。此外，偏斜测定设备应符合试验过程中的测量要求。

（2）试验步骤

a）将预装物装入试验样品中，并按运输或包装时正常封装程序对包装件进行封装。如果使用的是模拟内装物，其尺寸和物理性能应尽可能接近于预装物的尺寸和物理性能。

b）试验应在与预处理相同的温、湿度条件下进行。在试验样品顶部施加一载荷，此载荷相当于运输时可能堆码在样品上面的同样数量包装件的总质量。

c）将试验样品按预定状态置于水平平面上，使加载用包装件组、自由加载平板和导向加载平板居中置于试验样品的顶面。如使用自由加载平板和导向加载平板，在不造成冲击的情况下将作为载荷的重物放在加载平板上，并使它均匀地和加载平板接触，使载荷的重心处于试验样品顶面中心的上方。重物与加载平板的总质量与预定值的误差应在±2%之内。载荷重心与加载平板上面的距离，不应超过试验样品高度的 50%。使用自由加载平板和导向加载平板对试验样品进行测量，应在充分预加载后施加压力，以保证加载平板和试验样品完全接触。

d）载荷应保持预定的持续时间或直至包装件压坏。拟装液体的塑料容器应在不低于 40℃的温度下堆码 7 天，拟装固体的塑料容器应在常温下堆码 24h。

e）堆码载荷按式（36-11）计算：

$$M_0=(H/h-1)\times M_1 \quad (36\text{-}11)$$

式中，M_0 为堆码载荷，单位为 kg；H 为堆码高度（不小于 3m），单位为 m；h 为单个样品的高度，单位为 m；M_1 为单个包装件毛重，单位为 kg。

f）试验结果记录及评估方法。

试验样品不倒塌、不渗漏，且没有可能影响运输安全的损坏，或者可能降低其强度或造成包装件堆码不稳定的变形为合格。如其中有一个样品不合格，则堆码试验结果为不合格。

2. 周转箱堆码试验

将一只空的试验周转箱口部向上放置，然后在上面放置加载平板和重物，加载平板与重物总质量是 2500N，加载持续时间是 72h。试验结束后，测量试验箱口部两长边中点处加载平板的高度变化量，计算箱体高度变化率。周转箱堆码试验要求箱体高度变化率不得大于 2%。

周转箱的箱体高度变化率为

$$C=\frac{\Delta h}{H}\times 100\% \quad (36\text{-}12)$$

式中，C 为箱体高度变化率（%）；H 为试样箱高度，单位为 mm；Δh 为试验箱口部两长边中点处加载平板的高度变化量，单位为 mm。

3. 危险货物包装用塑料桶（罐）堆码试验[6]

试验设备同塑料桶堆码试验，应符合 GB/T 4857.3 要求，试验数量为 3 个。在试样的顶部表面施加一载荷，此载荷相当于运输时可能堆码在试样上面的同样数量包装件的总质量。如果试验样品装的液体的相对密度与待运液体不同，则该载荷应按后者计算。包括试验样品在内的最小堆码高度应是 3m。当拟装物质为液体时，应在不低于 40℃的温度下堆码 28 天，当拟装物质为固体时，应在常温下堆码 24h。

试验结束后试验样品不得泄漏，不允许有可能影响运输安全的损坏，或者可能降低其强度或造成包装件堆码不稳定的变形。在进行判定之前，样品应冷却至环境温度。

36.1.2.3　悬吊试验

1. 塑料容器悬挂试验[7]

（1）试验装置

试验悬吊工具和悬吊装置如图 36-1 所示。

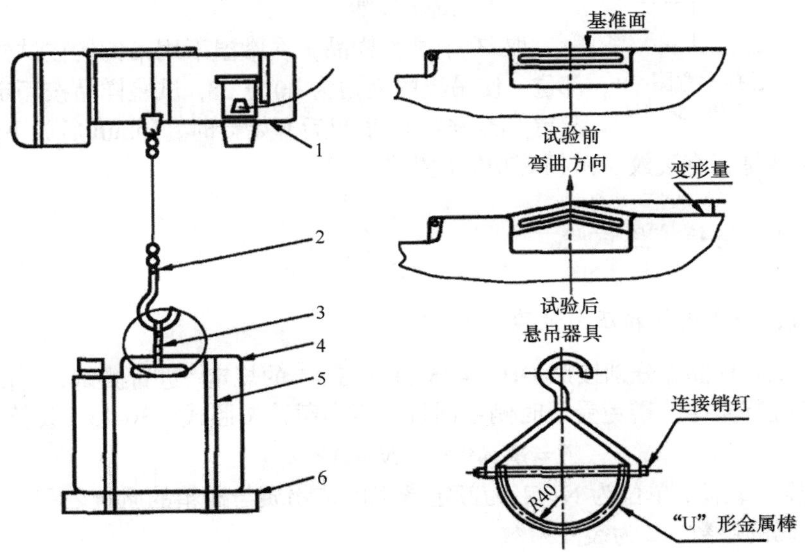

图 36-1　悬吊工具及悬吊装置示意图

1. 电动葫芦；2. 吊钩；3. 悬吊器具；4. 试样；5. 固定带；6. 重物

（2）试验步骤

a）在试样底部按图 36-1 形式和表 36-4 规定固定负荷。

b）用直径 8～12mm、曲率半径 40mm 的 "U" 形吊钩挂住试样提手中央部位，缓慢吊起。

c）悬挂 15min 后放下，卸去负荷，静置 5min 后加以检查，测量悬挂位置的变形量。

表 36-4　悬吊负载

公称容量/L	0.5	1	1.5	2	2.5	5	10	15	20	25	30	40
负荷质量/kg	2.5	5	7	10	12	25	40	50	60	75	90	110

公称容量/L	50	60	70	80	100	120	125	140	150	160	180	200	220	230	250
负荷质量/kg	100	120	140	160	180	200	210	220	240	260	280	300	320	350	350

（3）试验结果记录及评估方法

试验样品是安装式提手的，提手不脱落为合格，试验样品是整体式提手的，提手残余变形量不大于 4mm 为合格。如其中有一个样品不合格，则悬吊试验结果为不合格。

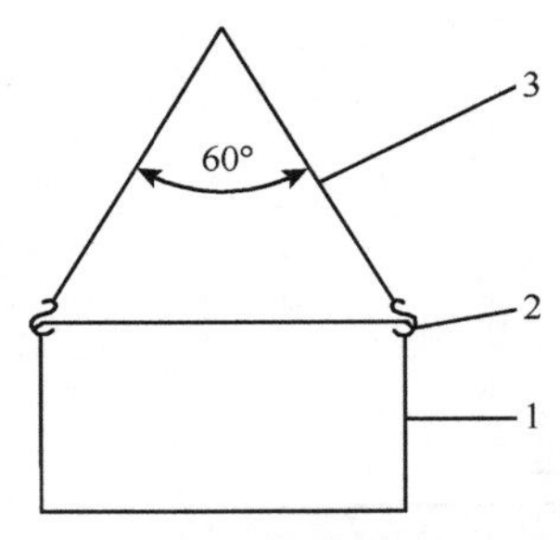

图 36-2 悬挂示意图
1. 试验样品；2. 吊钩；3. 吊绳

2. 周转箱悬挂试验

（1）试验设备

提升装置；吊钩，用宽 70mm 的钢板制成，有足够的强度保证试验过程中不变形（图 36-2）；吊绳，延伸率较小的绳子或钢丝绳；配重，按照额定质量的 1.5 倍配重。

（2）试验步骤

取 3 个试验样品，在常温下用吊钩钩住试样样品提手部位，使吊绳的夹角为 60°±3°，试验样品按额定质量均匀配重（图 36-2），吊起后开始计时，10min 后放下试样样品，检查试验样品是否有裂纹、破损等功能性损伤。

36.1.2.4 空箱抗压试验

1. 通用、折叠周转箱压力试验

取 3 个试验样品，分别按照 GB/T 4857.4 中 5.6.1 的规定[8]进行测试，应使用适当的装置对侧壁进行支撑，避免受压时侧壁回折。压力载荷按照式（36-13）计算：

$$F = W \times 9.8 \times (N-1) \times 2 \tag{36-13}$$

式中，F 为压力载荷，单位为 N；W 为额定承载内装物质与样箱的质量之和，单位为 kg；N 为允许堆码的层数；2 为裂变系数。

2. 斜插周转箱压力试验

以 2 个试样样品为一组，取 3 组试验样品。每组试验样品顶盖向上堆码，居中放置在压力试验机下压板上。按照 GB/T 4857.4 中 5.6.1 的规定进行测试，压力载荷按照式（36-13）计算。试验后检查试验样品是否有明显变形及裂纹、破损等功能性损伤。

3. 周转箱顶盖压力试验

取 3 个试验样品，分别将试验样品顶盖向上放置在压力试验机下压板上，将一块 90mm×90mm×300mm 长硬木块沿试验样品长度方向居中放置，并且这块硬木距离试验样品两端的距离为 50mm。按照 GB/T 4857.4 中 5.6.1 的规定进行测试，承载载荷为 0.9kN。试验后检查试验样品是否有明显变形及裂纹、破损等功能性损伤。

36.1.3 密封性能测试

密封性能是评价塑料包装容器的一项重要指标，主要用于评价容器对于气体、蒸气以及液体的渗透和泄漏情况。

渗透是指气体或蒸气由于高浓度区域的吸附（或吸入）作用而直接穿过包装材料，通过材料壁向低浓度方向扩散，然后被低浓度一侧吸收的现象。渗透速度与聚合物的性质、厚度有关，并受温度的影响。渗透的形式如图 36-3 所示，图 36-3a 为穿过密封衬垫

（塑料封合物）的壁面；图 36-3b 和图 36-3c 为穿过封合物的上表面；但多出现在无盖垫的塑料封合物的封合处（图 36-3c）和热封口部分的热封层（图 36-3d）。为了减少塑料容器中的渗透，容器可以做得厚一些，封合物的材料应具有一定的阻隔性，无盖垫的封合物，常采用较厚的结构或各种不同的几何形状。为了减少热封渗透，封口应设计得较宽或使热封层的材料对渗透具有一定的阻隔性。

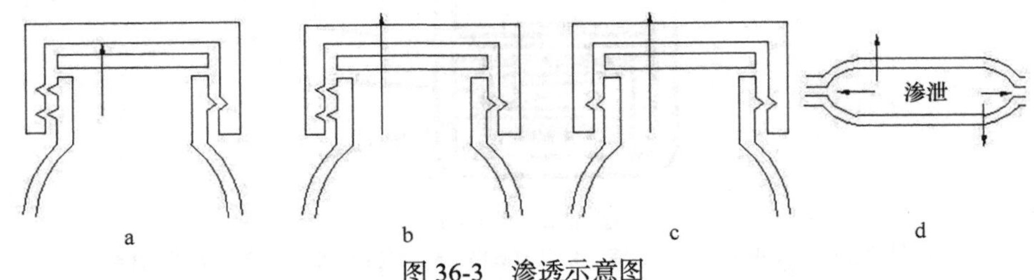

图 36-3　渗透示意图

泄漏是指气体或蒸气穿过材料或包装容器中有限间断点的现象。这个间断点可以是薄膜上的一个针孔，也可以是瓶的边缘或泡罩包装底部的一个裂缝或盖子和瓶颈端部之间的微小裂口，也可能是热封区域两层之间微小的毛孔。泄漏速度取决于裂口尺寸与泄漏分子尺寸的比值，以及封合系统的局部压力和总压力。由于试样在降温时出现膨胀收缩现象，因此环境温度对泄漏速度也有明显的影响。为了减少泄漏，可改变无盖垫热封合物的几何设计或增加有盖垫封合物盖垫的厚度，减少封合物与容器接触部分的裂缝。为了减少热封处气体或蒸汽的泄漏，必须优化包装工艺参数，如加热或冷却过程中试样的张紧或夹持压力、温度及停留时间；热封层太厚不利于热传导，太薄会导致热封不完善；薄膜层太薄会产生针孔而出现泄漏，太厚则热量过快地离开热封区，影响热封质量。

36.1.3.1　塑料包装袋密封性试验

塑料包装袋密封性测试方法有真空法、质量变化法和滤纸法。

1. 真空法

真空法适用于含气量较多的包装袋。但受水影响而使包装袋的强度下降较大时不能采用此方法。

真空法试验装置如图 36-4 所示，主要由真空圆筒、支撑台、真空表等组成。真空圆筒为透明容器，且可完全密封，能承受一个大气压。真空圆筒上部设有排气、通气、抽气阀门。支撑台放置在真空圆筒的试验液中，通过支撑台能很容易地看到样品的渗漏情况。具体试验方法如下。

首先在试验袋中装上实际内装物或类似的内装物，热封好试验袋。每组试验需要 5 个以上试验袋。然后在透明真空圆筒中放入适当试验液（水或着色水）。把放有试验袋的支撑台浸入溶液中，试验袋表面距液面 25mm 以上，把真空圆筒盖好，关上通气阀，开始启动真空泵，在 30～60s 减压到 133×10^4Pa 时，关闭真空泵及真空阀，保持 30s。注意观察在试验袋中有无气泡溢出，试验后打开试验袋看有无水渗入。

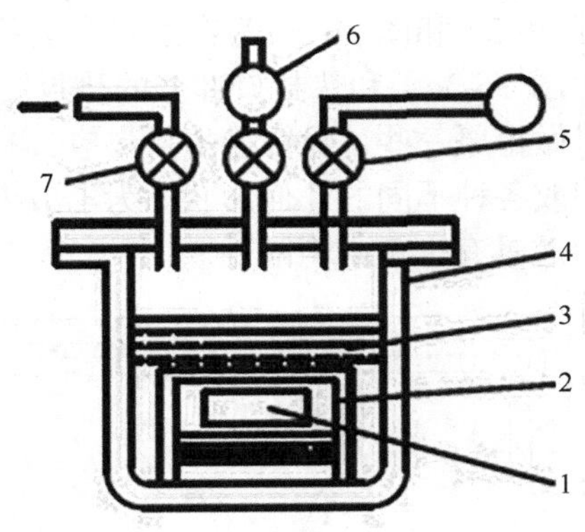

图 36-4　真空法

1. 试验袋；2. 支撑架；3. 试验液；4. 真空圆筒；5. 真空阀；6. 排气阀；7. 通气阀

2. 质量变化法

主要利用塑料包装袋或者容器的质量变化来检测渗漏。在容器中注入液体，将包装袋或容器放入相对湿度为 0 的干燥器里。渗漏试验中包装袋或容器的质量会发生变化，定期称量质量，由质量-时间曲线的斜率可得到试样在稳定状态下的渗透速度，正斜率表示质量增加，负斜率表示质量损失。

3. 滤纸法

当包装袋含气量较少，或不能用真空法测定时，可用如图 36-5 所示的简单方法进行密封性检测。测试原理如下，将内装物从袋中取出，把袋洗净，用作试验袋，数量 5 个以上。在试验袋中装上试验液，封好后放在滤纸上，放置 5min，再翻过来放置 5min，看有无渗漏现象。

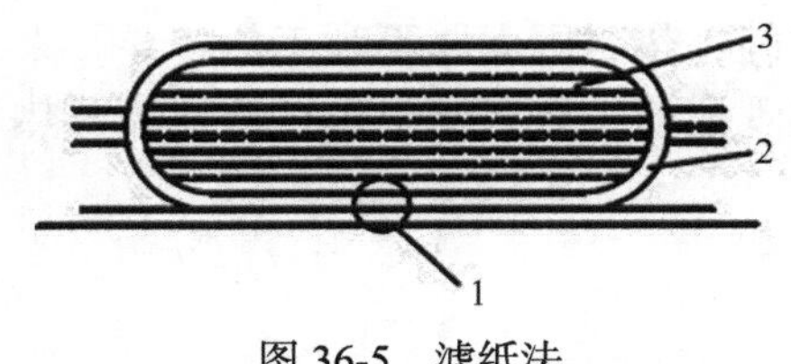

图 36-5　滤纸法

1. 渗漏处；2. 试验袋；3. 试验液

36.1.3.2　密封性试验

1. 气密试验[9]

气密试验是把试验包装容器充气至预定的压力，然后将其浸没在水中或者是涂一薄层规定的液体，通过检查有无气泡产生来判定样品有无渗漏。

（1）试验装置和材料

a）可提供 10～30kPa 压缩气体的压力气源。

b）压力表量程为 0～100kPa，分度值为 1kPa，精度 2 级。

c）“U” 形管。

d）水槽。

e）承装检测溶液的器皿和涂刷工具。

f）气密试验样品数量为3个。

（2）试验步骤

a）试验前将有通气孔的封闭装置用相似的无通气孔的封闭装置代替，或将通气孔堵死。

b）将样品包括其封闭装置箝制在水面下5min，同时内部施加空气压力，箝制方法不应影响试验结果。其他至少有同等效力的方法也可以使用。

c）试验压力为20kPa。

（3）试验结果记录及评估方法

试验样品无泄漏为合格。如其中有一个样品不合格，则气密试验结果为不合格。

2. 液压试验[10]

1）试验前试验样品的准备

将有通气孔的封闭装置用相似的无通气孔的封闭装置代替，或将通气孔堵死。

2）试验装置

包装液压试验机或可达到相同效果的其他试验设备。

3）试验方法

样品包括其封闭装置经受30min的试验压力。支撑容器的方式不应使试验结果无效。连续、均匀地施加试验压力，在整个试验期间保持恒定。

4）试验压力

试验压力为100kPa。

5）试验结果记录及评估方法

试验样品无渗漏为合格。如其中有一个样品不合格，则液压试验结果为不合格。

3. 聚乙烯吹塑瓶密封性试验[7]

根据被测试塑料瓶的容量规格，注入相应容量的水，按照实际包装状态将瓶口封严。闭口式塑料瓶横放于平地（容器口接近地面），4h后加以检查；开口式试样则在左右倾斜45°的范围内，在110～130s以均匀速度往复摇动20次后加以检查。透气性容器用0.01MPa的压力检验其密封性。

4. 塑料桶密封性试验

在试样内注入公称容量的水并拧紧封闭装置。闭口塑料容器：将其横置于地面，使封口处于最低位置，放置4h后加以检查。开口塑料容器：将其在120s±10s和左右倾斜45°的范围内，以均匀速度往复摇动20次后加以检查。试验结束检查试验样品无渗漏为合格。如其中有一个样品不合格，则密封性试验结果为不合格。

36.1.3.3　塑料瓶密封性试验

向试验瓶内注入公称容量的水，然后将瓶盖按实际包装状态封严，瓶口向下倒置12h，检查塑料瓶是否有泄漏。

36.1.3.4 危险品包装用塑料桶和罐密封性试验

在试样内注入公称容量的水并拧紧封闭装置。闭口塑料容器：将其横置于地面，使封口处于最低位置，放置4h后加以检查。开口塑料容器：将其在120s±10s和左右倾斜45°的范围内，以均匀速度往复摇动20次后加以检查。试验结束检查试验样品无渗漏为合格。如其中有一个样品不合格，则密封性试验结果为不合格。

36.1.4 耐化学药品性测试

塑料与化学介质反应而发生的变化称为化学老化，塑料对此种变化的耐性称为耐化学药品性，简称耐药性。

塑料发生化学老化主要是由水、酸、碱、溶剂、油类等药液引起的，也可能是由活性气体或高温蒸气引起的，或者由与空气中的飘浮物及铜等金属接触所造成。化学老化的表现包括龟裂、溶胀、溶解、收缩、变色、失去透明性、脆化等。耐化学药品性可以评价塑料包装容器在各种活性环境中应用的实用性能。

塑料的耐化学药品性取决于材料的基本结构、化学介质，包括分子主链和侧基性质、化学键类型（何种原子间形成的键）、键长、键能大小、结晶度和支化度、分子链所含基团性质（极性、非极性）等，以及受环境温、湿度的影响。键的长度小、键能大、结晶度高、支化度小、分子链堆砌密度高、分子间作用力强、材料无极性等，都可以使材料具有较优异的耐化学药品性。

36.1.4.1 试验原理

1. 活性气体引起塑料材料的老化

臭氧、氨、氯、二氧化硫气体及水蒸气等活性气体会破坏塑料分子结构，加快塑料包装容器的老化。例如，臭氧与高分子中的不饱和键直接反应生成臭氧化物，此臭氧化物分解时会造成链断裂，尤其是对聚酰胺和不饱和聚酯的影响很明显。另外，在活性氢原子的作用下，氢过氧化物有时也会引起连锁性断链反应。在长时间或高温下，氧气也会促进自动氧化反应，故不能忽视。

2. 化学试剂引起的溶胀和溶解

塑料容器常用作含油食物、药品、农药、酸、碱、各种溶剂和油类等化学产品的包装，在与它们接触时，当塑料和化学产品的分子极性相近时，化学产品就会向塑料高分子内部渗透，发生媒合作用，当这个结合力超过高分子链之间的内聚力时，分子相互间就被拉开，化学产品分子乘虚而入，造成溶化现象，进一步发展的结果是高分子链游离分散到化学产品中，呈现溶解状态。

在一定条件下，当水、酸、碱及其他试剂在与高分子接触时还会发生水解反应，特别是酯类塑料（聚酯、聚碳酸酯、聚氨酯等）。

3. 环境应力龟裂

塑料因老化而龟裂包括溶剂龟裂、应力龟裂、环境应力龟裂 3 种。另外，由于气候变化和增塑剂挥发等情况，有时也会产生龟裂。溶剂龟裂是指由有机溶剂的作用引起的龟裂，对聚苯乙烯影响比较明显；应力龟裂是指由应力集中或残余应变引起的龟裂，一般在旋口或尖角处容易产生这一问题。环境应力龟裂是指活性环境介质与应力同时作用引起的龟裂。

塑料耐化学药品性试验一般是模拟实验，模拟塑料制品使用环境及实际用途，测试塑料的耐药性。其中包括：①喷雾、气体环境中的曝置试验；②浸渍试验；③环境应力龟裂试验；④试液老化跟踪法等。

36.1.4.2　浸泡试验

浸泡试验是塑料耐化学药品性的一般评价方法，在规定温度条件下，将塑料试样完全浸泡在需要接触的试液中，经过规定时间后测定试样的质量、尺寸、外观变化和有关性能（如力学性能、电性能、光学性能）等随时间推移而发生的变化，或者根据所观察到的龟裂发生等情况来评价塑料的耐药性。

1. 试样选取

根据塑料材料浸泡后需要测试的有关性能指标和材料的性质及形式（片材、薄膜、型材）等，选取合适的试样形式。例如，浸泡后测定的是质量、尺寸和外观变化，则试样形状和尺寸按表 36-5 制备。如果浸泡后测定的是力学性能、电学性能、热性能或光学性能等，则试样应按有关标准所规定的试样形状和尺寸进行制备。

表 36-5　试样形状与尺寸要求

材料	形状	尺寸/mm
模塑材料	正方形	边长 60±1，厚度 1.0～1.1 或者 50×50×4
挤出料	正方形	边长 60±1，厚度 1.0～1.1 或者 50×50×2
片材和板材	正方形	边长 60±1，若板材公称厚度小于 25，则厚度与板材或片材厚度一样；若板材公称厚度大于小于 25，则厚度取 25
管材	垂直轴线截取	长 60±1；或弧面展开宽度为 60±1
棒材	垂直轴线截取	长 60±1；或直径 60±1
型材	垂直轴线截取	边长 60±1，厚度 1.0～1.1

2. 试验介质

试验介质一般使用与塑料容器接触的内装物的溶液。如果没有特定的化学物品，可以选用典型化学品溶液，用于评价塑料在各类型化学介质中的耐腐蚀能力。耐药性试验常用的试验化学物品及其化工产品如表 36-6 所示。

表 36-6　常用化学试剂和化工产品

试液	浓度/%	试液	浓度/%	试液	浓度/%
乙酸	99.5	氢氟酸	40	硫酸	98
乙酸	5	过氧化氢	30	硫酸	75
丙酮	100	过氧化氢	3	硫酸	10
氢氧化铵	25	乳酸	10	硫酸	5
氢氧化铵	10	甲醇	100	甲苯	100
苯胺	100	硝酸	70	2,2,4-三甲基戊烷	100
铬酸	40（以 CrO_2 表示）	硝酸	40	矿物油	GB/T 1690—2006 中规定的 1、2 和 3 号参照油
柠檬酸	10	硝酸	10	绝缘油	待定
乙醚	100	油酸	100	橄榄油	待定
蒸馏水	100	苯酚	5	棉籽油	待定
乙醇	50	碳酸钠	20	溶剂混合物	GB/T 1690—2006 中规定的 A、B、C 和 D 参照溶剂
乙醇	50	硫酸钠	2	肥皂液	用肥皂片制的 1% 溶液
乙酸乙酯	100	氯化钠	10	清洗剂	待定
正庚烷	100	氢氧化钠	40	松节油	待定
盐酸	36	氢氧化钠	1	煤油	待定
盐酸	10	次氯酸钠	10	石油（汽油）	待定

3. 试验条件

试验的温度和时间对测试结果至关重要，标准规定优先选用的浸泡温度为（23±2）℃和（70±2）℃；浸泡时间：短期试验为 24h，标准试验为 1 周，长期试验为 16 周。浸泡前后质量、尺寸和各种性能变化的测定温度为（23±2）℃。

4. 试验装置

（1）通用仪器

a）烧杯：大小适宜，并带盖（必要时需密封），对于易挥发、有蒸气产生的试液需配上冷凝管。

b）密闭容器：可控制试验温度恒定。若随着温度的升高，试液有所挥发，应保证通风效果良好。

c）温度计。

d）鼓风烘箱：能控制温度在（50±2）℃。

（2）质量变化测量仪器

a）称量瓶。

b）天平：当试样质量大于或等于 1g 时，天平的精度为 0.001g；当试样质量小于 1g 时，天平的精度为 0.0001g。

（3）尺寸和体积变化测量装置

a）千分尺：平面砧式，精度为 0.01mm。

b）孔径规：精度为 0.1mm。

c）带有刻度的玻璃管：用于测量试样的原始体积。

d）试样浸泡试验装置（图 36-6）：能够测量剩余液体体积，如由带有刻度的毛细管测量计连接的完全密封的两个玻璃球形容器（图 36-6a）。将装置翻转 180°，让在球形容器 1 中的试样浸泡于试液当中（图 36-6b），开始试验。为了测量剩余试液体积，再次将装置翻转恢复到刚开始的位置，试液流回球形容器 1 中，可从毛细管测量计上读出液体体积变化（图 36-6c）。读数完成后，翻转装置 180°变成图 36-6b 的位置，继续浸泡试验。

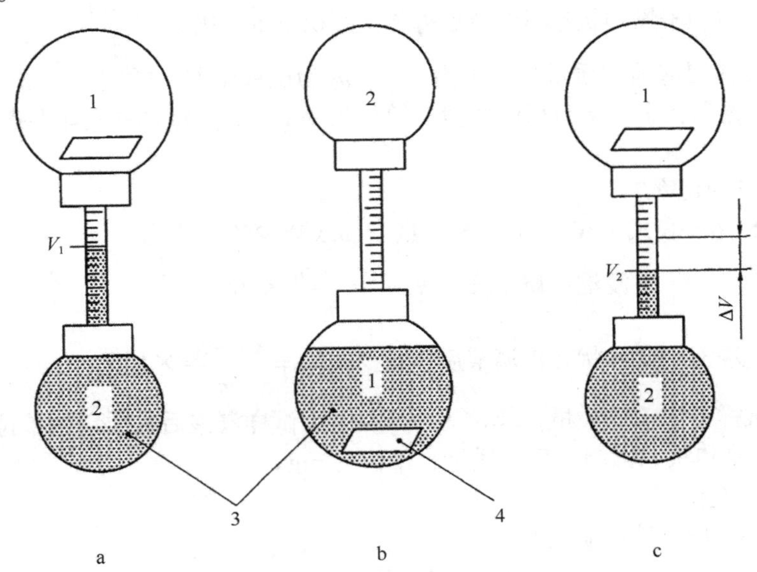

图 36-6　试样浸泡装置示意图

1. 球形容器 1；2. 球形容器 2；3. 试液；4. 试样

V_1. 原始性能；V_2. 浸泡后性能；ΔV. 性能变化量

5. 试验步骤

a）对试样进行状态调节。

b）按预定项目测定试样浸泡前的质量、尺寸或有关性能的原始值（如原始质量 m_1、原始性能 V_1 等）。

c）把试样放入装有浸泡液的容器内，为避免试验过程中试液被提取物质增浓，所用试液量相对于试样总面积每 1cm^2 至少应为 8mL，并使试样完全浸在试液内（必要时可系一重物）。浸泡试验的关键是试样在试液中的保持方法。试样相互间不应接触，也不允许其与容器壁及所系重物有所接触，每天至少搅动一次。试验时间超过 7 天，每到第 7 天更换等量新配试液。若试液不稳定，要求更加频繁地更换试液。

d）浸泡周期结束时，迅速将试样转入室温的新鲜试液中，浸泡 15～30min，使它们恢复到室温。取出试样后，用对受试材料无影响并适应试液性质的试剂冲洗，并用滤纸或无绒毛布揩拭试样。按预定项目测定浸泡后试样的质量 m_2、尺寸和有关性能 V_2，或将浸泡后试样干燥并重新进行状态调节，然后测定预定项目（如质量 m_3、性能 V_3）。

6. 试验结果表示

（1）单位面积质量的变化

按式（36-14）和式（36-15）计算每个试样单位面积的质量增加值或减小值，用 mg/cm^2 表示。

$$浸泡后每单位面积的质量变化=\frac{m_2-m_1}{A} \tag{36-14}$$

$$浸泡干燥和状态再调节后每单位面积质量变化=\frac{m_3-m_1}{A} \tag{36-15}$$

式中，m_1 为试样浸泡前的质量，单位为 mg；m_2 为试样浸泡后的质量，单位为 mg；m_3 为试样浸泡干燥和状态再调节后的质量，单位为 mg；A 为试样的初始总表面积，单位为 cm^2。

（2）质量变化率

用式（36-16）和式（36-17）计算质量增加或减少的百分比：

$$浸泡后质量变化率=\frac{m_2-m_1}{m_1}\times 100\% \tag{36-16}$$

$$浸泡干燥和状态再调节后质量变化率=\frac{m_3-m_1}{m_1}\times 100\% \tag{36-17}$$

式中，m_1 为试样浸泡前的质量，单位为 mg；m_2 为试样浸泡后的质量，单位为 mg；m_3 为试样浸泡干燥和状态再调节后的质量，单位为 mg。

（3）尺寸变化率

可用式（36-18）计算膨胀率：

$$Q=\frac{\Delta V}{V_1}=\frac{V_1-V_2}{V_1} \tag{36-18}$$

或用百分比表示：

$$Q'=\frac{\Delta V}{V_1}\times 100\% \tag{36-19}$$

式中，Q 为材料试样的膨胀率；ΔV 为浸泡前后的体积差；V_1 为试样浸泡前的体积；V_2 为试样浸泡后的体积；Q'为试样的膨胀率百分比。

（4）被测性能保留率

按式（36-20）计算：

$$性能变化百分比=\left(\frac{X_2}{X_1}\right)\times 100\% \tag{36-20}$$

式中，X_1 为浸泡前性能值；X_2 为浸泡后性能值。

（5）外观变化等级

对照未浸泡的试样，检查每个试样的颜色、浑浊度、光泽或表面粗糙度的变化，用外观变化等级（包括 5 个级别：无变化、不明显变化、轻微变化、中等变化、严重变化）表示外观变化的程度，并且要注意试样是否出现银纹、开裂、起泡、麻点、存在易擦掉物质、分层、翘曲或变形，甚至部分溶解等现象。

36.1.4.3　塑料薄膜耐药性试验

采用 60mm×60mm 的正方形或直径为（60±1）mm 的圆形试样。浸泡药品之前应在温度为（23±1）℃、相对湿度为 50%的条件下处理 40h，然后测定其强度和质量。药品根据包装的要求选择，按规定的时间浸泡后，用软布或薄纸擦掉表面试液，然后测量其质量。用下式计算质量的变化。试样一般要 3 个以上，测试结果取算术平均值表示。

$$\Delta W=\frac{W_1-W_2}{W_1}\times 100\% \tag{36-21}$$

式中，ΔW 为质量变化率；W_1 为处理后的试样质量，单位为 g；W_2 为试验结束时的试样质量，单位为 g。

36.1.4.4　药品渗透试验

方法一：塑料容器的渗透试验

试验采用外径为（47.22±0.78）mm、高（107.95±1.119）mm 的小瓶，表面积为 154cm^2，在温度（23±2）℃处理 24h，在容器中放入药品溶液，测定其质量；然后放入（23±2）℃或（50±1）℃的恒温箱里，恒温箱中空气的循环速度为 8.57～17m^3/min。在恒温箱中放置一定的时间，随着时间的增加，由于透湿其质量逐渐减少。作时间与瓶子质量的关系曲线，由关系曲线可求出质量变化的平均值，由式（36-22）计算包装容器的渗透系数。

$$P_{\rm t}=\frac{RT}{A} \tag{36-22}$$

式中，$P_{\rm t}$ 为容器的渗透系数，单位为 g · cm/（d · m^2）；R 为容器的质量变化量，单位为 g/d；A 为容器的表面积，单位为 cm^2；T 为容器的平均厚度，单位为 cm。

方法二：薄膜的渗透试验

有机溶液药品的进行渗透试验采用图 36-7 所示的装置。把薄膜试样安装在图示的位置上，然后把整个装置放入恒温箱，根据其质量变化求出渗透系数，方法同上。

测定香料的渗透性测试装置如图 36-8 所示。可分光器直接测定其吸收光谱或在硅铜橡胶窗插入注射器取样 5mL 后进行气体的光谱分析。作测量曲线，求出质量变化平均值 R，然后计算出渗透系数 $P_{\rm t}$。

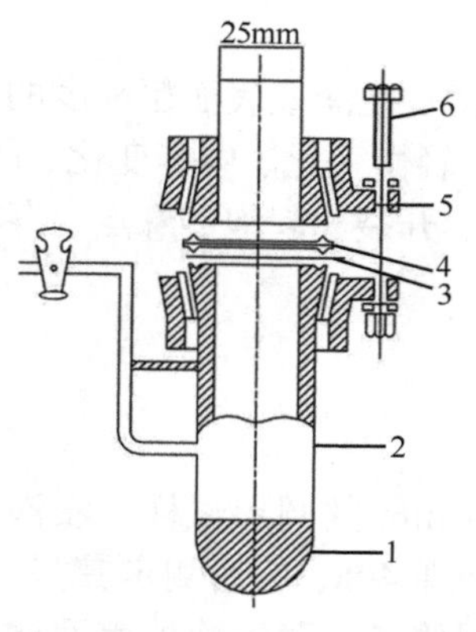

图 36-7　塑料薄膜有机溶剂渗透试验装置

1. 有机溶剂；2. 玻璃管；3. 试样；4. 聚四氟乙烯密封圈；5. 连接法兰；6. 螺丝

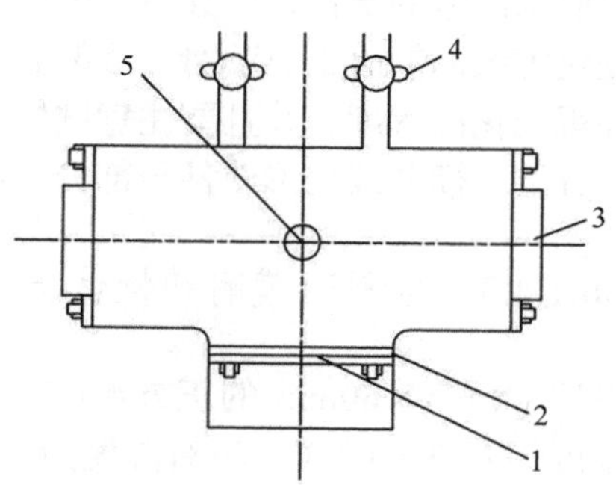

图 36-8　香料渗透试验装置

1. 试样；2. 聚四氟乙烯密封环；3. 金属板；4. 旋塞；5. 硅铜橡胶窗

36.1.4.5　环境应力开裂试验

环境应力开裂试验用于测试塑料容器暴露于化学介质中，在低于其静抗拉强度的张应力或者说低于其短期强度的应力的较长期作用下表面或内部出现银纹或裂纹的程度。

环境应力开裂（ESC）是指塑料树脂在有应力存在的情况下受化学试剂作用发生的降解现象，最终导致塑料组分的损坏。这是一种溶剂诱导型的破坏，是化学试剂和机械应力协同作用发生的裂解。环境应力开裂是塑料树脂粒子在有应力存在的情况下，与特殊化学试剂接触产生裂解的现象，它是化学试剂与机械应力协同作用的结果。化学试剂不会直接产生化学作用或引起分子降解，实际上，是化学试剂渗透到塑料树脂分子结构中并损害了聚合物链的内聚力，从而加快分子断裂。环境应力开裂过程，类似于蠕变损坏，包括流体吸收、塑性化、细纹出现、裂纹扩展和最终破坏。由于环境应力开裂过程取决于化学试剂在聚合物结构内的扩散，流体吸收速率是裂纹扩展和开裂扩大两个速率的决定因素。化学试剂吸收越快，聚合物越易开裂，然后就会破损。

塑料容器发生环境应力开裂需几个条件：一是受到弯曲应力或外部应力的作用；二是试样存在应力“集中”或“缺口”；三是外部活化剂（即环境介质）的作用。活化剂可以是热、氧、溶剂及非溶剂物质。在常用的塑料中，本节主要介绍聚乙烯的环境应力开裂试验。

方法一：应力裂纹试验

聚乙烯的环境应力开裂试验装置如图 36-9 所示。选择合适的活化剂作为环境介质，将带有切口的试样弯曲后（施加应力）浸于活化剂中，定期观察试样片表面产生裂纹的情况，测定试样的环境应力开裂性能。

（1）试验材料

a）冲模：矩形刀具，能在试样上切出切口平整、不带斜棱的试样片。

b）刻痕刀架：能按照刻痕要求在试样上进行刻痕，要及时更换刀片。

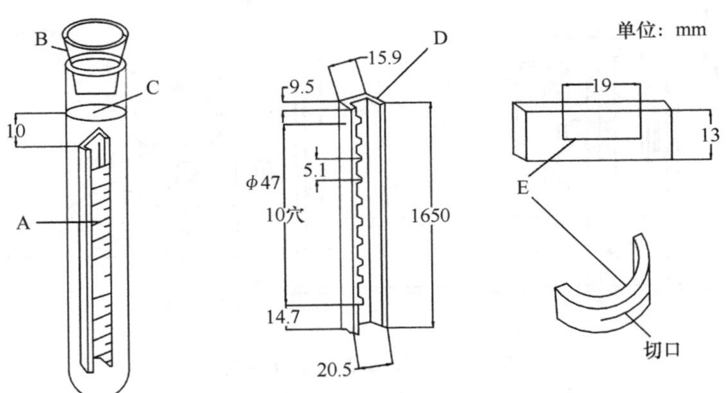

图 36-9　应力裂纹试验装置

A. 试样；B. 塞子；C. 试剂；D. 试片夹紧架；E. 试片

c）试样保持架：不锈钢、黄铜或黄铜镀铬长槽，长槽两侧面相互平行，与底槽成直角，槽内表面光滑。

d）试管：硬质试管并配有塞子，长度大于 200mm，内径 30～32mm。

e）铝箔：厚度 0.08～0.13mm，用于包缚塞子。

f）恒温浴槽：（50±0.5）℃及（100±0.5）℃

g）试管架。

h）试样弯曲装置：见图 36-9。

i）试样转移工具。

（2）试验步骤

a）在温度（23±2）℃、相对湿度 50%±10%条件下调节至少 40h，但最多不超过 96h。试样刻痕、弯曲后应立即开始试验。

b）将刻痕、弯曲好的试样转移到保持架，放入盛有预热到规定温度试剂的试管内。

c）将试管置于（50±0.5）℃恒温水浴中，定期观察试样，计时并记录试样破坏数。

d）若有 5 个试样产生裂纹扩展，测定此时即 T_{50}，作应力裂纹试验的数值。

记录不同时间的试样累计破损数，并计算出相应的破损概率 f_x，

$$f_x = \frac{x}{n+1} \times 100\% \qquad (36\text{-}23)$$

式中，n 为试样总数；x 为不同时间的累计破损数。

在对数概率坐标纸上，作时间-破损概率图，按最合理的方式连接成一直线。此直线上破损概率为 50%所对应的时间，即试样的耐环境应力开裂时间，用 T_{50} 表示，单位为 h。

方法二：应力破坏试验

本方法适用于厚度 0.1～1mm 的大型聚乙烯包装容器。这种容器在成型时，不易发生应力变形，但在装入液体后，易发生应力破坏。因此，需要对这种容器进行应力破坏试验，试验装置如图 36-10 所示。试样在药液中进行拉伸试验，试验温度（50±0.5）℃，属于脆性破坏应力试验。

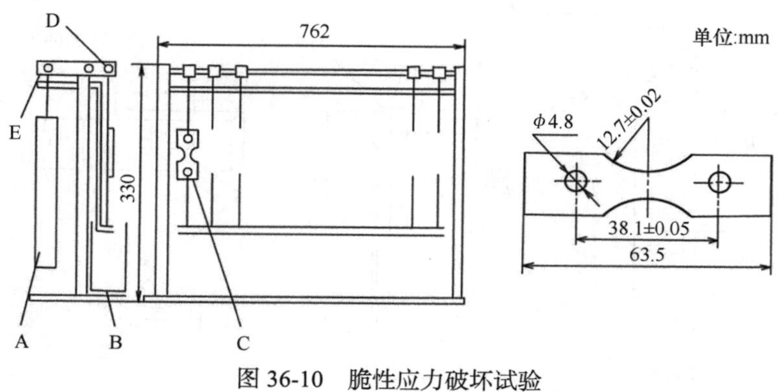

图 36-10　脆性应力破坏试验

A. 载荷；B. 容器；C. 试样片；D. 容器；E. 微动开关

所施加的应力是 800×10^4Pa、900×10^4Pa、1000×10^4Pa 三种。由所选择的应力，可计算出所施加的载荷。例如，选择的应力为 800×10^4Pa，则所施加的载荷为

$$P=\frac{800\times10^4 A}{1000} \tag{36-24}$$

式中，P 为所施加的载荷，单位为 N；A 为试样片的截面积，单位为 cm^2。

试验结果用破坏的试验片个数表示，绘制时间与破坏个数的关系曲线。

塑料容器进行应力裂纹试验时，试样是 3 个。首先对试样进行预处理，在（23±1）℃条件下处理 24h，然后在容器中放入试验药品或放入有害液体，也可以放入试验药品后对容器加压。把容器放入温度（60±1）℃、空气流速 8.5～17cm^3/min 的恒温箱，并放置规定的时间（如 72h），观察容器破裂情况，求出破坏概率。

36.1.5　卫生性能测试

塑料主要是以碳氢为主的高分子聚合物，大多数塑料的性质是稳定且无毒的。但是，人们为了增加塑料的可塑性，赋予产品外观绚丽多彩、耐久适用等性能，在工艺过程中常常需要加入稳定剂、增塑剂、润滑剂和着色剂等各种添加剂；另外，部分塑料产品如聚氯乙烯、聚苯乙烯等聚合单体中含有氯、苯环等基团，这些塑料单体及添加剂中有些是有毒性的。塑料容器使用过程中，在一定条件下这些有毒成分会从塑料中析出，溶入被包装物中，尤其是食品、药品的包装，有可能会损坏人的身体健康。

食品包装中常用的塑料主要是聚乙烯、聚丙烯、聚苯乙烯、聚酯及聚氯乙烯等，以下主要介绍几种限制物质如高锰酸钾、蒸发残渣、重金属等的测试方法。

36.1.5.1　前处理

（1）试样预处理

将试样用洗涤剂洗净，用自来水冲洗干净，再用水淋洗 3 遍后晒干备用。

（2）浸泡条件

浸泡液量以 1cm^2 试样用 2mL 浸泡液来计算。浸泡液以及浸泡方式分 4 种类型：①水

浸泡，在 60℃条件下保温 30min。②4%乙酸浸泡，在 60℃条件下保温 30min。③20%乙醇浸泡，在 60℃条件下保温 30min。④用正己烷在常温（20℃左右）条件下浸泡 30min。

36.1.5.2　高锰酸钾

a）配制 0.01mol/L 高锰酸钾标准滴定溶液和 0.01mol/L 草酸标准滴定溶液。

b）准确吸取 100mL 的样品水浸泡液（有残渣则需过滤）于处理干净的 250mL 的锥形瓶中，加入 5mL 硫酸溶液（1 体积硫酸+2 体积水）及 10.0mL 高锰酸钾标准滴定溶液，放入玻璃珠 2 粒，准确煮沸 5min 后，趁热加入 10.0mL 草酸标准滴定溶液。

c）以 0.01mol/L 高锰酸钾标准滴定溶液滴定至微红色，记两次高锰酸钾溶液滴定量。

d）另取 100mL 蒸馏水，按上述同样的方法做试剂空白试验。按式（36-25）计算消耗量：

$$X=\frac{(V_1-V_2)\times c\times 31.6\times 1000}{100} \tag{36-25}$$

式中，X 为高锰酸钾消耗量，单位为 mg/L；V_1 为样品浸泡液滴定时消耗高锰酸钾溶液的体积，单位为 mL；V_2 为试剂空白滴定时消耗高锰酸钾溶液的体积，单位为 mL；c 为高锰酸钾标准滴定溶液的实际浓度，单位为 mol/L；31.6 为与 1.0mL 高锰酸钾标准滴定溶液（0.01mol/L）相当的高锰酸钾质量，单位为 mg。

36.1.5.3　蒸发残渣

试样用各种溶液浸泡后，蒸发残渣表示在不同浸泡液中可能析出的化学物质量。分别用水、4%乙酸、20%乙醇、正己烷 4 种溶液模拟试样接触水、酸、酒、油等模拟不同性质食品的析出情况。测试步骤如下。

a）取各浸泡液 200mL，分次置于预先在（100±5）℃干燥至恒重的 50mL 玻璃蒸发皿或恒重的浓缩器小瓶（为回收正己烷用）中，在水浴上蒸干，于（100±5）℃干燥 2h，在干燥器中冷却 0.5h 后称重，再于（100±5）℃干燥 1h，取出，在干燥器中冷却 0.5h，称重。

b）取同样未浸泡的试液进行空白试验。计算公式为

$$X=\frac{(m_1-m_2)\times 1000}{200} \tag{36-26}$$

式中，X 为样品浸泡液（不同浸泡液）蒸发残渣含量，单位为 mg/L；m_1 为样品浸泡液蒸发残渣质量，单位为 mg；m_2 为空白浸泡液的质量，单位为 mg。

36.1.5.4　重金属

测定浸泡液中重金属含量的方法一般是用浸泡液（以铅计）与硫化钠作用，在酸性溶液中形成黄棕色硫化铅，然后与标准样的颜色进行比较。测试方法如下。

a）配制硫化钠溶液：称取 5g 硫化钠，溶于 10mL 水和 30mL 甘油的混合液中，或将 30mL 水和 90mL 甘油混合后分成二等份，一份加 5g 氢氧化钠溶解后通入硫化氢气体

（硫化铁加稀盐酸）使溶液饱和，将另一份水和甘油混合液倒入，混合均匀后装入瓶中，密闭保存。

b）配制铅标准溶液：准确称取 0.1598g 硝酸铅，溶于 10mL 硝酸（10%）中，移入 1000mL 容量瓶内加水稀释至刻度。此溶液每毫升相当于 100μg 铅。

c）铅标准使用液：吸取 10.0mL 铅标准溶液，置于 100mL 容量瓶中，加水稀释至刻度。此溶液每毫升相当于 10μg 铅。

d）吸取 20.0mL 乙酸（4%）浸泡液于 50mL 比色管中，加水至刻度。另取 2mL 铅标准使用液于 50mL 比色管中，加 20mL 乙酸（4%）溶液，加水至刻度混匀，两液中各加硫化钠溶液 2 滴，混匀后，放 5min，以白色为背景，从上方或侧面观察，样品呈色不能比标准溶液更深。

结果的表述：显色深于标准管样品，重金属（以 Pb 计）报告值大于 1。

36.1.5.5　氯乙烯单体

氯乙烯单体的测试主要针对聚氯乙烯容器。根据气体平衡定律，将样品放入密封平衡瓶中，用溶剂溶解，在一定温度下，氯乙烯单体扩散，达到平衡时，取液上气体注入气相色谱仪中测定试验样品的谱图。以同样的方法测定氯乙烯标准液的谱图，对照两谱图的峰值。按式（36-27）求出氯乙烯单体的含量。

$$X=\frac{m_1\times 1000}{m_2\times 1000} \tag{36-27}$$

式中，X 为样品中氯乙烯单体含量，单位为 mg/kg；m_1 为由标准曲线求出的氯乙烯质量，单位为 g；m_2 为样品质量，单位为 μg。

36.1.5.6　脱色试验

取洗净待测塑料容器一个，用蘸有冷餐油、乙醇（65%）的棉花，在接触食品部位的小面积内，用力往返擦拭 100 次，棉花上不得染有颜色，然后用 4 种浸泡液以同样方法擦拭，也未染有颜色，表明符合卫生标准要求。

36.2　一般玻璃容器性能测试

玻璃包装容器与塑料、马口铁及复合材料制成的包装容器相比，具有化学稳定性好、阻隔性能高、透明美观、硬度高、不易污染、长期使用材质变化小及价格便宜的优点，不少包装容器还具有多次重复使用的功能等，目前仍应用于世界各国。玻璃容器的主要缺点有质量大，耐冲击性较差，容易破损。由于玻璃包装容器的抗压强度高，而拉伸强度低，因此玻璃容器的破损多由受到拉伸力引起。这里主要介绍玻璃包装容器的内应力、强度、耐化学性、密封性等项目测试方法。

36.2.1 内应力测试

由于玻璃容器易破裂；对玻璃包装容器来说，在运输过程中，经常要受到玻璃包装容器之间及玻璃包装容器与外物之间的撞击；生产过程中，在高温消毒及冷却时，玻璃包装容器需要承受一定内压力和温差的变化，因此要求玻璃包装容器不但要具备一定的化学稳定性，而且要具备一定的抗破裂强度。如果玻璃包装容器的某项性能差或某个环节超越了其承受极限，就会造成玻璃包装容器的破裂。图 36-11 分别是玻璃容器 6 种破裂形式的示意图。

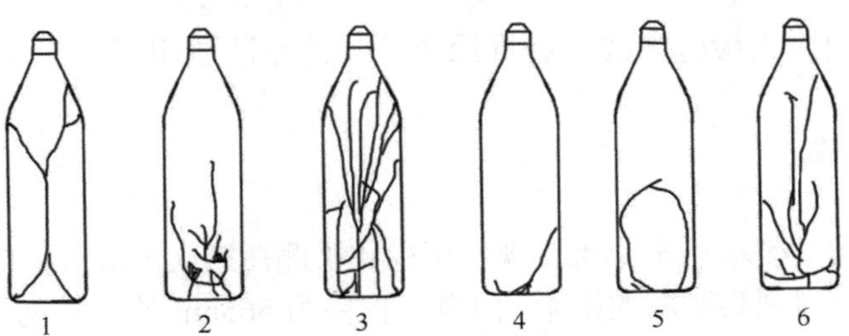

图 36-11 玻璃容器的破裂形式

1. 内压破裂；2. 外部冲击破裂；3. 跌落冲击破裂；4. 热冲击破裂；5 和 6. 水冲击破裂

玻璃包装容器的内应力测试常用方法主要包括偏光法和瓷漆法两种。

36.2.1.1 偏光法

偏光法测试玻璃包装容器的内应力时，把试样瓶放在两个偏振片中间，观察视场亮度。若试样瓶存在应力，偏振光就发生旋转，视场亮度发生变化。比较亮度与标准亮度（若干等级），即可得出应力等级。利用偏光法测试内应力，通常采用偏光仪与标准光程差片进行比较的方法或直接测量法测定，其原理是根据偏振光的干涉原理，利用偏光仪来测试玻璃容器中的应力，实际上就是求在有应力部位由光的双折射而产生的两条偏振光的距离（即光程差值），再由光程差计算出应力。图 36-12 为 WZY 250 型偏光仪示意图。

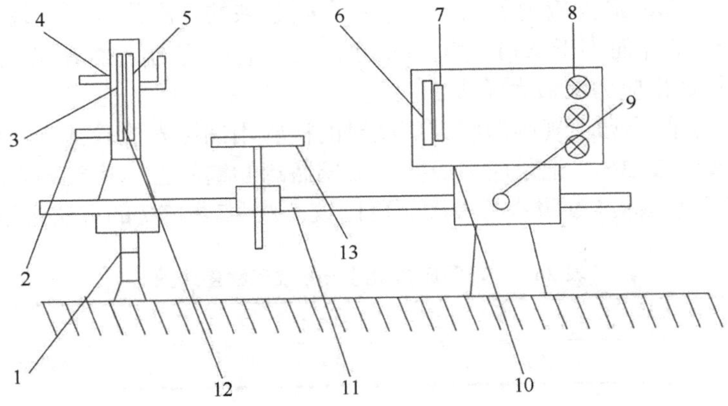

图 36-12 WZY 250 型偏光仪

1. 升降套；2. 检偏镜旋转把手；3. 检偏镜；4. 1/4 波片，全玻片；5. 拨杆；6. 起偏镜；7. 均光玻璃；8. 光源；9. 手轮；10. 仪器筒；11. 导向杆；12. 分度盘；13. 样品台

以玻璃瓶罐为例，在测定玻璃瓶罐底部应力时，可用式（36-28）折算为真实应力：

$$T_R = T_A(4.06/t) \tag{36-28}$$

式中，T_R 为真实应力级别（旋转角，°）；T_A 为表观应力级别（旋转角，°）；t 为样瓶被测部位的总厚度，单位为 mm；4.06 为系数。

方法一：偏光仪与一套标准光程差片比较测量法

偏光仪与一套参考标准片对比测量法又称比较法，使用偏光应力仪在偏振光视场内对试样瓶与标准光程差片进行比较。试样瓶应未经过其他试验，并且在一定的环境温、湿度条件下预处理 30min 以上，且不能用手直接接触，试验时应戴手套。试验按照 GB/T 4545《玻璃瓶罐内应力检验方法》进行操作[11]。比较法适用于测定光程差小于 150nm 的玻璃样品。

（1）试验装置

1）偏光仪

视域各处的偏振度不小于 99%。视域至少比被测瓶罐大 51mm。起偏镜与分析镜的距离应满足通过瓶口观察瓶底的检验。附有光程差为 565nm 的灵敏色片，其在观察视域中光程差的变化应小于 5nm，其慢轴与偏振面成 45°，这样在观察视域里能产生紫红色的背景。样品测定处的亮度至少是 300cd/m^2。色片光程差在 510～580nm 方能辨别颜色，最理想是 565nm。

2）标准片

一套不少于 5 片且已知内应力的标准玻璃圆片，此标准片应覆盖玻璃瓶罐生产的退火温度范围，圆片的直径大于 76mm 且小于 102mm，每片都具有规定的残余应力，离边缘 6.4mm 处光程差的一致性应不小于 21.8nm，不大于 23.8nm。

（2）试验步骤

1）圆柱形无色玻璃瓶罐底部的检验

a）把全玻片置于偏光仪的光路中，调零。

b）通过瓶口观察底部，并旋转瓶罐，寻找瓶底应力最大处。

c）将标准片靠近试样瓶的观察区放入视场，注意不要与试样瓶的光路重叠。

d）将瓶底根部的最大应力色图与一个一个叠起来的标准片进行比较。当瓶底的最大应力色图大于 N 片而小于 N+1 片对应的色图时，它的应力级数是 N+1。试样的表观应力级数比实际观察应力级数大（表 36-7）。

同样方形、椭圆形和不规则形状玻璃瓶罐的检验用偏振光检验其弯曲与拐角处的最大应力级数，按照表 36-7 记录应力级数。玻璃瓶罐侧壁的检验将玻璃瓶罐侧壁任一部分的最大应力颜色与标准参照片的最大颜色比较，按照表 36-7 的方法记录应力级数。

表 36-7　表观应力级数与标准光程差片数

表观应力级数	1	2	3	4	5	6	7
标准光程差片数 N	$N \leqslant 1$	$1 < N \leqslant 2$	$2 < N \leqslant 3$	$3 < N \leqslant 4$	$4 < N \leqslant 5$	$5 < N \leqslant 6$	用直测法测定

2）有色玻璃瓶罐的检验

a）移去全玻片，用偏光仪直接测量试样瓶，选择最暗区域作为参照点。

b）置入全玻片，把标准片放在瓶底的参照区域内，并与试样瓶呈现最高色序点的颜色比较，直到二者的颜色接近。

c）转动试样瓶，找出最高色序点。

d）继续叠加标准片，并与最高色序点的颜色相比较，按照表 36-7 的方法划分试样瓶的应力级数。

方法二：偏光仪的直接测量法

直接测量法是指使用偏光仪直接测量。本方法适用于测定光程差小于 565nm 的玻璃样品。

（1）试验装置

偏光仪视域各处的偏振度不小于 99%。视域至少比被测瓶罐大 51mm。起偏镜与分析镜的距离应满足可通过瓶口观察瓶底。将一块光程差为 141nm±14nm 的 1/4 波片插入样品和检偏镜之间，波片的慢轴随起偏镜的偏振平面而调整。偏振视域样品的亮度至少是 300cd/m^2。由于 1/4 波片偏离 141nm 真实值，或应力方向偏离与偏振片成 45°的理想方位将会影响光程差的测定值，1/4 波片偏离 141nm 和应力方向偏离 10°产生的误差应不大于 8nm。检偏镜应能分别绕起偏镜和 1/4 波片旋转，并能测定其旋转角。

（2）试验步骤

1）无色玻璃瓶罐的检验

a）旋转检偏镜，调整偏光仪的零点，使之呈现暗视场。

b）把试样瓶放入视场，从瓶口部观察底部，这时视场中会出现暗“十”字。若试样瓶的应力小，则这个暗“十”字会模糊。

c）旋转检偏镜，使暗“十”字分离成两个向试样瓶底部移动的圆弧。随着暗区的外移，在圆弧的凹侧出现灰蓝色，在凸侧出现褐色。如测定某选定的应力值，则旋转检偏镜，使该点的灰蓝色刚好被褐色取代。

d）绕轴线旋转试样瓶，观察所选的点是否为最大应力点。如果不是，进一步旋转检偏镜，使最大应力点的蓝色刚好被褐色取代。

e）如果测定瓶壁，则使试样瓶绕轴线与偏振面成 45°，这时瓶壁上会出现亮暗不同的区域，旋转检偏镜直到瓶壁上的暗区聚合刚好完全取代亮区。检验底部瓶壁时，记下检偏镜的旋转角度，按表 36-8 的关系折算成应力级数。

表 36-8　表观应力级数与检偏镜旋转角度的关系

应力等级	检偏镜旋转角度/（°）	应力等级	检偏镜旋转角度/（°）
1	0.0～7.3	6	36.4～43.6
2	7.4～14.5	7	43.7～50.8
3	14.6～21.8	8	50.9～58.1
4	21.9～29.0	9	58.2～64.5
5	29.1～36.3	10	65.5～72.6

2）有色瓶罐壁的检验

检验步骤与无色瓶相同。当没有明显的蓝色和褐色，以及玻璃瓶罐透过率较低时，用平均的方法确定准确的旋转终点，即以暗区取代亮区的旋转角度与再使亮区刚好重新出现的总旋转角度之和的平均值表示。

36.2.1.2 瓷漆法

瓷漆法是在玻璃包装容器的外表面涂上一层特殊的瓷漆，然后给容器施加外力，使得容器受拉应力部位的瓷器产生裂纹，再根据这些裂纹的方向、大小来判断应力状态。

36.2.2 强度性能测试

玻璃包装容器的强度性能测试包括耐内压强度、耐外压强度、运行冲击强度、水冲强度和防飞散等检测项目。

36.2.2.1 耐内压强度测试

耐内压强度是指玻璃容器内装物产生的压力所形成的内部破坏作用，是衡量玻璃瓶罐耐内压性能的一个综合指标。目前国际上对碳酸饮料瓶等充气瓶的要求是耐内压强度达 1.6MPa。我国国家标准对碳酸饮料瓶等充气瓶的要求是耐内压强度达 1.2MPa，对一般玻璃瓶的要求为 0.7MPa。耐内压强度体现了瓶子的综合强度。瓶型越复杂其耐内压强度就会越低。以圆形截面瓶的耐内压强度为 100%计，则椭圆形瓶（长短轴之比为 2∶1）为 50%，而正方形瓶就只有 10%～25%。由此可见，圆形截面瓶的耐内压强度最高，正方形截面瓶的耐内压强度最低。

圆形瓶的耐内压强度可通过计算得出，它将随瓶身直径、壁厚和划伤程度而变化。其耐内压强度可利用薄壁圆筒的耐内压强度理论公式计算得到：

$$P_{\max}=\frac{2\delta}{D}[\sigma] \tag{36-29}$$

式中，$P_{\max}$ 为玻璃瓶的最大耐内压强度，单位为 MPa；D 为瓶身内直径，单位为 mm；δ 为瓶壁厚度，单位为 mm；$[\sigma]$ 为玻璃瓶的许用强度，$[\sigma]=6.37\times10^{7}$Pa。

由内压力产生的最大应力，一般出现在玻璃瓶的下半部内表面和中央外表面。然而，这些位置很少产生伤痕，故很少从这些位置发生玻璃瓶破坏。

（1）试验原理

耐内压强度试验主要是对夹持在夹板中的试样瓶均匀施加压缩载荷，直到达预定载荷或发生破裂。

（2）试验装置

试验装置主要结构应包括气-液压装置、夹持装置、压力显示部位、安全显示框等，图 36-13 为典型耐内压强度试验装置原理图。控制设备主要性能如下：①应能夹住受试玻璃容器瓶口并悬挂着进行试验。②在试验时，为保住增压介质，压头和封合面之间应有弹性密封圈。③应有使液体压力达到预定值的装置，初始加压速率为 1.0MPa/s±0.2MPa/s，并在试验时保持压力恒定。

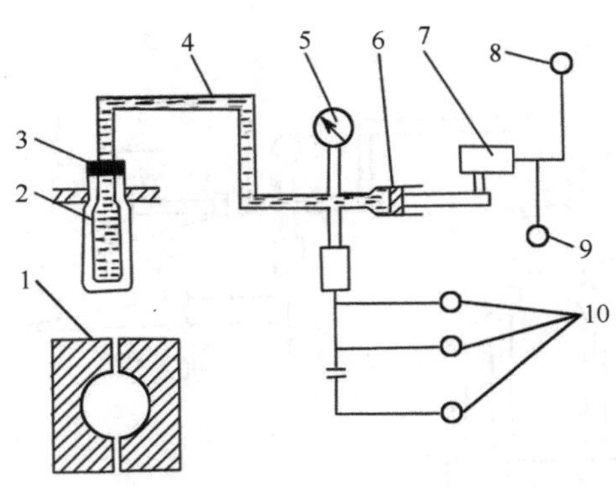

图 36-13　耐内压强度试验装置

1. 夹板；2. 水；3. 衬垫；4. 压力管；5. 压力计；6. 气缸；7. 电动机；8. 启动按钮；9. 定时器；10. 压力指示灯

（3）试验步骤

试验按照 GB/T 4546—2008《玻璃容器—耐内压力试验方法》进行操作[12]，具体步骤如下。

a）将未经其他试验的玻璃容器预先在一定温、湿度条件下放置 30min 以上。

b）灌入与室温±5℃的冷水（没有气泡），悬挂在内压试验机的夹板上，压紧密封装置，并盖上防护罩。

c）开启加压装置。进行合格试验时，先以规定的速率逐渐升至规定压力，观察能否在该压力下保持 1min，然后降低压力，根据试样瓶数及破损瓶数来判断产品的合格率。如果压力保持时间小于 1min，则应有一种换算压力值的方法，可参考表 36-9。破坏性试验是以一定的速率增大压缩载荷，直到试样瓶破坏，记录试样瓶破损时的压缩载荷。

表 36-9　压力和保持时间之间的关系

保持时间	1min	30s	20s	10s	5s	3s	2s
压力系数	1.00	1.04	1.07	1.12	1.18	1.23	1.27

36.2.2.2　耐外压强度测试

1. 垂直载荷强度

由于玻璃瓶罐成型条件及形状的不同，在压盖或受到其他压力时，瓶的肩部或底部会产生拉应力。如果拉应力超过极限强度，会导致玻璃瓶罐破裂。当玻璃瓶罐开盖或堆码时，都要承受垂直载荷作用。普通瓶的垂直载荷强度在堆码时高达 400～50000N，在开盖时是 1000～2000N。玻璃瓶的垂直载荷强度随着瓶肩形状的变化而变化，溜肩比平肩强度高，瓶肩弧线的曲率半径越大，垂直载荷强度也越高。

垂直载荷强度试验也称耐压试验，试验装置如图 36-14 所示，由气压装置、夹持装置、压力显示部件、安全框等组成。

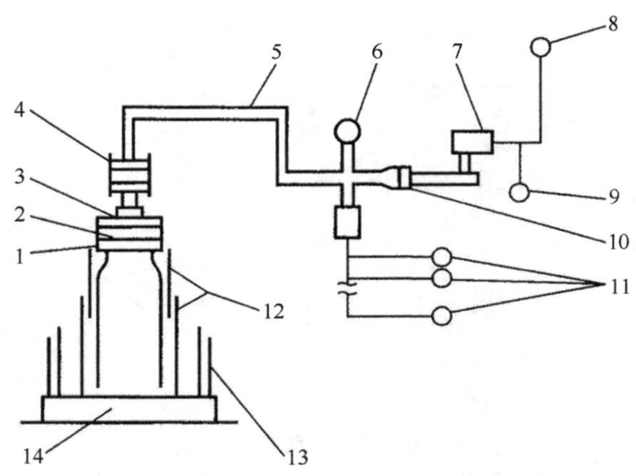

图 36-14　垂直载荷强度试验装置

1. 树脂挡板；2. 海绵；3. 滚珠轴承；4. 汽缸 1；5. 压力管；6. 压力计；7. 电动机；8. 启动开关；9. 计时器；10. 汽缸 2；11. 压力指示灯；12. 安全框；13. 箱；14. 平台

具体测试方法是，把试样瓶牢固地夹持在平台和汽缸之间，由汽缸对试样瓶均匀施加压力，测定瓶破裂时的载荷。试验时，应注意安装树脂挡板，避免瓶碎伤人，加载时要均匀地施加在整个试样瓶上。

2. 抗机械冲击外压

抗机械冲击外压试验可参考国家标准 GB/T 6552—2015《玻璃容器 抗机械冲击试验方法》[13]，使用的试验装置为摆式冲击仪，如图 36-15 所示。摆端点的打击物为 1 英寸的滚珠轴承用钢球，摆的重心必须在杆的中心线上，摆的打击点和重心的轨迹应在同一垂直平面内。包括打击物在内，摆的质量为 608～618g。摆的支点与其重心的连线呈水平时，由支点和打击点把摆支撑起来，摆在打击点的悬挂载荷为 4.85～4.95N。从打击点对摆支点与重心连线的延长线作垂线时，其交点与支点的距离为 290～295mm，交点与打击点的距离为 28.0～31.0mm。标有不同降落角度下冲击能量的刻度盘的最小分度值为：当冲击能小于 0.54N · m 时，分度值小于 0.06N · m；当冲击能大于 0.54N · m

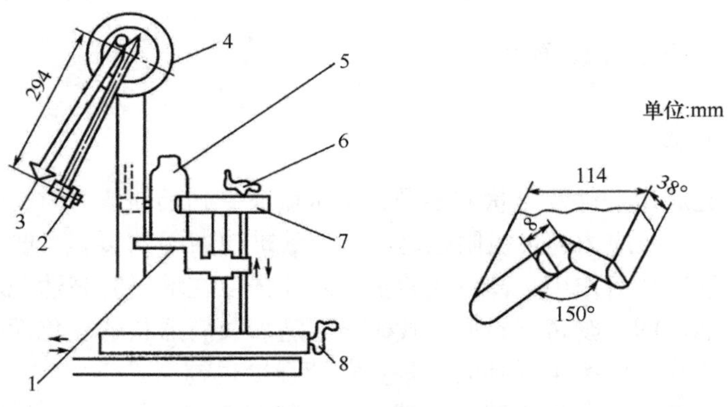

图 36-15　冲击外压试验装置

1. 升降平台（支承台）；2. 打击物；3. 保持子；4. 刻度盘；5. 试样瓶；6. 高度调节手柄；7. 卡板；8. 水平调节手柄

时，分度值应小于 0.12N · m。将摆放在刻度值为 0.07N · m 处释放时，其自由摆动次数应在 20 周以上。

冲击外压试验包括通过性试验和递增性试验。

（1）通过性试验

首先将试样瓶放置在支承台上，紧靠后支座；上下调整支承台，将玻璃瓶的打击部位调节到需要检测的位置后，水平方向调节支承台，使摆锤处于自由静止状态，而打击物轻微触及试样瓶表面。再以规定的冲击能量重复打击瓶身周围相距约 120°的 3 个点，检查试样瓶有无破坏。

（2）递增性试验

首先将试样瓶放置在支承台上，紧靠后支座；上下调整支承台，将玻璃瓶的打击部位调节到需要检测的位置后，水平方向调节支承台，使摆锤处于自由静止状态，而打击物轻微触及试样瓶表面。再以规定的冲击能量重复打击瓶身周围相距约 120°的 3 个点，逐步提高冲击能量，重复试验，直到试样瓶破裂。

36.2.2.3　运行冲击强度测试

试验装置如图 36-16 所示。对试样瓶按规定的容积要求充填内装物，拧紧瓶盖。然后开启传送机构，试样瓶在传送带上相互碰撞而受到冲击，观察传送带速度与试样瓶破裂之间的关系。玻璃瓶体无破损的传送速度在 30～40m/min。

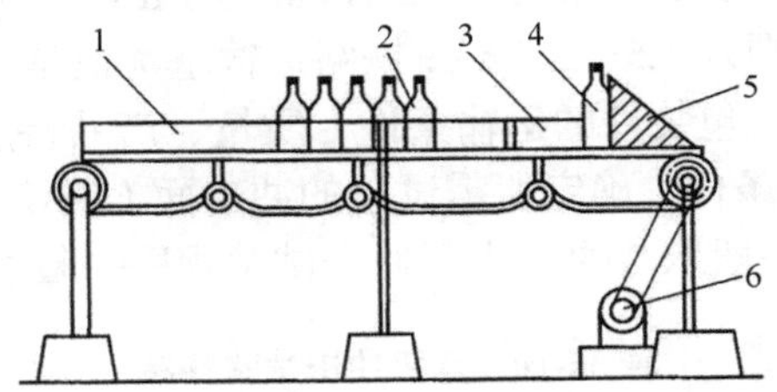

图 36-16　运行冲击强度试验装置

1. 顶板；2. 试样瓶；3. 瓶导向槽；4. 待测试样瓶；5. 挡板；6. 调速电动机

36.2.2.4　斜面冲击强度测试

斜面冲击试验适用于检测试样瓶充填内装物并装箱后，在流通过程中受到水平方向冲击时的破裂情况。测试方法可参考运输包装件的斜面冲击试验。

（1）试验原理

使试样按预定状态，以一定的速度与一个同速度方向垂直的挡板相撞，也可在试样的冲击面、棱之间插入合适的障碍物模拟特殊情况下的冲击。

（2）试验设备

斜面冲击试验机由轨道、挡板、台车机构和释放机构等组成，如图 36-17 所示。轨道由两根平行钢轨组成，与水平面夹角为（10±1）°，安装在试验机体上。挡板与轨道垂直，安装在轨道最底端。释放机构由滚轮台板、电磁铁组成，位于台车后端，使用限位开关控制，完成台车与释放机构的挂钩、上行、下行、停止及在轨道预定位置释放等动作。在挡板下方设置锁紧机构，当台车上的包装件与挡板碰撞之后，锁紧机构在台车机构的作用下将台车在预定位置锁住，防止二次冲击对试验结果产生影响。

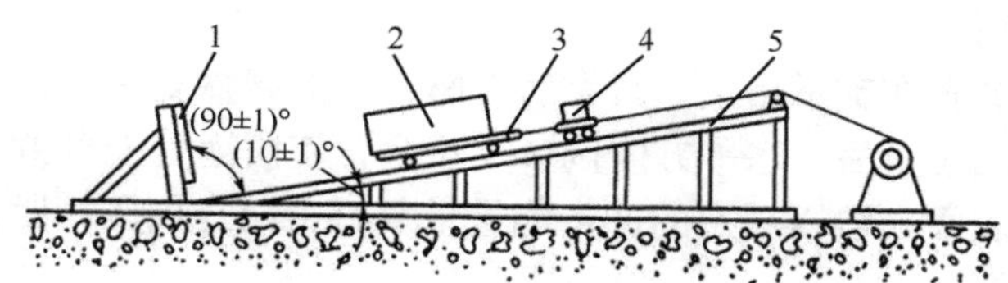

图 36-17　运行冲击强度试验装置

1. 挡板；2. 试样；3. 台车机构；4. 释放机构；5. 轨道

（3）试验参数

冲击时的瞬时速度随台车在轨道上的初始高度不同（或台车的滑行距离不同）而不同。台车的冲击速度、滑行距离与其在轨道上的初始高度之间的关系为

$$l=\frac{v^2}{2g\sin 10°} \tag{36-30}$$

式中，l 为台车的滑行距离，$l=\dfrac{h}{2g\sin 10°}$，单位为 m；v 为冲击时的瞬时速度，单位为 m/s；h 为台车在轨道上的初始高度，单位为 m；g 为重力加速度，一般取 9.80m/s^2。

冲击速度在 1.5m/s、1.8m/s、2.2m/s、2.7m/s、3.3m/s、4.0m/s 选择。一般公路运输基本值是 1.5m/s，变化范围是 1.5～2.7m/s；铁路运输基本值是 1.8m/s，变化范围是 1.8～4.0m/s。变化范围的选择由包装件的运输条件、质量、产品特点等决定。

根据产品特点与运输条件，确定所需试验的冲击面（或棱），每一个冲击面（或棱）的试验次数是 1～4 次，一般取 2 次。水平冲击试验顺序一般按表 36-10 的规定。

表 36-10　水平冲击试验顺序

试验顺序	试验放置面	冲击面（或棱）	试验顺序	试验放置面	冲击面（或棱）
1	3	4	5	3	4～6
2	3	6	6	3	6～2
3	3	2	7	3	2～5
4	3	5	8	3	5～4

（4）测试方法

每组试样数量一般不少于 3 件。试验之前，应按照 GB/T 4857.1—2009[4]对试样各部位进行编号，并按 GB/T 4857.2—2005[14]选定一种条件对试样进行温、湿度调节处理。

按照国家标准 GB/T 4857.11—2005[15]进行，将试验样品按预定状态放置在斜面冲击试验机上，试样样品的冲击面与棱应与台车前缘平齐。对试验样品进行面冲击时，其冲击面与挡板冲击面之间的夹角不得大于 2°；对试验样品进行棱冲击时，其冲击棱与挡板冲击面的夹角不得大于 2°。如试验样品为平行六面体，则应使组成该棱的两个面中的一个面与挡板冲击面的夹角误差不大于±5°或在预定角度的±10%以内（以较大的数值为准）。对试验样品进行角冲击时，试验样品应撞击挡板，其中任何与试验角邻接的面和挡板的夹角误差不大于±5°或在预定角度度的±10%以内，以较大的数值为准。将台车沿钢轨斜面提升到可获得要求冲击速度的相应高度上，然后释放。试验中冲击速度误差应在预定冲击速度的±5%以内。试验后按有关标准规定检查包装及内装物的损坏情况，并分析试验结果。

36.2.2.5　抗热震性和热震耐久性测试

玻璃容器在使用过程中由于内装物品的不同而对其性质的要求有所差异。例如，在装瓶时高温充填、高温灭菌、骤冷或消费过程中使用冰箱等，玻璃容器通常会有急剧的温度变化。据统计，玻璃容器承受急冷急热的温差大约是 50℃，新瓶超过 50℃，而回收瓶在35℃左右。我国规定玻璃瓶罐的耐急冷急热温差指标为 39℃，而其他部分国家规定为 42℃。

从热应力的观点看，瓶壁越薄越好。在相同的受热或受冷情况下，厚壁处的温差越大，热应力就越大，玻璃瓶就越容易破裂。图 36-18 是玻璃瓶在急冷急热条件下的应力分布图。当玻璃受到急热作用时，外表面的压应力远大于内壁面的拉应力。而当玻璃瓶受急冷急热作用时，外表面的拉应力远大于内壁向的压应力。若急冷急热作用所产生的最大应力超过玻璃的抗拉或抗压强度，则玻璃瓶壁破裂。根据此原理，将玻璃制品在特定的环境内进行加热，然后急剧冷却，在试样不破裂条件下，用玻璃制品所能承受的最大温差（多次试验的平均温差值）来表示玻璃制品的抗热震性和热震耐久性。

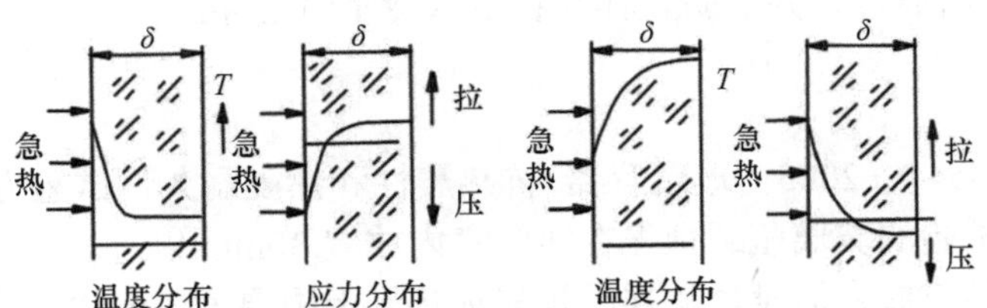

图 36-18　玻璃容器受急热急冷作用时的应力分布

δ 为瓶壁厚度，T 为温度

对于圆筒形瓶而言，急冷作用产生的拉应力 S（Pa）为

$$S = 34.3\Delta T\sqrt{\delta} \times 10^4 \qquad (36\text{-}31)$$

式中，ΔT 为温差，单位为℃；δ 为瓶壁厚度，单位为 mm。

玻璃瓶罐的抗热震性和热震耐久性试验包括通过性试验、递增性试验和破坏性试验。可按需要分别选用。

1. 试验装置

抗热震性和热震耐久性试验设备结构如图 36-19 所示，主要由冷水槽、温水槽、试验笼、计时器等组成。试验原理是利用自动控温器把两个水槽的温度按照预定温度调节好，把试验瓶放入热水槽中数分钟，然后连同瓶内的热水急速放入冷水槽中浸泡片刻取出，记录由于急冷急热的温度变化而破裂的瓶数。

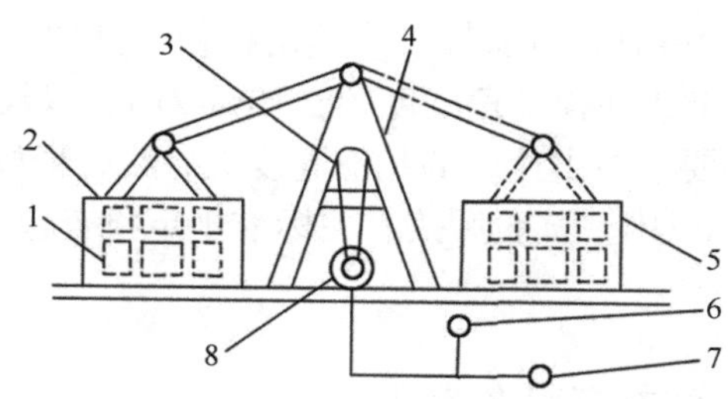

图 36-19　耐热冲击试验装置

1. 试验笼；2. 温水槽；3. 链条；4. 支架；5. 冷水槽；6. 计时器；7. 启动开关；8. 电动机

试验主要由以下装置组成。

（1）冷水槽

容量是一次试验中每千克玻璃至少需要 8dm^3 的水。水槽应配有水循环器、温度计和恒温控制器，以保证水温下限温度 t_2（17～27℃）在不超过±1℃内变化。

（2）热水槽

容量是一次试验中每千克玻璃至少需要 8dm^3 的水。水槽应配有水循环器、温度计和恒温控制器，以保证水温上限温度 t_1 在±1℃内变化。

（3）试验笼

由不损伤容器的惰性材料制成或涂有惰性材料。供同时试验两个或两个以上样品时使用。要求不得使样瓶在试验中出现划痕或擦伤，能保持样品的直立和分开，能让水和空气在样品之间自由通过，并能防止样品在浸入冷水时上浮。

2. 试验步骤

试验按 GB/T 4547—2005《玻璃容器 抗热震性和热震耐久性试验方法》进行[16]。

a）未经其他试验的玻璃瓶罐预先在实验室内放置 30min 以上。

b）把单个样品或放在篮筐里的样品预先加热到上限温度 t_1±1℃，槽内水面应高出瓶口 50mm 以上，保持至少 5min 以达到温度平衡。

c）冷水槽温度控制在下限温度 t_2±1℃。将盛满热水的样瓶以（10±1）s 的时间转入冷水槽中，浸泡时间至少 30s。

d）从冷水槽中取出样品后立即检测。查看是否破裂、有无裂纹和破损。

e）测定抗热震性和热震耐久性：即温度增加值 t_1-t_2，重复 b）～d）步骤直至所有样品破裂。当 $t_1-t_2 \leqslant 100$℃，以每次 5℃的温差递增；当 $t_1-t_2 > 100$℃时，以每次 10℃的温差递增。

3. 通过性试验

从冷水槽中取出的制品应立即检验，凡无破裂、无裂纹和无破损的样品，可确定在温差为 t_1-t_2 时耐热震性合格。

4. 递增性试验

按合格试验的步骤进行，并以 t_1-t_2 的温差反复试验，直至样瓶的破裂百分比达到预定数值。以各次试验的温差、样瓶破裂数量和破裂百分比表示。

5. 破坏性试验

按递增性试验的步骤进行，直至样瓶全部破裂。以各次试验的温差表示。

6. 热震耐久性试验

热震耐久性用容器破裂百分比为 50%时的温差表示，用内推法由累积破损百分比随温差的曲线图求得。

36.2.2.6　垂直载荷强度测试

由于玻璃瓶罐成型条件及形状的不同，在压盖或受到其他压力时，瓶的底部会产生拉应力。如果拉应力超过极限强度，则玻璃瓶罐破裂。当玻璃瓶罐开盖或堆码时，都要承受垂直载荷作用。普通瓶的垂直载荷强度在堆码时高达 400～50000N，开盖时载荷为 1000～2000N。

在垂直载荷作用下，通常瓶肩部外表面产生最大拉应力。因此，垂直载荷强度随瓶肩形状的变化而改变。如图 36-20 所示，a 型瓶肩的垂直载荷强度为 d 型的 20 倍。

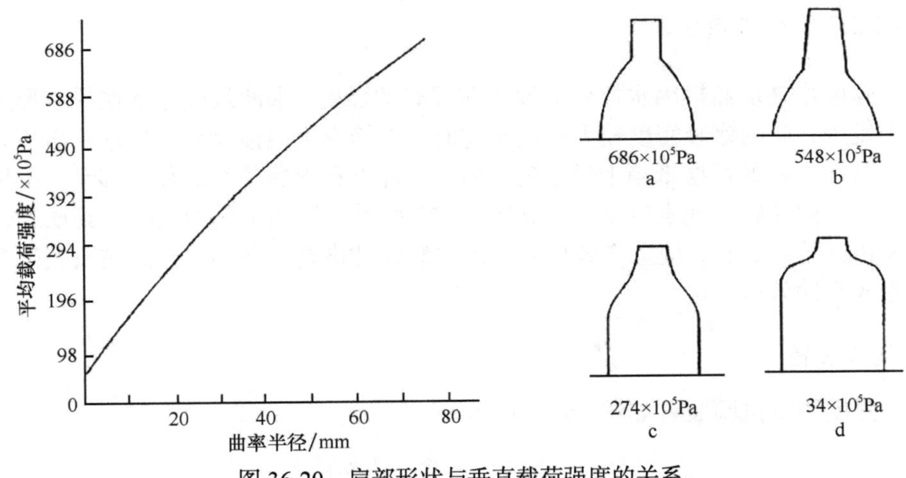

图 36-20　肩部形状与垂直载荷强度的关系

1. 试验装置及材料

试验装置如图 36-21 所示，由气压装置、夹持装置、压力显示部件、安全框组成。

2. 试验步骤

a）把试验瓶夹在平台和气缸之间。

b）由气缸对瓶均匀施压。

c）测出瓶子破坏时的载荷。试验时应注意安装树脂挡板，以免瓶碎伤人，加载时要均匀地加在整个瓶子上。

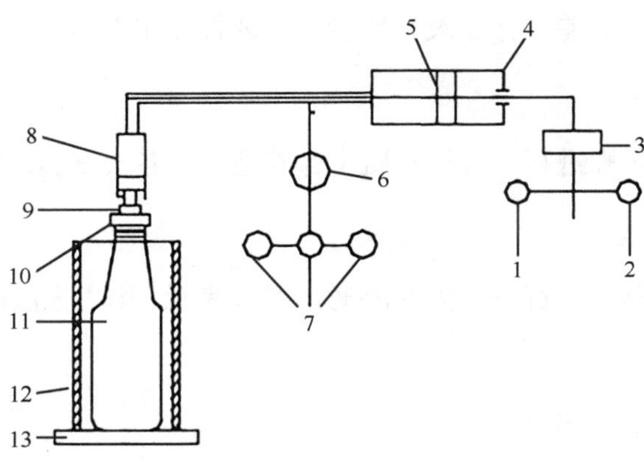

图 36-21　垂直载荷试验装置

1. 启动按钮；2. 定时器；3. 电机；4. 气缸 1；5. 活塞；6. 压力计；7. 压力指示灯；8. 气缸 2；9. 止推轴承；10. 海绵；11. 试样；12. 试样罩；13. 平台

由于内装物不同，盖子的种类（密封方法）也不同。因此，在压盖时，瓶子的承载能力也有很大差别，偏差在 1000～3500N。若内装物是含二氧化碳的饮料，则瓶的口径越大，压盖时所需压力也越大。所以，瓶子的耐压强度是十分重要的。

36.2.2.7　水冲强度测试

水冲强度指玻璃瓶罐因水冲效应发生破损时的强度。水冲效应通常在热装形式充液的瓶体上发生，瓶内盛装密度较大的内装物时，纸箱发生碰撞就会产生水冲效应。当其他纸箱跌落在堆码的瓦楞纸箱上导致碰撞时，下部纸箱内瓶子突然往下移动，虽然位移很小，但由于内装物之间发生空穴，如图 36-22 所示，瓶内上部的空间受到压缩，这一压缩力又传递给内装物，使空穴破坏并通过内装物冲击整个瓶体，于是在瓶底区产生局部高压形成水冲效应。

1. 试验装置

水冲强度测试试验装置如图 36-23 所示。

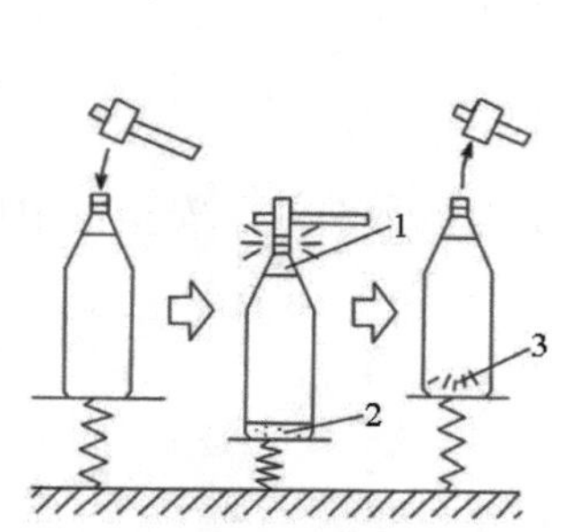

图 36-22　水冲效应

1. 受压缩区域；2. 形成空穴；3. 内压

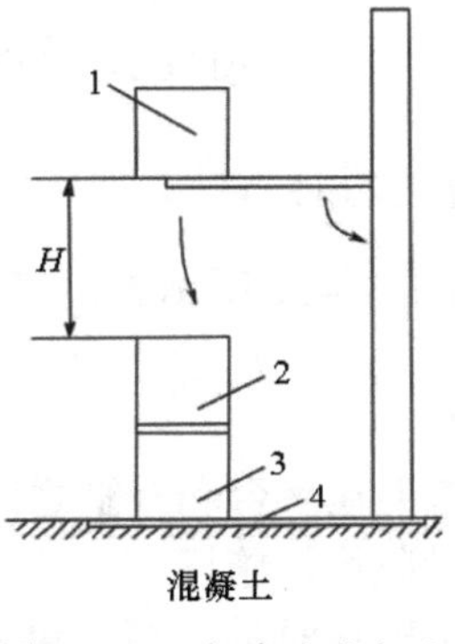

1
H
2
3
4
混凝土

图 36-23　水冲试验方法

1. 上部箱体；2. 被测箱体；3. 下部箱体；4. 钢板；H. 纸箱跌落高度

2. 试验步骤

将玻璃容器按规定进行充填、包装，从 30～40cm 高度使其向下跌落。只要有一个瓶破损，记下跌落高度，此高度即水冲强度的临界跌落高度。

为了减小跌落撞击时的最大加速度，改变瓦楞纸箱的尺寸，把瓶盖与瓦楞纸箱之间的间隙从原来的 2mm 增大到 7mm，这样瓦楞纸箱的缓冲作用可使冲击加速度减小，如图 36-24 所示。

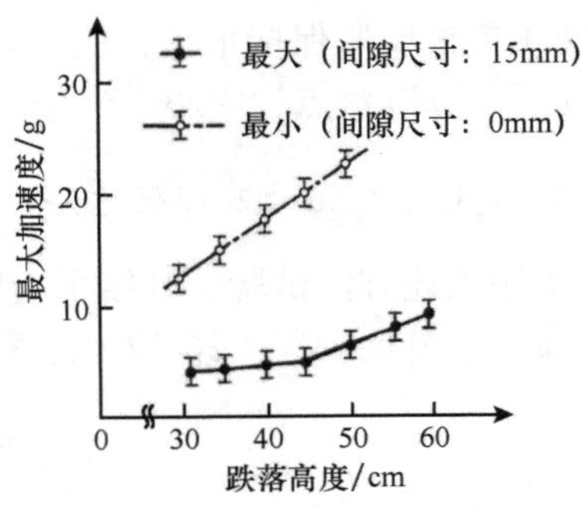

图 36-24　间隙尺寸与冲击加速度的关系

由图 36-24 可知，间隙为 0mm 时，冲击加速度较大，当间隙为 15mm 时，冲击加速度明显下降。

36.2.2.8　防止飞散试验

充填碳酸饮料的玻璃瓶，有时会因不小心掉在地上，或受到巨大冲击而破裂。由于内压，瓶子碎片有飞出的危险。为了防止出现这一现象，在瓶的表面施以塑料涂层或薄膜来限制玻璃碎片的飞散。

1. 试验装置和材料

a）玻璃瓶的防止飞散试验装置如图 36-25 所示，由混凝土冲击台面、圆形框和混凝土基座组成。

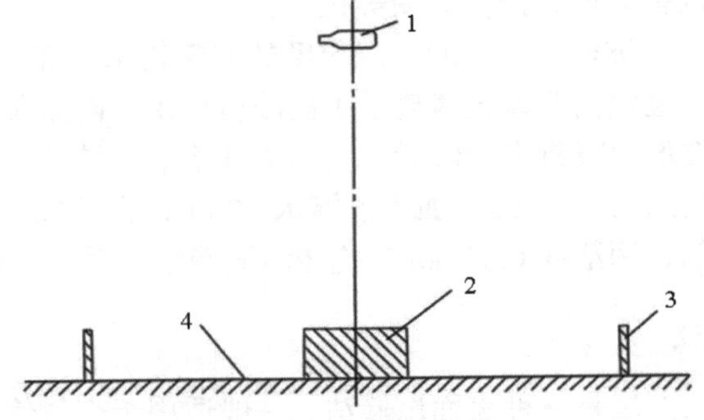

图 36-25　防止飞散试验装置

1. 试样瓶；2. 冲击台面；3. 圆形框；4. 混凝土基座

b）天平。

c）试验用二氧化碳饮料，或含有相同比例二氧化碳的水。

d）已知质量的试验瓶按标准充填试液。

2. 试验步骤

a）将试验样品温度保持在（25±1）℃。

b）使试验瓶保持水平，从 75cm 高处自然落下。

c）计算以落点为中心、半径 100cm 圆形框内的碎片质量百分比。

3. 试验结果记录及评估方法

采用上述方法试验，其结果为玻璃瓶碎片质量的 95%以上应落点中心在 1m 以内。碎片质量百分比按式（36-32）计算：

$$\delta = \frac{m_2}{m_1} \times 100\% \quad (36\text{-}32)$$

式中，δ 为圆形框内散落玻璃瓶碎片的质量百分比（%）；m_1 为瓶子质量，单位为 kg；m_2 为 100cm 范围外碎片的质量，单位为 kg。

36.2.3　耐化学性测试

影响玻璃包装容器化学稳定性的因素主要包括充填物的性质、浓度、pH 和温度等对玻璃包装容器的影响。在酸性或碱性溶液长期作用下，玻璃表面呈薄片状剥落，形成脱片，如 HF、HCl、H_2SO_4、HNO_3 等酸性溶液，苛性钠等碱性溶液，而且碱性溶液的腐蚀速度比酸性溶液还快。有些内装物经曝光会变质，故采用有色玻璃包装容器，然而有色玻璃中掺有氧化铁、二氧化锰或一些金属盐。因而，有色玻璃包装容器除做碱溶出性试验外，还需做金属（如铁）溶出性试验，常采用原子吸收法测定。

1. 耐碱性测试

碱溶法适用于检测玻璃包装容器的耐碱性，也称粉末法。这种试验方法具有灵敏度较高、重现性较好、设备简单、操作方便等优点。

具体试验步骤如下：称取一定量的一定粒度的玻璃粉末，在 121℃纯水的作用下，玻璃中的碱金属离子（也包括非碱金属离子）被浸析出来，使原来呈中性或偏酸性的侵蚀液转变成碱性。从玻璃中浸析出的碱量，由稀硫酸溶液直接滴定而获得。试验所使用的玻璃颗粒是 20～40 目，试样 10g，加入蒸馏水 50mL，在（121±2）℃保温 30min，以甲基红溶液作指示剂，用浓度 0.01mol/L 硫酸溶液滴定，并以空白试验校正。

2. 耐水侵蚀性测试

耐水侵蚀性能测试方法是一种表面试验法，一般适用于交付使用的玻璃容器。试验原理为用规定的水注入待试验容器到规定容量，并且在规定条件下将未紧密封顶的容器加热。通过滴定萃取液来测量水对容器内表面的侵蚀程度。

（1）试剂和试样

包括蒸馏水、去离子水、试验用水、盐酸标准溶液、盐酸溶液、氢氟酸、甲基红指示剂。试验试剂除另有说明外，均为分析纯级试剂。蒸馏水或去离子水，使用前应放在石英玻璃或硼硅质玻璃制的烧瓶中煮沸 15min 以上，除去二氧化碳，然后冷却待用，其 pH 是 5.5±0.1（使用甲基红指示剂呈橙红色），可用 0.02mol/L 氢氧化钠溶液或 0.01mol/L 盐酸溶液校正。按照上述要求变色的试验水也可用作参比溶液。甲基红指示剂由 25mg

甲基红钠盐溶于 100mL 试验水中配制而成。应注意，甲基红酸性溶液的存放期不得超过一周。

待试验的玻璃容器数量取决于玻璃容器的容量、一次滴定所需萃取液的体积和所需的滴定次数等，按照表 36-11 给出的要求进行计算。

表 36-11　滴定法测定耐水侵蚀性的玻璃容器数量

容量（相当于灌装容量）/mL	一次滴定的最少容器个数	一次滴定所需萃取液的体积/mL	滴定次数
≤3	10	25.0	1
>3，≤30	5	50.0	2
>30，≤100	3	100.0	2
>100	1	100.0	3

（2）试验步骤

按照国家标准 GB/T 4548.2—2003《玻璃制品　玻璃容器内表面耐水侵蚀性能　用火焰光谱法测定和分级》[18]进行试验。

1）试样清洗

将未经其他试验的玻璃瓶罐用水、蒸馏水清洗干净，再用试验水冲洗 2 次后注入蒸馏水。试验开始前排空并用试验水冲洗、控干。

2）灌装加热

在室温下向试样瓶内注入试验水，将试样放置在盛有室温蒸馏水的高压釜的支架上，确保试样高于容器中液面。以恒定的速率加热至（121±1）℃维持（60±1）min，然后以 0.5℃/min 的速度将温度冷却至 100℃。

从高压釜中取出试样，放入 80℃的水浴锅中冷却，时间不超过 30min。冷却后立即开始测定试样。

3）萃取液分析

按照表 36-11 规定进行取样，每 25mL 萃取液应加入 2 滴甲基红指示剂，并用盐酸进行滴定，直到所出现的颜色与参比溶液颜色一致。

（3）结果表示

计算滴定结果的平均值，以每 100mL 萃取液消耗盐酸溶液的毫升数表示，试验结果可以表示为每 100mL 萃取液中含有氧化钠的微克数。1mL 浓度为 0.01mol/L 的盐酸溶液相当于 310g 氧化钠。

36.2.4　密封性测试

密封性测试是对由玻璃瓶罐、盖和密封件组成的密封结构进行测试，主要包括漏水性、气密性、连续耐压性、连续耐负压性和瞬时耐内压性等测试内容。

1. 漏水性测试

将一定量的水注入玻璃瓶罐内，然后封盖，再将其横卧放置在调温调湿箱内。控制调温调湿箱内温度为打开玻璃瓶罐盖时的水温标准（20～30℃），24h 后开盖测量水量，以水的减少量表示玻璃瓶罐的漏水性。

2. 气密性测试

在玻璃瓶罐内放入一定量的碳酸钙类干燥剂，然后封盖，在相对湿度 100%的试验环境中放置一周以上，再用天平测定干燥剂质量，以干燥剂的质量增量表示玻璃瓶罐的气密性。

3. 耐压性测试

耐压性测试主要包括连续耐压性、连续耐负压性和瞬时耐内压性测试。

（1）连续耐压性

连续耐压性的检测方法有两种。

a）用 7.57L 的水稀释 98%的浓硫酸 40.5g，在 210mL 的玻璃瓶罐内装入该稀释溶液 200mL。然后用无盖小纸盒盛装 3g 碳酸氢钠后放入玻璃瓶罐内，在纸盒内的碳酸氢钠尚未溶解前封盖。再将玻璃瓶罐倒置，待碳酸氢钠完全溶解后，放入 65℃的水中，1h 后观察有无气体由玻璃瓶罐与封盖处逸出。

b）将碳酸氢钠和稀硫酸作用产生的二氧化碳气体注入玻璃瓶罐内，封盖后置于 40℃试验环境中，一周后观察其是否漏气。

（2）连续耐负压性

以一定量的热水灌入玻璃瓶罐中，封盖后水温是 90℃，然后将其放入常温真空试验器中，24h 以后测定真空度的变化。

（3）瞬时耐内压性

玻璃瓶罐封盖后，以 0.9MPa 的水或氮气注入容器内加压，观察其是否密封。

36.2.5　其他参数的测试

玻璃容器的其他参数测试项目包括容量、厚度、垂直偏差等。

1. 容量测试

瓶子的满口容量是一项重要的指标，要定时抽查。较先进的方法是利用瓶子容量比较器比较试验瓶与同型标准瓶的容量。检测时，首先把一个标准瓶夹在检测夹具上，校准机内气缸，使气缸容量与标准瓶相等。然后卸下标准瓶，装上受检瓶，对已校准的机内气缸和受检瓶同时施加微小的振荡气压。如果两者的容量不同，便产生压力差，差值通过传感器转变成电信号，经放大后驱动一个小型伺服从动调节活塞进行平衡，直到压力差消失。活塞的最终位置以差值的形式显示在比较器的面板上，此差值可以表示受检瓶相对于标准瓶的容量差值，也可以表示为受检瓶的实际容积。

2. 厚度测试

瓶壁厚度的检测方法较多，这里主要介绍壁厚分析仪检测壁厚的原理。壁厚分析仪采用电容式传感头来检测瓶壁厚度。利用弹簧压力将传感头压在受检瓶的外表面上，这时传感头的有效电容取决于传感头有效作用区的玻璃平均厚度，有效区约为 6mm×6mm，测出的有效电容经电子电路转换成线性的电压输出，放大后由记录仪记录下来。

3. *瓶子垂直轴偏差的测试*

垂直轴偏差是指瓶口中心到瓶底中心垂直线的水平偏差。

（1）试验装置

测量仪器由带有夹紧装置的旋转底盘和带有读数显微镜的垂直立柱组成。

（2）试验步骤

a）首先将瓶子夹持在夹紧装置上，旋转底盘 360°。如用“V”形块测量，应将样瓶紧靠在“V”形块上，然后在与水平面成 45°方向对样瓶施加一个向下的压力，旋转瓶子 360°。

b）记下瓶口边缘外侧与固定点的最大和最小距离，垂直轴偏差就是测得的最大值和最小值之差的一半。

c）最后按精确度（0.1mm）修正实测得到的垂直轴偏差。

36.3　钙塑瓦楞箱性能测试

钙塑瓦楞箱是利用钙塑材料优良的防潮性能，按照瓦楞纸箱的成箱过程而制成的一种具有一定缓冲和防震性能的硬质或半硬质包装容器。钙塑材料是在具有一定热稳定性的树脂（如 HDPE、PP、PVC）中，加入大量填料和少量助剂而形成的一种复合材料。常用的填料有碳酸钙、硫酸钙、滑石粉等，可降低成本，提高钙塑材料的硬度和刚性，增加油墨的黏着力。我国生产的钙塑瓦楞箱以聚乙烯树脂为原料、碳酸钙为填料，加入适量助剂，经压延热黏形成钙塑双面单瓦楞板，再钉合而成包装箱。由于所用原料主要是塑料，其试验方法与瓦楞纸箱的试验方法有很大区别，而是更多地采用塑料性能试验方法。

本节主要介绍钙塑瓦楞箱的空箱抗压强度试验、堆码试验、垂直冲击跌落试验，以及钙塑瓦楞板的拉伸性能、压缩性能、撕裂性能、低温耐折性等测试内容。

36.3.1　空箱抗压强度试验

试验方法可参考国家标准 GB/T 4857.4《包装运输包装件压力试验方法》[8]。所有试样在温度（23±2）℃、相对湿度 45%～55%的条件下预处理 4h，并在该条件下进行空箱抗压强度试验。具体测试方法是，首先将试样箱的上盖和下底用胶带封固，置于压力试验机两个压板之间，然后启动压力试验机，对试样以（10±2）mm/min 的速度加载。试验结束后，记录试样箱四周压弯时的最大压力。

钙塑瓦楞箱的空箱抗压性能要求见表 36-12。

表 36-12　钙塑瓦楞箱的空箱抗压性能要求

项目	优等品	一等品	合格品
空箱抗压力/N	≥5000	≥4000	≥3000

36.3.2 堆码试验

所有试样在温度（23±2）℃、相对湿度45%～55%的条件下预处理4h，并在该条件下进行堆码试验。设备参见36.1.2.2节，试验方法参见GB/T 4857.3—2008[5]，堆码高度3m，堆码时间24h。试验结束后包装件无破裂、不倒塌为合格。

36.3.3 垂直冲击跌落试验

所有试样在温度（23±2）℃、相对湿度45%～55%的条件下预处理4h，并在该条件下进行垂直冲击跌落试验。试验方法参见GB/T 4857.5—1992，跌落高度及跌落顺序参见GB/T 4857.5—1992附录A规定[15]。试验结束，样箱均无破裂、内容物无撒漏，则试验合格。

36.3.4 拉伸性能测试

钙塑瓦楞板拉伸性能测试主要包括拉断力和断裂伸长率测试。拉断力是指拉伸过程中试样所能承受的最大载荷。试验设备是XWD-S型电子万能试验机。试样是哑铃形钙塑瓦楞板，纵向为瓦楞方向，中间部分宽度是20mm，标距（或试样有效部分长度）是70mm。试样在温度（23±2）℃、相对湿度45%～55%的条件下预处理4h，并在该条件下进行试验。

按照国家标准GB/T 1040.1—2006进行钙塑瓦楞板拉断力和断裂伸长率测试。具体测试方法是：首先将试样夹持在上、下夹具中心，并且松紧合适。然后对试样加载，拉伸速度是（50±5）mm/min。试样断裂后，读取最大载荷和标距伸长量，计算拉断力和断裂伸长率。试验结果以5个试样的算术平均值表示，拉断力精确至1N，断裂伸长率精确到1%。钙塑瓦楞板拉断力、断裂伸长率的试验结果应满足表36-13的要求。

表 36-13 钙塑瓦楞板力学性能

序号	项目	优等品	一等品	合格品
1	拉断力/N	≥350	≥300	≥220
2	断裂伸长率/%	≥10	≥8	≥8
3	平面压缩力/N	≥1200	≥900	≥700
4	垂直压缩力/N	≥700	≥550	≥450
5	撕裂力/N	≥80	≥70	≥60
6	低温耐折	−40℃不裂	−20℃不裂	−20℃不裂

36.3.5 压缩性能测试

钙塑瓦楞板压缩性能测试包括平面压缩力和垂直压缩力测试。

1. 平面压缩力测试

裁取5个直径为（80±0.5）mm的圆形试样。试验之前，将所有试样在温度（23±2）℃、相对湿度 45%～55%的条件下预处理 4h，并在该条件下进行试验。

按照国家标准 GB/T 1041—2008 进行钙塑瓦楞板平面压缩力测试[20]。压力试验机的加载速度是（10±2）mm/min，以记录仪上出现的第一个峰值作为压缩负荷，即平面压缩力。试验结果以 5 个试样的算术平均值表示，精确到 1N。钙塑瓦楞板平面压缩力的试验结果应满足表 36-13 的要求。

2. 垂直压缩力测试

裁取 100mm×60mm 具缺口试样 5 片，其结构和尺寸如图 36-26 所示。试验之前，所有试样在温度（23±2）℃、相对湿度 45%～55%的条件下预处理 4h，并在该条件下进行试验。

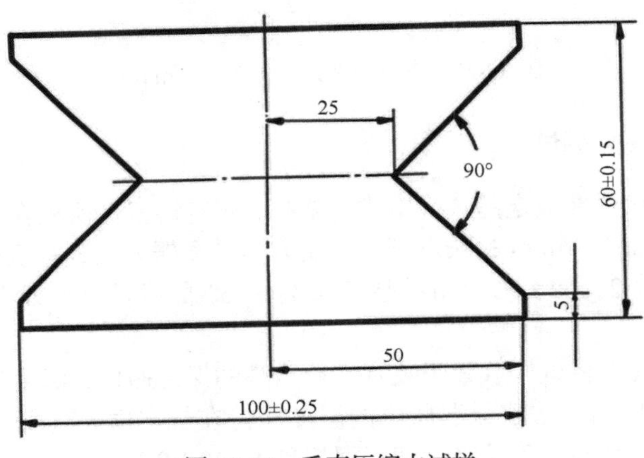

图 36-26　垂直压缩力试样

测试方法是：将试样按瓦楞方向垂直的方向放置于压力试验机的两个压板之间，并使试样中心与两压板中心线重合。试验速度是（10±2）mm/min。取试样中部缺口处压弯时的最大压力作为垂直压缩力。试验结果以 5 个试样的算术平均值表示，精确到 1N。钙塑瓦楞板垂直压缩力的试验结果应满足表 36-13 的要求。

36.3.6　撕裂性能测试

裁取直角撕裂试样 5 片，试样形状与尺寸见图 36-27（可参见 QB/T 1130—1991 的 3.7 节相关内容[21]）。试样的长度方向是瓦楞方向，试样直角口对准瓦楞，使撕裂方向与瓦楞方向一致。试验之前，所有试样在（23±2）℃、相对湿度 45%～55%的条件下预处理 4h，并在该条件下进行试验。具体测试方法是：将试样夹持在拉力试验机的上、下夹具上，以（200±50）mm/min 的速度拉伸，直至试样撕裂，以最大拉力作为撕裂力。试验结果以 5 个试样的算术平均值表示，精准确到 lN。钙塑瓦楞板撕裂力的试验结果应满足表 36-13 的要求。

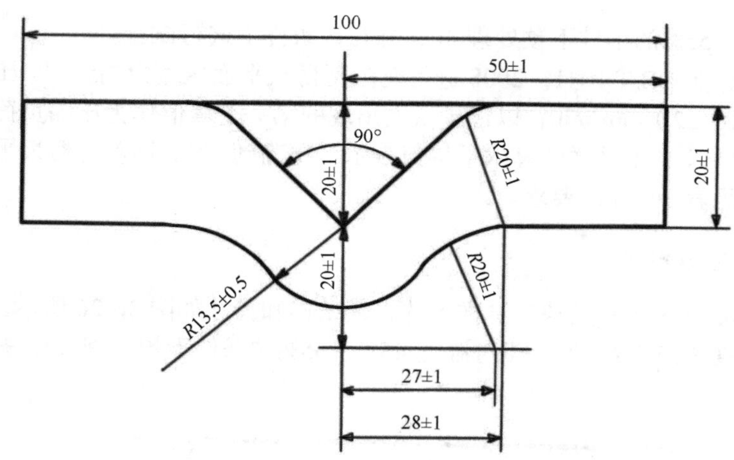

图 36-27　直角撕裂试样（单位：mm）

36.3.7　低温耐折性能测试

试验原理是将试样在规定的条件下进行弯折，测定钙塑瓦楞板在低温条件下的断裂性能。试样是 100mm×25mm 的长形条，长度方向是瓦楞方向，每组取 3 片试样。试验之前，所有试样在（23±2）℃、相对湿度 45%～55%的条件下预处理 4h，并在该条件下进行试验。

测试方法是：首先将试样放置于装有工业乙醇的保温瓶内，温度波动允许在±2℃，用定时添加工业乙醇的方法使保温瓶内的温度保持在规定值，优等品级钙塑瓦楞板是（–40±2）℃，合格品和一等品级钙塑瓦楞板是（–20±2）℃。15min 后取出试样，然后用两块木板夹住试样，立即进行 90°弯折，再以反方向进行 180°弯折，观察弯折处是否有裂纹。注意弯折必须要在 30s 内完成。3 个试样均不裂为合格。

36.4　金属包装容器性能测试

金属包装容器具有强度高、质量轻、防护性能好、阻隔性能好等一系列优点，还易于印刷装饰，具有良好的加工工艺性能，能够长期保持商品的质量，适宜于作为食品、饮料、药品及化学品等的包装。但金属材料的缺点是化学稳定性差，易锈，价格较高。

金属包装容器种类繁多，使用广泛。大型金属包装容器有油罐车、集装箱、金属桶等；小型金属包装容器有金属盒、牙膏皮、金属软管等。通常根据内装物特性分为两类：常压容器如油罐、食品罐头等；压力容器如啤酒易拉罐、氧气瓶、喷雾罐等。

由于金属包装容器的材料、种类、使用要求等差异较大，因此不同金属容器的测试内容也不同。限于篇幅，本节只介绍部分内容，有关测试可查阅相应的国家标准。

36.4.1　气密试验

36.4.1.1　钢桶气密试验

气密试验是在规定的压力下对钢制容器进行气密性能测试的方法。其试验原理是把试样充气至预定压力，将其浸没于水中或涂一薄层规定的液体，通过检查有无气泡产生来判断样品有无渗漏。

1. 试验装置

试验设备采用可提供 10～30kPa 压缩空气的空气压缩机，其压力表的量程为 0～100kPa，分度值为 1kPa，精度为 2 级。另外还应准备一个能够将试样钢容器整体放入的水槽。

2. 试验步骤

a）在规定温、湿度条件下取得试样，同时测量记录试验场所的环境温度，试验应在与预处理相同的条件下进行，如果达不到相同条件，则必须在试样离开预处理条件 5min 之内开始试验。

b）在试样容器上钻孔，将压力表固定在容器上，然后与加压泵连接起来，并保证各接口密封良好。

c）将容器任意放置。把试样容器旋紧封口，形成密封，将压缩空气输入容器内，在达到预定压力时关闭阀门。

d）将带有内压的试样容器整体置入水槽中，转动试样容器，检查有无渗漏现象。如果不是将试样容器置入水槽中检查，也可以在容器的焊缝、卷边和封口部位涂上皂液来观察各部位有无渗漏现象。

e)试验时间应持续 5min。对于小开口钢制容器的气密试验气压，1 级要求：30kPa；2 级和 3 级要求：20kPa。

36.4.1.2　危险品金属包装中型散装容器气密试验

本方法适用于拟装液体或使用压力装载和卸载方式运装固体的金属中型散装容器。试验应在安装隔热设备之前进行，通气口应采用非通气装置或将通气口堵塞。

试验使用空气不低于 20kPa 的表压持续至少 10min，并使用合适的方法确定试样瓶的气密性，如用肥皂水涂抹焊缝及连接部位，使用气压差试验或将中型散装容器置于水中。如果使用后一种方法，应对静水压力采用修正系数进行修正。

试验结束后应无漏气现象。

36.4.2　耐压（水压）试验

36.4.2.1　钢桶液压试验

此试验仅限于小开口钢桶，是在规定的压力下对钢制容器进行耐压性能测试的方法。其试验原理是把试样容器充压至预定压力，检测试样容器的耐压性能。

1. 试验装置

主要为加压泵，要求输出压力稳定，其压力不低于 300kPa。压力表要求精度 1.5 级，量程 0～400kPa。

2. 试验步骤

a）在试样容器顶上钻一孔，固定压力表，与加压泵相连接，保证连接密封良好。

b）将试样容器注满清水，旋紧桶塞封闭注入口。

c）启动加压泵，对试样容器缓慢加压，达到预定值时关闭阀门及加压泵，并保证此压力保持一段时间。检查有无泄漏。

d)对于小开口钢制容器的液压试验压力，1 级要求最小压力为 250kPa，保压 5min，无渗漏；2 级和 3 级要求最小压力为 100kPa，保压 5min，无渗漏。

36.4.2.2 气雾罐耐压试验

首先用常温的水向试验容器内加压，一般情况是在没有达到 1.176MPa 以前于 30～50s 逐渐升压，在 1.176～1.274MPa 时于 20s 内逐渐升压，试验过程中观察容器的状态，不应产生变形。在达到所需压力时保持 30s，容器不应发生变形。

36.4.2.3 危险品金属中型散装容器液压试验

此试验方法适用于 21A、21B、21N、31A、31B 和 31N 中型散装容器。

1. 试样准备

此项试验应在安装隔热设备之前进行。应确定减压装置在不工作状态，或将减压装置拆下并将开口堵住。

2. 试验方法

此项试验按照规定的压力至少进行 10min。试验期间，中型散装容器不得受到任何机械约束。

3. 施加压力

a）所有用于装运包装Ⅰ类物质的中型散装容器类型 21A、21B、21N、31A、31B 和 31N 使用 250kPa 表压进行试验。

b）所有用于装运包装类Ⅱ和Ⅲ固体的中型散装容器类型 21A、21B、21N、31A、31B 和 31N 使用 200kPa 表压进行试验。

c）除上述压力外，对于装运液体的中型散装容器类型 31A、31B 和 31N，还要使用 65kPa 表压进行试验，这项试验应该在 200kPa 试验之前进行。

4. 合格准则

对于按 a）和 b）规定压力试验的中型散装容器类型 21A、21B、21N、31A、31B 和 31N，无任何渗漏现象；对于按 c）规定压力试验的中型散装容器类型 31A、31B 和 31N，无渗漏现象，也无任何危及中型散装容器运输安全的永久性变形。

36.4.3　安全阀泄气压力试验

将安全阀与气压针连接，并通入 5～10kPa 规定压力的气体，检查安全阀打开泄漏时的压力。

36.4.4　跌落试验

36.4.4.1　钢桶跌落试验

钢桶跌落试验是性能检测的重要组成部分[19]，钢桶跌落试验按 GB/T 4857.5—1992 的规定进行[2]，跌落高度见表 36-14，并满足下列条件。

a）小开口钢桶灌装容量 98%的清水，选钢桶边缘最薄弱部位跌落，跌落后在钢桶最高部位钻孔。

b）中开口和全开口钢桶内盛装容量 95%、密度为 1.2g/cm^3 的沙子和木屑混合物，选钢桶边缘最薄弱部位跌落。

表 36-14　钢桶跌落试验性能要求

项目	闭口钢桶			全开口钢桶		
	Ⅰ级	Ⅱ级	Ⅲ级	Ⅰ级	Ⅱ级	Ⅲ级
跌落高度/m	1.8	1.2	0.8	1.8	1.2	0.8
要求	达到内外压平衡时不渗漏			不撒漏或破损		

注：当拟装物的相对密度（ρ）不超过 1.2g/cm^3 时，跌落高度见本表；当拟装物的相对密度（ρ）超过 1.2g/cm^3 时，跌落高度应根据所装物质的相对密度（ρ）计算，并四舍五入，去第一位小数，见表 36-15

表 36-15　跌落高度　（单位：m）

Ⅰ	Ⅱ	Ⅲ
1.5×9	1.0×9	0.67×9

36.4.4.2　危险品金属中型散装容器跌落试验

1. 试样准备

按照设计类型，用于装运固体的中型散装容器应充灌至不低于其容量的 95%，用于装运液体的中型散装容器应充灌至不低于其容量的 98%。应确定减压装置不在工作状态，或者将减压装置拆下将其堵塞。

中型散装容器应按照规定进行装货。拟装货物可以用其他物质代替，但不得影响试验结果。如果是固体物质，当使用另一种物质代替时，该替代物质的物理性质（质量、颗粒数）应与待运物质相同。允许使用外加物如铅粒袋等，以便达到规定的包件总重，但要求外加物的放置方式不会影响试验结果。

2. 试验方法

中型散装容器应跌落至坚硬、无弹性、光滑、平坦和水平的表面。跌落的方式应使中型散装容器底部被认为最脆弱的部位成为冲击点。容量等于或低于 $0.45cm^3$ 的中型散装容器还应对除第一次跌落部位外的最薄弱部位进行跌落试验。每次跌落可使用同一个或不同的中型散装容器。

3. 跌落高度

跌落高度见表 36-16。

表 36-16　中型散装容器跌落高度　（单位：m）

Ⅰ类包装	Ⅱ类包装	Ⅲ类包装
1.8	1.2	0.8

拟装液体的箱体进行跌落试验，如使用另一种物质代替，这种物质的相对密度及黏度应与待运输物质相似，也可用水来进行跌落，其跌落高度如下。

a）当拟装物的相对密度（ρ）不超过 $1.2g/cm^3$ 时，跌落高度见表 36-16。

b）当拟装物的相对密度（ρ）超过 $1.2g/cm^3$ 时，跌落高度应根据所装物质的相对密度（ρ）计算，并四舍五入，去第一位小数，见表 36-15。

36.4.5　堆码试验

36.4.5.1　钢桶堆码试验

钢桶的堆码试验按照 GB/T 4857.3—2008 的规定进行，试验时间为 24h，经检查钢桶不应有可能降低其强度或引起堆码不稳定的任何变形和严重破损。

堆码载荷按式（36-33）计算：

$$P = K \times \frac{H-h}{h} \times M \times 9.8 \qquad (36\text{-}33)$$

式中，P 为钢桶容器上施加的堆码载荷，单位为 N；H 为堆码高度，单位为 m；h 为单件钢桶高度，单位为 m；M 为单件钢桶盛装相应货物后的质量，单位为 kg；K 为劣变系数，数值为 1。

36.4.5.2　危险品金属中型散装容器堆码试验

中型散装容器在试验前应灌装至其最大允许总重。

试验方法：中型散装容器应底部向下置于经检验平坦的底面，然后向其施加均匀的试验载荷至少 5min。试验载荷应相当于运输中试样上面堆码的相同中型散装容器数目最大允许总重之和的 1.8 倍。

试验结束，内装物无损失，中型散装容器未出现任何会危及运输安全的永久性变形。

36.4.6　漆膜附着力测试[22]

漆膜的附着力是指漆膜与被附着物体表面通过物理和化学作用结合在一起的坚牢程度。漆膜的附着力是考核漆膜性能的重要指标之一，附着力的好与坏关系到整个配套涂层的质量。

漆膜的附着机制大体上可分为机械附着和化学附着两种。机械附着力取决于被涂板材的性质及所形成漆膜的机械强度；化学附着力指漆膜和板材之间分界面的漆膜分子和板材分子的相互吸引力，取决于漆膜和板材的物理化学性质。一般认为，漆膜的附着力取决于成膜物质中聚合物的极性基团，如—OH、—COOH 与被涂物表面极性基团之间的相互结合程度。凡是减弱这种极性结合的各种因素均会导致漆膜附着力的降低，如被涂物表面有污染、有水分；涂膜本身有较大的收缩应力；聚合物在固化过程中相互交联而消耗了极性基团的数量等。

漆膜对金属底材黏接的牢固程度即附着力，根据 GB/T 1720—1989、GB/T 9286—1998 和 GB/T 5210—1985，漆膜附着力测定的方法可分为画圈法、划格法和拉开法 3 种。本书主要介绍 GB/T 325—2000《包装容器钢桶》中划格法，即根据样板底材及漆膜厚度用不同间距的划格刀具对漆膜进行格阵图形切割，使其恰好穿透至底材，依据漆膜在正方格线划痕范围内的完整程度评定，以级表示。

36.4.6.1　检验工具

a）单刃划刀，具有 30°的圆片刀刃，如图 36-28 所示。

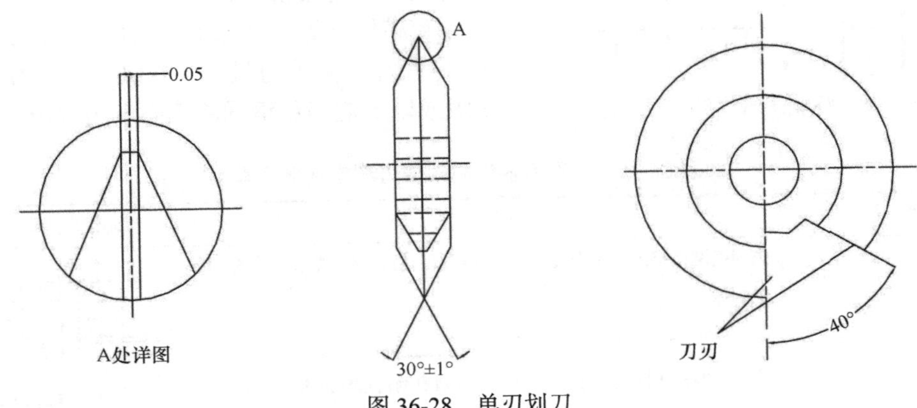

图 36-28　单刃划刀

b）导向器，刀刃间距 1mm，形状如图 36-29 所示。

c）漆刷：宽 25～35mm。

d）4 倍放大镜。

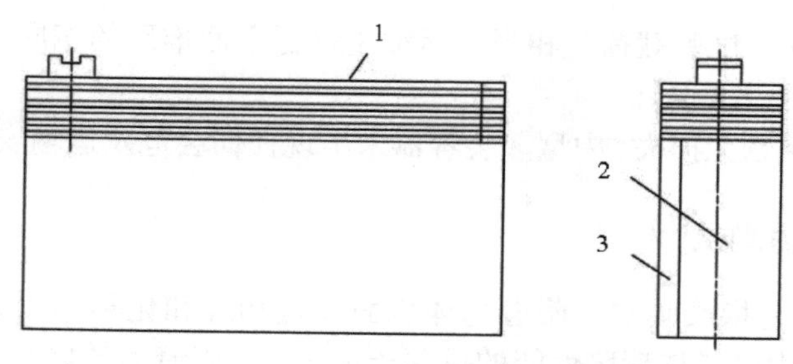

图 36-29　导向器

1. 10 个 1mm 宽的刀刃间隔；2. 压层塑料薄膜；3. 橡胶

36.4.6.2　测定步骤

（1）划痕

手持单刃划刀，使刀的前刃垂直于样板表面或钢桶的平整面，利用导向器，保持平衡，均匀用力，以 20～50mm/s 的速度，在漆膜上划割长 10～20mm、间距 1mm 的 6 道平行划痕；然后转 90°，用同样方法划割成为正方格，如图 36-30 所示。划痕需齐直，并应割穿漆膜的整个深度；划割应在 3 个不同的部位进行。若测定结果不一致，应在更多的部位重复进行，否则测定无效。

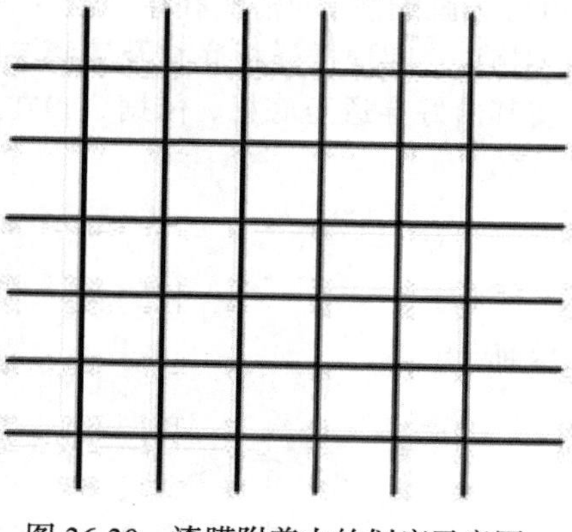

图 36-30　漆膜附着力的划痕示意图

（2）清理划痕

用漆刷沿正方形网格的两对角方向，来回各清刷 5 遍。

（3）检查评级

目测或以 4 倍放大镜检查正方形网格划痕，根据划痕网格线的完整、光滑、清晰、剥离情况，评定漆膜附着力的级别。

漆膜划痕等级分为 6 级（0～5 级），如表 36-17 所示。附着力最佳为 0 级，最差为 5 级。2 级或以上能满足钢桶漆膜附着力要求。

表 36-17　金属容器漆膜附着力测定结果分类

级别	说明	划痕网格示例
0	漆膜划痕网格牢固地贴于桶底材上；划痕网格完整、光滑、清晰、无剥离	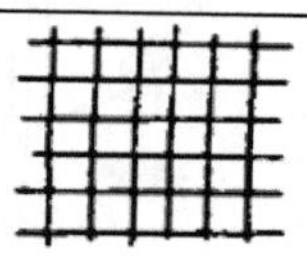
1	漆膜划痕网格牢固地贴于桶底材上；但划痕网格边缘或交叉处有不清晰的小片剥离；破损面积不大于 5%	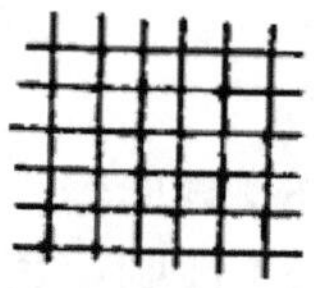

续表

级别	说明	划痕网格示例
2	在漆膜划痕网格边缘或交叉处可以清晰地看到有小片剥离；破损面积在 5%～15%	
3	在漆膜划痕网格边缘或交叉处出现片状或长条破损，部分小方格剥离；破损面积在 15%～35%	
4	在漆膜划痕网格边缘有长条破损，网格中的小方格全部或部分连接成块剥离；破损面积在 35%～65%	
5	任何超过 4 级的现象，均属此级	

36.4.7　化学稳定性测试

金属包装容器的化学稳定性测试，根据容器是否有内涂层而有所区别。对于没有内涂层的金属罐，要检查材料的变化；对于有内涂层的金属罐，要检查涂层状态和性质的变化，以及内装物的变化，检查涂层连续性和缺损情况的方法有硫酸铜溶液浸渍试验、漆包等级试验。

36.4.7.1　硫酸铜溶液浸渍试验

具体测试方法是：向容器内倒入由 200g $CuSO_4$、100g 浓 HCl 和 700g 水组成的试验溶液，浸泡 30～120s，然后倒出溶液并用水清洗容器。在金属露出的部位，有铜析出，表明涂层不连续或有缺陷。

36.4.7.2　漆包等级试验

依据金属罐的不同，采用不同配方的电解液。具体测试方法是：首先向金属罐内注入电解液，不要接触罐边缘等没有涂层的部位，然后将电极放在金属罐的中央，在电极和金属罐两端接通 6V 直流电，金属罐接负极。如果有金属露出，测量仪表就会测出电流，利用试验装置的极性开关，罐壁上有氢气产生的部位就是金属露出部位，表明涂层不连续或有缺损。

36.4.8　真空金属镀层厚度测试

真空镀金是在真空条件下，将金属镀蒸在薄膜基材的表面而形成复合薄膜的一种新工艺。被镀金属材料可以是金、银、铜、锌、铬、铝等，其中用得最多的是铝。在塑料薄膜或纸张表面（单面或双面）镀上一层极薄的金属铝即成为镀铝薄膜，它广泛地被用来代替铝箔复合材料如铝箔/塑料、铝箔/纸等。随着科技的发展，真空镀金薄膜的使用越来越广泛，主要作为风味食品、农产品、药品、化妆品、香烟的包装。

由于真空镀铝薄膜上的镀铝层非常薄，因此不能使用常规的测厚仪器检测其厚度。本节主要介绍电阻法检测绝缘软基材表面真空金属镀层厚度的测试方法[21]。

36.4.8.1　试验原理

试样金属镀层为一段金属导体，依据欧姆定律测量规定长度和宽度试样的金属镀层电阻，以方块电阻表示金属镀层的厚度或直接计算其厚度。

36.4.8.2　试验装置

本试验使用真空金属镀层厚度测量仪，电阻测量误差不大于±1%，其结构如图 36-31 所示。仪器的测量宽度不小于 100mm，两测量头间的距离精度为±0.1mm。

36.4.8.3　试样及制备

a）试样长度不小于 300mm，宽度（100±0.10）mm。试样数量不少于 5 片。

b）试样表面应光滑平整，无折痕、污物、溅射点、划伤等缺陷。

注：试样宽度窄于 100mm 时，以实际尺寸作为试样宽度。

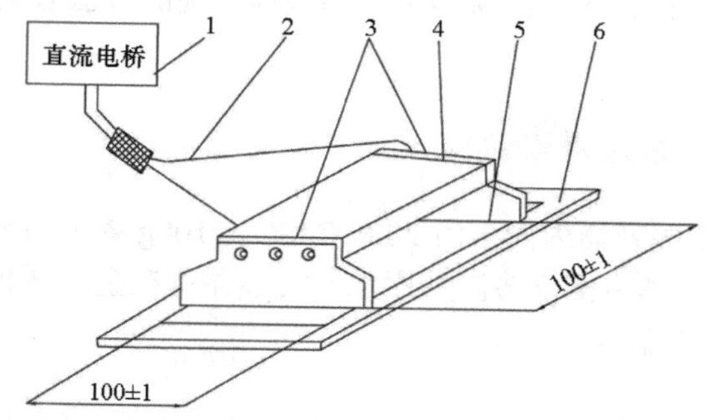

图 36-31　真空金属镀层厚度测量仪结构示意图（单位：mm）

1. 直流电桥；2. 导线；3. 测量头；4. 测量头连接板；5. 被测样品；6. 橡胶板

36.4.8.4　试验步骤

a）将金属镀层厚度测量仪与试样放置在温度（23±2）℃，相对湿度 45%～55%的环境中，放置 4h 后测量。

b）每次测量前用无水乙醇擦拭仪器的测量头。

c）将试样平放在测量仪的橡胶板上，使测量头与金属镀层接触良好。

d）每次测量前仪器必须校零。

e）测量试样的电阻。

36.4.8.5　试验结果的计算和表示

1. 金属镀层的方块电阻

$$\Omega/\square=\frac{R}{\lambda} \tag{36-34}$$

式中，$\Omega/\square$ 为方块电阻，单位为 Ω；R 为被测量金属镀层的电阻，单位为 Ω；λ 为试样有效长度与宽度的比值。

取 5 次试验结果的平均值，保留三位有效数字。

2. 金属镀层厚度

$$d=\frac{\rho}{\Omega/\square} \tag{36-35}$$

式中，d 为金属镀层厚度，单位为 mm；ρ 为电阻率，单位为 $10^{-3}\Omega\cdot mm^2/mm$；$\Omega/\square$ 为方块电阻，单位为Ω。

取 5 次试验结果的平均值，保留三位有效数字。

3. 金属镀层均匀度

$$\delta=\frac{\Omega/\square_{max}-\Omega/\square_{min}}{\Omega/\square_{ave}}\times100\% \tag{36-36}$$

式中，δ 为金属镀层均匀度（%）；$\Omega/\square_{max}$ 为最大方块电阻，单位为Ω；$\Omega/\square_{min}$ 为最小方块电阻，单位为Ω；$\Omega/\square_{ave}$ 为方块电阻平均值，单位为Ω。

试验结果保留两位有效数字。真空金属镀层的厚度可以用厚度值表示，也可以用方块电阻值表示。电阻率单位由 $\Omega\cdot mm^2/m$ 换算为 $10^{-3}\Omega\cdot mm^2/mm$。

36.4.9　提梁、提环强度试验

将提梁或提环用适当的方法固定，然后在桶上沿垂直方向施加载荷至 600N，5min 后检查提梁、提环及其桶身连接部位有无断裂或破损。

36.4.10　卷边质量检测

金属容器的密封多采用二重卷边和三重卷边结构。罐身和罐盖（或罐底）通过封罐机卷封而形成二重卷边结构。卷封方法分为两种。一种方法是金属罐体旋转，卷边辊轮自转且对罐体做径向进给运动，完成二重卷边。另一种方法是金属罐体固定不动，卷边辊轮绕罐体四周旋转和自转，且向罐体做径向进给运动，完成二重卷边。

卷边的外观检查通常采用目测法，金属罐不应存在假封、大塌边、锐边及快口、卷边不完全、跳封、卷边“牙齿”、铁舌及垂唇、卷边碎裂、填料挤出等缺陷。可用千分

尺测量卷边宽度、厚度和罐盖厚度。卷边的内部质量也是采用目测检查和仪器检查，如皱纹深度、跳封、罐筒钩尺寸等。

36.4.11 卫生性检验（有毒有害物迁出检验）

对于盛装液体的金属包装容器，或内表面几乎完全接触固体食品的金属瓶罐，必须做浸出试验。根据内装物属性的不同，可采用不同 pH 的浸泡液浸泡，如水、4%乙酸、乙醇溶液、正庚烷等。在要求的浸泡温度下浸泡金属容器，达到一定的时间后，测定浸出液中的铅、砷、镉等元素含量，以及总的蒸发残渣和高锰酸钾消耗量等。

另外，有些金属包装容器还需要做顶部提升试验、底部提升试验、减压试验和针孔试验。

36.5 软包装袋性能测试

软包装是指在充填或取出内装物后，形状可以发生变形的包装。用纸、铝箔、塑料薄膜、纤维及它们的复合物所制成的袋、盒、套、包封等均为软包装。在包装产业中，软包装以绚丽的色彩、丰富的功能、形式多样的表现力，成为货架销售最主要的包装形态之一。软包装主要用作食品包装、拉伸包装、贴体包装、药品袋包装、收缩包装、泡罩包装、气调包装、真空包装、充气包装等。国内软包装行业的进步极大地促进了食品、日化等行业的发展，这些行业的发展反过来又进一步拉动了对软包装市场的需求，使软包装行业获得了巨大的市场动力。随着功能性软包装材料的发展和加工技术的不断提高，软包装在许多领域正扮演着越来越重要的角色。

36.5.1 透明性测定

软包装材料的透明性一般由透光率和雾度两个参数决定，前者决定可见性，后者决定清晰度，因此透明性的测定主要是测定软包装的透光率和雾度。

雾度是指透过试样而偏离入射光方向的散射光通量与透射光通量之比，用百分比表示（对于本方法来说，仅用偏离入射光方向 2.5° 以上的散射光通量计算雾度）。透光率是指透过试样的光通量与照射在试样上的光通量之比，用百分比表示。

36.5.1.1 试样

试样不能有影响材料性能的缺陷，也不能有使研究产生偏差的缺陷。试样尺寸应大到可以遮盖住积分球的入口窗，建议试样为直径 50mm 的圆片，或者是 50mm×50mm 的方片。试样两侧表面应平整且平行，无灰尘、油污、异物、划痕等，并无可见的内部缺陷和颗粒，要求测试这些缺陷对雾度的影响时除外。

无其他要求的情况下，每组 3 个试样。

36.5.1.2　状态调节

在温度 23℃±2℃和相对湿度 50%±10%的环境下，按照 GB/T 2918—2018 的规定进行状态调节不少于 40h 后，进行试验。特殊情况按材料说明书或按供需双方商定的条件进行状态调节。应在与试样状态调节相同的环境下进行试验。

36.5.1.3　试验方法

1. 雾度计法

（1）仪器

仪器的几何性能和光学性能满足本部分要求。仪器结构如图 36-32 所示。

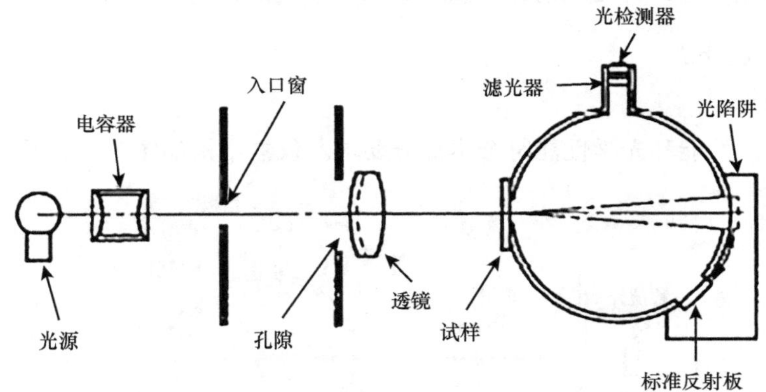

图 36-32　雾度计示意图

（2）试验步骤

测量试样的厚度。厚度小于 0.1mm 时，至少精确到 0.001mm；厚度大于 0.1mm 时，至少精确到 0.01mm。

读取数据。调节雾度计零点旋钮，使积分球在暗色时检流计的指示为零。

当光线无阻挡时，调节仪器检流计的指示为 100，然后按照表 36-18 操作，读取 T_1、T_2、T_3 和 T_4。

表 36-18　读数步骤

检流计读数	试样是否在位置上	光陷阱是否在位置上	标准反射板是否在位置上	得到的量
T_1	不在	不在	在	入射光通量
T_2	在	不在	在	通过试样的总透射光通量
T_3	不在	在	不在	仪器的散射光通量
T_4	在	在	不在	仪器和试样的散射光通量

反复读取 T_1、T_2、T_3 和 T_4 的值使数据均匀。

（3）结果计算和表示

对于每个试样，以百分比表示的透光率按式（36-37）计算：

$$T_t = \frac{T_2}{T_1} \times 100 \tag{36-37}$$

式中，T_t 为透光率；T_2 为通过试样的总透射光通量；T_1 为入射光通量。结果取平均值，精确到 0.1%。

对于每个试样，以百分比表示的雾度按式（36-38）计算：

$$H = \left(\frac{T_4}{T_2} - \frac{T_3}{T_1}\right) \times 100 \tag{36-38}$$

式中，H 为雾度；T_4 为仪器和试样的散射光通量；T_2 为通过试样的总透射光通量；T_3 为仪器的散射光通量；T_1 为入射光通量。结果取平均值，精确到 0.1%。

2. 分光光度计法

（1）仪器

仪器的几何性能和光学性能符合本部分要求。仪器结构如图 36-33 所示。

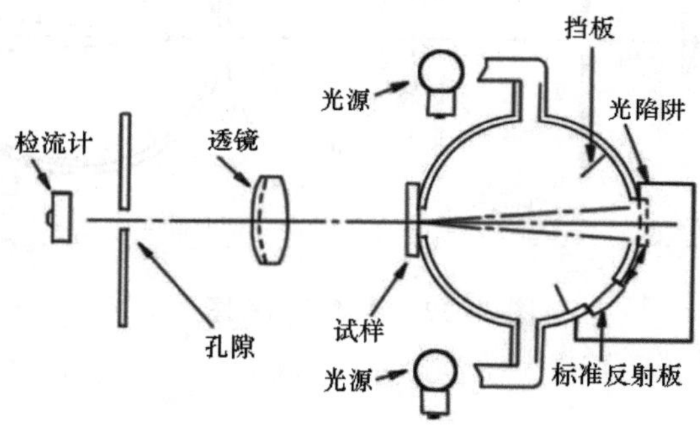

图 36-33　分光光度计结构示意图

（2）试验步骤

按雾度计法试验步骤进行。

（3）结果计算

按雾度计法计算结果。

36.5.2　拉伸性能测试

塑料的力学行为研究一般采用试验方法，如拉伸应力–应变试验。拉伸试验指在规定的温度、湿度和拉伸速度下，对塑料试样沿纵轴方向施加拉伸载荷使试样产生变形，直至材料破坏的过程。通过试验可以获得材料的拉伸强度、屈服应力、弹性模量、断裂伸长率等一系列性能指标，并获得拉伸应力–应变曲线（图 36-34）。软包装材料的拉断力等级划分见表 36-19，断裂伸长率等级划分见表 36-20。

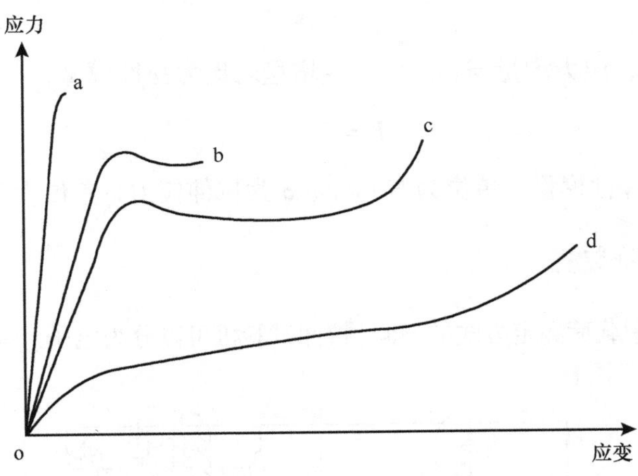

图 36-34　典型应力–应变曲线

a. 脆性材料；b 和 c. 有屈服点的韧性材料；d. 无屈服点的韧性材料

表 36-19　拉断力等级划分

项目	1 级	2 级	3 级	4 级	5 级
拉断力/（N/15mm）	＞100	100～50	＜50～25	＜25～5	＜5

表 36-20　断裂伸长率等级划分

项目	1 级	2 级	3 级	4 级	5 级
断裂伸长率/%	＞1000	1000～500	＜500～100	＜100～10	＜10

（1）拉伸应力

在拉伸试验中，试样在计量标距范围内，单位初始横截面上承受的拉伸载荷为拉伸应力，单位为 MPa。

（2）拉伸强度

试验过程中试样所承受的最大拉伸应力为拉伸强度，计算公式为

$$\sigma_t = \frac{P}{bd} \tag{36-39}$$

式中，σ_t 为试样的拉伸强度，单位为 N/mm^2；P 为试样拉断时的最大拉伸载荷，单位为 N；b 为试样宽度，单位为 mm；d 为试样厚度，单位为 mm。

（3）屈服应力

在拉伸应力–应变曲线上，屈服点处试样所承受的应力为屈服应力。

（4）断裂伸长率

在拉力作用下，试样断裂时标距的增加量与初始标距之比为断裂伸长率，以百分比表示。

$$\varepsilon_t = \frac{l - l_0}{l_0} \times 100\% \tag{36-40}$$

式中，ε_t 为断裂伸长率，%；l_0 为试样初始标距，单位为 mm；l 为试样断裂时的标距长度，单位为 mm。

（5）弹性模量

在比例极限内，应力增量与相应的应变增量之比为弹性模量，单位为 N/mm^2。

$$E=\frac{\sigma}{\varepsilon} \tag{36-41}$$

式中，E 为试样的弹性模量，单位为 N/mm^2；σ 为拉伸应力，单位为 N/mm^2；ε 为应变。

36.5.2.1　试验装置

根据拉伸试验中载荷测定方式的不同，拉伸试验机可以分为电子万能试验机（图 36-35）和摆锤式拉伸试验机两种。

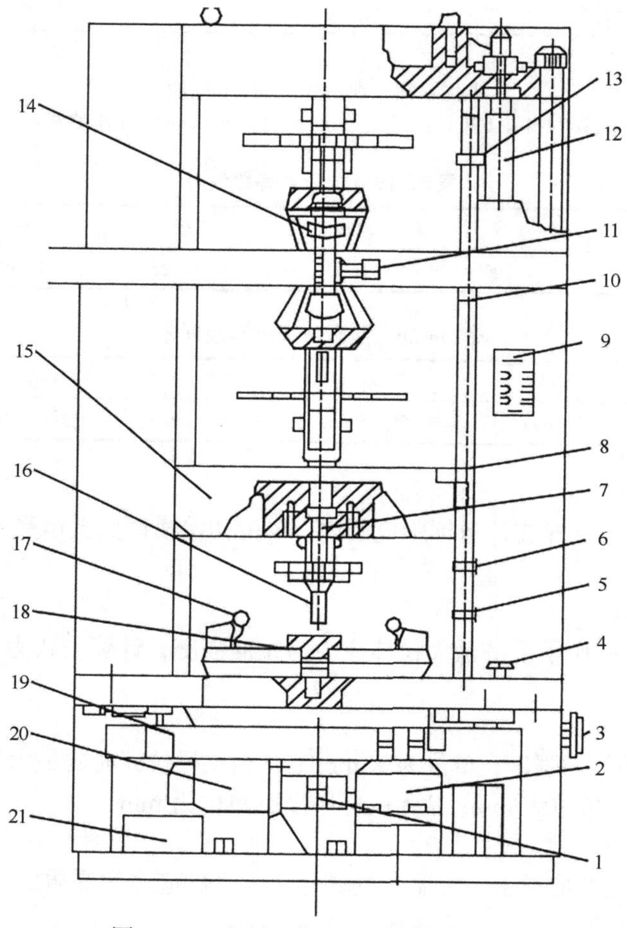

图 36-35　电子万能试验机结构示意图

1. 联轴器；2. 减速机；3. 电源开关；4. 急停开关；5 和 13. 固定挡圈；6 和 10. 可调挡圈；7. 传感器；8. 限位碰块；9. 手动控制盒；11. 电子引伸计；12. 滚珠丝杆；14. 拉伸夹具；15. 移动横梁；16. 弯曲压头；17. 弯曲支座；18. 压缩下压板；19. 传动系统；20. 伺服电机；21. 伺服器

1. 电子万能试验机

电子万能试验机具有精度高、误差低的特点，是近年普遍使用的试验仪器，由主机、电器控制系统、夹具和试验软件系统 4 个部分组成。

图 36-36 是电子万能试验机测试系统的原理图。试样受力后通过夹持装置将受力传递给力传感器，并且带动变形传感器同步发生相应变形；两路传感器产生的信号上传至计算机，计算机对各信号进行分析处理，打印测试结果。

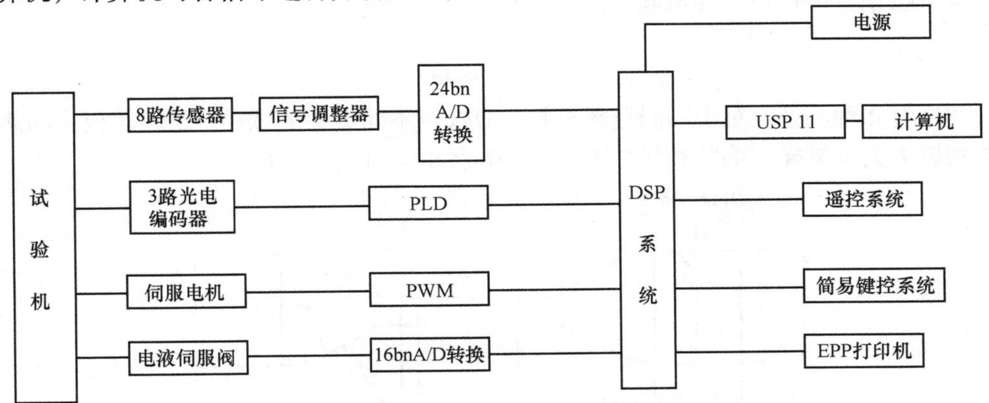

图 36-36　电子万能试验机测试系统原理图

2. 摆锤式拉伸试验机

摆锤式拉伸试验机是由杠杆和摆锤组成的测力系统，测试原理如图 36-37 所示。

试样受到力 F 的作用而变形，通过 AB 和 CD 两级杠杆传递，带动摆锤绕指点转动而抬起。AB 杠杆有两个支点，试样受拉力时以 A 点为支点，B 点脱开，但受压时便自动更换 B 为支点，而 A 点脱开。无论拉伸或者压缩，总使摆锤向一个方向摆动，摆杆推动水平齿杆使齿轮和指针转动，指针转动角与试样所受力成正比，这样从刻度盘上便可以直接读出试样受力的大小。试验机可用电机驱动或手摇装置给试样施加载荷，调节无极变数装置得到所需要的试验速度。

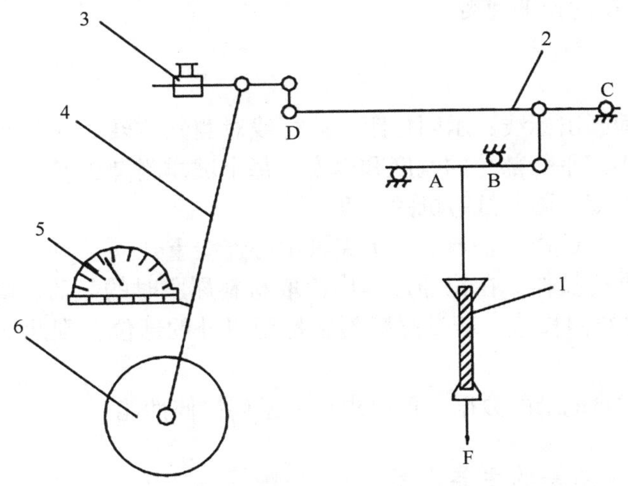

图 36-37　摆锤式拉伸试验机测试原理图

1. 试样；2. 拉杆；3. 平衡锤；4. 摆杆；5. 刻度盘；6. 摆锤；A、B、C、D 为支点

36.5.2.2　试验方法

塑料拉伸性能的测定可依据系列标准 GB/T 1040.1～GB/T 1040.5。如果没有特别规定，均可按该标准进行拉伸试验。

1. 试样

试样有 4 种类型。对于不同塑料材料，应选用不同类型的试样。塑料软板片和薄膜一般用以下类型试样，形状和尺寸如图 36-38 所示。每组试样数量不少于 5 个。

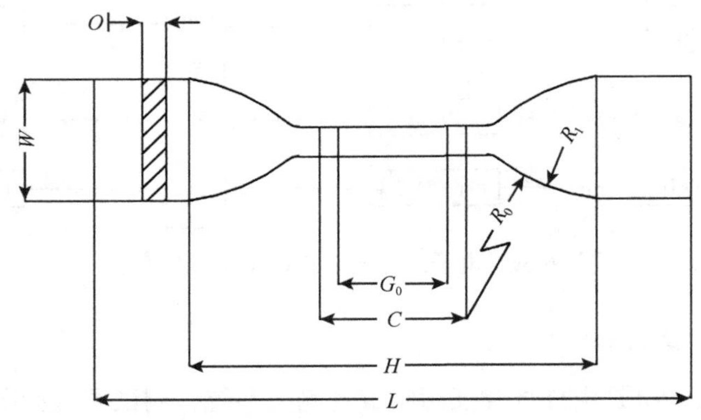

图 36-38　拉伸试验试样形状

O. 窄平行部分宽度：6mm±0.4mm；*W*. 端部宽度：25mm±1mm；G_0. 标距长度. 25mm±0.25mm；*C*. 窄平行部分长度：33mm±2mm；*H*. 夹具间的初始距离：80mm±5mm；*L*. 总长：≥115mm；R_0. 小半径：14mm±1mm；R_1. 小半径：25mm±2mm

2. 试验条件

试验温度、湿度和拉伸速度，以及试样状态调节应按产品标准规定选择和进行。根据产品类型选择合适的拉伸速度。

3. 试验步骤

a）在试样中间画出标线，示明标距。此标线对测试结果不应有影响。

b）测量试样中间平行部分的宽度和厚度，每个试样测量 3 点，取算术平均值。

c）选定拉伸速度，调节试验机的速度。

d）装夹试样，使试样纵轴与上、下夹具中心连线重合。

e）开启机器进行拉伸。在拉伸过程中读取材料屈服时的载荷，试样断裂后，读取最大载荷及标距间的伸长值。若试样断裂在标距以外的部位，则此试样作废，另取样补做。

f）根据拉伸试验记录的数据，可以求得一系列拉伸性能。

36.5.2.3　影响结果的主要因素

拉伸试验是用标准形状的试样，在规定的标准化状态下测定其拉伸性能。标准化状态包括：试样制备、状态调节、试验环境和试验条件等。这些因素都将直接影响试验结果。此外，试验机特性、试验者个人操作熟练程度和工作责任心等也会对测试结果产生影响，所以影响因素是很多的。

1. 拉伸速度的影响

塑料是弹性材料，它的应力松弛过程与变形速率紧密相关，应力松弛需要一定的时间。当低速拉伸时，分子链来得及位移、重排，呈现韧性行为，表现为拉伸强度减小，而断裂伸长率增大。高速拉伸时，高分子链的运动速度跟不上外力作用速度，呈现脆性行为，表现为拉伸强度增大，断裂伸长率减小。由于塑料品种繁多，不同品种的塑料对拉伸速度的敏感性不同。硬而脆的塑料对拉伸速度比较敏感，一般采用较低的拉伸速度。韧性塑料对拉伸速度的敏感性小，可以采用较高的拉伸速度，以缩短试验周期，提高效率。

2. 温度与湿度的影响

塑料力学松弛过程除了与变形速率相关外，与温度关系也很大，当温度升高时，分子链热运动加速，松弛过程加快，在拉伸过程中必然表现出较大的变形和较低的拉伸强度。图 36-39 显示了 PVC 塑料拉伸强度和断裂伸长率与温度的关系。湿度对拉伸试验结果也有一定的影响，图 36-40 为几种热塑性塑料拉伸强度与湿度的关系。因为湿度提高等于对材料起增塑作用，即塑性增加，拉伸强度降低。

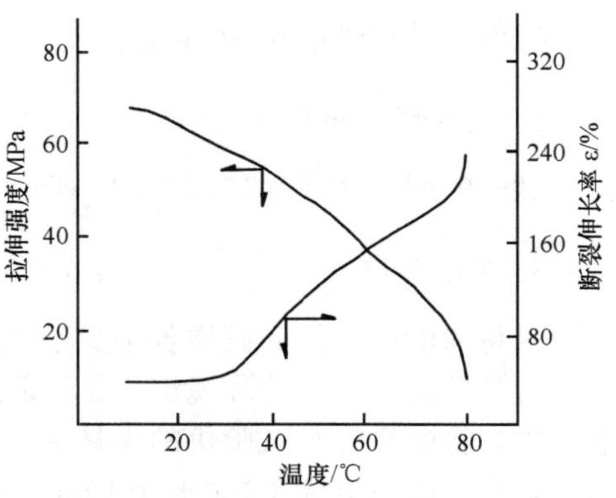

图 36-39　温度和拉伸强度的关系

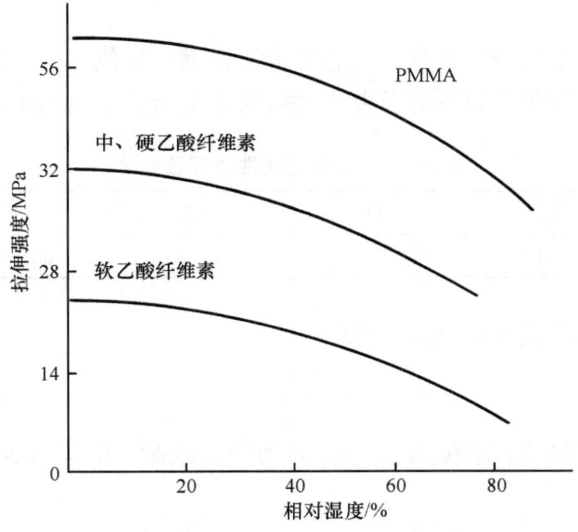

图 36-40　几种热塑性塑料拉伸强度与相对湿度的关系

36.5.3 直角撕裂性能测试[21]

耐撕裂性是塑料包装薄膜的重要性能之一，主要表征参数是薄膜材料撕裂所需的能量。撕裂试验是确定一个给定试样所需的力的测试过程，撕裂强度并非厚度的简单函数，通过厚度计算完全不同的薄膜的撕裂强度，严格来说是不准确的。

36.5.3.1 直角撕裂

软包装材料直角撕裂试验的原理是对标准试样施加拉伸载荷，使试样在直角口处撕裂，测定试样的撕裂载荷或撕裂强度。试验可以参照标准 QB/T1130—1991《塑料直角撕裂性能试验方法》。

1. 试验设备

拉伸试验机性能见 36.5.2.1。

2. 试样形状和尺寸

试样的形状和尺寸如图 36-31 所示。

3. 试验步骤

沿材料的纵、横向试样各不少于 5 个，以试样撕裂时的裂口扩展方向为试样方向。在试验开始前在一定的环境温、湿度条件下，对试样进行预处理至少 4h，并在相同条件下试验。将试样夹在试验机的夹具上，夹入部分不大于 20mm，并使受力方向与试样方向垂直。试验速度为（200±20）mm/min，记录最大载荷。

4. 结果计算

以试样撕裂过程中的最大载荷作为直角撕裂载荷，单位为 N。试验结果以所有试样的算式平均值表示。软包装材料直角撕裂性能等级划分见表 36-21。

表 36-21　直角撕裂性能等级划分

项目	1 级	2 级	3 级	4 级	5 级
直角撕裂强度/N	＞10	10～1	1～0.5	0.5～0.3	＜0.3

直角撕裂强度按照式（36-42）计算：

$$\sigma_{tr} = \frac{P}{d} \tag{36-42}$$

式中，σ_{tr} 为直角撕裂强度，单位为 kN/m；P 为撕裂载荷，单位为 N；d 为试样厚度，单位为 mm。

36.5.3.2　埃莱门多夫撕裂

埃莱门多夫法撕裂度试验仪的原理是使预先切口的试样承受规定大小的摆锤存储的能量所产生的撕裂强度，以撕裂试样所消耗的能量来衡量材料的耐撕裂性能。

1. 试验仪器

埃莱门多夫撕裂度试验仪由试样夹具、切口刀、扇形摆、摆释放系统、刻度盘、指针几部分组成，见图 36-41。

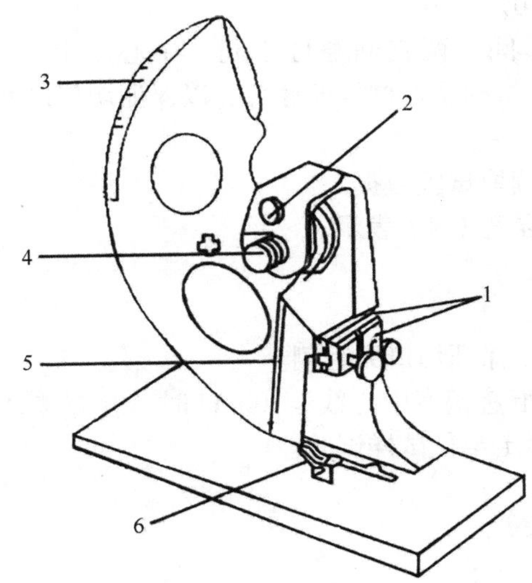

图 36-41　埃莱门多夫撕裂试验仪

1. 试样夹具；2. 回零器；3. 薄膜夹具；4. 扇形摆释放机构；5. 指针；6. 标尺

（1）试样夹具

试样夹具由两个可调节的夹具组成，中间有一个（2.8±0.3）mm 间隙，切口刀在其下方。每个夹具在水平方向的长度不小于 25mm，在垂直方向的长度不小于 15mm 的夹持面。

（2）切口刀

（3）扇形摆及摆释放系统

扇形摆由圆形物的一段组成，并绕滚珠轴承或其他无摩擦的轴承座自由摆动。每台仪器配有数个不同容量的扇形摆，根据撕裂强度的大小来选择不同的摆。摆释放系统是由弹簧金属片组成的装置，当摆抬高时，弹簧挡住摆，试验时按下弹簧片，摆能无任何振动地释放。

（4）刻度盘和指针

刻度盘在扇形摆上，为弧形。每个摆上的刻度盘各有 100 个刻度，分别代表不同的撕裂强度。刻度盘在量程的 20%～80%使用，超出这个区间，可换用合适的扇形摆，或改变试样层数来进行试验。

指针套在扇形摆的转动轴上，当指针放在零点时，释放摆指针不应超出摆上试验刻度（大约 3 个刻度）。通过回零器，可将指针调零。

埃莱门多夫耐撕裂度试验仪还有其他形式的，如摆为锤状，不用指针和刻度盘读数，而是配有数量处理系统等，避免一些操作误差，使测试数据更准确。

2. 试验步骤

a）沿受试材料的纵、横向各取 5 个试样。

b）试样在试验前应在 GB/T 2918—2018[24]规定的温、湿度条件下预处理 12h。

c）根据材料情况选择扇形摆或摆锤和试样层数。使摆或摆锤在撕裂过程吸收的能量为撕裂释放总能量的 20%～80%。

d）将试样夹在夹具间，两夹间隙位于同一中心线上。用切口刀对试样切一个（20±0.5）mm 的切口。试样紧贴试样架底部，以保证切口尺寸准确，使试样被撕裂部分 G43mm。

e）调零后释放摆，读取试验数据。

f）试验结果以撕裂强度（N）表示。

3. 注意事项

a）切口刀要锋利，以保证切口无毛刺。

b）试验时，当撕裂痕迹偏离中心线≥10mm 时，舍弃该试验结果。当撕裂线始终都偏离 10mm 时，改用恒定半径试样试验。

36.5.3.3 裤形撕裂

裤形撕裂试验是测试塑料薄膜或片材耐撕裂性能方法的一种，用于测定材料经预先切口后沿裂口撕裂时所需的力。将试样制成长方形（图 36-42）并在试样的长轴方向上切出长为试样长度 1/2 的切口，将沿切口形成的裤腿分别夹在试验机的上、下夹具中，以一定速度[GB/T 16578—1996 中试验速度为（200±20）mm/min，GB/T 16578.1—2008 中的试验速度为 250mm/min，国际标准中的试验速度为 200mm/min 或 250mm/min]沿切口撕裂试样，撕裂试验机会记录下撕裂试样所需的载荷（略去撕裂无切口试样长度的前 20mm 和最后 5mm 上载荷，取剩下的中间 50mm 长度上撕裂载荷的近似平均值）。试样安装如图 36-43 所示。

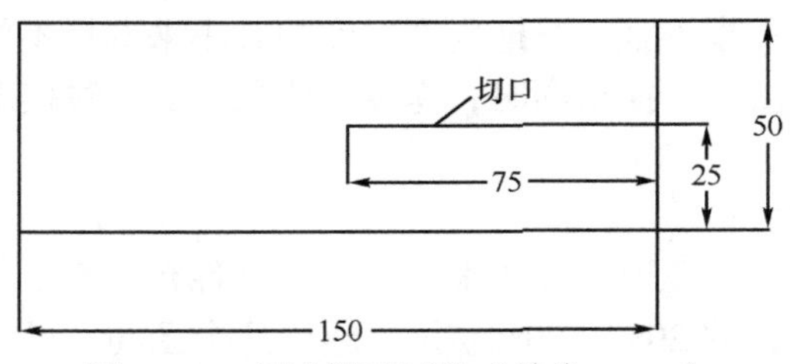

图 36-42　标准裤形试样（单位：mm）

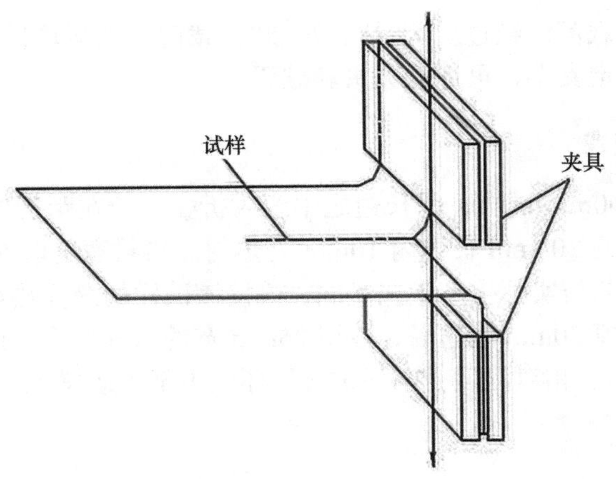

图 36-43　试样安装方法

36.5.4　热合强度测试

软包装材料的热合强度测试包括耐破试验、静载荷试验和拉伸试验。

36.5.4.1　耐破度试验材料

1. 试验原理

将三边热封、一边开口的试样袋在开口袋密封试验仪上缓慢充气，或将四边热封、有充气孔的试样袋缓慢充气，直到热合部位破裂或试样袋的其他部分破裂，压力下降，记下破裂时的充气压力。试验设备主要包括开口袋密封试验仪或空气压缩机、阀门、压力表等。

2. 试样制作与处理

根据试验设备规格，制作内尺寸是 100mm×100mm 的三边热封、一边开口的试样袋，或四边热封袋，四边热封袋的一面装有充气孔。试样袋的热封工艺应与实际生产工艺相同。每组试验需要 5 个试样袋。

3. 试验步骤

将试样袋装在开口袋密封试验仪上，或与充气装置连接，对试样缓慢充气，充气速度应控制在每秒的压力增加不超过 1kPa，直到热合部位出现破裂，记下破裂时的充气压力。试验结果用所有试样袋破裂时充气压力的平均值表示。若试样袋材料破裂，而热合部位没有破裂，试验报告中应对此情况作以说明，并报告破裂时的压力。

36.5.4.2　静载荷试验

1. 试验原理

将热封试样未热封端的两层展开，一端固定在支架上，另一端悬挂规定载荷，使热合部位承受恒定的静载荷，经过规定时间后，卸去载荷，观察热封处是否剥离或断裂。试验设备主要包括固定支架、可加载夹头和砝码。

2. 试样制作与处理

裁切150mm×300mm试样，以长边之中线对折叠合，在距折缝10mm的平行线处热封，也可在无折缝的300mm长缝内10mm处热封。热封宽度取5mm，或参照生产中的实际尺寸。热封工艺与实际生产工艺相同，或按该试样的最佳热封条件进行热封。沿垂直于热封方向，裁掉20mm端边后，裁切25mm宽的试样3个。试验之前，所有试样应在温度（23±2）℃、相对湿度45%～55%的环境中至少放置4h。

3. 试验步骤

将试样展开，一端固定在支架上，另一端夹在加载夹头上，然后在夹头上采用砝码施加静载荷，不应产生冲击力。试验时，应保持试样的热封部位与拉伸方向垂直，砝码不应发生摆动。静载荷大小、加载时间和试验温度的选择参考表36-22。国家军用标准《封存包装通则》规定，静载荷是4.9N，加载时间是5min。试验结束后，应轻轻地取下砝码，检查热封部位的剥离、破裂情况。试验结果包括热封部位的剥离长度、热封剥离长度占总热封长度的百分比，以及热封强度是否合格。国家军用标准GJB 145—1986《封存包装通则》规定，3个试样热封剥离长度百分比均不超过50%为合格。

表36-22　静载荷、加载时间与试验温度的关系

试验温度/℃	静载荷/N	加载时间/min
23±2	15.7	5
38±2	8.8	60
70±2	2.7	60

36.5.4.3　拉伸试验

1. 试验原理

将热封试样未热封端的两层展开，并将它们分别固定在拉伸试验机或量程合适的电子万能试验机上，使热封部位承受拉伸载荷。热封部位在剥离之前承受的最大拉伸载荷就是试样的热合强度（热封强度）。

试验设备是拉伸试验机或量程合适的电子万能试验机，量程选择应使热合强度在量程的15%～85%。

2. 试样制作与处理

在塑料软包装袋侧面、背面、顶部或底部，采用热封试验仪对样品进行热封，试验装置如图36-44所示。沿与热封部位垂直的方向裁取试样，作为相应部位的热封试样，如图36-45所示。试样宽度是（15±0.1）mm，展开长度是（100±1）mm。每个热封部位切取试样 10 条，且至少取自 5 个塑料包装袋。如果试样展开长度小于

（100±1）mm，用胶带黏合一块与塑料包装袋相同的材料，如图 36-46 所示，以保证试样长度为（100±1）mm。试验之前，所有试样应在温度（23±2）℃、相对湿度 45%～55%的环境中至少放置 4h，并在该条件下进行试验。

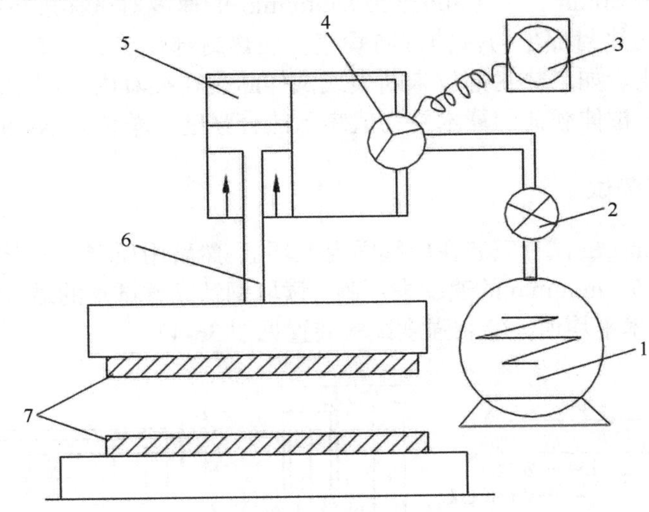

图 36-44　气压式热封试验仪

1. 空气压缩机；2. 压力调节阀；3. 计时器；4. 电磁阀；5. 加压气缸；6. 活塞；7. 热封器

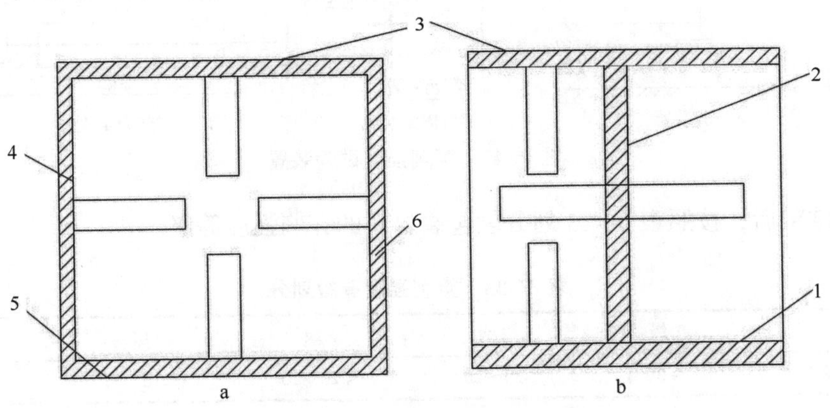

图 36-45　热封试样采样位置

1. 底部；2. 背面；3. 顶部；4. 侧面；5. 底部；6. 侧面

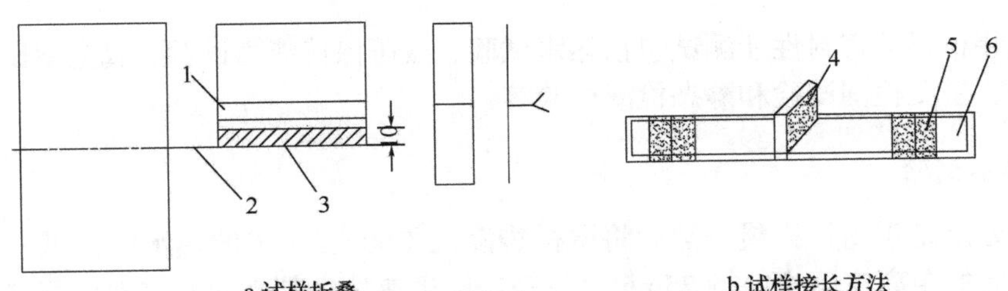

图 36-46　热封试验片接长方法

1 和 4. 热封部位；2. 折叠线；3. 切除部位；5. 胶带；6. 同一接长材料

3. 试验步骤

将未热封端的两层试样展开成180°，然后将试样两端固定在试验机的上、下夹头上，夹具间距离是50mm，以（300±20）mm/min的速度对试样进行拉伸。试验过程中，应保持试样的热封部位与拉伸方向垂直，使热封部位受到“T”形剥离力，直到热封部位断裂为止。如果热封部位未断裂或试样断裂在夹具内，则重新测试。试验结果以3个试样最大拉伸载荷的算术平均值表示热合强度，单位是N/15mm。

36.5.5 穿刺强度测试

将直径为100mm的试片安装在样膜固定夹环上，然后用顶端为球形（半径为0.5mm）的钢针，以（50±5）mm/min的速度去顶刺，读取钢针穿透试片的最大载荷。测试片数5个以上，取其算术平均值，穿刺强度试验装置见图36-47。

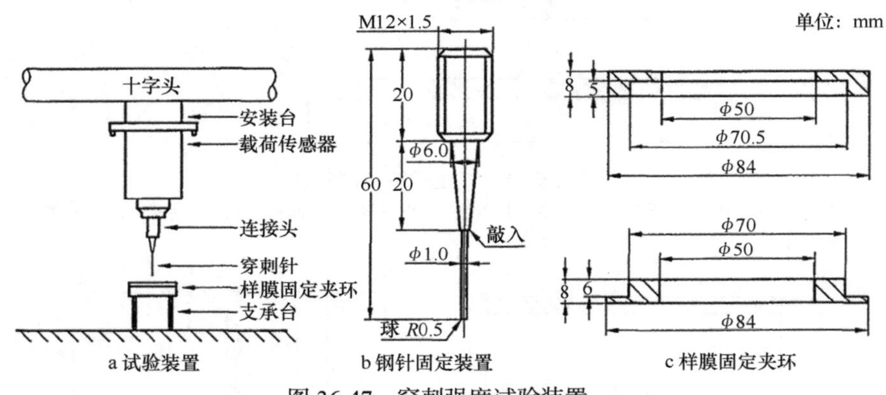

图 36-47　穿刺强度试验装置

试验结束后，按照表36-23划分软包装材料的穿刺强度等级。

表 36-23　穿刺强度等级划分

项目	1级	2级	3级	4级	5级
穿刺强度/N	>30	30～20	<20～10	<10～5	<5

36.5.6 密封性能测试

软包装材料的密封性能测试包括热水试验、减压保持能力试验、真空室试验、压力保持试验、挤压检漏试验和静态检漏试验等。

1. 热水试验

试验方法是密封试样袋，然后将试样袋浸入（60±2）℃的热水中，试样袋表面最高处距水面的距离应至少保持25mm，并轻轻地迅速抹去其表面的气泡。再将试样袋在水面下翻转。在2min内，试样袋的任何一处不应产生两个以上的连续气泡。

2. 减压保持能力试验

试验方法是在密封的试样袋顶部开一个小孔，再选用下列两种方法之一进行试验。

a）抽气至包装内外压差为 20～30kPa，10min 后观察测量仪表或压力表，压力的回升率不得超过 25%。

b）抽气至包装薄膜紧贴在内装物上，然后密封抽气孔，在常温条件下保持 4h。若包装薄膜仍紧贴在内装物上，则密封性合格。若包装薄膜张力减小，产生松弛，不再紧贴在内装物上，则包装袋必然存在漏气孔洞或密封不良问题。

3. 压力保持试验

压力保持试验也称充气试验。试验方法是将试样袋上接一个充气管并装上压力表，将接管口密封，然后对试样袋充气。达到规定压力后，使试样袋在该气压条件下保持 30min。也可以在试样袋充气后浸入水中，或在接缝处涂上肥皂水，观察有无气泡冒出。若有连续气泡冒出，则试样袋不合格。

如果软包装袋充气压力过大，则会使热封部位破裂。对于无具体充气压力规定的软包装袋，以耐破强度的 0.5 倍作为压力保持试验的充气压力。若已知平面边缘热封软包装袋的热合强度，则压力保持试验的充气压力为

$$P=\frac{S(L+W)}{LW} \tag{36-43}$$

式中，P 为充气压力，即试样袋内外压差，单位为 Pa；S 为试样的热合强度，单位为 N/m；L 为试样长度，单位为 mm；W 为试样宽度，单位为 mm。

4. 真空室试验

小型试样袋可利用玻璃真空干燥器，外接真空表、真空泵和阀，也可使用真空密封试验仪。大型试样袋，可根据试样情况和试验要求使用专用试验设备。试验方法和试验装置可参考塑料包装容器密封性能测试相关内容。若对真空度无具体规定，可按式（36-43）计算真空度，或以耐破强度的 0.5 倍作为真空度。

若试样不能浸水，真空室可以不装水，相应的测试方法是：首先将试样放入真空室内，再将真空室抽至与试验要求的真空度，关闭抽气泵和真空室的阀门，保持 30min，以真空室的真空度下降不超过试验真空度的 25%为合格。用此法试验时应在试验前检查真空室系统的密封性。

5. 挤压检漏试验

试验方法是在试样袋热封时，尽可能多地向试样袋内封入空气。然后将试样袋浸入室温的水中，其顶部距水面约 50mm。用手或机械装置挤压试样袋，观察试样袋，尤其是热封部位是否有气泡冒出。在使用机械装置挤压时，应保证装置对试样袋不产生损伤。对于大型试样袋，也可在试样袋的热封部位以及容易漏气的部位涂上起泡剂，然后挤压试样袋，观察试样袋有无气泡冒出。若有连续气泡冒出，则表明试样袋漏气。

6. 静态检漏试验

试验方法是首先在试样袋内装入水或其他液体，如食用植物油、酱油等，按要求密封试样袋。然后将密封好的试样袋分别按直立、倒置、一侧面着地、一端面着地、另一侧面着地、另一端面着地 6 种方式放置 15min，并检查试样袋是否渗漏。当按直立、倒置、一端面着地、另一端面着地等方式不能稳定放置试样袋时，可使用适当的挡板、挡块等，使试样袋保持稳定放置。

7. 试验方法比较

在进行软包装材料密封性能测试时，应根据具体的包装结构和尺寸、内装物的性质和特点等已知条件，仔细地选择合适的试验方法。

a）利用浸水的压力保持试验和真空室试验，能测定在规定的压差下包装的密封性能，试验灵敏度高，而且能找出包装袋的漏气部位。但是，这两种试验方法对设备要求高，对于尺寸大的包装袋试验受到限制。

b）挤压检漏试验和热水试验方法简单，但不能控制包装袋的内外压差，适用于含气密封的包装袋。

c）减压保持能力试验不能确定泄漏部位，也不能确定尺寸大的包装袋有无细微的漏气，可作为检测小型真空包装袋密封性的试验方法。

d）静态检漏试验仅适用于当试样置于不同位置时，内装液体是否发生渗漏作为包装袋的质量检验准则。

36.5.7 透气性能测试

透气性是塑料包装材料的主要性能之一。不同组成的高分子材料，其阻隔气体的性能有明显的差异，气体透过材料的速度受到材料本身的性能、气体的性质，以及气体与材料之间的相互作用等因素控制。测试塑料薄膜、片材的透气性能，可以用于指导塑料包装材料的生产和使用，合理选用原材料和产品结构（如复合膜的层合构成、阻隔涂层材料），提高包装产品质量或为确定包装产品的保质期提供有效依据。

36.5.7.1 试验原理

原子运动理论认为物质是由单个粒子以各种方式堆积而成的，任何粒子的排列方式都不可能是连续不断和完全有序的，其结构中含有由孔穴构成的网格。气体透过高分子薄膜属于气体分子的活性扩散过程，是由薄膜材料的分子结构中的孔穴（分子间空隙和分子内空隙）造成的。在这个过程中，气体分子先溶于薄膜的表面，然后在薄膜中由高浓度向低浓度处扩散，最终在薄膜的另一侧蒸发，如图 36-48 所示。假设塑料薄膜厚度为 l，薄膜高压侧压力为 P_1，溶于薄膜中的气体浓度是 C_1，低压侧气压是 P_2，溶于薄膜中的气体浓度是 C_2，距离薄膜内表面 x 的微分单元 dx 存在浓度梯度。气体透过量与时间的关系如图 36-49 所示。软包装材料氧气透过量等级划分见表 36-24。

塑料材料透气性能常用透气系数和透气量这两个物理量来表征。

气体透气量指在恒定温度和单位压力差下，单位时间内气体稳定透过单位面积薄膜的体积。以标准温度和压力下的体积表示，单位为 $cm^3/(m^2 \cdot d \cdot Pa)$。

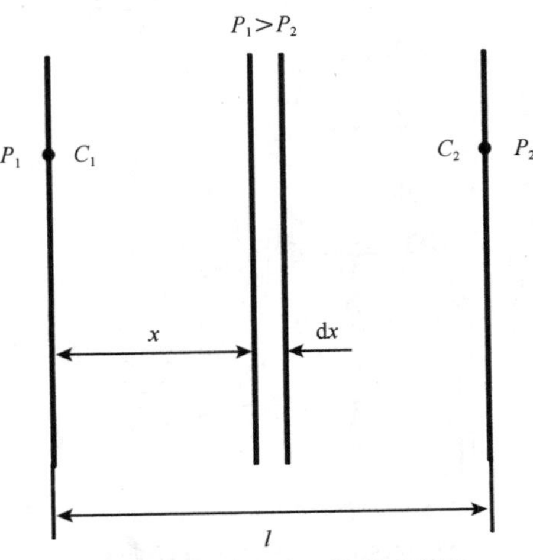

图 36-48　气体透过薄膜示意图

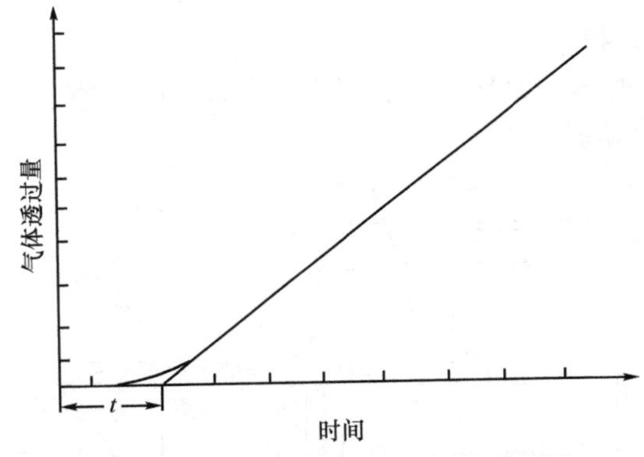

图 36-49　气体透过量与时间的关系图

表 36-24　氧气透过量等级划分

项目	1 级	2 级	3 级	4 级	5 级	6 级
氧气透过量/ [$cm^3/(m^2 \cdot 24h \cdot 0.1MPa)$]	<1	1～5	>5～150	>150～500	>520～1800	>1800

气体透过系数指在恒定温度和单位气体压力差下，单位时间内气体稳定透过单位厚度、单位面积薄膜的体积。以标准温度和压力下的体积表示，单位为 $cm^3 \cdot cm/(m^2 \cdot s \cdot Pa)$。

软包装材料透气性能的测试方法有压差法、体积法和浓度法，以及基于气相色谱仪的气相色谱法和热传导法。

1. 压差法[25]

压差法的测试原理如图 36-50 所示，是在一定的温度下，气体从高压侧通过阻隔材料流至低压侧，在薄膜的一侧产生真空或加压，使薄膜两侧产生一定的气体压力差，气体则从高压侧透过阻隔材料到低压侧，测量试样低压侧的气体压力变化，计算透气系数和透气量。

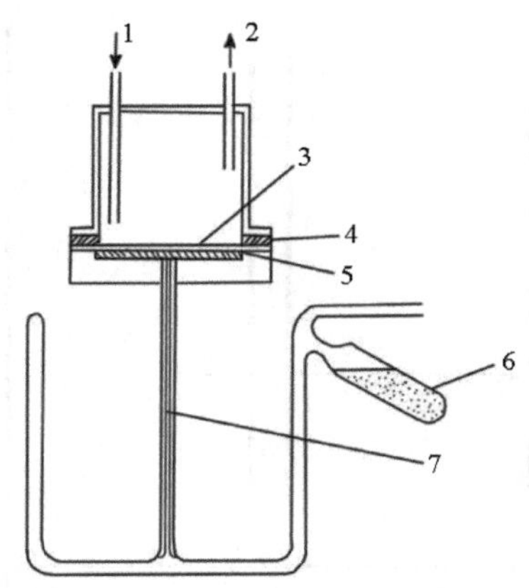

图 36-50　压差法试验原理图

1. 进气口；2. 出气口；3. 试样；4. 软橡皮圈；5. 玻璃盘；6. 水银；7. 毛细管

（1）试验装置和材料

透气仪如图 36-51 所示，由真空泵、麦氏真空计、贮气室、封闭式“U”形压力计、透气室和透气室压力计等组成。

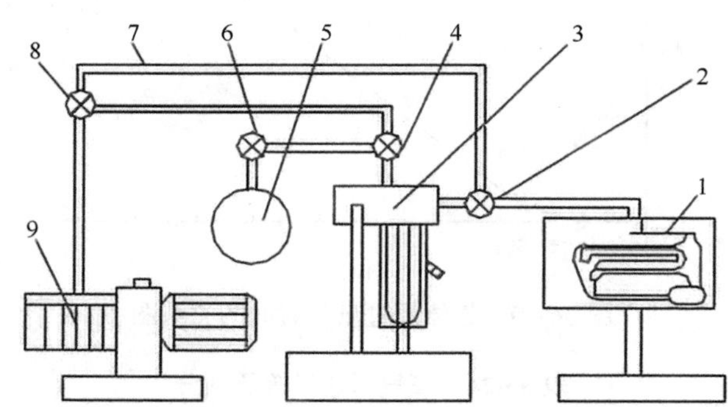

图 36-51　透气仪

1. 麦式真空计；2、4、6 和 8. 阀门；3. 透气室；5. 贮气室；7. 真空管；9. 真空泵

（2）试验步骤

a）测量试样厚度。将试样装置于透气室中，并将试样高压侧与低压侧密封好。

b）在试验台上涂一层真空油脂，若油脂涂在空穴中的圆盘上，应仔细擦净；若滤纸边缘有油脂，应更换滤纸（分析化学用滤纸，厚度 0.2～0.3mm）。

c）开启透气仪真空泵，使试样高、低压室均抽真空，当两侧均达到大约 10^{-2}mmHg（1.33Pa）时，关闭高、低压室真空活塞阀。

d）将所测气体通入高压室，使高压室达到所需压力，关闭高、低压室排气针阀，开始透气试验。

e）当气体透过达到稳定时，每隔一定时间记录低压室的压力，至少连续记录 3 次，计算其平均值即 $\Delta p / \Delta t$ 。

f）记录试验温度，终止试验，开启低压室真空活塞阀，开启透气室取出试样。根据记录的试验参数，分别按下式计算气体透过量：

$$Q_g = \frac{\Delta p}{\Delta t} \cdot \frac{V}{S} \cdot \frac{T_0}{p_0 T} \cdot \frac{24}{(p_1 - p_2)} \tag{36-44}$$

式中，Q_g 为材料的气体透过量，单位为 $cm^3/(m^2 \cdot d \cdot Pa)$；$\frac{\Delta p}{\Delta t}$ 为稳态透过时，单位时间内低压室气体压力变化的算术平均值，单位为 Pa/h；V 为低压室体积，单位为 cm^3；S 为试样的试验面积，单位为 cm^2；T 为试验温度，单位为 K；（p_1–p_2）为试样两侧的压差，单位为 Pa；T_0 为标准状态时的温度，单位为 K；p_0 为标准状态时的压力，单位为 Pa；Δt 为气体透过时间（在计算气体透过量时），单位为 h。

2. 浓度法

在利用浓度法测试薄膜透气性能的试验中，一般使用两种气体，一种是标准气体，另一种是要测定透过量的试验气体。对于试验气体，试样两边存在着一个分压差，而对于总压来说，试样两边是相等的。测定试样两侧气体浓度变化有许多方法，如化学分析法、气相层析法、热传导法和放射扫描法。图 36-52 是一种扫描气体技术，适用于测定透气性能很低的材料。

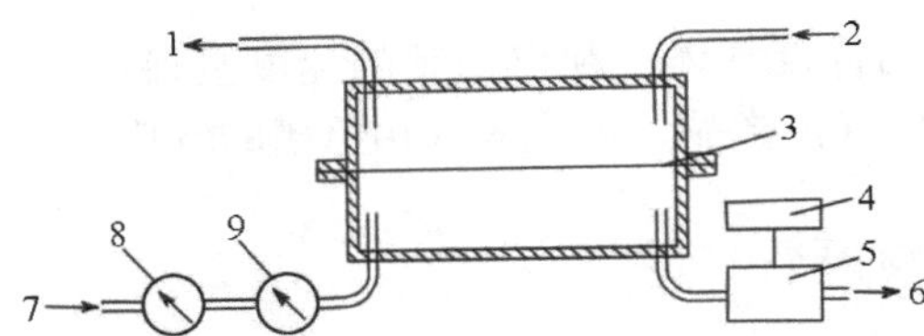

图 36-52　浓度法试验原理

1. 试验气体出气口；2. 试验气体进气口；3. 试样；4. 记录仪；5. 计量装置；6. 混合气体；7. 标准气体；8. 压力调节阀；9. 流量调节阀

测量试验气体的浓度时，被扫描气体的流速必须控制在一个很小的范围，用精密流量计测流速。试验时应注意控制试验气体和标准气体二者的湿度，一般纤维素薄膜的透气率受湿度影响较大。相对湿度高于 65%时，透气率就会迅速增加，透气量可达 $3000\times10^{-5}cm^3/(m^2 \cdot 24h \cdot Pa)$。对干燥薄膜来说，透气量约为（9.87～19.7）$\times10^{-5}cm^3/(m^2 \cdot 24h \cdot Pa)$。而在 100%的相对湿度下，透气量可达 $3000\times10^{-5}cm^3/(m^2 \cdot 24h \cdot Pa)$。

3. 热传导法

图 36-53 是采用热传导法测定塑料薄膜透气性能的试验原理图。一个由双单元系统组成的透气室，可装两件试样。它包括三个金属段，金属段 C 是固定的，外侧两个金属段 A 和 B 通常由弹簧压力使它们分别和 C 紧贴，并能自由移动，以便插进两个试样。用氯丁橡胶“O”形圈进行密封。

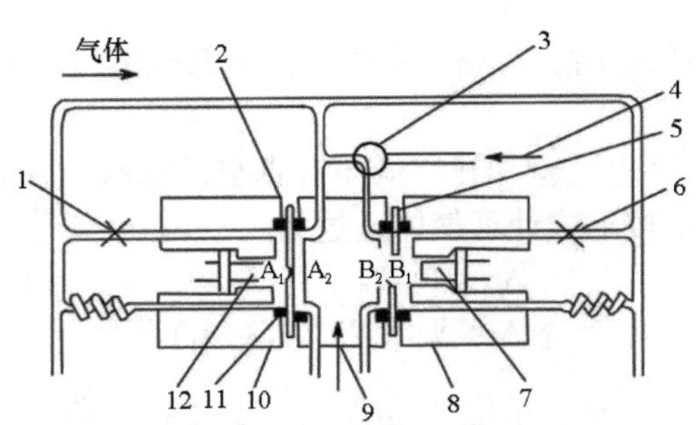

图 36-53　热传导法试验原理

1 和 6. 阀门；2 和 5. 试样；3. 气体转换开关；4. 试验气体；7 和 12. 热电偶；8. 金属段 B；9. 金属段 C；10. 金属段 A；11. "O"形圈

首先使标准气体（一般是氦和氢气）通过 A_1A_2、B_1B_2 型腔，使两个试样达到平衡状态。两个热电偶 7、12 组成一个电桥（用手动方法调整到零位输出）。关闭阀门 1 和 6 之后，打开气体转换开关 3，使试验气体通过 B_2 型腔，通过试样 5 的试验气体，稀释 B_1 型腔中的纯标准气体，并且这种混合气体热传导性能的变化又使电桥测量回路失去平衡，因为此时热电偶 7、12 温度发生了变化。当渗透速度一定时，可以从非平衡电桥中电压的恒定增量来显示达到渗透平衡。在与毫伏表相连的记录仪上，显示出一个恒定斜率的直线，根据此斜线可计算渗透量。

4. 气相色谱法

透气室的混合气体与标准气体一起以一定的速度直接流过色谱仪的检测系统后进行分析，或用注射器抽出气体样品，再注入气相色谱的分析装置中测定气体的浓度。

36.5.7.2　主要影响因素

（1）温度

透气系数和透气量随温度的升高而增大。透气系数、扩散系数、溶解系数与温度的关系均服从于阿伦尼乌斯方程：

$$P = P_0 e^{-E_P/RT} \tag{36-45}$$

$$D = D_0 e^{-E_D/RT} \tag{36-46}$$

$$S = S_0 e^{-\Delta H/RT} \tag{36-47}$$

式中，E_P 为透过活化能；E_D 为扩散活化能；ΔH 为溶解热。

温度升高，使 P、D、S 增大，从而使透气系数、透气量均增大。所以试验在恒温条件下进行，即透气室要保持恒定的温度，使温度波动降到最小。

（2）压力差

压力差增大，气体从高压室向低压室透过的速度快。但是由于透气系数和透气量分别是在单位压差及标准大气压条件下进行测定的，因此试验结果表明，塑料薄膜两侧压力差的大小对测得的透气系数、透气量影响不明显。但是，为了使透气性小的薄膜在短时间内得到准确的结果，往往增加薄膜两侧的压差。

（3）薄膜种类、性质

在公式 $D = D_0 e^{-E_D/RT}$ 中，D_0 与聚合物结构疏松程度和瞬时晶格孔穴数目有关。扩散活化能与形成孔穴所需的能量有关，是聚合物内聚能的函数。例如，有两种具有相同内聚能的聚合物，如聚乙烯和橡胶，由于分子结构缺乏对称性，后者结构较为松散，因此橡胶的扩散系数比较大。同样，两种具有对称性的聚合物，如聚乙烯和聚偏二氯乙烯，由于后者有较高的内聚能，因此它的扩散系数就比较小。

透气系数与高聚物的结构和形态也有关。一般极性塑料的透气系数小于非极性塑料（如涤纶薄膜透气系数小于聚乙烯，尽管它们的结晶度相近）；结晶度高的塑料小于无定形塑料材料（如涤纶薄膜透气系数小于聚氯乙烯，尽管它们都是极性的）。

按极性相近易于透过的原则，聚乙烯对非极性气体 O_2、N_2、CO_2 和空气的透气系数大于聚氯乙烯；聚苯乙烯为无定形、非极性高聚物，故其透气系数大于聚乙烯、聚氯乙烯、涤纶薄膜。

（4）气体种类、性质

气体种类对薄膜透气性能的影响见表 36-25。

表 36-25　气体种类对薄膜透气性能的影响

试样	P_g/[cm^3 · cm/(cm^2 · s · kPa)]				备注
	CO_2	O_2	空气	N_2	
PS				1.86×10^{-10}	15℃
PE	2.76×10^{-10}	8.7×10^{-11}	3.47×10^{-11}	2.52×10^{-11}	
PVC	2.58×10^{-10}	4.8×10^{-11}	2.69×10^{-11}	1.48×10^{-11}	
PET				4.09×10^{-13}	

由于透气系数 $P_g = D \cdot S$，因此各种单一气体如 O_2、N_2、CO_2 和空气对塑料薄膜的透过性取决于扩散系数 D 和溶解系数 S。透过同一种薄膜，气体分子直径越大，所需扩散活化能越大，则扩散系数越小。例如，氧分子直径小于氮分子，而氧和氮的临界温度接近（即溶解系数相近），此时 P_g 取决 D。又如虽然 CO_2 的分子直径大于 O_2、N_2，但其临界温度大大高于 O_2、N_2，易溶解于薄膜中，此时 P_g 取决于 S。

36.5.8　透湿性能测试[26]

软包装材料透湿性能是指在规定的湿热试验大气条件和时间下，进入内部空气保持干燥的密封软包装容器内的水蒸气量，单位是 g/(m^2 · d)。透湿性能是软包装材料的一个重要的性能指标。湿热试验大气条件是指相对湿度保持在 88%～92%，同时温度保持在 40℃±1℃的恒定湿热试验空气条件。透湿试验原理是试样袋装规定量的干燥剂后，置于规定的温、湿度环境中，使试样袋内外保持一定的水蒸气压差，通过对试样袋定期称量，测定透过试样袋的水蒸气量，并计算透湿度。

1. 试验装置和材料

（1）试验箱（室）

能够控制相对湿度保持在 88%～92%，同时保持温度在 40℃±1℃的恒定湿热试验空气条件。

（2）称量天平

适宜的天平。灵敏度为 1mg，当对质量在 1kg 及以上的产品进行试验时，天平的灵敏度应不低于产品包装质量的万分之一。

（3）试样

a）试样应具有代表性，并是密封好的典型容器。

b）同类试样的表面尺寸和形状应尽量一致；内装干燥剂质量应（接近）相等，以使试验结果便于计算和比较。

c）干燥剂的放置量

在试验期间试样应保持内部干燥，每个容器内放入 80～100g 干燥剂，当实际容器可容纳的干燥剂小于 8g 时，则应装入其容量的一半。干燥剂在使用前应进行干燥处理。

d）干燥剂的要求

应使用对水有高亲和力，并有高干燥效率的，即在吸收大量水分后仍具有低的水蒸气压的干燥剂。通常可使用干燥的细孔硅胶，或性能与其相当或较好的其他物质，如无水碳酸钙等。干燥剂应是颗粒状的或小团块状的，使用时筛去颗粒直径小于 600pm（30 号筛）的粉末。

e）干燥剂的处理条件

细孔硅胶在 150℃下干燥时间不少于 5h；无水氯化钙在 200℃下干燥时间不少于 24h。干燥时干燥剂的放置厚度不应超过 25mm。

f）当试验是用来确定特殊产品（应是干燥的）专用包装容器的适宜性时，则可用干燥的产品来代替干燥剂。但此时容器应装填到正常的实际使用容量，且产品的含水量应在试验开始前予以测定。

g）试样的数量一般为 5 个，特殊产品专用的包装容器按相应标准执行，但不得少于 2 个。

2. 试验条件

常规试验：温度 40℃±1℃，相对湿度 90%±2%。

仲裁试验：温度 40℃±0.5℃，相对湿度 90%±1%。

3. 试验步骤

（1）试样准备

将选定的干燥剂或干燥产品放入试验用的容器样品中，当实际包装带有合适衬垫时，此时也可带相应的衬垫，但不应带有其他任何物品。包装样品的密封，应按实际的密封操作方法来进行，并应在试验报告中说明所采用的密封方法。

（2）预热处理

将试样放入温度试验箱（室）内缓慢地加热到 40℃。恒温恒湿箱亦可用来预热试样。这时可将试样直接投入符合标准规定条件的湿热试验箱（室）内，注意在预热时仅加温而不加湿。

（3）湿热试验

将预热了的试样立即转入恒定湿热试验箱（室）内进行湿热试验，若原来是在湿热试验箱（室）内预热的，则对箱内空气进行加湿，并调控试验设备到规定的条件对样品进行持续试验。

（4）定期称量

根据包装容器材料透湿度的大小，以适当的时间间隔对样品进行称量，求出质量随时间变化的增量，并作出增量与时间的关系图，试验持续到至少有 3 个连续点呈一直线，曲线这部分直线的斜率，即为恒定质量增加速率期间的透湿度。

a）称量过于频繁会影响试验的精确性，故有关的产品标准应根据容器透湿度大小来确定合适的称量间隔时间。推荐采用下列称量间隔时间：具有高透湿度的容器，推荐最小的称量间隔时间为 3 天；具有低透湿度的容器，推荐 15～30 天称量一次。

b）称量时，最好不要将试样从试验箱（室）取出。若做不到时，则可将试样取出试验箱（室）外进行称量，并按下列方法之一操作。

一次取出一个试样，立即称量，称完后立即放回试验箱（室）内，每次称量按同样的先后顺序进行。

将试样取出立即放入带有密闭盖的干燥器或桶内（其内不放干燥剂），盖上盖。然后再从中一次取出一个循序称量，称量后立即放入另一带有密闭盖的干燥器或桶内（其内无干燥剂）。每次称量应按同一顺序进行。全部称量完毕后立即放回试验箱（室）继续进行试验。

试样取出试验（室）外称量，允许在称量处放置 1h，使温度适当平衡，取出试验箱（室）外的时间应尽量缩短，一般不应超过 3h。

4. 透湿度计算

a）内放干燥剂的容器定期称量，到连续 3 点呈直线时为止，求出其斜率，将其换算成每 30 天的透湿度，即为该容器在恒定透湿期间的透湿度。为了便于与其他类型的容器进行透湿性能的比较，亦可将透湿度换算成外表面积为每平方米时的值，单位为 $g/(m^2 \cdot 30d)$。

b）当将干燥产品放入容器进行试验时，有可能出现得不到恒定增量速率的情况。这时应首先测定试样在投入试验前的质量或其含水量，然后将样品投入试验箱（室）预定时间（通常为 30 天）后，再测定其质量或含水量。此时间内的质量或含水量的增加量，即为包装容器的透湿度。

软包装材料透湿性能按表 36-26 划分等级。

表 36-26　水蒸气透过量等级划分

项目	1 级	2 级	3 级	4 级	5 级
水蒸气透过量/$[g/(m^2 \cdot 24h)]$	＜1	1～5	＞5～20	＞20～100	＞100

36.5.9 跌落性能测试

试验面为光滑、坚硬的水平面（如水泥地面）。袋内填充实际内容物或约 1/2 容量的水，试样数量为 5 个。按照表 36-27 规定，将袋由水平方向和垂直方向各自由落下一次，目视无破裂为合格。

表 36-27 袋的跌落性能

袋与内装物总质量/g	跌落高度/m	要求
＜100	800	不破裂
100～400	500	
＞400	300	

36.5.10 耐高温介质性能测试

在包装袋内分别装入 4%乙酸、1%硫化钠、5%氯化钠水溶液及精制橄榄油，然后进行排气封口，在带反压冷却装置的高压灭菌锅中经 121℃、40min 高温加压处理，并在压力保持不变的情况下冷却至 40℃以下取出，开袋后逐个检验外观，试验袋每组至少 5 个。

将以上试验袋每组任取 2 个，裁取长 150mm、宽 15mm 的长条形试样 5 个，测定其平均拉断力、断裂伸长率、撕裂强度和热合强度。然后按式（36-48）计算以上各检测项目的下降率，以百分比表示，精确至个位数。

$$R=\frac{A-B}{A}\times 100\% \tag{36-48}$$

式中，R 为被检测项目的下降率（%）；A 为耐高温介质试验前被检测项目的平均值；B 为经耐高温介质试验后被检测项目的平均值。

经耐高温介质试验后，应无分层、破损，袋内、外无明显变形，撕裂强度、拉断力、断裂伸长率和热合强度下降率应不超过 30%。

36.5.11 耐热性测试

a）GB/T 21302—2007《包装用复合膜、袋 通则》中耐热性的等级划分见表 36-28[27]。

将膜热封制成小袋，冲入水后密封好，放入带反压装置的高压灭菌锅中，按表 36-28 等级划分规定的条件放置 30min，然后冷却至 40℃左右时取出，检查小袋有无明显变形、层间剥离、热封部位剥离等异常现象。

表 36-28 耐热性等级划分

项目	1 级	2 级	3 级	4 级	5 级
耐热性/℃	＞125	125～110	＜110～100	＜100～80	＜80

b）GB/T 10004—2008《包装用塑料复合膜、袋干法复合、挤出复合》中耐热性要求[28]：使用 80℃以上温度进行耐热试验后，应无明显变形、层间剥离、热封部位剥离等异常现象[29]。

试验方法：将膜热封制成 200mm×120mm 的小袋（比此尺寸小的产品按实际规格），

充入袋容积 1/2～2/3 的水后排气密封好，放入带反压装置的高压灭菌锅中（热锅），放置 30min。高温灭菌锅的温度，水煮用的接 100℃处理，高温蒸煮用的按最高使用温度处理。例如，135℃高温蒸煮用的，以 135℃处理。减压冷却至室温取出，检查小袋有无明显变形、层间剥离、热封部位剥离等异常现象，如果样品封口破裂应取样重做。

36.5.12　耐压性能测试

在运输和储存过程中，静压力或动压力的作用可能造成塑料包装袋的破损，因此有必要对塑料软包装材料的耐压性能进行测试。如果内装物为固体或内装物有明显的突起，则本方法不适用。

（1）试验装置及材料

软包装袋的耐压试验装置如图 36-54 所示。上下有两个加压盘，在加压盘中间放置试样袋，上加压盘的上部放置载荷，对试样袋施加压缩载荷，加压盘靠近试样袋表面部分应光滑平整，以免把试样袋划破。放置载荷后，加压盘不能变形，要始终保持平衡，加压方式可以是重锤式、杠杆式、油压式，但必须均匀缓慢加载，而且能保持一定的时间（一般为 1min）。

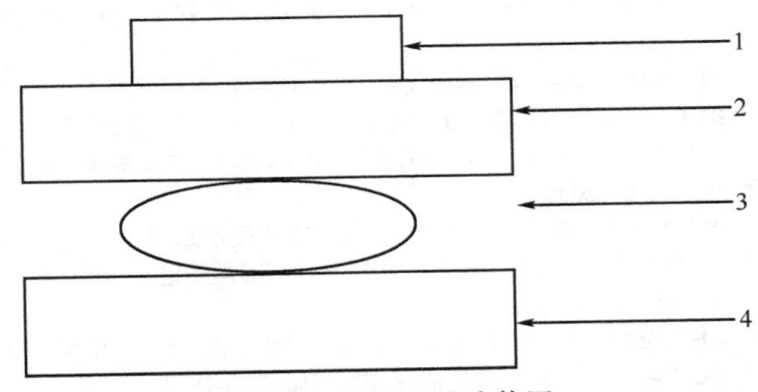

图 36-54　耐压试验装置

1. 砝码；2. 上加压盘；3. 试样袋；4. 托板

（2）试验步骤

a）袋内注约 1/2 容量的水，并封口，样品为 5 个。

b）试验时将试样逐个放在上、下加压盘之间。试验中上、下加压盘应保持水平、不变形，与袋的接触面应光滑，上、下加压盘的面积应大于试验袋。按照表 36-29 加砝码，保持 1min（载荷为上加压盘与砝码载荷之和），目视袋是否破裂或渗漏。

表 36-29　包装袋总质量和压缩载荷

包装袋总质量/g	负荷/N		要求
	三边封袋	其他袋	
＜30	100	80	无渗漏、不破裂
30～100	200	120	
100～400	400	200	
＞400	600	300	

包装袋的耐压性能除了与包装袋的热合强度密切相关外，包装袋的袋形对其也有非常重要的影响。例如，一些不规则的袋形，如背封袋、自立袋、异形袋等，在耐压试验中热封边的受力不像三边封袋那样比较均匀，而是受袋形的限制在某一点应力集中，当应力超过该点的承受范围便使材料破坏。从表 36-29 中也可以看出不同袋形的耐压指标有很大的差异。

在实际使用中，内容物具有一定的流动性或袋内有较多的气体，如液体、凝聚体、充气包装等，堆码产生的压力能通过流体传递到包装袋的封口位置，此时应着重考察包装袋的耐压强度。而一些包装固体内容物且经充分排气封口（或袋面有针孔）的包装袋，在堆码中是袋面的材料直接承受堆码产生的压力，此时耐压强度对堆码包装袋破损率的影响就不是很明显。

参 考 文 献

[1] 刘功，靳桂芳，康勇刚. 包装测试. 北京：中国轻工业出版社，1994.

[2] 中华人民共和国国家标准. GB/T 4857.5—1992 包装运输件跌落试验方法. 北京：中国标准出版社，1992.

[3] 中华人民共和国国家标准. GB/T 21599—2008 危险品 包装跌落试验方法. 北京：中国标准出版社，2008.

[4] 中华人民共和国国家标准. GB/T 4857.1—2019 包装 运输包装件 第 1 部分 试验时各部位的标识方法. 北京：中国标准出版社，2019.

[5] 中华人民共和国国家标准. GB 4857.3—2008 包装 运输包装件基本试验 第 3 部分 静载荷堆码试验方法. 北京：中国标准出版社，2008.

[6] 中华人民共和国国家标准. GB 18191—2008 包装容器危险品包装用塑料桶. 北京：中国标准出版社，2008.

[7] 中华人民共和国国家标准. GB/T 13508—2011 聚乙烯吹塑容器. 北京：中国标准出版社，2011.

[8] 中华人民共和国国家标准. GB/T 4857.4—2008 包装 运输包装件基本试验 第 4 部分 采用压力试验机进行的抗压和堆码试验方法. 北京：中国标准出版社，2008.

[9] 中华人民共和国国家标准. GB/T 17344—1998 包装 包装容器 气密试验方法. 北京：中国标准出版社，1988.

[10] 中华人民共和国出入境检验检疫行业标准. SN/T 0271—2012 出口商品运输包装塑料容器检验规程. 北京：中国标准出版社，2012.

[11] 中华人民共和国国家标准. GB/T 4545—2007 玻璃瓶罐内应压力试验方法. 北京：中国标准出版社，2007.

[12] 中华人民共和国国家标准. GB/T 4546—2008 玻璃容器 耐内压力试验方法. 北京：中国标准出版社，2008.

[13] 中华人民共和国国家标准. GB/T 6552—2015 玻璃容器 抗机械冲击试验方法. 北京：中国标准出版社，2015.

[14] 中华人民共和国国家标准. GB/T 4857.2—2005 包装 运输包装件基本试验 第 2 部分 温湿度调节处理. 北京：中国标准出版社，2005.

[15] 中华人民共和国国家标准. GB/T 4857.11—2005 包装 运输包装件基本试验 第 11 部分 水平冲击试验方法. 北京：中国标准出版社，2005.

[16] 中华人民共和国国家标准. GB/T 4547—2007 玻璃容器抗热震性和热震耐久性试验方法. 北京：中国标准出版社，2007.

[17] 戴宏民，戴佩华. 绿色包装材料的研发进展和我国的发展对策. 包装工程，2004，6：4-7.

[18] 中华人民共和国国家标准. GB/T 4548.2—2003 玻璃制品 玻璃容器内表面耐水侵蚀性能 用火焰光谱法测定和分级. 北京：中国标准出版社，2003.

[19] 林陈彪. 闭口钢桶性能试验标准及试验技术研究. 包装工程，2016，5：190-194.

[20] 中华人民共和国国家标准. GB/T 1041—2008 塑料 压缩性能的测定. 北京：中国标准出版社，2008.

[21] 中华人民共和国轻工行业标准. QB/T 1130—1991 塑料直角撕裂性能试验方法. 北京：中国标准出版社，1991.

[22] 中华人民共和国国家标准. GB/T 9286—1998 色漆和清漆漆膜的划格试验. 北京：中国标准出版社，1998.

[23] 中华人民共和国国家标准. GB/T 15717—1995 真空金属镀层厚度测试方法电阻法. 北京：中国标准出版社，1995.

[24] 中华人民共和国国家标准. GB/T 2918—1998 塑料试样状态调节和试验的标准环境. 北京：中国标准出版社，1998.

[25] 中华人民共和国国家标准. GB/T1038—2000 塑料薄膜和薄片气体透过性试验 方法压差法. 北京：中国标准出版社，2000.

[26] 中华人民共和国国家标准. GB/T 6982—2003 软包装容器透湿度试验方法. 北京：中国标准出版社，2003.

[27] 中华人民共和国国家标准. GB/T 21302—2007 包装用复合膜、袋通则. 北京：中国标准出版社，2007.

[28] 中华人民共和国国家标准. GB/T 10004—2008 包装用塑料复合膜、袋干法复合、挤出复合. 北京：中国标准出版社，2008.

[29] 伍秋涛. 软包装质量检测技术. 北京：印刷工业出版社，2009.

[30] 郭彦峰，许文才. 包装测试技术. 北京：化学工业出版社，2012.

第 37 章　危险化学品包装分类及安全性能要求

危险化学品是指具有毒害、腐蚀、爆炸、燃烧、助燃等性质，对人体、设施、环境具有危害的剧毒化学品和其他化学品。危险化学品的安全生产、使用、运输和储存与人们的生命财产安全息息相关，因此，危险化学品对包装、积载、隔离、装卸、管理、运输和消防急救措施等都有特殊而严格的要求[1]。尤其是危险化学品的运输，由于在运输过程中环境温度可能会发生剧烈变化，还有可能出现强烈的振荡、冲击等外力干扰，危险化学品的危险性更容易释放和暴发，从而对人类和环境产生危害，因此危险化学品对运输包装的要求更为严格。合格的危险化学品包装对危险化学品是一种必要的保护，它可以在一定程度上降低危险化学品在运输、储存、装卸、保管等环节发生危险的概率，也可以在一定程度上让较大的危险性弱化。而对危险化学品包装进行检验，旨在保证装有危险货物的包件符合正常运输的安全要求。

37.1　危险化学品包装分类

危险化学品包装是指盛装危险化学品的包装容器，从使用角度来说，可以分为销售包装和运输包装[2]。本节所讲的包装是指危险化学品的运输包装。为确保危险化学品在储存运输过程中的安全，除其本身的质量符合安全规定，流通环节的各种条件正常合理外，最重要的是危险货物必须具有适合运输的包装[3, 4]。

37.1.1　危险化学品包装种类及定义

不同国家或地区对于同一种包装可能有不同的叫法，而同一个名词或术语有可能有不同的命名或定义。目前国际上依据联合国危险货物运输专家委员会制定的《关于危险货物运输的建议书　规章范本》来规范和指导危险货物包装的定义。按照这个规定，危险化学品包装主要有以下几种。

袋：由纸张、塑料薄膜、纺织品、编织材料或其他适当材料制作的柔性容器。

箱：由金属、木材、胶合板、再生木、纤维板、塑料或其他适当材料制作的完整矩形或多角形容器；为了诸如便于搬动或开启，或为了满足分类要求，允许有小的洞口，只要洞口不损害容器在运输时的完整性。

罐体：系指便携式罐体，包括罐式集装箱、公路罐车、铁路罐车或拟盛装固体、液体或气体的贮器，当用来运输第 2 类物质时，容量不小于 450L。

木制琵琶桶：由天然木材制成的容器，其截面为圆形，桶身外凸，由木板条和两个圆盖拼成，用铁圈箍牢。

圆桶/桶：由金属、纤维板、塑料、胶合板或其他适当材料制成的两端为平面或凸面的圆柱形容器。该定义还包括其他形状的容器，如圆锥形容器或提桶形容器。木制琵琶桶或罐不属于该定义范围。

复合容器：由一个外容器和一个内贮器组成的容器，其构造使内贮器和外容器形成一个完整容器。这种容器经装配后，便成为单一的完整装置，整个用于装料、贮存、运输和卸空。

烟雾剂或喷雾器：为不可再装填的贮器，用金属、玻璃或塑料制成，装有压缩、液化或加压溶解的气体，同时装有或没有装液体、糊状物或粉状物，带有释放装置，可使内装物变成悬浮于气体中的固体或液体颗粒而喷射出来，喷出物或呈泡沫状、糊状或粉状，或为液体或气体。

气筒：水容量大于 150L 但不大于 3000L 的无接缝可运输压力贮器。

散装货箱：用于运输固体物质的装载系统（包括所有衬里或涂层），其中的固体物质与装载系统直接接触。容器、中型散装货箱（中型散货箱）、大型容器和便携式罐体不包括在内。

散装货箱特点：①具有长久性，也足够坚固，适合多次使用；②专门设计，便于以一种或多种手段运输货物而无须中途装卸；③装有便于装卸的装置；④容量不小于 $1.0m^3$。

散装货箱包括货运集装箱、近海散装货箱、翻斗车、散料箱、交换车体箱、槽型集装箱、滚筒式集装箱、车辆的载货箱等。

气瓶捆包：捆在一起用一根管道互相连接并作为一个单元运输的一组气瓶。总的水容量不得超过 3000L，但拟用于运输 2.3 项气体（毒性气体）的捆包的水容量限值是 1000L。

低温贮器：用于装冷冻液化气体的可运输隔热贮器，其水容量不大于 1000L。

气瓶：水容量不超过 150L 的可运输压力贮器。

货运集装箱：一件永久性运输设备，因此需足够坚固，适于多次使用；专门设计用来以一种或他种方式便利运输货物，而无须中间装卸，设计安全且便于操作，装有用于上述目的的装置，并根据修订的 1972 年《国际集装箱安全公约》得到批准。“货运集装箱”一词既不包括车辆，也不包括容器，但包括在底盘上运载的货运集装箱。

中型散货集装箱（中型散货箱）：①具有下列容量，装Ⅱ类包装和Ⅲ类包装的固体与液体时容量不大于 $3.0m^3$（3000L）；Ⅰ类包装的固体装入软性、硬塑料、复合、纤维板和木质中型散货箱时容量不大于 $1.5m^3$；Ⅰ类包装的固体装入金属中型散货箱时容量不大于 $3.0m^3$；装第 7 类放射性物质时容量不大于 $3.0m^3$。②设计用机械方法装卸。③能经受装卸和运输产生的应力，该应力由试验确定。

改制的中型散货箱，是如下情况的金属、硬塑料或复合中型散货箱：①从一种非联合国型号改制为一种联合国型号；②从一种联合国型号转变为另一种联合国型号。

改制的中型散货箱需符合联合国《关于危险货物运输的建议书　规章范本》中同一型号的新中型散货箱的要求。

修理过的中型散货箱，是金属、硬塑料或复合中型散货箱由于撞击或任何其他原因（如腐蚀、脆裂或与设计型号相比强度减小的其他迹象）而被修复到符合设计型号并且能够经受设计型号试验的散货箱。把复合中型散货箱的硬内贮器换成符合原始制造商规格的贮器也算修理。不过，硬质中型散货箱的例行维修（见下文定义）不算修理。硬塑料中型散货箱的箱体和复合中型散货箱的内贮器是不可修理的。软体中型散货箱是不可修理的，除非得到主管当局的批准。

内容器：运输时需用外容器的容器。

内贮器：需要有一个外容器才能起容器作用的贮器。

中间容器：置于内容器或物品和外容器之间的容器。

罐：横截面呈矩形或多角形的金属或塑料容器。

大型容器：由一个内装多个物品或内容器的外容器组成的容器，并且设计用机械方法装卸；超过 400kg 净重或 450L 容量但体积不超过 $3m^3$。

多元气体容器：是气瓶、气筒和气瓶捆包用一根管道互相连接并且装在一个框架内的多式联运组合。多元气体容器包括运输气体所需的辅助设备和结构装置。

近海散装货箱：专门用来往返近海设施或在其之间运输危险货物并可多次使用的散装货箱。近海散装货箱的设计和建造，需符合国际海事组织在文件 MFC/Circ.860 中具体规定的批准公海作业离岸集装箱的准则。

便携式罐体：①用于运输第 1 类爆炸品和第 3 类易燃液体、第 4 类易燃固体、第 5 类氧化物和有机过氧化物、第 6 类毒性物质、第 7 类放射性物质、第 8 类腐蚀性物质和第 9 类环境污染物质的多式联运罐体，其罐壳装有运输危险货物所需的辅助设备和结构装置；②用于运输第 2 类非冷冻液化气体、容量大于 450L 的多式联运罐体，其罐壳装有运输气体所需的辅助设备和结构装置；③用于运输冷冻液化气体、容量大于 450L 的隔热罐体，装有运输冷冻液化气体所需的辅助设备和结构装置。

便携式罐体在装货和卸货时不需去除结构装置。罐壳外部必须具有稳定部件，并可在满载时吊起。便携式罐体必须主要设计成可吊装到运输车辆或船舶上，并配备便利机械装卸的底垫、固定件或附件。公路罐车、铁路罐车、非金属罐体、气瓶、大型贮器及中型散货箱不属于本定义范围。

压力桶：可运输的焊接压力贮器，水容量大于 150L 但不超过 1000L（如装有滚动环箍、滑动球的圆柱形贮器）。

压力贮器：包括气瓶、气筒、压力桶、封闭低温贮器和气瓶捆包的封闭贮器。

贮器：用于装放和容纳物质或物品的封闭器具，包括封口装置。

修整过的容器：①金属桶，把所有以前的内装物、内外腐蚀痕迹及外涂层和标签都清除掉，露出原始建造材料；恢复到原始形状和轮廓，并把凸边矫正封好，把所有外加密封垫换掉；洗净上漆之前经过检查，剔除了肉眼可见的凹痕、材料厚度明显降低、金属疲劳、织线或封闭装置损坏或者其他明显缺陷的容器。②塑料桶和罐，把所有以前的内装物、外涂层和标签都清除掉，露出原始建造材料；把所有外加密封垫换掉；洗净后经过检查，剔除了可见的磨损、折痕或裂痕、织线或封闭装置损坏或者其他明显缺陷的容器。

改制的容器：①金属桶，从一种非联合国型号改制为一种联合国型号；从一种联合国型号转变为另一种联合国型号；更换组成结构部件（如非活动盖）。②塑料桶，从一种联合国型号转变为另一种联合国型号（如 1H1 变成 1H2）；更换组成结构部件。

改制的圆桶：需符合联合国《关于危险货物运输的建议书　规章范本》中同一型号

的新圆桶的要求。

再次使用的容器：准备重新装载货物的容器，经过检查后没有发现影响其装载能力和承受性能试验的缺陷；包括重新装载相同的或类似的相容内装物，并且在产品发货人控制的销售网范围内运输的容器。

救助容器：一种特别容器，用于运输回收或准备处理的损坏、有缺陷、渗漏或不符合规定的危险货物包件，或者溢出或漏出的危险货物。

防筛漏的容器：所装的干物质，包括在运输中产生的细粒固体物质不向外渗漏的容器。

编织塑料：柔性中型散货箱体中由适宜的塑料拉长带或单丝制成的材料。

柔性中型散货箱：包括一个由薄膜、纺织品或任何其他软性材料或这些材料混合构成的箱体，必要时加内涂层或衬里，以及适当的辅助设备和装卸装置。

刚性塑料中型散货箱：由一个硬塑料箱体组成，箱体可有结构装置以及适当的辅助设备。

纤维板中型散货箱：包括一个纤维板箱体，带有或不带有分开的顶盖和底盖，必要时有内衬（但没有内容器）、适当的辅助设备和装卸装置。

外容器：复合或组合容器的外保护装置，连同容纳和保护内贮器或内容器的吸收材料、衬垫与其他部件。

外包装：指一个发货人为了方便运输过程中的装卸和存放，将一个或多个包件装在一起以形成一个单元所用的包装物。外包装的例子是若干包件以下述方法装在一起：①放置或堆叠在诸如货盘的载重板上，并用捆扎、收缩包装、拉伸包装或其他适当手段紧固；②放在诸如箱子或板条箱的保护性外容器中。

根据联合国《关于危险货物运输的建议书　规章范本》，与危险化学品包装相关的术语和定义还有以下这些。

衬里：另外放入容器（包括大型容器和中型散货箱）但不构成其组成部分，包括其开口的封闭装置的管或袋。

试验压力：为鉴定或重新鉴定进行压力试验时所需施加的压力。

承运人：使用任何运输手段承运危险货物的任何人、机构或政府部门。此术语既包括领取工钱或报酬的承运人（在某些国家称作公共承运人或合同承运人），也包括自行负责的承运人（在某些国家称作个人承运人）。

收货人：有权接收托运货物的任何人、机构或政府部门。

托运货物：发货人提交运输的任何一个包件或多个包件，或一批危险货物。

发货人：将托运货物提交运输的任何人、机构或政府部门。

运输工具：①用于公路或铁路运输的任何车辆；②用于水路运输的任何船舶，或船舶的任何货舱、隔舱或限定的甲板区；③用于空中运输的任何飞机。

临界温度：在该温度以上物质不能以液态存在的温度。

限定的甲板区：在船舶的露天甲板上，或在滚装船或渡船停放车辆的甲板上指定用于堆放危险货物的区域。

装载率：气体质量与装满准备供使用的压力贮器的 15℃水质量之比。

高温物质：指运输或要求运输的物质①处于液态，温度达到或高于 100℃；②处于液态，闪点高于 60℃，并故意加热到高于其闪点的温度；③处于固态，温度达到或高于 240℃。

软体中型散货箱的例行维修：对塑料或纺织品制的软体中型散货箱进行下述作业。①清洗；②更换非主体部件，如非主体的衬里和封口绳锁，换成符合原制造厂家规格的部件，但上述作业不得有损于软体中型散货箱的装载功能，或改变设计类型。

硬质中型散货箱的例行维修：对金属、硬塑料或复合中型散货箱例行进行下述作业。①清洗；②符合原始制造商规格的箱体封闭装置（包括连带的垫圈）或辅助设备的除去和重新安装或替换，但需检验中型散货箱的密封性；③将不直接起封装危险货物或阻挡卸货压力作用的结构装置修复到符合设计型号（如矫正箱脚或起吊附件），但中型散货箱的封装作用不得受到影响。

液体：在 50℃时蒸气压不大于 300kPa（3bar）、在 20℃和 101.3kPa 压力下不完全是气态、在 101.3kPa 压力下熔点或起始熔点等于或低于 20℃的危险货物。熔点无法确定的黏性物质应当进行 ASTM D 4359-90 试验，或进行《欧洲国际公路运输危险货物协定》附件 A 中 2.3.4 节规定的流动性测定试验（穿透计试验）。

最大容量：贮器或容器的最大内部体积，以 L 表示。

最大净重：一个容器内装物的最大净重，或者是多个内容器及其内装物的最大总重，以 kg 表示。

包件：包装作业的完结产品，包括准备供运输的容器和其内装物。

质量保证：任何组织或机构施行的系统性管制和检查方案，目的是提供充分的可信性以在实践中达到联合国《关于危险货物运输的建议书　规章范本》中所规定的安全标准。

回收塑料：从使用过的工业容器中回收的、经洗净后准备用于加工成新容器的材料。用于生产新容器的回收材料的具体性质必须定期查明并记录，作为主管当局承认的质量保证方案的一部分。质量保证方案必须包括正常的预分拣和检验记录，表明每批回收塑料都有与用这种回收材料制造的设计型号一致的正常熔体流率、密度和拉伸屈服强度。必须了解回收塑料来源容器的材料，以及这些容器先前的内装物，先前的内装物是否可能降低用该回收材料制造的新容器的性能。

稳定压力：压力贮器中内装物达到热和弥散平衡时的压力。

装运：托运货物从启运地至目的地的特定运输。

工作压力：压缩气体在参考温度 15℃下装满压力贮器时的稳定压力。

装卸装置：固定在柔性中型散货箱体上或由箱体材料延伸形成的各种吊环、环圈、钩眼或框架。

最大许可总重：中型散货箱及任何辅助设备或结构装置的质量加上最大净重。

防护：金属中型散货箱另外配备的防撞击的防护装置，其形式可能是多层（夹心）或双壁结构或金属网格外罩。

辅助设备：装货和卸货装置，以及某些中型散货箱的降压或排气、安全、加热及隔热装置和测量仪器。

结构装置：除柔性中型散货箱体外的加强、紧固、握柄、防护或稳定构件，包括带塑料内贮器的复合中型散货箱、纤维板和木质中型散货箱的箱底托盘。

上述所定义术语与联合国《关于危险货物运输的建议书　规范章本》中的用法一致。不过，一些术语常被作他用，如“内贮器”一词常被用来表示组合容器的“内部”，“组合容器”的“内部”常称为“内容器”，不称“内贮器”，玻璃瓶可当作“内容器”的实例。“复合容器”的“内部”一般称为“内贮器”。例如，6HA1 复合容器（塑料）的“内部”即为“内贮器”，因为其通常没有“外容器”，就起不到盛装的作用，故不称“内容器”。

37.1.2　危险化学品包装分类

除第 1 类爆炸品、第 2 类气体、第 7 类放射性物质、第 5.2 项有机过氧化物和第 6.2 项感染性物质，其他各类危险化学品的运输包装可按化学品的危险程度划分三种包装等级，即：Ⅰ类包装——高度危险性；Ⅱ类包装——中等危险性；Ⅲ类包装——轻度危险性。

在联合国《关于危险货物运输的建议书　规章范本》的“危险货物一览表”中，第 5 栏给出了危险货物的包装等级要求。对于第 1 类爆炸品、第 5.2 项有机过氧化物和第 4.1 项自反应物质，除联合国《关于危险货物运输的建议书　规章范本》有具体规定外，其包装所用容器，包括中型散装容器和大包装，都应符合Ⅱ类包装的要求。

各类危险化学品危险程度的划分可通过有关危险特性试验来确定。

37.2　危险化学品包装编码及标记[5]

37.2.1　编码

1. 容器类型编码的表示

a）编码包括：1 个阿拉伯数字，表示容器的种类，如桶、罐等，后接 1 个大写拉丁字母，表示材料的性质，如钢、木等，必要时后接 1 个阿拉伯数字，表示容器在其所属种类中的类别。

b）如果是复合容器，用 2 个大写拉丁字母顺次地写在编码的第 2 个位置中。第 1 个字母表示内贮器的材料，第 2 个字母表示外容器的材料。

c）如果是组合容器，只使用外容器的编码。

d）容器编码后面可加上字母“T”“V”或“W”。字母“T”表示符合要求的救助容器，字母“V”表示符合要求的特别容器，字母“W”表示容器的类型虽与编码所表示的相同，但其制造规格不同于规定。

e）用阿拉伯数字表示容器的种类：1.桶；2.暂缺；3.罐；4.箱；5.袋；6.复合容器。

f）用大写拉丁字母表示材料的种类：A. 钢（一切型号及表面处理）；B. 铝；C. 天然木；D. 胶合板；F. 再生木；G. 纤维板；H. 塑料；L. 纺织品；M. 多层纸；N. 金属（钢或铝除外）；P. 玻璃、陶瓷或粗陶瓷。

注：塑料也包括其他聚合材料，如橡胶等。

2. 容器类型编码

表 37-1 列出了容器类型的编码，编码取决于容器的种类、其建造所用的材料及类别。

表 37-1　容器类型编码

种类	材料	类别	编码
1. 桶	A. 钢	非活动盖	1A1
		活动盖	1A2
	B. 铝	非活动盖	1B1
		活动盖	2B2
	D. 胶合板		1D
	G. 纤维板		1G
	H. 塑料	非活动盖	1H1
		活动盖	1H2
	N. 金属（钢或铝除外）	非活动盖	1N1
		活动盖	1N2
2. 暂缺			
3. 罐	A. 钢	非活动盖	3A1
		活动盖	3A2
	B. 铝	非活动盖	3B1
		活动盖	3B2
	H. 塑料	非活动盖	3H1
		活动盖	3H3
4. 箱	A. 钢		4A
	B. 铝		4B
	C. 天然木	普通	4C1
		箱壁防筛漏	4C2
	D. 胶合板		4D
	F. 再生木		4F
	G. 纤维板	发泡塑料箱	4G
	H. 塑料	泡沫	4H1
		硬的	4H2

续表

种类		材料	类别	编码
5. 袋	纺织袋	H. 塑料	不带内衬或涂层	5H1
	塑料编织袋		防筛漏	5H2
	塑料膜袋		防水	5H3
	纸袋	H. 塑料		5H4
		L. 纺织品	不带内衬或涂层	5L1
			防筛漏	5L2
			防水	5L3
		M. 多层纸	多层	5M1
			多层，防水	5M2
6. 复合容器		H. 塑料	在钢桶中	6HA1
			在钢板条箱或钢箱中	6HA2
			在铝桶中	6HB1
			在铝板条箱或铝箱中	6HB2
			在木箱中	6HC
			在胶合板桶中	6HD1
			在胶合板箱中	6HD2
			在纤维质桶中	6HG1
			在纤维板箱中	6HG2
			在塑料桶中	6HH1
			在硬塑料箱中	6HH2
		P. 玻璃、陶瓷或粗陶	在钢桶中	6PA1
			在钢板条箱或钢箱中	6PA2
			在铝桶中	6PB1
			在铝板条箱或铝箱中	6PB2
			在木箱中	6PC
			在胶合板桶中	9PD1
			在有盖柳条篮中	6PD2
			在纤维质桶中	6PG1
			在纤维板箱中	6PG2
			在泡沫塑料容器中	6PH1
			在硬塑料容器中	6PH2

3. 中型散货箱编码

中型散货箱的指示性编码必须包括表 37-2 中规定的 2 个阿拉伯数字，随后是规定的 1 个或几个大写字母，然后是表示中型散货箱类型的 1 个阿拉伯数字。

表 37-2　中型散货箱的指示性编码

类型	装固体，装货或卸货		装液体
	靠重力	靠施加 10kPa（0.1bar）以上压力	
硬质	11	21	31
液体	13		

中型散货箱用大写拉丁字母表示货箱材料类别：A. 钢（各种型号及表面处理）；B. 铝；C. 天然木；D. 胶合板；F. 再生木；G. 纤维板；H. 塑料；L. 纺织品；M. 多层纸；N. 金属（钢或铝除外）。

对于复合中型散货箱，必须把两个大写拉丁字母依次写在编码的第 2 个位置上。第 1 个字母表示中型散货箱内贮器的材料，第 2 个字母表示中型散货箱外容器的材料。中型散货箱的类型和编码见表 37-3。

编码中的字母 Z 必须用一个规定的表示外壳所用材料性质的大写字母取代。

中型散货箱编码之后可加“W”字母。字母“W”表示中型散货箱虽然是与编码所表示的型号相同，但制造规格不同于规定。

表 37-3　中型散货箱的编码

材料		类型	编码
金属	A. 钢	装固体，靠重力装货或卸货	11A
		装固体，靠加压装货或卸货	21A
		装液体	31A
	B. 铝	装固体，靠重力装货或卸货	11B
		装固体，靠加压装货或卸货	21B
		装液体	31B
	N. 金属（钢或铝除外）	装固体，靠重力装货或卸货	11N
		装固体，靠加压装货或卸货	21N
		装液体	31N
软体	H. 塑料	编织塑料，无涂层或衬里	13H1
		编织塑料，有涂层	13H2
		编织塑料，有衬里	13H3
		编织塑料，有涂层或衬里	13H4
		塑料薄膜	13H5
	L. 纺织品	无涂层或衬里	13L1
		有涂层	13L2
		有衬里	13L3
		有涂层和衬里	13L4
	M. 多层纸	多层	13M1
		多层，防水	13M2

续表

材料		类型	编码
硬体	H. 硬塑料	装固体，靠重力装货或卸货，配备装卸装置	11H1
		装固体，靠重力装货或卸货，独立式	11H2
		装固体，靠加压装货或卸货，配备装卸装置	21H1
		装固体，靠加压装货或卸货，独立式	21H2
		装液体，配备装卸装置	31H1
		装液体，独立式	31H2
	HZ. 带塑料内贮器的复合中型散货箱	装固体，靠重力装货或卸货，带硬塑料储器	11HZ1
		装固体，靠重力装货或卸货，带软塑料储器	11HZ2
		装固体，靠加压装货或卸货，带硬塑料储器	21HZ1
		装固体，靠加压装货或卸货，带软塑料储器	21HZ2
		装液体，带硬塑料储器	31HZ1
		装液体，带软塑料储器	31HZ2
木质	G. 纤维板	装固体，靠重力装货或卸货	11G
	C. 天然木	装固体，靠重力装货或卸货，带内衬	11C
	D. 胶合板	装固体，靠重力装货或卸货，带内衬	11D
	F. 再生木	装固体，靠重力装货或卸货，带内衬	11F

4. 大型容器类型的编码

大型容器类型的编码包括：①两个阿拉伯数字，如 50 表示硬质大型容器，51 表示软体大型容器；②大写拉丁字母，表示材料的性质，如木材、钢等。所用的大写字母与中型散货箱用类别字母一致。

字母“W”可放在大型容器编码后面。字母“W”表示大型容器虽然是编码所标示的型号，但制造规格不同于规定。

5. 散装货箱类型的编码

散装货箱类型的编码：帘布式散装货箱 BK1；封闭式散装货箱 BK2。

37.2.2 标记

带有标记表明该容器与已成功地经过试验的设计型号一致，并符合联合国《关于危险货物运输的建议书　规章范本》中有关该容器制造但不是使用的要求。所以，标记本身并不一定证明该容器可用于装任何物质。联合国《关于危险货物运输的建议书　规章范本》针对每一种物质规定了容器的种类（如钢桶）、容器的最大容量和/或质量及特殊要求。标记的目的是帮助容器制造商、修理厂、用户、运输部门和管理当局识别该容器。例如，一个新容器，最初的标记是制造厂用来表示容器的种类，并表明容器已符合相关性能试验的规定。

1. 标记总体要求

按照联合国《关于危险货物运输的建议书　规章范本》，每一容器都必须带有耐久、易辨认、与容器相比位置合适、大小相当的明显标记。对于总重大于 30kg 的包件，标记或标记复件必须贴在容器顶部或侧面上。字母、数字和符号至少为 12mm 高，在容量为 30L 或 30kg 或更少的容器上至少为 6mm 高，在容量为 5L 或 5kg 或更少的容器上必须大小合适。

标记必须标明如下内容。

a）如图 37-1 所示的符号，如果使用压纹金属容器，符号可用大写字母“UN”，该符号用于证明容器符合联合国《关于危险货物运输的建议书　规章范本》中的各有关规定。

图 37-1　危险化学品包装联合国“UN”符号

b）37.2.1 节中表示容器种类的编码。

c）一个由两部分代码组成的编号，代码如下：①一个字母，表示设计型号已成功地通过试验的包装类别：X 表示Ⅰ、Ⅱ和Ⅲ类包装；Y 表示Ⅱ类和Ⅲ类包装；Z 只表示Ⅲ类包装。②相对密度（四舍五入至第一位小数），表示已按照此相对密度对不带内容器的拟装液体的容器设计型号进行过试验；若相对密度不超过 1.2，这一部分可以省略。对于拟装固体或带有内容器的容器而言，以 kg 表示最大总重。

d）用字母“S”表示容器拟用于运输固体或内容器，或者对于拟装液体的容器（组合容器除外）而言，已证明容器能够承受液压试验的压力，用 kPa 表示（四舍五入至最近的 10kPa）。

图 37-2　危险化学品包装容器制造月份的标记示例

e）最后两位数字表示容器的制造年份。型号为 1H 和 3H 的容器还必须适当地标出制造月份，以与标记的其余部分分开，在容器的空白处标出，如图 37-2 所示。

f）标记分配的批准国，以在国际通行的机动车所用的识别符号表示。

g）容器制造厂的名称或代码，全国各区域的代码见表 37-4，或主管当局规定的其他容器标志。

2. 标记特殊要求

a）除了标记总体要求规定的耐久标记外，容量大于 100L 的每个新金属桶都必须在底部以经久形式（如压纹）标明总体要求提出的 a）～e）标记，并至少表明桶身所用金属的标称厚度（单位为 mm，精确到 0.1mm）。例如，金属桶两个端部有一个的标称厚度小于桶身的标称厚度，那么顶端、桶身和底端的标称厚度必须以经久形式（如压纹）在底部标明，如“1.0-1.2-1.0”或“0.9-1.0-1.0”。金属的标称厚度必须按照适当的国际标准化组织标准确定，如钢用 ISO 3574—1999 确定。标记总体要求中的 f）～g）标记，不得以经久形式（如压纹）施加，特殊规定者除外。

可能进行修理的容器，必须以经久形式标明总体要求提出的 a）～e）标记，标记如能经受修理程序即经久形式（如压纹）。对于容量大于 100L 的除金属桶以外的容器，这些经久标记可以取代总体要求中的相应耐久标记。

表 37-4　各区域代码

地区名称	代码	地区名称	代码	地区名称	代码
北京	1100	安徽	3400	海南	4600
天津	1200	福建	3500	四川	5100
河北	1300	厦门	3502	重庆	5102
山西	1400	江西	3600	贵州	5200
内蒙古	1500	山东	3700	云南	5300
辽宁	2100	河南	4100	西藏	5400
吉林	2200	湖北	4200	陕西	6100
黑龙江	2300	湖南	4300	甘肃	6200
上海	3100	广东	4400	青海	6300
江苏	3200	深圳	4403	宁夏	6400
浙江	3300	广西	4500	新疆	6500

b）改制的金属桶，如果没有改变容器型号和没有更换或拆掉组成结构部件，所要求的标记不必是经久性的（如压纹）。每一其他改制金属桶都必须在顶端或侧面以经久形式（如压纹）标明总体要求提出的 a）～e）标记。

c）用可不断重复使用的材料（如不锈钢）制造的金属桶可以经久形式（如压纹）标明总体要求提出的 f）～g）标记。

d）用回收塑料材料制成的容器，应标明“REC”标记。

e）标明标记必须按总体要求所示的顺序进行，并且按照下述的 f）分段进行各项标记，标记时需用诸如斜线或空格清楚地隔开，以便容易辨认。主管当局核准的任何附加标记，必须使标记的各个部分能够参照总体要求正确辨认。

f）在容器修理过之后，修理厂商必须按顺序在该容器上加耐久标记：①进行修理的所在国，以在国际通行的机动车所用的识别符号表示；②修理厂商名称或主管当局规定的其他容器标志；③修理年份；字母“R”；成功地通过密封性试验的每个容器，另加字母“L”。

g）修理之后，如果总体要求提出的 a）～d）标记不再出现在金属桶的顶端或侧面，修理厂商也必须以经久形式将这些标记加在特殊要求中的 f）标记之前。这些标记标出的性能不得超过已经过试验并标明的原设计型号的性能。

下面是新容器、修整过的和救助容器的示例。

新容器的标记示例：

u n　4G/Y145/S/02　　适用于新纤维板箱
NL/VL823

u n　1A1/Y1.4/150/98　　适用于装液体的新钢桶
NL/VL824

u n　1A2/Y150/S/01　　适用于装固体或内容器的新钢桶
NL/VL825

u n　4HW/Y136/S/98　　适用于同样规格的新塑料桶
NL/VL826

u n　1A2/Y/100/01　　适用于装液体的改制钢桶
USA/MM5

修整过容器的标记示例：

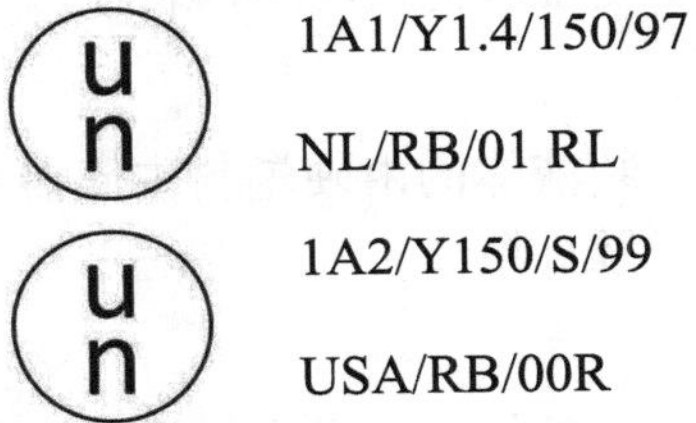

救助容器的标记示例：

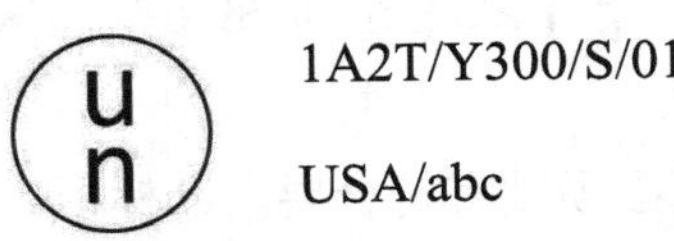

3. 中型散货箱主要标记

根据联合国《关于危险货物运输的建议书　规章范本》规定制造并准备投入使用的每个中型散货箱，都必须有耐久且清楚，贴在容易见到地方的标记。标记中的字母、数字和符号至少有 12mm 高并应显示以下内容。

a）如图 37-1 所示的联合国容器符号。本符号仅用于证明容器符合联合国包装性能试验的有关要求，不得用于任何其他目的。对于标记形式是打印或压纹的金属中型散货箱，可使用大写字母“UN”代替该符号。

b）规定的表示中型散货箱型号的编码，可参加表 37-2 及中型散货箱编码内容。

c）表示设计型号已获批准的包装类别的大写字母：X 代表Ⅰ类、Ⅱ类和Ⅲ类包装（仅用于装固体的中型散货箱）；Y 代表Ⅱ类和Ⅲ类包装；Z 仅代表Ⅲ类包装。

d）制造月份和年份，年份以最后两位数字表示。

e）标记分配的批准国，用在国际通行的机动车所用的识别标记表示。

f）制造厂的名称或记号及主管当局规定的其他中型散货箱识别符号。

g）以千克表示的堆码试验负荷。对于不是设计用于堆叠的中型散货箱，必须用数字“0”标明。

h）以 kg 表示的最大许可总重。

标记必须按 a）～h）的顺序标明，每一项必须用诸如斜线或空格清楚地隔开，并且排列方式可使标记的所有部分都容易辨认。

以下列出各种中型散货箱的标记示例。

标记		说明
un	11A/Y/02 99 NL/Mulder 007 5500/1500	装靠重力卸货的固体，用钢制造的金属中型散货箱/Ⅱ类和/Ⅲ类包装/1999 年 2 月制造/荷兰批准/由 Mulder 制造，设计型号和序列号由主管当局定为 007/堆码试验载荷 5500kg/最大许可总重 1500kg
un	13H3/Z/03 01 F/Meunier 1713 0/1500	装靠重力卸货的固体，用编织塑料制成并有衬里的软体中型散货箱/不适合堆叠
un	31H1/Y/04 99 GB/9099 10800/1200	装液体的用塑料制成的硬塑料中型散货箱，具有承受堆叠荷重的结构装置
un	31HA1/Y/05 01 D/Muller/1683 10800/1200	装液体的由硬塑料内储器和钢外壳组成的复合中型散货箱
un	11C/X/01 02 S/Aurigny 9876 3000、910	装固体的带有内衬里的木质中型散货箱，核准用于装Ⅰ类/Ⅱ类/Ⅲ类包装固体货物

附加标记是每个中型散货箱必须贴有符合要求的标记，如表 37-5 所示。此外，还可以在便于检查的地方固定一个永久的防腐蚀标牌，标牌上可附有相关资料。

表 37-5　中型散货箱的附加标记

附加标记	中型散货箱类别				
	金属	硬塑料	复合	纤维板	木质
20℃时的容量/L	X②	X	X		
皮重/kg	X	X	X	X	X
试验压力（表压）（如果适用）/kPa 或 bar①		X	X		
最大装货/卸货压力（如果适用）/kPa 或 bar	X	X	X		
箱体材料及最小厚度/mm	X				
最近一次防漏试验日期，如果使用（年份和月份）	X	X	X		
最近一次检查日期（年份和月份）	X	X	X		
出场序列号码	X				

①表示必须表明所使用的单位；②表示需标明附加标记的中型散货箱

对于软体中型散货箱，除上述要求的标记外，还可贴有象形图，表明所建议的提升方法。

对于复合中型散货箱的内贮器，应至少标明下列资料：①上述主要标记中 f）的制造厂名称或记号及主管当局确定的其他中型散货箱识别符号；②上述主要标记中 d）的制造日期；③上述主要标记中 e）的标记分配批准国的识别符号。

对于复合中型散货箱的设计是外壳拟在卸空时可拆散以供运输（如将中型散货箱送还原发货人以便再使用），在拆散时拆开的每一部件必须标明制造年份和月份，以及制造厂的名称或记号和主管当局确定的其他中型散货箱识别符号，与设计型号一致：标记表示中型散货箱与成功地通过试验的设计型号相一致，并且符合合格证书所提到的要求。

4. 大型容器主要标记

按照联合国《关于危险货物运输建议书—规章范本》规定制造并准备投入使用的每一大型容器必须有耐久、易辨认的标记，标明以下内容。

a）如图 37-1 所示的联合国容器符号。该符号仅用于证明容器符合联合国包装性能试验的有关要求，不得用于任何其他目的。对于标记形式是打印或压纹的金属大型容器，可使用大写字母“UN”代替该符号。

b）表示硬质大型容器的编码“50”或表示软体大型容器的编码“51”，后接表示材料种类的字母（参见 37.2.1 节）。

c）表示设计型号已获批准的包装类别的大写字母：X 代表Ⅰ类、Ⅱ类和Ⅲ类包装（仅用于装固体的中型散货箱）；Y 代表Ⅱ类和Ⅲ类包装；Z 仅代表Ⅲ类包装。

d）制造月份和年份（最后两个数字）。

e）标记分配的批准国，用在国际通行的机动车所用的识别标记表示。

f）制造厂的名称或记号及主管当局规定的其他大型容器识别符号。

g）堆码试验的负荷，以 kg 表示。对于不是设计用于堆叠的大型容器，用数字“0”标明。

h）最大许可总重，以 kg 表示。

上面要求的主要标记必须按各分段的顺序标出。按照 a）～h）施加的每个标记组成部分必须用诸如斜线或空格清楚地隔开，以便容易辨认。

下列是大型容器的标记示例。

标记	说明
un 50A/X/05/01/N/PQRS 2500/1000	适合堆叠的大型钢容器；堆码符合 2500kg；最大总重 1000kg
un 50H/Y04/02/D/ABCD987 0/800	不适合堆叠的大型塑料容器；最大总重 800kg
un 51H/Z/06/01/S/1999 0/500	不适合堆叠的软体大型容器；最大总重 500kg

5. A类感染性物质（第6.2项）使用容器的标记

第6.2项A类感染性物质使用的容器，必须标明如下标记。

a）如图37-1所示的联合国容器符号。该符号仅用于证明容器符合联合国包装性能试验的有关要求，不得用于任何其他目的。

b）表示容器种类的编码，见表37-1。

c）粗体的“6.2项”。

d）容器制造年份的最后两位数。

e）标记分配的批准国，以在国际通行的机动车所用的识别符号表示。

f）制造厂的名称或主管当局规定的其他容器标记。

g）符合条件的主贮器可以装在辅助容器内，并在紧接b）标记之后加入“U”字母。

标记必须按a）～g）所示的顺序排列，各项标记必须清楚地隔开，如用斜线或空格，以便容易辨认。主管当局核准的任何附加标记，必须保证能够正确无误地辨认各个部分。

下列为感染性物质包装的一个标记示例。

容器制造商及随后的经销商必须提供有关遵守程序的资料，并说明封闭装置（含垫圈）的类型和尺寸，以及确保提交运输的包件能够通过本章规定的适用性能试验所需的任何其他部件。

37.3 危险化学品包装安全性能要求

危险化学品必须装在质量良好的容器中，包括中型散货箱和大型容器，容器必须足够坚固，能够承受得住运输过程中通常遇到的冲击和载荷，包括运输装置之间和运输装置与仓库之间的转载，以及搬离托盘或外包装供随后人工或机械操作[6-10]。容器包括中型散货箱和大型容器的结构与封闭状况必须能防止由正常运输条件下振动或温度、湿度或压力变化（如海拔不同产生的）造成的任何内装物损失。容器包括中型散货箱和大型容器必须按照制造商提供的资料封闭。在运输过程中不得有任何危险残余物黏附在容器、中型散货箱和大型容器外面。

37.3.1 一般要求

1. 标准和依据

危险化学品包含门类及产品数量众多，使用领域十分广阔，机械、轻工、石化、农业、军工、运输等国民经济部门，甚至百姓家居都离不开危险品[11, 12]。因此，危险化学品正确包装、使用是十分重要的。国外危险化学品危险性划分的主要标准是联合国危险货物运输专家委员会制定的《关于危险货物运输的建议书　规章范本》。危险化学品是特殊商品，我国已制定了严格的管理制度，我国的危险化学品包装标准体系已与国际法规完全接轨。在标识管理方面，我国制定的危险化学品分类标准主要有：GB 6944—2012

《危险货物分类和品名编号》、GB 12268—2012《危险货物品名表》、GB 13690—2009《化学品分类和危险性公示　通则》及 GB/T 15098—2008《危险货物运输包装类别划分方法》，均已与联合国《关于危险货物运输的建议书　规章范本》体系接轨。联合国《关于危险货物运输的建议书　规章范本》将危险化学品分为：爆炸品，气体，易燃液体，易燃固体、易于自燃的物质、遇水放出易燃气体的物质，氧化性物质和有机过氧化物，毒性物质和感染性物质，放射性物质，腐蚀性物质，杂项危险物质和物品，包括危害环境物质共九大类。危险化学品种类多，使用的包装方法也非常多。我国制定的危险化学品运输标准主要有：GB19269—2009《公路运输危险货物包装检验安全规范》，GB 19270—2009《水路运输危险货物包装检验安全规范》和 GB 19359—2009《铁路运输危险货物包装检验安全规范》，分别规定了公路、水路、铁路运输危险货物包装检验安全规范等。目前我国已建立了一整套与国际接轨的危险化学品分类及危险化学品包装标准体系。

2. 试验的实施和频率

（1）一般要求

国际上要求危险货物每种容器设计型号在投入使用之前，必须通过联合国《关于危险货物运输的建议书　规章范本》要求的各项试验。容器的设计型号，是由设计、尺寸、材料和厚度、制造和包装方式界定的，也包括各种表面处理。与试验过的型号仅在小的方面有不同的容器，如内容器尺寸较小或净重较小，以及外部尺寸稍许减小的桶、袋、箱等容器，可允许有选择地进行试验。物品或者装固体或液体的任何型号的内容器符合下列条件，可不进行试验，合装在一个外容器内运输。

a）外容器在装有内装液体的易碎（如玻璃）内容器时已通过按 I 类包装的跌落高度进行的试验。

b）各内容器的合计毛重不超过上述条款 a）中跌落试验使用的各内容器合计毛重的一半。

c）各内容器之间及内容器与容器外部之间的衬垫材料厚度不得减至原先试验容器的相应厚度以下。如在原先试验中仅使用一个内容器，各内容器之间的衬垫厚度不得少于原先试验容器外部和内容器之间的衬垫厚度。如使用较少或较小的内容器，必须使用足够的附加衬垫材料填补空隙。

d）外容器在空载时必须成功地通过堆码试验。相同包件的总质量应根据上述条款 a）中跌落试验所用内容器的合计质量确定。

e）装液体的内容器周围必须完全裹上吸收材料，其数量足以吸收内容器所装的全部液体。

f）如用不防泄漏的外容器容纳装液体的内容器，或用不防筛漏的外容器容纳装固体的内容器，则必须配备发生泄漏时留住任何液体或固体内装物的装置。例如，可使用防漏衬里、塑料袋或其他同样有效的容纳装置。对于装液体的容器，吸收材料必须放在留住液体内装物的装置内。

g）容器必须按照危险货物要求做标记，表示已通过组合容器的 I 类包装性能试验。所标的以 kg 计的毛重，必须为外容器质量加上条款 a）中跌落试验所用内容器的质量一半之和。因安全理由有内层处理或涂层，必须在进行试验后其仍能保持保护性能。若对试验结果的正确性不产生影响，可对一个试样进行几项试验。

（2）救助容器

救助容器必须根据拟用于运输固体或内容器的Ⅰ/Ⅱ/Ⅲ类包装容器所适用的规定进行试验和做标记，以下情况除外。

a）进行试验时所用的试验物质必须是水，容器中所装的水不得少于其最大容量的98%。允许使用添加物，如铅粒袋，以达到所要求的总包件质量，其放置位置应不影响试验结果。

b）容器应经受30kPa的密封性试验。

3. 包装容器的性能检验项目

联合国《关于危险货物运输的建议书　规章范本》规定，包装容器的性能检验包括4个基本项目，即跌落试验、密封性/气密试验、液压试验与堆码试验。包装容器的种类不同，所要求的性能试验项目也有所不同。各类包装容器应检验的项目见表37-6。

表37-6　包装的检验项目

种类	编码	类别	应检验项目			
			跌落	密封性/气密	液压	堆码
钢桶	1A1	非活动盖	√	√	√	√
	1A2	活动盖	√	√	√	√
铝桶	1B1	非活动盖	√	√	√	√
	2B2	活动盖	√	√	√	√
金属桶（不含钢和铝）	1N1	非活动盖	√	√	√	√
	1N2	活动盖	√	√	√	√
钢罐	3A1	非活动盖	√	√	√	√
	3A2	活动盖	√	√	√	√
铝罐	3B1	非活动盖	√	√	√	√
	3B2	活动盖	√	√	√	√
胶合板桶	1D		√			√
纤维板桶	1G		√			√
塑料桶和罐	1H1	桶，非活动盖	√	√	√	√
	1H2	桶，活动盖	√	√	√	√
	3H1	罐，非活动盖	√	√	√	√
	3H2	盖，活动盖	√	√	√	√
天然木箱	4C1	普通	√			√
	4C2	箱壁防筛漏	√			√
胶合板箱	4D		√			√
再生木箱	4F		√			√
纤维箱	4G		√			√
塑料箱	4H1	发泡塑料箱	√			√

续表

种类	编码	类别	应检验项目			
			跌落	密封性/气密	液压	堆码
	4H2	密实塑料箱	√			√
钢或铝箱	4A	钢箱	√			√
	4B	铝箱	√			√
纺织袋	5L1	不带内衬或涂层	√			
	5L2	防筛漏	√			
	5L3	防水	√			
塑料编织袋	5H1	不带内衬或涂层	√			
	5H2	防筛漏	√			
	5H3	防水	√			
塑料膜袋	5H4		√			
纸袋	5M1	多层	√			
	5M2	多层，防水	√			
复合容器（塑料材料）	6HA1	塑料储器与外钢桶	√	√	√	√
	6HA2	塑料储器与外钢板条箱或钢箱	√			√
	6HB1	塑料储器与外铝箱	√	√	√	√
	6HB2	塑料储器与外铝板条箱或铝箱	√			√
	6HC	塑料储器与外木板箱	√			√
	6HD1	塑料储器与外胶合板桶	√	√	√	√
	6HD2	塑料储器与外胶合板箱	√	√	√	√
	6HG1	塑料储器与外纤维板桶	√	√	√	√
	6HG2	塑料储器与外纤维板箱	√			√
	6HH1	塑料储器与外塑料桶	√			√
	6HH2	塑料储器与外硬塑料箱	√			√
复合容器（玻璃、陶瓷或粗陶瓷）	6PA1	储器与外钢桶	√			
	6PA2	储器与外钢板条箱或钢箱	√			
	6PB1	储器与外铝箱	√			
	6PB2	储器与外铝板条箱或铝箱	√			
	6PC	储器与外木板箱	√			
	9PD1	储器与外胶合板桶	√			
	6PD2	储器与外胶合板箱	√			
	6PG1	储器与外纤维板桶	√			
	6PG2	储器与外纤维板箱	√			
	6PH1	储器与外塑料容器	√			
	6PH2	储器与外硬塑料容器	√			

注：“√”表示应检验项目；凡用于盛装液体的容器，均应进行气密试验和液压试验

37.3.2 中型散装容器安全性能要求

1. 一般要求

中型散装容器应在外界环境影响下不会发生变形。在正常运输条件下，包括振动的影响或温度、湿度或压力的变化，中型散装容器的结构和封口应保证其内装物不会溢漏。中型散装容器及其封口材料应同所装物质相容，或保护内装物，应不发生下列情况：①与内装物接触而使中型散装容器在使用上具有危险性；②与内装物发生反应或分解，或内装物同中型散装容器的制造材料发生反应形成有毒或危险化合物。

衬垫材料和衬垫物不应受到中型散装容器内装物的侵害。辅助设备应位置合理、保护得当，以防在装卸运输中发生损坏而造成内装物溢漏。中型散装容器及其附属设备、辅助设备和结构性设备在设计上必须能承受所装物质的压力及正常装卸运输的应力，不会发生内装物流失。需要堆码的中型散装容器应符合堆码设计要求。中型散装容器的提升和紧固装置应具有足够的强度，能承受正常装卸和运输条件而不会发生整体变形或断裂，这些装置应位置得当，不对中型散装容器的任何部位造成过大的应力。

如果中型散装容器由框架内装箱体组成，应满足下列结构要求：①框架和箱体之间不应发生碰撞或摩擦而造成箱体损坏；②箱体应自始至终位于框架内；③如果箱体和框架的连接部分允许相对膨胀或运动，则中型散装容器的各种设备应固定在合适位置，使各种设备不会因为这种相对运动而被损坏。

中型散装容器的底部卸货阀必须关闭紧固。整个卸货装置应保护得当以免损坏。使用杠杆关闭装置的阀门应能防止任何意外开启。开关位置应明显易辨认。装液体货物的中型散装容器还应配备能封闭卸货口的辅助装置。中型散装容器在装货和交付运输前应进行认真检查以保证其没有任何腐蚀、污染及其他损坏，各附属设备的功能正常，凡有迹象表明中型散装容器的强度已低于其设计类型的试验强度，该中型散装容器应停止使用，或进行再处理使之能够承受该类型的试验强度。

当中型散装容器装载液体时，液面上方应留有足够的空间，以保证货物的平均温度为 50℃时中型散装容器的充灌度不超过其总容量的 98%。不同温度下的最大充灌度可按式（37-1）得到：

$$F=\frac{98\%}{1+\alpha(50-t_{\mathrm{f}})} \tag{37-1}$$

式中，F 为充灌度；t_{f}为充灌液体的温度；α 为液体物质在温度 15～50℃时的体积膨胀平均系数。

当充灌时液体的平均温度 t_{f} 为 35℃时，α 可根据式（37-2）求出：

$$\alpha=\frac{d_{15}-d_{50}}{35d_{50}} \tag{37-2}$$

式中，d_{15} 为充灌液体在 15℃时的相对密度；d_{50} 为充灌液体在 50℃时的相对密度。

以串联的方式使用两个或两个以上关闭装置，应最先关闭距运输物质最近的那个关闭装置。运输期间，中型散装容器的外部不得黏附有任何危险的残留物。未清洁的、曾装运输过危险物质的空中型散装容器也应满足上述要求，除非已采取了足够的措施消除了其危险性。中型散装容器用于装闪点为 60℃的液体，或用于装运易发生粉尘爆炸的粉末时，应采取防静电措施。当拟装运的固体物质在运输过程中的温度下可能液化时，中型散装容器还应满足盛装液态物质的有关要求。

2. 试验项目

中型散装货箱试验项目见表 37-7。

表 37-7　中型散装货箱试验项目与要求

中型散装货箱		振动	底部提升	顶部提升	堆码	防漏	液压	跌落	扯裂	倾覆	复原
金属	11A，11B，11N		1^{st}①	2nd	3rd			4^{th}③			
	21A，21B，21N		1^{st}①	2nd	3rd	4th	5th	6^{th}③			
	31A，31B，31N	1st	2^{nd}①	3rd	4th	5th	6th	7^{th}③			
软体				√②	√			√	√	√	√
硬塑料	11H1，11H2		1^{st}①	2nd	3rd			4th			
	21H1，21H2		1^{st}①	2nd	3rd	4th	5th	6th			
	31H1，31H2	1st	2^{nd}①	3rd	4th	5th	6th	7th			
复合	11HZ1，11HZ2		1^{st}①	2nd	3rd	—	—	4th			
	21HZ1，21HZ2		1^{st}①	2nd	3rd	4th	5th	6th			
	31HZ1，31HZ2	1st	2^{nd}①	3rd	4th	5th	6th	7th			
纤维板			1st		2nd			3rd			
木质			1st		2nd			3rd			

注：1st、2nd、3rd、4th、5th、6^{th}和 7th 均为序数，表示第几个样品；①表示中型散装货箱设计用底部提升；②表示中型散装货箱设计用顶部提升或侧面提升；③表示同样设计的另一中型散装货箱可用于进行跌落试验

37.3.3　大包装安全性能要求

1. 一般要求

大包装应在外界环境影响下不会发生变形。在正常运输条件下，包括振动的影响或温度、湿度或压力的变化，大包装的结构和封口应保证其内装物不会泄漏。大包装及其封口材料应同所装物质相容，或保护内装物，应不发生下列情况：①与内装物接触，使大包装在使用上具有危险性；②与内装物发生反应或分解，或内装物同大包装的制造材料发生反应形成有毒或危险化合物。

衬垫材料和衬垫物不应受到大包装内装物的侵害。大包装在设计上必须能承受所装物质的压力及正常装卸运输的应力，不会发生内装物流失。需要堆码的大包装应符合堆码设计要求。大包装的提升和紧固装置应具有足够的强度，能承受正常装卸和运输条件而不会发生整体变形或断裂。

如果大包装由框架内装箱体组成，应满足下列结构要求：①框架和箱体之间不应发生碰撞或摩擦而造成箱体损坏；②箱体应自始至终位于框架内；③如果箱体和框架的连接部分允许相对膨胀或运动，则大包装的各种设备应固定在合适位置，使各种设备不会

因为这种相对运动而被破坏。

2. 试验项目

大包装试验项目及样品数量见表 37-8。在不影响检验结果的情况下，允许减少抽样数量，一个样品可同时进行多项试验。

表 37-8　试验项目和抽样数量　（单位：件）

试验项目	底部提升试验	顶部提升试验	堆码试验	跌落试验
抽样数量	3	3	3	3

37.3.4　感染性物质容器安全性能要求

1. 试验的实施和频率

6.2 项 A 类感染性物质使用的每一个容器设计型号在使用前，必须通过联合国《关于危险货物运输的建议书　规章范本》所要求的试验。容器的设计型号是由设计、尺寸、材料和厚度，以及制造和包装方式界定的，但可以包含各种表面处理，也包括仅在设计高度上比设计型号稍小的容器。生产的容器样品，必须按主管当局规定的时间间隔重复进行试验。容器的设计、材料或制造方式每次改变后也必须再次进行试验。只在不重要的方面与试验过的型号有不同的容器，如尺寸较小或净重较小的主贮器，外部尺寸略有减小的桶和箱等容器，可允许选择性地进行试验。

在下列条件下，任何型号的主贮器可以合装在一个辅助容器内，无须经过试验便可放在硬质外容器中运输。

a）硬质外容器组合与易碎（如玻璃）主贮器一起已成功地通过感染性物质容器的性能试验。

b）主贮器的合计毛重不超过上述条款 a）中跌落试验所用主贮器总计毛重的一半。

c）各主贮器之间及主贮器与中间容器外部之间的衬垫厚度不得小于原先试验容器的相应厚度。如原先试验中只用一个主贮器，各主贮器之间的衬垫厚度不得小于原先试验的中间容器外部与主贮器之间的衬垫厚度。当使用的主贮器较少或较小（与跌落试验中所用的主贮器比较）时，必须使用足够的额外衬垫材料填满空隙。

d）硬质容器空载时必须成功通过堆码试验。相同包件的总质量必须根据跌落试验所使用容器的合计质量计算。

e）装液体的主贮器，必须有足够数量的吸收材料，以便吸收主贮器所装的全部液体。

f）如硬质容器拟用于装内含液体的主贮器但不是防泄露的，或拟用于装内含固体的内贮器但不是防筛漏的，必须配备在发生泄漏时能够留住任何液体或固体内装物的装置，如不漏的衬里、塑料袋或其他同样有效的密封装置。

g）容器必须按照 6.2 项感染性物质容器的要求做标记。

应通过感染性物质容器的性能试验来证明成批生产的容器符合设计型号试验要求。在试验结果正确性不受影响的前提条件下，允许同一试样进行多项试验。

2. 要求的试验和试样数量

感染性物质容器的试验要求和试样数量见表 37-9。对于外容器而言，目的是考察受潮后性能可能迅速发生变化的纤维板或类似材料的性能；塑料在低温时可能具脆裂性；性能不受湿度或温度影响的其他材料如金属的性能。因此拟作运输感染性物质用包装用的容器，必须通过感染性物质容器的性能试验。

表 37-9　感染性物质容器的试验要求和试样数量

容器类型[①]（硬质外容器）	主贮器		要求的试验及试样数量					
	塑料	其他	喷水	低温冷冻	跌落	附加跌落	穿孔	堆码
纤维板箱	√[②]		5	5	10	容器用于盛装干冰时，要求对一个试样进行试验	2	带有标记 U 的容器，需对 3 个试样进行试验
		√	5	0	5		2	
纤维板桶	√		3	3	6		2	
		√	3	0	3		2	
塑料箱	√		0	5	5		2	
		√	0	5	5		2	
塑料桶/罐	√		0	3	3		2	
		√	0	3	3		2	
其他材料的箱	√		0	5	5		2	
		√	0	0	5		2	
其他材料的桶/罐	√		0	3	3		2	
		√	0	0	3		2	

①容器类型按试验目的、容器的种类及其材料特点进行分类；②表示选用

37.3.5　放射性物质包件安全性能要求

1. 试验程序和遵章证明

必须使用下列试验或试验组合来证明放射性物质性能标准得到遵守。使用能代表第Ⅲ类低比活度放射性物质(LSA-Ⅲ)或特殊形式放射性物质或低弥散放射性物质的试样，或者使用容器的原型或样品进行试验。试验用的试样或容器的内装物必须尽可能模拟放射性内装物的预期成分，并且拟试验的试样或容器前处理应与提交运输时实际一致；可以引用以往性质相似的令人满意的证明；使用对所研究物项有重要意义的那些特点的适当比例模型进行试验。

在试样、原型或样品经受试验后，必须使用适当的方法评估，以确保在遵守放射性物质性能和认可标准方面，试验程序的要求已得到满足。试验前必须检查所有的试样，以查明并记录包括下述诸项在内的缺陷或损坏：①偏离设计；②制造缺陷；③腐蚀或其他变质；④装置变形。必须清楚地说明包件的容器系统，必须清楚地列出试样的外部部件，以便能够简单而明确地提及试样的任一部分。

2. 跌落试验用靶

验证承受正常运输条件能力的试验、用于装液体和气体的 A 型包件的附加试验、验证承受事故运输条件能力的试验和击穿/撕裂试验规定的跌落试验用靶，必须是一种平坦的水平表面靶，其在受到试样冲击后，抗位移能力或抗形变能力的任何增加均不会明显地增加试样的受损程度。

3. 验证承受正常运输条件能力的试验

验证承受正常运输条件能力的试验是：喷水试验、自由跌落试验、堆码试验和贯穿试验。包件试样必须经受自由跌落试验、堆码试验和贯穿试验，并在每种试验之前先经受喷水试验。只要满足：从喷水试验结束至后续试验开始之前的时间间隔应保证水已最大程度地渗入试验样品，同时试样外表无明显的干处。若同时从四面向试样喷水，该时间间隔必须为 2h。若依次从每个方向相继向试样喷水，则不需时间间隔。一个试样可进行所有的试验。

（1）喷水试验

试样必须经受在降雨量约 5cm/h 的环境中暴露至少 1h 的喷水试验。

（2）自由跌落试验

试样必须使拟进行试验的安全部件受到最严重损坏的方式跌落在靶上。

a）从试样的最低点至靶上表面的跌落高度不得小于表 37-10 中相应质量所规定的距离。

表 37-10　试验包件承受正常运输条件能力的自由跌落距离

指标	＜5 000kg	≥5 000kg 且＜10 000kg	≥10 000kg 且＜15 000kg	≥15 000kg
自由跌落距离/m	1.2	0.9	0.6	0.3

b）质量不超过 50kg 的矩形纤维板或木制包件，必须用不同试样的每个棱角从 0.3m 处自由跌落进行试验。

c）质量不超过 100kg 的圆柱形纤维板包件，必须用不同试样的每个凸缘在每个方位从 0.3m 高处自由跌落进行试验。

（3）堆码试验

除非容器的实际形状不能堆叠，试样必须在 24h 内一直承受下述两者中较大的压力荷载：①相当于实际包件质量的 5 倍；②13kPa 与包件垂直投影面积的乘积。

荷载必须均匀地加在试样的两个相对侧面上，其中一个侧面必须是包件通常放置的底部。

（4）贯穿试验

必须把试样置于一个在进行试验时不会显著移动的刚性平坦水平面上。必须把一根直径为 3.2cm、一端呈半球形、质量为 6kg 的棒抛下，并使其纵轴垂直地落在试样最薄弱部分的中心部位。这样，若穿入够深，棒将打到容器系统。该棒不得因进行试验而显著变形。从棒的下端至试样上表面上预定冲击点的跌落高度为 1m。

4. 用于装液体和气体的 A 型包件的附加试验

一个试样或多个不同的试样必须经受下述每一种试验，除非能够证明某种试验对于所涉试样来说比其他试验更为苛刻，此时应选择较为苛刻的试验。

a）自由跌落试验的试样必须以使容器系统受到最严重损坏的方式跌落在靶上。从试样最低部分至靶上表面的跌落高度为 9m。

b）贯穿试验跌落高度从规定的 1m 增至 1.7m。

5. 验证承受事故运输条件能力的试验

试样必须依次经受力学试验和耐热试验规定的累积效应。在该试验之后，该试样或者另一个试样必须经受水浸没试验，必要时经受强化水浸没试验的效应。

（1）力学试验

包括 3 种不同的跌落试验。每一试样都必须经受适用的跌落试验。试样经受跌落试验的次序必须是在完成力学试验后，试样所受的损坏将使它在随后的耐热试验中受到最严重的损坏。

a）跌落试验Ⅰ，必须以使试样受到最严重损坏的方式跌落在靶上，从试样最低点至靶上表面的跌落高度为 9m。

b）跌落试验Ⅱ，必须以使试样受到最严重损坏的方式跌落在牢固直立在靶上的一根棒上。从试样预计冲击点至棒上表面的跌落高度为 1m。该棒必须由圆形截面直径为 15.0cm±0.5cm、长度为 20cm 的实心低碳钢制成。棒的上端应保证平坦，其边缘成圆角，圆角半径不大于 6mm。装有棒的靶必须满足跌落试验靶的要求。

c）跌落试验Ⅲ，试样必须经受动态压碎试验，即把试样置于靶上，以便使 500kg 重的物体从 9m 高处跌落在试样上时其受到最严重的损坏。该重物必须是一块 1m×1m 的实心低碳钢板，并以水平姿态跌落。跌落高度必须从钢板底面至试样最高点测量。

（2）耐热试验

试样在环境温度 38℃的条件下，经受表 37-11 中的太阳曝晒条件和放射性内装物在包件内的最大设计内发热率，必须为热平衡状态。允许任何参数在试验前和试验期间具有不同的数值，但在随后评估包件反应时应适当考虑这些数值产生的影响。

表 37-11　曝晒数据

表面形状和位置	每天曝晒 12h 的曝晒量/（W/m^2）
水平运输的平坦表面向下	0
水平运输的平坦表面向上	800
表面垂直运输	200
其他（非水平）向下表面	200
所有其他表面	400

a）使试样在表 37-11 的热环境中暴露 30min，即提供的热通量至少相当于在完全静止的环境中烃类燃料/空气火焰的热通量，产生的最小平均火焰发射系数为 0.9，平均温

度至少为 800℃，试样完全被火焰吞没，表面吸收系数 0.8 或包件暴露在所规定的火焰中时可被证明将具有的数值。

b）试样在 38℃环境温度下经受表 37-11 中的太阳曝晒条件和放射性内装物在包件内的最大设计内发热率足够长时间，以保证试样各部位的温度降至和/或接近初始稳定状态条件。也允许任何参数在加热停止后具有不同的数值，但在随后评估包件反应时需适当考虑这些数值的影响。在试验期间和试验后，不得人为地冷却试样，并且必须允许试样材料的燃烧自然进行。

（3）水浸没试验

试样必须以易导致最严重损坏的状态在至少 15m 的水柱压力下浸没不少于 8h。

6. 放射性活度超过 10^5A^2 的 B（U）型和 B（M）型包件以及 C 型包件的强化水浸没试验

试样必须在至少 200m 的水柱压力下浸没不少于 1h。至少 2MPa 的外表压方可视为满足这些条件。

7. 装有易裂变材料的包件的水泄漏试验

假设水渗入或泄出会导致最大反应性的包件，可不经受此项试验。试样在经受水泄漏试验之前必须经受盛装容易裂变材料包装的验证承受事故运输条件能力的试验。试样必须在至少 0.9m 的水柱压力（8.8kPa）下以预期会发生最严重泄漏的状态浸没不少于 8h。

8. C 型包件的试验

试样必须依据规定的次序经受每一下述试验：验证承受事故运输条件能力的试验、击穿/撕裂试验、强化耐热试验、冲击试验。

（1）击穿/撕裂试验

试样必须经受低碳钢制实心探头的损坏效应。探头对试样表面的取向必须能使试样在规定的试验系列结束时受到最严重的损坏。质量小于 250kg 的包件试样，必须置于靶上，经受从预定冲击点上 3m 高处落下的质量为 250kg 探头的撞击，探头为直径 20cm 的圆柱形棒，冲击端为平截头直立圆锥体（高 30cm，顶端直径 2.5cm，其边缘半径四舍五入后不超过 6mm）。安置试样的靶必须符合跌落试验靶的规定。对于质量为 250kg 或更重的包件，探头的底部必须置于靶上，并使试样跌落探头上。跌落高度，即从试样冲击点至探头上表面为 3m。对于这种试验，探头必须具有上文规定的特性和尺寸，但探头的长度、质量必须能使试样受到最严重的损坏。放置探头底部的靶必须符合跌落验靶的规定。

（2）强化耐热试验

试验条件必须满足力学试验和耐热试验的规定，环境暴露时间为 60min。

（3）冲击试验

试样必须以不小于 90m/s 的速度冲击靶，冲击的取向必须能使其受到最严重的损坏。该靶表面相对试样的路径应保证垂直。

9. 盛装六氟化铀容器的试验

含有或拟用于盛装0.10kg或更多六氟化铀的容器试样必须经受内压至少为1.38MPa的液压试验，但是当试验压力小于2.76MPa时，设计需经批准。对于重新试验的容器，可使用任何其他等效的无损试验。

10. 容器系统和屏蔽的完好性试验及临界安全的评估

在进行了第3项至第9项规定的每一适用的试验之后，必须查明并记录缺陷和损坏；必须确定容器系统和屏蔽的完好性是否保持在第7类物质包件所要求的程度；对于装有易裂变材料的包件，必须在评估中确定一个或多个包件所用的假设或条件是否正确。

37.3.6　气体及喷雾剂类物质容器安全性能要求

气体及喷雾剂类物质容器主要包括压力贮器、喷雾器、小型气体贮器（蓄气筒）及装有液体易燃气体的燃料电池盒等。

1. 一般要求

（1）首次检查和试验

除封闭式低温贮器外，新的压力贮器在制造期间和之后必须按照适用的设计标准进行试验与检查，包括下列试验和检查。

a）对于一个适当的压力贮器样品：①测试制造材料的机械性质；②检验最小壁厚；③检验每批产品制造材料的同质性；④检查压力贮器的外部和内部状况；⑤检查颈部螺纹；⑥检验是否符合设计标准。

b）对于所有压力贮器：①液压试验，压力贮器必须能承受试验压力而无大于设计规格所允许的膨胀。②检查和评估制造缺陷，对其加以修理或者规定该压力贮器不能投入使用。对于焊接的压力贮器，需特别注意焊接的质量。③检查压力贮器上的标记。④拟装运 UN 号为 1001（溶解乙炔）和 3374（乙炔，无溶剂）的压力贮器，必须检查多孔材料的安装和状况，并根据情况检查溶剂数量是否适当。

应对适当数量的封闭式低温贮器样品按照要求进行上述 a）中的①、②、④和⑥项检查与试验。此外，还应根据适用的设计和制造标准，对封闭式低温贮器样品的焊接进行放射线照相、超声波或其他适当非破坏性试验的检查。这种焊接检查不适用于外罩。此外，所有封闭式低温贮器均需经过 b）中①、②和③项检查和试验，以及组装后经历防漏试验和辅助设备使用正常试验。

（2）定期检查和试验

可再充装压力贮器，除低温贮器外，必须由主管机关授权的机构进行定期检查和试验，包括下列检查和试验：①检查压力贮器的外部状况和检验设备及外部标记；②检查压力贮器的内部状况（如内部检查、最低壁厚）；③如果有腐蚀迹象或者配件已拆掉，检查螺纹；④液压试验，必要时通过适当的试验检验材料的性质；⑤如重新投入使用，应检查保养设备、其他配件和减压装置。

拟装运 UN 号为 1001（溶解乙炔）和 3374（乙炔，无溶剂）的压力贮器，只需按要求进行①、③和⑤项检查。此外，还需检查多孔材料的状况（如裂缝、顶隙、松动、沉陷等）。

2. 联合国压力容器的要求

除了一般要求，联合国核证的压力贮器必须符合本节的要求，包括适用的标准。

（1）设计、制造及首次检查和试验

a）联合国气瓶的设计、制造及首次检查和试验采用的标准如下。

ISO 9809-1—2010	气瓶　可再充装无缝钢气瓶　设计、制造和试验　第 1 部分：抗拉强度小于 1100MPa 的调质钢气瓶①
ISO 9809-2—2010	气瓶　可再充装无缝钢气瓶　设计、制造和试验　第 2 部分：抗拉强度大于或等于 1100MPa 的调质钢气瓶
ISO 9809-3—2016	气瓶　可再充装无缝钢气瓶　设计、制造和试验　第 3 部分：正火钢气瓶
ISO 7866—2012	气瓶　可再充装无缝铝合金气瓶　设计、制造和试验
ISO 11118—2015	气瓶　不可再充装金属气瓶　规格和试验方法
ISO 11119-1—2012	复合构造气瓶　规格和试验方法　第 1 部分：加箍封闭的复合气瓶
ISO 11119-2—2012	复合构造气瓶　规格和试验方法　第 2 部分：完全包裹纤维强化金属线加固复合气瓶
ISO 11119-3—2013	复合构造气瓶　规格和试验方法　第 3 部分：完全包裹不均分负载的金属或非金属衬料的纤维加固复合气瓶

①表示本标准 7.3 节中有关 F 系数的说明不适用于联合国核证的气瓶

b）联合国气筒的设计、制造及首次检查和试验采用的标准如下。

ISO 11120—2015	气瓶　用于运输压缩气体、水容量 150～2000L 的可再充装无缝钢气筒　设计、制造和试验①

①表示本标准 7.1 节有关 F 系数的说明不适用于联合国核证的气筒

c）联合国乙炔气瓶的设计、制造和首次检查和试验采用如下标准。

ISO 9809-1—2010	气瓶　可再充装无缝钢气瓶　设计、制造和试验　第 2 部分：抗拉强度大于或等于 1100MPa 的调质钢气瓶①
ISO 9809-3—2016	气瓶　可再充装无缝钢气瓶　设计、制造和试验　第 3 部分：正火钢气瓶

①表示本标准 7.3 节有关 F 系数的说明不适用于联合国核证的乙炔气瓶

d）联合国低温贮器的设计、制造以及首次检查和试验采用如下标准。

ISO 21029—2018	低温容器　体积不大于 1000L 的可运输真空绝缘容器　第 1 部分：设计、制造、检查和试验

（2）材料

除了压力贮器设计和制造标准规定的材料要求及待运气体适用包装规范（如包装规范 P200）规定的任何限制外，下列标准适用于判断材料相容性。

ISO 11114-1—2012	可运输的气瓶　气瓶和阀门材料与气体内装物的相容性　第 1 部分：金属材料①
ISO 11114-2—2013	可运输的气瓶　气瓶和阀门材料与气体内装物的相容性　第 1 部分：非金属材料

①表示高强度合金钢规定的极限拉伸强度 1100MPa 水平不适用于聚硅氧烷

（3）辅助设备

封闭装置及保护设备试验采用的标准如下。

ISO 11117—2008	气瓶　工业和医疗气瓶的阀门保护帽和阀门保护装置　设计、制造和试验
ISO 10297—2014	气瓶　可再充装气瓶阀门　规格和型号试验

（4）定期检查和试验

气瓶定期检查和试验采用的标准如下。

ISO 6406—2005	无缝气瓶　定期检查和试验
ISO 10461—2005	无缝铝合金气瓶　定期检查和试验
ISO 10462—2013	可运输的溶解乙炔气瓶　定期检查和试验
ISO 11623—2015	可运输的气瓶　复合气瓶的定期检查和试验

3. 非联合国压力容器的要求

未按照联合国的要求设计、制造、检查、试验和批准的压力贮器必须按照主管当局承认的技术规范的规定和一般要求设计、制造、检查、试验与批准，但规定设计、制造、检查、试验和批准的压力贮器不得标记联合国容器符号。金属气瓶、气筒、压力桶和气瓶捆包的制造方式必须使其具有如下的最小爆裂比（爆裂压力除以试验压力）：可再充装压力贮器为 1.50；不可再充装压力贮器为 2.00。

4. 喷雾器、小型气体贮器（蓄气筒）和装有液化易燃气体的燃料电池盒的要求

（1）喷雾器

每个充装喷雾器必须经受热水槽试验或者经批准的替代水槽试验。

a）热水槽试验中热水槽的温度和试验的时间，必须能使试样内压达到 55℃时会达到的内压（如果在 50℃时液相不超过喷雾器容量的 95%，则为 50℃）。如果内装物对热敏感，或者喷雾器是用塑料制作但在这个试验温度下会变软，则水槽的温度应设定在 20～30℃，但还需在 2000 个喷雾器中挑选一个进行较高温度的试验。喷雾器不得发生泄漏或永久变形，塑料喷雾器可因变软而变形，但不得泄漏。

b）可以使用能提供同等安全水平的替代方法。

（2）小型气体贮器（蓄气筒）和装有液化易燃气体的燃料电池盒

每个贮器或燃料电池盒必须经受热水槽试验；热水槽的温度和试验的时间，必须能够使试样内压达到 55℃时会达到的内压（如果在 50℃时液相不超过贮器或燃料电池盒容量的 95%，则为 50℃）。如果内装物对热敏感，或者贮器或燃料电池盒是用在这个试验温度下会变软的塑料制作的，水槽的温度需设定在 20～30℃，但需另外在每 2000 个喷雾器中挑选一个进行较高温度的试验。喷雾器不得发生泄漏或永久变形，塑料喷雾器

可因变软而变形，但不得泄漏。

参 考 文 献

[1] 唐诗俊，马俊辉. 浅谈如何提高危险化学品包装质量. 轻工科技，2019，10：33-34.
[2] 陈泮峰，李光. 危险化学品包装综述. 上海包装，2017，1：53-55.
[3] 李莉，刘名扬，赵彤彤. 进出口危险化学品及其包装检验监管的风险分析与探讨. 化工管理，2017，14：240-241.
[4] 黄现. 危险化学品包装常见质量问题及检测应对. 中国包装，2011，8：54-57.
[5] 胡玉华，郭彬，应珊婷. 我国应对欧盟危险化学品分类标记包装（CLP）法规对策研究. 中国石油和化工标准与质量，2012，1：222-223.
[6] 谢秋慧，吴阳. 出口危险货物包装检验监管模式探究. 绿色包装，2016，5：39-42.
[7] 朱信英. 浅谈危险品包装瓦楞纸箱检测. 上海包装，2013，37-40.
[8] 刘北辰. 提高危险化学品包装质量的探讨. 化工标准 计量 质量，2004，4：30-32.
[9] 李金妮. 进出口危险化学品及其包装检验监督工作分析. 石油石化物资采购，2019，5：2-3.
[10] 陈立明，王晓敏. 危险化学品的包装与贮运. 化工安全与环境，2002，14：11-12.
[11] 刘卉，刘星禹. 危险化学品包装产品的质量风险预警分析. 绿色包装，2017，2：49-52.
[12] 黄达，钟观明. 关于出口危险货物包装检验监管的探讨. 中国国际财经，2018，11：78-78.

第 38 章 危险化学品包装性能检测技术

根据联合国《关于危险货物运输的建议书 规章范本》要求[1]，包装容器性能检验包括 4 个基本项目，即跌落试验、密封性/气密试验（也称渗漏试验）、内压（液压）试验和堆码试验。包装容器的种类不同，所要求的性能试验项目也不尽相同。各类包装应检验的项目见表 38-1[2]。

表 38-1 各类包装应检验的项目[2]

种类	编码	类别	最大容量/L	最大净重/kg	应检验项目			
					跌落	密封性/气密	液压	堆码
钢桶	1A1	固定顶盖	450	400	+	+	+	+
	1A2	活动顶盖	450	400	+			+
铝桶	1B1	固定顶盖	450	400	+	+	+	+
	2B2	活动顶盖	450	400	+			+
钢罐	3A1	固定顶盖	60	120	+	+	+	+
	3A2	活动顶盖	60	120	+			+
胶合板桶	1D		250	400	+			+
纤维板桶	1G		450	400	+			+
塑料桶和罐	1H1	桶，固定顶盖	450	400	+	+	+	+
	1H2	桶，活动顶盖	450	400	+			+
	3H1	罐，固定顶盖	60	120	+	+	+	+
	3H2	盖，活动顶盖	60	120	+			+
天然木箱	4C1	普通的		400	+			+
	4C2	带防渗漏层		400	+			+
胶合板箱	4D			400	+			+
再生木箱	4F			400	+			+
纤维箱	4G			400	+			+
塑料箱	4H1	发泡塑料箱		60	+			+
	4H2	密实塑料箱		400	+			+
钢或铝箱	4A1	钢箱		400	+			+
	4A2	带内衬或内涂层钢箱		400	+			+
	4B1	铝箱（不许使用）		400	+			+
	4B2	带内衬或内涂层铝箱（不许使用）		400	+			+
纺织袋	5L1	不带内衬或涂层		50	+			
	5L2	防筛漏		50	+			
	5L3	防水		50	+			

续表

种类	编码	类别	最大容量/L	最大净重/kg	应检验项目			
					跌落	密封性/气密	液压	堆码
塑料编织袋	5H1	不带内衬或涂层		50	+			
	5H2	防筛漏		50	+			
	5H3	防水		50	+			
塑料膜袋	5H4			50	+			
纸袋	5M1	多层		50	+			
	5M2	多层，防水		50	+			
复合容器（塑料材料）	6HA1	外钢桶内塑料容器	250	400	+	+	+	+
	6HA2	外钢板条箱内塑料容器	60	75	+			+
	6HB1	外铝桶内塑料容器	250	400	+	+	+	+
	6HB2	外铝板箱内塑料容器	60	75	+			+
	6HC	外木板箱内塑料容器	60	75	+			+
	6HD1	外胶合板桶内塑料容器	250	400	+	+	+	+
	6HD2	外胶合板箱内塑料容器	60	75	+	+	+	+
	6HG1	外纤维板桶内塑料容器	250	400	+	+	+	+
	6HG2	外纤维板箱内塑料容器	60	75	+			+
	6HH1	外塑料桶内塑料容器	250	400	+			+
	6HH2	外塑料箱内塑料容器	60	75	+			+
复合容器（玻璃、陶瓷或粗陶瓷）	6PA1	储器与外钢桶	60	75	+			
	6PA2	储器与外钢板条箱或钢箱	60	75	+			
	6PB1	储器与外铝箱	60	75	+			
	6PB2	储器与外铝板条箱或铝箱		75	+			
	6PC	储器与外木板箱	60	75	+			
	9PD1	储器与外胶合板桶	60	75	+			
	6PD2	储器与外胶合板箱	60	75	+			
	6PG1	储器与外纤维板桶	60	75	+			
	6PG2	储器与外纤维板箱	60	75	+			
	6PH1	储器与外塑料容器	60	75	+			
	6PH2	储器与外硬塑料容器	60	75	+			

注：“+”表示应检验项目；凡用于盛装液体的容器，均应进行气密试验和液压试验

38.1 部位标示与调节处理

危险化学品运输包装件和单元货物在进行试验时，必须进行温湿度调节处理和部位标示。

38.1.1　部位标示方法

部位标示方法规定了运输包装件（以下简称包装件）在进行试验时标示部位的方法。本方法可用于标示运输包装件，亦可用于标示包装容器[3]。

1. 平行六面体包装件

包装件应按照运输时的状态放置，使它一端的表面对着标示人员，如遇运输状态不明确，而包装件上又有接缝时，则应将其中任意一条接缝垂直立于标示人员右侧。标示方法如下（图 38-1）。

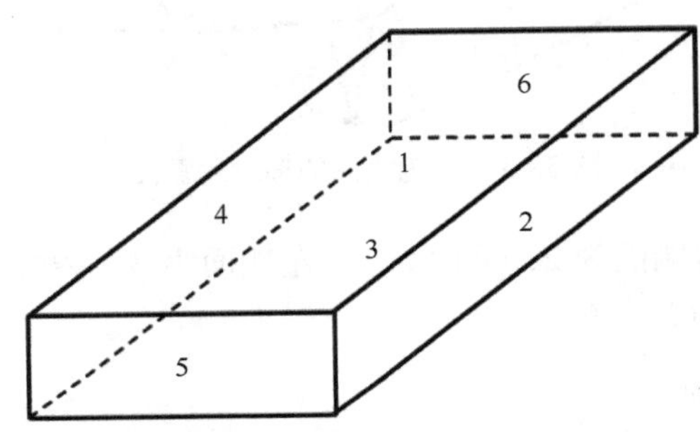

图 38-1　平行六面体包装件标示示意图

（1）面

上表面标示为 1，右侧面为 2，底面为 3，左侧面为 4，近端面为 5，远端面为 6。

（2）棱

棱由组成该棱的两个面的号码表示（如包装件上表面 1 和右侧面 2 相交形成的棱用 1-2 表示）。

（3）角

角由组成该角的三个面的号码表示（如 1-2-5 指包装件上表面 1、右侧面 2 和近端面 5 相交组成的角）。

2. 圆柱体包装件

包装件按直立状态放置，标示方法如下（图 38-2）。

圆柱体底面两个相互垂直直径的 4 个端点用 1、3、5、7 表示，圆柱体顶面相对应的 4 个端点用 2、4、6、8 表示。这些端点分别连成与圆柱体轴线相平行的 4 条直线，各以 1-2、3-4、5-6、7-8 表示。

如果圆柱体上有接缝，要把其中的一个接缝放在 5-6 线位置上，其余端点连线（1-2、3-4、7-8）按上述方法的顺序进行标示。

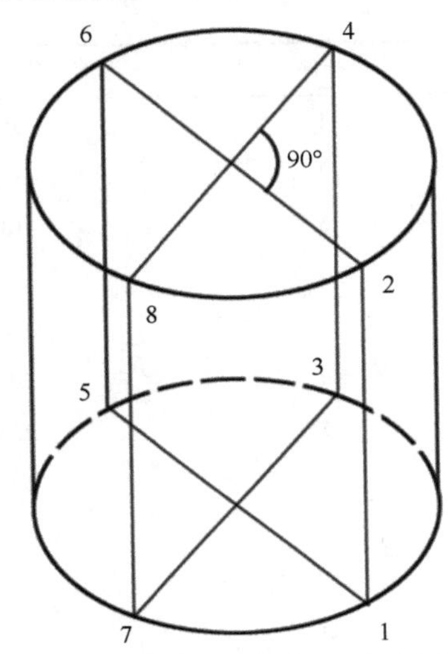

图 38-2　圆柱体包装件标示示意图

3. 袋

袋应卧放，标示人员面对袋的底部。如果包装件有边缝或纵向缝，应将其中一条边缝置于标示人员的右侧，或将纵向缝朝下。标示方法如下（图 38-3）。

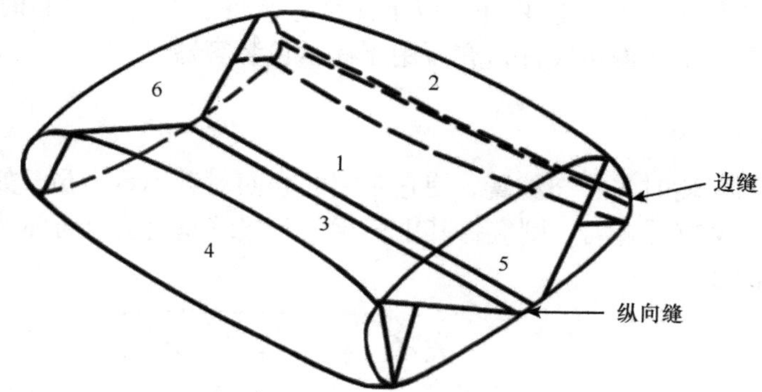

图 38-3　袋包装件的标示示意图

袋的上表面为 1，右侧面为 2，下面为 3，左侧面为 4，袋底（即面对标示人员的端面）为 5，袋口（装填端）为 6。

4. 其他形状的包装件

其他形状的包装件，可根据包装件的特性和形状，按平行六面体、圆柱体和袋包装件所述的方法之一进行标示。

38.1.2　温湿度调节处理

运输包装件温湿度调节处理方法规定了运输包装件和单元货物温湿度调节处理的条件和时间。根据运输包装件的特性及在流通过程中可能遇到的环境条件，选定表 38-2 的温湿度条件之一进行温湿度调节处理[4]，其中温湿度误差范围及调节处理时间如下。

表 38-2　温湿度条件

条件	温度（公称值）/℃	温度（公称值）/K	相对湿度（公称值）（RH）/（%）
1	−55	218	无规定
2	−35	238	无规定
3	−18	255	无规定
4	5	278	85
5	20	293	65
6	20	293	90
7	23	296	50
8	30	303	85
9	30	303	90
10	40	313	不受控制
11	40	313	90
12	55	328	30

1. 温湿度条件

温度条件平均误差应为±2℃，相对湿度平均误差应为±2%。温湿度条件见表 38-2。

2. 温湿度调节处理时间

温湿度调节处理时间分别为 4h、8h、16h、48h、72h 或者 7 天、14 天、21 天、28 天。

38.2　包装性能试验

38.2.1　冲击试验

运输包装件水平冲击试验用于测试运输包装件和单元货物在受到水平冲击时的耐冲击强度和包装对内装物的保护能力。主要原理为使试验样品按预定状态以预定的速度与一个同速度方向垂直的挡板相撞。也可以在挡板表面和试验样品的冲击面、棱之间放置合适的障碍物以模拟特殊情况下的冲击[5]。

1. 试验装置及材料

（1）水平冲击试验机

水平冲击试验机由钢轨道、台车和挡板组成。

a）钢轨道：两根平直钢轨，平行固定在水平平面上。

b）台车：应有驱动装置，并能控制台车的冲击速度。台车台面与试验样品之间应有一定的摩擦力，使试验样品与台车在静止到冲击前的运动过程中无相对运动。但在冲击时，试验样品相对台车应能自由移动。

c）挡板：安装在轨道的一端，其表面与台车运动方向成 90°±1° 的夹角；挡板冲击表面应平整，其尺寸应大于试验样品受冲击部分的尺寸。挡板冲击表面应有足够的硬度与强度。在其表面承受 $160kg/cm^2$ 的载荷时，变形不得大于 0.25mm。需要时，可以在挡板上安装障碍物，以便对试验样品某一特殊部位做集中冲击试验。挡板结构架应使台车在试验样品冲击挡板后仍能在挡板下继续行走一定距离，以保证试验样品在台车停止前与挡板冲击。

（2）斜面冲击试验机

斜面冲击试验机由钢轨道、台车和挡板等组成，见图 38-4。

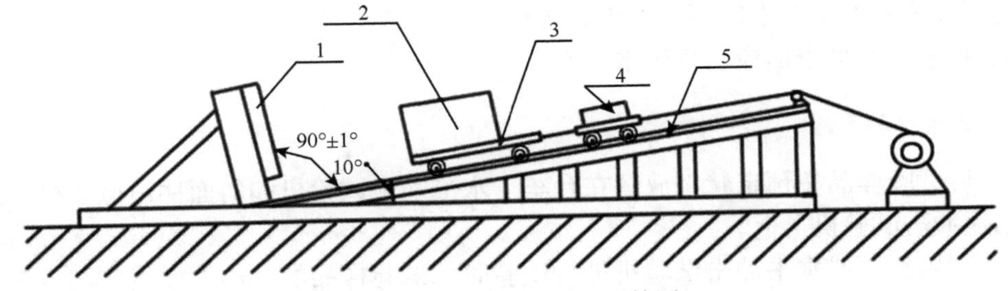

图 38-4　斜面冲击试验机简图

1. 挡板；2. 试验样品；3. 台车；4. 释放装置；5. 侧轨道

a）钢轨道：两根平直且互相平行的钢轨，轨道平面与水平面的夹角为10°；轨道表面保持清洁、光滑，并沿斜面以50mm的间距划分刻度。轨道上应装有限位装置，以便台车能在轨道的任意位置上停留。

b）台车：台车的滚动装置应保持清洁、滚动良好；台车应装有自动释放装置，并与牵引机构配合使用，使台车能在斜面的任意位置上自由释放；试验样品与台面之间应有一定的摩擦力，使试验样品与台车在静止到冲击前时段无相对运动。但在冲击时，试验样品相对台车应能自由移动。

c）挡板：应安装在轨道的最低端，其冲击表面与轨道平面成90°±1°的夹角，在挡板的结构架上可以安装阻尼器，防止二次冲击。

（3）吊摆冲击试验机

吊摆冲击试验机由悬吊装置和挡板组成，见图38-5。

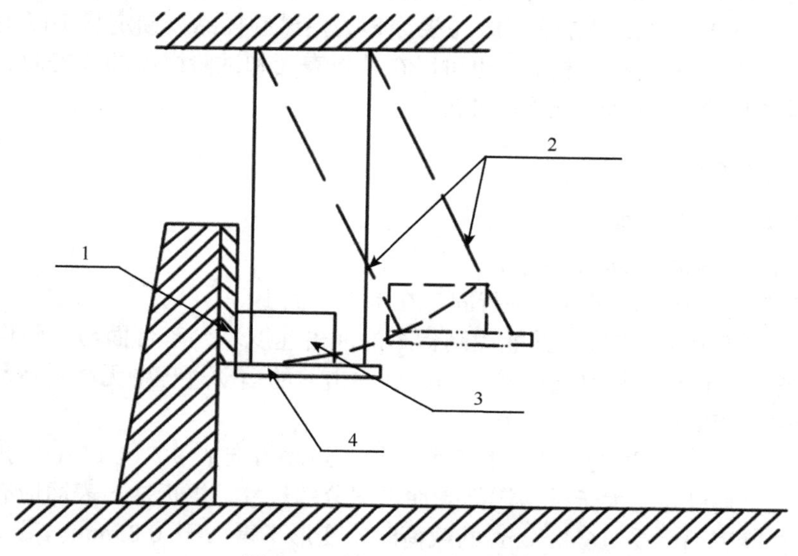

图38-5　吊摆冲击试验机简图

1. 挡板；2. 钢条或钢丝绳；3. 试验样品；4. 台板

a）悬吊装置：一般由长方形台板组成，该长方形台板四角用钢条或钢丝绳等材料悬吊起来；台板应具有足够的尺寸和强度，以满足试验要求；当自由悬吊的台板静止时，应保持水平状态，其前部边缘刚好触及挡板；悬吊装置应能在运动方向自由活动，并且将试验样品安置在平台上时不会阻碍其运动。

b）挡板：其冲击面应垂直于水平面。

2. 试验步骤

a）将试验样品按预定状态放置在台车（水平冲击试验机和斜面冲击试验机）或台板（吊摆冲击试验机）上。

b）利用斜面或水平冲击试验机进行试验时，试验样品的冲击面或棱应与台车前缘平齐；利用吊摆冲击试验机进行试验时，自由悬吊的台板处于静止状态时，试验样品的冲击面或棱恰好触及挡板冲击面。

c）对试验样品进行面冲击时，其冲击面与挡板冲击面之间的夹角不得大于 2°。

d）对试验样品进行棱冲击时，其冲击棱与挡板冲击面之间的夹角 α 不得大于 2°。如试验样品为平行六面体，则应使组成该棱的两个面中的一个与挡板冲击面的夹角 β 误差不大于 ±5°或在预定角度的 ±10%以内，以较大的数值为准，见图 38-6。

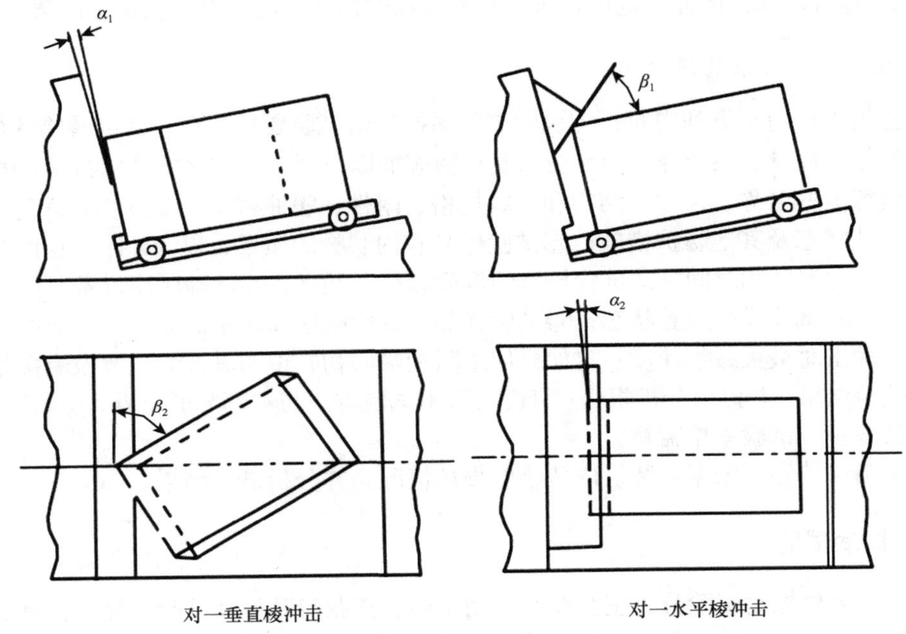

图 38-6　对一棱冲击的试验样品的位置允许误差

α_1 和 α_2：<2°；β_1 和 β_2：±5°或 ±10%

e）对试验样品进行角冲击时，试验样品应撞击挡板，其中任何与试验角邻接的面与挡板的夹角 β 误差不大于 ±5°或在预定角度的 ±10%以内，以较大的数值为准（图 38-7）。

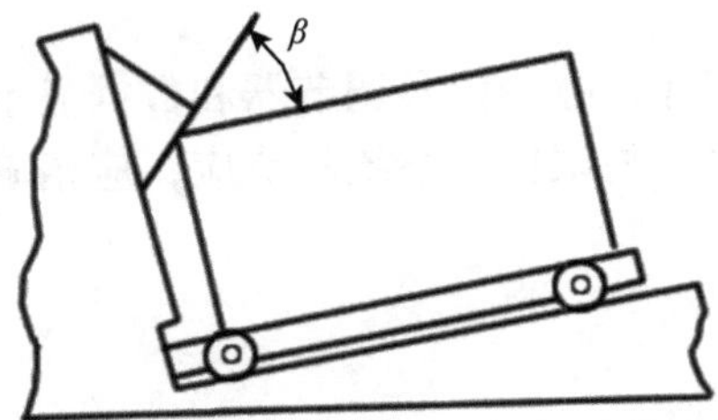

图 38-7　对一角冲击的试验样品的位置允许误差

根据斜面冲击试验，水平冲击试验和吊摆冲击试验应用同样的位置允许误差

f）利用水平冲击试验机进行试验时，台车沿钢轨道以预定速度运动，并在到达挡板冲击面时达到所需要的冲击速度。

g）利用斜面冲击试验机进行试验时，将台车沿钢轨道斜面提升到可获得要求冲击速度的相应高度上，然后释放。

h）利用吊摆冲击试验机进行试验时，拉开台板，提高摆位，当拉开到台板与挡板冲击面之间距离能产生所需冲击速度时，将其释放。

i）无论采用何种试验机进行试验，冲击速度误差应在预定冲击速度的±5%以内。

j）试验后按有关标准规定检查包装及内装物的损坏情况，并分析试验结果。

3. 试验结果记录及评估方法

试验报告应包括下列内容：①说明试验系按冲击试验要求执行；②内装物的名称、规格、型号、数量、性能等，如果使用模拟物应加以说明；③试验样品的数量；④详细说明包装容器的名称、尺寸、结构和材料规格、附件、缓冲衬垫、支撑物、固定方法、封口、捆扎状态及其他防护措施；⑤试验样品和内装物的质量，以 kg 计；⑥预处理时的温度、相对湿度和时间；⑦试验场所的温度和相对湿度；⑧试验所用设备、仪器的类型；⑨试验时试验样品放置状态；⑩试验样品、试验顺序和试验次数；⑪冲击速度，必要时测试冲击时最大减加速度；⑫如果使用附加障碍物，说明其放置位置及有关情况；⑬记录试验结果，并提出分析报告；⑭说明所用试验方法与本部分的差异；⑮试验日期、试验人员签字、试验单位盖章。

试验结果的评估依据包装及内装物的损坏情况，并分析试验结果。

38.2.2 振动试验

运输包装件振动试验分为正弦变频振动试验、正弦定频振动试验、随机振动试验。可用于评定运输包装件、集装单元经受正弦变频振动、正弦定频振动、随机振动时，内外包装的强度、包装箱的封合强度和包装对内装物的保护能力[6]。

1. 试验装置及材料

振动台，应具有足够大的尺寸、强度、刚度和承载能力。该结构应能在振动时保持水平状态，其最低共振频率应高于最高试验频率。振动台应平放，与水平方向之间的最大角度变化为 3%。

试验仪器应包括加速度计、脉冲信号调节器和数据显示或存储装置，以测量和控制试验样品表面的加速度值。测试仪器系统的响应，应精确到试验规定的频率范围的±5%内。

2. 试验步骤

按 GB/T 4857.2—2005 的规定，选定一种条件对试验样品进行温湿度预处理，试验应在与预处理相同的温湿度条件下进行，如果达不到预处理条件，则必须在试验样品离开预处理条件 5min 之内开始试验。

（1）方法 A

a）记录试验场所的温湿度。

b）将试验样品按预定的状态放置在振动台上，试验样品重心点的垂直位置应尽可能地接近实际振动台的几何中心。如果试验样品不固定在振动台上，可以使用围栏。必要时可在试验样品上添加载荷，其加载程序应符合 GB/T 4857.3—2008 的规定。

c）使振动台以选定的加速度做垂直正弦振动，以每分钟 1/2 倍频程的扫频速率在 3～100Hz 进行扫频试验。

d）使用加速度计测量时，要将加速度计尽可能紧贴靠近包装件的振动台面上，但要有防护措施以防加速度计与包装件相接触。当存在水平振动分量时，由此分量引起的加速度峰值不应大于垂直分量的 20%。

（2）方法 B

a）记录试验场所的温湿度。

b）将试验样品按预定的状态放置在振动台上，试验样品重心点的垂直位置应尽可能地接近实际振动台的几何中心。如果试验样品不固定在振动台上，可以使用围栏。必要时可在试验样品上添加载荷，其加载程序应符合 GB/T 4857.3—2008 的规定。

c）按方法 A 的程序进行试验，在一个或多个完整的扫描周期内，采用一个合适的低加速度（典型的为 0.2～0.5g）做共振扫频，并记录试验样品及振动台上的加速度值。

d）在主共振频率的±10%内进行共振试验。也可在第二和第三共振频率的±10%内进行试验。

e）试验后按有关标准规定检查包装及内装物的损坏情况，并分析试验结果。

3. 试验结果记录及评估方法

试验结果的评估依据包装及内装物的损坏情况，并分析试验结果。

38.2.3　滚动试验

运输包装件滚动试验用于测定运输包装件在受到滚动冲击时的耐冲击强度及包装对内装物的保护能力。试验原理为将试验样品放置于一平整而坚固的平台上，并加以滚动使其每一测试面依次受到冲击[7]。

1. 试验装置及材料

冲击台面，应为水平平面，试验时不移动、不变形，并能满足下列要求。

a）冲击台为整块物体，质量至少为试验样品质量的 50 倍。

b）台面要有足够大的面积，以保证试验样品完全落在冲击台面上。

c）冲击台面任意两点的水平高度差一般不得超过 2mm，但如果与冲击台面相接触的试验样品的测试面中有一个尺寸超过 1000mm 时，则台面上任意两点水平高度差不得超过 5mm。

d）冲击台面上任何 100mm^2 的面积承受 10kg 的静载荷，变形量不得超过 0.1mm。

2. 试验步骤

试验应在与预处理相同的温湿度条件下进行，如果达不到预处理条件，则应在尽可能接近预处理的温湿度条件下进行试验。

a）平面六面体形状的试验样品：将试验样品置于冲击台面上，面 3 与冲击台面相接触（图 38-8a）。使试验样品倾斜直至重力线通过棱 3-4，试验样品自然失去平衡，面 4 受到冲击（图 38-8b）。

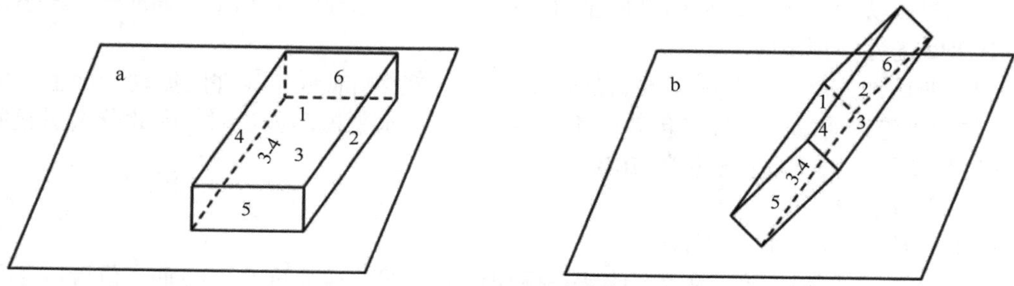

图 38-8　滚动试验示意图

按图 38-8 所示的方式，参照表 38-3 进行试验。

表 38-3　平面六面体滚动试验项目

	3-4	4-1	1-2	2-3	3-6	6-1	1-5	5-3
被冲击面	4	1	2	3	6	1	5	3

注：如果一个表面尺寸较小，则有时会发生一次松手后连续出现两次冲击情况，此时可视为分别出现的两次冲击，试验仍可继续进行

b）其他形状的试验样品：滚动方法和顺序可参照 a）条规定。

c）试验后按有关标准的规定对包装及内装物的损坏情况进行检查，并分析试验结果。

3. 试验结果记录及评估方法

试验结果的评估依据包装及内装物的损坏情况，并分析试验结果。

38.2.4　压力试验

运输包装件压力试验用于评定运输包装件受到压力时的耐压强度及包装对内装物的保护能力[8]。试验原理为将试验样品置于压力机的压板之间，然后选以下任一方法试验：①在抗压试验的情况下，进行加压直至试验样品损坏或达到预定载荷和位移。②在堆码试验的情况下，施加预定载荷直至试验样品损坏或持续到预定的时间。

1. 试验装置及材料

（1）压力试验机

压力试验机由电动机驱动，进行机械传动或液压传动，能通过一个或两个压板以 10mm/min±3mm/min 的相对速度移动来施加压力。

（2）记录装置

误差不应超过±2%，测量记录压板位移的准确度应达到±1mm。

试验样品尺寸的准确度：±1mm。

2. 试验步骤

试验应在与预处理相同的温湿度条件下进行，而温湿度条件是按照试验样品的材料或用途选定的。如果达不到相同条件，则应在尽可能相近的大气条件下进行试验。如有可能，试验样品的数量应为 5 件。

a）将包装与其内装物分别称量，然后填满包装，测量其外部尺寸。

b）将试验样品按预定状态放置于试验机的下压板中心。在载荷未施加到试验样品的整个表面时，为了模拟试验样品在运输过程中的受压情况，应在试验样品与压力机压板之间插入适当的仿模楔块。

c）通过两块压板以适当的速度所进行的相对运动对试验样品施加载荷，直至达到预定值或在达到预定值之前试验样品出现损坏现象，加载时不应出现超过预定峰值的现象。如果试验样品先发生损坏，记录下此时的载荷。

d）在预定时间内保持预定载荷，或直到试验样品损坏。如果试验样品先发生损坏，记录下经过的时间。

e）移开压板，卸除载荷，检查试验样品，如果发生损坏，测量出它的尺寸，并且检查内装物是否损坏。

f）如果需要测定试验样品的对角和对棱对外界载荷时的耐压能力，用两块压板均不能自由倾斜的试验机，按照 a）～e）的程序操作即可。

3. 试验结果记录及评估方法

试验结果的评估依据是样品是否损坏。加载时不应出现超过预定峰值的现象。如果试验样品先发生损坏，记录下此时的载荷，且试验结果为不合格。如果试验样品未发生损坏，则记录 5 项结果平均值，试验结果为合格。另外，抗压试验结果必须所有样品都为合格，只要出现一个样品结果为不合格，则测试结果判定为不合格。

38.2.5　堆码试验

运输包装件静载荷堆码试验用于评定运输包装件和单元货物在堆码时的耐压强度或包装对内装物的保护能力。试验原理为采用三种试验方法之一进行试验时，将试验样品放在一个平整的水平平面上，并在其上面均匀施加载荷。施加的载荷、大气条件、承载时间及试验样品的放置状态等是预先设定的[9]。

1. 试验装置及材料

试验装置为一水平平面。水平平面平整坚硬，最高点与最低点之间的高度差不超过 2mm。如水平平面为混凝土地面，其厚度应不少于 150mm。

2. 试验加载方法

（1）方法 1：包装件组

包装件组的每一件应与试验中的样品完全相同。包装件的数目应依据其总质量应达到合适的载荷而定。

（2）方法 2：自由加载平板

平板应能连同适当的载荷一起，在试验样品上自由地调整达到平衡。载荷与加载平板可以是一个整体。加载平板的中心置于试验样品顶部的中心，其尺寸至少应较包装件的顶面各边大出 100mm。平板应足够坚硬，在完全承受载荷下不变形。自由加载的平板载荷有时称为“自由载荷”。

（3）方法 3：导向加载平板

导向加载平板试验中，采用导向措施使平板的下表面能连同适当的载荷一起始终保持水平。加载平板居中置于试验样品顶部时，其各边尺寸至少应较试验样品的顶面各边大出 100mm。平板应足够坚硬，在完全承受载荷下不变形。如果应用导向措施来确保加载平板保持水平，所采用的措施不应造成摩擦而影响试验结果。

3. 试验步骤

将预装物装入试验样品中，并按运输的正常封装程序对包装件进行封装。如果使用的是模拟内装物，其尺寸和物理性质应尽可能接近预装物的尺寸和物理性质。同样，封装方法应和运输时使用的方法相同。

a）试验应在与预处理相同的温湿度条件下进行，而温湿度条件是按照试验样品的材料或用途选定的。如果达不到相同条件，则应在尽可能相近的大气条件下进行试验。

b）将试验样品按预定状态置于水平平面上，使加载用包装件组、自由加载平板或导向加载平板居中置于试验样品的顶面。如果使用方法 1 或方法 2，在不造成冲击的情况下将作为载荷的重物放在加载平板上，并使它均匀地和加载平板接触，使载荷的重心处于试验样品顶面中心的上方。重物与加载平板的总质量与预定值的误差应在±2%之内。载荷重心与加载平板上面的距离，不应超过试验样品高度的 50%。如果使用方法 2 或方法 3 对试验样品进行测量，试验样品应在充分预加载后施加压力，以保证加载平板和试验样品完全接触。

c）载荷应保持预定的持续时间（一般为 24h，依材料的情况而定）或直至包装件压坏。

d）去除载荷，对试验样品进行检查。

4. 试验结果记录及评估方法

内装物无损失，包装无任何危及运输安全的永久性变形。只要有一个试样不合格，该项试验不合格。

38.2.6　喷淋试验

运输包装件喷淋试验用于测试运输包装件和单元货物耐受雨淋的性能及包装件对内装物的保护能力。也可作为包装件进行其他试验之前的预处理方法，研究因水淋而造成的包装件强度降低的情况。试验原理为将试验样品放在试验场地上，在一定温度下用水按预定的时间及速率对试验样品表面进行喷淋。喷淋方法分为连续式和间歇式[10]。

1. 试验装置及场地

（1）试验场地

1）隔热和加热

如有必要对试验场地温度进行控制，可对场地进行隔热或加热。场地地面应置于有格条地板和足够容量的排水口处，使喷洒的水能自动排泄出去，不致使试验样品泡在水里。格条地板要有一定的硬度，并且格条间距不能太宽，以防引起试验样品变形。

2）高度

试验场地的高度应适当，使喷嘴与试验样品顶部之间的距离至少为 2 m，可保证水能垂直喷淋。试验场地面积至少应比试验样品底部面积大 50%，使试验样品处于喷淋面积之内。

（2）试验装置

喷淋装置应满足 $100L/(m^2 \cdot h) \pm 20L/(m^2 \cdot h)$的喷水速率。喷出的水应充分均匀，喷头高度应能调节，使喷嘴与试验样品顶部之间至少保持 2m 的距离。试验可采用连续式喷淋和间歇式喷淋两种方法，其安装要求如下。

a）连续式喷淋（方法 A）：喷头排列整齐，固定在试验样品以上，高度可以调整。

b）间歇式喷淋（方法 B）：一排或几排喷头沿试验样品宽度方向排列，沿试验样品长度方向移动喷头，连续喷淋间隔时间不大于 30s。

（3）供水系统

按照（2）所要求的速率和压力供应 5～30℃的水。

（4）喷淋装置

喷淋装置见图 38-9。

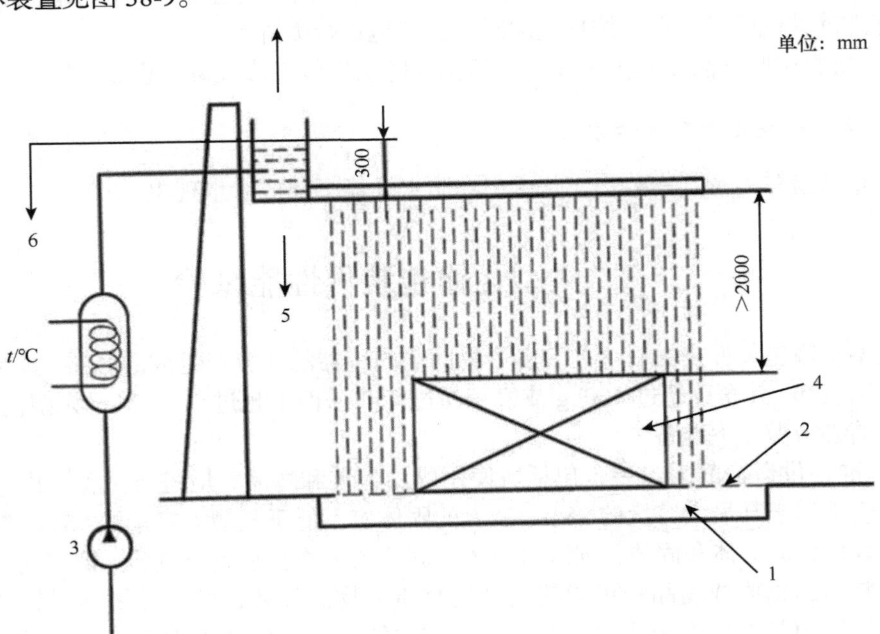

侧视图

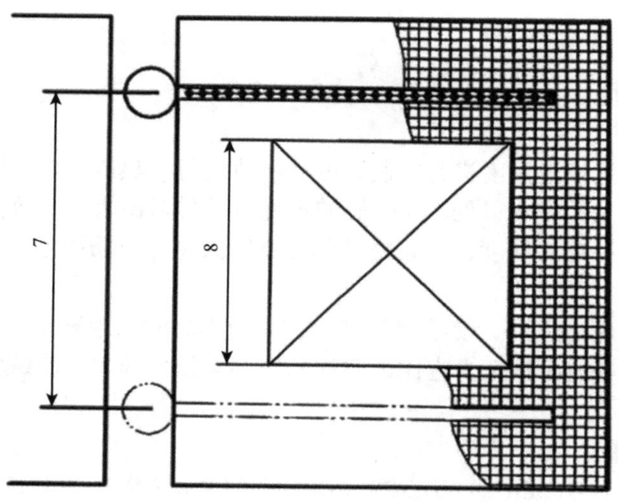

俯视图

图 38-9 喷淋试验装置示意图

1. 排水口；2. 格条地板；3. 循环泵或网状系统；4. 试验样品；5. 高度；6. 溢水口；7. 喷头移动范围；8. 试验样品尺寸

2. 试验步骤

1）调整喷头的高度，使喷嘴与试验样品顶部最近点之间的距离至少为 2m。开启喷头直至整个系统达到均衡状态。除非另有规定，否则喷水温度和试验场地温度均应在 5～30℃。

2）将试验样品放在试验场地，在预定的位置和预定的温度下，使水能够按照校准时的标准落到试验样品上，按预定的时间持续地进行喷淋。

3）检查试验样品及其内装物，是否出现防水性能下降或渗水现象。

3. 试验结果记录及评估方法

检查试验样品及其内装物，是否出现防水性能下降或渗水现象。

38.3 大型运输包装件性能试验

大型运输包装件是由一个内装多个物品或内容器的外容器组成的容器，并且设计用机械方法装卸，其净重超过 400kg 或容积超过 450L，但不超过 3m^3。对于大型包装容器，在试验前必须做如下准备。

a）准备供运输的大包装，包括所使用的内包装和物品，应进行试验，内包装装入的液体应不低于其最大容量的 98%，装入的固体应不低于其最大容量的 95%。如大包装的内包装拟装运液体和固体，则需对液体或固体内装物分别进行试验。拟用大包装运输的内包装中的物质或物品，可以使用其他物质或物品代替，但这样做不得使试验结果无效。当使用其他内包装或物品时，它们应与拟装运内包装或物品具有相同的物理特性（质量等）。允许使用添加物，如铅粒袋，以达到要求的包件总质量，但这样做不得影响试验结果。

b）塑料制作的大包装和装有塑料内包装（用于装固体或物品的塑料袋除外）的大包装，在进行跌落试验时应将试验样品及其内装物的温度降至−18℃或更低。如果受试样品的材料在−18℃或更低温度时具有足够的延展性和抗拉强度，可不考虑温度处理条件。试验液体应保持液态，必要时可添加防冻剂。

c）纤维板大包装应在控制温度和湿度的环境中放置至少 24h。以下三种方案，可选择其一：最佳环境是温度 23℃±2℃和相对湿度 50%±2%，或温度 20℃±2℃和相对湿度 65%±2%，或温度 27℃±2℃和相对湿度 65%±2%。测量过程允许个别相对量度有±5%的短期波动，但其平均值应在上述限度内，且波动对试验结果的复验应无影响。

38.3.1　跌落试验

大包装跌落试验适用于评定包装件承受垂直冲击的能力和包装对内装物的保护能力[11]。

1. 试验装置及材料

（1）冲击台面

冲击台面为水平平面，试验时不移动、不变形，并满足下列要求：①为整体物体，质量至少为试验样品质量的 50 倍；②要有足够大的面积，以保证试验样品完全落在冲击台面上；③冲击台面上任意两点的水平高度差不应超过 2mm；④冲击台面上任何 100mm^2 的面积承受 10kg 的静载荷时，其形变量不得超过 0.1mm。

（2）提升装置

在提升或下降过程中，不应损坏试验样品。

（3）释放装置

在释放试验样品的跌落过程中，应使试验样品不碰到装置的任何部件，保证其自由跌落。

2. 试样准备

a）按照设计类型，用于装运固体的大包装充灌至不低于其最大容量的 95%，用于装运液体的中型散装容器应充灌至不低于其最大容量的 98%。应确定减压装置在不工作状态，或将减压装置拆下并将其开口堵塞。

b）大包装应使用机械方法装卸。拟装货物可以用其他物质或物品代替，但不得影响试验结果。如果是固体物质，当使用另一种物质代替时，该替代物的物理特性（质量、颗粒大小等）应与待运物质相同。允许使用添加物，如铅粒装，以达到要求的包件总质量，但这样做不得影响试验结果。

c）塑料制作的大包装和装有塑料内包装（用于装固体或物品的塑料袋除外）的大包装，在进行跌落试验时应将试验样品及其内装物的温度降至−18℃或更低。如果受试样品的材料在−18℃或更低温度时具有足够的延展性和抗拉强度，可不考虑温度处理条件。

d）试验液体应保持液态，必要时可添加防冻剂。

e）纤维板大包装应在控制温度和湿度的环境中放置至少 24h。以下三种方案，可选择其一：最佳环境是温度 23℃±2℃和相对湿度 50%±2%，或温度 20℃±2℃和相对湿度 65%±2%，或温度 27℃±2℃和相对湿度 65%±2%。

测量过程允许个别相对量度有±5%的短期波动，但其平均值应在上述限度内，且波动对试验结果的复验应无影响。

3. 试验数量

大包装跌落试验样品数量为 3 个。

4. 试验步骤

大包装应跌落在坚硬、无弹性、光滑、平坦和水平的表面上，确保撞击点为大包装底部被认为是最脆弱易损的部位。

5. 跌落高度

大包装跌落试验高度见表 38-4。

表 38-4　跌落高度　（单位：m）

Ⅰ类包装	Ⅱ类包装	Ⅲ类包装
1.8	1.2	0.8

拟装液体的大包装进行跌落试验时，如使用另一种物质代替，这种物质的相对密度及黏度应与待运输物质相似，也可用水来进行跌落试验，其跌落高度如下：①如待运物质的相对密度不超过 1.2，跌落高度见表 38-4；②如待运物质的相对密度大于 1.2，应根据待运物质的相对密度 d 计算（四舍五入取第一位小数）其跌落高度，见表 38-5。

表 38-5　跌落高度　（单位：m）

Ⅰ类包装	Ⅱ类包装	Ⅲ类包装
$d\times1.5$	$d\times1.0$	$d\times0.67$

6. 试验结果记录及评估方法

a）内装物无损失，大包装无任何危及运输安全的永久性变形。
b）跌落后如果有少量内装物从封口处渗出，只要无进一步渗漏，也应判为合格。
c）盛装第Ⅰ类爆炸品的大包装不得有任何泄漏。
d）只要有一个试样不合格，该项试验不合格。

38.3.2　堆码试验

大包装堆码试验是在包装件或包装容器上放置重物，用于评定包装件或包装容器承受堆积静载的能力和包装对内装物的保护能力。

1. 试验装置及材料

试验装置为一水平平面。水平平面平整坚硬，最高点与最低点之间的高度差不超过2mm。如水平平面为混凝土地面，其厚度应不少于 150mm。

2. 试验准备

a）准备供运输的大包装，包括所使用的内包装和物品，应进行试验，内包装装入的液体应不低于其最大容量的 98%，装入的固体应不低于其最大容量的 95%。

b）大包装的内包装拟装运液体和固体，则需对液体或固体内装物分别进行试验。拟用大包装运输的内包装中的物质或物品，可以其他物质或物品代替，但不得使试验结果无效。

c）当使用其他内包装或物品时，它们应与拟装运内包装或物品具有相同的物理特性（质量等）。

d）允许使用添加物，如铅粒袋，以达到要求的包件总质量，但这样做不得影响试验结果。

e）纤维板大包装应在控制温度和湿度的环境中放置至少 24h。以下三种方案，可选择其一：最佳环境是温度 23℃±2℃和相对湿度 50%±2%，或温度 20℃±2℃和相对湿度 65%±2%，或温度 27℃±2℃和相对湿度 65%±2%。测量过程允许个别相对量度有±5%的短期波动，但其平均值应在上述限度内，且波动对试验结果的复验应无影响。

3. 试验数量

大包装堆码试验样品数量为 3 个。

4. 试验步骤

a）将试验包装件置于堆码地坪上，载荷平板置于包装件顶面中心位置，其周边大于包装件顶面边缘 100mm。

b）向大包装施加载荷，施加到大包装上的试验载荷应相当于运输中其上面堆码的相同大包装数目最大允许总重之和的 1.8 倍。

5. 试验结果记录及评估方法

内装物无损失，大包装无任何危及运输安全的永久性变形。只要有一个试样不合格，该项试验不合格。

38.3.3　起吊试验

大包装起吊试验分为顶部提升试验和底部提升试验。

1. 顶部提升试验

大包装顶部提升试验适用于装有顶部提升装置的大包装，可用于评定大包装顶部提升装置的提升能力。

（1）试验装置及材料

吊车或天车，有效载荷不小于 3t。

（2）试验准备

a）准备供运输的大包装，包括所使用的内包装和物品，应进行试验，内包装装入的液体应不低于其最大容量的 98%，装入的固体应不低于其最大容量的 95%。如大包装的内包装拟装运液体和固体，则需对液体或固体内装物分别进行试验。拟用大包装运输的内包装中的物质或物品，可以使用其他物质或物品代替，但这样做不得使试验结果无效。当使用其他内包装或物品时，它们应与拟装运内包装或物品具有相同的物理特性（质量等）。允许使用添加物，如铅粒袋，以达到要求的包件总质量，但这样做不得影响试验结果。

b）塑料制作的大包装和装有塑料内包装（用于装固体或物品的塑料袋除外）的大包装，在进行跌落试验时应将试验样品及其内装物的温度降至−18℃或更低。如果受试样品的材料在−18℃或更低温度时具有足够的延展性和抗拉强度，可不考虑温度处理条件。试验液体应保持液态，必要时可添加防冻剂。

c）纤维板大包装应在控制温度和湿度的环境中放置至少 24h。以下三种方案，可选择其一：最佳环境是温度 23℃±2℃和相对湿度 50%±2%，或温度 20℃±2℃和相对湿度 65%±2%，或温度 27℃±2℃和相对湿度 65%±2%。测量过程允许个别相对量度有±5%的短期波动，但其平均值应在上述限度内，且波动对试验结果的复验应无影响。

d）大包装应装载至其最大允许总重的 2 倍柔性大包装应装载到其最大许可总重的 6 倍，载荷分布均匀。

（3）试验数量

大包装顶部提升试验样品数量为 3 个。

（4）试验步骤

a）大包装应装载至其最大允许总重的 2 倍，柔性大包装应装载到其最大许可总重的 6 倍，载荷分布均匀。

b）按设计的提升方式以 0.1m/s 的速度将大包装提升离开地面，并在空中停留 5min。

（5）试验结果记录及评估方法

内装物无损失，大包装无任何危及运输安全的永久性变形。只要有一个试样不合格，该项试验不合格。

2. 底部提升试验

大包装底部提升试验适用于装有底部提升装置的大包装，可用于评定大包装底部提升装置的提升能力。

（1）试验装置及材料

吊车及叉车。

（2）试验准备

a）准备供运输的大包装，包括所使用的内包装和物品，应进行试验，内包装装入的液体应不低于其最大容量的 98%，装入的固体应不低于其最大容量的 95%。如大包装的内包装拟装运液体和固体，则需对液体或固体内装物分别进行试验。拟用大包装运输的内包装中的物质或物品，可以使用其他物质或物品代替，但这样做不得使试验结果无效。当使用其他内包装或物品时，应与拟装运内包装或物品具有相同的物理特性（质量等）。允许使用添加物，如铅粒包，以达到要求的包件总重量，但这样做不得影响试验结果。

b）塑料制作的大包装和装有塑料内包装（用于装固体或物品的塑料袋除外）的大包装，在进行跌落试验时应将试验样品及其内装物的温度降至−18℃或更低。如果受试样品的材料在−18℃或更低温度时具有足够的延展性和抗拉强度，可不考虑温度处理条件。试验液体应保持液态，必要时可添加防冻剂。

c）纤维板大包装应在控制温度和湿度的环境中放置至少 24h。以下三种方案，可选择其一：最佳环境是温度 23℃±2℃和相对湿度 50%±2%，或温度 20℃±2℃和相对湿度 65%±2%，或温度 27℃±2℃和相对湿度 65%±2%。测量过程允许个别相对量度有±5%的短期波动，但其平均值应在上述限度内，且波动对试验结果的复验应无影响。

d）大包装应装载至其最大允许总重的 1.25 倍，载荷应分布均匀。

（3）试验数量

大包装底部提升试验样品数量为 3 个。

（4）试验步骤

a）大包装应装载至其最大允许总重的 1.25 倍，载荷应分布均匀。

b）大包装由吊车提起和放下两次，叉斗位置居中，间隔为进入边长度的 3/4（进入点固定的除外），叉斗应插入进入方向的 3/4。

c）从每一可能的进入方向重复试验。

（5）试验结果记录及评估方法

内装物无损失，大包装无任何危及运输安全的永久性变形。只要有一个试样不合格，该项试验不合格。

38.3.4　铁路运输试验

铁路运输危险货物包装应进行 GB 19359—2009《铁路运输危险货物包装检验安全规范》第 4 章中除第 2 类气体物质、第 6 类毒性物质和感染性物质及第 7 类放射性物质以外的铁路运输危险货物包装试验。该试验方法不适用于压力贮器、净重大于 400kg 的包件、容积超过 450L 的包装件[12]。

1. 试验准备

a）待运输的容器，包括组合容器所使用的内容器，应进行试验。就内贮器或单贮器或容器而言，所装入的液体不应低于其最大容量的 98%，所装入的固体不应低于其最大容量的 95%。就组合容器而言，如内容器拟装运液体和固体，则需对液体和固体内装物分别进行试验。装入容器运输的物质或物品，可以其他物质或物品代替，除非这样做会使试验结果无效。就固体而言，当使用另一种物质代替时，该物质必须与待运物质具有相同的物理特性（质量、颗粒大小等）。允许使用添加物，如铅粒袋，以达到要求的包装件总质量，只要它们的位置不会影响试验结果。

b）装有液体的容器进行跌落试验时，如使用其他物质替代液体，该物质必须有与待运物质相似的相对密度和黏度，也可用水作为替代物进行跌落试验。

c）纸和纤维板容器应在控制温度和湿度的环境中放置至少 24h。以下三种方案，可选择其一：最佳环境是温度 23℃±2℃和相对湿度 50%±2%，或温度 20℃±2℃和相对湿度 65%±2%，或温度 27℃±2℃和相对湿度 65%±2%。

d）首次使用塑料桶（罐）、塑料复合容器及有涂、镀层的容器，在试验前需直接装入拟运危险货物贮存 6 个月以上进行相容性试验。贮存期的第一个和最后一个 24h，应使试验样品的封闭装置朝下，但对于带有通气孔的容器，每次的时间应是 5min。在贮存期之后，再对样品进行跌落、气密、液压、堆码试验。如果所装的物质可能使塑料桶或罐产生应力裂纹或发生弱化，则应在装满该物质或另一种已知对该种塑料至少具有同样严重应力裂纹效应的物质的样品上放置一个载荷，此载荷相当于在运输过程中可能堆放在样品上的相同数量包件的总质量。包括试验样品在内的最小堆码高度为 3m。

2. 试验项目

各种常用危险货物包装容器应检验的项目见表 38-6，另外拟装闪点为 61℃易燃液体的塑料桶、塑料罐和复合容器（塑料材料）（6H0A1 除外）还应进行渗透试验，木琵琶桶则应进行制桶试验。

表 38-6　常用铁路运输危险货物包装容器应检验项目

种类	编码	类别	应检验项目			
			跌落	气密	液压	堆码
钢桶	1A1	非活动盖	+	+	+	+
	1A2	活动盖	+			+
铝桶	1B1	非活动盖	+	+	+	+
	1B2	活动盖	+			+
金属桶（不含钢和铝）	1N1	非活动盖	+	+	+	+
	1N2	活动盖	+			+
钢罐	3A1	非活动盖	+	+	+	+
	3A2	活动盖	+			+
铝罐	3B1	非活动盖	+	+	+	+
	3B2	活动盖	+			+
胶合板桶	1D		+			+
纤维板捅	1G		+			+
塑料桶和罐	1H1	桶，非活动盖	+	+	+	+
	1H2	桶，活动盖	+			+
	3H1	罐，非活动盖	+	+	+	+
	3H2	罐，活动盖	+			+

续表

种类	编码	类别	应检验项目			
			跌落	气密	液压	堆码
天然木箱	4C1	普通的	+			+
	4C2	箱壁防筛漏	+			+
胶合板箱	4D		+			+
再生木箱	4F		+			+
纤维箱	4G		+			+
塑料箱	4H1	发泡塑料箱	+			+
	4H2	密实塑料箱	+			+
钢或铝箱	4A	钢箱	+			+
	4B	铝箱	+			+
纺织袋	5L1	不带内衬或涂层	+			
	5L2	防筛漏	+			
	5L3	防水	+			
塑料编织袋	5H1	不带内衬或涂层	+			
	5H2	防筛漏	+			
	5H3	防水	+			
塑料膜袋	5H4		+			
纸袋	5M1	多层	+			
	5M2	多层，防水	+			
复合容器（塑料材料）	6HA1	塑料储器与外钢桶	+	+	+	+
	6HA2	塑料储器与外钢板条箱或钢箱	+			+
	6HB1	塑料储器与外铝箱	+	+	+	+
	6HB2	塑料储器与外铝板条箱或铝箱	+			+
	6HC	塑料储器与外木板箱	+			+
	6HD1	塑料储器与外胶合板桶	+	+	+	+
	6HD2	塑料储器与外胶合板箱	+			+
	6HG1	塑料储器与外纤维板桶	+	+	+	+
	6HG2	塑料储器与外纤维板箱	+			+
	6HH1	塑料储器与外塑料桶	+	+	+	+
	6HH2	塑料储器与外硬塑料箱	+			+
复合容器（玻璃、陶瓷或粗陶瓷）	6PA1	储器与外钢桶	+			
	6PA2	储器与外钢板条箱或钢箱	+			
	6PB1	储器与外铝箱	+			
	6PB2	储器与外铝板条箱或铝箱	+			
	6PC	储器与外木板箱	+			
	9PD1	储器与外胶合板桶	+			

续表

种类	编码	类别	应检验项目			
			跌落	气密	液压	堆码
复合容器（玻璃、陶瓷或粗陶瓷）	6PD2	储器与外胶合板箱	+			
	6PG1	储器与外纤维板桶	+			
	6PG2	储器与外纤维板箱	+			
	6PH1	储器与外塑料容器	+			
	6PH2	储器与外硬塑料容器	+			

注："+"表示应检验项目；凡用于盛装液体的容器，均应进行气密试验和液压试验

3. 气密（密封性）试验

（1）试验数量

气密试验样品数量为 3 个。

（2）试验前试验样品的特殊准备

将有通气孔的封闭装置用相似的无通气孔的封闭装置替代，或将气孔堵死。

（3）试验方法及试验压力

将容器包括其封闭装置箝制在水面下 5min，同时施加内部空气压力，箝制方法不应影响试验结果。施加的空气压力（表压）见表 38-7。

表 38-7 气密试验压力 （单位：kPa）

Ⅰ类包装	Ⅱ类包装	Ⅲ类包装
不小于 30	不小于 20	不小于 20

其他至少有同等效力的方法也可以使用。

（4）试验结果记录及评估方法

所有样品应无泄漏。

4. 液压（内压）试验

（1）试验数量

液压试验样品数量为 3 个。

（2）试验前试验样品的特殊准备

将有通气孔的封闭装置用相似的无通气孔的封闭装置替代，或将气孔堵死。

（3）试验设备

液压危险货物包装试验机或可达到同等效果的其他试验设备。

（4）试验方法及试验压力

a）金属容器和复合容器（玻璃、陶瓷或粗陶瓷）包括其封闭装置，应经受 5min 的试验压力。塑料容器和复合容器（塑料）包括其封闭装置，应经受 30min 的试验压力。支撑容器的方式不应该使试验结果无效。试验压力应连续地、均匀地施加，在整个试验期间保持恒定，所施加的液压（表压）按下述任何一个方法确定。

——不小于在 55℃时测定的容器中总表压(所装液体的蒸气压加空气或其他惰性气体的分压，减去 100kPa) 乘以安全系数 1.5 的值。

——不小于待运液体在 50℃时蒸气压的 1.75 倍减去 100kPa 的值，但最小试验压力为 100kPa。

——不小于待运液体在 55℃时蒸气压的 1.5 倍减去 100kPa 的值，但最小试验压力为 100kPa。拟装液体的 I 类包装容器最小试验压力为 250kPa。

b) 在无法获得待运液体的蒸气压时，可按照表 38-8 压力进行试验。

表 38-8　液压试验压力　（单位：kPa）

Ⅰ类包装	Ⅱ类包装	Ⅲ类包装
不小于 250	不小于 100	不小于 100

(5) 试验结果记录及评估方法

所有样品应无泄漏。

5. 堆码试验

(1) 试验数量

堆码试验样品数量为 3 个。

(2) 试验方法及堆码载荷

在试验样品的顶部表面施加一载荷，此载荷相当于运输时可能堆码在样品上面的同样数量包装件的总质量。如果试验样品内装的液体的相对密度与待运液体不同，则该载荷应按后者计算。包括试验样品在内的堆码高度不小于 3m。试验时间为 24h，但拟装液体的塑料桶、罐和复合容器 (6HH1 和 6HH2)，应在不低于 40℃的温度下经受 28 天的堆码试验。

堆码载荷 (P) 按式 (38-1) 计算：

$$P=\frac{H-h}{h}\times M \tag{38-1}$$

式中：P 为加载的载荷，单位为 kg；H 为堆码高度 (不小于 3m)，单位为 m；h 为单个包装件的高度，单位为 m；M 为单个包装件的毛重，单位为 kg。

计算结果保留至整数。

(3) 试验结果记录及评估方法

试验样品不得泄漏。对于复合或组合容器而言，不允许有所装的物质从内贮器或内容器中漏出。试验样品不允许有可能影响运输安全的损坏，或者可能降低其强度或造成包装件堆码不稳定的变形。在进行判定之前，塑料容器应冷却至环境温度。

38.4　危险化学品包装性能试验

准备供运输的容器，包括组合容器所使用的内容器，必须进行试验。对于内贮器或单贮器，或袋容器以外的容器，用于装运固体的大包装充灌至不低于其最大容量的 95%，用于拟装液体的容器应充灌至不低于其最大容量 98%。如大包装的内包装拟装运液体和固体，则需对液体或固体内装物分别进行试验。拟用大包装运输的内包装中的物质或物品，可以使用其他物质或物品代替，但这样做不得使试验结果无效。如果是固体物质，当使用另一种物质代替时，该替代物的物理特性（质量、颗粒大小等）应与待运物质相同。允许使用添加物，如铅粒袋，以达到要求的包件总质量，但这样做不得影响试验结果。

装液体的容器进行跌落试验时，如使用其他物质代替，该物质必须有与待运物质相似的相对密度和黏度。

纸和纤维板包装应在控制温度和湿度的环境中放置至少 24h。以下三种方案，可选择其一：最佳环境是温度 23℃±2℃和相对湿度 50%±2%，或温度 20℃±2℃和相对湿度 65%±2%，或温度 27℃±2℃和相对湿度 65%±2%。平均值必须在上述限度内，短期的波动和测量局限可能会使个别相对量度有±5%的变化，但不会对试验结果的复验有重大影响。

应制定拟用于装液体的塑料桶、塑料罐和塑料复合容器所使用的塑料复合编码与标记。例如，先对贮器或容器样品进行一段很长的时间如 6 个月的一次相容性试验，在这期间，样品中必须始终装满所要装的物质。之后，再对样品进行跌落、堆码、气密和液压等试验。如果所装的物质可能使塑料桶或罐产生应力裂纹或发生弱化，则必须在装满该物质或另一种已知对该种塑料至少具有同样严重应力裂纹效应的物质的样品上面放置一个载荷，此载荷相当于在运输过程中可能堆放在样品上的相同数量包件的总质量。包括试验样品在内的最小堆码高度为 3m。

38.4.1 跌落试验

危险品包装跌落试验适用于评定包装件承受垂直冲击的能力和包装对内装物的保护能力[13]。

1. 试验装置及材料

（1）冲击台面

冲击台平面为水平平面，试验时不移动、不变形，并满足下列要求：①为整体物体，质量至少为试验样品质量的 50 倍；②要有足够大的面积，以保证试验样品完全落在冲击台面上；③冲击台面上任意两点的水平高度差不应超过 2mm；④冲击台面上任何 $100mm^2$ 的面积上承受 10kg 的静载荷时，其形变量不得超过 0.1mm。

（2）提升装置

在提升或下降过程中，不应损坏试验样品。

（3）释放装置

在释放试验样品的跌落过程中，应使试验样品不碰到装置的任何部件，保证其自由跌落。

2. 预处理

对于塑料桶、塑料罐、泡沫塑料箱以外的塑料箱、复合容器（塑料材料，包括钢塑复合容器）以及塑料袋以外的、拟用于装固体或物品的塑料内容器的组合容器，试样和其盛装的物质的温度降至−18℃或更低。内装物是液体，降温后如果不能保持液态，应加入防冻剂。组合包装需组合后进行跌落试验。

纸和纤维板包装应在控制温度和湿度的环境中放置至少 24h。以下三种方案，可选择其一：最佳环境是温度 23℃±2℃和相对湿度 50%±2%，或温度 20℃±2℃和相对湿度 65%±2%，或温度 27℃±2℃和相对湿度 65%±2%。

3. 试验数量

桶、罐类包装 6 个样品；箱类包装 5 个样品；袋类包装 3 个样品。

4. 试验标记

试样按 GB/T 4857.1—2019 的要求进行试样标记

5. 跌落高度

大包装跌落试验高度参表 38-4。

拟装液体的大包装进行跌落试验时，如使用另一种物质代替，这种物质的相对密度及黏度应与待运输物质相似，也可用水来进行跌落试验，其跌落高度如下：①如果待运物质的相对密度不超过 1.2，跌落高度见表 38-4；②如果待运物质的相对密度大于 1.2，应根据待运物质的相对密度（d）计算（四舍五入取第一位小数）其跌落高度，表 38-5。

6. 试验步骤

提起试验样品至所需的跌落高度位置，并按预定状态将其撑住。提起高度与预定高度之差不得超过预定高度的±2%。

按下列预定状态，释放试验样品。

a）面跌落时，使试验样品的跌落面与水平面之间的夹角最大不超过 2°。

b）棱跌落时，使跌落的棱与水平面之间的夹角最大不超过 2°，试验样品上规定面与冲击台面夹角的误差不大于±5°或夹角的 10%（以较大的数值为准），使试验样品的重力线通过被跌落的棱。

c）角跌落时，试验样品上规定面与冲击面夹角的误差不大于±5°或夹角的 10%（以较大的数值为准），使试验样品的重力线通过被跌落的角。

d）无论何种状态和形状的试验样品，都应使试样样品的重力线通过被跌落的面、线、点。

e）实际冲击速度与自由跌落时的冲击速度之差不超过自由跌落时的±1%。

不同包装容器具体的跌落方式见表 38-9。

7. 试验结果记录及评估方法

a）盛装液体的包装除组合包装以外，在跌落试验后首先应使包装内部压力和外部压力达到平衡。所有包装均应无渗漏，有内涂（镀）层的包装，其内涂（镀）层应完好无损。

表 38-9 不同包装容器的跌落方式

包装容器	跌落方式
钢桶、铝桶、钢罐、纤维板桶、塑料桶和罐、桶状复合包装	第一组跌落（用 3 个试样跌同一个部位，如面 5 或 6 或其他薄弱部位），需以倾斜的方式使包装的凸边撞击在目标上，中心垂线通过凸边撞击点；如包装无凸边，则应以圆周接缝或边缘撞击，移动顶盖桶需将桶倒置倾斜，锁紧装置通过中心垂线跌落；第二组跌落（用另外 3 个试样跌同一部位），应使第一组跌落时没有试验到的最薄弱部位撞击在目标上，如封闭容器或桶体纵向焊缝，罐的纵向缝合处等
天然木箱、胶合板箱、再生木板箱、纤维板箱、钢或铝箱、复合塑料箱	第一次跌落以箱底平落；第二次跌落以箱顶平落；第三次跌落以一长侧面平落；第四次跌落以一短侧面平落；第五次跌落以一个角跌落
无缝边单层或多层袋	第一次跌落以袋的宽面平面跌落；第二次跌落以袋的端面跌落
有缝边单层或多层袋	第一次跌落以袋的宽面平落；第二次跌落以袋的狭面平落；第三次跌落以袋的端面跌落

注：非平面跌落时，试样的重心（矢量）应垂直于撞击点；某一指定方向跌落时试样可能不止一个面，必须跌最薄弱的那面；试验应在与预处理相同的冷冻环境或温湿度环境中进行，如果达不到相同的条件，则必须在试样离开预处理环境的 5min 内完成

b）盛装固体的包装经跌落试验后，即使封闭装置不再具有防筛漏能力，内包装或内容物应仍能保持完好无损，无洒漏。

c）复合包装或组合包装的外包装，不得出现可能影响运输安全的任何损坏，也不得有内装物从外包装或外容器渗出，内容器或内包装不得出现渗漏。若有内涂（镀）层，应完好无损。

d）袋子的最外层或外部包装不得出现影响运输安全的任何损坏。

e）跌落时可允许有少量的内装物从封闭器中漏出，跌落后不得继续泄漏。

f）不允许盛装爆炸品的包装出现破裂。

g）只要有一个试样不合格，该项试验不合格。

38.4.2 防渗漏试验

防渗漏试验主要适用于复合、刚性塑料、金属中型散装容器包装[14]。

1. 试验装置及材料

空气压缩机；压力表；减压阀；计时器；检漏用蓄水容器。

2. 试验数量

防渗漏试验样品数量为 3 个。

3. 试验准备

将有通气孔的封闭装置用相似的无通气孔的封闭装置代替，或将通气口堵住。

4. 试验步骤

将容器包括其封闭装置箝制在水面下 5min，同时施加内部空气压力，箝制方法不应影响试验结果。施加的空气压力（表压）可参见表 38-7。

5. 试验结果记录及评估方法

试验样品均无渗漏，判该项试验结果合格。

38.4.3　液压试验

液压试验指向拟盛装液体的包装容器内连续、均匀施加液压，可用于评定包装件或包装容器所能承受的液压和包装对内装物保护能力。该试验适用于装液体或靠加压装卸固体的中型散装容器。拟装液体的所有设计型号的金属、塑料和复合容器都必须进行液压试验。组合容器的内容器不需要进行这一试验[15]。

1. 试验装置及材料

（a）液压泵：可提供 300～500kPa 压力。
（b）压力表：量程为 0～500kPa，分度值为 1kPa，精度为 2 级。

2. 预处理

试验应在安装隔热设备之前进行。减压设备和通气关闭装置应处于不工作状态，或将这些装置拆下并将开口堵住。

3. 试验数量

液压试验样品数量为 3 个。

4. 试验步骤和试验压力

金属容器和复合容器（玻璃、陶瓷或粗陶瓷）包括其封闭装置，应经受 5min 的试验压力。塑料容器和复合容器（塑料）包括其封闭装置，应经受 30min 的试验压力。支撑容器的方式不应使试验结果无效。试验压力应连续、均匀地施加，在整个试验期间保持恒定。所施加的液压（表压），按下述任何一个方法确定。

——不小于在 55℃时测定的容器中总表压(所装液体的蒸气压加空气或其他惰性气体的分压，减去 100kPa）乘以安全系数 1.5 的值。

——不小于待运液体在 50℃时蒸气压的 1.75 被减去 100kPa 的值，但最小试验压力为 100kPa。

——不小于待运液体在 55℃蒸气压的 1.5 倍减去 100kPa 的值，但最小试验压力为 100kPa。

——拟装液体的 I 类包装，应根据容器的制作材料，在最小试验压力 250kPa 下试验 5min 或 30min。

在无法获得待运液体的蒸气压时，可参照表 38-8 的压力进行试验。

5. 试验结果记录及评估方法

所有样品应无泄漏。

38.4.4　堆码试验

危险品包装堆码试验是在包装件或包装容器上放置重物，用于评定包装件或包装容器承受堆积静载的能力和包装对内装物的保护能力[16]。

1. 试验装置及材料

危险化学品包装堆码试验的装置与 38.2.5 节的堆码试验相同。试验装置为一水平台面，台面应平整坚硬，且任意两点的高度差不超过 2mm，如果水平台面为混凝土地面，其厚度应不少于 150mm。

堆码试验方法与包装性能中的堆码试验方法相同，可采用包装组件、自由加载平板和导向加载平板进行（参见 38.2.5 节中堆码试验方法）。所有偏离测试装置的误差，应精确到±1mm。在试验时应注意所加载荷的稳定和安全，应提供一套稳妥的试验设施，并能在一旦发生危险的情况下，保证载荷受到控制，以防对附近人员造成伤害。

2. 预处理

a）纤维板危险品包装应在控制温度和湿度的环境中放置至少 24h。以下三种方案，可选择其一：最佳环境是温度 23℃±2℃和相对湿度 50%±2%，或温度 20℃±2℃和相对湿度 65%±2%，或温度 27℃±2℃和相对湿度 65%±2%。

b）高温时的温度应控制在不低于 40℃。

3. 试验数量

堆码试验样品数量为 3 个。

4. 试验步骤

a）记录试验场所的温湿度。

b）将试验包装件置于堆码地坪上，载荷平板置于包装件顶面中心位置，其周边大于包装件顶面边缘 100mm。

c）施加载荷，施加到大包装上的试验载荷应相当于运输中其上堆码的相同包装数目最大允许总重之和的 1.8 倍。

在试验样品的顶部表面施加一载荷，此载荷相当于运输时可能堆叠在样品上面的同样数量包件的总质量。如果试验样品内装的液体的相对密度与待运液体的不同，则该载荷应按后者计算。包括试验样品在内的最小堆码高度为 3m。试验时间为 24h，但拟装液体的塑料桶、罐和复合容器 6HH1 和 6HH2，应在不低于 40℃的温度下经受 28 天的堆码试验。纸、纤维板桶（箱）、胶合板桶（箱）在试样预处理规定的环境中堆码 24h。

5. 堆码载荷计算

堆码载荷可按式（38-1）计算。

如果使用自由加载平板或导向加载平板，则在不造成冲击的情况下将作为载荷的重物放在加载平板上，并使它均匀地和加载平面接触，以保证载荷的重心恰好处于包装件顶面中心的上方。施加的载荷（包括载荷平板）与计算的加载载荷的误差为±2%。重物的重心离加载荷平板的距离，不得超过包装件高度的 50%。如果试验特殊加载情况，可将合适的仿模放在试样的上面或者下面，也可以根据需要上下都放。

载荷应保持预定的持续时间或直至包装件损坏。试验期间按预定的测试方案记录试验样品的变形，必要时，也可以随时对试验样品的变形情况进行测定。去除载荷，检查包装件及内装物的损坏情况，并分析试验结果。

6. 试验结果记录及评估方法

a）试验样品均不得泄漏。对于复合或组合容器，所装的物质不应从内贮器或内容器中漏出。试验样品不应出现有可能影响运输安全的损坏，或者可能降低其强度或造成包装件堆码不稳定的变形。在进行判定之前，塑料容器应冷却至环境温度。

b）只要有一个试样不合格，该项试验不合格。

38.5　托盘与集装箱性能试验

托盘是一种用来集结、堆存货物以便于装卸和搬运的水平板。其最低高度应能适应托盘搬运车、叉车和其他适用装卸设备的搬运要求。托盘本身可以设置或配装上部构件。托盘分为平托盘、立柱式托盘、箱式托盘以及笼式托盘。罐式集装箱是指用于运输第 3 类易燃液体、第 4 类易燃固体、第 5 类氧化性物质、第 7 类放射性物质、第 8 类腐蚀性物质和第 9 类环境危害物质，容积大于 450L 的多式联运罐体。罐式集装箱的罐壳装有运输危险货物所必需的辅助设备和结构装置。

38.5.1　平托盘性能测试

平托盘的类型有单面托盘、双面托盘、双向进叉托盘、四向进叉托盘、局部四向进叉托盘、自由叉孔托盘、周底托盘。平托盘性能测试主要包括静态试验、动态试验两大部分（表 38-10）。对平托盘进行性能测试可用于检验托盘的承载能力及抗冲击能力[17, 18]。

表 38-10　各种不同托盘的性能要求及试验[17]

试验类别	试验名称	试验项目	试验载荷水平	性能极限
额定载荷试验	抗弯试验 1	抗弯强度试验 1a	极限载荷（U_1）或可产生 L_1（L_2）×6%挠度的载荷（U_1）	
		抗弯强度试验 1b	≤U_1×50%	负载下挠度为 L_1（L_2）×2%，卸载后挠度为 L_1（L_2）×0.7%

续表

试验类别	试验名称	试验项目	试验载荷水平	性能极限
额定载荷试验	叉举试验 2	抗弯强度试验 2a	极限载荷（U_2）	
		抗弯强度试验 2b	≤U_2×50%	负载下挠度为 20mm 或挠曲度小于 4.5°中卸载后导致较小挠曲的一方；卸载后挠度为 7mm
	垫块或纵梁抗压试验 3	垫块或纵梁强度试验 3a	各垫块的极限载荷 U_3 或者可产生 10%的 y 向变形的载荷（U_3）	
		垫块或纵梁刚度试验 3b	≤各垫块的 U_3×50%	负载下变形量为 4mm，卸载后变形量为 1.5mm
	堆码试验 4	铺板强度试验 4a	顶铺板和底铺板的极限载荷（U_4）或可产生 L_1（L_2）×6%挠度的载荷（U_4）	
		铺板刚度试验 4b	≤U_4×50%	负载下挠度为 L_1（L_2）×2%，卸载后挠度为 L_1（L_2）×0.7%
	底铺板抗弯试验 5	抗弯强度试验 5a	极限载荷（U_5）或可产生 L_1（L_2）×6%挠度的载荷（U_5）	
		抗弯刚度试验 5b	≤U_5×50%	负载下变形量为 15mm，卸载后变形量为 7mm
	翼托盘抗弯试验 6	抗弯强度试验 6a	极限载荷（U_6）或可产生 L_1（L_2）×6%挠度的载荷（U_6）	
		抗弯刚度试验 6b	≤U_6×50%	负载下挠度为 L_1（L_2）×2%，卸载后挠度为 L_1（L_2）×0.7%
最大工作载荷试验——有效载荷或使用气囊加载	抗弯试验 1	抗弯刚度试验 1b	有效载荷	挠度不应超过加载 1/2U_1 时的挠度
	气囊抗弯试验 7	抗弯强度试验 7a	极限载荷（U_1）或可产生 L_1（L_2）×6%挠度的载荷（U_1）	
		抗弯刚度试验 7b	气囊	挠度不应超过加载 1/2U_1 时的挠度
	叉举试验 2	抗弯刚度试验 2b	有效载荷	挠度不应超过加载 1/2U_2 时的挠度
	堆码试验 4	铺板刚度试验 4b	有效载荷	挠度不应超过加载 1/2U_4 时的挠度

续表

试验类别	试验名称	试验项目	试验载荷水平	性能极限
最大工作载荷试验——有效载荷或使用气囊加载	底铺板抗弯试验 5	铺板刚度试验 5b	有效载荷	负载下挠度为 15mm，卸载后挠度为 7mm
	翼托盘抗弯试验 6	抗弯刚度试验 6b	有效载荷	挠度不应超过加载 $1/2U_6$ 时的挠度
耐久性试验	静态剪切试验 8			对比试验
	角跌落试验 9		空托盘	h=0.5m 跌落时 $D_y \leqslant 4\%$，无影响托盘性能或功能的破损或损坏
	剪切冲击试验 10			对比试验
	顶铺板边缘冲击试验 11			对比试验
	垫块冲击试验 12			对比试验
	静摩擦系数试验 13		自重 W	对比试验
	滑动角试验 14		自重	对比试验

注：L_1（L_2）表示两支座在托盘长度（宽度）方向上的内间距；D_y 表示角变形度

1. 试验装置及材料

斜面试验设备结构参考 38.2.1 节的冲击试验装置。在最大试验载荷下，任何试验台的部件挠度都不应大于 2mm，同时需要满足如下要求：①在试验设备的设计中，所有尺寸的公差应为±2%；②试验用计量设备的分辨率/精度应高于±0.5mm；③每个构件包括试验载荷的定位准确度为±20mm；④和静态试验有关的设备载荷的重心定位准确度为±20mm；⑤所用的试验载荷应在预定值的±3%之内。

2. 预处理及试验项目

预处理环境条件见表 38-11。其中，木制托盘的含水量不得少于 18%，若低于此值，试验可继续进行，但每 24h 都应记录主要构件的含水量直至该试验项目结束；塑料托盘至少应有一个按环境条件 A，另一按环境条件 B 进行预处理；纸基和木基托盘至少应有一个按环境条件 C 或 D 进行预处理；由两种或两种以上材料组成的复合托盘，如对多孔塑料支承胶合木铺板的结构，其预处理的要求更高。

表 38-11　托盘试验预处理环境条件

托盘材料	时间/h	相对湿度/%	温度/℃	环境	预处理的环境条件
塑料	24		40±2	空气	A
	24		−25±3	空气	B
纸基和人造板材	48	90±5	25±5	空气	C
	24		20±5	水	D
金属	无预处理要求				

预处理试验中若实验室不能持续维持所需的环境条件，则托盘在移出预处理实验室后 1h 内开始试验。采用环境条件 A 和 B 时，应在托盘移出预处理实验室后立即开始试验。每个单项试验后，要求环境条件 A 和 B 的托盘立即放回预处理实验室至少 1h。木质托盘在全部试验程序开始时，应记录所选定托盘的含水量。

3. 静态试验

对于各项静态试验，施加的试验载荷在任何情况下都应计入载荷板及载头的质量。

（1）堆码试验

堆码试验的目的确定托盘或托盘脚垫块对局部竖向载荷的抗压强度。

1）变形测量

按下面介绍的试验步骤进行试验，在下列三个时刻记录如图 38-10 所示的 A 点处顶铺板相对于地面（或试验机架）的高差 y 值的变化：在准载荷时；在满载荷阶段的开始及结束时；卸载时，在准载荷条件下每隔 5min 直至连续几次读数均无变化（最长时间为 1h）。测量高差时，取 A_1 和 A_2 点（图 38-10）测量的平均值作为 A 点的挠度。在斜对角上重复此试验时，应对 B 点进行同样的测定（图 38-10）。

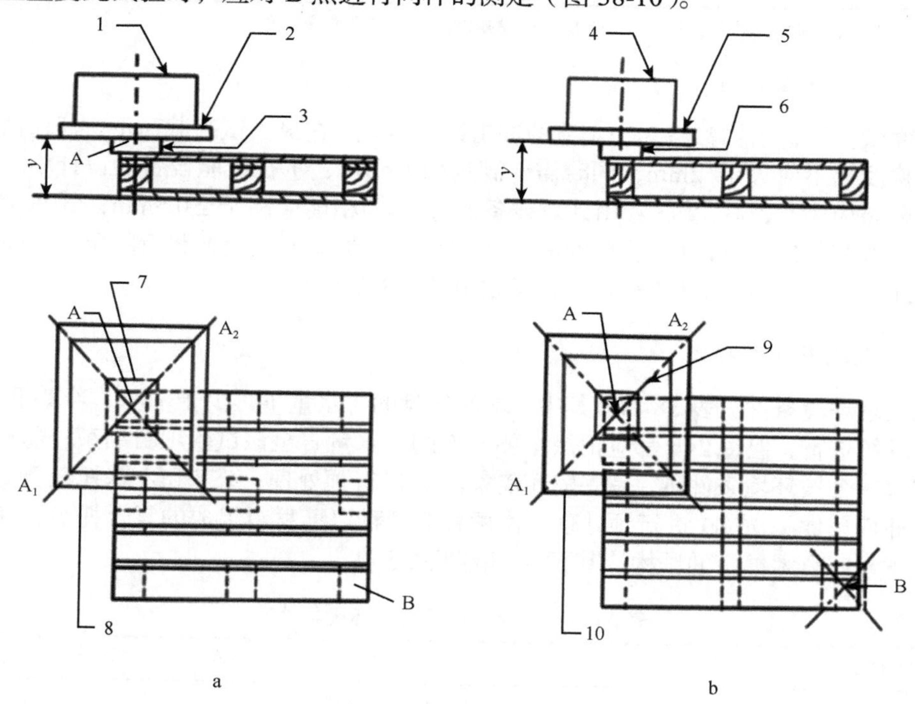

图 38-10　堆码试验示意图

a. 加载头放在外侧垫块上方（在 A_1 和 A_2 点测挠度），b. 放在纵梁一个端头上方的加载头（在 A_1 和 A_2 点测挠度）；1. 载荷块，2. 承载板，3. 加载头，4. 载荷块，5. 承载板，6. 加载头，7. 载荷块和加载头放在外侧垫块上中心对准，8. 承载板（或试验机），9. 和托盘边取平的加载头，10. 承载板

2）试验步骤

将托盘置于一个平滑、坚硬、刚性水平平面的正常位置上，把一块尺寸为 200mm×

200mm×25mm 的刚性加载头放在一个外侧垫块的上方（图 38-10a）或放在有纵梁托盘的纵梁某一端头的上方（图 38-10b）。

a）匀速将一个均匀的试验载荷从 0 逐渐加大到 0.25R（R 为托盘的设计总质量，0.25R 为挠度测量的准载荷）。在 1～5min 将 1.1R 的满载荷加到每个垫块上。若以加载块作为试验载荷，应对称加载，视托盘材料的不同（表 38-12）保持满载荷稳定一段时间。

表 38-12　静载荷试验的加载时间

托盘材料	试验时间/h
用金属紧固件的非加工（仅用锯下料）木料	2
塑料	24
纸基和加工木料（如胶合板、胶粒板）	24
全金属	2
包含塑料的复合托盘	24
用胶黏剂胶合的托盘	24

b）按规定时间，将试验载荷减至准载荷。取得 A 点的挠度测定值；在 B 点上重复上述步骤，取得 B 点的挠度测定值。另外，也可以在几个角上同时施加满载荷进行堆码试验。

（2）弯曲试验

弯曲试验的目的确定整个托盘的刚度和抗张强度。

1）挠度测定

按下述的试验步骤进行试验，在下列时刻记录如图 38-11 所示的 A 和 B 点挠度，对顶或底铺板上（或下）表面和地面（或试验机架）的相对高度进行测量：在准载荷时；在满载荷阶段的开始及结束时；卸载时，在准载荷条件下每隔 5min 直至连续几次读数均无变化（最长时间为 1h）。测量加载头正下方的两铺面距离 h。沿托盘的第二根水平轴重复上述步骤，在 C 和 D 点以及两铺面之间进行同样的测量。

2）试验步骤

a）把托盘顶铺板朝上放在正方形（或半圆形）支座上，支座的内边缘（或中心线）离托盘的外边缘 75mm（图 38-11）。加载头放在 $0.25l_1$ 处（l_1 为托盘两个正方形支座内边缘之间的距离）。

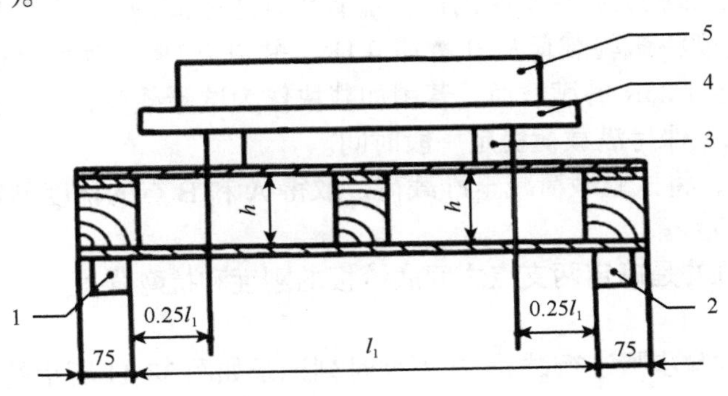

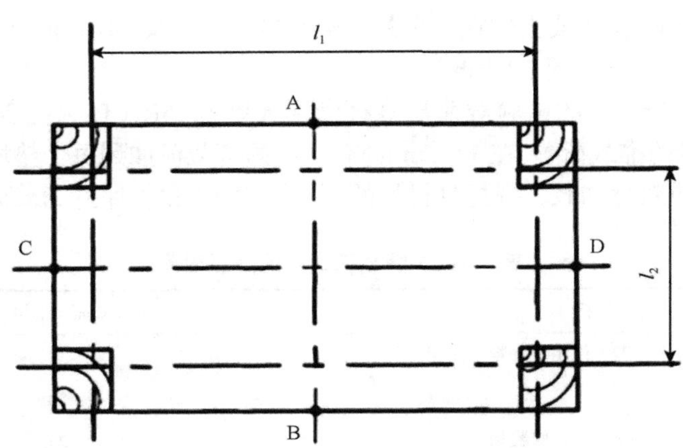

图 38-11 使用方支座和加载头的弯曲试验

1 和 2. 支座；3. 加载头；4. 承载板；5. 载荷块

b）以均匀的速度将试验载荷从 0 增加到 0.1R，以此作为以后挠度测量的准载荷。用 1～5min 加至 1.25R 的满载荷。若用加载块作为试验载荷，应对称加载。视托盘材料的不同（表 38-12）保持满载荷稳定一段时间。

c）按规定时间，将试验载荷减至准载荷。取得 A 和 B 点的挠度测定值，沿托盘的第二根水平轴重复上述步骤。将加载头放在 $0.25l_2$ 处（l_2 为方支座的两个内边缘之间的距离，图 38-11），取得 C 和 D 点的挠度测定值。

（3）翼托盘试验

翼托盘试验是为了确定整个翼托盘用衡杆起吊时的刚度和抗弯强度。在弯曲试验后立即进行此项试验。

1）挠度测定

按下述试验步骤进行试验，在下列时刻记录如图 38-11 所示的 A 和 B 点挠度，对顶或底铺板上（或下）表面和地面（或试验机架）的相对高度进行测量：在准载荷时；在满载荷阶段的开始及结束时；卸载时，在准载荷条件下每隔 5min 直至连续几次读数均无变化（最长时间为 1h）。

2）试验步骤

a）把翼托盘顶铺板朝上放置于顶铺板翼下的支座上，使支座与该托盘的纵梁/承载杆或垫块接触，每个加载头放在支座内边至加载头外边距离的 $0.25l_1$ 处。

b）以均匀的速度将试验载荷从 0 增加 0.1R，并以 0.1R 作为后续挠度测量的准载荷。在 1～5min 加至 1.25R 的满载荷。若用加载块作为试验载荷，应对称加载。视托盘材料不同（表 38-12）保持满载荷稳定一段时间。

c）按规定时间，将试验载荷减至准载荷，取得 A 和 B 点的挠度测定值。

（4）底铺板试验

底铺板试验的目的是确定两支点之间底铺板的刚度和抗弯强度。

1）挠度测定

按下面所述的试验步骤进行试验，在下列时刻记录如图 38-11 所示的 A 和 B 点挠度，对顶或底铺板上（或下）表面和地面（或试验机架）的相对高度进行测量：在准载荷时；在满载荷阶段的开始及结束时；卸载时，在准载荷条件下每隔 5min 直至连续几次读数均无变化（最长时间为 1h）。

2）试验步骤

a）把托盘顶铺板朝下放置在刚性、坚硬水平平面上，并放置两个正方形或半圆形的加载头，加载头的中心线介于垫块或纵梁的中间。加载头应伸出托盘底面边缘或与其齐平，并且对称放置于托盘中心线的左右两侧。

b）以均匀的速度将试验载荷从 0 增加到 0.1R，并以 0.1R 作为后续挠度测量的准载荷。在 1～5min 加至 1.25R 的满载荷。若用加载块作为试验载荷，应对称加载。视托盘材料不同（表 38-11）保持满载荷稳定一段时间。

c）按规定时间，将试验载荷减至准载荷，取得 A 和 B 点的挠度测定值。

d）除纵梁托盘以外的其他托盘，沿托盘的第二根水平轴重复上述步骤，将加载头放在垫块中间（图 38-12a），并取得 E、F、G 和 H 点的挠度测定值。

4. 冲击试验

冲击试验的目的是模拟运输中传递给托盘的代表性的正常冲击载荷，并确定托盘对冲击载荷的抵抗能力。动态试验包括倾斜试验、剪切试验、顶铺板边缘冲击试验、垫块冲击试验和角跌落试验等。

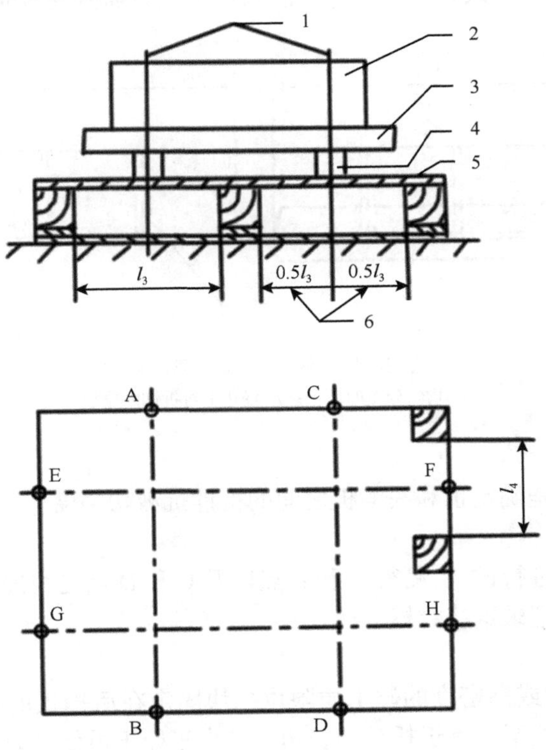

a

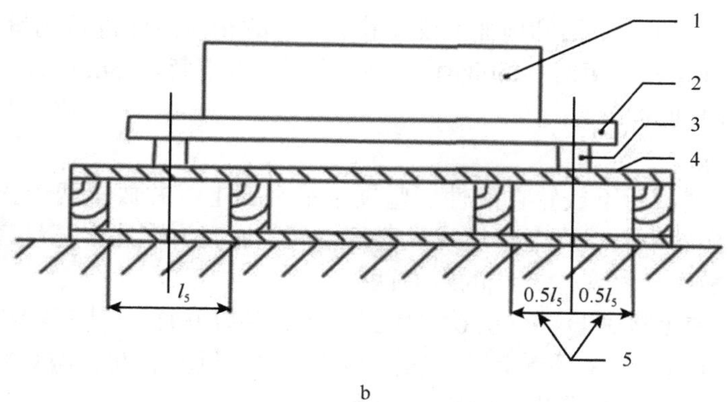

b

图 38-12　反置托盘的底铺板试验

a. 三纵梁托盘（双向或部分四向进叉）或九垫块托盘（四向进叉）示意图[1. 加载头中心线；2. 载荷块；3. 承载板；4. 加载头；5. 底铺板（反置托盘）；6. 等间隔]；b. 四纵梁板托盘示意图[1. 载荷块；2. 承载板；3. 加载头；4. 底铺板（反置托盘）；5. 等间隔]

四项斜面试验（剪切试验、顶铺板边缘冲击试验、垫块冲击试验、角跌落试验）载荷均为 0.075R，试验载荷包括一个平面尺寸为 600mm×800mm（图 38-13）的载荷箱和箱内载荷，载荷箱的位置依据各个试验的要求而定。可拆卸的镶板边至少与受验托盘长度相等。试验载荷不应包括小车的质量。在前面两项倾斜试验中，小车在斜面上升起的距离为 1000mm，第三项试验小车在释放前离冲击点只需升起 750mm 的距离。每项试验都要重复 3 次。

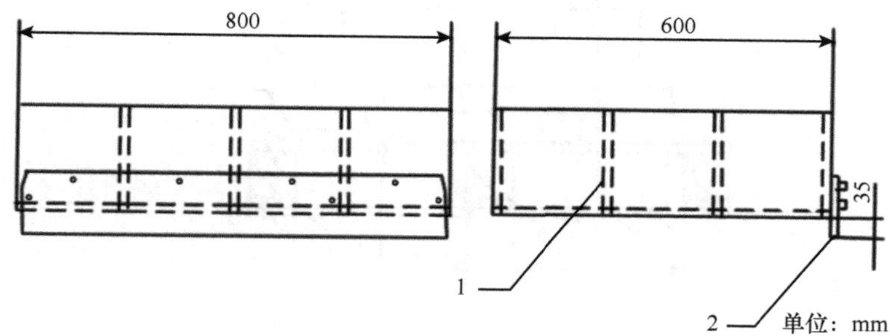

图 38-13　倾斜试验用载荷箱

1. 均匀分布的格子；2. 场边上可拆卸的镶板

（1）剪切试验

剪切试验的目的是确定顶和底铺板之间的构件抗剪切强度。

1）测量

按弯曲试验方法进行试验，测得 A 和 B 点以及 C 和 D 点之间挠度的变化（图 38-11）。沿受冲击面的若干点记录这些数据。

2）试验步骤

a）把一个钢制的或高密度的硬木质限位挡块固定在后挡板的正面，挡块的断面为 90mm×90mm，其长度至少等于托盘的长边。当小车处于最低位时，挡块上边缘应在托盘底面（小车顶面）以上 15mm 处（图 38-14）。

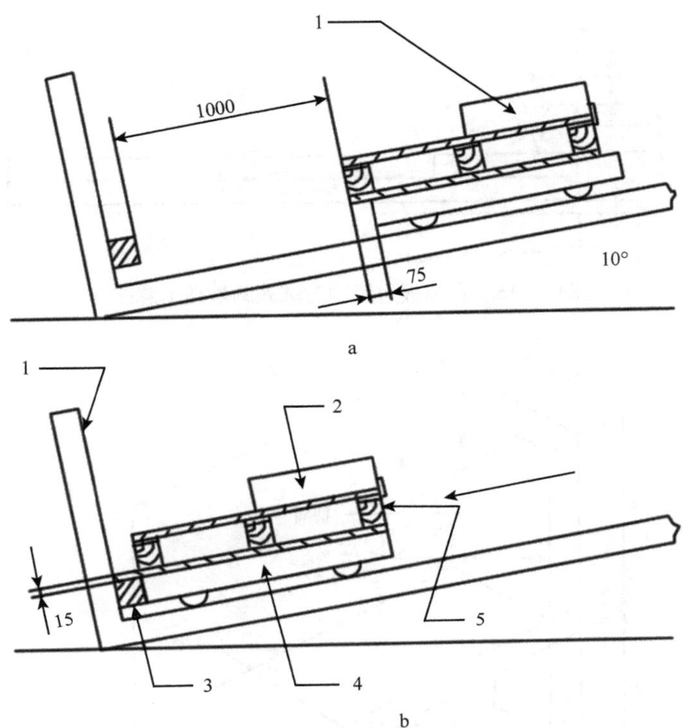

图 38-14 剪切试验示意图（单位：mm）

a. 释放前的位置示意图（1. 载荷箱）；b. 冲击位置示意图（1. 后挡板；2. 载荷箱；3. 挡块；4. 小车；5. 托盘）

b）把托盘放在斜面试验装置的小车上，当托盘的前缘触及挡块时，小车和挡块之间尚有 75mm±25mm 的空隙。载荷箱居中放在托盘上，用压重物将载荷增加到 0.075R，使得加载中心正好处于沿轨道向下运动的轴线上，但偏向载荷箱的上部。把小车和已装载的托盘沿斜面向上拉到离冲击点 1000mm 处，释放。

c）重复上述步骤，再做两次，每次冲击之前都要重新摆好托盘、小车和载荷的位置。

d）沿托盘的第二根水平轴，以同样的程序再进行 3 次剪切试验。

（2）顶铺板边缘冲击试验

顶铺板边缘冲击试验的目的是确定顶铺板边缘抗冲击能力，也适用于托盘的纵梁。

1）测量

按下述的试验步骤测得 x、y_1、y_2 和 y_3 变形量（图 38-15）。同时记录冲击点的嵌入深度和综合损伤情况。

2）试验步骤

顶铺板边缘冲击试验使用斜面试验装置和如图 38-16 所示的缓冲块。

a）把托盘和 0.075R 的载荷箱一起放在试验装置的小车上，载荷中心处于运动轴线上，但偏向载荷箱的下部。

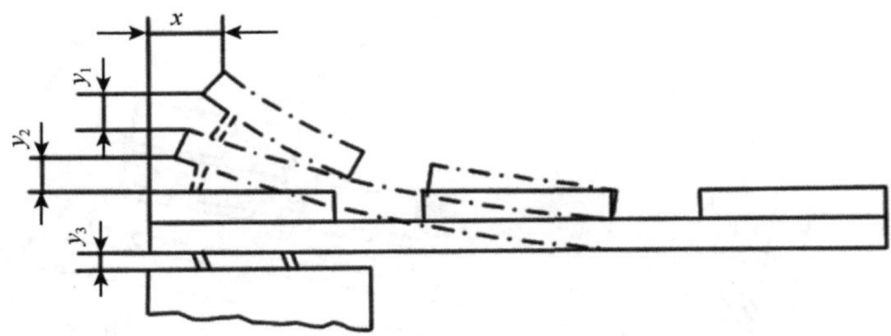

图 38-15　顶铺板边缘冲击试验测量点示意图

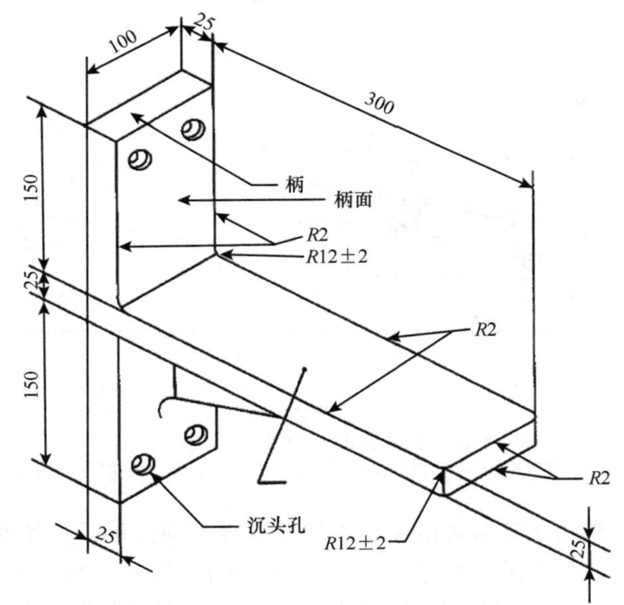

图 38-16　顶铺板和角冲击试验设备的缓冲块（单位：mm）

b）把缓冲块和托盘叉孔在高度上对准，处于离开柄面 100mm 和 25mm 之间，边板能够撞到缓冲块的顶面（图 38-17）。每次的冲击点都应落在此范围内。

c）托盘和小车一起沿斜面向上拉到托盘离缓冲块 1000mm 处（图 38-17），然后释放。再按上述步骤重复做两次，每次冲击前都应重新摆好托盘和载荷箱的位置，然后按上述的规定取得测定值。

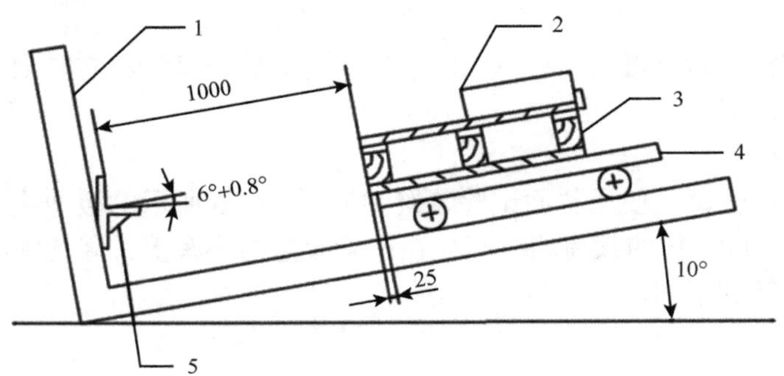

a

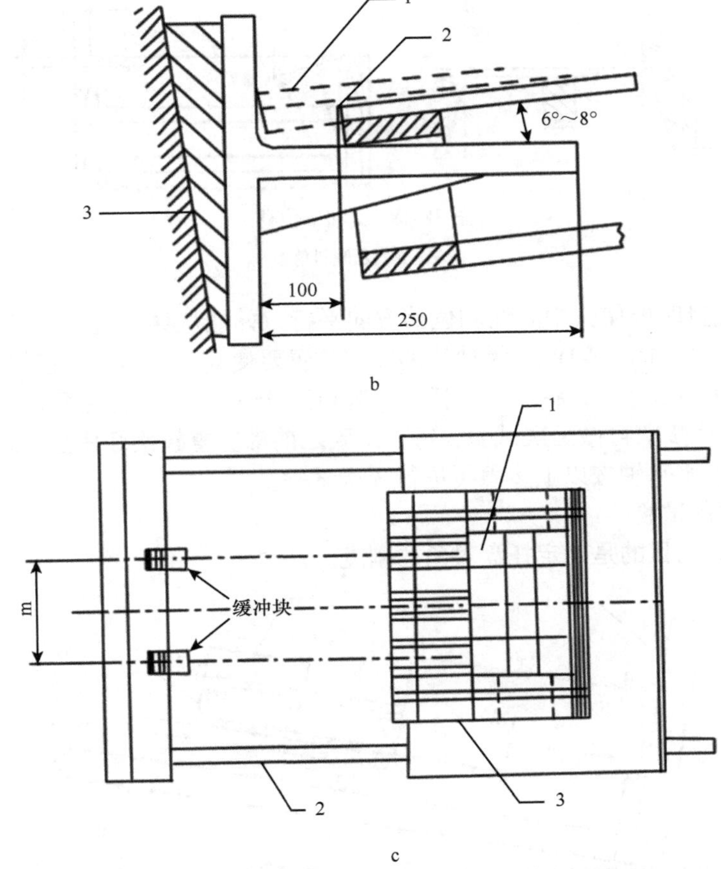

图 38-17　顶铺板边缘冲击试验设备及过程示意图（单位：mm）

a. 释放前的位置（1. 挡板；2. 载荷箱；3. 托盘；4. 小车；5. 缓冲块）；b. 调定位置（1. 冲击位置；2. 调整缓冲块高度之后的位置；3. 挡板）；c. 释放前位置的顶视图（1. 载荷箱；2. 滑轨；3. 托盘）

d）对于四向进叉托盘，还要沿托盘的第二根水平轴按上述步骤做 3 次冲击试验，然后按规定取得测定值。

（3）垫块冲击试验

垫块冲击试验的目的是确定托盘角上垫块抗偏心冲击的能力。该试验只适用于有垫块的托盘。

1）测量

按倾斜冲击试验方法进行试验，冲击后记录垫块的 x、y 位移（图 38-18）以及冲击点嵌入深度。

2）试验步骤

使用倾斜试验装置和如图 38-16 所示的缓冲块。

a）托盘和 0.075R 的载荷箱一起放在试验装置的小车上。载荷中心正好处在运动的轴线上，但偏向载荷箱的上部。

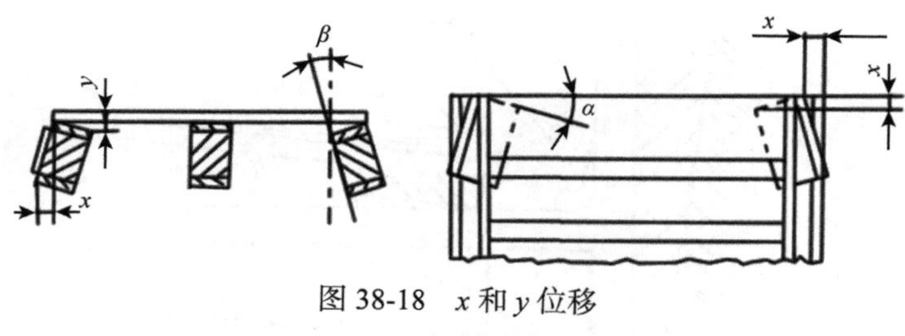

图 38-18　x 和 y 位移

α、β 表示倾斜角

b）放置托盘时要使其中心线和位移方向平行，并能从穿入垫块正面各点的缓冲块边缘 A 中拔出来（图 38-19）。缓冲块的安装位置要使其前面顶边缘正好处于小车顶面之上 75mm。在冲击之前，将小车和托盘一起拉至 750mm 处，然后释放。

c）重复上述步骤再做两次试验，每次试验之前都应重新摆好托盘、载荷箱的位置。沿托盘的第二根水平轴按以上步骤再进行 3 次试验。

（4）角跌落试验

角跌落试验的目的是确定托盘对角的刚度。

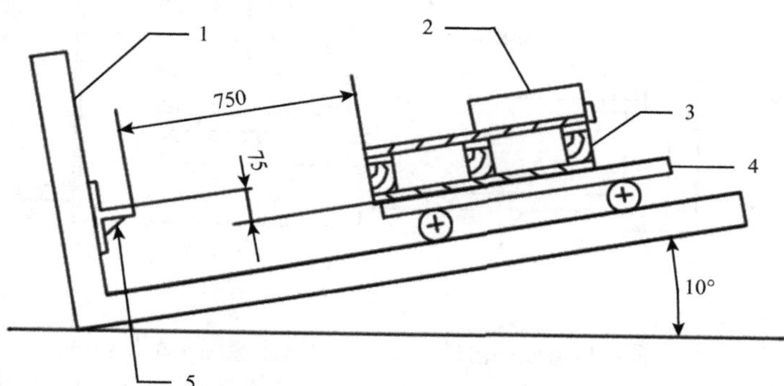

a

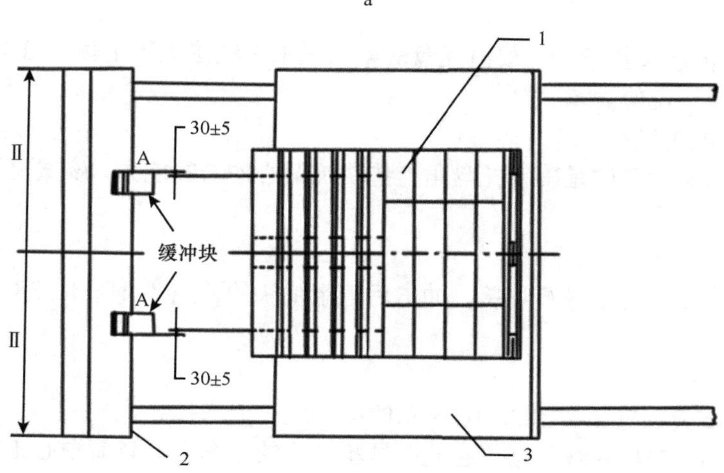

b

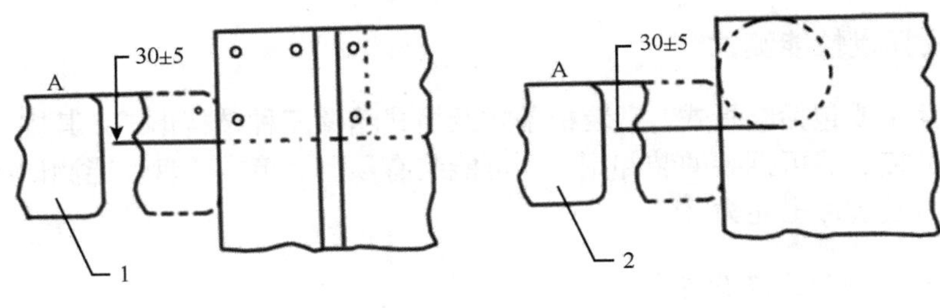

图 38-19　垫块冲击试验的冲击点示意图（单位：mm）

a. 释放前的位置（1. 挡板；2. 载荷箱；3. 托盘；4. 小车；5. 缓冲块）；b. 垫块位置俯视图（1. 载荷箱；2. 挡板；3. 小车）；c. 方形或圆形垫块托盘的位置（1 和 2. 缓冲块）

1）测量

在第一次跌落之前和第三次跌落之后，测量对角线的长度 y（图 38-20）。无论在吊起时或脱钩跌落之后，每个过程中都应在同一点进行测量。为避免局部变形的影响，A 和 B 点都应距各自的角顶点 40mm（图 38-20）。

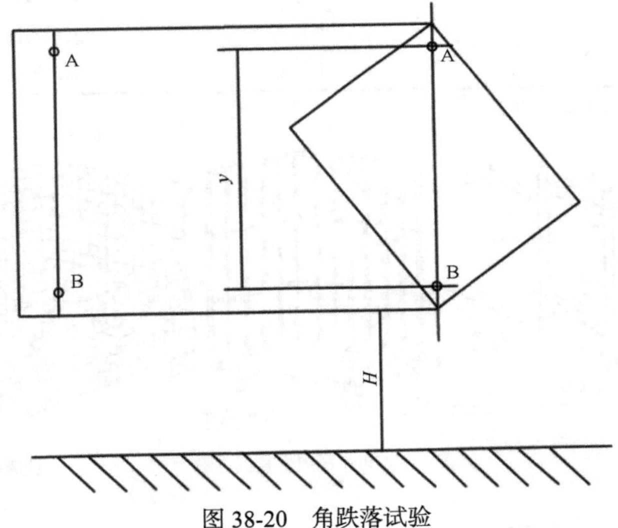

图 38-20　角跌落试验

2）试验步骤

把托盘按对角线 AB 方向吊起，使其上升高度为 H，然后跌落在一个平滑、坚硬、刚性的水平冲击面上（图 38-20）。跌落高度 H 见表 38-13，在同一角度和同一高度上进行 3 次试验。

表 38-13　角跌落试验跌落高度

托盘质量/kg	跌落高度/mm
≤30	1000
＞30	500

38.5.2　箱式托盘性能测试

箱式托盘主要包括整板式、密装板条式及格式箱壁三种结构形式。其中一个或多个箱壁上设有交接的或可拆装的装卸用门，可能装有顶盖。箱式托盘性能测试用于评价托盘的承载能力及抗冲击能力[19]。

1. 箱式托盘的形式及代号

箱式托盘的形式及代号见表 38-14，典型图见图 38-21。

表 38-14　箱式托盘的形式及代号

形式	代号①	特点
可堆码固定式	BFS	承载部与上部构件固定
不可堆码固定式	BF	承载部与上部构件固定
可堆码折叠式	BMS	上部构件可折叠
不可堆码折叠式	BM	上部构件可折叠
可堆码拆卸式	BCS	上部构件可拆卸
不可堆码拆卸式	BC	上部构件可拆卸

①表示如带滚轮，代号前加上“R”

图 38-21　典型箱式托盘

2. 试验方法

（1）承载面弯曲试验

按托盘的弯曲试验进行（参见 38.5.1 节）。

（2）可堆码托盘垂直强度试验

装载托盘，并对托盘顶部施加最大允许堆码质量 1.25 倍的均匀载荷，检查有无变形。

（3）可堆码托盘水平强度试验

分别在第二层托盘的长、宽方向施加外力，其大小为最大允许堆码质量的 1/10，检查构件结合处有无异常现象，见图 38-22。

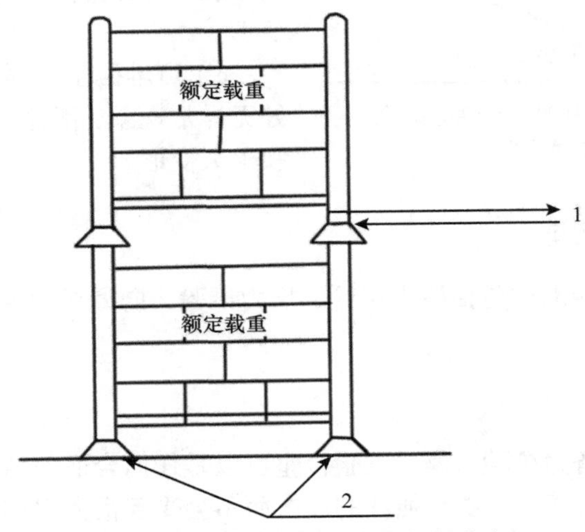

图 38-22　可堆码托盘水平强度试验

1. 水平试验力（F）；2. 固定底部

（4）箱式托盘侧板强度试验

以相当于最大载荷的均匀载荷填满托盘，将托盘平放在斜面冲击试验机的小车上，并加以固定，以 3 倍冲力的重力加速度进行试验，检验托盘有无异常。试验分别在各侧板进行（图 38-23）。

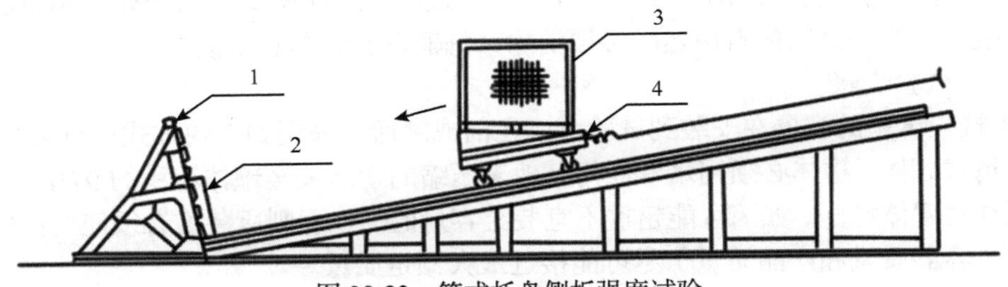

图 38-23　箱式托盘侧板强度试验

1. 冲击板；2. 缓冲材料；3. 箱式托盘；4. 小车

（5）带轮箱式托盘稳定性能试验

在没有装载的条件下，将带轮箱式托盘放在 20°斜面上，用适当的方法固定轮子，装上

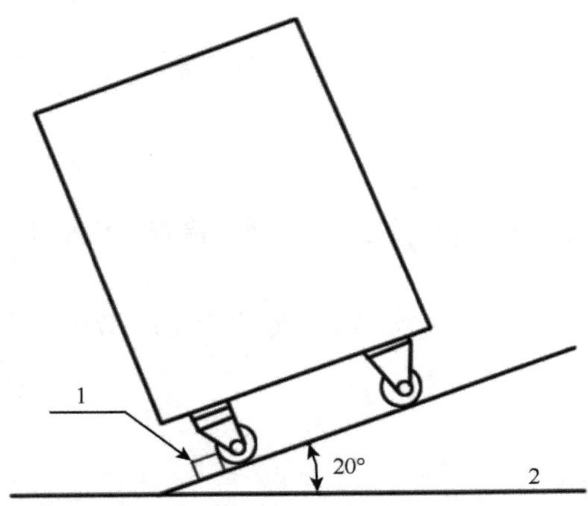

图 38-24　带轮箱式托盘稳定性能试验
1. 挡块；2. 水平面

侧面，检验是否发生倾斜，万向轮箱式托盘应在最易发生倾斜的方向进行试验（图 38-24）。

3. 试验结果记录及评估方法

a）承载面弯曲试验：挠度应不存在损伤、倾斜、凹凸、变形、涂漆不均、镀层不均等妨碍使用的缺点，标志清晰。

b）可堆码托盘垂直强度试验：加载后其倾斜不影响使用，并且没有裂缝和永久变形。

c）可堆码水平强度试验：构件的结合处无异常现象，不翻倒，无裂缝、部件脱落和永久变形。

38.5.3　集装箱性能测试

罐式集装箱的性能测试包括撞击试验、压力试验、防漏试验及液压试验[20, 21]。

1. 撞击试验

（1）试验设备

撞击试验所需设备为试验台座。试验台座可以是任何合适的结构，能够牢固地安装接受试验的容器，并能够承受规定强度的冲击而不会受到很大损坏。试验台座必须满足以下要求。

a）在构造上能够使接受试验容器安装在尽可能靠近撞击端的位置。

b）配备 4 个状况良好且符合 GB/T 1835 要求的固定装置。

c）配备减震装置，保证撞击能够持续适当的时间。

d）撞击有下述方式：试验台座撞击一个静止的大物体；试验台座被一个移动的大物体撞击。

e）当静止的大物体是两个或更多连接在一起的轨道车辆时，每个轨道车辆必须配备减震装置。车辆之间的自由运动必须消除，每辆车的刹车必须锁住。

（2）试验步骤[23]

a）接受试验的容器在安装到试验台座之前或之后，采用如下的方式进行装货。

便携式罐体：罐体必须用水或任何其他未压缩的物质装至罐体容积的 97%。试验过程中无须对罐体加压。如因可能超重不宜装至容量的 70%，则所装物必须使所试验容器的质量（容器质量和产品质量）尽可能接近最大额定质量。

多元气体容器：每个单元必须装等量的水或任何其他未压缩物质。多元气体容器所装的物质，必须使其重量尽可能接近其最大额定重量（R），但不能超过其容积的 97%。在试验期间不得对多元气体容器加压。另外，如果气体容器的皮重等于或大于最大额定质量的 90%，则其不需要装货进行试验。

b）测量接受试验容器的质量并记录。

c）安置试验容器的方向：试验仪器的安置必须能使其经受最严厉的试验条件。容器必须安装在试验台座上尽可能靠近撞击端的位置，并用所有 4 个角配件加以同定，使之在所有方向的移动都受到限制。接受试验容器角配件与试验台座撞击端紧固装置之间的任何空隙必须尽可能小。撞击物体在撞击后能自由反弹。

d）撞击方式：对于单一撞击，两个角配件的撞击响应谱（SRS，图 38-25）中，曲线在 3～100Hz 的所有频率都等于或超过图示的曲线。在有单一撞击结果的情况下，需进行多次撞击试验，每次撞击试验的结果都需要进行单独评估。

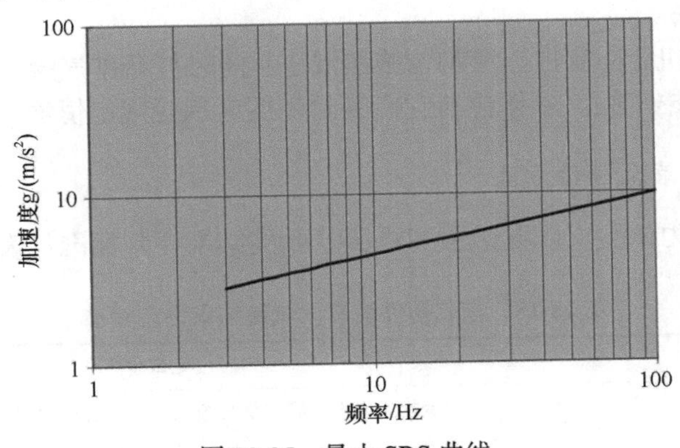

图 38-25　最小 SRS 曲线

e）每次撞击之后，对试验容器进行检查并记录检查结果。合格的容器必须不出现泄漏、无永久变形或使之不适于使用的损坏，并且必须满足有关装卸、紧固和从一个运输工具搬到另一个运输工具的尺寸要求。

2. 压力试验

（1）试验设备

气密压力试验机或可达到相同效果的其他试验设备。

（2）试验压力

试验压力应是集装箱数据标牌上表明的数值。应在加压状态下检查罐式集装箱的罐壳、管道或设备有无渗漏。

（3）试验方法

启动气密压力试验机，向罐内连续均匀施加压力，罐体包括它们的封闭器应承受规定恒压 5min。

3. 防漏试验

（1）试验设备

注水泵或可达到相同效果的其他试验设备。

（2）试验方法

启动注水泵，向罐内连续均匀加满水，检查罐式集装箱的罐壳、管道或设备有无渗漏。

4. 液压试验

（1）试验设备

液压试验机或可达到相同效果的其他试验设备。

（2）试验压力

试验压力应是罐式集装箱数据标牌上标明的数值。应在加压状态下检查罐式集装箱的罐壳、管道和设备有无渗漏。

（3）试验方法

启动液压试验机，向罐内连续均匀施加液压，同时打开排气阀，排出试验容器内残留气体，然后关闭排气阀。罐体包括它们的封闭器应承受规定恒液压 5min。

5. 试验结果记录及评估方法

撞击试验、压力试验、防漏试验和液压试验的结果评判标准见表 38-15。

表 38-15　集装箱性能测试试验结果评判标准

性能试验项目	性能试验要求
撞击试验	内装物无损失，罐式集装箱无任何危及运输安全的变形
压力试验	所有试样无渗漏，罐式集装箱无任何变形
防漏试验	所有试样无渗漏
液压试验	所有试样无渗漏，罐式集装箱无任何变化

38.6　中小型压力容器性能试验

38.6.1　打火机、点火枪检测方法

打火机指充灌有不大于 10g 的丁烷或其他易燃气体或液体，可重复充灌或没有充灌系统，并能承受一定压力，带有燃料释放、引燃装置的器具[24]。点火枪是指充灌有不大于 10g 的丁烷或其他易燃气体或液体，可重复充灌或没有充灌系统，并能承受一定压力，带有燃料释放、引燃装置，手持并以手动点火系统进行点燃的点火装置，当为加长型时，大于或等于 100mm[25, 26]。

打火机与点火枪的性能测试内容包括火焰高度试验，跳火、爆火与溅火试验，火焰熄灭试验，跌落试验，高温试验，持续燃烧试验，循环燃烧试验，燃料相容性试验，压力试验，重复注气试验和燃液体积排量试验等。

1. 火焰高度试验

火焰高度试验用来测量打火机和点火枪火焰高度是否符合要求。

（1）试验装置

直立非易燃面板，最小刻度为 5mm 的阻燃直立标尺，标尺背附的面板至少距离试

验支架 25mm，由非易燃材料制成的防风箱。

（2）试验步骤

a）每个火焰高度试验样品均应于 23℃±2℃的环境下稳定至少 10h。

b）试验样品放在标尺的支座上，使火焰可以垂直向上。

c）点燃样品 5s，并依据样品后板条上的刻度测量可见火焰的最高点，按其最近的 5mm 进行记录。

（3）结果判定

火焰燃烧高度应不大于表 38-16 所列的高度。当试验结果大于表 38-16 所列高度且出现燃烧高度突然增加 50mm 以上、爆炸、爆火或样品机体及机头燃烧、正常熄灭后延续燃烧超过 2s，以及任何其他非正常或不安全的燃烧特性情况，判定为不符合打火机和点火枪安全要求。

表 38-16　火焰高度试验

样品类型	点火方式	火焰控制位置	最大燃烧高度/mm
打火机/点火枪	后混式	最大位置	120/150
		最小位置	50/75
		初始	100/100
		不可调	50/100
	前混式	最大位置	75/75
		最小位置	50/50
		初始	60/60
		不可调	50/75
液体打火机			120

2. 跳火、爆火或溅火试验

跳火、爆火或溅火试验用于检验打火机或点火枪点着后是否存在跳火、爆火或溅火等现象。

（1）气体打火机

1）试验步骤

a）调节火焰高度至最大高度。

b）点燃打火机，用任何手动姿势保持燃烧 5s。

c）按正常动作熄灭打火机。

d）观察是否出现任何爆火、溅火现象。

如果试验样品无缺陷，则继续重新在 23℃±2℃环境中稳定 5min，程序如下：①点燃样品，使火焰垂直向上；②将样品向下旋转至与水平成 45°（图 38-26），观察稳定火焰的高度或火焰的平均高度，保持燃烧 5s；③熄灭样品，恢复垂直向上位置；④观察是否跳火超过 50mm，或者火焰高度超过最大火焰高度。

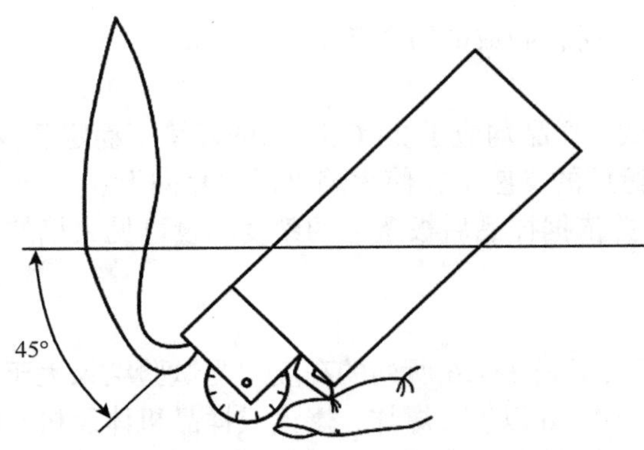

图 38-26　气体打火机跳火、爆火或溅火试验状态

2）判定准则

点燃期间，打火机不应出现任何爆火、溅火现象，跳火不应超过 50mm，火焰高度不能超过最大火焰高度。

（2）点火枪

1）试验步骤

a）待试验的点火枪样品放于 23℃±2℃的环境下稳定至少 10h。

b）将火焰调整到最大火焰位置。

c）点燃点火枪并在以下 3 种情况下持续燃烧 12s，观察爆火或溅火现象：①点火枪水平方向燃烧 4s；②点火枪与水平线成 45°方向燃烧 4s；③点火枪垂直向上燃烧 4s。

d）点燃样品与水平成 45°，在总的 10s 时间内，火焰高度变化超过 50mm 或火焰高度超过表 38-16 范围的样品视为不合格；如果样品合格，在进行下一步试验前，将样品置于 23℃±2℃的环境下稳定至少 5min。

e）如图 38-27 所示，测量火焰高度（L_1+L_2）。

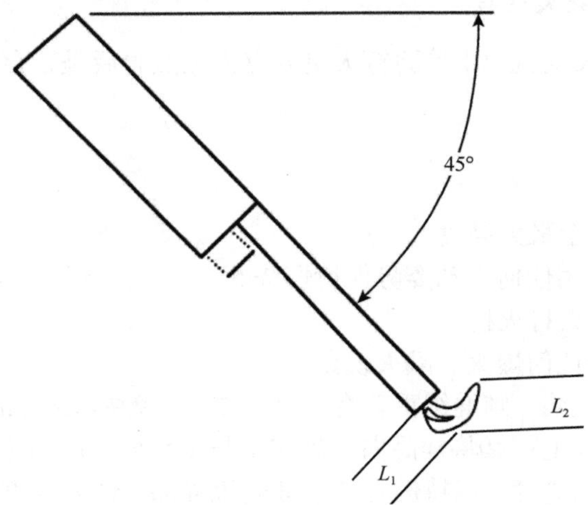

图 38-27　点火枪试验方式

2）判定准则

倒置样品 10s，旋转样品至直立状态，点燃样品，燃烧 10s，观察火焰高度。火焰高度变化超过 50mm 或火焰高度超过表 38-16 范围的样品视为不合格。

3. 火焰熄灭试验

火焰熄灭试验用于验证打火机或点火枪是否可以安全熄灭。

（1）试验装置

火焰高度测量装置。

（2）试验步骤

a）测试样品应预先于 23℃±2℃下稳定至少 10h。

b）建议在较昏暗的光线环境下进行本试验。

c）将样品垂直向上置于火焰高度测量仪前，点燃并调节火焰高度至最大，熄灭样品并冷却 1min。然后，将样品置于水平向下 45°点燃，持续时间为标准时间，以正常方式熄灭后，测量并记录熄灭动作完成后火焰的后续燃烧时间。如果时间超过规定要求，则判定为不合格。

d）如果同一个样品需要重复做火焰熄灭试验，则应将试验样品放于 23℃±2℃下稳定至少 10h。

4. 跌落试验

跌落试验是测定打火机或点火枪在跌落至一硬质表面后是否会出现燃料箱破裂、持续自燃或燃料泄漏率超过 15mg/min 且是否会影响后续操作安全情况的试验，目的是检验打火机或点火枪在使用过程中跌落的抗冲击安全性能。

（1）试验装置

混凝土地面；测高仪器，量程为 1.5m±0.1m；天平，精度为 0.1mg。

（2）样品预处理

将第一组测试样品放于 23℃±2℃下稳定至少 10h。如果有相应的火焰高度调节装置，则应将火焰调至最高。将第二组测试样品放于−10℃±2℃下至少 24h，然后放于 23℃±2℃下稳定至少 10h，对于可调样品，将火焰高度调至 50mm。

（3）试验步骤

a）让每个样品从 1.5m±0.1m 高的地方自由落至混凝土表面上，三次跌落样品初始姿态为：竖直向上，竖直向下，水平放置。

b）观察每个样品在跌落时是否存在使附近任何人发生危险的燃料箱破裂或自燃现象，有任何一种情形则为不合格。

c）三次跌落后 5min 内称量每个样品 1min，看其泄漏率是否高于 15mg/min，如果高于则判定为不合格。

d）不能正常点燃的样品不判定为不合格。

e）跌落试验中，零部件脱落，但能重新安装使用，试验继续进行；不能重新安装使用且燃料泄漏率不超过 15mg/min，不视为不合格。

5. 高温试验

高温试验用于检验打火机或点火枪的燃料箱包括关闭部件是否能够耐受高温，而不出现气体泄漏率高于 15mg/min、燃料箱破裂和影响安全的情况。试验用于检验燃料箱包括密封部件经受高温后是否出现气体泄漏率高于 15mg/min、燃料箱破裂和影响后续操作安全。

（1）试验装置

a）高温烘箱，具有通风口以防气体聚集，并能够维持 65℃±2℃的温度。

b）测温仪，温度测量误差为±2℃。

c）天平，精度为 0.1mg。

（2）试验步骤

a）将高温烘箱温度维持在 65℃±2℃。

b）点燃每个样品，确认燃料非空，然后熄灭。

c）将样品置于温度为 65℃±2℃的烘箱中静置 4h，取出后放在 23℃±2℃的环境中稳定至少 10h。

d）稳定后，称量 1min 并确定泄漏率是否高于 15mg/min。如果高于则为不合格。

e）如果燃料箱透明或半透明，则可以肉眼观察燃料箱内是否有液体燃料。如果燃料箱内没有液体燃料则表明燃料箱是空的，从而判定为不合格。

f）如果燃料箱是不透明的，尝试点燃样品。如果可以点燃，继续进行试验；如果不能点燃，则进行下述步骤试验：①用精度为 0.1mg 的天平来称量样品；②打开燃料箱（推密封球，或对于一次性打火机或点火枪打开燃烧阀，可重复注气的打火机或点火枪则可以打开注气阀以放气）；③装好所有零部件，再次称量点火枪。

（3）判定规则

如果质量没有改变（在±10mg 内），表明燃料已全部泄漏，视为不合格；不能正常点燃且有燃料的打火机或点火枪不视为不合格。

6. 持续燃烧试验

持续燃烧试验的目的是验证打火机或点火枪是否能持续燃烧 2min 且不造成任何部件的持续燃烧或者燃料箱破裂、破碎。

（1）试验装置

由非易燃材料制成的试验箱。

（2）试验步骤

a）试验样品为可调节后混式打火机或点火枪，火焰高度设定在 75mm（在最大火焰高度低于 75mm 时，设定在最大火焰位置）；为可调节前混式点火枪或打火机，火焰高度设定在 60mm（在最大火焰高度低于 60mm 时，设定在最大火焰位置）；为不可调节打火机或点火枪，火焰高度设定在固定高度。

b）样品在 23℃±2℃的环境温度下稳定至少 10h。

c）使样品水平向下 45°，并持续燃烧 2min。

d）2min 持续燃烧时，在试验过程中的任何时段出现任何部件的持续燃烧或者燃料箱破裂、破碎现象，即为不合格。

7. 循环燃烧试验

循环燃烧试验的目的是验证打火机或点火枪是否能承受以下操作：持续燃烧 20s，反复 10 次，每次间隔 5min，并且不影响以后的正常操作。

（1）试验步骤

a）可调节气体打火机，设定火焰高度 50mm，或者当最大火焰高度不足 50mm 时，以其最大火焰高度燃烧。可调节后混合点火枪，火焰高度设定在 75mm（在最大火焰高度低于 75mm 时，设定在最大火焰位置）。可调节前混式点火枪，火焰高度设定在 60mm（在最大火焰高度低于 60mm 时，设定在最大火焰位置）。不可调节点火枪，火焰高度设定在固定高度。

b）样品打火机或点火枪在 23℃±2℃的环境温度下稳定至少 10h。

c）旋转样品，使枪管水平向下 45°，点燃并持续燃烧 20s。

d）打火机或点火枪火焰熄灭后，稳定 5min。

e）重复进行 c）和 d）过程 9 次，使总数达到 10 次。

（2）判定规则

不能正常点燃的打火机或点火枪不视为不合格。

8. 燃料相容性试验

燃料相容性试验的目的是测试打火机或点火枪部件与其他推荐使用的燃料接触后是否会发生变质，以至于燃料泄漏率超过 15mg/min。燃料相容性试验结果与点火枪样品生产时间密切相关，应使用新生产的点火枪样品进行试验。

（1）试验装置

a）附有通气孔的控温箱，温度能保持在 40℃±2℃。

b）精度为 1℃的测温器，量程在 35～45℃。

c）天平，精度为 0.1mg。

（2）试验步骤

a）稳定控温箱温度在 40℃±2℃。

b）点燃样品，确认打火机或点火枪仍有燃料，然后熄灭。

c）向密闭容器中注入推荐使用的燃料，使样品完全浸泡于燃料中，密封容器。

d）放置样品在控温箱里，持续 28 天。

e）取出样品，把样品放在 23℃±2℃的环境下稳定至少 10h。

f）在温度恒定后，1min 内称重，确定气体泄漏率是否超过 15mg/min。气体泄漏率超过 15mg/min 被认为不合格。

g）如果燃料箱是部分或者全部透明的，透过燃料箱观察燃料剩余量。若未见燃料剩余视为不合格。

h）如果燃料箱是不透明的，尝试点燃样品点火枪。如果可以点燃，继续进行试验；如果不能点燃，则进行下述试验步骤：①用精度为 0.1mg 的天平来称量样品；②打开燃料箱（推密封球，或对于一次性点火枪打开燃烧阀，对于可重复充灌式点火枪打开充气阀）；③装好所有零部件，再次称量样品点火枪；④如果质量没有改变（在±10mg 内），表示样品点火枪燃料已经全部泄漏，视为不合格。

（3）判定规则

不能正常点燃且有燃料的样品不视为不合格。

9. 压力试验

压力试验的目的是验证样品及其密封部件能否承受超常规高压，提供样品封闭燃料箱安全承受内部燃料在 55℃时蒸气压 2 倍压力的能力的信息。

（1）试验装置

能够产生 3MPa 内压的设备。

（2）试验步骤

a）在环境温度 23℃±2℃下试验。

b）以不超过 69kPa/s 的速度给样品增加内压，最终达到燃料 55℃时蒸气压的 2 倍压力。

c）如果没有任何压力迅速降低的迹象，则打火机或点火枪燃料箱和外壳被认为是合格的。

10. 重复注气试验

重复注气试验的目的是确保可重复注气打火机或点火枪充气阀不发生危险泄漏。

（1）试验装置

天平，灵敏度较高，精度为 0.1mg。

（2）试验步骤

排空燃料箱，使用生产者推荐的燃料和方法将燃料注入可重复注气打火机或点火枪。通过天平称量，计算试验打火机或点火枪的气体泄漏率是否超过 15mg/min。

（3）判定准则

气体泄漏率超过 15mg/min 视为不合格。

11. 燃液体积排量试验

燃液体积排量试验的目的是测量燃料液体部分与燃料箱容积的百分比。

（1）试验装置

精度为 0.1mg 的天平，台钻[配备 3.06mm（1/8）的钻头]。

（2）试验步骤

a）将样品在 23℃±2℃的环境温度下至少放置 10h。

b）称量一个全新的未用过的样品，将气体放尽，在 30min 后重新称量该空样品，确定燃料质量，以 23℃±2℃下的燃料密度计算出燃料液体部分的体积 V_1。如果燃料型号和成分知道，选用已知燃料的密度；如果未知，密度选用 0.54g/cm^3。

c）在燃料箱上用台钻钻开一个直径不大于 6mm 的孔，称量该样品或者燃料箱。

d）通过注射或其他方法用蒸馏水充满燃料箱，温度为 23℃±2℃，确保燃料箱内没有气泡。

e）根据样品和其燃料箱的设计（大小、形状、壁厚），在燃料箱内的某位置挖一个通气孔，以保证在注射时气体流出。如使用通气孔，在钻完充气孔和出气孔后称量样品。

f）称量灌水后的样品或燃料箱。

g）用灌水后的样品或燃料箱质量减去空点火枪或燃料箱的质量得到水的质量，或通过灌满样品需要水的量或其他便利的方法来确定水的质量。通过 23℃±2℃时水的密度获取燃料箱的容积 V_0。

（3）判定准则

V_1/V_0 大于 0.85 的样品判定为不合格。

38.6.2　小型气体容器检验方法

小型气体容器是指装有压缩气体、液体气体或加压溶解气体的一次性使用的由金属、玻璃或塑料制成的，能承受不小于 1.2MPa 压力的，容积不大于 1000mL 的容器，如可燃气体灌冲容器、气雾罐等[24]。

小型气体容器性能检验项目包括密封性试验、压力试验、温度试验和跌落试验（玻璃材质除外）。

1. 密封性试验

（1）试验装置

电热恒温水浴槽（精度为±0.5℃），计时秒表。

（2）试验步骤

将试验样品放入电热恒温水浴槽中，水浴槽的大小及水量应保证所有样品被完全浸没至水平面下 5cm，启动电热开关，以不超过 5℃/min 的速度将温度升高至 55℃±1℃，保持 30min。

（3）判定准则

除塑料小型气体容器外的所有样品不得发生泄漏或永久变形；塑料小型气体容器可以因变软而变形，但不得泄漏。

2. 压力试验

（1）试验装置

小型气体容器压力试验仪，2MPa 的气源，计时秒表。

（2）试验步骤

a）将试验样品内的内容物全部排空。

b）在样品上打孔（直径 3.06mm）。

c）将样品放入压力试验仪中，置于水平面以下。

d）启动仪器开关，以不超过 150kPa 的速度给小型气体容器加压至 1.4MPa，保持 10s。

（3）判定准则

样品无泄漏、无爆裂，判定为合格。

3. 温度试验

（1）试验装置

防爆烘箱，计时秒表。

（2）试验步骤

a）将试验样品放入防爆烘箱。

b）试验温度和时间可选择下列条件之一：①温度 38℃±1℃，时间 182 天；②温度 50℃±1℃，时间 100h；③温度 55℃±1℃，时间 18h。

c）将样品取出烘箱，在温度 23℃±2℃的条件下保持 10h。

d）检查试验样品并记录样品的任何损伤及内装物是否全部泄漏。

（3）判定准则

样品没有出现导致内装物全部泄漏的破损。

4. 跌落试验

（1）试验装置

小型气体容器跌落试验机，跌落地面（水平钢板，最小尺寸 600mm×600mm× 20mm）。

（2）试验步骤

将试验样品放于跌落试验机进行跌落，跌落高度 1.8m，按下述方式对每个样品跌落三次：第一次，垂直向上位置；第二次，垂直向下位置；第三次，水平位置。

（3）判定准则

试验样品无破损、无泄漏，判定为合格。

38.7　感染性物质包装性能试验

38.7.1　感染性物质

感染性物质是已知或有理由认为含有病原体的物质。病原体是指会造成人类或动物感染疾病的微生物（包括细菌、病毒、立克次氏体、寄生虫、真菌）和其他媒介，如病毒蛋白。根据其危险性划分为第 6 类感染性物质。感染性物质划分为以下类别[1]。

A 类：以某种形式运输的感染性物质，当接触该物质时，可造成健康的人或动物永久性致残，出现生命危险或致命疾病。

B 类：不符合 A 类标准的感染性物质，包括生物物质及诊疗废物等。

38.7.2　感染性物质包装的要求

感染性物质在贮存和运输过程中需保证其包件在到达目的地时状况良好，在运输期间不对人及动物构成危险。当感染性物质为液态时，其包装容器需是在正常运输条件下对可能产生的内部压力具有适当承受能力的容器。对于具有感染人特征的感染性物质（UN 2814）和只对动物具有感染力的感染性物质（UN 2900），运输时需逐项列出内容物清单，并将该清单放在辅助内容器和外容器之间。当对运输的感染性物质情况不了解但怀疑为列入 A 类标准和划为 UN2814 或 UN2900 的物质时，在运输单据的正式运输名称之后，添加括弧并注明“疑为 A 类感染性物质”，并放在外包装内。空容器退回或送往别处以前，必须彻底灭菌或消毒，并将其曾盛装过感染性物质的任何标签或标记除去[27, 28]。

1. 感染性物质包装试验的基本要求

拟用于包装感染性物质的每种容器在使用前，必须通过联合国《关于危险货物运输的建议书　规章范本》所要求的试验。容器的设计型号，是由设计、尺寸、材料和厚度，以及制造和包装方式界定的，可包含各种表面处理，也包括仅在设计高度上比设计型号稍小的容器。生产的容器样品，必须按主管部门规定的时间间隔重复进行试验。容器的设计、材料或制造方式，每次改变后也必须再次进行试验。当试验容器只在次要方面与试验过的型号有所不同，如尺寸较小或净重较小的主贮器，以及外部尺寸略有减小的桶和箱等容器，可允许选择性地对容器进行试验。

2. 感染性物质包装试验的试样数量

感染性物质容器的试验要求和试样数量见表 38-17。表 38-17 所列的各项试验，其目的是考察不同类型容器可能受到的影响，如纤维板或类似材料支撑容器受潮的性能；塑料容器在低温时可能显示的脆性；金属容器受温湿度的影响。对于拟用作感染性物质运输包装的容器，必须通过感染性物质容器使用性能试验。

表 38-17　感染性物质容器的试验要求与试样数量

容器类型①（硬质外容器）	主贮器		要求的试验					
	塑料	其他	喷淋	低温冷冻	跌落	附加跌落	戳穿	堆码
纤维板箱	√②		5	5	10	容器用于盛装干冰时，要求对一个试样进行试验	2	带有标记 U 的容器，需对 3 个试样进行试验
		√	5	0	5		2	
纤维板桶	√		3	3	6		2	
		√	3	0	3		2	
塑料箱	√		0	5	5		2	
		√	0	5	5		2	
塑料桶/罐	√		0	3	3		2	
		√	0	3	3		2	
其他材料的箱	√		0	5	5		2	
		√	0	0	5		2	
其他材料的桶/罐	√		0	3	3		2	
		√	0	0	3		2	

①容器类型按容器的种类及其材料特点、试验目的进行分类；②表示选用

38.7.3 感染性物质包装的检测技术

表 38-17 所列的感染性物质包装的检测项目主要包括跌落试验（包括附加跌落试验）、戳穿试验、喷淋试验、堆码试验及低温冷冻试验。下面主要介绍跌落试验（包括附加跌落试验）、击穿试验、喷淋试验和堆码试验。

1. 跌落试验

（1）试样的预处理

根据感染性物质包装容器材料的不同，应采用不同的预处理条件。

1）喷水预处理

对于外容器为纤维板的容器，应对容器样品喷水，使其暴露于相当于降雨量约 5cm/h 的环境中至少 1h，然后进行跌落试验。

2）低温冷冻预处理

对于主贮器或外贮器为塑料的容器，将试验样品及其内装物降至−18℃或更低的温度，放置至少 24h，并在移出该环境后 15min 之内进行跌落试验。容器样品装有干冰时，放置时间可减至 4h。

（2）附加跌落试验

准备盛装干冰的感染性物质包装容器，应进行跌落试验或者根据包装容器的材料进行相应的喷水和低温冷冻预处理后进行跌落试验。除此以外，还要进行附加试验，应将一个样品存放至所有干冰消失，再按照表 38-18 的规定进行其中一个方向的跌落试验，选择方向应是最有可能造成容器严重损坏的方向。

表 38-18 试验对象数量和跌落部位

样品类型	试样数量	跌落部位
方形	5 个（每个方向各跌落 1 个）	底部平跌、顶部平跌、最长侧面平跌、最短侧面平跌、棱角着地
圆筒形	3 个（每个方向各跌落 1 个）	顶部凸边斜着着地，重心在撞击点正上方；底部凸边斜着落地；侧面平着落地

（3）跌落高度

容器样品从 9m 高处自由跌落到无弹性、平坦、水平、厚重而坚硬的表面上。

（4）判定准则

按照表 38-18 规定的顺序跌落之后，主贮器无泄漏，辅助容器里面有吸收材料一直裹着主贮器，则判该项试验合格。

2. 击穿试验

（1）毛重不大于 7kg 的感染性物质包装容器

将样品放置在水平的坚硬表面上，让一个重至少 7kg、直径 38mm、撞击端为半径不超过 6mm 的圆弧状的圆柱形钢棒从 1m 高处自由跌落。此处的 1m 是指从撞击端到样品撞击面的距离。一个样品底部朝下放置，另一个样品放置的方向与第一个样品放置的方向垂直。每次试验，钢棒应对准主贮器撞击。每次撞击后，即使辅助容器被击穿，只要主贮器没有泄漏，则该项试验合格。

（2）毛重大于 7kg 的感染性物质包装容器

将样品对准一个固定住的圆柱形钢棒顶端落下。钢棒应垂直固定在水平坚硬表面上。钢棒直径为 38mm，上端为半径不超过 6mm 的圆弧状。钢棒高出水平表面的距离至少应等于主贮器中心到外容器外表面的距离，而且不得少于 200mm。一个样品顶面朝下从 1m（从钢棒顶端量起）高处垂直自由落下，另一个样品也从同样高度跌落，但方位与第一个样品的方位呈直角关系。每次试验，容器的方向都应使钢棒有可能穿透主贮器。每次撞击后，即使辅助容器被击穿，只要没有泄漏，则该项试验合格。

3. 喷淋试验

对于外容器为纤维板的容器，应对容器样品进行喷淋试验，以模拟试样暴露于降雨量约 5cm/h 的环境中至少 1h。喷淋试验步骤参照 38.2.6 节。

4. 堆码试验

（1）试验装置和试样

试验装置参照 38.2.5 节。每种设计类型 3 个试验样品。

（2）试验步骤

在试验样品的顶部表面施加一载荷，此载荷相当于运输时可能堆叠在其上面的同样数量包件的总质量。如果试验样品内装的液体的相对密度与待运液体的不同，则该载荷应按后者计算。包括试验样品在内的最小堆码高度为 3m。试验时间为 24h，但拟装液体的塑料桶、罐和复合容器 6HH1 和 6HH2，应在不低于 40℃的温度下经受 28 天的堆码试验。纸、纤维板桶（箱）、胶合板桶（箱）在试样预处理规定的环境中堆码 24h。

（3）判定准则

试验样品均不得泄漏。对于复合或组合容器，所装的物质不应从内贮器或内容器中漏出。试验样品不应出现有可能影响运输安全的损坏，或者可能降低其强度或造成包装件堆码不稳定的变形。在进行判定之前，塑料容器应冷却至环境温度。只要有一个试样不合格，该项试验不合格。

参 考 文 献

[1] United Nations. Recommendations on the Transport of Dangerous Goods Model regulations（Twenty-first revised edition）. New York and Geneva，2015.

[2] 中华人民共和国出入境检验检疫行业标准. SN/T 0370.2—2009 出口危险货物包装检验规程 第 2 部分：性能检验. 北京：中国标准出版社，2009.

[3] 中华人民共和国国家标准. GB/T 4857.1—2019 包装 运输包装件 试验时各部位的标志方法. 北京：中国标准出版社，2019.

[4] 中华人民共和国国家标准. GB/T 4857.2—2005 包装 运输包装件 基本试验 第 2 部分：温湿度调节处理. 北京：中国标准出版社，2005.

[5] 中华人民共和国国家标准. GB/T 4857.11—2005 包装 运输包装件 基本试验 第 11 部分：水平冲击试验方法. 北京：中国标准出版社，2005.

[6] 中华人民共和国国家标准. GB/T 4857.23—2012 包装 运输包装件 基本试验 第 23 部分：随机振动试验方法. 北京：中国标准出版社，2012.

[7] 中华人民共和国国家标准. GB/T 4857.6—1992 包装 运输包装件 滚动试验方法. 北京：中国标准出版社，1992.

[8] 中华人民共和国国家标准. GB/T 4857.4—2008 包装 运输包装件 基本试验 第 4 部分:采用压力试验机进行的抗压和堆码试验方法. 北京：中国标准出版社，2008.

[9] 中华人民共和国国家标准. GB/T 4857.3—2008 包装 运输包装件 基本试验 第 3 部分：静载荷堆码试验方法. 北京：中国标准出版社，2008.

[10] 中华人民共和国国家标准. GB/T 4857.9—2008 包装 运输包装件 基本试验 第 9 部分：喷淋试验方法. 北京：中国标准出版社，2008.

[11] 中华人民共和国国家标准. GB/T 5398—2016 大型运输包装件试验方法. 北京：中国标准出版社，2016.

[12] 中华人民共和国国家标准. GB 19359—2009 铁路运输危险货物包装检验安全规范. 北京：中国标准出版社，2009.

[13] 中华人民共和国国家标准. GB/T 21584—2008 危险品 大包装跌落试验方法. 北京：中国标准出版社，2008.

[14] 中华人民共和国国家标准. GB/T 21585—2008 危险品 中型散装容器防渗漏试验方法. 北京：中国标准出版社，2008.

[15] 中华人民共和国国家标准. GB/T 21279—2007 危险化学品包装液压试验方法. 北京：中国标准出版社，2007.

[16] 中华人民共和国国家标准. GB/T 21593—2008 危险品 包装堆码试验方法. 北京：中国标准出版社，2008.

[17] 中华人民共和国国家标准. GB/T 4995—2014 联运通用平托盘 性能要求和试验选择. 北京：中国标准出版社，2014.

[18] 中华人民共和国国家标准. GB/T 4996—2014 联运通用平托盘 试验方法. 北京：中国标准出版社，2014.

[19] 中华人民共和国国家标准. GB/T 18832—2002 箱式、立柱式托盘. 北京：中国标准出版社，2002.

[20] 中华人民共和国出入境检验检疫行业标准. SN/T 1935.2—2007 出口危险货物罐式集装箱包装检验规程 第 2 部分：性能检验. 北京：中国标准出版社，2007.

[21] 中华人民共和国国家标准. GB/T 5338—2002 系列 1 集装箱 技术要求和试验方法 第 1 部分：通用集装箱. 北京：中国标准出版社，2002.

[22] 中华人民共和国国家标准. GB/T 1835—2006 系列 1 集装箱 角件. 北京：中国标准出版社，2006.

[23] United Nations. Recommendations on the Transport of Dangerous Goods Manual of Tests and Criteria(Sixth revised edition). New York and Geneva，2015.

[24] 中华人民共和国国家标准. GB 19521.14—2004 危险货物中小型压力容器检验安全规范. 北京：中国标准出版社，2004.

[25] 中华人民共和国出入境检验检疫行业标准. SN/T 0761.1—2011 出口危险品打火机检验规程. 北京：中国标准出版社，2011.

[26] 中华人民共和国出入境检验检疫行业标准. SN/T 0761.3—2011 出口危险品点火枪检验规程. 北京：中国标准出版社，2011.

[27] 中华人民共和国出入境检验检疫行业标准. SN/T 2361.2—2009 进出口危险品货物包装安全规范 第 2 部分：感染性物质. 北京：中国标准出版社，2009.

[28] 中华人民共和国出入境检验检疫行业标准. SN/T 3482.1—2013 空运感染性物质包装检验安全规范 通则. 北京：中国标准出版社，2013.

第 39 章　化学品包装与环境污染

包装与环境及资源的关系有辩证的二重性。一方面，包装工业有力地促进了商品经济效益和社会效益，包装对环境和资源也具有保护功能，体现在它对产品的保护、方便流通和促进销售功能中。保护功能对内能防止被包装物在流通过程中损坏；对外能防止具有易燃性、易爆性、腐蚀性、有毒性、感染性、放射性等危险的内包装物对外界造成危害、污染及安全事故。包装方便流通的功能则体现在方便运输、装卸及储存，减少破损，便于回收再生等方面。因此要充分看到包装有利于环境保护和减少资源耗损的一面，更好地利用包装来保护和改善生态环境与节约资源。另一方面，包装工业导致资源消耗和环境污染，其中某些领域污染较为严重。包装消费与生态资源消耗有着直接的联系，特别是纸质、木质、竹类、藤类包装，包装材料直接采于自然生态资源，因而对自然生态有着不可低估的影响。包装生产与消费对生态环境的影响主要来自两个方面：一是部分包装材料来源于生态系统，取之过度会造成生态不平衡，人工合成材料如高分子聚苯乙烯（PS）、聚氯乙烯（PVC）、聚丙烯（PP）、聚氨酯（PU）等在一定条件下的一定时间内，其结构比较稳定，不会产生危害人体或环境的毒性作用，但使用时间过长，温度过高或在酸碱、油脂等物质的作用下，就可能产生毒性作用；二是包装废弃物可对水体、土地、大气造成污染，导致生态系统发生病变或其他方式的反应。由此可见，包装与环境及资源之间会产生矛盾。图 39-1 说明了包装在它的生命周期中与环境的潜在相互作用[1]。

从包装产品的生命周期看，包装对环境的污染和资源的消耗主要表现在如下几方面。

1. 包装生产过程造成的污染

在包装生产过程中，企业排出的废气、废水造成大气和水体污染，一部分不能回收再生的包装材料及包装工业产生的废渣与有害物质对周围环境和土壤造成危害。例如，全国造纸废液 70%没有得到利用而对环境造成污染；某些金属桶在涂装前表面采用除油、除锈、磷化等工艺产生的废水、废气、废渣对人身及环境均造成污染。

2. 包装材料或容器造成的污染

包装材料（含辅料）或容器因自身化学性能变化对内装物和环境造成污染，如聚氯乙烯（PVC）热稳定性较差，在一定的温度下（1400℃左右）会分解析出氢和有毒物质氯，对内装物产生污染。PVC 在燃烧时产生氯化氢，导致酸雨产生。包装用溶剂型胶黏剂，也因有毒而产生公害；包装工业用的发泡剂，生产各种泡沫塑料的氯氟烃（CFC）则是破坏空气臭氧层的祸首。

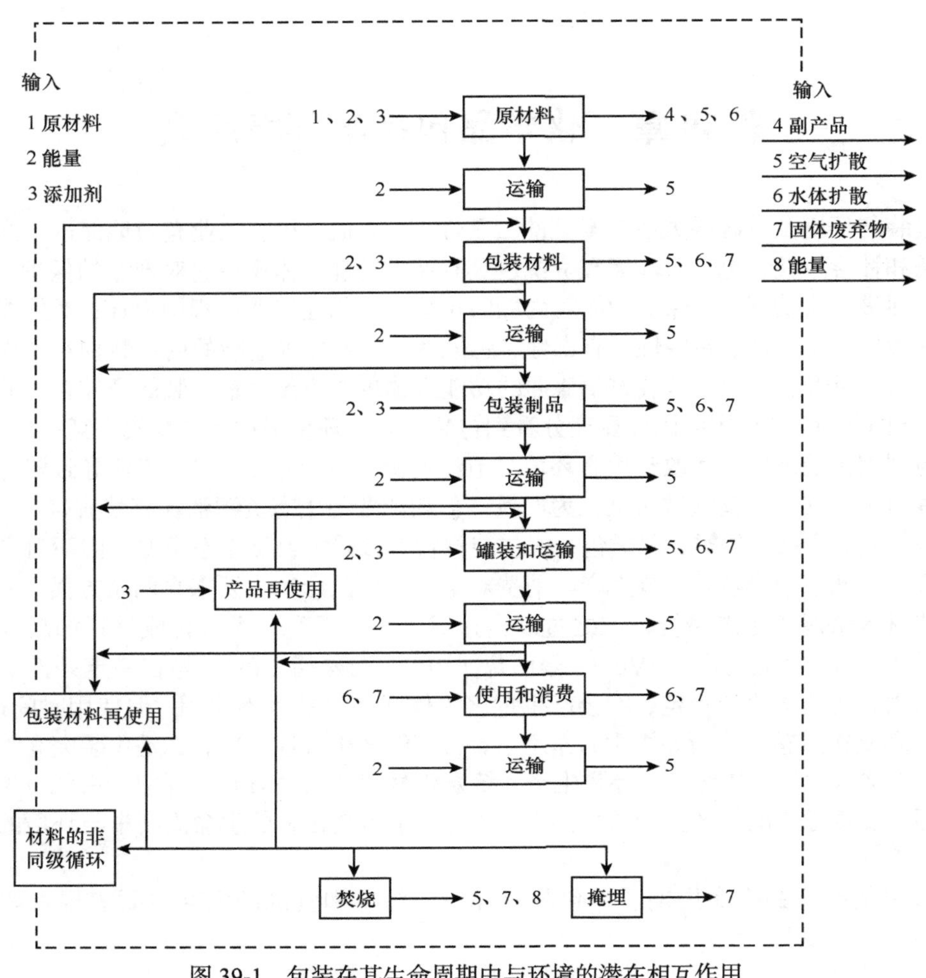

图 39-1　包装在其生命周期中与环境的潜在相互作用

3. 包装废弃物造成的污染

包装不仅会对环境造成污染，而且由于其使用周期短，多属一次性使用产品，约 80%的包装产品成为废弃物且回收效果不理想，因此包装消耗了大量宝贵资源的同时，包装废弃物对环境造成的污染也成为了包装所造成的环境污染最主要也是最重要的部分，如一次性发泡塑料餐具、腐蚀性化学品的塑料包装盒等导致的白色污染。

39.1　包装中的化学污染物

包装污染主要是指由包装材料中化学品的迁移引起的污染。据不完全统计，在常用的包装材料中，不同材质包装材料的使用情况大致为：纸及纸板占 30%，塑料占 25%，金属占 25%，玻璃占 15%，其他占 5%。此处的包装材料不仅包括简单地用于包装的产品，还包括包装容器、包装装潢、包装印刷、包装运输等满足产品包装要求的所有包装材料，其材质既包括金属、塑料、玻璃、陶瓷、纸、竹木、天然纤维、化学纤维、复合材料等主要包装材料，也包括涂料、黏合剂、捆扎带、装潢、印刷材料等辅助材料。不同材质的包装，在生产过程中会使用到不同的化学类助剂，不仅可以提升包装产品本身抵御运输恶劣环境的性能，而且能够起到保护内装产品的作用[2]。

39.1.1　塑料包装中的化学污染物

塑料是可塑性高分子的简称，其主要成分是树脂和添加剂。树脂决定各类塑料在自然状态下的理化特性。塑料树脂能把填料或有机和无机物带结成一定形状的物品。塑料树脂是由许多重复单元或链节组成的大分子、高分子，也称聚合物、高聚物。目前世界上生产的高分子化合物大多用于生产塑料。塑料包装材料是指由塑料制成的各种形式的适宜商品包装的材料，如薄膜等。塑料之所以作为包装材料被广泛应用，是由于它与纸、木材、玻璃等包装材料相比，具有以下优点：①透明度好，可以看清内装物；②具有一定的物理强度，单位质量轻（密度小）；③防潮、防水性能好；④耐药品、耐油脂、耐热、耐寒等性能良好；⑤密封性能好，耐污染，能较好保持内包装质量和卫生状态；⑥适宜多种气候环境。

树脂是塑料中最主要的组分，它是决定塑料类型、性能和用途的根本因素。单一组分塑料中树脂含量几乎达 100%，但在多组分塑料中，树脂的含量为 30%～70%。塑料中除了树脂外，还有各种添加剂，这也是塑料包装材料化学污染物的主要来源[3]。

1. 填充剂

填充剂又称填料，是塑料的重要组成部分，它是使合成树脂呈惰性的补充材料。填充剂的加入不仅仅是单纯的混合，除了增量、降低成本外，往往还可以改变塑料的硬度、抗冲击强度、耐磨性和尺寸稳定性，同时可以改善塑料的耐热性能、电性能、抗化学性能及美化外表。填充剂的种类很多，常用的有机填料有木粉、棉花、纸张和木材单片等；常用的无机填料有碳酸钙、硅酸盐、黏土、滑石粉、石膏、石棉、方丹、金属粉、玻璃纤维等。填充剂的用量根据性能要求确定，一般在 40%以下，有时也会超过合成树脂的用量。

2. 增塑剂

为了使塑料具有柔软性、弹性和流动性，必须改变组成或使用添加剂改善性能。没有增塑剂，塑料不可能制成薄膜、片材、管子和其他柔软产品。增塑剂可促进聚合物结构中分子链的内部运动，增塑剂能让这些分子链相互运动，且在运动中保持最小的摩擦系数，这样它就起到了一种内部润滑剂的作用，减弱了链与链之间的分子作用力（引力），阻止了分子链之间的相互缠结。在加工过程中，温度越高，分子链与分子链之间的增塑剂渗透得越快，塑料实际柔韧性就越强。

大多数增塑剂是液体，具有可与树脂相溶的特点。增塑剂通常是无色的、低蒸气压和热稳定性好的液态有机物，主要有邻苯二甲酸酯、脂肪二元酸酯、磷酸酯、环氧化合物、含氯化合物等。其中，邻苯二甲酸酯类增塑剂是塑料包装中已经证实对环境和健康具有长期危险的物质，属于塑料包装中一类重要的有机污染物。

3. 稳定剂

塑料制品在加工和使用过程中，受热、光或氧的作用，过早地发生降解、氧化断链、交联等现象，使材料性能衰变。为了稳定塑料制品质量，减缓制品材料变性，延长其使用寿命，通常在其组分中加入稳定剂，所以稳定剂又称防老化剂。稳定剂的加入可抑制聚合物因光照、热、高能辐射、超声波、水、氧、微生物等发生的降解，使塑料变色、脆裂、强度下降等变质过程减缓。由于不同聚合物降解的机制不同，因此选用的稳定剂也不同。

按稳定剂的作用可分为热稳定剂、光稳定剂、抗氧化剂等。

a）热稳定剂可与具有催化作用的金属离子络合，或者能消除游离基等活性中心。例如，聚氯乙烯成型加工时的塑料熔融温度接近于分解温度，容易分解出盐酸，而盐酸又会起催化作用，促进聚氯乙烯加速分解。为了防止这一影响，可在其中加入硬脂酸盐作为热稳定剂来减缓这种变化。常用的热稳定剂有脂肪酸，酚或醇类的铬、镍、镉、锌盐，有机锡化合物，胺类，亚磷酸酯及硫醇类等。

b）光稳定剂有紫外吸收剂、光屏蔽剂等。常用的光稳定剂有 α-羟二苯甲酮衍生物，取代丙烯酸酯、苯酯（如间苯二酚酯、水杨酸苯酯）镍络合物及颜料（如炭黑、氧化锌、氧化钛等）。

c）抗氧化剂可以抑制合成树脂氧化、降解。常用的抗氧化剂有酚（如 2,6-二叔丁基酚）、芳香胺（如 *N,N*-二苯基对苯二胺）、正磷酸酯类（如三壬基苯基正磷酸酯）和各种类型的含硫化合物（如硫化二丙酸二月桂酯）等。

4. 固化剂

固化剂也称硬化剂，作用是在塑料树脂中生成横跨键，使分子交联，由受热可塑的线形结构变成体形（网状）的热稳定结构，如环氧、醇酸树脂等，在成型前加入固化剂，才能成为坚硬的塑料制品。

固化剂的种类有很多，通常随着塑料制品及加工条件不同而异。用于酚醛树脂的固化剂有六次甲基四胺，用于环氧树脂的固化剂有胺类、酸酐类化合物，用于聚酯树脂的固化剂是过氧化物等。

5. 着色剂

颜色是塑料制品和包装物的一个重要特色。目前使用的着色剂能使塑料制品染成由浅至深的各种不同颜色。用于塑料制品的两种基本着色剂为染料与颜料。染料与颜料相对来说不易溶解，但能扩散在整个塑料制品中。在塑料制品的整个使用过程中，颜料比染料更稳定，不易褪色。目前，塑料制品中常用的一种着色剂是色母料，它可在加工成型过程中加入到塑料制品中。可将这种着色剂和塑料成分拌在一起，或在制品加工时直接加入这种着色剂，就能使塑料变色。

6. 润滑剂

为改进塑料熔体的流动性能，减少或避免塑料制品对加工设备的黏附，提高制品表面光洁度等加入塑料中的一类添加剂称为润滑剂。一般聚烯烃、醋酸纤维素、聚酰胺（尼龙）、ABS 树脂、聚氯乙烯等在成型加工过程中，常常加入润滑剂，其中尤以聚氯乙烯最为需要。润滑剂可根据作用不同而分为内润滑剂及外润滑剂两类。内润滑剂与塑料树脂有一定的相溶性，加入后可减少树脂分子间的作用力，降低熔体黏度，从而削弱聚合物间的内摩擦。一般常用的内润滑剂有硬脂酸及其盐类、硬脂酸丁酯、硬酯酰胺等。外润滑剂与塑料树脂仅有很小的相溶性，但在树脂成型过程中，易从内部析出黏附在设备的接触表面（或涂于设备的表面），形成润滑剂层，降低了熔体和接触表面间的摩擦，防止塑料熔体对设备的黏结，属于这类润滑剂的有硬脂酸、石蜡、矿物油及硅油等。

塑料中除上述组分外，有时根据特殊用途，还会加入发泡剂、防黏剂、增韧剂、抗静电剂等。

综上所述，通常所说的塑料其实是由合成树脂与添加剂等组分共同组成的。塑料中各种添加剂与树脂质量的比例关系称为配方，它是根据包装物的用途、所需性能和成型要求，再结合各种组分的特性和来源制定的，合理的配方既能改善加工工艺条件，又能以较低的成本生产出优质塑料包装物，因此配方要经过多次反复实践才能不断完善和提高。

39.1.2　纸包装中的化学污染物

纸和纸板是一种传统包装材料，至今仍是使用广泛的包装材料，纸类包装主要包括纸、纸板和纸制品。纸类包装之所以能长期作为重要的包装材料，其原因主要如下。

a）纸和纸板原料来源广泛，价格低廉，容易形成批量生产。

b）包装纸均匀性较好，单位面积强度较大。用纸板制成的包装容器，具有较好的强度、弹性，质量轻。

c）纸和纸板具有良好的吸墨性能，易黏结，印刷性能好，字迹、图案清晰，牢固。

d）耐高、低温性能较好，尤其与大多数塑料包装材料相比优势明显。

e）纸制品能根据不同的商品设计出各式各样的箱、盒，便于自动包装和标准化作业，包装形状不易改变，且卫生、无毒、无味、无污染。

f）纸包装材料可反复回收利用，是一种较好的环保型包装材料。

可以说，纸类包装材料具有易获取、易加工、适用性强、经济实用等诸多优势，即使在塑料包装物大发展的今天，纸类包装仍是不可替代的。

近年来，随着人们环保意识的加强、印刷行业对纸张性能要求的提高、造纸水封闭循环系统的使用及废纸回收用量的增加，化学助剂在造纸工业中大规模应用成为必然。目前，造纸用化学品类助剂已经成为一个崭新的精细化工行业。使用化学助剂可以改善纸机的运行环境，赋予纸张突出的性能（如表面强度、抗水性、抗油性、湿强度、干强度、平滑性、印刷适性、柔软性等）。随着纸和纸板使用范围的不断扩大及社会对特殊功能纸需求量的增大，新型造纸化学类助剂不断面世[4]。

1. 制浆助剂

制浆助剂是指在原生纤维和再生纤维加工过程中使用的化学品，它能缩短制浆的蒸煮时间，提高纤维的得率及质量，减少制浆废水污染。主要包括蒸煮助剂、漂白助剂和脱墨助剂。目前，蒸煮助剂仍以氢氧化钠、硫化钠、多硫化钠、蒽醌衍生物等为主，乙醇、乙酸等有机溶剂也有使用；漂白助剂主要有常规 CEH 三段漂白化学品，包括氯气、氢氧化钠和次氯酸钠，近年来已向少氯或无氯漂白转型，相继出现了二氧化氯、臭氧、氧气、过氧酸、乙二胺四乙酸二钠、硫酸镁、二乙基三胺五乙酸（DTPA）、硅酸钠等；脱墨助剂也正由碱性脱墨向中性脱墨过渡，当前仍以氢氧化钠、过氧化氢、螯合剂、硫酸镁、表面活性剂等为主。目前，中性脱墨剂已面世，但大范围推广仍需一定时间，主要是环氧烷基聚合物类产品。另外，在传统制浆化学类助剂的基础上，一些新的蒸煮助剂（如以二钠盐、氨基多羧酸盐、烷基聚氧乙烯醚和蒽醌衍生物为主要成分的特效蒸煮助剂等）、漂白助剂（如杂多酸、异氰尿酸酯、非酚羟苯磺酸钠、二嘧啶氯化镁、新型过氧化氢稳定剂等）、中性脱墨助剂（如嵌段类表面活性剂、脂肪醇聚氧乙烯磷酸酯、苯乙烯马来酸酐半酯聚合物等）、脱墨浆用高效漂白助剂（如甲脒亚磺酸、连二亚硫酸钠等）也已投入生产使用。

2. 过程控制助剂

主要包括助留助滤剂、消泡剂、腐浆控制/杀菌剂、树脂障碍/沉积物控制剂、水处理剂等。过程控制助剂的使用可优化生产过程，提高纸机效率，其中应用最广泛的便是助留助滤剂。近年来，微粒助留系统以其独特的优势脱颖而出，目前以 Compozil 系统、Hydrocol 系统和 Integra 系统为主。消泡剂方面主要有聚醚改性有机硅乳液类消泡剂，以前常用的煤油、脂肪酸皂等已逐渐退出市场；杀菌剂则以异噻唑啉酮类化学品为主；水处理剂可分为两个类别：无机纳米产品和超高分子质量聚合物絮凝剂，纳米粒径范围的控制和高分子聚合引发的效率改进是此类处理剂的关键环节。

3. 功能性助剂

主要包括施胶剂、干湿强剂、填料、增白剂、柔软剂、阻燃剂、防油剂、防水剂等。这类助剂品种具有很强的针对性、专用性，对纸张的品种和质量起着决定性的作用。目前，浆内施胶剂正由酸性向中碱性过渡，如阳离子分散松香胶、烷基烯酮二聚体和烯基琥珀酸酐、聚氨酯和聚苯乙烯类高分子聚合物施胶剂等。干湿强剂的应用一般主要集中在特殊用纸上，如箱纸板环压强度剂、高档包装纸挺度剂、生活用纸湿强剂等。造纸用填料是生产过程中所有湿部化学品中添加用量最大的部分，能增强纸张的各种光学和物理性能，主要包括滑石粉、碳酸钙等。目前，一些新型的有机填料也开始使用，如三聚氨酯甲醛树脂、沸石、膨润土等。

4. 涂布加工助剂

主要包括涂布黏合剂、颜料、颜料分散剂、印刷适性改进剂、润滑剂、抗水剂等。这些化学品主要用于高档涂布纸的生产，可提高纸张的品质和附加值。例如，硫酸钙类颜料的应用可改善纸张的白度、不透明度和印刷性能，煅烧级的瓷土颜料能够以较低的配比获得较高的不透明度。目前纳米颜料和塑形颜料在涂布中已开始应用；胶黏剂的应用以羧基丁苯胶乳、苯丙胶乳等为主；抗水剂则主要集中于无甲醛类化学品；分散剂主要包括涂料分散剂和研磨碳酸钙分散剂两大类。

39.1.3　金属包装中的化学污染物

金属材料是重要的传统包装材料，一般是指钢、铁、铝、铜等金属材料，现在的复合金属包装材料也属此类，被广泛应用于工业产品包装、运输包装和销售包装中。金属包装材料具有极优良的综合性能，特别是在复合包装材料大发展的今天，金属材料已成为复合材料中主要的阻隔材料层，如以铝箔为基材的复合材料和镀金属复合薄膜等都得到广泛的应用。

相比其他类型的包装材料，金属包装材料的化学稳定性较差，耐腐蚀性不如塑料和玻璃，尤其是钢质包装材料容易锈蚀，因此金属包装材料大多需要在表面再覆盖一层防锈物质，以防来自外界和被包装物本身的腐蚀破坏作用，同时防止金属中的有害物质污染商品。例如，金属材料不同程度地含有重金属 Pb、Fe、Sn 等的离子，这些重金属离子能够与商品发生化学反应，特别是在食品、药品包装中，应特别注意金属包装对商品产生的污染，而且这些重金属离子大多对人体有较大危害。

39.1.4　木包装中的化学污染物

木材是一种历史悠久的包装材料，在包装材料众多的今天，木材由于其优点：可就地取材，质轻且强度高，有一定的弹性，能承受冲击和振动，容易加工，具有很高的耐久性且价格相对低廉等，在当今的包装工业中仍占有很重要的地位。但木材作为包装也有其缺点：组织结构不匀，各向异性，易受环境温度、湿度的影响而变形、开裂、翘曲和强度降低，以及易腐朽、易被白蚁蛀蚀等。

木材是一种由纤维素、半纤维素和木质素组成的三维聚合复合体，具有外表美观、强度高和加工能耗低等优点，广泛地用作建筑和包装材料，但也存在会被生物、紫外等降解，易燃和变形等缺点。一般用物理/化学的方法处理木材，以增强木材的抗降解能力，提高木材的阻燃性、尺寸稳定性，从而延长其使用寿命，对改善木材的使用性能、有效地利用木材和保护森林资源起了直接与间接的作用。对木材进行化学处理已有很长的历史，其处理方法和处理药剂很多。按处理目的可分为木材防腐、木材阻燃和木材改性等几种类型[5]。

1. 木材防腐

木材含有各种化学活性基团，可与化合物发生化学反应。木材防腐是利用各种危害木材的菌、虫有毒的化合物对木材进行处理，以提高木材对菌、虫的抗性，延长使用寿命，有效地利用和节约木材。

木材防腐剂有油类、油溶性和水溶性三大类。油类和油溶性防腐剂处理后的木材，抗生物降解能力较强，但表面涂覆性和黏着性差，而且大多数的处理都污染了木材表面，因此仅限于枕木、电线杆、桩木等的处理。水溶性防腐剂对处理材表面影响较小，一般均可上漆和黏合。由于单一化合物易流失，而且对菌、虫的毒性选择范围窄，因此多使用复合水溶性防腐剂。复合水溶性防腐剂对菌、虫的毒性具有广谱性，而且在木材内的固着性能良好。目前主要使用以下几种：①加铬砷酸铜（CCA），由铜化物、铬化物和砷化物配制而成，进入木材后其组分能很快地相互作用，生成难溶于水的化合物固着在木材内。②氨溶砷酸铜（ACA），由氢氧化铜、五氧化二砷、乙酸和氨水组成，进入木材后氮液挥发，形成难溶的砷酸铜固着于木材中。③酸性铬酸铜（ACC），由硫酸铜、重铬酸钠和乙酸组成，进入木材后乙酸挥发，形成难溶的铬酸铜与木质素络合而固着。

2. 木材阻燃

木材阻燃是以特殊的化学药物对木材进行处理，以提高其耐火性，使之不易燃烧，阻止火焰沿木材表面蔓延并使木材离开火源后具有自熄性。对木材阻燃剂的要求为阻燃效力高、附着力强和渗透性好。一般单一的化合物很难满足这些要求，所以阻燃剂均含有主剂和增效剂等。目前使用的木材阻燃剂多为无机盐类，主要有：①磷-氮系阻燃剂，磷、氮化合物的配合使用增加了磷化合物的阻燃作用，使其在较低的保持量下达到较高的抗火焰传播能力，常用的有磷酸氢二铵、聚磷酸铵和氨基树脂（UDFP 树脂和 MPFP 树脂）等。②硼系阻燃剂，硼系化合物具吸热而放出水蒸气和自身膨胀的特性，在木材表面形成覆盖膜起隔热、隔氧的作用。常用硼酸、硼砂等，硼酸能较好地抑制有焰和无焰燃烧，而硼砂对木材表面的火焰传播有良好的抑制作用，因此二者常配合使用以增加阻燃效果。③水合氧化铝，可起到吸热和降低火焰附近木材温度的作用，一般与磷-氮系、硼系阻燃剂配合使用。④卤素系阻燃剂，属于自熄性阻燃剂，其阻燃作用在气相进行，与磷-氮系阻燃剂配合使用，可使阻燃作用在固相和气相同时进行，增强阻燃效果。常用的有氯化铵、溴化铵、碘化铵和有机卤代烃等。

3. 木材改性

木材外形尺寸变化的主要原因是木材的干缩异向性，弦向和径向的干缩是轴向的30～100 倍，且弦向又大于径向，因此木材的干缩湿胀不仅会导致形状变化，还会导致开裂、翘曲。目前常用的木材改性有软化、漂白、染色、改善尺寸稳定性，通过改性提高木材的使用价值，常用的改性方法包括：①奇数的单板按纹理相互垂直的方向层压胶合，即制成胶合板。通过单板相互垂直方向的机械牵制作用，限制木材的干缩和湿胀。②在表面或内部施以防水涂料，延缓木材对水分的吸收速度、降低膨胀率和防止表面开裂。③对木材进行热处理，降低木材的吸湿性。④使用化合物与木材发生羟基化反应，降低木材与水的亲和力。⑤用化学药剂使木材细胞永久地处于纤维饱和点的膨胀状态。目前，改善木材尺寸稳定性的主要方法是使用膨胀剂使木材膨胀。常用的药剂有聚乙二醇、石蜡、酚醛树脂等。塑合木是一种形体稳定性良好、抗流失的处理材，使用真空/压力法使有机单体进入木材，再经 γ-射线或引发剂作用使木材聚合润胀而达到形体稳定。常用的塑形剂有乙烯类单体，如甲基丙烯酸甲酯、丙烯腈、苯乙烯等。

39.2　包装中污染物的迁移与转化

包装产品在生产过程中，为增加其包装性能而加入的各种功能助剂在包装的储运、消费和废弃过程中会从包装材料中迁移出来，进入到环境中，进而对环境和健康形成潜在的威胁。包装污染物在包装材料中的迁移主要以物理方式进行，其迁移的速度受包装污染物的浓度、迁移环境的温度及迁移时间的长短等因素影响。目前，在各种包装材料污染物的迁移与转化研究中，接触食品的包装材料中污染物的迁移与转化成为人们重点关注的领域之一，这是因为从食品包装材料中迁移出的潜在有害物质会污染食品，进而对人体健康造成危害。因此，本节将以食品包装材料污染物的迁移与转化为重点，介绍包装污染物的迁移与转化过程。尽管包装材料的用途不一，但污染物在其中迁移与转化的方式和机制是相同的。

用于食品包装的材料中，有害化学品的迁移指包装中的残留物或用于改善包装材料加工性能的添加剂，从包装材料内向与食品接触的内表面扩散，从而被溶剂化或溶解。迁移从理想角度的理论上讲就是一个扩散和平衡的过程，是低相对分子质量化合物从包装材料中接触食品传质的过程，迁移成分通过包装材料的无定形区或通道向包装-食品系统界面扩散，直到包装材料和食品这两相的化学位势相等才能达到平衡。这只是理想的假定过程，实际迁移过程比这复杂得多，还要考虑包装材料与食品之间的相互作用，即包装材料被润胀给迁移带来的影响。

39.2.1　污染物的迁移

包装材料中化学物的迁移可以理解为其从一个位置移动到另一个位置的质量传递过程。与聚合物相关的质量传递例子很多，如在装满液体产品的包装中由加热或振动引起的对流，在宏观范围内液体以不同的相对速度流动而发生混合，以及在包装加热和冷却过程中都会发生质量与能量的对流等。对于黏性和固态产品，通过对流来达到混合的目的，几乎没有或者说没有实际的意义。但有个特例，通过振动来实现粒状产品的混合，这和对流的结果类似。在装有固体、黏性物和液体的产品中，其在储存期间最重要的传递过程是扩散和热传导。由扩散引起的质量传递和由热传导引起的能量传递基于共同的分子原理。发生传递的介质中，分子的不规则运动对这两种传递都有影响。原子和原子团的平振传送到附近的原子，从而引起固体的热传导。液体或气体中流动的分子不规则碰撞也是由扩散引起质量传递的一个方面。关于包装与其内装食品发生能量传递的另外一个例子是电磁辐射。这种光形式的辐射会引发化学反应，或者微波形式的辐射能转化为热量，从而进一步通过热传导或对流的方式分散穿过包装系统。

食品包装材料和食品的相互作用对食品质量具有重要意义，相互作用包括从环境和包装到食品的物质迁移，以及相反的物质迁移。另外，包装内或食品内发生化学反应也是可能的。国际上最新研究显示，食品接触材料和食品之间交互作用的发生是可预知的物理过程，迁移测试的标准化就是基于此而展开的。大多数情况下，物质的传递遵守费克（Fick）扩散定律。然而，交互过程中物质的多样性，以及进行所有试验测试需要的时间和费用，使得保障消费者安全这项任务的完成必然还需要额外的方法支持。其中的一种方法就是模拟迁移。这种模拟可以摆脱分析的限制，通过计算机辅助高速获得迁移值。它也能开展任何给定食品包装系统的模拟（几何形状、质量/接触面比、保存期等），并可应用于除食品接触材料以外的其他包装材料，如玻璃、木质及金属包装等[6]。

39.2.2 污染物的迁移研究

污染物在食品接触材料中的迁移转化受其自身的物理化学性质和所处的环境条件影响，其迁移速率、迁移范围和迁移时间的主导形式等都会发生变化。以聚合物薄膜，即塑料包装材料为例，化学品在其中的迁移分 3 个不同但又相互联系的阶段：污染物在聚合物内的扩散、污染物在聚合物与食品界面处的溶解、污染物溶于食品中。

聚合物是由许多特定结构单元通过共价键等重复连接而形成的高分子材料，其分子链段构象主要是线形和支链形，链段和链段之间在空间上又有排列与堆砌，从而形成了极其复杂的聚合物内部网络空间。尽管高分子链结构对材料性能有显著影响，但聚合物的聚集态结构对聚合物材料性能的影响比高分子链结构更直接、更重要，有机大分子在聚合物薄膜内的迁移扩散也主要是由链段大分子的聚集态决定的[7]。

聚合物薄膜的内部结构可分为 3 个区域：结晶区，聚合物链进行规则薄片状折叠，厚度多为 12～15nm；无定形区，聚合物链比较自由地纠缠在一起；交界区，结晶区薄片面和折叠链表面。一般认为化学物质的分子扩散只在无定形区进行，且受其在无定形区内位置、尺寸大小和所在位置附近链的硬度影响[8]。

根据迁移化学物质分子的官能团可把分子结构分为柔性部分（长的烷基链，无大体积官能团，属于线性分子）和刚性部分（分子结构中有芳基，支链上是小分子链，或分子为刚性杂环，类似于球形结构）。研究表明，柔性部分在聚合物中的扩散为蠕动式，而刚性部分在聚合物中的扩散为跳跃式，分子结构中既有刚性芳基又有柔性长烷基链的聚合物分子的扩散包括上述两种形式。对于相对分子质量相同的化学物质，蠕动式扩散系数比跳跃式大，也就是线性分子扩散系数最大，而球形分子扩散系数最小[9]。

大量的试验研究表明，食品接触材料和食品之间的相互作用作为可预测的物理过程确实发生了。然而，由于试验测试过程比较复杂，加上化学物质的多样性，试验耗时且成本高，迫切需要别的方法来替代这个试验。其中，一个重要的方法就是采用迁移预测模型。当化学物质在聚合物塑料内的扩散系数，以及它在塑料包装-食品界面处的分配系数已知时，可基于 Fick 第二定律对迁移过程进行模拟预测，需要说明的是，这种预测通常认为化学物质扩散只发生在包装材料的厚度方向，而横向的扩散则不予以考虑。

1. 单层包装材料的迁移预测模型

单层材料结构指包装材料采用单层包装形式。当假设迁移物在包装材料内的浓度为常数时，称包装为“无限包装”，当假设食品体积无限大以至于迁移物浓度被认为是常数 0 时，称食品为“无限食品”。包装厚度有限（有限包装）是接近真实情况的，此时根据食品体积，包装可分为两类：有限包装-食品无限，即包装材料的体积远远大于食品体积；有限包装-有限食品，即包装材料的体积与食品体积相差不大。有限包装-无限食品迁移模型意味着在迁移过程中食品中迁移物的浓度一直是常数，迁移过程一直进行到聚合物与食品中不存在浓度梯度。这一情形是一种不考虑分配行为的完全迁移过程。

有限包装-有限食品迁移模型[式（39-1）]表示迁移物从有限体积的包装中迁移到基

质均匀、有限体积的食品中。迁移发生后，食品中迁移物的浓度由零增至平衡值，可以考虑分配行为[10]。

$$\frac{M_{F,t}}{M_{F,e}}=1-\sum_{n=0}^{\infty}\frac{2\alpha(1+\alpha)}{1+\alpha+\alpha^2 q_n^2}\exp\left(\frac{-Dq_n^2 t}{L_P^2}\right) \tag{39-1}$$

式中，D 为扩散系数；$M_{F,t}$ 为 t 时迁移物从包装材料迁入到食品中的量；$M_{F,e}$ 为平衡时迁移物进入食品中的总量；L_P 为包装材料厚度；α 为不考虑分配行为时食品与包装薄膜的体积比 V_F/V_P，考虑分配行为时 $\alpha=V_F/(V_P\cdot k_{P,F})$；$q_n$ 为方程 $\tan q_n=-\alpha\cdot q_n$ 的非零正根。

2. 双层包装材料的迁移预测模型

双层模型建立在单层模型基础上，含污染物的再生层作为外层且污染物均匀分布，不含任何污染物的原生层即功能阻隔层作为内层，内层与食品相接触。目前，双层预测模型的建立都是假设两层包装材料为同种类型的聚合物，即迁移物在两层材料中具有相同的扩散系数，且理想接触（不考虑层间的传质阻力及分配）。

双层包装的预测模型有多种。Laoubi-Vergnaud 模型[式（39-2）]假设初始时刻污染物均匀分布于包装材料再生层内，污染物通过原生层向食品中迁移，但不通过再生层向外部空间扩散，包装材料另一侧的浓度为零，食品可瞬时、无限地容纳所有来自包装材料的污染物，即对于污染物而言，食品为一个瞬时无限大的池槽，该模型没有考虑分配行为的影响[11]。

$$\frac{M_{r,t}}{M_{in}}=\frac{8L_P}{\pi^2 L_R}-\sum_{n=0}^{\infty}\frac{(-1)^n}{(2n+1)^2}\sin\frac{(2n+1)\pi L_R}{2L_P}\cdot\exp\left[-\frac{(2n+1)^2\pi^2 L_R}{4{L_P}^2}Dt\right] \tag{39-2}$$

式中，L_R 为再生层厚度；L_P 为双层材料的两层总厚度；$M_{r,t}$ 为 t 时刻材料内迁移物的量；M_{in} 为再生层内迁移物的初始含量。

Begley-Hollifield 模型[式（39-3）]假设包装材料一侧污染物浓度是固定的，另一侧的浓度为零，食品可瞬时、无限地容纳所有来自包装材料的污染物，该模型也没有考虑分配行为的影响[12]。

$$\frac{M_{F,t}}{M_{F,e}}=\frac{Dt}{(L_P-L_R)^2}-\frac{1}{6}-\frac{2}{\pi^2}\sum_{n=1}^{\infty}\frac{(-1)^n}{n^2}\cdot\exp\left[-\frac{n^2\pi^2 Dt}{(L_P-L_R)^2}\right] \tag{39-3}$$

Franz-Huber-Piringer 模型[式（39-4）]考虑了包装材料与食品接触初期功能阻隔层内就已经存在少量的污染物[13]。

$$\frac{M_{F,t}}{A}=\frac{2}{\sqrt{\pi}}\left[C_{P,e}\left(1+\frac{L_P-L_R}{L_R}\right)-C_{B/2}\frac{L_P-L_R}{L_R}\right]\cdot\rho\sqrt{D}\left(\sqrt{\theta_r+t}-\sqrt{\theta_r}\right) \tag{39-4}$$

Feigenbaum-Laoubi-Vergnaud 模型[式（39-5）]研究在共挤生产后、包装食品前的存储期间，污染物从再生层向原生层的迁移。模型不考虑包装与食品接触，也不考虑共挤生产对污染物分布的影响，并假设无污染物从包装材料的两外表面向空气迁移[14]。

$$\frac{M_{B,t}}{M_{P,0}}=\frac{L_P-L_R}{L_P}-\frac{2L_P}{\pi^2\cdot L_R}\sum_{n=1}^{\infty}\frac{1}{n^2}\left[\sin\left(\frac{n\pi L_R}{L_P}\right)\right]^2\cdot\exp\left(-\frac{n^2\pi^2}{{L_P}^2}Dt\right) \tag{39-5}$$

除此之外，人们也开发了 3 层迁移模型，中间层为污染物层，两边为原生层，忽略共挤时发生的迁移，不考虑与食品接触，只考虑包装材料在包装食品前的存储期内污染物从中间层向两边原生层的迁移[15]；另外一种 3 层模型同样假设中间层为污染层，两边为原生层，作为有限包装-无限食品进行研究，考虑了共挤过程中污染物向原生层的迁移，还考虑了食品中的传质系数，用有限差分进行了数值求解[16]。

39.3 化学品包装的环境性能

39.3.1 塑料包装的环境性能

塑料及其助剂、添加剂均属高分子材料，化学结构及性能稳定，正常环境下不会自行降解，也不易被细菌侵蚀，因此，塑料包装废弃物不易腐烂、不易分解，形成了 200 年不腐的永久垃圾，给环境带来了严重的白色污染。因此塑料包装的环境性能很差。

1. 塑料树脂生产对环境的影响

如前所述，目前塑料的应用范围很广。在塑料的生产过程中，塑料制品不是生产过程的唯一产物，反应过程中也产生其他的化合物。在反应后的排放物中，生物需氧量（BOD）和悬浮物量太高，它们未经处理不能直接排入大海、湖泊和河流。这些废液的主要问题是存在一些特殊的少量的有毒污染物，如微量的催化剂、溶液、化合物单体和有恶臭的物质，它们含硫和氮，且很难除去。

2. 塑料再生利用对环境的影响

在回收利用时，某些塑料在加热焚烧时会对环境产生二次污染，如聚氯乙烯塑料焚烧时会逸出氯气，从而对大气产生二次污染。更为严重的是，还会产生迄今为止毒性最大的一类物质二噁英。二噁英进入土壤，至少需要 15 个月才能逐渐分解，危害植物及农作物，对动物的肝和脑也有严重的损害作用。

39.3.2 纸包装的环境性能

纸包装由于无毒、无味、透气好等特点，既不污染内装物，又能保持内装物的呼吸作用，可提供较好的储存条件；同时纸包装易于回收再利用，在大自然环境中也易于自然分解，不污染环境；纸包装的生产原料可以是再生的木材及植物茎秆。因而从总体上看，纸包装的绿色性能是好的，是一种环境友好的包装。但从产品生命周期全过程来评价纸包装的绿色性能，其也存在一些不足，仍需采取措施加以治理。

1. 原材料与自然资源

木材是造纸原料的主要来源。据估算，制造 1kg 纸张约需消耗 20 棵高度为 8m、直径为 16cm 的原木，生长期平均需要 20～40 年时间。而由于人类的滥伐，热带雨林目前正以每秒一座足球场的面积急速消失。由此可见，造纸耗损森林资源的程度很严重。

含纤维素的其他原材料有棉花、稻草、亚麻、茅草、竹子、甘蔗渣和废纸，虽然有些可用于生产印刷和书写用纸，但主要是用来生产低等级的包装用纸和纸板。

2. 造纸与环境污染

木浆以硬木或针叶树软质木材作为原料，通过化学方法、机械方法和混合方法加工处理而成。木浆可用不同的方法生产，经漂白或不漂白使用。在造纸过程中，特别是制浆工艺会对环境造成破坏。另外，其他化学物质（碱、硫化物等）也会污染环境。从纸厂排出的废水，可分为黑液、漂白水废水和白水。黑液是造纸浆时产生的废水，含有纤维、木质素、有机物、无机盐和色素，呈黑色；漂白水废水是指漂白过程产生的废水，含有酸性和碱性物质；白水是指造纸机、压榨机等所排出的废水，其中含大量纤维和生产过程中添加的填料。这些造纸废水对环境的影响主要取决于所使用的原材料。用木材作为纸浆原料，由于木材纤维长，杂细胞少，二氧化硅含量低，因此可制出较高质量的纸；用稻草作为原料，由于纤维短细、二氧化硅含量高，杂细胞多，因此制出的纸张较脆，强度较低，多用于制成普通纸和草纸；麦草由于纤维细，杂细胞少，制成的纸产品性能介于以上两者之间。上述 3 种原料制浆过程中，稻草和麦草浆产生的废液，对环境的污染更为严重，木材浆所造成的污染相对来说较轻。如表 39-1 所示，污水成分含量与允许含量相比，相差较大，所以排放废水前必须对其进行处理，以满足排放要求。表 39-2 是生产 1t 牛皮纸（硫酸盐工艺）的主要工艺数据摘要。如上所述，废水污染物根据木材化学处理的情况而发生变化。再生纸在去除油墨时通常使用清洁剂，在浮选工艺中，这些清洁剂与油墨发生反应，生成可去掉的泡沫。这些油墨浓缩物是有毒的，也必须进行处理。造纸产生的大气污染主要由能源燃烧造成。

表 39-1 造纸厂污水处理前特性

成分	处理前浓度/（mg/L）	最大允许排放浓度/（mg/L）
悬浮成分	100～900	70
生物氧需量（BOD）	50～400	40
化学耗氧量（COD）	150～1300	360

表 39-2 生产 1t 牛皮纸（硫酸盐工艺）的主要工艺数据

	项目	数据		项目	数据
辅助材料	木材片料	1120kg	大气排放物	二氧化硫	18.13kg
	硫酸钠	73.2kg		硫化物	13.1 kg
	氯化钙	11.3kg		硫酸	3 kg
	黏结剂	10kg		固体颗粒	80 kg
	水	±100t	水污染	氯化钙	7 kg
	蒸气	10.3t		碳酸钠	59 kg
能源	燃料	54kg		氢氯化钠	3 kg
	电力	354kW		硫化钠	1.15 kg
				固体颗粒	384 kg

由于各国政府主管部门高度重视和强制标准的出台，工业造纸产生的环境污染在过去的 50 年已大量减少。例如，瑞典由造纸产生的污染排放，从 1970 年到 1980 年减少了近 4 倍，1980 年后，减少得更多。我国造纸工业一直以麦草类纤维为制浆主要原料，80%的造纸厂以秸秆为原料造纸，50%以上是草类纤维，木材纤维只占 15%。而世界纸业以木纤维为主，占原料的 95%。另外，我国的造纸厂规模均很小，因而对生态环境的污染更为严重，麦草类制浆产生的黑液尤为严重，主要因为生产规模小，无力支持建立回收治理系统，为此，造纸工业要重点调整原料结构，要求逐步实现以木纤维为主，扩大废纸的回收利用，合理使用非木纤维。

39.3.3 金属包装的环境性能

金属包装从生命周期全过程，即采矿、冶炼、轧制成型到制作包装、使用废弃整个过程来看，对资源及能源的消耗均很大，对环境尤其是大气造成了污染。用金属材料制作包装，对环境造成污染最主要有两处：一是金属材料开采冶炼；二是包装制品的生产过程。

在金属冶炼过程中，高炉气体中含有许多可燃成分（氢气、甲烷和有毒气体一氧化碳），如表 39-3 所示。它们不仅有毒，而且热含量高（900～1000cal 或 38～43kJ/m^3），因此，高炉气体不能直接排入大气中，应将其用作供热厂的燃料燃烧（热量再利用）。

表 39-3　在炼铁工序中生成的高炉气体的典型成分（每千克铁矿中含近 6m^3 气体）

名称	非燃烧成分/%	名称	可燃烧成分/%
二氧化碳气体	10～16	甲烷	0～3
氮气	52～60	一氧化碳	23～30
氢气	0.5～4		

金属铝、铅和锡的生产过程与铁不同，不能利用高炉工艺从其氧化物中获取。铝矿石用能溶解氧化铝但不能溶解其他杂质（氧化铁）的浓苏打水处理。处理后这些杂质可通过过滤除去，主要成分是氧化铁，形成红色矿渣，很难有其他用途，这些红色矿渣对土地造成了严重的污染。

在包装制品的生产过程中，包括材料选择及结构设计、生产工艺、涂装生产、使用储运的每一个环节，只要处理不当，均会对人体及环境造成伤害和污染，其中尤以桶身磨边工艺的噪声和砂轮与铜板摩擦产生的烟尘对人体与环境的污染最为严重。

金属包装易回收、再生利用或重复使用。在金属包装的再生利用中，容器中或多或少都有一些残余的内容物，在熔化高温下，有的分解成气体，有的燃烧后产生一氧化碳或二氧化碳，有些变成熔渣，这样便产生了环境污染。一般来讲，大型的炼钢企业设备先进，并且具备科学的处理方法，造成污染的可能性不大。但对于小型废钢熔化厂来说，“三废”治理仍是一个有待解决的问题。

39.3.4 玻璃包装的环境性能

玻璃包装是一种可回收包装，废弃后属于惰性废弃物，对环境不会造成太大危害，但在生产过程中也存在对环境造成污染的因素。

在玻璃容器的整个生命周期中，对环境污染最严重的是玻璃生产过程，玻璃的原材料主要是矿物原料，这些原料在高温条件下反应生成玻璃的主体——硅酸盐，同时产生副产品——CO_2、HF、SO_2 等气体，对环境造成污染。另外，生产中加入的辅助材料在高温下同样会产生一些有害气体。玻璃包装生产过程中的第三个污染因素是熔窑烧煤时产生的 CO_2 和 SO_2，随烟尘排出时对空气产生污染。生产过程最后的污染来自窑炉（熔化池）加热时产生的烟尘。

玻璃容器在流通环节发生损失，以及使用后未回收废弃物，均会对环境产生污染。

39.4　包装生命周期评价

环境因素在包装产品的开发和生产过程中起到的作用越来越重要。经济发展的可持续性不仅关系到工业生产的方方面面，而且与国家、地方政府、工业企业和个人息息相关，它们各自的责任如图 39-2 所示。

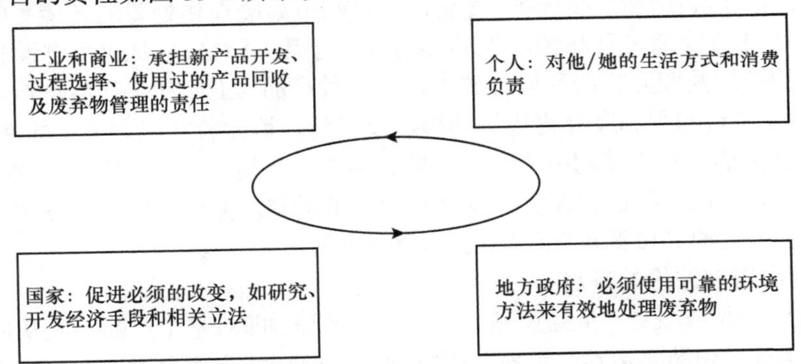

图 39-2　国家、地方政府、工业企业与个人在经济可持续发展中承担的责任

可持续发展的核心是经济发展与资源保护、生态资源保护协调一致。如今人们越来越深刻地认识到包装、物流及包装废弃物对环境和资源的破坏，希望包装材料和包装容器在生产与流通、储运、消费及回收等一系列过程中避免对生态环境造成污染、对人体造成伤害，使包装循环和再生利用。为了达到这个目的，必须对包装和产品的生命周期全过程进行分析才能得出科学的结论，针对劣势找出相应的措施，提高包装的环境性能。

39.4.1　生命周期评价概述

生命周期评价（LCA），也称“生命周期分析”“生命周期方法”“从摇篮到坟墓”等。生命周期评价方法可追溯到 20 世纪 70 年代的二次能源危机。当时许多制造业认识到了提高能源利用效率的重要性，于是开发出了一些方法来评估产品生命周期的能耗，以提高总能源利用效率。20 世纪 80 年代，生命周期评价方法日臻成熟，到了 90 年代，在美国环境毒理学和化学学会（SETAC）及欧洲生命周期评价开发促进会（SPOLD）的大力推动下，LCA 方法在全球范围内得到了较大规模的应用。1997 年国际标准化组织正式出台了 ISO 14040《环境管理—生命周期评价—原则与框架》，以国际标准的形式提出了 LCA 方法的基本原则与框架，进而推动了 LCA 方法在全世界的推广与应用[17]。

1. 生命周期评价的概述

（1）生命周期评价的定义

生命周期评价的定义有多种，政府、企业和一些机构站在各自的立场上都有不同的描述，如美国环境保护局的定义为：对最初从地球中获得原材料开始，到最终所有的残留物返归地球结束的任何一种产品或人类活动所带来的污染物排放及其环境影响进行评估。SETAC 的定义为：全面地审视一种工艺或产品“从摇篮到坟墓”的整个生命周期全过程的环境后果。我国国家标准 GB/T 24040—2008《环境管理—生命周期评价—原则与框架》（ISO 14040—2006）的定义为：对一个产品系统生命中输入、输出及其潜在环境影响的汇编和评价。尽管针对 LAC 的定义存在不同的表述，但各国际机构目前已趋向于采用比较一致的框架和内容，即联合国环境规划署（UNEP）的定义：“LCA 是评价一个产品系统生命周期整个阶段——从原材料的提取和加工，到产品生产、包装、市场营销、使用、再利用和产品维护，直至再循环和最终废弃物处置的环境影响的工具。”

作为新的环境管理工具和预防性的环境保护手段，LCA 主要通过定性和定量研究能量与物质的利用及废弃物的环境排放来评估一种产品、工序和生产活动造成的环境影响；评价能源、材料利用和废弃物排放的影响及评价环境改善状况。LCA 的基本过程是：首先辨识和量化整个生命周期中能量和物质的消耗及环境释放，然后评价这些消耗和释放对环境的影响，最后辨识和评价减少这些影响的措施。生命周期评价注重研究系统在生态健康、人类健康和资源消耗领域内的环境影响。

（2）生命周期评价的特点

LCA 是对产品或服务“从摇篮到坟墓”的全过程，即对整个产品系统从原材料的采集、加工、生产、包装、运输、消费、回收到最终处理整个生命周期有关的环境影响进行分析的过程。由此可见，LCA 可从上述每个环节中找到环境影响的来源和解决方法，从而综合性地考虑资源的使用和排放物的回收与处理。有别于传统的生命周期评价的特点主要有以下几个。

a）LCA 是一种系统的、定量化的评价方法，是以系统的思维方式去研究产品或行为在整个生命周期每个环节中的所有资源消耗、废弃物产生情况及其对环境的影响，定量地评价这些能源和物质的使用及所释放的废弃物对环境的影响，辨识和评价改善环境影响的措施。

b）LCA 是一种充分重视环境影响的评价方法。LCA 注重研究系统在自然资源、非生命生态系统、人类健康和生态毒性等领域内的环境影响，从独立的、分散的清单数据中找出有明确针对性的环境影响的关联。通过这些影响指标可以得到比较明确的环境影响与特定产品系统中物质、能量流的关联，从而帮助找到解决问题的关键所在。

c）LCA 是一种开放式的评价体系，是一种先进的环境管理思想，涉及化学、物理学、毒理学、统计学、经济学、生态学、环境学等理论和知识，应用分析技术、测试技术、信息技术、工程技术、工艺技术等满足清洁生产、可持续发展的需要，因此，LCA 的开放性保证了其方法论也是持续改进、不断进步的。

（3）生命周期评价的意义

LCA 的意义主要体现在以下几个方面。

a）克服了传统环境评价片面性、局部化的弊病，有助于企业在产品开发、技术改造中选择更加有利于环境的最佳“绿色工艺”。

b）有助于企业实施生态效益计划，促进企业的可持续增长。

c）有助于企业有计划、有步骤地实施清洁生产。

d）可以比较不同地区同一环境行为的影响，为制定环境政策提供理论支持。

e）可以为授予“绿色”标签——产品的环境标志提供量化依据。

f）可以对市场销售进行引导，指导“绿色营销”和“绿色消费”。

2. 生命周期评价的技术框架

ISO 14040 标准将 LCA 的实施步骤分为目标和范围的确定、清单分析、影响评价和结果解释 4 个部分，如图 39-3 所示。三个独立但相互关联的生命周期评价框架包括能量和资源的利用及向空气、水与土地等环境排放的识别及量化，技术质量和数量的特征与环境影响分析的后果评价，减少环境负担的措施评价和实施。

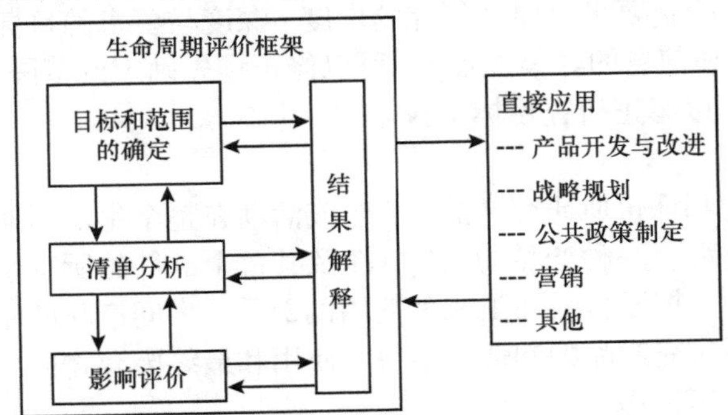

图 39-3　生命周期评价技术框架

图 39-4 示意了 LCA 的概念与一个规定的产品、过程或服务相关的所有材料要求、能源消耗、排放、废弃物和环境影响之间的关系。LCA 覆盖完整的生命周期，包括材料的提取和加工过程、制造、运输和配送、使用/重复使用/维护、回收再生和最终处理。图 39-5 说明了一个产品生命周期中一般材料流动的过程，确定了生命周期不同阶段的划分。

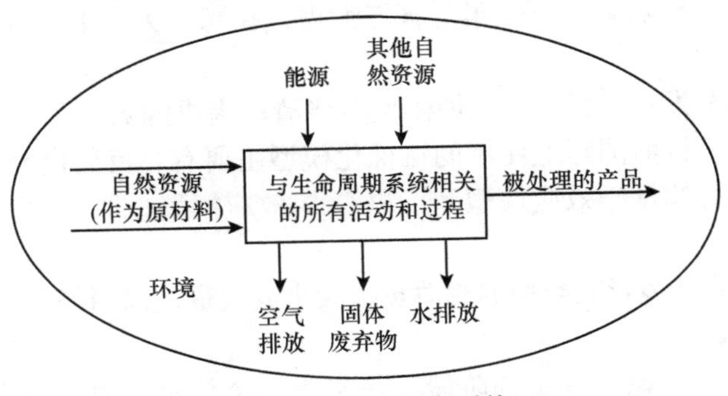

图 39-4　生命周期系统

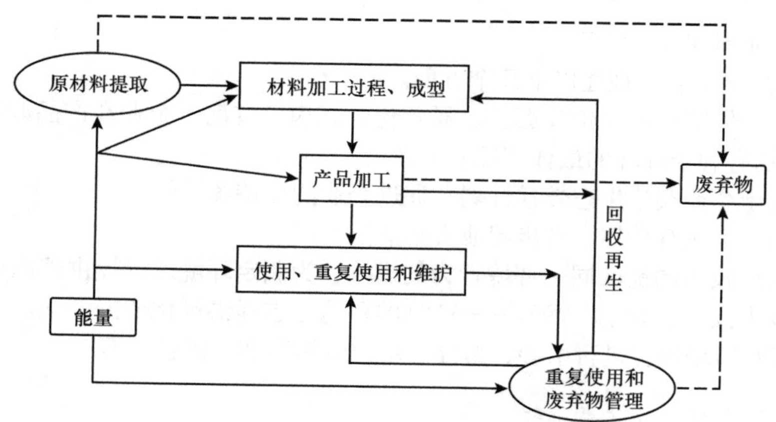

图 39-5　产品生命周期的材料流动过程

实线表示产品生命周期材料流动过程中的有效过程，虚线表示无效过程（产生废弃物，造成环境污染）

（1）目标和范围的确定

目标的确定应清楚地说明开展生命周期评价的目的和意图，以及研究结果的可能应用领域。研究范围的确定要足以保证研究的广度、深度与要求的目标一致。LCA 是一个反复的过程，在数据和信息的收集过程中，可以修正预先确定的范围来满足研究的目标，在某些情况下，也可以修正研究目标本身。

（2）清单分析

清单分析是量化和评价所研究产品、工艺或活动在整个生命周期阶段的资源与能量使用及环境释放的过程。一种产品的 LCA 涉及其每个部件的所有生命阶段，包括从地球采集原材料和能源，把原材料加工成可使用的部件，中间产品的制造，将材料运输到每一个加工工序，所研究产品的制造、销售、使用和最终废弃物的处置（包括循环、复用、焚烧或填埋等）等过程。

（3）影响评价

国际标准化组织（ISO）、美国环境毒理学和化学学会及美国环境保护局（EPA）都倾向于将影响评价定为一个“三步走”的模型，即分类、特征化和量化。

1）分类

分类是将清单中的输入和输出数据组合成相对一致的环境影响类型。影响类型通常包括资源耗竭、生态影响和人类健康危害三大类，在每一大类下又分成许多小类。

2）特征化

特征化主要是开发一种模型，这种模型能将清单提供的数据和其他辅助数据转译成描述影响的叙述词。目前国际上使用的特征化模型主要有：负荷模型、当量模型、固有的化学特性模型、总体暴露效应模型和点源暴露-效应模型。

3）量化

量化是确定不同环境影响类型的相对贡献大小或权重，以期得到总的环境影响水平。

（4）结果解释

结果解释是综合考虑、分析的阶段，是基于一个相对的方法得出的事实和评估要素结果，且该结果反映的是潜在环境影响，而不是对于阈值、安全极限或风险等实际影响的结论。

3. LCA的局限性

产品的LCA只是风险评价、环境表现（行为）评价、环境审核、环境影响评价等环境管理技术中的一种，它并不是万能的。LCA的局限性主要表现在以下几个方面。

（1）范围的局限性

a）LCA仅针对产品系统进行环境评价，因此，它只是在生态环境、人体健康、资源和能源消耗等方面反映评价对象在整个生命周期内对环境的冲击或影响，不可能涉及经济、社会、文化方面的因素，也考虑不到企业生产的质量、经济成本、劳动力成本、利润、企业形象等。因此，不论是政府还是企业都不可能仅仅依靠LCA结论来解决所有的问题。

b）LCA所做的假设，如系统边界的确定可能具有主观性，针对全球性或区域性问题的LCA研究结果不可能处处适用，即全球性或区域性条件不能充分体现当地条件，在某一时间所得到的LCA结论存在时间上的局限性，还可能存在地域上的局限性。用于影响评价的清单数据缺乏时空属性，由此导致评价结果的不确定性，这种不确定性因具体影响类型的空间和时间特性而异，因此在选择LCA分析的系统边界问题上，对特定环境问题的取舍一定要符合本地的实际情况，否则可能得到截然相反的结论，误导政策法令，造成严重后果。

（2）分析方法的局限性

尽管ISO 14040对LCA方法进行了标准化，但并不能覆盖LCA中每一个环节的具体问题，LCA的实施既依赖于LCA标准，也依赖于具体执行者对方法的理解和对评价对象的认识程度，以及自身的经验和技术背景。方法的局限性主要集中在以下几个方面。

a）量化模型的局限性。建立清单分析或评价环境影响的量化模型往往很困难，常常需要做一些假定；另外，对于某些影响或应用，可能无法建立适当的模型，因此需要引入一些主观的参数去人为量化其环境影响，其评价结果必然是因人而异的，使其客观性受到影响。

b）权重因子的局限性。不同环境影响指标依赖于权重因子选择和归一化处理，而权重因子选择和归一化处理存在一些不确定因素，往往由LCA的实施者来自由选择和定义，这样评价结果必然会受到主观因素的影响。

c）检测精度的局限性。在LCA实施过程中，很多时候需要进行现场的检测和试验，由于仪器和方法的局限性，同一污染源的检测结果精度会有一些偏差。

（3）分析数据的局限性

a）数据来源的局限性。LCA的过程中涉及大量的数据，而有些数据无法获得，有些数据的质量无法保证，因而影响了LCA研究的准确性。

b）数据分配的局限性。LCA的清单分析是针对产品系统所有单元过程的输入和输出（原材料、能源、环境排放）进行清查与计算。然而在实际生产过程的多输入（多种原料、配料）和多输出（产品、副产品、排放物）系统、多产品系统及开环再循环过程、多子系统的系统中，进行量化数据的分配是十分困难的。尽管ISO 14040标准给出了一些指导性的建议，但没有一个通用的方法，只能取决于实施者的选择。

c）数据库的标准化和适用性。目前世界上许多国家和地区建立了各自的 LCA 数据库，由于各国的国情不同，有些数据并不一定能直接应用，因此，有针对性、适用的数据库缺乏也限制 LCA 的推广。

39.4.2　包装生命周期评价方法

将生命周期理论应用于包装（含包装产品、包装材料和包装技术）称为包装生命周期分析方法。包装是生命周期评价方法应用最早和成果最多的领域之一。包装生命周期评价方法最初的应用可追溯到 1969 年美国可口可乐公司对不同饮料容器的资源消耗和环境释放所做的特征分析。20 世纪 70 年代初在美国国家科学基金的研究计划中，采用类似于清单分析的“物料-过程产品”模型，对玻璃、聚乙烯和聚氯乙烯瓶产生的废物进行分析比对。20 世纪 90 年代初期以后，由于欧洲与北美环境毒理学和化学学会（SETAC）以及欧洲生命周期评价开发促进会（SPOLD）的大力推动，LCA 方法在全球范围内得到了较大规模的应用。国际标准化组织制定和颁布了 LCA 的系列标准。其他一些国家（美国、荷兰、丹麦、法国等）的政府和有关国际机构，如联合国环境规划署（UNEP），也通过实施研究计划和举办培训班推广 LCA 方法。在亚洲，日本、韩国和印度均建立了本国的 LCA 学会。在此阶段，各种具有用户友好界面的 LCA 软件和数据库纷纷推出，促进了 LCA 的全面应用[17]。

LCA 作为一种评价产品、工艺或活动在整个生命周期的环境影响的分析工具，迄今为止在私人企业和公共领域都有不少应用。在私人企业，生命周期评价主要用于产品的比较和改进，典型的案例有塑料杯和纸杯的比较、汉堡的聚苯乙烯和纸质包装盒的比较等；在政府方面，LCA 主要用于公共政策的制定，其中最为普遍的应用是环境标志或生态标准的确定，美国环境保护局在《空气清洁法修正案》中使用生命周期理论来评价不同能源方案的环境影响，在欧洲，LCA 已被欧盟用于制定《包装和包装废弃物指令》。

39.4.3　包装生命周期评价的内容及步骤

目前，全世界尚无统一规定的方法和步骤来实际操作产品的生命周期评价，特别是环境影响的分类和计算尚缺乏统一的模型，按照产品生命周期中物质、能量的流向可确定包装产品的生命周期流程，见图 39-1，从材料的开采、加工，到制造、包装使用、可能的复用和再生，直到作为废弃物进入环境。

在一个研究开始之前，边界设定是重要的。研究结果在很大程度上取决于边界设定在什么地方，如果边界改变，整个研究都将受到影响。

在边界设定之后就要收集数据，每一步、每一个环节的数据包括：原材料消耗、能耗、向空气中排放的物质的数量和质量、液体排放物的数量和质量、固体排放物的数量和质量、制成的产品和副产品。在收集数据时，应明确数据的来源、时间、地点和状态，以及数据的精确性和完整性。完整、可靠、迅速地收集包装产品生命周期的各项数据，在世界各国都不是一件很容易的事。一般数据来源为工业界的统计数据，行业协会的报告、调查，以及在实验室内做的测试或模拟试验。国内外目前主要用生物耗氧量（BOD）

和化学耗氧量（COD）作为环保指标，或依靠理论计算。

数据收集基础上应把生产系统所产生的污染按产品分配，得到产品单位质量（或体积）的污染量，如果一个系统生产出多种产品和副产品，则要明确哪些产品和副产品是可能进入市场成为商品的，哪些是无商业价值的废料。如果副产品也是有商业价值的，那么它也可以作为承担一部分污染量的产品之一。

根据数据清单，评估各种排放物对环境的影响，尽量量化，为制定减少环境污染的措施提供依据。评估按分类、定性和评价 3 个步骤进行[17]。

a）分类。分析量化数据清单，将环境污染分门别类地列入各个影响种类，如大地污染、空气污染、海洋污染、臭氧破坏等。

b）定性。以量化方式，按照环境污染程度来确定影响的大小，包括环境影响效果的量化值；影响范围有多大；在影响所及的范围内出现的频率有多高，间隔有多长；在影响所及的范围内持续的时间有多长；单位质量排放物对环境的影响有多大；减少单位质量排放物大致的成本是多少等。

c）评价。按量化计算出的结果，确定各个影响种类的相对重要性。目前一般使用“效果导向法”，即把各种排放物对环境的影响及造成的后果分为 6 类：①减少资源（注意区分是再生资源或非再生资源）；②对人和动物的毒性；③酸化；④温室效应；⑤臭氧层减少；⑥卫生填埋所需的空间。

随着人类社会对环境关心程度的增加，LCA 方法也日益被人们所重视，一个包装产品的整个生命周期会对环境产生各种不同的影响，通过 LCA 方法，人们就有可能了解到应该如何调整产业政策、技术政策或包装方法来减少对环境的负面效应。目前，各国已经进行的生命周期评价较多的还是比较性分析。

由于通过研究产品整个生命周期来评定环境影响的经验有限，因此要全面衡量产品的环境性能还很困难，所以当前为环境标志产品制定标准（认证技术要求）时往往采用定性生命周期评价方法或简化生命周期评价方法。定性生命周期评价采用二维矩阵分析法，定性分析产品生命周期中主要污染环境阶段及所产生的环境问题，然后针对减少这些环境影响来制定环境标志产品标准。一般采用 5×8 矩阵，包括 8 个环境要素及 5 个生命周期，如表 39-4 所示。

表 39-4　生命周期评价矩阵

生命周期	环境要素							
	固体废物	大气污染	水污染	土壤污染	能源消耗	资源消耗	噪声	对生态系统的影响
原料获取								
产品生产								
销售（包装、运输）								
产品使用								
回收处置								

依据每个矩阵元素在产品生命周期各阶段的主要环境影响，按照无污染或可忽略污染、中等污染、重污染三个不同的污染等级，由行业专家和环保专家进行评价，即可得出评价结果。

科学的 LCA 是非常有价值的评价包装的环境影响的工具，但它不是一种绝对定量的理论，因此结果必须仔细说明。分析是决策过程的一部分，如前所述，包装必须从一个基本的角度来评价。一个保护性能差的资源经济的包装可能更容易被否决，因为损坏的产品反过来给环境一个更重的负担。

39.5　包装及包装废弃物管理

包装工业在迅速发展的同时，也带来了大量的包装废弃物，而这些包装废弃物如果没有得到妥善处理，将会变成污染物，严重污染环境。根据欧盟在 2006 年的统计，包装废弃物已占所有废弃物的 50%。目前，欧美等都制定了包装法规政策，部分国家还实行了“环保标志”制度，用来强化生产商、进口商和零售商等商家的环保意识。在欧盟，所有本地生产的产品和进口产品，欲在欧盟市场进行销售，首先需要了解并遵守欧盟对包装材料和回收处理的法规要求。

欧洲议会和欧盟理事会制定的《包装和包装废弃物处理指令》（94/62/EC）于 1997 年开始全面实施，该指令以保障环境与生命安全、促进能源与资源合理利用为目标，对欧盟市场的包装和包装材料，包装的管理、设计、生产、流通、使用和消费等环节设定了标准与目标。2004 年 2 月 11 日，在部分成员方的要求下，欧盟委员会对指令中包装废弃物回收条款进行了修改（修正案 2004/12/EC），规定包装废弃物的整体回收率为 60%，再循环率为 55%，同时为不同的包装材料规定了具体的再生利用比例，其中玻璃和纸为 60%、金属为 50%、塑料为 22.5%、木材为 15%。通过包装废弃物指令，欧盟可以将包装的产生、收回和恢复这三方面囊括到其管理体系中。

在包装废弃物的管理中，欧盟各国以德国为代表，于 1996 年 10 月生效了《循环经济和废物管理法》，将物质闭路循环的思想应用于废弃物管理全过程，强调废弃物产生者在产品生命周期全过程的法律经济责任，该做法在世界引起了广泛关注。本节就以德国的包装和包装废弃物管理做法开始，分别介绍世界各主要经济体的包装和包装废弃物管理做法，并归纳近年来我国在包装和包装废弃物管理方面的做法与经验[18]。

39.5.1　德国包装及包装废弃物管理法规

德国是包装再生利用领域的开拓者，其包装相关法规是欧盟范围内影响最深远的法规，它是德国废弃物管理政策和正在讨论的环境政策相结合的产物。在 1986 年的废弃物防止、回收再生和处理活动过程中，建立了防止、重复使用和回收再生废弃物的管理办法，其中污染者负担原则被广泛接受。早在 1988 年 9 月联邦政府通过的《饮料容器实施强制押金制度》法令就规定：在原联邦德境内任何人购买饮料时都必须多付 0.5 马克，作为饮料的押金，以保证容器空后退回零售店以循环利用，这是欧洲第一个有关包装回收的法令。1991 年又颁布了包装管理法令《包装法令》，它是世界上首例对所有包装废弃物进行回收和利用的条例，也是首次在包装废弃物回收利用领域扩展应用“污染者负担”原则，使生产者“对产品的整个生命周期负责的法规”得以明确落实。

目前，德国建立了良好的玻璃和纸回收再生系统及堆肥处理场，家庭也已习惯分离和回收再生包装废弃物。由于德国公众反对焚烧，回收再生变成了废弃物管理上广受欢迎的选项。同时减少占德国市政废弃物体积 50%的包装资源是公众关心的一个主要问题。德国已通过自愿措施鼓励包装减量和回收再生。起初在工业界的响应失败之后，1991 年 6 月引入的《包装法令》实施了强制措施，公众和私营部门对该法令进行了广泛的讨论，在《包装法令》通过前，生产者已经创建了 DSD（德国双轨制回收）系统来适应 PRO（生产者责任组织）计划。

1. 法令的立法管理情况

德国《包装法令》的主要内容包括：确定生产者和销售者有收集、再生利用和处置包装废弃物的义务，它反映了生产者和销售者对产品整个生命周期负责的原则。收集、分拣、再生利用和处置的资金由生产者与销售者负担。该法令提出了包装和包装废弃物控制计划，将包装分为运输包装、销售包装和基础包装 3 类。运输包装和销售包装的责任人是生产者与销售者；基础包装的责任人是销售者和消费者；饮料包装容器实施回收押金制度，责任人是消费者，要求在 3～5 年，所有包装废弃物的回收率达到 80%的规定指标；规定了包装生产商和产品销售商应尽的义务，要求他们对产品的包装在使用之后对其进行回收，并采取再使用和再循环措施，不允许在公众出资建立的废弃物处置系统中处置包装废弃物。生产者和销售者可以委托第三者负责完成包装废弃物的回收与再生利用任务。

德国《包装法令》成为世界上第一个规定生产者负责处理包装废弃物的法律，是德国综合环境政策的组成部分，其目标是实现一种良性循环的经济体制，使来自产品生产和使用的固体废弃物可以最大限度地返回到经济循环中。只有那些不能再生利用的部分才退出经济循环，进行无害化处置。这一政策的目的不仅在于降低由处置废弃物带来的污染，而且在于有效地提高资源利用效率和节约能源。《包装法令》从 1991 年 6 月 12 日开始实施。1994 年德国又通过了《产品再循环和废弃物管理法案》，又称《循环经济法》，该法案明确规定了生产者要减少包装废弃物的产生量与开展回收利用，并进一步扩展了生产者责任制。

总之，德国的《循环经济法》和《包装法令》等法规将包装的回收、利用、处置与生产、销售和消费挂钩，将从回收到处置的各个环节分解落实到各部门。立法管理操作性强，增强了生产者和销售者减少生产与使用包装废弃物的意识，促进了包装废弃物的再生利用，同时加速了包装废弃物再生利用技术的发展。例如，在 1993 年德国包装废弃物的实际回收率为 57%，比规定的比例 50%高 7%，回收的包装废弃物有 85%得到了再生利用。自《包装法令》颁布到 1994 年，已经削减包装废弃物 100 万 t。

2. 法令的总体要求

《包装法令》要求除公共废弃物处理系统外所有类型的销售包装要进行分类管理和

回收再生。根据已有的废弃物法令的废弃物管理层次——减少资源、重复使用和回收再生来制定回收再生的强制配额。能量回收排在这个层次之后，但它并不是《包装法令》的选项。然而在修改稿中，允许进行能量回收，合适的包装材料作为可更新的资源。立法的目的如下。

a）包装必须能保护环境，而且所用的包装材料能循环使用与再回收。

b）通过以下手段减少包装废弃物：①为了保护商品与销售商品，包装的体积和质量应减少或降低到产品所需的最低程度；②在技术与经济条件许可的情况下，应尽可能重复使用包装；③若无重复使用的条件，应该使包装材料循环再生。

强制性价格为达到回收再生目标提供了特殊的支持，责任方是生产者和配送者。强制要求零售商及配送者从销售点返回使用过的包装，以保证将包装废弃物从公共废弃物处理系统中分离出来。返回的包装包括零售商出售的所有类型的销售包装。即使最初的返回责任是放置在零售商身上的，但废弃物管理（收集、分类和回收再生）的责任是由生产者和配送者及零售商共同承担的。

（1）目标和方法

法令分别就重复使用、回收、销售包装、运输包装和二类包装制定了相关的目标。

1）重复使用

由于可重复使用的饮料包装被认为有生态优势，《包装法令》规定啤酒、矿泉水、硬纸盒软饮料、果汁和葡萄酒的包装重复使用的最小比例为72%。如果饮料包装在重复使用包装中的联合比例低于72%，对于那些低于配额规定的饮料包装必须征收保证金。如果可重复使用的包装和聚乙烯袋的份额低于20%，则该规定将应用于用巴氏法灭菌的牛奶。

2）回收

欧盟EU指令和德国法令规定：到2001年6月回收的包装废弃物的份额必须达到65%，回收再生份额必须达到45%。

3）销售包装

销售包装有一些特殊的回收再生目标。从1999年1月1日开始，销售包装必须满足表39-5的回收再生目标（机构成员）。个人服从者在1999年必须达到这些目标的50%，从2000年开始必须满足全部的目标。这个回收再生目标不适用于长周期的销售包装和包含污染产品的销售包装。

表39-5　销售包装的回收再生目标（机构成员）

包装材料	回收再生目标/%	包装材料	回收再生目标/%
玻璃	75	纸，纸板	70
马口铁	70	复合材料	60
铝	60	塑料	60

4）运输包装和二类包装

在技术可行和经济合理的范围内，回收的运输包装和二类包装必须重复使用或回收再生。目前对运输包装和二类包装的回收与回收再生还没有规定目标。

从 2003 年 1 月 1 日开始对由一次性使用的玻璃、塑料或罐包装的矿泉水、啤酒和碳酸饮料如可乐与柠檬水征收 25 分的保证金。该保证金偿还给空容器的返回者。体积超过 1.5L 的保证金是 50 分。果汁、葡萄酒、汽酒和牛奶的包装则无保证金要求。

（2）回收和分类再利用的量化要求

法令制定了包装废弃物回收和分类再利用的量化指标。法令中给出了单一包装材料的量化指标（如玻璃、纸/纸板/硬纸盒、马口铁、铝、塑料和复合物），按质量百分比计算。

回收指标规定了特定的包装材料在总循环量中的质量百分比。分类指标以收集的特定材料总的质量百分比为基础。收集和分类数据由分类者记录，送到分类处的回收材料以回收和回收再生为基础称重。

回收和分类的质量记录在“质量流文件”中，接下来材料被送到回收再生处。在质量流文件中显示分类信息，包括进出的数量并传给回收再生者，提供给州政府，每年将数据报告给联邦政府，以证明该州完成了联邦政府有关回收和分类包装废弃物的强制性要求。在循环中包装质量以人均为基础，每三年报告一次。因为收集的材料最初分为 3 部分（玻璃、纸和轻材料），部分分类中轻的单一包装材料的数量信息是以当地政府废弃物箱柜的尺寸为基础，通过对给定材料的估计为其分配一定的百分比。为典型地区的单一包装材料分配的百分比可用来计算箱柜中单一材料的总质量。

（3）责任方

在法令下，生产者和发行者是完成指标的责任人。“生产者”被定义为生产包装或包装材料的人（以后称为“包装生产者”，区别于最终的产品生产者、充填者或包装使用者）。“发行者”被定义为任何一个投放商业包装、包装材料到市场的个体。发行者不仅包括零售包装好的产品的零售商（包括邮售企业），而且包括其他小商店的经营者，如面包店、专卖流行服饰的小商店和生鲜食品店的经营者，他们采用非货架包装，如用纸或塑料包裹及购物纸袋和塑料袋。

除了这些定义，责任方还包括：①包装材料及包装的生产企业，即制造商；②使用包装材料及包装进行商业流通的企业，即销售商（包括邮售企业）；③充填者（商业充填者）；④在销售点销售包装好的货物的零售商（非商业充填者）。

销售/零售点的发行者有初始的责任，即收回消费者的包装，发行者必须在邻近销售点处提供相关的回收点。发行者应该回收二类包装进行重复使用或回收再生。制造者和发行者有责任接受返回的运输包装，返回的运输包装应该重复使用或回收再生。然而，发行者和生产者必须保证材料是可回收再生的或可重复使用的，与《包装法令》的要求相一致。发行者也可通过加入 PRO 计划免去回收销售包装的责任。转移责任给 PRO 时，要求由 16 个国家的环境部确认 PRO 系统完成了回收、分类和回收再生指标。

3. 与立法相关的政策问题

（1）立法中的包装问题

在基于扩大生产者责任的废弃物管理系统中，包装作为一个产品种类提出了一个独特的问题。调控包装的决定是基于对废弃物管理的考虑，以减少填埋的市政废弃物体积为目标。在德国，包装按体积折算要占市政总废弃物的 50%，按质量则占市政总废弃物的 30%。难以满足生产要求的废弃材料、包装不适合返回给生产者，返回给生产者的理想材料是量大、易识别、非频繁处理（长的使用周期）并且容易分类和未被污染的材料。

包装废弃物的物流特性（特别是轻的塑料和复合材料）是非理想的，即：①高度混合；②有时被污染；③来自许多地方的大量废弃物的频繁处理；④由许多中小型企业生产；⑤短的包装生命周期（从产品到废弃物循环通常不到 1 年），废弃物产生在产品完成之后一个非常短的时间范围内。

这些特性使 PRO 计划的引入合法化，进而通过包装生产者的改进使产品更容易回收再生，不再强调分类问题。

由于包装是与产品一起出售的商品，识别最终的生产者是很困难的。因此，货物的生产者或充填者是零售前的最后一个生产点，是最容易找到的责任人，尽管充填者不是包装生产者，但充填者在立法的执行中被假定为最终生产者的角色。对于包装产品本身，大量的上游“包装”生产者意味着直接将分享责任要求强加于充填者的上游是不切实际的。

（2）指定的主要责任方无效

在企业资源计划（EPR）系统中责任方的分配反映了在理想情况下相关产品系统的影响和/或控制产品系统在生命周期中对环境的影响。除了 EPR 中的责任方外，《包装法令》没有定义特殊的责任方。实际上，立法给了生产者和发行者共同的责任，但同时将责任放置在零售者身上，要求其与发行者一样回收包装。零售商被要求回收包装是因为销售点是唯一可识别的返回包装的点。零售者及生产者必须保证能满足包装废弃物的回收再生指标要求。

法令定义主要责任方失败的原因在于：在 EPR 中主要责任方将会建立一个自由市场，自由市场可能选择主要的活动者。在《包装法令》的执行中，分配给销售商的主要任务被转嫁到了充填者身上，其是最容易转移责任的环节。销售商不能单独提供一个包装废弃物流的系统。在零售点返回包装废弃物的强制要求提供了一个建立回收、分类和回收再生系统的推动力。在建立的 PRO 计划中，由于与工业界合作的失败，在立法中缺少明确的指导来识别个体责任方，因此可能会出现不可管理的状态。

（3）执行中的关键方

1）充填者的责任

充填者（最终生产者）代表了 DSD 系统中大多数执照的拥有者。充填者是包装材料的使用者。但是为了管理的方便，充填者能最好地对包装的回收、分类和回收再生系统负责任。在“绿点”系统中，由充填者在包装上贴标签是最可行的。对于一些二类包装类型，如零售商使用的薄膜卷，对非包装的产品，没有充填者预先包装好物品，没有单个的包装被生产，“绿点”无法放置在这类包装上。解决方法是沿着边缘以规则的间隔在卷上预先标记。这允许使用者根据需要的单元分配包装材料，而保留标记用于废弃物流的识别。

包装生产者支付“绿点”的执照费，但要求用户通过增加薄膜卷的售价来补偿它们。因此，成本被转嫁给了“充填者”，即用材料来包装货物的地方。

2）零售商的作用

零售商在法令的执行中起着关键的作用。零售商对其货架上的包装有重要的控制作用，能够影响生产者去掉包装或改变包装。在二类包装的范围，诸如泡罩包装和展示包装，零售商最感兴趣。直到 1993 年二类包装进入“绿点”系统，零售商没有得到由送还要求所产生的成本的补偿，为了避免搬运二类包装，他们给生产者施加压力，要求去掉所有不必要的二类包装。零售商也受“绿点”标记产品价格增加的影响。充填者在供应链中提供低的价格，但通过“绿点”标记把成本转嫁到消费者身上的做法受到了零售商的限制，零售商掌握着价格水平。来自零售商的压力不断刺激 DSD 系统。如果在任何一个州 DSD 系统不能完成回收和回收再生指标，将导致国家范围撤销提高送还销售包装要求的决定，伴随着 DSD 系统的消失并且返回到立法强制系统中。零售商、工业界和 DSD 系统之间相互依存、相互对立关系成了一个强有力的平衡工具。

4.《包装法令》存在的主要问题

虽然德国的《包装法令》是一部操作性强、具有重要参考价值的废弃物回收利用法规，但仍然存在一些问题。

a）它假定任何循环利用都是有益的，而没有考虑其经济政策，没有考虑对资源利用规定如此高的循环利用率是否合理，是否对社会公平。条例建立在一个错误的假设基础之上，即不管所需要的费用如何，对废弃物进行重新回收利用总是有益的。

b）条例几乎只注意到循环利用是解决填埋危机的方法，而没有规定采用什么措施来鼓励避免产生废弃物，以及其他形式的废弃物最小化措施或废弃物处理方式（如焚烧进行能量回收）。

c）“污染者负担原则”的应用。《包装法令》要求回收所有的包装，使其得到再利用或循环再制造使用，同时规定所有这些运作应发生在现有公共废弃物管理系统之外，要求每个包装制造商从零售商那里回收自己制造的包装，这就给零售商增加了额外的义务：他们必须收集被丢弃的包装，并根据它们的材料类型和来源对这些包装进行分类处理。

39.5.2　美国包装环境立法

美国的《资源保护与回收法》在固体废弃物管理、资源回收、资源保护等方面作出了明确的规定。与其他西方国家不同，美国没有全国范围的包装废弃物再生利用专项法规，但许多州有专项法规。美国在 20 世纪 80 年代末，各州相继颁布了各自的有关包装限制的法规，制定了一些影响包装生产、使用和处理的法律法规，这些条款中规定了环境所能承受的包装标准、最低回收率要求，限制包装中某些有毒物质的使用，甚至彻底禁止使用特定类型的塑料包装，如加利福尼亚州于 1991 年颁布的《硬质塑料包装容器法》等。1990 年通过了一项关于征收包装税的议案，该议案旨在鼓励使用回收包装材料，并为包装回收计划筹集资金。

加利福尼亚州根据《加利福尼亚综合废弃物管理条例》的规定，到 2000 年固体废弃物的再生利用率达到50%，地方政府主管部门负责确定具体的再生利用比例，并监督实施。佛罗里达州根据《佛罗里达包装废弃物处置收费规定》，从1993年开始收取包装废弃物处置费；从1995年1月开始，如果包装废弃物再生利用率达不到50%，则费用加倍。

最近几年，美国各州和地方政府颁布法律法规的速度慢了下来，对固体废弃物的关注已退到了其他公共政策问题的后面。联邦政府声明，他们在包装上的司法权主要应用于以下3个领域：①规范食品、药品和化妆品的包装；②促进政府采购回收再生产品；③提出一些指导方针，确保制造商在不违背联邦广告真实性的法律前提下声称他们的包装是对环境有利的。

1. 联邦政府的回收政策

（1）联邦法规——美国环境保护署

虽然《资源保护与回收法》授予了美国环境保护署（EPA）一些特权来促进回收，但EPA把城市固体废弃物治理的大部分权力交给了州和地方司法机关的手中，而EPA的主要职责是发布填埋场或城市固体废弃物管理的统计报告。

美国环境保护署试图通过鼓励政府采购回收再生商品的方式来增加回收。《资源保护与回收法》中的6002条款要求环境保护署为政府部门制定采购含有回收再生材料的产品的指导方针。1983年环境保护署发布了第一个指导方针，并且定时对其进行修订。1995年4月，EPA颁布了综合采购指导方针，方针中除包括先前设定的5种享有优先特权的产品外，又增加了19种新的材料。1997年11月增加了另外12种新的商品。联邦政府的行政命令也要求EPA为政府采购制定指导性文件，以获得大范围的“绿色”商品和服务。尽管这些指导文件没有重点强调包装，但确实为试图帮助回收再生包装和其他材料建立一个相似的市场。

（2）药品和食品管理——用回收材料制成的食品包装的法规

根据《联邦食品、药品和化妆品法》，美国食品药品监督管理局（FDA）有以下责任。

a）确保包装材料不会渗入食品中。

b）对某些新的与食品接触的材料和已有材料的新用法进行上市前的审查，作为包装材料上市前评估的一部分，FDA认为有义务用《国家环境政策法》去评估处理这些材料的环境影响。

利用回收材料制成的食品包装的管理法规适用于所有的食品包装。典型的例子是FDA制定的食品添加剂法规，明确了与食品接触的包装材料的应用，而没有限制用来制作包装的原材料。取而代之的是，该法规规定了材料的特性和检验目标，达到这个标准的任何材料都可以使用。如果一种新原料可以和食品接触，那么回收后的材料只要能保证食品和消费者安全、不会产生不良影响就可以使用。

近年来，在对含有回收材料的食品包装逐步立法的基础上，FDA制定了一些指导性方针政策，帮助食品包装的制造商评估利用回收塑料制造包装产品的过程。总的来说，FDA的政策是回收的聚合物包括辅助材料必须是一种允许和食品接触的材料，而且应该远离有可能使食品变得不安全的污染物。影响食物的其他因素（如味道或气味）将被逐步控制到消费者可接受的范围，以保证食品的安全。塑料的污染问题可以着重从以下几个方面来考虑：①控制回收材料的来源，以避免使用已被污染的材料；②回收再生过程的净化特性（分类、洗涤、加热、给料的化学处理）；③回收材料或包装产品的结构（在回收材料和食品之间存在阻隔性材料）；④限制在某些情况下（干货、坚果、冷冻食品的包装）使用该种材料；⑤对回收材料进行测试，确保包装上潜在的污染物不会转移到食品上。

2. 州和地方政府关于包装容器的法规

与其他西方国家（欧盟）不同，美国没有全国范围的包装废弃物管理法规，出于对环境的考虑，许多州和地方政府已经制定了法规来限制与禁止某些类型的包装及商品生产。

（1）限制和禁令

在 20 世纪 80 年代，减少废弃物的一种方法是彻底禁止某些类型的包装，其原因是：这些包装废弃物在进行填埋处理时占用了大量的填埋空间、制造垃圾或对环境产生其他的不良影响。被禁止使用的包装包括：不能降解的塑料外包装、带有多余悬垂标志物的软饮料罐、带陶瓷帽的玻璃瓶（不方便回收）。快餐店通常使用的聚苯乙烯容器和器具也是被禁止的对象。另外一种形式的禁令不是禁止出售塑料容器，而是禁止填埋可回收的包装废弃物。

（2）回收率

政府鼓励回收再生的另一种方式是规定某些产品的最小回收率，如加利福尼亚州和俄勒冈州已经对刚性塑料与玻璃容器制定了复杂的法规。这些法规给制造商提供了几种选择，包括容器可以回收或再利用或者达到一定的回收率，和其他地区的一些法规一样，威斯康星州的法规也规定了所有塑料容器至少要含 10%的可回收材料。

（3）SPI 树脂标识码

多年以前，塑料工业协会，包括美国的主要塑料贸易协会开发了一种树脂标识系统用来辅助塑料的回收，并制定相关法律。该系统已在 39 个州正式实施，要求刚性塑料容器必须有塑料工业协会的标识码或类似的标识码。

（4）减税优惠及其他鼓励措施

处理城市固体废弃物一般是地方政府的事情，虽然少数州有强制回收计划，但许多州还是制定了减少废弃物和回收的目标。为了鼓励地方政府加入到该行动中，对于采用全面计划或者达到特定目标的司法机关，州政府会给予其财政上的奖励，用来减少其他处理方式的财政付款。对于饮料容器这种特殊的包装容器，9 个州有保证金制度，典型的做法是消费者在购买商品时预付饮料容器的押金，然后通过归还容器从零售商领取押金。相对而言，预付的废弃物处理费是由制造者、发行人或零售商提前支付的，用来支付回收或处理的费用。

2005 年 1 月 26 日，旧金山环境委员会（COE）提交了环境委员会第 007-04 号决议。根据该决议，旧金山市的消费者在商店购物时将为每个纸袋或塑料袋支付 17 美分的费用。为了证明新税收政策的合理性，环境委员会第 007-04 号决议援引了一组较有说服力的数据，其中包括为制造纸袋而砍伐的树木数量，生产塑料袋所需的原油数量，城市街头、下水道和海滩上的白色污染，被塑料材料缠住或杀死的野生动物等。此外，该决议还提及了人们关于塑料袋不易回收堆肥的忧虑，并指出塑料袋会破坏回收机器。决议还提出，此项税收的一半将移交至旧金山市环保部门，用于资助有关项目和计划。另外一半将留给各大超市，用于资助“耐用折扣商品袋供应”“商品袋店内回收”“可堆肥商品袋的供应”“为农产品和团体购物提供免费的可堆肥包装袋”等一系列市政审批项目。

3. 控制包装中的有毒物质

（1）《国家环境政策法》对 FDA 法规中与食品接触材料条款的影响

FDA 最初制定包装法规的目的是保证包装在与食品接触时是安全无害的，但是与上面提到的回收一样，《国家环境政策法》还要求 FDA 去评估在处理这些包装材料时可能会对环境产生的影响。FDA 已经对《国家环境政策法》中那些强制性的适用范围广而又难以理解的模糊概念作出了解释，除了回收，还对焚烧污染物、粉尘、填埋后沥出物、酸雨和臭氧层耗损的影响做了分析。评估一种包装材料的处理是否会对人类生存环境造成重大影响，需要制定一个详细的环境评估报告，如果环境评估报告中表明可能会有重大影响，则需要一个更加详细的环境影响报告书。

FDA 对包装材料的环保审查通常集中在回收材料对环境的影响上。除非申请人能够提供该材料不会用于制造刚性的单一用途的食品容器的技术说明，否则 FDA 就需要材料回收方面的相关数据。如果申请者指出这种材料将不会用于制造刚性的单一用途的食品包装容器，FDA 则会对这种材料的使用在法规中作出相应的一些限制，这些限制与材料作为食品接触材料的安全性无关，而是用来防止回收材料时可能出现的对环境的负面影响。

（2）州法规——限制包装中的重金属含量

目前，美国已有 18 个州制定了禁止或限制在墨水、染料、色素、黏合剂、稳定剂或其他包装辅助物中添加铅、镉、汞和六价铬的法规。法规中的大部分条款主要是以“包装材料组分条例”（CONEG）中的重金属法规为依据的，同时限制了这些重金属的附带存在。

（3）内分泌干扰物

对内分泌干扰物的关注影响了美国的许多工业，包括包装工业。内分泌干扰物是一种化学品，被认为会影响人类或野生动物的内分泌系统，可引起癌症或有害于生殖系统或甲状腺功能。包装中典型的内分泌干扰物包括在聚合物薄膜制成的食品罐和饮水瓶中出现的壬基酚与双酚 A（BPA）。近年来工业界的工作集中在证明消费者使用的塑料产品中内分泌干扰物的含量非常少，并在 FDA 的协助下按时完成技术工作，支持塑料是安全的结论。

（4）加利福尼亚州 65 号法案

对包装或其他消费品产生最深远影响的法规是加利福尼亚州的《饮用水和有毒物质强制法案》，又称为 65 号法案。1986 年通过的该法案是一个关于“知情权”的法案，它要求公司证实它们的产品中由法案列出的 500 多种化学品的规定含量不会超标，或者提供一个“清晰合理的”警示来说明产品中含有某种致癌物质或可再生毒素。

该法规具有若干强制特点。如果州政府拒绝实施该法律，每个市民都有权进行强制行动，并且对罚款享有 25%的使用权。根据罚款评定标准，违反法规一天的罚金是 2500 美元，这种“领赏追逃犯”的鼓励机制作用非常大。在强制行动中，根据法律，如果商品中含有由州政府制定的致癌物质和再生毒性物质清单中的物质，则被告必须尽力去证明这些物质的含量水平“无大的危害性”。

玻璃、金属或者塑料食品包装材料中的大部分潜在物质都受到了 65 号法案的制约，包括铅、镉、六价铬、二氧（杂）芑、丙烯腈、氯乙烯和甲苯。在 20 世纪 90 年代初，除了对水晶器皿和陶瓷器皿中的铅与酒瓶盖的铅封壳进行诉讼以外，其他的食品包装没有实施 65 号法案的强制行动。即使没有进行强制行动，包装材料公司在消费者压力下仍然要证实他们的产品符合法律要求。

39.5.3　欧盟包装及废弃物管理办法

欧盟作为一个区域性国际组织，其基本目标是推动区域经济的一体化。但由于经济与环境之间的密切联系，因此欧盟在致力于推动区域经济一体化的同时，还采取各种措施协调各成员国的环境政策和法律。

欧盟《包装和包装废弃物指令》94/62/EC 基于环境与生命安全、能源与资源合理利用的要求，对全部的包装和包装材料，包装的管理、设计、生产、流通、使用和消费等所有环节提出了相应的要求与制定了应达到的目标。技术内容涉及包装与环境、包装与生命安全、包装与能源和资源利用。特别是基于这些要求和目标派生出了具体的技术措施及相关指令、协调标准及评定制度。

在欧盟不断充实的环境政策和法律中，废弃物管理包括包装和包装废弃物管理始终是一个备受关注与重视的领域。欧盟的包装和包装废弃物管理政策与法律在以下两个方面表现出突出的特点：一是欧盟的包装和包装废弃物管理目标非常具体与明确；二是欧盟的包装和包装废弃物管理思想发展很快，根据欧盟各成员国的执行情况及时修正相关条款，保证了政策和法律的先进性与连续性[19]。

1. EU 指令的立法背景

（1）欧盟内部自由贸易的迫切需要

欧盟委员会早在 20 世纪 70 年代初就意识到环境污染有超越国界的趋势，有必要制定统一的环境法规。因此环境政策在纳入统一欧洲法之前就被列入议事日程。欧盟的第一个官方环境立法计划产生于 1973 年的部长级会议，并在此后得到了进一步的发展。最著名的是 1985 年欧盟颁布的《液体食品包装条例》，该条例对所有包装容器从制造到废弃物处理的全过程都提出了具体要求，并且要求各成员国制定相应的计划以降低液体食品包装废弃物的质量和体积。但这个条例并没有得到各成员国的积极响应，在各成员国间执行情况不同，使得欧盟成员国之间的贸易产生了许多问题，严重影响了欧盟内部市场的自由贸易进程，这是欧盟制定《包装和包装废弃物指令》的主要原因之一。

（2）“丹麦瓶”事件的促发

《包装和包装废弃物指令》产生的另一个主要原因是“丹麦瓶”事件。1981 年丹麦通过法规，禁止使用金属饮料罐，并要求所有啤酒和非酒精饮料使用可降解的包装。该规定影响了欧盟其他国家与丹麦的出口贸易，这些国家纷纷要求欧盟委员会对此行为进行仲裁。仲裁结果是：欧盟委员会认定丹麦的规定没有妨碍自由贸易，从环境的角度考虑商品包装是适宜的；但欧盟委员会不赞成丹麦“所有饮料都要用指定的容器包装方可销售”的规定。如此的仲裁结果为欧盟成员国以保护环境为由对自由贸易中的商品设置障碍提供了依据，并严重影响了欧盟内部市场的运作，迫使欧盟委员会必须尽快制定统一的包装法规，以保证各成员国不能凭借环境因素设置贸易壁垒。

2. 指令 94/62/EC 的关键元素

欧盟《包装和包装废弃物指令》94/62/EC 要求欧盟各成员国投放到市场上的包装必须符合指令的基本要求，并从 1994 年 12 月 20 日开始生效。

（1）范围

指令 94/62/EC 覆盖了所有在欧盟市场上投放的各种类型的包装和所有的包装废弃物。范围扩大到在食品服务部门使用的诸如刀具、盘子和杯子等可随意处理的产品。然而指令没有覆盖用于公路、铁路、船舶和飞机运输的包装容器。对各成员国将指令转换成自己国家法律的时间限制在 1996 年 7 月。

（2）定义

在指令中包装的定义是“由自然界的任何材料制成的用于容纳、保护、装卸、传送和展示货物的所有产品。一次性产品用于同样的目的时也被认为是包装。”该定义进一步把包装分为三类：销售或一类包装，成组或二类包装，运输或三类包装。然而用于公路、铁路、船舶和飞机运输的包装容器不在运输包装定义考虑的范围之内。

（3）基本要求

1）基本要求的内容和特点

欧盟《包装和包装废弃物指令》规定的基本要求是技术性法规。

基本要求的主要内容包括：①基本要求规定了保护公众利益的基本要素；②基本要求是强制性的，只有满足基本要求的产品方可投放市场和交付使用；③基本要求主要是指产品在生命、环境和国家安全，以及消费者利益和能源消耗方面需满足的要求。

从技术内容来讲，欧盟指令相当于我国的强制性国家标准。所不同的是，欧盟指令涉及税收，规定了制造商、供应商、进口商和操作者的责任，以及消费者的义务等，但我国的强制性国家标准通常不涉及这些内容。

指令 94/62/EC 中明确规定了包装加工、重复使用、回收再生等各项的基本要求。该指令的目的是协调各成员国之间关于包装和包装废弃物管理的立法。它有两个目的：①限制包装和包装废弃物对环境的影响；②消除 EU 内部的贸易障碍和不正当竞争。

为了完成指令目的，每个成员国应该采用必要的措施来达到下列目标：①从必须以国家法律方式执行本指令的日期开始，5 年内回收利用的包装废弃物，按质量计要在最少 50%到最多 65%；②在相同的期限内，再生包装废弃物按质量计要在最少 25%至最多 45%，每种包装材料的质量则最少要达 15%。

2）包装生产和成分的要求

在包装的生产过程中必须满足以下要求。

a）包装生产应使包装的体积和质量限制在最佳，以保证被包装的产品对消费者来说达到必要的安全、卫生水平并能被接受。

b）包装设计、生产和商品化应允许包装的重复使用或回收（包括回收再生），或极小化包装废弃物处理对环境的影响。

c）包装生产应使包装材料和包装元件中有害物与其他危险物质含量极小化，包装废弃物被焚烧或填埋时，排放的灰尘或沥出物也应该极小化。

3）重复使用包装的要求

重复使用的包装必须同时满足以下要求。

a）包装的物理特性应使包装在常规使用条件下能重复使用多次。

b）为了满足劳动者的健康和安全要求，包装废弃物应有被处理的可能性。

c）当包装不再重复使用而变成废弃物时，执行可重获包装的要求。

4）重获包装性质的要求

a）材料回收再生形式的包装，在重获包装生产时应保证一定比例的回收再生材料能应用于可市场化的产品中，并且服从当前的标准。这个比例的变化范围很大，取决于包装的材料类型。

b）能量回收形式的重获包装，其废弃物处理时应该有一个最低的热量值，以优化能量回收。

c）堆肥形式的包装重获，其废弃物处理应该有生物降解性质，不至于阻碍分别收集和混合堆肥的过程。

d）可生物降解的包装，其废弃物应该具有一种特性，即进行物理、化学或生物分解的能力，完成最后的堆肥后大多数物质分解成二氧化碳、生物量和水。

5）CEN 标准

为了建立一个统一的标准来评价欧盟各成员国遵从指令 94/62/EC 基本要求的情况，欧盟委员会要求欧洲标准团体（CEN）准备了一系列的标准和报告。投放到市场上的包装的基本要求的 CEN 标准摘要如表 39-6 所示。

表 39-6　欧盟有关包装和包装废弃物的 CEN 标准摘要

标准类型	标准名称	内容
主要的欧洲标准和技术报告	EN 13193：2000	包装——包装和环境术语
	EN 13427：2000	包装——包装和包装废弃物欧洲标准的使用要求
	EN 13428：2000	包装——制造和组成的特殊要求——防止资源的减少
	EN 13429：2000	包装——重复使用
	EN 13430：2000	包装——通过材料再循环评定包装可回收性的要求
	EN 13431：2000	包装——以能量回收形式评定包装可回收性的要求（包括最低热量值规定）
	EN 13432：2000	包装——通过合成及生物降解评定包装可回收性的要求——试验方案和包装最终验收的评定
	CR 13695-1：2000	包装——检测重金属和其他危险物质的要求，以及进入环境之后的释放
	CR 13695-2：2002	包装——检测有害的和其他危险物质的要求，以及进入环境之后的释放

续表

标准类型	标准名称	内容
支撑的欧洲标准和技术报告	CR 1460：1994	包装——对使用过的包装进行能量回收
	CR 12340：1995	包装——生命周期的环境分析
	CR 13504：2000	包装——材料回收再循环材料的最小容量标准
	CR 13686：2001	包装——优化包装废弃物的能量回收
	CR 13688：2000	对物质和材料的要求报告以防止对回收再生的持续阻碍
	CR 13910：2000	生命周期分析的标准和方法
	EN 14047：2002	包装——在水介质中包装材料最终好氧性生物降解的判定——进化的二氧化碳分析方法
	EN 14048：2002	包装——在水介质中包装材料最终好氧性生物降解的判定——在封闭的呼吸计中测量氧要求的方法
	EN 14182：2002	包装——基本术语和定义
	CR 14311：2002	包装——标志和材料识别系统
临时的欧洲标准	prEN 13437	用回收再生过程、流程图的方式描述回收再生方法的标准

这些基本要求的标准是通过一个“伞形”标准草案（EN 13427：2000）并列的。图 39-6 展示了几个主要标准之间的关系。

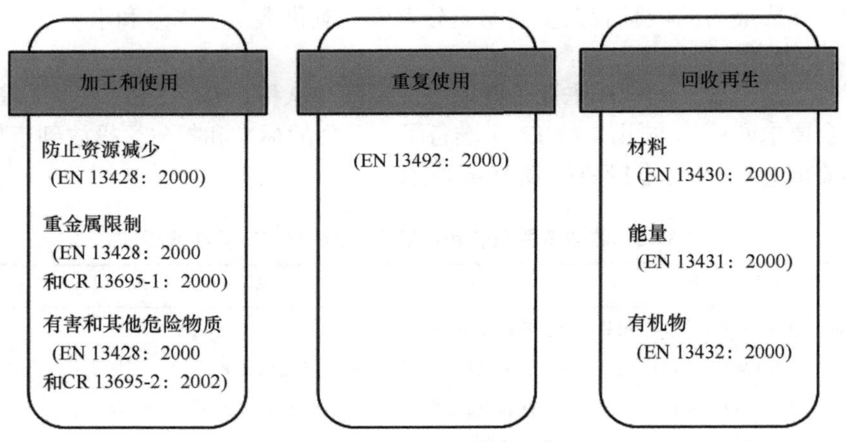

图 39-6　CEN 标准之间的关系

“伞形”标准也说明了各种评价的应用领域。图 39-7 给出了详细的说明，经验表明，必须考虑将元件作为功能单元和/或完整包装系统的一部分。

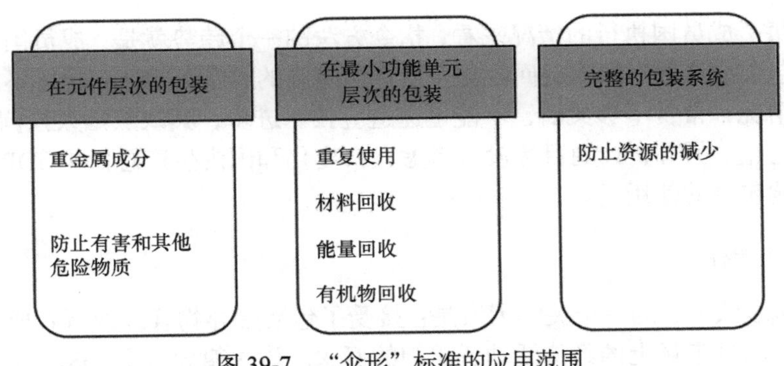

图 39-7　“伞形”标准的应用范围

6）重金属限制

在包装材料中铅、镉、六价铬和汞的浓度水平必须不断减少，到 2001 年 6 月其总量不大于 100×10^{-6}。尽管要求各成员国达标的日期不同，但重金属的浓度水平借鉴了北美的要求。指令免除了铅晶质玻璃，并允许已经包含更高重金属浓度的回收再生材料的特殊规定。

3. 指令的“选项”内容

指令中的非强制性措施是各成员国之间解释和执行指令存在争议的来源。特别是重复使用和经济手段已经在管理层及环境兴趣组织及工业界产生了相当大的争议。

（1）重复使用

在所有的争论中，重复使用已成为最大的问题。条款简单地陈述了“成员国应鼓励包装的重复使用系统，以环境友好的方式使用，并与条约相一致”。“与条约相一致”中的条约是指欧盟条约相关的条款。

各成员国引入“鼓励”重复使用系统的措施包括：对特定的可重复使用包装进行强制配额和对一些一次性包装的全面禁止。另外，一些成员国引入了税和一些类型的经济手段，规定了禁止使用一次性包装的目标。该措施适用于一些经济活动者，使地理位置相距较远成员国中的经济活动者处于竞争不利地位，而使本地生产者占有优势。

（2）经济手段

指令允许欧盟理事会采用经济手段来促进目标的完成，但在实际操作过程中确有困难。这些措施在各成员国的要求不一致，指令允许各成员国独立采用自己的措施，但这些措施在原则上必须与 EU 环境政策一致。

（3）防止

指令中的防止要求是强制性的，但指令并未规范明确的防止措施。指令中第 1.2 条款表明防止包装废弃物的产生是首选。第 3.4 条款规定：防止措施不仅要减少包装废弃物的数量，而且要减少包装和包装废弃物中材料与物质对环境的有害影响，以及减少包装和包装废弃物在产生、销售、流通、使用与弃置阶段对环境的有害影响，并且特别要求发展清洁生产技术。

从目前每个成员国执行的情况来看，指令方法的一个趋势就是：成员国的计划是以定量地减少包装废弃物、回收及回收再生目标为基础的。但有些计划目标不能全面考虑市场的实际情况，常常不够灵活，不能迅速适应技术进步，其缺点是太强调定量防止，牺牲了质量防止。另外，计划目标没有考虑人口变化和国内生产总值（GDP）增加，而这两者都影响包装的使用量。

4. 生产者责任

德国《包装法令》的一个关键因素是：接受了包装废弃物管理的所有成本应该由投放包装好的产品到市场上的经济活动者承担的概念。该法律导致了 DSD 系统的产生，并与已存在的市政废弃物管理机构分离但平行运行。

德国的《包装法令》阐述了“扩大生产者责任”的定义，强加给产品生产者和零售商一些责任。显而易见，生产者责任的强加不但不公平，而且使管理变得非常困难。与德国的方法不同，其他成员国维持已存在的系统，但仍然采纳了立法要求，使经济活动者承担了更多的成本，并在某些案例中经济活动者需承担所有的成本。

德国 DSD 系统的活动经费来源于生产者和商品进口商，参与计划的经济活动者可使用“绿点”标记来区别。DSD 系统与废弃物处理公司签有收集和包装分类的合同。目前，采用“绿点”回收标记的国家在欧盟地区逐渐增加，至今已达 16 个。每个成员国，其费用结构是不同的，并且受所在国家对生产者责任强制立法的范围影响。

5. 指令 94/62/EC 的修订（2004/12/EC）

指令 94/62/EC 经过近 10 年的运作后，根据欧盟各成员国的执行情况和部分成员国的要求，在总原则不变的前提下，欧盟委员会在 2004 年 10 月对指令 94/62/EC 进行了修订，完善了包装的定义，增加了新的防止职责，提高了包装废弃物回收和回收再生目标，规定包装废弃物的整体回收率为 60%，再生循环利用率为 55%，同时对不同的包装材料规定了具体的再生利用率，成员国应该完成的具体目标如下。

a）在 2001 年 6 月 30 日前，按包装废弃物质量计最少 50%、最多 65%将在废弃物焚烧厂进行回收或焚烧进行能量回收。

b）在 2008 年 12 月 31 日前，按包装废弃物质量计最少 60%应该在废弃物焚烧厂进行回收或焚烧进行能量回收。

c）在 2001 年 6 月 30 日前，包装废弃物总材料质量中最少 25%、最多 45%被回收再生，每种包装材料至少 15%。

d）在 2008 年 12 月 31 日前，按包装废弃物质量计最少 55%、最多 80%被回收再生。

欧盟在修改的指令中增加了一个重要环节，即监督指令的执行情况和效果。通过《包装和包装废弃物指令》，欧盟可以将包装的生产、回收和再生利用这 3 个方面囊括到其管理体系中。为了达到这一目的，根据指令的要求，必须建立统一的数据库格式，以便于欧盟委员会和相关成员国进行数据统计，为此，欧盟委员会就建立包装和包装废弃物的数据库格式制定了具体的规定。

39.5.4 日本包装与环境政策

在日本，作为指示工业领域活力的包装行业，在日本经济停滞不前，甚至衰退的情况下，也理所当然地在产量和价格方面面临着严酷的商业环境。包装材料是货物有效流通的基础。当时，日本包装工业的状态反映了食品工业的困境，食品工业在市场上要想保持竞争的优势，只靠体积的增加已经行不通，必须开发出新产品，因此对食品包装材料及包装设计提出了更高的要求。

1. 日本包装工业及其特点

包装材料是城市固体废弃物的有效指示器之一。20 世纪 90 年代对环境问题的关注特别强调：要减少待处理的固体废弃物。与消费者日常生活密切相关的食品包装，也被要求减少体积，因为它与城市固体废弃物密切相关。食品包装的功能是在生产流通过程中容纳、保护和保存产品，一旦食品被消费了，食品包装也就完成了其使命，随之成为固体废弃物。从表 39-7 可以看出，日本的食品工业在 20 世纪 90 年代产量基本没有增长的趋势，而是保持着市场饱和状态。

表 39-7 人均在食品方面的消费情况

年份	人均食品消费/日元	人均国内生产总值/百万日元	食品花费（GDP 增长速率）/%	饮料花费（GDP 增长速率）/%	酒类花费（GDP 增长速率）/%	平均每户的人口数/人
1990	256 998	352.76	7.285	1.058	1.403	3.56
1992	267 694	362.11	7.393	1.046	1.320	3.52
1994	272 351	364.06	7.481	1.079	1.363	3.45
1996	278 700	386.35	7.214	1.009	1.218	3.33
1997	275 802	390.81	7.057	1.039	1.174	3.34
1998	275 694	378.78	7.278	1.122	1.254	3.30

大量的统计数据表明，日本的工商业衰退情况已经变得非常明显。与前几年相比，很多工业部门的产量增长率降低了不少，而食品工业比其他任何部门都要降得多。面对如此环境，以生产高价值食品来提高消费者购买欲的食品工业，不可避免地需要更高性能的包装材料来展示食品，这样就为包装材料提供了发展空间。

日本的运输包装材料需求在 1995 年前一直处于稳定的增长状态，但在 1995 年以后的几年，经济不景气和人们对节约能量和资源非常关注，包装材料的需求减少，直接缩减了消费者的消费额（表 39-8 和表 39-9）。

表 39-8 运输包装材料

材料	1996 年		1997 年		1998 年		2002 年		2003 年		2004 年	
	质量	占比/%	质量	占比/%	质量	占比/%	质量	占比/%	质量	占比/%	质量	占比/%
纸和纸板	12 877.6	56.8	12 816.8	56.7	12 334.8	56.4	12 542	59.9	12 577	60.6	12 654	60.7
塑料	3 541.3	15.6	3 633.7	16.1	3 609.5	16.5	3 753	17.9	3 797	18.3	3 944	18.9

续表

材料	1996年		1997年		1998年		2002年		2003年		2004年	
	质量	占比/%	质量	占比/%	质量	占比/%	质量	占比/%	质量	占比/%	质量	占比/%
金属	2 637.9	11.6	2 548.7	11.3	2 466.9	11.3	2 160	10.3	2 079	10.0	1 998	9.6
玻璃	2 211.1	9.8	2 156.9	9.6	2 013.9	9.2	1 685	8.0	1 560	7.5	1 584	7.6
木料	1 233.0	5.4	1 250.0	5.5	1 272.5	5.8	800	3.8	733	3.5	685	3.3
其他	199.4	0.8	194.3	0.8	186.7	0.8						
包装材料和容器总量	22 700.3	100.0	22 600.4	100.0	21 884.5	100.0	20 940	100.0	20 757	100.0	20 864	100.0

注：表中质量单位均为 10^3t

表 39-9 包装材料货运方面的费用

材料	1996年		1997年		1998年		2002年		2003年		2004年	
	费用	占比/%	费用	占比/%	费用	占比/%	费用	占比/%	费用	占比/%	费用	占比/%
纸和纸板	2804. 8	41.2	2811.2	41.8	2646.9	41.3	2394.7	42.6	2336.8	42.1	2337.5	41.7
塑料	1514. 5	22.5	1540.2	22.9	1483.9	23.1	1425.1	25.3	1430.6	25.8	1514.7	27.0
金属	1523. 2	22.2	1425.0	21.2	1382.3	21.6	1091.3	19.4	1083.6	19.5	1079.4	19.3
玻璃	224. 5	3.3	212.0	3.2	198.7	3.1	166.2	3.0	148.7	2.7	150.7	2.7
木料	320. 2	4.7	310.0	4.6	300.2	4.7	184.0	3.3	172.8	3.1	161.7	2.9
其他	418. 4	6.1	418.0	6.3	396.7	6.2	419.7	6.4	375.3	6.8	358.0	6.4
包装材料和容器总量	6805. 6	100.0	6716.4	100.0	6408.7	100.0	5623.4	100.0	5544.8	100.0	5602.1	100.0

注：表中费用单位均为 10 亿日元

2. 包装材料节约能源和资源的现状

日本在包装材料使用方面最大的变化发生在节约能源和资源两个方面。这种变化可以从包装工业的产量和能量的消耗两方面看出来。从 1990 年开始，节约能源和资源的活动扩展到整个包装行业。节约机制的激励带来了降低包装材料成本的压力，结果导致包装部门的收入并没有随着销售量的增加而增加。

如果从有效利用能源的立场来看，节约能源和资源的概念是不能同时实现的。因为有效利用能源意味着要求包装材料消耗更少量的资源来实现包装的特殊目的。在这样的背景下，为了达到这个目的，各种包装材料的技术发展变得非常重要。表 39-10 列出了从 1990 年开始，包装工业技术的发展作为经济发展的指示器之一，展示了在保持国内生产总值不变的情况下，每年包装产品所需包装材料的发展趋势。从 1990 到 1998 年，节约了 15%的包装材料。

表 39-10　指示包装行业发展的工艺技术

参数	1990	1991	1992	1993	1994	1995	1996	1997	1998
包装材料制品/10 亿日元	6 748	6 954	7 320	6 941	6 801	6 831	6 805.6	6 716.4	6 408.7
国内生产总值/10 亿日元	432 589	458 972	4 717 97	475 738	479 072	480 693	500 307	507 900	495 208
国内生产总值中的包装制品百分比/%	0.015 19	0.014 89	0.014 77	0.014 67	0.014 64	0.014 73	0.014 54	0.014 45	0.014 42
国内生产总值中的包装制品指数	1.00	0.942	0.920	0. 900	0.895	0.912	0.875	0.858	0.852
技术发展速度与 1990 年相比/%		5.767	8.024	9. 981	10.477	8.812	12.543	14.229	14.818

这种节约是通过降低成本和技术不断进步而得以实现的。例如，采用细长但强度很高的线状聚乙烯作为主要的包装材料代替传统的低密度聚乙烯，同样大小的包装袋，前者要节约 20%的原材料。同样，降低铁制包装产品的材料厚度可以直接减少金属罐的质量。

3. 包装与环境

技术的不断发展为资源的有效利用做出了巨大贡献。由于全球环境保护意识的蔓延，日本包装工业界作出了积极的响应，虽然包装材料主要是在国内使用，但包装工业界还是开始使用环境友好型材料来建立可持续发展的社会。包装回收法规的实施对包装行业有很大的影响。收集目标和对纸、金属、玻璃、聚酯瓶的回收利用开始于 1997 年，日本利用法律要求食品和其他工业必须推广使用回收资源作为包装原材料，鼓励回收产品包装，循环利用和重复使用饮料罐。

（1）金属罐的环境问题

在环境保护要求下，金属罐的制作有了一定的改进，主要表现在：容器生产过程中无废水产生、资源成本更低和质量进一步改进。例如，一种由无锡薄板和 PET 薄膜混合而成的材料，在用作制罐原料时消除了制作过程中的气体污染物和工业废水。

为了保证 PET 薄膜与无锡薄板的接触面融化，无锡薄板的表面被加热到 PET 的熔点之上，然后快速冷却。结果除了与无锡薄板接触的表面是非晶体状态外，其他位置的 PET 薄膜仍然保持其特有的结晶状态。这个过程产生了一种多层材料，它由具有优良耐热性的结晶层和具有良好成型性和黏合特性的非晶体层组成，具有良好的综合性能。这种塑胶金属复合罐也称为 TULC 罐，其主要作用是尽可能减少传统二片罐带来的环境问题。由于无锡薄板的内外表面受到了 PET 膜的保护，不再需要有机溶解漆，而随后的后处理工作也随之取消，这样就消除了传统二片罐制作过程中的废气散发问题。

（2）创造资源循环的社会

从废弃物中收集和回收有用的资源，不仅仅局限于包装废弃物，也不仅仅是要减少废弃物的量，更是要减少环境负担。与此同时，资源的循环利用对增强公民关注资源枯竭问题的意识起到推动作用。

在日本的环境问题方面，由于政府部门制定了污染防治的相关法规，以及污染防治方面的商业投资和技术进步，城市污染在最近几年内得到了遏制。现在日本的环境问题转移为“市民的日常生活环境问题”，如二氧化碳增多引起的全球环境变暖、臭氧层破坏，乱砍滥伐引起的土壤荒漠化及公民日常生活和商业活动产生的废弃物问题等。由此可见，在日本，废弃物的处理问题主要是由日本经济增长需求所致。随着日本经济达到一定的先进水平，结果有更多的产品出现，更多的消费和更多的废弃物产生，因此废弃物的量一直处于增长状态。

针对该问题，日本从20世纪90年代以来，颁布了几部与包装废弃物有关的法规，如《再生资源利用促进法》《节能和促进再生利用法》《促进包装容器回收及再商品化法》(以下简称《包装容器回收法》）等。其中《包装容器回收法》是包装废弃物回收和再生利用的专项法律，于1995年6月16日颁布，其主要目的是通过对包装废弃物的分类回收、再生利用和适当处置实现包装废弃物减量化、资源化与无害化处置，促进包装废弃物处理和有效使用资源新体制的建立，为环境保护及国民经济的健康发展做出贡献。

《包装容器回收法》的应用对象包括：所有用于商业用途的包装和容器，包括金属罐、玻璃瓶、牛奶盒、纸和纸板盒、包装纸、PET瓶、盘、拉伸和收缩薄膜及其他一些塑料容器，它们在体积上占包装废弃物总量的60%，超过了废弃物总重的20%。《包装容器回收法》的主要内容包括：确定了生产者、销售者、国家、地方公共团体和消费者在包装废弃物回收与再生利用中的责任及义务，改变了以往仅依靠市镇村负责垃圾回收的状况。

a）消费者：实施包装废弃物的分类投放。

b）国家：致力于促进包装废弃物分类收集和再生利用资金的筹措，推进包装废弃物再生利用技术的开发和成果普及。

c）地方公共团体：市镇村负责对包装废弃物进行分类收集，同时按照国家政策采取必要的促进包装废弃物再生利用的措施；要求地方公共团体制定计划，估计各个领域将被丢弃的废弃物中容器和包装的数量及分类回收能达到的目标。

d）企业：对包装废弃物进行再生利用，可以自己或委托他人完成。对生产商的回收量必须要进行估算，并且每三年要制定一个五年回收计划，其中包括配套设备。

《包装容器回收法》确定了包装废弃物回收利用的资金来源，即由全体国民承担的原则。包装生产企业和采用了包装产品的制造行业主要负担废弃物收集再生利用的部分费用；确定了包装废弃物回收利用系统的运作形式，即首先制定基本方针、再生利用计划，然后按计划实施回收和再生利用。

日本《包装容器回收法》的一个显著特点是强调了包装废弃物回收和再生利用是全社会的义务，需要通过全体国民的相互合作来完成。在日本，地方政府部门根据计划负责可循环废弃物的分类收集工作。包装废弃物通常在超级市场和再生利用中心收集，或者使用袋装方式从消费者处收集。进行包装废弃物分拣和再生利用的公司通常为地方政府所有或者为私人所有。1993年，日本已经在1342个市镇村建立了包装废弃物收集站，约占总数的 41.5%。收集的废弃物被分拣和再生利用，重新变成新的原料或者商品，返回到经济循环中去。

39.5.5　中国包装及包装废弃物管理办法

包装废弃物既可视为垃圾又可视为财富。若将其有效回收利用，就是资源；如将其丢弃而不回收利用，就会变成垃圾而污染环境，以至于危害人体的健康和动植物的生存安全。开展包装废弃物回收利用，构建包装废弃物回收利用体系，加强政策措施建设，是提高我国包装废弃物回收利用率、改善生态环境的重要措施[18]。

1. 我国包装废弃物回收利用模式

我国包装废弃物的回收存在多种不同的模式，各种回收模式相互之间存在交叉，具体如下。

（1）生活垃圾回收体系为主的回收模式

对于主要来自居民生活消费的包装废弃物，尤其是大量进入生活垃圾回收处理系统的包装物，依托生活垃圾回收体系进行回收具有先天的优势，这种回收模式在我国具有较好的基础和广阔的市场，是一种传统的回收模式，回收对象包含各类包装废弃物，其来源具有相对稳定和可控的特点，但从垃圾中回收的包装物污染严重。在宣传不够和回收意识不强的情况下，居民消费后的包装物应首先装入家庭垃圾袋中，随后将其扔进小区垃圾桶或垃圾箱中，如果没有捡拾人员翻检，便自然进入生活垃圾清运系统中。

（2）居民社区和其他社会回收为主的回收模式

包装废弃物的居民社区回收在我国是另一类主要的回收模式，和生活垃圾回收体系的区别在于包装废弃物产生后不直接进入生活垃圾中，而是通过社区的各个参与者进行回收。社区回收是包装废弃物回收体系的前端，具有以下特点。

a）各回收主体相对容易进入，导致社区回收体系中参与者较多，如固定或半固定回收者、流动个体回收者、专业回收者、居民、居委会、物业公司等。

b）社区回收经营比较分散，回收规模小，居民可以通过出售废物取得经济收入，且这种交易行为占据主导地位。社区回收具有为居民服务的性质，因而在社区建设规划中应该将社区回收纳入居民的服务项目中。

c）社区回收基本上属于劳动力密集型行业，从业者社会地位不高，以外来进城务工人员为主。

d）社区回收具有分散、非标准化、非流程化的特点，对政策制定提出了特殊要求，如流动回收缩短了居民和回收地之间的距离，极大地方便了居民，制定政策时就不能搞一刀切的取缔措施。

除了居民社区外，学校、机关、企事业单位、写字楼、车站、公园、景点等社会单位都会产生包装废弃物；回收人员包括固定回收人员（如保洁员、承包人员）和流动回收人员；类别包括各类包装废弃物，如生活垃圾中很少见的纸箱、聚丙烯（PP）塑料编织袋、大包装纸袋、金属饮料罐等，大部分是通过社会回收模式进行回收的。

（3）工业包装回收模式

工业生产中很多原辅材料、产品都要进行包装，各生产环节不可避免地产生大量的包装废弃物，这类工业包装废弃物或工业产品包装废弃物一般不会流向最终的消费者，也不会流向环境中。其一方面作为包装物重复使用，另一方面作为再生原料重新进入生产过程，一般会有固定的回收渠道。例如，包装容器生产中的边角废料会被直接送到专业生产厂家利用；大型的周转桶和周转箱，会多次重复使用；工厂废弃的金属桶会进入废金属回收市场，最终回炉冶炼。

（4）再生利用企业为主的回收模式

这种回收模式实际上是以再生利用企业为主要推动力建立的包装废弃物回收体系，企业参与回收体系建设，在回收体系中起到关键作用。因为再生利用企业不可能直接面对广大分散的回收体系前端。因此，这种模式并不是由企业建立的完全独立的回收体系。

（5）商品流通领域为主的回收模式

这种回收模式主要是商品的包装物在流通销售环节得到回收，有两种典型情形。

a）很多二类包装（指用来装若干个一类包装的包装；一类包装为直接与产品接触的包装，产生于销售环节）相对比较集中且几乎没有污染，一般由商场、商店直接负责回收。

b）销售环节采取一些经济、鼓励措施回收消费者消费商品后的包装，如通过收取押金回收啤酒瓶。

（6）生产者责任延伸制度下责任方为主的回收模式

法律强调生产者有责任回收包装废弃物，但一般生产者很难直接面对产品消费的分散市场，不可能直接建立回收体系，但可以通过授权委托中间机构或第三方机构代为履行回收责任。这种回收模式的优点在于生产者既履行了法律规定的回收责任，又避免陷入自建回收体系的烦恼中。中间机构也只是起到联系生产者、基础回收网点、再生利用企业的纽带作用，本身需要获得政府主管部门的授权才行。

目前这种回收模式在我国还处于初级阶段，经验不多，在广大包装生产企业和包装使用企业不具备推行的条件。例如，利乐中国有限公司支持建立的牛奶复合包装回收体系，虽然体现了生产者责任延伸制度，但更多的是企业的一种自觉社会责任行动。

（7）专业化回收体系为主的回收模式

有组织的专业化回收公司是包装废弃物回收体系的中坚力量，是构成回收体系的关键层次和节点。分散的个体回收者回收的包装废弃物几乎不能直接送到再生利用企业，大多会卖给回收公司，由回收公司卖给再生利用企业或者送到再生资源交易市场或集散市场，最终流向再生企业。从组织管理来说，全国供销合作社系统的回收网络是一支非常重要的力量，还有物资系统的回收网络，当然还有其他行业协会或联合组织联络的各类回收公司。有实力的专业化回收公司会通过建立一些回收连锁经营新形式来扩展回收业务范围。

（8）规模化、集约化回收模式

一些量大面广的通用包装废弃物，在分散回收、小规模回收发展到一定阶段后，会逐步形成一些影响区域产业发展的集散市场、交易市场，在我国有很多地方建立了专业化的或综合的再生资源集散市场，带动了当地该类废物再生利用产业的发展。例如，再生塑料在我国中东部地区形成了以中心城市为依托的大量加工、交易集散地。在《商务部关于加快再生资源回收体系建设指导意见》及《试点城市再生资源回收站（点）建设规范》中，强调建立"以集散市场为核心"的回收体系。这表明规模化、集约化回收模式是今后我国包装废弃物回收体系建设的重点方向，而且是建立在扶持规模化的再生利用企业基础之上。

2. 我国包装废弃物回收利用的法律法规

我国包装废弃物资源化利用管理法律法规框架由法律、法规、规章、国家标准、地方法规 5 部分组成。具体如下。

（1）法律

1）《循环经济促进法》

《循环经济促进法》于 2008 年 9 月 1 日颁布实施，是一部综合管理法，遵循减量化优先的原则，包括了生产、流通和消费领域内所有的减量化活动。在此前提下，做到再利用和资源化。该法提出了规划制度、评价指标体系和考核制度、标准标识和认证制度、生产者为主的责任延伸制度、定额管理制度、限制高消耗高污染的产业政策制度、政策激励制度、责任分担制度 8 项基本制度。包装废弃物在生产、流通、消费、回收、利用过程中的一些问题正好都是《循环经济促进法》关注的问题，解决过度包装、回收困难、体系不健全、二次污染等问题都要坚持"循环"这一根本理念和方法。该法关于废弃产品强制回收、利用、处置的责任，加强废物产生和利用的统计、产品及包装物设计的预防责任，限制一次性消费品的生产和销售，鼓励和推进废物回收体系建设，鼓励多种方式回收废物等规定，对包装废弃物的管理具有很强的适应性。

2）《清洁生产促进法》

《清洁生产促进法》于 2012 年 9 月 1 日颁布实施。该法将可持续发展的环境保护核心思想渗透到工业企业的生产过程和监督管理过程中，明确规定企业具有减少包装物使用和回收包装物的法律责任，是包装生产企业和包装废弃物管理必须遵守的法律。立法的基本思路包括：工业发展与环境保护一体化的思路，力求从根本上解决我国长期以来存在的工业发展与环境保护相互矛盾的现象；政策性与操作性相结合的思路，既体现政策法特征和法律地位，又增强立法在实践中的操作性，使其发挥行政推动作用；市场拉动与政府推动相结合的思路，既要利用市场机制自身的作用，形成清洁生产的市场拉动力，增加企业对清洁生产的内在需求，又要发挥政府对清洁生产的行政推动作用，以及运用税收、贷款、投资、补贴等政府经济宏观调控手段形成企业清洁生产的外在推动力。强调清洁生产法律制度创新的思路围绕禁止性、强制性、鼓励性和倡导性 4 种法律规范形式，加强清洁生产立法制度的创新等。

3）《固体废物污染环境防治法》

《固体废物污染环境防治法》于 2005 年 4 月 1 日颁布实施，是固体废物管理的专门法律，它全面规定了固体废物环境管理制度和体系，包括监督管理、污染防治、法律责任等。该法有些条款非常适应包装废弃物的管理，如减少固体废物的产生量和危害性，充分合理地利用固体废物和无害化处置固体废物；实行污染者依法负责的原则，产品的生产者、销售者、进口者、使用者对其产生的固体废物承担污染防治责任；产品和包装物的设计、制造应当遵守有关清洁生产的规定和防止过度包装造成环境污染；生产、销售、进口依法被列入强制回收目录的产品和包装物的企业，必须按照国家有关规定对该产品和包装物进行回收；国家鼓励研究和生产易回收利用、易处置或者在环境中可降解的薄膜覆盖物和商品包装物等。这些规定奠定了包装废弃物环境监督管理的基本内容，是包装废弃物产生、回收、利用、处置过程应当遵守的要求。

4)《中国 21 世纪议程》

1994 年 3 月 25 日发布实施的《中国 21 世纪议程》提出，城市垃圾应逐步做到分类收集，其中就包括包装废弃物。《中国 21 世纪议程》明确规定建立闭合生产圈，综合利用二次物料和能源，同时改进产品包装，加强废品回收，减少废物的产生；发展可降解塑料包装，逐步实行垃圾袋装和分类收集处理；大宗包装材料实行循环回收利用，在全社会开展废旧物资弃置最少量化工作，使社会废旧物资弃置量减少 80%。

（2）法规

国务院办公厅于 2008 年 1 月 9 日下发《关于限制生产销售使用塑料购物袋的通知》（以下简称《通知》)。《通知》规定：禁止生产、销售、使用超薄塑料购物袋；实行塑料购物袋有偿使用制度；提高废塑料的回收利用水平。

（3）规章

1)《再生资源回收管理办法》

《再生资源回收管理办法》(以下简称《办法》) 于 2007 年 5 月 1 日发布实施。《办法》对包装废弃物回收管理具有直接的作用和影响，包装废弃物属于再生资源中的一大类，其回收过程的管理、回收体系的建立、回收目标和标准的制定、回收过程采取的经济措施等都不能脱离本《办法》的原则。《办法》第二章明确了从事再生资源回收经营活动的规则，要进行法定登记，要遵守相关法规，要提交相关材料，可以采取多种回收形式；第三章是各相关监督管理部门的责任划分和行业协会的职责，明确商务主管部门是再生资源回收的行业主管部门，负责制定和实施再生资源回收产业政策、标准和行业发展规划。

2)《包装资源回收利用暂行管理办法》

《包装资源回收利用暂行管理办法》(以下简称《办法》) 于 1996 年发布实施。其中的第 27～30 条分别确立了包装回收利用的原则。

A. 节约原则

第 27 条第 3 项规定：回收包装应遵循先复用，后回炉和可回炉，不废弃以及以“原物复用为主，加工改制为辅”的原则，尽量使回收包装略经改制修复就能使用。第 6 项规定：商品生产者与销售者，在保护商品进行适度包装的同时，应尽量减少各种包装物或各种包装容器的体积与质量，以节约使用包装原材料。

B. 安全原则

第 28 条规定：复用包装应符合国家相关产品包装的技术标准和本《办法》的要求，保证商品在运输、储存和使用过程中的安全；复用食品包装和药品包装应符合国家《食品卫生法》《药品法》和相关卫生标准的规定；危险品包装的回收利用应符合国家有关危险品包装和有害固体废物管理的有关标准及规定。同时，危险品包装应实行定向定点回收复用，未经无害处理前，不得包装其他物品，不得同普通包装混杂或出售。

C. 防假冒原则

第 29 条规定：申请有外观设计专利的或具有驰名商标的商品包装容器，只能由商品的原生产厂家回收和复用，其他任何单位或个人不得回收复用。回收的比较完好的包装应严加控制和管理，严禁任何单位或个人将其用来包装假冒伪劣商品，违者将依照国家有关法规给予相应的处罚。

D. 经营原则

第 30 条规定：包装回收利用应遵循社会效益与经济效益相结合、无偿回收与有偿回收相结合的原则；包装回收利用的经营原则是“有利两头，兼顾中间”，“两头”指回交单位和复用单位，“中间”指包装回收利用经营单位；包装回收利用经营单位应做好服务工作，在回收、加工、使用、结算等方面都要方便回交单位和复用单位。第 31 条规定了回收渠道，充分发挥商业、粮食、供销、物资、外贸、轻工、化工、医药及一切从事商品经营各部门、各单位主渠道的作用，鼓励在销售商品时，对具有一定价值又有可能回收的各类包装做到尽量回收；组织专业机构（即包装资源回收公司）和专业队伍进行回收；推广垃圾分类，组织城镇居委会、环卫清洁队和销售摊贩进行回收；发挥个体和废旧物资回收站（点）的作用进行回收。第 32 条规定：根据各地区、各部门的具体情况可采取 10 种不同办法回收：门市回收、上门回收、流动回收、委托回收、柜台回收、对口回收、周转回收、定点回收、押金回收、奖励回收。加之废弃包装储存和运输、回收复用种类、复用办法、复用技术、试验方法、检验规则、包装废弃物处理与奖惩措施等，初步构建了我国相对完善的包装利用与回收体系。

（4）国家标准

1）《包装回收标志》

《包装回收标志》（GB 18455—2010）规定了可回收复用包装即可再生利用包装标志的种类、名称、尺寸及颜色等。

2）《包装废弃物的处理与利用通则》

《包装废弃物的处理与利用通则》（GB/T 16716—2008）主要规定了与包装废弃物有关的系列定义和分类，同时规定了包装废弃物处理与利用的效果评价准则应包括经济效益与环境保护效果，并应作为包装功能、方便性和销售性综合评价的一部分。

（5）地方法规

2009 年 6 月 1 日上海市发布《上海市农药经营使用管理规定》，要求农药经营单位建立剧毒、高毒农药使用后的容器、包装回收登记制度，对盛装农药的容器和包装物实行有偿回收。明确了区县农业部门、定点回收点、农药经营门店的责任与分工，细化了农药包装废弃物的回收、转运和处置等工作。

3. 我国包装废弃物回收利用的管理政策

（1）技术政策

为了引导城市生活垃圾处理及污染防治技术发展，提高城市生活垃圾处理水平，防治环境污染，促进社会、经济和环境的可持续发展，根据 1995 年颁布实施的《固体废物污染环境防治法》和相关法律、法规，建设部、国家环境保护总局、科技部于 2000 年 5 月 29 日联合发文《城市生活垃圾处理及污染防治技术政策》。该技术政策规定：应按照减量化、资源化、无害化的原则，加强对垃圾产生的全过程管理，从源头减少垃圾的产生。对已经产生的垃圾，要积极进行无害化处理和回收利用，防止污染环境；限制过度包装，建立消费品包装物回收体系，减少一次性消费品产生的垃圾；积极发展综合利用技术，鼓励开展对废纸、废金属、废玻璃、废塑料等的回收利用，逐步建立和完善废旧物资回收网络；积极开展垃圾分类收集，垃圾分类收集应与分类处理相结合并根据处理方式进行分类。为进一步推动资源综合利用，提高资源利用效率，发展循环经济，建设资源节约型、环境友好型社会，国家发展和改革委员会、科技部、工业和信息化部、国土资源部、住房和城乡建设部、商务部组织编写了《中国资源综合利用技术政策大纲》，并于 2010 年 7 月 1 日起施行。该技术政策大纲积极鼓励推广再生资源回收利用技术，包括：废旧金属再生利用技术、废纸板和废纸再生利用技术、废塑料再生利用技术、废玻璃再生利用技术。

（2）管理政策

1）包装废弃物综合利用税收政策

根据财政部、国家税务总局《关于再生资源增值税政策的通知》（财税[2008]157 号），从 2009 年 1 月开始实施再生资源新的税收政策，废旧物资回收利用在经历了 2009 年征 17%退 70%，2010 年退 50%的过渡期之后，2011 年将全额征收 17%的增值税，不再减免。

2）包装废弃物资源化利用全过程管理的重要制度

《循环经济促进法》第十五条在《固体废弃物污染防治法》规定的基础之上，对生产者的责任延伸制度专门又做了 4 项规定：①规定生产者自行回收、利用和处置；②规定委托回收利用和处置；③规定了消费者的义务；④规定国务院有关部门制定强制回收目录和管理办法。

强制回收制度是生产者责任延伸制度的重要内容，对于包装废弃物的回收，由国务院循环经济发展综合管理部门制定强制回收目录，规定“生产列入强制回收名录的产品或者包装物的企业，必须对废弃的产品或者包装物负责回收”。

参考文献

[1] 戴宏民. 包装与环境. 北京：印刷工业出版社，2007.

[2] 申冉，刘传杰，陈威. 包装产业污染物来源及绿色化途径. 今日印刷，2016，6：34-37.

[3] 张理，李萍. 包装学. 北京：清华大学出版社，2015.

[4] 张绵绵. 食品包装材料中添加剂的迁移及检测标准. 轻工标准与质量，2018，6：57-58.

[5] 唐白龙. 木材化学处理综述. 广东林业科技，1992，4，41-43.

[6] 韩贞年. 食品塑料包装中有毒有害物质迁移特性及研究进展. 现代食品，2019，14：113-119.

[7] 石美荣. 食品包装材料中有毒有害物质的迁移研究. 现代食品，2019，23：10-12.

[8] Schurr O. Investigation of the micro-morphology of polyethylene and polypropylene films：the type and distribution of sites as assessed by the accessibility of small organic molecules. Ph. D. Thesis，Georgetown University，2002.

[9] Reynier A，Dole P，Humbel S，et al. Diffusion coefficients of additives in polymers. I. Correlation with geometric parameters. Journal of Applied Polymer Science，2001，82，2422-2433.

[10] Papadakis S E. Simple models for assessing migration from food-packaging films. Food Additives & Contaminants，2002，19，611-617.

[11] Laoubi S，Vergnaud J M. Process of contaminant transfer through a food package made of a recycled film and a functional barrier. Packaging Technology & Science，2006，8，97-110.
[12] Han J K, Selke S E, Downes T W, et al. Application of a computer model to evaluate the ability of plastics to act as functional barriers. Packaging Technology & Science，2003，16，107-118.
[13] Franz R，Huber M，Piringer O. Presentation and experimental verification of a physicomathematical model describing the migration across functional barrier layers into foodstuffs. Food Additives & Contaminants，1997，14，627-640.
[14] Feigenbaum A，Laoubi S，Vergnaud J M. Kinetics of diffusion of a pollutant from a recycled polymer through a functional barrier：recycling plastic for food packaging. Journal of Applied Polymer Science，1998，66，597-607.
[15] Perou A L，Laoubi S，Vergnaud J M. Model for transfer of contaminant during the coextrusion of three-layer food package with a recycled polymer. effect on the time of protection of the food of the relative thicknesses of the layers. Journal of Applied Polymer，2015，5：2310-2315.
[16] Perou A L, Vergnaud J M. Process of contaminant transfers during coextrusion of food packages made from recycled layer and virgin polymer layer. Plastics Rubber & Composites. 2013，2：20-25.
[17] 周廷美. 包装及包装废弃物管理与环境经济. 北京：化学工业出版社，2007.
[18] 戴铁军. 包装废弃物的回收利用与管理. 北京：科学出版社，2016.
[19] Picot P. 欧盟包装发展与包装废弃物管理. 中国食品工业，5，23-24.

第 40 章　包装材料中重要污染物检测技术

40.1　烷基酚类物质检测

40.1.1　概述

烷基酚（alkylphenol，AP）和双酚 A（bisphenol A，BPA）是近年来科学工作者研究的热点[1]。烷基酚系列物质包含壬基酚（nonylphenol，NP）和辛基酚（octylphenol，OP）等内分泌干扰物质。大量的体内、体外试验证实，AP 作为具有内分泌干扰活性的环境信号，会对哺乳动物和水生生物的生殖与发育造成不同程度的影响。壬基酚和辛基酚的前驱物质为烷基酚聚环氧乙烷醚（alkylphenol ethoxylate，APEO），分子式为 C_nH_{2n+1}-Phen-（CH_2CH_2O）$_n$-OH，是非离子表面活性剂的主要成分。APEO 从 1940 年被合成并使用后，广泛用于家用洗涤剂、杀虫剂配方和工业产品，其结构如图 40-1 所示。

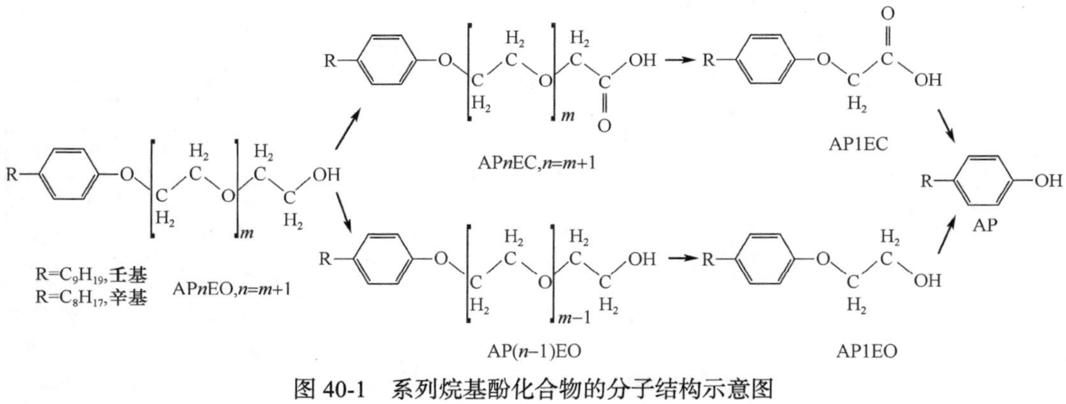

R=C_9H_{19}，壬基　R=C_8H_{17}，辛基　AP*n*EO，*n*=*m*+1　AP*n*EC，*n*=*m*+1　AP1EC　AP　AP(*n*−1)EO　AP1EO

图 40-1　系列烷基酚化合物的分子结构示意图

双酚 A 学名为 2,2-双（4-羟基苯基）丙烷，外观为白色晶体，是近几年从食品包装材料中新发现的一种“破坏内分泌化学物质”。经研究发现，BPA 影响高等动物多方面的生理代谢和生理状况，使体重变化，影响动物的生殖系统，影响胎儿发育，造成流产。即使是低剂量（相当于环境中的剂量）染毒，也造成严重的损伤。BPA 的用途非常广泛，不仅用于生产聚碳酸酯、环氧树脂、聚砜树脂、聚苯醚树脂、不饱和聚酯树脂等高分子材料，也用于生产增塑剂、阻燃剂、抗氧化剂、热稳定剂、橡胶防老化剂、农药、涂料等精细化工产品。

研究表明，BPA 具有某些雌激素特性，与雌激素受体具有一定亲和力（约为雌二醇的 1/2000），能诱导人类乳腺癌细胞 MCF-7 的孕酮受体表达并刺激 MCF-7 细胞增殖[2]。体内外试验证实，BPA 能促进 F344 大鼠垂体细胞中催乳素的基因表达及催产素的释放，其效应比内源性雌二醇低 1000～5000 倍[3]。BPA 还能促进雌性 F344 大鼠阴道和子宫上皮细胞增殖与分化，诱导 *c-Fos* 基因和 *c-Fun* 基因表达及 DNA 合成[4]。王娟[5]等深入探讨了双酚 A 作用于未成年雌性 SD 大鼠后的雌激素效应，以 200mg/kg、400mg/kg、800mg/kg 剂量组经口摄入或皮下注射，观察结果显示 400mg/kg 及以上剂量组大鼠子宫湿重、子宫/体重比、子宫腔内膜上皮高度、宫腔平滑肌厚度和宫腔腺体数量较对照组明显增加，尤其当双酚 A 与其他雌酚类物质联合染毒时表现更为明显，最低毒性效应组中双酚 A 摄入量为 15mg/kg。Magdalena 等[6]则对成年雌鼠早期于暴露双酚 A 的血糖效应进行了研究，采用 1～10mg/L 剂量组以自由饮水方式染毒，结果显示，各剂量 BPA 染毒组子代雌鼠哺乳期及断乳期体重均显著增高，并可诱导成年期子代雌鼠肥胖，引起胰岛素抵抗。

40.1.2　检测前处理技术

复杂体系痕量组分的快速分离和准确测定是分析化学面临的主要任务之一。如何从有限的包装样品中富集目标组分对准确评价包装材料的安全性至关重要。近年来，随着样品萃取净化技术的迅速发展，出现了许多高效快速的样品制备、分离和纯化等前处理方法。

1. 固相萃取

固相萃取（SPE）是一种常用的样品制备技术，在环境样品的预处理过程得到广泛的使用。与传统的索氏萃取相比，SPE 预处理样品时间短、操作相对简单、重复性好。除此之外，SPE 既可以提取极性和离子化合物，也可以提取非离子、低极性化合物。另外，SPE 既可以处理小体积样品，也可以处理大容量样品。值得一提的是，SPE 还能防止溶剂萃取过程中常常发生的乳化效应。为了避免堵塞萃取柱，样品在通过萃取柱之前一般先用孔径小于 1.2μm 的玻璃纤维滤纸过滤。

2. 固相微萃取

固相微萃取（SPME）技术是一种简便、快捷、无溶剂的样品制备与前处理技术。该技术集取样、萃取、浓缩和进样于一体，通常包括两个步骤：把目标组分从基质中分离出来和把浓缩的待分析物解析至分析设备。

SPME 的原理是利用待测物质在基体和萃取相之间的非均相平衡，使待测组分扩散吸附到石英纤维表面的固定相涂层，待吸附平衡后，再与气相色谱或高效液相色谱联用以分离和测定待测组分。固相微萃取设备常被设计成类似注射器的形式，中间包含的纤维表层涂覆不同极性的固定相涂层，这些固定相可以选择性地萃取不同的目标组分。固相微萃取技术常用来进行挥发性、半挥发性样品的分离富集，而对于难挥发性的有机物，可利用 SPME 和 HPLC 联用的技术，通过溶剂解析的作用达到分离效果。

3. 超临界流体萃取

超临界流体（SFC）萃取在超临界状态下利用萃取剂（CO_2）选择萃取目标物质，

在超临界状态下，流体与待分离物质在萃取罐中接触，通过改变体系压力、温度实现对某些组分的选择性萃取，经过一段时间以后，将超临界流体通过减压阀分离进分离罐，改变温度、压力条件，降低超临界流体密度，使得所萃取物质与超临界流体分离，同时超临界流体循环使用。与常规萃取剂萃取相比，超临界萃取初期速率、最佳萃取范围更大，具有以下特点：①通过温度、压力调节可提取纯度较高的有效成分或脱出有害成分；②选择适宜的溶剂可在较低温度或无氧环境下分离、精制热敏感物质和易氧化物质；③方法具有良好的渗透性、溶解性，可从固体或黏稠原料中快速提取有效成分；④通过降低超临界流体密度，溶剂从目标产物中分离，无溶剂污染，且回收溶剂无相变过程；⑤同类物质的有机同系物，可按沸点升高顺序进入超临界相。

超临界流体萃取作为新型萃取方法，所受到的主要影响因素包括：萃取条件（压力、温度、时间、溶剂、流量）、萃取对象的物性、萃取剂种类等。萃取压力主要影响超临界相密度，如 CO_2 在 37℃时，压力由 8MPa 升至 10MPa，其密度增加 1 倍，因此高压萃取时 SFC 溶解能力最强。温度对萃取效果影响较为复杂，低压萃取时，升高温度可提高分离组分的挥发性、扩散能力，但 SFC 密度降低导致溶剂能力下降，这一阶段被称为“温度的负效应阶段”，高压区升高温度时，CO_2 密度降低较少，待分离组分蒸气压、扩散系数提高，溶质溶解能力提高，称为“温度的正效应阶段”。其他影响因素中，萃取时间长、萃取剂流量大，则萃取效果更佳，但会带来萃取回收负荷大的问题，需要综合选择合适的萃取时间、流量。超临界萃取过程中，对于超临界流体一般要求有良好的溶解性、选择性，或化学性质与待萃取成分相似，同时出于安全、经济、环保考虑，应尽可能选择化学性质稳定、操作温度接近常温、操作压力应尽可能低的超临界流体萃取剂。

4. 衍生化处理

由于 AP 和 BPA 不具有足够的挥发性，因此用 GC 联用技术对其进行测定时需将其衍生化。衍生化是 AP 和 BPA 分析的关键步骤。目前 AP 和 BPA 常用的衍生化试剂为 *N*,*O*-双(三甲基硅烷基)三氟乙酰胺（BSTFA），其反应机制如图 40-2 所示。

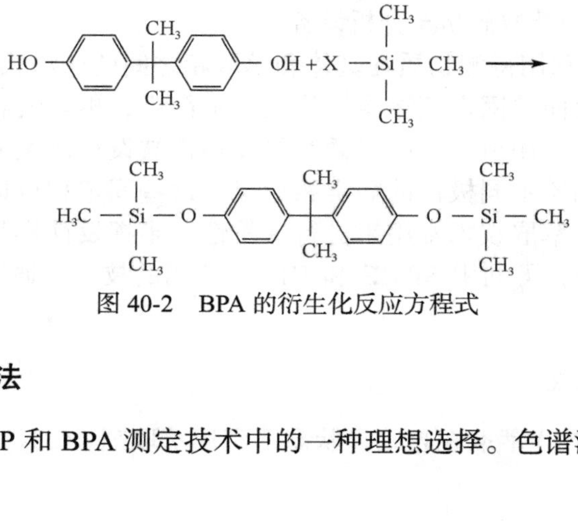

图 40-2　BPA 的衍生化反应方程式

40.1.3　分析检测方法

色谱法是目前 AP 和 BPA 测定技术中的一种理想选择。色谱法的特点是分离效率高、灵敏度高、选择性好、适用范围广、分析速度快。在色谱法基础上发展出的色谱和质谱联用技术除了具有色谱法的全部优点外，在定性、定量方面有着色谱法无可比拟的优势。

1. 气相色谱法

气相色谱法的突出特点是分离效率高和分离速度快，对 AP 和 BPA 测定的灵敏度要高于液相色谱法。气相色谱法主要使用两类色谱柱，其中毛细管柱在分辨能力、灵敏度、分析速度以及色谱柱的相对惰性等几方面都比填充柱优越。气相色谱法检测酚类灵敏度高，但由于酚类的挥发性较差，用气相色谱测定一般需要事先衍生化。衍生化反应有两种，一种是目标化合物全部转化为三甲基硅取代物，另一种是在碳酸盐或碳氢化合物的存在下用乙酐进行乙酰化[7]，衍生化操作较繁琐，相对而言不及 HPLC 法简便。蒋霞等[30]采用气相色谱-质谱法分别对超声波萃取与索氏萃取丙烯腈-丁二烯-苯乙烯（ABS）中四溴双酚 A 进行了比较研究，结果显示，质量浓度在 1.00～100mg/L 目标物与其峰面积呈线性关系，索氏萃取的萃取率高于超声波萃取的萃取率，索氏萃取的相对标准偏差（n=6）为 2.1%，加标回收率为 80.4%～85.7%。

AP 有多种异构体，如果单纯用气相色谱检测需要多种标准品，且根据保留时间定性有很多困难。气相色谱-质谱联用技术解决了这个问题，用质谱定性，基峰明显不同，结果灵敏、准确。邵兵等用此方法对嘉陵江和长江重庆段河流和以这两条河流为水源的 5 个自来水厂水样中的壬基酚进行了检测[8]。Kojim 等提出了一种利用 GC-MS 检测水中 AP 含量的简便灵敏的试验方法[9]。另外，有文献对 GC-MS 和毛细管电泳两种方法测定 BPA、AP 的试验方法做了比较[10]。近期，有科学家发展了中空纤维萃取法，并与 GC-MS 联用，实现了环境痕量物质的富集、检测全自动化，不但减少了固相萃取、固相微萃取等的繁琐步骤，使精确度大大提高，而且降低了操作成本[11]。

2. 液相色谱法

用液相色谱法来测定酚类不用衍生化，可以保持酚类化合物的组成不变，对具各种不同取代基及不同结构的酚类均可同时进行测定。液相色谱法具有重现性好、选择性高的优点。其缺点是灵敏度较低。文献表明液相色谱是分析 AP 和 BPA 的主要手段[12-15]。例如，邵兵等在测定水环境中壬基酚聚氧乙烯醚及其生物降解产物的试验中采用了 C_{18} 色谱柱和正相分离柱相串联的方法[8]。

液相色谱-质谱联用技术具有灵敏度、选择性好和可检测多种物质，以及简化样品检测前净化过程等优点。LC-MS 广泛应用于烷基酚和双酚 A 的测定。常红等研究了长江和嘉陵江壬基酚聚氧乙烯醚的污染状况，同时采用 MSPD（基质固相分散）-LC-MS 建立了一套用于测定鱼体内壬基酚聚氧乙烯醚及其代谢产物的方法[13]。LC-MS 技术发展迅速，近期发展的 PLE（加压液相萃取）-RAM（有限通道材料）-LC-MS 能有效地检测出来自沉淀物的酚类物质，并且由于减少了质谱背景噪声，提高了分析敏感度，可广泛用于环境激素的痕量分析[14, 15]。

40.1.4　分析实例

近年来，有关烷基酚类环境雌激素的环境污染状况和分析方法的报道很多。研究表明 BPA 和 AP 广泛存在于各种环境基质中，对人类的健康安全构成了潜在威胁。相对于环境样品，包装材料尤其是食品包装材料直接和食品接触，它对食品的影响不可低估，因此对包装材料特别是食品包装材料检测具有很重要的意义。下面以包装材料中酚类环境雌激素采用 GC-MS 检测为例进行介绍。

1. 试验部分

（1）试剂和仪器

试验所需要的仪器设备主要有 GC-MS 联用仪、分析天平（精度为万分之一）、氮吹仪、加速溶剂萃取仪、超声波发生器、高温烘箱、微量移液器等。

试验药品和试剂有 4-叔-丁基酚（4-*t*-BP，纯度＞99.0%）、4-叔-辛基酚（4-*t*-OP，纯度＞98.5%）、4-辛基酚（4-BP，纯度＞99.5%）、4-壬基酚（4-OP，纯度＞97.0%）、双酚 A（纯度＞95.0%，BPA）、BSTFA 和色谱纯的二氯甲烷等。

（2）GC-MS 条件

GC 条件：色谱柱为 HP-5MS 石英毛细管柱（30mm×0.25mm，0.25μm）；柱温采用程序升温，初始温度 100℃，保持 3.00min，以 25℃/min 的速度升至 250℃，保持 4.00min；进样口温度 250℃；载气为高纯氦气，纯度大于 99.999%；流速为 1.0mL/min；不分流进样。

MS 条件：电离方式为 EI，电子能量为 70eV；检测方式为全扫描（scan）；质量扫描范围为 *m/z* 50～550；溶剂延迟时间为 4.00min。

（3）前处理

取适量聚碳酸酯（PC）、聚乙烯（PE）或纸质材料，剪碎后 40℃烘干，称取 10g，然后用冷冻研磨机研磨 30min，将研磨之后的样品转移到 33mL 的不锈钢加速溶剂萃取池（底部装有垫片和 5.0g 活化的中性氧化铝粉末）中进行加速溶剂萃取。系统压力为 100bar；温度为 100℃；加热时间为 5min；静态时间为 3min；萃取溶剂为二氯甲烷；冲洗体积为 60%萃取池体积；吹扫时间为 120s；静态循环次数为 3 次；总萃取时间为每个样品 18min；溶剂量为每个样品 50～100mL。萃取液用旋转蒸发仪蒸发至近干。

以二氯甲烷作溶剂，将样品稀释到一定的浓度，然后在萃取瓶中加入微型磁转子和 5.0mL 溶液，加入衍生化试剂 BSTFA 10μL，盖上瓶盖，将 SPME 萃取纤维插入并完全浸入溶液中，在 40℃条件下（搅拌速度 1000r/min）萃取 30min 后迅速转移至 GC-MS 联用仪进样口，在 250℃解析 3.0min。

2. 结果分析

（1）样品前处理

AP 和 BPA 都是极性、热稳定效果物质，采用衍生化技术可以减弱极性，提高挥发性，有效改善化合物的色谱行为。试验选用 BSTFA 衍生化试剂进行衍生化，衍生化后的色谱分离效果明显好于未衍生化的。未衍生化样品在色谱柱上保留很弱，结构性质相似组分的色谱峰未能很好分开，并且拖尾严重，很难进行分离及定性定量分析。衍生化有效地避免了上述缺点，提高了响应值，降低了检出限，使线性范围增宽。SPME 的涂层根据待测物质的极性和吸附性质来选择，PDMS/DVB 纤维多用于萃取极性物质如酚、醇类。BPA 和 AP 都是带有酚羟基的极性物质，选择 PDMS/DVB 纤维具有较好的萃取率。

为了提高萃取效率，试验采用插入式萃取，并对萃取时间、萃取温度及转速进行考查。如图 40-3 所示，萃取时间设置为 10～60min，结果表明，随着萃取时间增加，BPA 和 AP 在 40min 时达到反应平衡且重现性好。试验选定萃取时间为 40min。

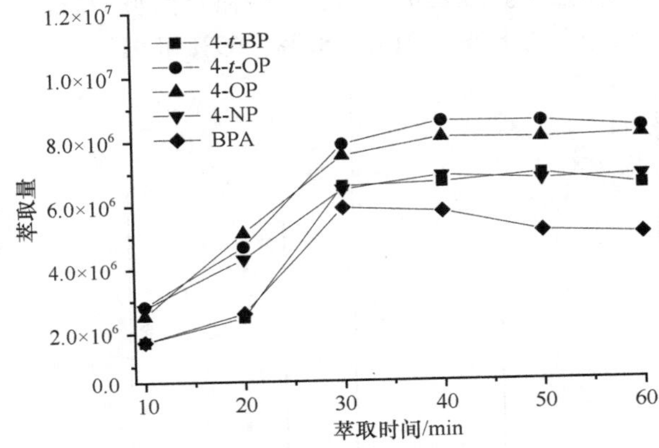

图 40-3 SPME 萃取时间对环境雌激素萃取效率的影响

提高温度可以加快反应速度，温度升高，分析物的扩散系数增大，扩散速度也随之增大。但是升温同时会使分析物的分配系数减小，使其在固相纤维柱上的吸附量降低，另外温度过高会产生其他副产物，干扰 GC-MS 的分析，也会破坏 SPME 的萃取涂层。如图 40-4 所示，当温度达到 30℃时，各分析物的萃取接近平衡，因此萃取温度选择 30℃。

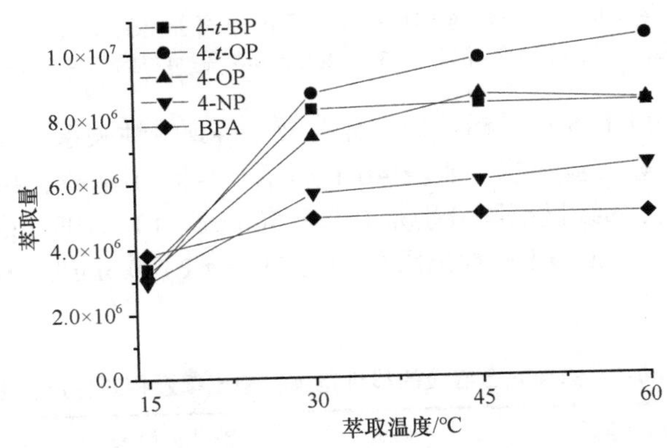

图 40-4 SPME 萃取温度对环境雌激素萃取效率的影响

萃取纤维直接插入溶液时，利用磁力搅拌溶液，可以加快传质，缩短平衡时间。试验用搅拌子尺寸均为10mm×3mm，搅拌速率设置为600r/min、1000r/min和1200r/min，试验表明，速率在1000r/min时反应已达到平衡，萃取效果稳定。

（2）GC-MS分析

BPA及烷基酚经BSTFA衍生化后，苯羟基上的氢均被三甲基硅烷所取代，全扫描获得总离子流图（图40-5）。通过质谱分析发现，衍生化的4-叔-丁基酚特征离子为*m/z* 222，保留时间为5.92min；衍生化的4-叔-辛基酚特征离子为*m/z* 207，保留时间为7.61min；衍生化的4-辛基酚特征离子为*m/z* 179和*m/z* 278，保留时间为8.42min；衍生化的4-壬基酚特征离子为*m/z* 207和*m/z* 292，保留时间为8.85min；衍生化的BPA特征离子为*m/z* 357和*m/z* 372，保留时间为10.22min。上述5种目标物的特征离子峰通过与NIST98标准谱库比对，其配比分别为87%、91%、86%、69%和91%。

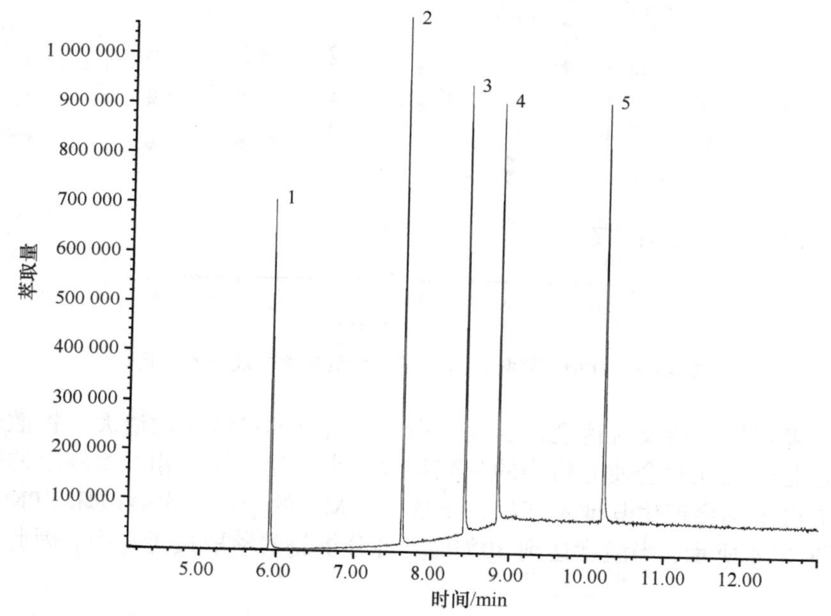

图40-5　标准溶液硅烷衍生化后的总离子流图（TIC）

1. 硅烷化4-叔-丁基酚；2. 硅烷化4-叔-辛基酚；3. 硅烷化4-辛基酚；4. 硅烷化4-壬基酚；5. 硅烷化双酚A

测定不同浓度的以上5种目标物的混标溶液，得到线性关系、检出限（LOD）及相对标准偏差（RSD）等试验参数，如表40-1所示，4-叔-丁基酚、4-叔-辛基酚、4-辛基酚、4-壬基酚及双酚A的线性范围分别是0.01～50μg/L、0.1～1000μg/L、0.05～500μg/L、0.05～500μg/L和0.1～100μg/L；检出限分别为11.6ng/L、0.3ng/L、0.6ng/L、2.3ng/L和0.8ng/L。

表40-1　标准混合溶液的线性范围、检出限及相对标准偏差

化合物	线性范围/（μg/L）	相关因子（*r*）	检出限（*n*=3）/（ng/L）	RSD（*n*=5）/%
4-*t*-BP	0.01～50	0.9998	11.6	1.62

续表

化合物	线性范围/（μg/L）	相关因子（r）	检出限（n=3）/（ng/L）	RSD（n=5）/%
4-*t*-OP	0.1～1000	0.9921	0.3	2.21
4-OP	0.05～500	0.9934	0.6	1.53
4-NP	0.05～500	0.9958	2.3	3.88
BPA	0.1～100	0.9916	0.8	5.12

（3）实际样品分析

影响 ASE 萃取的因素主要是压力和温度。在保持其他条件相同的情况下（静态萃取时间 3min，60%溶剂冲洗、120s 氮气吹扫），在 10g 样品中添加 0.01mg/kg 的混合标液，选取 50℃、75℃、100℃、125℃和 150℃（压力 100bar）5 个不同的温度和 50bar、75bar、100bar、125bar 和 150bar（温度 100℃）5 个不同压力条件进行试验，结果如表 40-2 和表 40-3 所示，当温度为 100℃和压力为 100bar 时，5 种标准物的萃取效率最佳，回收率在 90%以上；温度、压力过低时，萃取不完全，使样品丢失；而温度、压力过高时，样品中烷基酚和双酚 A 发生热降解，从而使回收率降低。

表 40-2　不同温度条件下 ASE 萃取包装材料各标准物回收率比较

温度/℃	4-*t*-BP	4-*t*-OP	4-OP	4-NP	BPA
50	69.2	70.5	52.3	62.9	53.6
75	88.6	87.2	68.9	77.3	80.2
100	97.6	103.8	98.1	89.6	101.6
125	92.7	87.6	87.3	83.4	88.6
150	80.2	80.6	75.4	72.3	60.8

表 40-3　不同压力条件下 ASE 萃取包装材料各标准物回收率比较

压力/bar	4-*t*-BP	4-*t*-OP	4-OP	4-NP	BPA
50	78.9	69.4	59.0	58.6	71.3
75	88.6	86.3	78.9	71.8	82.6
100	98.6	95.3	98.5	91.5	93.3
125	83.7	82.1	76.3	75.3	78.6
150	65.3	71.2	61.3	68.8	51.2

对包装材料中 PC、PE 和纸质材料进行检测，利用上述方法并采用选择离子扫描，监测质荷比为 m/z 222、m/z 179、m/z 207、m/z 207 和 m/z 357。

在 PC 材料中，4-辛基酚、4-壬基酚和双酚 A 含量很高，分别达到 82.44μg/kg、60.28μg/kg 和 78.35μg/kg，未检出 4-叔-丁基酚和 4-壬基酚。在 PE 和纸质材料中几乎未检测到目标物，只在 PE 材料中检测到痕量的 4-辛基酚和双酚 A。

40.2 氯化有机物检测

40.2.1 概述

二氯乙烷、氯乙烯、偏氯乙烯和五氯苯酚是食品包装材料中常见的氯化有机污染物，其中二氯乙烷、氯乙烯、偏氯乙烯属于低沸点、易挥发物质，主要来源于聚氯乙烯（PVC）塑料和聚偏二氯乙烯（PVDC）塑料，一般出现在塑料产品、内包装中。

五氯苯酚的主要来源是纺织品、皮革制品、棉花和羊毛等天然纤维与纸板纸箱防腐防霉、抑制真菌增长的稳定剂。在木质包装方面，五氯苯酚主要用作除草剂及木材防腐剂，抑制朽木菌等，其为薄片或结晶状，溶于水时释放有腐蚀性的盐酸气，工业品为灰黑色粉末或片状固体，难溶于水，易溶于大多数有机溶剂，在食品包装领域主要用于纸、木质包装的防腐处理，导致包装材料中五氯苯酚残留，虽然多为外层包装使用，但长期接触同样会导致健康、环境危害。

氯化有机物在食品包装材料中的残留会对消费者产生多种健康危害，如二氯乙烷对眼睛及呼吸道有刺激作用，过量吸入可引起肺水肿、抑制中枢神经系统、刺激胃肠道和引起肝、肾和肾上腺损害，皮肤与含二氯乙烷的液体反复接触会引起皮肤干燥、脱屑和裂隙性皮炎，属高毒类物质；进入体内的 1,2-二氯乙烷首先贮存于脂肪组织中，在约 2 天内从脂肪组织转移进入血液，由于酶的脱氢作用，代谢转化变成氯乙醇，氯乙醇系高毒化学物质，其可进一步代谢为氯乙醛、一氯乙酸，毒性均高于二氯乙烷本身。在环境中，二氯乙烷代谢生成氯乙酸的速度随湿度与温度的增加而加快，在 90℃的湿空气中，二氯乙烷有 0.66%分解生成氯乙酸，当温度升高到 110℃和 140℃时，氯乙酸含量分别为 4%和 7%～12%。

以聚氯乙烯为基质的制品目前主要作为饮料瓶使用，有研究表明使用由聚氯乙烯制造的瓶子长期盛装饮料，经 40 天后有 0.002～0.08mg/kg 氯乙烯从多种饮料中检出。作为一种刺激物，氯乙烯短时低浓度接触会刺激眼和皮肤，短时大剂量接触具有麻醉作用，能抑制中枢神经系统，引起与轻度酒精中毒相似的症状。偏氯乙烯主要影响中枢神经系统，并有眼及上呼吸道刺激症状，短时低浓度接触，眼及咽喉部有烧灼感；浓度增高，有眩晕、恶心、呕吐甚至酩酊状；长期接触，除黏膜刺激症状外，常伴有神经衰弱综合征。吸入或经皮吸收五氯苯酚可引起头痛，疲倦，眼睛、黏膜及皮肤刺激症状，神经痛，多汗，呼吸困难，发绀，肝、肾损害等，属中等毒性。中毒后因交热和心力衰竭可引起死亡。皮肤接触有明显的刺激作用。

40.2.2 样品前处理技术

包装材料中氯化有机物检测步骤包括样品制备、检测对象提取等，其中样品制备主要是指针对不同类型包装样品（纸、木材、塑料等）进行裁剪；对于待测对象中的氯化有机物，提取过程针对不同样品、检测对象，可采取顶空萃取、液-固萃取、液-液萃取、固相萃取、固相微萃取等方法；萃取所得样品经过必要净化、分离步骤后进入仪器分析。目前，由于不同类型氯化有机物的性质及使用领域不同，其检出范围不同，如二氯乙烷、氯乙烯、偏氯乙烯等沸点较低的物质多在塑料容器及塑料材质的复合包装中检出[16]，而五氯苯酚由于在常温下是固体并多用作防腐剂，因而一般在纸板、纺织品、木质包装中检出。

1. 样品制备

对于塑料制品，氯化有机物检测所用样品一般需剪至一定大小以供浸泡、顶空提取等，而对于采用液-固萃取的纺织品、木材、纸制品等样品，则需经过研磨、粉碎后使用，如金郁等检测皮革中五氯苯酚含量时，首先将样品裁剪为 10mm×2mm 左右碎片，然后采用粉碎机粉碎后进行萃取[17]。样品在制备过程中应注意避免样品与容器、工具之间的交叉污染。

2. 提取

检测样品中的二氯乙烷、氯乙烯、偏氯乙烯等物质，可以采取顶空方式进行提取。静态顶空首先将液体样品或者固体样品放在一个密闭的样品瓶中，在一定温度下使其与上层气相达到平衡，然后取上层气相样品进样分析；动态顶空则采用惰性气体连续吹扫样品，采用吸附捕集装置富集吹扫挥发出来的样品，完成萃取过程后通过快速升温使富集样品迅速挥发输入仪器分析定性。由于性质不同，检测对象中所含的五氯苯酚一般采用水蒸气蒸馏、液-固萃取或液-液萃取等方式提取。

有研究人员在测定水样品中 1,2-二氯乙烷时采用吹扫捕集法进行样品提取[18]，采用 Eclipse 4660 捕集装置，吹扫条件设置为捕集温度 210℃，气提 11min，吹扫温度 100℃，烘焙温度 240℃，烘焙时间 10min，脱附温度 190℃，脱附时间 1min；余雯静和郑利对用顶空法提取水中氯乙烯进行了研究，将待测水样加入至预装有 4g 无水硫酸钠的顶空瓶中，在 60℃条件下顶空平衡 20min 后取上层气相进样分析[19]。

40.2.3　分析方法

对于氯化有机物的检测，目前主要采用的方法为气相色谱法、液相色谱法两种。根据检测器的不同，又可分为气相色谱-氢火焰离子（FID）法、气相色谱-电子捕获检测器（ECD）法、气相色谱-质谱联用（GC-MS）法及液相色谱-紫外检测器法、液相色谱-电子捕获检测器法和液相色谱-串联质谱（LC-MS/MS）检测法等[20]。

1. 气相色谱法

美国 EPA 制定的方法采用非极性厚液膜毛细色谱柱对 1,2-二氯乙烷进行检测，采用 GC-ECD 检测，进样器温度 200℃，检测器温度 250℃，色谱柱采用 HP-1 毛细柱（30m×0.23mm，1.0μm），柱恒温 65℃，20∶1 分流进样，ECD 尾吹气流速为 40mL/min。该方法对 1,2-二氯乙烷的最低检出限为 0.01mg/L[21]。

五氯苯酚沸点高（310℃），难于气化，有研究人员以重氮甲烷、五氟苄基溴、乙酸酐、碘化甲烷等为衍生化试剂对其进行了研究，结果表明乙酸酐是气相色谱法测五氯苯酚最佳的衍生化试剂。衍生化过程中五氯苯酚与乙酸酐在碳酸根或碳酸氢根介质中生成稳定的乙酰化衍生物，可采用 ECD 检测，乙酰化反应受很多因素影响，如溶液的 pH、温度、反应时间等。

葛修丽等在 0.1mol/L 四硼酸钠介质中用乙酸酐衍生化五氯苯酚，五氯酚的乙酰化衍生物用环己烷萃取后进行检测，色谱选用 OV-171 6%+OV-210 6.4%/Chromosorb W，粒径 0.18～0.20nm，柱温 210℃，采用 ECD 检测。方法的线性范围为 0.1～20μg/mL，检出限为 1μg/kg，相对标准偏差小于 8.4%[22]。张红雨等选取聚丙烯酸酯萃取头，用 HCl 水溶液调 pH 至 2.0，并用 NaCl 饱和，室温持续磁力搅拌下，直接萃取 40min，纤维萃取头在 260℃下脱附 5min；色谱柱选用 HP-5MS 石英毛细管柱（30m×0.25μm），进样口温度为 260℃，柱温采用程序升温模式：初始 60℃保持 4min，以 8℃/min 升温至 260℃并保持 3min，ECD 温度为 280℃。该方法用来测定废水中的 2,4-二氯苯酚、2,4,6-三氯苯酚和五氯苯酚，其中五氯苯酚的线性范围为 0.005～5μg/L，检出限为 0.001μg/L[23]。

陈志锋等采用毛细管气相色谱法检测聚氯乙烯薄膜中残留的氯乙烯单体，并用 GC-MS 进行确证。样品中的氯乙烯单体采用静态顶空技术提取，利用极性毛细管气相色谱柱进行分离并结合 FID 进行高灵敏度检测。氯乙烯单体在 0.05～0.2mg/L 有较好的线性关系，相关系数为 0.999，相对标准偏差在 3.1%以内，最低检出限为 0.5mg/kg[24]。殷晶晶等使用 GC-MS 同时测定聚氯乙烯（PVC）和聚偏氯乙烯（PVDC）产品中残留的氯乙烯（VC）与偏氯乙烯（VDC），测试样品在密闭的试验瓶中用二甲基乙酰胺浸泡过夜，然后于 90℃的烘箱中放置 1h，使用配有多层开口（PLOT）型毛细管柱子的 GC-MS 来分析测定，PVC 样品中的 VC 回收率为 90.0%～112.3%，PVDC 样品中的 VDC 回收率为 85.2%～108.3%，方法的检出限 VC 为 0.01μg/g，VDC 为 0.06μg/g[25]。

2. *液相色谱法*

金郁等使用 HPLC 分析皮革中的五氯苯酚含量，样品经碳酸钾水溶液提取，硫酸酸化处理后定容为 2mL，LC 的分析条件为：甲醇-1%乙酸溶液混合流动相（90/10），流速为 1mL/min，检测器波长为 304nm，采用外标法定量。五氯苯酚最低检出限为 20ng，线性范围为 20～100ng，相对标准偏差为 6.1%[17]。Kauaguchi 等采用 HPLC 测定了水性涂料中酚类防霉剂，选用 nusil-XBP C_{18} 柱（4.6mm×250mm，5μm），流动相为 1∶1 的 NH_4Ac 溶液（10mmol/L）和甲醇，采用梯度洗脱程序：0～8min，甲醇从 60%升至 80%，8～16min，甲醇从 80%降至 60%，16～25min，甲醇保持 60%不变，流动相的流速为 0.7mL/min，进样量为 10μL，检测波长为 220nm。检测结果表明，五氯苯酚、四氯苯酚的线性范围为 0.02～200mg/L，邻苯基苯酚的线性范围为 0.04～200mg/L，最低检出限五氯苯酚和四氯苯酚为 0.01mg/L，邻苯基苯酚为 0.02mg/L[26]。

3. *其他检测方法*

（1）分光光度法

样品中五氯苯酚的含量可采用 4-氨基安替比林分光光度法进行定量检测。其原理是通过蒸馏使样品中的五氯苯酚分离出来，在碱性溶液（pH 10.0±0.2）介质中，在氧化剂铁氰化钾作用下，五氯苯酚与4-氨基安替比林反应生成橙红色的安替比林染料，用氯仿将此染料从水溶液中萃取出，并在460nm处测定吸光度。目前，由于4-氨基安替比林分光光度法分析过程复杂、易产生二次污染，且当其他酚存在时，不能单独测出五氯苯酚，因此已逐渐被取代。除4-氨基安替比林分光光度法外，我国国家标准采用藏红T分光光度法测定五氯苯酚。方法的原理是采用蒸馏将五氯苯酚与高沸点酚类和其他色素等干扰物分离后，使五氯苯酚在硼酸盐缓冲液（pH 9.3）中与藏红T生成紫红色络合物，用乙酸异戊酯萃取，置于波长535nm下测定吸光度[27]。方法测定的浓度范围为0.01～0.5mg/L，检出限为0.01mg/L，挥发性酚类（以苯酚计）小于等于150mg/L时对测定无干扰。五氯苯酚分子结构中的苯环在紫外区有特征的吸收峰，其钠盐较分子态的紫外吸收峰红移且吸收强度增加。徐华华等在流动注射分析流路中增加硅橡胶膜分离器用于五氯苯酚与干扰物分离，透过膜壁的五氯苯酚被NaOH萃取液带到检测器，在波长310nm处测定吸光度，五氯苯酚的检出限为10mg/L，线性范围为10～100mg/L[28]。

（2）离子选择电极法

离子选择电极法测定样品中五氯苯酚，利用了选择性电极的电位同样品溶液中五氯苯酚浓度呈线性关系的原理，方法的关键在于五氯苯酚离子选择电极的制备。高芷芳等以三庚基十二烷基铵与五氯苯酚离子缔合物[$(C_7H_{15})_3N^+C_{12}H_{25}\cdot C_6C_{15}O^-$]为电极活性物，制备了PVC膜的五氯苯酚离子选择电极，用于测定的电池组成为Ag-AgCl/1×10^{-2}mol/L NaCl/电极膜/试液/饱和KCl/Hg-Hg_2Cl_2[29]。五氯苯酚钠浓度在2.0×10^{-5}～0.1mol/L与电极电位呈Nernst响应，最低检出限为5.0×10^{-6}mol/L。蒋霞以烷基双硫腙-五氯苯酚为电极活性物，制备PVC膜的五氯苯酚离子选择电极，用于木屑中残留五氯苯酚的测定，测量电池组成为SEC/测试溶液/PVC膜/0.001mol/L NaPCP-0.01mol/L KCl/Ag-AgCl[30]。25℃在浓度为5×10^{-3}mol/L的Na_2CO_3介质中，电极的线性响应范围为4.5×10^{-7}～1.0× 10^{-2}mol/L，检出限为2×10^{-7}mol/L，木屑中五氯苯酚的回收率为91%～93%，相对标准偏差为1.0%～1.2%。

40.2.4　分析实例

纸和纸板中五氯苯酚的检测。

纸和纸板中五氯苯酚采用水提取、GC-MS检测，依据我国检验检疫行业标准SN/T 2276—2009。样品中五氯苯酚采用碳酸水溶液提取后经乙酸酐乙酰化后以正已烷萃取、检测，所使用溶剂包括正已烷、乙酸酐、无水碳酸钠、氯化钠、0.1mol/L碳酸钠水溶液，检测过程包括样品提取、乙酰化、仪器分析、结果计算等。

1. 样品提取与乙酰化

样品粉碎至5mm×5mm以下后混匀，将样品置于50mL具塞离心管中，加入碳酸钠溶液，常温超声提取30min。取提取液20mL加入1mL乙酸酐，振摇1min后，加入正已烷5mL、氯化钠1g后充分振摇1min，然后离心分离，取上层清液供仪器分析。

2. 仪器分析及阳性结果确证

采用 GC-MS 测定样品溶液中五氯苯酚衍生物，色谱条件为：进样器温度 270℃，不分流进样 1μL，色谱柱 DB-5MS（30mm×0.25mm，0.25μm），柱温采用程序升温，初始 50℃保持 2min，以 30℃/min 升温至 220℃保持 1min，再以 6℃/min 升温至 260℃保持 1min，传输线接口温度 260℃，离子源温度 270℃，选择离子监测模式（定量离子 *m/z* 266，定性离子 *m/z* 264、*m/z* 268 和 *m/z* 308），外标法定量。GC-MS 测定及阳性结果确证时应分别对标准工作液、样品溶液等体积进样测定，并根据样品溶液中被测物含量情况，选定浓度相近的标准工作液，若样品溶液、标准工作液选择离子谱图中相同保留时间内扣除背景后的样品谱图中所选离子均出现且离子丰度与标准丰度相同，则可判断样品中五氯苯酚检测呈阳性。

3. 结果计算

试样中五氯苯酚含量采用式（40-1）计算。

$$X_{\mathrm{i}}=\frac{A_{\mathrm{i}}\times c_{\mathrm{i}}\times V}{A_{\mathrm{is}}\times m}\times\frac{V_1}{V_2}\times 10^{-3} \qquad (40\text{-}1)$$

式中，X_i 为试样中五氯苯酚含量，单位为 mg/kg；A_i 为样液中乙酰五氯苯酚峰面积；c_i 为标准工作液中五氯苯酚浓度，单位为 ng/mL；V 为正己烷提取液体积，单位为 mL；A_{is} 为标准工作液中乙酰化五氯苯酚峰面积；m 为称取的试样质量，单位为 g；V_1 为量取的滤液体积，单位为 mL；V_2 为加入浸泡液的体积，单位为 mL。

40.3 氟化有机物检测

40.3.1 概述

氟化有机物是指烷基 R 上的氢原子被氟取代的一类有机物，其中最常见的就是全氟烃基酸类有机物。全氟烷基酸是一类分子式 RCO_2H 中烃基 R 上的 H 被 F 取代的一类氟化有机物，其中最简单也最熟悉的是三氟乙酸 CF_3CO_2H。除此之外，碳链长度在 4～8 的全氟烷基酸也是一类在工业界常用的氟化有机物，其中以碳链长度为 8 的全氟辛酸（PFOA）最为常见。PFOA 是一种强酸，其分子式为 $C_8HF_{15}O_2$，由于其结构式中 8 个碳原子与氟原子相连，故也称为 C8。全氟辛烷磺酸基化合物（PFOS）是 PFOA 磺酸化的一类有机化合物。PFOA 和 PFOS 是一类常用的氟表面活性剂，具有很强的疏水性和疏油性，与其他表面活性剂相比，PFOA 和 PFOS 具有化学与物理性质稳定、耐高温和耐氧化的特点；PFOA 和 PFOS 具有较低的表面张力，是氟塑料、氟橡胶和有机氟织物整理剂等在生产过程中不可缺少的原料，常作为四氟乙烯聚合时的分散剂。另外，由于其弱的亲水性和亲油性，且化学性质稳定，因此常被人们大量用于生产纺织品、皮革制品、家具和地毯等的表面防污处理剂、纸制品和包装材料的表面防水防油涂层、光盘表面材料、表面活性剂、食品添加剂、农药、药物[2]。PFOA 和 PFOS 也可以作为中间体生产泡沫灭火剂和地板上光剂，还可以用来生产合成洗涤剂、义齿（假牙）洗涤剂、洗发香波及其他表面活性剂产品。除此之外，PFOS 还被人们用于食品、药品纸制包装材料的表面处理，防止食品、药品黏附在包装袋上，以及用于生产不粘锅等。作为一种涂料助剂，PFOA 和 PFOS 可显著提高涂料使用中涂抹的均匀度，并可用于制造特殊的既防水又防油的皮革、纸张及纺织品等，是现代所使用包装材料中的一种常见化学物质。

PFOA 和 PFOS 分子是由 17 个氟原子与 8 个碳原子组成的烃链，这种化学结构特点使 PFOA 和 PFOS 分子中烃链碳原子间的共价键不容易受到外界作用而发生断裂，所以其化学性质相当稳定，不易挥发。研究表明，PFOS 在各种温度和酸碱度下的水解反应都非常微弱，微生物反应证实 PFOS 在有氧和无氧环境都具有很好的稳定性。

高度的物理和化学稳定性使得 PFOA 与 PFOS 在环境及生物体内难以降解，从而造成其在环境中和生物体内的聚积。大量的证据表明，食物链中水生生物对 PFOS 有较强的富集作用，这种富集作用会使其通过食物链向包括人类在内的高等生物转移[1]。目前，高等动物体内 PFOA 和 PFOS 的蓄积水平高于已知的有机氯农药与二噁英等持久性有机污染物数百倍至数千倍，成为继多氯联苯、有机氯农药和二噁英之后一种新的持久性环境污染物。

人们对 PFOA 和 PFOS 的毒性研究发现，PFOA 和 PFOS 具有生殖与遗传毒性、肝毒性、免疫毒性及致癌性。体内高浓度的 PFOA 和 PFOS 会导致试验动物精子数减少、畸形精子数增加；能够引起机体多个脏器器官内过氧化产物增加，造成氧化损伤，直接或间接地损害遗传物质，引发肿瘤。PFOA 和 PFOS 能够破坏中枢神经系统内兴奋性与抑制性氨基酸水平的平衡，使动物更容易兴奋和激怒；延迟幼龄动物的生长发育，影响记忆和条件反射弧的建立；降低血清中甲状腺激素水平。

40.3.2　样品前处理技术

在检测仪器稳定可靠的基础上，检测结果的重复性和准确性主要取决于前处理过程，同时方法的灵敏度也与样品处理过程有重要关系。目前，由于环境和生物样品中 PFOA 与 PFOS 浓度较低，因此 PFOA 和 PFOS 的分析检测研究主要集中在萃取与有效富集方面，而对样品基质的净化研究较少。目前前处理方法主要有固相萃取和甲基叔丁基醚（MTBE）萃取两种，前一种主要用于环境水样[30]、血清和奶样品的萃取[31]，后一种可用于固体和半固体样品如动物组织样品等的萃取[32-34]，也可用于如血清和全血等样品的萃取[35]。除此之外，最近发展起来的超声波萃取和快速溶剂萃取在 PFOA 与 PFOS 相关检测研究中也得到了应用。

1. 固相萃取

固相萃取技术在 PFOS 样品的前处理中得到广泛应用。目前，样品前处理使用较多的固相萃取柱是 C_{18} 柱。由于 PFOS 是一种表面活性剂，具有较大的烷基链，非常适合用 C_{18} 柱进行萃取。Kazuhiko、Cariton、Sohlenias、Luebker 等均报道了采用 C_{18} 柱进行样品前处理的提取方法[36-40]。Tao 等还发展了利用 C_{18} 柱在线自动萃取处理人血清样品的方法[41]。两亲聚合物（HLB）柱是另外一种使用较多的固相萃取前处理填料。HLB

柱中填料是一种既亲水又亲脂的两亲平衡型吸附剂（hydrophilic-lipophilic polymer，HLB）。典型的 HLB 柱是由亲脂性的二乙烯基苯和亲水性的 *N*-乙烯基吡咯烷酮两种单体共聚而成的大孔共聚物，对极性和非极性化合物均有保留。Lehmler 等报道了利用 HLB 柱实现人血清和牛奶样品的样品制备处理[42]。

2. 液-液萃取

液-液萃取又称溶剂萃取或抽提，是用溶剂分离和提取液体混合物中目标组分的过程。在液体混合物中加入与其不相混溶（或稍相混溶）的选定溶剂，利用其组分在溶剂中溶解度的不同而达到分离或提取目的。液-液萃取技术是经典的样品前处理技术，目前多用于固体和半固体生物样品如动物组织样品等的 PFOS 萃取[32, 33, 43-45]，也有用于如血清和全血等样品萃取[46-48]的报道。在液-液萃取过程中多使用 MTBE 作为样品溶液的萃取剂。

3. 超声波萃取

超声波萃取方法简单、快速，可以避免液-液萃取繁琐的操作步骤和大量的溶剂消耗，也可以避免 SPE 中小粒径物质造成的填料孔堵塞。Hart 等采用甲醇作萃取剂，利用超声波装置从血液中提取 PFOS，提取液直接进样分析[49]。但此方法只适用于简单样品的处理，此外，超声波萃取方法只能作为提取手段，而对于基体复杂的样品还需利用其他手段对提取液进行净化处理。

4. 衍生化技术

衍生化技术就是通过化学反应将样品中难以分析检测的目标化合物定量地转化成另一易于分析检测的化合物,通过对后者的分析检测可以对目标化合物进行定性和/或定量分析。按衍生化反应发生在色谱分离之前还是之后，可将衍生化分为柱前衍生化和柱后衍生化。柱后衍生化主要是为了提高检测的灵敏度，降低检出限，而柱前衍生化属于样品前处理范畴。

不同类型的色谱中柱前衍生化的目的有所不同，气相色谱中柱前衍生化主要是改善目标化合物的挥发性；而液相色谱和薄层色谱中柱前衍生化的主要目的是改善检测能力。所以不同类型的色谱中柱前衍生化的方法和所用的衍生化试剂也略有不同。目前，气相色谱中常用的柱前衍生化方法有硅烷化衍生法、酯化衍生法和酰化衍生法。

采用衍生化技术对 PFOA 和 PFOS 进行检测主要是克服在 GC 与 GC-MS 检测中 PFOS 及 PFOS 挥发性不足的问题。衍生化是 PFOA 和 PFOS 分析的一个关键步骤，因为这个步骤很容易出现衍生率低和分析物损失，导致过低估计环境样品中其浓度。此外，如果衍生化条件控制不好，可能会引起分析物质降解及改变样品中待测组分的成分。2004 年，Berger 等利用酯化衍生化反应，以异丙醇作为衍生化试剂，正己烷作为衍生化介质，通过加入 5%硫酸和室温振动 24h 的方式获得了 PFOA 与 PFOS 的异丙醇衍生化产物[50]。

乙酰氯也是常用来进行衍生化反应的试剂之一。2007 年，蒋海宁等采用乙酰氯与 PFOA 反应，在 50～60℃的碱性环境中反应 2h 以后即可得到衍生化的 PFOA[51]。

除酯化衍生化法和酰化衍生化法外，采用硅烷试剂对 PFOA 和 PFOS 进行硅烷化处理也是提高 PFOA 和 PFOS 挥发性的行之有效的办法之一。目前，常用的硅烷化试剂主要有 *N*,*O*-双(三甲基硅烷基)三氟乙酰胺（BSTFA）。例如，有文献报道采用 BSTFA 对包装材料和纺织品中的 PFOA 与 PFOS 进行硅烷化处理后，采用 GC-MS 方法进行检测，得到良好的效果。

40.3.3　分析方法

PFOS 和 PFOA 及其盐类化合物的检测目前主要是采用气相色谱-质谱法和液相色谱-质谱/质谱法。

1. 气相色谱-质谱法

由于全氟类有机化合物具有稳定性高和饱和蒸气压低的特点，因此 PFOS 和 PFOA 最理想的检测方法是液相色谱法或液相色谱-质谱法。然而，有些全氟类化合物在 LC 流动相中难以质子化或去质子化，因此不宜利用 LC 和电喷雾电离源（ESI）进行质谱分析，这时可以采用与气相色谱串联的具有电子电离源（EI）或化学电离源（CI）的质谱分析法。为了克服 PFOA 和 PFOS 挥发性低的问题，试样在进入 GC 之前，先要对 PFOA 和 PFOS 进行衍生化处理，使其具有高的挥发性，以此来提高 PFOA 和 PFOS 的检测灵敏度。

对于各种衍生化的 PFOS 和 PFOA，由于其极性较强，因此在 GC-MS 检测中一般采用弱极性或中等极性的色谱柱，如涂层为 5%苯基甲基聚硅氧烷的 5MS 色谱柱或是涂层为 35%苯基硅氧烷的 SGE BPX35 色谱柱。质谱方法中，一般采用具有高选择性的正 CI 进行电离。衍生化的 PFOA 和 PFOS 中，除去特征离子碎片和衍生化试剂的某些碎片质量数以外，一般都存在质荷比为 369.98、318.98、268.98、218.99、168.99、118.99、99.99 和 69.00 的碎片，这些碎片分别是从 PFOA 和 PFOS 的 C8 骨架结构逐步丢失掉—CF_2—基团以后得到的。

2. 液相色谱-质谱法

液相色谱-质谱法（LC-MS）是检测 PFOA 和 PFOS 最为有效的方法，也是目前使用最为广泛的方法。利用 LC-MS 检测 PFOA 和 PFOS 时不需要复杂的前处理与柱前衍生化，同时 LC-MS 检测方法的灵敏度要高于 GC-MS。采用二级串联质谱（MS/MS）能够提高在复杂基质中识别 PFOA 和 PFOS 的能力；在 LC-MS 检测中，绝大部分的试样都可以通过相对简单的萃取、离心分离方法达到分离和富集的目的，其最低检出限可以达到 ng/mL 级。

由于结构中绝大部分 H 原子被 F 原子取代，因此为了能够使 PFOA 和 PFOS 最大程度去质子化，在液相色谱分离过程中一般在流动相中加入一定量乙酸铵，一方面提高了 PFOA 及 PFOS 的去质子化能力，另一方面减少了 PFOS 和 PFOA 色谱峰拖尾的现象；

另外，由于 PFOA 及 PFOS 的极性较强，质谱分析时一般采用电喷雾电离源（ESI）来轰击目标化合物使其电离，并采用负离子模式对 PFOS 和 PFOA 进行扫描。

LC-MS 分析中，液相色谱柱一般采用粒径为 5μm、表面完全失活的二氧化硅微球为固定相进行分离；流动相一般是甲醇或乙腈与一定 pH 乙酸铵溶液的混合流动相。质谱分析中，一般多采用四极杆串联多极质谱或离子阱质谱或四极杆-串联飞行时间质谱等多重质谱法对试样中的 PFOA 和 PFOS 进行选择扫描，以提高分析的选择性和灵敏度。Michael 等[52]进行了纺织物中 PFOA 提取物的检测方法研究，使用模拟物提取样品中 PFOA，以 ^{13}C-PFOA 为内标物，采用液相色谱串联二级质谱检测，流动相为乙酸铵甲醇溶液/甲醇，方法检出限 2.5ppb（甲醇提取液），回收率 90%～103%。

无论采用何种形式的质量分析器，PFOA 和 PFOS 在负离子模式与 ESI 下，都会有质量数如表 40-4 所示的碎片离子。

表 40-4　多重质谱分析中 PFOS 和 PFOA 的碎片离子与定量离子对

化合物	母离子（*m/z*）	子离子（*m/z*）	定量离子对
PFOA（$C_7F_{15}COOH$）	413（$C_7F_{15}COO^-$）	369（$C_7F_{15}^-$），169（$C_3F_7^-$）	413，369
PFOS（$C_8F_{17}SO_3H$）	499（$C_8F_{17}SO_3^-$）	99（FSO_3^-），80（SO_3^-）	499，99

40.3.4　分析实例

GC-MS 法测定包装材料中的 PFOA 和 PFOS。

全氟辛烷磺酸基化合物是许多全氟化合物的重要前体，同时是一种重要的全氟表面活性剂。近年来，有关 PFOA 和 PFOS 的环境污染与分析的报道逐渐增多，大量的分析试验结果表明，PFOA 和 PFOS 已广泛存在于各种环境基质中，对人类的生存和安全构成了潜在的威胁。相对于环境样品，包装材料特别是食品包装材料（食品接触材料）中 PFOA 和 PFOS 的检测对保障食品质量安全具有重要意义。目前，用于样品中 PFOA 和 PFOS 分析的手段主要是 GC-MS/MS、LC-MS 或 LC-MS/MS。

1. 试验部分

（1）试剂与仪器

利用 GC-MS/MS 对食品包装中 PFOS 和 PFOA 进行检测，所用到的质量分析器的分析范围不少于 800amu；此外，在样品前处理过程中，还需要用到氮吹仪、水浴加热、冷冻研磨机、快速溶剂萃取仪、超纯水仪、精密恒温槽和旋转蒸发仪。所用的试剂主要有 PFOS 和 PFOA 的基准试剂及用作内标化合物的全氟癸酸。检测中用到的衍生化试剂为 BSTFA。此外，还需要用作萃取溶剂的乙腈、甲醇和二氯甲烷等。

（2）仪器条件

1）气相色谱条件

色谱柱为 HP-5MS 毛细管柱（30m×0.25mm×0.25μm），柱温程序：50℃保持 2min，以 25℃/min 的速率升温至 280℃并保持 2min；不分流进样，传输线温度为 280℃，载气为高纯氦气（99.999%），流速为 1.0mL/min，进样量为 1μL。

2）质谱条件

电子轰击电离源（EI）；电离能量为 70eV，离子源温度为 150℃，四极杆传输温度为 230℃。采用全扫描方式扫描，扫描范围为 50～600amu，选择离子扫描（SIM）方式的离子碎片（m/z）是 119、169 和 219；溶剂延迟设定为 4.0min。

3）仪器校准

打开气质联用仪后，当离子源和四级杆真空度达到 10^{-5}torr 以下后，以全氟三丁胺（PFTBA）为校准品，运行自动调谐，对质谱仪的质量数、分辨率和灵敏度等进行校准。仪器工作站采用 Chemstation 对信号进行采集；Minitab 数据包用于线性拟合和数据处理。

（3）前处理

1）冷冻研磨

将市售的食品包装材料剪成碎片，放入冷冻研磨机的样品池中，在液氮冷却的条件下研磨至粒径小于 1mm。

2）快速溶剂萃取

取适量经冷冻研磨的食品包装材料，40℃烘干，称取 10g 转移到 33mL 的不锈钢制的快速溶剂萃取池（底部装有垫片和 5.0g 活化的中性氧化铝粉末）中进行快速溶剂萃取。萃取溶剂用甲醇，系统压力设定为 8.5MPa，萃取温度为 100℃，加热时间为 5min。3 次萃取后，萃取液合并，并用旋转蒸发仪蒸发至干。

3）衍生化反应

在萃取物中加入 1.0mL 的 BSTFA，充分摇匀后密封，置于 40℃水浴中衍生化反应 1h，用二氯甲烷稀释至所需浓度后进行仪器分析。

2. 分析结果

（1）仪器分析

因 PFOS 和 PFOA 均为强酸、强极性物质，且热稳定性好，无论在非极性色谱柱、中等极性色谱柱还是强极性色谱柱上，未经衍生化的 PFOS 和 PFOA 保留都很弱，无法达到基线分离，且色谱峰拖尾严重，所以利用 BSTFA 对样品进行衍生化之后，硅烷化 PFOS 和 PFOA 的色谱峰形良好，响应值也大大提高[49-51]。衍生化之后的色谱峰形对称，达到了基线分离，能够满足对包装材料中 PFOS 和 PFOA 定量分析的要求。

在硅烷化 PFOS 和 PFOA 的质谱图中，PFOA 的分子离子峰为 m/z 485，其他主要离子峰为 m/z 119、m/z 169、m/z 219、m/z 319 和 m/z 471；PFOS 的基峰为 m/z 77，其他主要离子峰为 m/z 119、m/z 169、m/z 219、m/z 319、m/z 419 和 m/z 557。

（2）结果评价

该方法的相对标准偏差（RSD）按照式（40-2）和式（40-3）计算。

$$s=\sqrt{\frac{\sum(x_i-\bar{x})^2}{n-1}}(i=1,2,3,\cdots) \tag{40-2}$$

$$\mathrm{RSD}=\frac{s}{\bar{x}} \tag{40-3}$$

式中：s 为标准偏差；x_i 为第 i 次测定结果；$\bar{x}$ 为 n 次测定值的算术平均值；n 为测定次数；RSD 为相对标准偏差。

40.4　重金属检测

40.4.1　概述

重金属一般指密度大于 5g/cm^3 的金属，主要包括锑、铅、镉、铬、汞、钡、硒、镍、锌以及类金属砷，在日常生产生活环境以及包装材料中，最常见的有害重金属主要指铅、镉、铬、汞，有害重金属污染对环境和人类健康有着极大的危害，人体无法通过自身代谢或其他途径消除累积的重金属。因此，国内外早已严格控制各种与人体接触的产品的重金属含量，如欧盟标准 EN 71-3：1994、EN 71-7：1997，美国标准 ASTM F963-11 等。重金属测试有关国际标准有 EN 71 第 3 部分《欧盟报废车辆指令 ELV》《报废电子电气设备 Rohs 指令》、EN 1122-2001 和 ASTM F963-11。在包装品检测中推荐采用欧共体标准 EN71-3：1994 和 ASTM F963-11。

重金属不能被生物降解，对环境和生物体有着极大的损害；而且能在食物链的生物放大作用下进入人体并富集，重金属在人体内能和蛋白质及酶等发生强烈的相互作用使其失去活性。工业产品和其外包装中重金属的含量已引起社会的高度关注。欧盟、美国、日本、加拿大等众多国家和地区纷纷出台各类法规与标准，对工业品中铅、镉、铬、汞等元素的含量进行了限制。

我国国家标准 GB 9685—2008、GB/T 10004—2008 等对若干重金属含量也有明确规定。重金属检测已成为现代化工企业中一个无法回避的质量控制项目。另外，包括食品接触塑料材料在内的包装材料中的重金属对环境也有危害。例如，食品接触塑料材料在自然降解或回收过程中，有害重金属及一些化学物质渗入环境对环境造成污染，在土壤、水体中积累造成生态系统的紊乱，最终危及人类的生存。如果包装材料中重金属超标，则不利于包装产品的回收利用，因此包装法令对有害重金属含量进行了限制。

重金属检测研究包括重金属元素总含量和重金属元素迁移量两部分内容。所谓重金属元素总含量是指样品完全消解以后，其中所含重金属元素的总量。目前，绝大部分检测所采用的标准有美国 EPA 3052：1996《硅酸和有机基体的微波辅助酸消解》、EPA 3050B：1996《沉积物、淤泥和土壤的酸消解》、欧盟 EN 1122：2001《塑胶—测试镉—湿式消解法》。重金属元素迁移量是包装材料中重金属元素在一定环境条件下的迁出量。欧盟标准 BS EN 71-3：1995《欧盟玩具安全标准 第 3 部分：某些元素的游离量》对高分子聚合物、织物涂层、玻璃、纸张涂层、金属涂层、陶瓷分别做了不同规定，如直接通过机械方法将涂层从其载体上刮下来，再进行样品前处理及测定，或直接对其相应涂层的印刷品进行测定。

40.4.2　样品前处理技术

1. 湿法消解

湿法消解是用酸液或碱液在加热条件下破坏样品中有机物或还原性物质的方法。常用的酸解体系有：硝酸-硫酸、硝酸-高氯酸、硝酸-盐酸、氢氟酸、过氧化氢等，它们可将待测物中有机物和还原性物质全部破坏；碱解多用苛性钠溶液。对于食品塑料包装中不同的待测重金属元素，所用的消解体系不一样。例如，测定总铬选择硫酸-过氧化氢消解体系可以达到较好的效果，盐酸与铬能生成一种容易挥发的物质三氯化铬，影响铬的回收率，高氯酸消解有一定的危险性[53]；而测定六价铬则采用氢氧化钠-碳酸钠体系在碱性环境下消解，因为在碱性提取液中，Cr^{3+}和 Cr^{6+}之间价态变化的可能性最小[54]。湿法消解所用设备简单，但是需注意通风及人员防护，同时注意空白污染。

2. 微波消解

微波消解通常是指利用微波加热封闭容器中消解液和试样，从而在高温增压条件下使样品快速溶解的消化方法。密闭容器反应和微波加热这两个特点，决定了其完全、快速、低空白的优点，但不可避免地带来了高压（可能过压的隐患）、消化样品量小的不足。硝酸-过氧化氢消解体系常用于食品塑料包装中重金属元素含量的测定。微波消解对于汞等易挥发的元素，效果特别理想。

3. 干法灰化

干法灰化是将试样置于蒸发皿中或坩埚内，在空气中于一定温度范围（400～800℃）内加热分解、灰化，所得残渣用适当溶剂溶解后进行测定。此法常用于测定有机物中重金属元素，如铅、镉、铬、锑等。干法灰化能灰化大量的样品，操作简单，不需要使用大量试剂，但对于低沸点的元素容易造成损失，且耗时。

4. 浸提法

浸提法主要用于模拟食品塑料包装中重金属在食品模拟物中的迁移。不同材质和使用类型的样品测试条件有所区别，如我国现行的卫生标准 GB 5009.156—2016《食品安全国家标准 食品接触材料及制品迁移试验预处理方法通则》规定的测试条件为：4%乙酸，60℃，浸泡 2h。

40.4.3　分析方法

1. 目视比色法

目视比色法用于包装重金属迁移的半定量分析。重金属离子在一定条件下可与特定物质生成有色化合物，通过比较有色物质溶液颜色深度可以确定待测组分含量。例如，铅在酸性条件下可以与硫化钠形成黄棕色的硫化铅；镉在碱性条件下可以与双硫腙生成红色络合物。

2. 原子吸收光谱法

原子吸收光谱法（AAS）是基于气态的基态原子外层电子对紫外和可见光范围的相对原子共振辐射线的吸收强度来定量被测元素含量的分析方法，可用于多种元素的微痕量分析。按照原子化方式的不同又可分为火焰原子吸收光谱法（FAAS）和石墨炉原子吸收光谱法（GFAAS）。石墨炉原子吸收光谱法比火焰原子吸收光谱法灵敏度高、检出限低，但分析精度不如火焰原子吸收光谱法，测定时常需要加入基体改进剂；火焰原子吸收光谱法稳定，分析速度快，但是灵敏度低，且产生有毒有害气体。AAS 在包装重金属测定中应用广泛，常用来检测铅、镉、铬、铜等重金属元素，其不足之处是每次只能测定一种元素。

3. 原子荧光光谱法

原子荧光光谱法（AFS）的基本原理是原子蒸气吸收特征波长的光辐射之后，原子被激发至高能级，在跃迁至低能级的过程中，原子能够发射荧光辐射，利用原子荧光谱线的波长和强度进行定性及定量分析。原子荧光光谱分析技术常与氢化物发生技术联用，称氢化物-原子荧光光谱法（HG-AFS）。HG-AFS 具有干扰少、检出限低、灵敏度高的特点，是测定包装中微量汞、锑的一种较好方法。

4. 电感耦合等离子体发射光谱法

电感耦合等离子体发射光谱法（ICP-OES）是一种以电感耦合等离子体（ICP）作为光源的发射光谱分析方法。ICP-OES 的优点有：分析速度快、动态线性范围宽、稳定性和精密度高、可同时分析多元素。ICP-OES 可用于同时检测包装中多种重金属元素的含量或迁移量，大大提高了工作效率。但它的缺点是铅、汞等重金属元素检出限较高，工作时需要消耗大量惰性气体。

5. 电感耦合等离子体质谱法

电感耦合等离子体质谱法（ICP-MS）是近 30 年发展起来的同位素和无机元素分析技术，它以特别的接口技术将 ICP 的高温电离特性与质谱仪的灵敏、快速扫描优点相结合，从而形成一种高灵敏度的分析技术。ICP-MS 的各项检测指标均优于传统的 GFAAS、ICP-OES 等无机分析技术，同时可以与其他技术进行联用。ICP-MS 与传统的无机检测方法进行比较，有检出限低、动态线性范围宽、干扰因素少、速度快、准确度高、可同时进行多种重金属检测等特点。

6. 紫外-可见分光光度法

紫外-可见分光光度法（UV-Vis）是根据物质分子对波长 200～760nm 这一范围的光辐射的吸收特性所建立起来的一种定性、定量和结构分析方法。此法操作简单、准确度高、重现性好，但对于痕量分析而言检出限偏高。UV-Vis 法在包装重金属检测中最典型的应用是对 Cr^{6+}的测定，AAS、ICP-OES 只能检测样品中所有化学形态的总铬含量，而紫外-可见分光光度法可在 540nm 处测定 Cr^{6+}与 1,5-二苯碳酰二肼反应生成的紫红色络合物[55]，选择性强，是一种有效的测定方法。此外，测定铜的二乙氨基二硫代甲酸钠萃取光度法、测定汞和铅的双硫腙光度法、测定铁的邻菲罗啉光度法和测定锰的高碘酸钾氧化光度法也属于较为经典的方法。

40.4.4　分析实例

微波消解-ICP-MS 法测定木质包装中重金属元素。

1. 试验部分

（1）试剂与仪器

电感耦合等离子体质谱仪、密闭微波消解仪和超纯水系统。所用的试剂包括 Cr、Co、Ni、Cu、As、Se、Cd、Sb、Ba、Tl、Pb 等多元素混合标准溶液，质量浓度为 10mg/L；汞标准溶液，质量浓度为 1000mg/L；内标溶液：^{6}Li、^{45}Sc、^{72}Ge、^{89}Y、^{103}Rh、^{115}In、^{159}Tb、^{165}Ho 和 ^{209}Bi 混合溶液，质量浓度为 100mg/L，使用时用 HNO_3（体积分数 5%）稀释至 1mg/L；调谐溶液（Li、Mg、Co、Y、Ce、Tl 混合标准溶液），质量浓度为 1mg/L；HNO_3，质量分数为 65%，优级纯；过氧化氢，质量分数为 30%，优级纯；试验用水为超纯水，可由超纯水系统制得。

（2）仪器条件

用调谐液进行仪器调谐，对工作参数进行优化，使仪器波长示值误差及重复性、最小谱带宽及分辨率、检出限等达到分析要求。优化后的主要工作参数如下：射频功率为 1500W，载气流速为 0.80L/min，辅助气流速为 0.35L/min，采样深度为 8mm，泵速为 6r/s，氦气反应模式，氦气流速为 4.5mL/min。

（3）前处理

选取木质包装材料作为测试样品。试样经粉碎，过孔径为 0.5mm 的金属筛。称取 0.2g 试样（精确到 0.0001g）于聚四氟乙烯微波消解罐中，加入 5mL 硝酸、2mL H_2O_2，敞口放置约 15min，装好内盖旋紧耐压外盖，放入微波消解仪中在选定的条件下进行消解。消解结束后冷却至室温，将消解液转移至 100mL 容量瓶，并用适量水清洗内盖及管壁 3 次，合并至容量瓶中，用水定容。同时做空白试验。

2. 分析结果

（1）质谱干扰与校正

ICP-MS 分析存在同量异位素及等离子体气等背景离子所形成的多原子离子干扰。针对测定过程中的干扰，分析可能存在的多原子离子、同量异位素，选择合适的同位素，尽量避免质谱干扰；应用碰撞反应池技术，用氦气作为反应气，通过碰撞解离与动能歧视消除多原子离子干扰。

（2）基体效应校正

标准溶液与待测样品液酸度、元素种类等存在差异因而易产生基体效应，如果基体效应比较严重，会影响分析结果的准确性。为提高准确性在线添加内标溶液，通过内标校正仪器灵敏度、漂移及基体效应所产生的影响。内标元素的选择以与待测元素质量数相近、电离能相近为原则，选择 ^{45}Sc、^{72}Ge、^{115}In、^{209}Bi 作为内标元素比较合适。

（3）线性范围和检出限

将多元素混合标准溶液用质量分数为 5%硝酸逐级稀释为质量浓度分别为 0μg/L、1μg/L、2μg/L、5μg/L、10μg/L、20μg/L 和 50μg/L 的多元素系列混合标准溶液。由于汞元素存在较强的记忆效应[56]，因此试验可采用低质量浓度汞的单元素系列标准溶液，质量浓度可选为 0～5μg/L。在选定的仪器工作条件下对系列标准溶液进行测定，仪器绘制出标准曲线，相关系数大于 0.999 为优。采用空白样品溶液重复测定多次，计算标准偏差，可取 3 倍标准偏差所对应的质量浓度为各元素的检出限。

参 考 文 献

[1] Tyler C R，Jobling S，Sumpter J P. Endocrine disruption in wildlife：a critical review of the evidence. Critical Reviews In Toxicology，1998，28，319-361.

[2] Giger W，Stephanou E，Schaffner C. Persistent organic chemicals in sewage effluents：I. Identifications of nonylphenols and nonylphenolethoxylates by glass capillary gas chromatography/mass spectrometry. Chemosphere，1981，10，1253-1263.

[3] Marcomini A，Pavoni B，Sfriso A，et al. Persistent metabolites of alkylphenol polyethoxylates in the marine environment Marine Chemistry，1990，29，307-323.

[4] Ahel M，Giger W. Aqueous solubility of alkylphenols and alkylphenol polyethoxylates. Chemosphere，1993，26：1461-1470.

[5] 王娟，刘文龙，赵苒. 双酚 A 联合己烯雌酚对未成年雌性 SD 大鼠的雌激素效应. 吉林大学学报（医学版），2018，4：731-735.

[6] Magdalena P A，Vieira E，Soriano S. Bisphenol a exposure during pregnancy disrupts glucose homeostasis in mothers and adult male offspring. Environ Health Perspect，2010，118：1243-1250.

[7] McKelvey-Martin V J，Green M H，Schmezer P，et al. The single cell gel electrophoresis assay（comet assay）：a European review. Mutation Research，1993，288：47-63.

[8] 邵兵，胡建英，杨敏. 重庆流域水环境中壬基酚的污染状况. 环境科学学报，2002，22：12-16.

[9] Kojim M，Tsunoi S，Tanak M. Determination of 4-alkylphenols by novel derivatization and gas chromatography-mass spectrometry. Journal of Chromatography A，2003，984：237-243.

[10] Ramon Espejo R，Valter K，Simona M，et al. Determination of nineteen 4-alkylphenol endocrine disrupters in Geneva municipal sewage wastewater. Journal of Chromatography A，2002，976：335-343.

[11] Regan F，Moran A，Fogarty B，et al. Development of comparative methods using gas chromatography-mass spectrometry and capillary electrophoresis for determination of endocrine disrupting chemicals in bio-solids. Journal of Chromatography B，2002，770：243-253.

[12] Müller S，Möder M，Schrader S，et al. Semi-automated hollow-fibre membrane extraction，a novel enrichment technique for the determination of biologically active compounds in water samples. Journal of Chromatography A，2003，985：99-106.

[13] 常红，胡健英，邵兵，等. 固相萃取-LC-MS 法检测水中痕量雌激素. 环境化学，2003，22：400-404.

[14] Petrovic M，Barcelo D，Diaz A，et al. Low nanogram per liter determination of halogenated nonylphenols，nonylphenol carboxylates，and their non-halogenated precursors in water and sludge by liquid chromatography electrospray tandem mass spectrometry. The American Society for Mass Spectrometry，2003，14：516-527.

[15] Petrovic M，Lacorte S，Viana P，et al. Pressurized liquid extraction followed by liquid chromatography-mass spectrometry for the determination of alkylphenolic compounds in river sediment. Journal of Chromatography A，2002，959：15-23.

[16] 李鸿云. 我国塑料复合包装行业概况. 中国包装，1991，2：25-27.

[17] 金郁，李英俊，洪欣，等. 反相高效液相色谱法测定皮革中五氯苯酚残留量. 分析化学，1995，23：366.

[18] 陈辉，袁飞. 长江下游海门段水域的水质调查. 污染防治技术，2009，22：63-65.

[19] 余雯静，郑利. 砷残留检测方法研究进展. 分析实验室，2009，28：273.

[20] 李梦耀，杨婧晖，钱会. 五氯苯酚测定方法研究进展. 化工进展，2007，13：285-290.

[21] U.S. Environmental Protection Agency，Method 502.2. Volatile organic compounds in water by purge and trap capillary column gas chromatography with photoionization and electrolytic conductivity detectors in series.

[22] 葛修丽，褚庆华，施雁林. 乙酰化气相色谱法快速测定皮革及皮革制品中的五氯苯酚残留量. 分析化学，1994，22：81-83.

[23] 张红雨，张杰，黄秀华. 固相微萃取/GC 直接测定废水中的三种氯酚. 分析科学学报，2002，18：421-423.

[24] 陈志锋，程劼，孙利，等. 毛细管气相色谱法测定聚氯乙烯食品包装中的氯乙烯单体. 食品与机械，2009，4：92-94.

[25] 殷晶晶，李明元. 顶空 GC/MS 法聚氯乙烯和聚偏氯乙烯制品中氯乙烯和偏氯乙烯的分析. 口岸卫生控制，2006，1：58-59.

[26] Kawaguchi M，Ishii Y，Sakui N. Stir bar sorptive extraction with in situ derivatization and thermal desorption-gas chromatography-mass spectrometry for determination of chlorophenols in water and body fluid samples. Analytica Chimica Acta，2005，533：57-65.

[27] 中华人民共和国国家标准. GB/T 9803—1988 水质五氯苯酚的测定 藏红 T 分光光度法. 北京：中国标准出版社，1988.

[28] 徐华华，陈剑宏，蒋理. 膜萃取分离流动注射紫外分光光度法测定水样中的五氯苯酚. 化学世界，1994，35：23-25.

[29] 高芷芳，周黎，吴庭明. 五氯苯酚离子选择电极的研制. 分析测试通报，1990，4：37-40.

[30] 蒋霞，胡金妮，单长国. 超声波萃取与索氏萃取丙烯腈-丁二烯-苯乙烯中四溴双酚 A 的比较研究. 理化检验：化学分册，2015，1：76-78.

[31] Lau C，Thibodeaux J R，Hanson R G，et al. Exposure to perfluorooctane sulfonate during pregnancy in rat and mouse postnatal evaluation. Toxicological Sciences，2003，74：382-392.

[32] Kannan K，Franson J C，Bowerman W W，et al. Perfluorooctane sulfonate in fish-eating water birds including bald eagles and albatrosses. Environmental Science & Technology，2001，35：3065-3070.

[33] Kannan K，Koistinen J，Beckmen K，et al. Accumulation of perfluorooctane sulfonate in marine mammals. Environmental Science & Technology，2001，35：1593-1598.

[34] Hu W，Jones P D，Upham B L，et al. Inhibition of gap junctional intercellular communication by perfluorinated compounds in rat liver and dolphin kidney epithelial cell lines *in vitro* and Sprague Dawley rats *in vivo*. Toxicological Sciences，2002，68：429-436.

[35] Shipiey J M，Hurst C H，Tanaka S S，et al. Trans-activation of PPARa and induction of PPARa target genes by perfluorooctane-based chemicals. Toxicological Sciences，2004，80：151-160.

[36] Kazuhiko N，Yuji H，Hiromi Y. Investigation of analytical method for alkylmercuric compounds in fish and shellfish without use of benzene and toluene as extraction solvent. Bunseki Kagaku，2012，5：2787-2790.

[37] Cariton K，Ivana K，Kaela L. Determination of selected perfluorinated compounds and polyfluoroalkyl phosphate surfactants in human milk. Chemosphere，2013，7：369-377.

[38] Sohlenius A K. Perfluorooctane sulfonic acids potent inducer of peroxisomal fatty acid beta-oxidation and other activities known to be affected by pemxisome proliferators in mouse 1iver. Pharmacology & Toxicology，1993，72：90-93.

[39] Luebker D J，Case M T，York R G，et al. Two generation reproduction and cross-foster studies of perfluorooctanesulfonate（PFOS）in rats. Toxicology，2005，215：126-148.

[40] 范铁欧，金一和，麻懿馨，等. 全氟辛烷磺酸对雄性大鼠生精功能的影响. 卫生研究，2005，34：37-39.

[41] Tao L，Kannan K，Kajiwara N，et al. Perfluorooctane sulphate and related fluorochemicals in albatrosses，elephant seals，penguins，and polar skuas from the southern ocean environ. Environmental Science & Technology，2006，40：7642-7648.

[42] Lehmler H J，Xie W，Bothun G D，et al. Mixing of pertluorooctane sulfonic acid（PFOS）potassium salt with dipalmitoyl phosphatidylcholine（DPPC）. Colloids and Surfaces B：Biointerfaces，2006，1：25-29.

[43] Giesy J P，Kannan K. Global distribution of perfluorooctane sulfonate in wildlife. Environmental Science & Technology，2001，35：1339-1342.

[44] Martin J W，Whittle D M，Muir D C，et al. Perfluoroalkyl contaminants in a food web from lake Ontario. Environmental Science & Technology，2004，38：5379-5385.

[45] Panaretakis T，Shabalina I G，Grander D，et al. Reactive oxygen species and mitochondria mediate the induction of apoptosis in human hepatoma HepG2 cells by the rodent peroxisome proliferator and hepatocarcinogen，perfluorooctanoic acid. Toxicology and Applied Pharmacology，2001，173：56-64.

[46] Hansen K J，Clemen L A，Ellefson M E，et al. Compound-specific，quantitative characterization of organic fluorochemicals in biological matrices. Environmental Science & Technology，2001，35：766-770.

[47] Kannan K，Corsolini S，Falandysz J，et al. Perfluorooctanesulfonate and related fluorochemicals in human blood from several countries. Environmental Science & Technology，2004，38：4489-4495.

[48] Abdellatif A G，Preat V. Peroxisome proliferation and modulation of rat liver carcinogenesis by 2,4-dichlorophenoxyacetic acid，2,4,5-trichlorophenoxyacetic acid，perfluorooctanoic acid and nafenopin. Carcinogenesis，1990，11：1899-1902.

[49] Hart A，Dasgupta A，Amitava D. A novel derivatization of phenol after extraction from human serum using perfluorooctanoyl chloride for gas chromatography-mass spectrometric confirmation and quantification. Journal of Forensicences，2006，8：10-18.

[50] Berger U，Langlois I，Oehme M，et al. Comparison of three types of mass spectrometer for high-performance liquid chromatography/mass spectrometry analysis of perfluoroalkylated substances and fluorotelomer alcohols. European Journal of Mass Spectrometry，2004，10：579-588.

[51] 蒋海宁，孙明星，陈宗宏，等. Teflon 材料及不粘锅涂层中的微量全氟辛酸（PFOA）的 GC-MS 测定研究. 复旦学报（自然科学版），2007，46：291-296.

[52] Michael P，Richard G，Timothy W. Determination of extractable perfluorooctanoic acid（PFOA）in water sweat simulant saliva simulant and methanol from textile and carpet samples by LC/MS/MS. The Analyst，2005，130（5）：670-675.

[53] 涂貌贞. 湿法消解-火焰原子吸收分光光度法测定塑料制品中的总铬. 质量技术监督研究，2009，5：31-33.

[54] 中华人民共和国国家标准. GB/T 26125—2011 电子电气产品六种限用物质（铅、汞、镉、六价铬、多溴联苯和多溴二苯醚）的测定. 北京：中国标准出版社，2011.

[55] 程柏森，陈永玉. 二苯碳酰二肼分光光度法测定碱式氯化铜中六价铬. 广州化工，2015，43：144-145.

[56] 陈玉红，张华，施燕支，等. 微波消解-电感耦合等离子体质谱（ICP-MS）法同时测定塑料中的铅、镉、汞、铬、砷. 环境化学，2006，25：520-523.

附　　录

附表1　危险化学品通用基础标准

（1）安全通则、术语标准（20项）		
1	GB 12268—2005	危险货物品名表
2	GB 12463—1990	危险货物运输包装通用技术条件
3	GB 13548—1992	光气及光气化产品生产装置安全评价通则
4	GB 13690—2009	化学品分类和危险性公示通则
5	GB 15258—2009	化学品安全标签编写规定
6	GB 15603—1995	常用化学危险品贮存通则
7	GB 16483—2000	化学品安全技术说明书编写规定
8	GB 18218—2009	危险化学品重大危险源头辨识
9	GB 19458—2004	危险货物危险特性检验安全规范通则
10	GB 21175—2007	危险货物分类定级基本程序
11	GB 5085.7—2007	危险废物鉴别标准通则
12	GB/T 21535—2008	危险化学品爆炸品名词术语
13	GB/T 22225—2008	化学品危险性评价通则
14	GB/T 22233—2008	化学品潜在危险性相关标准术语
15	GB/T 22234—2008	基于GHS的化学品标签规范
16	GB/T 24775—2009	化学品安全评定规程
17	GB/T 24778—2009	化学品鉴别指南
18	GB/T 3723—1999	工业用化学产品采样安全通则
19	GB/T 7694—2008	危险货物命名原则
20	HG 23010—1997	常用危险化学品安全周知卡编制导则
（2）分类和标志标准（37项）		
1	GB 190—2009	危险货物包装标志
2	GB 6944—2005	危险货物分类和品名编号
3	GB 12268—90	危险货物品名表
4	GB 13690—1992	常用危险化学品的分类及标志
5	GB 15258—1999	化学品安全标签编写规定
6	GA 57—1993	剧毒物品分级、分类与品名编号
7	GA 58—1993	剧毒物品品名表
8	SN/T 2543—2010	进出口危险货物标签
9	GB 20576—2006	化学品分类、警示标签和警示性说明安全规范　爆炸物
10	GB 20577—2006	化学品分类、警示标签和警示性说明安全规范　易燃气体

续表

（2）分类和标志标准（37 项）		
11	GB 20578—2006	化学品分类、警示标签和警示性说明安全规范 易燃气溶胶
12	GB 20579—2006	化学品分类、警示标签和警示性说明安全规范 氧化性气体
13	GB 20580—2006	化学品分类、警示标签和警示性说明安全规范 压力下气体
14	GB 20584—2006	化学品分类、警示标签和警示性说明安全规范 自热物质
15	GB 20585—2006	化学品分类、警示标签和警示性说明安全规范 自燃液体
16	GB 20586—2006	化学品分类、警示标签和警示性说明安全规范 自燃固体
17	GB 20587—2006	化学品分类、警示标签和警示性说明安全规范 遇水放出易燃气体的物质
18	GB 20588—2006	化学品分类、警示标签和警示性说明安全规范 金属腐蚀物
19	GB 20589—2006	化学品分类、警示标签和警示性说明安全规范 氧化性液体
20	GB 20590—2006	化学品分类、警示标签和警示性说明安全规范 氧化性固体
21	GB 20591—2006	化学品分类、警示标签和警示性说明安全规范 有机过氧化物
22	GB 20592—2006	化学品分类、警示标签和警示性说明安全规范 急性毒性
23	GB 20593—2006	化学品分类、警示标签和警示性说明安全规范 皮肤腐蚀/刺激
24	GB 20594—2006	化学品分类、警示标签和警示性说明安全规范 严重眼睛损伤/眼睛刺激性
25	GB 20595—2006	化学品分类、警示标签和警示性说明安全规范 呼吸或皮肤过敏
26	GB 20596—2006	化学品分类、警示标签和警示性说明安全规范 生殖细胞突变性
27	GB 20597—2006	化学品分类、警示标签和警示性说明安全规范 致癌性
28	GB 20598—2006	化学品分类、警示标签和警示性说明安全规范 生殖毒性
29	GB 20599—2006	化学品分类、警示标签和警示性说明安全规范 特异性靶器官系统毒性 一次接触
30	GB 20601—2006	化学品分类、警示标签和警示性说明安全规范 特异性靶器官系统毒性 反复接触
31	GB 20602—2006	化学品分类、警示标签和警示性说明安全规范 对水环境的危害
32	SN/T 1725—2006	出口烟花爆竹术语
33	SN/T 1726—2006	出口烟花爆竹分类规范
34	SN/T 1727—2006	出口烟花爆竹危险等级分类方法
35	SN/T 2414.1—2010	危险化学品的分类第 1 部分：健康和环境危害
36	SN/T 2414.2—2010	危险化学品的分类第 2 部分：物理危害
37	SN/T 2543—2010	进出口危险货物标签
（3）通用试验方法标准（37 项）		
1	GB 21175—2007	危险货物分类定级基本程序
2	GB 14371—1993	危险货物运输 爆炸品分级程序
3	GB 14372—1993	危险货物运输 爆炸品分级方法和判据
4	HG 23006—1992	有毒气体检测报警仪技术条件及检验方法
5	GB/T 22225—2008	化学品危险性评价通则
6	GB/T 21844—2008	化合物（蒸气和气体）易燃性浓度限值的标准试验方法
7	GB/T 21845—2008	化学品　水溶解度试验
8	GB/T 21846—2008	工业用化工产品固体可燃性的确定

续表

（3）通用试验方法标准（37 项）		
9	GB/T 21847—2008	工业用化工产品气体可燃性的确定
10	GB/T 21848—2008	工业用化学品爆炸危险性的确定
11	GB/T 21849—2008	工业用化学品固体和液体水解产生的气体可燃性的确定
12	GB/T 21850—2009	化工产品固体和液体自燃性的确定
13	GB/T 21851—2008	化学品　批平衡法检测吸附/解吸附试验
14	GB/T 21852—2008	化学品　分配系数（正辛醇-水）高效液相色谱法试验
15	GB/T 21853—2008	化学品　分配系数（正辛醇-水）摇瓶法试验
16	GB/T 21854—2008	化学品　鱼类早期生活阶段毒性试验
17	GB/T 21855—2008	化学品　与 pH 有关的水解作用试验
18	GB/T 21856—2008	化学品　快速生物降解性二氧化碳产生试验
19	GB/T 21857—2008	化学品　快速生物降解性改进的 OECD 筛选试验
20	GB/T 21858—2008	化学品　生物富集半静态式鱼类试验
21	GB/T 21859—2008	气体和蒸气点燃温度的测定方法
22	GB/T 21860—2008	液体化学品自燃温度的试验方法
23	GB/T 21863—2008	凝胶渗透色谱法（GPC）用四氢呋喃做淋洗液
24	GB/T 21864—2008	聚苯乙烯的平均分子量和分子量分布的检测标准方法　高效体积排阻色谱法
25	GB/T 21865—2008	用半自动和自动图像分析法测量平均粒度的标准测试方法
26	GB/T 21929—2008	泰格闭口杯闪点测定法
27	GB/T 22052—2008	用液体蒸汽压力计测定液体的蒸汽压力和温度关系及初始分散温度的方法
28	GB/T 22227—2008	工业用化学品具有低溶解性的固体和液体水溶性测定　圆柱层析法
29	GB/T 22228—2008	工业用化学品固体及液体的蒸气压在 10^{-1}Pa 至 10^{5}Pa 范围内的测定　静态法
30	GB/T 22229—2008	工业用化学品固体及液体的蒸气压在 10^{-1}Pa 至 106Pa 范围内的测定　蒸气压平衡法
31	GB/T 22230—2008/ ISO 758：1976	工业用液态化学品 20℃时的密度测定
32	GB/T 22231—2008	颗粒物粒度分布/纤维长度和直径分布
33	GB/T 22232—2008	化学物质的热稳定性测定　差示扫描热法
34	GB/T 22232—2008	化学品潜在危险性相关技术术语
35	GB/T 22235—2008	液体黏的测定
36	GB/T 22236—2008	塑料的检验　检验用塑料制品的粉碎
37	GB/T 22237—2008	表面活性剂表面张力的测定
（4）其他产品标准（1447 项）		
一、无机化工产品　1 无机酸、碱（G 11）		
1	GB 209—2006	工业用氢氧化钠
2	GB 320—2006	工业用合成盐酸
3	GB/T 337.1—2002	工业硝酸　浓硝酸
4	GB/T 337.2—2002	工业硝酸　稀硝酸

续表

（4）其他产品标准（1447 项）		
一、无机化工产品　1 无机酸、碱（G 11）		
5	GB/T 534—2002	工业硫酸
6	GB/T 538—2006	工业硼酸
7	GB/T 1919—2000	工业氢氧化钾
8	GB/T 2091—2008	工业磷酸
9	GB 7744—2008	工业氢氟酸
10	GB/T 11199—2006	高纯氢氧化钠
11	GB/T 11212—2003	化纤用氢氧化钠
12	GB/T 13549—2008	工业氯磺酸
13	GB/T 23855—2009	液体三氧化硫
14	HG/T 2520—2006	工业亚磷酸
15	HG/T 2527—1993	工业氨基磺酸
16	HG/T 2566—2006	工业氢氧化钡
17	HG/T 2692—2007	蓄电池用硫酸
18	HG/T 2778—2009	高纯盐酸
19	HG/T 2832—2008	工业氟硅酸
20	HG/T 3594—1999	电镀用焦磷酸
21	HG/T 3607—2007	工业氢氧化镁
22	HG/T 3688—2000	高品质片状氢氧化钾
23	HG/T 3783—2005	副产盐酸
24	HG/T 3815—2006	工业离子膜法　氢氧化钾溶液
25	HG/T 3821—2006	纳米氢氧化镁
26	HG/T 3825—2006	天然碱苛化法　氢氧化钠
27	HG/T 4068—2008	工业湿法　粗磷酸
28	HG/T 4069—2008	工业湿法　净化磷酸
2 无机盐（G 12）		
29	GB/T 537—2009	工业十水合四硼酸二钠
30	GB/T 752—2006	工业氯酸钾
31	GB/T 1587—2000	工业碳酸钾
32	GB/T 1606—2008	工业碳酸氢钠
33	GB/T 1608—2008	工业高锰酸钾
34	GB/T 1611—2003	工业重铬酸钠
35	GB/T 1613—2008	工业硝酸钡
36	GB/T 1614—1999	工业碳酸钡
37	GB/T 1617—2002	工业氯化钡
38	GB/T 1618—2008	工业氯酸钠

续表

2 无机盐（G 12）		
39	GB/T 1621—2008	工业氯化铁
40	GB/T 1918—1998	工业硝酸钾
41	GB 2367—2006	工业亚硝酸钠
42	GB/T 2899—2008	工业沉淀硫酸钡
43	GB/T 4209—2008	工业硅酸钠
44	GB/T 4553—2002	工业硝酸钠
45	GB/T 6009—2003	工业无水硫酸钠
46	GB/T 6275—1986	工业用碳酸氢铵
47	GB 6549—1996	氯化钾
48	GB/T 7118—2008	工业氯化钾
49	GB 10500—2009	工业硫化钠
50	GB/T 10575—2007	无水氯化锂
51	GB/T 10666—2008	次氯酸钙（漂粉精）
52	GB/T 12022—2006	工业六氟化硫
53	GB 19106—2003	次氯酸钠溶液
54	GB 19306—2003	工业氰化钠
55	GB/T 19590—2004	超微细碳酸钙
56	GB/T 23839—2009	工业硫酸亚锡
57	GB/T 23846—2009	电镀用氨基磺酸钴
58	GB/T 23847—2009	电镀用氨基磺酸镍
59	GB/T 23850—2009	工业高氯酸钠
60	GB/T 23852—2009	工业硫氰酸盐的分析方法
61	GB/T 23853—2009	卤水碳酸锂
62	GB/T 23939—2009	工业过硫酸铵
63	GB/T 23957—2009	牙膏工业用轻质碳酸钙
64	HG/T 2154—2004	工业硫氰酸铵
65	HG/T 2155—2006	工业过硫酸钾
66	HG/T 2225—2001	工业硫酸铝
67	HG/T 2226—2000	工业沉淀碳酸钙
68	HG/T 2321—1992	磷酸二氢钾
69	HG/T 2323—2004	工业氯化锌
70	HG/T 2324—2005	工业重铬酸钾
71	HG/T 2326—2005	工业硫酸锌
72	HG/T 2327—2004	工业氯化钙
73	HG/T 2328—2006	工业硫代硫酸钠
74	HG/T 2496—2006	漂白粉

续表

2 无机盐（G 12）		
75	HG/T 2497—2006	漂白液
76	HG/T 2517—2009	工业磷酸三钠
77	HG/T 2518—2008	工业过硼酸钠
78	HG/T 2519—2007	工业六聚偏磷酸钠
79	HG/T 2522—2009	工业重质碳酸钾
80	HG/T 2523—2007	工业碱式碳酸锌
81	HG/T 2526—2007	工业氯化亚锡
82	HG/T 2528—2009	氯化磷酸三钠
83	HG/T 2565—2007	工业硫酸铝钾
84	HG/T 2567—2006	工业活性沉淀碳酸钙
85	HG/T 2568—2008	工业偏硅酸钠
86	HG/T 2570—2009	工业硫酸铬钾
87	HG/T 2678—2007	工业碱式硫酸铬
88	HG/T 2680—2009	工业硫酸镁
89	HG/T 2764—2008	工业过氧碳酸钠
90	HG/T 2766—1996	工业溴酸钠
91	HG/T 2767—2009	工业磷酸二氢钠
92	HG/T 2768—2009	工业氟硅酸镁
93	HG/T 2770—2008	工业聚磷酸铵
94	HG/T 2771—2009	电镀用氯化镍
95	HG/T 2772—2004	工业八水合二氯氧化锆（氯氧化锆）
96	HG/T 2774—2009	工业改性超细沉淀硫酸钡
97	HG/T 2776—1996	工业超细碳酸钙和工业超细活性碳酸钙
98	HG/T 2784—1996	工业用亚硫酸铵
99	HG/T 2785—1996	工业用亚硫酸氢铵
100	HG/T 2822—2005	制冷机用溴化锂溶液
101	HG/T 2824—2009	工业硫酸镍
102	HG/T 2826—2008	工业焦亚硫酸钠
103	HG/T 2827—1997	工业氰化亚铜
104	HG/T 2828—1997	工业碳酸氢钾
105	HG/T 2829—2008	工业无水氟化钾
106	HG/T 2830—2009	工业硅酸钾钠
107	HG/T 2831—2009	工业磷酸二氢锰
108	HG/T 2833—2009	工业磷酸二氢锌
109	HG/T 2836—1997	软磁铁氧体用碳酸锰
110	HG 2846—1997	三唑磷原药

续表

2 无机盐（G 12）		
111	HG/T 2959—2000	工业水合碱式碳酸镁
112	HG/T 2960—2000	工业氯化亚铜
113	HG/T 2961—1999	工业氧化亚铜
114	HG/T 2962—1999	工业硫酸锰
115	HG/T 2963—2009	工业六氰合铁酸四钾（黄血盐钾）
116	HG/T 2965—2009	工业磷酸氢二钠
117	HG/T 2966—2009	工业六氰合铁酸三钾（赤血盐钾）
118	HG/T 2967—2000	工业无水亚硫酸钠
119	HG/T 2968—2009	工业焦磷酸钠
120	HG/T 2969—1999	工业碳酸锶
121	HG/T 2970—2009	工业用三氯化磷
122	HG/T 2989—1997	硫酸铜
123	HG 3247—2008	工业高氯酸钾
124	HG/T 3248—2000	工业硅酸铅
125	HG/T 3249.1—2008	造纸工业用重质碳酸钙
126	HG/T 3249.2—2008	涂料工业用重质碳酸钙
127	HG/T 3249.3—2008	塑料工业用重质碳酸钙
128	HG/T 3249.4—2008	橡胶工业用重质碳酸钙
129	HG/T 3251—2002	工业结晶氯化铝
130	HG/T 3252—2000	工业氟硅酸钠
131	HG/T 3253—2009	工业次磷酸钠
132	HG/T 3254—2001	电子工业用水合锑酸钠
133	HG/T 3256—2001	工业二硫化钼
134	HG/T 3581—1999	工业叠氮化钠
135	HG/T 3582—2009	工业硝酸锌
136	HG/T 3583—2009	活性磷酸钙
137	HG/T 3584—1999	硼氢化钾
138	HG/T 3585—2009	工业硼氢化钠
139	HG/T 3586—1999	工业氟化氢铵
140	HG/T 3587—2009	电子工业用高纯钛酸钡
141	HG/T 3591—2009	电镀用焦磷酸钾
142	HG/T 3592—1999	电镀用硫酸铜
143	HG/T 3593—2009	电镀用焦磷酸铜
144	HG/T 3595—1999	工业亚硝酸钙
145	HG/T 3606—2009	工业用三氯氧磷
146	HG/T 3679—2000	电解槽金属阳极涂层用三氯化钌

续表

2 无机盐（G 12）		
147	HG/T 3687—2000	工业硫氢化钠
148	HG/T 3734—2004	工业氟化镍
149	HG/T 3785—2005	工业碳酸锆
150	HG/T 3786—2005	工业硫酸锆
151	HG/T 3787—2005	工业硝酸钙
152	HG/T 3808—2006	工业溴化钾
153	HG/T 3809—2006	工业溴化钠
154	HG/T 3810—2006	工业溴化铵
155	HG/T 3812—2006	工业硫氰酸钠
156	HG/T 3813—2006	工业高氯酸铵
157	HG/T 3814—2006	工业亚硫酸氢钠
158	HG/T 3816—2006	工业氯化锰
159	HG/T 3817—2006	工业硝酸锰
160	HG/T 3818—2006	工业过硫酸铵
161	HG/T 3819—2006	纳米合成水滑石
162	HG/T 3929—2007	高纯二硫化钼
163	HG/T 4066—2008	六氟磷酸锂和六氟磷酸锂电解液　第 1 部分：六氟磷酸锂
164	HG/T 4067—2008	六氟磷酸锂和六氟磷酸锂电解液　第 2 部分：六氟磷酸锂电解液
165	HG/T 4108—2009	工业用五氯化磷
166	HG/T 4120—2009	工业氢氧化钙
3 氧化物、单质（G 13）		
167	GB 1610—2009	工业铬酸酐
168	GB 1616—2003	工业过氧化氢
169	GB/T 2449—2006	工业硫磺
170	GB/T 3494—1996	直接法　氧化锌
171	GB/T 3637—1993	液体二氧化硫
172	GB/T 3959—2008	工业无水氯化铝
173	GB 4947—2003	工业赤磷
174	GB 5138—2006	工业用液氯
175	GB 7816—1998	工业黄磷
176	GB/T 19591—2004	纳米二氧化钛
177	GB/T 20020—2005	气相二氧化硅
178	GB 22379—2008	工业金属钠
179	HG/T 2325—2004	电子工业用粒状一氧化铅
180	HG/T 2354—1992	薄层层析硅胶
181	HG/T 2521—2008	工业硅溶胶

续表

3 氧化物、单质（G 13）		
182	HG/T 2572—2006	工业活性氧化锌
183	HG/T 2573—2006	工业轻质氧化镁
184	HG/T 2574—2009	工业氧化铁
185	HG/T 2679—2006	工业重质氧化镁
186	HG/T 2765.2—2005	C 型硅胶（粗孔硅胶）
187	HG/T 2765.3—2005	微球硅胶
188	HG/T 2765.4—2005	蓝胶指示剂、变色硅胶和无钴变色硅胶
189	HG/T 2765.6—2005	B 型硅胶
190	HG/T 2769—2009	软磁铁氧体用氧化镁
191	HG/T 2773—2004	二氧化锆
192	HG/T 2775—1996	工业三氧化二铬
193	HG/T 2796—2009	软磁铁氧体用氧化镁
194	HG/T 2834—2009	软磁铁氧体用氧化锌
195	HG/T 3258—2001	工业二氧化硫脲
196	HG/T 3927—2007	工业活性氧化铝
197	HG/T 3928—2007	工业活性轻质氧化镁
198	QB 2106—1995	电池用电解二氧化锰
199	QB/T 3535—1999	碘
4 其他无机化工原料（G 14）		
200	GB/T 1615—2008	工业二硫化碳
201	GB 7746—1997	工业无水氟化氢
202	GB/T 23851—2009	道路除冰融雪剂
203	HG/T 2569—2007	活性白土
204	HG/T 2571—2006	抛光膏
205	HG/T 2677—2009	工业聚氯化铝
206	HG/T 2763—1996	牙膏工业用单氟磷酸钠
207	HG/T 2825—2009	颗粒白土
208	HG/T 3259—2004	工业水合肼
209	HG/T 3736—2004	工业盐酸羟胺
210	HG/T 3788—2005	工业氯化亚砜
二、有机化工产品　1 有机化工原料综合（G 15）		
1	GB 338—2004	工业用甲醇
2	GB/T 621—1993	化学试剂氢溴酸
3	GB/T 2284—2009	焦化甲苯
4	GB/T 2600—2009	焦化二甲酚
5	GB 3406—1990	石油甲苯

续表

二、有机化工产品　1 有机化工原料综合（G 15）		
6	GB 3407—1990	石油混合二甲苯
7	GB/T 3676—2008	工业用顺丁烯二酸酐
8	GB 3915—1998	工业用苯乙烯
9	GB/T 4649—2008	工业用乙二醇
10	GB/T 6699—1998	焦化萘
11	GB 6819—2004	溶解乙炔
12	GB/T 7371—1987	工业用一氟三氯甲烷（F11）
13	GB/T 7372—1987	工业用二氟二氯甲烷（F12）
14	GB/T 7715—2003	工业用乙烯
15	GB/T 7716—2002	工业用丙烯
16	GB/T 8729—1988	铸造焦炭
17	GB/T 9567—1997	工业三聚氰胺
18	GB 10665—2004	碳化钙（电石）
19	GB/T 18825—2002	工业用环戊烷
20	GB/T 18826—2002	工业用 1,1,1,2-四氟乙烷（HFC-134a）
21	GB/T 18827—2002	工业用 1,1-二氯-1-氟乙烷（HCFC-141b）
22	GB/T 19465—2004	工业用异丁烷（HC-600a）
23	GB/T 23510—2009	车用燃料甲醇
24	HG/T 2031—2008	工业用硝基甲烷
25	HG/T 2426—1993	四溴乙烷
26	HG/T 2542—1993	工业三氯乙烯
27	HG/T 2545—1993	十六醇
28	HG/T 2547—1993	工业氯乙醇溶液
29	HG/T 2856—1997	甲哌鎓原药
30	HG/T 3274—1990	十八醇
31	HG/T 3674—2000	工业氯甲烷
32	HG/T 4097—2009	增效丙烷
33	HG/T 4106—2009	稳定性同位素 ^{15}N 标记的三肽
34	HG/T 4121—2009	工业用环己醇
35	HG/T 4122—2009	工业用三羟甲基丙烷
36	SH/T 0521—1999	汽车及轻负荷发动机用乙二醇型发动机冷却液
37	SH/T 1056—1991	工业用二乙二醇
38	SH/T 1486.1—2008	石油对二甲苯
39	SH/T 1726—2004	工业用异丁烯
40	SH/T 1744—2004	工业用异丙苯
41	SH/T 1753—2006	工业用仲丁醇

续表

2　基本有机化工原料（G 16）		
42	SH/T 1766.1—2008	石油间二甲苯
43	GB/T 24768—2009	工业用 1,4-丁二醇
44	GB/T 6325—1994	有机化工产品分析术语
45	HG/T 2361—1992	聚对苯二甲酸丁二醇酯（PBT）热塑性材料命名
46	HG/T 2706—1995	聚酯多元醇命名
47	HG/T 2707—1995	聚酯多元醇规格
3　一般有机化工原料（G 17）		
48	GB/T 339—2001	工业用合成苯酚
49	GB/T 1626—2008	工业用草酸
50	GB/T 1628—2008	工业用冰醋酸
51	GB/T 2092—1992	工业癸二酸
52	GB/T 2093—1993	工业甲酸
53	GB/T 3728—2007	工业用乙酸乙酯
54	GB/T 3729—2007	工业用乙酸正丁酯
55	GB/T 4117—2008	工业用二氯甲烷
56	GB/T 4118—2008	工业用三氯甲烷
57	GB/T 4119—2008	工业用四氯化碳
58	GB/T 6026—1998	工业丙酮
59	GB/T 6027—1998	工业正丁醇
60	GB/T 6818—1993	工业辛醇（2-乙基己醇）
61	GB/T 6820—1992	工业合成乙醇
62	GB/T 7373—2006	工业用二氟一氯甲烷（HCFC-22）
63	GB/T 7814—2008	工业用异丙醇
64	GB/T 7815—2008	工业用季戊四醇
65	GB/T 9009—1998	工业甲醛溶液
66	GB/T 9015—1998	工业六次甲基四胺
67	GB/T 10668—2000	工业乙酸酐
68	GB/T 10669—2001	工业用环己酮
69	GB/T 13097—2007	工业用环氧氯丙烷
70	GB/T 13098—2006	工业用环氧乙烷
71	GB/T 13254—2008	工业用己内酰胺
72	GB/T 13291—2008	工业用丁二烯
73	GB/T 14491—2001	工业用环氧丙烷
74	GB/T 15045—1994	脂肪烷基二甲基叔胺
75	GB/T 16451—2008	天然脂肪醇
76	GB/T 17529.2—1998	工业丙烯酸甲酯

续表

3	一般有机化工原料（G 17）	
77	GB/T 17529.3—1998	工业丙烯酸乙酯
78	GB/T 17529.4—1998	工业丙烯酸正丁酯
79	GB/T 17529.5—1998	工业丙烯酸 2-乙基己酯
80	GB 17602—1998	工业己烷
81	GB/T 17932—1999	膜级聚酯切片
82	GB 19104—2008	过氧乙酸溶液
83	GB 19107—2003	次氯酸钠溶液包装要求
84	GB 19109—2003	次氯酸钙包装要求
85	GB/T 19602—2004	工业用 1,1-二氟乙烷（HFC-152a）
86	GB/T 20434—2006	一甲基三氯硅烷
87	GB/T 20435—2006	八甲基环四硅氧烷
88	GB/T 20436—2006	二甲基硅氧烷混合环体
89	GB/T 23953—2009	工业用二甲基二氯硅烷
90	GB/T 23958—2009	工业用亚氨基二乙腈
91	GB/T 23959—2009	工业用对苯二酚
92	GB/T 23960—2009	工业用邻苯二酚
93	GB/T 23962—2009	工业用一乙胺
94	GB/T 23963—2009	工业用二乙胺
95	GB/T 23964—2009	工业用三乙胺
96	GB/T 23965—2009	工业用一异丙胺
97	GB/T 23966—2009	工业用二异丙胺
98	GB/T 23967—2009	工业用偏苯三酸酐
99	GB/T 24416—2009	二环戊基二甲氧基硅烷
100	GB/T 24769—2009	工业用丙烯酰胺
101	GB/T 24770—2009	工业用三甲胺
102	GB/T 24771—2009	工业用叔丁胺
103	GB/T 24772—2009	工业用四氢呋喃
104	GB/T 24796—2009	环己基甲基二甲氧基硅烷
105	HG/T 2027—1991	工业氯化苄
106	HG/T 2028—2009	工业用二甲基甲酰胺
107	HG/T 2029—2004	工业用氨基乙酸（甘氨酸）
108	HG 2030—1991	工业 L-胱氨酸
109	HG/T 2032—1999	工业乙酸钴
110	HG/T 2033—1999	工业乙酸锑
111	HG/T 2034—1999	工业乙酸锰
112	HG/T 2303—1992	工业乙酰苯胺

续表

3　一般有机化工原料（G 17）		
113	HG/T 2305—1992	工业甲基丙烯酸甲酯
114	HG/T 2307—1992	工业乙酰乙酸乙酯
115	HG/T 2309—1992	工业新戊二醇
116	HG/T 2310—1992	十二醇
117	HG/T 2425—1993	异丙苯基苯基磷酸酯
118	HG/T 2543—1993	工业氯甲基甲醚
119	HG/T 2544—1993	工业对氯苯酚
120	HG/T 2546—1993	导热油-400（联苯-联苯醚混合物）
121	HG/T 2560—2006	工业用溴乙烷
122	HG/T 2561—1994	工业甲醇钠甲醇溶液
123	HG/T 2585—2009	邻甲苯胺
124	HG/T 2586—1994	对硝基酚钠
125	HG/T 2662—1995	工业 1,2-二氯乙烷
126	HG/T 2669—2008	邻氨基苯甲醚
127	HG/T 2717—1995	工业过氧化苯甲酰
128	HG/T 2719—1995	一乙胺
129	HG/T 2720—1995	二乙胺
130	HG/T 2721—1995	三乙胺
131	HG/T 2722—1995	一异丙胺
132	HG/T 2816—1996	工业环己胺
133	HG/T 2817—1996	工业 1,4-氧氮杂环己烷（吗啉）
134	HG/T 2915—1997	工业用一乙醇胺
135	HG/T 2916—1997	工业用二乙醇胺
136	HG/T 2972—1999	工业 40%一甲胺水溶液
137	HG/T 2973—1999	工业 40%二甲胺水溶液
138	HG/T 2974—1999	工业 30%三甲胺水溶液
139	HG/T 3004—1999	耐晒黄 10G
140	HG/T 3261—2002	工业用六氯乙烷
141	HG/T 3262—2002	工业用四氯乙烯
142	HG/T 3263—2001	三氯异氰尿酸
143	HG/T 3264—1999	工业双氰胺
144	HG/T 3265—2002	二苯醚
145	HG/T 3266—2002	工业用硫脲
146	HG/T 3267—1999	工业磺胺
147	HG/T 3268—2002	工业用三乙醇胺
148	HG/T 3269—2002	工业用硝酸胍

续表

3　一般有机化工原料（G 17）		
149	HG/T 3270—2002	工业用异丁醇
150	HG/T 3271—2000	工业氯乙酸
151	HG/T 3272—2002	工业用草酸二乙酯
152	HG/T 3273—2002	工业用丙二酸二甲酯
153	HG/T 3430—2000	分散橙 S-4RL
154	HG/T 3503—1989	十八胺
155	HG/T 3589—1999	铅酸蓄电池用腐植酸
156	HG/T 3882—2006	甘氨酸乙酯盐酸盐
157	HG/T 3932—2007	工业用预糊化淀粉
158	HG/T 3933—2007	工业用氧化淀粉
159	HG/T 3934—2007	二甲醚
160	HG/T 3935—2007	哺乳类动物细胞培养基
161	HG/T 3936—2007	左旋对羟基苯甘氨酸邓钾盐
162	HG/T 3937—2007	工业用 1,6-己二胺
163	HG/T 3939—2007	工业用丙二醇甲醚
164	HG/T 3940—2007	工业用丙二醇甲醚乙酸酯
165	HG/T 4001—2008	工业用硫酸二甲酯
166	HG/T 4002—2008	工业用环己烯
167	HG/T 4119—2009	二苯甲酰甲烷
168	SH/T 1140—2001	工业用乙苯
169	SH/T 1495—2002	工业用叔丁醇
170	SH/T 1498.1—1997	尼龙 66 盐
171	SH/T 1499.1—1997	精己二酸
172	SH/T 1546—2009	工业用 1-丁烯
173	SH/T 1610—2001	苯乙烯-丁二烯嵌段共聚物（SBS）
174	SH/T 1612.1—2005	工业用精对苯二甲酸
175	SH/T 1673—1999	工业用环己烷
176	SH/T 1755—2006	工业用甲乙酮
177	QB/T 1429—1992	工业烷基磺酸钠
4　煤焦油加工产品（G 18）		
178	GB/T 2279—2008	焦化甲酚
179	GB/T 2283—2008	焦化苯
180	GB/T 2290—1994	煤沥青
181	GB/T 6705—2008	焦化苯酚
182	GB/T 24211—2009	蒽油
183	GB/T 24212—2009	甲基萘油

续表

4　煤焦油加工产品（G 18）		
184	GB/T 24216—2009	轻油
185	GB/T 24217—2009	洗油
三、化肥、农药　1　化肥、化学土壤调理剂（G 21）		
1	GB 535—1995	硫酸铵
2	GB 536—1988	液体无水氨
3	GB 2440—2001	尿素
4	GB 2945—1989	硝酸铵
5	GB/T 2946—2008	氯化铵
6	GB 3559—2001	农业用碳酸氢铵
7	GB 10205—2009	磷酸一铵、磷酸二铵
8	GB/T 10510—2007	硝酸磷肥、硝酸磷钾肥
9	GB 15063—2009	复混肥料（复合肥料）
10	GB/T 17419—1998	含氨基酸叶面肥料
11	GB/T 17420—1998	微量元素叶面肥料
12	GB 18877—2009	有机-无机复混肥料
13	GB 20406—2006	农业用硫酸钾
14	GB 20412—2006	钙镁磷肥
15	GB 20413—2006	过磷酸钙
16	GB/T 20782—2006	农业用含磷型防爆硝酸铵
17	GB/T 20784—2006	农业用硝酸钾
18	GB/T 20937—2007	硫酸钾镁肥
19	GB 21633—2008	掺混肥料（BB 肥）
20	GB 21634—2008	重过磷酸钙
21	GB/T 23348—2009	缓释肥料
22	HG/T 2095—1991	涂层尿素
23	HG/T 2219—1991	粒状重过磷酸钙
24	HG 2427—1993	氰氨化钙
25	HG 2557—1994	钙镁磷肥
26	HG 2598—1994	钙镁磷钾肥
27	HG/T 3275—1999	肥料级磷酸氢钙
28	HG 3277—2000	农用硫酸锌
29	HG 3280—1990	多孔粒状硝酸铵
30	HG 3281—1990	小联碱农业氯化铵
31	HG/T 3733—2004	氨化硝酸钙
32	HG/T 3790—2005	硝酸铵钙
33	HG/T 3826—2006	肥料级商品磷酸

续表

三、化肥、农药 1 化肥、化学土壤调理剂（G 21）		
34	HG/T 3930—2007	重氧（^{18}O）水
35	HG/T 3931—2007	缓控释肥料
36	HG/T 3997—2008	硫包衣尿素
2 农药中间体（G 24）		
37	HG 3310—1999	邻苯二胺
3 农药（G 25）		
38	GB 334—2001	敌百虫原药
39	GB 434—1995	溴甲烷原药
40	GB 437—2009	硫酸铜（农用）
41	GB 2548—2008	敌敌畏乳油
42	GB 2549—2003	敌敌畏原药
43	GB 2897—1995	对硫磷原药
44	GB 2898—1995	50%对硫磷乳油
45	GB 3726—1995	甲胺磷乳油
46	GB 5452—2001	56%磷化铝片剂
47	GB 6694—1998	氰戊菊酯原药
48	GB 6695—1998	20%氰戊菊酯乳油
49	GB 8200—2001	杀虫双水剂
50	GB 9548—1999	甲基对硫磷原药
51	GB 9549—1999	80%甲基对硫磷原药溶液
52	GB 9550—1999	50%甲基对硫磷乳油
53	GB 9551—1999	百菌清原药
54	GB 9552—1999	百菌清可湿性粉剂
55	GB 9556—2008	辛硫磷原药
56	GB 9557—2008	40%辛硫磷乳油
57	GB 9558—2001	晶体乐果
58	GB 9559—2003	林丹
59	GB 10501—2000	多菌灵原药
60	GB 12475—2006	农药贮运、销售和使用的防毒规程
61	GB 12685—2006	三环唑原药
62	GB 13649—1992	杀螟硫磷原药
63	GB 13649—2009	杀螟硫磷原药
64	GB 13650—2009	杀螟硫磷乳油
65	GB 15582—1995	乐果原药
66	GB 15583—1995	40%乐果乳油
67	GB 15954—1995	甲胺磷原药

续表

3 农药（G 25）		
68	GB 15955—1995	赤霉素原药
69	GB 18171—2000	百菌清悬浮剂
70	GB 18172.1—2000	百菌清烟粉粒剂
71	GB 18172.2—2000	10%百菌清烟片剂
72	GB 19307—2003	百草枯母药
73	GB 19308—2003	百草枯水剂
74	GB 19336—2003	阿维菌素原药
75	GB 19337—2003	阿维菌素乳油
76	GB/T 19567.1—2004	苏云金芽孢杆菌原粉
77	GB/T 19567.2—2004	苏云金芽孢杆菌悬浮剂
78	GB/T 19567.3—2004	苏云金芽胞杆菌可湿性粉剂
79	GB 19604—2004	毒死蜱原药
80	GB 19605—2004	毒死蜱乳油
81	GB/T 20437—2006	硫丹乳油
82	GB/T 20619—2006	40%杀扑磷乳油
83	GB/T 20620—2006	灭线磷颗粒剂
84	GB 20676—2006	特丁硫磷颗粒剂
85	GB 20677—2006	特丁硫磷原药
86	GB 20678—2006	溴敌隆原药
87	GB 20679—2006	溴敌隆母药
88	GB 20680—2006	10%苯磺隆可湿性粉剂
89	GB 20681—2006	灭线磷原药
90	GB 20682—2006	杀扑磷原药
91	GB 20683—2006	苯磺隆原药
92	GB 20684—2006	草甘膦水剂
93	GB 20685—2006	硫丹原药
94	GB 20686—2006	草甘膦可溶粉（粒）剂
95	GB 20687—2006	溴鼠灵母药
96	GB 20690—2006	溴鼠灵原药
97	GB 20691—2006	乙草胺原药
98	GB 20692—2006	乙草胺乳油
99	GB 20693—2006	甲氨基阿维菌素原药
100	GB 20694—2006	甲氨基阿维菌素乳油
101	GB 20695—2006	高效氯氟氰菊酯原药
102	GB 20696—2006	高效氯氟氰菊酯乳油
103	GB 20697—2006	13% 2 甲 4 氯钠水剂

续表

3　农药（G 25）		
104	GB 20698—2006	56% 2 甲 4 氯钠可溶粉剂
105	GB 20699—2006	代森锰锌原药
106	GB 20700—2006	代森锰锌可湿性粉剂
107	GB 20701—2006	三环唑可湿性粉剂
108	GB 20813—2006	农药产品标签通则
109	GB 22167—2008	氟磺胺草醚原药
110	GB 22168—2008	吡嘧磺隆原药
111	GB 22169—2008	氟磺胺草醚水剂
112	GB 22170—2008	吡嘧磺隆可湿性粉剂
113	GB 22171—2008	15%多效唑可湿性粉剂
114	GB 22172—2008	多效唑原药
115	GB 22173—2008	噁草酮原药
116	GB 22174—2008	烯唑醇可湿性粉剂
117	GB 22175—2008	烯唑醇原药
118	GB 22176—2008	二甲戊灵乳油
119	GB 22177—2008	二甲戊灵原药
120	GB 22178—2008	噁草酮乳油
121	GB 22600—2008	2,4-滴丁酯原药
122	GB 22601—2008	2,4-滴丁酯乳油
123	GB 22602—2008	戊唑醇原药
124	GB 22603—2008	戊唑醇可湿性粉剂
125	GB 22604—2008	戊唑醇水乳剂
126	GB 22605—2008	戊唑醇乳油
127	GB 22606—2008	莠去津原药
128	GB 22607—2008	莠去津可湿性粉剂
129	GB 22608—2008	莠去津悬浮剂
130	GB 22609—2008	丁硫克百威原药
131	GB 22610—2008	丁硫克百威颗粒剂
132	GB 22611—2008	丁硫克百威乳油
133	GB 22612—2008	杀螟丹原药
134	GB 22613—2008	杀螟丹可溶粉剂
135	GB 22614—2008	烯草酮原药
136	GB 22615—2008	烯草酮乳油
137	GB 22616—2008	精噁唑禾草灵原药
138	GB 22617—2008	精噁唑禾草灵水乳剂
139	GB 22618—2008	精噁唑禾草灵乳油

续表

3　农药（G 25）		
140	GB 22619—2008	联苯菊酯原药
141	GB 22620—2008	联苯菊酯乳油
142	GB 22621—2008	霜霉威原药
143	GB 22622—2008	霜霉威盐酸盐水剂
144	GB 22623—2008	咪鲜胺原药
145	GB 22624—2008	咪鲜胺乳油
146	GB 22625—2008	咪鲜胺水乳剂
147	GB 23548—2009	噻吩磺隆可湿性粉剂
148	GB 23549—2009	丙环唑乳油
149	GB 23550—2009	35%水胺硫磷乳油
150	GB 23551—2009	异噁草松乳油
151	GB 23552—2009	甲基硫菌灵可湿性粉剂
152	GB 23553—2009	扑草净可湿性粉剂
153	GB 23554—2009	40%乙烯利水剂
154	GB 23555—2009	25%噻嗪酮可湿性粉剂
155	GB 23556—2009	20%噻嗪酮乳油
156	GB 23557—2009	灭多威乳油
157	GB 23558—2009	苄嘧磺隆可湿性粉剂
158	GB 24749—2009	丙环唑原药
159	GB 24750—2009	乙烯利原药
160	GB 24751—2009	异噁草松原药
161	GB 24752—2009	灭多威原药
162	GB 24753—2009	水胺硫磷原药
163	GB 24754—2009	扑草净原药
164	GB 24755—2009	甲基硫菌灵原药
165	GB 24756—2009	噻嗪酮原药
166	GB 24757—2009	苄嘧磺隆原药
167	GB 24758—2009	噻吩磺隆原药
168	HG 2168—1991	绿麦隆原药
169	HG 2169—1991	绿麦隆可湿性粉剂
170	HG 2199—1991	水胺硫磷乳油
171	HG 2200—1991	甲基异柳磷乳油
172	HG 2201—1991	扑草净原药
173	HG 2202—1991	扑草净可湿性粉剂
174	HG 2206—1991	甲霜灵原药
175	HG 2207—1991	甲霜灵粉剂

续表

3	农药（G 25）	
176	HG 2208—1991	甲霜灵可湿性粉剂
177	HG 2209—1991	哒嗪硫磷原药
178	HG 2210—1991	哒嗪硫磷乳油
179	HG 2211—2003	乙酰甲胺磷原药
180	HG 2212—2003	乙酰甲胺磷乳油
181	HG 2213—1991	禾草丹原药
182	HG 2214—1991	50%禾草丹乳油
183	HG 2215—1991	10%禾草丹颗粒剂
184	HG 2313—1992	农药增效剂/增效磷乳油
185	HG 2316—1992	硫磺悬浮剂
186	HG 2317—1992	敌磺钠（敌克松）原药
187	HG 2318—1992	敌磺钠（敌克松）湿粉
188	HG 2460.1—1993	五氯硝基苯原药
189	HG 2460.2—1993	五氯硝基苯粉剂
190	HG 2461—1993	胺菊酯原药
191	HG 2462.1—1993	甲基硫菌灵原药
192	HG 2462.2—1993	甲基硫菌灵可湿性粉剂
193	HG 2463.1—1993	噻嗪酮原药
194	HG 2463.2—1993	25%噻嗪酮可湿性粉剂
195	HG 2463.3—1993	噻嗪酮乳油
196	HG 2464.1—1993	甲拌磷原药
197	HG 2464.2—1993	甲拌磷乳油
198	HG/T 2466—1993	农药乳化剂
199	HG 2611—1994	灭多威原药
200	HG 2612—1994	灭多威乳油
201	HG 2615—1994	敌鼠钠盐
202	HG 2800—1996	杀虫单原药
203	HG 2801—1996	溴氰菊酯乳油
204	HG 2802—1996	哒螨灵原药
205	HG 2803—1996	15%哒螨灵乳油
206	HG 2804—1996	20%哒螨灵可湿性粉剂
207	HG 2844—1997	甲氰菊酯原药
208	HG 2845—1997	甲氰菊酯乳油
209	HG 2847—1997	三唑磷乳油
210	HG 2848—1997	二氯喹啉酸原药
211	HG 2849—1997	二氯喹啉酸可湿性粉剂

续表

3 农药（G 25）		
212	HG 2850—1997	速灭威原药
213	HG 2851—1997	20%速灭威乳油
214	HG 2852—1997	25%速灭威可湿性粉剂
215	HG 2853—1997	异丙威原药
216	HG 2854—1997	20%异丙威乳油
217	HG 2855—1997	磷化锌原药
218	HG 2858—2000	40%多菌灵悬浮剂
219	HG 3283—2002	矮壮素水剂
220	HG 3284—2000	45%马拉硫磷乳油
221	HG 3285—2002	异稻瘟净原药
222	HG 3286—2002	异稻瘟净乳油
223	HG 3287—2000	马拉硫磷原药
224	HG 3288—2000	代森锌原药
225	HG 3289—2000	代森锌可湿性粉剂
226	HG 3290—2000	多菌灵可湿性粉剂
227	HG 3291—2001	丁草胺原药
228	HG 3292—2001	丁草胺乳油
229	HG 3293—2001	三唑酮原药
230	HG 3294—2001	20%三唑酮乳油
231	HG 3295—2001	三唑酮可湿性粉剂
232	HG 3296—2001	三乙膦酸铝原药
233	HG 3297—2001	三乙膦酸铝可湿性粉剂
234	HG 3298—2002	甲草胺原药
235	HG 3299—2002	甲草胺乳油
236	HG 3303—1990	三氯杀螨砜原药
237	HG 3304—2002	稻瘟灵原药
238	HG 3305—2002	稻瘟灵乳油
239	HG 3306—2000	氧乐果原药
240	HG 3307—2000	40%氧乐果乳油
241	HG 3616—1999	苏云金杆菌原粉
242	HG 3617—1999	苏云金杆菌可湿性粉剂
243	HG 3618—1999	苏云金杆菌悬浮剂
244	HG 3619—1999	仲丁威原药
245	HG 3620—1999	仲丁威乳油
246	HG 3621—1999	克百威原药
247	HG 3622—1999	3%克百威颗粒剂

续表

3 农药（G 25）		
248	HG 3623—1999	三氯杀虫酯原药
249	HG 3624—1999	2,4-滴原药
250	HG 3625—1999	丙溴磷原药
251	HG 3626—1999	40%丙溴磷乳油
252	HG 3627—1999	氯氰菊酯原药
253	HG 3628—1999	氯氰菊酯乳油
254	HG 3629—1999	高效氯氰菊酯原药
255	HG 3630—1999	高效氯氰菊酯原药浓剂
256	HG 3631—1999	4.5%高效氯氰菊酯乳油
257	HG 3670—2000	吡虫啉原药
258	HG 3671—2000	吡虫啉可湿性粉剂
259	HG 3672—2000	吡虫啉乳油
260	HG 3699—2002	三氯杀螨醇原药
261	HG 3700—2002	三氯杀螨醇乳油
262	HG 3701—2002	氟乐灵原药
263	HG 3702—2002	氟乐灵乳油
264	HG 3717—2003	氯嘧磺隆原药
265	HG 3754—2004	啶虫脒可湿性粉剂
266	HG 3755—2004	啶虫脒原药
267	HG 3756—2004	啶虫脒乳油
268	HG 3757—2004	福美双原药
269	HG 3758—2004	福美双可湿性粉剂
270	HG 3759—2004	喹禾灵原药
271	HG 3760—2004	喹禾灵乳油
272	HG 3761—2004	精喹禾灵原药
273	HG 3762—2004	精喹禾灵乳油
274	HG 3763—2004	腈菌唑乳油
275	HG 3764—2004	腈菌唑原药
276	HG 3765—2004	炔螨特原药
277	HG 3766—2004	炔螨特乳油
278	HG/T 3884—2006	代森锰锌 · 霜脲氰可湿性粉剂
279	HG/T 3885—2006	异丙草胺 · 莠去津悬乳剂
280	HG/T 3886—2006	苄嘧磺隆 · 二氯喹啉酸可湿性粉剂
281	HG/T 3887—2006	阿维菌素 · 高效氯氰菊酯乳油
4 植物生长促进剂（G 26）		
282	GB 12686—2004	草甘膦原药

续表

4 植物生长促进剂（G 26）		
283	HG 2311—1992	乙烯利原药
284	HG 2312—1992	乙烯利水剂
285	HG 2676—1995	4%赤霉素乳油
286	HG 2857—1997	250g/L 甲哌鎓水剂
287	HG 3718—2003	氯嘧磺隆可湿性粉剂
288	HG 3719—2003	苯噻酰草胺原药
289	HG 3720—2003	50%苯噻酰草胺可湿性粉剂
四、合成材料 1 合成树脂、塑料（G 32）		
1	HG/T 2754—1996	D202 大孔强碱Ⅱ型苯乙烯系阴离子交换树脂
2	HG/T 2902—1997	模塑用聚四氟乙烯树脂
3	HG/T 2903—1997	模塑用细颗粒聚四氟乙烯树脂
4	HG/T 2904—1997	模塑和挤塑用聚全氟乙丙烯树脂
5	HG/T 3027—1988（1997）	有机玻璃中增塑剂含量的测定方法 紫外光谱法
6	HG/T 3028—1999	糊状挤出用聚四氟乙烯树脂
7	HG/T 3314—1999	阳离子羟基硅油乳液
8	HG/T 3315—1999	阴离子羟基硅油乳液
9	HG/T 3667—2000	硬脂酸锌
10	HG/T 3791—2005	氯乙烯-纳米碳酸钙原位聚合悬浮法 聚氯乙烯树脂
11	HG/T 3943—2007	聚氯乙烯树脂甲苯含量的测定
12	HG/T 3944—2007	聚氯乙烯树脂金属离子含量的测定 ICP 法
13	HG/T 3945—2007	氯乙烯单体有机杂质含量的测定
14	HG/T 3946—2007	聚氯乙烯树脂腈基团含量的测定
15	HG/T 4076—2008	本体法聚氯乙烯树脂
16	HG/T 4118—2009	（树脂用）腰果酚
17	HG/T 4125—2009	航空航天胶片聚酯片基
18	HG/T 4126—2009	X 射线胶片聚酯片基
2 合成橡胶（G 35）		
19	GB/T 8655—2006	苯乙烯-丁二烯橡胶（SBR）1500
20	GB/T 8659—2008	丁二烯橡胶（BR）9000
21	GB/T 12824—2002	苯乙烯-丁二烯橡胶（SBR）1502
22	GB/T 14647—2008	氯丁二烯橡胶 CR121、CR122
23	GB/T 15257—2008	混合调节型氯丁二烯橡胶 CR321、CR322
24	HG/T 2181—2009	耐酸碱橡胶密封件材料
25	HG/T 2333—1992	真空用 O 形圈橡胶材料
26	HG/T 2525—1993	橡胶用不溶性硫磺
27	HG/T 3080—2009	防震橡胶制品用橡胶材料

续表

2　合成橡胶（G 35）		
28	HG/T 3312—2000	110 甲基乙烯基硅橡胶
29	HG/T 3313—2000	室温硫化甲基硅橡胶
30	HG/T 3316—1988	CR 2441CR2442
31	HG/T 3317—1988	CRL 50LK 型阳离子氯丁胶乳
32	HG/T 4124—2009	预硫化缓冲胶
五、涂料、颜料、染料　1　涂料（G 51）		
1	GB/T 6745—2008	船壳漆
2	GB/T 6746—2008	船用油舱漆
3	GB/T 6747—2008	船用车间底漆
4	GB/T 6748—2008	船用防锈漆
5	GB/T 6823—2008	船舶压载舱漆
6	GB/T 9260—2008	船用水线漆
7	GB/T 9261—2008	甲板漆
8	GB/T 9262—2008	船用货舱漆
9	GB/T 9755—2001	合成树脂乳液外墙涂料
10	GB/T 9757—2001	溶剂型外墙涂料
11	GB/T 13492—1992	各色汽车用面漆
12	GB/T 13493—1992	汽车用底漆
13	GB/T 19695—2008	地理标志产品 · 秀油
14	GB/T 21090—2007	可调色乳胶基础漆
15	GB/T 23999—2009	室内装饰装修用水性木器涂料
16	GB/T 24147—2009	水性紫外光（UV）固化树脂 · 水溶性不饱和聚酯丙烯酸酯树脂
17	HG/T 2003—1991	电子元件漆
18	HG/T 2004—1991	水泥地板用漆
19	HG/T 2005—1991	电冰箱用磁漆
20	HG/T 2006—2006	热固性粉末涂料
21	HG/T 2009—1991	C06-1 铁红醇酸底漆
22	HG/T 2237—1991	A01-1、A01-2 氨基烘干清漆
23	HG/T 2238—1991	F01-1 酚醛清漆
24	HG/T 2239—1991	H06-2 铁红、锌黄、铁黑环氧酯底漆
25	HG/T 2240—1991	S01-4 聚氨酯清漆
26	HG/T 2243—1991	机床面漆
27	HG/T 2244—1991	机床底漆
28	HG/T 2245—1991	各色硝基铅笔漆
29	HG/T 2246—1991	各色硝基铅笔底漆
30	HG/T 2277—1992	各色硝基外用磁漆

续表

五、涂料、颜料、染料　1　涂料（G 51）		
31	HG/T 2453—1993	醇酸清漆
32	HG/T 2454—2006	溶剂型聚氨酯涂料（双组分）
33	HG/T 2455—1993	各色醇酸调和漆
34	HG/T 2576—1994	各色醇酸磁漆
35	HG/T 2592—1994	硝基清漆
36	HG/T 2593—1994	丙烯酸清漆
37	HG/T 2594—1994	各色氨基烘干磁漆
38	HG/T 2595—1994	锌黄、铁红过氯乙烯底漆
39	HG/T 2596—1994	各色过氯乙烯磁漆
40	HG/T 2661—1995	氯磺化聚乙烯防腐涂料（双组分）
41	HG/T 2798—1996	氯化橡胶防腐涂料
42	HG/T 2884—1997	环氧沥青防腐涂料（分装）
43	HG/T 3003—1983	甲苯胺红
44	HG/T 3345—1999	各色酚醛防锈漆
45	HG/T 3346—1999	红丹醇酸防锈漆
46	HG/T 3349—2003	各色酚醛磁漆
47	HG/T 3352—2003	各色醇酸腻子
48	HG/T 3354—2003	各色环氧酯腻子
49	HG/T 3355—2003	各色硝基底漆
50	HG/T 3356—2003	各色硝基腻子
51	HG/T 3357—2003	各色过氯乙烯腻子
52	HG/T 3362—2003	铝粉有机硅烘干耐热漆（双组分）
53	HG/T 3366—2003	各色环氧酯烘干电泳漆
54	HG/T 3369—2003	云铁酚醛防锈漆
55	HG/T 3371—2003	氨基烘干绝缘漆
56	HG/T 3372—2003	醇酸烘干绝缘漆
57	HG/T 3375—2003	有机硅烘干绝缘漆
58	HG/T 3378—2003	硝基漆稀释剂
59	HG/T 3379—2003	过氯乙烯漆稀释剂
60	HG/T 3380—2003	氨基漆稀释剂
61	HG/T 3381—2003	脱漆剂
62	HG/T 3383—2003	硝基漆防潮剂
63	HG/T 3384—2003	过氯乙烯漆防潮剂
64	HG/T 3655—1999	紫外光（UV）固化木器漆
65	HG/T 3656—1999	钢结构桥梁漆
66	HG/T 3668—2009	富锌底漆

续表

五、涂料、颜料、染料　1　涂料（G 51）		
67	HG/T 3792—2005	交联型氟树脂涂料
68	HG/T 3793—2005	热熔型氟树脂（PVDF）涂料
69	HG/T 3828—2006	室内用水性木器涂料
70	HG/T 3829—2006	地坪涂料
71	HG/T 3830—2006	卷材涂料
72	HG/T 3831—2006	喷涂聚脲防护材料
73	HG/T 3832—2006	自行车用面漆
74	HG/T 3833—2006	自行车用底漆
75	HG/T 3950—2007	抗菌涂料
76	HG/T 3952—2007	阴极电泳涂料
77	HG/T 4109—2009	负离子功能涂料
2　涂料辅助材料（G 52）		
78	GB/T 20623—2006	建筑涂料用乳液
79	HG/T 2247—1991	涂料用稀土催干剂
80	HG/T 2248—1991	涂料用有机膨润土
81	HG/T 2276—1996	涂料用催干剂
3　颜料（G 54）		
82	GB/T 1706—2006	二氧化钛颜料
83	GB/T 1707—1995	立德粉
84	GB/T 1863—2008	氧化铁颜料
85	GB/T 3184—2008	铬酸铅颜料和钼铬酸铅颜料
86	GB/T 3185—1992	氧化锌（间接法）
87	GB/T 3673—1995	酞菁绿 G
88	GB/T 3674—1993	酞菁蓝 B
89	GB/T 20785—2006	氧化铬绿颜料
90	GB/T 21473—2008	调色系统用色浆
91	HG/T 2249—1991	氧化铁黄颜料
92	HG/T 2250—1991	氧化铁黑颜料
93	HG 2351—1992	镉红颜料
94	HG/T 2456—1993	铝粉浆
95	HG/T 2549—2003	还原橄榄绿 5G 细粉
96	HG/T 2556—2009	荧光增白剂 DT（C.I.荧光增白剂 135）
97	HG/T 2590—2009	荧光增白剂 ER（C.I.荧光增白剂 199）
98	HG/T 2659—1995	耐晒黄 G
99	HG/T 2663—2009	酸性粒子元青
100	HG/T 2666—2009	酸性大红 GR（C.I.酸性红 73）

续表

3　颜料（G 54）		
101	HG/T 2749—2009	酸性艳橙 GR（C.I.酸性橙 7）
102	HG/T 2883—1997	大红粉
103	HG/T 2893—1997	碱性艳绿 4B
104	HG/T 2990—1999	酸性红 4B（酸性红 B）
105	HG/T 3001—1999	铁蓝颜料
106	HG/T 3002—1983	黄丹
107	HG/T 3005—1986	联苯胺黄 G
108	HG/T 3006—1986	云母氧化铁
109	HG/T 3007—1999	涂料用偏硼酸钡
110	HG/T 3393—1999	碱性艳红 GB（碱性品红）
111	HG/T 3394—2009	硫化红棕 B3R（C.I.硫化红 6）
112	HG/T 3404—2009	酸性黑 8GB（C.I.酸性黑 1）
113	HG/T 3416—2009	大红色基 G（2-甲基-5-硝基苯胺）
114	HG/T 3426—2009	反应艳红 K-4BC
115	HG/T 3436—2009	还原黄 GCN（C.I.还原黄 2）
116	HG/T 3598—2009	硫化黄棕 5G（C.I.硫化棕 10）
117	HG/T 3599—2009	硫化黄棕 6G（C.I.硫化橙 1）
118	HG/T 3600—2009	硫化淡黄 GC（C.I.硫化黄 2）
119	HG/T 3677—2009	硫化宝蓝 CV（C.I.硫化蓝 15）
120	HG/T 3703—2009	荧光增白剂 OB-1（C.I.荧光增白剂 393）
121	HG/T 3721—2003	酸性紫 N-FBL（C.I.酸性紫 48）
122	HG/T 3722—2003	酸性橙 RXL（C.I.酸性橙 67）
123	HG/T 3723—2003	酸性蓝 6B（C.I.酸性蓝 83）
124	HG/T 3724—2003	媒介黑 PV（C.I.媒介黑 9）
125	HG/T 3726—2003	荧光增白剂 CF-351
126	HG/T 3727—2003	造纸用荧光增白剂 220
127	HG/T 3744—2004	云母珠光颜料
128	HG/T 3850—2006	红丹
129	HG/T 3951—2007	建筑涂料用水性色浆
4　染料中间体（G 56）		
130	GB/T 1646—2003	2-萘酚
131	GB/T 1648—2007	1-萘胺-8-羟基-3,6-二磺酸单钠盐（H-酸单钠盐）
132	GB/T 1653—2006	邻对硝基氯苯
133	GB 2404—2006	氯苯
134	GB/T 2405—2006	蒽醌
135	GB 2961—2006	苯胺

续表

4　染料中间体（G 56）		
136	GB/T 4840—2007	硝基苯胺类
137	GB/T 7370—2008	对氨基苯甲醚
138	GB/T 9335—2009	硝基苯
139	GB/T 15336—2006	邻苯二甲酸酐
140	GB/T 21886—2008	2,4-二硝基苯酚
141	GB/T 21887—2008	2-氨基-4-硝基苯酚
142	GB/T 23665—2009	1-氯蒽醌
143	GB/T 23666—2009	1-萘酚-5-磺酸（L 酸）
144	GB/T 23667—2009	2,5-二氯苯胺
145	GB/T 23668—2009	2,6-二氯-4-硝基苯胺
146	GB/T 23669—2009	2,6-二溴-4-硝基苯胺
147	GB/T 23670—2009	2-氨基-4-甲基-5-氯苯磺酸（CLT 酸）
148	GB/T 23671—2009	2-羟基-6-萘甲酸
149	GB/T 23672—2009	2-乙基蒽醌
150	GB/T 23673—2009	3,4-二氯苯胺
151	GB/T 23674—2009	*N*,*N*-二乙基苯胺
152	GB/T 23675—2009	对苯醌
153	GB/T 23676—2009	色酚 AS-BI
154	GB/T 24415—2009	2-萘胺-4,8-二磺酸（氨基酸）
155	HG/T 2025—1991	对硝基甲苯
156	HG/T 2026—1991	邻硝基甲苯
157	HG/T 2074—2004	保险粉（连二亚硫酸钠）
158	HG/T 2075—2006	J 酸（2-氨基-5-萘酚-7-磺酸）
159	HG/T 2076—2003	*N*-苯基-1-萘胺-8-磺酸（苯基周位酸）
160	HG/T 2077—2009	猩红酸双钠盐
161	HG/T 2078—2005	2-氰基-4-硝基苯胺
162	HG/T 2079—2004	1-氨基蒽醌
163	HG/T 2278—2008	乙酰乙酰苯胺
164	HG/T 2279—2000	4,4′-二氨基二苯乙烯 2,2′-二磺酸（DSD 酸）
165	HG/T 2281—2006	次硫酸氢钠甲醛（雕白块）
166	HG/T 2306—2007	1-苯基-3-甲基-5-吡唑酮
167	HG/T 2548—2006	2-氨基-1-萘磺酸（吐氏酸）
168	HG/T 2553—2003	2,4-二硝基氯苯
169	HG/T 2588—2004	直接艳黄 4R
170	HG/T 2591—1994	防染盐 S
171	HG/T 2669—2008	邻氨基苯甲醚

续表

4 染料中间体（G 56）		
172	HG/T 2745—2006	2-羟基-3-萘甲酸
173	HG/T 2897—2009	1-萘酚-4-磺酸（NW 酸）
174	HG/T 3387—2009	1-萘胺-4-磺酸钠
175	HG/T 3388—1999	1-萘胺
176	HG/T 3389—2002	1-萘胺-8-磺酸（周位酸）
177	HG/T 3395—1999	2,4-二氨基甲苯
178	HG/T 3396—2001	*N*,*N*-二甲基苯胺
179	HG/T 3397—2001	邻硝基对甲苯胺
180	HG/T 3398—2003	邻羟基苯甲酸（水杨酸）
181	HG/T 3401—2006	间苯二胺
182	HG/T 3408—2007	2-氨基-8-萘酚-6-磺酸（γ 酸）
183	HG/T 3409—2001	*N*-甲基苯胺
184	HG/T 3410—2002	1-萘酚
185	HG/T 3411—2002	对氨基乙酰苯胺
186	HG/T 3412—2002	三聚氯氰
187	HG/T 3413—2000	2-萘酚-3,6-二磺酸二钠盐（R 盐）
188	HG/T 3414—2002	2-萘酚-6,8-二磺酸二钾盐（G 盐）
189	HG/T 3602—1999	邻二氯苯
190	HG/T 3603—1999	间氨基乙酰苯胺
191	HG/T 3678—2000	对氨基苯磺酸
192	HG/T 3735—2004	6-氯-2,4-二硝基苯胺
193	HG/T 3751—2004	酸性黑 NT（C.I.酸性黑 210）
194	HG/T 3752—2004	6-硝基-1,2-重氮氧基萘-4-磺酸
195	HG/T 3753—2004	6-溴-2,4-二硝基苯胺
196	HG/T 3770—2005	间-（β-羟乙基砜硫酸酯）苯胺
197	HG/T 3771—2005	间-（β-羟乙基砜）苯胺
198	HG/T 3772—2005	间羟基-*N*,*N*-二乙基苯胺
199	HG/T 3911—2006	2,3-二氯-1,4-萘醌
200	HG/T 3956—2007	2-萘胺-3,6,8-三磺酸（氨基 K 酸）
201	HG/T 3957—2007	2-萘胺-6-磺酸（布咙酸）
202	HG/T 3958—2007	3-氯-2-甲基苯胺
203	HG/T 3989—2007	间苯二酚（1,3-苯二酚）
204	HG/T 4022—2008	对氯邻硝基苯胺（红色基 3GL）
205	HG/T 4032—2008	邻氯对硝基苯胺
5 染料（G 57）		
206	GB/T 1650—2009	直接蓝 B（直接湖蓝 5B）

续表

5 染料（G 57）		
207	GB/T 1652—2006	色酚 AS
208	GB/T 1655—2006	硫化黑 3B、4B、3BR、2RB（硫化黑 BN、BRN、B2RN、RN）
209	GB/T 1867—2008	还原蓝 RSN（C.I.还原蓝 4）
210	GB/T 9336—2001	直接黑 L-3BG
211	GB/T 10662—2007	分散深蓝 S-3BG 200%（C.I.分散蓝 79）
212	GB/T 21888—2008	酸性艳红 P-9B. 150%（C.I.酸性红 131）
213	GB/T 21889—2008	酸性艳红 P-3B. 200%（C.I.酸性红 336）
214	GB/T 21890—2008	酸性艳黄 P-4R. 150%（C.I.酸性黄 42）
215	GB/T 21891—2008	酸性艳蓝 P-3R. 200%（C.I.酸性蓝 281）
216	GB/T 21892—2008	对氨基苯酚
217	GB/T 21895—2008	对-(β-羟乙基砜硫酸酯)苯胺（对位酯）
218	GB/T 21896—2008	2-萘胺-1,5-二磺酸（磺化吐氏酸）
219	HG/T 2080—2001	阳离子荧光黄 4GL 500%
220	HG/T 2081—2001	阳离子艳蓝 2RL 500%
221	HG/T 2082—2006	直接深蓝 L-3RB（C.I.直接蓝 71）
222	HG/T 2083—2006	碱性艳紫 3B
223	HG/T 2084—2006	反应金黄 K-3G
224	HG/T 2085—2006	反应艳橙 K-4G
225	HG/T 2280—2007	色酚 AS-G
226	HG/T 2282—2003	分散大红 S-3GL
227	HG/T 2283—2005	反应黑 KN-8BG（C.I.反应黑 5）
228	HG/T 2284—2008	还原艳绿 FFB（C.I.还原绿 1）
229	HG/T 2285—2003	还原黄 5RC 超细粉
230	HG/T 2286—1992	碱性荧光黄 GR（碱性嫩黄 O）
231	HG/T 2550—1993	阳离子艳蓝 X-RRL（阳离子蓝 X-GRRL）
232	HG/T 2551—2007	阳离子荧光红 X-R（C.I.碱性红 14）
233	HG/T 2552—2005	反应艳蓝 KN-3RL（活性艳蓝 KN-R）
234	HG/T 2555—1993	荧光增白剂 DCB
235	HG/T 2587—2006	反应翠蓝 KN-G
236	HG/T 2589—2004	媒介黑 2B
237	HG/T 2664—2006	反应艳红 X-4B
238	HG/T 2665—2006	反应嫩黄 K-4G
239	HG/T 2668—2006	色酚 AS-D
240	HG/T 2747—1996	色酚 AS-OL
241	HG/T 2748—2005	直接红 B
242	HG/T 2750—2006	靛蓝

续表

5 染料（G 57）		
243	HG/T 2896—2007	硫化深蓝 3RB（C.I.硫化蓝 7）
244	HG/T 2992—2004	直接深蓝 C-3R（直接铜盐蓝 2R）
245	HG/T 2993—2004	酸性墨水蓝
246	HG/T 3385—1999	酸性红 5B（酸性红 G）
247	HG/T 3386—2001	酸性深蓝 P-B（弱酸性深蓝 GR）
248	HG/T 3390—2001	直接桃红 5B（直接桃红）
249	HG/T 3391—1999	直接灰 6BR（直接灰 D）
250	HG/T 3392—2002	碱性艳橙 G（碱性橙）
251	HG/T 3402—2002	直接深红 4BR（直接耐酸枣红）
252	HG/T 3403—2001	酸性艳黄 2R（酸性嫩黄 G）
253	HG/T 3405—2001	酸性艳黄 2G（酸性嫩黄 2G）
254	HG/T 3406—2008	还原棕 BR（C.I.还原棕 1）
255	HG/T 3407—2002	大红色基 RC
256	HG/T 3415—2001	红色基 B
257	HG/T 3417—2008	反应翠蓝 K-GL（C.I.反应蓝 14）
258	HG/T 3418—2002	硫化还原深蓝 4RB
259	HG/T 3419—2008	酸性深蓝 P-2RB（C.I.酸性蓝 113）
260	HG/T 3420—2008	还原橄榄绿 B（C.I.还原绿 3）
261	HG/T 3421—2000	分散红 E-4B
262	HG/T 3422—2000	分散艳蓝 E-4R
263	HG/T 3423—2001	分散金黄 E-3RL
264	HG/T 3424—2002	反应橙 K-2RL
265	HG/T 3425—2002	反应艳黄 K-4GL
266	HG/T 3427—2001	硫化黑 2BR、3B（200%）
267	HG/T 3428—2000	分散红 S-R
268	HG/T 3429—2000	分散红 S-5BL
269	HG/T 3431—2001	酸性红 R
270	HG/T 3432—2001	酸性红 6B
271	HG/T 3433—2001	酸性紫红 B
272	HG/T 3434—2002	酸性绿 P-3B
273	HG/T 3435—2002	酸性翠蓝 2G
274	HG/T 3437—1990	直接黑 L-N（直接耐晒黑 FF）
275	HG/T 3597—1999	酸性棕 P-RB（弱酸性棕 RL 200%）
276	HG/T 3601—2006	分散橙 SE-5RL 200%（C.I.分散橙 29）
277	HG/T 3632—1999	硫化黑 S-BR（水溶性硫化黑 BR）
278	HG/T 3675—2007	荧光增白剂 CXT（C.I.荧光增白剂 71）

续表

5　染料（G 57）		
279	HG/T 3676—2000	碱性荧光红 8B（碱性玫瑰精）
280	HG/T 3695—2001	酸性黑 P-7BR 150%（弱酸性黑 BR 150%）
281	HG/T 3725—2003	荧光增白剂 CF-127
282	HG/T 3769—2005	反应黄 M-3RE
283	HG/T 3773—2005	分散黑 EX-SF300%
284	HG/T 3806—2005	分散红 S-G 200%（分散大红 GS 200%）
285	HG/T 3807—2005	分散深红 SE-4RL 200%（分散红玉 SE-GFL 200%）
286	HG/T 3888—2006	酸性黑 NM-3BRL 140%
287	HG/T 3889—2006	酸性黄 P-4RL 200%（C.I.酸性黄 199）
288	HG/T 3890—2006	酸性红 P-5BL 200%（C.I.酸性红 266）
289	HG/T 3891—2006	直接红 D-7B（C.I.直接红 227）
290	HG/T 3892—2006	直接红 D-R（C.I.直接红 224）
291	HG/T 3893—2006	分散艳黄 E-4GL 200%（C.I.分散黄 211）
292	HG/T 3894—2006	分散艳橙 E-3RL 200%（C.I.分散橙 25）
293	HG/T 3895—2006	分散红 E-2GL 200%（C.I.分散红 50）
294	HG/T 3896—2006	分散红 SE-6B 200%（C.I.分散红 356）
295	HG/T 3897—2006	分散红 S-5B 200%（C.I.分散红 343）
296	HG/T 3898—2006	分散红 S-3BL 200%（C.I.分散红 177）
297	HG/T 3899—2006	分散蓝 SE-2R 200%（C.I.分散蓝 183）
298	HG/T 3900—2006	分散蓝 S-BL 200%（C.I.分散蓝 165）
299	HG/T 3901—2006	分散蓝 EX-SF 300%
300	HG/T 3902—2006	分散黄 ACE
301	HG/T 3903—2006	分散蓝 ACE
302	HG/T 3904—2006	分散红 ACE
303	HG/T 3905—2006	水溶性硫化蓝 2BN（C. I.可溶性硫化蓝 7）
304	HG/T 3906—2006	水溶性硫化宝蓝 CV（C.I.可溶性硫化蓝 15）
305	HG/T 3907—2006	水溶性硫化亮绿
306	HG/T 3908—2006	水溶性硫化红棕 B3R（C.I.可溶性硫化红 6）
307	HG/T 3909—2006	水溶性硫化黄棕 5G（C.I.可溶性硫化棕 10）
308	HG/T 3910—2006	水溶性硫化淡黄 GC（C.I.可溶性硫化黄 2）
309	HG/T 3959—2007	色酚 AS-PH
310	HG/T 3960—2007	反应蓝 KE-GN 125%（C.I.反应蓝 198）
311	HG/T 3961—2007	反应蓝 M-BRE（C.I.反应蓝 221）
312	HG/T 3962—2007	反应红 M-5B
313	HG/T 3963—2007	反应深蓝 M-2G（C.I.反应蓝 222）
314	HG/T 3964—2007	反应艳红 M-7B（C.I.反应红 261）

续表

5 染料（G 57）		
315	HG/T 3965—2007	反应艳橙 M-3R（C.I.反应橙 122）
316	HG/T 3966—2007	反应艳黄 M-3G
317	HG/T 3967—2007	荧光增白剂 MST-H（C.I.荧光增白剂 353）
318	HG/T 3968—2007	酸性橙 P-3R（C.I.酸性橙 116）
319	HG/T 3969—2007	酸性深紫 P-5R（C.I.酸性红 299）
320	HG/T 3970—2007	荧光增白剂 SH（C.I.荧光增白剂 210）
321	HG/T 3971—2007	荧光增白剂 HST（C.I.荧光增白剂 357）
322	HG/T 3988—2007	高温匀染剂 ALS
323	HG/T 3990—2007	荧光增白剂 BA（C.I.荧光增白剂 113）
324	HG/T 3991—2007	酸性艳黄 4GL（C.I.酸性黄 49）
325	HG/T 3992—2007	酸性红 5BL（C.I.酸性红 361）
326	HG/T 3993—2007	酸性深蓝 NM-BRL（C.I.酸性蓝 193）
327	HG/T 3994—2007	酸性艳蓝 P-4RL（C.I.酸性蓝 260）
328	HG/T 3995—2007	酸性深红 NM-4BRL（C.I.酸性紫 90）
329	HG/T 3996—2007	柔软剂软片 RL
330	HG/T 4023—2008	分散翠蓝 S-GL（C.I.分散蓝 60）
331	HG/T 4024—2008	还原直接黑 RB（C.I.还原黑 9）
332	HG/T 4025—2008	酸性黄 NM-4RLN（C.I.酸性黄 151）
333	HG/T 4026—2008	分散黄 E-3G（C.I.分散黄 54）
334	HG/T 4029—2008	反应蓝 KN-2B（C.I.反应蓝 220）
335	HG/T 4030—2008	溶剂红 49（C.I.溶剂红 49）
336	HG/T 4031—2008	还原深蓝 BO（C.I.还原蓝 20）
337	HG/T 4033—2008	反应蓝 P-3R（C.I.反应蓝 49）
338	HG/T 4034—2008	荧光增白剂 SWN（C.I.荧光增白剂 140）
339	HG/T 4035—2008	反应深蓝 M-2GE（C.I.反应蓝 194）
340	HG/T 4036—2008	反应艳黄 M-4G（C.I.反应黄 186）
341	HG/T 4038—2008	还原深蓝 VB（还原深蓝 4BR）
342	HG/T 4039—2008	还原艳紫 2R（C.I.还原紫 1）
343	HG/T 4040—2008	液体硫化黑
344	HG/T 4041—2008	反应红 W-NN
345	HG/T 4042—2008	硫化深蓝 3R（C.I.硫化蓝 5）
346	HG/T 4044—2008	分散棕 S-HWF 200%（C.I.分散棕 19）
347	HG/T 4045—2008	反应深蓝 KN-2G（C.I.反应蓝 203）
348	HG/T 4046—2008	反应红 RW 200%（活性超级红 RW）
349	HG/T 4047—2008	溶剂棕 41（C.I.溶剂棕 41）
350	HG/T 4048—2008	反应橙 RW 200%（活性超级橙 RW）

续表

5　染料（G 57）		
351	HG/T 4049—2008	反应黑 W-2N
352	HG/T 4050—2008	反应黄 W-NN
353	HG/T 4051—2008	反应艳红 K-2B（C.I.反应红 24）
354	HG/T 4052—2008	酸性黄 NM-4RL（C.I.酸性黄 128）
355	HG/T 4053—2008	分散红 SE-BL（C.I.分散红 146）
356	HG/T 4054—2008	分散红 SE-BLSF（C.I.分散红 92）
357	HG/T 4055—2008	还原棕 GS
358	HG/T 4056—2008	还原蓝 BC（C.I.还原蓝 6）
359	HG/T 4057—2008	还原灰 M（C.I.还原黑 8）
360	HG/T 4058—2008	分散蓝 S-HWF 400%（C.I.分散蓝 284）
361	HG/T 4059—2008	还原橄榄 T（C.I.还原黑 25）
六、化学试剂　1　一般无机试剂（G 62）		
1	GB/T 620—1993	化学试剂　氢氟酸
2	GB/T 622—2006	化学试剂　盐酸
3	GB/T 623—1992	化学试剂　高氯酸
4	GB/T 625—2007	化学试剂　硫酸
5	GB/T 626—2006	化学试剂　硝酸
6	GB/T 628—1993	化学试剂　硼酸
7	GB/T 629—1997	化学试剂　氢氧化钠
8	GB/T 631—2007	化学试剂　氨水
9	GB/T 632—2008	化学试剂　十水合四硼酸钠（四硼酸钠）
10	GB/T 633—1994	化学试剂　亚硝酸钠
11	GB/T 636—1992	化学试剂　硝酸钠
12	GB/T 637—2006	化学试剂　五水合硫代硫酸钠（硫代硫酸钠）
13	GB/T 638—2007	化学试剂　二水合氯化亚锡（Ⅱ）（氯化亚锡）
14	GB/T 639—2008	化学试剂　无水碳酸钠
15	GB/T 640—1997	化学试剂　碳酸氢钠
16	GB/T 641—1994	化学试剂　过二硫酸钾（过硫酸钾）
17	GB/T 642—1999	化学试剂　重铬酸钾
18	GB/T 643—2008	化学试剂　高锰酸钾
19	GB/T 644—1993	化学试剂　六氰合铁（Ⅲ）酸钾（铁氰化钾）
20	GB/T 645—1994	化学试剂　氯酸钾
21	GB/T 646—1993	化学试剂　氯化钾
22	GB/T 647—1993	化学试剂　硝酸钾
23	GB/T 648—1993	化学试剂　硫氰酸钾
24	GB/T 649—1999	化学试剂　溴化钾

续表

六、化学试剂 1 一般无机试剂（G 62）		
25	GB/T 650—1993	化学试剂 溴酸钾
26	GB/T 651—1993	化学试剂 碘酸钾
27	GB/T 652—2003	化学试剂 氯化钡
28	GB/T 653—1994	化学试剂 硝酸钡
29	GB/T 654—1999	化学试剂 碳酸钡
30	GB/T 655—1994	化学试剂 过硫酸铵
31	GB/T 656—2003	化学试剂 重铬酸铵
32	GB/T 657—1993	化学试剂 四水合钼酸（钼酸铵）
33	GB/T 658—2006	化学试剂 氯化铵
34	GB/T 659—1993	化学试剂 硝酸铵
35	GB/T 660—1992	化学试剂 硫氰酸铵
36	GB/T 661—1992	化学试剂 六水合硫酸铁（Ⅱ）铵（硫酸亚铁铵）
37	GB/T 664—1993	化学试剂 七水合硫酸亚铁（硫酸亚铁）
38	GB/T 665—2007	化学试剂 五水合硫酸铜（Ⅱ）（硫酸铜）
39	GB/T 666—1993	化学试剂 七水合硫酸锌（硫酸锌）
40	GB/T 667—1995	化学试剂 六水合硝酸锌（硝酸锌）
41	GB/T 669—1994	化学试剂 硝酸锶
42	GB/T 670—2007	化学试剂 硝酸银
43	GB/T 671—1998	化学试剂 硫酸镁
44	GB/T 672—2006	化学试剂 六水合氯化镁（氯化镁）
45	GB/T 673—2006	化学试剂 三氧化二砷
46	GB/T 674—2003	化学试剂 粉状氧化铜
47	GB/T 675—1993	化学试剂 碘
48	GB/T 688—1992	化学试剂 四氯化碳
49	GB/T 1263—2006	化学试剂 十二水合磷酸氢二钠（磷酸氢二钠）
50	GB/T 1264—1997	化学试剂 氟化钠
51	GB/T 1265—2003	化学试剂 溴化钠
52	GB/T 1266—2006	化学试剂 氯化钠
53	GB/T 1267—1999	化学试剂 磷酸二氢钠
54	GB/T 1268—1998	化学试剂 硫氰酸钠
55	GB/T 1270—1996	化学试剂 六水合氯化钴（氯化钴）
56	GB/T 1272—2007	化学试剂 碘化钾
57	GB/T 1273—2008	化学试剂 三水合六氰铁（Ⅱ）酸钾（亚铁氰化钾）
58	GB/T 1274—1993	化学试剂 磷酸二氢钾
59	GB/T 1276—1999	化学试剂 氟化铵
60	GB/T 1278—1994	化学试剂 氟化氢铵

续表

六、化学试剂　1　一般无机试剂（G 62）		
61	GB/T 1279—2008	化学试剂　十二水合硫酸铁（Ⅲ）铵
62	GB/T 1281—1993	化学试剂　溴
63	GB/T 1282—1996	化学试剂　磷酸
64	GB/T 1285—1994	化学试剂　氯化镉
65	GB/T 1288—1992	化学试剂　四水合酒石酸钾钠（酒石酸钾钠）
66	GB/T 1291—2008	化学试剂　邻苯二甲酸氢钾
67	GB/T 1396—1993	化学试剂　硫酸铵
68	GB/T 1397—1995	化学试剂　碳酸钾
69	GB/T 1400—1993	化学试剂　六次甲基四胺
70	GB/T 2304—2008	化学试剂　无砷锌粒
71	GB/T 2305—2000	化学试剂　五氧化二磷
72	GB/T 2306—2008	化学试剂　氢氧化钾
73	GB/T 6684—2002	化学试剂　30%过氧化氢
74	GB/T 9853—2008	化学试剂　无水硫酸钠
75	GB/T 14305—1993	化学试剂　环己烷
76	GB/T 15355—2008	化学试剂　六水合氯化镍（氯化镍）
77	GB/T 15897—1995	化学试剂　碳酸钙
78	GB/T 15898—1995	化学试剂　六水合硝酸钴（硝酸钴）
79	GB/T 15899—1995	化学试剂　一水合硫酸锰（硫酸锰）
80	GB/T 15901—1995	化学试剂　二水合氯化铜（氯化铜）
81	GB/T 16496—1996	化学试剂　硫酸钾
82	GB 23936—2009	工业氟硅酸钠
83	GB 23937—2009	工业硫氢化钠
84	GB/T 23941—2009	工业氯化钙分析方法
85	HG/T 2629—1994	化学试剂　八水合氢氧化钡（氢氧化钡）
86	HG/T 2631—2005	化学试剂　七水合硫酸钴（硫酸钴）
87	HG/T 2760—1996	化学试剂　氯化锌
88	HG/T 2890—1997	化学试剂　氧化锌
89	HG/T 3033—1999	化学试剂　硫酸钡
90	HG/T 3438—1999	化学试剂　定氮合金
91	HG/T 3439—2000	化学试剂　重铬酸钠
92	HG/T 3440—1999	化学试剂　铬酸钾
93	HG/T 3441—2003	化学试剂　焦硫酸钾
94	HG/T 3442—2000	化学试剂　硫酸铝
95	HG/T 3443—2003	化学试剂　硝酸铜
96	HG/T 3444—2003	化学试剂　三氧化铬

续表

六、化学试剂 1 一般无机试剂（G 62）		
97	HG/T 3445—2003	化学试剂 偏钒酸铵
98	HG/T 3446—2003	化学试剂 氯金酸（氯化金）
99	HG/T 3447—2003	化学试剂 发烟硝酸
100	HG/T 3448—2003	化学试剂 硝酸镍
101	HG/T 3453—1999	化学试剂 草酸铵
102	HG/T 3464—2003	化学试剂 三氯化锑
103	HG/T 3465—1999	化学试剂 磷酸氢二铵
104	HG/T 3466—1999	化学试剂 磷酸二氢铵
105	HG/T 3467—2003	化学试剂 50%硝酸锰溶液
106	HG/T 3468—2000	化学试剂 氯化汞
107	HG/T 3469—2003	化学试剂 黄色氧化汞
108	HG/T 3470—2000	化学试剂 硝酸铅
109	HG/T 3471—2000	化学试剂 汞
110	HG/T 3472—2000	化学试剂 无水亚硫酸钠
111	HG/T 3473—2003	化学试剂 还原铁粉
112	HG/T 3474—2000	化学试剂 三氯化铁
113	HG/T 3482—2003	化学试剂 氯化锂
114	HG/T 3485—2003	化学试剂 五氧化二钒
115	HG/T 3487—2000	化学试剂 磷酸氢二钾
116	HG/T 3488—2003	化学试剂 结晶四氯化锡
117	HG/T 3489—2000	化学试剂 氯化亚铜
118	HG/T 3490—2003	化学试剂 线状氧化铜
119	HG/T 3492—2003	化学试剂 亚硫酸氢钠
120	HG/T 3493—2000	化学试剂 磷酸钠
121	HG/T 4020—2008	化学试剂 六水合硫酸镍（硫酸镍）
122	HG/T 4021—2008	化学试剂 偏重亚硫酸钠（焦亚硫酸钠）
2 一般有机试剂、有机溶剂（G 63）		
123	GB/T 676—2007	化学试剂 乙酸（冰醋酸）
124	GB/T 677—1992	化学试剂 乙酸酐
125	GB/T 678—2002	化学试剂 乙醇（无水乙醇）
126	GB/T 679—2002	化学试剂 乙醇（95%）
127	GB/T 682—2002	化学试剂 三氯甲烷
128	GB/T 683—2006	化学试剂 甲醇
129	GB/T 684—1999	化学试剂 甲苯
130	GB/T 686—2008	化学试剂 丙酮
131	GB/T 687—1994	化学试剂 丙三醇

续表

2 一般有机试剂、有机溶剂（G 63）		
132	GB/T 689—1998	化学试剂 吡啶
133	GB/T 690—2008	化学试剂 苯
134	GB/T 691—1994	化学试剂 苯胺
135	GB/T 693—1996	化学试剂 三水合乙酸钠（乙酸钠）
136	GB/T 694—1995	化学试剂 无水乙酸钠
137	GB/T 696—2008	化学试剂 脲（尿素）
138	GB/T 1271—1994	化学试剂 二水合氟化钾（氟化钾）
139	GB/T 1289—1994	化学试剂 草酸钠
140	GB/T 1292—2008	化学试剂 乙酸铵
141	GB/T 1294—2008	化学试剂 L（+）-酒石酸
142	GB/T 1401—1998	化学试剂 乙二胺四乙酸二钠
143	GB/T 6685—2007	化学试剂 氯化羟胺（盐酸羟胺）
144	GB/T 9854—2008	化学试剂 二水合草酸（草酸）
145	GB/T 9855—2008	化学试剂 一水合柠檬酸（柠檬酸）
146	GB/T 10705—2008	化学试剂 二水合 5-磺基水杨酸（5-磺基水杨酸）
147	GB/T 12589—2007	化学试剂 乙酸乙酯
148	GB/T 12590—2008	化学试剂 正丁醇
149	GB/T 12591—2002	化学试剂 乙醚
150	GB/T 15347—1994	化学试剂 抗坏血酸
151	GB/T 15354—1994	化学试剂 磷酸三丁酯
152	GB/T 15894—2008	化学试剂 石油醚
153	GB/T 15895—1995	化学试剂 1,2-二氯乙烷
154	GB/T 15896—1995	化学试剂 甲酸
155	GB/T 16493—1996	化学试剂 二水合柠檬酸三钠（柠檬酸三钠）
156	GB/T 16494—1996	化学试剂 二甲苯
157	GB/T 16983—1997	化学试剂 二氯甲烷
158	GB/T 17521—1998	化学试剂 *N,N*-二甲基甲酰胺
159	HG/T 2630—1994	化学试剂 三水合乙酸铅（乙酸铅）
160	HG/T 2891—1997	化学试剂 异戊醇（3-甲基-1-丁醇）
161	HG/T 2892—1997	化学试剂 异丙醇
162	HG/T 3450—1999	化学试剂 丁二酮肟（二甲基乙二醛肟）
163	HG/T 3451—2003	化学试剂 硝基苯
164	HG/T 3452—2000	化学试剂 2,4-二硝基苯肼
165	HG/T 3454—1999	化学试剂 硫脲
166	HG/T 3455—2000	化学试剂 环己酮
167	HG/T 3456—2000	化学试剂 苯肼戊三酮（茚三酮）

续表

2　一般有机试剂、有机溶剂（G 63）		
168	HG/T 3457—2003	化学试剂　乙二胺四乙酸
169	HG/T 3458—2000	化学试剂　苯甲酸
170	HG/T 3459—2003	化学试剂　顺丁烯二酸酐
171	HG/T 3460—2003	化学试剂　乙酸异戊酯
172	HG/T 3475—1999	化学试剂　葡萄糖
173	HG/T 3476—1999	化学试剂　36%乙酸
174	HG/T 3477—1999	化学试剂　酒石酸钾
175	HG/T 3478—1999	化学试剂　酒石酸钠
176	HG/T 3479—2003	化学试剂　邻苯二甲酸酐
177	HG/T 3480—2000	化学试剂　氨基乙酸
178	HG/T 3481—1999	化学试剂　4-甲基-2-戊酮（甲基异丁基甲酮）
179	HG/T 3483—2003	化学试剂　四苯硼钠
180	HG/T 3486—2000	化学试剂　乙二胺
181	HG/T 3496—2000	化学试剂　茜素黄 R（对硝基苯偶氮水杨酸钠）
182	HG/T 3497—2000	化学试剂　柠檬酸氢二铵
183	HG/T 3498—1999	化学试剂　乙酸丁酯
184	HG/T 3499—2004	化学试剂　1,4-二氧六环
185	HG/T 4013—2008	化学试剂　2,2′-联吡啶
186	HG/T 4014—2008	化学试剂　8-羟基喹啉
187	HG/T 4016—2008	化学试剂　三水合二乙基二硫代氨基甲酸钠（铜试剂）
188	HG/T 4018—2008	化学试剂　1,10-菲咯啉
3　指示剂、特效试剂（G 65）		
189	HG/T 2667—2005	分散红 FB 200%
190	HG/T 2759—1996	化学试剂　可溶性淀粉
191	HG/T 2991—2005	直接翠蓝 L-G
192	HG/T 3461—1999	化学试剂　α-乳糖
193	HG/T 3462—1999	化学试剂　蔗糖
194	HG/T 3463—2000	化学试剂　偶氮胂Ⅲ
195	HG/T 3491—1999	化学试剂　活性炭
196	HG/T 3495—1999	化学试剂　曙红（四溴荧光黄）
197	HG/T 3768—2005	反应红 M-6BE（C.I.反应红 241）
198	HG/T 4010—2008	化学试剂　百里香酚蓝
199	HG/T 4011—2008	化学试剂　百里香酚酞
200	HG/T 4012—2008	化学试剂　溴百里香酚蓝
201	HG/T 4017—2008	化学试剂　溴甲酚绿
202	HG/T 4019—2008	化学试剂　间甲酚紫

续表

七、化学助剂、表面活性剂、催化剂、分子筛　1　化学助剂（G 71）		
1	GB/T 8826—2003	防老剂 RD
2	GB/T 8827—2006	防老剂 PAN
3	GB/T 8828—2003	防老剂 4010NA
4	GB/T 8829—2006	硫化促进剂 NOBS
5	GB/T 9983—2004	工业三聚磷酸钠
6	GB/T 10661—2003	荧光增白剂 VBL
7	GB/T 11405—2006	工业邻苯二甲酸二丁酯
8	GB/T 11406—2001	工业邻苯二甲酸二辛酯
9	GB/T 11407—2003	硫化促进剂 M
10	GB/T 11408—2003	硫化促进剂 DM
11	GB/T 21840—2008	硫化促进剂 TBBS
12	GB/T 21841—2008	防老剂 6PPD
13	GB/T 21872—2008	铸造自硬呋喃树脂用磺酸固化剂
14	GB/T 21893—2008	纺织平网印花制版感光乳液
15	GB/T 21894—2008	纺织圆网印花制版感光乳液
16	HG/T 2096—2006	硫化促进剂 CBS
17	HG/T 2097—2008	发泡剂 ADC
18	HG/T 2334—2007	硫化促进剂 TMTD
19	HG/T 2337—1992	硬脂酸铅（轻质）
20	HG/T 2338—1992	硬脂酸钡（轻质）
21	HG/T 2339—2005	二盐基亚磷酸铅
22	HG/T 2340—2005	三盐基硫酸铅
23	HG/T 2342—1992	硫化促进剂 DPG（二苯胍）
24	HG/T 2343—1992	硫化促进剂 ETU（乙撑硫脲）
25	HG/T 2344—1992	硫化促进剂 TETD（二硫化四乙基秋兰姆）
26	HG/T 2345—1992	铸造树脂用磺酸固化剂
27	HG/T 2423—2008	工业对苯二甲酸二辛酯
28	HG/T 2500—1993	乳化剂 S-60
29	HG/T 2554—1993	柔软剂 SG
30	HG/T 2564—2007	抗氧剂 DLTDP
31	HG/T 2688—2005	磷酸三苯酯
32	HG/T 2689—2005	磷酸三甲苯酯
33	HG/T 2746—1996	对氨基苯磺酸钠
34	HG/T 2862—1997	防老剂 BLE
35	HG/T 3502—2008	工业癸二酸二辛酯
36	HG/T 3643—1999	氯化石蜡-70

续表

七、化学助剂、表面活性剂、催化剂、分子筛　1　化学助剂（G 71）		
37	HG/T 3644—1999	防老剂 4020
38	HG/T 3711—2003	硫化剂 MOCA
39	HG/T 3712—2003	抗氧剂 168
40	HG/T 3713—2003	抗氧剂 1010
41	HG/T 3739—2004	双-[丙基三乙氧基硅烷]-四硫化物与 N-330 炭黑的混合物硅烷偶联剂
42	HG/T 3740—2004	双-[丙基三乙氧基硅烷]-二硫化物硅烷偶联剂
43	HG/T 3741—2004	抗氧剂 DSTDP
44	HG/T 3742—2004	双-[丙基三乙氧基硅烷]-四硫化物硅烷偶联剂
45	HG/T 3743—2004	双-[丙基三乙氧基硅烷]-四硫化物与白炭黑的混合物硅烷偶联剂
46	HG/T 3795—2005	抗氧剂 1076
47	HG/T 3873—2006	己二酸二辛酯
48	HG/T 3874—2006	偏苯三酸三辛酯
49	HG/T 3875—2006	酚醛胺（PAA）环氧树脂固化剂
50	HG/T 3876—2006	抗氧剂 TPP
51	HG/T 3877—2006	抗氧剂 TNPP
52	HG/T 3878—2006	抗氧剂 618
53	HG/T 3879—2006	热稳定剂　硫醇甲基锡　TM-19
54	HG/T 3974—2007	抗氧剂　626
55	HG/T 3975—2007	抗氧剂　3114
56	HG/T 3976—2007	原钛酸酯
57	HG/T 3977—2007	烷氧基含磷钛酸酯偶联剂
58	HG/T 3978—2007	烷氧基脂肪酸钛酸酯偶联剂
59	HG/T 4027—2008	耐碱精练渗透剂
60	HG/T 4028—2008	有机硅高温消泡剂
61	HG/T 4037—2008	乳化剂 FM
62	HG/T 4043—2008	螯合分散剂
63	HG/T 4064—2008	分散剂 XY
64	HG/T 4071—2008	工业邻苯二甲酸二异丁酯
65	HG/T 4072—2008	硼酰化钴
66	HG/T 4073—2008	新癸酸钴
2　水处理剂（G 77）		
67	GB 4482—2006	水处理剂　氯化铁
68	GB 10531—2006	水处理剂　硫酸亚铁
69	GB/T 10533—2000	水处理剂　聚丙烯酸
70	GB/T 10535—1997	水处理剂　水解聚马来酸酐
71	GB 14591—2006	水处理剂　聚合硫酸铁

续表

2 水处理剂（G 77）		
72	GB 15892—2009	生活饮用水用聚氯化铝
73	GB 17514—2008	水处理剂　聚丙烯酰胺
74	GB/T 20783—2006	稳定性二氧化氯溶液
75	GB/T 22627—2008	水处理剂　聚氯化铝
76	GB/T 23849—2009	二溴海因
77	GB/T 23854—2009	溴氯海因
78	HG 2227—2004	水处理剂　硫酸铝
79	HG/T 2228—2006	水处理剂　多元醇磷酸酯
80	HG/T 2230—2006	水处理剂　十二烷基二甲基苄基氯化铵
81	HG/T 2429—2006	水处理剂　丙烯酸-丙烯酸酯类共聚物
82	HG/T 2837—1997	水处理剂　聚偏磷酸钠
83	HG/T 2838—1997	水处理剂　聚丙烯酸钠
84	HG/T 2839—1997	水处理剂　羟基乙叉二膦酸二钠
85	HG/T 2840—1997	水处理剂　氨基三甲叉膦酸（固体）
86	HG/T 2841—2005	水处理剂　氨基三亚甲基膦酸
87	HG/T 3515—1990	防水整理剂 H
88	HG/T 3537—1999	水处理剂　羟基亚乙基二膦酸
89	HG/T 3538—2003	水处理剂　乙二胺四亚甲基膦酸钠（EDTMPS）
90	HG/T 3541—2003	水处理剂　结晶氯化铝
91	HG/T 3642—1999	水处理剂　丙烯酸-2-甲基-2-丙烯酰胺基丙磺酸类共聚物
92	HG/T 3657—2008	水处理剂　异噻唑啉酮衍生物
93	HG/T 3662—2000	水处理剂　2-膦酸基-1,2,4-三羧基丁烷
94	HG 3746—2004	水处理剂　用铝酸钙
95	HG/T 3777—2005	水处理剂　二亚乙基三胺五亚甲基膦酸
96	HG/T 3779—2005	二氯异氰尿酸钠
97	HG/T 3822—2006	聚天冬氨酸（盐）
98	HG/T 3823—2006	聚环氧琥珀酸（盐）
99	HG/T 3824—2006	苯骈三氮唑
100	HG/T 3925—2007	甲基苯骈三氮唑
101	HG/T 3926—2007	水处理剂 2-羟基膦酰基乙酸（HPAA）
八、信息用化学品　照相用化学品（G 84）		
1	GB/T 22392—2008	摄影　加工用化学品　对苯二酚
2	GB/T 22397—2008	摄影　加工用化学品　硫氰酸铵
3	GB/T 22398—2008	摄影　加工用化学品　氢氧化钾
4	GB/T 22399—2008	摄影　加工用化学品　氢氧化钠
5	GB/T 22401—2008	摄影　加工用化学品　无水焦亚硫酸钠

续表

八、信息用化学品 照相用化学品（G 84）		
6	GB/T 22402—2008	摄影 加工用化学品 无水硫代硫酸钠和五水合硫代硫酸钠
7	GB/T 22403—2008	摄影 加工用化学品 无水碳酸钾
8	GB/T 22404—2008	摄影 加工用化学品 无水碳酸钠和一水合碳酸钠
9	GB/T 22405—2008	摄影 加工用化学品 溴化钾
10	GB/T 22406—2008	摄影 加工用化学品 颗粒状硼酸
11	GB/T 22407—2008	摄影 加工用化学品 十水合四硼酸钠
12	GB/T 22408—2008	摄影 加工用化学品 无水亚硫酸钠
13	GB/T 22409—2008	摄影 加工用化学品 亚硫酸钾溶液（650g/L）
14	HG/T 2261—2005	照相化学品 丁二酸二(2-乙基己酯)磺酸钠（SU-2）
15	HG/T 2335—2003	(4-氨基-3-甲基苯基)乙基氨基-乙醇硫酸盐（CD-4）
16	HG/T 3570—2001	照相化学品 溴化钾（乳剂用）
17	HG/T 3571—2000	照相化学品 溴化铵（乳剂用）
18	HG/T 3803—2005	照相化学品 4-(*N*-乙基-*N*-2-甲磺酰氨基乙基)-2-甲基苯二胺倍半硫酸盐单水合物（CD-3）
19	HG/T 4007—2008	照相化学品 十二水合硫酸铝钾（硫酸铝钾）
20	HG/T 4008—2008	照相化学品 乙酸（冰醋酸）
九、其他化工产品 工业气体与化学气体（G 86）		
1	GB/T 3634.1—2006	氢气 第1部分 工业氢
2	GB/T 3863—2008	工业氧
3	GB/T 3864—2008	工业氮
4	GB/T 4842—2006	氩
5	GB 4844.2—1995	纯氦
6	GB/T 4844.3—1995	高纯氦
7	GB/T 5828—2006	氙气
8	GB/T 5829—2006	氪气
9	GB/T 6052—1993	工业液体二氧化碳
10	GB/T 6285—2003	气体中微量氧的测定 电化学法
11	GB/T 7445—1995	纯氢、高纯氢和超纯氢
12	GB/T 8979—2008	纯氮、高纯氮和超纯氮
13	GB/T 8981—2008	气体中微量氢的测定 气相色谱法
14	GB 8982—2009	医用及航空呼吸用氧
15	GB/T 14599—2008	纯氧、高纯氧和超纯氧
16	GB/T 14600—2009	电子工业用气体 氧化亚氮
17	GB/T 14601—2009	电子工业用气体 氨
18	GB/T 14602—1993	电子工业用气体 氯化氢
19	GB/T 14603—2009	电子工业用气体 三氟化硼

续表

九、其他化工产品　工业气体与化学气体（G 86）		
20	GB/T 14604—2009	电子工业用气体　氧
21	GB/T 14850—2008	气体分析词汇
22	GB/T 14851—2009	电子工业用气体　磷化氢
23	GB/T 15909—2009	电子工业用气体　硅烷（SiH_4）
24	GB/T 16942—2009	电子工业用气体　氢
25	GB/T 16943—2009	电子工业用气体　氦
26	GB/T 16944—2009	电子工业用气体　氮
27	GB/T 16945—2009	电子工业用气体　氩
28	GB/T 17873—1999	纯氖
29	GB/T 17874—1999	电子工业用气体　三氯化硼
30	GB/T 18867—2002	电子工业用气体　六氟化硫
31	GB/T 18994—2003	电子工业用气体　高纯氯
32	GB/T 21287—2007	电子工业用气体　三氟化氮
33	GB/T 22024—2008	气雾剂级正丁烷（A-17）
34	GB/T 22025—2008	气雾剂级异丁烷（A-31）
35	GB/T 22026—2008	气雾剂级丙烷（A-108）
36	GB/T 22053—2008	戊烷发泡剂
37	GB/T 23938—2009	高纯二氧化碳
38	GB/T 24469—2009	电子工业用气体　5N 氯化氢
39	GB/T 24499—2009	氢气、氢能与氢能系统术语
40	HG/T 2537—1993	焊接用二氧化碳
41	HG 2685—1995	医用氧化亚氮
42	HG/T 2863—1997	灯泡用氩气
43	HG/T 3633—1999	纯甲烷
44	HG/T 3661.1—1999	焊接切割用燃气　丙烯
45	HG/T 3661.2—1999	焊接切割用燃气　丙烷
46	HG/T 3728—2004	焊接用混合气体氩-二氧化碳
47	HG/T 3789—2005	稳定性同位素氘气

文献来源：全国化学标准化技术委员会. 化学工业国家标准和行业标准目录. 北京：中国标准出版社，2010

附表 2 危险化学品技术标准

(1) 物理危害方法标准（103 项）		
1	GB/T 21565—2008	危险品 磁性试验方法
2	GB/T 21566—2008	危险品 爆炸品摩擦感度试验方法
3	GB/T 21567—2008	危险品 爆炸品撞击感度试验方法
4	GB/T 21570—2008	危险品 隔板试验方法
5	GB/T 21571—2008	危险品 爆燃转爆轰试验方法
6	GB/T 21572—2008	危险品 1.5 项外部火烧试验方法
7	GB/T 21573—2008	危险品 单个包件试验方法
8	GB/T 21574—2008	危险品 堆垛试验方法
9	GB/T 21575—2008	危险品 极不敏感引爆物质的雷管试验方法
10	GB/T 21576—2008	危险品 极不敏感引爆物质的隔板试验方法
11	GB/T 21577—2008	危险品 极不敏感引爆物质的脆性试验方法
12	GB/T 21578—2008	危险品 克南试验方法
13	GB/T 21579—2008	危险品 时间/压力试验方法
14	GB/T 21580—2008	危险品 小型燃烧试验方法
15	GB/T 21581—2008	危险品 液体钢管跌落试验方法
16	GB/T 21582—2008	危险品 雷管敏感度试验方法
17	GB/T 21611—2008	危险品 易燃固体自燃试验方法
18	GB/T 21612—2008	危险品 易燃固体自热试验方法
19	GB/T 21613—2008	危险品 自加速分解温度试验方法
20	GB/T 21614—2008	危险品 喷雾剂燃烧热试验方法
21	GB/T 21615—2008	危险品 易燃液体闭杯闪点试验方法
22	GB/T 21616—2008	危险品 易燃液体蒸汽压力试验方法
23	GB/T 21617—2008	危险品 固体氧化性试验方法
24	GB/T 21618—2008	危险品 易燃固体燃烧速率试验方法
25	GB/T 21619—2008	危险品 易燃固体遇水放出易燃气体试验方法
26	GB/T 21620—2008	危险品 液体氧化性试验方法
27	GB/T 21621—2008	危险品 金属腐蚀性试验方法
28	GB/T 21622—2008	危险品 易燃液体持续燃烧试验方法
29	GB/T 21623—2008	危险品 易燃黏性液体黏度试验方法
30	GB/T 21624—2008	危险品 易燃黏性液体溶剂分类试验方法
31	GB/T 21625—2008	危险品 极不敏感引爆物质的子弹撞击试验方法
32	GB/T 21626—2008	危险品 极不敏感引爆物质的外部火烧试验方法
33	GB/T 21627—2008	危险品 极不敏感引爆物质的缓慢升温试验方法
34	GB/T 21628—2008	危险品 1.6 项物品的外部火烧试验方法
35	GB/T 21629—2008	危险品 1.6 项物品的子弹撞击试验方法

续表

（1）物理危害方法标准（103 项）		
36	GB/T 21630—2008	危险品　喷雾剂点燃距离试验方法
37	GB/T 21631—2008	危险品　喷雾剂封闭空间点燃试验方法
38	GB/T 21632—2008	危险品　喷雾剂泡沫可燃性试验方法
39	SN/T 2836—2011	进出口危险化学品安全试验方法小型气体容器的渗漏率测定
40	SN/T 0761.2—2011	出口危险品打火机儿童安全性试验方法
41	SN/T 2880—2011	固体化学品的可燃性测定方法
42	SN/T 2881—2011	化学品毒理学安全性评价良好试验室规范
43	SN/T 2885—2011	进口固体废物原料易燃性试验方法
44	SN/T 2902—2011	危险品热稳定性和空气稳定性的筛选实验
45	SN/T 2903—2011	危险品易燃液体的粘度毛细管法、旋转度计法、受力球黏度计法
46	SN/T 2498.1—2010	进出口烟花爆竹制品基本环境试验规范　试验 Db：交变湿热试验方法
47	SN/T 2498.2—2010	进出口烟花爆竹制品基本环境试验规范　试验 Ed：自由跌落
48	SN/T 2299—2009	爆炸性物质的测定方法
49	SN/T 2244—2009	危险品自热物质自热试验方法
50	SN/T 2169—2008	危险品磁性试验方法
51	SN/T 2170—2008	危险品金属腐蚀性试验方法
52	SN/T 2171—2008	危险品喷雾剂燃烧热试验方法
53	SN/T 2172—2008	危险品易燃固体自燃试验试验方法
54	SN/T 2173—2008	危险品易燃固体自热试验试验方法
55	SN/T 2174—2008	危险品易燃液体闭杯闪点试验方法
56	SN/T 2175—2008	危险品易燃液体持续燃烧试验方法
57	SN/T 2176—2008	危险品易燃液体溶剂分离试验方法
58	SN/T 1732.1—2006	烟花爆竹用烟火药剂　第 1 部分：钡含量的测定
59	SN/T 1732.2—2006	烟花爆竹用烟火药剂　第 2 部分：重铬酸盐含量的测定
60	SN/T 1732.3—2006	烟花爆竹用烟火药剂　第 3 部分：锌含量的测定
61	SN/T 1732.4—2006	烟花爆竹用烟火药剂　第 4 部分：铜含量的测定
62	SN/T 1732.5—2006	烟花爆竹用烟火药剂　第 5 部分：钛含量的测定
63	SN/T 1732.6—2006	烟花爆竹用烟火药剂　第 6 部分：锶含量的测定
64	SN/T 1732.7—2006	烟花爆竹用烟火药剂　第 7 部分：铅含量的测定
65	SN/T 1732.8—2006	烟花爆竹用烟火药剂　第 8 部分：钠含量的测定
66	SN/T 1732.9—2006	烟花爆竹用烟火药剂　第 9 部分：镁含量的测定
67	SN/T 1732.10—2006	烟花爆竹用烟火药剂　第 10 部分：硫含量的测定
68	SN/T 1732.11—2006	烟花爆竹用烟火药剂　第 11 部分：钾含量的测定
69	SN/T 1729—2006	出口烟花爆竹用引火线检验方法
70	SN/T 1730.1—2006	出口烟花爆竹安全性能检验方法　第 1 部分：总则
71	SN/T 1730.2—2006	出口烟花爆竹安全性能检验方法　第 2 部分：75℃热稳定性试验

续表

（1）物理危害方法标准（103项）		
72	SN/T 1730.3—2006	出口烟花爆竹安全性能检验方法　第3部分：低温稳定性试验
73	SN/T 1730.4—2006	出口烟花爆竹安全性能检验方法　第4部分：抗震动试验
74	SN/T 1730.5—2006	出口烟花爆竹安全性能检验方法　第5部分：跌落试验
75	SN/T 1730.6—2006	出口烟花爆竹安全性能检验方法　第6部分：殉爆试验
76	SN/T 1730.7—2006	出口烟花爆竹安全性能检验方法　第7部分：包装鉴定
77	SN/T 1730.8—2006	出口烟花爆竹安全性能检验方法　第8部分：产品药量检测
78	SN/T 1730.9—2006	出口烟花爆竹安全性能检验方法　第9部分：警句标签检验
79	SN/T 1730.10—2006	出口烟花爆竹安全性能检验方法　第10部分：使用安全性能检验
80	SN/T 1731.1—2006	出口烟花爆竹用烟火药剂安全性能检验方法　第1部分：总则
81	SN/T 1731.2—2006	出口烟花爆竹用烟火药剂安全性能检验方法　第2部分：75℃热稳定性测定
82	SN/T 1731.3—2006	出口烟花爆竹用烟火药剂安全性能检验方法　第3部分：爆发点测定
83	SN/T 1731.4—2006	出口烟花爆竹用烟火药剂安全性能检验方法　第4部分：禁用限用药物定性分析
84	SN/T 1731.5—2006	出口烟花爆竹用烟火药剂安全性能检验方法　第5部分：撞击感度测定
85	SN/T 1731.6—2006	出口烟花爆竹用烟火药剂安全性能检验方法　第6部分：摩擦感度测定
86	SN/T 1731.7—2006	出口烟花爆竹用烟火药剂安全性能检验方法　第7部分：吸湿性测定
87	SN/T 1731.8—2006	出口烟花爆竹用烟火药剂安全性能检验方法　第8部分：着火温度测定
88	SN/T 1828.1—2006	进出口危险货物分类试验方法　第1部分：通则
89	SN/T 1828.2—2006	进出口危险货物分类试验方法　第2部分：民用爆炸品
90	SN/T 1828.3—2006	进出口危险货物分类试验方法　第3部分：氧化物
91	SN/T 1828.4—2006	进出口危险货物分类试验方法　第4部分：腐蚀性物质
92	SN/T 1828.5—2006	进出口危险货物分类试验方法　第5部分：气体混合物
93	SN/T 1828.6—2006	进出口危险货物分类试验方法　第6部分：遇水放出易燃气物质
94	SN/T 1828.7—2006	进出口危险货物分类试验方法　第7部分：压缩气体
95	SN/T 1828.8—2006	进出口危险货物分类试验方法　第8部分：有机过氧化物
96	SN/T 1828.9—2006	进出口危险货物分类试验方法　第9部分：毒性物质
97	SN/T 1828.10—2006	进出口危险货物分类试验方法　第10部分：毒性气体
98	SN/T 1828.11—2006	进出口危险货物分类试验方法　第11部分：易燃固体
99	SN/T 1828.12—2006	进出口危险货物分类试验方法　第12部分：易燃气体
100	SN/T 1828.13—2006	进出口危险货物分类试验方法　第13部分：易燃液体
101	SN/T 1828.14—2006	进出口危险货物分类试验方法　第14部分：锂电池组
102	SN/T 1828.15—2006	进出口危险货物分类试验方法　第15部分：自热固体
103	SN/T 1828.16—2006	进出口危险货物分类试验方法　第16部分：硝酸盐类物质
（2）健康危害方法标准（83项）		
1	GB/T 21750—2008	化学品　毒物代谢动力学试验方法
2	GB/T 21751—2008	化学品　哺乳动物精原细胞染色体畸变试验方法
3	GB/T 21752—2008	化学品　啮齿类动物28天重复剂量经口毒性试验方法

续表

（2）健康危害方法标准（83 项）		
4	GB/T 21753—2008	化学品　21 天/28 天重复剂量经皮毒性试验方法
5	GB/T 21754—2008	化学品　28 天/14 天重复剂量吸入毒性试验方法
6	GB/T 21757—2008	化学品　急性经口毒性试验急性毒性分类法
7	GB/T 21758—2008	化学品　两代繁殖毒性试验方法
8	GB/T 21759—2008	化学品　慢性毒性试验方法
9	GB/T 21763—2008	化学品　啮齿类动物亚慢性经口毒性试验方法
10	GB/T 21764—2008	化学品　亚慢性经皮毒性试验方法
11	GB/T 21765—2008	化学品　亚慢性吸入毒性试验方法
12	GB/T 21766—2008	化学品　生殖/发育毒性筛选试验方法
13	GB/T 21767—2008	化学品　体内哺乳动物肝细胞非程序性 DNA 合成（UDS）试验方法
14	GB/T 21768—2008	化学品　体外哺乳动物细胞 DNA 损伤与修复/非程序性 DNA 合成试验方法
15	GB/T 21769—2008	化学品　体外 3T3 中性红摄取光毒性试验方法
16	GB/T 21770—2008	化学品　（有机磷化合物）急性染毒的迟发性神经毒性试验方法
17	GB/T 21771—2008	化学品　重复计量毒性合并生殖/发育毒性筛选试验方法
18	GB/T 21772—2008	化学品　哺乳动物骨髓染色体畸变试验方法
19	GB/T 21773—2008	化学品　体内哺乳动物红细胞微核试验方法
20	GB/T 21778—2008	化学品　非啮齿类动物亚慢性（90 天）经口毒性试验方法
21	GB/T 21786—2008	化学品　细菌回复突变试验方法
22	GB/T 21787—2008	化学品　啮齿类动物神经毒性试验方法
23	GB/T 21788—2008	化学品　慢性毒性与致癌性联合试验方法
24	GB/T 21793—2008	化学品　体外哺乳动物细胞基因突变试验方法
25	GB/T 21794—2008	化学品　体外哺乳动物细胞染色体畸变试验方法
26	GB/T 21797—2008	化学品　有机磷化合物 28 天重复剂量的迟发性神经毒性试验
27	GB/T 21798—2008	化学品　小鼠可遗传易位试验方法
28	GB/T 21799—2008	化学品　小鼠斑点试验方法
29	GB/T 21804—2008	化学品　急性经口毒性固定剂量试验方法
30	GB/T 21810—2008	化学品　鸟类日粮毒性试验
31	GB/T 21811—2008	化学品　鸟类繁殖试验
32	GB/T 21812—2008	化学品　蜜蜂急性经口毒性试验
33	GB/T 21813—2008	化学品　蜜蜂急性接触性毒性试验
34	GB/T 21826—2008	化学品　急性经口毒性试验方法上下增减剂量法（UDP）
35	GB/T 21827—2008	化学品　皮肤变态反应试验局部淋巴结方法
36	SN/T 2497.1—2010	进出口危险化学品安全试验方法　第 1 部分：体内哺乳动物肝细胞程序外 DNA 合成（UDS）试验
37	SN/T 2497.2—2010	进出口危险化学品安全试验方法　第 2 部分：空斑形成细胞试验（PFC）
38	SN/T 2497.3—2010	进出口危险化学品安全试验方法　第 3 部分：大型蚤繁殖试验

续表

(2)健康危害方法标准(83 项)		
39	SN/T 2497.4—2010	进出口危险化学品安全试验方法　第 4 部分：酿酒酵母有丝分裂重组试验
40	SN/T 2497.5—2010	进出口危险化学品安全试验方法　第 5 部分：睾丸细胞 UDS 试验
41	SN/T 2497.6—2010	进出口危险化学品安全试验方法　第 6 部分：哺乳类动物细胞姐妹染色单体互换体外试验
42	SN/T 2497.7—2010	进出口危险化学品安全试验方法　第 7 部分：小鼠耳肿胀试验
43	SN/T 2497.8—2010	进出口危险化学品安全试验方法　第 8 部分：腘窝淋巴结试验
44	SN/T 2497.9—2010	进出口危险化学品安全试验方法　第 9 部分：血清溶血素测定试验
45	SN/T 2497.10—2010	进出口危险化学品安全试验方法　第 10 部分：T 淋巴细胞增殖功能测定试验
46	SN/T 2497.11—2010	进出口危险化学品安全试验方法　第 11 部分：种系突变试验
47	SN/T 2497.12—2010	进出口危险化学品安全试验方法　第 12 部分：单细胞凝胶电泳分析试验
48	SN/T 2497.13—2010	进出口危险化学品安全试验方法　第 13 部分：荧光原位杂交试验
49	SN/T 2497.14—2010	进出口危险化学品安全试验方法　第 14 部分：SDS-聚丙烯酰胺凝胶电泳试验
50	SN/T 2497.15—2010	进出口危险化学品安全试验方法　第 15 部分：PCR-SSCP 实验
51	SN/T 2497.16—2010	进出口危险化学品安全试验方法　第 16 部分：Western-Blot 实验
52	SN/T 2497.17—2010	进出口危险化学品安全试验方法　第 17 部分：哺乳动物行为毒理学试验
53	SN/T 2497.18—2010	进出口危险化学品安全试验方法　第 18 部分：DNA 加合物的检测方法
54	SN/T 2497.19—2010	进出口危险化学品安全试验方法　第 19 部分：Northern Blot 实验
55	SN/T 2497.20—2010	进出口危险化学品安全试验方法　第 20 部分：Bradford 法测定蛋白质含量
56	SN/T 2497.21—2010	进出口危险化学品安全试验方法　第 21 部分：琼脂糖凝胶电泳试验
57	SN/T 2497.22—2010	进出口危险化学品安全试验方法　第 22 部分：DNA 的 Tm 值测定方法
58	SN/T 2497.23—2010	进出口危险化学品安全试验方法　第 23 部分：细胞器的分离实验方法
59	SN/T 2497.24—2010	进出口危险化学品安全试验方法　第 24 部分：细胞免疫功能体外检测方法
60	SN/T 2497.25—2010	进出口危险化学品安全试验方法　第 25 部分：体液免疫功能试验
61	SN/T 2497.26—2010	进出口危险化学品安全试验方法　第 26 部分：巨噬细胞功能试验
62	SN/T 2497.27—2010	进出口危险化学品安全试验方法　第 27 部分：流式细胞术检测凋亡
63	SN/T 2497.28—2010	进出口危险化学品安全试验方法　第 28 部分：穿梭质粒在突变检验中的应用
64	SN/T 2497.29—2010	进出口危险化学品安全试验方法　第 29 部分：生化需氧量(BOD)测定
65	SN/T 2177—2008	危险品哺乳动物骨髓细胞染色体畸变试验方法
66	SN/T 2178—2008	危险品哺乳动物红细胞微核试验方法
67	SN/T 2179—2008	哺乳动物精原细胞染色体畸变试验
68	SN/T 2180—2008	毒物代谢动力学试验
69	SN/T 2181—2008	一代繁殖毒性试验
70	SN/T 2182—2008	两代繁殖毒性试验
71	SN/T 2240—2008	危险品加速贮存试验　热分析法差热分析法和热重分析法
72	SN/T 2241—2008	结合重复染毒毒性研究的生殖发育毒性筛选试验
73	SN/T 2242—2008	自然杀伤细胞活性试验

续表

（2）健康危害方法标准（83 项）		
74	SN/T 2243—2008	流水式鱼类试验静态鱼类试验
75	SN/T 2245—2009	化学品　体外皮肤腐蚀人体皮肤模型试验
76	SN/T 2246—2009	化学品　体外皮肤腐蚀经皮电阻试验
77	SN/T 2247—2009	化学品　迟发型超敏反应试验方法
78	SN/T 2248—2009	化学品　胚胎发育毒性试验方法
79	SN/T 2164—2008	危险品急性经口毒性　固定剂量试验方法
80	SN/T 2165—2008	危险品急性经口毒性试验方法
81	SN/T 2166—2008	危险品急性吸入毒性试验方法
82	SN/T 2167—2008	危险品生殖细胞致突变试验方法
83	SN/T 2168—2008	危险品生殖毒性试验方法
（3）环境危害方法标准（22 项）		
1	GB/T 21795—2008	化学品　模拟试验污水好氧处理生物膜法
2	GB/T 21796—2008	化学品　活性污泥呼吸抑制试验
3	GB/T 21805—2008	化学品　藻类生长抑制试验
4	GB/T 21806—2008	化学品　鱼类幼体生长试验
5	GB/T 21807—2008	化学品　鱼类胚胎和卵黄囊仔鱼阶段的短期毒性试验
6	GB/T 21808—2008	化学品　鱼类延长毒性 14 天试验
7	GB/T 21809—2008	化学品　蚯蚓急性毒性试验
8	GB/T 21800—2008	化学品　生物富集流水式鱼类试验
9	GB/T 21801—2008	化学品　快速生物降解性呼吸计量法试验
10	GB/T 21802—2008	化学品　快速生物降解性改进的 MITI 试验（Ⅰ）
11	GB/T 21803—2008	化学品　快速生物降解性 DOC 消减试验
12	GB/T 21281—2007	危险化学品鱼类急性毒性分级试验方法
13	GB/T 21281—2007	危险化学品鱼类急性毒性分级试验方法
14	GB/T 21828—2008	化学品　大型溞繁殖试验
15	GB/T 21829—2008	化学品　污水好氧处理模拟试验　活性污泥单法
16	GB/T 21830—2008	化学品　溞类急性活动抑制试验
17	GB/T 21831—2008	化学品　快速生物降解性　密闭瓶法试验
18	GB/T 21814—2008	工业废水的实验方法鱼类急性毒性试验
19	GB/T 21815.1—2008	化学品　海水中的生物降解性摇瓶法试验
20	GB/T 21816—2008	化学品　固有生物降解性赞恩-惠伦斯试验
21	GB/T 21817—2008	化学品　固有生物降解性改进的半连续活性污泥试验
22	GB/T 21818—2008	化学品　固有生物降解性改进的 MITI 试验（Ⅱ）
（4）性质预测方法标准（4 项）		
1	GB/T 24779—2009	化学品性质（Q）SAR 模型的验证指南　卫生毒理性质
2	GB/T 24780—2009	化学品性质（Q）SAR 模型的验证指南　理化性质

续表

（4）性质预测方法标准（4项）		
3	GB/T 24781—2009	化学品性质（Q）SAR模型的验证指南 生态毒理性质
4	GB/T 24782—2009	持久性、生物累积性和毒性物质及高持久性和高生物累积性物质的判定方法

文献来源：全国危险化学品管理标准化技术委员会化学品毒性检测分技术委员会. 化学品安全检验检测方法国家标准汇编. 北京：中国标准出版社，2012.

附表3　危险化学品安全管理标准

（1）分类规范标准（27项）		
1	GB 19452—2004	氧化性危险货物危险特性检验安全规范
2	GB 19453—2009	危险货物电石包装检验安全规范
3	GB 19454—2009	危险货物便携式罐体检验安全规范
4	GB 19455—2004	民用爆炸品危险货物危险特性检验安全规范
5	GB 19456—2004	硝酸盐类危险货物危险特性检验安全规范
6	GB 19457—2009	危险货物涂料包装检验安全规范
7	GB 19458—2004	危险货物危险特性检验安全规范通则
8	GB 19459—2004	危险货物及危险货物包装检验标准基本规定
9	GB 19521.10—2004	压缩气体危险货物危险特性检验安全规范
10	GB 19521.11—2005	锂电池组危险货物危险特性检验安全规范
11	GB 19521.1—2004	易燃固体危险货物危险特性检验安全规范
12	GB 19521.12—2004	有机过氧化物危险货物危险特性检验安全规范
13	GB 19521.13—2004	危险货物小型气体检验安全规范
14	GB 19521.14—2004	危险货物中小型压力容器检验安全规范
15	GB 19521.2—2004	易燃液体危险货物危险特性检验安全规范
16	GB 19521.3—2004	易燃气体危险货物危险特性检验安全规范
17	GB 19521.4—2004	遇水放出易燃气体危险货物危险特性检验安全规范
18	GB 19521.5—2004	自燃固体危险货物危险特性检验安全规范
19	GB 19521.6—2004	腐蚀性危险货物危险特性检验安全规范
20	GB 19521.7—2004	毒性危险货物危险特性检验安全规范
21	GB 19521.8—2004	毒性气体危险货物危险特性检验安全规范
22	GB 19521.9—2004	气体混合危险货物危险特性检验安全规范
23	GB 21175—2007	危险货物分类定级基本程序
24	GB 21176—2007	液化石油气危险货物危险特性检验安全规范
25	GB 21177—2007	涂料危险货物危险特性检验安全规范
26	GB 21178—2007	自反应物质和有机过氧化分类程序
27	GB/T 15098—2008	危险货物运输包装类别划分方法

续表

（2）实验室规范标准（15 项）		
1	GB/T 22272—2008	良好实验室规范建议性文件　建立和管理符合良好实验室规范原则档案
2	GB/T 22273—2008	良好实验室规范建议性文件　良好实验室规范原则在体外研究中的应用
3	GB/T 22274.1—2008	良好实验室规范监督部门指南　第 1 部分：良好实验室规范符合性监督程序指南
4	GB/T 22274.2—2008	良好实验室规范监督部门指南　第 2 部分：执行实验室检查和研究审核的指南
5	GB/T 22274.3—2008	良好实验室规范监督部门指南　第 3 部分：良好实验室规范检查报告的编制指南
6	GB/T 22275.1—2008	良好实验室规范实施要求　第 1 部分：质量保证与良好实验室规范
7	GB/T 22275.2—2008	良好实验室规范实施要求　第 2 部分：良好实验室规范研究中项目负责人的任务和责任
8	GB/T 22275.3—2008	良好实验室规范实施要求　第 3 部分：实验室供应商对良好实验室规范原则的符合情况
9	GB/T 22275.4—2008	良好实验室规范实施要求　第 4 部分：良好实验室规范原则在现场研究中的应用
10	GB/T 22275.5—2008	良好实验室规范实施要求　第 5 部分：良好实验室规范原则在短期研究中的应用
11	GB/T 22275.6—2008	良好实验室规范实施要求　第 6 部分：良好实验室规范原则在计算机化的系统中的应用
12	GB/T 22275.7—2008	良好实验室规范实施要求　第 7 部分：良好实验室规范原则在多场所研究的组织和管理中的应用
13	GB/T 22276—2008	良好实验室规范建议性文件在另一国家中要求和执行检查与研究审核
14	GB/T 22277—2008	良好实验室规范建议性文件在良好实验室规范原则的应用中委托方的任务和职责
15	GB/T 22278—2008	良好实验室规范原则

文献来源：①全国危险化学品管理标准化技术委员会. 危险化学品标准汇编. 包装、储运卷. 产品包装和储运标准. 北京：中国质检出版社，2008. ②《危险化学品安全生产标准：合订本》编辑组. 危险化学品安全生产标准：合订本. 北京：煤炭工业出版社，2011.